지적 전산학개론

송용희 · 조정관 지음

BM (주)도서출판 성안당

책을 내면서

지적전산화의 기틀은 1975년 지적법 전문 개정과 함께 시작하여 이후 토지·임야대장을 전산 입력하는 토지기록전산화사업을 완료하였고, 도형정보의 전산화를 위한 지적도면 전산화사업을 착수하여 완료하였으며, 지금은 대장정보와 도형정보를 통합한 필지중심토지정보시스템(PBLIS)과 토지관리정보시스템(LMIS)을 통합한 한국토지정보시스템(KLIS)을 사용하고 있다.

"좋은 비는 때를 알고 내린다(好雨時節)"라는 영화의 제목처럼 이 교재 또한 많은 지적직 공무원, 지적공사, 그리고 기타 수험생들에게 때를 알고 내리는 좋은 비와 같은 책이 되었으면 한다.

이 책은 지적전산학개론 기본서로서의 역할을 다할 수 있도록 최선을 다하였으나 여전히 여러 가지로 미숙한 점이 많으리라 생각한다. 앞으로 더 알찬 기본서가 되도록 수험생 여러분의 많은 충고와 격려를 바라는 바이다.

이 책을 집필하는 과정에서 참고도서로 활용했던 〈공간분석〉(두양사), 〈토지정보론〉(신양사), 〈지리정보학〉(법문사)의 저자들에게도 지면으로나마 감사의 마음을 전한다.

자기 자신을 믿고 해낼 수 있다는 신념을 가지고 준비한다면 수험생 여러분 모두 원하는 성과를 이루리라 확신한다.

송용희

1. 개요

지적직 공무원은 지적측량, 토지이동, 부동산 실거래, 도로명주소, 공시지가, 지적재조사, 공유재산관리 등 지적 및 부동산에 관한 업무에 종사하는 공무원이다.

주로 지방직 공무원으로, 지자체의 각 시·도·구청의 지적과, 토지정보과, 토지관리과, 부동산정보과, 민원과, 도시계획과, 건축과 등에서 지적측량검사, 공시지가, 토지거래, GIS업무, 보상업무, 새주소업무, 지적재조사사업 및 토지이동업무, 민원업무 등을 수행한다.

국가직은 선발하지 않고 있지만 경우에 따라 9급 임용 후 모집공고가 있을 때 지원할 수 있으며, 합격하면 행정안전부 주소정책과, 국토교통부 국토정보정책관(지적업무담당), 지적재조사기획단 등에서 업무를 수행한다. 다만, 해당 기관들의 업무강도가 다소 강한 편이라 전입을 희망하는 인원은 많지 않은 편이다.

규모가 작은 지자체의 경우 지적업무 단독 부서가 없으며, 민원업무, 지적업무, 건축업무, 허가업무 등을 총괄하는 민원실에서 근무할 수도 있다.

업무특성상 외근이 많은 편이기 때문에 운전면허가 없다면 다소 업무에 지장이 생길 수도 있으니 추후 면허를 취득하는 것을 권한다.

보통 부동산학과, 지적학과, 공간정보공학과, 도시공학과, 토목공학과 등의 출신들이 많이 응시한다.

2. 시험일정

구분		시험공고	원서접수	필기시험	면접시험	최종 합격자 발표
지방직	9급	12월 중	3월	6월	7~8월	8~9월
서울시	9급		3월	6월	7~8월	8~9월
	7급		7월	10월	11~12월	12월

※ 임용예정직렬 및 선발예정인원 등을 포함한 상세한 시험 시행계획공고는 '**지방자치단체 인터넷원서접수센터(local.gosi.go.kr)**'에서 반드시 확인할 것

※ 필기시험은 전국 동시에 시행되는 시험이므로 1개 지방자치단체에만 원서접수가 가능(중복접수 불가)하며, 일부 과목은 인사혁신처에서 출제한다.

3. 시험과목

① 9급 지방직 : 국어, 영어, 한국사, 지적측량, 지적전산학개론
② 9급 서울시 : 국어, 영어, 한국사, 지적측량, 지적전산학개론
③ 7급 서울시 : 국어(한문 포함), 영어(영어능력검정시험으로 대체), 한국사(한국사능력검정시험으로 대체), 물리학개론, 지적학, 지적측량학, 지적전산학

4. 시험방법

① 제1 · 2차 시험(병합 실시) : 선택형 필기시험
- 과목당 100점 만점, 4지 택 1형 20문항, 과목별 20분 기준
- 필기시험 합격자를 대상으로 면접시험일 전에 인성검사를 실시하며, 일정 등 세부 사항은 필기시험 합격자 발표 시 공고할 예정임

② 제3차 시험 : 면접시험
- 제1 · 2차 시험에 합격한 자만 제3차 시험에 응시할 수 있음
- 면접시험 결과 "우수, 보통, 미흡" 등급 중 "우수"와 "미흡" 등급에 대해 추가면접을 실시할 수 있음

③ 합격자 결정방법 : 「지방공무원 임용령」 등 관계법령 및 규정에 따라 결정
   ※ 「지방공무원 임용령」 등 관계법령은 법제처 홈페이지(https://www.moleg.go.kr)를 참고

5. 응시자격

① 응시연령 : 18세 이상

② 응시결격사유 등 : 해당 시험의 최종시험 시행예정일(면접시험 최종예정일) 현재를 기준으로 「지방공무원법」 제31조(결격사유), 제66조(정년), 「지방공무원 임용령」 제65조(부정행위자 등에 대한 조치) 및 「부패방지 및 국민권익위원회의 설치와 운영에 관한 법률」 등 관계법령에 의하여 응시자격이 정지된 자는 응시할 수 없다.

③ 학력 및 경력 : 제한 없음

④ 응시에 필요한 자격증
- 9급 : 기능사(측량, 지도제작, 도화, 항공사진, 지적) 이상
- 7급 : 산업기사(지적, 측량 및 지형공간정보) 이상

⑤ 거주지 제한 : 각 지자체별 공고문 참고

6. 기출문제 분석표(2016~2025년, 총 10개년)

① 연도별 출제문항 수

• Part 1. 지적전산학 관련 법률

구분	2016	2017		2018	2019	2020	2021	2022	2023	2024		2025
		상	하							지	서	
제1장 지적공부 및 부동산 종합공부시스템	3	3	6	2	2	5	3	5	3	5	4	2
제2장 지적원도 데이터베이스 구축 작업기준	1	4	1	2	2	3	1	3	2	3	5	4
제3장 국가공간정보 기본법	–	–	2	–	–	1	–	–	–	–	1	–
제4장 지적공부 세계측지계 변환규정	–	–	–	–	2	–	1	–	–	1	–	1
제5장 3차원 국토공간정보 구축 작업규정	–	–	–	–	–	–	–	–	–	–	–	–
제6장 토지이동 및 정리	–	–	–	–	–	–	–	–	–	–	–	–
제7장 지적재조사에 관한 특별법	–	1	1	–	–	–	–	–	–	–	–	–
제8장 지적도면전산화	–	–	–	–	–	–	–	–	–	–	–	–
제9장 무인비행장치 측량 작업규정	–	–	–	–	1	–	–	–	–	–	1	1
소계	4	8	10	4	7	9	5	8	5	9	11	8

• Part 2. 지적전산학 실무

구분	2016	2017		2018	2019	2020	2021	2022	2023	2024		2025
		상	하							지	서	
제1장 지적전산 총론	1	2	2	3	1	1	4	2	2	1	–	1
제2장 지적정보	2	4	4	3	4	2	2	2	–	3	1	1
제3장 자료구조	7	3	1	5	3	3	3	3	7	4	4	1
제4장 데이터베이스	3	1	–	4	2	3	3	4	4	1	3	3
제5장 PBLIS 및 LMIS	–	–	2	–	–	–	–	–	–	–	–	–
제6장 한국토지정보시스템	–	–	–	–	–	–	–	–	–	–	–	–
제7장 부동산거래관리시스템	–	–	–	–	–	–	–	–	–	–	–	–
제8장 공간정보시스템	3	2	1	1	3	2	3	1	2	2	1	6
소계	16	12	10	16	13	11	15	12	15	11	9	12

② 출제비율

• 각 편별 출제비율

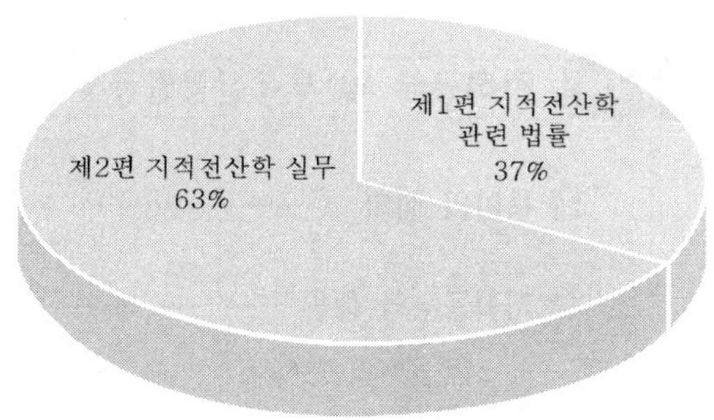

• Part 1. 출제비율

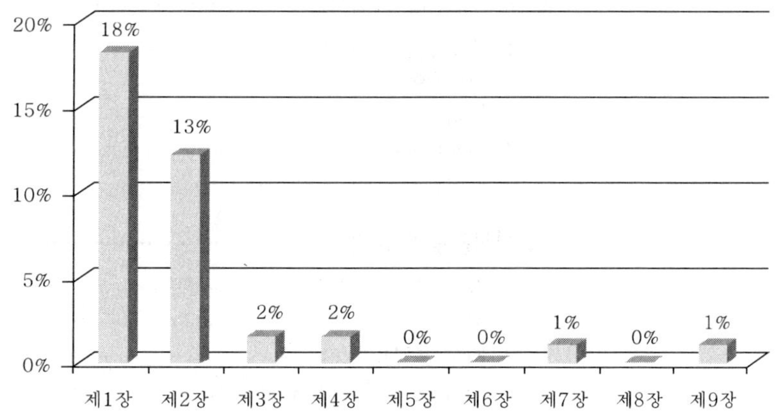

• Part 2. 출제비율

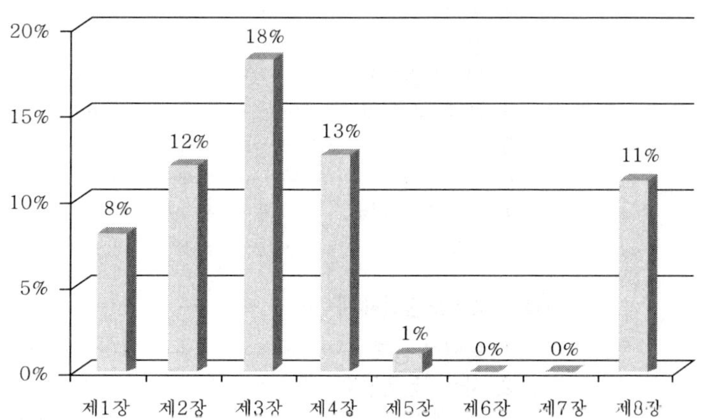

차 례

Contents

Chapter 02   지적원도 데이터베이스 구축 작업기준

차 례

Chapter 03 국가공간정보 기본법

Chapter 04 지적공부 세계측지계 변환규정

차 례

Chapter 05 3차원 국토공간정보 구축 작업규정

Chapter 06 토지의 이동 및 정리

Chapter 07 지적재조사에 관한 특별법

차 례

Contents

Chapter 08 지적도면전산화

차 례

Contents

Chapter 09 무인비행장치 측량 작업규정

차 례

Contents

Chapter 05 PBLIS와 LMIS

Contents

Chapter 08　공간정보시스템

PART **1**

지적전산학 관련 법률

Chapter 01 지적공부 및 부동산종합공부시스템

01 용어의 정의

1) 지적소관청

지적공부를 관리하는 특별자치시장, 시장(「제주특별자치도 설치 및 국제자유도시 조성을 위한 특별법」제10조 제2항에 따른 행정시의 시장을 포함하며, 「지방자치법」제3조 제3항에 따라 자치구가 아닌 구를 두는 시의 시장은 제외한다)·군수 또는 구청장(자치구가 아닌 구의 구청장을 포함한다)을 말한다.

2) 지적공부

토지대장, 임야대장, 공유지연명부, 대지권등록부, 지적도, 임야도 및 경계점좌표등록부 등 지적측량 등을 통하여 조사된 토지의 표시와 해당 토지의 소유자 등을 기록한 대장 및 도면(정보처리시스템을 통하여 기록·저장된 것을 포함한다)을 말한다.

기출문제 [2017년 기출]

공간정보의 구축 및 관리 등에 관한 법률상 '지적공부'에 해당하지 않는 것은?
① 공유지연명부
② 대지권등록부
③ 기준점성과표
④ 경계점좌표등록부

답 ③

---

3) 연속지적도

지적측량을 하지 아니하고 전산화된 지적도 및 임야도 파일을 이용하여 도면상 경계점들을 연결하여 작성한 도면으로서 측량에 활용할 수 없는 도면을 말한다.

[2017년 기출]

공간정보의 구축 및 관리 등에 관한 법률상 지적측량을 하지 않고 전산화된 지적도 및 임야도 파일을 이용하여 도면상의 경계점들을 연결하여 작성한 도면으로 측량에 활용할 수 없는 것은?

① 수치지적도 ② 지적편집도
③ 연속지적도 ④ 디지털지적도

답 ③

4) 부동산종합공부

토지의 표시와 소유자에 관한 사항, 건축물의 표시와 소유자에 관한 사항, 토지의 이용 및 규제에 관한 사항, 부동산의 가격에 관한 사항 등 부동산에 관한 종합정보를 정보관리체계를 통하여 기록·저장한 것을 말한다.

5) 필지

대통령령이 정하는 바에 의하여 구획되는 토지의 등록단위를 말한다.

6) 지번부여지역

지번을 부여하는 단위지역으로서 동·리 또는 이에 준하는 지역을 말한다.

7) 경계점

필지를 구획하는 선의 굴곡점으로써 지적도나 임야도에 도해(圖解)형태로 등록하거나 경계점좌표등록부에 좌표형태로 등록하는 점을 말한다.

8) 토지의 표시

지적공부에 토지의 소재·지번(地番)·지목(地目)·면적·경계 또는 좌표를 등록한 것을 말한다.

(1) 지번

필지에 부여하여 지적공부에 등록한 번호를 말한다.

(2) 지목

토지의 주된 용도에 따라 토지의 종류를 구분하여 지적공부에 등록한 것을 말한다.

① 지목은 토지대장, 임야대장, 지적도면(지적도, 임야도)에 등록되며, 공유지연명부, 대지권등록부, 경계점좌표등록부에는 등록되지 않는다.

　㉠ 토지대장·임야대장 : 토지대장·임야대장에 등록하는 때에는 코드번호와 정식명칭으로 표기하여야 한다.

ⓛ 지적도 및 임야도
- 지적도 및 임야도(이하 "지적도면"이라 한다)에 등록하는 때에는 부호로 표기하여야 한다.
- 하천, 유원지, 공장용지, 주차장은 차문자(천, 원, 장, 차)로 표기한다.

② 지목의 코드 및 정식명칭

지 목	코드번호	부 호	지 목	코드번호	부 호
전	1	전	철도용지	15	철
답	2	답	제방	16	제
과수원	3	과	**하천**	17	**천**
목장용지	4	목	구거	18	구
임야	5	임	유지	19	유
광천지	6	광	양어장	20	양
염전	7	염	수도용지	21	수
대	8	대	공원	22	공
공장용지	9	**장**	체육용지	23	체
학교용지	10	학	**유원지**	24	**원**
주차장	11	**차**	종교용지	25	종
주유소용지	12	주	사적지	26	사
창고용지	13	창	묘지	27	묘
도로	14	도	잡종지	28	잡

※ 차문자표기 : 주**차**장(차), 공**장**용지(장). 하**천**(천), 유**원**지(원)

기출문제

[2020년 기출]

공간정보의 구축 및 관리 등에 관한 법률 시행규칙상 지적전산도면(지적도 및 임야도)에 표기하는 지목부호가 옳은 것만을 모두 고르면?

ㄱ. 주차장 – 주	ㄴ. 도로 – 도
ㄷ. 유원지 – 유	ㄹ. 하천 – 천
ㅁ. 학교용지 – 학	ㅂ. 공장용지 – 공

① ㄱ, ㄴ, ㅁ   ② ㄱ, ㄷ, ㅂ
③ ㄴ, ㄹ, ㅁ   ④ ㄷ, ㄹ, ㅂ

답 ③

---

(3) 면적

지적공부에 등록한 필지의 수평면상 넓이를 말한다.

(4) 경계

필지별로 경계점 간을 직선으로 연결하여 지적공부에 등록한 선을 말한다.

9) 토지의 이동(異動)

토지의 표시를 새로이 정하거나 변경 또는 말소하는 것을 말한다.

구 분	정 의
신규등록	새로이 조성된 토지 및 등록이 누락되어 있는 토지를 지적공부에 등록하는 것을 말한다.
등록전환	임야대장 및 임야도에 등록된 토지를 토지대장 및 지적도에 옮겨 등록하는 것을 말한다.
분할	지적공부에 등록된 1필지를 2필지 이상으로 나누어 등록하는 것을 말한다.
합병	지적공부에 등록된 2필지 이상을 1필지로 합하여 등록하는 것을 말한다.
지목변경	지적공부에 등록된 지목을 다른 지목으로 바꾸어 등록하는 것을 말한다.
축척변경	지적도에 등록된 경계점의 정밀도를 높이기 위하여 작은 축척을 큰 축척으로 변경하여 등록하는 것을 말한다.

10) 측량

공간상에 존재하는 일정한 점들의 위치를 측정하고 그 특성을 조사하여 도면 및 수치로 표현하거나 도면상의 위치를 현지(現地)에 재현하는 것을 말하며, 측량용 사진의 촬영, 지도의 제작 및 각종 건설사업에서 요구하는 도면 작성 등을 포함한다.

(1) 기본측량

모든 측량의 기초가 되는 공간정보를 제공하기 위하여 국토교통부장관이 실시하는 측량을 말한다.

(2) 공공측량

① 국가, 지방자치단체, 그 밖에 대통령령으로 정하는 기관이 관계법령에 따른 사업 등을 시행하기 위하여 기본측량을 기초로 실시하는 측량

② ① 외의 자가 시행하는 측량 중 공공의 이해 또는 안전과 밀접한 관련이 있는 측량으로서 대통령령으로 정하는 측량

(3) 지적측량

토지를 지적공부에 등록하거나 지적공부에 등록된 경계점을 지상에 복원하기 위하여 제21호에 따른 필지의 경계 또는 좌표와 면적을 정하는 측량을 말하며, 지적확정측량 및 지적재조사측량을 포함한다.

① **지적확정측량** : 도시개발사업이 끝나 토지의 표시를 새로 정하기 위하여 실시하는 지적측량

② **지적재조사측량** : 「지적재조사에 관한 특별법」에 따른 지적재조사사업에 따라 토지의 표시를 새로 정하기 위하여 실시하는 지적측량

(4) 일반측량

기본측량, 공공측량 및 지적측량 외의 측량을 말한다.

기출문제 [2024년 기출]

공간정보의 구축 및 관리 등에 관한 법률상 (가), (나)의 설명에 해당하는 것을 바르게 연결한 것은?

(가) 모든 측량의 기초가 되는 공간정보를 제공하기 위하여 국토교통부장관이 실시하는 측량
(나) 토지대장, 임야대장, 공유지연명부, 대지권등록부, 지적도, 임야도 및 경계점좌표등록부 등 지적측량 등을 통하여 조사된 토지의 표시와 해당 토지의 소유자 등을 기록한 대장 및 도면

	(가)	(나)		(가)	(나)
①	공공측량	부동산종합공부	②	공공측량	지적공부
③	기본측량	부동산종합공부	④	기본측량	지적공부

답 ④

---

11) 지적확정측량

도시개발사업이 끝나 토지의 표시를 새로 정하기 위하여 실시하는 지적측량을 말한다.

12) 지적재조사측량

「지적재조사에 관한 특별법」에 따른 지적재조사사업에 따라 토지의 표시를 새로 정하기 위하여 실시하는 지적측량을 말한다.

13) 측량성과와 측량기록

① **측량성과** : 측량을 통하여 얻은 최종 결과를 말한다.
② **측량기록** : 측량성과를 얻을 때까지의 측량에 관한 작업의 기록을 말한다.

14) 지적측량파일

측량준비파일, 측량현형파일 및 측량성과파일을 말한다.
① **측량준비파일** : 부동산종합공부시스템에서 지적측량업무를 수행하기 위하여 도면 및 대장 속성정보를 추출한 파일을 말한다.
② **측량현형(現形)파일** : 전자평판측량, 위성측량방법 및 드론측량방법으로 관측한 데이터 및 지적측량에 필요한 현형(現形)정보가 들어있는 파일을 말한다.
③ **측량성과파일** : 전자평판측량 및 위성측량방법으로 관측 후 지적측량정보를 처리할 수 있는 시스템에 따라 작성된 측량결과도파일과 토지이동정리를 위한 지번, 지목 및 경계점의 좌표가 포함된 파일을 말한다.

[2015년 기출]

지적업무처리규정상 부동산종합공부시스템에서 지적측량업무를 수행하기 위해 도면 및 대장 속성정보를 추출한 파일은?

① 측량준비파일　　　　　　　　　② 측량현형파일
③ 측량기초파일　　　　　　　　　④ 측량성과파일

답 ①

02 지적공부의 종류

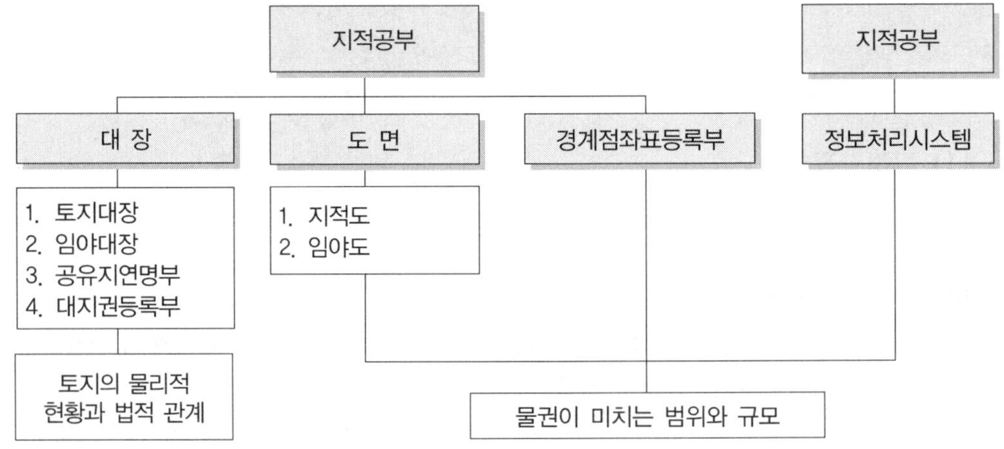

1. 지적공부의 변천사

1910~1975	1976~1990	1991~2001	2001~현재
토지대장	토지대장	토지대장	토지대장, 임야대장
임야대장	임야대장	임야대장	지적도, 임야도
지적도	지적도	지적도	경계점좌표등록부
임야도	임야도	임야도	대지권등록부
	수치지적부	수치지적부	공유지연명부
		지적파일	정보처리시스템

2. 효력

국가의 통치권이 미치는 모든 영토는 지적공부에 등록이 되어야 하며 지적공부에 등록할 경우 창설적 효력, 대항적 효력, 형성적 효력, 공증적 효력, 공시적 효력, 보고적 효력 등이 발생한다.

지적공부의 효력	내 용
창설적 효력	신규등록이란 새로이 조성된 토지 및 등록이 누락되어 있는 토지를 지적공부에 등록하는 것을 말한다. 이 경우에 발생되는 효력을 창설적 효력이라 한다.
대항적 효력	토지의 표시란 토지의 소재·지번·지목·면적·경계 또는 좌표를 말한다. 즉 지적공부에 등록된 토지의 표시사항은 제3자에게 대항할 수 있다.
형성적 효력	분할이란 지적공부에 등록된 1필지를 2필지 이상으로 나누어 등록하는 것을 말하며, 합병이란 지적공부에 등록된 2필지 이상을 1필지로 합하여 등록하는 것을 말한다. 이러한 분할·합병 등에 의하여 새로운 권리가 형성된다.
공증적 효력	지적공부에 등록되는 사항, 즉 토지의 표시에 관한 사항, 소유자에 관한 사항, 기타 등을 공증하는 효력을 가진다.
공시적 효력	토지의 표시를 법적으로 공개, 표시하는 효력을 공시적 효력이라 한다.
보고적 효력	지적공부에 등록하기 전에 지적공부의 신뢰성을 확보하기 위하여 지적공부정리 결의서를 작성하여 보고하여야 하는 효력을 보고적 효력이라 한다.

03 지적공부의 등록사항

1. 토지대장 · 임야대장

1) 등록사항

토지대장은 1912년의 토지조사령에 따른 토지조사결과를 바탕으로 작성된 지적공부를 말하며, 임야대장은 1918년 임야조사령에 따른 임야조사결과로 토지대장에 등록한 토지 이외의 토지에 관한 내용을 등록하는 지적공부를 말한다.

일반적인 기재사항	국토교통부령이 정하는 사항
1. 토지의 소재 : 리·동단위까지 법정행정구역의 명칭을 기재 2. 지번 : 임야대장에는 숫자 앞에 '산'를 붙임 3. 지목 : 정식명칭을 기재 4. 면적 : m^2로 표시 5. 소유자의 성명 또는 명칭, 주소 및 주민등록번호(국가, 지방자치단체, 법인, 법인 아닌 사단이나 재단 및 외국인의 경우에는 「부동산등기법」 제49조의2에 따라 부여된 등록번호를 말한다. 이하 같다)	1. 토지의 고유번호(각 필지를 서로 구별하기 위하여 필지마다 붙이는 고유한 번호를 말한다. 이하 같다) 2. 지적도 또는 임야도의 번호와 필지별 토지대장 또는 임야대장의 장번호 및 축척 3. 토지의 이동사유 4. 토지소유자가 변경된 날과 그 원인 5. 토지등급 또는 기준수확량등급과 그 설정·수정 연월일 6. 개별공시지가와 그 기준일

※ 대장의 소유자변동일자

1. 등기완료통지서·등기필증·등기사항증명서, 등기전산정보자료의 경우 : 등기접수일사
2. 미등기 토지소유자 등록사항 정정신청의 경우, 국유재산법에 의한 총괄청 또는 중앙관서의 장이 지적공부에 소유자가 등록되지 아니한 토지의 소유자 등록신청을 하는 경우 : 소유자정리결의일자
3. 공유수면매립준공에 의한 신규등록의 경우 : 매립준공일자

2) 고유번호

각 필지를 구별하기 위해 필지마다 붙이는 고유번호를 말하며 토지대장·임야대장·공유
지연명부·대지권등록부와 경계점좌표등록부에 등록하고 도면에는 등록되지 않는다. 이 고
유번호는 행정구역, 대장, 지번을 나타내며 소유자, 지목 등은 알 수 없다.

1	2	3	4	5	6	7	8	9	0	–	1	0	0	0	0	–	0	0	0	0
시·도		시·군·구		읍·면·동		리					대장	지번(본번)						지번(부번)		

※ 토지의 고유번호를 붙이는 데에 필요한 사항은 국토교통부장관이 정한다.

대장구분 표시	대장의 일체성
1. 토지대장 2. 임야대장	1. 토지대장＋지적도 2. 임야대장＋임야도

[2022년 기출]

부동산종합공부시스템 운영 및 관리규정상 토지의 고유번호에서 앞 10자리가 의미하는 것은?

① 행정구역   ② 면적
③ 지번   ④ 소유자 정보

답 ①

[2024년 기출]

부동산종합공부시스템 운영 및 관리규정상 토지 고유번호를 구성하는 코드 각각의 자릿수로 옳지 않은 것은?

① 행정구역 : 10   ② 대장구분 : 2
③ 본번 : 4   ④ 부번 : 4

답 ②

3) 대장구분코드

코 드	내 용	코 드	내 용
1	토지대장	8	토지대장(폐쇄)
2	임야대장	9	임야대장(폐쇄)

4) 부동산등기용 등록번호 부여

구 분	부여기관
국가, 지자체, 외국정부	국토교통부장관이 지정·고시
법인	주된 사무소 소재지 관할 등기소 등기관
법인 아닌 사단·재단	시장·군수·구청장
외국인	체류지를 관할하는 지방출입국, 외국인관서의 장
재외국민	대법원 소재지 관할 등기소 등기관

<table>
<tr><td>고유번호</td><td></td><td colspan="3">토지대장</td><td>도면번호</td><td></td><td>발급
번호</td><td></td></tr>
<tr><td>토지 소재</td><td></td><td>장 번 호</td><td></td><td>처리
시각</td><td></td></tr>
<tr><td>지 번</td><td></td><td>축 척</td><td></td><td>비 고</td><td></td><td>발급자</td><td></td></tr>
</table>

토지표시			소유자		
지 목	면적(㎡)	사 유	변동일자	주 소	
			변동원인	성명 또는 명칭	등록번호
			년 월 일		

등급수정 연 월 일																
토지등급 (기준수확량등급)	( )	( )	( )	( )	( )	( )	( )	( )	( )	( )	( )	( )	( )	( )	( )	( )
개별공시지가 기준일													용도지역 등			
개별공시지가(원/㎡)																

[토지이동사유명칭]

코드체계		* * ⇐ 숫자 2자리로 구성

코 드	내 용	코 드	내 용
01	신규등록	56	지적재조사로 폐쇄
02	신규등록(매립준공)	57	지적재조사 경계미확정토지
10	산 ○○번에서 등록전환	58	지적재조사 경계확정토지
11	○○번으로 등록전환되어 말소	60	구획정리 시행신고
20	분할되어 본번에 ○○을 부함	61	구획정리 시행신고 폐지
21	○○번에서 분할	62	구획정리 완료
22	분할개시 결정	63	구획정리되어 폐쇄
23	분할개시 결정 취소	65	경지정리 시행신고
30	○○번과 합병	66	경지정리 시행신고 폐지
31	○○번과 합병되어 말소	67	경지정리 완료
33	지적재조사예정지구 지정	68	경지정리되어 폐쇄
34	지적재조사예정지구 지정 폐지	70	축척변경 시행
40	지목변경	71	축척변경 시행 폐지
41	지목변경(매립준공)	72	축척변경 완료
42	해면성 말소	73	축척변경되어 폐쇄
43	○○에서 지번변경	74	토지개발사업 시행신고
44	면적 정정	75	토지개발사업 시행신고 폐지
45	경계 정정	76	토지개발사업 완료
46	위치 정정	77	토지개발사업으로 폐쇄
47	지적복구	80	등록사항 정정( )대상토지
48	해면성 복구	81	등록사항 정정( )
49	세계측지계좌표변환	82	도면등록사항 정정( )
50	○○에서 행정구역명칭변경	83	공유지연명부 등록사항 정정( )
51	○○에서 행정관할구역변경	84	공유지(집합건물) 등록사항 정정( )
52	○○번에서 행정관할구역변경	85	경계점좌표등록부 등록사항 정정( )
53	지적재조사지구 지정	90	등록사항 말소( )
54	지적재조사지구 지정 폐지	91	등록사항 회복( )
55	지적재조사 완료		

2. 공유지연명부

토지소유자가 2인 이상인 때에는 공유지연명부에 다음의 사항을 등록한다.

일반적인 기재사항	국토교통부령이 정하는 사항
1. 토지의 소재 2. 지번 3. 소유권지분 4. 소유자의 성명 또는 명칭, 주소 및 주민등록번호	1. 토지의 고유번호 2. 필지별 공유지연명부의 장번호 3. 토지소유자가 변경된 날과 그 원인

고유번호			공유지연명부		장번호	
토지 소재			지 번		비 고	

순 번	변동일자	소유권지분	소유자		
	변동원인		주 소	등록번호	
				성명 또는 명칭	
	년 월 일				
	년 월 일				
	년 월 일				
	년 월 일				

공간정보의 구축 및 관리 등에 관한 법률상 토지소유자가 둘 이상일 때에 공유지연명부에 등록해야 할 사항이 아닌 것은?

① 토지의 소재   ② 지번
③ 소유권지분   ④ 개별공시지가

답 ④

3. 대지권등록부

집합건물의 구분소유자가 전유 부분을 소유하기 위하여 건물의 대지에 대하여 가지는 권리로서 대지에 대한 소유권, 지상권, 전세권, 임차권 등이 해당한다. 대지사용권 중에서 전유 부분과 분리해서 처분할 수 없는 것을 대지권이라 한다.

일반적인 기재사항	국토교통부령이 정하는 사항
1. 토지의 소재 2. 지번 3. 대지권비율 4. 소유자의 성명 또는 명칭, 주소 및 주민등록번호	1. 토지의 고유번호 2. 전유 부분의 건물표시 3. 건물명칭 4. 집합건물별 대지권등록부의 장번호 5. 토지소유자가 변경된 날과 그 원인 6. 소유권지분

기출문제   [2016년 기출]

다음 중 대지권등록부의 등록사항을 나열한 것으로 옳지 않은 것은?

① 토지의 고유번호, 전유 부분의 건물표시
② 토지의 소재, 면적, 대지권비율
③ 소유자가 변경된 날과 그 원인, 건물의 명칭
④ 소유권지분, 소유자 주민등록번호

답 ②

고유번호		대지권등록부		전유 부분 건물표시		장번호	
토지 소재		지 번		대지권비율		건물명칭	
지 번							
대지권비율							
변동일자	소유권지분	소유자					
변동원인		주 소				등록번호	
						성명 또는 명칭	
년 월 일							
년 월 일							
년 월 일							
년 월 일							

4. 경계점좌표등록부

지적소관청은 도시개발사업 등에 따라 새로이 지적공부에 등록히는 토지에 대하여는 다음의 사항을 등록한 경계점좌표등록부를 작성하고 갖춰두어야 한다.

일반적인 기재사항	국토교통부령이 정하는 사항
1. 토지의 소재 2. 지번 3. 좌표	1. 토지의 고유번호 2. 도면번호 3. 필지별 경계점좌표등록부의 장번호 4. 부호 및 부호도

공간정보의 구축 및 관리 등에 관한 법률상 경계점좌표등록부의 등록사항이 아닌 것은?
① 토지의 소재　　　　　　　　　　　② 지번
③ 좌표　　　　　　　　　　　　　　④ 대지권비율

답 ④

1) 경계점좌표등록부 정리

① 부호도의 각 필지의 경계점부호는 왼쪽 위에서부터 오른쪽으로 경계를 따라 아라비아숫자로 연속하여 부여한다. 이 경우 토지의 빈번한 이동정리로 부호도가 복잡한 경우에는 아래 여백에 새로이 정리할 수 있다.

② 분할된 경우의 부호도 및 부호에는 새로이 결정된 경계점의 부호를 그 필지의 마지막 부호 다음 번호부터 부여하고, 다른 필지로 된 경계점의 부호도·부호 및 좌표는 말소하여야 하며, 새로이 결정된 경계점의 좌표를 다음 란에 정리한다.

③ 분할 후 필지의 부호도 및 부호의 정리는 ①의 규정을 준용한다.

④ 합병된 경우에는 합병으로 존치되는 필지의 경계점좌표등록부에 합병되는 필지의 좌표를 정리하고 부호도 및 부호를 새로이 정리한다. 이 경우 부호는 마지막 부호 다음 부호부터 부여하고, 합병으로 인하여 필요 없는 경계점(일직선상에 있는 경계점을 말한다)의 부호도·부호 및 좌표를 말소한다.

⑤ 합병으로 인하여 말소된 필지의 경계점좌표등록부는 부호도·부호 및 좌표를 말소한다. 이 경우 말소된 경계점좌표등록부도 지번 순으로 함께 보관한다.

⑥ 등록사항 정정으로 경계점좌표등록부를 정리하는 때에는 ①~⑤의 규정을 준용한다.

⑦ 부동산종합공부시스템에 따라 경계점좌표등록부를 정리할 때에는 ①부터 ⑥까지를 적용하지 아니할 수 있다.

2) 특징

① 경계점좌표등록부에는 지목·경계·면적·소유자 등은 등록되지 않는다.

② 지적확정측량 또는 축척변경을 위한 측량을 실시하여 경계점을 좌표로 등록한 지역에는 반드시 비치하여야 한다.

③ 일반인의 이해를 돕기 위해서 지적도를 별도로 비치하여야 한다.

④ 토지의 경계결정과 지표상의 복원은 좌표에 의한다.

⑤ 도시개발사업 등의 시행지역(농지의 구획정리지역을 제외한다)과 축척변경시행지역은 500분의 1로, 농지의 구획정리시행지역은 1,000분의 1로 하되 필요한 경우에는 미리 시·도지사의 승인의 얻어 6,000분의 1까지 작성할 수 있다.

토지 소재		경계점좌표등록부	발급번호	
지 번			처리시각	
출력축척			발급자	

부호	좌표		부호	좌표	
	X	Y		X	Y
	m	m		m	m

5. 지적도면(지적도 · 임야도)

1) 등록사항

도면에는 토지대장에 등록된 사항을 도면으로 표시한 지적도와 임야대장에 등록된 사항을 도면으로 표시한 임야도가 있다.

일반적인 기재사항	국토교통부령이 정하는 사항
1. 토지의 소재 2. 지번 : 아라비아숫자로 표기 3. 지목 : 두문자 또는 차문자 표시 4. 경계	1. 지적도면의 색인도(인접도면의 연결순서를 표시하기 위하여 기재한 도표와 번호를 말한다) 2. 도면의 제명 및 축척 3. 도곽선과 그 수치 4. 좌표에 의하여 계산된 경계점 간의 거리(경계점좌표등록부를 갖춰두는 지역으로 한정한다) 5. 삼각점 및 지적기준점의 위치 6. 건축물 및 구조물 등의 위치 7. 그 밖에 국토교통부장관이 정하는 사항

기출문제

[2022년 기출]

공간정보의 구축 및 관리 등에 관한 법령상 토지의 고유번호를 등록사항으로 규정하고 있지 않은 지적공부는?

① 토지대장 및 임야대장

② 공유지연명부

③ 경계점좌표등록부

④ 지적도 및 임야도

답 ④

2) 기타

① 경계점좌표등록부를 갖춰두는 지역의 지적도에는 해당 도면의 제명 끝에 "(좌표)"라고 표시하고, 도곽선의 오른쪽 아래 끝에 "이 도면에 의하여 측량을 할 수 없음"이라고 기재하여야 한다.

② 지적도면에는 지적소관청의 직인을 날인하여야 한다. 다만, 정보처리시스템을 이용하여 관리하는 지적도면의 경우에는 그러하지 아니하다.

③ 지적소관청은 지적도면의 관리에 필요한 경우에는 지번부여지역마다 일람도와 지번색인표를 작성하여 갖춰둘 수 있다.

④ 지적도면의 축척은 다음의 구분에 의한다.

　㉠ 지적도 : 1/500, 1/600, 1/1000, 1/1200, 1/2400, 1/3000, 1/6000

　㉡ 임야도 : 1/3000, 1/6000

⑤ 지적도 시행지역에서의 거리측정은 5cm, 임야도 시행지역에서의 거리측정은 50cm 단위로 측정한다.

[2012년 기출]

지적도에 등록사항에 해당하지 않는 것은?
① 삼각점 및 지적기준점의 명칭 및 번호　② 도면의 제명 및 축척
③ 도곽선 및 수치　　　　　　　　　　　　④ 도면의 색인도
⑤ 건축물 및 구조물의 위치

답 ①

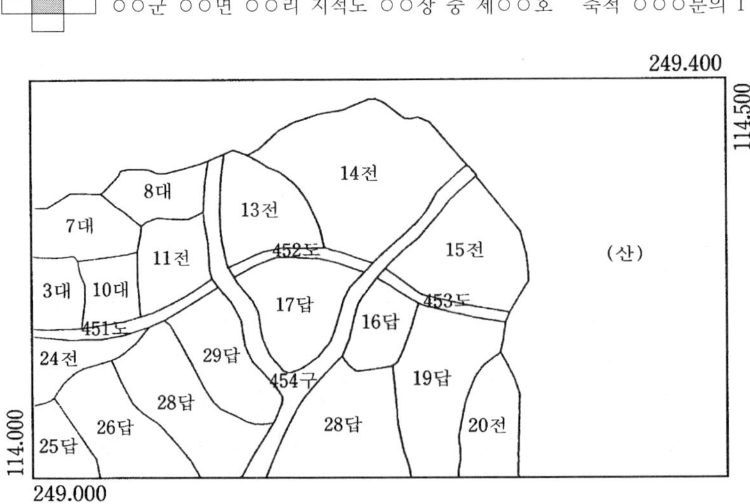

Chapter 01

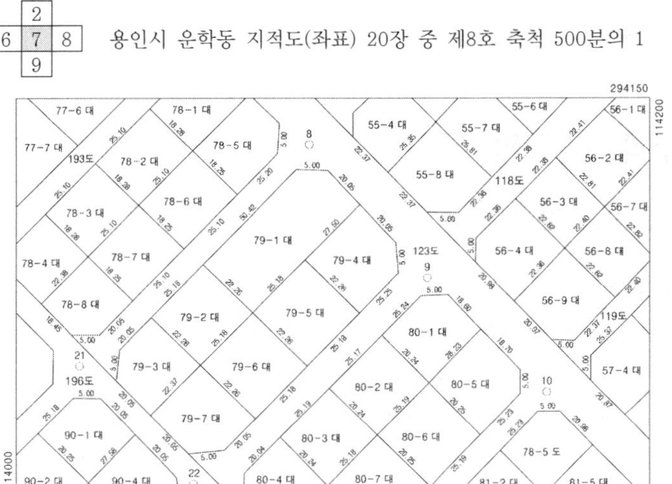

용인시 운학동 지적도(좌표) 20장 중 제8호 축척 500분의 1

2002년 12월 1일 재작성 ㉑
이 도면에 의하여 측량을 할 수 없음

3) 지적도면의 복사

① 국가기관, 지방자치단체 또는 지적측량수행자가 지적도면(정보처리시스템에 구축된 지적 도면 데이터 파일을 포함한다)을 복사하려는 경우에는 지적도면 복사의 목적, 사업계획 0 등을 적은 신청서를 지적소관청에 제출하여야 한다.

② 신청을 받은 지적소관청은 신청내용을 심사한 후 그 타당성을 인정하는 때에 지적도면을 복사할 수 있게 하여야 한다. 이 경우 복사과정에서 지적도면을 손상시킬 염려가 있으면 지적도면의 복사를 정지시킬 수 있다.

③ 복사한 지적도면은 신청 당시의 목적 외의 용도로는 사용할 수 없다.

 참고

1. 축척별 기준도곽

축 척	도상거리		지상거리	
	세로(cm)	가로(cm)	세로(m)	가로(m)
1/500	30	400	150	200
1/1000			300	400
1/600	33.3333	41.6667	200	250
1/1200			400	500
1/2400			800	1,000
1/3000	40	50	1,200	1,500
1/6000			2,400	3,000

2. 도곽선의 용도

① 지적기준점 전개 시의 기준   ② 도곽 신축보정 시의 기준
③ 인접도면접합 시의 기준   ④ 도북방위선의 기준
⑤ 측량결과도와 실지의 부합 여부 확인기준

1. 지적공부의 보존 및 관리

1) 지적공부의 보존 및 관리

(1) 보존 및 반출

① 지적소관청은 해당 청사에 지적서고를 설치하고 그곳에 지적공부(정보처리시스템을 통하여 기록·저장한 경우는 제외한다. 이하 이 항에서 같다)를 영구히 보존하여야 하며, 다음의 어느 하나에 해당하는 경우 외에는 해당 청사 밖으로 지적공부를 반출할 수 없다.

  ㉠ 천재지변이나 그 밖에 이에 준하는 재난을 피하기 위하여 필요한 경우

  ㉡ 관할 시·도지사 또는 대도시시장의 승인을 받은 경우

② 지적공부를 정보처리시스템을 통하여 기록·저장한 경우 관할 시·도지사, 시장·군수 또는 구청장은 그 지적공부를 지적정보관리체계에 영구히 보존하여야 한다.

③ 국토교통부장관은 정보처리시스템에 영구히 보존하여야 하는 지적공부가 멸실되거나 훼손될 경우를 대비하여 지적공부를 복제하여 관리하는 정보관리체계를 구축하여야 한다.

  ㉠ 시장·군수·자치구청장은 지적공부를 복제하는 때에는 2부를 복제하여야 한다.

  ㉡ 복제된 지적공부 1부는 지적정보관리체계에 영구히 보관하고, 나머지 1부는 시·도지사가 지정하는 안전한 장소에 이중문이 설치된 내화금고 등에 6개월 이상 보관하여야 한다.

④ 지적소관청은 부동산종합공부시스템에 의해 매월 말일 현재로 작성·관리되는 지적공부 등록현황과 지적업무정리상황 등의 이상 유무를 점검·확인하여야 한다.

(2) 관리

지적공부관리방법은 부동산종합공부시스템에 따른 방법을 제외하고는 다음과 같다.

① 지적공부는 지적업무담당공무원 외에는 취급하지 못한다.

② 지적공부 사용을 완료한 때에는 즉시 보관상자에 넣어야 한다. 다만, 간이보관상자를 비치한 경우에는 그러하지 아니하다.

③ 지적공부를 지적서고 밖으로 반출하고자 하는 때에는 훼손이 되지 않도록 보관·운반함 등을 사용한다.

④ 도면은 항상 보호대에 넣어 취급하되, 말거나 접지 못하며 직사광선을 받게 하거나 건습이 심한 장소에서 취급하지 못한다.

2) 지적공부의 보관방법

① 부책(簿册)으로 된 토지대장·임야대장 및 공유지연명부는 지적공부보관상자에 넣어 보관하고, 카드로 된 토지대장·임야대장·공유지연명부·대지권등록부 및 경계점좌표등록부는 100장 단위로 바인더(binder)에 넣어 보관하여야 한다.

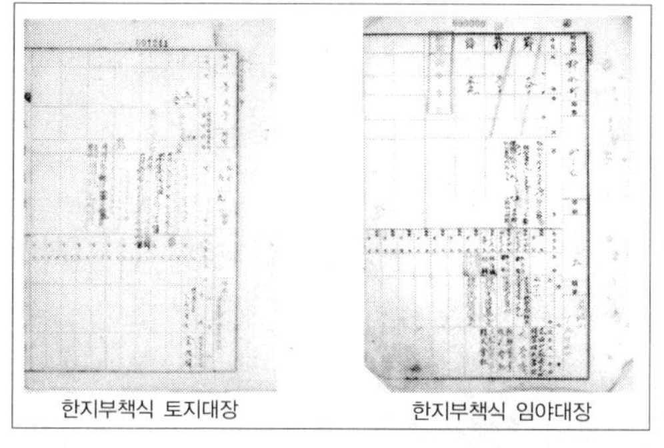

[부책식 토지대장, 임야대장]

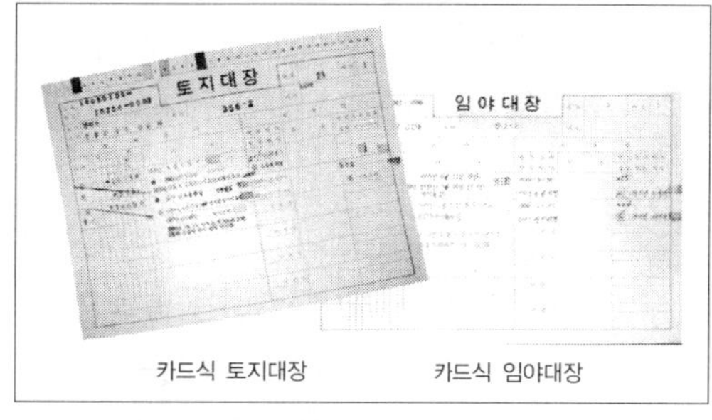

[카드식 토지대장, 임야대장]

② 일람도·지번색인표 및 지적도면은 지번부여지역별로 도면번호 순으로 보관하되, 각 장별로 보호대에 넣어야 한다.

③ 지적공부를 정보처리시스템을 통하여 기록·보존하는 때에는 그 지적공부를 「공공기관의 기록물 관리에 관한 법률」에 따라 기록물관리기관에 이관할 수 있다.

3) 지적공부의 반출

① 지적소관청이 지적공부를 그 시·군·구의 청사 밖으로 반출하려는 때에는 특별시장·광역시장 또는 도지사(이하 "시·도지사"라 한다) 또는 대도시시장에게 지적공부반출사유를 적은 승인신청서를 제출하여야 한다.

② 신청을 받은 시·도지사 또는 대도시시장은 지적공부반출사유 등을 심사한 후 그 승인 여부를 지적소관청에 통지하여야 한다.

4) 지적공부의 열람 및 등본

(1) 열람 및 등본발급

① 지적공부를 열람하거나 그 등본을 발급받으려는 자는 해당 지적소관청에 그 열람 또는 발급을 신청하여야 한다. 다만, 정보처리시스템을 통하여 기록·저장된 지적공부(지적도 및 임야도는 제외한다)를 열람하거나 그 등본을 발급받으려는 경우에는 특별자치시장, 시장·군수 또는 구청장이나 읍·면·동의 장에게 신청할 수 있다.

② 지적공부를 열람하거나 그 등본을 발급받으려는 자는 지적공부·부동산종합공부 열람·발급 신청서(전자문서로 된 신청서를 포함한다)를 지적소관청 또는 읍·면·동장에게 제출하여야 한다.

③ 지적공부의 열람 및 등본발급의 절차 등에 필요한 사항은 국토교통부령으로 정한다.

(2) 열람 및 등본 작성방법

① 지적공부의 열람 및 등본교부 신청은 신청자가 대상토지의 지번을 제시한 경우에 한한다.

② 지적소관청은 지적공부의 열람신청이 있는 때에는 신청필지수와 수수료금액을 확인하여 신청서에 첨부된 수입증지를 소인한 후 유리로 격리된 열람대 또는 모니터에 의하여 담당공무원의 참여 하에 지적공부를 열람시킨다.

③ 열람자가 보기 쉬운 장소에 다음과 같이 열람 시의 유의사항을 게시하고 이를 알려주어야 한다.

　　㉠ 지정한 장소에서 열람하여 주십시오.

　　㉡ 화재의 위험이 있거나 지적공부를 훼손할 수 있는 물건을 휴대하여서는 안 됩니다.

　　㉢ 열람 시 개인정보 등이 포함된 사항은 기록, 촬영하여서는 안 됩니다.

④ 지적공부의 등본은 지적공부를 복사·제도하여 작성하거나 부동산종합공부시스템으로 작성한다. 이 경우 대장등본은 작성일 현재의 최종사유를 기준으로 작성한다. 다만, 신청인의 요구가 있는 때에는 그러하지 아니하다.

⑤ 도면등본을 복사에 따라 작성·발급하는 때에는 윗부분과 아랫부분에 다음과 같이 날인하고, 축척은 규칙 제69조 제6항에 따른다. 다만, 부동산종합공부시스템으로 발급하는 경우에는 신청인이 원하는 축척과 범위를 지정하여 발급할 수 있다.

(도면등본 날인문안 및 규격)

(윗　부　분)

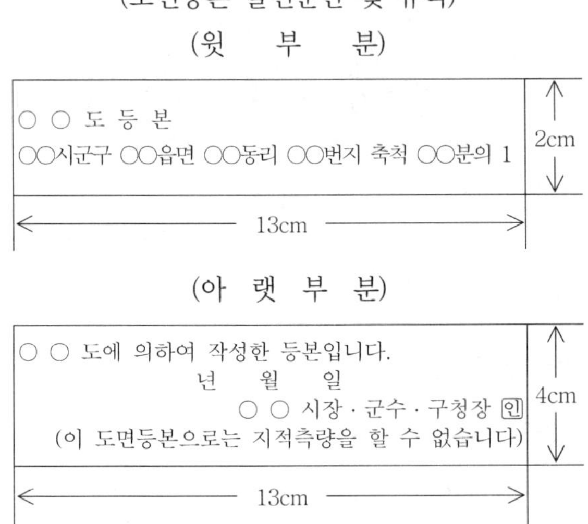

⑥ 작성한 등본에는 수입증지를 첨부하여 소인한 후 지적소관청의 직인을 날인하여야 한다. 이 경우 등본이 1장을 초과하는 경우에는 첫 장에만 직인을 날인하고 다음 장부터는 천공 또는 간인하여 발급한다.

⑦ 대장등본을 복사에 의하여 작성·발급하는 때에는 대장의 앞면과 뒷면을 각각 복사하여 기재사항 끝부분에 다음과 같이 날인한다.

(대장등본 날인문안 및 규격)

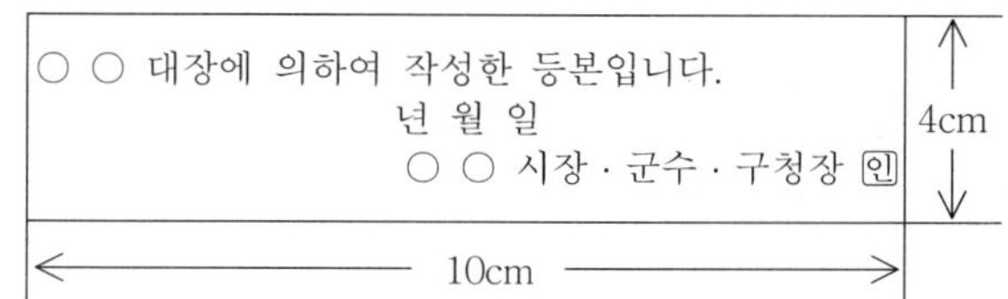

⑧ 등본발급의 수수료는 유료와 무료로 구분하여 처리하되, 무료로 발급하는 경우에는 등본 앞면 여백에 붉은색으로 "무료"라 기재한다.

⑨ 폐쇄 또는 말소된 지적공부의 등본을 작성하는 때에는 "폐쇄 또는 말소된 ○○○에 의하여 작성한 등본입니다"라고 붉은색으로 기재한다.

⑩ 부동산종합공부시스템으로 지적공부를 열람하는 경우 열람용 등본을 발급할 수 있으며, 이때에는 아랫부분에 "본 토지(임야)대장은 열람용이므로 출력하신 토지(임야)대장은 법적인 효력이 없습니다"라고 기재한다.

⑪ 등본은 공용으로 발급할 수 있으며, 이때 등본의 아랫부분에 "본 토지(임야)대장은 공용이므로 출력하신 토지(임야)대장은 민원용으로 사용할 수 없습니다"라고 기재한다.

5) 수수료

① 토지(임야)대장 및 경계점좌표등록부의 열람 및 등본발급 수수료는 1필지를 기준으로 하되, 1필지당 20장을 초과하는 경우에는 초과하는 매 1장당 100원을 가산하며, 지적(임야)도면 등본의 크기가 기본단위(가로 21cm, 세로 30cm)의 4배를 초과하는 경우에는 기본단위당 700원을 가산한다.

② 지적(임야)도면 등본을 제도방법(연필로 하는 제도방법은 제외한다)으로 작성·발급하는 경우 그 등본발급 수수료는 기본단위당 5필지를 기준하여 2,400원으로 하되, 5필지를 초과하는 경우에는 초과하는 매 1필지당 150원을 가산하며, 도면 등본의 크기가 기본단위를 초과하는 경우에는 기본단위당 500원을 가산한다.

③ 지적측량업무에 종사하는 측량기술자가 그 업무와 관련하여 지적기준점성과 또는 그 측량부의 열람 및 등본발급을 신청하는 경우에는 수수료를 면제한다.

④ 국가 또는 지방자치단체가 업무수행에 필요하여 지적공부의 열람 및 등본발급을 신청하는 경우에는 수수료를 면제한다.

⑤ 지적측량업무에 종사하는 측량기술자가 그 업무와 관련하여 지적공부를 열람(복사하기 위하여 열람하는 것을 포함한다)하는 경우에는 수수료를 면제한다.

⑥ 지적소관청은 정보통신망을 이용하여 전자화폐·전자결제 등의 방법으로 수수료를 내게 할 수 있다.

지적공부 · 부동산종합공부 열람 · 발급 신청서

접수번호	접수일	발급일	처리기간 : 즉시

신청인	성명		생년월일	

신청물건	시 · 도　　　　　시 · 군 · 구　　　　　　　　읍 · 면
	리 · 동　　　　　번지
	집합건물　　　　　APT · 연립 · B/D　　　동　　층　　　호

신청구분	[ ] 열람　[ ] 등본발급　[ ] 증명서발급　　※ 발급 시 부수를 [ ] 안에 숫자로 표시

지적공부	[ ] 토지대장　　[ ] 임야대장　　[ ] 지적도　　[ ] 임야도　　[ ] 경계점좌표등록부

부동산종합공부　　　(※ 종합형은 연혁을 포함한 모든 정보, 맞춤형은 √로 표시한 정보만 발급)

종합형		[ ] 토지	[ ] 토지, 건축물	[ ] 토지, 집합건물
맞춤형	토지(지목, 면적, 현 소유자 등) 기본사항	[ ]		
	토지(지목, 면적 등) · 건물(주용도, 층수 등) 기본사항		[ ]	[ ]
	토지이용확인도 및 토지이용계획	[ ]	[ ]	[ ]
	토지 · 건축물 소유자현황		[ ]	[ ]
	토지 · 건축물 소유자공유현황	[ ]	[ ]	[ ]
	토지 · 건축물표시 변동연혁	[ ]	[ ]	[ ]
	토지 · 건축물 소유자변동연혁	[ ]	[ ]	[ ]
	가격연혁	[ ]	[ ]	[ ]
	지적(임야)도	[ ]	[ ]	[ ]
	경계점좌표등록사항	[ ]		[ ]
	건축물 층별 현황		[ ]	[ ]
	건축물현황도면		[ ]	[ ]

「공간정보의 구축 및 관리 등에 관한 법률」 제75조, 제76조의4 및 같은 법 시행규칙 제74조에 따라 지적공부 · 부동산종합공부의 열람 · 증명서 발급을 신청합니다.

년　　　　월　　　　일

신청인　　　　　　　　　　　　(서명 또는 인)

특별자치시장
시장 · 군수 · 구청장　귀하
읍 · 면 · 동장

첨부서류	없 음

[지적공부 및 부동산종합공부 수수료]

구 분		신청종목	방문신청	인터넷신청
지적공부	열람	토지(임야)대장, 경계점좌표등록부(1필지)	300원	무료
		지적(임야)도(1장)	400원	무료
	발급	토지(임야)대장, 경계점좌표등록부(1필지)	500원	무료
		지적(임야)도(가로 21cm×30cm)	700원	무료
부동산 종합공부	열람	부동산종합증명서 종합형	없음	무료
		부동산종합증명서 맞춤형	없음	무료
	발급	부동산종합증명서 종합형	1,500원	1,000원
		부동산종합증명서 맞춤형	1,000원	800원
		※ 방문발급 시 1통에 대한 발급 수수료는 20장까지는 기본 수수료를 적용하고, 1통이 20장을 초과하는 때에는 초과 1장마다 50원의 수수료 추가 적용(인터넷발급은 적용하지 않음)		

2. 지적서고 설치기준

1) 지적서고의 구조기준

지적서고의 설치기준, 지적공부의 보관방법 및 반출승인절차 등에 필요한 사항은 국토교통부령으로 정한다.

① 지적서고는 지적사무를 처리하는 사무실과 연접(連接)하여 설치하여야 한다.

② 골조는 철근콘크리트 이상의 강질로 할 것

③ 지적서고의 면적은 다음의 기준면적에 의할 것

[지적서고의 기준면적]

지적공부등록필지수	지적서고의 기준면적
10만필지 이하	$80m^2$
10만필지 초과 20만필지 이하	$110m^2$
20만필지 초과 30만필지 이하	$130m^2$
30만필지 초과 40만필지 이하	$150m^2$
40만필지 초과 50만필지 이하	$165m^2$
50만필지 초과	$180m^2$에 60만필지를 초과하는 10만필지마다 $10m^2$를 가산한 면적

④ 바닥과 벽은 2중으로 하고 영구적인 방수설비를 할 것

⑤ 창문과 출입문은 2중으로 하되, 바깥쪽 문은 반드시 철제로 하고, 안쪽 문은 곤충·쥐 등의 침입을 막을 수 있도록 철망 등을 설치할 것

⑥ 온도 및 습도의 자동조절장치를 설치하고 연중평균온도는 섭씨 20±5℃, 연중평균습도는 65±5%를 유지할 것

⑦ 전기시설을 설치하는 때에는 단독퓨즈를 설치하고 소화장비를 비치할 것
⑧ 열과 습도의 영향을 받지 아니하도록 내부공간을 넓게 하고 천정을 높게 설치할 것

2) 지적서고관리

① 지적서고는 제한구역으로 지정하고 출입자를 지적사무담당공무원으로 한정할 것
② 지적서고에는 인화물질의 반입을 금지하며 지적공부·지적관계서류 및 지적측량장비만 보관할 것
③ 지적공부보관상자는 벽으로부터 15cm 이상 띄워야 하며 높이 10cm 이상의 깔판 위에 올려놓을 것
④ 지적소관청은 지적부서 실·과장을 지적공부보관 정책임자로, 지적업무담당을 부책임자로 지정하여 관리할 것
⑤ 지적서고의 자물쇠는 바깥쪽 문과 안쪽 문에 각각 설치하고 열쇠는 2조를 마련하되, 1조는 지적소관청이 봉인하여 관리하고, 다른 1조는 지적부서 실·과장이 관리할 것
⑥ 지적서고의 출입문이 자동으로 개폐되는 경우에는 보안관리의 책임자는 지적부서 실·과장이 되고, 담당자는 보안관리책임자가 별도로 지정할 것

3. 지적정보전담관리기구

1) 설치 및 운영

국토교통부장관은 지적공부의 효율적인 관리 및 활용을 위하여 지적정보전담관리기구를 설치·운영한다. 지적정보전담관리기구의 설치·운영에 관한 세부사항은 대통령령으로 정한다.

2) 자료요청

국토교통부장관은 지적공부를 과세나 부동산정책자료 등으로 활용하기 위하여 주민등록전산자료, 가족관계등록전산자료, 부동산등기전산자료 또는 공시지가전산자료 등을 관리하는 기관에 그 자료를 요청할 수 있으며, 요청을 받은 관리기관의 장은 특별한 사정이 없는 한 이에 응하여야 한다.

4. 지적전산자료의 이용 및 활용

지적공부에 관한 전산자료(연속지적도를 포함하며, 이하 "지적전산자료"라 한다)를 이용하거나 활용하려는 자는 다음의 구분에 따라 국토교통부장관, 시·도지사 또는 지적소관청에 지적전산자료를 신청하여야 한다. 지적전산자료의 이용 또는 활용에 필요한 사항은 대통령령으로 정한다.

자료의 범위	신 청
전국단위의 지적전산자료	국토교통부장관, 시·도지사 또는 지적소관청
시·도단위의 지적전산자료	시·도지사 또는 지적소관청
시·군·구단위의 지적전산자료	지적소관청

1) 관계 중앙행정기관의 장의 심사

지적전산자료를 신청하려는 자는 대통령령으로 정하는 바에 따라 지적전산자료의 이용 또는 활용 목적 등에 관하여 미리 관계 중앙행정기관의 심사를 받아야 한다. 다만, 중앙행정기관의 장, 그 소속기관의 장 또는 지방자치단체의 장이 신청하는 경우에는 그러하지 아니하다.

(1) 이용·활용 심사신청서 제출

① 지적전산자료의 이용 또는 활용 심사신청을 하려는 자는 이용·활용 심사신청서를 작성하여 관계 중앙행정기관의 장에게 제출하여야 한다.

② 지적전산자료를 이용 또는 활용하려는 자는 다음의 사항을 기재한 신청서를 관계 중앙행정기관의 장에게 제출하여 심사를 신청하여야 한다.

   ㉠ 자료의 이용 또는 활용 목적 및 근거

   ㉡ 자료의 범위 및 내용

   ㉢ 자료의 제공방식·보관기관 및 안전관리대책 등

기출문제

[2018년 기출]

지적공부에 관한 전산자료를 이용하려는 자가 심사를 신청할 때 작성하는 사항으로 가장 옳지 않은 것은?

① 자료의 이용 또는 활용 목적 및 근거
② 자료의 범위 및 내용
③ 자료의 제공방식
④ 자료의 목적 외 사용 방지 및 안전관리대책

답 ④

---

(2) 심사를 받지 않는 경우

다음의 어느 하나에 해당하는 경우에는 관계 중앙행정기관의 심사를 받지 아니할 수 있다.

① 토지소유자가 자기 토지에 대한 지적전산자료를 신청하는 경우

② 토지소유자가 사망하여 그 상속인이 피상속인의 토지에 대한 지직전산자료를 신청하는 경우

③ 「개인정보 보호법」에 따른 개인정보를 제외한 지적전산자료를 신청하는 경우

공간정보의 구축 및 관리 등에 관한 법률상 지적전산자료의 이용 또는 활용 목적 등에 관하여 미리 관계 중앙행정기관의 심사를 받지 않을 수 있는 경우가 아닌 것은?

① 토지소유자가 자기 토지에 대한 지적전산자료를 신청하는 경우
② 토지소유자가 사망하여 그 상속인이 피상속인의 토지에 대한 지적전산자료를 신청하는 경우
③ 전국단위의 지적전산자료 및 시·도단위의 지적전산자료를 신청하는 경우
④ 개인정보 보호법에 따른 개인정보를 제외한 지적전산자료를 신청하는 경우

답 ③

공간정보의 구축 및 관리 등에 관한 법률상 지적전산자료의 이용 등에 대한 설명으로 옳지 않은 것은?

① 전국단위의 지적전산자료는 국토교통부장관, 시·도지사 또는 지적소관청에 신청하여야 한다.
② 시·도단위의 지적전산자료는 시·도지사 또는 지적소관청에 신청하여야 한다.
③ 시·군·구(자치구가 아닌 구 포함)단위의 지적전산자료는 지적소관청에 신청하여야 한다.
④ 토지소유자가 자기 토지에 대한 지적전산자료를 신청하는 경우에는 관계 중앙행정기관의 심사를 받아야 한다.

답 ④

(3) 심사사항과 결과의 통지

심사신청을 받은 관계 중앙행정기관의 장은 다음의 사항을 심사한 후 그 결과를 신청인에게 통지하여야 한다.
① 신청내용의 타당성·적합성·공익성
② 개인의 사생활 침해 여부
③ 자료의 목적 외 사용 방지 및 안전관리대책

2) 국토교통부장관, 시·도지사 또는 지적소관청 확인 및 자료의 제공

(1) 지적전산자료의 이용 및 활용 신청

지적공부에 관한 전산자료(연속지적도를 포함하며, 이하 "지적전산자료"라 한다)를 이용하거나 활용하려는 자는 다음의 구분에 따라 국토교통부장관, 시·도지사 또는 지적소관청에 지적전산자료를 신청하여야 한다.

자료의 범위	신 청
전국단위의 지적전산자료	국토교통부장관, 시·도지사 또는 지적소관청
시·도단위의 지적전산자료	시·도지사 또는 지적소관청
시·군·구단위의 지적전산자료	지적소관청

(2) 심사결과의 제출

지적전산자료의 이용 또는 활용 신청을 하는 때에는 심사결과를 국토교통부장관, 시·도지사 또는 지적소관청에 제출하여야 한다. 다만, 다음의 경우에는 제출하지 아니할 수 있다.

① 중앙행정기관의 장, 그 소 기관의 장 또는 지방자치단체의 장이 신청하는 경우

② 토지소유자가 자기 토지에 대한 지적전산자료를 신청하는 경우

③ 토지소유자가 사망하여 그 상속인이 피상속인의 토지에 대한 지적전산자료를 신청하는 경우

④ 「개인정보 보호법」에 따른 개인정보를 제외한 지적전산자료를 신청하는 경우에 따라 신청하는 경우

(3) 확인 및 자료제공

신청을 받은 국토교통부장관, 시·도지사 또는 지적소관청은 지적전산자료의 이용·활용 신청서 및 심사결과(지적전산자료의 이용·활용신청서만 제출한 경우는 제외한다)를 확인한 후 지적전산자료를 제공해야 한다. 다만, 다음의 어느 하나에 해당하는 경우에는 지적전산자료를 제공하지 않을 수 있다.

① 신청한 사항의 처리가 전산정보처리조직으로 불가능한 경우

② 신청한 사항의 처리가 지적업무수행에 지장을 주는 경우

(4) 사용료

지적전산자료를 제공받은 자는 국토교통부령으로 정하는 사용료를 내야 한다. 다만, 국가나 지방자치단체에 대해서는 사용료를 면제한다.

[지적전산자료의 이용·활용]

지적전산자료제공방법	수수료	비 고
인쇄물로 제공하는 때	1필지당 30원	• 국토교통부장관 : 수입인지
전산매체로 제공하는 때	1필지당 20원	• 시·도지사, 지적소관청 : 수입증지

[심사신청서 기재사항 및 심사, 확인사항]

구 분	내 용
신청서 기재사항	1. 자료의 이용 또는 활용 목적 및 근거 2. 자료의 범위 및 내용 3. 자료의 제공방식 · 보관기관 및 안전관리대책 등
심사사항 (관계 중앙행정기관의 장)	1. 신청내용의 타당성 · 적합성 · 공익성 2. 개인의 사생활 침해 여부 3. 자료의 목적 외 사용 방지 및 안전관리대책
확인사항 (국토교통부장관, 시 · 도지사, 지적소관청)	1. 신청서 2. 심사결과

지적전산자료 이용 · 활용 [ ]심사 [ ]승인 신청서

※ [ ]에는 해당되는 곳에 √ 표시를 합니다.

접수번호	접수일	발급일	처리기간 : 즉시

신청인	성명		생년월일
	주소		

신청사항	신청내용
	활용목적
	제출처
	법적 근거

자료제공방법	[ ] 인쇄물 [ ] 전산매체

자료요구범위	[ ] 기 개발 [ ] 자료제공 [ ] 전국 [ ] 시 · 도 [ ] 시 · 군 · 구

「공간정보의 구축 및 관리 등에 관한 법률 시행령」 제62조 제1항 및 같은 법 시행규칙 제75조에 따라 위와 같이 신청합니다.

년   월   일

신청인   (서명 또는 인)

시장 · 군수 · 구청장 귀하

첨부서류	관계 중앙행정기관의 장의 심사결과 1부(지적전산정보자료 이용 · 활용 승인을 신청하는 경우에만 제출합니다)	수수료 1필지당 각 • 인쇄물 : 30원 • 전산매체 : 20원

지적전산정보자료 이용 · 활용 승인대장

결 재		접수 번호	접수일	신청인		활용목적	신청건수 (필지수)	전산본부 작업의뢰일	처리결과 통 보 일	처리건수 (필지수)	사용료	비 고
				성 명	주 소							

05 부동산종합공부시스템 운영 및 관리규정

1. 목적

「공간정보의 구축 및 관리 등에 관한 법률」, 같은 법 시행령, 같은 법 시행규칙, 「지적측량 시행규칙」과 「국가공간정보센터 운영규정」에 따라 지적공부 및 부동산종합공부를 정보관리 체계에 따라 처리하는 방법과 절차 등에 관하여 필요한 사항을 규정함을 목적으로 한다.

2. 용어의 정의

① **정보관리체계** : 지적공부 및 부동산종합공부의 관리업무를 전자적으로 처리할 수 있도록 설치된 정보시스템으로서, 국토교통부가 운영하는 국토정보시스템과 지방자치단체가 운영하는 부동산종합공부시스템으로 구성된다.

② **국토정보시스템** : 국토교통부장관이 지적공부 및 부동산종합공부 정보를 전국단위로 통합하여 관리 · 운영하는 시스템을 말한다.

③ **부동신종합공부시스템** : 시방사치단체가 지적공부 및 부동산종합공부 정보를 전자적으로 관리 · 운영하는 시스템을 말한다.

1. 지적공부관리	2. 지적측량성과관리
3. 연속지적도관리	4. 용도지역지구관리
5. 개별공시지가관리	6. 개별주택가격관리
7. 통합민원발급관리	8. GIS건물통합정보관리
9. 섬관리	10. 통합정보열람관리
11. 시·도 통합정보열람관리	12. 일사편리포털관리

기출문제
[2019년 기출]

부동산종합공부시스템 운영 및 관리규정상 부동산종합공부시스템의 단위업무에 속하는 것으로만 묶은 것은?

가. 개별공시지가관리	나. GIS도로통합정보관리
다. 일사편리포털관리	라. 개별주택가격관리
마. 섬관리	

① 가, 나, 다, 라　　　　② 가, 나, 다, 마
③ 가, 나, 라, 마　　　　④ 가, 다, 라, 마

답 ④

기출문제
[2022년 기출]

부동산종합공부시스템 운영 및 관리규정상 부동산종합공부시스템의 단위업무로 옳지 않은 것은?

① 지적측량성과관리　　　　② 용도지역지구관리
③ 섬관리　　　　④ 연속지형도관리

답 ④

④ **운영기관** : 부동산종합공부시스템이 설치되어 이를 운영하고 유지관리의 책임을 지는 지방자치단체를 말하며, 영문표기는 "Korea Real estate Administration intelligence System"로 "KRAS"로 약칭한다.

⑤ **사용자** : 부동산종합공부시스템을 이용하여 업무를 처리하는 공무원으로서 부동산종합공부시스템에 사용자로 등록된 자를 말한다.

⑥ **운영지침서** : 국토교통부장관이 부동산종합공부시스템을 통한 업무처리의 절차 및 방법에 대하여 체계적으로 정한 지침으로서 '운영자 전산처리지침서'와 '사용자 업무처리지침서'를 말한다.

기출문제 [2015년 기출]

부동산종합공부시스템 운영 및 관리규정상 용어의 정의로 옳지 않은 것은?

① 정보관리체계 : 지적공부 및 부동산종합공부의 관리업무를 전자적으로 처리할 수 있도록 설치된 정보시스템
② 부동산종합공부시스템 : 지방자치단체가 지적공부 및 부동산종합공부 정보를 전자적으로 관리·운영하는 시스템
③ 운영기관 : 부동산종합공부시스템이 설치되어 이를 운영하고 유지관리의 책임을 지는 지방자치단체
④ 국토정보시스템 : 국토교통부장관이 지적공부 및 부동산종합공부 정보를 소관청단위로 분할하여 관리·운영하는 시스템

답 ④

기출문제 [2018년 기출]

공간정보의 구축 및 관리 등에 관한 법률상 토지의 표시와 소유자에 관한 사항, 건축물의 표시와 소유자에 관한 사항, 토지의 이용 및 규제에 관한 사항, 부동산의 가격에 관한 사항 등 부동산에 관한 종합정보를 정보관리체계를 통하여 기록·저장한 것은?

① 지적종합공부
② 부동산종합정보관리체계
③ 부동산종합공부
④ 부동산종합전산자료

답 ③

기출문제 [2018년 기출]

부동산종합공부시스템 운영 및 관리규정상 정보관리체계의 구성으로 옳은 것은?

① 국토정보시스템과 부동산종합공부시스템
② 토지정보시스템과 부동산종합공부시스템
③ 국토정보시스템과 부동산공부관리시스템
④ 국토행정시스템과 부동산거래관리시스템

답 ①

기출문제 [2024년 기출]

부동산종합공부시스템 운영 및 관리규정상 용어에 대한 정의로 옳지 않은 것은?

① 운영지침서란 국토교통부장관이 부동산종합공부시스템을 통한 업무처리의 절차 및 방법에 대하여 체계적으로 정한 지침으로서 '운영자 전산처리지침서'와 '사용자 업무처리지침서'를 말한다.
② 정보관리체계란 국토교통부장관이 지적공부 및 부동산종합공부 정보를 지방자치단체 단위로 별도 관리·운영하는 체계를 말한다.
③ 부동산종합공부시스템이란 지방자치단체가 지적공부 및 부동산종합공부 정보를 전자적으로 관리·운영하는 시스템을 말한다.
④ 사용자란 부동산종합공부시스템을 이용하여 업무를 처리하는 업무담당자로서 부동산종합공부시스템에 사용자로 등록된 자를 말한다.

답 ②

3. 부동산종합공부

1) 의의

토지의 표시와 소유자에 관한 사항, 건축물의 표시와 소유자에 관한 사항, 토지의 이용 및 규제에 관한 사항, 부동산의 가격에 관한 사항 등 부동산에 관한 종합정보를 정보관리체계를 통하여 기록·저장한 것을 말한다.

2) 등록사항

① 토지의 표시와 소유자에 관한 사항 : 이 법에 따른 지적공부의 내용
② 건축물의 표시와 소유자에 관한 사항(토지에 건축물이 있는 경우만 해당한다) :「건축법」제38조에 따른 건축물대장의 내용
③ 토지의 이용 및 규제에 관한 사항 :「토지이용규제 기본법」제10조에 따른 토지이용계획확인서의 내용
④ 부동산의 가격에 관한 사항 :「부동산 가격공시에 관한 법률」제10조에 따른 개별공시지가, 같은 법 제16조, 제17조 및 제18조에 따른 개별주택가격 및 공동주택가격 공시내용
⑤ 그 밖에 부동산의 효율적 이용과 부동산과 관련된 정보의 종합적 관리·운영을 위하여 필요한 사항으로서 대통령령으로 정하는 사항
⑥ 대통령령으로 정하는 사항 :「부동산등기법」제48조에 따른 부동산의 권리에 관한 사항

3) 관리 및 운영

① 지적소관청은 부동산의 효율적 이용과 부동산과 관련된 정보의 종합적 관리·운영을 위하여 부동산종합공부를 관리·운영한다.
② 지적소관청은 부동산종합공부를 영구히 보존하여야 하며, 부동산종합공부의 멸실 또는 훼손에 대비하여 이를 별도로 복제하여 관리하는 정보관리체계를 구축하여야 한다.
③ 등록사항을 관리하는 기관의 장은 지적소관청에 상시적으로 관련 정보를 제공하여야 한다.
④ 지적소관청은 부동산종합공부의 정확한 등록 및 관리를 위하여 필요한 경우에는 등록사항을 관리하는 기관의 장에게 관련 자료의 제출을 요구할 수 있다. 이 경우 자료의 제출을 요구받은 기관의 장은 특별한 사유가 없으면 자료를 제공하여야 한다.

4) 열람 및 증명서

① 부동산종합공부를 열람하거나 부동산종합공부 기록사항의 전부 또는 일부에 관한 증명서(이하 "부동산종합증명서"라 한다)를 발급받으려는 자는 지적공부·부동산종합공부 열람·발급 신청서(전자문서로 된 신청서를 포함한다)를 지적소관청 또는 읍·면·동장에게 제출하여야 한다.

② 부동산종합증명서의 건축물현황도 중 평면도 및 단위세대별 평면도의 열람·발급의 방법과 절차에 관하여는 「건축물대장의 기재 및 관리 등에 관한 규칙」에 따른다.

③ 부동산종합공부를 열람하거나 부동산종합공부기록사항의 전부 또는 일부에 관한 증명서(이하 "부동산종합증명서"라 한다)를 발급받으려는 자는 지적소관청이나 읍·면·동의 장에게 신청할 수 있다.

④ 부동산종합공부의 열람 및 부동산종합증명서 발급의 절차 등에 관하여 필요한 사항은 국토교통부령으로 정한다.

[부동산종합공부 수수료]

구 분	종 별	단 위	수수료
부동산종합공부의 증명서 방문발급	종합형	1필지	1,500원
	맞춤형	1필지	1,000원
부동산종합공부의 증명서 인터넷발급	종합형	1필지	1,000원
	맞춤형	1필지	800원
부동산종합공부의 증명서 인터넷열람		1필지	무료

※ 부동산종합공부의 증명서 방문발급 시 1통에 대한 발급 수수료는 20장까지는 기본 수수료를 적용하고, 1통이 20장을 초과하는 때에는 초과 1장마다 50원의 수수료를 추가 적용한다.

5) 등록사항 정정

① 지적소관청은 부동산종합공부의 등록사항 정정을 위하여 등록사항 상호 간에 일치하지 아니하는 사항(이하 이 조에서 "불일치 등록사항"이라 한다)을 확인 및 관리하여야 한다.

② 지적소관청은 불일치 등록사항에 대해서는 등록사항을 관리하는 기관의 장에게 그 내용을 통지하여 등록사항 정정을 요청할 수 있다.

③ 부동산종합공부의 등록사항 정정절차 등에 관하여 필요한 사항은 국토교통부장관이 따로 정한다.

4. 운영 및 관리

1) 역할분담

(1) 국토교통부장관

국토교통부장관은 정보관리체계의 총괄책임자로서 부동산종합공부시스템의 원활한 운영·관리를 위하여 다음 각 호의 역할을 수행하여야 한다.

① 부동산종합공부시스템의 응용프로그램 관리

② 부동산종합공부시스템의 운영·관리에 관한 교육 및 지도·감독

③ 그 밖에 정보관리체계 운영·관리의 개선을 위하여 필요한 조치

(2) 운영기관의 장

운영기관의 장은 부동산종합공부시스템의 원활한 운영·관리를 위하여 다음 각 호의 역할을 수행하여야 한다.
① 부동산종합공부시스템 전산자료의 입력·수정·갱신 및 백업
② 부동산종합공부시스템 전산장비의 증설·교체
③ 부동산종합공부시스템의 지속적인 유지·보수
④ 부동산종합공부시스템의 장애사항에 대한 조치 및 보고

2) 사용자권한부여

① 사용자의 권한에 관한 부여기준은 다음과 같다. 이 경우 사용자권한을 부여받은 자는 개인별로 부여된 업무분장표에 따른 지정업무만을 처리할 수 있다.
② 국토교통부장관 및 운영기관의 장은 사용자의 권한을 부여하거나 변경하고자 하는 때에는 사용자권한등록부를 작성하여야 한다.
③ 사용자의 권한관리에 대해서는 「행정기관 정보시스템 접근권한관리규정」(국무총리훈령 제601호)을 준용한다.

[사용자권한부여기준]

순번	권한구분	권한부여대상	세부업무내용
1	사용자의 권한관리	시·도, 시·군·구 업무담당 과장	사용자별 부동산종합공부시스템 권한부여 및 말소관리
2	법인 아닌 사단·재단 등 록번호의 업무관리	시·군·구 지적업무담당자	비법인등록번호조회, 부여변동사항정리, 증명서 발급, 일일처리현황, 직권수정 등의 처리
3	부동산등기용 등록번호등 록증명서 발급	시·군·구 직원	부동산등기용 등록번호등록증명서 발급
4	지적전산코드의 입력·수 정 및 삭제	국토교통부 지적업무담당자	각종 코드의 신규 입력, 변경, 삭제
5	지적전산코드의 조회	시·도, 시·군·구 지적업무담 당자	각종 코드의 자료조회
6	지적전산자료의 조회·추출	시·도, 시·군·구 지적업무담 당자	지적공부 등 각종 자료 조회·추출

순번	권한구분	권한부여대상	세부업무내용
7	지적 기본사항의 조회	시·도, 시·군·구 업무담당자	토지(임야)대장 등 지적공부등재사항 조회
8	지적통계의 관리	시·도, 시·군·구 지적업무담당자	지적공부등록현황 등 각종 지적통계의 처리
9	토지관련 정책정보의 관리	시·도, 시·군·구 7급 이상 지적업무담당자	국유재산현황 등 타 부서와 관련된 각종 정책정보 처리
10	토지이동신청의 접수	시·군·구 지적업무담당자	신규 등록, 분할, 합병 등의 토지이동 등에 관한 업무의 접수
11	토지이동의 정리	시·군·구 지적업무담당자	토지이동의 기 접수사항의 정리
12	토지소유자 변경의 관리	시·군·구 지적업무담당자	소유권 이전, 보존 등 소유자 변경에 관한 사항
13	측량업무관리	시·군·구 지적업무담당자	측량준비도 추출 및 토지이동성과관리
14	토지등급 및 기준수확량등급 관리	시·군·구 7급 이상 지적업무담당자	토지등급, 기준수확량등급 등에 관한 정정
15	지적공부의 열람 및 등본 발급의 관리	시·군·구 직원	등본, 열람, 민원처리현황 등 창구민원처리
16	일반 지적업무의 관리	시·군·구 지적업무담당자	지적정리결과통보서, 결재선관리, 섬관리 등의 일반적인 업무사항처리
17	일일마감관리	시·군·구 지적업무담당자	일일업무처리에 관한 결과의 정리 및 출력
18	지적전산자료의 정비	시·군·구 7급 이상 지적업무담당자	오기 정정, 지적전산자료 정비
19	비밀번호의 변경	시·군·구 직원	개인비밀번호 수정
20	부동산종합증명서 열람 및 발급	시·군·구 직원	증명서 열람 및 발급, 부동산종합공부정보관리 등
21	부동산종합공부 조회·추출	시·도, 시·군·구 업무담당자	부동산종합공부 전산자료 조회·추출
22	연속지적도관리	시·군·구 업무담당자	토지이동업무 발생 시 정보관리, 지적도 등 변동사항 발생 시 정보관리
23	용도지역지구도관리	시·군·구 업무담당자	토지이용계획에 관한 신규 및 변동 사항에 대한 정보관리
24	용도지역지구 기본사항의 조회	시·도, 시·군·구 업무담당자	토지이용계획확인서 등재사항조회
25	용도지역지구 통계조회	시·도, 시·군·구 업무담당자	용도지역지구 관련 통계조회
26	개별공시지가 및 주택가격 정보관리	시·군·구 업무담당자	부동산공시가격 및 주택가격 변동사항관리
27	부동산가격 기본사항의 조회	시·도, 시·군·구 업무담당자	부동산공시가격 및 주택가격 확인서 등재사항조회
28	부동산가격 전산자료의 조회·추출	시·도, 시·군·구 업무담당자	부동산공시가격 및 주택가격 자료 조회·추출
29	부동산가격 통계조회	시·도, 시·군·구 업무담당자	부동산공시가격 및 주택가격 관련 통계조회
30	건축물 기본사항의 조회	시·도, 시·군·구 업무담당자	건축물대장등재사항조회
31	GIS 건물통합정보관리	시·군·구 업무담당자	건축인허가 및 사용승인 시 건물배치도를 기준으로 건물형상정보 갱신

부동산종합공부시스템 운영 및 관리규정상 부동산종합공부시스템의 사용자권한 중 시·군·구 업무담당자의 권한이 아닌 것은?

① 연속지적도관리
② 지적공부의 열람 및 등본발급의 관리
③ GIS 건물통합정보관리
④ 지적전산코드의 입력·수정 및 삭제

답 ④

3) 사용자권한신청

① 지적공부 관리 및 부동산종합증명서의 발급에 관한 권한을 부여받고자 할 경우에는「공간정보의 구축 및 관리 등에 관한 법률 시행규칙」(이하 "규칙"이라 한다) 사용자권한등록 신청서를 제출하여야 한다.

② 부동산종합공부시스템의 용도 지역·지구 등의 관리, 개별공시지가관리, 개별주택가격관리에 관련된 권한 및 부동산정보열람시스템의 권한을 등록 또는 삭제하고자 하는 때에는 사용자권한 등록·삭제 신청서를 작성하여 운영기관의 장에게 신청하여야 한다.

5. 전산자료

1) 전산자료의 관리책임

부동산종합공부시스템의 전산자료는 다음의 자(이하 "부서장"이라 한다)가 구축·관리한다.

① 지적공부 및 부동산종합공부는 지적업무를 처리하는 부서장
② 연속지적도는 지적도면의 변동사항을 정리하는 부서장
③ 용도지역·지구도 등은 해당 용도 지역·지구 등을 입안·결정 및 관리하는 부서장(다만, 관리부서가 없는 경우에는 도시계획을 입안·결정 및 관리하는 부서장)
④ 개별공시지가 및 주택가격정보 등의 자료는 해당 업무를 수행하는 부서장
⑤ 그 밖의 건물통합정보 및 통계는 그 자료를 관리하는 부서장

2) 전산자료의 유지·관리

① 운영기관의 장은 전산자료가 멸실 또는 훼손되지 않도록 관계법령의 규정에 따라 전산자료를 유지·관리하여야 한다.

② 전산자료의 유지·관리 업무를 원활히 수행하기 위하여 지적업무담당부서의 장을 전산자료관리책임관으로 지정한다.

기출문제 [2021년 기출]

부동산종합공부시스템 운영 및 관리규정상 프로그램 및 전산자료의 복구와 관련하여 (가), (나)에 들어갈 말을 바르게 연결한 것은?

> (가)은 프로그램 및 전산자료가 멸실·훼손된 경우에는 (나)에게 그 사유를 통보한 후 지체 없이 복구하여야 한다.

	(가)	(나)		(가)	(나)
①	운영기관의 장	국토교통부장관	②	국토교통부장관	운영기관의 장
③	지적소관청	운영기관의 장	④	운영기관의 장	지적소관청

답 ①

기출문제 [2022년 기출]

공간정보의 구축 및 관리 등에 관한 법률 및 부동산종합공부시스템 운영 및 관리규정상 연속지적도에 대한 설명으로 옳지 않은 것은?

① 지적측량을 하지 아니하고 전산화된 지적도 및 임야도 파일을 이용하여 도면상 경계점들을 연결하여 작성한 도면으로서 측량에 활용할 수 없는 도면을 말한다.
② 지적도면의 변동사항을 정리하는 부서장이 구축·관리한다.
③ 지적공부에 관한 전산자료에 포함되지 않는다.
④ 부동산종합공부시스템에서 제공할 수 있다.

답 ③

3) 전산자료 장애·오류의 정비

① 운영기관의 장은 전산자료의 구축이나 관리과정에서 장애 또는 오류가 발생한 때에는 지체 없이 이를 정비하여야 한다.
② 운영기관의 장은 장애 또는 오류가 발생한 경우에는 이를 국토교통부장관에게 보고하고, 그에 따른 필요한 조치를 요청할 수 있다.
③ 보고를 받은 국토교통부장관은 장애 또는 오류가 정비될 수 있도록 필요한 조치를 하여야 한다.
④ 운영기관의 장은 전산자료를 정비한 때에는 그 정비내역을 3년간 보존하여야 한다.

4) 전산자료의 일치성 확보

국토교통부장관 및 운영기관의 장은 국토정보시스템과 부동산종합공부시스템의 전산자료가 일치하도록 시스템 간 연계체계를 항상 유지·관리하여야 한다.

5) 전산자료의 제공

① 부동신종합공부전신자료를 제공받으려는 지는 제공요청서를 작성하여 해당하는 운영기관의 장에게 제출하여야 한다.
　㉠ 기초자치단체(시·군·구)의 범위에 속하는 자료 : 시·군·구(자치구가 아닌 구를 포함)의 장

ⓒ 시·도단위의 자료 또는 2개 이상의 기초자치단체에 걸친 범위에 속하는 자료 : 시·도지사

ⓒ 전국단위의 자료 또는 2개 이상의 시·도에 걸친 범위에 속하는 자료 : 국토교통부장관

② 요청을 받은 운영기관의 장은 요청내역, 요청목적, 근거법령 등을 검토하여 전산자료의 제공이 가능한 때에는 전산자료제공대장을 작성하여야 한다.

③ 전산자료를 제공받는 자는 보안각서 및 전산자료수령증을 작성하여 운영기관의 장에게 제출하여야 한다.

④ 부동산종합정보시스템에서 제공할 수 있는 자료의 종류

ㄱ 지적전산자료

ⓒ 용도지역·지구도, 건물통합정보, 연속지적도 등의 공간자료

ⓒ 개별공시지가, 개별주택가격 등의 속성자료

⑤ 지적전산자료를 포함하여 신청한 경우에는 「공간정보의 구축 및 관리 등에 관한 법률」(이하 "법"이라 한다)에 따른 지적전산자료를 신청한 것으로 본다.

부동산종합공부 전산자료제공대장

자료요청							자료제공				결 재	
접수일시	기관명	문서번호	요청근거 및 사유	요청내용	담당자	연락처	제공일시	문서번호	제공내용	제공방법	담당자	책임자

기출문제

[2023년 기출]

부동산종합공부시스템 운영 및 관리규정상 전산자료의 제공에 대한 설명으로 옳지 않은 것은?

① 개별공시지가, 개별주택가격 등의 속성자료를 부동산종합정보시스템에서 제공할 수 있다.

② 전산자료를 제공받는 자는 보안각서 및 전산자료수령증을 작성하여 운영기관의 장에게 제출하여야 한다.

③ 2개 이상의 시·도에 걸친 범위에 속하는 자료를 제공받고자 할 경우에는 해당 범위에 속하는 시·도 중 하나의 운영기관의 장에게 제공요청서를 작성하여 제출하여야 한다.

④ 전산자료를 제공받은 자는 제공된 자료의 불법 복제 및 유출 방지를 위하여 관련 보안관리규정에 따라 보안대책을 수립·시행하여야 한다.

답 ③

6) 전산자료 수신자의 의무

① 전산자료를 제공받은 자는 제공된 자료의 불법복제 · 유출 방지를 위하여 관련 보안관리 규정에 따라 보안대책을 수립 · 시행하여야 한다.

② 전산자료를 제공받은 자는 해당 자료를 제공한 운영기관의 장과 사전협의 없이 사용목적 이외의 다른 용도로는 사용할 수 없다.

7) 전산자료의 연계

① 부동산종합공부시스템과 외부시스템 간 연계를 하려고 하는 자는 부동산종합공부 전산자료이용신청서를 국토교통부장관에게 제출하여야 하며, 세부 항목 및 방식 등은 부동산종합공부시스템연계지침서에 따른다.

② 부동산종합공부시스템연계지침서에서 정하는 방식 이외의 연계가 필요한 자는 그 사항을 구체적으로 명시하여 국토교통부장관에게 요청하여야 한다.

8) 부동산공시가격관리

① 운영기관의 장은 해당 연도 "개별공시지가 조사 · 산정 지침"에 따라 조사 · 산정 · 검증 · 결정 및 공시가 이루어질 수 있도록 필요한 조치를 하여야 한다.

② 운영기관의 장은 해당 연도 "개별주택가격 조사 · 산정 지침"에 따라 조사 · 산정 · 검증 · 결정 및 공시가 이루어질 수 있도록 필요한 조치를 하여야 한다.

6. 프로그램

1) 정보시스템관리

① 국토교통부장관은 부동산종합공부시스템에 사용되는 프로그램의 목록을 작성하여 관리하고, 프로그램의 추가 · 변경 또는 폐기 등의 변동사항이 발생한 때에는 그에 관한 세부 내역을 작성 · 관리하여야 한다.

② 국토교통부장관은 부동산종합공부시스템이 단일한 버전의 프로그램으로 설치 및 운영되도록 총괄적으로 조정하여 이를 운영기관의 장에 배포하여야 한다.

③ 부동산종합공부시스템에는 국토교통부장관의 승인을 받지 아니한 어떠한 형태의 원시프로그램과 이를 조작할 수 있는 도구 등을 개발 · 제작 · 저장 · 설치할 수 없다.

④ 운영기관에서 부동산종합공부시스템을 사용 또는 유지 · 관리하던 중 발견된 프로그램의 문제점이나 개선사항에 대한 프로그램 개발 · 개선 · 변경 요청은 국토교통부장관에게 요청하여야 한다.

2) 백업 및 복구

① 운영기관의 장은 프로그램 및 전산자료의 멸실 · 훼손에 대비하여 정기적으로 관련 자료를 백업하여야 한다. 이 경우 백업 주기 · 방법 및 범위는 '운영자 지침서'에 따르며, 백업

주기 및 방법을 따를 수 없는 경우에는 운영기관의 내부 규정 또는 방침에 따라 변경할
수 있다.

② 운영기관의 장은 프로그램 및 전산자료가 멸실·파손된 경우에는 국토교통부장관에게 그
사유를 통보한 후 지체 없이 복구하여야 한다.

③ 운영기관의 장은 백업자료를 전산매체에 기록하여 매년 2회 이상 다른 운영기관에 소산
하여야 한다.

3) 전산장비의 설치 및 관리

① 국토교통부장관은 부동산종합공부시스템을 운영하기 위하여 설치하는 전산장비의 표준
을 정할 수 있다.

② 운영기관의 장은 부동산종합공부시스템의 전산장비를 수시로 점검·관리하되, 월 1회 이
상 정기점검을 하여야 한다.

7. 기타 일반업무

1) 일일마감

① 사용자는 당일 업무가 끝났을 때에는 전산처리결과를 확인하고, 수작업으로 도면 열람
및 발급 등의 업무를 수행한 경우에는 이를 전산 입력하여야 한다.

② 사용자는 전산처리결과의 확인과 수작업처리현황의 전산 입력이 완료된 때에는 지적업무
정리상황자료를 처리하고 다음 각 호의 전산처리결과를 부동산종합정보시스템을 통하여
전산자료관리책임관에게 확인을 받아야 한다.

③ 일일마감 정리결과 잘못이 있는 경우에 다음 날 업무시작과 동시에 등록사항 정정의 방
법으로 정정하여야 한다.

일일마감 확인	내 용
토지이동정리	1. 토지이동 일일처리현황(미정리내역 포함) 2. 토지이동 일일정리결과
소유자정리	1. 소유권변동 일일처리현황 2. 토지·임야대장의 소유권변동정리결과 3. 공유지연명부의 소유권변동정리결과 4. 대지권등록부의 소유권변동정리결과
기타	1. 대지권등록부의 지분비율정리결과 2. 오기정정처리결과 3. 도면처리 일일처리내역 4. 개인정보조회현황 5. 창구민원처리현황 6. 지적민원 수수료 수입현황 7. 등본교부발급현황 8. 정보이용승인요청서 처리현황 9. 측량성과검사현황

 [2017년 기출]

> 부동산종합공부시스템 운영 및 관리규정상 전산처리결과를 부동산종합공부시스템을 통하여 전산자료관리책임관에게 확인을 받아야 할 사항이 아닌 것은?
>
> ① 개인정보조회현황
> ② 대지권등록부의 지분비율정리결과
> ③ 오기 정정처리결과
> ④ 개별공시지가 정정현황
>
> 답 ④

2) 연도마감

지적소관청에서는 매년 말 최종 일일마감이 끝남과 동시에 모든 업무처리를 마감하고, 다음연도 업무가 개시되는데 지장이 없도록 하여야 한다.

3) 지적통계 작성

① 지적소관청에서는 지적통계를 작성하기 위한 일일마감, 월마감, 연마감을 하여야 한다.

② 국토교통부장관은 매년 시·군·구자료를 취합하여 지적통계를 작성한다.

③ 부동산종합공부시스템에서 출력할 수 있는 통계의 종류는 다음과 같다.

- 지적공부등록지현황
- 토지대장등록지 총괄(수치시행지역 포함)
- 토지대장등록지 총괄(수치시행지역 제외)
- 토지대장등록지(국유지, 수치시행지역 포함)
- 토지대장등록지(국유지, 수치시행지역 제외)
- 토지대장등록지(민유지, 수치시행지역 포함)
- 토지대장등록지(민유지, 수치시행지역 제외)
- 행정구역별 지목별 총괄
- 지목별 현황
- 임야대장등록지 총괄
- 임야대장등록지(국유지)
- 임야대장등록지(민유지)
- 경계점좌표등록부시행지 총괄
- 경계점좌표등록부시행지(국유지)
- 경계점좌표등록부시행지(민유지)
- 지적공부 미복구지현황
- 등록지 미복구지 총괄
- 지적공부등록 축척별 현황
- 지적공부등록 소유구분별 총괄

- 토지대장등록지 소유구분별 총괄
- 토지대장등록지 소유구분별(수치시행지역 포함)
- 토지대장등록지 소유구분별(수치시행지역 제외)
- 임야대장등록지 소유구분별 총괄
- 지적공부관리현황(대장)
- 지적공부관리현황(도면)

4) 개인정보의 안전성 확보조치

① 국토교통부장관은 부동산종합공부시스템의 개인정보 영향평가 및 위험도 분석을 실시하여 필요시 고유식별정보, 비밀번호, 바이오정보에 대한 암호화기술 적용 또는 이에 상응하는 조치 등의 방안을 운영기관의 장에게 통보하여야 한다.

② 운영기관의 장은 「개인정보 보호법」 제29조, 같은 법 시행령 제30조 및 개인정보의 안전성 확보조치 기준고시(행정안전부고시 제2011-43호)에 따라 개인정보의 안전성 확보에 필요한 관리적 · 기술적 조치를 취하여야 한다.

③ 부동산종합공부시스템을 운영하거나 이를 이용하는 자는 부동산종합공부시스템으로 인하여 국민의 사생활에 대한 권익이 침해받지 않도록 하여야 한다.

5) 보안관리

① 국토교통부장관 및 운영기관의 장은 보안업무규정 등 관련 법령에 따라 관리적 · 기술적 대책을 강구하고 보안관리를 철저히 하여야 한다.

② 국토교통부장관 및 운영기관의 장은 부동산종합공부시스템의 유지보수를 용역사업으로 추진하는 경우에는 보안관리규정을 준용하여야 한다.

6) 운영지침서

① 국토교통부장관은 부동산종합공부시스템을 개선한 때에는 지체 없이 운영자지침서 및 사용자지침서를 보완하여 시행하여야 한다.

② 운영지침서는 부동산종합공부시스템의 도움말 기능으로 배포할 수 있다.

7) 교육 실시

① 국토교통부장관은 사용자가 정보관리체계를 이용하고 관리할 수 있도록 교육을 실시하여야 한다.

② 운영기관의 장은 국토교통부장관이 제공하는 교육을 사용자가 받을 수 있도록 제반 조치를 취하여야 한다.

③ 국토교통부장관은 사용자교육을 관련 기관에 위탁하여 실시할 수 있다.

8. 코드

1) 코드의 구성

고유번호의 구성은 행정구역코드 10자리(시·도 2, 시·군·구 3, 읍·면·동 3, 리 2), 대장구분 1자리, 본번 4자리, 부번 4자리 합계 19자리로 구성한다.

1	2	3	4	5	6	7	8	9	0	–	1	0	0	0	0	–	0	0	0	0
시·도		시·군·구			읍·면·동			리			대장	지번(본번)					지번(부번)			

대장구분 표시	대장의 일체성
1. 토지대장 2. 임야대장 8. 토지대장 폐쇄 9. 임야대장 폐쇄	1. 토지대장 + 지적도 2. 임야대장 + 임야도

2) 행정구역코드변경

① 행정구역의 명칭이 변경된 때에는 지적소관청은 시·도지사를 경유하여 국토교통부장관에게 행정구역변경일 10일 전까지 행정구역의 코드변경을 요청하여야 한다.

② 행정구역의 코드변경요청을 받은 국토교통부장관은 지체 없이 행정구역코드를 변경하고, 그 변경내용을 행정자치부, 국세청 등 관련 기관에 통지하여야 한다.

기출문제

[2011년 기출]

부동산종합공부의 코드에 대한 설명으로 옳지 않은 것은?

① 고유번호의 구성은 행정구역코드 10자리(시·도 3, 시·군·구 2, 읍·면·동 3, 리 2), 대장구분 1자리, 본번 4자리, 부번 4자리 합계 19자리로 구성한다.
② 행정구역의 명칭이 변경된 때에는 소관청은 행정구역변경일 10일 전까지 행정구역의 코드변경을 요청하여야 한다.
③ 행정구역의 코드변경요청을 받은 국토교통부장관은 지체 없이 행정구역코드를 변경하고, 그 변경내용을 관련 기관에 통지하여야 한다.
④ 행정구역의 명칭이 변경된 경우 소관청은 시·도지사를 경유하여 국토교통부장관에게 행정구역의 코드변경을 요청하여야 한다.

답 ①

3) 용도 지역·지구 등의 코드변경

① 운영기관의 장은 관련 법령 등의 신설·폐지·변경에 의하여 용도 지역·지구 등의 레이어변경이 필요한 경우에는 국토교통부장관(도시계획부서)에게 변경을 요청하여야 한다.

② 용도 지역·지구 등의 등재와 관련하여 지정권자의 추가·변경이 필요한 경우에는 운영기관의 장은 국토교통부장관(도시계획부서)에게 변경을 요청하여야 한다.

③ 요청을 받은 국토교통부장관(도시계획부서)은 관련 내용을 검토한 후 추가·변경이 필요한 경우에는 시스템운영부서로 해당 내용을 통보하여야 한다.

기출문제 [2017년 기출]

부동산종합공부시스템 운영 및 관리규정상 코드체계에 대한 설명으로 옳지 않은 것은?

① 행정구역은 숫자 19자리이다.
② 대장구분은 숫자 1자리이다.
③ 지목구분은 숫자 2자리이다.
④ 축척구분은 축척수치의 앞 2자리이다.

답 ①

---

06 지적정보관리체계

1. 담당자 등록

① 국토교통부장관, 시·도지사 및 지적소관청(이하 "사용자권한등록관리청"이라 한다)은 지적공부 정리 등을 지적정보관리체계에 의하여 처리하는 담당자(이하 "사용자"라 한다)를 사용자권한등록파일에 등록하여 관리하여야 한다.

② 지적정보관리시스템을 설치한 기관의 장은 그 소속공무원을 사용자로 등록하려는 때에는 지적정보관리시스템 사용자권한등록신청서를 해당 사용자권한등록관리청에 제출하여야 한다.

③ 신청을 받은 사용자권한등록관리청은 신청내용을 심사하여 사용자권한등록파일에 사용자의 이름 및 권한과 사용자번호 및 비밀번호를 등록하여야 한다.

④ 사용자권한등록관리청은 사용자의 근무지 또는 직급이 변경되거나 사용자가 퇴직 등을 한 때에는 사용자권한등록내용을 변경하여야 한다. 이 경우 사용자권한등록변경절차에 관하여는 ②, ③에 준용한다.

2. 사용자권한구분

① 사용자의 신규등록
② 사용자등록의 변경 및 삭제
③ 법인 아닌 사단·재단 등록번호의 업무관리
④ 법인 아닌 사단·재단 등록번호의 직권수정
⑤ 개별공시지가 변동의 관리
⑥ 지적전산코드의 입력·수정 및 삭제
⑦ 지적전산코드의 조회
⑧ 지적전산자료의 조회
⑨ 지적통계의 관리
⑩ 토지관련 정책정보의 관리
⑪ 토지이동신청의 접수
⑫ 토지이동의 정리
⑬ 토지소유자 변경의 정리
⑭ 토지등급 및 기준수확량등급 변동의 관리
⑮ 지적공부의 열람 및 등본교부의 관리
⑮의2 부동산종합공부의 열람 및 부동산종합증명서 발급의 관리
⑯ 일반 지적업무의 관리
⑰ 일일마감관리
⑱ 지적전산자료의 정비
⑲ 개인별 토지소유현황의 조회
⑳ 비밀번호의 변경

3. 사용자등록

① 사용자권한등록파일에 등록하는 사용자번호는 사용자권한등록관리청별로 일련번호로 부여하여야 하며, 한 번 부여된 사용자번호는 변경할 수 없다.
② 사용자권한등록관리청은 사용자가 다른 사용자권한등록관리청으로 소속이 변경되거나 퇴직 등을 한 때에는 사용자번호를 별도로 관리하여 사용자의 책임을 명백히 할 수 있도록 하여야 한다.

4. 비밀번호

① 사용자의 비밀번호는 사용자가 6~16자리로 정하여 사용한다.
② 사용자의 비밀번호는 다른 사람에게 누설하여서는 아니 되며, 사용자는 비밀번호가 누설되거나 누설될 우려가 있는 때에는 즉시 이를 변경하여야 한다.

■ 공간정보의 구축 및 관리 등에 관한 법률 시행규칙 [별지 제74호 서식] <개정 2017.1.31.>

지적정보관리체계 사용자권한등록신청서

접수번호	접수일		처리기간 : 즉시

신청내용	1. 성　　명	

	2. 생년월일	
	3. 사 용 자 번　　호	
	4. 소　　속	
	5. 발 령 일	
	6. 퇴 직 및 전 출 일	

7. 권한구분 등　　록

1	2	3	4	5	6	7	8	9	10	11	12	13	14	15	15의2	16	17	18	19	20

8. 비밀번호	
9. 직급구분	
10. 자격구분	
11. 직렬구분	
12. 변경종류	
13. 처　　리 담 당 자	
14. 최종이력 순　　번	
15. 최초임용일	

「공간정보의 구축 및 관리 등에 관한 법률 시행규칙」 제76조에 따라 사용자권한등록을 신청합니다.

년　　　　　월　　　　　일

신청인　　　　　　　　　　　　　　　　　　　　(서명 또는 인)

국토교통부장관
시 · 도지사　　　　　귀하
시장 · 군수 · 구청장

※ 작성방법

신청내용란 중 제7호 권한구분등록란은 「공간정보의 구축 및 관리 등에 관한 법률 시행규칙」 제78조 각 호에 따라 구분하여 표시합니다.

처리절차

신청서 작성	→	제출	→	심사	→	등록
소속공무원		소속공무원		담당부서		담당부서

---

07 지적공부의 복구 및 재작성

1. 지적공부의 복구

(1) 의의

지적소관청 지적공부(정보처리시스템의 경우에는 시·도지사, 시장·군수 또는 구청장)은 지적공부의 전부 또는 일부가 멸실되거나 훼손된 경우에는 대통령령으로 정하는 바에 따라 지체 없이 이를 복구하여야 한다.

(2) 복구방법

① 지적소관청이 지적공부를 복구하고자 하는 때에는 멸실·훼손 당시의 지적공부와 가장 부합된다고 인정되는 관계자료에 따라 토지의 표시에 관한 사항을 복구하여야 한다. 다만, 소유자에 관한 사항은 부동산등기부나 법원의 확정판결에 의해 복구하여야 한다.

② 지적공부의 복구에 관한 관계자료 및 복구절차 등에 관하여 필요한 사항은 국토교통부령으로 정한다.

(3) 복구자료

지적공부의 복구에 관한 관계자료(이하 "복구자료"라 한다)는 다음과 같다.

① 지적공부의 등본

② 측량결과도

③ 토지이동정리결의서

④ 부동산등기부 등본 등 등기사실을 증명하는 서류

⑤ 지적소관청이 작성하거나 발행한 지적공부의 등록내용을 증명하는 서류

⑥ 복제된 지적공부

⑦ 법원의 확정판결서 정본 또는 사본

토지표시사항	소유자에 관한 사항
1. 지적공부의 등본 2. 측량결과도 3. 토지이동정리결의서 4. 지적소관청이 작성하거나 발행한 지적공부의 등록 내용을 증명하는 서류 5. 복제된 지적공부	1. 법원의 확정판결서 정본 또는 사본 2. 부동산등기부 등본(등기사항증명서)

2. 지적공부 복구절차

(1) 복구자료조사

지적소관청은 지적공부를 복구하고자 하는 때에는 복구자료를 조사하여야 한다.

(2) 지적복구자료조사서, 복구자료도

지적소관청은 조사된 복구자료 중 토지대장·임야대장 및 공유지연명부의 등록내용을 증명하는 서류 등에 따라 지적복구자료조사서를 작성하고, 지적도면의 등록내용을 증명하는 서류 등에 따라 복구자료도를 작성하여야 한다.

(3) 복구측량

작성된 복구자료도에 의하여 측정한 면적과 지적복구자료조사서의 조사된 면적의 증감이 허용범위($A = 0.026^2 M \sqrt{F}$)를 초과하거나 복구자료도를 작성할 복구자료가 없는 때에는 복구측량을 하여야 한다. 이 경우 같은 계산식 중 A는 오차허용면적, M은 축척분모, F는 조사된 면적을 말한다.

① 지적복구자료조사서의 조사된 면적이 허용범위 이내인 때에는 그 면적을 복구면적으로 결정하여야 한다.

② 복구측량을 한 결과가 복구자료와 부합하지 아니하는 때에는 토지소유자 및 이해관계인의 동의를 얻어 경계 또는 면적 등을 조정할 수 있다. 이 경우 경계를 조정한 때에는 경계점표지를 설치하여야 한다.

(4) 복구사항 게시

지적소관청은 복구자료의 조사 또는 복구측량 등이 완료되어 지적공부를 복구하려는 경우에는 복구하려는 토지의 표시 등을 시·군·구 게시판 및 인터넷 홈페이지에 15일 이상 게시하여야 한다.

(5) 이의신청

복구하려는 토지의 표시 등에 이의가 있는 자는 게시기간 내에 지적소관청에 이의신청을 할 수 있다. 이 경우 이의신청을 받은 지적소관청은 이의사유를 검토하여 이유 있다고 인정되는 때에는 그 시정에 필요한 조치를 하여야 한다.

(6) 지적공부 복구

① 지적소관청은 복구사항 게시와 이의신청절차를 이행한 때에는 지적복구자료조사서, 복구자료도 또는 복구측량결과도 등에 따라 토지대장·임야대장·공유지연명부 또는 지적도면을 복구하여야 한다.

② 토지대장·임야대장 또는 공유지연명부는 복구되고 지적도면이 복구되지 아니한 토지가 축척변경시행지역이나 도시개발사업 등의 시행지역에 편입된 때에는 지적도면을 복구하지 아니할 수 있다.

지적복구자료조사서

조사자 직·성명   (서명 또는 인)

복구자료		토지 소재		지 번	지 목	면적 (m²)	소유자		조사연월일 및 조사내용	비 고
자료명	발행연도	읍·면	동·리				등록번호	주 소		
							성 명			

3. 도면의 재작성(삭제된 규정)

(1) 의의

도면이 훼손되거나 마모된 경우 지적도면을 재작성할 수 있다.

(2) 재작성대상

① 토지의 빈번한 이동정리로 인하여 도면의 경계 등을 식별하기 곤란한 경우

② 장기간 사용으로 도면이 손상되어 토지의 표시가 분명하지 아니한 경우

③ 도곽선의 신축량이 0.5mm 이상인 경우

④ 행정구역의 변경 등으로 1장의 도면에 2 이상의 동·리가 등록되어 있는 경우

⑤ 1장의 도면에 등록된 토지의 일부가 도시개발사업 등의 시행지역에 편입된 경우

(3) 재작성방법

① 도면의 재작성방법은 직접자사법, 간접자사법, 전자자동제도법 등이 있다.

② 경계가 불문명한 경우 측량결과도에 의한다.

③ 지번 및 지목이 불분명한 경우 대장에 의한다.

④ 도곽선의 신축량에 0.5mm 이상인 경우 전자자동제도법에 의한다.

기출문제   [2012년 기출]

지적도면 재작성사유에 해당하지 않는 것은?

① 지번, 지목의 불분명

② 경계의 분명

③ 도곽선의 신축량이 0.5mm 이상인 경우

④ 1장의 도면에 2 이상의 리·동이 있는 경우

답 ②

1. 의의

지적측량을 하지 아니하고 전산화된 지적도 및 임야도 파일을 이용하여 도면상 경계점들을 연결하여 작성한 도면으로서 측량에 활용할 수 없는 도면을 말한다.

2. 연속지적도의 관리

① 국토교통부장관은 연속지적도의 관리 및 정비에 관한 정책을 수립·시행하여야 한다.
② 지적소관청은 지적도·임야도에 등록된 사항에 대하여 토지의 이동 또는 오류사항을 정비한 때에는 이를 연속지적도에 반영하여야 한다.
③ 국토교통부장관은 지적소관청의 연속지적도정비에 필요한 경비의 전부 또는 일부를 지원할 수 있다.
④ 국토교통부장관은 연속지적도를 체계적으로 관리하기 위하여 대통령령으로 정하는 바에 따라 연속지적도 정보관리체계를 구축·운영할 수 있다.
⑤ 국토교통부장관 또는 지적소관청은 연속지적도의 관리·정비 및 연속지적도 정보관리체계를 구축·운영에 따른 연속지적도 정보관리체계의 구축·운영에 관한 업무를 대통령령으로 정하는 법인, 단체 또는 기관에 위탁할 수 있다. 이 경우 위탁관리에 필요한 경비의 전부 또는 일부를 지원할 수 있다.
⑥ 연속지적도의 관리·정비의 방법 등에 필요한 사항은 국토교통부령으로 정한다.

3. 연속지적도 정보관리체계의 구축·운영

(1) 구축·운영

국토교통부장관은 연속지적도를 체계적으로 관리하기 위하여 대통령령으로 정하는 바에 따라 연속지적도 정보관리체계를 구축·운영할 수 있다.

(2) 업무수행

국토교통부장관은 연속지적도 정보관리체계의 구축·운영을 위해 다음의 업무를 수행한다.
① 연속지적도 정보관리체계의 구축·운영에 관한 각종 연구개발 및 기술지원
② 연속지적도 정보관리체계의 표준화 및 고도화
③ 연속지적도 정보관리체계를 이용한 정보의 공동활용지원
④ 연속지적도를 이·활용하는 기관 또는 민간기업 등과 연계·협력 및 공동사업의 시행지원
⑤ 그 밖에 연속지적도 정보관리체계의 구축·운영을 위하여 필요한 사항

(3) 연속지적도 정보관리체계를 통해 관리해야 하는 업무

① 연속지적도와 연속지적도 관련 정보의 구축 및 관리

② 지적도·임야도에 대한 토지이동과 오류사항정비결과의 연속지적도 반영

③ 연속지적도와 연속지적도 관련 정보에 대한 오류정비 및 정비결과 검증 등 연속지적도 품질관리

(4) 연속지적도 정보관리체계에 포함되는 정보

① 연속지적도와 연속지적도 관련 정보의 정비 및 관리에 필요한 자료

② 연속지적도와 연속지적도 관련 정보의 정비결과 검증 등 품질관리에 필요한 자료

(5) 기타

연속지적도 정보관리체계의 구축·운영에 필요한 세부사항은 국토교통부장관이 정하여 고시한다.

4. 연속지적도의 관리 등 업무의 위탁

국토교통부장관 또는 지적소관청은 연속지적도의 관리·정비 및 연속지적도 정보관리체계의 구축·운영에 관한 업무를 대통령령으로 정하는 법인, 단체 또는 기관에 위탁할 수 있다. 이 경우 위탁관리에 필요한 경비의 전부 또는 일부를 지원할 수 있다.

(1) 연속지적도 위탁기관

대통령령으로 정하는 법인, 단체 또는 기관이란 다음 중 국토교통부장관이 지정하여 고시하는 기관(연속지적도 위탁기관)을 말한다.

① 한국국토정보공사

② 연속지적도의 관리, 정비 또는 정보관리체계의 구축·운영 등에 관한 업무(연속지적도업무)를 수행하기 위해 충분한 인력과 장비를 갖추고 있다고 국토교통부장관이 인정하는 법인 또는 단체

(2) 연속지적도 위탁업무 법인 등의 지정

① 법인 또는 단체로 지정받으려는 자는 서식(전자문서로 된 신청서를 포함한다)에 다음의 서류(전자문서를 포함한다)를 첨부하여 국토교통부장관에게 제출해야 한다.

    ㉠ 연속지적도의 관리, 정비 또는 정보관리체계의 구축·운영 등에 관한 위탁업무(연속지적도 위탁업무)의 이행계획서

    ㉡ 연속지적도 업무를 수행하기 위한 인력 및 장비를 갖추었음을 증명하는 서류

    ㉢ 연속지적도 업무와 관련된 실적을 증명하는 서류

② 국토교통부장관은 신청서를 받은 때에는 「전자정부법」에 따른 행정정보의 공동이용을 통하여 법인등기사항증명서를 확인해야 한다. 다만, 신청인이 해당 서류의 확인에 동의하지 않은 경우에는 해당 서류를 첨부하도록 해야 한다.

③ 법인 또는 단체의 지정에 관하여 세부적인 사항은 국토교통부장관이 정하여 고시한다.

(3) 위탁업무

국토교통부장관 또는 지적소관청은 다음의 업무를 연속지적도 위탁기관에 위탁할 수 있다.
① 연속지적도의 관리 · 정비
② 연속지적도 정보관리체계의 구축 · 운영에 관한 업무

(4) 공고

국토교통부장관 또는 지적소관청이 위탁기관에 위탁하는 경우에는 다음의 사항을 관보 및 인터넷 홈페이지에 공고해야 한다.
① 연속지적도 위탁기관의 명칭 · 주소 및 전화번호
② 대표자의 성명
③ 위탁기간
④ 위탁업무 등

(5) 기타

연속지적도업무의 위탁에 필요한 세부사항은 국토교통부령으로 정한다.

5. 연속지적도 위탁업무의 점검 및 조사

(1) 이행실태 점검

국토교통부장관은 지적소관청으로 하여금 연속지적도 위탁기관에게 위탁한 업무의 이행실태를 조사하여 보고하게 할 수 있으며, 필요한 경우 직접 이행실태를 점검할 수 있다.

(2) 조사방법

① 조사를 하는 경우에는 조사 3일 전까지 조사 일시 · 목적 · 내용 등에 관한 계획을 조사대상자에게 알려야 한다. 다만, 긴급한 경우나 사전에 조사계획이 알려지면 조사목적을 달성할 수 없다고 인정하는 경우에는 그러하지 아니하다.
② 조사를 하는 공무원은 그 권한을 표시하는 증표를 지니고 관계인에게 이를 내보여야 한다.
③ 증표에 관한 사항은 국토교통부령으로 정한다.

출제 예상문제

01 토지대장과 같이 지번순서에 따라 등록되고 분할되더라도 본번과 관련하여 편철하고 소유자의 변동이 있을 때에도 이를 계속 수정하여 관리하는 방식은 다음 중 어떠한 토지등록부 편성방법인가?

① 인적 편성주의   ② 연대적 편성주의
③ 물적 편성주의   ④ 인적·물적 편성주의

해설 물적 편성주의란 개개의 토지를 중심으로 지적공부를 편성하는 방법으로 1토지에 1대장을 두게 되어 있으며, 토지대장과 같이 지번순서에 따라 등록되고 분할되더라도 본번과 관련하여 편철하고 소유자의 변동이 있을 때에도 이를 계속 수정하여 관리하는 방식이다.

02 다음 중 모두가 지적공부로 나열된 것은?

① 토지대장, 지적도, 임야대장, 임야도, 경계점좌표등록부, 대지권등록부
② 토지대장, 등기부, 등기필증, 임야대장, 임야도, 공유지연명부
③ 토지대장, 등기부, 등기필증, 경계점좌표등록부, 지적파일
④ 토지대장, 임야도, 경계점좌표등록부, 면적측정부, 지적측량원도

해설

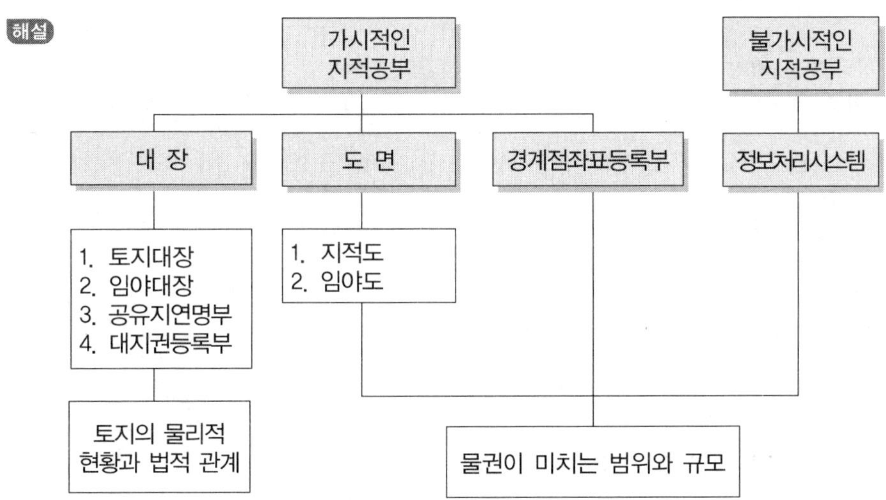

03 토지를 지적공부에 등록함으로써 발생하는 효력 중 타당하지 않은 것은?

① 지번을 신청하는 창설력이 있다.
② 다른 토지의 지번에 대항하는 대항력이 있다.
③ 법적인 공시효력이 있다.
④ 토지에 관한 추정력이 있다.

구 분	내 용
창설적 효력	신규등록이란 새로이 조성된 토지 및 등록이 누락되어 있는 토지를 지적공부에 등록하는 것을 말한다. 이 경우에 발생되는 효력을 창설적 효력이라 한다.
대항적 효력	토지의 표시란 토지의 소재·지번·지목·면적·경계 또는 좌표를 말한다. 즉 지적공부에 등록된 토지의 표시사항은 제3자에게 대항할 수 있다.
형성적 효력	분할이란 지적공부에 등록된 1필지를 2필지 이상으로 나누어 등록하는 것을 말하며, 합병이란 지적공부에 등록된 2필지 이상을 1필지로 합하여 등록하는 것을 말한다. 이러한 분할, 합병 등에 의하여 새로운 권리가 형성된다.
공증적 효력	지적공부에 등록되는 사항, 즉 토지의 표시에 관한 사항, 소유자에 관한 사항, 기타 등을 공증하는 효력을 가진다.
공시적 효력	토지의 표시를 법적으로 공개, 표시하는 효력을 공시적 효력이라 한다.
보고적 효력	지적공부에 등록하기 전에 지적공부의 신뢰성을 확보하기 위하여 지적공부정리결의서를 작성하여 보고하여야 하는 효력을 보고적 효력이라 한다.

04 토지대장의 등록사항에 해당하는 것을 모두 고른 것은?

㉠ 토지의 소재	㉡ 지번
㉢ 지목	㉣ 면적
㉤ 소유자의 성명 또는 명칭	㉥ 대지권의 비율
㉦ 경계 또는 좌표	

① ㉠, ㉡, ㉢, ㉣, ㉤
② ㉠, ㉡, ㉢, ㉣, ㉥
③ ㉠, ㉡, ㉢, ㉤, ㉦
④ ㉠, ㉡, ㉣, ㉤, ㉥

해설 대지권의 비율과 경계, 좌표는 토지대장에 등록되지 아니한다.

05 토지대장과 지적도에 공통으로 등록되는 사항으로만 묶인 것은?

① 소재, 지번, 면적
② 소재, 지번, 지목
③ 소재, 지번, 소유자
④ 소재, 지목, 면적

해설

구 분	고유번호	소재	지번	지목	면적	경계	좌표	소유자
토지·임야대장	○	○	○	○	○	×	×	○
지적도·임야도	×	○	○	○	×	○	×	×

따라서 토지대장과 지적도에 공통으로 등록되는 사항은 소재, 지번, 지목이다.

06 지적공부의 등록사항에 대한 설명으로 틀린 것은?

① 토지대장에 등록하는 토지의 고유번호는 행정구역, 지번, 지목 등을 코드화하여 전체 19자리로 구성되어 있다.

② 공유지연명부의 등록사항으로는 토지의 소재, 지번, 소유권지분, 토지의 고유번호 등이 있다.

③ 경계점좌표등록부를 비치하는 지역의 지적도면에는 좌표에 의하여 계산된 경계점 간의 거리를 등록한다.

④ 경계점좌표등록부를 비치하는 지역 안의 지적도에는 도면의 제명 끝에 '좌표'라고 표시하고, 도곽선의 오른쪽 아래 끝에 '이 도면에 의하여 측량을 할 수 없음'이라고 기재하여야 한다.

해설 토지의 고유번호란 각 필지를 구별하기 위해 필지마다 붙이는 고유번호를 말하며, 토지대장·임야대장·공유지연명부·대지권등록부·경계점좌표등록부에 등록하고 도면에는 등록되지 않는다. 이 고유번호는 행정구역, 대장, 지번을 나타내며, 소유자, 지목 등은 알 수 없다.

07 다음은 고유번호에 대한 설명이다 틀린 것은? (단, 고유번호 1234567890-10012-0010이며 경계점이 좌표로 등록되어 있다.)

① 토지의 고유번호 앞의 10자리는 행정구역의 명칭을 의미한다.

② 지번은 12-10이며, 필지의 경계는 좌표에 의한다.

③ 이 필지는 토지대장에 등록되어 있으며, 최소등록면적은 $0.1m^2$이다.

④ 필지의 지목과 지번으로 알 수 있으나 소유자는 알 수 없다.

해설 토지의 고유번호란 각 필지를 구별하기 위해 필지마다 붙이는 고유번호를 말하며, 토지대장·임야대장·공유지연명부·대지권등록부·경계점좌표등록부에 등록하고 도면에는 등록되지 않는다. 이 고유번호는 행정구역, 대장, 지번을 나타내며, 소유자, 지목 등은 알 수 없다.

1	2	3	4	5	6	7	8	9	0	–	1	0	0	0	0	–	0	0	0	0
시·도		시·군·구			읍·면·동			리			대장	지번(본번)					지번(부번)				

대장구분 표시	대장의 일체성
1. 토지대장	1. 토지대장＋지적도
2. 임야대장	2. 임야대장＋임야도

08 다음 중 토지대장과 임야대장의 등록사항이 아닌 것은?

① 개별공시지가와 그 기준일

② 토지의 소재와 토지의 이동사유

③ 토지소유자가 변경된 날과 등기접수의 번호

④ 각 필지를 구별하기 위하여 필지마다 붙이는 고유한 번호

 등록사항(토지대장 · 임야대장)

일반적인 기재사항	국토교통부령이 정하는 사항
1. 토지의 소재 : 리 · 동단위까지 법정행정구역의 명칭을 기재 2. 지번 : 임야대장에는 숫자 앞에 '산'를 붙임 3. 지목 : 정식명칭을 기재 4. 면적 : m^2으로 표시 5. 소유자의 성명 또는 명칭, 주소 및 주민등록 번호(부동산등기용 등록번호)	1. 토지의 고유번호 2. 도면번호 3. 필지별 대장의 장번호 및 축척 4. 토지의 이동사유 5. 토지소유자가 변경된 날과 그 원인 6. 토지등급 또는 기준수확량등급과 그 설정 · 수정연월일 7. 개별공시지가와 그 기준일

따라서 토지소유자의 변동원인과 변동일자를 기재하지만 등기접수번호는 등록되지 아니한다.

09 토지대장과 임야대장의 등록사항에 관한 설명 중 옳은 것은?

① 토지대장과 임야대장에 등록된 대지권비율은 집합건물등기부를 정리하는 기준이 된다.

② 토지대장과 임야대장에 등록된 경계는 모든 지적측량의 기준이 된다.

③ 토지대장과 임야대장에 등록된 소유자가 변경된 날은 부동산등기부의 등기원인일을 정리하는 기준이 된다.

④ 토지대장과 임야대장에 등록된 토지의 소재 · 지번 · 지목 · 면적은 부동산등기부의 표제부에 토지의 표시사항을 기재하는 기준이 된다.

 ① 토지대장과 임야대장에는 대지권비율이 등록되지 아니한다.

② 토지대장과 임야대장에는 경계가 등록되지 아니한다.

③ 토지대장과 임야대장에 등록된 소유자가 변경된 날은 일반적으로 등기접수일자를 기재한다.

④ 지적공부 정리신청 수수료는 토지이동에 따라 수수료가 산정되므로 공시지가와는 관련이 없다.

10 1필지의 토지에 대한 지목과 면적 등이 등록된 것은?

① 일람도

② 토지대장

③ 지번색인표

④ 대지권등록부

 지목과 면적이 등록되는 지적공부는 토지대장과 임야대장이다.

11 토지대장에 기재되는 토지의 이동사유로 옳은 것은?

① 구획정리 확정신고

② 행정구역 변경신고

③ 경지정리되어 폐쇄

④ 축척변경 확정공고

정답 9. ④ 10. ② 11. ③

해설 토지이동사유명칭

코드체계		*	*	⇐ 숫자 2자리로 구성

코 드	내 용	코 드	내 용
01	신규등록	56	지적재조사로 폐쇄
02	신규등록(매립준공)	57	지적재조사 경계미확정토지
10	산 ○○번에서 등록전환	58	지적재조사 경계확정토지
11	○○번으로 등록전환되어 말소	60	구획정리 시행신고
20	분할되어 본번에 ○○을 부함	61	구획정리 시행신고 폐지
21	○○번에서 분할	62	구획정리 완료
22	분할개시 결정	63	구획정리되어 폐쇄
23	분할개시 결정 취소	65	경지정리 시행신고
30	○○번과 합병	66	경지정리 시행신고 폐지
31	○○번과 합병되어 말소	67	경지정리 완료
33	지적재조사예정지구 지정	68	경지정리되어 폐쇄
34	지적재조사예정지구 지정 폐지	70	축척변경 시행
40	지목변경	71	축척변경 시행 폐지
41	지목변경(매립준공)	72	축척변경 완료
42	해면성 말소	73	축척변경되어 폐쇄
43	○○에서 지번변경	74	토지개발사업 시행신고
44	면적 정정	75	토지개발사업 시행신고 폐지
45	경계 정정	76	토지개발사업 완료
46	위치 정정	77	토지개발사업으로 폐쇄
47	지적복구	80	등록사항 정정( )대상토지
48	해면성 복구	81	등록사항 정정( )
49	세계측지계좌표변환	82	도면등록사항 정정( )
50	○○에서 행정구역명칭변경	83	공유지연명부 등록사항 정정( )
51	○○에서 행정관할구역변경	84	공유지(집합건물) 등록사항 정정( )
52	○○번에서 행정관할구역변경	85	경계점좌표등록부 등록사항 정정( )
53	지적재조사지구 지정	90	등록사항 말소( )
54	지적재조사지구 지정 폐지	91	등록사항 회복( )
55	지적재조사 완료		

12 다음 중 공유지연명부에 등록사항으로 올바른 것은?

① 지목과 면적 ② 소유자의 변동원인 및 변동일자

③ 경계 및 좌표 ④ 면적

해설 공유지연명부

일반적인 기재사항	국토교통부령이 정하는 사항
1. 토지의 소재 2. 지번 3. 소유권지분 4. 소유자의 성명 또는 명칭, 주소 및 주민등록번호	1. 토지의 고유번호 2. 필지별 공유지연명부의 장번호 3. 토지소유자가 변경된 날과 그 원인

13 공유지연명부의 등록사항으로만 묶인 것은?

① 지번, 지목, 고유번호　　　　　　② 소재, 지번, 좌표
③ 지번, 소유권지분, 소유자의 주소　④ 소재, 소유자의 주민등록번호, 면적

해설　토지소유자가 2인 이상인 때에는 공유지연명부에 다음의 사항을 등록한다.

일반적인 기재사항	국토교통부령이 정하는 사항
1. 토지의 소재 2. 지번 3. 소유권지분 4. 소유자의 성명 또는 명칭, 주소 및 주민등록 번호	1. 토지의 고유번호 2. 필지별 공유지연명부의 장번호 3. 토지소유자가 변경된 날과 그 원인

14 대지권의 등기가 된 경우 대지권등록부에 등록할 사항으로 옳지 않은 것은?

① 대지권 경계
② 전유 부분의 표시
③ 집합건물별 대지권등록부의 장번호
④ 대지권비율

해설　경계는 대지권등록부에는 등록되지 아니한다.

15 대지권등록부의 등록사항으로만 나열한 것은?

① 토지의 소재 · 지번 · 지목 · 전유 부분의 건물표시
② 대지권비율 · 소유권지분 · 건물명칭 · 개별공시지가
③ 집합건물별 대지권등록부의 장번호 · 토지의 이동사유 · 대지권비율 · 지번
④ 건물명칭 · 대지권비율 · 소유권지분 · 토지의 고유번호

해설　대지권등록부 등록사항

일반적인 기재사항	국토교통부령이 정하는 사항
1. 토지의 소재 2. 지번 3. 대지권비율 4. 소유자의 성명 또는 명칭, 주소 및 주민등록번호	1. 토지의 고유번호 2. 전유 부분의 건물표시 3. 건물명칭 4. 집합건물별 대지권등록부의 장번호 5. 토지소유자가 변경된 날과 그 원인 6. 소유권지분

16 지적도나 임야도의 등록사항으로 볼 수 없는 것은?

① 면적　　　　　　② 토지의 경계
③ 지목　　　　　　④ 지번

해설 도면 등록사항

일반적인 기재사항	국토교통부령이 정하는 사항
1. 토지의 소재 2. 지번 : 아라비아숫자로 표기 3. 지목 : 두문자 또는 차문자 표시 4. 경계	1. 도면의 색인도 2. 도면의 제명 및 축척 3. 도곽선과 그 수치 4. 좌표에 의하여 계산된 경계점 간의 거리(경계점좌표등록부를 비치하는 지역에 한한다) 5. 삼각점 및 지적기준점의 위치 6. 건축물 및 구조물 등의 위치

도면에는 고유번호, 면적, 소유자, 좌표 등은 등록되지 아니한다.

17 다음 중 지적도에 등록사항이 아닌 것은?

① 도곽선수치   ② 지번
③ 경계점좌표   ④ 토지의 소재

해설 지적도 등록사항

일반적인 기재사항	국토교통부령이 정하는 사항
1. 토지의 소재 2. 지번 : 아라비아숫자로 표기 3. 지목 : 두문자 또는 차문자 표시 4. 경계	1. 도면의 색인도 2. 도면의 제명 및 축척 3. 도곽선과 그 수치 4. 좌표에 의하여 계산된 경계점 간의 거리(경계점좌표등록부를 비치하는 지역에 한한다) 5. 삼각점 및 지적기준점의 위치 6. 건축물 및 구조물 등의 위치

지적도에는 면적, 고유번호, 소유자, 좌표, 부호도, 부호 등은 등록되지 아니한다.

18 경계점좌표등록부를 반드시 비치하여야 하는 경우에 해당되는 것은?

① 도시계획사업에 따른 지적확정측량이 실시되는 지구
② 「국토의 계획 및 이용에 관한 법률」상 개발촉진지역에서 용도지구를 세분하는 경우
③ 「국토의 계획 및 이용에 관한 법률」상 시가화조정구역
④ 택지개발촉진법상 택지개발예정지구

해설 경계점좌표등록부를 비치하는 토지는 지적확정측량 또는 축척변경을 위한 측량을 실시하여 경계점을 좌표로 등록한 지역의 토지로 한다.

19 다음은 경계점좌표등록부에 관한 설명이다. 옳은 것은?

① 1975년 지적에 관한 법률 개정 이후 도입되어 전국적으로 작성·비치된다.
② 좌표에 의해 나타나므로 정밀성이 높고 일반인도 쉽게 알 수 있다.
③ 경계점좌표등록부를 비치한 지역의 토지의 경계결정과 지표상의 복원은 좌표와 굴곡점을 잇는 직선에 의한다.
④ 도시개발사업, 도시계획사업 등 지적확정측량을 한 지역은 반드시 작성·비치한다.

 경계점좌표등록부

1. 1975년 지적에 관한 법률 개정 이후 도입되어 경계점을 좌표로 등록하는 지역에 작성·비치되어 있다.
2. 좌표에 의해 나타나므로 정밀성이 높은 반면, 일반인은 이해하기가 쉽지 않다.
3. 경계점좌표등록부를 비치한 지역의 토지의 경계결정과 지표상의 복원은 좌표에 의한다.
4. 도시개발사업, 도시계획사업 등 지적확정측량을 한 지역은 반드시 작성·비치한다.
5. 경계점좌표등록부 등록사항

일반적인 기재사항	국토교통부령이 정하는 사항
1. 토지의 소재 2. 지번 3. 좌표	1. 토지의 고유번호 2. 도면번호 3. 필지별 경계점좌표등록부의 장번호 4. 부호 및 부호도 : 왼쪽 → 오른쪽으로

경계점좌표등록부에는 소유자, 면적, 지목 등은 등록되지 아니한다.

20 경계점좌표등록부를 작성하여 활용함으로써 지적관리상 얻을 수 있는 효과로 가장 거리가 먼 것은?

① 토지면적의 정확성
② 경계등록의 정확성
③ 토지형태의 식별용이성
④ 지적전산화의 용이성

 경계점좌표등록부의 특징

1. 경계점좌표등록부에는 지목, 경계, 면적, 소유권 등은 등록되지 않는다.
2. 지적확정측량 또는 축척변경을 위한 측량을 실시하여 경계점을 좌표로 등록한 지역에는 반드시 비치하여야 한다.
3. 지적도와 토지대장을 별도로 비치하여야 한다.
4. 토지의 경계결정과 지표상의 복원은 좌표에 의한다.
5. 경계복원력이 우수하다.

21 지적공부의 등록사항에 관한 설명 중 틀린 것은?

① 토지대장과 임야대장에서 개별공시지가와 그 기준일을 등록한다.
② 대지권등록부에는 대지권비율, 전유 부분의 건물표시 및 소유권지분 등을 등록한다.
③ 도면에는 지번, 지목, 경계와 건축물 및 구조물 등의 위치 등을 등록한다.
④ 경계점좌표등록부에는 지번, 지목, 좌표 및 면적을 등록한다.

 지적공부등록사항

구 분	고유번호	소재	지번	지목	면적	경계	좌표	소유자
토지·임야대장	○	○	○	○	○	×	×	○
공유지연명부	○	○	○	×	×	×	×	○
대지권등록부	○	○	○	×	×	×	×	○
경계정좌표등록부	○	○	○	×	×	×	○	×
지적도, 임야도	×	○	○	○	×	○	×	×

  ✏️ **정답** 20. ③ 21. ④

22 지적공부의 열람 및 등본교부 등에 관한 설명으로 틀린 것은?

① 지적공부를 열람하거나 그 등본을 교부받고자 하는 자는 지적공부 열람·등본 교부신청서를 지적소관청에 제출하여야 한다.

② 지적공부를 열람하거나 그 등본을 교부받고자 하는 자는 열람 및 등본교부 수수료를 그 지방자치단체의 수입인지로 지적소관청에 납부하여야 한다.

③ 지적측량업무에 종사하는 지적기술자가 그 업무와 관련하여 지적공부를 열람하는 경우 그 수수료를 면제한다.

④ 지적소관청은 정보통신망을 이용하여 전자화폐. 전자결제 등의 방법으로 지적공부의 열람 및 등본교부 수수료를 납부하게 할 수 있다.

해설 지적공부를 열람하거나 그 등본을 교부받고자 하는 자는 열람 및 등본교부 수수료를 그 지방자치단체의 수입증지로 지적소관청에 납부하여야 한다.

23 다음 중 지적공부를 시·군·구의 청사 밖으로 반출할 수 있는 경우는?

① 지적측량을 실시하기 위하여 필요한 때

② 천재·지변 그 밖에 이에 준하는 재난을 피하기 위하여 필요한 때

③ 지적소관청이 지적측량을 검사하기 위하여 필요한 때

④ 지적소관청이 필요로 하는 경우

해설 지적공부의 관리

구 분	지적공부	정보처리시스템
보관	지적소관청이 지적서고에 영구히 보존	관할 시·도지사, 시장·군수 또는 구청장은 그 지적공부를 지적정보관리체계에 영구히 보존하여야 한다.
반출	1. 천재지변 2. 시·도지사 또는 대도시시장의 승인을 얻을 때	국토교통부장관은 정보처리시스템에 영구히 보존하여야 하는 지적공부가 멸실되거나 훼손될 경우를 대비하여 지적공부를 복제하여 관리하는 시스템을 구축하여야 한다.
등본 교부 및 열람	당해 지적소관청	시장·군수·구청장 또는 읍·면·동장에 신청할 수도 있다.

24 다음 중 지적서고의 설치기준에 대해 설명이 잘못된 것은?

① 지적서고는 지적사무를 처리하는 사무실과 연접하여 설치하여야 한다.

② 전기시설을 설치한 때에는 단독퓨즈를 설치하고 소화장비를 비치한다.

③ 바닥과 벽은 2중으로 하고 영구적인 방수설비를 한다.

④ 지적서고는 연중평균온도 섭씨 10 ± 5도를, 연중평균습도는 75 ± 5퍼센트를 유지한다.

해설 지적서고는 연중평균온도 섭씨 20 ± 5도를, 연중평균습도는 65 ± 5퍼센트를 유지한다.

25 지적공부에 관한 전산자료를 이용하거나 활용하려는 자가 신청서를 제출한 경우 관계 중앙행정기관의 장이 심사해야 하는 항목이 아닌 것은?

① 자료의 목적 외 사용 방지 및 안전관리 대책
② 신청절차 및 자료처리방법의 용이성
③ 개인의 사생활 침해 여부
④ 신청내용의 타당성, 적합성 및 공익성

해설 지적전산자료 신청 및 심사

구 분	내 용
신청서 기재사항	1. 자료의 이용 또는 활용 목적 및 근거 2. 자료의 범위 및 내용 3. 자료의 제공방식 · 보관기관 및 안전관리대책 등
심사사항 (관계 중앙행정기관의 장)	1. 신청내용의 타당성 · 적합성 · 공익성 2. 개인의 사생활 침해 여부 3. 자료의 목적 외 사용 방지 및 안전관리 대책
확인사항 (국토교통부장관, 시 · 도지사, 지적소관청)	1. 신청서 2. 심사결과

26 지적전산자료에 대한 심사신청을 받은 관계 중앙행정기관의 장이 심사하여야 할 사항으로 틀린 것은?

① 신청내용의 타당성　　　　　② 개인 사생활 침해 여부
③ 소유권 침해 여부　　　　　④ 자료의 목적 외 사용 방지 및 안전관리 대책

해설 관계 중앙행정기관의 심사사항
1. 신청내용의 타당성 · 적합성 · 공익성
2. 개인의 사생활 침해 여부
3. 자료의 목적 외 사용 방지 및 안전관리 대책

27 다음은 지방자치단체의 장이 지적전산자료를 이용 또는 활용하고자 신청할 경우 국토교통부장관에 신청을 하기 전의 조치에 대한 설명이다. 맞는 것은?

① 광역시, 도지사의 심사를 받아야 한다.
② 관계 중앙지적위원회의 심사를 받아야 한다.
③ 지방지적위원회의 심사를 받아야 한다.
④ 관계 중앙행정기관의 심사를 받지 않는다.

해설 지적공부에 관한 전산자료(이하 '지적전산자료'라 한다)를 이용 또는 활용하고자 하는 자는 관계 중앙행정기관의 장의 심사를 거쳐 다음 구분에 따라 국토교통부장관, 시 · 도지사 또는 지적소관청에 신청하여야 한다. 다만, 지방자치단체의 장이 신청하는 경우에는 관계 중앙행정기관의 장의 심사를 받지 아니한다.

　　　　정답 25. ② 26. ③ 27. ④

28 지적전산자료를 인쇄물로 제공하는 경우 사용료는?

① 1필지당 30원 ② 1필지당 40원
③ 1필지당 50원 ④ 1필지당 100원

해설 지적전산자료의 사용료

지적전산자료 제공방법	수수료
인쇄물로 제공하는 때	1필지당 30원
자기디스크 등 전산매체로 제공하는 때	1필지당 20원

29 지적전산자료를 자기디스크 등 전산매체로 제공하는 때의 사용료는?

① 1필지당 20원 ② 1필지당 30원
③ 1필지당 40원 ④ 1필지당 50원

해설 지적전산자료의 사용료

지적전산자료 제공방법	수수료
인쇄물로 제공하는 때	1필지당 30원
자기디스크 등 전산매체로 제공하는 때	1필지당 20원

30 지적전산자료의 이용, 활용에서 국토교통부장관이 제공하는 경우의 사용료는?

① 현금 ② 수입증지
③ 수입인지 ④ 무료

해설 지적전산자료의 이용 · 활용

이용단위	신청권자	사용료
전국단위	국토교통부장관, 시 · 도지사 또는 지적소관청	• 국토교통부장관 : 수입인지
시 · 도단위	시 · 도지사 또는 지적소관청	• 시 · 도지사, 지적소관청 : 수입증지
시 · 군 · 구단위	지적소관청	

31 지적전산자료를 이용 또는 활용하고자 하는 자가 관계 중앙행정기관의 장에게 제출하여야 하는 심사신청서에 포함시켜야 할 내용과 가장 거리가 먼 것은?

① 자료의 제공방식 ② 자료의 안전관리대책
③ 자료의 보관기관 ④ 자료의 공익성 여부

해설 지적전산자료 신청 및 심사

구 분	내 용
신청서 기재사항	1. 자료의 이용 또는 활용 목적 및 근거 2. 자료의 범위 및 내용 3. 자료의 제공방식 · 보관기관 및 안전관리대책 능
심사사항 (관계 중앙행정기관의 장)	1. 신청내용의 타당성 · 적합성 · 공익성 2. 개인의 사생활 침해 여부 3. 자료의 목적 외 사용 방지 및 안전관리 대책

32 지적전산자료를 이용 또는 활용하고자 하는 자가 관계 중앙행정기관의 장에게 제출하여야 하는 신청서의 내용에 포함되지 않는 것은?

① 자료의 제공방식   ② 자료의 안전관리대책
③ 자료의 보관기관   ④ 자료의 목적 외 사용방법

[해설] 지적전산자료를 이용 또는 활용하고자 하는 자는 다음의 사항을 기재한 신청서를 관계 중앙행정기관의 장에게 제출하여 심사를 신청하여야 한다.
1. 자료의 이용 또는 활용 목적 및 근거
2. 자료의 범위 및 내용
3. 자료의 제공방식·보관기관 및 안전관리대책 등

33 공간정보의 구축 및 관리 등에 관한 법령상 등록된 지적측량업자가 지적전산자료를 활용하여 할 수 있는 업무에 해당하지 않는 것은?

① 토지대장의 전산화업무
② 토지규제의 정보처리시스템을 통한 기록업무
③ 지적도의 정보처리시스템을 통한 기록 및 저장 업무
④ 임야대장의 전산화업무

[해설] 지적전산자료를 활용한 정보화사업
1. 지적도·임야도, 연속지적도, 도시개발사업 등의 계획을 위한 지적도 등의 정보처리시스템을 통한 기록·저장 업무
2. 토지대장, 임야대장의 전산화업무

34 지적정보관리체계의 담당자 등록에 있어서 사용자권한등록관리청에 해당하지 아니하는 것은?

① 국토교통부장관   ② 시·도지사
③ 지적소관청   ④ 행정안전부장관

[해설] 국토교통부장관, 시·도지사 및 지적소관청(사용자권한등록관리청)은 지적공부 정리 등을 전산정보처리조직에 의하여 처리하는 담당자(사용자)를 사용자권한등록파일에 등록하여 관리하여야 한다.

35 사용자등록파일에 등록되는 사용자 비밀번호의 자릿수는?

① 4 내지 10   ② 5 내지 16
③ 6 내지 16   ④ 6 내지 15

[해설] 사용자번호 및 비밀번호

구 분	내 용
사용자번호	1. 사용자권한등록관리청별로 일련번호로 부여한다. 2. 한 번 부여된 사용자번호는 변경할 수 없다.
소속변경 또는 퇴직	사용자번호를 별도로 관리하여 사용자의 책임을 명백히 할 수 있도록 하여야 한다.
비밀번호	사용자가 6 내지 16자리로 정한다.
비밀번호의 단속	1. 다른 사람에게 누설하여서는 아니 된다. 2. 누설되거나 누설될 우려가 있는 때에는 즉시 이를 변경한다.

 정답 **32.** ④ **33.** ② **34.** ④ **35.** ③

36 지적정보관리체계 담당자의 사용자번호 및 비밀번호에 관한 사항 중 틀린 것은?

① 사용자의 비밀번호는 변경할 수 없다.
② 한 번 부여된 사용자번호는 변경할 수 없다.
③ 사용자번호는 사용자권한관리청별로 일련번호를 부여한다.
④ 사용자권한등록관리청은 필요 시 사용자번호를 별도 관리할 수 있다.

해설 사용자번호 및 비밀번호

구 분	내 용
사용자번호	1. 사용자권한등록관리청별로 일련번호로 부여한다. 2. 한 번 부여된 사용자번호는 변경할 수 없다.
소속변경 또는 퇴직	사용자번호를 별도로 관리하여 사용자의 책임을 명백히 할 수 있도록 하여야 한다.
비밀번호	사용자가 6 내지 16자리로 정한다.
비밀번호의 단속	1. 다른 사람에게 누설하여서는 아니 된다. 2. 누설되거나 누설될 우려가 있는 때에는 즉시 이를 변경한다.

37 지적정보관리체계 담당자 등록절차에 관한 설명으로 옳지 않은 것은?

① 국토교통부장관, 시·도지사 및 지적소관청은 지적공부 정리 등을 전산정보처리조직에 의하여 처리하는 담당자를 사용자권한등록파일에 등록하여 관리하여야 한다.
② 지적전산처리용 단말기를 설치한 기관의 장은 그 소속공무원을 사용자 등록하고자 할 때 사용자권한등록신청서를 행정안전부장관에게 제출하여야 한다.
③ 신청을 받은 사용자권한등록관리청은 신청내용을 심사하여 사용자권한등록파일에 사용자의 이름 및 권한과 사용자번호 및 비밀번호를 등록하여야 한다.
④ 사용자권한등록관리청은 사용자의 근무지 또는 직급이 변경되거나 사용자가 퇴직 등을 한 때에는 사용자권한등록내용을 변경하여야 한다.

해설 지적전산처리용 단말기를 설치한 기관의 장은 그 소속공무원을 사용자로 등록하고자 하는 때에는 사용자권한등록신청서를 그 사용자권한등록관리청(국토교통부장관, 시·도지사 및 소관청)에 제출하여야 한다.

38 지적정보관리체계 담당자의 사용자번호 및 비밀번호에 관한 설명으로 적합한 것은?

① 누설의 우려가 있을 경우 사용자의 비밀번호는 변경하여야 한다.
② 필요한 경우 사용자번호는 변경할 수 있다.
③ 사용자번호는 전국적으로 일련번호를 부여한다.
④ 다른 사용자권한등록관리청으로 소속이 변경된 경우 사용자번호를 변경된 관리청으로 이관, 관리한다.

해설 지적정보관리체계 담당자의 사용자번호 변경은 불가능하며, 비밀번호는 누설의 우려가 있는 경우 언제든지 변경 가능하다.

39 사용자권한등록파일에 등록된 사용자의 비밀번호에 대한 설명으로 틀린 것은?

① 사용자는 비밀번호가 누설될 우려가 있는 때에는 즉시 변경한다.
② 사용자의 비밀번호는 사용자가 6 내지 16자리로 정하여 사용한다.
③ 사용자의 비밀번호는 다른 사람에게 누설하여서는 아니 된다.
④ 사용자가 비밀번호를 누설하는 경우에는 파면시킨다.

해설 **사용자번호 및 비밀번호**

구 분	내 용
사용자번호	1. 사용자권한등록관리청별로 일련번호로 부여한다. 2. 한 번 부여된 사용자번호는 변경할 수 없다.
소속변경 또는 퇴직	사용자번호를 별도로 관리하여 사용자의 책임을 명백히 할 수 있도록 하여야 한다.
비밀번호	사용자가 6 내지 16자리로 정한다.
비밀번호의 단속	1. 다른 사람에게 누설하여서는 아니 된다. 2. 누설되거나 누설될 우려가 있는 때에는 즉시 이를 변경한다.

40 다음은 지적정보관리체계에 대한 설명이다. 이 중 틀린 것은?

① 사용자권한등록파일에 등록하는 사용자번호는 사용자권한등록관리청별로 일련번호로 부여하여야 하며, 사용자번호가 누설되었을 경우에는 이를 변경할 수 있다.
② 사용자권한등록관리청은 사용자가 다른 사용자권한등록관리청으로 소속이 변경되거나 퇴직 등을 한 때에는 사용자번호를 별도로 관리하여 사용자의 책임을 명백히 할 수 있도록 하여야 한다.
③ 사용자의 비밀번호는 사용자가 6 내지 16자리로 정하여 사용한다.
④ 사용자의 비밀번호는 다른 사람에게 누설하여서는 아니 되며, 사용자는 비밀번호가 누설되거나 누설될 우려가 있는 때에는 즉시 이를 변경하여야 한다.

해설 **사용자번호 및 비밀번호**

구 분	내 용
사용자번호	1. 사용자권한등록관리청별로 일련번호로 부여한다. 2. 한 번 부여된 사용자번호는 변경할 수 없다.
소속변경 또는 퇴직	사용자번호를 별도로 관리하여 사용자의 책임을 명백히 할 수 있도록 하여야 한다.
비밀번호	사용자가 6 내지 16자리로 정한다.
비밀번호의 단속	1. 다른 사람에게 누설하여서는 아니 된다. 2. 누설되거나 누설될 우려가 있는 때에는 즉시 이를 변경한다.

41 지적정보관리체계의 사용자권한등록파일에 등록하는 사용자 비밀번호의 기준은?

① 사용자가 영문을 포함하여 3 내지 12자리로 정하여 사용한다.

② 사용자가 4 내지 12자리로 정하여 사용한다.

③ 사용자가 영문을 포함하여 5 내지 16자리로 정하여 사용한다.

④ 사용자가 6 내지 16자리로 정하여 사용한다.

해설 사용자 비밀번호는 사용자가 6 내지 16자리로 정하여 사용한다.

42 사용자권한등록파일에 등록하는 사용자권한사항에 해당하지 않는 것은?

① 사용자의 신규등록

② 지적전산코드의 조회

③ 개별공시지가 변동의 조회

④ 지적측량업자의 등록 변경 및 삭제

해설 사용자권한구분

1. 사용자의 신규등록
2. 사용자등록의 변경 및 삭제
3. 법인 아닌 사단·재단 등록번호의 업무관리
4. 법인 아닌 사단·재단 등록번호의 직권수정
5. 개별공시지가 변동의 관리
6. 지적전산코드의 입력·수정 및 삭제
7. 지적전산코드의 조회
8. 지적전산자료의 조회
9. 지적통계의 관리
10. 토지관련 정책정보의 관리
11. 토지이동신청의 접수
12. 토지이동의 정리
13. 토지소유자 변경의 정리
14. 토지등급 및 기준수확량등급 변동의 관리
15. 지적공부의 열람 및 등본교부의 관리
15의2. 부동산종합공부의 열람 및 부동산종합증명서 발급의 관리
16. 일반 지적업무의 관리
17. 일일마감관리
18. 지적전산자료의 정비
19. 개인별 토지소유현황의 조회
20. 비밀번호의 변경

43 지적정보관리체계에서 사용자권한등록파일에 등록하는 사용자권한에 속하지 않는 것은?

① 법인 아닌 사단·재단 등록번호의 직권수정

② 지적전신고드의 입력·수정 및 삭제

③ 지적공부의 열람 및 등본교부의 관리

④ 표준지공시지가 변동의 관리

해설 사용자권한구분

1. 사용자의 신규등록
2. 사용자등록의 변경 및 삭제
3. 법인 아닌 사단·재단 등록번호의 업무관리
4. 법인 아닌 사단·재단 등록번호의 직권수정
5. 개별공시지가 변동의 관리
6. 지적전산코드의 입력·수정 및 삭제
7. 지적전산코드의 조회
8. 지적전산자료의 조회
9. 지적통계의 관리
10. 토지관련 정책정보의 관리
11. 토지이동신청의 접수
12. 토지이동의 정리
13. 토지소유자 변경의 정리
14. 토지등급 및 기준수확량등급 변동의 관리
15. 지적공부의 열람 및 등본 교부의 관리
15의2. 부동산종합공부의 열람 및 부동산종합증명서 발급의 관리
16. 일반 지적업무의 관리
17. 일일마감관리
18. 지적전산자료의 정비
19. 개인별 토지소유현황의 조회
20. 비밀번호의 변경

44 지적정보관리체계에서 사용자권한등록파일에 등록하는 사용자의 권한에 속하지 않는 것은?

① 사용자등록의 변경 및 삭제
② 개별공시지가 변동의 관리
③ 법인등록번호의 직권수정
④ 지적전산자료의 정비

해설 사용자권한구분

1. 사용자의 신규등록
2. 사용자등록의 변경 및 삭제
3. 법인 아닌 사단·재단 등록번호의 업무관리
4. 법인 아닌 사단·재단 등록번호의 직권수정
5. 개별공시지가 변동의 관리
6. 지적전산코드의 입력·수정 및 삭제
7. 지적전산코드의 조회
8. 지적전산자료의 조회
9. 지적통계의 관리
10. 토지관련 정책정보의 관리
11. 토지이동신청의 접수
12. 토지이동의 정리
13. 토지소유자 변경의 정리

정답 44. ③

14. 토지등급 및 기준수확량등급 변동의 관리
15. 지적공부의 열람 및 등본 교부의 관리
15의2. 부동산종합공부의 열람 및 부동산종합증명서 발급의 관리
16. 일반 지적업무의 관리
17. 일일마감관리
18. 지적전산자료의 정비
19. 개인별 토지소유현황의 조회
20. 비밀번호의 변경

45 주민등록번호가 없는 등기권리자에 대한 부동산등기용 등록번호의 부여방법으로서 틀린 것은?

① 지방자치단체는 관할 지방법원장이 부여한다.
② 법인은 주된 사무소의 소재지를 관할하는 등기소의 등기관이 부여한다.
③ 법인이 아닌 사단이나 재단은 시장·군수·구청장이 부여한다.
④ 재외국민은 대법원 소재지를 관할하는 등기소의 등기관이 부여한다.
⑤ 외국인은 체류지를 관할하는 지방출입국 또는 외국인관서의 장이 부여한다.

해설 부동산등기용 등록번호를 증명하는 서면

구 분	등록번호 증명서면	부여기관
국가, 지자체, 외국정부	제출 ×	국토교통부장관이 지정·고시
법인	법인등기부 등·초본	주된 사무소 소재지 관할 등기소등기관
법인 아닌 사단, 재단	부동산등기용 등록번호를 증명하는 서면	시장·군수·구청장
외국인		체류지 관할 지방출입국 또는 외국인관서의 장
외국민		대법원 소재지 관할 등기소등기관

국가·지방자치단체·국제기관·외국정부의 경우 국토교통부장관이 지정·고시하며, 이 경우에는 그 증명서를 제출할 필요가 없다.

46 부동산등기용 등록번호의 부여에 관한 설명 중 틀린 것은?

① 외국인에 대한 등록번호는 체류지를 관할하는 지방출입국 또는 외국인관서의 장이 부여한다.
② 법인 아닌 사단 또는 재단에 대한 등록번호는 특별시장·광역시장 또는 도지사가 부여한다.
③ 법인에 대한 등록번호는 주된 사무소 소재지를 관할하는 등기소의 등기관이 부여한다.
④ 주민등록번호가 없는 재외국민에 대한 등록번호는 대법원 소재지를 관할하는 등기소의 등기관이 부여한다.
⑤ 국가·지방자치단체·국제기관·외국정부에 대한 등록번호는 국토교통부장관이 지정·고시한다.

해설 법인 아닌 사단이나 재단에 대한 등록번호는 시장·군수·구청장이 부여한다.

47 행정구역의 명칭이 변경된 때에는 지적소관청은 시·도지사를 경유하여 국토교통부장관에게 행정구역변경일 며칠 전까지 행정구역의 코드변경을 요청하여야 하는가?

① 10일

② 15일

③ 20일

④ 30일

해설 행정구역의 명칭이 변경된 때에는 지적소관청은 시·도지사를 경유하여 국토교통부장관에게 행정구역 변경일 10일 전까지 행정구역의 코드변경을 요청하여야 한다.

48 지구계 분할을 하고자 하는 경우에는 시행지번호와 지구계 구분코드를 입력하여야 하는데, 지구 내의 경우 구분코드번호는?

① 0

② 1

③ 2

④ 3

해설 지구계 분할을 하고자 하는 경우에는 시행지번호와 지구계 구분코드(지구 내 0, 지구 외 1)를 입력하여야 한다.

49 부동산종합공부의 코드에 대한 설명으로 옳지 않은 것은?

① 고유번호의 구성은 행정구역코드 10자리(시·도 3, 시·군·구 2, 읍·면·동 3, 리 2), 대장구분 1자리, 본번 4자리, 부번 4자리 합계 19자리로 구성한다.

② 행정구역의 명칭이 변경된 때에는 소관청은 행정구역 변경일 10일 전까지 행정구역의 코드변경을 요청하여야 한다.

③ 행정구역의 코드변경요청을 받은 국토교통부장관은 지체 없이 행정구역코드를 변경하고, 그 변경내용을 관련 기관에 통지하여야 한다.

④ 행정구역의 명칭이 변경된 경우 소관청은 시·도지사를 경유하여 국토교통부장관에게 행정구역의 코드변경을 요청하여야 한다.

해설 고유번호의 구성

1	2	3	4	5	6	7	8	9	0	–	1	0	0	0	0	–	0	0	0	0
시·도			시·군·구		읍·면·동			리			대장	지번(본번)					지번(부번)			

50 지적업무처리규정상 부동산종합공부시스템에서 지적측량업무를 수행하기 위해 도면 및 대장 속성정보를 추출한 파일은?

① 측량준비파일

② 측량현형파일

③ 측량기초파일

④ 측량성과파일

   정답 47. ① 48. ① 49. ① 50. ①

구 분	내 용
측량준비파일	부동산종합공부시스템에서 지적측량업무를 수행하기 위하여 도면 및 대장 속성정보를 추출한 파일을 말한다.
측량현형파일	전자평판측량방법, 위성측량방법 및 드론측량방법으로 관측한 지적측량에 필요한 현형(現形)정보가 들어있는 파일을 말한다.
측량성과파일	전자평판측량 및 위성측량방법으로 관측 후 지적측량정보를 처리할 수 있는 시스템에 따라 작성된 측량결과도파일과 토지이동정리를 위한 지번, 지목 및 경계점의 좌표가 포함된 파일을 말한다.

51 부동산종합공부시스템 운영 및 관리규정상 용어의 정의로 옳지 않은 것은?

① 정보관리체계 : 지적공부 및 부동산종합공부의 관리업무를 전자적으로 처리할 수 있도록 설치된 정보시스템

② 부동산종합공부시스템 : 지방자치단체가 지적공부 및 부동산종합공부 정보를 전자적으로 관리 · 운영하는 시스템

③ 운영기관 : 부동산종합공부시스템이 설치되어 이를 운영하고 유지관리의 책임을 지는 지방자치단체

④ 국토정보시스템 : 국토교통부장관이 지적공부 및 부동산종합공부 정보를 소관청단위로 분할하여 관리 · 운영하는 시스템

해설 국토정보시스템은 국토교통부장관이 지적공부 및 부동산종합공부 정보를 전국단위로 분할하여 관리 · 운영하는 시스템을 말한다.

52 지적공부에 등록되는 고유번호 중 시 · 군 · 구는 몇 자리로 표시하는가?

① 2자리 ② 3자리
③ 4자리 ④ 5자리

해설 각 필지를 구별하기 위해 필지마다 붙이는 고유번호를 말하며, 토지대장 · 임야대장 · 공유지연명부 · 대지권등록부와 경계점좌표등록부에 등록하고 도면에는 등록되지 않는다. 이 고유번호는 행정구역, 대장, 지번을 나타내며, 소유자, 지목 등은 알 수 없다.

1	2	3	4	5	6	7	8	9	0	–	1	0	0	0	0	–	0	0	0	0
시 · 도		시 · 군 · 구			읍 · 면 · 동			리			대장	지번(본번)					지번(부번)			

53 지적공부에 등록되는 고유번호는 19자리로 구성되어 있다. 이 중 행정구역코드는 몇 자리로 구성되어 있는가?

① 5자리 ② 10자리
③ 15자리 ④ 20자리

해설 고유번호의 구성은 행정구역코드 10자리(시 · 도 2, 시 · 군 · 구 3, 읍 · 면 · 동 3, 리 2), 대장구분 1자리, 본번 4자리, 부번 4자리 합계 19자리로 구성한다.

54 고유번호 중 대장구분에서 2가 의미하는 것은?

① 토지대장 ② 임야대장
③ 경계점좌표등록부 ④ 지적도, 임야도

해설

1	2	3	4	5	6	7	8	9	0	–	1	0	0	0	0	–	0	0	0	0
시 · 도		시 · 군 · 구			읍 · 면 · 동			리			대장	지번(본번)					지번(부번)				

대장구분 표시	대장의 일체성
1. 토지대장 2. 임야대장	1. 토지대장＋지적도 2. 임야대장＋임야도

55 지적공부에 등록되는 고유번호의 기능에 해당하지 않는 것은?

① 행정구역
② 대장구분
③ 소유자구분
④ 지번

해설 고유번호의 구성은 행정구역코드 10자리(시 · 도 2, 시 · 군 · 구 3, 읍 · 면 · 동 3, 리 2), 대장구분 1자리, 본번 4자리, 부번 4자리 합계 19자리로 구성한다. 따라서 소유자, 면적, 지목 등은 고유번호를 통해서 알 수 없다.

56 지적전산처리규정의 고유번호 구성에서 대장구분, 본번과 부번의 행정구역코드의 구성은?

① 대장구분 1자리, 본번 4자리, 부번 4자리
② 대장구분 1자리, 본번 3자리, 부번 3자리
③ 대장구분 2자리, 본번 3자리, 부번 4자리
④ 대장구분 2자리, 본번 4자리, 부번 3자리

해설 토지(임야)대장에는 각 필지를 서로 구별하기 위해 각 필지마다 개별적으로 붙이는 가변성이 없는 번호를 고유번호라고 하며, 행정구역을 표시하는 10자리와 대장구분번호 1자리 및 지번을 표시하는 8자리 등 총 19자리로 구성되어 있다.

1	2	3	4	5	6	7	8	9	0	–	1	0	0	0	0	–	0	0	0	0
시 · 도		시 · 군 · 구			읍 · 면 · 동			리			대장	지번(본번)					지번(부번)				

57 대장에 등록된 고유번호가 43360902-20002-0010인 경우 지번은?

① 2－10 ② 2－1
③ 산 2－10 ④ 산 9－2

해설 임야대장 또는 임야도에 등록된 토지는 지번 앞에 숫자를 표기한다. 따라서 이 필지의 지번은 산 2－10으로 표기해야 한다.

정답 54. ② 55. ③ 56. ① 57. ③

58 매 필지마다 토지의 고유번호를 부여하고 있다. 이에 대한 설명으로 옳지 않은 것은?

① 고유번호를 이용하면 토지의 소재 파악이 편리하다.

② 전국을 단위로 1필지에 1번호를 부여한다. 즉 전국적으로 동일한 고유번호는 존재하지 아니한다.

③ 고유번호는 행정구역, 대장구분, 본번, 부번으로 구성된다.

④ 전국 시·도단위로 동일한 고유번호가 있을 수도 있다.

해설 토지의 고유번호란 각 필지를 구별하기 위해 필지마다 붙이는 번호를 말하며, 대장과 경계점좌표등록부에만 등록하고 도면에는 등록되지 않는다. 이 고유번호는 행정구역, 대장, 지번을 나타낸다. 전국적으로 동일한 고유번호는 존재하지 아니한다.

59 토지의 고유번호에 있어 행정구역코드의 변경절차로 맞는 것은?

① 지적소관청이 변경일 10일 전까지 직권 정정한다.

② 지적소관청은 시·도지사를 경유하여 국토교통부장관에게 변경일 10일 전까지 변경요청을 하여야 한다.

③ 지적소관청이 시·도지사에게 변경일 30일 전까지 변경요청을 하여야 한다.

④ 관청이 시·도지사에게 변경일 60일 전까지 변경요청을 하여야 한다.

해설 행정구역의 명칭이 변경된 때에는 지적소관청은 시·도지사를 경유하여 국토교통부장관에게 행정구역 변경일 10일 전까지 행정구역의 코드변경을 요청하여야 한다. 행정구역의 코드변경요청을 받은 국토교통부장관은 지체 없이 행정구역코드를 변경하고, 그 변경내용을 관련 기관에 통지하여야 한다.

60 지적도면 재작성사유에 해당하지 않는 것은?

① 지번, 지목의 불분명   ② 경계의 분명

③ 도곽선의 신축량이 0.5mm 이상인 경우   ④ 1장의 도면에 2 이상의 리·동이 있는 경우

해설 도면의 재작성대상

1. 도곽선의 신축량이 0.5mm 이상인 경우
2. 경계가 불문명한 경우
3. 지번 및 지목이 불분명한 경우
4. 1장의 도면에 2 이상의 리·동이 있는 경우
5. 도면의 일부가 도시개발사업 시행지역에 편입된 경우

61 지적공부에 관한 설명 중 틀린 것은?

① 지적소관청은 지적공부의 전부 또는 일부가 멸실·훼손된 때에는 지체 없이 복구하여야 한다.

② 경계점좌표등록부를 비치하는 토지는 지적확정측량 또는 축척변경을 위한 측량을 실시하여 경계점을 좌표로 등록한 지역의 토지로 한다.

③ 지적공부를 복구하고자 하는 경우 소유자에 관한 사항은 부동산등기부나 법원의 확정판결에 의하여 복구하여야 한다.

④ 지적공부를 복구하고자 하는 경우 시·도지사 또는 대도시시장의 승인을 얻어야 한다.

구 분	지적공부 복구
의의	지적공부가 물리적으로 멸실된 경우 지적공부를 복구하는 것
승인	시·도지사 승인(×)
자료	멸실·훼손 당시의 지적공부와 가장 부합한 자료
게시	시·군·구 게시판에 15일 이상 게시(복구측량 완료 시)

62 다음 중 지적공부의 복구자료가 될 수 없는 것은?

① 측량준비도 ② 측량결과도
③ 토지이동정리결의서 ④ 복제된 지적공부

해설 지적공부 복구자료

토지표시사항	소유자에 관한 사항
1. 지적공부의 등본 2. 측량결과도 3. 토지이동정리결의서 4. 부동산등기사항증명서 등 등기사실을 증명하는 서류 5. 지적소관청이 작성하거나 발행한 지적공부의 등록내용을 증명하는 서류 6. 복제된 지적공부	1. 법원의 확정판결서 정본 또는 사본 2. 부동산등기부

63 부동산종합공부에 등록해야 하는 내용으로 옳지 않은 것은?

① 건축물의 표시와 소유자에 관한 사항(토지에 건축물이 있는 경우만 해당한다) : 「건축법」 제38조에 따른 건축물대장의 내용
② 토지의 이용 및 규제에 관한 사항 : 「국토의 계획 및 이용에 관한 법률」 제10조에 따른 토지이용계획확인서의 내용
③ 부동산의 가격에 관한 사항 : 「부동산 가격공시 및 감정평가에 관한 법률」 제11조에 따른 개별공시지가, 같은 법 제16조 및 제17조에 따른 개별주택가격 및 공동주택가격 공시내용
④ 토지의 표시와 소유자에 관한 사항 : 「공간정보의 구축 및 관리 등에 관한 법률」에 따른 지적공부의 내용

해설 토지의 이용 및 규제에 관한 사항

「토지이용규제 기본법」 제10조에 따른 토지이용계획확인서의 내용

64 부동산의 효율적 이용과 관련 정보의 종합적 관리·운영을 위하여 활용되고 있는 부동산종합공부의 등록사항으로 옳지 않은 것은?

① 지적공부의 내용 ② 건축물대장의 내용
③ 국토계획에 관련된 내용 ④ 토지이용계획확인서의 내용

 ✏️ **정답** 62. ① 63. ② 64. ③

해설 부동산종합공부의 등록사항

1. 토지의 표시와 소유자에 관한 사항
2. 건축물의 표시와 소유자에 관한 사항(토지에 건축물이 있는 경우만 해당한다)
3. 토지의 이용 및 규제에 관한 사항
4. 부동산의 가격에 관한 사항
5. 부동산의 권리에 관한 사항

65 부동산종합공부의 관리 및 운영에 관한 설명으로 옳지 않은 것은?

① 지적소관청은 부동산의 효율적 이용과 부동산과 관련된 정보의 종합적 관리·운영을 위하여 부동산종합공부를 관리·운영한다.
② 부동산종합공부를 열람하거나 부동산종합공부기록사항의 전부 또는 일부에 관한 증명서를 발급받으려는 자는 시·도지사에게 신청하여야 한다.
③ 지적소관청은 부동산종합공부의 멸실 또는 훼손에 대비하여 이를 별도로 복제하여 관리하는 정보관리체계를 구축하여야 한다.
④ 부동산종합공부의 등록사항을 관리하는 기관의 장은 지적소관청에 상시적으로 관련 정보를 제공하여야 한다.

해설 부동산종합공부를 열람하거나 부동산종합공부기록사항의 전부 또는 일부에 관한 증명서(이하 "부동산종합증명서"라 한다)를 발급받으려는 자는 지적공부·부동산종합공부 열람·발급신청서(전자문서로 된 신청서를 포함한다)를 지적소관청 또는 읍·면·동장에게 제출하여야 한다.

66 부동산종합공부에 관한 설명으로 틀린 것은?

① 지적소관청은 부동산의 효율적 이용과 부동산과 관련된 정보의 종합적 관리·운영을 위하여 부동산종합공부를 관리·운영한다.
② 지적소관청은 부동산종합공부를 영구히 보존하여야 하며, 멸실 또는 훼손에 대비하여 이를 별도로 복제하여 관리하는 정보관리체계를 구축하여야 한다.
③ 지적소관청은 부동산종합공부의 불일치 등록사항에 대하여는 등록사항을 정정하고, 등록사항을 관리하는 기관의 장에게 그 내용을 통지하여야 한다.
④ 지적소관청은 부동산종합공부의 정확한 등록 및 관리를 위하여 필요한 경우에는 부동산종합공부의 등록사항을 관리하는 기관의 장에게 관련 자료의 제출을 요구할 수 있다.

해설 부동산종합공부 등록사항 정정

1. 지적소관청은 부동산종합공부의 등록사항 정정을 위하여 등록사항 상호 간에 일치하지 아니하는 사항(이하 이 조에서 "불일치 등록사항"이라 한다)을 확인 및 관리하여야 한다.
2. 지적소관청은 불일치 등록사항에 대해서는 등록사항을 관리하는 기관의 장에게 그 내용을 통지하여 등록사항 정정을 요청할 수 있다.
3. 부동산종합공부의 등록사항 정정절차 등에 관하여 필요한 사항은 국토교통부장관이 따로 정한다.

67 운영기관의 장이 부동산종합공부시스템의 원활한 운영·관리를 위하여 수행할 역할에 해당하지 않는 것은?

① 부동산종합공부시스템 전산자료의 입력·수정·갱신 및 백업
② 부동산종합공부시스템 전산장비의 증설·교체
③ 부동산종합공부시스템의 지속적인 유지·보수
④ 부동산종합공부시스템의 운영·관리에 관한 교육 및 지도·감독

해설 운영기관의 장은 부동산종합공부시스템의 원활한 운영·관리를 위하여 다음의 역할을 수행하여야 한다.
1. 부동산종합공부시스템 전산자료의 입력·수정·갱신 및 백업
2. 부동산종합공부시스템 전산장비의 증설·교체
3. 부동산종합공부시스템의 지속적인 유지·보수
4. 부동산종합공부시스템의 장애사항에 대한 조치 및 보고

68 부동산종합공부시스템 운영 및 관리규정에 의한 전산자료 장애·오류의 정비에 대한 설명이다. 이 중 틀린 것은?

① 운영기관의 장은 전산자료의 구축이나 관리과정에서 장애 또는 오류가 발생한 때에는 국토교통부장관의 승인을 얻어 이를 정비하여야 한다.
② 운영기관의 장은 장애 또는 오류가 발생한 경우에는 이를 국토교통부장관에게 보고하고, 그에 따른 필요한 조치를 요청할 수 있다.
③ 보고를 받은 국토교통부장관은 장애 또는 오류가 정비될 수 있도록 필요한 조치를 하여야 한다.
④ 운영기관의 장은 전산자료를 정비한 때에는 그 정비내역을 3년간 보존하여야 한다.

해설 운영기관의 장은 전산자료의 구축이나 관리과정에서 장애 또는 오류가 발생한 때에는 지체 없이 이를 정비하여야 한다. 국토교통부장관의 승인을 얻지 아니한다.

69 다음은 전산자료의 정비 및 일치에 대한 설명이다. 이 중 틀린 것은?

① 운영기관의 장은 전산자료의 구축이나 관리과정에서 장애 또는 오류가 발생한 때에는 국토교통부장관의 승인을 얻어 정비하여야 한다.
② 운영기관의 장은 장애 또는 오류가 발생한 경우에는 이를 국토교통부장관에게 보고하고, 그에 따른 필요한 조치를 요청할 수 있다. 다.
③ 국토교통부장관 및 운영기관의 장은 국토정보시스템과 부동산종합공부시스템의 전산자료가 일치하도록 시스템 간 연계체계를 항상 유지·관리하여야 한다.
④ 운영기관의 장은 전산자료를 정비한 때에는 그 정비내역을 3년간 보존하여야 한다.

해설 운영기관의 장은 전산자료의 구축이나 관리과정에서 장애 또는 오류가 발생한 때에는 지체 없이 이를 정비하여야 한다. 국토교통부장관의 승인을 얻지 아니한다.

정답 67. ④ 68. ① 69. ①

70 지적업무에 사용되는 프로그램에 대한 설명이다. 이 중 틀린 것은?

① 국토교통부장관은 부동산종합공부시스템의 전산장비를 수시로 점검·관리하되, 월 1회 이상 정기점검을 하여야 한다.

② 국토교통부장관은 부동산종합공부시스템이 단일한 버전의 프로그램으로 설치 및 운영되도록 총괄적으로 조정하여 이를 운영기관의 장에 배포하여야 한다.

③ 부동산종합공부시스템에는 국토교통부장관의 승인을 받지 아니한 어떠한 형태의 원시프로그램과 이를 조작할 수 있는 도구 등을 개발·제작·저장·설치할 수 없다.

④ 운영기관의 장은 프로그램 및 전산자료의 멸실·손괴에 대비하여 정기적으로 관련 자료를 백업하여야 한다.

해설 운영기관의 장은 부동산종합공부시스템의 전산장비를 수시로 점검·관리하되, 월 1회 이상 정기점검을 하여야 한다.

71 부동산종합공부시스템 운영 및 관리규정에 의한 전산자료의 제공에 대한 설명으로 틀린 것은?

① 부동산종합공부 전산자료를 제공받으려는 자는 제공요청서를 작성하여 운영기관의 장에게 제출하여야 한다.

② 요청을 받은 운영기관의 장은 요청내역, 요청목적, 근거법령 등을 검토하여 전산자료의 제공이 가능한 때에는 전산자료제공대장을 작성하여야 한다.

③ 전산자료를 제공받는 자는 보안각서 및 전산자료수령증을 작성하여 운영기관의 장에게 제출하여야 한다.

④ 전산자료를 제공받은 자는 해당 자료를 제공한 국토교통부장관과 사전협의 없이 사용목적 이외의 다른 용도로는 사용할 수 없다.

해설 전산자료를 제공받은 자는 해당 자료를 제공한 운영기관의 장과 사전협의 없이 사용목적 이외의 다른 용도로는 사용할 수 없다.

01 개 요

1. 목적

지적원도를 데이터베이스로 구축하기 위한 세부적인 작업방법과 절차 등을 정하고, 성과물의 표준화로 지적원도데이터베이스의 정확도 및 호환성을 확보함을 목적으로 한다.

2. 용어의 정의

① **지적원도** : 토지 · 임야조사사업 당시 지적 · 임야도를 제작하기 위해 세부측량을 완료한 결과도면으로서, 현재 국가기록원 등에 보관 중인 세부측량원도를 말한다.

② **이미지파일** : 도면스캐너에 의하여 제작된 낱장형식의 이미지화된 지적원도 전산파일을 말한다.

③ **좌표독취** : 좌표독취기 또는 좌표독취응용프로그램을 이용하여 지적원도 이미지파일의 필지경계 굴곡점을 수치형식으로 순차기록하는 작업을 말한다.

④ **수치파일** : 지적원도의 필지경계점을 좌표독취하고 지번, 지목 등의 속성정보를 전산정보처리장치에 의하여 기록한 도곽단위의 전산파일을 말한다.

⑤ **보정파일** : 신축이 있는 지적원도 수치파일을 축척별 기준도곽에 일치하도록 신축량을 보정한 수치파일을 말한다.

⑥ **통일원점좌표변환** : 구소삼각원점, 특별소삼각원점, 기타 원점 등으로 제작된 지적원도를 지역측지계기준의 동부원점, 중부원점, 서부원점, 동해원점의 통일원점계열로 변환하는 것을 말한다.

⑦ **도면접합** : 지적원도 보정파일과 연접한 다른 지적원도 보정파일을 서로 접합하여 도곽선상에서 단절된 필지경계선을 연속된 도면형태로 접합처리하는 작업을 말한다.

⑧ **연속지적원도** : 도면접합이 완료되어 하나의 행정구역단위로 제작된 지적원도 전산파일을 말한다.

⑨ **도면데이터베이스** : 보정파일 내의 필지경계를 폐합(廢合)이 되도록 폴리곤(polygon)을 형성하고, 구조화편집 등의 과정을 거쳐 각종 공간정보시스템에서 활용할 수 있도록 작업과정을 거친 최종 전산파일을 말한다.

02 지적원도 이미지파일 및 수치파일 제작

1. 작업공정

지적원도 데이터베이스 구축 작업공정은 다음의 순서에 따른다. 다만, 발주기관이 지시 또는 승인한 경우는 작업순서의 일부를 변경 또는 생략할 수 있다.

① 작업계획 수립   ② 작업준비

③ 지적원도 이미지파일 제작   ④ 좌표독취(벡터라이징)

⑤ 속성정보 입력   ⑥ 지적원도 수치파일 제작

⑦ 검수도면 출력   ⑧ 지적원도 수치파일 검수

⑨ 지적원도 신축보정   ⑩ 지적원도 보정파일 제작

⑪ 통일원점좌표변환   ⑫ 도면접합

⑬ 연속지적원도 제작   ⑭ 세계측지계좌표변환

⑮ 구조화편집   ⑯ 데이터베이스 구축

⑰ 최종 성과검수   ⑱ 지적원도데이터베이스시스템 탑재 및 검증

2. 사용장비

1) 자동독취기(스캐너)

지적원도 이미지파일 제작에 사용되는 자동독취기(스캐너)의 규격은 다음의 기준에 따른다.

① 형식 : 평판밀착스캔방식

② 정밀도 : 0.1mm 이상

③ 광학해상도 : 2,000DPI 이상

④ 스캔유효범위 : 지적원도 규격 이상

2) 출력장치의 정밀도, 성능 및 기능

수치파일 검수도면 출력에 사용하는 출력장치의 정밀도, 성능 및 기능은 다음의 기준에 따른다.

① 출력유효범위 : 600×900mm(A1) 이상

② 최소선굵기 : 0.04mm 이상

③ Line 정확도 : ±0.1%

④ 인쇄해상도 : 2,400×1,200DPI 이상

⑤ 용지공급 : 롤, 낱장공급, 자동절단 등

⑥ 용지의 종류 : 백상지, 트레이싱지, 필름지

기출문제 [2018년 기출]

지적원도 데이터베이스 구축 작업기준상 지적원도이미지파일 제작에 사용되는 자동독취기(스캐너)의 정밀도와 광학해상도의 규격은?

	정밀도	광학해상도		정밀도	광학해상도
①	0.3mm 이상,	2,000DPI 이상	②	0.1mm 이상,	2,000DPI 이상
③	0.3mm 이상,	1,000DPI 이상	④	0.1mm 이상,	1,000DPI 이상

답 ②

기출문제 [2019년 기출]

지적원도 데이터베이스 구축 작업기준상 지적원도데이터베이스 구축 시 이미지파일 제작에 사용되는 자동독취기의 규격에 대한 설명으로 옳지 않은 것은?

① 정밀도는 0.1mm 이상이다.　② 광학해상도는 2,000DPI 이상이다.
③ Line 정확도는 ±0.2% 이상이다.　④ 독취형식은 평판밀착스캔방식이다.

답 ③

기출문제 [2023년 기출]

지적원도 데이터베이스 구축 작업기준상 지적원도 이미지파일 제작에 사용되는 자동독취기(스캐너)의 규격기준으로 옳은 것은?

① 최소선굵기 : 0.4mm 이상　② 형식 : 3D스캔방식
③ 광학해상도 : 2,000DPI 이상　④ 인쇄해상도 : 1,200DPI 이상

답 ③

3. 전산파일의 형식

1) 저장형식

지적원도 전산파일은 각 공정별로 파일명칭을 부여하여 저장하여야 하며, 저장형식은 다음의 기준에 따른다.

① 지적원도 이미지파일 : TIFF 또는 JPG

② 지적원도 수치파일 : DWG, DXF

③ 지적원도 보정파일 : DWG, DXF

④ 연속지적원도 전산파일 : DWG, DXF, SHP

⑤ 일람도 전산파일 : DWG, DXF, SHP

⑥ 행정경계 전산파일 : DWG, DXF, SHP

⑦ 지적기준점 전산파일 : DWG, DXF, SHP

기출문제　　　　　　　　　　　　　　　　　　　　　　　　　　　　[2017년 기출]

지적원도 데이터베이스 구축 작업기준상 지적원도데이터베이스 구축 시 전산파일의 저장형식으로 옳은 것만을 모두 고른 것은?

> ㄱ. 지적원도 이미지파일 : DWG, DXF, SHP
> ㄴ. 지적원도 수치파일 : DWG, DXF, SHP
> ㄷ. 연속지적원도 전산파일 : DWG, DXF, SHP
> ㄹ. 행정경계 전산파일 : DWG, DXF, SHP
> ㅁ. 지적기준점 전산파일 : DWG, DXF, SHP

① ㄱ, ㄴ, ㄷ　　　　　　　　　　② ㄱ, ㄹ, ㅁ
③ ㄴ, ㄷ, ㅁ　　　　　　　　　　④ ㄷ, ㄹ, ㅁ

답 ④

기출문제　　　　　　　　　　　　　　　　　　　　　　　　　　　　[2022년 기출]

지적원도 데이터베이스 구축 작업기준상 지적원도 전산파일의 저장형식으로 옳지 않은 것은?

① 지적원도 이미지파일 : DWG, DXF

② 연속지적원도 전산파일 : DWG, DXF, SHP

③ 일람도 전산파일 : DWG, DXF, SHP

④ 지적측량기준점 전산파일 : DWG, DXF, SHP

답 ①

2) 지적원도 전산파일의 명칭

[작업파일명 부여기준]

파일구분	이름(약어)	파일명	확장자
지적원도_이미지	img(없음)	행정코드(10)＋축척(2)＋파일번호(3)	TIFF
지적원도_수치파일	ont(O)	약어＋행정코드(10)＋축척(2)＋파일번호(3)	DWG, DXF
지적원도_보정파일	pnt(P)	약어＋행정코드(10)＋축척(2)＋파일번호(3)	DWG, DXF
연속지적_접합준비도	pyt(J)	약어＋행정코드	DWG
연속지적_접합성과도	pyt(T)	약어＋행정코드	DWG
연속지적	cbnd(C)	약어＋행정코드	DWG, DXF, SHP
일람도	inx(I)	약어＋행정코드(10)＋축척(2)	DWG, DXF, SHP
행정경계_동·리·정	ri(H)	약어＋행정코드(10)	DWG, DXF, SHP
행정경계_읍·면	emd(H)	약어＋행정코드(8)	DWG, DXF, SHP
행정경계_부·군	sgg(H)	약어＋행정코드(5)	DWG, DXF, SHP
행정경계_도	sd(H)	약어＋행정코드(2)	DWG, DXF, SHP
지적기준점	cp	cp＋행정코드	DWG, DXF, SHP

기출문제　　　　　　　　　　　　　　　　　　　　　　　　　　　　　　　[2019년 기출]

지적원도 데이터베이스 구축 작업기준상 지적원도데이터베이스에는 여러 종류의 전산파일이 저장된다. 모든 전산파일의 명칭에 포함되는 것은?

① 약어　　　　　　　　　　　　　　　② 파일번호
③ 축척　　　　　　　　　　　　　　　④ 행정코드

답 ④

기출문제　　　　　　　　　　　　　　　　　　　　　　　　　　　　　　　[2020년 기출]

지적원도 데이터베이스 구축 작업기준상 지적원도 전산파일의 저장을 SHP형식으로 할 수 없는 것은?

① 연속지적원도 전산파일　　　　　　② 지적측량기준점 전산파일
③ 행정경계 전산파일　　　　　　　　④ 지적원도 수치파일

답 ④

---

4. 지적원도 수치파일 제작

1) 레이어 지정

지적원도 전산파일 제작을 위한 레이어는 데이터의 종류에 따라 다음과 같이 구분하여 지정하여야 한다.

구 분	레이어	색 상	도형형태	크 기	선두께	선형태
필지선	1	흰색(7)	폐합된 Ployline		0.1	———
행정경계선(동·리)	2	황색(2)	Ployline		0.3	— — —
행정명(동·리)	3	황색(2)	Text	2		
행정경계선(읍·면)	4	녹색(3)	Ployline		0.7	—·—·
행정명(읍·면)	5	녹색(3)	Text	3		
행정경계선 (기타 원점)	6	청색(5)	Ployline		1.0	———
행정명(기타 원점)	7	청색(5)	Text	4		
행정경계선 (시·군·구)	8	자색(6)	Ployline		1.4	—··—·
행정명(시·군·구)	9	자색(6)	Text	5		
행정경계선(도)	23	적색(1)	Ployline		1.8	++++
행정명(도)	24	적색(1)	Text	6		
지번	10	녹색(3)	Text	2		
지목	11	녹색(3)	Text	2		
축척	12	녹색(3)	Text	0.5		
소유자	13	홍색(30)	Text	2		
도호	14	녹색(3)	Text	0.5		
필지순번	17	흰색(7)	Text	2		
사용세목 (예 : 채)	18	녹색(3)	Text	1.5		
분할코드 "a"	20	홍색(30)	Text	0.5		
측량경계점거리	21	회색(8)	Text	1.5		
제호, 조사 및 측량연월일, 인접도곽번호	22	흰색(7)	Text	2~5		
지적기준점	41	흰색(7)/적색(1)/청색(5)	Point			
지적기준점명칭 (도근점)	42	흰색(7)	Text	2		
지적기준점명칭 (특별소삼각지역 도근점)	43	적색(1)	Text	2		
지적기준점명칭 (도근보조점)	44	청색(5)	Text	2		

구 분	레이어	색 상	도형형태	크 기	선두께	선형태
지적기준점명칭 (소삼각측량2등점)	45	흰색(7)	Text	2		
지적기준점명칭 (특별소삼각지역 소삼각측량2등점)	46	적색(1)	Text	2		
지적기준점명칭 (삼각보조점)	47	청색(5)	Text	2		
지적기준점명칭 (소삼각측량1등점)	48	흰색(7)	Text	2		
지적기준점명칭 (특별소삼각지역 소삼각측량1등점)	49	적색(1)	Text	2		
지적기준점명칭 (대삼각측량점)	50	흰색(7)	Text	3		
지적기준점명칭 (특별소삼각지역 대삼각측량점)	51	적색(1)	Text	3		
도곽선, 도곽좌표	60	적색(1)	Text, Line	2	0.1	———————
인접경계표시선 (임야에 해당하는 선형)	64	흰색(7)	Line		0.1	— — — —
도곽연장선	65	적색(1)	Line		0.1	———————
기타 텍스트 (자연지명, 하천명)	66	녹색(3)	Text	3		
기타 텍스트 (연필 작성)	67	적색(8)	Text	2		
유수방향	71	적색(1)	Point		0.1	———————>
기타 선 (교량 외 지형지물)	72	홍색(30)	Ployline	2	0.2	———————
속성오류	95	홍색(30)	Text	3		E
지적선 불일치 (도곽별)	96	홍색(30)	Text	3		A
지적선 불일치 (축척별)	97	홍색(30)	Text	3		B
지적선 불일치 (원점별)	98	홍색(30)	Text	3		C
지적선 불일치 (행정구역별)	99	홍색(30)	Text	3		D

2) 지적원도 정보화항목

지적원도 전산파일 제작에 필요한 입력항목은 다음과 같으며, 그밖에 지적원도에 기록되어 있는 모든 내용은 전산정보처리장치를 통하여 입력하여야 한다.

① 행정구역명칭　　　　　　　　② 도면번호 및 축척
③ 도곽선 및 도곽선수치　　　　④ 행정구역선
⑤ 필지경계 및 인접경계 표시선　⑥ 지번 · 지목
⑦ 소유자　　　　　　　　　　　⑧ 필지순번
⑨ 사용세목　　　　　　　　　　⑩ 측량경계점거리
⑪ 지적기준점 명칭 및 좌표　　　⑫ 유수방향
⑬ 교량　　　　　　　　　　　　⑭ 인접도면번호
⑮ 측량연월일　　　　　　　　　⑯ 원점명 및 기타 필요한 사항

> **참고**

1. 지적기준점코드부여기준

코 드	명 칭	부 호	크 기	색 상	비 고
301	대삼각점		3mm 2mm 1mm	흑색	
302	소삼각측량1등점		2mm 1mm	흑색	
303	소삼각측량2등점		2mm 1mm	흑색	
304	도근점		2mm	흑색	
333	삼각보조점		2mm 1mm	청색	
334	도근보조점		2mm	청색	
312	소삼각측량1등점		2mm 1mm	적색	특별소삼각지역
313	소삼각측량2등점		2mm 1mm	적색	특별소삼각지역
314	도근점		2mm	적색	특별소삼각지역

2. 원점코드부여기준

코 드	명 칭	코 드	명 칭
01	동부원점	12	구암원점
02	중부원점	13	금산원점
03	서부원점	14	소라원점
04	망산원점	15	특별소삼각측량지역
05	계양원점	16	특별도근측량지역
06	조본원점	17	특별세부축도지역
07	가리원점	31	세계측지계 동부원점
08	등경원점	32	세계측지계 중부원점
09	고초원점	33	세계측지계 서부원점
10	율곡원점	34	세계측지계 동해원점
11	현창원점		

3. 지목코드부여기준

코 드	토지이용현황	지 목	한자지목
01	전	전	田
02	답	답	畓
03	과수원	과	菓
04	목장	목	牧
05	임야	임	林
06	광천지	광	鑛
07	염전	염	鹽
08	대지	대	垈
09	공장용지	장	場
10	학교용지	학	學
11	주차장	차	車
12	주유소용지	주	注
13	창고용지	창	倉
14	도로	도	道
15	철도용지	철	鐵
16	제방	제	提
17	하천	천	川
18	구거	구	溝
19	유지	유	溜
20	양어장	양	養
21	수도용지	수	水
22	공원용지	공	公
23	체육용지	체	體
24	유원지	원	園
25	종교용지	종	宗
26	사적지	사(史)	史
27	묘지	묘	墓
28	잡종지	잡	雜
51	지소	지	池
52	사사지	사(社)	社
53	성첩	성	城
54	철도선로	철선	鐵線
55	수도선로	수선	水線

※ 51~55는 일제강점기 때 사용한 지목임

4. 행정코드부여기준

코 드	행정구역	코 드	행정구역
81	함경북도	85	황해도
82	함경남도	86	강원도
83	평안북도	87	경기도
84	평안남도		

※ 도코드부여는 북쪽에서 남쪽방향으로 순차적으로 2자리 부여
※ 도(2자리), 부·군(3자리), 읍·면(3자리), 동·리(2자리)로 행정코드 10자리 부여
※ 지적원도에 법정동명이 2개 이상 동명 또는 리명이 존재 시 지적원도를 확인하여 2개 법정
　동으로 분리하여 코드 부여

3) 작업계획 수립

　작업책임자는 지적원도 전산파일작업공정에 따라 다음의 사항들이 포함된 작업계획서를 작성하여 발주기관에 제출하여야 하며, 발주기관은 작업책임자가 제출한 작업계획서를 검토한 후 사업추진에 필요한 조치를 하게 할 수 있다.
① 입력대상지역
② 사용할 장비의 현황
③ 작업예정공정표
④ 작업흐름도
⑤ 보완관리계획
⑥ 기타 작업에 필요한 사항

4) 작업준비

　작업책임자는 본 업무수행을 위하여 다음과 같은 작업준비를 하여야 한다.
① 작업자 교육
② 자료목록부 작성
③ 작업공정표 작성

5) 이미지파일 제작

① 지적원도 이미지파일은 자동독취기(스캐너)를 사용하여야 한다.
② 작업자는 장비를 매일 1회 이상 정기적으로 점검하고 그 내용을 장비점검일지에 기록·관리하여야 한다.
③ 스캐닝은 지적원도를 편 상태에서 장비에 압착 또는 흡착시켜야 한다.
④ 스캔화면이 평탄하지 않거나 흐려 기계의 조정이 필요한 경우 정밀계측기를 이용하여 편차를 확인하고 조정계수를 적용하여 지적원도와 입력결과가 동일하도록 조치하여야 한다.
⑤ 장비가 정상적으로 작동하지 않을 경우 즉시 작업을 중단하고 그 원인을 파악 후 조치하여야 하며, 고장내용과 조치결과를 장비점검일지에 기록하여야 한다.

⑥ 스캐닝이 완료된 이미지파일은 좌표독취가 가능한 전산파일로 변환하여 지정된 폴더에 저장한다.

⑦ 이미지파일 제작은 반드시 지적원도 보관장소 또는 발주기관이 지정한 작업장에서 실시하여야 한다.

장비점검일지

장비명					
점검자			(인)	소 속	
점검일자	년 월 일			점검시간	: ~ :
점검 내역	점검항목				
	점검상세내용				
	조치결과				
비 고					

확인자 :   (인)

6) 좌표독취

① 지적원도의 좌표독취는 저장된 이미지파일을 대상으로 좌표독취기 또는 좌표독취응용프로그램을 활용하여 다음의 사항을 레이어별로 입력하여야 한다.

　　㉠ 도곽선

　　㉡ 필지경계선

　　㉢ 행정구역선

　　㉣ 지적기준점

　　㉤ 기타 선형 등

② 입력되는 좌표는 해당 도면 좌하단점의 도곽선수치를 기준으로 가산한다.

③ 경계점 간 연결되는 선은 굵기가 0.1mm 이하가 되도록 하여야 한다.

④ 좌표독취는 반드시 수동방식의 취득방법으로 하여야 하며, 경계점을 명확히 구분할 수 있도록 확대한 후 작업을 실시하여야 한다.

⑤ 좌표독취는 밀리미터(mm)단위로 하되, 소수점 이하 2자리 이상 취득하여 미터(m)단위로 소수점 이하 3자리까지 결정하여야 한다.

⑥ 필지의 경계는 중복되지 않아야 하며 경계가 만나는 지점의 좌표는 동일하여야 하고, 경계에 이어지는 다른 필지의 경계는 그 경계를 벗어나서는 아니 된다.

⑦ 도곽선은 좌하단, 좌상단, 우상단, 우하단방향으로 4점의 도곽점을 연결한 선형으로 입력하여야 한다.

⑧ 행정구역선은 지적원도에 표시된 유형별 선형(도계, 부·군계 등)으로 입력하며, 지적원도에 행정구역선이 없는 경우 위성영상 등을 활용하여 입력하여야 한다.

⑨ 지적원도에 표시된 지형·지물은 기타로 입력하거나 레이어를 추가하여 입력하여야 한다.

⑩ 각 필지경계선의 편집은 다음 각 호의 기준에 따라 작업하여야 한다.

　㉠ 이미지데이터와 최종 벡터데이터를 화면에서 비교하여 도상 0.1mm범위 내에서 생성하여야 한다.

　㉡ 필지경계선 중 직선경계는 각 굴곡점에 하나씩의 점(vertex)데이터만 있어야 한다.

　㉢ 필지단위의 필지경계선은 반드시 폐합되어야 한다.

　㉣ 다른 필지경계선으로 분기되는 지점이 있는 경우에는 반드시 점데이터로 시작하여야 한다.

　㉤ 연속되는 모든 선형데이터는 연결되어야 한다.

　㉥ 지적원도의 오기 또는 누락으로 지적도의 표현이 불합리한 경우에는 지적원도처리방안기록부에 기재하고, 그 내용을 발주기관에 보고하여 협의를 거쳐 작업하여야 한다.

기출문제　　　　　　　　　　　　　　　　　　　　　　　　[2020년 기출]

지적원도 데이터베이스 구축 작업기준상 좌표독취방법으로 옳지 않은 것은?

① 좌표독취는 자동방식으로 취득해야 한다.

② 경계점 간 연결되는 선은 굵기가 0.1mm 이하가 되도록 해야 한다.

③ 저장된 이미지파일을 대상으로 좌표독취기 또는 좌표독취응용프로그램을 활용하여 도곽선, 필지경계선 등의 사항을 레이어별로 입력해야 한다.

④ 도곽선은 4개의 도곽점을 연결한 선형으로 입력해야 한다.

답 ①

기출문제　　　　　　　　　　　　　　　　　　　　　　　　[2023년 기출]

지적원도 데이터베이스 구축 작업기준상 지적원도 이미지파일을 이용한 좌표독취에 대한 설명으로 옳지 않은 것은?

① 좌표독취는 반드시 수동방식의 취득방법으로 하여야 하며, 경계점을 명확히 구분할 수 있도록 확대한 후 작업을 실시하여야 한다.

② 좌표독취는 밀리미터(mm)단위로 하되, 소수점 이하 2자리 이상 취득하여 미터(m)단위로 소수점 이하 2자리까지 결정하여야 한다.

③ 행정구역선은 지적원도에 표시된 유형별 선형(도계, 부·군계 등)으로 입력하며, 지적원도에 행정구역선이 없는 경우 위성영상 등을 활용하여 입력하여야 한다.

④ 필지경계선 편집 시 연속되는 모든 선형데이터는 연결되어야 한다.

답 ②

지적원도처리방안기록부

행정구역		도호	
작업단계		회의일시	
참석자			

□ 협의사항

□ 협의결과

□ 기 타

확인자 :　　　　　(인)

7) 속성정보 입력

① 지적원도의 속성정보는 일필지단위로 입력하되, 지번은 아라비아숫자로, 행정구역 · 지목 · 소유자 등은 한글로 하여 가로쓰기 입력한다.

② 속성정보는 필지 중앙에 위치하도록 하며, 지번 및 경계 등과 겹치지 않게 레이어기준을 준용하여 입력하여야 한다.

③ 지적원도에 소유자가 기록되어 있는 경우 지번 · 지목 아래에 한글로 소유자를 입력한다.

④ 지적원도에 기록된 모든 문자들은 빠짐없이 입력하여야 하며, 그 내용이 특이하거나 일관성이 없는 경우에는 예외사항처리대장을 작성하여 발주기관에 보고하고 입력 여부에 대한 지시를 받아 작업을 진행한다.

기출문제　　　　　　　　　　　　　　　　　　　　　　　[2024년 기출]

지적원도 데이터베이스 구축 작업기준상 좌표독취 및 속성정보 입력에 대한 설명으로 옳지 않은 것은?

① 필지경계선 중 직선경계는 각 굴곡점에 하나씩의 점데이터만 있어야 한다.

② 연속되는 모든 선형데이터는 연결되어야 한다.

③ 속성정보는 필지 하단 부분에 일렬로 입력한다.

④ 지적원도에 소유자가 기록되어 있는 경우 지번 · 지목 아래에 한글로 소유자를 입력한다.

답 ③

예외사항처리대장

행정구역	(부/군)	(읍/면)	(동/리/정)		번지		호
작업단계			도호			축척	
예외사항내용							
처리내용							

□ 해당 원도이미지

작성일자	년 월 일	작성자	(인)	확인자(검수자)	(인)

8) 수치파일 제작

지적원도 이미지파일의 좌표독취 및 속성정보 입력이 완료되면 수치파일을 제작하고 작업관리자는 그 목록을 작성·관리하여야 한다.

03 성과검사

1. 성과검사계획 수립

작업관리자는 지적원도 수치파일 제작품질 향상을 위하여 자체 성과검사계획을 수립하여야 한다. 성과검사계획 수립을 위하여 KS X ISO 19113 지리정보–품질원칙을 준용하여 지적원도 수치파일의 완전성, 논리적 일관성, 위치 정확성, 주제 정확성을 포함하여 성과검사계획을 수립하여야 한다.

① 완전성(Completeness) : 완전성은 지형지물, 지형지물의 속성과 지형지물의 관계 유무를 설명하여야 하며, 완전성의 적합성 품질수준은 다음과 같은 계산식에 의해 따를 수 있다.

품질요소		적합성 품질수준
완전성	초과	오류율$= O \div (A+L-O) \times 100[\%]$ 오류율 : □% 이내
	누락	오류율$= L \div (A+L-O) \times 100[\%]$ 오류율 : □% 이내

※ O : 초과항목수, L : 누락항목수, A : 품질적용범위 내의 항목총수

② 논리적 일관성(Logical consistency) : 논리적 일관성은 데이터 구조, 속성 및 관계의 논리적 원칙의 준수 정도를 설명하여야 하며, 논리적 일관성의 적합성 품질수준은 다음과 같은 계산식에 의해 따를 수 있다.

품질요소		적합성 품질수준
논리적 일관성	개념 일관성	• 개념적 모델(개념적 스키마원칙)에 따를 것 오류율$= E \div A \times 100[\%]$ 오류율 : □% 이내
	영역 일관성	• 지형지물 및 지형지물의 속성과 그 관계가 정의영역의 범위 내일 것 오류율$= E \div A \times 100[\%]$ 오류율 : □% 이내
	포맷 일관성	• 데이터포맷사양에 따를 것 오류율$= C \div A \times 100[\%]$ 오류율 : □% 이내
	위상 일관성	• 경계선의 점은 인접하는 경계선의 점과 일치하고 있을 것 • 다른 선데이터와 합일하는 경우는 양 데이터의 좌표값이 일치할 것 오류율$= F \div A \times 100[\%]$ 오류율 : □% 이내

※ E : 영역을 초과한 항목수, A : 품질적용범위 내의 항목총수, F : 정해진 위상을 준수하지 않는 항목수, C : 정해진 구성을 준수하지 않는 항목수

③ 위치 정확성(Positional accuracy) : 위치 정확성은 지형지물의 위치 정확성을 설명하여야 하며, 위치 정확성의 적합성 품질수준은 다음과 같은 계산식에 의해 따를 수 있다.

품질요소		적합성 품질수준
위치 정확성	절대 또는 외부 정확성	데이터의 위치좌표와 원자료의 위치좌표의 차이가 지정된 값 이하일 것 오류율$= E \div A \times 100[\%]$ 오류율 : □% 이내
	상대 또는 내부 정확성	관련하는 지물과의 상대위치(좌표차이)는 데이터와 원자료의 차이가 지정된 값 이하일 것 오류율$= E \div A \times 100[\%]$ 오류율 : □% 이내
	그리드데이터 위치 정확성	해당 없음

④ 주제 정확성(Thematic accuracy) : 주제 정확성은 정량적, 비정량적 속성의 정확성과 지형지물과 지형지물관계의 분류 정확성을 설명하여야 하며, 주제 정확성의 적합성 품질수준은 다음과 같은 계산식에 의해 따를 수 있다.

품질요소		적합성 품질수준
주제 정확성	분류의 정확성	지형지물분류코드가 틀리지 않은 것 오류율$= T \div A \times 100[\%]$ 오류율 : □% 이내
	비정량적 속성의 정확성	요소식별번호가 일련번호로 되어 있을 것 오류율$= T \div A \times 100[\%]$ 오류율 : □% 이내
	정량적 속성의 정확성	주제속성에 있을 수 없는 속성값이 없을 것 오류율$= T \div A \times 100[\%]$ 오류율 : □% 이내

2. 검사도면 출력

작업관리자는 지적원도 수치파일 제작이 완료되면 그 결과도면을 트레이싱지에 출력하고, 자체 검사인력을 확보하여 작업량 전체를 대상으로 전수검사를 하여야 한다.

3. 지적원도 수치파일 성과검사

① 검사자는 출력된 검사용 트레이싱지를 지적원도에 중첩하여 도곽선을 일치시킨 후 필지경계점의 부합 여부를 육안으로 대조하여 도곽선 및 필지경계선에 0.1mm 이상의 편차가 있는 경우에는 재작업을 하도록 하여야 한다.

② 필지경계선의 미달(Under Shoot) 및 초과(Over Shoot) 입력 여부를 검사하여야 한다.

③ 지번·지목·소유자 등 각종 속성정보를 정확하게 입력하였는지 여부를 검사하여야 하며, 필지가 작아 육안으로 입력정보의 확인이 곤란한 경우 컴퓨터를 이용하여 수치파일을 확대한 상태에서 확인하여야 한다.

④ 자체 성과검사결과 잘못 입력된 필지경계점과 속성정보는 검사용 트레이싱지에 적색 필기구로 표기하고, 그 내용을 지적원도수치파일검사대장에 기록한다.

⑤ 자체 성과검사가 완료되면 검사자는 트레이싱지와 검사대장에 서명과 날인한다.

4. 속성데이터 성과검사

검사자는 지적원도 속성데이터의 다음의 항목을 검사하여야 한다.

① 레이어검사
② 행정구역별 지번중복필지검사
③ 지번, 지목, 필지순번, 소유자 등의 누락 및 필지 내 중복 여부 검사

5. 성과수정

① 지적원도 수치파일검사결과 성과수정이 필요한 사항에 대하여 작업자는 검사용 트레이싱지와 지적원도수치파일검사대장을 확인하여 잘못된 입력정보를 수정하여야 한다.
② 작업자는 성과수정 여부를 지적원도수치파일검사대장에 기재하고, 작업관리자는 성과수정 적정 여부를 최종 확인한 후 서명·날인한다.

04 지적원도 보정파일 및 연속지적원도 제작

1. 지적원도 보정파일 제작

1) 신축보정

① 작업자는 지적원도의 신축량을 고려하지 않고 제작된 수치파일은 데이터베이스 구축을 위하여 축척별 기준도곽에 일치하도록 「공간정보의 구축 및 관리 등에 관한 법률」(이하 "법"이라 한다)에서 정한 방법으로 신축을 보정하여야 한다.
② 신축보정은 지적원도의 도곽을 기준으로 실시하며, 기타 원점지역 등 도곽이 없는 지적원도의 경우에는 신축보정을 생략할 수 있다.
③ 작업자가 보정프로그램을 이용하여 지적원도의 신축을 보정하고자 하는 경우에는 해당 프로그램을 발주기관에 전 검증을 요청하여 승인을 받은 후 사용하여야 한다.
④ 지적원도 내 격자망의 좌표를 취득하여 보정계수를 산출하며, 이를 지적원도 신축보정에 활용하여야 한다.

2) 보정파일 제작

지적원도의 신축보정이 완료되면 보정파일을 제작하고 작업관리자는 그 목록을 작성하여 관리하여야 한다.

3) 신축보정량관리

작업자는 지적원도 도곽별로 보정 전과 후의 신축보정량을 기록·관리하여야 한다.

2. 연속지적원도 제작

1) 작업순서

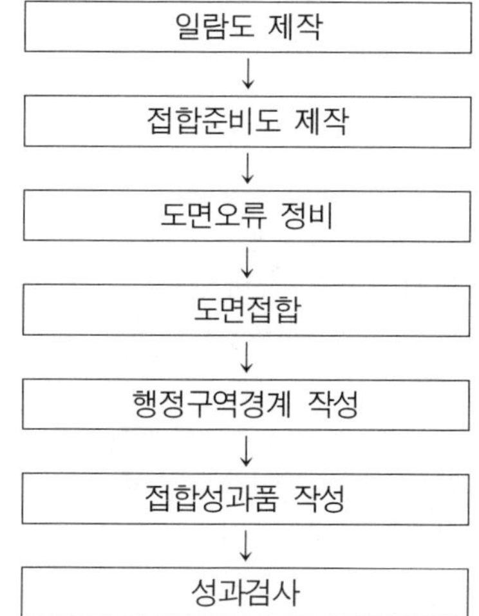

기출문제　　　　　　　　　　　　　　　　　　　　　　　　　　　　　[2017년 기출]

지적원도 데이터베이스 구축 작업기준상 연속지적원도의 제작순서대로 바르게 나열한
것은? (단, 답항에 제시된 작업을 기준으로 한다.)

① 도면오류 정비 → 접합준비도 제작 → 도면접합 → 성과검사 → 일람도 제작
② 도면오류 정비 → 접합준비도 제작 → 일람도 제작 → 도면접합 → 성과검사
③ 접합준비도 제작 → 도면오류 정비 → 도면접합 → 성과검사 → 일람도 제작
④ 일람도 제작 → 접합준비도 제작 → 도면오류 정비 → 도면접합 → 성과검사

답 ④

기출문제　　　　　　　　　　　　　　　　　　　　　　　　　　　　　[2022년 기출]

지적원도 데이터베이스 구축 작업기준상 연속지적원도 제작순서로 옳은 것은?

가. 일람도 제작	나. 도면오류 정비
다. 접합준비도 제작	라. 행정구역경계 작성
마. 도면접합	바. 성과검사
사. 접합성과품 작성	

① 가 → 다 → 나 → 마 → 라 → 사 → 바
② 가 → 나 → 다 → 라 → 마 → 바 → 사
③ 나 → 다 → 가 → 라 → 마 → 사 → 바
④ 나 → 다 → 가 → 마 → 라 → 바 → 사

답 ①

---

2) 일람도 제작

① 작업자는 지적원도의 도곽을 추출하여 도면번호를 기재하고 행정구역별, 축척별로 일람
   도 파일을 제작한다.

② 일람도는 해당 축척의 10분의 1로 제작하는 것을 원칙으로 한다. 다만, 해당 축척의 10분의
   1로 제작하는 것이 곤란한 경우에는 발주기관의 승인을 얻어 임의의 축척으로 제작할 수 있다.

3) 접합준비도 제작

준비된 작업영역 전체의 지적원도를 이용하여 원시접합도를 작성하고, 작성된 원시접합
도를 정비하여 접합준비도를 제작한다.

4) 오류 정비

작업자는 접합준비도를 통해 도면상의 오류가 발견되면 다음에 따라 작업을 진행한다.

① 오류의 원인을 분석하여 원인이 경미한 경우에는 작업책임자와 협의한 후 도면접합을 수
   행하여야 한다.
② 오류의 원인이 중대한 경우에는 연속지적원도처리방안기록부에 기록하고, 그 내용을 발
   주기관에게 보고한 후 협의를 거쳐 도면접합을 수행하여야 한다.

연속지적원도처리방안기록부

행정구역		도호	
작업단계		회의일시	
참 석 자			
□ 협의사항			
□ 협의결과			
□ 기 타			

확인자 :　　　　　　(인)

5) 도면접합

지적원도의 접합은 도면접합원칙에 따라 다음과 같은 순서로 수행한다.

① 동일 행정구역 내 축척별 도곽 간 접합

② 동일 행정구역 내 축척 간 접합

③ 동일 행정구역 내 원점 간 접합

④ 행정구역 간 접합

[2020년 기출]

지적원도 데이터베이스 구축 작업기준상 지적원도의 도면접합과정을 순서대로 바르게 나열한 것은?

ㄱ. 동일 행정구역 내 축척 간 접합	ㄴ. 동일 행정구역 내 축척별 도곽 간 접합
ㄷ. 동일 행정구역 내 원점 간 접합	ㄹ. 행정구역 간 접합

① ㄴ → ㄱ → ㄷ → ㄹ ② ㄴ → ㄷ → ㄹ → ㄱ

③ ㄹ → ㄱ → ㄴ → ㄷ ④ ㄹ → ㄴ → ㄷ → ㄱ

답 ①

6) 행정구역의 경계 작성

접합이 완료된 행정구역을 단위로 하여 다음과 같은 행정구역의 경계를 작성한다.

① 동·리경계

② 읍·면경계

③ 시·군·구경계

④ 시·도경계

⑤ 원점 간 경계

7) 연속지적원도의 성과검사

작업관리자는 다음 항목에 대하여 성과를 검사하여야 한다.

① 필지경계의 폴리곤 처리 및 무결성 검사

② 컴퓨터상에서 원본데이터와 최종 접합한 데이터를 중첩하여 도곽부위를 확대한 후 필지에 이상이 있는지에 대한 검사

③ 행정구역별 지번중복필지검사

④ 지번 및 지목 누락검사

⑤ 속성레이어검사

⑥ 한 필지 내 다중지번검사

⑦ 원본데이터와 접합데이터 간 지번, 지목, 소유자 등 일치검사

3. 도면접합방법

1) 일반원칙

도면접합은 지적원도의 전체 현황을 파악하여 다음과 같은 일반원칙에 따라 작업하여야 한다.

① 도면접합은 도곽을 기준으로 접합하는 것을 원칙으로 하며, 접합대상필지는 형태와 면적의 변화를 최소화한다.

② 서로 다른 축척 간의 접합 시 대축척의 필지경계선을 기준으로 접합처리한다.

③ 소면적 필지경계를 우선하여 접합한다.

④ 도곽선 주위의 폐합된 필지경계를 우선하여 접합처리한다.

⑤ 지번과 필지의 중복 및 누락이 발생한 경우에는 자료조사를 실시한 후 발주기관과 협의하여 처리하고, 연속지적원도처리방안기록부에 기록한다.

2) 같은 행정구역 내 도곽 간 접합

① 같은 행정구역 내 축척별 접합 중 한 필지가 여러 도면에 폐합되어 있는 경우

　　㉠ 중복·이격 및 어긋나는 부분이 적고 면적에 미치는 영향이 미미한 경우 폐합된 필지 중 1개 필지를 선택하여 접합한다.

ⓛ 중복 및 이격이 비교적 많은 경우 면적 및 형태의 변화를 최소화하는 범위 내에서 면적이 적은 필지를 우선하여 처리하되, 가급적 필지경계선의 중간 부분을 취하여 접합한다.

ⓒ 한 필지가 여러 도면에 폐합되어 있는 경우로, 그 형태가 서로 상이한 경우에는 자료조사를 실시한 후 연속지적원도처리방안기록부에 기재하고 발주기관의 승인을 받아 처리한다.

② 한 필지가 여러 도면에 걸쳐있으나 어떤 도면에도 폐합되어 있지 않은 경우

ㄱ 도곽선에서 가까운 경계점을 직선으로 연결하여 접합처리한다.

ⓛ 중복·이격량이 미세할 경우 필지의 모양을 보존하기 위해 중간 부분을 취하여 접합한다.

3) 같은 행정구역 내 축척 간 접합

같은 행정구역내 축척 간 접합은 다음과 같이 처리한다.

① 대축척의 필지경계선을 기준으로 접합처리한다.

② 접합이 어려운 경우 연속지적원도처리방안기록부에 기재하고 그 내용을 발주기관에 보고하여 협의를 거쳐 접합하며, 필지상에 지적선 불일치정보를 입력하고 작업한다.

4) 같은 행정구역 내 원점 간 접합

같은 행정구역 내 측량원점 간 접합은 다음과 같이 처리한다.

① 행정구역(읍·면, 동·리)이 같고 측량원점이 다른 경우에는 통일원점을 기준으로 접합처리한다.

② 기타 원점이 혼재하는 지역의 경우 통일원점으로 변환처리한 후 접합처리하는 것을 원칙으로 한다.

③ 기타 원점의 통일원점변환은 세부측량 당시의 기준점에 의한 변환을 원칙으로 한다. 다만, 기준점에 의한 변환이 어려운 경우에는 지구계 경계의 형태로 변환할 수 있다.

④ 접합이 어려운 경우 연속지적원도처리방안기록부에 기재하고 그 내용을 발주기관에 보고하여 협의를 거쳐 접합하며, 필지상에 지적선 불일치정보를 입력하고 작업한다.

5) 행정구역 간 접합

행정구역 간 접합은 다음에 따른다.

① 행정구역 간 인접하는 지역의 축척이 상이한 경우에는 대축척의 필지경계선을 기준으로 접합처리한다.

② 행정구역 간 인접하는 지역의 축척이 같은 경우에는 중간 부분을 취하여 접합처리하는 것을 원칙으로 한다.

③ 접합이 어려운 경우 연속지적원도처리방안기록부에 기재하고 그 내용을 발주기관에 보고하여 협의를 거쳐 접합하며, 필지상에 지적선 불일치정보를 입력하고 작업한다.

1. 구조화편집

① 모든 필지는 폐합다각형이 되도록 폴리곤을 형성하여야 하며, 두 도곽 이상에 등록되어 있는 필지 중 폐합이 되지 않은 필지는 도곽선을 따라 임의의 경계를 추가하여 폴리곤을 형성하고 무결성을 확보하여야 한다.

② 필지 내부에 다수의 필지가 연속되어 있는 경우에는 임의로 경계를 분리하여 폴리곤을 형성하고 지번·지목과 구분코드를 입력한다.

③ 필지 내부에 독립된 폴리곤이 있는 경우에는 내부에 속한 폴리곤에 구분코드를 입력한다.

④ 인접경계표시선은 별도의 레이어로 구분하여야 한다.

⑤ 구조화편집데이터는 원점별·행정구역별·축척별로 하나의 파일로 제작하여야 한다.

기출문제　　　　　　　　　　　　　　　　　　　　　　　　　　　　[2017년 기출]

지적원도 데이터베이스 구축 작업기준상 지적원도 데이터베이스 구축작업에 대한 설명으로 옳지 않은 것은?

① 모든 필지는 폐합다각형이 되도록 폴리곤을 형성하여야 한다.
② 신축보정은 지적원도의 도곽을 기준으로 실시한다.
③ 필지 내부에 존재하는 독립된 폴리곤은 삭제하여야 한다.
④ 좌표독취 시 경계점 간 연결되는 선의 굵기가 0.1mm 이하가 되도록 하여야 한다.

답 ③

기출문제　　　　　　　　　　　　　　　　　　　　　　　　　　　　[2024년 기출]

지적원도 데이터베이스 구축 작업기준상 구조화편집에 대한 설명으로 옳지 않은 것은?

① 필지 내부에 다수의 필지가 연속되어 있는 경우에는 임의로 경계를 분리하여 폴리곤을 형성하고 지번·지목과 구분코드를 입력한다.
② 필지 내부에 독립된 폴리곤이 있는 경우에는 내부에 속한 폴리곤에 구분코드를 입력한다.
③ 인접경계표시선은 별도의 레이어로 구분하지 않는다.
④ 구조화편집데이터는 원점별·행정구역별·축척별로 하나의 파일로 제작하여야 한다.

답 ③

---

2. 구조화편집의 검사

① 필지가 분리되어 있거나 임의로 분리한 필지는 필지식별코드로 원시파일과 연속지적원도 파일을 구분하여야 하며 비교대상결과와 동일하여야 한다.

② 구조화편집이 완료된 연속지적원도의 폴리곤수와 속성의 통계수가 일치하는지 확인하고, 연속지적원도의 전체 속성통계를 검색하여 별도의 속성집계표를 작성하여야 한다.

3. 구조화편집데이터 관리

구조화편집이 완료된 데이터는 별도의 기록매체에 저장하여 관리하여야 한다.

06 지적원도데이터베이스 구축

1. 데이터베이스 구축대상 및 메타데이터 작성

1) 데이터베이스로 구축하여야 할 대상은 다음과 같다.

① 연속지적원도
② 일람도 및 행정구역 데이터
③ 지적기준점데이터
④ 토지소유자데이터
⑤ 지번, 지목, 좌표면적데이터
⑥ 메타데이터
⑦ 기타 필요한 데이터

2) 데이터베이스에 대한 메타데이터의 요소 및 작성방법은 KS X ISO 19115 지리정보-메타데이터 표준을 준용하여 작성한다.

[메타데이터항목(KS X ISO 19115 지리정보-메타데이터)]

순 번	개 체	필수/선택/조건
1	데이터세트 제목	필수(M)
2	데이터세트 참조일자	필수(M)
3	데이터세트 책임담당자	선택(O)
4	데이터세트 지리위치(4개의 좌표 또는 지리식별자)	조건(C)
5	데이터세트 언어	필수(M)
6	데이터세트 문자세트	조건(C)
7	데이터세트 주제분류	필수(M)
8	데이터세트 공간해상도	선택(O)
9	데이터세트 요약설명	필수(M)
10	배포포맷	선택(O)
11	데이터세트의 부가적인 범위정보(시간 및 수직)	선택(O)
12	공간표현유형	선택(O)
13	참조체계	선택(O)
14	연혁	선택(O)
15	온라인자원	선택(O)
16	메타데이터 파일식별자	선택(O)
17	메타데이터 표준명	선택(O)
18	메타데이터 표준버전명	선택(O)
19	메타데이터 언어	선택(O)
20	메타데이터 문자세트	선택(O)
21	메타데이터 연락정보	필수(M)
22	메타데이터 생성일자	필수(M)

2. 작업순서

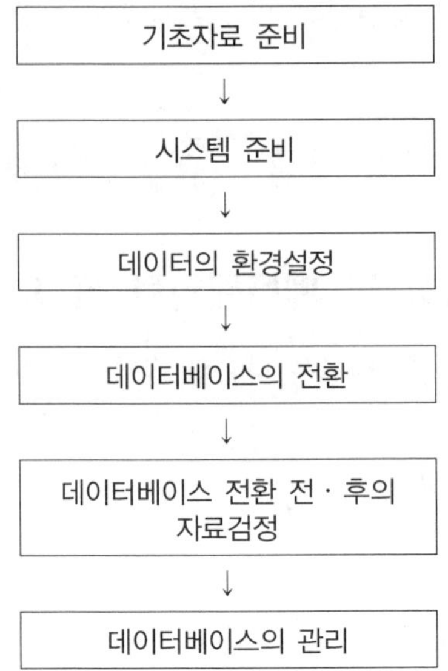

3. 기초자료 준비

데이터베이스 구축을 위하여 다음의 사항을 미리 준비하여야 한다.

① 구조화편집데이터속성집계표

② 행정구역코드집

③ 행정구역별 영문자 명칭을 기록한 조서

4. 데이터의 환경설정

① 데이터의 최소단위는 동·리별, 축척별로 작성하여야 한다.

② 작업영역은 해당 행정구역 전체 지역을 포함할 수 있는 범위 이상으로 설정하여야 한다.

③ 좌표계 설정은 법에 따른다.

④ 기타 원점지역에 대해서는 좌표변환알고리즘을 통해 표준화된 통일원점좌표계의 위치로 회전 및 이동하여 처리하여야 한다.

5. 데이터베이스의 전환

시스템 환경설정이 완료되면 전산 입력자료는 도면 및 속성데이터베이스로 전환하여야 한다.

6. 데이터베이스 전환 전·후의 자료검정

도면데이터베이스의 전환이 완료되면 다음의 도면 및 속성정보의 현황을 파악하여야 한다.

① 폴리곤, 지번, 지목, 도면번호의 개수
② 중복지번수, 무지번수의 현황
③ 좌표계산에 의한 면적통계
④ 일람도 및 행정구역 통계
⑤ 지적기준점통계

기출문제   [2024년 기출]

지적원도 데이터베이스 구축 작업기준상 도면데이터베이스 전환이 완료되면 파악하여
야 하는 도면 및 속성정보의 현황이 아닌 것은?
① 지적측량기준점통계
② 폴리곤, 지번, 지목, 도면번호의 개수
③ 중복지번수, 무지번수의 현황
④ 좌표계산에 의한 체적통계

답 ④

7. 데이터베이스의 관리

구축된 데이터베이스는 전체 자료를 기록매체에 복사하여 별도 보관하여야 한다.

07 기 타

1) 성과품 납품

과업완료 시 다음의 과업성과물 원본을 대용량 저장장치에 저장하여 발주기관에 제출하
여야 한다.

① 지적원도 이미지파일데이터 ② 지적원도 수치파일데이터
③ 지적원도 보정파일데이터   ④ 연속지적원도데이터
⑤ 일람도 및 행정구역 데이터 ⑥ 지적기준점데이터
⑦ 데이터목록   ⑧ 데이터베이스 구축지침서(안)
⑨ 지적원도검사출력물   ⑩ 완료보고서

2) 이 작업기준에 정하지 아니한 사항이나 지적원도데이터베이스 구축에 필요한 사항에 대하
여는 발주기관과 협의하거나 승인을 받아 처리할 수 있다.

01 토지 · 임야조사사업 당시 지적 · 임야도를 제작하기 위해 세부측량을 완료한 결과도면을 무엇이라 하는가?

① 측량준비도　　　　　　　　　　② 지적원도

③ 측량성과도　　　　　　　　　　④ 측량결과도

[해설] 지적원도는 토지 · 임야조사사업 당시 지적 · 임야도를 제작하기 위해 세부측량을 완료한 결과도면으로서, 현재 국가기록원 등에 보관 중인 세부측량원도를 말한다.

02 지적원도 이미지파일 제작에 사용되는 자동독취기(스캐너)의 해상도로 적합한 것은?

① 500DPI 이상　　　　　　　　　② 1,000DPI 이상

③ 1,500DPI 이상　　　　　　　　④ 2,000DPI 이상

[해설] 지적원도 이미지파일 제작에 사용되는 자동독취기(스캐너)의 규격은 다음의 기준에 따른다.

1. **형식** : 평판밀착스캔방식
2. **정밀도** : 0.1mm 이상
3. **광학해상도** : 2,000DPI 이상
4. **스캔유효범위** : 지적원도 규격 이상

03 지적원도 전산파일은 각 공정별로 파일명칭을 부여하여 저장하여야 한다. 연속지적원도 전산파일의 저장형식에 해당하지 않는 것은?

① DWG　　　　　　　　　　　　② DXF

③ SHP　　　　　　　　　　　　④ JPG

[해설] 지적원도 전산파일은 각 공정별로 파일명칭을 부여하여 저장하여야 하며, 저장형식은 다음의 기준에 따른다.

1. **지적원도 이미지파일** : TIFF 또는 JPG
2. **지적원도 수치파일** : DWG, DXF
3. **지적원도 보정파일** : DWG, DXF
4. **연속지적원도 전산파일** : DWG, DXF, SHP
5. **일람도 전산파일** : DWG, DXF, SHP
6. **행정경계 전산파일** : DWG, DXF, SHP
7. **지적기준점 전산파일** : DWG, DXF, SHP

04 지적원도 전산파일은 각 공정별로 파일명칭을 부여하여 저장하여야 한다. 지적원도 이미지파일저장형식으로 올바른 것은?

① DWG 또는 SHP　　　　　　　　② DXF 또는 SHP

③ DWG 또는 DXF　　　　　　　　④ TIFF 또는 JPG

05 지적원도 데이터베이스 구축 작업기준상 지적원도 데이터베이스 구축 시 전산파일의 저장형식으로 옳은 것만을 모두 고른 것은?

> ㉠ 지적원도 이미지파일 : DWG, DXF, SHP
> ㉡ 지적원도 수치파일 : DWG, DXF, SHP
> ㉢ 연속지적원도 전산파일 : DWG, DXF, SHP
> ㉣ 행정경계 전산파일 : DWG, DXF, SHP
> ㉤ 지적기준점 전산파일 : DWG, DXF, SHP

① ㉠, ㉡, ㉢
② ㉠, ㉣, ㉤
③ ㉡, ㉢, ㉤
④ ㉢, ㉣, ㉤

해설 지적원도 전산파일은 각 공정별로 파일명칭을 부여하여 저장하여야 하며, 저장형식은 다음의 기준에 따른다.

1. **지적원도 이미지파일** : TIFF 또는 JPG
2. **지적원도 수치파일** : DWG, DXF
3. **지적원도 보정파일** : DWG, DXF
4. **연속지적원도 전산파일** : DWG, DXF, SHP
5. **일람도 전산파일** : DWG, DXF, SHP
6. **행정경계 전산파일** : DWG, DXF, SHP
7. **지적기준점 전산파일** : DWG, DXF, SHP

06 지적원도 전산파일 제작을 위한 레이어는 데이터 종류를 지정하여야 한다. 폐합된 Ployline으로 표현되는 것은?

① 필지선
② 지목
③ 지번
④ 행정경계선(동, 리)

해설

구 분	레이어	색 상	도형형태	크 기	선두께	선형태
필지선	1	흰색(7)	폐합된 Ployline		0.1	———————
행정경계선 (동·리)	2	황색(2)	Ployline		0.3	— — — —
지번	10	녹색(3)	Text	2		
지목	11	녹색(3)	Text	2		

07 지적원도 전산파일 제작에 필요한 입력항목에 해당하지 않는 것은?

① 행정구역의 명칭
② 지번
③ 소유자
④ 면적

해설 지적원도 전산파일 제작에 필요한 입력항목은 다음과 같으며, 그밖에 지적원도에 기록되어 있는 모든 내용은 전산정보처리장치를 통하여 입력하여야 한다.

<table>
<tr><td>1. 행정구역명칭</td><td>2. 도면번호 및 축척</td></tr>
<tr><td>3. 도곽선 및 도곽선수치</td><td>4. 행정구역선</td></tr>
<tr><td>5. 필지경계 및 인접경계 표시선</td><td>6. 지번·지목</td></tr>
<tr><td>7. 소유자</td><td>8. 필지순번</td></tr>
<tr><td>9. 사용세목</td><td>10. 측량경계점거리</td></tr>
<tr><td>11. 지적기준점 명칭 및 좌표</td><td>12. 유수방향</td></tr>
<tr><td>13. 교량</td><td>14. 인접도면번호</td></tr>
<tr><td>15. 측량연월일</td><td>16. 원점명 및 기타 필요한 사항</td></tr>
</table>

08 다음은 지적원도 이미지파일 제작에 대한 설명이다. 이 중 틀린 것은?

① 지적원도 이미지파일은 자동독취기(스캐너) 또는 디지타이저를 사용하여야 한다.

② 작업자는 장비를 매일 1회 이상 정기적으로 점검하고 그 내용을 장비점검일지에 기록·관리하여야 한다.

③ 스캔화면이 평탄하지 않거나 흐려 기계의 조정이 필요한 경우 정밀계측기를 이용하여 편차를 확인하고 조정계수를 적용하여 지적원도와 입력결과가 동일하도록 조치하여야 한다.

④ 이미지파일 제작은 반드시 지적원도보관장소 또는 발주기관이 지정한 작업장에서 실시하여야 한다.

해설 이미지파일 제작

1. 지적원도 이미지파일은 자동독취기(스캐너)를 사용하여야 한다.
2. 작업자는 장비를 매일 1회 이상 정기적으로 점검하고, 그 내용을 장비 점검일지에 기록·관리하여야 한다.
3. 스캐닝은 지적원도를 편 상태에서 장비에 압착 또는 흡착시켜야 한다.
4. 스캔화면이 평탄하지 않거나 흐려 기계의 조정이 필요한 경우 정밀계측기를 이용하여 편차를 확인하고 조정계수를 적용하여 지적원도와 입력결과가 동일하도록 조치하여야 한다.
5. 장비가 정상적으로 작동하지 않을 경우 즉시 작업을 중단하고 그 원인을 파악 후 조치하여야 하며, 고장내용과 조치결과를 장비점검일지에 기록하여야 한다.
6. 스캐닝이 완료된 이미지파일은 좌표독취가 가능한 전산파일로 변환하여 지정된 폴더에 저장한다.
7. 이미지파일 제작은 반드시 지적원도 보관장소 또는 발주기관이 지정한 작업장에서 실시하여야 한다.

09 지적원도의 좌표독취에 대한 설명이다. 이 중 틀린 것은?

① 입력되는 좌표는 해당 도면 좌하단점의 도곽선수치를 기준으로 가산한다.

② 좌표독취는 수동방식 또는 자동방식의 취득방법으로 하여야 하며, 경계점을 명확히 구분할 수 있도록 확대한 후 작업을 실시하여야 한다.

③ 필지의 경계는 중복되지 않아야 하며 경계가 만나는 지점의 좌표는 동일하여야 하고, 경계에 이어지는 다른 필지의 경계는 그 경계를 벗어나서는 아니 된다.

④ 좌표독취는 밀리미터(mm)단위로 하되, 소수점 이하 2자리 이상 취득하여 미터(m)단위로 소수점 이하 3자리까지 결정하여야 한다.

해설 좌표독취는 반드시 수동방식의 취득방법으로 하여야 하며, 경계점을 명확히 구분할 수 있도록 확대한 후 작업을 실시하여야 한다.

정답 8. ① 9. ②

10 지적원도 속성정보 입력에 대한 설명이다. 이 중 틀린 것은?

① 지적원도의 속성정보는 일필지단위로 입력하되, 지번은 아라비아숫자로, 행정구역·지목·소유자 등은 한글로 하여 세로쓰기 입력한다.

② 속성정보는 필지 중앙에 위치하도록 하며, 지번 및 경계 등과 겹치지 않게 레이어기준을 준용하여 입력하여야 한다.

③ 지적원도에 소유자가 기록되어 있는 경우 지번·지목 아래에 한글로 소유자를 입력한다.

④ 지적원도에 기록된 모든 문자들은 빠짐없이 입력하여야 한다.

해설 지적원도의 속성정보는 일필지단위로 입력하되, 지번은 아라비아숫자로, 행정구역·지목·소유자 등은 한글로 하여 가로쓰기 입력한다.

11 지적원도 데이터베이스 구축 작업기준상 연속지적원도의 제작순서대로 바르게 나열한 것은? (단, 답항에 제시된 작업을 기준으로 한다.)

① 도면오류 정비 → 접합준비도 제작 → 도면접합 → 성과검사 → 일람도 제작

② 도면오류 정비 → 접합준비도 제작 → 일람도 제작 → 도면접합 → 성과검사

③ 접합준비도 제작 → 도면오류 정비 → 도면접합 → 성과 검사 → 일람도 제작

④ 일람도 제작 → 접합준비도 제작 → 도면오류 정비 → 도면접합 → 성과 검사

해설 연속지적원도의 제작순서

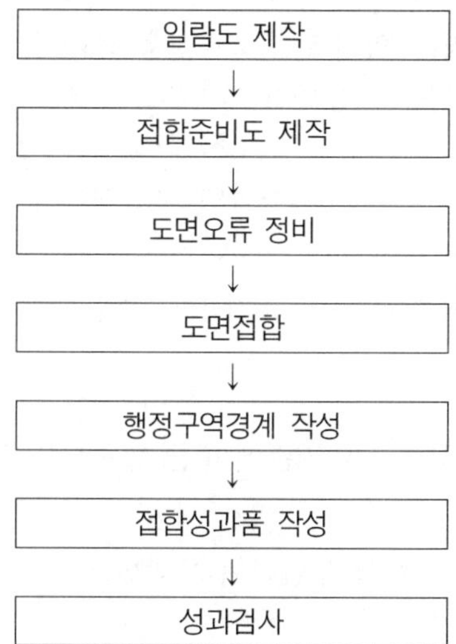

12 성과검사계획 수립을 위하여 KS X ISO 19113 지리정보－품질원칙을 준용하여 지적원도 수치파일의 검사계획을 수립하여야 한다. 검사계획에 포함할 사항이 아닌 것은?

① 논리적 일관성 ② 위치 정확성

③ 주제 정확성 ④ 입력 정확성

해설 완전성, 논리적 일관성, 위치 정확성, 주제 정확성을 포함하여 성과검사계획을 수립하여야 한다.

13 정량적, 비정량적 속성의 정확성과 지형지물과 지형지물관계의 분류 정확성을 설명하여야 하 하는 것을 무엇이라 하는가?

① 완전성(Completeness)　　　　　　　② 논리적 일관성(Logical consistency)
③ 위치 정확성(Positional accuracy)　　④ 주제 정확성(Thematic accuracy)

해설　1. 완전성(Completeness)
　　　완전성은 지형지물, 지형지물속성과 지형지물관계의 유무를 설명하여야 한다.
　　2. 논리적 일관성(Logical consistency)
　　　논리적 일관성은 데이터 구조, 속성 및 관계의 논리적 원칙의 준수 정도를 설명하여야 한다.
　　3. 위치 정확성(Positional accuracy)
　　　위치 정확성은 지형지물의 위치 정확성을 설명하여야 한다.
　　4. 주제 정확성(Thematic accuracy)
　　　주제 정확성은 정량적, 비정량적 속성의 정확성과 지형지물과 지형지물관계의 분류 정확성을 설명하여
　　　야 한다.

14 지적원도 신축보정에 대한 설명이다. 이 중 틀린 것은?

① 작업자는 지적원도의 신축량을 고려하지 않고, 제작된 수치파일은 데이터베이스 구축을
　위하여 축척별 기준도곽에 일치하도록 「공간정보의 구축 및 관리 등에 관한 법률」에서 정
　한 방법으로 신축을 보정하여야 한다.
② 신축보정은 지적원도의 도곽을 기준으로 실시하며, 기타 원점지역 등 도곽이 없는 지적원
　도의 경우에는 작업자가 임의로 신축보정을 하여야 한다.
③ 작업자가 보정프로그램을 이용하여 지적원도의 신축을 보정하고자 하는 경우에는 해당 프
　로그램을 발주기관에 전 검증을 요청하여 승인을 받은 후 사용하여야 한다.
④ 지적원도 내 격자망의 좌표를 취득하여 보정계수를 산출하며, 이를 지적원도 신축보정에
　활용하여야 한다.

해설　신축보정은 지적원도의 도곽을 기준으로 실시하며, 기타 원점지역 등 도곽이 없는 지적원도의 경우에는
　　　신축보정을 생략할 수 있다.

15 지적원도 데이터베이스 구축 작업기준에 따른 일람도와 접합준비도 제작에 대한 설명이다. 이
중 틀린 것은?

① 작업자는 지적원도의 도곽을 추출하여 도면번호를 기재하고 행정구역별, 축척별로 일람도
　파일을 제작한다.
② 일람도는 해당 축척의 10분의 1로 제작하는 것을 원칙으로 한다. 다만, 해당 축척의 10분
　의 1로 제작하는 것이 곤란한 경우에는 발주기관의 승인을 얻어 임의의 축척으로 제작할
　수 있다.
③ 준비된 작업영역 전체의 지적원도를 이용하여 원시접합도를 작성하고, 작성된 원시접합도
　를 정비하여 접합준비도를 제작한다.
④ 오류의 원인을 분석하여 원인이 경미한 경우 그 내용을 발주기관에게 보고한 후 협의를 거
　쳐 도면접합을 수행하여야 한다.

해설　오류의 원인을 분석하여 원인이 경미한 경우에는 작업책임자와 협의한 후 도면접합을 수행하여야 한다.

　　　　정답　13. ④　14. ②　15. ④

16 도면접합의 일반원칙에 대한 설명이다. 이 중 틀린 것은?

① 도면접합은 도곽을 기준으로 접합하는 것을 원칙으로 하며, 접합대상필지는 형태와 면적의 변화를 최소화한다.

② 서로 다른 축척 간의 접합 시 대축척의 필지경계선을 기준으로 접합처리한다.

③ 대면적 필지경계를 우선하여 접합한다.

④ 지번과 필지의 중복 및 누락이 발생한 경우에는 자료조사를 실시한 후 발주기관과 협의하여 처리하고 연속지적원도처리방안기록부에 기록한다.

해설 도면접합은 지적원도의 전체 현황을 파악하여 다음과 같은 일반원칙에 따라 작업하여야 한다.

1. 도면접합은 도곽을 기준으로 접합하는 것을 원칙으로 하며, 접합대상필지는 형태와 면적의 변화를 최소화한다.

2. 서로 다른 축척 간의 접합 시 대축척의 필지경계선을 기준으로 접합처리한다.

3. 소면적 필지경계를 우선하여 접합한다.

4. 도곽선 주위의 폐합된 필지경계를 우선하여 접합처리한다.

5. 지번과 필지의 중복 및 누락이 발생한 경우에는 자료조사를 실시한 후 발주기관과 협의하여 처리하고 연속지적원도처리방안기록부에 기록한다.

17 지적원도 데이터베이스 구축 작업기준상 연속지적원도 제작에 대한 설명으로 옳은 것은?

① 일람도를 해당 축척의 10분의 1로 제작하는 것이 곤란한 경우에는 발주기관의 승인을 얻어 임의의 축척으로 제작할 수 있다.

② 도면접합 시 대면적 필지경계를 우선하여 접합한다.

③ 준비된 작업영역 전체의 접합준비도를 이용하여 원시접합도를 작성한다.

④ 도면접합 시 도곽선 주위의 폐합되지 않은 필지경계를 우선하여 접합처리한다.

해설 ② 도면접합 시 소면적 필지경계를 우선하여 접합한다.

③ 준비된 작업영역 전체의 지적원도를 이용하여 원시접합도를 작성하고 작성된 원시접합도를 정비하여 접합준비도를 제작한다.

④ 도면접합 시 도곽선 주위의 폐합된 필지경계를 우선하여 접합처리한다.

18 지적원도 데이터베이스 구축 작업기준에 따른 구조화편집에 대한 설명이다. 이 중 틀린 것은?

① 모든 필지는 폐합다각형이 되도록 폴리곤을 형성하여야 하며, 두 도곽 이상에 등록되어 있는 필지 중 폐합이 되지 않은 필지는 도곽선을 따라 임의의 경계를 추가하여 폴리곤을 형성하고 무결성을 확보하여야 한다.

② 필지 내부에 다수의 필지가 연속되어 있는 경우에는 임의로 경계를 분리하여 폴리곤을 형성하고 지번·지목 및 면적과 구분코드를 입력한다.

③ 필지 내부에 독립된 폴리곤이 있는 경우에는 내부에 속한 폴리곤에 구분코드를 입력한다.

④ 구조화편집데이터는 원점별·행정구역별·축척별로 하나의 파일로 제작하여야 한다.

해설 필지 내부에 다수의 필지가 연속되어 있는 경우에는 임의로 경계를 분리하여 폴리곤을 형성하고 지번·지목과 구분코드를 입력한다.

19 지적원도 데이터베이스 구축 작업기준상 지적원도 데이터베이스 구축작업에 대한 설명으로 옳지 않은 것은?

① 모든 필지는 폐합다각형이 되도록 폴리곤을 형성하여야 한다.
② 신축보정은 지적원도의 도곽을 기준으로 실시한다.
③ 필지 내부에 존재하는 독립된 폴리곤은 삭제하여야 한다.
④ 좌표독취 시 경계점 간 연결되는 선의 굵기가 0.1mm 이하가 되도록 하여야 한다.

해설 구조화편집

1. 모든 필지는 폐합다각형이 되도록 폴리곤을 형성하여야 하며, 두 도곽 이상에 등록되어 있는 필지 중 폐합이 되지 않은 필지는 도곽선을 따라 임의의 경계를 추가하여 폴리곤을 형성하고 무결성을 확보하여야 한다.
2. 필지 내부에 다수의 필지가 연속되어 있는 경우에는 임의로 경계를 분리하여 폴리곤을 형성하고 지번·지목과 구분코드를 입력한다.
3. 필지 내부에 독립된 폴리곤이 있는 경우에는 내부에 속한 폴리곤에 구분코드를 입력한다.
4. 인접경계표시선은 별도의 레이어로 구분하여야 한다.
5. 구조화편집데이터는 원점별·행정구역별·축척별로 하나의 파일로 제작하여야 한다.

국가공간정보 기본법

01 총 설

1. 제정목적

국가공간정보체계의 효율적인 구축과 종합적 활용 및 관리에 관한 사항을 규정함으로써 국토 및 자원을 합리적으로 이용하여 국민경제의 발전에 이바지함을 목적으로 한다.

2. 용어의 정의

① **공간정보** : 지상 · 지하 · 수상 · 수중 등 공간상에 존재하는 자연적 또는 인공적인 객체에 대한 위치정보 및 이와 관련된 공간적 인지 및 의사결정에 필요한 정보를 말한다.

② **공간정보데이터베이스** : 공간정보를 체계적으로 정리하여 사용자가 검색하고 활용할 수 있도록 가공한 정보의 집합체를 말한다.

③ **공간정보체계** : 공간정보를 효과적으로 수집 · 저장 · 가공 · 분석 · 표현할 수 있도록 서로 유기적으로 연계된 컴퓨터의 하드웨어, 소프트웨어, 데이터베이스 및 인적자원의 결합체를 말한다.

④ **관리기관** : 공간정보를 생산하거나 관리하는 중앙행정기관, 지방자치단체, 「공공기관의 운영에 관한 법률」 제4조에 따른 공공기관(이하 "공공기관"이라 한다), 그 밖에 대통령령으로 정하는 민간기관을 말한다.

- 민간기관의 범위 : 「국가공간정보 기본법」에서 "대통령령으로 정하는 민간기관"이란 다음의 자 중에서 국토교통부장관이 관계 중앙행정기관의 장과 특별시장 · 광역시장 · 특별자치시장 · 도지사 및 특별자치도지사(이하 "시 · 도지사"라 한다)와 협의하여 고시하는 자를 말한다.
  - 「전기통신사업법」에 따른 전기통신사업자로서 허가를 받은 기간통신사업자
  - 「도시가스사업법」에 따른 도시가스사업자로서 허가를 받은 일반도시가스사업자
  - 「송유관 안전관리법」에 따른 송유관설치자 및 송유관관리자
  - 「집단에너지사업법」에 따른 사업자

⑤ **국가공간정보체계** : 관리기관이 구축 및 관리하는 공간정보체계를 말한다.

⑥ **국가공간정보통합체계** : 기본공간정보데이터베이스를 기반으로 국가공간정보체계를 통합 또는 연계하여 국토교통부장관이 구축 · 운용하는 공간정보체계를 말한다.

⑦ 공간객체등록번호 : 공간정보를 효율적으로 관리 및 활용하기 위하여 자연적 또는 인공적
   객체에 부여하는 공간정보의 유일식별번호를 말한다.

3. 국민의 공간정보복지 증진

① 국가 및 지방자치단체는 국민이 공간정보에 쉽게 접근하여 활용할 수 있도록 체계적으로
   공간정보를 생산 및 관리하고 공개함으로써 국민의 공간정보복지를 증진시킬 수 있도록
   노력하여야 한다.
② 국민은 법령에 따라 공개 및 이용이 제한된 경우를 제외하고는 관리기관이 생산한 공간
   정보를 정당한 절차를 거쳐 활용할 권리를 가진다.

4. 공간정보의 취득 · 관리의 기본원칙

공간정보체계의 효율적인 구축과 종합적 활용을 위하여 다음의 어느 하나에 해당하는 경
우에는 국토의 공간별 · 지역별 공간정보가 균형 있게 포함되도록 하여야 한다.
① 국가공간정보정책 기본계획 또는 기관별 국가공간정보정책 기본계획을 수립하는 경우
② 국가공간정보정책 시행계획 또는 기관별 국가공간정보정책 시행계획을 수립하는 경우
③ 기본공간정보를 취득 및 관리하는 경우
④ 국가공간정보통합체계를 구축하는 경우

02 　국가공간정보정책의 추진체계

1. 국가공간정보위원회

1) 설치

국가공간정보정책에 관한 사항을 심의 · 조정하기 위하여 국토교통부에 국가공간정보위원
회(이하 "위원회"라 한다)를 둔다.

2) 위원

① 위원회는 위원장을 포함하여 30인 이내의 위원으로 구성한다.
② 위원장은 국토교통부장관이 되고, 위원은 다음의 자가 된다.
   ㉠ 국가공간정보체계를 관리하는 중앙행정기관의 차관급 공무원으로서 대통령령으로 정
      하는 자

- 기획재정부 제1차관, 교육부차관, 과학기술정보통신부 제2차관, 국방부차관, 행정안전부차관, 농림축산식품부차관, 산업통상자원부 제1차관, 환경부차관 및 해양수산부차관
- 통계청장, 소방청장, 문화재청장, 농촌진흥청장 및 산림청장

ⓛ 지방자치단체의 장(특별시·광역시·특별자치시·도·특별자치도의 경우에는 부시장 또는 부지사)으로서 위원장이 위촉하는 자 7인 이상

ⓒ 공간정보체계에 관한 전문지식과 경험이 풍부한 민간전문가로서 위원장이 위촉하는 자 7인 이상. 이 경우 국가공간정보위원회의 위원장은 민간전문가를 위원으로 위촉하는 경우 관계 중앙행정기관의 장의 의견을 들을 수 있다.

③ 위의 ⓛ, ⓒ에 해당하는 위원의 임기는 2년으로 한다. 다만, 위원의 사임 등으로 새로 위촉된 위원의 임기는 전임위원의 남은 임기로 한다.

④ 그 밖에 위원회 및 전문위원회의 구성·운영 등에 관하여 필요한 사항은 대통령령으로 정한다.

3) 위원회의 운영

① 위원회의 위원장(이하 "위원장"이라 한다)은 위원회를 대표하고 위원회의 업무를 총괄한다.

② 위원장이 부득이한 사유로 직무를 수행할 수 없을 때에는 위원장이 지명하는 위원의 순으로 그 직무를 대행한다.

③ 위원장은 회의개최 5일 전까지 회의 일시·장소 및 심의안건을 각 위원에게 통보하여야 한다. 다만, 긴급한 경우에는 회의개최 전까지 통보할 수 있다.

④ 회의는 재적위원 과반수의 출석으로 개의하고, 출석위원 과반수의 찬성으로 의결한다.

⑤ 위원회에 간사 2명을 두되, 간사는 국토교통부와 행정자치부 소속 3급 또는 고위공무원 단에 속하는 일반직 공무원 중에서 국토교통부장관과 행정자치부장관이 각각 지명한다.

4) 심의사항

① 국가공간정보정책 기본계획의 수립·변경 및 집행실적의 평가

② 국가공간정보정책 시행계획(제7조에 따른 기관별 국가공간정보정책 시행계획을 포함한다)의 수립·변경 및 집행실적의 평가

③ 공간정보의 활용 촉진, 유통 및 보호에 관한 사항

④ 국가공간정보체계의 중복투자 방지 등 투자효율화에 관한 사항

⑤ 국가공간정보체계의 구축·관리 및 활용에 관한 주요 정책의 조정에 관한 사항

⑥ 그 밖에 국가공간성보정책 및 국가공간징보체계와 관련된 사항으로서 위원장이 부의하는 사항

5) 전문위원회

위원회는 심의사항을 전문적으로 검토하기 위하여 전문위원회를 둘 수 있다.

① 전문위원회(이하 "전문위원회"라 한다)는 위원장 1명을 포함하여 30명 이내의 위원으로 구성한다.

② 전문위원회 위원은 공간정보와 관련한 4급 이상 공무원과 민간전문가 중에서 국토교통부장관이 임명 또는 위촉하되, 성별을 고려하여야 한다.

③ 전문위원회 위원장은 전문위원회 위원 중에서 국토교통부장관이 지명하는 자가 된다.

④ 전문위원회 위촉위원의 임기는 2년으로 한다.

⑤ 전문위원회에 간사 1명을 두며, 간사는 국토교통부 소속공무원 중에서 국토교통부장관이 지명하는 자가 된다.

⑥ 전문위원회의 운영에 관하여는 국가공간정보위원회의 운영에 관한 사항을 준용한다.

6) 기타

① 의견 청취 및 현지조사 등 : 위원회와 전문위원회는 안건심의와 업무수행에 필요하다고 인정하는 경우에는 관계기관에 자료의 제출을 요청하거나 관계인 또는 전문가를 출석하게 하여 그 의견을 들을 수 있으며 현지조사를 할 수 있다.

② 회의록 : 위원회와 전문위원회는 각각 회의록을 작성하여 갖춰두어야 한다.

③ 수당 : 위원회 또는 전문위원회에 출석한 위원·관계인 및 전문가에게는 예산의 범위에서 수당과 여비를 지급할 수 있다. 다만, 공무원인 위원이 그 소관업무와 직접 관련하여 회의에 출석한 경우에는 그러하지 아니하다.

④ 운영세칙 : 위원회 및 전문위원회의 운영에 필요한 사항은 위원회 및 전문위원회의 의결을 거쳐 위원장 및 전문위원회의 위원장이 정할 수 있다.

2. 국가공간정보정책 기본계획의 수립

1) 국가공간정보정책 기본계획의 수립

정부는 국가공간정보체계의 구축 및 활용을 촉진하기 위하여 다음의 사항을 포함한 국가공간정보정책 기본계획(이하 "기본계획"이라 한다)을 5년마다 수립하고 시행하여야 한다.

① 국가공간정보체계의 구축 및 공간정보의 활용 촉진을 위한 정책의 기본방향

② 기본공간정보의 취득 및 관리

③ 국가공간정보체계에 관한 연구·개발

④ 공간정보관련 전문인력의 양성

⑤ 국가공간정보체계의 활용 및 공간정보의 유통

⑥ 국가공간정보체계의 구축·관리 및 유통 촉진에 필요한 투자 및 재원조달 계획

⑦ 국가공간정보체계와 관련한 국가적 표준의 연구·보급 및 기술기준의 관리
⑧ 「공간정보산업 진흥법」에 따른 공간정보산업의 육성에 관한 사항
⑨ 그 밖에 국가공간정보정책에 관한 사항

2) 기본계획 작성 및 제출

① 관계 중앙행정기관의 장은 소관업무에 관한 기관별 국가공간정보정책 기본계획(이하 "기관별 기본계획"이라 한다)을 작성하여 대통령령으로 정하는 바에 따라 국토교통부장관에게 제출하여야 한다.
② 관계 중앙행정기관의 장은 소관업무에 관한 기관별 국가공간정보정책 기본계획을 국토교통부장관이 정하는 수립·제출 일정에 따라 국토교통부장관에게 제출하여야 한다. 이 경우 국토교통부장관은 기관별 국가공간정보정책 기본계획 수립에 필요한 지침을 정하여 관계 중앙행정기관의 장에게 통보할 수 있다.

3) 기본계획의 확정

① 국토교통부장관은 관계 중앙행정기관의 장이 제출한 기관별 기본계획을 종합하여 기본계획을 수립하고 위원회의 심의를 거쳐 이를 확정한다.
② 국토교통부장관은 국가공간정보정책 기본계획의 수립을 위하여 필요하면 시·도지사에게 소관업무에 관한 자료의 제출을 요청할 수 있다. 이 경우 시·도지사는 특별한 사유가 없으면 이에 따라야 한다.

4) 기본계획의 변경

① 확정된 기본계획을 변경하는 경우 그 절차에 관하여는 위원회의 심의를 거쳐 이를 변경한다.
② 다만, 대통령령으로 정하는 경미한 사항을 변경하는 경우에는 그러하지 아니하다.
  ㉠ 사업기간을 2년 이내에서 가감하거나 사업비를 처음 계획의 100분의 10 이내에서 증감하는 경우
  ㉡ 투자 및 재원조달 계획에 따른 투자금액 또는 재원조달금액을 처음 계획의 100분의 10 이내에서 증감하는 경우

5) 고시

국토교통부장관은 국가공간정보정책 기본계획을 확정하거나 변경한 경우에는 이를 관보에 고시하여야 한다.

3. 국가공간정보정책 시행계획의 수립

1) 기관별 시행계획의 수립

① 관계 중앙행정기관의 장과 특별시장·광역시장·특별자치시장·도지사 및 특별자치도지사(시·도지사)는 매년 기본계획에 따라 소관업무와 관련된 기관별 국가공간정보정책 시행계획을 수립한다.

② 관계 중앙행정기관의 장과 시·도지사는 다음의 사항이 포함된 다음연도의 기관별 국가공간정보정책 시행계획(기관별 시행계획)을 매년 10월 31일까지 국토교통부장관에게 제출해야 한다.
  ㉠ 사업추진방향
  ㉡ 세부사업계획
  ㉢ 사업비 및 재원조달계획

2) 국가공간정보정책 시행계획의 확정

관계 중앙행정기관의 장과 시·도지사는 수립한 기관별 시행계획을 대통령령으로 정하는 바에 따라 국토교통부장관에게 제출하여야 하며, 국토교통부장관은 제출된 기관별 시행계획을 통합하여 매년 국가공간정보정책 시행계획(시행계획)을 수립하고 위원회의 심의를 거쳐 이를 확정한다.

3) 확정된 시행계획의 변경

확정된 시행계획을 변경하고자 하는 경우에는 (2)를 준용한다. 다만, 대통령령으로 정하는 경미한 사항(해당 연도 사업비를 100분의 10 이내에서 증감하는 경우)을 변경하는 경우에는 그러하지 아니하다.

4) 집행실적의 평가

① 국토교통부장관, 관계 중앙행정기관의 장 및 시·도지사는 확정 또는 변경된 시행계획 및 기관별 시행계획을 시행하고 그 집행실적을 평가하여야 한다.

② 국토교통부장관, 관계 중앙행정기관의 장 및 시·도지사는 국가공간정보정책 시행계획 또는 기관별 시행계획의 집행실적에 대하여 다음의 사항을 평가해야 한다.
  ㉠ 국가공간정보정책 기본계획의 목표 및 추진방향과의 적합성 여부
  ㉡ 중복되는 국가공간정보체계 사업 간의 조정 및 연계
  ㉢ 그 밖에 국가공간정보체계의 투자효율성을 높이기 위하여 필요한 사항

③ 관계 중앙행정기관의 장과 시·도지사는 전년도 기관별 시행계획의 집행실적(평가결과를 포함한다)을 매년 2월 말까지 국토교통부장관에게 제출해야 한다.

5) 의견 제시

① 국토교통부장관은 시행계획 또는 기관별 시행계획의 집행에 필요한 예산에 대하여 위원회의 심의를 거쳐 기획재정부장관에게 의견을 제시할 수 있다.

② 국토교통부장관은 기획재정부장관에게 의견을 제시하기 위하여 필요한 경우에는 관계 중앙행정기관의 장에게 관련 자료의 제출을 요청할 수 있다.

③ 국토교통부장관이 기획재정부장관에게 의견을 제시하는 경우에는 평가결과를 그 의견에 반영하여야 한다.

4. 연구 · 개발

1) 업무수행

관계 중앙행정기관의 장은 공간정보체계의 구축 및 활용에 필요한 기술의 연구와 개발사업을 효율적으로 추진하기 위하여 다음의 업무를 행할 수 있다.

① 공간정보체계의 구축 · 관리 · 활용 및 공간정보의 유통 등에 관한 기술의 연구 · 개발, 평가 및 이전과 보급

② 산업계 또는 학계와의 공동 연구 및 개발

③ 전문인력 양성 및 교육

④ 국제 기술협력 및 교류

2) 업무의 위탁

관계 중앙행정기관의 장은 대통령령으로 정하는 바에 따라 업무를 대통령령으로 정하는 공간정보관련 기관, 단체 또는 법인에 위탁할 수 있다. 기관의 지정 기준 및 절차 등은 관계 중앙행정기관의 장이 정하는 바에 따른다.

① 「건설기술 진흥법」 제11조에 따른 기술평가기관

② 「고등교육법」 제25조에 따른 학교부설연구소

③ 「공간정보산업 진흥법」 제23조에 따른 공간정보산업진흥원

④ 「과학기술분야 정부출연연구기관 등의 설립 · 운영 및 육성에 관한 법률」 제8조에 따른 연구기관

⑤ 「국가정보화 기본법」 제14조에 따른 한국정보화진흥원

⑥ 「기초연구 진흥 및 기술개발지원에 관한 법률」 제14조의2 제1항에 따라 인정받은 기업부설연구소

⑦ 「전자정부법」 제72조에 따른 한국지역정보개발원

⑧ 「전파법」 제66조에 따른 한국방송통신전파진흥원

⑨ 「정부출연연구기관 등의 설립 · 운영 및 육성에 관한 법률」 제8조에 따른 연구기관

⑩ 「공간정보산업 진흥법」 제24조에 따른 공간정보산업협회

⑪ 「공간정보의 구축 및 관리 등에 관한 법률」 제57조에 따른 해양조사협회
⑫ 「한국국토정보공사법」에 따른 한국국토정보공사
⑬ 「특정 연구기관 육성법」 제2조에 따른 특정 연구기관

5. 정부의 지원

정부는 국가공간정보체계의 효율적 구축 및 활용을 촉진하기 위하여 다음 각 호의 어느 하나에 해당하는 업무를 수행하는 자에 대하여 출연 또는 보조금의 지급 등 필요한 지원을 할 수 있다.
① 공간정보체계와 관련한 기술의 연구 · 개발
② 공간정보체계와 관련한 전문인력의 양성
③ 공간정보체계와 관련한 전문 지식 및 기술의 지원
④ 공간정보데이터베이스의 구축 및 관리
⑤ 공간정보의 유통
⑥ 공간정보에 관한 목록정보의 작성

6. 국가공간정보정책에 관한 연차보고

1) 연차보고서 제출

정부는 국가공간정보정책의 주요 시책에 관한 보고서(이하 "연차보고서"라 한다)를 작성하여 매년 정기국회의 개회 전까지 국회에 제출하여야 한다. 연차보고서의 작성 절차 및 방법 등에 관하여 필요한 사항은 대통령령으로 정한다.

2) 연차보고서 내용

연차보고서에는 다음의 내용이 포함되어야 한다.
① 기본계획 및 시행계획
② 국가공간정보체계 구축 및 활용에 관하여 추진된 시책과 추진하고자 하는 시책
③ 국가공간정보체계 구축 등 국가공간정보정책 추진현황
④ 공간정보관련 표준 및 기술기준 현황
⑤ 「공간정보산업 진흥법」에 따른 공간정보산업 육성에 관한 사항
⑥ 그 밖에 국가공간정보정책에 관한 중요사항

3) 자료의 제출요청

국토교통부장관은 연차보고서의 작성 등을 위하여 중앙행정기관의 장 또는 지방자치단체의 장에게 필요한 자료의 제출을 요청할 수 있다. 이 경우 요청을 받은 중앙행정기관의 장 또는 지방자치단체의 장은 특별한 사유가 없는 한 이에 응하여야 한다.

03   국가공간정보 기반의 조성

1. 기본공간정보의 취득 및 관리

(1) 기본공간정보 선정 및 고시

① 국토교통부장관은 주요 공간정보를 기본공간정보로 선정하여 관계 중앙행정기관의 장과 협의한 후 이를 관보에 고시하여야 한다.

② 기본공간정보 선정의 기준 및 절차, 기본공간정보데이터베이스의 구축과 관리, 기본공간 정보데이터베이스의 통합관리, 그 밖에 필요한 사항은 대통령령으로 정한다.

(2) 기본공간정보

① 지형 · 해안선 · 행정경계 · 도로 또는 철도의 경계 · 하천경계 · 지적, 건물 등 인공구조물의 공간정보

② 기준점(「공간정보의 구축 및 관리 등에 관한 법률」 제8조 제1항에 따른 측량기준점표지를 말한다)

③ 지명

④ 정사영상(항공사진 또는 인공위성의 영상을 지도와 같은 정사투영법(正射投影法)으로 제작한 영상을 말한다)

⑤ 수치표고모형(지표면의 표고(標高)를 일정 간격격자마다 수치로 기록한 표고모형을 말한다)

⑥ 공간정보입체모형(지상에 존재하는 인공적인 객체의 외형에 관한 위치정보를 현실과 유사하게 입체적으로 표현한 정보를 말한다)

⑦ 실내공간정보(지상 또는 지하에 존재하는 건물 등 인공구조물의 내부에 관한 공간정보를 말한다)

⑧ 그 밖에 위원회의 심의를 거쳐 국토교통부장관이 정하는 공간정보

기출문제   [2017년 기출]

국가공간정보 기본법 시행령상 기본공간정보가 아닌 것은?

① 기준점   ② 정사영상
③ 수치표면모형   ④ 실내공간정보

답 ③

---

(3) 데이터베이스 구축 · 관리

① 관계 중앙행정기관의 장은 선정 · 고시된 기본공간정보(이하 "기본공간정보"라 한다)를 대통령령으로 정하는 바에 따라 데이터베이스로 구축하여 관리하여야 한다.

② 관계 중앙행정기관의 장은 따른 기본공간정보(이하 "기본공간정보"라 한다)를 데이터베이스로 구축·관리하기 위하여 재원조달계획을 포함한 기본공간정보데이터베이스의 구축 또는 갱신 계획, 유지·관리 계획을 기관별 국가공간정보정책 기본계획에 포함하여 수립하고 시행하여야 한다.

③ 관계 중앙행정기관의 장은 기본공간정보데이터베이스를 구축·관리할 때에는 다음의 기준에 따라야 한다.

    ㉠ 표준 및 기술기준

    ㉡ 관계 중앙행정기관의 장과 협의하여 국토교통부장관이 정하는 기본공간정보교환형식 및 지형지물분류체계

    ㉢ 「공간정보의 구축 및 관리 등에 관한 법률 시행령」에 따른 직각좌표의 기준

    ㉣ 그 밖에 관계 중앙행정기관과 협의하여 국토교통부장관이 정하는 기준

④ 국토교통부장관은 관리기관이 구축·관리하는 데이터베이스(이하 "기본공간정보데이터베이스"라 한다)를 통합하여 하나의 데이터베이스로 관리하여야 한다.

(4) 공간객체등록번호의 부여

① 국토교통부장관은 공간정보데이터베이스의 효율적인 구축·관리 및 활용을 위하여 건물·도로·하천·교량 등 공간상의 주요 객체에 대하여 공간객체등록번호를 부여하고 이를 고시할 수 있다.

② 관리기관의 장은 부여된 공간객체등록번호에 따라 공간정보데이터베이스를 구축하여야 한다.

③ 국토교통부장관은 공간정보를 효율적으로 관리 및 활용하기 위하여 필요한 경우 관리기관의 장과 공동으로 공간정보데이터베이스를 구축할 수 있다.

④ 국토교통부장관은 공간객체등록번호업무의 관리기관 간 협의 및 조정 등을 위하여 협력체계로서 협의체(이하 "협의체"라 한다)를 구성하여 운영할 수 있다.

⑤ 공간객체등록번호의 부여 방법·대상·유지 및 관리, 그 밖에 필요한 사항은 국토교통부령으로 정한다.

2. 공간정보표준화

(1) 공간정보표준화

① 공간정보와 관련한 표준의 제정 및 관리에 관하여는 이 법에서 정하는 것을 제외하고는 「국가표준 기본법」과 「산업표준화법」에서 정하는 바에 따른다.

② 관리기관의 장은 공간정보의 공유 및 공동이용을 촉진하기 위하여 공간정보와 관련한 표준에 대한 의견을 산업통상자원부장관에게 제시할 수 있다.

③ 관리기관의 장은 대통령령으로 정하는 바에 따라 공간정보의 구축·관리·활용 및 공간정보의 유통과 관련된 기술기준을 정할 수 있다.

④ 관리기관의 장이 공간정보와 관련한 표준에 대한 의견을 제시하거나 기술기준을 제정하고자 하는 경우에는 국토교통부장관과 미리 협의하여야 한다.

(2) 표준의 연구 및 보급

국토교통부장관은 공간정보와 관련한 표준의 연구 및 보급을 촉진하기 위하여 다음 각 호의 시책을 행할 수 있다.

① 공간정보체계의 구축·관리·활용 및 공간정보의 유통 등과 관련된 표준의 연구

② 공간정보에 관한 국제표준의 연구

(3) 협의체의 구성·운영

국토교통부장관은 공간정보와 관련한 표준의 제정 및 관리를 위하여 관리기관과 협의체를 구성·운영할 수 있다. 협의체에서는 다음의 업무를 수행한다.

① 공간정보와 관련한 표준의 제안

② 공간정보의 구축·관리·활용 및 공간정보의 유통과 관련된 기술기준의 제정

③ 공간정보와 관련한 표준 및 기술기준의 준수방안 제안

④ 국제표준기구와의 협력체계 구축

⑤ 공간정보와 관련한 표준에 관한 연구·개발의 위탁

(4) 전문위원회의 검토

국토교통부장관은 법 제21조 제4항에 따라 표준에 대한 의견을 제시하거나 기술기준에 관하여 협의할 때에는 전문위원회의 검토를 거쳐야 한다.

(5) 표준 등의 준수의무

관리기관의 장은 공간정보체계의 구축·관리·활용 및 공간정보의 유통에 있어 이 법에서 정하는 기술기준과 다른 법률에서 정하는 표준을 따라야 한다.

3. 국가공간정보통합체계의 구축과 운영

(1) 구축 및 운영

① 국토교통부장관은 관리기관과 공동으로 국가공간정보통합체계를 구축하거나 운영할 수 있다.

② 국토교통부장관은 관리기관의 장에게 국가공간정보통합체계의 구축과 운영에 필요한 자료 또는 정보의 제공을 요청할 수 있다. 이 경우 자료 또는 정보의 제공을 요청받은 관리기관의 장은 특별한 사유가 없는 한 이에 응하여야 한다.

③ 그 밖에 국가공간정보통합체계의 구축 및 운영에 관하여 필요한 사항은 대통령령으로 정한다.

(2) 협의체 구성

① 국토교통부장관은 국가공간정보통합체계의 구축과 운영을 효율적으로 하기 위하여 관리기관과 협의체를 구성하여 운영할 수 있다.

② 국토교통부장관은 관리기관의 장과 협의하여 국가공간정보통합체계의 구축 및 운영에 필요한 국가공간정보체계의 개발기준과 유지·관리 기준을 정할 수 있다.

③ 관리기관이 국가공간정보통합체계와 연계하여 공간정보데이터베이스를 활용하는 경우에는 기준을 적용하여야 한다.

④ 국토교통부장관은 국가공간정보통합체계의 구축과 운영을 위하여 필요한 예산의 전부 또는 일부를 관리기관에 지원할 수 있다.

4. 국가공간정보센터의 설치

(1) 설치

① 국토교통부장관은 공간정보를 수집·가공하여 정보이용자에게 제공하기 위하여 국가공간정보센터를 설치하고 운영하여야 한다.

② 국가공간정보센터(이하 "국가공간정보센터"라 한다)의 설치와 운영 등에 관하여 필요한 사항은 대통령령으로 정한다.

(2) 자료의 제출요구

국토교통부장관은 국가공간정보센터의 운영에 필요한 공간정보를 생산 또는 관리하는 관리기관의 장에게 자료의 제출을 요구할 수 있으며, 자료의 제출을 요청받은 관리기관의 장은 특별한 사유가 있는 경우를 제외하고는 자료를 제공하여야 한다.

(3) 자료의 가공

① 국토교통부장관은 공간정보의 이용을 촉진하기 위하여 수집한 공간정보를 분석 또는 가공하여 정보이용자에게 제공할 수 있다.

② 국토교통부장관은 가공된 정보의 정확성을 유지하기 위하여 수집한 공간정보 등에 오류가 있다고 판단되는 경우에는 자료를 제공한 관리기관에 대하여 자료의 수정 또는 보완을 요구할 수 있다.

③ 자료의 수정 또는 보완을 요구받은 관리기관의 장은 그에 따른 조치결과를 국토교통부장관에게 제출하여야 한다. 다만, 관리기관이 공공기관일 경우는 조치결과를 제출하기 전에 주무기관의 장과 미리 협의하여야 한다.

04 국가공간정보체계의 구축 및 활용

1. 공간정보데이터베이스의 구축 및 관리

1) 구축 및 관리

관리기관의 장은 해당 기관이 생산 또는 관리하는 공간정보가 다른 기관이 생산 또는 관리하는 공간정보와 호환이 가능하도록 제21조에 따른 공간정보와 관련한 표준 또는 기술기준에 따라 공간정보데이터베이스를 구축·관리하여야 한다.

2) 유지관리

관리기관의 장은 해당 기관이 관리하고 있는 공간정보데이터베이스가 최신 정보를 기반으로 유지될 수 있도록 노력하여야 한다.

3) 공간정보의 열람 및 복제

① 관리기관의 장은 중앙행정기관 및 지방자치단체로부터 공간정보데이터베이스의 구축·관리 등을 위하여 필요한 공간정보의 열람·복제 등 관련 자료의 제공요청을 받은 때에는 특별한 사유가 없는 한 이에 응하여야 한다.

② 관리기관의 장은 중앙행정기관 및 지방자치단체를 제외한 다른 관리기관으로부터 공간정보데이터베이스의 구축·관리 등을 위하여 필요한 공간정보의 열람·복제 등 관련 자료의 제공요청을 받은 때에는 이에 협조할 수 있다.

③ 제공받은 공간정보는 공간정보데이터베이스의 구축·관리 외의 용도로 이용되어서는 아니 된다.

2. 중복투자 방지

1) 검토사항

관리기관의 장은 새로운 공간정보데이터베이스를 구축하고자 하는 경우 기존에 구축된 공간정보체계와 중복투자가 되지 아니하도록 사전에 다음의 사항을 검토하여야 한다. 국토교통부장관은 관리기관의 장이 검토를 위하여 필요한 자료를 요청하는 경우에는 특별한 사유가 없는 한 이를 제공하여야 한다.

① 구축하고자 하는 공간정보데이터베이스가 해당 기관 또는 다른 관리기관에 이미 구축되었는지 여부

② 해당 기관 또는 다른 관리기관에 이미 구축된 공간정보데이터베이스의 활용 가능 여부

2) 공간정보데이터베이스의 구축 및 관리에 관한 계획

① 관리기관의 장이 새로운 공간정보데이터베이스를 구축하고자 하는 경우에는 해당 공간정보데이터베이스의 구축 및 관리에 관한 계획을 수립하여 국토교통부장관에게 통보하여야 한다. 다만, 관리기관이 공공기관일 경우는 통보 전에 주무기관의 장과 미리 협의하여야 한다.

② 관리기관의 장(민간기관의 장은 제외한다. 이하 이 조에서 같다)이 수립하는 공간정보데이터베이스의 구축 및 관리에 관한 계획에는 다음의 사항이 포함되어야 한다.

   ㉠ 공간정보데이터베이스의 명칭·종류 및 규모

   ㉡ 공간정보데이터베이스를 구축하려는 범위 또는 지역

   ㉢ 공간정보에 관한 목록정보

   ㉣ 공간정보데이터베이스의 구축 방법 및 기간

   ㉤ 사업비 및 재원조달 계획

   ㉥ 사업시행계획

3) 중복투자 여부의 판단

① 국토교통부장관은 통보받은 공간정보데이터베이스의 구축 및 관리에 관한 계획이 중복투자에 해당된다고 판단하는 때에는 위원회의 심의를 거쳐 해당 공간정보데이터베이스를 구축하고자 하는 관리기관의 장에게 시정을 요구할 수 있다. 중복투자 여부의 판단에 필요한 기준은 대통령령으로 정할 수 있다.

② 중복투자 여부의 판단에 필요한 기준은 다음과 같다.

   ㉠ 사업의 유형 및 성격

   ㉡ 다른 관리기관에서의 비슷한 종류의 사업추진 여부

   ㉢ 공간정보관련 표준 또는 기술기준의 준수 여부

   ㉣ 다른 관리기관에서 구축한 사업의 활용 여부

   ㉤ 공간정보데이터베이스의 활용 여부

기출문제

[2017년 기출]

국가공간정보 기본법상 공간정보데이터베이스에 대한 내용으로 옳지 않은 것은?

① 새로운 공간정보를 구축할 때에는 기존에 구축된 공간정보체계와 중복투자함으로써 그 정확도를 높여야 한다.

② 다른 기관의 공간정보와 호환이 가능하도록 관련 표준에 따라야 한다.

③ 멸실 또는 훼손에 대비하여 별도로 복제하여 관리하여야 한다.

④ 법령에 의하여 금지된 정보를 제외한 전부 또는 일부 공간정보데이터베이스는 복제하여 판매, 배포할 수 있다.

답 ①

3. 공간정보목록정보의 작성

1) 목록정보의 작성

관리기관의 장은 해당 기관이 구축·관리하고 있는 공간정보에 관한 목록정보(정보의 내용, 특징, 정확도, 다른 정보와의 관계 등 정보의 특성을 설명하는 정보를 말한다. 이하 "목록정보"라 한다)를 공간정보와 관련한 표준 또는 기술기준에 따라 작성 또는 관리하도록 노력하여야 한다. 그 밖에 목록정보의 작성 또는 관리에 관하여 필요한 사항은 대통령령으로 정한다.

2) 목록정보의 제출

① 관리기관의 장은 해당 기관이 구축·관리하고 있는 목록정보를 특별한 사유가 없는 한 국토교통부장관에게 수시로 제출하여야 한다. 다만, 관리기관이 공공기관일 경우는 제출하기 전에 주무기관의 장과 미리 협의하여야 한다.

② 관리기관의 장(민간기관의 장은 제외한다. 이하 이 조에서 같다)은 공간정보에 관한 목록정보(이하 "목록정보"라 한다)를 12월 31일 기준으로 작성하여 다음 해 3월 31일까지 국토교통부장관에게 제출하여야 한다.

③ 관리기관의 장은 해당 기관이 구축·관리하고 있는 목록정보를 변경하거나 폐지한 경우에는 그 변경사항을 국토교통부장관에게 통보하여야 한다.

④ 국토교통부장관은 매년 공개목록집을 발간하여 관리기관에게 배포할 수 있다.

4. 공간정보의 활용

1) 협력체계의 구축

관리기관의 장은 공간정보체계의 구축·관리 및 활용에 있어 관리기관 상호 간 또는 관리기관과 산업계 및 학계 간 협력체계를 구축할 수 있다.

2) 공간정보의 활용

① 관리기관의 장은 소관업무를 수행함에 있어서 공간정보를 활용하는 시책을 강구해야 한다.

② 국토교통부장관은 대통령령으로 정하는 국토현황을 조사하고, 이를 공간정보로 제작하여 업무에 활용할 수 있도록 제공할 수 있다. 국토교통부장관은 제작한 공간정보를 국토 계획 또는 정책의 수립에 활용하기 위하여 필요한 공간정보체계를 구축·운영할 수 있다.

③ 관리기관의 장은 특별한 사유가 없는 한 해당 기관이 구축 또는 관리하고 있는 공간정보체계를 다른 관리기관과 공동으로 이용할 수 있도록 협조해야 한다.

3) 공간정보의 공개

① 관리기관의 장은 해당 기관이 생산하는 공간정보를 국민이 이용할 수 있도록 공개목록을 작성하여 대통령령으로 정하는 바에 따라 공개해야 한다. 다만, 「공공기관의 정보공개에 관한 법률」 비공개대상정보는 그러하지 아니하다.

② 관리기관의 장은 작성한 공간정보의 공개목록을 해당 기관의 인터넷 홈페이지와 국가공간정보센터(이하 "국가공간정보센터"라 한다)를 통하여 공개해야 한다.

③ 국토교통부장관은 공개목록 중 활용도가 높은 공간정보의 목록을 국가공간정보센터를 통하여 공개하고 관리기관의 장에게 요청하여 해당 기관의 인터넷 홈페이지를 통하여 공개하도록 해야 한다.

④ 국토교통부장관은 관리기관의 장과 협의하여 공개목록 중 활용도가 높은 공간정보의 목록을 정하고 국민이 쉽게 이용할 수 있도록 대통령령으로 정하는 바에 따라 공개해야 한다.

4) 공간정보의 복제 및 판매

(1) 공간정보의 복제

① 관리기관의 장은 대통령령으로 정하는 바에 따라 해당 기관이 관리하고 있는 공간정보데이터베이스의 전부 또는 일부를 복제 또는 간행하여 판매 또는 배포하거나 해당 데이터베이스로부터 출력한 자료를 정보이용자에게 제공할 수 있다. 다만, 보안관리규정에 따라 공개 또는 유출이 금지된 정보에 대하여는 그러하지 아니한다.

② 관리기관의 장은 정보이용자에게 제공하려는 공간정보데이터베이스를 해당 기관의 인터넷 홈페이지와 국가공간정보센터를 통하여 공개하여야 한다.

③ 관리기관의 장이 사용료 또는 수수료를 받으려는 경우에는 실비(實費)의 범위에서 정하여야 하며, 사용료 또는 수수료를 정하였을 때에는 그 내용을 관보 또는 공보에 고시하고(중앙행정기관 또는 지방자치단체에 한정한다) 해당 기관의 인터넷 홈페이지와 국가공간정보센터를 통하여 공개하여야 한다.

(2) 수수료

① 관리기관의 장은 대통령령으로 정하는 바에 따라 공간정보데이터베이스로부터 복제 또는 출력한 자료를 이용하는 자로부터 사용료 또는 수수료를 받을 수 있다.

② 관리기관의 장은 공간정보데이터베이스로부터 복제하거나 출력한 자료의 사용이 다음 각 호의 어느 하나에 해당하는 경우에는 사용료 또는 수수료를 감면할 수 있다.

　㉠ 국가, 지방자치단체 또는 관리기관이 그 업무에 사용하는 경우

　㉡ 교육연구기관이 교육연구용으로 사용하는 경우

5. 국가공간정보의 보호

1) 국가공간정보의 보호

(1) 보안관리

관리기관의 장은 공간정보 또는 공간정보데이터베이스를 구축·관리하거나 활용하는 경우 공개가 제한되는 공간정보에 대한 부당한 접근과 이용 또는 공간정보의 유출을 방지하기 위하여 필요한 보안관리규정을 대통령령으로 정하는 바에 따라 제정하고 시행하여야 한다.

(2) 보안관리규정

관리기관의 장은 보안관리규정을 제정하는 경우에는 전문위원회의 의견을 들은 후 국가정보원장과 협의하여야 한다. 보안관리규정을 개정하고자 하는 경우에도 또한 같다.

① 공간정보의 관리부서 및 공간정보보안담당자 등 보안관리체계
② 공간정보체계 및 공간정보유통망의 관리방법과 그 보호대책
③ 보안대상 공간정보의 분류기준 및 관리절차
④ 보안대상 공간정보의 공개요건 및 절차
⑤ 보안대상 공간정보의 유출·훼손 등 사 고발생 시 처리절차 및 처리방법

(3) 보안심사

① 관리기관의 장은 공간정보를 제공받으려는 자에 대하여 다음의 사항에 관한 보안심사를 하여야 한다.
 ㉠ 공개가 제한되는 공간정보의 보안관리에 관한 사항
 ㉡ 공개가 제한되는 공간정보 또는 그 정보를 활용하여 생산한 공간정보를 제3자에게 제공할 때의 보안관리에 관한 사항
② 보안심사의 세부내용, 절차 및 방법 등에 관하여 필요한 사항은 국토교통부장관이 국가정보원장과 협의하여 정한다.

(4) 기본지침 작성 및 통보

국가정보원장은 협의를 위하여 필요한 때에는 보안관리규정의 제정·시행에 필요한 기본지침을 작성하여 관리기관의 장에게 통보할 수 있다.

(5) 협조와 지원

국가정보원장은 관리기관에 대하여 공간정보의 보안성 검토 등 보안관리에 필요한 협조와 지원을 할 수 있다.

2) 보안심사전문기관의 지정

(1) 보안심사전문기관의 지정

① 관리기관의 장은 대통령령으로 정하는 바에 따라 보안심사업무를 전문적·체계적으로 수행하는 보안심사전문기관을 지정할 수 있다.
② 관리기관의 장은 전문기관을 지정하는 경우에 국가정보원장과 협의하여야 한다.
③ 관리기관의 장은 보안심사업무에 대한 전문기관을 지정하는 경우에 해당 전문기관에 필요한 경비의 전부 또는 일부를 지원할 수 있다.

(2) 보안심사전문기관의 지정기준

관리기관의 장은 다음의 기관 또는 협회 중에서 다음 표에서 정하는 기준을 충족하는 기관 또는 협회를 보안심사업무를 전문적·체계적으로 수행하는 보안심사전문기관으로 지정할 수 있다.

① 한국국토정보공사

② 「공간정보산업 진흥법」에 따른 공간정보산업진흥원

③ 「해양조사와 해양정보 활용에 관한 법률」에 따른 한국해양조사협회

④ 「공공기관의 운영에 관한 법률」에 따른 공공기관

[보안심사전문기관의 지정기준]

구 분	지정기준
인력기준	1. 다음의 어느 하나에 해당하는 측량 및 지형공간정보분야 자격자 2명 이상 　① 「국가기술자격법」에 따른 측량 및 지형공간정보분야의 기술사 또는 공학박사 　② 「국가기술자격법」에 따른 측량 및 지형공간정보분야의 기사 이상 자격증을 취득한 후 해당 분야에 3년 이상 종사한 경력이 있는 사람 　③ 공간정보분야의 석사 이상의 학위를 취득한 후 해당 분야에 3년 이상 종사한 경력이 있는 사람 　④ 「국가기술자격법」에 따른 측량 및 지형공간정보분야의 산업기사 이상 자격증을 취득한 후 해당 분야에 5년 이상 종사한 경력이 있는 사람 　⑤ 「고등교육법」에 따른 대학의 공간정보분야 관련 학과를 졸업(이와 같은 수준 이상의 학력이 인정되는 경우를 포함한다)한 후 해당 분야에 5년 이상 종사한 경력이 있는 사람 　⑥ 「고등교육법」에 따른 전문대학의 공간정보분야 관련 학과를 졸업(이와 같은 수준 이상의 학력이 인정되는 경우를 포함한다)한 후 해당 분야에 7년 이상 종사한 경력이 있는 사람 　⑦ ①부터 ⑥까지의 규정에 해당하는 사람과 같은 수준 이상의 자격이 있다고 관리기관의 장이 인정하는 사람 2. 다음의 어느 하나에 해당하는 정보보안분야 자격자 1명 이상 　① 「국가기술자격법」에 따른 정보보안분야의 기사 이상 자격증을 취득한 후 해당 분야에 3년 이상 종사한 경력이 있는 사람 　② 정보보안분야의 석사 이상의 학위를 취득한 후 해당 분야에 3년 이상 종사한 경력이 있는 사람 　③ 「국가기술자격법」에 따른 정보보안분야의 산업기사 이상 자격증을 취득한 후 해당 분야에 5년 이상 종사한 경력이 있는 사람 　④ 「고등교육법」에 따른 대학의 정보보안분야 관련 학과를 졸업(이와 같은 수준 이상의 학력이 인정되는 경우를 포함한다)한 후 해당 분야에 5년 이상 종사한 경력이 있는 사람 　⑤ 「고등교육법」에 따른 전문대학의 정보보안분야 관련 학과를 졸업(이와 같은 수준 이상의 학력이 인정되는 경우를 포함한다)한 후 해당 분야에 7년 이상 종사한 경력이 있는 사람 　⑥ ①부터 ⑤까지의 규정에 해당하는 사람과 같은 수준 이상의 자격이 있다고 관리기관의 장이 인정하는 사람
그 밖의 기준	① 「보안업무규정」에 따른 비밀취급인가를 받았을 것 ② 보안심사업무를 수행할 전담조직을 갖추고 있을 것

(3) 관보 또는 공보에 고시

관리기관의 장이 보안심사전문기관을 지정한 경우에는 다음의 사항을 관보 또는 공보에 고시해야 한다.

① 보안심사전문기관의 명칭·주소 및 전화번호

② 대표자의 성명

(4) 협약 체결

관리기관의 장은 보안심사전문기관에 보안심사업무를 수행하게 할 경우에는 보안심사전문기관의 장과 다음의 사항을 포함하는 협약을 체결해야 한다.

① 업무수행계획

② 업무수행결과의 보고에 관한 사항

③ 협약의 변경에 관한 사항

④ 그 밖에 보안심사전문기관의 업무를 원활하게 수행하기 위하여 관리기관의 장이 필요하다고 인정하는 사항

(5) 보안심사전문기관의 지정취소

관리기관의 장은 전문기관이 다음의 어느 하나에 해당하면 국가정보원장과 협의한 후 전문기관의 지정을 취소하거나 6개월 이내의 기간을 정하여 그 업무의 전부 또는 일부의 정지를 명하거나 시정명령 등 필요한 조치를 할 수 있다. 다만, ① 및 ②에 해당하는 경우에는 그 지정을 취소하여야 한다. 전문기관의 지정취소, 업무정지 등에 관하여 필요한 사항은 국가정보원장과의 협의를 거쳐 대통령령으로 정한다.

① 거짓이나 그 밖에 부정한 방법으로 전문기관으로 지정받은 경우

② 업무정지명령을 위반하여 업무정지기간 중에 보안심사업무를 수행한 경우

③ 정당한 사유 없이 지정받은 날부터 1년 이상 보안심사업무를 수행하지 아니한 경우

④ 전문기관의 지정기준에 적합하지 아니하게 된 경우

⑤ 고의 또는 중대한 과실로 보안심사기준 및 절차를 위반하거나 부당하게 보안심사업무를 수행한 경우

(6) 보안심사전문기관에 대한 행정처분 절차 및 기준

① 관리기관의 장은 위반사항을 발견한 경우에는 보안심사전문기관에 대한 지정취소 등 행정처분을 하기 전에 국가정보원장에게 관련 자료를 통보한 후 협의해야 한다.

② 협의를 요청받은 국가정보원장은 요청받은 날부터 30일 이내에 의견을 제출해야 한다. 다만, 부득이한 사유가 있으면 관리기관의 장과 협의하여 한 차례만 30일의 범위에서 그 기간을 연장할 수 있다.

③ 보안심사전문기관에 대한 지정취소 등 행정처분 기준은 다음과 같다.

[보안심사전문기관에 대한 행정처분기준]

구 분	행정처분기준
일반기준	1. 위반행위의 횟수에 따른 행정처분의 가중된 처분기준은 최근 1년간 같은 위반행위로 행정처분을 받은 경우에 적용한다. 이 경우 기간의 계산은 위반행위에 대하여 행정처분을 받은 날과 그 처분 후 다시 같은 위반행위를 하여 적발된 날을 기준으로 한다. 2. 1.에 따라 가중된 부과처분을 하는 경우 가중처분의 적용차수는 그 위반행위 전 부과처분차수(1.에 따른 기간 내에 행정처분이 둘 이상 있었던 경우에는 높은 차수를 말한다)의 다음 차수로 한다. 3. 위반행위가 둘 이상인 경우로서 그에 해당하는 각각의 처분기준이 다른 경우에는 그 중 무거운 처분기준에 따른다. 4. 관리기관의 장은 다음 각 호에 해당하는 사유를 고려하여 개별기준에 따른 처분기준을 감경할 수 있다. 이 경우 처분기준이 업무정지인 경우에는 그 처분기준의 2분의 1 범위에서 감경할 수 있고, 지정취소인 경우에는 3개월 이상 1년 이하의 업무정지로 감경할 수 있다. ① 위반행위가 사소한 부주의나 오류로 인한 것으로 인정되는 경우 ② 위반의 내용·정도가 경미하여 공개가 제한되는 공간정보의 보안심사에 미치는 피해가 적다고 인정되는 경우 ③ 위반행위자가 처음 해당 위반행위를 한 경우로서 2년 이상 보안심사전문기관 업무를 모범적으로 한 사실이 인정되는 경우 ④ 위반행위자가 보안심사업무나 국가공간정보체계의 발전 등에 기여한 사실이 인정되는 경우

개별기준	위반행위	처분기준		
		1차 위반	2차 위반	3차 위반
	거짓이나 그 밖의 부정한 방법으로 지정을 받은 경우	지정취소		
	업무정지명령을 위반하여 업무정지기간 중에 보안심사업무를 수행한 경우	지정취소		
	정당한 사유 없이 지정받은 날부터 1년 이상 보안심사업무를 수행하지 않은 경우	시정명령	지정취소	
	전문기관의 지정기준에 적합하지 않게 된 경우	시정명령	업무정지 3개월	지정취소
	고의 또는 중대한 과실로 보안심사기준 및 절차를 위반하거나 부당하게 보안심사업무를 수행한 경우	업무정지 3개월	지정취소	

(7) 보고 및 조사

① 관리기관의 장은 필요하다고 인정하는 때에는 국가정보원장과의 협의를 거쳐 전문기관에 대하여 보안심사업무에 관하여 필요한 보고를 하게 하거나 소속 공무원으로 하여금 조사를 하게 할 수 있다.

② 조사를 하는 경우에는 조사 3일 전까지 조사일시·목적·내용 등에 관한 계획을 조사대상자에게 알려야 한다. 다만, 긴급한 경우나 사전에 조사계획이 알려지면 조사목적을 달성할 수 없다고 인정하는 경우에는 그러하지 아니하다.

③ 조사를 하는 공무원은 그 권한을 표시하는 증표를 지니고 관계인에게 이를 내보여야 한다.

6. 기타

1) 공간정보데이터베이스의 안전성 확보

관리기관의 장은 공간정보데이터베이스의 멸실 또는 훼손에 대비하여 대통령령으로 정하는 바에 따라 이를 별도로 복제하여 관리하여야 한다.

2) 공간정보 등의 침해 또는 훼손 등의 금지

① 누구든지 관리기관이 생산 또는 관리하는 공간정보 또는 공간정보데이터베이스를 침해 또는 훼손하거나 법령에 따라 공개가 제한되는 공간정보를 관리기관의 승인 없이 무단으로 열람 · 복제 · 유출하여서는 아니 된다.

② 누구든지 공간정보 또는 공간정보데이터베이스를 이용하여 다른 사람의 권리나 사생활을 침해하여서는 아니 된다.

3) 비밀준수 등의 의무

관리기관 또는 이 법이나 다른 법령에 따라 위탁을 받은 국가공간정보체계 관련 업무를 수행하는 기관, 법인, 단체에 소속되거나 소속되었던 자(용역계약 등에 따라 해당 업무를 수임한 자 또는 그 사용인을 포함한다)는 국가공간정보체계의 구축 · 관리 및 활용과 관련한 직무를 수행하면서 알게 된 비밀을 누설하거나 도용하여서는 아니 된다.

05 벌 칙

1. 행정형벌

① 2년 이하의 징역 또는 2천만원 이하의 벌금 : 공간정보 또는 공간정보데이터베이스를 무단으로 침해하거나 훼손한 자

② 1년 이하의 징역 또는 1천만원 이하의 벌금
　㉠ 공간정보 또는 공간정보데이터베이스를 관리기관의 승인 없이 무단으로 열람 · 복제 · 유출한 자
　㉡ 직무상 알게 된 비밀을 누설하거나 도용한 자
　㉢ 보안관리규정을 준수하지 아니한 자
　㉣ 거짓이나 그 밖의 부정한 방법으로 전문기관으로 지정받은 자

2. 양벌규정

　　법인의 대표자나 법인 또는 개인의 대리인, 사용인, 그 밖의 종업원이 그 법인 또는 개인의 업무에 관하여 제39조 또는 제40조의 위반행위를 하면 그 행위자를 벌하는 외에 그 법인 또는 개인에게도 해당 조문의 벌금형을 과(科)한다. 다만, 법인 또는 개인이 그 위반행위를 방지하기 위하여 해당 업무에 관하여 상당한 주의와 감독을 게을리하지 아니한 경우에는 그러하지 아니하다.

01 국가공간정보정책에 관한 사항을 심의 · 조정하기 위하여 국토교통부에 설치하는 기구는?

① 국가지리정보위원회
② 지적재조사위원회
③ 국가지적위원회
④ 국가공간정보위원회

해설 국가공간정보정책에 관한 사항을 심의 · 조정하기 위하여 국토교통부에 국가공간정보위원회(이하 "위원회"라 한다)를 둔다.

02 다음은 국가공간정보위원회에 대한 설명이다. 이 중 틀린 것은?

① 위원장은 회의개최 5일 전까지 회의 일시 · 장소 및 심의안건을 각 위원에게 통보하여야 한다. 다만, 긴급한 경우에는 회의개최 전까지 통보할 수 있다.
② 국가공간정보위원회의 위원장은 국토교통부장관이 된다.
③ 국가공간정보정책에 관한 사항을 심의 · 조정하기 위하여 국토교통부에 국가공간정보위원회를 둔다.
④ 위원회는 위원장을 포함하여 20인 이내의 위원으로 구성한다.

해설 위원회는 위원장을 포함하여 30인 이내의 위원으로 구성한다.

03 다음은 국가공간정보위원회에 대한 설명이다. 이 중 틀린 것은?

① 국가공간정보체계를 관리하는 중앙행정기관의 차관급 공무원으로서 대통령령으로 정하는 자를 제외한 위원의 임기는 2년으로 한다.
② 회의는 재적위원 과반수의 출석으로 개의(開議)하고 출석위원 과반수의 찬성으로 의결한다.
③ 전문위원회는 위원장 1명을 포함하여 20명 이내의 위원으로 구성한다.
④ 위원회 또는 전문위원회에 출석한 위원 · 관계인 및 전문가에게는 예산의 범위에서 수당과 여비를 지급할 수 있다.

해설 전문위원회(이하 "전문위원회"라 한다)는 위원장 1명을 포함하여 30명 이내의 위원으로 구성한다.

04 국가공간정보정책 기본계획의 수립 시 포함할 사항이 아닌 것은?

① 국가공간정보체계의 활용 및 공간정보의 유통
② 기본공간정보의 취득 및 관리
③ 국가공간정보체계에 관한 연구 · 개발 및 보급
④ 공간정보관련 전문인력의 양성

정답 1. ④ 2. ④ 3. ③ 4. ③

 국가공간정보정책 기본계획사항

1. 국가공간정보체계의 구축 및 공간정보의 활용 촉진을 위한 정책의 기본방향
2. 기본공간정보의 취득 및 관리
3. 국가공간정보체계에 관한 연구 · 개발
4. 공간정보관련 전문인력의 양성
5. 국가공간정보체계의 활용 및 공간정보의 유통
6. 국가공간정보체계의 구축 · 관리 및 유통촉진에 필요한 투자 및 재원조달 계획
7. 국가공간정보체계와 관련한 국가적 표준의 연구 · 보급 및 기술기준의 관리
8. 「공간정보산업 진흥법」 제2조 제1항 제2호에 따른 공간정보산업의 육성에 관한 사항
9. 그 밖에 국가공간정보정책에 관한 사항

05 국가공간정보정책 시행계획 수립에 대한 설명이다. 이 중 틀린 것은?

① 관계 중앙행정기관의 장과 특별시장 · 광역시장 · 특별자치시장 · 도지사 및 특별자치도지사는 매년 기본계획에 따라 소관업무와 관련된 기관별 국가공간정보정책 시행계획을 수립한다.

② 국토교통부장관, 관계 중앙행정기관의 장 및 시 · 도지사는 국가공간정보정책 시행계획 또는 기관별 시행계획의 집행실적에 대하여 평가하여야 한다.

③ 국토교통부장관은 시행계획 또는 기관별 시행계획의 집행에 필요한 예산에 대하여 위원회의 심의를 거쳐 시 · 도지사에게 의견을 제시할 수 있다.

④ 관계 중앙행정기관의 장과 시 · 도지사는 수립한 기관별 시행계획을 대통령령으로 정하는 바에 따라 국토교통부장관에게 제출하여야 하며, 국토교통부장관은 제출된 기관별 시행계획을 통합하여 매년 국가공간정보정책 시행계획을 수립하고 위원회의 심의를 거쳐 이를 확정한다.

 국토교통부장관은 시행계획 또는 기관별 시행계획의 집행에 필요한 예산에 대하여 위원회의 심의를 거쳐 기획재정부장관에게 의견을 제시할 수 있다.

06 국토교통부장관은 공간정보를 기본공간정보로 선정하여 관계 중앙행정기관의 장과 협의한 후 이를 관보에 고시하여야 한다. 공간정보에 해당하지 않는 것은?

① 지형 · 해안선 · 행정경계 · 도로 또는 철도의 경계 · 하천경계
② 지명 및 건물
③ 공간정보입체모형
④ 실외공간정보

 국토교통부장관은 지형 · 해안선 · 행정경계 · 도로 또는 철도의 경계 · 하천경계 · 지적, 건물 등 인공구조물의 공간정보, 그 밖에 대통령령으로 정하는 주요 공간정보를 기본공간정보로 선정하여 관계 중앙행정기관의 장과 협의한 후 이를 관보에 고시하여야 한다. "대통령령으로 정하는 주요 공간정보"란 다음의 공간정보를 말한다.
1. 기준점(「공간정보의 구축 및 관리 등에 관한 법률」 제8조 제1항에 따른 측량기준점표지를 말한다)
2. 지명
3. 정사영상(항공사진 또는 인공위성의 영상을 지도와 같은 정사투영법으로 제작한 영상을 말한다)

　　　　 ✏ **정답** 5. ③ 6. ④

4. 수치표고모형(지표면의 표고를 일정 간격격자마다 수치로 기록한 표고모형을 말한다)
5. 공간정보입체모형(지상에 존재하는 인공적인 객체의 외형에 관한 위치정보를 현실과 유사하게 입체적으로 표현한 정보를 말한다)
6. 실내공간정보(지상 또는 지하에 존재하는 건물 등 인공구조물의 내부에 관한 공간정보를 말한다)
7. 그 밖에 위원회의 심의를 거쳐 국토교통부장관이 정하는 공간정보

07 지상에 존재하는 인공적인 객체의 외형에 관한 위치정보를 현실과 유사하게 입체적으로 표현한 정보를 무엇이라 하는가?

① 공간정보입체모형　　　　　　② 수치표고모형
③ 정사영상　　　　　　　　　　④ 실내공간정보

해설 공간정보입체모형 : 지상에 존재하는 인공적인 객체의 외형에 관한 위치정보를 현실과 유사하게 입체적으로 표현한 정보를 말한다.

08 공간정보를 효율적으로 관리 및 활용하기 위하여 자연적 또는 인공적 객체에 부여하는 번호를 무엇이라 하는가?

① 필지식별번호　　　　　　　　② 공간객체등록번호
③ 공간주체등록번호　　　　　　④ 공간정보등록번호

해설 공간객체등록번호 : 공간정보를 효율적으로 관리 및 활용하기 위하여 자연적 또는 인공적 객체에 부여하는 공간정보의 유일식별번호를 말한다.

09 공간정보 또는 공간정보데이터베이스를 무단으로 침해하거나 훼손한 자에 대한 처벌규정은?

① 1년 이하의 징역 또는 5백만원 이하의 벌금
② 1년 이하의 징역 또는 1천만원 이하의 벌금
③ 2년 이하의 징역 또는 2천만원 이하의 벌금
④ 3년 이하의 징역 또는 3천만원 이하의 벌금

해설 공간정보 또는 공간정보데이터베이스를 무단으로 침해하거나 훼손한 자는 2년 이하의 징역 또는 2천만원 이하의 벌금에 처한다.

지적공부 세계측지계 변환규정

01 개 요

1. 목적

「공간정보의 구축 및 관리 등에 관한 법률」 제6조에 따른 부칙(법률 제9774호, 2009. 6. 9.) 제5조 제2항 및 「지적재조사에 관한 특별법」 제4조에 따라 수립하여 고시된 기본계획에 의하여 세계측지계 기준으로 지적공부를 변환하기 위한 방법과 절차를 정함을 목적으로 한다.

2. 용어의 정의

① 세계측지계 변환 : 지역측지계 기준으로 등록된 지적공부를 세계측지계 기준으로 변환하는 것을 말한다.

② 사업지구 : 세계측지계 기준으로 지적공부에 등록된 지역을 제외한 모든 지역을 말한다.

③ 변환구역 : 세계측지계 변환을 위하여 동일한 변환계수 및 이동량을 사용하는 구역을 말한다.

④ 공통점 : 지역측지계와 세계측지계의 성과를 모두 가지고 있는 지적기준점 중 세계측지계 변환에 이용되는 지적기준점을 말한다.

⑤ 변환계수 : 2차원 헬머트(Helmert)변환모델에 적용하기 위하여 산출한 계수를 말한다.

⑥ 공통점 변환 : 세계측지계 변환을 위해 공통점을 이용하여 변환하는 방법을 말한다.

⑦ 2차원 헬머트(Helmert)변환 : 2차원 평면상에서 이동·축척·회전을 이용하여 도형의 좌표를 변환하는 모델을 말한다.

⑧ 편차량 : 변환계수를 이용하여 세계측지계로 변환한 성과와 세계측지계 기준의 계산성과 또는 실측성과와의 차이를 말한다.

02 계획 및 준비

1. 세계측지계 변환시행자

① 세계측지계 변환은 지적소관청이 시행한다.

② 지적소관청은 세계측지계 변환을 위한 지적기준점조사 및 공통점측량, 지적도·임야도 정비 등을 「국가공간정보 기본법」에 따라 설립된 기관(한국국토정보공사)에게 대행하게 할 수 있다.

2. 실시계획의 수립

(1) 실시계획의 수립

① 지적소관청은 공통점 확보 및 변환구역 선정을 위해 다음의 사항을 검토하여 실시계획을 수립하여야 한다.

　㉠ 사업추진일정에 관한 사항

　㉡ 인력, 장비, 예산운영에 관한 사항

　㉢ 공통점 확보를 위한 기준점 측량 및 분석에 관한 사항

　㉣ 변환성과의 검증 및 관리 등에 관한 사항

② 지적소관청은 수립된 실시계획을 특별시장·광역시장·특별자치시장·도지사·특별자치도지사 및 「지방자치법」 제175조에 따른 인구 50만 이상 대도시의 시장(자치구가 아닌 구를 두지 않은 시장은 제외한다. 이하 "시·도지사"라 한다)에게 제출하여야 한다.

③ 시·도지사는 제2항에 따른 실시계획을 검토하여 결과를 15일 이내에 지적소관청에 통보하여야 하며, 변경사항이 있는 경우 지적소관청은 정당한 사유가 없으면 실시계획을 수정하여야 한다.

(2) 자료제공

① 지적소관청은 대행하게 할 경우 필요한 지적기준점 자료 및 지적전산자료 등을 대행자에게 제공하여야 하며, 대행자는 지적소관청에 자료 제공을 요청할 때에는 다음의 서식을 작성하여 제출하여야 한다.

　㉠ 보안각서(「부동산종합공부시스템 운영 및 관리규정」 별지 제4호 서식)

　㉡ 부동산종합공부 전산자료수령증(「부동산종합공부시스템 운영 및 관리규정」 별지 제5호 서식)

② 지적소관청은 자료를 제공할 때에는 소유자 능 개인정보와 관련된 사항은 제외하여야 힌다.

③ 대행자는 지적소관청으로부터 제공받은 자료를 해당 사업에만 사용하여야 하며 사업이 완료되는 즉시 파기하고 파기확인서를 지적소관청에 제출하여야 한다.

(3) 지적기준점조사

① 시행자는 원활한 사업추진을 위하여 공통점측량을 실시하기 전에 지적기준점조사를 실시한다.

② 지적기준점조사는 지적기준점의 분포, 망실 여부, 계산부의 보존 유무, 위성측량 가능 여부 등을 확인한다.

③ 공통점은 지적기준점조사결과를 반영하여 선정한다.

03 세계측지계 변환

1. 공통점

(1) 공통점 선정기준

① 공통점은 변환구역 선정 및 변환구역변환을 위해 다음의 해당되는 지적기준점으로 선정한다.

　㉠ 전국 지적측량기준점정비 및 측량성과산출사업(2009)으로 정비된 지적삼각점, 지적삼각보조점

　㉡ 시·도지사 및 지적소관청이 지적기준점정비사업을 별도로 수행하여 관리하고 있는 지적기준점

　㉢ 지적확정측량이 완료되어 세계측지계 성과를 보유하고 있는 지적기준점

　㉣ 성과가 상호 부합한다고 판단되어 지적소관청에서 자체적으로 활용하고 있는 지적기준점

② 공통점은 변환구역별 성과가 양호한 지적기준점으로 선정한다. 다만, 원점을 달리하는 경우에는 원점별로 선정하여야 한다.

③ 지적기준점이 다음에 해당하는 경우에는 공통점 선정에서 제외할 수 있다.

　㉠ 위성측량실시지역에서 건물이나 위성신호 왜곡 등으로 양호한 세계측지계 성과 취득이 어려운 경우

　㉡ 토털스테이션측량방법을 통해 양호한 세계측지계 성과 취득이 어려운 경우

　㉢ 지적기준점의 지역측지계 성과가 주위 성과와 부합되지 않는 경우

　㉣ 지적소관청에서 공통점으로 사용하는데 불필요하다고 인정하는 경우

④ 공통점 확보가 어려운 경우 지적기준점을 신설 또는 정비하여 공통점으로 선정할 수 있다.

(2) 공통점측량

변환구역 선정 및 변환계수 산출을 위한 공통점측량은 정지측량, 이동측량 또는 토털스테이션측량방법으로 실시한다.

(3) 공통점측량의 관측기준

공통점측량의 관측기준은 다음과 같으며, 그 밖에 필요한 사항은 「지적재조사측량규정」
에 따른다.

① 정지측량

기지점과의 거리	측정시간	데이터수신간격
5km 이상	60분 이상	30초 이하
5km 미만	30분 이상	

② 이동측량

구분	측정횟수(세션)	관측간격	측정시간	데이터수신간격
다중기준국 실시간 이동측량	2회	60분 이상	고정해를 얻고 나서 60초 이상	1초
단일기준국 실시간 이동측량	기준국을 달리하여 2회			

※ 단일기준국 실시간 이동측량 시 기준국은 통합기준점 또는 정지측량에 의한 지적기준점을 사용
하며, 기지점과의 거리는 5km 이내

③ 토털스테이션측량 : 「지적측량 시행규칙」 제8조부터 제15조까지 적용

(4) 공통점결정

① 변환계수 산출에 필요한 공통점은 선정된 지적기준점 중에서 세계측지계 관측성과와 대
상지역의 변환성과 간 연결교차가 다음의 범위 이내인 지적기준점으로 결정한다.

　㉠ 경계점좌표등록부 시행지역 : 7.5cm

　㉡ 그 밖의 지역 : 12.5cm

② 사업시행자는 변환구역 내 필지에 대하여 변환 이전의 지적측량성과결정방법으로 지적측
량이 실시될 수 있도록 공통점수량을 고려하여 결정한다.

2. 변환구역

(1) 변환구역의 선정

① 변환구역은 선정된 공통점분석결과를 반영하여 사업지구 내에서 선정하고, 구소삼각 · 특
별소삼각지역은 별도의 변환구역으로 선정한다.

② 변환구역의 선정기준은 다음과 같다.

　㉠ 지적공부등록기준별(도해, 경계점좌표등록부) 지역

　㉡ 행정구역단위인 리 · 동지역

　㉢ 주요 지형지물(도로, 구거, 하천 등)을 경계로 구분한 지역

　㉣ 기타 지적소관청이 정하는 지역

(2) 변환구역의 결정

① 지적소관청은 변환구역 선정결과를 시·도지사에게 제출하여야 한다.

② 시·도지사는 변환구역 선정결과를 검토하여 변경사항이 있는 경우에는 15일 이내에 지적
소관청에 통보하여야 하며, 변경사항이 없는 경우에는 변환구역이 결정된 것으로 본다.

3. 변환방법

결정된 공통점을 이용하여 2차원 헬머트(Helmert)변환모델의 변환계수를 산출하고 결정된
변환구역을 대상으로 변환한다. 다만, 경계점좌표등록부 시행지역은 축척계수를 제외한 이
동·회전변환계수만 산출하여 변환한다. 공통점을 이용한 변환방법이 변환구역변환에 적합하
지 않는 경우에는 평균편차조정방법, 현형변환방법 및 좌표재계산방법으로 변환할 수 있다.

[2019년 기출]

지적공부 세계측지계 변환규정상 공통점을 이용한 2차원 헬머트(Helmert)변환모델이
변환구역에 적합하지 않아 별도의 사업지구단위로 변환할 경우 사용하는 방법으로 옳
지 않은 것은?

① 7매개변수변환방법   ② 현형변환방법

③ 평균편차조정방법   ④ 좌표재계산방법

답 ①

(1) 평균편차조정방법

평균편차조정방법은 공통점을 이용한 방법으로 변환된 성과가 지역측지계 지적측량성과
와 들어맞지 않아 조정이 필요한 지역에 적용한다.

① 변환구역단위로 선정된 공통점을 이용하여 2차원 헬머트(Helmert)변환모델에 의해 변환
계수를 산출한다.

② 산출된 변환계수로 조정이 필요한 변환구역단위 공통점들의 편차량을 구한다.

③ 조정이 필요한 변환구역단위 공통점들의 편차량을 지역측지계 지적측량성과와 들어맞도
록 평균값을 구하여 조정한다.

(2) 현형변환방법

현형변환방법은 지역측지계에서 현형법으로 지적측량성과를 결정하는 지역에 적용한다.

① 해당 변환구역의 지적측량성과 자료를 확보한다. 다만, 자료를 확보할 수 없는 경우에는
지적측량을 실시하여야 한다.

② 지역측지계 지적측량성과에 의해 결정된 경계점, 측판점 및 가감된 지적기준점 등을 공
통점으로 선정한다.

③ 결정된 변환구역 내에서는 지역적 특성에 따라 현형성과 이동량을 조정한다.

(3) 좌표재계산방법

① 좌표재계산방법은 경계점좌표등록부 시행지역에서 지적확정측량 당시의 관측부 및 계산부가 보존되어 있는 경우에 적용한다.

② 좌표재계산방법은 다음의 순서에 따른다.

    ㉠ 지적확정측량 당시에 사용된 지적기준점의 세계측지계 성과를 산출한다.

    ㉡ 산출한 세계측지계 성과를 기준으로 지적확정측량 당시의 계산부상 각과 거리를 이용하여 필지경계를 재계산한다.

04 변환성과의 검증 및 성과물 작성

1. 변환성과의 검증

① 변환성과의 검증은 위치검증과 면적검증으로 구분하여 실시한다.

② 검증필지는 변환구역 내 모든 필지를 대상으로 하며, 부득이한 경우 지적소관청이 정하는 기준으로 할 수 있다.

③ 위치검증성과는 필지별 2개 이상의 경계점을 대상으로 공통점의 지역측지계 성과에서 변환 전 필지의 도상좌표까지 각과 거리를 계산하고, 이 값을 사용하여 공통점의 세계측지계 성과를 기준으로 좌표를 산출한다.

④ 변환성과의 위치검증은 산출한 성과와 비교하여 검증하며, 위치검증결과의 차이가 다음의 범위 이내인 경우에는 변환성과를 최종 성과로 결정한다.

    ㉠ 경계점좌표등록부 시행지역 : 5cm

    ㉡ 그 밖의 지역 : 10cm

⑤ 변환성과의 면적검증은 다음에 의하여 검증한다.

    ㉠ 필지의 산출면적은 좌표면적계산법에 의하며 1천분의 1제곱미터까지 계산하여 정한다.

    ㉡ 면적의 비교는 필지의 변환 전과 후의 산출면적을 비교하여 검증한다.

⑥ 허용면적공차는 변환 전 산출면적 $\times \dfrac{1}{10,000} [\text{m}^2]$ 이내로 한다.

2. 성과물 작성

시행자는 세계측지계 변환이 완료된 때에는 다음의 성과물을 서식에 따라 작성한다. 다만, 기존에 확보된 공통점의 경우 ①, ④, ⑤, ⑥서식의 작성을 제외한다.

① 변환결과부

② 공통점 배치도

③ 변환계수 산출부

④ 공통점측량관측표(정지측량)

⑤ 공통점측량관측부(정지측량)

⑥ 공통점측량관측부(단일기준국·다중기준국 실시간 이동측량)

⑦ 위치검증계산부

⑧ 면적검증계산부

3. 성과검사의 방법 등

(1) 공통점의 성과검사

① 「지적재조사에 관한 특별법 시행규칙」 제6조 제4항에 따른다.

② 지적소관청은 성과검사가 완료된 공통점을 기준점표지로 관리하여야 한다.

(2) 세계측지계 변환성과검사

① 대행자가 세계측지계로 변환한 성과는 지적소관청이 검사하고, 지적소관청이 변환한 성과는 시·도지사가 검사하되 효율적 업무추진을 위하여 부득이한 경우 지적소관청으로 위임할 수 있으며, 이 경우 측량자와 검사자를 달리하여 검사하여야 한다.

② 변환성과검증결과가 인정범위를 초과하는 경우에는 그 원인을 조사하여 변환작업을 재수행하여야 한다.

③ 변환작업을 재수행한 결과 범위를 초과하는 경우에는 변환성과검증자료와 현장조사, 기존 지적측량결과도, 수치지도, 정사영상 등을 종합적으로 검토하여 최종 지적불부합지로 결정한다.

(3) 세계측지계 변환성과검사항목

① 공통점 선정 및 변환계수 산출의 적정성

② 공통점측량의 적정성 및 결과물 점검(기존에 확보된 공통점은 제외)

③ 변환방법의 적정성

④ 변환성과검증결과

⑤ 변환성과물점검

4. 변환 후 성과관리 등

(1) 지적공부 등록

① 지적소관청은 성과검사를 완료한 세계측지계 변환성과는 지적공부로 등록하여야 한다. 이 경우 기존 지적도, 임야도 및 경계점좌표등록부는 폐쇄하고 별도로 영구 보관하여야 한다.

② 지적소관청은 세계측지계 변환성과를 지적공부로 등록한 경우에는 지체 없이 다음의 사항을 일간신문에 게재하거나 해당 시·군·구의 게시판 또는 인터넷 홈페이지에 20일 이상 공고하여야 한다.
　㉠ 지적공부 세계측지계 변환의 관련 근거, 목적 및 주요 내용
　㉡ 지적공부 등록대상 및 시행일자
　㉢ 그 밖에 필요한 사항

(2) 도면 정비

① 지적소관청은 세계측지계 변환사업의 원활한 추진을 위하여 필요한 경우 지적(임야)도의 행정구역·축척·도곽별로 등록된 필지의 경계 간 이격·공백·중복 등의 오류 정비를 병행하여 추진한다.

② 도면 정비는 「지적도·임야도 정비지침」(지적기획과-1555, 2011. 6. 28.)에 따른다.

(3) 지적불부합지 정리

지적소관청은 제 추출된 지적불부합지는 「지적재조사에 관한 특별법」에 따른 지적재조사사업으로 정리하거나 등록사항의 정정으로 정리할 수 있다.

01 지적공부 세계측지계 변환규정에서 규정한 용어의 설명으로 틀린 것은?

① "사업지구"란 세계측지계 기준으로 지적공부에 등록된 지역과 지적재조사 기본계획의 집단불부합지를 포함한 지역을 말한다.

② "세계측지계 변환"이란 지역측지계 기준으로 등록된 지적공부를 세계측지계 기준으로 변환하는 것을 말한다.

③ "공통점"이란 지역측지계와 세계측지계 성과를 모두 가지고 있는 지적기준점 중 세계측지계 변환에 이용되는 지적기준점을 말한다.

④ "변환구역"이란 세계측지계 변환을 위하여 동일한 변환계수 및 이동량을 사용하는 구역을 말한다.

해설 용어정의

1. **세계측지계 변환** : 지역측지계 기준으로 등록된 지적공부를 세계측지계 기준으로 변환하는 것을 말한다.
2. **사업지구** : 세계측지계 기준으로 지적공부에 등록된 지역을 제외한 모든 지역을 말한다.
3. **변환구역** : 세계측지계 변환을 위하여 동일한 변환계수 및 이동량을 사용하는 구역을 말한다.
4. **공통점** : 지역측지계와 세계측지계 성과를 모두 가지고 있는 지적기준점 중 세계측지계 변환에 이용되는 지적기준점을 말한다.
5. **변환계수** : 2차원 헬머트(Helmert)변환모델에 적용하기 위하여 산출한 계수를 말한다.
6. **공통점 변환** : 세계측지계 변환을 위해 공통점을 이용하여 변환하는 방법을 말한다.
7. **2차원 헬머트(Helmert)변환** : 2차원 평면상에서 이동·축척·회전을 이용하여 도형의 좌표를 변환하는 모델을 말한다.
8. **편차량** : 변환계수를 이용하여 세계측지계로 변환한 성과와 세계측지계 기준의 계산성과 또는 실측성과와의 차이를 말한다.

02 지적공부 세계측지계 변환규정에서 규정한 용어의 정의에 대한 설명으로 틀린 것은?

① "편차량"이란 변환계수를 이용하여 세계측지계로 변환한 성과와 세계측지계 기준의 계산성과 또는 실측성과와의 차이를 말한다.

② "변환구역"이란 세계측지계 기준으로 지적공부에 등록된 지역과 지적재조사 기본계획의 집단불부합지를 제외한 지역을 말한다.

③ "공통점"이란 지역측지계와 세계측지계 성과를 모두 가지고 있는 지적기준점 중 세계측지계 변환에 이용되는 지적기준점을 말한다.

④ "2차원 헬머트(Helmert)변환"이란 2차원 평면상에서 이동·축척·회전을 이용하여 도형의 좌표를 변환하는 모델을 말한다.

   ✒ **정답** 1. ① 2. ②

[해설] 용어정의

1. **세계측지계 변환** : 지역측지계 기준으로 등록된 지적공부를 세계측지계 기준으로 변환하는 것을 말한다.
2. **사업지구** : 세계측지계 기준으로 지적공부에 등록된 지역을 제외한 모든 지역을 말한다.
3. **변환구역** : 세계측지계 변환을 위하여 동일한 변환계수 및 이동량을 사용하는 구역을 말한다.
4. **공통점** : 지역측지계와 세계측지계 성과를 모두 가지고 있는 지적기준점 중 세계측지계 변환에 이용되는 지적기준점을 말한다.
5. **변환계수** : 2차원 헬머트(Helmert)변환모델에 적용하기 위하여 산출한 계수를 말한다.
6. **공통점 변환** : 세계측지계 변환을 위해 공통점을 이용하여 변환하는 방법을 말한다.
7. **2차원 헬머트(Helmert)변환** : 2차원 평면상에서 이동 · 축척 · 회전을 이용하여 도형의 좌표를 변환하는 모델을 말한다.
8. **편차량** : 변환계수를 이용하여 세계측지계로 변환한 성과와 세계측지계 기준의 계산성과 또는 실측성과와의 차이를 말한다.

03 지적공부 세계측지계 변환규정에 따른 실시계획 수립에 대한 설명으로 틀린 것은?

① 지적소관청은 공통점 확보 및 변환구역 선정을 위해 실시계획을 수립하여야 한다.
② 시 · 도지사는 실시계획을 검토하여 결과를 20일 이내에 지적소관청에 통보하여야 한다.
③ 지적소관청은 수립된 실시계획을 특별시장 · 광역시장 · 특별자치시장 · 도지사 · 특별자치도지사 및 시 · 도지사에게 제출하여야 한다.
④ 지적소관청은 공통점 확보 및 변환구역 선정을 위해 사업추진일정에 관한 사항, 인력, 장비, 예산 운영에 관한 사항 등을 검토하여 실시계획을 수립하여야 한다.

[해설] 실시계획 수립

1. 지적소관청은 공통점 확보 및 변환구역 선정을 위해 다음의 사항을 검토하여 실시계획을 수립하여야 한다.
   ① 사업추진일정에 관한 사항
   ② 인력, 장비, 예산운영에 관한 사항
   ③ 공통점 확보를 위한 기준점 측량 및 분석에 관한 사항
   ④ 변환성과의 검증 및 관리 등에 관한 사항
2. 지적소관청은 수립된 실시계획을 특별시장 · 광역시장 · 특별자치시장 · 도지사 · 특별자치도지사 및 「지방자치법」 제175조에 따른 인구 50만 이상 대도시의 시장(자치구가 아닌 구를 두지 않은 시장은 제외한다. 이하 "시 · 도지사"라 한다)에게 제출하여야 한다.
3. 시 · 도지사는 제2항에 따른 실시계획을 검토하여 결과를 15일 이내에 지적소관청에 통보하여야 하며, 변경사항이 있는 경우 지적소관청은 정당한 사유가 없으면 실시계획을 수정하여야 한다.

04 지적공부 세계측지계 변환규정에 따라 지적소관청이 실시계획 수립 시 검토할 사항에 해당하지 않는 것은?

① 사업지구 선정에 관한 사항
② 인력, 장비, 예산운영에 관한 사항
③ 공통점 확보를 위한 기준점 측량 및 분석에 관한 사항
④ 변환성과의 검증 및 관리 등에 관한 사항

 지적소관청은 공통점 확보 및 변환구역 선정을 위해 다음의 사항을 검토하여 실시계획을 수립하여야 한다.
1. 사업추진일정에 관한 사항
2. 인력, 장비, 예산운영에 관한 사항
3. 공통점 확보를 위한 기준점 측량 및 분석에 관한 사항
4. 변환성과의 검증 및 관리 등에 관한 사항

05 지적공부 세계측지계 변환규정에 따른 위치검증 시 경계점좌표등록부 시행지역의 경우 위치검증결과 차이의 허용범위는?

① 5cm   ② 10cm
③ 15cm   ④ 20cm

 변환성과의 검증
1. 변환성과의 검증은 위치검증과 면적검증으로 구분하여 실시한다.
2. 검증필지는 변환구역 내 모든 필지를 대상으로 하며, 부득이한 경우 지적소관청이 정하는 기준으로 할 수 있다.
3. 위치검증성과는 필지별 2개 이상의 경계점을 대상으로 공통점의 지역측지계 성과에서 변환 전 필지의 도상좌표까지 각과 거리를 계산하고, 이 값을 사용하여 공통점의 세계측지계 성과를 기준으로 좌표를 산출한다.
4. 변환성과의 위치검증은 산출한 성과와 비교하여 검증하며 위치검증결과차이가 다음의 범위 이내인 경우에는 변환성과를 최종 성과로 결정한다.
   ① 경계점좌표등록부 시행지역 : 5cm
   ② 그 밖의 지역 : 10cm

06 지적공부 세계측지계 변환규정에 의한 경계점좌표등록부 시행지역에서 변환계수 산출에 필요한 공통점은 선정된 지적기준점 중에서 세계측지계 관측성과와 대상지역의 변환성과 간 연결교차의 범위는?

① 5cm   ② 7.5cm
③ 10cm   ④ 12.5cm

 변환계수 산출에 필요한 공통점은 선정된 지적기준점 중에서 세계측지계 관측성과와 대상지역의 변환성과 간 연결교차가 다음의 범위 이내인 지적기준점으로 결정한다.
1. 경계점좌표등록부 시행지역 : 7.5cm
2. 그 밖의 지역 : 12.5cm

07 지적공부 세계측지계 변환규정에 따른 공통점을 이용한 방법으로 변환된 성과가 지역측지계 지적측량성과와 들어맞지 않아 조정이 필요한 지역에 적용하는 변환방법은?

① 평균편차조정방법
② 좌표재계산방법
③ 현형변환방법
④ 최소제곱법

해설 평균편차조정방법

1. 평균편차조정방법은 공통점을 이용한 방법으로 변환된 성과가 지역측지계 지적측량성과와 들어맞지 않아 조정이 필요한 지역에 적용한다.
2. 평균편차조정방법의 적용
   ① 변환구역단위로 선정된 공통점을 이용하여 2차원 헬머트(Helmert)변환모델에 의해 변환계수를 산출한다.
   ② 산출된 변환계수로 조정이 필요한 변환구역단위 공통점들의 편차량을 구한다.
   ③ 조정이 필요한 변환구역단위 공통점들의 편차량을 지역측지계 지적측량성과와 들어맞도록 평균값을 구하여 조정한다.

08 지적공부 세계측지계 변환규정에 따른 경계점좌표등록부 시행지역에서 지적확정측량 당시의 관측부 및 계산부가 보존되어 있는 경우에 적용하는 변환방법은?

① 평균편차조정방법　　　　　　　　② 좌표재계산방법
③ 현형변환방법　　　　　　　　　　④ 최소제곱법

해설 좌표재계산방법

1. 좌표재계산방법은 경계점좌표등록부 시행지역에서 지적확정측량 당시의 관측부 및 계산부가 보존되어 있는 경우에 적용한다.
2. 좌표재계산방법은 다음의 순서에 따른다.
   ① 지적확정측량 당시에 사용된 지적기준점의 세계측지계 성과를 산출한다.
   ② ①에 따라 산출한 세계측지계 성과를 기준으로 지적확정측량 당시의 계산부상 각과 거리를 이용하여 필지경계를 재계산한다.

09 지적공부 세계측지계 변환규정에 따른 변환성과검증에 대한 설명이다. 이 중 틀린 것은?

① 변환성과검증은 위치검증과 면적검증으로 구분하여 실시한다.

② 변환성과의 면적검증 시 허용면적공차는 변환 전 산출면적 $\times \dfrac{1}{1,000}$ $[\text{m}^2]$ 이내로 한다.

③ 검증필지는 변환구역 내 모든 필지를 대상으로 하며, 부득이한 경우 지적소관청이 정하는 기준으로 할 수 있다.

④ 변환성과의 위치검증 시 산출한 성과와 비교하여 검증한 결과 그 밖의 지역에서 10cm 이내인 경우 변환성과를 최종 성과로 결정한다.

해설 변환성과의 검증

1. 변환성과의 검증은 위치검증과 면적검증으로 구분하여 실시한다.
2. 검증필지는 변환구역 내 모든 필지를 대상으로 하며, 부득이한 경우 지적소관청이 정하는 기준으로 할 수 있다.
3. 위치검증성과는 필지별 2개 이상의 경계점을 대상으로 공통점의 지역측지계 성과에서 변환 전 필지의 도상좌표까지 각과 거리를 계산하고, 이 값을 사용하여 공통점의 세계측지계 성과를 기준으로 좌표를 산출한다.
4. 변환성과의 위치검증은 산출한 성과와 비교하여 검증하며 위치검증결과의 차이가 다음의 범위 이내인 경우에는 변환성과를 최종 성과로 결정한다.
   ① 경계점좌표등록부 시행지역 : 5cm　　　　② 그 밖의 지역 : 10cm

5. 변환성과의 면적검증은 다음에 의하여 검증한다.

　① 필지의 산출면적은 좌표면적계산법에 의하며 1천분의 1제곱미터까지 계산하여 정한다.

　② 면적의 비교는 필지의 변환 전과 후의 산출면적을 비교하여 검증한다.

　③ 허용면적공차는 변환 전 산출면적 $\times \dfrac{1}{10,000}$ [m^2] 이내로 한다.

10 지적공부 세계측지계 변환규정에 따른 변환성과검증에 대한 설명이다. 이 중 틀린 것은?

　① 변환성과의 면적검증 시 필지의 산출면적은 좌표면적계산법에 의하며 1천분의 1제곱미터까지 계산하여 정한다.

　② 변환성과검증은 위치검증과 면적검증으로 구분하여 실시한다.

　③ 위치검증성과는 필지별 2개 이상의 경계점을 대상으로 공통점의 지역측지계 성과에서 변환 전 필지의 도상좌표까지 각과 거리를 계산하고 이 값을 사용하여 공통점의 세계측지계 성과를 기준으로 좌표를 산출한다.

　④ 변환성과의 위치검증은 산출한 성과와 비교하여 검증하며 위치검증결과의 차이가 경계점좌표등록부 시행지역의 경우 7.5cm의 범위 이내인 경우에는 변환성과를 최종 성과로 결정한다.

 변환성과의 검증

1. 변환성과의 검증은 위치검증과 면적검증으로 구분하여 실시한다.

2. 검증필지는 변환구역 내 모든 필지를 대상으로 하며, 부득이한 경우 지적소관청이 정하는 기준으로 할 수 있다.

3. 위치검증성과는 필지별 2개 이상의 경계점을 대상으로 공통점의 지역측지계 성과에서 변환 전 필지의 도상좌표까지 각과 거리를 계산하고, 이 값을 사용하여 공통점의 세계측지계 성과를 기준으로 좌표를 산출한다.

4. 변환성과의 위치검증은 산출한 성과와 비교하여 검증하며 위치검증결과의 차이가 다음의 범위 이내인 경우에는 변환성과를 최종 성과로 결정한다.

　① 경계점좌표등록부 시행지역 : 5cm

　② 그 밖의 지역 : 10cm

11 지적공부 세계측지계 변환규정에 의한 세계측지계 변환성과검사에 대한 설명이다. 이 중 틀린 것은?

　① 지적소관청이 변환한 성과는 시·도지사가 검사하되 효율적 업무추진을 위하여 부득이한 경우 지적소관청으로 위임할 수 있다.

　② 변환성과검증결과가 인정범위를 초과하는 경우에는 그 원인을 조사하여 변환작업을 재수행하여야 한다.

　③ 변환작업을 재수행한 결과가 범위를 초과하는 경우에는 변환성과검증자료와 현장조사, 기존 지적측량준비도, 수치지도, 정사영상 등을 종합적으로 검토하여 최종 지적불부합지로 결정한다.

　④ 대행자가 세계측지계로 변환한 성과는 지적소관청이 검사한다.

　　✏ **정답**　10. ④　11. ③

해설 성과검사의 방법 등

1. 공통점의 성과검사
   ① 「지적재조사에 관한 특별법 시행규칙」 제6조 제4항에 따른다.
   ② 지적소관청은 성과검사가 완료된 공통점을 법 제8조에 따라 기준점표지로 관리하여야 한다.

2. 세계측지계 변환성과검사
   ① 대행자가 세계측지계로 변환한 성과는 지적소관청이 검사하고, 지적소관청이 변환한 성과는 시·도 지사가 검사하되 효율적 업무추진을 위하여 부득이한 경우 지적소관청으로 위임할 수 있으며, 이 경우 측량자와 검사자를 달리하여 검사하여야 한다.
   ② 변환성과검증결과가 인정범위를 초과하는 경우에는 그 원인을 조사하여 변환작업을 재수행하여야 한다.
   ③ 변환작업을 재수행한 결과범위를 초과하는 경우에는 변환성과검증자료와 현장조사, 기존 지적측량 결과도, 수치지도, 정사영상 등을 종합적으로 검토하여 최종 지적불부합지로 결정한다.

12 지적공부 세계측지계 변환규정에 의한 세계측지계 변환성과검사 시 검사항목에 해당하지 않는 것은?

① 공통점 선정 및 변환계수 산출의 적정성
② 기존에 확보된 공통점측량의 적정성 및 결과물 점검
③ 변환방법의 적정성
④ 변환성과검증결과

해설 세계측지계 변환성과검사항목

1. 공통점 선정 및 변환계수 산출의 적정성
2. 공통점측량의 적정성 및 결과물 점검(기존에 확보된 공통점은 제외)
3. 변환방법의 적정성
4. 변환성과검증결과
5. 변환성과물점검

13 지적공부 세계측지계 변환규정에 의한 공통점으로 선정할 수 없는 지적기준점은?

① 전국 지적측량기준점정비 및 측량성과산출사업(2009년)으로 정비된 지적삼각점, 지적삼각 보조점, 지적도근점
② 시·도지사 및 지적소관청이 지적기준점정비사업을 별도로 수행하여 관리하고 있는 지적 기준점
③ 지적확정측량이 완료되어 세계측지계 성과를 보유하고 있는 지적기준점
④ 성과가 상호 부합한다고 판단되어 지적소관청에서 자체적으로 활용하고 있는 지적기준점

해설 공통점 선정기준

1. 공통점은 변환구역 선정 및 변환구역변환을 위해 다음에 해당되는 지적기준점으로 선정한다.
   ① 전국 지적측량기준점정비 및 측량성과산출사업(2009)으로 정비된 지적삼각점, 지적삼각보조점
   ② 시·도지사 및 지적소관청이 지적기준점정비사업을 별도로 수행하여 관리하고 있는 지적기준점
   ③ 지적확정측량이 완료되어 세계측지계 성과를 보유하고 있는 지적기준점
   ④ 성과가 상호 부합한다고 판단되어 지적소관청에서 자체적으로 활용하고 있는 지적기준점

2. 공통점은 변환구역별 성과가 양호한 지적기준점으로 선정한다. 다만, 원점을 달리하는 경우에는 원점
   별로 선정하여야 한다.
3. 지적기준점이 다음에 해당하는 경우에는 공통점 선정에서 제외할 수 있다.
   ① 위성측량실시지역에서 건물이나 위성신호 왜곡 등으로 양호한 세계측지계 성과 취득이 어려운 경우
   ② 토털스테이션측량방법을 통해 양호한 세계측지계 성과 취득이 어려운 경우
   ③ 지적기준점의 지역측지계 성과가 주위 성과와 부합되지 않는 경우
   ④ 지적소관청에서 공통점으로 사용하는데 불필요하다고 인정하는 경우
4. 공통점 확보가 어려운 경우 지적기준점을 신설 또는 정비하여 공통점으로 선정할 수 있다.

14 지적공부 세계측지계 변환규정에 의한 변환구역 선정 및 변환계수 산출을 위한 공통점측량에
이용되는 방법이 아닌 것은?

① 토털스테이션측량   ② 정지측량

③ 이동측량   ④ 전자평판측량

해설 변환구역 선정 및 변환계수 산출을 위한 공통점측량은 정지측량, 이동측량 또는 토털스테이션측량방법으
로 실시한다.

15 지적공부 세계측지계 변환규정에서 규정한 변환구역 선정에 대한 설명이다. 이 중 틀린 것은?

① 변환구역은 선정된 공통점분석결과를 반영하여 사업지구 내에서 선정한다.
② 지적소관청은 변환구역 선정결과를 검토하여 변경사항이 있는 경우에는 15일 이내에 시·
   도지사에게 통보하여야 한다.
③ 지적소관청은 변환구역 선정결과를 시·도지사에게 제출하여야 한다.
④ 구소삼각·특별소삼각 지역은 별도의 변환구역으로 선정한다.

해설 1. **변환구역의 선정**
   ① 변환구역은 선정된 공통점분석결과를 반영하여 사업지구 내에서 선정하고, 구소삼각·특별소삼각
      지역은 별도의 변환구역으로 선정한다.
   ② 변환구역의 선정기준
      • 지적공부등록기준별(도해, 경계점좌표등록부) 지역
      • 행정구역단위인 리·동지역
      • 주요 지형지물(도로, 구거, 하천 등)을 경계로 구분한 지역
      • 기타 지적소관청이 정하는 지역
2. **변환구역의 결정**
   ① 지적소관청은 변환구역 선정결과를 시·도지사에게 제출하여야 한다.
   ② 시·도지사는 변환구역 선정결과를 검토하여 변경사항이 있는 경우에는 15일 이내에 지적소관청에
      통보하여야 하며, 변경사항이 없는 경우에는 변환구역이 결정된 것으로 본다.

    정답 **14.** ④ **15.** ②

3차원 국토공간정보 구축 작업규정

01 개 요

1. 목적

이 규정은 「공간정보의 구축 및 관리 등에 관한 법률」 제12조 및 같은 법 시행규칙 제8조에 의하여 3차원 국토공간정보 구축을 위한 작업방법 및 기준 등을 정하여 성과의 규격을 통일하고 품질을 확보함을 그 목적으로 한다.

2. 용어의 정의

(1) 3차원 국토공간정보

지형지물의 위치 · 기하정보를 3차원 좌표로 나타내고, 속성정보, 가시화정보 및 각종 부가정보 등을 추가한 디지털형태의 정보를 말한다.

(2) 위치 · 기하정보

위치기준에 따라 지형지물의 형태를 세밀도에 따라 구축되는 정보를 말한다.

(3) 속성정보

3차원 국토공간정보에 표현되는 각종 지형지물의 특성을 말한다.

(4) 가시화정보

3차원 국토공간정보의 현실감을 표현하기 위하여 세밀도에 따라 구축되는 텍스처를 말한다.

(5) 세밀도(LOD : Level of Detail)

3차원 국토공간정보의 위치 · 기하정보와 텍스처에 대한 표현한계를 말한다.

(6) 기초자료

3차원 국토공간정보를 구축하기 위하여 취득된 2 · 3차원 위치 · 기하정보, 속성정보 및 가시화정보를 말한다.

(7) 3차원 국토공간정보 표준데이터셋

3차원 교통데이터, 3차원 건물데이터, 3차원 수자원데이터 및 3차원 지형데이터를 말한다.

(8) 3차원 교통데이터

도로, 철도, 교량, 터널 및 도로교통시설물을 3차원으로 표현한 데이터를 말한다.

(9) 3차원 건물데이터

주거 및 비주거용 건물을 3차원으로 표현한 데이터를 말한다.

(10) 3차원 수자원데이터

댐, 보, 호안, 제방 및 하천면을 3차원으로 표현한 데이터를 말한다.

(11) 3차원 지형데이터

인공구조물 및 자연지물이 제외된 3차원 지표면데이터를 말한다.

(12) 3차원 심벌

3차원 국토공간정보로 구축되는 지물을 세밀도에 따라 일반화된 형태로 제작한 데이터를 말한다.

(13) 3차원 실사모델

3차원 국토공간정보로 구축되는 지형지물을 세밀도에 따라 실사형태로 제작한 데이터를 말한다.

(14) 품질관리

성과물이 3차원 국토공간정보 구축기준에 적합하게 제작될 수 있도록 작업기관이 공종별로 관리·통제하고 품질을 검사하는 것을 말한다.

02 3차원 공간정보데이터 형식

1. 3DF – GML형식

(1) 의의

3-Dimension Feature GML(Geographic Markup Language)의 약어로, 국내 3차원 국토공간정보를 저장 및 교환하기 위한 XML기반의 데이터 포맷이다.

(2) 특징

① GML 3.1을 기반으로 하는 응용스키마로서, 매우 복잡하고 방대한 모델을 가진 GML 3.1 및 GML 3.1의 응용포맷으로 개발된 City-GML보다 간결하게 개발된 포맷이다.

② 3DF-GML은 다양한 국내 3차원 응용분야에서 공통적으로 요구하는 기본항목(entity), 속성(attribute), 관계(relation)들을 정의하고 있다.

(3) 3DF-GML의 표현범위

분 류	표현항목
지형지물	교통, 건물, 수자원, 지형
기하	2, 3차원 객체(선형·평면 보간 사용), 혼합집합, 동종집합, 혼합복합, 동종복합
위상	단방향 위상(XLink)
세밀도	Level 1, Level 2, Level 3, Level 4
면의 외형	단색 텍스처, 색깔 텍스처, 가상영상 텍스처, 실사영상 텍스처
지형	불규칙삼각망(TIN), 격자 커버리지(GRID)
좌표계	구형좌표계, 타원좌표계, 직교좌표계

2. City – GML형식

(1) 의의

City Geography GML(Geographic Markup Language)의 약어로, 가상 3차원 도시모델의 저장과 교환을 위한 XML기반의 데이터 포맷이다.

(2) 특징

① 개방데이터 모델이며, GML을 기반으로 하는 응용스키마로서 GML에서 부족한 모델을 보강하여 3차원 공간모델링을 보다 효율적으로 하기 위해 개발된 포맷이다.

② GML 3.1을 기반으로 응용포맷으로 개발된 City-GML은 GML보다 더 복잡하고 방대하다는 문제점을 가지고 있다.

③ 다른 응용분야들 간에 공유할 수 있는 공통의 기본항목(entity), 속성(attribute), 관계(relation)들을 정의하고 있다.

(3) City-GML의 표현범위

분 류	표현항목
지형지물	일반, 단일 속성
기하	2, 3차원 객체, 면방향성, 동종집합, 선형보간
위상	2, 3차원 위상정보
세밀도	기하 세밀도
면의 외형	단색 텍스처, 색깔 텍스처, 가상영상 텍스처, 실사영상 텍스처
지형	격자 커버리지(GRID)
좌표계	구형좌표계, 타원좌표계, 직교좌표계

3. KML형식

(1) 의의

KML(Keyhole Markup Language)은 현재 또는 미래의 웹기반의 2차원과 3차원 브라우저에서 지리데이터의 주기와 가시화를 위한 XML기반의 스키마이다.

(2) 특징

① KML은 Google 어스, Google 지도 및 기타 응용프로그램에 표시하기 위해 점, 선, 이미지, 다각형 및 모델과 같은 지형기능을 모델링하고 저장하기 위한 XML의 문법 및 파일 형식이다.
② KML을 사용하여 Google 어스 및 Google 지도의 다른 사용자와 장소 및 정보를 공유할 수 있다.
③ KML은 Google 어스에서 사용하기 위해 개발되어졌으며 원래 이름은 Keyhole Earth Viewer였다.

03 3차원 국토공간정보 제작

1. 작업순서

3차원 국토공간정보 제작을 위한 작업순서는 다음과 같다.
① 작업계획 및 점검
② 기초자료 취득 및 편집
③ 3차원 국토공간정보 제작
④ 가시화정보 제작
⑤ 품질관리
⑥ 정리점검 및 성과품

2. 기초자료 취득

3차원 국토공간정보 구축을 위한 자료 취득방법은 다음과 같다.
① 기본지리정보와 수치지도 2.0을 이용한 2차원 공간정보 취득
② 항공레이저측량을 이용한 3차원 공간정보 취득
③ 항공사진을 이용한 3차원 공간정보 및 정사영상 취득
④ 이동형 측량시스템을 이용한 3차원 공간정보 및 가시화정보 취득
⑤ 디지털카메라를 이용한 가시화정보 취득
⑥ 건축물관리대장, 한국토지정보시스템, 토지종합정보망, 새주소데이터 등을 이용한 3차원 공간정보의 속성정보 취득
⑦ 속성정보 취득 및 현지보완측량을 위한 현지조사
⑧ 기존에 제작된 수치표고모델, 정사영상 및 영상정보를 이용한 자료의 취득

3. 제작방법

① 2차원 공간정보에 높이정보를 입력하여 3차원 면형(블록)으로 제작한다.
② 세밀도에 따라 3차원 면형(블록)을 3차원 심벌 또는 3차원 실사모델로 변환한다.
③ 세밀도에 따라 가시화정보를 제작한다.
④ 속성정보를 입력한다.

4. 세밀도 및 가시화정보

1) 3차원 건물데이터 세밀도 및 가시화정보 제작기준

대분류	3차원 건물데이터	
중분류	주거용 및 주거 외 건물	
세분류	일반주택 / 공동주택 / 공공기관 / 산업시설 / 문화교육시설 / 의료복지시설 / 서비스시설 / 기타 시설	
세밀도	제작기준	제작 예
Level 1	• 블록형태 • 지붕면은 단색 텍스처 • 수직적 돌출부 및 함몰부 미제작 • 단색, 색깔 또는 가상영상 텍스처	
Level 2	• 블록 또는 연합블록형태 • 지붕면은 색깔 또는 정사영상 텍스처 • 수직적 돌출부 및 함몰부 미제작 • 가상영상 또는 실사영상 텍스처	
Level 3	• 연합블록형태 • 지붕구조(경사면) 제작 • 수직적 돌출부 및 함몰부까지 제작 • 가상영상 또는 실사영상 텍스처	
Level 4	• 3차원 실사모델 • 지붕구조(경사면) 제작 • 수식석·수평적 돌출부 및 함몰부까시 제작 • 실사영상 텍스처	

2) 3차원 교통데이터 세밀도 및 가시화정보 제작기준

대분류	3차원 교통데이터	
중분류	도로	
세분류	단위도로면 / 도로교차면	
세밀도	제작기준	제작 예
Level 1	• 기준에 따른 제작(폭 4m 이상) • 3차원 면형 • 기준 이하는 선형으로 제작 • 인도면/차도면 미구분 • 차선, 도로 중심선, 횡단보도 미제작 • 단색 텍스처	
Level 2	• 기준에 따른 제작(폭 3m 이상) • 3차원 면형 • 기준 이하는 선형으로 제작 • 인도면/차도면 구분 제작 • 차선, 도로 중심선, 횡단보도 제작 • 색깔 텍스처	
Level 3	• 기준에 따른 제작(폭 1.5m 이상) • 3차원 면형 • 기준 이하는 선형으로 제작 • 인도면/차도면 구분 제작 • 차선, 도로 중심선, 횡단보도 제작 • 가상영상 텍스처	
Level 4	• 기준에 따른 제작(폭 0.6m 이상) • 3차원 실사모델 • 기준 이하는 선형으로 제작 • 인도면/차도면 구분 제작 • 차선, 도로 중심선, 횡단보도 제작 • 실사영상 텍스처	

5. 품질관리

품질검사를 위한 품질요소는 다음과 같다.

① 완전성

② 논리 일관성

③ 위치 정확성

④ 주제 정확성

01 3차원 국토공간정보 구축 작업규정상 용어의 정의에 대한 설명이다. 이 중 틀린 것은?

① "3차원 국토공간정보 표준데이터셋"이라 함은 3차원 교통데이터, 3차원 건물데이터, 3차원 수자원데이터 및 3차원 지적데이터를 말한다.

② "3차원 국토공간정보"라 함은 지형지물의 위치 · 기하정보를 3차원 좌표로 나타내고, 속성정보, 가시화정보 및 각종 부가정보 등을 추가한 디지털형태의 정보를 말한다.

③ "세밀도(LOD : Level of Detail)"라 함은 3차원 국토공간정보의 위치 · 기하정보와 텍스처에 대한 표현한계를 말한다.

④ "3차원 실사모델"이라 함은 3차원 국토공간정보로 구축되는 지형지물을 세밀도에 따라 실사형태로 제작한 데이터를 말한다.

해설 3차원 국토공간정보 표준데이터셋이란 3차원 교통데이터, 3차원 건물데이터, 3차원 수자원데이터 및 3차원 지형데이터를 말한다.

02 3차원 국토공간정보 구축 작업규정상 3차원 국토공간정보로 구축되는 지물을 세밀도에 따라 일반화된 형태로 제작한 데이터를 무엇이라 하는가?

① 3차원 실사모델   ② 3차원 심벌

③ 3차원 지형   ④ 3차원 세밀도

해설 제2조(용어의 정의) 본 규정에서 사용하는 용어의 정의는 다음 각 호와 같다.

1. "3차원 국토공간정보"라 함은 지형지물의 위치 · 기하정보를 3차원 좌표로 나타내고, 속성정보, 가시화정보 및 각종 부가정보 등을 추가한 디지털형태의 정보를 말한다.
2. "위치 · 기하정보"라 함은 제4조(위치기준)에 따라 지형지물의 형태를 세밀도에 따라 구축되는 정보를 말한다.
3. "속성정보"라 함은 3차원 국토공간정보에 표현되는 각종 지형지물의 특성을 말한다.
4. "가시화정보"라 함은 3차원 국토공간정보의 현실감을 표현하기 위하여 세밀도에 따라 구축되는 텍스처를 말한다.
5. "세밀도(LOD : Level of Detail)"라 함은 3차원 국토공간정보의 위치 · 기하정보와 텍스처에 대한 표현한계를 말한다.
6. "기초자료"라 함은 3차원 국토공간정보를 구축하기 위하여 취득된 2 · 3차원 위치 · 기하정보, 속성정보 및 가시화정보를 말한다.
7. "3차원 국토공간정보 표준데이터셋"이라 함은 3차원 교통데이터, 3차원 건물데이터, 3차원 수자원데이터 및 3차원 지형데이터를 말한다.
8. "3차원 교통데이터"라 함은 도로, 철도, 교량, 터널 및 도로교통시설물을 3차원으로 표현한 데이터를 말한다.
9. "3차원 건물데이터"라 함은 주거 및 비주거용 건물을 3차원으로 표현한 데이터를 말한다.
10. "3차원 수자원데이터"라 함은 댐, 보, 호안, 제방 및 하천면을 3차원으로 표현한 데이터를 말한다.

11. "3차원 지형데이터"라 함은 인공구조물 및 자연지물이 제외된 3차원 지표면데이터를 말한다.

12. "3차원 심벌"이라 함은 3차원 국토공간정보로 구축되는 지물을 세밀도에 따라 일반화된 형태로 제작한 데이터를 말한다.

13. "3차원 실사모델"이라 함은 3차원 국토공간정보로 구축되는 지형지물을 세밀도에 따라 실사형태로 제작한 데이터를 말한다.

14. "품질관리"라 함은 성과물이 3차원 국토공간정보 구축기준에 적합하게 제작될 수 있도록 작업기관이 공종별로 관리 · 통제하고 품질을 검사하는 것을 말한다.

03 3차원 국토공간정보 구축 작업규정상 3차원 국토공간정보 표준데이터셋에 해당하지 않는 것은?

① 3차원 수자원데이터　　　　　② 3차원 건물데이터
③ 3차원 지형데이터　　　　　　④ 3차원 철도데이터

해설 3차원 국토공간정보 표준데이터셋이란 3차원 교통데이터, 3차원 건물데이터, 3차원 수자원데이터 및 3차원 지형데이터를 말한다.

04 3차원 국토공간정보의 위치 · 기하정보와 텍스처에 대한 표현한계를 무엇이라 하는가?

① 세밀도　　　　　　　　　　　② 정밀도
③ 정확도　　　　　　　　　　　④ 경중률

해설 세밀도(LOD : Level of Detail)란 3차원 국토공간정보의 위치 · 기하정보와 텍스처에 대한 표현한계를 말한다.

05 3차원 국토공간정보 구축 작업규정상 3차원 국토공간정보데이터 형식으로 사용하는 것은? (단, 예외규정을 적용하지 아니한다.)

① City-GML　　　　　　　　　② Shape
③ 3DF-GML　　　　　　　　　④ JPEG

해설 제8조(데이터 형식) ① 3차원 국토공간정보는 3차원 공간정보데이터 형식인 3DF-GML으로 제작하는 것을 원칙으로 하며, City-GML형식과 상호교환이 가능하도록 한다. 다만, 발주처의 데이터 활용계획에 따라 Shape, 3DS 및 JPEG형식 등으로 제작할 수 있다.

② 3DF-GML 및 City-GML 형식에 대한 정의는 별표 15와 같다.

06 다음 중 3차원 도시표현이 가능한 모델이 아닌 것은?

① City-GML　　　　　　　　　② ECW
③ 3DF-GML　　　　　　　　　④ KML

해설 3차원 도시표현이 가능한 모델은 City-GML, 3DF-GML, KML 등이다.

07 국내 3차원 국토공간정보를 저장 및 교환하기 위한 XML기반의 데이터 포맷인 3DF-GML형식에 대한 설명이다. 이 중 틀린 것은?

① 국내 3차원 국토공간정보를 저장 및 교환하기 위한 XML기반의 데이터 포맷이다.

② 매우 복잡하고 방대한 모델을 가진 GML 3.1 및 GML 3.1의 응용포맷으로 개발된 City-GML보다 복잡 다양하게 개발된 포맷이다.

③ 다양한 국내 3차원 응용분야에서 공통적으로 요구하는 기본항목(entity), 속성(attribute), 관계(relation)들을 정의하고 있다.

④ 3DF-GML은 GML 3.1을 기반으로 하는 응용스키마이다.

해설 3DF-GML형식

1. 3-Dimension Feature GML(Geographic Markup Language)의 약어로, 국내 3차원 국토공간정보를 저장 및 교환하기 위한 XML기반의 데이터 포맷이다.

2. 3DF-GML은 GML 3.1을 기반으로 하는 응용스키마로서, 매우 복잡하고 방대한 모델을 가진 GML 3.1 및 GML 3.1의 응용포맷으로 개발된 City-GML보다 간결하게 개발된 포맷이다.

3. 3DF-GML은 다양한 국내 3차원 응용분야에서 공통적으로 요구하는 기본항목(entity), 속성(attribute), 관계(relation)들을 정의하고 있다

08 다음은 3DF-GML의 표현범위를 주요 모델의 항목들로 나타낸 것이다. 이 중 틀린 것은?

① 지형지물의 표현항목은 교통, 건물, 수자원, 지형이다.

② 세밀도는 Level 1, Level 2, Level 3, Level 4로 나타낸다.

③ 지형은 불규칙삼각망(TIN)만을 이용하여 표현한다.

④ 기하는 2, 3차원 객체(선형·평면 보간 사용), 혼합집합 등으로 표현한다.

해설 3DF-GML의 표현범위

분 류	표현항목
지형지물	교통, 건물, 수자원, 지형
기하	2, 3차원 객체(선형·평면 보간 사용), 혼합집합, 동종집합, 혼합복합, 동종복합
위상	단방향 위상(XLink)
세밀도	Level 1, Level 2, Level 3, Level 4
면의 외형	단색 텍스처, 색깔 텍스처, 가상영상 텍스처, 실사영상 텍스처
지형	불규칙삼각망(TIN), 격자 커버리지(GRID)
좌표계	구형좌표계, 타원좌표계, 직교좌표계

09 가상 3차원 도시모델의 저장과 교환을 위한 XML기반의 데이터포맷은?

① City-GML ② 3DS
③ 3DF-GML ④ DXF

해설 City-GML은 City Geography GML(Geographic Markup Language)의 약어로, 가상 3차원 도시모델의 저장과 교환을 위한 XML기반의 데이터 포맷이다.

10 가상 3차원 도시모델의 저장과 교환을 위한 XML기반의 데이터 포맷인 City-GML형식에 대한 설명이다. 이 중 틀린 것은?

① 가상 3차원 도시모델의 저장과 교환을 위한 XML기반의 데이터 포맷이다.

② 다른 응용분야들 간에 공유할 수 있는 공통의 기본항목(entity), 속성(attribute), 관계 (relation)들을 정의하고 있다.

③ 개방데이터 모델이며 GML을 기반으로 하는 응용스키마로서 GML에서 부족한 모델을 보강하여 3차원 공간모델링을 보다 효율적으로 하기 위해 개발된 포맷이다.

④ GML 3.1을 기반으로 응용포맷으로 개발된 City-GML은 GML보다 간결한 장점을 가지고 있다.

해설 City-GML형식

1. City Geography GML(Geographic Markup Language)의 약어로, 가상 3차원 도시모델의 저장과 교환을 위한 XML기반의 데이터 포맷이다.

2. 개방데이터 모델이며 GML을 기반으로 하는 응용스키마로서 GML에서 부족한 모델을 보강하여 3차원 공간모델링을 보다 효율적으로 하기 위해 개발된 포맷이다. 그러나 GML 3.1을 기반으로 응용포맷으로 개발된 City-GML은 GML보다 더 복잡하고 방대하다는 문제점을 가지고 있다.

3. City-GML은 다른 응용분야들 간에 공유할 수 있는 공통의 기본항목(entity), 속성(attribute), 관계 (relation)들을 정의하고 있다.

11 3차원 국토공간정보 구축 작업규정상 3차원 국토공간정보 제작을 위한 작업순서로 옳은 것은?

> ㉠ 작업계획 및 점검
> ㉡ 기초자료 취득 및 편집
> ㉢ 3차원 국토공간정보 제작
> ㉣ 가시화정보 제작
> ㉤ 품질관리
> ㉥ 정리점검 및 성과품

① ㉠→㉡→㉢→㉣→㉤→㉥
② ㉠→㉡→㉢→㉣→㉥→㉤
③ ㉡→㉠→㉢→㉣→㉤→㉥
④ ㉠→㉡→㉣→㉢→㉥→㉤

해설 3차원 국토공간정보 제작작업순서

1. 작업계획 및 점검
2. 기초자료 취득 및 편집
3. 3차원 국토공간정보 제작
4. 가시화정보 제작
5. 품질관리
6. 정리점검 및 성과품

12 다음 중 3차원 공간정보를 취득할 수 없는 것은?

① 항공레이저측량을 이용한 3차원 공간정보 취득
② 항공사진을 이용한 3차원 공간정보 취득
③ 이동형 측량시스템을 이용한 3차원 공간정보 취득
④ 기본지리정보와 수치지도 2.0을 이용한 3차원 공간정보 취득

해설 3차원 국토공간정보 구축을 위한 자료 취득방법
1. 기본지리정보와 수치지도 2.0을 이용한 2차원 공간정보 취득
2. 항공레이저측량을 이용한 3차원 공간정보 취득
3. 항공사진을 이용한 3차원 공간정보 및 정사영상 취득
4. 이동형 측량시스템을 이용한 3차원 공간정보 및 가시화정보 취득
5. 디지털카메라를 이용한 가시화정보 취득
6. 건축물관리대장, 한국토지정보시스템, 토지종합정보망, 새주소데이터 등을 이용한 3차원 공간정보의 속성정보 취득
7. 속성정보 취득 및 현지보완측량을 위한 현지조사
8. 기존에 제작된 수치표고모델, 정사영상 및 영상정보를 이용한 자료의 취득

13 3차원 국토공간정보 구축 작업규정상 3차원 국토공간정보 제작방법에 대한 설명이다. 이 중 틀린 것은?

① 2차원 공간정보에 높이정보를 입력하여 3차원 면형(블록)으로 제작한다.
② 세밀도에 따라 3차원 면형(블록)을 3차원 심벌 또는 3차원 실사모델로 변환한다.
③ 기초자료에 따라 가시화정보를 제작한다.
④ 속성정보를 입력한다.

해설 3차원 국토공간정보 제작방법
1. 2차원 공간정보에 높이정보를 입력하여 3차원 면형(블록)으로 제작한다.
2. 세밀도에 따라 3차원 면형(블록)을 3차원 심벌 또는 3차원 실사모델로 변환한다.
3. 세밀도에 따라 가시화정보를 제작한다.
4. 속성정보를 입력한다.

14 3차원 국토공간정보 제작 시 2차원 공간정보에 높이정보를 취득하는 방법으로 사용할 수 없는 것은?

① 항공레이저측량
② 현지조사
③ 이동형 측량시스템
④ 새주소데이터

해설 항공레이저측량, 항공측량용 카메라, 이동형 측량시스템 또는 현지조사로부터 취득하여야 한다.

15 3차원 국토공간정보 구축 작업규정상 품질검사를 위한 품질요소에 해당하지 않는 것은?

① 완전성 ② 논리 일관성
③ 위치 정확성 ④ 표현 정확성

 품질검사를 위한 품질요소

1. 완전성
2. 논리 일관성
3. 위치 정확성
4. 주제 정확성

16 3차원 국토공간정보 구축 작업규정상 축척이 1:1,000인 수치지도의 수치표고모델의 격자간격으로 옳은 것은?

① 1m×1m ② 2m×2m
③ 5m×5m ④ 10m×10m

 수치지도의 축척에 따른 수치표고모델의 격자간격

수치지도의 축척	1 : 1,000	1 : 2,500	1 : 5,000
수치표고모델의 격자간격	1m×1m	2m×2m	5m×5m

정답 15. ④ 16. ①

토지의 이동 및 정리

01 토지의 이동

1. 토지의 이동

　　토지의 이동이란 토지의 표시를 새로이 정하거나 변경 또는 말소하는 것을 말한다. 즉 지적공부에 등록된 토지의 지번·지목·경계·좌표·면적이 달라지는 것을 말하며 토지소유권자의 변경, 토지소유자의 주소변경, 토지등급의 변경은 토지의 이동에 해당하지 아니한다.

토지이동에 해당하는 경우	토지이동에 해당하지 않는 경우
1. 신규등록, 등록전환 2. 분할, 합병 3. 해면성 말소 4. 행정구역명칭변경 5. 도시개발사업 등 6. 축척변경, 등록사항 정정	1. 토지소유자의 변경 2. 토지소유자의 주소변경 3. 토지의 등급변경 4. 개별공시지가의 변경

2. 토지의 이동종류별 특징

구 분	신청(60일)	측 량	결 번	등기촉탁	지적공부 정리 수수료
신규등록	○	○	×	×	○(1,400원)
등록전환	○	○	○	○	
분할	△	○	×	○	
합병	△	×	○	○	○(1,000원)
지목변경	○	×	×	○	
해면성 말소	○(90일)	○	○	○	×

1. 신규등록

1) 의의

신규등록이란 새로 조성한 토지 및 등록이 누락되어 있는 토지를 지적공부에 등록하는 것을 말한다.

2) 대상 및 신청

(1) 신청

토지소유자는 신규등록할 토지가 있으면 대통령령으로 정하는 바에 따라 그 사유가 발생한 날부터 60일 이내에 지적소관청에 신규등록을 신청하여야 한다.

(2) 대상

① 미등록 토지
② 공유수면매립으로 준공된 토지
③ 미등록된 공공용 토지(도로, 구거, 하천)
④ 미등록 도서지역(섬)
⑤ 방조제 건설

3) 처리절차

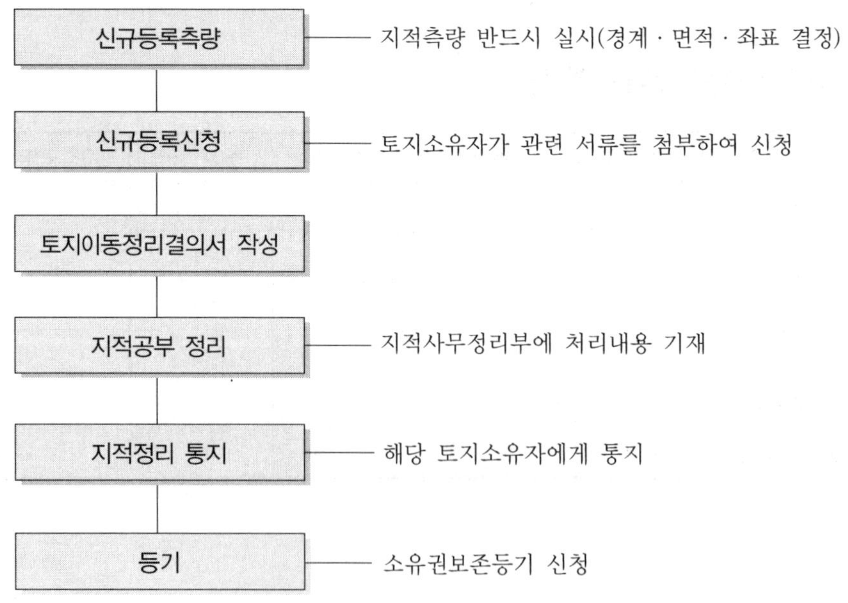

4) 첨부서면

토지소유자는 신규등록을 신청하고자 하는 때에는 신규등록사유를 기재한 신청서에 국토교통부령으로 정하는 서류를 첨부하여 지적소관청에 제출하여야 한다. 다만, 그 서류를 지적소관청이 관리하는 경우에는 지적소관청의 확인으로써 그 서류의 제출에 갈음할 수 있다.

① 법원의 확정판결서 정본 또는 사본
②「공유수면매립법」에 따른 준공검사확인증 사본
③ 도시계획구역의 토지를 그 지방자치단체의 명의로 등록하는 때에는 기획재정부장관과 협의한 문서의 사본
④ 그 밖에 소유권을 증명할 수 있는 서류의 사본

5) 토지이동정리결의서 작성

토지이동정리결의서는 증감란의 면적과 지번수는 늘어난 경우에는 (+)로, 줄어든 경우에는 (−)로 기재한다.

① 지적공부정리종목은 토지이동종목별로 구분하여 기재한다.
② 토지 소재·이동 전·이동 후 및 증감란은 읍·면·동단위로 지목별로 작성한다.
③ 신규등록은 이동 후란에 지목·면적 및 지번수를, 증감란에는 면적 및 지번수를 기재한다.

토지이동정리결의서

번 호	제 1 호	지적공부 정리종목							결 재			
결의일자	2012년 10월 23일	신규등록(공유수면매립)										
보존기간	영구											
관계공부 정리		토지 소재	이동 전			이동 후			증 감		비 고	
확 인			지 목	면적(m²)	지번수	지 목	면적(m²)	지번수	면적(m²)	지번수		
토지대장 정리		화곡동				답	100	1	100	+1		

6) 지적공부의 정리

(1) 지번

원 칙	신규등록의 경우에 당해 지번부여지역 안의 가장 가까운 인접토지의 본번에 −1, −2, −3 등의 부번을 붙여 부여한다.
예 외	그 지번부여지역의 최종본번의 다음 순번부터 본번으로 하여 순차적으로 지번을 부여할 수 있다. 1. 대상토지가 당해 지번부여지역 안의 최종지번의 토지에 인접되어 있는 경우 2. 대상토지가 이미 등록된 토지가 멀리 떨어져 있어 능록된 토시의 본번에 부빈을 부여하는 것이 불합리한 경우 3. 대상토지가 여러 필지로 되어 있는 경우

(2) 경계, 좌표 및 면적

① 신규등록 시 누락된 도로 · 하천 및 구거 등의 토지를 등록하는 경우의 경계는 도면에 등록된 인접토지의 경계를 기준으로 하여 결정한다. 이 경우 토지의 경계와 이용현황 등을 조사하기 위한 측량을 하여야 한다.

② 경계 · 면적 · 좌표 등은 새로이 측량을 실시하여 지적공부에 등록하며, 측량결과도의 축척은 인접토지의 축척과 동일한 축척으로 한다.

(3) 소유자에 관한 사항

① 소유자에 관한 사항은 소유권을 증명하는 서면을 소관청에 제출하며, 신규등록하는 토지의 소유자는 지적소관청이 직접 조사하여 등록한다.

②「공유수면 관리 및 매립에 관한 법률」에 따른 준공검사확인증 등 소유권 취득에 관한 증빙서류를 검토 · 조사하여 등록하되, 변동일자는 준공일자로 한다.

③「국유재산법」에 따른 총괄청이나 중앙관서의 장이 소유자 없는 부동산에 대한 소유자등록을 신청하는 경우 지적소관청은 지적공부에 해당 토지의 소유자가 등록되지 아니한 경우에만 등록할 수 있다.

④ 무주부동산은 「민법」 제252조 제2항 및 「국유재산법」 제12조의 규정에 따라 소유자를 "국"으로 등록할 수 있다.

7) 기타

① 선등록 후등기원칙이므로 신규등록은 등기부와 대장을 일치시키기 위한 등기촉탁은 하지 아니한다.

② 신규등록의 경우 결번은 발생하지 아니한다.

③ 신규등록신청 시 측량성과도는 제출하지 아니한다.

2. 등록전환

1) 의의

등록전환이란 임야대장 및 임야도에 등록한 토지를 토지대장 · 지적도에 옮겨 등록하는 것을 말한다.

2) 대상

①「산지관리법」에 따른 산지전용허가 · 신고, 산지일시사용허가 · 신고, 「건축법」에 따른 건축허가 · 신고 또는 그 밖의 관계법령에 따른 개발행위허가 등을 받은 경우

② 대부분의 토지가 등록전환되어 나머지 토지를 임야도에 계속 존치하는 것이 불합리한 경우

③ 임야도에 등록된 토지가 사실상 형질변경되었으나 지목변경을 할 수 없는 경우

④ 도시 · 군관리계획선에 따라 토지를 분할하는 경우

3) 처리절차

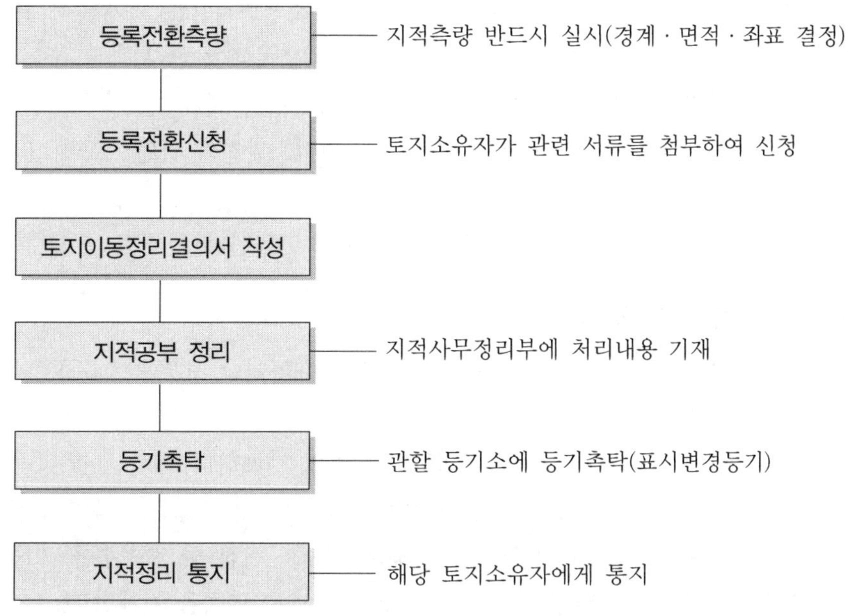

4) 지적측량의 실시 등

① 1필지 전체를 등록전환할 경우에는 임야대장등록사항과 토지대장등록사항의 부합 여부 등을 확인하고 토지의 경계와 이용현황 등을 조사하기 위한 측량을 하여야 한다.

② 등록전환할 일단의 토지가 2필지 이상으로 분할되어야 할 토지의 경우에는 1필지로 등록전환 후 지목별로 분할하여야 한다. 이 경우 등록전환할 토지의 지목은 임야대장에 등록된 지목으로 설정하되, 분할 및 지목변경은 등록전환과 동시에 정리한다.

③ 경계점좌표등록부를 비치하는 지역과 연접되어 있는 토지를 등록전환하려면 경계점좌표등록부에 등록하여야 한다.

④ 임야도에 도곽선 또는 도곽선수치가 없거나 1필지 전체를 등록전환할 경우에만 등록전환으로 인하여 말소해야 할 필지의 임야측량결과도를 등록전환측량결과도에 함께 작성할 수 있다.

⑤ 토지의 형질변경이 수반되는 등록전환측량은 토목공사 등이 완료된 후에 실시하여야 하며, 각종 인·허가 등의 내용과 다르게 토지의 형질이 변경되었을 경우에는 그 변경된 토지의 현황대로 측량성과를 결정하여야 한다.

5) 신청

토지소유자는 등록전환할 토지가 있으면 대통령령으로 정하는 바에 따라 그 사유가 발생한 날부터 60일 이내에 지적소관청에 등록전환을 신청하여야 한다.

6) 첨부서면

토지소유자는 등록전환을 신청하려는 때에는 등록전환사유를 기재한 신청서에 국토교통부령으로 정하는 서류를 첨부해서 지적소관청에 제출하여야 한다.

① 토지의 형질변경 등의 공사가 준공되었음을 증명하는 서류

② 서류를 그 지적소관청이 관리하는 경우에는 지적소관청의 확인으로써 그 서류의 제출에 갈음할 수 있다.

③ 신규등록과 마찬가지로 측량성과도는 첨부하지 아니한다.

7) 토지이동정리결의서 작성

토지이동정리결의서는 증감란의 면적과 지번수는 늘어난 경우에는 (+)로, 줄어든 경우에는 (−)로 기재한다.

① 지적공부정리종목은 토지이동종목별로 구분하여 기재한다.

② 토지 소재·이동 전·이동 후 및 증감란은 읍·면·동단위로 지목별로 작성한다.

③ 등록전환은 이동 전란에 임야대장에 등록된 지목·면적 및 지번수를, 이동 후란에 토지대장에 등록될 지목·면적 및 지번수를, 증감란에는 면적을 기재한다. 이 경우 등록전환에 따른 임야대장 및 임야도의 말소정리는 등록전환결의서에 의한다.

토지이동정리결의서

번 호	제 1 호	지적공부 정리종목						결 재		
결의일자	2012년 10월 23일	등록전환								
보존기간	영구									
관계공부 정리		토지 소재	이동 전			이동 후			증 감		비 고
확 인			지 목	면적(m^2)	지번수	지 목	면적(m^2)	지번수	면적(m^2)	지번수	
토지대장 정리		화곡동	임야	200	1	대	205	1	+5		

8) 지적공부의 정리

(1) 지번

원 칙	등록전환의 경우에 당해 지번부여지역 안의 가장 가까운 인접토지의 본번에 −1, −2, −3 등의 부번을 붙여 부여한다.
예 외	그 지번부여지역의 최종본번의 다음 순번부터 본번으로 하여 순차적으로 지번을 부여할 수 있다. 1. 대상토지가 당해 지번부여지역 안의 최종지번의 토지에 인접되어 있는 경우 2. 대상토지가 이미 등록된 토지가 멀리 떨어져 있어 등록된 토지의 본번에 부번을 부여하는 것이 불합리한 경우 3. 대상토지가 여러 필지로 되어 있는 경우

(2) 면적

① 토지대장에 등록하는 면적은 등록전환측량의 결과에 의하여야 하며, 임야대장의 면적을 그대로 정리할 수 없다.

② 1필지의 일부를 등록전환하는 경우 등록전환으로 인하여 말소하여야 할 필지의 면적은 반드시 임야도분할측량결과도에서 측정한다.

③ 임야대장의 면적과 등록전환될 면적의 오차허용범위는 $A = 0.026^2 M\sqrt{F}$ 에 따른다. 이 경우 오차의 허용범위를 계산할 때 축척이 3천분의 1인 지역의 축척분모는 6천으로 한다 (이때 A는 오차허용면적, M은 임야도 축척분모, F는 등록전환될 면적).

④ 임야대장의 면적과 등록전환될 면적의 차이가 계산식($A = 0.026^2 M\sqrt{F}$)에 따른 허용범위 이내인 경우에는 등록전환될 면적을 등록전환면적으로 결정하고, 허용범위를 초과하는 경우에는 임야대장의 면적 또는 임야도의 경계를 지적소관청이 직권으로 정정하여야 한다.

허용범위	이 내	초 과
$A = 0.026^2 M\sqrt{F}$	등록전환될 면적을 등록전환면적으로 결정	임야대장의 면적 또는 임야도의 경계를 지적소관청이 직권으로 정정

비고
- A : 오차허용면적
- M : 임야도 축척분모(3,000분의 1인 지역의 축척분모는 6,000으로 한다.)
- F : 등록전환될 면적

9) 기타

① 지적소관청은 토지소유자가 임야대장에 등록된 지목으로 등록전환을 신청하는 경우에 등록전환을 할 수 있다.

② 등록전환하는 과정에서 지목변경과 축척변경이 수반된다.

③ 등록전환이 완료되면 관할 등기소에 대장과 등기부를 일치시키기 위하여 등기촉탁을 한다.

④ 임야대장·임야도의 등록사항은 말소한다.

10) 도면의 정리

(1) 등록전환에 따른 지적도 등록

등록전환으로 도면에 경계·지번 및 지목을 새로이 등록하는 경우에는 이미 비치된 도면에 제도한다. 다만, 이미 비치된 도면에 정리할 수 없는 경우에는 새로이 도면을 작성한다.

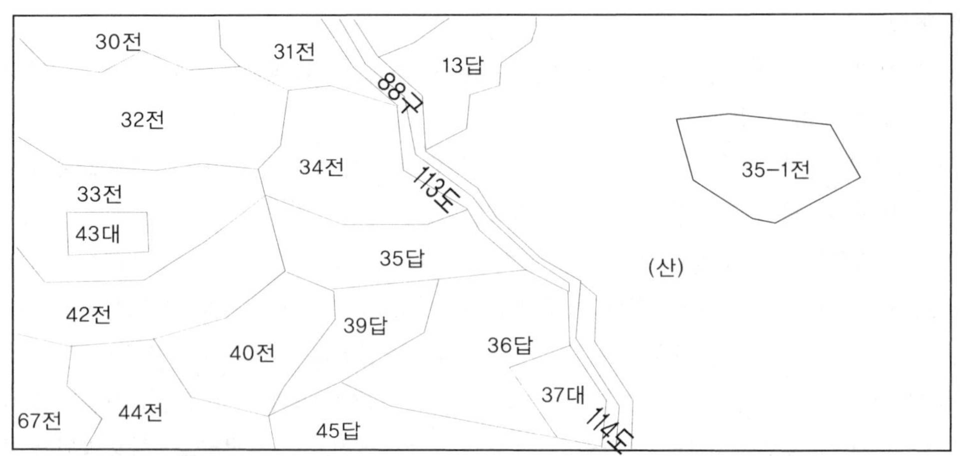

(2) 등록전환에 따른 임야도 정리

등록전환하는 경우에는 임야도의 그 지번 및 지목을 말소한다.

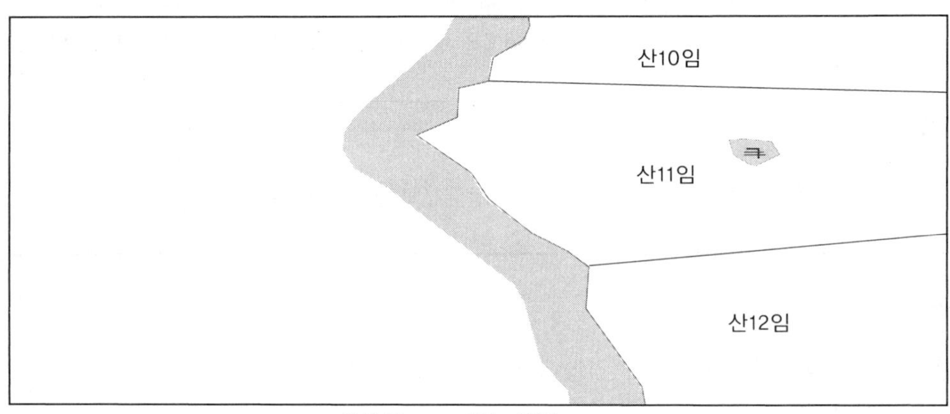

여기서, ㄱ. ~~산11→10임~~

3. 분할

1) 의의

분할이란 지적공부에 등록된 1필지를 2필지 이상으로 나누어 등록하는 것을 말한다.

2) 대상

① 1필지의 일부가 형질변경 등으로 용도가 다르게 된 경우

② 소유권 이전, 매매 등을 위하여 필요한 경우

③ 토지이용상 불합리한 지상경계를 시정하기 위한 경우

신청의무(○)	1필지의 일부가 형질변경 등으로 용도가 다르게 된 경우
신청의무(×)	1. 소유권 이전, 매매 등을 위하여 필요한 경우 2. 토지이용상 불합리한 지상경계를 시정하기 위한 경우 3. 관계법령에 따라 토지분할이 포함된 개발행위허가 등을 받은 경우

3) 처리절차

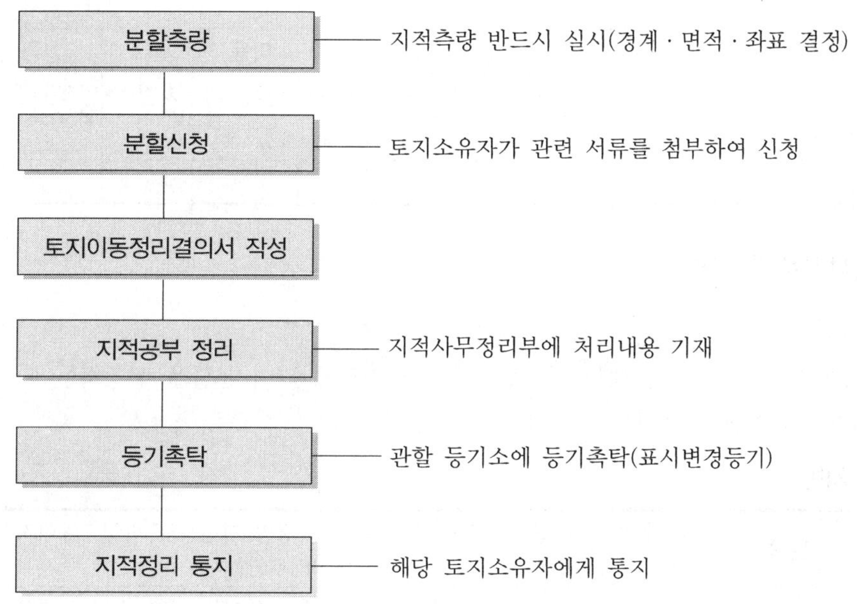

4) 신청

① 토지소유자는 토지를 분할하려면 대통령령으로 정하는 바에 따라 지적소관청에 분할을 신청하여야 한다.

② 토지소유자는 지적공부에 등록된 1필지의 일부가 형질변경 등으로 용도가 변경된 경우에는 대통령령으로 정하는 바에 따라 용도가 변경된 날부터 60일 이내에 지적소관청에 토지의 분할을 신청하여야 한다.

5) 첨부서면

① 토지소유자는 토지의 분할을 신청하려는 때에는 분할사유를 기재한 신청서에 국토교통부령으로 정하는 서류를 첨부하여 지적소관청에 제출하여야 한다. 서류를 그 지적소관청이 관리하는 경우에는 지적소관청의 확인으로써 그 서류의 제출에 갈음할 수 있다.

　㉠ 분할허가대상인 토지의 경우에는 그 허가서 사본

　㉡ 법원의 확정판결에 의하여 분할하는 경우에는 확정판결서 정본 또는 사본

② 1필지의 일부가 형질변경 등으로 용도가 다르게 되어 분할을 신청하는 때에는 지목변경 신청서를 함께 제출하여야 한다.

6) 토지이동정리결의서 작성

분할의 경우 이동 전·후란에 지목 및 지번수를, 증감란에 지번수를 기재한다.

토지이동정리결의서

번 호	제1호	지적공부 정리종목			결 재				
결의일자	2012년 10월 23일	분할							
보존기간	영구								
관계공부 정리		토지 소재	이동 전			이동 후			증 감		비 고
확 인			지 목	면적(m²)	지번수	지 목	면적(m²)	지번수	면적(m²)	지번수	
토지대장 정리		화곡동	대		1	대		3		+2	

7) 지적공부의 정리

(1) 지목

1필지의 일부가 형질변경 등으로 용도가 다르게 되어 분할을 신청하는 때에는 지목변경 신청서를 함께 제출하여야 한다.

(2) 지번

원 칙	분할 후의 필지 중 1필지의 지번은 분할 전의 지번으로 하고, 나머지 필지의 지번은 본번의 최종부번의 다음 순번으로 부번을 부여한다.
예 외	주거·사무실 등의 건축물이 있는 필지에 대하여는 분할 전의 지번을 우선하여 부여하여야 한다.

※ 분할의 경우 결번은 발생하지 않는다.

(3) 면적

① 분할 전·후 면적의 차이가 계산식($A = 0.026^2 M \sqrt{F}$)에 따른 허용범위 이내인 경우에는 그 오차를 분할 후의 각 필지의 면적에 따라 나누고, 허용범위를 초과하는 경우에는 지적공부(地籍公簿)상의 면적 또는 경계를 정정하여야 한다.

② 분할 전·후 면적의 차이를 배분한 산출면적은 다음의 계산식에 따라 필요한 자리까지 계산하고, 결정면적은 원면적과 일치하도록 산출면적의 구하려는 끝자리의 다음 숫자가 큰 것부터 순차로 올려서 정하되, 구하려는 끝자리의 다음 숫자가 서로 같을 때에는 산출면적이 큰 것을 올려서 정한다.

$$r = \frac{F}{A} \times a$$

단, r은 각 필지의 산출면적, F는 원면적, A는 측정면적합계 또는 보정면적합계, a는 각 필지의 측정면적 또는 보정면적

③ 분할의 경우 결정면적은 원면적과 일치하도록 산출면적의 구하려는 끝자리의 다음 숫자가 큰 것부터 순차로 올려서 정하되, 구하려는 끝자리의 다음 숫자가 서로 같을 때에는 산출면적이 큰 것을 올려서 정한다.

허용범위	이 내	초 과
$A = 0.026^2 M\sqrt{F}$	분할 후의 각 필지의 면적에 따라 나눈다.	지적공부상의 면적 또는 경계를 정정한다.

(4) 경계점좌표등록부 비치지역에서의 분할

① 분할 후 각 필지의 면적합계가 분할 전 면적보다 많은 경우에는 구하려는 끝자리의 다음 숫자가 작은 것부터 순차적으로 버려서 정하되, 분할 전 면적에 증감이 없도록 한다.

② 분할 후 각 필지의 면적합계가 분할 전 면적보다 적은 경우에는 구하려는 끝자리의 다음 숫자가 큰 것부터 순차적으로 올려서 정하되, 분할 전 면적에 증감이 없도록 한다.

(5) 경계, 좌표

① 분할의 경우 새로이 측량하여 각 필지의 경계 및 좌표를 정한다.

② 측량대상토지의 점유현황이 도면에 등록된 경계와 일치하지 않으면 분할측량 시에 그 분할등록될 경계점을 지상에 복원하여야 한다.

③ 합병된 토지를 합병 전의 경계대로 분할하려면 합병 전 각 필지의 면적을 분할 후 각 필지의 면적으로 한다. 이 경우 분할되는 토지 중 일부가 등록사항정정대상토지이면 분할 정리 후 그 토지에만 등록사항정정대상토지임을 등록하여야 한다.

8) 분할에 따른 도면정리

분할하는 경우에는 분할 전 지번 및 지목을 말소하고, 분할경계를 제도한 후 필지마다 지번 및 지목을 새로이 제도한다.

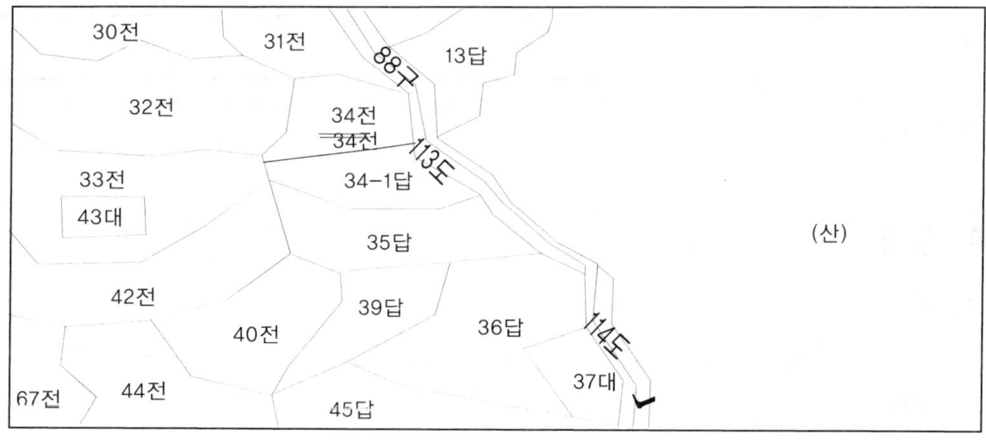

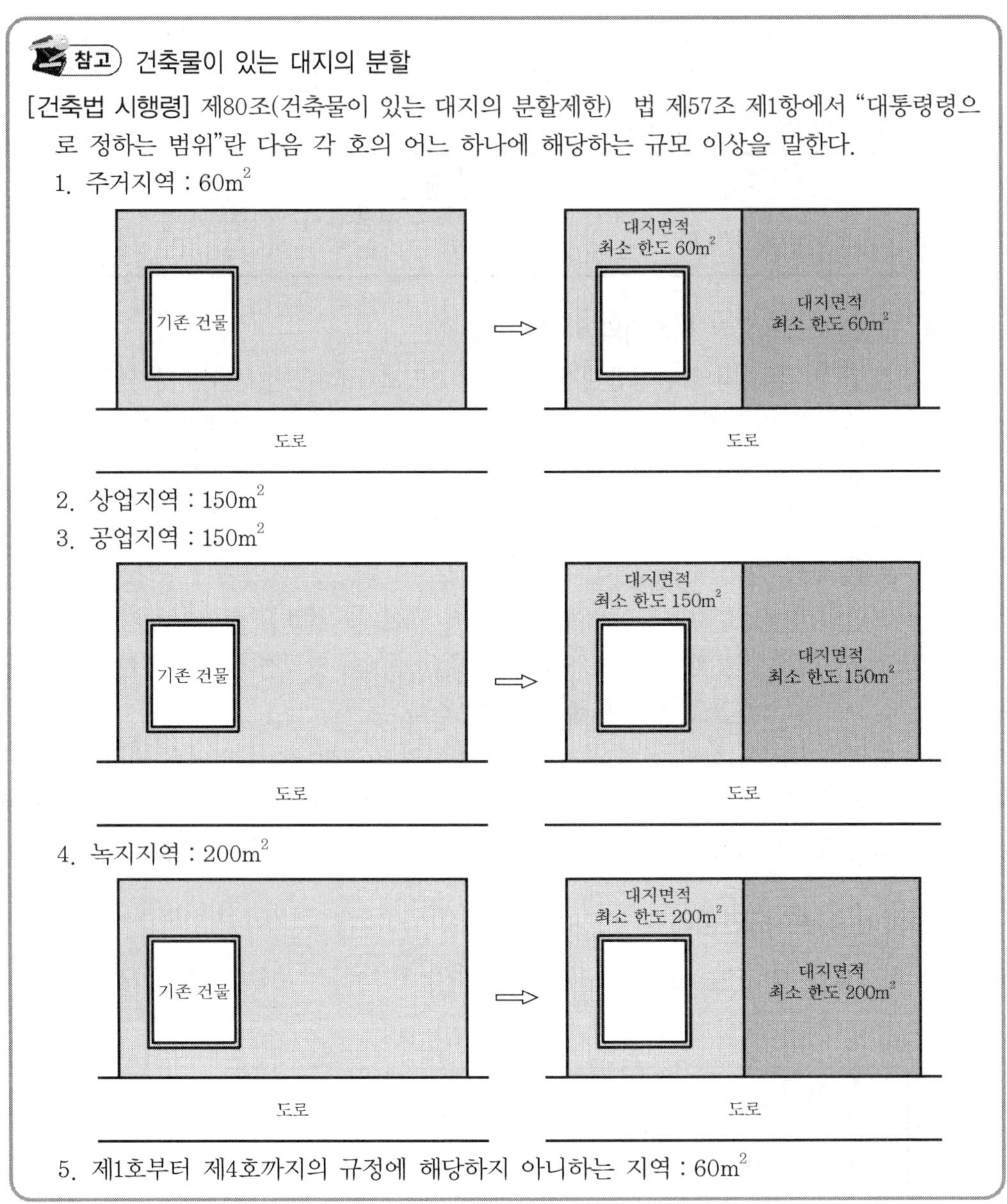

4. 합병

1) 의의

지적공부에 등록된 2필지 이상의 토지를 1필지로 합하여 지적공부에 등록하는 것을 말한다.

2) 처리절차

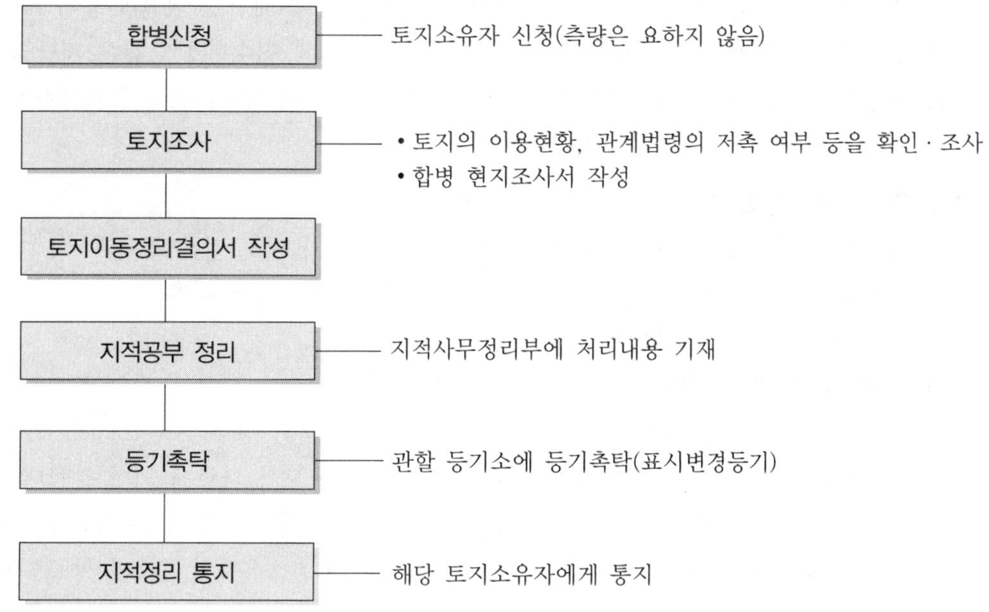

3) 신청

토지소유자는 토지를 합병하려면 대통령령으로 정하는 바에 따라 지적소관청에 합병을 신청하여야 한다. 이 경우 지적소관청은 합병신청이 있을 때에는 반드시 토지등기부를 확인하여 소유권과 기타권리의 설정 여부를 정확히 조사한 후 현장조사하고 합병처리하여야 한다.

(1) 원칙

토지소유자의 신청에 의하며, 신청기간에는 제한이 없다.

(2) 예외

토지소유자는 「주택법」에 따른 공동주택의 부지, 도로, 제방, 하천, 구거, 유지, 그 밖에 대통령령으로 정하는 토지로서 합병하여야 할 토지가 있으면 그 사유가 발생한 날부터 60일 이내에 지적소관청에 합병을 신청하여야 한다. 여기서 "대통령령으로 정하는 토지"란 공장용지 · 학교용지 · 철도용지 · 수도용지 · 공원 · 체육용지 등 다른 지목의 토지를 말한다.

4) 요건

(1) 합병이 가능한 경우

① 각 필지의 지번부여지역, 지목, 소유자가 동일할 것
② 각 필지의 지반이 서로 연접되어 있을 것
③ 각 필지의 축척이 동일할 것
④ 각 필지의 등기 여부가 일치할 것

⑤ 공유토지의 경우 소유자의 공유지분이 같고 주소가 동일할 것

⑥ 소유권·지상권·전세권 또는 임차권의 등기, 승역지에 대한 지역권의 등기

⑦ 합병하려는 토지 전부에 대한 등기원인 및 그 연월일과 접수번호가 같은 저당권의 등기

⑧ 합병하려는 토지 전부에 대한 「부동산등기법」 제81조 제1항 각 호의 등기사항이 동일한 신탁등기

(2) 합병이 불가능한 경우

① 합병하려는 토지의 지번부여지역, 지목 또는 소유자가 서로 다른 경우

② 합병하려는 토지에 저당권등기, 추가적 공동저당등기가 있는 경우

③ 토지의 지적도 및 임야도의 축척이 서로 다른 경우

④ 합병하려는 각 필지의 지반이 연속되지 않은 경우

⑤ 합병하려는 토지가 등기된 토지와 등기되지 않은 토지인 경우

⑥ 합병하려는 각 필지의 지목은 같으나 일부 토지의 용도가 다르게 되어 분할대상토지인 경우. 다만, 합병신청과 동시에 토지의 용도에 따라 분할신청을 하는 경우에는 그렇지 않다.

⑦ 합병하고자 하는 토지의 소유자별 공유지분이 다르거나 소유자의 주소가 서로 다른 경우. 다만, 소유자의 주소가 서로 다르나 소유자가 동일인임이 확인되는 경우에는 그렇지 않다.

⑧ 합병하고자 하는 토지가 구획정리·경지정리 또는 축척변경을 시행하고 있는 지역 안의 토지와 지역 밖의 토지인 경우

[합병요건]

합병이 가능한 경우	합병이 불가능한 경우
1. 필지의 성립요건을 만족한 경우	1. 필지의 성립요건을 만족시키지 못한 경우
2. 지상권, 전세권, 승역지 지역권 및 임차권이 설정된 토지	2. 소유권(가등기, 처분제한의 등기)
3. 창설적 공동저당	3. 환매특약등기
4. 신탁등기	4. 저당권설정등기, 요역지 지역권
	5. 추가적 공동저당

5) 토지이동정리결의서 작성

합병의 경우 이동 전·후란에 지목 및 지번수를, 증감란에 지번수를 기재한다.

토지이동정리결의서

번 호	제1호		지적공부 정리종목					결 재			
결의일자	2012년 10월 23일		합병								
보존기간	영구										
관계공부 정리			토지 소재	이동 전			이동 후			증 감		비 고
확 인				지 목	면적(m^2)	지번수	지 목	면적(m^2)	지번수	면적(m^2)	지번수	
토지대장 정리			화곡동	대		2	대		1		−1	

6) 지적공부의 정리

(1) 지번

원 칙	합병의 경우에는 합병대상지번 중 선순위의 지번을 그 지번으로 하되, 본번으로 된 지번이 있는 때에는 본번 중 선순위의 지번을 합병 후의 지번으로 한다.
예 외	토지소유자가 합병 전의 필지에 주거·사무실 등의 건축물이 있어서 그 건축물이 위치한 지번을 합병 후의 지번으로 신청하는 때에는 그 지번을 합병 후의 지번으로 부여하여야 한다.

※ 합병에 의한 지번부여 시 결번이 발생한다.

(2) 면적의 결정

① 합병에 따른 경계·좌표 또는 면적은 따로 지적측량을 하지 아니한다.

② 합병 후 필지의 경계 또는 좌표는 합병 전 각 필지의 경계 또는 좌표 중 합병으로 필요 없게 된 부분을 말소하여 결정한다.

③ 합병 후 필지의 면적은 합병 전 각 필지의 면적을 합산하여 결정한다.

7) 합병에 따른 도면의 정리

합병하는 경우에는 합병되는 필지 사이의 경계·지번 및 지목을 말소한 후 새로이 부여하는 지번과 지목을 제도한다.

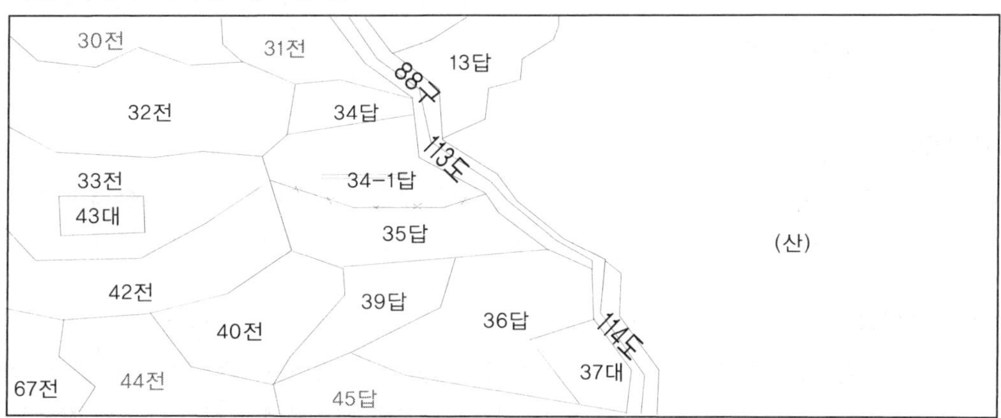

5. 지목변경

1) 의의

지적공부에 등록된 토지의 지목을 다른 지목으로 바꾸어 등록하는 것을 말하며, 1필지의 일부가 변경되는 경우에는 분할을 먼저 하여야 지목변경이 가능하다.

2) 대상

① 「국토의 계획 및 이용에 관한 법률」 등 관계법령에 의한 토지의 형질변경 등의 공사가 준공된 경우

② 토지 또는 건축물의 용도가 변경된 경우

③ 도시개발사업 등의 원활한 사업추진을 위하여 사업시행자가 공사준공 전에 토지의 합병을 신청하는 경우

3) 처리절차

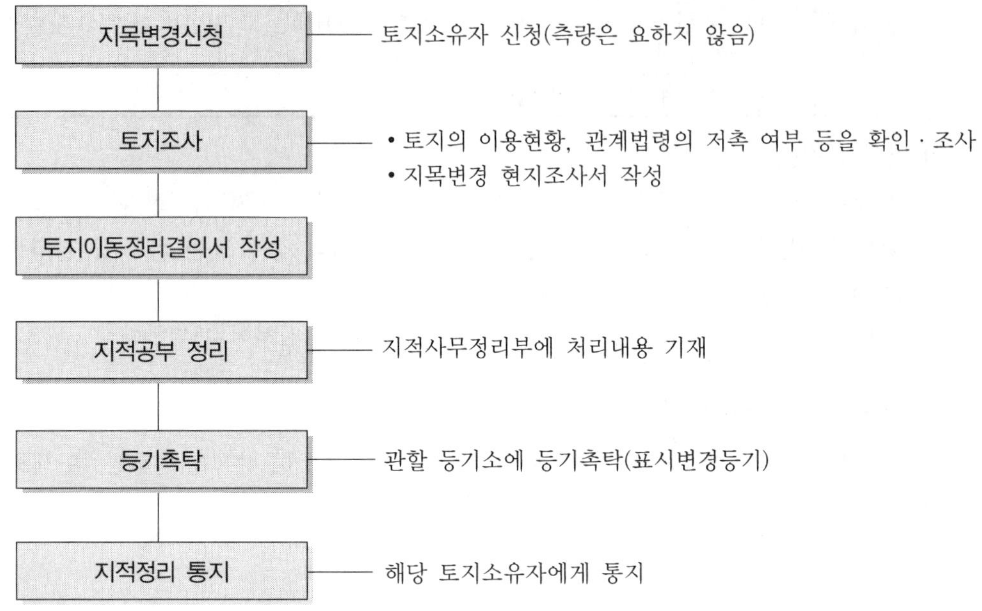

4) 신청

토지소유자는 지목변경을 할 토지가 있으면 대통령령으로 정하는 바에 따라 그 사유가 발생한 날부터 60일 이내에 지적소관청에 지목변경을 신청하여야 한다.

5) 첨부서면

토지소유자는 지목변경을 신청하고자 하는 때에는 지목변경사유를 기재한 신청서에 국토교통부령으로 정하는 서류를 첨부해서 지적소관청에 제출하여야 한다. 다만, 서류를 그 지적소관청이 관리하는 경우에는 지적소관청의 확인으로써 그 서류의 제출에 갈음할 수 있다.

① 관계법령에 따라 토지의 형질변경 등의 공사가 준공되었음을 증명하는 서류의 사본

② 국 · 공유지의 경우에는 용도폐지되었거나 사실상 공공용으로 사용되고 있지 아니함을 증명하는 서류의 사본

③ 토지 또는 건축물의 용도가 변경되었음을 증명하는 서류의 사본

④ 개발행위허가 · 농지전용허가 · 보전산지전용허가 등 지목변경과 관련된 규제를 받지 아니하는 토지의 지목변경이거나 전 · 답 · 과수원 상호 간의 지목변경인 경우에는 서류의 첨부를 생략할 수 있다.

6) 토지이동정리결의서 작성

지목변경은 이동 전란에 변경 전의 지목 · 면적 및 지번수를, 이동 후란에 변경 후의 지목 · 면적 및 지번수를 기재한다.

토지이동정리결의서

번 호	제 1 호	지적공부 정리종목		결 재			
결의일자	2012년 10월 23일	지목변경					
보존기간	영구						

관계공부 정리		토지 소재	이동 전			이동 후			증 감		비 고
확 인			지 목	면적(m^2)	지번수	지 목	면적(m^2)	지번수	면적(m^2)	지번수	
토지대장 정리		화곡동	전	216	1	대	216	1			

7) 기타

① 지목설정원칙 중 일시변경불변의 법칙에 따라 임시적, 일시적 용도변경은 지목변경의 대상이 아니다.

② 불법형질변경, 개간 등에 의하여 사용목적이 변경된 경우에는 지목변경이 불가능하다.

③ 지목변경은 측량을 실시하지 아니하며 이동조사에 의한다.

④ 지목변경이 완료되면 대장과 등기부를 일치시키기 위하여 등기촉탁을 한다.

⑤ 「농지법」상 농지는 전 · 답 · 과수원 외의 지목변경이 불가능하고, 「산림법」상 보전임지는 다른 지목으로 변경하지 못한다.

⑥ 등록전환을 하여야 할 토지 중 목장용지 · 과수원 등 일단의 면적이 크거나 토지대장등록지로부터 거리가 멀어서 등록전환하는 것이 부적당하다고 인정되는 경우에는 임야대장등록지에서 지목변경을 할 수 있다.

8) 지목변경에 따른 도면의 정리

지목을 변경하는 경우에는 지목만 말소하고 새로이 설정된 지번 또는 지목을 제도한다.

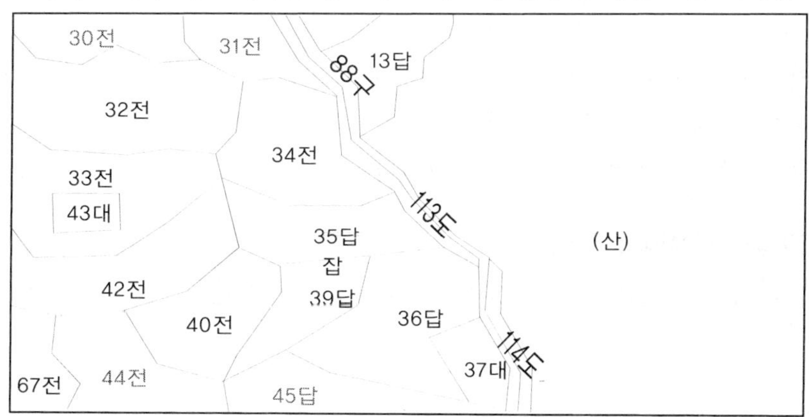

6. 바다로 된 토지의 등록말소

1) 의의

지적공부에 등록된 토지가 지형의 변화 등으로 바다로 된 경우로서 원상으로 회복할 수 없거나 다른 지목의 토지로 될 가능성이 없는 때에는 지적공부의 등록을 말소하는 것을 말한다.

2) 신청 및 직권말소

① 지적소관청은 지적공부에 등록된 토지가 지형의 변화 등으로 바다로 된 경우로서 원상(原狀)으로 회복될 수 없거나 다른 지목의 토지로 될 가능성이 없는 경우에는 지적공부에 등록된 토지소유자에게 지적공부의 등록말소신청을 하도록 통지하여야 한다.

② 지적소관청은 토지소유자가 통지를 받은 날부터 90일 이내에 등록말소신청을 하지 아니하면 대통령령으로 정하는 바에 따라 등록을 말소한다.

3) 회복등록

① 지적소관청은 말소한 토지가 지형의 변화 등으로 다시 토지가 된 경우에는 대통령령으로 정하는 바에 따라 토지로 회복등록을 할 수 있다

② 지적소관청이 회복등록을 하려면 그 지적측량성과 및 등록말소 당시의 지적공부 등 관계자료에 따라야 한다.

4) 통지

지적공부의 등록사항을 말소 또는 회복등록한 때에는 그 정리결과를 토지소유자 및 그 공유수면의 관리청에 통지하여야 한다.

5) 기타

① 1필지의 전체가 바다로 된 경우에는 현지측량을 실시하지 아니하고 지적공부의 등록사항을 말소할 수 있으나 1필지의 토지 중 일부가 바다로 된 경우에는 분할측량을 실시하여 바다로 된 부분만을 말소하여야 한다.

② 지적공부의 등록사항을 말소하는 경우에 지적공부정리 수수료 및 지적측량 수수료를 토지소유자에게 징수할 수 없다.

③ 등기촉탁을 하여야 하며 결번이 생긴다.

6) 토지이동정리결의서 작성

지적공부등록말소는 이동 전·증감란에 지목·면적 및 지번수를 기재한다.

토지이동정리결의서

번 호	제1호	지적공부 정리종목		결 재			
결의일자	2012년 10월 23일	지적공부등록말소					
보존기간	영구						

관계공부 정리		토지 소재	이동 전			이동 후			증 감		비 고
확 인			지 목	면적(m²)	지번수	지 목	면적(m²)	지번수	면적(m²)	지번수	
토지대장 정리		화곡동	전	216	1					−1	

7) 지적공부등록말소에 따른 도면의 정리

지적공부에 등록된 토지가 바다로 된 경우에는 경계·지번 및 지목을 말소한다.

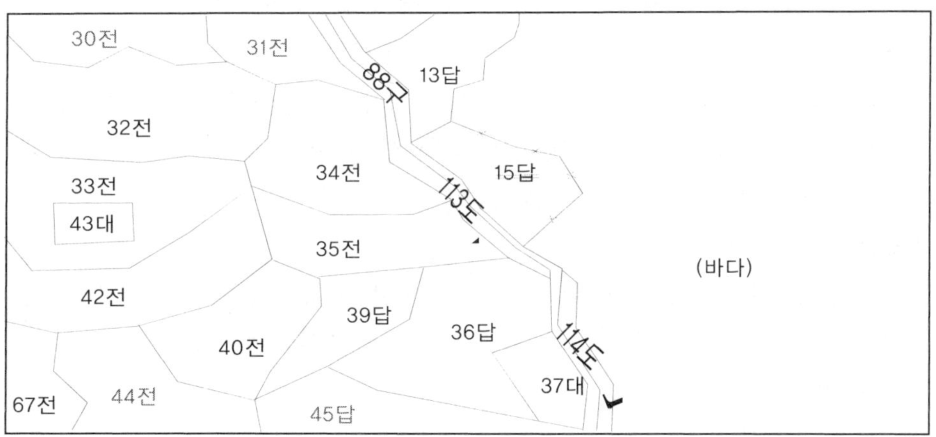

7. 축척변경

1) 의의

축척변경이라 함은 지적도에 등록된 경계점의 정밀도를 높이기 위하여 작은 축척을 큰 축척으로 변경하여 등록하는 것을 말한다. 축척변경의 절차, 축척변경으로 인한 면적증감의 처리, 축척변경결과에 대한 이의신청 및 축척변경위원회의 구성·운영 등에 필요한 사항은 대통령령으로 정한다.

2) 대상

지적소관청은 지적도가 다음에 해당하는 경우에는 토지소유자의 신청 또는 지적소관청의 직권으로 일정한 지역을 정하여 그 지역의 축척을 변경할 수 있나.

① 잦은 토지의 이동으로 1필지의 규모가 작아서 소축척으로는 지적측량성과의 결정이나 토지의 이동에 따른 정리를 하기가 곤란한 경우

② 하나의 지번부여지역에 서로 다른 축척의 지적도가 있는 경우

③ 그 밖에 지적공부를 관리하기 위하여 필요하다고 인정되는 경우

3) 절차

(1) 신청

① 축척변경을 신청하는 토지소유자는 축척변경사유를 기재한 신청서에 국토교통부령으로 정하는 서류(토지소유자 3분의 2 이상의 동의서)를 첨부해서 지적소관청에 제출하여야 한다.

    ㉠ 축척변경사유서

    ㉡ 토지소유자 3분의 2 이상 동의서

② 지적소관청은 축척변경을 하려면 축척변경시행지역의 토지소유자 3분의 2 이상의 동의를 받아 축척변경위원회의 의결을 거친 후 시·도지사 또는 대도시시장의 승인을 받아야 한다. 다만, 다음의 어느 하나에 해당하는 경우에는 축척변경위원회의 의결 및 시·도지사 또는 대도시시장의 승인 없이 축척변경을 할 수 있다.

    ㉠ 합병하려는 토지가 축척이 다른 지적도에 각각 등록되어 있어 축척변경을 하는 경우

    ㉡ 도시개발사업 등의 시행지역에 있는 토지로서 그 사업시행에서 제외된 토지의 축척변경을 하는 경우

(2) 축척변경승인

① 지적소관청은 축척변경을 하려는 때에는 축척변경사유를 기재한 승인신청서에 다음의 서류를 첨부해서 시·도지사 또는 대도시시장에게 제출하여야 한다.

    ㉠ 축척변경사유

    ㉡ 지번 등 명세

    ㉢ 토지소유자의 동의서

    ㉣ 축척변경위원회의 의결서 사본

    ㉤ 그 밖에 축척변경승인을 위해 시·도지사 또는 대도시시장이 필요하다고 인정하는 서류

② 신청을 받은 시·도지사 또는 대도시시장은 축척변경사유 등을 심사한 후 그 승인 여부를 지적소관청에 통지하여야 한다. 이 경우 시·도지사 또는 대도시시장은 행정정보공동이용을 통하여 축척변경대상지역의 지적도를 확인하여야 한다.

축척변경승인신청서

1. 사업지구명 :
2. 시 행 면 적 :
3. 필 지 수 :
4. 소 유 자 수 :
5. 시 행 기 간 :

「공간정보의 구축 및 관리 등에 관한 법률 시행령」 제71조 제1항 및 같은 법 시행규칙 제86조에 따라 위와 같이 신청합니다.

년   월   일

시장
○ ○ 군수   ㊞
구청장

시 · 도지사 귀하

첨부서류
1. 축척변경사유
2. 지번 등 명세
3. 토지소유자의 동의서
4. 축척변경위원회의 의결서 사본
5. 축척변경승인을 위해 시 · 도지사 또는 대도시시장이 필요하다고 인정하는 서류

---

(3) 축척변경시행공고

① 지적소관청은 시 · 도지사 또는 대도시시장으로부터 축척변경승인을 받은 때에는 지체 없이 다음의 사항을 20일 이상 공고하여야 한다.

ㄱ 축척변경의 목적 · 시행지역 및 시행기간

ㄴ 축척변경의 시행에 관한 세부계획

ㄷ 축척변경의 시행에 따른 청산방법

ㄹ 축척변경의 시행에 따른 소유자 등의 협조에 관한 사항

② 시행공고는 시 · 군 · 구(자치구가 아닌 구를 포함한다) 및 축척변경시행지역 동 · 리의 게시판에 주민이 볼 수 있도록 게시하여야 한다.

(4) 토지소유자의 경계표시의무

축척변경시행지역 안의 토지소유자 또는 점유자는 시행공고가 있는 날(이하 "시행공고일"이라 한다)부터 30일 이내에 시행공고일 현재 점유하고 있는 경계에 국토교통부령으로 정하는 경계점표지를 설치하여야 한다.

(5) 측량실시와 토지의 표시 결정

① 지적소관청은 축척변경시행지역 안의 각 필지별 지번·지목·면적·경계 또는 좌표를 새로이 정하여야 한다.

② 지적소관청이 축척변경을 위한 측량을 하려는 때에는 토지소유자가 설치한 경계점표지를 기준으로 새로운 축척에 따라 면적·경계 또는 좌표를 정하여야 한다.

③ 축척변경위원회의 의결 및 시·도지사의 승인절차를 거치지 아니하고 축척을 변경하는 때에는 각 필지별 지번·지목 및 경계는 종전의 지적공부에 의하고 면적만 새로이 정하여야 한다.

④ 축척변경절차 및 면적결정방법 등에 관해 필요한 사항은 국토교통부령으로 정한다.

  ㉠ 면적을 새로이 정하는 때에는 축척변경측량결과도에 따라야 한다.

  ㉡ 축척변경측량결과도에 의하여 면적을 측정한 결과 축척변경 전의 면적과 축척변경 후의 면적의 오차가 $A = 0.026^2 M\sqrt{F}$ (허용범위) 이내인 경우에는 축척변경 전의 면적을 결정면적으로 하고, 허용면적을 초과하는 경우에는 축척변경 후의 면적을 결정면적으로 한다. 이 경우 같은 산식 중 A는 오차허용면적, M은 축척이 변경될 지적도의 축척분모, F는 축척변경 전의 면적을 말한다.

  ㉢ 경계점좌표등록부를 비치하지 아니하는 지역을 경계점좌표등록부를 비치하는 지역으로 축척변경을 하는 경우에는 그 필지의 경계점을 평판측량방법이나 전자평판측량방법으로 지상에 복원시킨 후 경위의측량방법 등으로 경계점좌표를 구하여야 한다. 이 경우 면적은 ㉡에도 불구하고 경계점좌표에 의하여 결정하여야 한다.

(6) 지번별 조서 작성

지적소관청은 축척변경에 관한 측량을 완료한 때에는 시행공고일 현재의 지적공부상의 면적과 측량 후의 면적을 비교해서 그 변동사항을 표시한 축척변경지번별 조서를 작성하여야 한다.

축척변경지번별 조서

토지 소재		축척변경 전				축척변경 후				청산내역				제곱미터당 가격	소유자		비고
										증		감					
읍·면	동·리	지번	지목	면적	등급	지번	지목	면적	등급	면적	금액	면적	금액		성명	주소	

(7) 지적공부정리 등의 정지

지적소관청은 축척변경시행기간 중에는 축척변경시행지역 안의 지적공부 정리와 경계복원측량(제72조 제3항에 따른 경계점표지의 설치를 위한 경계복원측량을 제외한다)을 축척변경확정공고일까지 정지하여야 한다. 다만, 축척변경위원회의 의결이 있는 때에는 그러지 아니한다.

(8) 청산

지적소관청은 축척변경에 관한 측량을 한 결과측량 전에 비해 면적의 증감이 있는 경우에는 그 면적에 대해 청산을 해야 한다. 다만, 다음에 해당하는 경우에는 청산을 하지 아니하다.

① 필지별 증감면적이 허용범위 이내인 경우. 다만, 축척변경위원회의 의결이 있는 때에는 제외한다.

② 소유자 전원이 청산하지 아니하기로 합의하여 이를 서면으로 제출한 경우

(9) 확정공고

① 청산금의 납부 및 지급이 완료된 때에는 지적소관청은 다음의 사항을 지체 없이 축척변경의 확정공고를 하여야 한다.

  ㉠ 토지의 소재 및 지역명

  ㉡ 축척변경지번별 조서

  ㉢ 필지별 청산금내역을 기재한 청산금조서

  ㉣ 지적도의 축척

② 지적소관청은 확정공고를 한 때에는 지체 없이 축척변경에 따라 확정된 사항을 지적공부에 등록하여야 한다.

③ 축척변경시행지역 안의 토지는 확정공고일에 토지의 이동이 있는 것으로 본다.

(10) 토지이동정리결의서 작성

축척변경은 이동 전란에 축척변경시행 전 토지의 지목·면적 및 지번수를, 이동 후란에 축척이 변경된 토지의 지목·면적 및 지번수를 기재한다. 이 경우 축척변경완료에 따른 종전 지적공부의 폐쇄정리는 축척변경결의서에 따른다.

토지이동정리결의서

번 호	제 1 호	지적공부 정리종목		결 재						
결의일자	2012년 10월 23일	축척변경								
보존기간	영구									
관계공부 정리		토지 소재	이동 전			이동 후			증 감		비 고
확 인			지 목	면적(m^2)	지번수	지 목	면적(m^2)	지번수	면적(m^2)	지번수	
토지대장 정리		화곡동	전	216	1	전	216	1			

(11) 지적공부에 등록

① 토지대장은 확정공고된 축척변경지번별 조서에 의하여 지적공부를 정리한다.

② 지적도는 확정측량결과도 또는 경계점좌표에 의하여 정리한다.

③ 축척변경사무처리에 도시개발사업에 따른 처리방법을 준용한다. 다만, 시·도지사 또는 대도시시장의 승인을 얻지 아니하고 축척을 변경하는 경우에는 그러하지 아니하다.

4) 청산절차

(1) 지번별 m²당 금액 결정

청산을 할 때에는 축척변경위원회의 의결을 거쳐 지번별로 제곱미터당 금액(이하 "지번별 제곱미터당 금액"이라 한다)을 정하여야 한다. 이 경우 지적소관청은 시행공고일 현재를 기준으로 그 축척변경시행지역 안의 토지에 대해 지번별 제곱미터당 금액을 미리 조사해서 축척변경위원회에 제출하여야 한다.

지번별 제곱미터당 금액조서

(단위 : m², 원)

토지 소재		지번	지목	면적	개별토지가격		감정기관가격		매매 실제 가격		결정 제곱미터당 가격	비 고
읍·면	동·리				제곱미터당 시가	연월일	제곱미터당 시가	연월일	제곱미터당 시가	연월일		

(2) 청산금 산정

청산금은 작성된 지번별 조서의 필지별 증감면적에 결정된 지번별 제곱미터당 금액을 곱해서 산정한다.

(3) 청산금산출조서 작성 및 열람

지적소관청은 청산금을 산정한 때에는 청산금조서(축척변경지번별 조서에 필지별 청산금 명세를 적은 것을 말한다)를 작성하고, 청산금이 결정되었다는 뜻을 시·군·구(자치구가 아닌 구를 포함한다) 및 축척변경시행지역 동·리의 게시판에 15일 이상 공고해서 일반인이 열람할 수 있게 하여야 한다.

(4) 청산금의 납부고지 및 수령통지

지적소관청은 청산금의 결정을 공고한 날부터 20일 이내에 토지소유자에게 청산금의 납부고지 또는 수령통지를 하여야 한다.

(5) 청산금 납부 및 수령

① 납부고지를 받은 자는 그 고지를 받은 날부터 6개월 이내에 청산금을 지적소관청에 내야 한다.

② 지적소관청은 수령통지를 한 날부터 6개월 이내에 청산금을 지급하여야 한다.

③ 지적소관청은 청산금을 지급받을 자가 행방불명 등으로 받을 수 없거나 받기를 거부하는 때에는 그 청산금을 공탁할 수 있다.

(6) 이의신청

① 납부고지 또는 수령통지된 청산금에 관해 이의가 있는 자는 납부고지 또는 수령통지를 받은 날부터 1개월 이내에 지적소관청에 이의신청을 할 수 있다.

② 지적소관청은 이의신청이 있는 때에는 1개월 이내에 축척변경위원회의 심의·의결을 거쳐 그 인용 여부를 결정한 후 지체 없이 그 내용을 이의신청인에게 통지하여야 한다.

③ 지적소관청은 청산금을 내야 하는 자가 기간 안에 청산금에 관한 이의신청을 하지 않고 기간 안에 청산금을 납부하지 않는 때에는 지방세 체납처분의 예에 따라 이를 징수할 수 있다.

(7) 차액

청산금을 산정한 결과 증가된 면적에 대한 청산금의 합계와 감소된 면적에 대한 청산금의 합계에 차액이 생긴 경우 초과액은 그 지방자치단체(「제주특별자치도 설치 및 국제자유도시 조성을 위한 특별법」 제10조 제2항에 따른 행정시의 경우에는 해당 행정시가 속한 특별자치도를 말하고, 「지방자치법」 제3조 제3항에 따른 자치구가 아닌 구의 경우에는 해당 구가 속한 시를 말한다. 이하 이 항에서 같다)의 수입으로 하고, 부족액은 그 지방자치단체가 부담한다.

<table>
<tr><td colspan="7" align="center">청산금에 대한 이의신청서</td><td align="center">처리기간</td></tr>
<tr><td colspan="7"></td><td align="center">1월</td></tr>
<tr><td rowspan="2">신청인</td><td>주 소</td><td colspan="4"></td><td>전화번호</td><td></td></tr>
<tr><td>성 명</td><td colspan="4" align="center">(한자 :　　　　)</td><td>주민등록번호</td><td></td></tr>
<tr><td rowspan="2">토지의
표 시</td><td rowspan="2">읍·면</td><td rowspan="2">동·리</td><td rowspan="2">지번</td><td rowspan="2">지목</td><td colspan="3" align="center">면적(m^2)</td></tr>
<tr><td align="center">변경 전</td><td align="center">변경 후</td><td align="center">증감내역</td></tr>
<tr><td></td><td></td><td></td><td></td><td></td><td></td><td></td><td></td></tr>
<tr><td rowspan="2">청 산 금
결정금액</td><td>m^{2}당 금액</td><td colspan="3" align="right">원</td><td rowspan="2">청 산 금
결정내용</td><td colspan="2">납부고지 (　)</td></tr>
<tr><td>총금액</td><td colspan="3" align="right">원</td><td colspan="2">수령통지 (　)</td></tr>
<tr><td>이의신청
사 유</td><td colspan="7"></td></tr>
<tr><td colspan="8">「공간정보의 구축 및 관리 등에 관한 법률 시행령」 제77조에 따라 축척변경에 따른 청산금에 대하여 위와 같이 이의신청합니다.

　　　　　　　　년　　　　월　　　　일

　　　　　　　　위 신청인　　　　　　(인 또는 서명)

　　　　　　　　　　　　　　시장
　　　　　○○　　군수　　귀하
　　　　　　　　　　　　　구청장</td></tr>
<tr><td>구비서류</td><td colspan="5">없음</td><td colspan="2" align="center">수수료
없음</td></tr>
</table>

5) 축척변경위원회

(1) 구성

축척변경에 관한 사항을 심의·의결하기 위하여 지적소관청에 축척변경위원회를 둔다. 축척변경위원회는 5명 이상 10명 이하의 위원으로 구성하되, 위원의 2분의 1 이상을 토지소유자로 하여야 한다. 이 경우 그 축척변경시행지역 안의 토지소유자가 5명 이하인 때에는 토지소유자 전원을 위원으로 위촉하여야 한다.

(2) 위원장

위원장은 위원 중에서 지적소관청이 지명한다.

(3) 위원

위원은 다음의 사람 중에서 지적소관청이 위촉한다.
① 해당 축척변경시행지역의 토지소유자로서 지역사정에 정통한 사람
② 지적에 관하여 전문지식을 가진 사람
③ 축척변경위원회의 위원에게는 예산의 범위 안에서 출석수당과 여비 그 밖의 실비를 지급할 수 있다. 다만, 공무원인 위원이 그 소관업무와 직접적으로 관련되어 출석하는 경우에는 그렇지 않다.

(4) 기능

축척변경위원회는 지적소관청이 회부하는 다음의 사항을 심의·의결한다.
① 축척변경시행계획에 관한 사항
② 지번별 m^2당 금액의 결정과 청산금의 산정에 관한 사항
③ 청산금의 이의신청에 관한 사항
④ 그 밖에 축척변경과 관련하여 지적소관청이 회의에 부치는 사항

(5) 회의

① 축척변경위원회의 회의는 지적소관청이 심의·의결 사항 중 어느 하나를 축척변경위원회에 회부하거나 위원장이 필요하다고 인정하는 때에 위원장이 소집한다.
② 축척변경위원회의 회의는 위원장을 포함한 재적위원 과반수의 출석으로 개의하고 출석위원 과반수의 찬성으로 의결한다.
③ 위원장은 축척변경위원회의 회의를 소집하는 때에는 회의 일시·장소 및 심의안건을 회의개최 5일 전까지 각 위원에게 서면으로 통지하여야 한다.

8. 등록사항 정정

1) 의의

지적공부의 등록사항에 오류가 있음을 발견한 경우 이를 정정하는 것을 등록사항 정정이라 하며, 토지소유자의 신청 또는 지적소관청이 직권에 의해 등록사항을 정정할 수 있다.

2) 등록사항의 직권 정정

① 지적소관청은 지적공부의 등록사항에 잘못이 있음을 발견하면 대통령령으로 정하는 바에 따라 직권으로 조사·측량하여 정정할 수 있다.

② 지적소관청이 지적공부의 등록사항에 잘못이 있는지 여부를 직권으로 조사·측량해서 정정할 수 있는 경우는 다음과 같다.

③ 지적소관청은 다음의 어느 하나에 해당하는 토지가 있는 때에는 지체 없이 관계서류에 따라 지적공부의 등록사항을 정정하여야 한다.

  ㉠ 토지이동정리결의서의 내용과 다르게 정리된 경우

  ㉡ 지적도 및 임야도에 등록된 필지가 면적의 증감 없이 경계의 위치만 잘못된 경우

  ㉢ 1필지가 각각 다른 지적도 또는 임야도에 등록되어 있는 경우로서 지적공부에 등록된 면적과 측량한 실제 면적은 일치하지만 지적도 또는 임야도에 등록된 경계가 서로 접합되지 아니하여 지적도 또는 임야도에 등록된 경계를 지상의 경계에 맞추어 정정하여야 하는 토지가 발견된 경우

  ㉣ 지적공부의 작성 또는 재작성 당시 잘못 정리된 경우

  ㉤ 지적측량성과와 다르게 정리된 경우

  ㉥ 지적위원회의 지적측량적부심사의결서에 의하여 지적공부의 등록사항을 정정하여야 하는 경우

  ㉦ 지적공부의 등록사항이 잘못 입력된 경우

  ㉧ 「부동산등기법」 제90조의3 제2항의 규정(토지의 합필등기신청의 각하)에 의한 통지가 있는 경우(지적소관청의 착오로 잘못 합병한 경우만 해당한다)

  ㉨ 면적환산이 잘못된 경우

④ 지적공부의 등록사항 중 경계 또는 면적 등 측량을 수반하는 토지의 표시에 잘못이 있는 경우에는 지적소관청은 그 정정이 완료되는 때까지 지적측량을 정지시킬 수 있다. 다만, 잘못 표시된 사항의 정정을 위한 지적측량은 그러지 아니하다.

3) 토지소유자의 신청에 의한 정정

토지소유자는 지적공부의 등록사항에 잘못이 있음을 발견하면 지적소관청에 그 정정을 신청할 수 있다. 토지소유자는 지적공부의 등록사항에 대한 정정신청을 하는 때에는 정정사유를 적은 신청서에 다음의 구분에 따른 서류를 첨부하여 지적소관청에 제출하여야 한다.

(1) 토지의 표시에 관한 사항

① 정정으로 인하여 인접토지의 경계가 변경되는 경우에는 인접토지소유자의 승낙서 또는 이에 대항할 수 있는 확정판결서 정본에 의하여야 한다.

② 토지소유자는 지적공부의 등록사항에 대한 정정신청을 하는 때에는 정정사유를 기재한 신청서에 다음의 서류를 첨부하여 지적소관청에 제출하여야 한다.

  ㉠ 경계 또는 면적의 변경을 가져오는 경우 : 등록사항 정정측량성과도

ⓛ 그 밖에 등록사항을 정정하는 경우 : 변경사항을 확인할 수 있는 서류

(2) 등기된 토지의 소유자 정정

지적소관청이 등록사항을 정정할 때 그 정정사항이 토지소유자에 관한 사항인 경우에는 등기필증, 등기완료통지서, 등기사항증명서 또는 등기관서에서 제공한 등기전산정보자료에 따라 정정하여야 한다.

(3) 미등기 토지의 소유자 정정

미등기 토지에 대하여 토지소유자의 성명 또는 명칭, 주민등록번호, 주소 등에 관한 사항의 정정을 신청한 경우로서 그 등록사항이 명백히 잘못된 경우에는 가족관계기록사항에 관한 증명서에 따라 정정하여야 한다.

[소유자 정정]

등기된 토지	미등기 토지(신청)
1. 등기완료통지서 2. 등기사항증명서 3. 등기전산정보자료 4. 등기필증	가족관계기록사항에 관한 증명서

① 적용대상토지는 미등기 토지로서 소유자의 정정에 관한 사항과 토지조사 당시에 사정 또는 재결 등에 의하여 대장에 소유자는 등록하였으나, 소유자의 주소가 등록되어 있지 아니한 토지와 국유지를 매각·교환 또는 양여에 의하여 취득한 토지(이하 "국유지의 취득"이라 한다)의 소유자주소가 대장에 등록되어 있지 아니한 미등기 토지로 한다. 다만, 소유권확인청구의 소에 의한 확정판결이 있었거나, 이에 관한 소송이 법원에 진행 중인 토지를 제외한다.

② 미등기 토지의 소유자주소를 대장에 등록하고자 하는 때에는 사정·재결 또는 국유지의 취득 당시 최초 주소를 조사하여 등록한다.

③ 미등기 토지의 소유자 정정 등에 관한 신청이 있는 때에는 14일 이내에 다음의 사항을 확인하여 처리하여야 한다.

  ㉠ 적용대상토지 여부

  ⓛ 대장상 소유자와 호적부·제적부에 등재된 자와의 동일인 여부

  ㉢ 적용대상토지에 대한 확정판결이나 소송의 진행 여부

  ㉣ 첨부서류의 적합 여부

  ㉤ 그 밖에 지적소관청이 필요하다고 인정되는 사항

④ 지적소관청은 조사를 하는 때에는 기간을 정하여 신청인에게 필요한 자료의 제출 또는 보완을 요구할 수 있다.

⑤ 지적소관청은 대장에 소유자의 주소 등을 등록한 때에는 지체 없이 신청인에게 그 내용을 통지하여야 한다.

미등기 토지소유자 주소 정정 등에 관한 조사서

소 유 자 주소등록 신 청 인	성 명				주민등록번호		
	주 소						

토지 소재		지번	지목	면 적 (m²)	토지소유자		
읍·면	동·리				성 명	대장상 주소	신청주소

1. 조사내용
   - ○ 적용대상토지 여부
   - ○ 대장상 소유자의 호적부 또는 제적부에 등재된 자와의 동일인 여부
   - ○ 적용대상토지에 대한 확정판결이나 소송의 진행 여부
   - ○ 첨부서류의 적합 여부
   - ○ 그 밖에 소관청이 필요하다고 인정되는 사항
2. 조사자 의견

년   월   일

조사자   직   성명   (서명 또는 인)

○○시장 · 군수 · 구청장 귀하

(4) 등록사항 정정대상토지의 관리

① 지적소관청은 토지의 표시에 잘못이 있음을 발견한 때에는 지체 없이 등록사항 정정에 필요한 서류와 등록사항 정정측량성과도를 작성하고, 토지이동정리결의서를 작성한 후 대장의 사유란에 "등록사항 정정대상토지"라고 적고, 토지소유자에게 등록사항 정정신청을 할 수 있도록 그 사유를 통지하여야 한다. 다만, 지적소관청이 직권으로 정정할 수 있는 경우에는 토지소유자에게 통지를 하지 아니할 수 있다.

② 등록사항 정정대상토지에 대한 대장을 열람하게 하거나 등본을 발급하는 때에는 "등록사항 정정대상토지"라고 적은 부분을 흑백의 반전(反轉)으로 표시하거나 붉은색으로 기재하여야 한다.

③ 지적소관청은 등록사항정정대상토지관리대장을 작성·비치하고 토지의 표시에 잘못이 있음을 발견한 때에는 그 내용을 등록사항정정대상토지관리대장에 기재 관리하여야 한다. 다만, 지적소관청이 직권으로 지적공부의 등록사항을 정정하는 경우에는 그러하지 아니하다.

등록사항정정대상토지관리대장

토지 소재		지 번	지 목	면적 (m^2)	성 명	주 소	발견 연월일	정정할 내용	소유자 또는 이해관계인 통지연월일
읍·면	동·리				등록번호				

④ 지적소관청은 지적측량수행자로부터 토지의 표시에 잘못이 있음을 통보받은 때에는 지체 없이 그 내용을 조사하여 ①, ②의 규정에 의하여 처리하고 그 결과를 지적측량수행자에게 통지하여야 한다. 다만, 해당 토지가 소유권 분쟁으로 소송계류 중일 때에는 소송이 확정될 때까지 지적공부 정리를 보류할 수 있다.

⑤ 지적소관청이 지적측량성과를 제시할 수 없어 등록사항 정정대상토지로 결정한 경우에는 그 정정할 사항이 정리되기 전까지는 지적측량을 할 수 없다는 뜻을 토지소유자에게 통지하고 일반인에게 공고하여야 한다.

4) 토지이동정리결의서 작성

등록사항 정정은 이동 전란에 정정 전의 지목·면적 및 지번수를, 이동 후란에 정정 후의 지목·면적 및 지번수를, 증감란에는 면적 및 지번수를 기재한다.

토지이동정리결의서

번 호	제1호	지적공부 정리종목						결 재				
결의일자	2012년 10월 23일	등록사항 정정(경계 정정)										
보존기간	영구											
관계공부 정리		토지 소재	이동 전			이동 후			증 감		비 고
확 인			지 목	면적(m^2)	지번수	지 목	면적(m^2)	지번수	면적(m^2)	지번수	
토지대장 정리		화곡동	전	216	1	전	200	1		−16	

5) 등록사항 정정에 따른 도면의 정리(위치 정정)

등록사항 정정으로 도면에 경계, 지번 및 지목을 새로 등록할 때에는 이미 비치된 도면에 제도한다. 다만, 이미 비치된 도면에 정리할 수 없는 때에는 새로 도면을 작성한다.

9. 도시개발사업

1) 신청

　「도시개발법」에 따른 도시개발사업, 「농어촌정비법」에 따른 농어촌정비사업, 그 밖에 대통령령으로 정하는 토지개발사업의 시행자는 대통령령으로 정하는 바에 따라 그 사업의 착수·변경 및 완료 사실을 지적소관청에 신고하여야 한다.

① 도시개발사업에 의한 토지의 이동신청은 그 신청대상지역이 환지를 수반하는 경우에는 사업완료신고로써 이에 갈음한다. 이 경우 사업완료신고서에 토지의 이동신청에 갈음한다는 뜻을 기재하여야 한다.

② 「주택법」의 규정에 의한 주택건설사업의 시행자가 파산 등의 이유로 토지의 이동신청을 할 수 없는 때에는 그 주택의 시공을 보증한 자 또는 입주예정자 등이 신청할 수 있다.

2) 도시개발사업 등의 신고

① 사업과 관련하여 토지의 이동이 필요한 경우에는 해당 사업의 시행자가 지적소관청에 토지의 이동을 신청하여야 한다.

② 사업시행자는 대통령령이 정하는 바에 의하여 그 사업의 착수·변경 또는 완료 사실을 지적소관청에 신고하여야 한다. 사업의 착수 또는 변경의 신고가 된 토지의 소유자가 해당 토지의 이동을 원하는 경우에는 해당 사업의 시행자에게 그 토지의 이동을 신청하도록 요청하여야 하며, 요청을 받은 시행자는 해당 사업에 지장이 없다고 판단되면 지적소관청에 그 이동을 신청하여야 한다.

③ 도시개발사업 등의 착수·변경 또는 완료 사실의 신고는 그 사유가 발생한 날부터 15일 이내에 하여야 한다.

3) 토지의 이동시기

도시개발사업 등으로 인한 토지의 이동은 토지의 형질변경 등의 공사가 준공된 때 토지의 이동이 있는 것으로 본다.

4) 첨부서면

① 도시개발사업 등의 착수 또는 변경신고를 하려는 자는 도시개발 등의 착수·변경·완료 신고서에 다음의 서류를 첨부하여야 한다. 다만, 변경신고의 경우에는 변경된 부분에 한정한다.

② 도시개발사업 등의 완료신고를 하려는 자는 신청서에 다음의 서류를 첨부하여야 한다. 이 경우 지적측량수행자가 지적소관청에 측량검사를 의뢰하면서 미리 제출한 서류는 첨부하지 아니할 수 있다.

착수 또는 변경 신고 시	완료신고 시
1. 사업인가서 2. 지번별 조서 3. 사업계획도	1. 확정될 토지의 지번별 조서 및 종전 토지의 지번별 조서 2. 환지처분과 같은 효력이 있는 고시된 환지계획서. 다만, 환지를 수반하지 아니하는 사업인 경우에는 사업의 완료를 증명하는 서류

<table>
<tr><td colspan="9" align="center">○○사업 착수(시행) · 변경 · 완료 신고서</td></tr>
<tr><td rowspan="2">사업명</td><td colspan="2">토지 소재</td><td colspan="6">인가내용</td></tr>
<tr><td>읍 · 면</td><td>동 · 리</td><td>구 분</td><td>지번수</td><td>면적(m²)</td><td>인가연월일</td><td>사업기간</td><td>기 타</td></tr>
<tr><td> </td><td> </td><td> </td><td> </td><td> </td><td> </td><td> </td><td> </td><td> </td></tr>
</table>

「공간정보의 구축 및 관리 등에 관한 법률」 제86조 제1항 및 같은 법 시행령 제83조 제2항에 따라 위와 같이 신고합니다.

년   월   일

신고인(사업시행자)   (서명 또는 인)

등 록 번 호   –

주   소

시장
○○   군수   귀하
구청장

첨부서류	○ 착수(시행) · 변경신고 : 「공간정보의 구축 및 관리 등에 관한 법률 시행규칙」 제95조 제1항 각 호의 서류 ○ 완료신고 : 「공간정보의 구축 및 관리 등에 관한 법률 시행규칙」 제95조 제2항 각 호의 서류

5) 토지이동정리결의서 작성

도시개발사업 등은 이동 전란에 사업시행 전 토지의 지목 · 면적 및 지번수를, 이동 후란에 확정된 토지의 지목 · 면적 및 지번수를 기재한다. 이 경우 도시개발사업 등의 완료에 따른 종전 지적공부의 폐쇄정리는 도시개발사업 등 결의서에 의한다.

토지이동정리결의서

<table>
<tr><td>번 호</td><td>제1호</td><td colspan="3" align="center">지적공부 정리종목</td><td rowspan="3" align="center">결
재</td><td></td><td></td></tr>
<tr><td>결의일자</td><td>2012년 10월 23일</td><td colspan="3" rowspan="2" align="center">도시개발사업</td><td></td><td></td></tr>
<tr><td>보존기간</td><td>영구</td><td></td><td></td></tr>
<tr><td colspan="2" align="center">관계공부 정리</td><td rowspan="2">토지
소재</td><td colspan="3" align="center">이동 전</td><td colspan="3" align="center">이동 후</td><td colspan="2" align="center">증 감</td><td rowspan="2">비 고</td></tr>
<tr><td colspan="2" align="center">확 인</td><td>지 목</td><td>면적(m²)</td><td>지번수</td><td>지 목</td><td>면적(m²)</td><td>지번수</td><td>면적(m²)</td><td>지번수</td></tr>
<tr><td colspan="2">토지대장 정리</td><td>화곡동</td><td>전</td><td>216</td><td>1</td><td>전</td><td>200</td><td>1</td><td> </td><td> </td><td> </td></tr>
<tr><td colspan="2"> </td><td> </td><td> </td><td> </td><td> </td><td> </td><td> </td><td> </td><td> </td><td> </td><td> </td></tr>
</table>

6) 지적공부의 정리

① 지적소관청은 도시개발사업 등의 착수(시행) 또는 변경 신고서를 접수하는 때에는 사업시
   행지별로 등록하고 접수 순으로 사업시행지번호를 부여받아야 한다.
② 사업시행지번호를 부여받은 때에는 지체 없이 사업시행지번호별로 도시개발사업 등의 임
   시자료를 생성한 후 지번별 조서를 출력하여 임시자료가 정확하게 생성되었는지 여부를
   확인하여야 한다.
③ 지구계 분할을 하고자 하는 경우에는 시행지번호와 지구계 구분코드(지구 내 0, 지구 외
   1)를 입력하여야 한다.
④ 완료신고서가 접수되면 종전 토지의 지번별 조서에 의하여 임시자료의 정확 여부를 완료
   신고서의 지번별 조서에 의하여 확인하고 시행 전 토지를 폐쇄정리한 후 접수정리하여야
   한다.

7) 도시개발사업 · 농지의 구획정리완료에 따른 종전 도면정리

① 도시개발사업 · 축척변경 등의 완료로 새로이 도면을 작성한 지역의 종전 도면은 지구 안
   의 지번 및 지목을 말소한다.
② 도시개발사업 · 축척변경 등이 완료된 때에는 지구경계를 붉은색 0.1mm의 폭으로 제도한
   후 지구 안을 붉은색으로 엷게 채색하고 그 중앙에 사업명 및 사업완료연도를 기재한다.

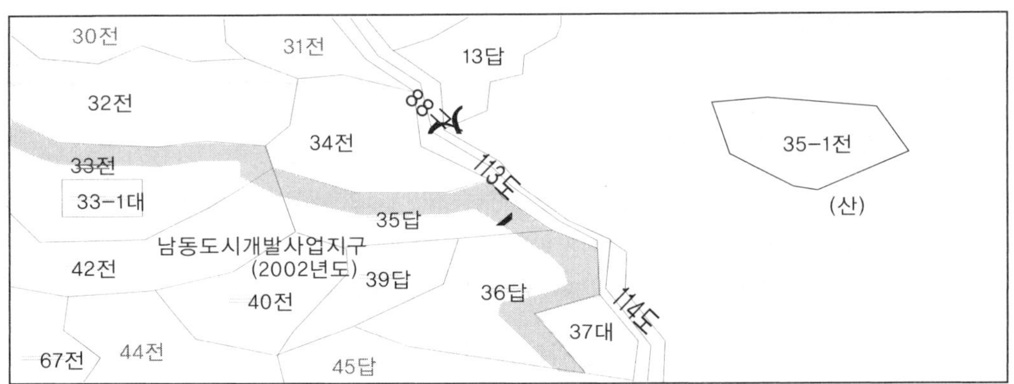

8) 게시

지적공부의 작성이 완료된 때에는 새로이 지적공부가 확정시행된다는 뜻을 7일 이상 시
(구를 두는 특별시 · 광역시 및 시에 있어서는 구를 말한다) · 군의 게시판 또는 홈페이지 등
에 게시한다.

9) 지적공부의 폐쇄

도시개발사업 등의 완료로 인하여 폐쇄되는 지적공부는 폐쇄사유를 그 지적공부에 정리
하고, 이를 별도로 영구 보관한다.

10. 행정구역 명칭변경

1) 행정구역 변경사유

① 행정구역 명칭변경

② 행정 관할 구역변경

③ 지번변경을 수반한 행정 관할 구역변경

2) 행정구역 경계의 설정

① 행정 관할 구역이 변경되거나 새로운 행정구역이 설치되는 경우의 행정 관할 구역경계선은 다음에 따라 등록한다.

　㉠ 도로, 구거, 하천은 그 중앙

　㉡ 산악은 분수선(分水線)

　㉢ 해안은 만조 시에 있어서 해면과 육지의 분계선

② 행정 관할 구역경계를 결정할 때 공공시설의 관리 등의 이유로 제1항 각 호를 경계선으로 등록하는 것이 불합리한 경우에는 해당 시·군·구와 합의하여 행정구역경계를 설정할 수 있다.

③ 행정구역경계를 등록하여야 하는 경우에는 직접측량방법에 따라 등록하여야 한다. 다만, 하천의 중앙 등 직접측량이 곤란한 경우에는 항공정사영상 또는 1/1000 수치지형도 등을 이용한 간접측량방법에 따라 등록할 수 있다.

3) 지적공부의 정리

① 행정구역의 명칭이 변경된 때에는 지적공부에 등록된 토지의 소재는 새로이 변경된 행정구역의 명칭으로 변경된 것으로 본다. 이 경우 지번부여지역의 일부가 행정구역의 개편으로 다른 지번부여지역에 속하게 된 때에는 지적소관청은 새로이 그 지번을 부여하여야 한다.

② 지적소관청은 지번변경을 수반한 행정관할구역변경은 시행일 이전에 행정구역변경임시자료를 생성하여 시행일 전일 일일마감을 완료한 후 처리한다.

4) 행정구역 변경(지번변경 수반의 경우)에 따른 도면의 정리

행정구역이 변경된 경우에는 변경 전 행정구역선과 그 명칭 및 지번을 말소하고 변경 후의 행정구역선과 그 명칭 및 지번을 제도한다.

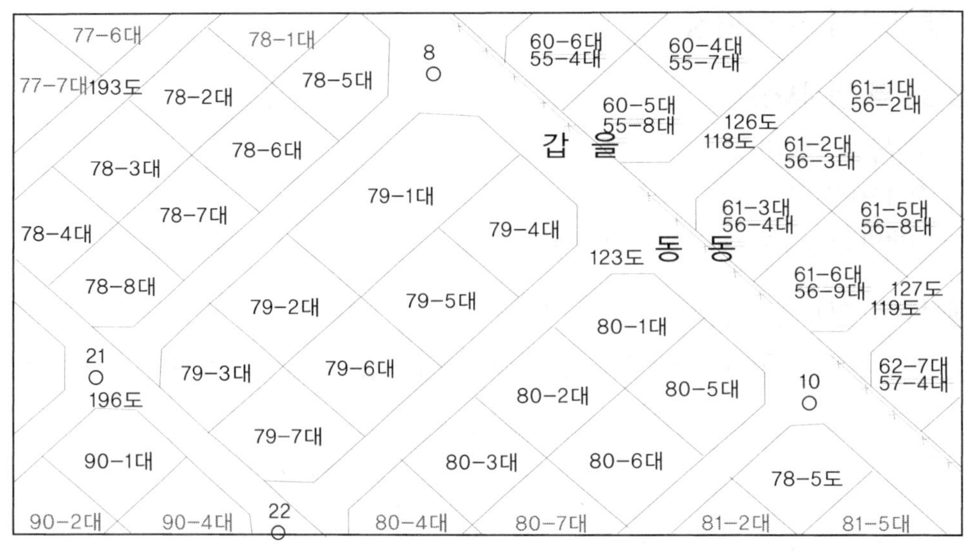

[2015년 기출]

간접측량방법을 적용하여 행정구역경계를 등록하는 경우에 사용하는 참조자료는?

① 항공정사영상 또는 축척 1/1000 수치지형도
② 항공정사영상 또는 축척 1/5000 수치지형도
③ 인공위성영상 또는 축척 1/1000 수치지형도
④ 인공위성영상 또는 축척 1/5000 수치지형도

답 ①

03 신청의 대위

다음의 어느 하나에 해당하는 자는 토지소유자가 하여야 하는 신청을 대신할 수 있다. 다만, 등록사항 정정대상토지는 제외한다.

① **사업시행자** : 공공사업 등으로 인하여 학교용지 · 도로 · 철도용지 · 제방 · 하천 · 구거 · 유지 · 수도용지 등의 지목으로 되는 토지의 경우에는 그 사업시행자

② **행정기관 또는 지방자치단체장** : 국가 또는 지방자치단체가 취득하는 토지의 경우에는 그 토지를 관리하는 행정기관 또는 지방자치단체의 장

③ **관리인 또는 사업시행자** : 「주택법」에 의한 주택부지의 경우에는 「집합건물의 소유 및 관리에 관한 법률」에 의한 관리인(관리인이 없는 경우에는 공유자가 선임한 대표자) 또는 사업시행자

④ **민법 제404조의 규정에 의한 채권자** : 채권자는 자신의 채권을 보전하기 위하여 채무자의 권리를 행사할 수 있다.

04 지적공부의 정리

1. 의의

토지의 이동으로서의 토지의 변동, 즉 토지의 소재 · 지번 · 지목 · 면적 · 경계 및 좌표의 변동 그 밖의 지적공부상 발생되는 일체의 변동이 있는 경우 지적공부를 정리하는 것을 말하며 지적공부의 정리방법, 토지이동정리결의서 및 소유자정리결의서의 작성방법 등에 관해 필요한 사항은 국토교통부령으로 정한다.

2. 대상

지적소관청은 지적공부가 다음의 어느 하나에 해당하는 경우에는 지적공부를 정리하여야 한다. 이 경우 이미 작성된 지적공부에 정리할 수 없는 때에는 이를 새로이 작성하여야 한다.
① 지번을 변경하는 경우
② 지적공부를 복구하는 경우
③ 신규등록 · 등록전환 · 분할 · 합병 · 지목변경 등 토지의 이동이 있는 경우

3. 지적공부 정리의 신청

1) 신청

상속, 공용징수, 판결, 경매 등 「민법」 제187조의 규정에 의거 등기를 요하지 아니하는 토지를 취득한 자는 지적공부 정리신청을 할 수 있다. 이 경우 다음의 토지소유자를 증명하는 서류를 첨부하여야 하고 상속의 경우 상속인 전원이 신청하여야 한다.
① 상속재산분할협의서
② 공용징수증
③ 법원의 확정판결서 정본 또는 사본
④ 경매낙찰증서
⑤ 그 밖에 소유권을 확인할 수 있는 서류

2) 처리

① 지적소관청은 신규등록 · 등록전환 · 분할 · 합병 · 바다로 된 토지의 등록말소 · 등록사항정정 · 도시개발사업 등에 의한 지적공부 정리신청이 있는 때에는 다음의 사항을 조사하여 처리한다.
　㉠ 신청서의 기재사항과 지적공부등록사항과의 부합 여부
　㉡ 관계법령의 저촉 여부

ⓒ 대위신청에 관하여는 그 권한대위의 적법 여부

ⓔ 구비서류 및 수입증지의 첨부 여부

ⓜ 신청인의 신청권한 적법 여부

ⓗ 토지의 이동사유

ⓢ 그 밖에 필요하다고 인정되는 사항

② 접수된 서류를 보완 또는 반려한 때에는 지적사무정리부의 비고란에 그 사유를 붉은색으로 기재한다.

③ 지목 변경 및 합병을 하여야 하는 토지가 있는 때와 등록전환에 의한 지목이 바뀔 때에는 다음의 사항을 확인·조사하여야 한다.

ⓖ 토지의 이용현황

ⓛ 관계법령의 저촉 여부

ⓒ 조사자의 의견, 조사연월일 및 조사자 직·성명

④ 분할 및 등록전환을 위하여 발급한 지적측량성과에 의하여 대하여 지적공부 정리신청이 있는 경우 지적측량성과도 발급일로부터 1년 경과한 경우에는 다음의 사항을 확인 조사하여야 한다.

ⓖ 측량성과와 현지경계의 부합 여부

ⓛ 관계법령의 저촉 여부

<h2 align="center">지목변경(합병) 현지조사서</h2>

토지 소재		이동 전			이동 후		
읍·면	동·리	지 번	지 목	면 적	지 번	지 목	면 적

1. 조사내용
   ○ 토지의 이용현황
   ○ 관계법령 저촉 여부
2. 조사자 의견

년   월   일

조사자 직   성명   (서명 또는 인)

○○시장·군수·구청장 귀하

3) 검토 및 임시파일 생성

(1) 검토

① 지적소관청은 신규등록 · 등록전환 · 분할 · 합병 · 바다로 된 토지의 등록말소 · 등록사항 정정 · 도시개발사업에 의한 지적공부 정리신청이 있는 때에는 지적업무정리부자료에 토지이동종목별로 접수하여야 한다. 이 경우 부동산종합공부시스템에서 부여된 전산접수번호를 토지의 이동신청서에 기재하여야 한다.

② 접수된 신청서는 다음의 사항을 검토하여 정리하여야 한다.

    ㉠ 신청사항과 지적전산자료의 일치 여부

    ㉡ 첨부된 서류의 적정 여부

    ㉢ 지적측량성과자료의 적정 여부

    ㉣ 그 밖에 지적공부 정리를 하기 위하여 필요한 사항

③ 지적공부정리신청서를 보완 또는 반려(취하 포함)할 때에는 종목별로 그 처리내용을 정리하여야 한다. 이 경우 반려 또는 취하된 지적공부정리신청서가 다시 접수되었을 때에는 이를 새로이 접수하여야 한다.

④ 신청에 따라 지적공부가 정리완료한 때에는 지적정리결과를 신청인에게 통지하여야 한다. 다만, 대위신청에 대한 지적정리결과통지는 달리할 수 있다.

⑤ 지적공부정리가 완료된 때에는 사업시행자는 분할목적 및 분할결과를 토지소유자 등 이해관계인에게 통지하여야 한다.

Chapter 06

지적정리결과통보

귀하께서 제출하신 ○○번지 ○○신청 건은   년   월   일자로 다음과 같이 지적정리되었음을 통보하오니 재산권행사에 참고하시기 바랍니다.

종목	지적정리 전			지적정리 후		
	지번	지목	면적(m^2)	지번	지목	면적(m^2)

(2) 임시파일 생성

① 지적소관청이 지번변경, 행정구역변경, 구획정리, 경지정리, 축척변경, 토지개발사업을 하고자 하는 때에는 임시자료를 생성하여야 한다.

② 임시자료가 생성되면 지번별 조서를 출력하여 임시자료가 정확하게 생성되었는지 여부를 확인하여야 한다.

4) 지적공부 등의 정리

① 지적공부 등의 정리에 사용하는 문자·기호 및 경계는 따로 규정을 둔 사항을 제외하고 정리사항은 검은색, 도곽선과 그 수치 및 말소는 붉은색으로 한다.

② 지적확정측량·축척변경 및 지번변경에 따른 토지이동의 경우를 제외하고는 폐쇄 또는 말소된 지번을 다시 사용할 수 없다.

③ 토지의 이동에 따른 도면정리는 〈예시 2〉의 도면정리 예시에 따른다. 이 경우 법 제2조 제19호의 지적공부를 이용하여 지적측량을 한 때에는 측량성과파일에 따라 지적공부를 정리할 수 있다.

5) 공유지연명부 및 대지권등록부의 정리

① 공유자가 있는 토지는 소유자변동 접수·정리(공유지연명부) 조회화면에서 토지의 지목·면적 및 변동 전 공유자를 확인하고 변동 후 사항을 입력하여야 한다.

② 대지권등록부는 집합건물을 등록한 후에 정리하여야 한다.

4. 지적공부 정리방법

지적소관청은 토지의 이동 또는 소유자의 변경 등으로 지적공부를 정리하고자 하는 때에는 지적업무정리부와 소유자정리부에 그 처리내용을 기재하여야 한다. 지적업무정리부는 토지의 이동종목별로, 소유자정리부는 소유권 보존·이전 및 기타로 구분하여 기재한다. 다만, 부동산종합공부시스템을 통하여 정보를 확인 및 출력할 수 있으면 지적업무정리부와 소유자정리부의 별도 기재 없이 출력물로 대체할 수 있다.

지적사무정리부

○ 토지의 이동종목 :

접 수		토지 소재		지 번	지번수		신청자	처 리				공부정리 수수료 금액	비 고
월일	번호	읍·면	동·리		이동 전	이동 후		월일	정리	보완	반려		

소유자정리부

접 수		토지 소재		지 번	신청자	정리연월일	불부합통지 연월일	담당자	비 고
월일	번호	읍·면	동·리						

1) 토지이동정리결의서 작성

① 소관청이 토지의 이동이 있는 경우에는 토지이동정리결의서를 작성하여야 한다.

② 토지이동정리결의서는 토지대장·임야대장 또는 경계점좌표등록부별로 구분하여 작성하되, 토지이동정리결의서에는 토지이동신청서 또는 도시개발사업 등의 완료신고서 등을 첨부하여야 한다.

2) 소유자정리결의서 작성

① 토지소유자의 변동 등에 따른 지적공부를 정리하고자 하는 경우에는 소유자정리결의서를 작성하여야 한다.

② 소유자정리결의서에는 등기필증, 등기사항증명서 그 밖에 토지소유자가 변경되었음을 증명하는 서류를 첨부하여야 한다. 다만,「전자정부법」에 따른 행정정보의 공동이용을 통하여 첨부서류에 대한 정보를 확인할 수 있는 경우에는 그 확인으로 첨부서류를 갈음할 수 있다.

3) 결의서 작성방법

(1) 토지이동정리결의서

토지이동정리결의서는 다음과 같이 작성한다. 이 경우 증감란의 면적과 지번수는 늘어난 경우에는 (+)로, 줄어든 경우에는 (−)로 기재한다.

① 지적공부정리종목은 토지이동종목별로 구분하여 기재한다.

② 토지 소재·이동 전·이동 후 및 증감란은 읍·면·동단위로 지목별로 작성한다.

③ 신규등록은 이동 후란에 지목·면적 및 지번수를, 증감란에는 면적 및 지번수를 기재한다.

④ 등록전환은 이동 전란에 임야대장에 등록된 지목·면적 및 지번수를, 이동 후란에 토지대장에 등록될 지목·면적 및 지번수를, 증감란에는 면적을 기재한다. 이 경우 등록전환에 따른 임야대장 및 임야도의 말소정리는 등록전환결의서에 의한다.

⑤ 분할 및 합병은 이동 전·후란에 지목 및 지번수를, 증감란에 지번수를 기재한다.

⑥ 지목변경은 이동 전란에 변경 전의 지목·면적 및 지번수를, 이동 후란에 변경 후의 지목·면적 및 지번수를 기재한다.

⑦ 지적공부등록말소는 이동 전·증감란에 지목·면적 및 지번수를 기재한다.

⑧ 축척변경은 이동 전란에 축척변경시행 전 토지의 지목·면적 및 지번수를, 이동 후란에 축척이 변경된 토지의 지목·면적 및 지번수를 기재한다. 이 경우 축척변경완료에 따른 종전 지적공부의 폐쇄정리는 축척변경결의서에 의한다.

⑨ 등록사항 정정은 이동 전란에 정정 전의 지목·면적 및 지번수를, 이동 후란에 정정 후의 지목·면적 및 지번수를, 증감란에는 면적 및 지번수를 기재한다.

⑩ 도시개발사업 등은 이동 전란에 사업시행 전 토지의 지목·면적 및 지번수를, 이동 후란에 확정된 토지의 지목·면적 및 지번수를 기재한다. 이 경우 도시개발사업 등의 완료에 따른 종전 지적공부의 폐쇄정리는 도시개발사업 등 결의서에 의한다.

토지이동정리결의서

번 호	제 호		지적공부 정리종목							결				
결의일자	년 월 일									재				
보존기간	영구													
관계공부 정리			토지 소재	이동 전			이동 후			증 감		비고
확 인				지목	면적(m^2)	지번수	지목	면적(m^2)	지번수	면적(m^2)	지번수	
토지대장 정리												
임야대장 정리												
경계점좌표등록부 정리												
지적도 정리												
임야도 정리												
등기촉탁대장 정리												
소유자 통지												

(2) 소유자정리결의서

① 토지 소재·소유권 보존·소유권 이전 및 기타란은 읍·면·동별로 기재한다.

② 정리일자는 소유자정리결의일부터 정리완료일까지 기재한다.

③ 정리자는 업무담당자로 하고, 확인자는 지적업무담당자로 한다.

④ 소유자 정리결과에 따라 접수·정리·기정리 및 불부합통지로 구분 기재한다.

소유자정리결의서

번 호		제 호		결	
결의일자		년 월 일		재	
보존기간		5년			

접 수		정 리		기정리		불부합 통지		비 고	
건수	지번수	건수	지번수	건수	지번수	건수	지번수		

비 고	계		소유권 보존		소유권 이전		기 타	
	건수	지번수	건수	지번수	건수	지번수	건수	지번수

정리일자	
정리자	
확인자	

5. 토지소유자 정리

소유자 등록사항 중 토지이동과 함께 소유자가 결정되는 신규등록 시의 소유자 등록, 도시개발사업 등의 환지는 토지이동사무처리와 동시에 소유자자료를 정리하여야 한다. 공유지연명부 및 대지권등록부의 경우 공유자가 있는 토지는 소유자변동 접수·정리(공유지연명부) 조회화면에서 지목·면적 및 변동 전 공유자를 확인하고 변동 후 사항을 입력하여야 한다.

1) 등록된 토지의 소유자 정리

지적공부에 등록된 토지소유자의 변경사항은 등기관서에서 등기한 것을 증명하는 등기필통지서, 등기필증, 등기사항증명서 또는 등기관서에서 제공한 등기전산정보자료에 따라 정리한다. 다만, 신규등록하는 토지의 소유자는 지적소관청이 직접 조사하여 등록한다.

(1) 등기부와 지적공부와의 부합

등기부에 적혀 있는 토지의 표시가 지적공부와 일치하지 아니하면 토지소유자를 정리할 수 없다. 이 경우 토지의 표시와 지적공부가 일치하지 아니하다는 사실을 관할 등기관서에 통지하여야 한다.

등기필통지내용과 지적공부와의 불부합사항 통지

등기필통지서							지적공부					불부합 내용
등기 연월일	등기 번호	토지의 표시					토지의 표시			소유자		
		읍·면	동·리	지번	지목	면적(m^2)	지번	지목	면적(m^2)	성명 등록번호	주소	

(2) 등기부와의 부합 여부 확인

① 지적소관청은 필요하다고 인정하는 경우에는 관할 등기관서의 등기부를 열람하여 지적공부와 부동산등기부가 일치하는지 여부를 조사·확인하여야 하며, 일치하지 아니하는 사항을 발견하면 등기사항증명서 또는 등기관서에서 제공한 등기전산정보자료에 따라 지적공부를 직권으로 정리하거나, 토지소유자나 그 밖의 이해관계인에게 그 지적공부와 부동산등기부가 일치하게 하는 데에 필요한 신청 등을 하도록 요구할 수 있다.

② 지적소관청 소속공무원이 지적공부와 부동산등기부의 부합 여부를 확인하기 위하여 등기부를 열람하거나, 등기사항증명서의 발급을 신청하거나, 등기전산정보자료의 제공을 요청하는 경우 그 수수료는 무료로 한다.

2) 소유자가 등록되지 아니한 토지

「국유재산법」에 따른 총괄청이나 중앙관서의 장이 소유자 없는 부동산에 대한 소유자 등록을 신청하는 경우 지적소관청은 지적공부에 해당 토지의 소유자가 등록되지 아니한 경우에만 등록할 수 있다.

3) 신규등록의 경우 소유자 등록

소유자에 관한 사항은 소유권을 증명하는 서면을 지적소관청에 제출하며, 지적소관청이 조사하여 직권으로 등록한다. 이 경우에는 등기필증 및 등기사항증명서에 의할 수 없다. 그 이유는 선등록 후등기의 원칙이 적용되기 때문에 신규등록의 경우에는 등기부가 존재하지 아니하므로 등기사항증명서로 소유자를 정리할 수 없다.

4) 소유자 정리

① 대장의 소유자변동일자는 등기필통지서·등기필증·등기사항증명서 또는 등기관서에서 제공한 등기전산정보자료의 경우에는 등기접수일자를, 미등기 토지소유자에 관한 정정신청의 경우와 「국유재산법」 총괄청이나 중앙관서의 장이 소유자 없는 부동산에 대한 소유자 등록을 신청하는 경우에는 소유자정리결의일자를, 공유수면매립준공에 의한 신규등록의 경우에는 매립준공일자를 정리한다.

② 주소·성명·명칭의 변경 또는 경정 및 소유권 이전 등이 같은 날짜에 등기가 된 경우의 지적공부 정리는 등기접수순서에 따라 전량 정리하여야 한다.

③ 소유자의 주소가 토지 소재지와 같은 경우에는 지번만 정리한다. 다만, 등기관서에서 제공한 등기전산정보자료에 의하여 정리하는 경우에는 등기전산정보자료에 의한다.

④ 지적소관청이 등기부를 열람하여 소유자에 관한 사항이 대장과 부합되지 아니하는 토지의 소유자정리에 관하여는 제88조 제2항 및 위의 ①~③의 규정을 준용한다.

⑤ 국토교통부장관은 등기관서로부터 법인 또는 재외국민의 부동산등기용 등록번호 정정통보가 있는 때에는 정정 전 등록번호에 의거 토지 소재를 조사하여 시·도지사에게 그 내용을 통지하여야 한다. 이 경우 시·도지사는 지체 없이 그 내용을 당해 지적소관청에 통지하여 대장의 등록번호를 정정하도록 하여야 한다.

⑥ 소유자 등록사항 중 토지이동과 함께 소유자가 결정되는 신규등록, 도시개발사업 등의 환지등록 시에는 토지이동업무처리와 동시에 소유자를 정리하여야 한다.

6. 지적공부 정리 수수료

토지의 이동에 따른 지적공부 정리신청을 하는 때에는 신청인은 국토교통부령이 정하는 수수료를 그 지방자치단체의 수입증지로 지적소관청에 납부하여야 한다. 다만, 국가 또는 지방자치단체가 신청하는 때 및 바다로 된 토지의 소유자가 지적공부의 등록말소를 신청하는 때에는 수수료를 면제한다.

[지적공부 정리신청 수수료]

해당 업무	단 위	수수료
신규등록신청	1필지당	1,400원
등록전환신청	1필지당	1,400원
분할신청	분할 후 1필지당	1,400원
합병신청	합병 전 1필지당	1,000원
지목변경신청	1필지당	1,000원
바다로 된 토지이 등록말소신청	1필지당	무료
축척변경신청	1필지당	1,400원
등록사항의 정정신청	1필지당	무료
제86조에 따른 토지이동신청	확정 후 1필지당	1,400원

1. 등기촉탁

(1) 의의

지적소관청은 토지의 표시변경에 관한 등기를 할 필요가 있는 경우에는 지체 없이 관할 등기관서에 그 등기를 촉탁한다. 이 경우 등기촉탁은 국가가 국가를 위하여 하는 등기로 등기촉탁에 필요한 사항은 국토교통부령으로 정한다.

(2) 대상

① 토지의 이동이 있는 경우(신규등록은 제외)

② 지번을 변경한 때

③ 축척변경을 한 때

④ 행정구역 개편으로 새로이 지번을 정할 때

⑤ 등록사항의 오류를 소관청이 직권으로 조사, 측량하여 정정한 때

(3) 절차

① 지적소관청은 등기관서에 토지표시의 변경에 관한 등기를 촉탁하고자 하는 때에는 등기촉탁서에 그 취지를 적어야 한다.

② 토지표시의 변경에 관한 등기를 촉탁한 때에는 토지표시변경등기촉탁대장에 그 내용을 적어야 한다.

<table>
<tr><td colspan="9" align="center">토지표시변경등기촉탁서</td></tr>
<tr><td rowspan="2">접
수</td><td>년   월   일</td><td rowspan="2">처
리
인</td><td>접 수</td><td>조 사</td><td>기 입</td><td>색 출</td><td>교 합</td><td>등기필 통지</td></tr>
<tr><td>제   호</td><td></td><td></td><td></td><td></td><td></td><td></td></tr>
<tr><td colspan="2">부동산의 표시</td><td colspan="7"></td></tr>
<tr><td colspan="2">등기원인과 그 연월일</td><td colspan="7" align="center">년   월   일</td></tr>
<tr><td colspan="2">등기의 목적</td><td colspan="7"></td></tr>
<tr><td colspan="2">소유권의 등기명의인의 표시</td><td colspan="7"></td></tr>
<tr><td colspan="2">촉탁근거</td><td colspan="7" align="center">「공간정보의 구축 및 관리 등에 관한 법률」 제30조</td></tr>
<tr><td colspan="2">등록세</td><td colspan="7" align="center">면세(「지방세법」 제126조 제1항)</td></tr>
<tr><td colspan="4" align="center">위 등기촉탁인

○○   시장
군수
구청장

년   월   일

지방법원
등기소   귀중</td><td colspan="5">부속서류

1. 토지(임야)대장 등본 1통
2. 등기촉탁서 부본 1통</td></tr>
</table>

2. 지적정리의 통지

(1) 직권에 의한 지적정리 통지

지적소관청이 지적공부에 등록하거나 지적공부를 복구 또는 말소하거나 등기촉탁을 하였으면 대통령령으로 정하는 바에 따라 해당 토지소유자에게 통지하여야 한다. 다만, 통지받을 자의 주소나 거소를 알 수 없는 경우에는 국토교통부령으로 정하는 바에 따라 일간신문, 해당 시·군·구의 공보 또는 인터넷 홈페이지에 공고하여야 한다.

(2) 통지대상

① 토지소유자의 신청이 없어 지적소관청이 직권으로 조사 또는 측량하여 지번, 지목, 경계 또는 좌표와 면적을 결정할 때

② 지적소관청이 지번을 변경한 때

③ 지적소관청이 지적공부를 복구한 때

④ 바다로 된 토지의 등록을 말소한 때

⑤ 도시계획사업, 도시개발사업, 농지개량사업 등에 의해 지적공부를 정리를 했을 때

⑥ 대위신청에 의해 지적공부를 정리했을 때

⑦ 행정구역 개편으로 인하여 새로이 지번을 정할 때

⑧ 지적공부에 등록된 사항이 오류가 있음을 발견하여 지적소관청이 직권으로 등록사항을 정정한 때

⑨ 토지표시의 변경에 관하여 관할 등기소에 등기를 촉탁한 때

(3) 통지의 시기

지적소관청이 토지소유자에게 지적정리 등을 통지하여야 하는 시기는 다음과 같다.

① 토지의 표시에 관한 변경등기가 필요한 경우 그 등기완료의 통지서를 접수한 날부터 15일 이내에 통지하여야 한다.

② 토지의 표시에 관한 변경등기가 필요하지 아니한 경우 지적공부에 등록한 날부터 7일 이내에 통지하여야 한다.

출제 예상문제

01 다음 중 토지의 이동이 아닌 것은?

① 토지소유자변경　　　　　　② 등록전환
③ 분할　　　　　　　　　　　④ 합병

해설 토지의 이동이란 토지의 표시를 새로이 정하거나 변경 또는 말소하는 것을 말한다. 즉 지적공부에 등록된 토지의 지번·지목·경계·좌표·면적이 달라지는 것을 말하며, 토지소유자의 변경, 토지소유자의 주소변경, 토지의 등급의 변경은 토지의 이동에 해당하지 아니한다.

토지의 이동에 해당하는 경우	토지의 이동에 해당하지 않는 경우
1. 신규등록, 등록전환 2. 분할, 합병 3. 해면성 말소 4. 행정구역명칭변경 5. 도시개발사업 등 6. 축척변경, 등록사항변경	1. 토지소유자의 변경 2. 토지소유자의 주소변경 3. 토지의 등급변경 4. 개별공시지가의 변경

02 지적공부 정리신청이 있을 때에 검토하여 정리하여야 할 사항에 속하지 않는 것은?

① 신청사항과 지적전산자료의 일치 여부
② 지적측량성과자료의 적정 여부
③ 첨부된 서류의 적정 여부
④ 지적측량입회의 확인 여부

해설 지적공부 정리신청 시 검토사항
1. 신청사항과 지적전산자료의 일치 여부
2. 첨부된 서류의 적정 여부
3. 지적측량성과자료의 적정 여부
4. 그 밖에 지적공부 정리를 하기 위하여 필요한 사항

지적측량입회의 확인 여부는 지적측량성과도 발급 시 확인사항이다.

03 공유수면매립지를 신규등록하는 경우에 신규등록의 효력이 발생하는 시기로서 타당한 것은?

① 토지소유권보존등기　　　　② 지적공부등록
③ 측량성과도 교부　　　　　　④ 매립준공

해설 공유수면매립지를 신규등록하는 경우에 신규등록의 효력이 발생하는 시기는 지적공부에 등록한 때이며, 소유권 취득시기는 매립준공일이다.

04 지적공부에 신규등록하는 토지의 소유자등록에 관한 다음 설명 중 맞는 것은?

① 등기소의 통지에 따라 등록한다.
② 확정판결을 받은 자 외에는 등록하지 못한다.
③ 소유자를 등록하지 아니한다.
④ 확정판결 또는 다른 법령에 의하여 소유권을 취득한 자를 등록한다.

해설 신규등록 토지의 소유자는 지적소관청이 조사하여 등록한다.

▶ 소유권에 관한 증명서면
1. 법원의 확정판결서 정본 또는 사본
2. 공유수면매립법에 의한 준공검사확인증 사본
3. 도시계획구역 안의 토지를 그 지방자치단체의 명의로 등록하는 때에는 기획재정부장관과 협의한 문서의 사본

05 신규등록에 관한 설명 중 틀린 것은?

① '신규등록'이라 함은 새로이 조성된 토지 및 등록이 누락되어 있는 토지를 지적공부에 등록하는 것을 말한다.
② 신규등록할 토지가 있는 때에는 60일 이내 지적소관청에 신청하여야 한다.
③ 토지소유자의 신청에 의하여 신규등록을 한 경우 지적소관청은 토지표시에 관한 사항을 지체 없이 등기관서에 그 등기를 촉탁하여야 한다.
④ 신규등록신청 시 첨부해야 하는 서류를 그 지적소관청이 관리하는 경우에는 지적소관청의 확인으로써 그 서류의 제출에 갈음할 수 있다.

해설 선등록 후등기원칙이므로 신규등록은 등기부가 존재하지 아니하므로 등기촉탁은 하지 아니한다.

06 등록전환신청에 관한 설명 중 옳지 않은 것은?

① 등록전환이란 임야대장 임야도에 등록된 토지를 토지대장 및 지적도에 옮겨 등록하는 것을 말한다.
② 등록전환할 토지가 있는 때에는 토지소유자는 등록전환할 사유가 발생한 날로부터 60일 이내에 지적소관청에 등록전환을 신청하여야 한다.
③ 공유수면매립허가사항이 준공되어 당해 토지를 지적공부에 등록하고자 하는 경우에도 등록전환신청을 준공일로부터 60일 이내에 지적소관청에 하여야 한다.
④ 등록전환신청은 등록전환신청서에 토지형질변경공사 등 준공증명서 등을 첨부하여야 한다.

해설 공유수면매립허가사항이 준공되어 당해 토지를 지적공부에 등록하고자 하는 경우에도 신규등록신청은 준공일로부터 60일 이내에 지적소관청에 하여야 한다.

07 동일한 임야도 내의 대부분의 토지가 등록전환되어 나머지 토지를 계속 임야도에 두는 것이 불합리한 경우의 처리방법은?

① 지목변경하여 등록전환할 수 있다.
② 임야대장에 등록된 지목으로 등록전환할 수 있다.
③ 그대로 존치하여 놓는다.
④ 등록전환의 대상이 될 수 없다.

해설 지목변경 없이 등록전환되는 경우

1. 대부분의 토지가 등록전환되어 나머지 토지를 임야도에 계속 존치하는 것이 불합리한 경우
2. 임야도에 등록된 토지가 사실상 형질변경되었으나 지목변경을 할 수 없는 경우
3. 도시관리계획선에 따라 토지를 분할하는 경우

08 축척변경이 수반되는 토지이동사항은?

① 신규등록 ② 지목변경
③ 합병 ④ 등록전환

해설 등록전환이란 임야대장 및 임야도에 등록된 토지를 토지대장·지적도로 옮겨 등록하는 것을 말하며, 이 과정에서 축척변경과 지목변경을 수반한다.

09 다음 토지이동 중 지적측량을 반드시 선행하여야 하는 것은?

① 지목변경 ② 토지합병
③ 등록전환 ④ 지번변경

해설 등록전환이란 임야대장 및 임야도에 등록한 토지를 토지대장·지적도에 옮겨 등록하는 것을 말하며, 지목변경의 여부와 관계없이 반드시 지적측량을 하여야 한다.

10 다음 중 토지분할을 신청할 수 있는 경우로 가장 적절한 것은?

① 토지임대 ② 소유권 이전
③ 지상권 이전 ④ 가설물 설치

해설 토지분할대상

1. 1필지의 일부가 소유자가 다르게 된 경우
2. 토지 이용상 불합리한 지상경계를 시정하기 위한 경우
3. 1필지의 일부가 용도가 변경된 경우(신청의무가 있음)
4. 토지소유자가 매매 등을 위하여 분할을 필요로 하는 경우

11 甲 소유의 토지의 300m²의 일부를 乙에게 매도하기 위하여 분할하고자 하는 경우에 관한 설명으로 틀린 것은?

① 甲이 분할을 위한 측량을 의뢰하고자 하는 경우 지적측량수행자에게 하여야 한다.
② 매도할 토지가 분할허가대상인 경우에는 甲이 분할사유를 기재한 신청서에 허가서 사본을 첨부하여야 한다.
③ 분할측량을 하는 때에는 분할되는 필지마다 면적을 측정하지 않아도 된다.
④ 분할에 따른 지상경계는 지상건축물을 걸리게 결정하지 않는 것이 원칙이다.

해설 분할측량을 하는 때에는 분할되는 필지마다 면적을 측정하여야 한다. 다만, 각 필지의 산출면적의 합은 원면적과 증감이 있어서는 아니 된다.

  정답 8. ④ 9. ③ 10. ② 11. ③

12 토지의 분할에 관한 설명으로 틀린 것은?

① 토지 이용상 불합리한 지상경계를 시정하기 위한 경우에는 분할을 신청할 수 있다.

② 지적공부에 등록된 1필지의 일부가 관계법령에 의한 형질변경 등으로 용도가 다르게 된 때에는 지적소관청에 토지의 분할을 신청하여야 한다.

③ 토지를 분할하는 경우 주거·사무실 등의 건축물이 있는 필지에 대하여는 분할 전의 지번을 우선하여 부여하여야 한다.

④ 공공사업으로 도로를 개설하기 위하여 토지를 분할하는 경우에는 지상건축물이 걸리게 지상경계를 결정하여서는 아니 된다.

해설 공공사업으로 도로를 개설하기 위하여 토지를 분할하는 경우 지상건축물이 걸리게 지상경계를 결정할 수 있다.

13 토지분할을 하였을 때 지적공부에 새로이 이동정리를 할 토지표시사항은?

① 지목, 면적, 소유자

② 지번, 면적, 경계

③ 지번, 소유자, 경계

④ 지번, 소유자, 면적

해설 토지분할을 하였을 때 지적공부에 새로이 이동정리를 할 토지표시사항은 지번, 면적, 경계 등이다.

14 공간정보의 구축 및 관리 등에 관한 법률상 경계점표지를 지상에 설치한 후 토지를 분할할 수 있는 조건이 아닌 것은?

① 공공사업 등으로 인하여 도로·구거·유지 등의 지목으로 되는 토지의 경우 그 사업시행자가 토지를 취득하기 위한 경우

② 농어촌정비사업의 사업시행자가 사업지구의 경계를 결정하기 위한 경우

③ 법원의 확정판결에 의하여 새로이 경계를 결정한 경우

④ 토지 이용상 불합리한 지상경계를 시정하기 위한 경우

해설 지상경계점에 의한 경계점표지를 설치한 후 측량할 수 있는 경우

1. 도시개발사업 등의 사업시행자가 사업지구의 경계를 결정하기 위하여 분할하고자 하는 경우

2. 사업시행자와 국가기관 또는 지방자치단체의 장이 토지를 취득하기 위하여 분할하고자 하는 경우
   ① 공공사업 등으로 인하여 학교용지·도로·철도용지·제방·하천·구거·유지·수도용지 등의 지목으로 되는 토지의 경우에는 그 사업시행자
   ② 국가 또는 지방자치단체가 취득하는 토지의 경우에는 그 토지를 관리하는 행정기관의 장 또는 지방자치단체의 장

3. 「국토의 계획 및 이용에 관한 법률」에 의한 도시관리계획결정고시와 지형도면고시가 된 지역의 도시관리계획선에 따라 토지를 분할하고자 하는 경우

4. 불합리한 지상경계를 시정하고자 분할하고자 하는 경우

5. 관계법령에 의하여 인가·허가 등을 받아 분할하고자 하는 경우

15 다음 중 지적측량을 수반하지 않는 토지이동만으로 연결된 것은?

① 등록전환 – 지목변경　　　　　　② 축척변경 – 합병

③ 지목변경 – 합병　　　　　　　　④ 합병 – 분할

해설 지목변경과 합병의 경우에는 지적측량을 실시하지 아니하고 토지이동조사를 실시한다.

16 합병사유가 발생된 경우 토지소유자가 합병신청의 기한의무가 있는 토지지목으로 옳은 것은?

① 주유소용지　　　　　　　　　　② 묘지

③ 유원지　　　　　　　　　　　　④ 학교용지

해설 주택법에 의한 공동주택의 부지와 도로·제방·하천·구거·유지·공장용지·학교용지·철도용지·수도용지·공원·체육용지 등의 토지로서 합병하여야 할 토지가 있는 때에는 그 날부터 60일 이내에 지적소관청에 신청하여야 한다. 이 기간 내에 신청을 하지 아니하여도 과태료는 부과되지 않는다.

17 해안가의 토지가 지형의 변화 등으로 인해 바다로 되었을 경우 지적공부의 등록말소에 관한 설명 중 옳은 것은?

① 해양수산부장관의 신청이 있어야 한다.

② 토지소유자의 신청이 있어야만 말소할 수 있다.

③ 공유수면관리청의 신청에 의해서 말소할 수 있다.

④ 토지소유자가 정해진 기한 내에 등록말소신청을 하지 않을 때에는 지적소관청이 직권으로 지적도상 경계를 말소하여야 한다.

해설 지적소관청은 지적공부에 등록된 토지가 지형의 변화 등으로 바다로 된 경우로서 원상으로 회복할 수 없거나 다른 지목의 토지로 될 가능성이 없는 때에는 지적공부에 등록된 토지소유자에게 지적공부의 등록말소신청을 하도록 통지하여야 한다. 이 경우 지적소관청은 토지소유자가 통지받은 날부터 90일 이내에 등록말소신청을 하지 아니하는 경우에는 대통령령이 정하는 바에 의하여 이를 말소한다.

18 지적공부 정리 수수료를 지적소관청에 납부하지 않고 지적공부 정리를 할 수 있는 신청사항은?

① 신규등록신청　　　　　　　　　② 분할신청

③ 지목변경신청　　　　　　　　　④ 바다로 된 토지등록말소신청

해설 토지의 이동에 따른 지적공부 정리신청을 하는 때에는 신청인은 국토교통부령이 정하는 수수료를 그 지방자치단체의 수입증지로 지적소관청에 납부하여야 한다. 다만, 국가 또는 지방자치단체가 신청하는 때 및 바다로 된 토지의 소유자가 지적공부의 등록말소를 신청하는 때에는 수수료를 면제한다.

19 지목변경의 신청의무를 승계한 신 소유자가 지목변경신청을 해야 하는 신청기간의 기산점이 타당한 것은?

① 대장상의 소유자 정리일　　　　② 실지목변경일

③ 매매계약일　　　　　　　　　　④ 이전등기일

해설 지목변경의 신청의무를 승계한 신소유자가 지목변경신청을 해야 하는 신청기간은 소유권이전등기일로부터 60일 이내에 하여야 한다.

　　　📝 **정답**　15. ③　16. ④　17. ④　18. ④　19. ④

20 다음 중 지목변경대상토지가 아닌 것은?

① 토지의 형질변경 등 공사가 준공된 토지　② 공유수면매립 후 신규등록할 토지
③ 건축물의 용도가 변경된 토지　　　　　　④ 토지의 용도가 변경된 토지

해설 지목변경대상

1. 「국토의 계획 및 이용에 관한 법률」 등 관계법령에 의한 토지의 형질변경 등의 공사가 준공된 경우
2. 토지 또는 건축물의 용도가 변경된 경우
3. 도시개발사업 등의 원활한 사업추진을 위하여 사업시행자가 공사준공 전에 토지의 합병을 신청하는 경우
4. 공유수면매립 후 신규등록할 토지는 지목을 새로이 결정하여야 하므로 지목변경대상토지가 아니다.

21 다음 중 지목변경신청에 대한 내용이 잘못 설명된 것은?

① 토지소유자가 지목변경신청을 할 때에는 신청서에 국토교통부령이 정하는 서류를 첨부하여 소관청에 제출한다.
② 「국토의 계획 및 이용에 관한 법률」 등 관계법령에 의한 토지의 형질변경 등의 공사가 준공된 경우에도 지목변경신청을 할 수 있다.
③ 토지의 용도가 변경된 경우에도 지목변경신청을 할 수 있다.
④ 도시개발사업의 원활한 사업추진을 위하여 사업시행자가 공사 중에 토지의 분할을 신청하는 경우에도 지목변경신청을 할 수 있다.

해설 지목변경대상

1. 「국토의 계획 및 이용에 관한 법률」 등 관계법령에 의한 토지의 형질변경 등의 공사가 준공된 경우
2. 토지 및 건축물의 용도가 변경된 경우
3. 도시개발사업의 원활한 사업추진을 위하여 사업시행자가 공사 중에 토지의 합병을 신청하는 경우

22 지적소관청이 지목변경 및 합병을 해야 하는 토지가 있을 때 확인·조사해야 할 사항으로 적합하지 않은 것은?

① 토지이용현황에 관한 사항
② 관계법령 저촉 여부에 관한 사항
③ 소유권 증명에 관한 사항
④ 조사자의 의견 조사연월일 및 조사자 직·성명

해설 지목변경 및 합병을 하여야 하는 토지가 있을 때 토지의 이용현황, 관계법령의 저촉 여부, 조사자의 의견 조사연월일 및 조사자 직·성명을 확인·조사하여야 한다.

23 축척변경에 관한 내용으로 옳은 것은?

① 지적위원회의 의결을 거쳐야 한다.
② 축척변경위원회의 위원은 10~15인이다.
③ 축척변경은 지적소관청이 시행한다.
④ 축척변경은 시행지역 안의 토지소유자 1/3 이상의 동의가 필요하다.

정답　20. ②　21. ④　22. ③　23. ③

 1. 축척변경위원회의 의결을 거쳐야 한다.
2. 축척변경위원회의 위원은 5명 이상 10명 이하이다.
3. 축척변경은 지적소관청이 시행한다.
4. 축척변경은 시행지역 안의 토지소유자 2/3 이상의 동의가 필요하다.
5. 지적측량시행기관인 한국국토정보공사장의 승인은 요하지 아니한다.

24 다음 중 축척변경을 하여야 할 경우에 해당하는 것은?

① 동일 지번부여지역 안에 서로 다른 축척이 병존하고 있을 때
② 토지소유자 등이 신청이 있을 때
③ 한국국토정보공사가 특히 필요하다고 인정한 때
④ 지목이 변경된 경우

 축척변경

1. **의의**
축척변경이라 함은 지적도에 등록된 경계점의 정밀도를 높이기 위하여 작은 축척을 큰 축척으로 변경하여 등록하는 것을 말한다.

2. **대상**
① 빈번한 토지의 이동으로 인하여 1필지의 규모가 작아서 소축척으로는 지적측량성과의 결정이나 토지의 이동에 따른 정리가 곤란한 때
② 동일한 지번부여지역 안에 서로 다른 축척의 지적도가 있는 때
③ 지적공부 관리상 필요한 경우

25 축척변경에 관한 설명 중 가장 옳은 것은?

① 합병하고자 하는 토지가 축척이 다른 지적도에 각각 등록되어 있어 축척변경을 하는 경우에도 시·도지사의 승인을 얻어야 한다.
② 축척변경을 하고자 하는 때에는 축척변경시행지역 안의 토지소유자의 과반수 이상의 동의를 얻어야 한다.
③ 축척변경승인신청을 받은 시·도지사는 승인신청을 받은 날부터 30일 이내에 그 승인 여부를 지적소관청에 통지하여야 한다.
④ 축척변경에 따른 청산금의 납부고지를 받은 자는 그 고지를 받은 날부터 6월 이내에 청산금을 지적소관청에 납부하여야 한다.

 ① 합병하고자 하는 토지가 축척이 다른 지적도에 각각 등록되어 있어 축척변경을 하는 경우에는 시·도지사의 승인을 얻지 아니한다.
② 축척변경을 하고자 하는 때에는 축척변경시행지역 안의 토지소유자의 2/3 이상 동의를 얻어야 한다.
③ 지적소관청은 축척변경을 하고자 하는 때에는 축척변경사유를 기재한 승인신청서를 시·도지사에게 제출하여야 한다. 신청을 받은 시·도지사는 축척변경사유 등을 심사한 후 그 승인 여부를 지적소관청에 통지하여야 한다.

　　📝 **정답** 24. ① 25. ④

26 축척변경위원회의 심의 · 의결 사항 중 틀린 것은?

① 지번별 m^2당 금액의 결정에 관한 사항
② 축척변경에 관하여 시 · 도지사가 부의한 사항
③ 청산금의 산정에 관한 사항
④ 청산금의 이의신청에 관한 사항

해설 축척변경위원회의 심의 · 의결 사항

1. 지번별 m^2당 금액의 결정에 관한 사항
2. 축척변경에 관하여 지적소관청이 부의한 사항
3. 청산금의 산정에 관한 사항
4. 청산금의 이의신청에 관한 사항
5. 축척변경의 시행계획에 관한 사항

27 축척변경위원회의 구성 및 기능에 관한 사항으로 틀린 것은?

① 축척변경위원회는 위원의 3분의 1 이상을 토지소유자로 하여야 한다.
② 축척변경위원회는 축척변경시행계획에 관한 사항을 심의 · 의결한다.
③ 축척변경위원회는 5명 이상 10명 이하의 위원으로 구성한다.
④ 축척변경위원회는 청산금의 산정에 관한 사항을 심의 · 의결한다.

해설 축척변경위원회는 위원의 2분의 1 이상을 토지소유자로 하여야 한다.

28 축척변경에 관한 설명 중 옳은 것은?

① 축척변경위원회는 5명 이상 10명 이하의 위원으로 구성하되, 위원의 2/3 이상을 토지소유자로 하여야 한다.
② 지적소관청은 청산금의 결정을 공고한 날부터 30일 이내에 토지소유자에게 청산금의 납부고지 또는 수령통지를 하여야 한다.
③ 지적소관청은 축척변경의 확정공고를 한 때에는 지체 없이 축척변경에 의하여 확정된 사항을 지적공부에 등록하여야 한다.
④ 지적소관청은 시 · 도지사로부터 축척변경승인을 얻은 때에는 지체 없이 축척변경의 목적, 시행지역 및 시행기간 등을 15일 이상 공고하여야 한다.

해설 ① 축척변경위원회는 5명 이상 10명 이하의 위원으로 구성하되, 위원의 1/2 이상을 토지소유자로 하여야 한다.
② 지적소관청은 청산금의 결정을 공고한 날부터 20일 이내에 토지소유자에게 청산금의 납부고지 또는 수령통지를 하여야 한다.
④ 지적소관청은 시 · 도지사로부터 축척변경승인을 얻은 때에는 지체 없이 축척변경의 목적, 지역 및 시행기간 등을 20일 이상 공고하여야 한다.

정답 26. ② 27. ① 28. ③

29 지적소관청이 시 · 도지사로부터 축척변경승인을 얻고 이를 공고하는 경우 공고내용으로 적합지 않은 것은?

① 축척변경의 목적 · 시행지역 및 시행기간
② 축척변경의 시행에 관한 세부계획
③ 축척변경의 시행에 따른 청산방법
④ 축척변경의 시행을 위한 위원회 구성내용

해설 축척변경시행 공고사항
1. 축척변경의 목적 · 시행지역 및 시행기간
2. 축척변경의 시행에 관한 세부계획
3. 축척변경의 시행에 따른 청산방법
4. 토지소유자의 협조사항

30 공간정보의 구축 및 관리 등에 관한 법률상 축척변경에 따른 청산금을 산정한 결과 차액이 생긴 경우의 처리방법을 가장 올바르게 표현한 것은?

① 초과액은 그 지방자치단체의 수입으로 하고, 부족액은 국가가 부담한다.
② 초과액은 그 지방자치단체의 수입으로 하고, 부족액은 토지소유자가 부담한다.
③ 초과액은 그 지방자치단체의 수입으로 하고, 부족액은 그 지방자치단체가 부담한다.
④ 초과액은 토지소유자의 수입으로 하고, 부족액은 국가가 부담한다.

해설 청산금을 산정한 결과 증가된 면적에 대한 청산금의 합계와 감소된 면적에 대한 청산금의 합계에 차액이 생긴 경우 초과액은 그 지방자치단체의 수입으로 하고, 부족액은 그 지방자치단체가 부담한다.

31 다음은 축척변경에 대한 설명이다. 틀린 것은?

① 지적소관청은 축척변경의 시행에 관하여 시 · 도지사의 승인을 얻은 때에는 지체 없이 20일 이상 공고하여야 한다.
② 지적소관청은 청산금의 결정을 공고한 날로부터 20일 이내에 토지소유자에게 청산금의 납부고지 또는 수령통지를 하여야 한다.
③ 지적소관청은 청산금을 산출한 때에는 청산금조서를 작성하고 청산금을 결정하였다는 뜻을 15일 이상 공고하여 일반인이 열람할 수 있게 하여야 한다.
④ 축척변경위원회는 시행공고일 현재를 기준으로 당해 지역의 토지에 대하여 지번별로 m^2당 가격을 미리 조사하여 지적소관청에 제출하여야 한다.

해설 축척변경위원회의 의결을 거쳐 지번별로 m^2당 금액(이하 지번별 m^2당 금액이라 한다)을 정하여야 한다. 이 경우 지적소관청은 시행공고일 현재를 기준으로 그 축척변경시행지역 안의 토지에 대하여 지번별 m^2당 금액을 미리 조사하여 축척변경위원회에 제출하여야 한다.

  정답 29. ④ 30. ③ 31. ④

32 공간정보의 구축 및 관리 등에 관한 법률상 축척변경에 대한 설명이다. 올바르지 못한 것은?

① 지적소관청은 축척변경이 필요하다고 인정된 때에는 축척변경위원회의 의결을 거친 후 시·도지사의 승인을 얻어 시행할 수 있다.

② 합병하고자 하는 토지가 축척이 다른 지적도에 각각 등록되어 있어 축척변경을 하는 경우에는 축척변경위원회의 의결 및 시·도지사의 승인절차를 거치지 아니한다.

③ 지적소관청은 시·도지사로부터 축척변경승인을 얻은 때에는 지체 없이 축척변경의 목적 등을 20일 이상 공고하여야 한다.

④ 지적소관청은 청산금의 결정을 공고한 날부터 15일 이내에 토지소유자에게 청산금의 납부고지 또는 수령통지를 하여야 한다.

해설 지적소관청은 청산금의 결정을 공고한 날부터 20일 이내에 토지소유자에게 청산금의 납부고지 또는 수령통지를 하여야 한다.

33 축척변경에 관한 설명으로 틀린 것은?

① 청산금의 납부 및 지급이 완료된 때에는 지적소관청은 지체 없이 축척변경의 확정공고를 하여야 하며, 확정공고일에 토지의 이동이 있는 것으로 본다.

② 청산금의 납부고지 또는 수령통지된 청산금에 관하여 이의가 있는 자는 납부고지 또는 수령통지를 받은 날부터 60일 이내에 지적소관청에 이의신청을 할 수 있다.

③ 축척변경시행지역안의 토지소유자 또는 점유자는 시행공고가 있는 날부터 30일 이내에 시행공고일 현재 점유하고 있는 경계에 경계점표지를 설치하여야 한다.

④ 지적소관청은 청산금의 결정을 공고한 날부터 20일 이내에 토지소유자에게 청산금의 납부고지 또는 수령통지를 하여야 한다.

해설 청산금의 납부고지 또는 수령통지된 청산금에 관하여 이의가 있는 자는 납부고지 또는 수령통지를 받은 날부터 1월 이내에 지적소관청에 이의신청을 할 수 있다.

34 지적소관청의 축척변경에 따른 측량으로 인하여 면적증감이 발생한 경우 그 증감면적의 청산에 관한 설명으로 옳지 않은 것은?

① 지적소관청이 청산하고자 할 경우 그 청산금은 축척변경위원회의 의결을 거쳐 결정된 지번별로 m²당 금액에 지번별로서의 필지별 증감면적을 곱하여 산정한다.

② 지적소관청이 청산금을 산정한 때에는 청산금조서를 작성하고 청산료가 결정되었다는 뜻을 당해 시·군·구 및 축척변경시행지역 안 동·리의 게시판에 15일 이상 공고하여 주민이 열람할 수 있도록 해야 한다.

③ 청산금을 산정한 결과 증가된 면적에 대한 청산금의 합계와 감소된 면적에 대한 청산료의 합계에 차액이 생긴 경우 그 초과액을 국가의 수입으로 하고, 부족액은 국가에서 부담한다.

④ 지적소관청은 청산료의 결정을 공고한 날부터 20일 이내에 토지소유자에게 청산금의 납부고지 또는 수령통지를 하여야 하는 바 납부고지를 받은 자는 그 고지를 받은 날로부터 6개월 이내에 청산금을 지적소관청에 납부하여야 하며, 수령통지를 한 경우 지적소관청은 수령통지날부터 6개월 이내에 청산금을 지급해야 한다.

해설 청산금을 산정한 결과 증가된 면적에 대한 청산금의 합계와 감소된 면적에 대한 청산료의 합계에 차액이 생긴 경우 그 초과액을 지방자치단체의 수입으로 하고, 부족액은 지방자치단체에서 부담한다.

정답 32. ④ 33. ② 34. ③

35 축척변경을 한 결과 감소된 면적에 대하여 교부해야 할 청산금의 총액이 부족한 경우 그 부족액을 부담해야 할 자는?

① 당해 지방자치단체
② 축척변경위원회
③ 시 · 도지사
④ 국토교통부장관

해설 청산금을 산정한 결과 증가된 면적에 대한 청산금의 합계와 감소된 면적에 대한 청산금의 합계에 차액이 생긴 경우 초과액은 그 지방자치단체의 수입으로 하고, 부족액은 그 지방자치단체가 부담한다.

36 지적공부에 기재된 등록사항의 정정으로 면적이 감소될 경우 그 정정은 무엇에 의해야 하나?

① 등록부 등본
② 등기필 등본
③ 측량성과도 및 지적도
④ 이해관계인의 승낙서 또는 판결서의 정본

해설 지적공부에 기재된 등록사항의 정정으로 경계 또는 면적의 변경을 가져오는 경우에는 등록사항정정측량성과도를 첨부하여야 한다. 또한 이해관계인의 승낙서 또는 판결서의 정본을 첨부하여야 한다.

37 지적도상의 경계가 등록 당시 기술적인 착오로 인하여 실제 경계와 다르게 등록되었다. 다음 중 맞는 것은?

① 지적경계선을 정정할 수 없다.
② 판결에 의해서만 정정할 수 있다.
③ 토지소유자는 지적소관청에 정정을 신청할 수 있다.
④ 면적이 같아야 정정할 수 있다.

해설 공간정보의 구축 및 관리 등에 관한 법률에 의하여 어떤 토지가 지적공부에 1필지의 토지로 등록되면 그 토지의 소재, 지번, 지목, 면적 및 경계는 다른 특별한 사정이 없는 한 이 등록으로써 특정되고, 소유권의 범위는 현실의 경계와 관계없이 공부상의 경계에 의하여 확정되는 것이나, 지적도를 작성함에 있어서 기점을 잘못 선택하는 등 기술적인 착오로 말미암아 지적도상의 경계선이 진실한 경계선과 다르게 작성되었다는 등과 같은 특별한 사정이 있는 경우에는 그 토지의 경계는 실제의 경계에 의하여야 한다. 따라서 토지소유자는 지적소관청에 등록사항 정정을 신청할 수 있다.

38 다음 중 지적소관청이 지적공부의 등록사항을 직권으로 정정할 수 있는 경우가 아닌 것은?

① 척관법에서 m법으로 변경되면서 면적환산 시에 잘못 등록된 경우
② 토지합필등기의 신청각하에 따른 등기관의 통지가 있는 경우
③ 지적공부의 등록사항이 잘못 입력된 경우
④ 등기부에 기재된 토지의 표시가 지적공부와 부합하지 않은 때

해설 등록사항의 직권 정정대상
1. 토지이동정리결의서의 내용과 다르게 정리된 경우
2. 지적도 및 임야도에 등록된 필지가 면적의 증감 없이 경계의 위치만 잘못된 경우
3. 1필지가 각각 다른 지적도 또는 임야도에 등록되어 있는 경우로서 지적공부에 등록된 면적과 측량한 실제 면적은 일치하지만 지적도 또는 임야도에 등록된 경계가 서로 접합되지 아니하여 지적도 또는 임야도에 등록된 경계를 지상의 경계에 맞추어 정정하여야 하는 토지가 발견된 경우

4. 지적공부의 작성 또는 재작성 당시 잘못 정리된 경우

5. 지적측량성과와 다르게 정리된 경우

6. 지적위원회의 지적측량적부심사의결서에 의하여 지적공부의 등록사항을 정정하여야 하는 경우

7. 지적공부의 등록사항이 잘못 입력된 경우

8. 「부동산등기법」 제90조의3 제2항의 규정(토지의 합필등기신청의 각하)에 의한 통지가 있는 경우

9. 「공간정보의 구축 및 관리 등에 관한 법률」 개정에 따른 면적환산이 잘못된 경우

그러므로 등기부에 기재된 토지의 표시가 지적공부와 부합하지 않은 때에는 직권으로 등록사항을 정정할 수 없으며, 등기부를 변경등기하여야 한다.

39 지적공부에 등록된 등록사항에 오류가 있는 경우 지적소관청의 직권 또는 소유자의 신청에 의하여 등록사항을 정정할 수 있다. 이때 지적소관청이 직권으로 정정할 수 없는 사항은 어느 것인가?

① 지적공부정리결의서의 내용과 다르게 정리된 경우

② 도면에 등록된 필지가 면적의 증감 없이 경계의 위치만 잘못 등록된 경우

③ 지적공부의 작성 또는 재작성 당시 잘못 작성된 경우

④ 지적측량이 잘못된 경우

해설 지적측량을 잘못한 경우에는 재측량을 하여야 한다. 따라서 직권으로 등록사항을 정정할 수 없다.

40 다음 중 지적공부등록사항의 정정에 대한 설명으로 올바른 것은?

① 토지측량자가 지적공부의 등록사항에 잘못이 있음을 발견했을 때 지적소관청에 그 정정을 신청할 수 있다.

② 지적공부의 모든 등록사항 정정은 국토교통부장관의 승인을 얻어야 한다.

③ 지적소관청은 지적공부의 등록사항에 잘못이 있음을 발견한 때에는 반드시 법원의 판결에 의하여 조사·측량하여 정정할 수 있다.

④ 지적소관청이 등록사항을 정정하는 경우에 미등기 토지를 제외하고는 그 정정사항이 토지소유자에 관한 사항인 경우에는 등기필증·등기사항증명서에 의하여야 한다.

해설 ① 토지측량자는 지적공부의 등록사항에 잘못이 있음을 발견했을 때 지적소관청에 그 정정을 신청할 수 없다.

② 지적공부의 등록사항 정정은 국토교통부장관의 승인을 얻지 아니한다.

③ 지적소관청은 지적공부의 등록사항에 잘못이 있음을 발견한 때에는 법원의 판결 또는 기타 서류에 의하여 조사·측량하여 정정할 수 있다.

41 지적공부의 등록사항에 잘못이 있어 경계 또는 면적의 변경을 가져오는 경우 정정신청하고자 할 때 토지소유자가 지적소관청에 제출하여야 하는 첨부서류와 관계가 깊은 것은?

① 등록사항정정측량성과도   ② 경계복원측량성과도

③ 분할측량성과도   ④ 등록전환측량성과도

해설 지적공부의 등록사항에 잘못이 있어 경계 또는 면적의 변경을 가져오는 경우에 정정신청하고자 할 때 토지소유자는 지적소관청에게 등록사항정정측량성과도를 제출하여야 한다.

42 미등기 토지의 소유자를 정정하고자 한다. 관계서류 중 옳은 것은?

① 가족관계등록사항증명서 　　　　② 가족관계등록사항증명서 또는 등기필증
③ 이해관계인의 승낙서 또는 재판의 등본 　　④ 토지대장 및 임야대장

해설

구 분	관계서류
등기된 토지	1. 등기필증 2. 등기사항증명서 3. 등기관서에서 제공한 등기전산정보자료 4. 등기완료통지서
미등기 토지	가족관계등록사항증명서

43 지적소관청이 지적공부의 등록사항에 잘못이 있는지 여부를 직권조사측량하여 정정할 수 있는 경우가 아닌 것은?

① 이동정리결의서와 내용이 다르게 정리된 경우
② 지적측량성과와 다르게 정리된 경우
③ 공부상 면적의 증감으로 경계의 위치가 잘못된 경우
④ 1필지 토지가 각각 다른 지적도에 등록된 공부상 면적과 실제 면적이 일치하지 않는 경우

해설 공부상 면적의 증감으로 경계의 위치가 잘못된 경우에는 직권으로 등록사항을 정정할 수 없다.

44 등록사항의 정정으로 토지경계가 변동될 경우 인접토지소유자의 승낙서에 갈음할 수 있는 판결이 아닌 것은?

① 경계확정판결 　　　　　　　　② 공유물분할의 판결
③ 지상물양도판결 　　　　　　　④ 소유권확인판결

해설 「지적에 관한 법률」 제38조 제3항 소정의 '이해관계인에게 대항할 수 있는 판결'에는 지적공부를 기준으로 하여 그 지번에 해당하는 토지를 특정하고 그 면적과 경계를 확정하는 내용이라면 경계확정의 판결, 공유물분할의 판결, 지상물 철거 및 토지인도의 판결 이외에 소유권확인의 판결도 포함된다(대판 1991. 10.11, 91다1264).

45 지적공부의 등록사항 정정에 관한 설명으로 틀린 것은?

① 지적도 및 임야도에 등록된 필지가 면적의 증감 없이 경계의 위치만 잘못 등록된 경우 지적소관청이 직권으로 조사·측량하여 정정할 수 있다.
② 토지소유자가 경계 또는 면적의 변경을 가져오는 등록사항에 대한 정정신청을 하는 때에는 정정사유를 기재한 신청서에 등록사항정정측량성과도를 첨부하여 지적소관청에 제출하여야 한다.
③ 등록사항 정정대상토지에 대한 대장을 열람하게 하거나 등본을 발급하는 때에는 '등록사항정정대상토지'라고 기재한 부분을 흑백의 반전으로 표시하거나 붉은색으로 기재하여야 한다.
④ 등기된 토지의 지적공부등록사항 정정내용이 토지의 표시에 관한 사항인 경우 등기필증, 등기사항증명서 또는 등기관서에 제공한 등기전산정보자료에 의하여 정정하여야 한다.

해설 등기된 토지의 지적공부등록사항 정정내용이 소유자에 관한 사항인 경우 등기필증, 등기사항증명서 또는 등기관서에 제공한 등기전산정보자료에 의하여 정정하여야 한다.

정답 　42. ① 　43. ③ 　44. ③ 　45. ④

46 토지대장 및 토지등기부 등본을 발급받아 확인한 결과 토지대장에 토지소유자의 성명이 잘못 등록되어 있는 것을 발견한 경우 토지대장에 등록된 성명의 정정을 요청할 수 있는 근거자료로 틀린 것은?

① 등기전산정보자료　　　　　　　② 등기사항증명서
③ 등기필증　　　　　　　　　　　④ 가족관계기록사항증명서

해설 지적공부에 등록된 토지소유자의 변경사항은 등기관서에서 등기한 것을 증명하는 등기필통지서, 등기필증, 등기사항증명서 또는 등기관서에서 제공한 등기전산정보자료에 의하여 정리한다.

47 농지개량사업의 시행에 따른 토지이동으로서의 지적정리시기로 하는 것은?

① 사업계획수립시기　　　　　　　② 사업인가 시
③ 공사착수 시　　　　　　　　　　④ 공사준공 시

해설 농지개량사업의 시행에 따른 토지이동시기는 공사준공 시이다.

48 다음 중 지적소관청의 직권에 의한 토지의 조사·등록 절차가 옳은 것은?

① 토지이동현황조사계획 → 토지이동조사부 작성 → 토지이동현황조사 → 토지이동정리결의서 작성 → 지적공부 정리
② 토지이동현황조사계획 → 토지이동현황조사 → 토지이동조사부 작성 → 토지이동정리결의서 작성 → 지적공부 정리
③ 토지이동조사부 작성 → 토지이동현황조사계획 → 토지이동현황조사 → 토지이동정리결의서 작성 → 지적공부 정리
④ 토지이동조사부 작성 → 토지이동현황조사 → 토지이동현황조사계획 → 토지이동정리결의서 작성 → 지적공부 정리

해설 직권에 의한 조사·등록

1. **토지이동현황조사계획 수립**
   지적소관청은 토지의 이동현황을 직권으로 조사·측량하여 토지의 지번·지목·면적·경계 또는 좌표를 결정하고자 하는 때에는 토지이동현황조사계획을 수립하여야 한다. 이 경우 토지이동현황조사계획은 시·군·구별로 수립하되, 부득이한 사유가 있는 때에는 읍·면·동별로 수립할 수 있다.
2. **토지이동조사부 작성**
   지적소관청은 토지이동현황조사계획에 따라 토지의 이동현황을 조사한 때에는 토지이동조사부에 토지의 이동현황을 기재하여야 한다.
3. **토지이동정리결의서 작성**
   지적공부를 정리하고자 하는 때에는 토지이동조사부를 근거로 토지이동조서를 작성하여 토지이동정리결의서에 첨부하여야 하며, 토지이동조서의 아랫부분 여백에 '「공간정보의 구축 및 관리 등에 관한 법률」에 따른 직권 정리'라고 적어야 한다.
4. **지적공부 정리**
   지적소관청은 토지이동현황조사결과에 의하여 토지의 지번·지목·면적·경계 또는 좌표를 결정한 때에는 이에 따라 지적공부를 정리하여야 한다.

49 다음 중 현행 공간정보의 구축 및 관리 등에 관한 법률상 신청을 대위할 수 없는 자는?

① 공공사업 등으로 인하여 도로·제방·구거의 지목으로 되는 토지의 경우 그 사업시행자
② 지방자치단체가 취득하는 토지의 경우에는 그 토지를 관리하는 지방자치단체의 장
③ 채권자는 일신에 전속한 권리를 제외하고는 자기의 채권을 보전하기 위하여 채무자의 권리를 행사할 수 있다는 「민법」규정에 의한 채권자
④ 「주택법」에 의한 공동주택의 부지의 경우에는 「주택법」에 의한 사업시행자

해설 「주택법」에 의한 주택의 부지의 경우에는 「집합건물의 소유 및 관리에 관한 법률」에 의한 관리인(관리인이 없는 경우에는 공유자가 선임한 대표자) 또는 사업시행자가 토지이동을 신청한다.

50 공간정보의 구축 및 관리 등에 관한 법률상 토지소유자가 하여야 하는 신청을 대위할 수 있는 자가 아닌 것은?

① 공공사업 등으로 인하여 학교용지·도로·철도용지·제방 등의 지목으로 되는 토지의 경우에는 그 사업시행자
② 국가 또는 지방자치단체가 취득하는 토지의 경우에는 그 토지를 관리하는 행정기관의 장 또는 지방자치단체의 장
③ 「주택법」에 의한 공동주택의 부지의 경우에는 「집합건물의 소유 및 관리에 관한 법률」에 의한 사업시행자
④ 「민법」 제404조(채권자의 대위신청)의 규정에 의한 채권자와 지상권자

해설 신청의 대위

사업시행자	학교용지·도로·철도용지·하천·제방·구거·유지·수도용지 등의 지목으로 될 토지
국가·지방자치단체장	국가·지방자치단체가 취득하는 토지
관리인·사업시행자	합병대상토지 중 공동주택부지
채권자	「민법」 제404조 규정에 의하여 채무자의 토지이동신청

51 공간정보의 구축 및 관리 등에 관한 법률상 토지이동신청특례 등에 관한 설명 중 틀린 것은?

① 도시개발사업으로 인하여 사업의 착수신고가 된 토지는 그 사업이 완료되는 때까지 사업시행자 외의 자가 토지의 이동을 신청할 수 없다.
② 농어촌정비사업으로 인하여 토지의 이동이 있는 때에는 그 사업시행자가 지적소관청에 그 이동을 신청하여야 한다.
③ 「주택법」에 의한 공동주택의 부지를 지목변경하는 경우 「집합건물의 소유 및 관리에 관한 법률」에 의한 관리인이 토지소유자의 신청을 대위할 수 있다.
④ 지적소관청이 지적측량적부(재)심사의결서 사본을 송부받아 그 내용에 따라 지적공부의 경계를 정정하는 경우에는 이해관계인의 승낙서를 받아야 한다.

해설 지적소관청이 지적측량적부(재)심사의결서 사본을 송부받아 그 내용에 따라 지적공부의 경계를 정정하는 경우 이해관계인의 승낙서는 첨부하지 아니한다.

52 지적공부의 토지소유자 정리에 관한 설명 중 틀린 것은?

① 지적공부에 등록된 토지소유자의 변경사항은 등기관서에서 등기한 것을 증명하는 등기필통지서·등기필증·등기사항증명서 및 등기전산정보자료에 의하여 정리한다.

②「공유수면매립법」의 규정에 의하여 매립준공인가된 토지를 신규등록하는 경우 지적공부에 등록하는 토지의 소유자는 지적소관청이 조사하여 등록한다.

③ 지적소관청이 관할 등기관서의 등기필통지 및 등기전산정보자료를 받은 경우 등기부에 기재된 토지의 표시가 지적공부의 등록사항과 부합하지 않은 때에는 이를 정리할 수 없다.

④ 지적공부와 부동산등기부의 부합 여부를 조사·확인하여 부합하지 않은 사항이 있는 때에는 지적소관청이 토지소유자와 그 밖에 이해관계인에게 그 부합에 필요한 신청을 요구할 수 있으나 이를 직권으로 정정할 수 없다.

해설 등기부와의 부합 여부 확인

지적소관청은 필요하다고 인정하는 때에는 지적공부와 부동산등기부의 부합 여부를 관할 등기관서 등기부 열람에 의하여 조사·확인하여야 하고, 부합되지 아니하는 사항을 발견한 때에는 등기사항증명서 또는 등기관서에서 제공한 등기전산정보자료에 의하여 지적공부를 직권으로 정리하거나 토지소유자 그 밖의 이해관계인에게 그 부합에 필요한 신청 등을 하도록 요구할 수 있다.

53 지적공부에 등록된 토지소유자의 변경사항은 등기관서에서 등기한 것을 증명하는 등기필통지내역에 의하여 정리할 수 있다. 이 경우 등기부에 기재된 토지의 표시가 지적공부와 부합하지 않을 때의 설명 중 옳은 것은?

① 지적공부를 등기완료통지서내역에 의하여 정리하고, 부합하지 않는 사실을 관할 등기관서에 통지한다.

② 지적공부를 등기완료통지서내역에 의하여 정리할 수 없으며, 그 뜻을 관할 등기관서에 통지한다.

③ 지적공부를 등기완료통지서내역에 의하여 정리할 수 없으며, 그 뜻을 관할 등기관서에 통지하지 않아도 된다.

④ 지적공부를 등기완료통지서내역에 의하여 정리만 하면 된다.

해설 지적공부를 등기완료통지서내역에 의하여 정리할 수 없으며, 그 뜻을 관할 등기관서에 통지한다.

54 지적공부의 정리 중 소유자 정리에 대한 설명 중 틀린 것은?

① 대장의 소유자변동일자는 등기필통지서·등기필증·등기사항증명서 또는 등기관서에서 제공한 등기전산정보자료의 경우에는 등기접수일자이다.

② 미등기 토지소유자에 관한 정정신청의 경우에는 소유자정리결의일자로 정리를 한다.

③ 공유수면매립준공에 의한 신규등록의 경우에는 지적공부에 등록일자를 정리한다.

④ 주소·성명·명칭의 변경 또는 경정 및 소유권 이전 등이 같은 날짜에 등기가 된 경우의 지적공부 정리는 등기접수순서에 따라 전량 정리하여야 한다.

 대장의 소유자변동일자는 등기필통지서 · 등기필증 · 등기사항증명서의 경우에는 등기접수일자를, 미등기 토지소유자 등록사항 정정신청의 경우와 국유재산법에 의한 총괄청 또는 관리청이 지적공부에 소유자가 등록되지 아니한 토지의 소유자등록신청을 하는 경우에는 소유자정리결의일자를, 공유수면매립준공에 의한 신규등록의 경우에는 매립준공일자를 정리한다.

55 미등기 토지의 토지대장에 소유자의 기재가 없는 경우 지적 정리방법으로 타당한 것은?

① 지적소관청이 직권으로 조사하여 등록한다.
② 등기사항증명서에 의하여 정리된다.
③ 매수인이 매도인을 피고로 한 확정판결에 의하여 등록한다.
④ 소유자가 국가를 피고로 한 확정판결에 의하여 등록한다.

 대장상의 소유자가 공란으로 되어 있는 경우 국가를 상대로 확인판결을 받아 지적공부를 정리한다.

56 토지의 이동신청 및 지적 정리 등에 관한 설명으로 틀린 것은?

① 합병하고자 하는 토지의 소유자별 공유지분이 다르거나 소유자의 주소가 서로 다른 경우 토지소유자는 합병을 신청할 수 없다.
② 소유권이전과 매매, 그리고 토지 이용상 불합리한 지상경계를 시정하기 위한 경우 토지소유자는 분할을 신청할 수 있다.
③ 「국토의 계획 및 이용에 관한 법률」 등 관계법령에 의한 토지의 형질변경 등의 공사가 준공된 경우 토지소유자는 지목변경을 신청할 수 있다.
④ 지적공부의 등록사항이 토지이동정리결의서의 내용과 다르게 정리된 경우 지적소관청이 직권으로 조사 · 측량하여 정정할 수 없다.

 지적공부의 등록사항이 토지이동정리결의서의 내용과 다르게 정리된 경우 지적소관청이 직권으로 조사 · 측량하여 정정할 수 있다.

57 지적공부의 토지소유자 정리 등에 관한 설명으로 틀린 것은?

① 신규등록을 제외한 토지소유자의 변경사항은 등기관서에서 등기한 것을 증명하는 등기필통지서, 등기필증, 등기사항증명서 또는 등기관서에서 제공한 등기전산정보자료에 의하여 정리한다.
② 「국유재산법」에 의한 총괄청 또는 관리청이 지적공부에 소유자가 등록되지 아니한 토지에 대하여 소유자등록신청을 하는 경우 지적소관청은 이를 등록할 수 있다.
③ 등기부에 기재된 토지의 표시가 지적공부와 부합하지 아니하는 때에는 지적공부의 토지소유자를 정리할 수 없다. 이 경우 그 뜻을 관할 등기관서에 통지하여야 한다.
④ 지적소관청은 토지소유자의 변동 등에 따른 지적공부를 정리하고자 하는 경우에는 토지이동정리결의서를 작성하여야 한다.

 지적소관청은 토지소유자의 변동 등에 따른 지적공부를 정리하고자 하는 경우에는 소유자정리결의서를 작성하여야 한다.

정답 55. ④ 56. ④ 57. ④

58 공간정보의 구축 및 관리 등에 관한 법률상 토지의 이동신청 및 정리에 관한 다음의 설명 중 틀린 것은?

① 합병하고자 하는 2필지의 토지가 다른 합병요건을 충족하는 때에는 1필지의 토지에 전세권의 등기가 있을 경우에도 합병신청을 할 수 있다.

② 합병하고자 하는 2필지의 토지가 다른 합병요건은 충족하나 소유자의 주소가 서로 다른 경우에 합병신청을 할 수 없다.

③ 지적공부의 등록사항이 토지이동정리결의서의 내용과 다르게 정리된 경우에는 지적소관청이 직권으로 조사하여 이를 정정할 수 있다.

④ 토지소유자가 토지이동신청의무를 이행하지 않아 지적소관청이 직권으로 조사·측량하여 지적공부를 정리한 때에는 지적소관청이 이에 소요되는 지적공부 정리신청 수수료를 토지소유자에게 징수할 수 있다.

해설 토지소유자가 토지이동신청의무를 이행하지 않아 지적소관청이 직권으로 조사·측량하여 지적공부를 정리한 때에는 지적소관청은 조사·측량에 소요되는 비용을 토지소유자에게 징수할 수 있다.

59 토지이동정리결의서 및 소유자정리결의서 작성에 대한 설명으로 틀린 것은?

① 신규등록은 이동 후란에 지목·면적 및 지번수를, 증감란에는 면적 및 지번수를 기재한다.
② 토지 소재·이동 전·이동 후 및 증감란은 읍·면·동 단위로 지목별로 작성한다.
③ 등록전환에 따른 임야대장 및 임야도의 말소정리는 토지이동결의서에 의한다.
④ 분할 및 합병은 이동 전·후란에 지목 및 지번수를, 증감란에 지번수를 기재한다.

해설 등록전환은 이동 전란에 임야대장에 등록된 지목·면적 및 지번수를, 이동 후란에 토지대장에 등록될 지목·면적 및 지번수를, 증감란에는 면적을 기재한다. 이 경우 등록전환에 따른 임야대장 및 임야도의 말소 정리는 등록전환결의서에 의한다.

60 공간정보의 구축 및 관리 등에 관한 법령에 따라 지적공부를 한 때 지적소관청이 토지소유자에게 통지하여야 하는 경우가 아닌 것은?

① 바다로 된 토지에 대하여 토지소유자의 등록말소신청이 없어 지적소관청이 직권으로 지적공부를 말소한 때

② 지적공부의 전부 또는 일부가 멸실·훼손되어 이를 복구한 때

③ 지번부여지역의 일부가 행정구역의 개편으로 다른 지번부여지역에 속하게 되어 새로이 지번을 부여하여 지적공부에 등록한 때

④ 등기관서의 등기필통지서에 의하여 지적공부에 등록된 토지소유자의 변경사항을 정리한 때

해설 등기관서의 등기필통지서에 의하여 지적공부에 등록된 토지소유자의 변경사항을 정리한 때에는 토지소유자에게 통지하지 아니한다.

61 다음 중 지적공부 정리 시 통지시기에 대한 설명이다. 이 중 토지의 표시에 관한 변경등기가 필요하지 않는 경우 토지소유자에게 통지하여야 할 시기의 설명으로 옳은 것은?

① 지적공부에 등록한 날로부터 7일 이내에
② 지적공부에 등록한 날로부터 15일 이내에
③ 등기완료통지서를 접수한 날로부터 10일 이내에
④ 등기완료통지서를 날로부터 15일 이내에

해설 토지의 표시에 관한 변경등기가 필요하지 않는 경우 지적공부에 등록한 날로부터 7일 이내에 통지하여야 한다.

62 토지이동에 따른 지적공부 정리 및 등기촉탁에 관한 설명 중 틀린 것은?

① 지적소관청은 토지의 이동이 있는 경우에는 토지이동정리결의서를 작성하여야 한다.
② 지적소관청은 지번을 변경하는 경우 지적공부를 정리하여야 한다. 이 경우 이미 작성된 지적공부에 정리할 수 없는 때에는 지적공부를 새로이 작성하여야 한다.
③ 토지표시의 변경에 관한 등기를 할 필요가 있는 경우에는 지적소관청은 지체 없이 관할 등기관서에 그 등기를 촉탁하여야 한다.
④ 지적소관청이 지적 정리를 한 때에는 그 토지소유자에게 통지하여야 한다. 다만, 통지받는 자의 주소를 알 수 없는 때에는 당해 시·도의 게시판에 게시하거나 일간신문에 게재하여야 한다.

해설 1. **지적정리의 통지**
지적소관청이 지적공부에 등록하거나 지적공부를 복구·말소 또는 등기촉탁을 한 때에는 당해 토지소유자에게 통지하여야 한다.

2. **통지방법**
통지받는 자의 주소 또는 거소를 알 수 없을 때에는 당해 시·군·구의 공보, 일간신문 또는 인터넷 홈페이지에 게재함으로써 소유자에게 통지된 것으로 본다.

63 지적소관청이 지적 정리로 인한 토지표시의 변경에 관한 등기촉탁을 하여야 할 필요가 있는 경우에 해당되지 않는 것은?

① 「공유수면매립법」에 의해 준공된 토지를 신규등록한 때
② 토지의 형질변경 등의 공사가 준공되어 지목변경한 때
③ 지적공부에 등록된 지번을 변경할 필요가 있어 지번을 새로이 부여한 때
④ 행정구역의 개편으로 새로이 지번을 부여한 때

해설 선등록 후등기 원칙이므로 신규등록 당시 등기부가 존재하지 아니하므로 신규등록은 등기촉탁에 대상이 될 수 없다.

정답 61. ① 62. ④ 63. ①

64 다음 중 등기촉탁대상으로 볼 수 없는 것은?

① 지적소관청이 직권으로 토지이동을 정리한 경우

② 등기사항증명서에 의하여 지적공부상 소유권을 정리한 경우

③ 바다로 된 토지의 등록을 말소한 경우

④ 행정구역 개편으로 인하여 새로이 지번을 설정한 경우

해설 등기촉탁은 토지표시의 변경에 관한 등기를 할 필요가 있는 경우에는 지적소관청은 지체 없이 관할 등기관서에 그 등기를 촉탁하여야 한다. 즉 소유자의 변경은 등기촉탁의 대상이 되지 못한다. 신규등록이나 등기사항증명서에 의하여 지적공부상 소유권을 정리한 경우에는 등기촉탁의 대상에 해당하지 아니한다.

지적재조사에 관한 특별법

01 총 설

1. 제정목적

이 법은 토지의 실제 현황과 일치하지 아니하는 지적공부(地籍公簿)의 등록사항을 바로 잡고 종이에 구현된 지적(地籍)을 디지털지적으로 전환함으로써 국토를 효율적으로 관리함과 아울러 국민의 재산권 보호에 기여함을 목적으로 한다.

2. 용어의 정의

① **지적공부** : 「공간정보의 구축 및 관리 등에 관한 법률」 제2조 제19호에 따른 지적공부를 말한다.

② **지적재조사사업** : 「공간정보의 구축 및 관리 등에 관한 법률」 제71조부터 제73조까지의 규정에 따른 지적공부의 등록사항을 조사 · 측량하여 기존의 지적공부를 디지털에 의한 새로운 지적공부로 대체함과 동시에 지적공부의 등록사항이 토지의 실제 현황과 일치하지 아니하는 경우 이를 바로 잡기 위하여 실시하는 국가사업을 말한다.

③ **지적재조사지구** : 지적재조사사업을 시행하기 위하여 제7조 및 제8조에 따라 지정 · 고시된 지구를 말한다.

④ **토지현황조사** : 지적재조사사업을 시행하기 위하여 필지별로 소유자, 지번, 지목, 면적, 경계 또는 좌표, 지상건축물 및 지하건축물의 위치, 개별공시지가 등을 조사하는 것을 말한다.

⑤ **지적소관청** : 「공간정보의 구축 및 관리 등에 관한 법률」 제2조 제18호에 따른 지적소관청을 말한다.

3. 토지 등의 출입

① 지적소관청은 지적재조사사업을 위하여 필요한 경우에는 소속공무원 또는 책임수행기관으로 하여금 타인의 토지 · 건물 · 공유수면 등(이하 이 조에서 "토지 등"이라 한다)에 출입하거나 이를 일시 사용하게 할 수 있으며, 특히 필요한 경우에는 나무 · 흙 · 돌, 그 밖의 장애물(이하 "장애물 등"이라 한다)을 변경하거나 제거하게 할 수 있다.

② 지적소관청은 소속공무원 또는 책임수행기관으로 하여금 타인의 토지 등에 출입하게 하거나 이를 일시 사용하게 하거나 장애물 등을 변경 또는 제거하게 하려는 때에는 출입 등을 하려는 날의 3일 전까지 해당 토지 등의 소유자·점유자 또는 관리인에게 그 일시와 장소를 통지하여야 한다.

③ 해 뜨기 전이나 해가 진 후에는 그 토지 등의 점유자의 승낙 없이 택지나 담장 또는 울타리로 둘러싸인 타인의 토지 등에 출입할 수 없다.

④ 토지 등의 점유자는 정당한 사유 없이 행위를 방해하거나 거부하지 못한다.

⑤ 행위를 하려는 자는 그 권한을 표시하는 증표와 허가증을 지니고 이를 관계인에게 내보여야 한다.

⑥ 지적소관청은 행위로 인하여 손실을 입은 자가 있으면 이를 보상하여야 한다.

⑦ 손실보상에 관하여는 지적소관청과 손실을 입은 자가 협의하여야 한다.

⑧ 지적소관청 또는 손실을 입은 자는 협의가 성립되지 아니하거나 협의를 할 수 없는 경우에는 「공익사업을 위한 토지 등의 취득 및 보상에 관한 법률」에 따른 관할 토지수용위원회에 재결을 신청할 수 있다.

⑨ 관할 토지수용위원회의 재결에 관하여는 「공익사업을 위한 토지 등의 취득 및 보상에 관한 법률」의 규정을 준용한다.

02 지적재조사사업 절차

1. 시행자 및 업무 위탁

1) 시행자

지적재조사사업은 지적소관청이 시행한다.

2) 지적재조사사업의 측량·조사 등의 위탁

지적소관청은 지적재조사사업의 측량·조사 등을 책임수행기관에 위탁할 수 있으며 다음의 업무를 책임수행기관에게 위탁할 수 있다.

① 토지현황조사 및 토지현황조사서 작성

② 지적재조사측량 중 경계점측량 및 필지별 면적 산정

③ 경계 설정

④ 임시경계점표지 설치, 지적확정예정조서 작성, 경계 재설정 및 임시경계점표지 재설치

⑤ 경계점표지 설치, 경계확정측량 및 지상경계점등록부 작성

⑥ 「지적재조사측량규정」에 따른 지적재조사지구의 내·외경계 확정

⑦ 측량규정에 따른 측량성과물 작성

3) 고시 및 통지

(1) 고시

지적소관청은 책임수행기관에 지적재조사사업의 측량·조사 등을 위탁한 때에는 대통령령으로 정하는 바에 따라 다음의 사항을 공보에 고시해야 한다.

① 책임수행기관의 명칭

② 지적재조사지구의 명칭

③ 지적재조사지구의 위치 및 면적

④ 책임수행기관에 위탁할 측량·조사에 관한 사항

(2) 통지

지적소관청은 토지소유자와 책임수행기관에 고시사항을 통지해야 한다.

4) 업무 위탁계약

① 지적소관청은 업무를 책임수행기관에게 위탁하는 경우에는 위탁계약을 체결하여야 한다.

② 업무 위탁계약에는 다음의 사항이 포함되어야 한다.

ㄱ 업무 위탁의 목적과 업무범위

ㄴ 사업 주요 내용과 위탁수행기간

ㄷ 업무 위탁 측량수수료

ㄹ 책임수행기관의 의무

ㅁ 계약 위반 시의 책임과 조치사항

ㅂ 그 밖에 책임수행기관의 운영에 필요한 사항

5) 업무 위탁 측량수수료

① 지적소관청은 업무 위탁계약 체결 시 책임수행기관에게 업무 위탁 측량수수료를 지급하여야 한다.

② 업무 위탁 측량수수료는 실시계획에 포함된 필지수를 기준으로 산정하며, 지적재조사측량성과검사가 완료된 때에 지적재조사지구 지정필지수를 기준으로 정산한다.

③ 책임수행기관은 정산결과 업무 위탁 측량수수료가 남는 경우에는 지적소관청에 반납하여야 하며, 업무 위탁 측량수수료가 부족한 경우에는 지적소관청에 추가 지급을 요청하여야 한다. 다만, 정산결과 필지수의 증감이 100분의 5 이내인 경우에는 그러하지 아니하다.

④ 지적소관청은 업무 위탁 측량수수료 정산금액을 국토교통부에 반환하거나 다음연도의 보조금을 교부받아 지급하여야 한다.

⑤ 업무 위탁 측량수수료의 정산금액은 계약체결 당시의 「지적측량수수료단가 산출기준」에 따르며, 업무 위탁 측량수수료의 관리에 관하여는 「보조금관리에 관한 법률」을 따른다.

6) 기타

① 지적소관청이 지적재조사사업의 측량 · 조사 등을 책임수행기관에게 위탁할 경우 지적소관청 공보에 고시하여야 한다.

② 지적재조사사업의 측량 · 조사 수수료에 관한 사항은 「지적측량수수료 산정기준 등에 관한 규정」을 따른다.

③ 지적재조사사업의 측량 · 조사 수수료 산정 필지수는 지적재조사지구 지정고시일을 기준으로 한다.

2. 책임수행기관의 지정

1) 공고

국토교통부장관은 책임수행기관을 지정하려면 지정신청에 관한 사항을 2주 이상 인터넷 홈페이지 등에 공고하여야 한다.

2) 책임수행기관의 지정요건

국토교통부장관은 사업범위를 전국으로 하는 책임수행기관을 지정하거나 인접한 2개 이상의 특별시 · 광역시 · 도 · 특별자치도 · 특별자치시를 묶은 권역별로 책임수행기관을 지정할 수 있다.

(1) 책임수행기관의 지정대상

① 「국가공간정보 기본법」 제12조에 따른 한국국토정보공사

② 다음의 기준을 모두 충족하는 자

  ㉠ 「민법」 또는 「상법」에 따라 설립된 법인일 것

  ㉡ 지적재조사사업을 전담하기 위한 조직과 측량장비를 갖추고 있을 것

  ㉢ 「공간정보의 구축 및 관리 등에 관한 법률」에 따른 측량기술자(지적분야로 한정한다) 1,000명(권역별로 책임수행기관을 지정하는 경우에는 권역별로 200명) 이상이 상시 근무할 것

(2) 지정기간

책임수행기관의 지정기간은 5년으로 한다.

3) 책임수행기관의 지정절차

(1) 서류의 제출

① 지정을 받으려는 자는 국토교통부령으로 정하는 지정신청서에 다음의 서류를 첨부하여 국토교통부장관에게 제출해야 한다. 이 경우 지정신청서는 지적재조사사업 책임수행기관 지정신청서에 따른다.

  ㉠ 사업계획서

  ㉡ 지정기준을 충족했음을 증명하는 서류

② 국토교통부장관은 지정신청서를 받은 때에는 「전자정부법」에 따른 행정정보의 공동이용을 통하여 법인 등기사항증명서를 확인해야 한다. 다만, 신청인이 해당 서류의 확인에 동의하지 않은 경우에는 해당 서류를 첨부하도록 해야 한다.

(2) 지정 여부 결정

지정신청을 받은 국토교통부장관은 다음의 사항을 고려하여 지정 여부를 결정한다.

① 사업계획의 충실성 및 실행 가능성
② 지적재조사사업을 전담하기 위한 조직과 측량장비의 적정성
③ 기술인력의 확보수준
④ 지적재조사사업의 조속한 이행 필요성

(3) 책임수행기관으로 지정

국토교통부장관은 지적재조사사업의 측량·조사 등의 업무를 전문적으로 수행하는 책임수행기관을 지정할 수 있다.

① 국토교통부장관은 책임수행기관 지정신청이 있는 경우 다음의 사항을 심사하여 책임수행기관으로 지정할 수 있다.

　㉠ 지적재조사 업무를 전문적으로 수행할 수 있는지 여부
　㉡ 지정요건을 충족하는지 여부
　㉢ 그 밖에 책임수행기관으로서 적합한지 여부

② 국토교통부장관은 권역별로 책임수행기관을 지정하려면 이미 지정한 책임수행기관의 권역과 중복되지 않도록 사전에 조정하여야 하며, 권역별로 책임수행기관을 지정한 경우에는 이미 지정하였던 책임수행기관의 권역은 조정에 의해 변경된 것으로 본다.

③ 국토교통부장관은 책임수행기관을 지정한 때에는 지적재조사사업 책임수행기관 지정서를 발급해야 한다.

(4) 한국국토정보공사를 책임수행기관으로 지정할 수 있는 경우

국토교통부장관은 지정신청이 없거나 지정신청을 검토한 결과 적합한 자가 없는 경우에는 한국국토정보공사를 책임수행기관으로 지정할 수 있다.

(5) 공고, 통지 및 통보

국토교통부장관은 책임수행기관을 지정한 경우에는 이를 관보 및 인터넷 홈페이지에 공고하고 시·도지사 및 신청자에게 통지해야 한다. 이 경우 시·도지사는 이를 지체 없이 지적소관청에 통보해야 한다.

(6) 지정의 효력

책임수행기관의 지정효력은 책임수행기관 지정이 취소되거나 새로운 책임수행기관이 지정되기 전까지 지속되는 것으로 본다.

4) 책임수행기관의 지정취소

(1) 지정취소

① 국토교통부장관은 책임수행기관이 다의 어느 하나에 해당하는 경우 그 지정을 취소할 수 있다. 다만, ㉠ 또는 ㉡에 해당하는 경우에는 지정을 취소해야 한다.

㉠ 거짓이나 부정한 방법으로 지정을 받은 경우

㉡ 거짓이나 부정한 방법으로 지적재조사 · 측량업무를 수행한 경우

㉢ 90일 이상 계속하여 지정기준에 미달되는 경우

㉣ 정당한 사유 없이 지적소관청으로부터 위탁받은 업무를 위탁받은 날부터 1개월 이내에 시작하지 않거나 3개월 이상 계속하여 중단한 경우

㉤ 그 밖에 책임수행기관으로서 원활한 업무수행이 불가능하다고 판단되는 경우

② 국토교통부장관은 책임수행기관을 지정 · 지정취소할 때에는 대통령령으로 정하는 바에 따라 이를 고시하여야 한다.

③ 그 밖에 임수행기관의 지정 · 지정취소 및 운영 등에 필요한 사항은 대통령령으로 정한다.

(2) 중앙지적재조사위원회 심의

책임수행기관을 지정하거나 지정취소하려는 경우에는 중앙지적재조사위원회의 심의 · 의결을 거쳐야 한다.

(3) 청문 실시

국토교통부장관은 지정을 취소하려는 경우에는 청문을 실시해야 한다.

(4) 공고, 통지 및 통보

국토교통부장관은 책임수행기관을 지정취소한 경우에는 이를 관보 및 인터넷 홈페이지에 공고하고 시 · 도지사 및 신청자에게 통지해야 한다. 이 경우 시 · 도지사는 이를 지체 없이 지적소관청에 통보해야 한다.

3. 책임수행기관의 운영

1) 운영계획의 수립

(1) 운영계획 수립

책임수행기관은 매년 다음연도의 지적재조사사업에 관한 운영계획을 수립하여 11월 30일까지 국토교통부장관에게 제출해야 한다.

(2) 운영계획에 포함될 사항

책임수행기관은 운영계획을 수립할 경우 지적재조사 측량 · 조사 등의 수행계획, 조직구성, 지원 등의 사항을 포함하여야 한다.

(3) 운영계획의 검토 및 보완

국토교통부장관은 책임수행기관이 제출한 운영계획을 검토하여 책임수행기관에게 보완하게 할 수 있다.

2) 업무의 수행

책임수행기관은 지적재조사사업의 효율적 수행을 위하여 다음의 업무를 수행해야 한다.
① 지적재조사사업의 일부를 대행하게 한 경우 지적재조사대행자에 대한 다음의 업무지원
ㄱ 지적재조사사업을 수행하기 위한 행정지원반 설치·운영
ㄴ 경계 설정 및 현지조사 등 업무자문
ㄷ 측량소프트웨어 지원
ㄹ 지적재조사사업 수행에 필요한 기술지원
② 지적재조사사업에 관한 연구개발
③ 지적재조사사업 홍보

3) 지원업무

(1) 행정업무

① 책임수행기관은 원활한 지적재조사업무 수행을 위해 총괄전담조직 및 광역시·도단위의 관리조직에 행정지원반을 설치하여 다음의 사항을 지원하여야 한다.
ㄱ 책임수행기관 및 대행자의 역할에 관한 사항
ㄴ 측량성과 작성 등 대행자의 업무 수행
ㄷ 법령해석에 관한 사항
ㄹ 대행자의 애로사항 및 갈등관리 등
② 책임수행기관은 지적재조사 측량·조사와 관련되어 지적소관청 또는 대행자에게 제기된 소송 및 민원 대응을 지원하여야 한다.
③ 책임수행기관은 지적소관청과 사전협의를 통해 지적재조사지구에 대한 무인항공촬영을 실시하고 정사영상 등을 지적재조사행정시스템에 등록하여 공동활용하여야 한다. 다만, 「항공안전법」 제79조에 따라 항공기의 비행이 제한되는 경우에는 그러하지 아니하다.

(2) 현장지원

① 책임수행기관은 대행자의 효율적인 업무 수행을 위하여 경계설정기준 및 현지조사방법 등을 자문하여야 한다.
② 책임수행기관은 각 지적재조사지구별로 다음 각 호의 역할을 수행하는 지역전문가를 둘 수 있다.
ㄱ 토지소유자 간 경계 합의 등 갈등 해소 및 중재
ㄴ 지적재조사지구 지정동의서 및 경계설정합의서 징구지원
ㄷ 주민설명회 의견 청취 및 사업 홍보
ㄹ 경계결정에 관한 소유자 의견 취합 및 관련 정보 공유

(3) 기술지원

① 책임수행기관은 업무대행계약기간 동안 대행자에게 측량소프트웨어를 지원하여야 한다.

② 책임수행기관은 대행자의 측량장비, 측량소프트웨어 등의 운용에 관한 기술지원을 실시하여야 한다.

(4) 교육지원

① 책임수행기관은 대행자의 전문성과 역량 강화를 위하여 전문교육과정을 설치하여 교육훈련 등을 실시하여야 한다.

② 책임수행기관은 원활한 사업 수행을 위하여 필요한 경우에는 측량장비 및 시스템운용교육을 실시하여야 한다.

4) 전담조직 운영

책임수행기관은 지적재조사사업을 총괄하는 전담조직과 광역시ㆍ도단위조직 및 전담측량팀을 운영하여야 한다.

① **총괄전담조직** : 지적재조사운영계획 수립, 홍보 등에 관한 사항

② **광역시ㆍ도단위조직** : 전담팀 운영, 대행자관리 등에 관한 사항

③ **전담측량팀** : 지적재조사 수행 등에 관한 사항

5) 지적재조사사업 추진실적 보고

국토교통부장관은 책임수행기관에 지적재조사사업 추진실적을 보고하게 할 수 있다.

6) 기타

책임수행기관의 지적재조사사업 수행에 관한 구체적 내용 및 절차 등에 관하여 필요한 사항은 국토교통부장관이 정하여 고시한다.

4. 대행자

1) 의의

책임수행기관이 위탁받은 지적재조사사업의 측량ㆍ조사 등의 업무 중 일부를 대행하여 수행하는 자를 말한다.

2) 대행자 선정공고

① 책임수행기관은 대행자를 선정하려면 국토교통부장관과 협의하여 국가종합전자조달시스템, 지적재조사행정시스템, 책임수행기관 홈페이지 등에 다음의 사항을 2주 이상 공고하여야 한다.

    ㉠ 사업의 개요

    ㉡ 공모에 따른 신청자격 및 참여조건

ⓒ 공모일정 및 절차

ⓔ 대행자 평가항목 및 배점기준

ⓜ 그 밖에 공모 시행에 필요한 사항 등

② 책임수행기관은 지적소관청별로 대행자를 선정할 수 있으며, 지적소관청이 요청한 경우 구역을 분리하여 공고할 수 있다.

3) 대행자 참여신청

(1) 신청

① 대행자로 선정 받으려는 자는 신청서에 서류를 첨부하여 지적재조사행정시스템에 참여를 신청하여야 한다.

② 대행자로 선정 받으려는 자는 기술인력이 중복되지 않도록 팀을 구성하여 1개 이상의 지적소관청에 참여신청을 할 수 있다.

③ 대행자로 선정 받으려는 자는 참여를 희망하는 순서대로 지적소관청을 선택할 수 있으며, 그 횟수에는 제한이 없다.

(2) 첨부서류

① 참여업체 일반현황을 증명하는 다음의 서류

ⓐ 지적측량업(변경)등록부

ⓑ 사업자등록증

ⓒ 인ㆍ허가 보증보험증권 사본

② 기술인력 및 장비의 보유를 증명하는 다음의 서류

ⓐ 국민건강보험공단 사업장 가입자

ⓑ 지적재조사 교육실적 증명서

ⓒ 시ㆍ도에서 발급하는 측량장비보유현황

③ 지적재조사 업무수행능력을 증명하는 다음의 서류

ⓐ 최근 3년 이내 업무수행실적

ⓑ 업체 신용도평가

ⓒ 업무수행계획서 등 그 밖에 업무수행능력을 증명할 수 있는 자료

4) 대행자 평가

① 대행자 평가 및 선정은 책임기술자와 참여기술자로 구성된 각 팀별로 실시한다.

② 대행자 평가는 정량평가 및 정성평가로 구분하며 평가항목별 배점은 다음 표와 같다.

[평가항목별 배점]

심사항목			평가요소	배 점	
1. 지적측량 기술자 (50점)	책임 기술자 (20점)	등급	• 특급기술자	10	50
			• 고급기술자	8	
			• 중급기술자	6	
		경력	• 기술자 경력 10년 이상	5	
			• 기술자 경력 7년 이상	4.5	
			• 기술자 경력 5년 이상	4	
			• 기술자 경력 5년 미만	3.5	
		실적	• 최근 3년 이내 3,000필지 이상	5	
			• 최근 3년 이내 2,000필지 이상 3,000필지 미만	4	
			• 최근 3년 이내 1,000필지 이상 2,000필지 미만	3	
			• 최근 3년 이내 500필지 이상 1,000필지 미만	2	
			• 최근 3년 이내 500필지 미만	1	
	참여 기술자 (24점)	인원	• 책임기술자를 제외한 지적기능사 이상의 지적측량기술자 | 구분 | 5인 이상 | 4인 | 3인 | 2인 | 1인 | | 평점 | 14 | 12 | 10 | 8 | 6 |	14	
		등급	• 참여기술자별 등급점수 합산/인원수 | 구분 | 특급 | 고급 | 중급 | 초급 | 기능사 | | 평점 | 10 | 9 | 8 | 7 | 6 |	10	
	교육이행 (6점)		• 최근 3년 이내 20시간 이상 지적재조사 관련 집합교육 이수자 인당 2점 부여 　- 사이버교육은 2시간당 0.1점을 부여하며 최대 1점만 인정	6	
2. 측량장비 (5점)	GNSS		• 3대 이상	3	5
			• 2대	2	
			• 1대	1	
	T/S측량기		• 2대 이상	2	
			• 1대	1	
3. 당해 연도 참여중첩도 (5점)	업무중첩건수		• 0건	5	5
			• 1건	4	
			• 2건	3	
			• 3건	2	
			• 4건 이상	1	
4. 최근 3년 이내 수행실적 (10점)	지적확정측량 수행금액		• 5억원 이상	3	10
			• 3억원 이상 5억원 미만	2	
			• 3억원 미만	1	
	지적재조사 수행필지수		• 2,000필지 이상	7	
			• 1,500필지 이상 2,000필지 미만	6	
			• 1,000필지 이상 1,500필지 미만	5	
			• 500필지 이상 1,000필지 미만	4	
			• 500필지 미만	3	

심사항목	평가요소				배 점
	신용평가 등급	회사채	기업어음	기업신용	
		BB0 이상	B+ 이상	BB0 이상	1.0
		B- 이상~BB0 미만	B- 이상~B+ 미만	B- 이상~BB0 미만	0.8
		CCC+ 이상~B- 미만	C+ 이상~B- 미만	CCC+ 이상~B- 미만	0.6
		CCC+ 미만	C- 이하	CCC+ 미만	0.4
		미제출	미제출	미제출	0
5. 업체 신용도 (5점)	재무 비율	• 평점＝비율(A)＋비율(B) • 최근 회계연도의 업체 자기자본비율 및 유동비율로 평가함 • 자기자본비율에 따른 비율 및 유동비율에 따른 비율 • 자기자본비율＝자기자본/총자산 • 유동비율＝유동자산/유동부채 • 공고일 이후 발급받은 재정상태검토보고서로 평가 • 최초결산서 첨부가 불가한 신생업체의 경우 최하등급 (60%) 적용			2 (배점 5)
	신인도	• 감점항목이 없는 경우			2
		• 감점항목 – 영업정지/부정당업자			(−2)
		– 폐업 후 신규 또는 재등록/사업장 소재지 변경			(−1)
		– 휴업(1월당)			(−0.5)
6. 지역업체 (5점)	광역지자체별 지역업체 등록 여부	• 5년 이상			5
		• 3년 이상			4
		• 2년 이상			3
		• 2년 미만			2
		• 해당 광역지자체 외 지역			1
7. 업무수행 평가 (10점)		※ 최근 2년간 사업실적(지적소관청 사후평가)기준에 의함 　– 지적재조사 행정시스템에 의한 등록관리			10
	측량성과	• 수행기간 내 성과검사 완료			5
		• 수행기간 내 성과검사 미완료(1개 사업지구 이상)			2
	측량수행 (감점)	• 사업수행 중도 포기 : 5점 감점 • 사업완료 필지수 대비 지적사항 발생 필지수 　– 지적사항 발생 시 기본 1점 감점 　– 0.1% 이상의 지적사항 발생 시 0.1%당 0.2점 감점 • 수행자 변경 시 미신고 : 건당 1점 감점 • 민원 발생 등 : 건당 1점 감점 　– 경계·면적 측정 누락, 경계 훼손, 기물 파손 등 • 지적소관청 보완요청사항 미이행 : 건당 1점 감점			5
8. 정성평가 (10점)		※ 지적재조사 측량·조사수행계획서 대상으로 지적소관청과 책임수행기관이 개 　별평가함			10
	지적소관청	• 지적재조사 업무수행능력			7
	책임수행기관	• 수행계획의 전문성 및 타당성			3

자기자본비율 재무비율 표:

자기자본 비율	56.5% 이상	56.5% 미만	56.0% 미만	55.5% 미만	55.0% 미만
비율(A)	100% (1.0)	90% (0.9)	80% (0.8)	70% (0.7)	60% (0.6)
유동비율	220% 이상	220% 미만	215% 미만	210% 미만	205% 미만
비율(B)	100% (1.0)	90% (0.9)	80% (0.8)	70% (0.7)	60% (0.6)

심사항목	평가요소		배 점

9. 가점
(7점)
	청년 고용효과	• 지적기술자 1인당 1점×근무기간 적용계수, 그 외 0.5점, 최대 3점 이내
		   – 만 34세 이하(군필자의 경우 복무기간에 비례하여 적용, 최고연령은 만 39세로 한정)의 신규 채용에 한함
		   – "전년도 말일기준 고용보험 피보험자수"를 기준으로 기업 전체 근로자수(피보험자수)가 증가해야 됨
		   – 근무기간 적용계수 : 지적기술자는 입찰공고일 현재 해당 업체 재직 중인 자로 기술자 경력관리 수탁기관의 경력증명서(「건설기술진흥법」, 「공간정보의 구축 및 관리 등에 관한 법률」)에 최초로 입사 등록된 자(공고일 기준, 연속적으로 근무한 기간이 30일 미만 : 0.3, 30일 초과 90일 미만 : 0.5, 90일 초과~180일 미만 : 0.7, 180일 이상 : 1)
			3	7

	기술사 가점	• 책임 및 참여기술자 중 "지적기술사" 참여 시 가점 부여	2	
	지역경제 활성화	• 해당 지적소관청에 주사무소 주소지를 둔 지역업체	2	
계	100점(가점 7점)		

③ 정량평가는 책임수행기관이 평가하며, 정성평가는 지적소관청과 책임수행기관이 다음의 기준에 따라 평가한다.

[지적재조사대행자 정성평가기준]

평가항목	배 점	
계	7	3
지적재조사 업무수행능력	3.5	1.5

• 지적재조사측량 관련 업무처리능력 보유
   – 일필지측량(N-rtk, T/S) 수행계획
   – 성과물 납품계획(각종 파일 등)
   – 측량 관련 소프트웨어 운영능력
 • 사업지구 일필지측량 수행 시 지적재조사의 이해도
   – 지적재조사 관련 법령의 이해(교육이수 등)
   – 경계설정기준의 이해도
   – 측량 수행 시 발생하는 문제에 대한 해결능력
 • 기타 업무 수행 시 필요한 사항 등
	우수
	3.5
	양호
	3.0
	보통
	2.5
	미흡
	2.0
		우수
		1.5
		양호
		1.2
		보통
		1.0
		미흡
		0.8

수행계획 수립내용의 전문성 및 합리성	3.5	1.5

• 수행계획 수립내용의 전문성 보유 여부
   – 구체적인 사업수행계획 제시
   – 수행인력의 관련 자격 및 연구 등 참여경험
   – 지적재조사사업 수행경험
 • 세부계획의 실현방안
   – 일필지측량의 공정별 계획
   – 일필지측량의 기간단축방안
   – 성과물 품질 확보 및 유지관리방안
     지적재조사사업 참여의지
 • 책임수행기관과의 협력 수행방안
 • 기타 업무 수행 시 필요한 사항 등
	우수
	3.5
	양호
	3.0
	보통
	2.5
	미흡
	2.0
		우수
		1.5
		양호
		1.2
		보통
		1.0
		미흡
		0.8

※ 정성평가는 지적소관청 7점, 책임수행기관은 3점을 각각 배점

④ 지적소관청은 정성평가결과를 정해진 기간 내에 책임수행기관에게 통보하여야 하며, 이 경우 지적재조사행정시스템에 그 결과를 입력함으로써 통보에 갈음할 수 있다.

⑤ 대행자 선정에 따른 기간계산의 기준일은 해당 연도 사업에 대한 대행자 선정공고일로 한다.

5) 대행자 선정방법

대행자 선정방법은 다음과 같으며, 제출서류가 불명확하거나 근거자료를 미제출한 경우에는 해당 사항이 없는 것으로 간주하여 실격 처리할 수 있다.

① 지적소관청별로 평가점수가 최고점인 1개의 대행자(팀) 선정

② 최고점인 대행자(팀)가 우선 희망한 지적소관청에서 선정된 경우 차순위 고득점자를 대행자(팀)로 선정

③ 동점이 발생한 경우 최근 3년 이내 지적재조사측량수행실적, 지적측량기술자, 측량장비, 업무수행평가 항목의 고득점 순으로 결정

④ 평가점수가 70점 이상이고 부정당업자 및 결격사유가 없을 때에 대행자로 선정

6) 평가위원회 구성 및 운영

① 책임수행기관은 대행자를 평가하는 경우 대행자 선정 평가위원회를 구성하여 운영하여야 한다.

② 평가위원회는 광역시 · 도단위로 위원장 1인과 해당 광역시 · 도 공무원 1인 이상을 포함한 5인 이상 10인 이하의 위원으로 구성하되, 위원장은 광역시 · 도단위조직의 장이 되고, 위원은 학식과 경험이 풍부한 자 중에서 위원장이 지명 또는 위촉한다.

③ 평가위원회는 심사위원 3분의 2 이상 출석으로 개의한다.

④ 평가위원회의 위원은 평가과정에서 알게 된 주요 정보를 누설할 수 없으며, 평가 전에 청렴서약서를 제출하여야 한다.

⑤ 지적소관청은 정성평가를 위해 별도의 평가위원회를 구성하여 운영할 수 있다.

7) 대행자의 업무 대행

① 책임수행기관은 위탁받은 지적재조사사업의 측량 · 조사 등의 업무 중 다음의 업무를 「공간정보의 구축 및 관리 등에 관한 법률」에 따라 지적측량업의 등록을 한 자에게 대행하게 할 수 있다.

  ㉠ 토지현황조사 및 토지현황조사서 작성

  ㉡ 지적재조사측량 중 경계점측량 및 필지별 면적 산정

  ㉢ 임시경계점표지 설치

  ㉣ 경계점표지 설치

② ㉣에 해당하는 경우 해당 지적소관청 및 대행자와 사전에 협의하여야 한다.

③ 다음의 경우에는 책임수행기관이 지적재조사측량·조사를 직접 수행한다.

　　㉠ 대행계약이 해지된 경우

　　㉡ 대행자가 완료계를 제출한 이후에 대상토지의 일부가 달라진 경우

　　㉢ 대행자가 선정되지 않는 경우

④ 책임수행기관은 업무를 대행하게 한 경우에는 지적소관청에 대행업무를 수행하는 자(지적재조사대행자)의 성명(법인인 경우에는 명칭 및 대표자의 성명을 말한다)과 소재지를 알려야 한다.

8) 업무 대행계약

책임수행기관은 선정된 대행자와 업무 대행계약을 체결하여야 한다. 업무 대행계약에는 다음의 사항이 포함되어야 한다. 대행을 위한 계약의 체결방법·절차 등에 관하여 필요한 사항은 국토교통부장관이 정하여 고시한다.

① 업무 대행의 목적과 업무범위

② 사업 주요 내용과 업무 대행계약기간

③ 업무 대행 측량수수료

④ 대행자의 의무

⑤ 계약 위반 시의 책임과 조치사항

⑥ 그 밖에 책임수행기관과 대행자가 협의하여 정하는 사항

9) 업무 대행 측량수수료

① 책임수행기관은 완료계를 제출받은 경우 2주 이내에 대행자에게 업무 대행 측량수수료를 지급하여야 한다.

② 업무 대행 측량수수료의 산정은 업무공정 비율에 따르며, 실시계획에 포함된 필지수를 기준으로 지급한다.

③ 실시계획 변경, 지적재조사지구 미지정 등으로 인하여 사업추진이 중단된 경우 책임수행기관은 대행자가 수행한 기성 부분에 대한 업무 대행 측량수수료를 지급하여야 한다.

10) 업무공정비율

지적재조사측량·조사의 업무공정비율은 다음과 같다.

① 측량규정에 따른 지적재조사지구의 내·외경계 확정 : 100분의 8

② 임시경계점표지 설치 및 지적재조사측량 중 경계점측량 : 100분의 23

③ 지적재조사측량 중 필지별 면적 산정 : 100분의 6

④ 토지현황조시 및 토지현황조사서 작성 : 100분의 6

⑤ 경계 설정 : 100분의 21

⑥ 경계점표지 설치 : 100분의 5

⑦ 경계확정측량 : 100분의 5

⑧ 지적확정예정조서 작성 : 100분의 3

⑨ 지상경계점등록부 작성 : 100분의 9

⑩ 측량규정에 따른 측량성과물 작성(이의신청처리지원을 포함한다) : 100분의 14

11) 대행자 관리

① 지적소관청은 대행자 성명(법인인 경우에는 명칭 및 대표자의 성명을 말한다) 및 기술자를 지적재조사행정시스템에 등록하여 관리하여야 한다.

② 대행자는 기술자를 변경하여 업무를 수행하고자 하는 경우 책임수행기관에게 사전에 통보하여야 한다. 이 경우 당초 기술자와 동일 등급 이상의 기술자로 대체하여야 하며, 업무 중첩도가 수행자 선정평가 당시보다 높아지게 할 수 없다.

③ 책임수행기관은 기술자변동사항을 지체 없이 지적소관청에 알려야 하며, 필요한 경우에는 대행자의 수행인력 및 장비 등을 점검할 수 있다.

④ 책임수행기관은 대행자의 수행인력 및 장비 등을 점검한 경우에는 그 결과를 지적소관청 및 대행자에게 통지하여야 한다.

⑤ 지적소관청은 통지받은 사항에 대해 필요하다고 인정되는 경우 대행자에게 시정조치를 요구할 수 있다.

⑥ 대행자는 따른 시정요구가 있는 경우 지체 없이 시정조치를 하여야 하며, 그 결과를 지적소관청에게 알려야 한다.

12) 업무 대행계약의 해지

① 책임수행기관은 대행자의 파산, 해산, 부도, 법정관리, 워크아웃(「기업구조조정 촉진법」에 따라 채권단이 구조조정대상으로 결정하여 구조조정 중인 업체) 등의 사유로 인하여 수행계획 또는 계약의 내용대로 이행이 곤란한 경우에는 업무 대행계약을 해지할 수 있다.

② 책임수행기관은 대행자가 다음의 어느 하나에 해당하는 경우에는 업무 대행계약을 해지할 수 있다.

   ㉠ 시정조치에 따르지 않는 경우

   ㉡ 정당한 사유 없이 계약을 이행하지 아니하거나 지체하여 이행하는 경우

   ㉢ 책임수행기관의 계획·관리 및 조정 등에 협조하지 않아 계약이행이 곤란한 경우

③ 해지는 책임수행기관이 14일 이상의 기간을 정하여 대행자에게 업무 대행계약을 해지한다는 내용의 통보를 함으로써 효력이 발생한다.

④ 해지의 효력이 발생한 경우 책임수행기관은 대행자가 수행한 기성 부분에 대한 업무 대행 측량수수료를 지급하여야 한다. 다만, ②의 경우에는 그러하지 아니하다.

5. 기본계획

1) 기본계획의 수립

국토교통부장관은 지적재조사사업을 효율적으로 시행하기 위하여 다음의 사항이 포함된 지적재조사사업에 관한 기본계획을 수립하여야 한다.

① 지적재조사사업에 관한 기본방향

② 지적재조사사업의 시행 기간 및 규모

③ 지적재조사사업비의 연도별 집행계획

④ 지적재조사사업비의 특별시 · 광역시 · 도 · 특별자치도 · 특별자치시 및 「지방자치법」에 따른 인구 50만 이상 대도시(이하 "시 · 도"라 한다)별 배분계획

⑤ 지적재조사사업에 필요한 인력의 확보에 관한 계획

⑥ 그 밖에 지적재조사사업의 효율적 시행을 위하여 필요한 사항으로서 대통령령으로 정하는 사항

    ㉠ 디지털지적의 운영 · 관리에 필요한 표준의 제정 및 그 활용

    ㉡ 지적재조사사업의 효율적 추진을 위하여 필요한 교육 및 연구 · 개발

    ㉢ 그 밖에 국토교통부장관이 지적재조사사업에 관한 기본계획(이하 "기본계획"이라 한다)의 수립에 필요하다고 인정하는 사항

2) 자료제출

국토교통부장관은 기본계획 수립을 위하여 관계 중앙행정기관의 장에게 필요한 자료제출을 요청할 수 있다. 이 경우 자료제출을 요청받은 관계 중앙행정기관의 장은 특별한 사정이 없으면 요청에 따라야 한다.

3) 기본계획절차

① 국토교통부장관은 기본계획을 수립할 때에는 미리 공청회를 개최하여 관계전문가 등의 의견을 들어 기본계획안을 작성하고, 특별시장 · 광역시장 · 도지사 · 특별자치도지사 · 특별자치시장 및 「지방자치법」 제175조에 따른 인구 50만 이상 대도시의 시장(이하 "시 · 도지사"라 한다)에게 그 안을 송부하여 의견을 들은 후 중앙지적재조사위원회의 심의를 거쳐야 한다.

② 시 · 도지사는 기본계획안을 송부받았을 때에는 이를 지체 없이 지적소관청에 송부하여 그 의견을 들어야 한다.

③ 지적소관청은 기본계획안을 송부받은 날부터 20일 이내에 시 · 도지사에게 의견을 제출하여야 하며, 시 · 도지사는 기본계획안을 송부받은 날부터 30일 이내에 지적소관청의 의견에 자신의 의견을 첨부하여 국토교통부장관에게 제출하여야 한다. 이 경우 기간 내에 의견을 제출하지 아니하면 의견이 없는 것으로 본다.

④ 기본계획을 변경할 때에도 적용한다. 다만, 대통령령으로 정하는 경미한 사항을 변경할 때에는 제외한다.
　㉠ 지적재조사사업 대상 필지 또는 면적의 100분의 20 이내의 증감
　㉡ 지적재조사사업 총사업비의 처음 계획 대비 100분의 20 이내의 증감
⑤ 국토교통부장관은 기본계획을 수립하거나 변경하였을 때에는 이를 관보에 고시하고 시·도 지사에게 통지하여야 하며, 시·도지사는 이를 지체 없이 지적소관청에 통지하여야 한다.
⑥ 국토교통부장관은 기본계획이 수립된 날부터 5년이 지나면 그 타당성을 다시 검토하고 필요하면 이를 변경하여야 한다.

6. 시·도종합계획

1) 시·도종합계획의 수립

시·도지사는 기본계획을 토대로 다음의 사항이 포함된 지적재조사사업에 관한 종합계획 (이하 "시·도종합계획"이라 한다)을 수립하여야 한다.
① 지적재조사지구 지정의 세부기준
② 지적재조사사업의 연도별·지적소관청별 사업량
③ 지적재조사사업비의 연도별 추산액
④ 지적재조사사업비의 지적소관청별 배분계획
⑤ 지적재조사사업에 필요한 인력의 확보에 관한 계획
⑥ 지적재조사사업의 교육과 홍보에 관한 사항
⑦ 그 밖에 시·도의 지적재조사사업을 위하여 필요한 사항

2) 시·도종합계획의 수립절차

① 시·도지사는 시·도종합계획을 수립할 때에는 시·도종합계획안을 지적소관청에 송부 하여 의견을 들은 후 시·도 지적재조사위원회의 심의를 거쳐야 한다.
② 지적소관청은 시·도종합계획안을 송부받았을 때에는 송부받은 날부터 14일 이내에 의견 을 제출하여야 한다. 이 경우 기간 내에 의견을 제출하지 아니하면 의견이 없는 것으로 본다.
③ 시·도지사는 시·도종합계획을 확정한 때에는 지체 없이 국토교통부장관에게 제출하여 야 한다.
④ 국토교통부장관은 제출된 시·도종합계획이 기본계획과 부합되지 아니할 때에는 그 사유 를 명시하여 시·도지사에게 시·도종합계획의 변경을 요구할 수 있다. 이 경우 시·도 지사는 정당한 사유가 없으면 그 요구에 따라야 한다.
⑤ 시·도지사는 시·도종합계획이 수립된 날부터 5년이 지나면 그 타당성을 다시 검토하고 필요하면 변경하여야 한다.

⑥ ①~④까지의 규정은 시·도종합계획을 변경할 때에도 적용한다. 다만, 대통령령으로 정하는 경미한 사항을 변경할 때에는 그러하지 아니하다.

    ㉠ 다음의 요건을 모두 충족하는 토지로서 시·도종합계획(이하 "시·도종합계획"이라 한다)에 반영된 전체 지적재조사사업대상토지의 증감
- 필지의 100분의 20 이내의 증감
- 면적의 100분의 20 이내의 증감

    ㉡ 시·도종합계획에 반영된 지적재조사사업 총사업비의 처음 계획 대비 100분의 20 이내의 증감

⑦ 시·도지사는 시·도종합계획을 수립하거나 변경하였을 때에는 시·도의 공보에 고시하고 지적소관청에 통지하여야 한다.

⑧ 시·도종합계획의 작성기준, 작성방법, 그 밖에 시·도종합계획의 수립에 관한 세부적인 사항은 국토교통부장관이 정한다.

7. 실시계획

1) 실시계획의 수립

지적소관청은 시·도종합계획을 통지받았을 때에는 지적재조사사업에 관한 실시계획을 수립하여야 한다.

2) 공람 및 의견

① 지적소관청은 지적재조사지구 지정을 신청하고자 할 때에는 실시계획수립내용을 주민에게 서면으로 통보한 후 주민설명회를 개최하고 실시계획을 30일 이상 주민에게 공람하여야 한다.

② 지적재조사지구에 있는 토지소유자와 이해관계인은 공람기간 안에 지적소관청에 의견을 제출할 수 있으며, 지적소관청은 제출된 의견이 타당하다고 인정할 때에는 이를 반영하여야 한다.

3) 실시계획사항

① 지적재조사사업의 시행자

② 지적재조사지구의 명칭

③ 지적재조사지구의 위치 및 면적

④ 지적재조사사업의 시행 시기 및 기간

⑤ 지적재조사사업비의 추산액

⑥ 토지현황조사에 관한 사항

⑦ 그 밖에 지적재조사사업의 시행을 위하여 필요한 사항으로서 대통령령으로 정하는 사항

ⓐ 지적재조사지구의 현황

ⓑ 지적재조사사업의 시행에 관한 세부계획

ⓒ 지적재조사측량에 관한 시행계획

ⓓ 지적재조사사업의 시행에 따른 홍보

ⓔ 그 밖에 지적소관청이 지적재조사사업에 관한 실시계획(이하 "실시계획"이라 한다)의
수립에 필요하다고 인정하는 사항

4) 기타

① 실시계획의 작성 기준 및 방법은 국토교통부장관이 정한다.

② 지적소관청은 실시계획을 수립할 때에는 기본계획과 연계되도록 하여야 한다.

8. 지적재조사지구 지정

1) 지적재조사지구 지정신청

(1) 원칙

① 지적소관청은 실시계획을 수립하여 시·도지사에게 지적재조사지구 지정신청을 하여야
한다.

② 지적소관청이 시·도지사에게 지적재조사지구 지정을 신청하고자 할 때에는 다음의 사항
을 고려하여 지적재조사지구 토지소유자(국유지·공유지의 경우에는 그 재산관리청을 말
한다) 총수의 3분의 2 이상과 토지면적 3분의 2 이상에 해당하는 토지소유자의 동의를
받아야 한다. 이 경우 토지소유자가 동의하거나 그 동의를 철회할 경우에는 국토교통부
령으로 정하는 동의서 또는 동의철회서를 제출하여야 한다.

ⓐ 지적공부의 등록사항과 토지의 실제 현황이 다른 정도가 심하여 주민의 불편이 많은
지역인지 여부

ⓑ 사업시행이 용이한지 여부

ⓒ 사업시행의 효과 여부

(2) 우선지구신청

지적소관청은 지적재조사지구에 토지소유자협의회(이하 "토지소유자협의회"라 한다)가
구성되어 있고 토지소유자 총수의 4분의 3 이상의 동의가 있는 지구에 대하여는 우선하여
지적재조사지구로 지정을 신청할 수 있다.

2) 회부

지적재조사지구 지정신청을 받은 특별시장·광역시장·도지사·특별자치도지사·특별자
치시장 및 「지방자치법」 제175조에 따른 대도시로서 구를 둔 시의 시장(이하 "시·도지사"

라 한다)은 15일 이내에 그 신청을 시 · 도 지적재조사위원회(이하 "시 · 도위원회"라 한다)에 회부하여야 한다.

3) 심의 · 의결

① 시 · 도지사는 지적재조사지구를 지정할 때에는 대통령령으로 정하는 바에 따라 시 · 도 지적재조사위원회의 심의를 거쳐야 한다.

② 지적재조사지구 지정신청을 회부받은 시 · 도 지적재조사위원회는 그 신청을 회부받은 날부터 30일 이내에 지적재조사지구의 지정 여부에 대하여 심의 · 의결하여야 한다. 다만, 사실확인이 필요한 경우 등 불가피한 사유가 있을 때에는 그 심의기간을 해당 시 · 도위원회의 의결을 거쳐 15일의 범위에서 그 기간을 한 차례만 연장할 수 있다.

4) 송부

시 · 도위원회는 지적재조사지구 지정신청에 대하여 의결을 하였을 때에는 의결서를 작성하여 지체 없이 시 · 도지사에게 송부하여야 한다.

5) 지적소관청에 통지

시 · 도지사는 의결서를 받은 날부터 7일 이내에 지적재조사지구를 지정 · 고시하거나, 지적재조사지구를 지정하지 아니한다는 결정을 하고, 그 사실을 지적소관청에 통지하여야 한다.

6) 지적재조사지구의 변경

지적재조사지구를 변경할 때에도 위의 절차를 적용한다. 다만, 대통령령으로 정하는 다음의 경미한 사항을 변경할 때에는 제외한다.

① 지적재조사지구 명칭의 변경
② 1년 이내의 범위에서의 지적재조사사업기간의 조정
③ 다음의 요건을 모두 충족하는 지적재조사사업대상토지의 증감
    ㉠ 필지의 100분의 20 이내의 증감
    ㉡ 면적의 100분의 20 이내의 증감

7) 지적재조사지구 지정고시

① 시 · 도지사는 지적재조사지구를 지정하거나 변경한 경우에 시 · 도 공보에 고시하고 그 지정내용 또는 변경내용을 국토교통부장관에게 보고하여야 하며, 관계서류를 일반인이 열람할 수 있도록 하여야 한다.

② 지적재조사지구의 지정 또는 변경에 대한 고시가 있을 때에는 지적공부에 지적재조사지구로 지정된 사실을 기재하여야 한다.

8) 효력상실

① 지적소관청은 지적재조사지구 지정고시를 한 날부터 2년 내에 토지현황조사 및 지적재조사를 위한 지적측량(이하 "지적재조사측량"이라 한다)을 시행하여야 한다.

② 기간 내에 토지현황조사 및 지적재조사측량을 시행하지 아니할 때에는 그 기간의 만료로 지적재조사지구의 지정은 효력이 상실된다.

③ 시·도지사는 지적재조사지구 지정의 효력이 상실되었을 때에는 이를 시·도 공보에 고시하고 국토교통부장관에게 보고하여야 한다.

9. 토지소유자협의회

1) 구성

① 지적재조사지구의 토지소유자는 토지소유자 총수의 2분의 1 이상과 토지면적 2분의 1 이상에 해당하는 토지소유자의 동의를 받아 토지소유자협의회를 구성할 수 있다.

② 토지소유자협의회는 위원장을 포함한 5명 이상 20명 이하의 위원으로 구성한다. 토지소유자협의회의 위원은 그 지적재조사지구에 있는 토지의 소유자이어야 하며, 위원장은 위원 중에서 호선한다.

③ 동의자수의 산정방법 및 동의절차, 토지소유자협의회의 구성 및 운영, 그 밖에 필요한 사항은 대통령령으로 정한다.

2) 기능

① 지적소관청에 대한 우선지적재조사지구의 신청

② 토지현황조사에 대한 참관

③ 임시경계점표지 및 경계점표지의 설치에 대한 참관

④ 조정금 산정기준에 대한 의견 제출

⑤ 경계결정위원회(이하 "경계결정위원회"라 한다) 위원의 추천

3) 토지소유자수 및 동의자수 산정방법

① 1필지의 토지가 수인의 공유에 속할 때에는 그 수인을 대표하는 1인을 토지소유자로 산정한다.

② 1인이 다수 필지의 토지를 소유하고 있는 경우에는 필지수에 관계없이 토지소유자를 1인으로 산정한다. 이 경우 공유토지의 대표소유자는 공유자 3분의 2 이상과 공유지분의 3분의 2 이상에 해당하는 공유자의 동의를 얻어야 한다.

③ 토지등기부 및 토지대장·임야대장에 소유자로 등재될 당시 주민등록번호의 기재가 없거나 기재된 주소가 현재 주소와 다른 경우 또는 소재가 확인되지 아니한 자는 토지소유자의 수에서 제외한다.

4) 동의서 제출

① 토지소유자가 동의하거나 그 동의를 철회할 경우에는 국토교통부령으로 정하는 지적재조사지구지정신청동의서 또는 동의철회서를 지적소관청에 제출하여야 한다.

② 공유토지의 대표소유자는 국토교통부령으로 정하는 대표자지정동의서를 첨부하여 제2항에 따른 동의서 또는 동의철회서와 함께 지적소관청에 제출하여야 한다.

③ 토지소유자가 외국인인 경우에는 지적소관청은 「전자정부법」 제36조 제1항에 따른 행정정보의 공동이용을 통하여 「출입국관리법」 제88조에 따른 외국인등록사실증명을 확인하여야 하되, 토지소유자가 행정정보의 공동이용을 통한 외국인등록사실증명의 확인에 동의하지 아니하는 경우에는 해당 서류를 첨부하게 하여야 한다.

④ 지적소관청은 지적재조사지구 지정신청에 관한 업무를 위하여 필요한 때에는 관계기관에 주민등록 및 가족관계등록 사항에 관한 자료제공을 요청할 수 있다. 이 경우 요청을 받은 관계기관은 정당한 사유가 없는 한 이에 따라야 한다.

5) 기타

① 토지소유자가 협의회 구성에 동의하거나 그 동의를 철회하려는 경우에는 국토교통부령으로 정하는 협의회 구성동의서 또는 동의철회서에 본인임을 확인한 후 서명 또는 날인하여 지적소관청에 제출하여야 한다.

② 협의회의 위원장은 협의회를 대표하고 협의회의 업무를 총괄한다.

③ 협의회의 회의는 재적위원 과반수의 출석으로 개의하고, 출석위원 과반수의 찬성으로 의결한다.

④ 협의회의 운영 등에 필요한 사항은 협의회의 의결을 거쳐 위원장이 정한다.

03 토지현황조사 및 지적재조사측량

1. 토지현황조사

1) 토지현황조사

① 지적소관청은 실시계획을 수립한 때에는 지적재조사예정지구임이 지적공부에 등록된 토지를 대상으로 토지현황조사를 하여야 하며, 토지현황조사는 지적재조사측량과 병행하여 실시할 수 있다.

② 토지현황조사는 사전조사와 현지조사로 구분하여 실시하며, 현지조사는 지적재조사를 위한 지적측량(이하 "지적재조사측량"이라 한다)과 함께 할 수 있다.

③ 토지현황조사에 따른 조사 범위·대상·항목과 토지현황조사서 기재·작성 방법에 관련된 사항은 국토교통부령으로 정한다.

2) 조사사항

① 토지에 관한 사항

② 건축물에 관한 사항

③ 토지이용계획에 관한 사항

④ 토지이용현황 및 건축물현황

⑤ 지하시설물(지하구조물) 등에 관한 사항

⑥ 그 밖에 국토교통부장관이 토지현황조사와 관련하여 필요하다고 인정하는 사항

3) 토지현황조사서 작성

① 토지현황조사를 할 때에는 소유자, 지번, 지목, 경계 또는 좌표, 지상건축물 및 지하건축물의 위치, 개별공시지가 등을 기재한 토지현황조사서를 작성하여야 한다.

② 토지현황조사서 작성에 필요한 사항은 국토교통부장관이 정하여 고시한다.

2. 지적재조사측량

1) 구분

① 지적재조사측량은 지적기준점을 정하기 위한 기초측량과 일필지의 경계와 면적을 정하는 세부측량으로 구분한다.

② 기초측량과 세부측량은 「공간정보의 구축 및 관리 등에 관한 법률 시행령」에 따른 국가기준점 및 지적기준점을 기준으로 측정하여야 한다.

③ 지적재조사측량의 기준, 방법 및 절차 등에 관하여 필요한 사항은 국토교통부장관이 정하여 고시한다.

2) 기초측량

기초측량은 위성측량 및 토털스테이션측량의 방법으로 한다.

3) 세부측량

세부측량은 위성측량, 토털스테이션측량 및 항공사진측량 등의 방법으로 한다.

4) 지적재조사측량성과검사의 방법

① 지적재조사사업의 측량·조사 등을 위탁받은 책임수행기관은 지적재조사측량성과의 검사에 필요한 자료를 지적소관청에 제출해야 한다.

② 지적소관청은 위성측량, 토털스테이션측량 및 항공사진측량 방법 등으로 지적재조사측량성과(기초측량성과는 제외한다)의 정확성을 검사해야 한다.

③ 지적소관청은 인력 및 장비 부족 등의 부득이한 사유로 지적재조사측량성과의 정확성에 대한 검사를 할 수 없는 경우에는 특별시장·광역시장·도지사·특별자치도지사·특별자치시장 및 「지방자치법」 제198조에 따른 대도시로서 구를 둔 시의 시장(시·도지사)에게 그 검사를 요청할 수 있다. 이 경우 시·도지사는 검사를 하였을 때에는 그 결과를 지적소관청에 통지해야 한다.

④ 지적소관청은 기초측량성과의 검사에 필요한 자료를 시·도지사에게 송부하고, 그 정확성에 대한 검사를 요청해야 한다.

⑤ 검사를 요청받은 시·도지사는 기초측량성과의 정확성에 대한 검사를 수행하고, 그 결과를 지적소관청에 통지해야 한다. 다만, 사업기간 단축 등을 위해 필요한 경우에는 기초측량성과의 정확성에 대한 검사업무를 지적소관청으로 하여금 수행하게 할 수 있다.

5) 지적재조사측량성과의 결정

지적재조사측량성과와 지적재조사측량성과에 대한 검사의 연결교차가 다음 각 호의 범위 이내일 때에는 해당 지적재조사측량성과를 최종 측량성과로 결정한다.

① 지적기준점 : ±0.03m

② 경계점 : ±0.07m

3. 지적공부 정리 등의 정지

1) 지적공부 정리의 정지

(1) 원칙

지적재조사지구 지정고시가 있으면 해당 지적재조사지구 내의 토지에 대해서는 사업완료 공고 전까지 다음 각 호의 행위를 할 수 없다.

① 「공간정보의 구축 및 관리 등에 관한 법률」 제23조 제1항 제4호에 따라 경계점을 지상에 복원하기 위하여 하는 지적측량(이하 "경계복원측량"이라 한다)

② 「공간정보의 구축 및 관리 등에 관한 법률」 제77조부터 제84조까지에 따른 지적공부의 정리(이하 "지적공부 정리"라 한다)

(2) 예외

다음에 어느 하나에 해당하는 경우에는 경계복원측량 또는 지적공부 정리를 할 수 있다.

① 지적재조사사업의 시행을 위하여 경계복원측량을 하는 경우

② 법원의 판결 또는 결정에 따라 경계복원측량 또는 지적공부 정리를 하는 경우

③ 토지소유자의 신청에 시·군·구 지적재조사위원회가 경계복원측량 또는 지적공부 정리가 필요하다고 결정하는 경우

2) 고시

① 지적소관청은 지적공부 정리와 경계복원측량을 정지하고자 할 때에는 대통령령으로 정하는 바에 따라 이를 고시하여야 한다.

② 지적소관청은 지적공부 정리와 경계복원측량을 정지하려는 때에는 다음의 사항을 공보에 고시하여야 한다.

    ㉠ 지적재조사지구의 명칭

    ㉡ 지적재조사지구의 위치 및 면적

    ㉢ 사업기간과 지적공부 정리 등이 정지되는 기간

    ㉣ 관련 자료의 열람방법

    ㉤ 그 밖에 지적소관청이 지적공부 정리 등의 정지와 관련하여 필요하다고 인정하는 사항

04 경계 설정 및 확정

1. 경계설정기준

1) 원칙

지적소관청은 다음의 순위로 지적재조사를 위한 경계를 설정하여야 한다.

① 지상경계에 대하여 다툼이 없는 경우 토지소유자가 점유하는 토지의 현실 경계

② 지상경계에 대하여 다툼이 있는 경우 등록할 때의 측량기록을 조사한 경계

③ 지방관습에 의한 경계

2) 예외

지적소관청은 위의 방법에 따라 지적재조사를 위한 경계설정을 하는 것이 불합리하다고 인정하는 경우에는 토지소유자들이 합의한 경계를 기준으로 지적재조사를 위한 경계를 설정할 수 있다.

3) 경계설정합의서 제출

토지소유자들이 합의하여 경계를 설정하려는 경우에는 국토교통부령으로 정하는 경계설정합의서를 임시경계점표지 설치 전까지 지적소관청에 제출하여야 한다.

4) 기타

지적소관청이 지적재조사를 위한 경계를 설정할 때에는 「도로법」, 「하천법」 등 관계법령에 따라 고시되어 설치된 공공용지의 경계가 변경되지 아니하도록 하여야 한다. 다만, 해당 토지소유자들 간에 합의한 경우에는 그러하지 아니하다.

2. 임시경계점표지 설치 및 지적확정예정조서 작성

1) 임시경계점표지 설치

① 지적소관청은 경계를 설정하면 지체 없이 임시경계점표지를 설치하고 지적재조사측량을 실시하여야 한다.

② 누구든지 따른 임시경계점표지를 이전 또는 파손하거나 그 효용을 해치는 행위를 하여서는 아니 된다.

2) 지적확정예정조서

(1) 작성

① 지적소관청은 지적재조사측량을 완료하였을 때에는 대통령령으로 정하는 바에 따라 기존 지적공부상의 종전 토지면적과 지적재조사를 통하여 확정된 토지면적에 대한 지번별 내역 등을 표시한 지적확정예정조서를 작성하여야 한다.

② 지적소관청은 지적확정예정조서를 작성하였을 때에는 토지소유자나 이해관계인에게 그 내용을 통보하여야 하며, 통보를 받은 토지소유자나 이해관계인은 지적소관청에 의견을 제출할 수 있다. 이 경우 지적소관청은 제출된 의견이 타당하다고 인정할 때에는 경계를 다시 설정하고 임시경계점표지를 다시 설치하는 등의 조치를 하여야 한다.

③ 그 밖에 지적확정예정조서의 작성에 필요한 사항은 국토교통부령으로 정한다.

(2) 내용

지적소관청은 지적확정예정조서에 다음의 사항을 포함하여야 한다.

① 토지의 소재지

② 종전 토지의 지번, 지목 및 면적

③ 산정된 토지의 지번, 지목 및 면적

④ 토지소유자의 성명 또는 명칭 및 주소

⑤ 그 밖에 국토교통부장관이 지적확정예정조서 작성에 필요하다고 인정하여 고시하는 사항

3. 경계확정

1) 경계결정의 신청

① 지적재조사에 따른 경계결정은 경계결정위원회의 의결을 거쳐 결정한다.

② 지적소관청은 경계에 관한 결정을 신청하고자 할 때에는 지적확정예정조서에 토지소유자나 이해관계인의 의견을 첨부하여 경계결정위원회에 제출하여야 한다.

2) 경계의 결정 및 통지

① 신청을 받은 경계결정위원회는 지적확정예정조서를 제출받은 날부터 30일 이내에 경계에 관한 결정을 하고, 이를 지적소관청에 통지하여야 한다. 이 기간 안에 경계에 관한 결정을 할 수 없는 부득이한 사유가 있을 때에는 경계결정위원회는 의결을 거쳐 30일의 범위에서 그 기간을 연장할 수 있다.

② 토지소유자나 이해관계인은 경계결정위원회에 참석하여 의견을 진술할 수 있다. 경계결정위원회는 토지소유자나 이해관계인이 의견진술을 신청하는 경우에는 특별한 사정이 없는 한 이에 따라야 한다.

③ 경계결정위원회는 경계에 관한 결정을 하기에 앞서 토지소유자들로 하여금 경계에 관한 합의를 하도록 권고할 수 있다.

3) 토지소유자 및 이해관계인에게 통지

지적소관청은 경계결정위원회로부터 경계에 관한 결정을 통지받았을 때에는 지체 없이 이를 토지소유자나 이해관계인에게 통지하여야 한다. 이 경우 기간 안에 이의신청이 없으면 경계결정위원회의 결정대로 경계가 확정된다는 취지를 명시하여야 한다.

4) 이의신청

① 경계에 관한 결정을 통지받은 토지소유자나 이해관계인이 이에 대하여 불복하는 경우에는 통지를 받은 날부터 60일 이내에 지적소관청에 이의신청을 할 수 있다.

② 이의신청을 하고자 하는 토지소유자나 이해관계인은 지적소관청에 이의신청서를 제출하여야 한다. 이 경우 이의신청서에는 증빙서류를 첨부하여야 한다.

③ 지적소관청은 이의신청서가 접수된 날부터 14일 이내에 이의신청서에 의견서를 첨부하여 경계결정위원회에 송부하여야 한다.

④ 이의신청서를 송부받은 경계결정위원회는 이의신청서를 송부받은 날부터 30일 이내에 이의신청에 대한 결정을 하여야 한다. 다만, 부득이한 경우에는 30일의 범위에서 처리기간을 연장할 수 있다.

⑤ 경계결정위원회는 이의신청에 대한 결정을 하였을 때에는 그 내용을 지적소관청에 통지하여야 하며, 지적소관청은 결정내용을 통지받은 날부터 7일 이내에 결정서를 작성하여

이의신청인에게는 그 정본을, 그 밖의 토지소유자나 이해관계인에게는 그 부본을 송달하여야 한다. 이 경우 토지소유자는 결정서를 송부받은 날부터 60일 이내에 경계결정위원회의 결정에 대하여 행정심판이나 행정소송을 통하여 불복할지 여부를 지적소관청에 알려야 한다.

⑥ 지적소관청은 경계결정위원회의 결정에 불복하는 토지소유자의 필지는 사업대상지에서 제외할 수 있다. 다만, 사업대상지에서 제외된 토지에 관하여는 등록사항 정정대상토지로 지정하여 관리한다.

5) 경계확정

(1) 경계확정시기

① 이의신청기간에 이의를 신청하지 아니하였을 때

② 이의신청에 대한 결정에 대하여 60일 이내에 불복의사를 표명하지 아니하였을 때

③ 경계에 관한 결정이나 이의신청에 대한 결정에 불복하여 행정소송을 제기한 경우에는 그 판결이 확정되었을 때

(2) 지상경계점등록부 작성

① 경계가 확정되었을 때에는 지적소관청은 지체 없이 경계점표지를 설치하여야 하며, 국토교통부령으로 정하는 바에 따라 지상경계점등록부를 작성하고 관리하여야 한다. 이 경우 확정된 경계가 제15조 제1항 및 제3항에 따라 설정된 경계와 동일할 때에는 같은 조 제1항 및 제3항에 따른 임시경계점표지를 경계점표지로 본다.

② 누구든지 제2항에 따른 경계점표지를 이전 또는 파손하거나 그 효용을 해치는 행위를 하여서는 아니 된다.

③ 지적소관청이 작성하여 관리하는 지상경계점등록부에는 다음의 사항이 포함되어야 한다.

- 토지의 소재
- 지번
- 지목
- 작성일
- 위치도
- 경계점번호 및 표지종류
- 경계설정기준 및 경계형태
- 경계위치
- 경계점 세부설명 및 관련 자료
- 작성자의 소속 · 직급(직위) · 성명
- 확인자의 직급 · 성명

④ 지상경계점등록부 작성방법에 관하여 필요한 사항은 국토교통부장관이 정하여 고시한다.

(3) 기타

지적소관청이 지적재조사를 위한 경계를 설정할 때에는 「도로법」, 「하천법」 등 관계법령에 따라 고시되어 설치된 공공용지의 경계가 변경되지 아니하도록 하여야 한다.

6) 지목의 변경

지적재조사측량결과 기존의 지적공부상 지목이 실제의 이용현황과 다른 경우 지적소관청은 시·군·구 지적재조사위원회의 심의를 거쳐 기존의 지적공부상의 지목을 변경할 수 있다. 이 경우 지목을 변경하기 위하여 다른 법령에 따른 인허가 등을 받아야 할 때에는 그 인허가 등을 받거나 관계기관과 협의한 경우에 한하여 실제의 지목으로 변경할 수 있다.

05 조정금 산정

1. 조정금 산정

(1) 조정금 징수 및 지급

① 지적소관청은 경계확정으로 지적공부상의 면적이 증감된 경우에는 필지별 면적증감내역을 기준으로 조정금을 산정하여 징수하거나 지급한다.

② 국가 또는 지방자치단체 소유의 국유지·공유지 행정재산의 조정금은 징수하거나 지급하지 아니한다.

(2) 조정금 산정방법

조정금은 경계가 확정된 시점을 기준으로 「감정평가 및 감정평가사에 관한 법률」에 따른 감정평가업자가 평가한 감정평가액으로 산정한다. 다만, 토지소유자협의회가 요청하는 경우에는 시·군·구 지적재조사위원회의 심의를 거쳐 「부동산가격공시에 관한 법률」에 따른 개별공시지가로 산정할 수 있다.

① 「감정평가 및 감정평가사에 관한 법률」에 따른 조정금 산정 : 조정금은 경계가 확정된 시점을 기준으로 「감정평가 및 감정평가사에 관한 법률」에 따른 감정평가업자가 평가한 감정평가액으로 산정한다.

② 「부동산가격공시에 관한 법률」에 따른 조정금 산정 : 조정금을 「부동산가격공시에 관한 법률」에 따른 개별공시지가(이하 "개별공시지가"라 한다)로 산정하는 경우에는 경계가 확정된 시점을 기준으로 필지별 증감면적에 개별공시지가를 곱하여 산정한다.

(3) 시·군·구 지적재조사위원회의 심의

지적소관청은 조정금을 산정하고자 할 때에는 시·군·구 지적재조사위원회의 심의를 거쳐야 한다.

2. 조정금 지급 및 납부

(1) 조정금의 지급 및 납부

조정금은 현금으로 지급하거나 납부하여야 한다.

(2) 조정금액의 통보

지적소관청은 조정금을 산정하였을 때에는 지체 없이 조정금조서를 작성하고, 토지소유자에게 개별적으로 조정금액을 통보하여야 한다.

(3) 조정금 수령통지 및 납부고지

지적소관청은 조정금액을 통지한 날부터 10일 이내에 토지소유자에게 조정금의 수령통지 또는 납부고지를 하여야 한다.

(4) 조정금의 납부

① 납부고지를 받은 자는 그 부과일부터 6개월 이내에 조정금을 납부하여야 한다.

② 지적소관청은 조정금을 납부하여야 할 자가 기한 내에 납부하지 아니할 때에는 「지방세외 수입금의 징수 등에 관한 법률」에 따라 징수할 수 있다.

(5) 분할납부

지적소관청은 1년의 범위에서 대통령령으로 정하는 바에 따라 조정금을 분할납부하게 할 수 있다.

① 지적소관청은 조정금이 1천만원을 초과하는 경우에는 그 조정금을 부과한 날부터 1년 이내의 기간을 정하여 4회 이내에서 나누어 내게 할 수 있다.

② 분할납부를 신청하려는 자는 국토교통부령으로 정하는 조정금분할납부신청서에 분할납부사유 등을 적고, 분할납부사유를 증명할 수 있는 자료 등을 첨부하여 지적소관청에 제출하여야 한다.

③ 지적소관청은 분할납부신청서를 받은 날부터 15일 이내에 신청인에게 분할납부 여부를 서면으로 알려야 한다.

(6) 조정금 지급

지적소관청은 수령통지를 한 날부터 6개월 이내에 조정금을 지급하여야 한다.

(7) 조정금 공탁

① 지적소관청은 조정금을 지급하여야 하는 경우로서 다음의 어느 하나에 해당하는 때에는 조정금을 지급받을 자의 토지 소재지 공탁소에 그 조정금을 공탁할 수 있다.

 ㉠ 조정금을 받을 자가 그 수령을 거부하거나 주소 불분명 등의 이유로 조정금을 수령할 수 없을 때

 ㉡ 지적소관청이 과실 없이 조정금을 받을 자를 알 수 없을 때

 ㉢ 압류 또는 가압류에 따라 조정금의 지급이 금지되었을 때

② 지적재조사지구 지정이 있은 후 권리의 변동이 있을 때에는 그 권리를 승계한 자가 조정금 또는 공탁금을 수령하거나 납부한다.

(8) 이의신청

① 수령통지 또는 납부고지된 조정금에 이의가 있는 토지소유자는 수령통지 또는 납부고지를 받은 날부터 60일 이내에 지적소관청에 이의신청을 할 수 있다.

② 지적소관청은 이의신청을 받은 날부터 30일 이내에 시·군·구 지적재조사위원회의 심의·의결을 거쳐 이의신청에 대한 결과를 신청인에게 서면으로 알려야 한다.

(9) 소멸시효

조정금을 받을 권리나 징수할 권리는 5년간 행사하지 아니하면 시효의 완성으로 소멸한다.

06 사업완료 및 등기촉탁

1. 사업완료 공고 및 공람

(1) 사업완료의 공고

① 지적소관청은 지적재조사지구에 있는 모든 토지에 대하여 경계확정이 있었을 때에는 지체 없이 대통령령으로 정하는 바에 따라 사업완료공고를 하여야 한다.

② 경계결정위원회의 결정에 불복하여 경계가 확정되지 아니한 토지가 있는 경우 그 면적이 지적재조사지구 전체 토지면적의 10분의 1 이하이거나, 토지소유자의 수가 지적재조사지구 전체 토지소유자 수의 10분의 1 이하인 경우에는 ①에도 불구하고 사업완료공고를 할 수 있다.

③ 지적소관청은 사업완료공고를 하려는 때에는 다음의 사항을 공보에 고시하여야 한다.
  ㉠ 지적재조사지구의 명칭
  ㉡ 토지의 소재지
  ㉢ 종전 토지의 지번, 지목 및 면적
  ㉣ 산정된 토지의 지번, 지목 및 면적
  ㉤ 토지소유자의 성명 또는 명칭 및 주소
  ㉥ 그 밖에 국토교통부장관이 지적확정예정조서 작성에 필요하다고 인정하여 고시하는 사항

(2) 공람

지적소관청은 지적재조사지구에 있는 모든 토지에 대하여 경계확정이 있었을 때에는 지체 없이 대통령령으로 정하는 바에 따라 사업완료공고를 하고 관계서류를 일반인이 공람하게 하여야 한다. 지적소관청은 공고를 한 때에는 다음의 서류를 14일 이상 일반인이 공람할 수 있도록 하여야 한다.

① 새로 작성한 지적공부

② 지상경계점등록부

③ 측량성과 결정을 위하여 취득한 측량기록물

2. 새로운 지적공부의 작성

(1) 지적공부의 작성

① 지적소관청은 사업완료공고가 있었을 때에는 기존의 지적공부를 폐쇄하고 새로운 지적공
부를 작성하여야 한다. 이 경우 그 토지는 사업완료공고일에 토지의 이동이 있은 것으로
본다. 새로이 작성하는 지적공부에는 다음의 사항을 등록하여야 한다.

- 토지의 소재
- 지번
- 지목
- 면적
- 경계점좌표
- 소유자의 성명 또는 명칭, 주소 및 주민등록번호(국가, 지방자치단체, 법인, 법인 아닌
  사단이나 재단 및 외국인의 경우에는 「부동산등기법」 제49조에 따라 부여된 등록번호
  를 말한다. 이하 같다)
- 소유권지분
- 대지권비율
- 지상건축물 및 지하건축물의 위치
- 토지의 고유번호
- 토지의 이동사유
- 토지소유자가 변경된 날과 그 원인
- 개별공시지가, 개별주택가격, 공동주택가격 및 부동산실거래가격과 그 기준일
- 필지별 공유지연명부의 장번호
- 전유(專有) 부분의 건물표시
- 건물의 명칭
- 집합건물별 대지권등록부의 장번호
- 좌표에 의하여 계산된 경계점 사이의 거리
- 지적기준점의 위치
- 필지별 경계점좌표의 부호 및 부호도
- 「토지이용규제 기본법」에 따른 토지이용과 관련된 지역·지구 등의 지정에 관한 사항
- 건축물의 표시와 건축물현황도에 관한 사항
- 구분지상권에 관한 사항

- 도로명주소
- 그 밖에 새로운 지적공부의 등록과 관련하여 국토교통부장관이 필요하다고 인정하는 사항

② 새로 작성하는 지적공부는 토지, 토지·건물 및 집합건물로 각각 구분하여 작성하며, 해당 지적공부는 각각 부동산종합공부(토지), 부동산종합공부(토지, 건물) 및 부동산종합공부(집합건물)에 따른다.

③ 경계가 확정되지 아니하고 사업완료공고가 된 토지에 대하여는 대통령령으로 정하는 바에 따라 "경계미확정토지"라고 기재하고 지적공부를 정리할 수 있으며, 경계가 확정될 때까지 지적측량을 정지시킬 수 있다.

(2) 경계미확정토지 지적공부의 관리

지적소관청은 경계가 확정되지 아니한 토지의 새로운 지적공부에 "경계미확정토지"라고 기재한 때에는 토지소유자에게 그 사실을 통지하여야 한다.

(3) 폐쇄된 지적공부의 관리

① 폐쇄된 지적공부는 영구히 보존하여야 한다.

② 폐쇄된 지적공부의 열람이나 그 등본의 발급에 관하여는 「공간정보의 구축 및 관리 등에 관한 법률」을 준용한다.

(4) 건축물현황에 관한 사항의 통보

사업완료공고가 있었던 지역을 관할하는 특별자치도지사 또는 시장·군수·자치구청장은 「건축법」에 따라 건축물대장을 새로이 작성하거나 건축물대장의 기재사항 중 지상건축물 또는 지하건축물의 위치에 관한 사항을 변경할 때에는 그 내용을 지적소관청에 통보하여야 한다.

3. 등기촉탁 및 등기신청

(1) 등기촉탁

① 지적소관청은 새로이 지적공부를 작성하였을 때에는 지체 없이 관할 등기소에 그 등기를 촉탁하여야 한다. 이 경우 그 등기촉탁은 국가가 자기를 위하여 하는 등기로 본다.

② 지적소관청은 관할 등기소에 지적재조사완료에 따른 등기를 촉탁할 때에는 지적재조사완료 등기촉탁서에 그 취지를 적고 등기촉탁서 부본(副本)과 토지(임야)대장을 첨부하여야 한다.

③ 지적소관청은 등기를 촉탁하였을 때에는 등기촉탁대장에 그 내용을 적어야 한다.

(2) 등기신청

① 토지소유자나 이해관계인은 지적소관청이 등기촉탁을 지연하고 있는 경우에는 대통령령으로 정하는 바에 따라 직접 등기를 신청할 수 있다.

② 토지소유자 및 이해관계인(이하 "토지소유자 등"이라 한다)이 법에 따라 등기를 신청하는 경우에는 지적소관청은 새로운 지적공부 등 등기신청에 필요한 지적관련 서류를 작성하여 토지소유자 등에게 제공하여야 한다.

③ 등기에 관하여 필요한 사항은 대법원규칙으로 정한다.

07 지적재조사위원회

1. 중앙지적재조사위원회

(1) 설치

지적재조사사업에 관한 주요 정책을 심의·의결하기 위하여 국토교통부장관 소속으로 중앙지적재조사위원회(이하 "중앙위원회"라 한다)를 둔다.

(2) 심의·의결

① 기본계획의 수립 및 변경

② 관계법령의 제정·개정 및 제도의 개선에 관한 사항

③ 그 밖에 지적재조사사업에 필요하여 중앙위원회의 위원장이 부의하는 사항

(3) 위원회의 구성

① 중앙위원회는 위원장 및 부위원장 각 1명을 포함한 15명 이상 20명 이하의 위원으로 구성한다.

② 중앙위원회의 위원장은 국토교통부장관이 되며, 부위원장은 위원 중에서 위원장이 지명한다.

③ 중앙위원회의 위원은 다음의 어느 하나에 해당하는 사람 중에서 위원장이 임명 또는 위촉한다.

 ㉠ 기획재정부·법무부·행정안전부 또는 국토교통부의 1급부터 3급까지 상당의 공무원 또는 고위공무원단에 속하는 공무원

 ㉡ 판사·검사 또는 변호사

 ㉢ 법학이나 지적 또는 측량 분야의 교수로 재직하고 있거나 있었던 사람

 ㉣ 그 밖에 지적재조사사업에 관하여 전문성을 갖춘 사람

④ 중앙위원회의 위원 중 공무원이 아닌 위원의 임기는 2년으로 한다.

⑤ 중앙위원회는 재적위원 과반수의 출석과 출석위원 과반수의 찬성으로 의결한다.

⑥ 그 밖에 중앙위원회의 조직 및 운영 등에 관하여 필요한 사항은 대통령령으로 정한다.

(4) 중앙위원회의 운영

① 중앙지적재조사위원회(이하 "중앙위원회"라 한다)의 위원장(이하 "위원장"이라 한다)은 중앙위원회를 대표하고 중앙위원회의 업무를 총괄한다.

② 위원장이 부득이한 사유로 직무를 수행할 수 없을 때에는 부위원장이 그 직무를 대행하고, 위원장과 부위원장이 모두 부득이한 사유로 그 직무를 수행할 수 없을 때에는 위원장이 미리 지명한 위원이 그 직무를 대행한다.

③ 위원장은 회의개최 5일 전까지 회의 일시 · 장소 및 심의안건을 각 위원에게 통보하여야 한다. 다만, 긴급한 경우에는 회의개최 전까지 통보할 수 있다.

④ 회의는 분기별로 개최한다. 다만, 위원장이 필요하다고 인정하는 때에는 임시회를 소집할 수 있다.

2. 시 · 도 지적재조사위원회

(1) 설치

시 · 도의 지적재조사사업에 관한 주요 정책을 심의 · 의결하기 위하여 시 · 도지사 소속으로 시 · 도 지적재조사위원회(이하 "시 · 도위원회"라 한다)를 둘 수 있다.

(2) 심의 · 의결

① 지적소관청이 수립한 실시계획

② 시 · 도종합계획의 수립 및 변경

③ 지적재조사지구의 지정 및 변경

④ 시 · 군 · 구별 지적재조사사업의 우선순위 조정

⑤ 그 밖에 지적재조사사업에 필요하여 시 · 도위원회의 위원장이 부의하는 사항

(3) 위원회의 구성

① 시 · 도위원회는 위원장 및 부위원장 각 1명을 포함한 10명 이내의 위원으로 구성한다.

② 시 · 도위원회의 위원장은 시 · 도지사가 되며, 부위원장은 위원 중에서 위원장이 지명한다.

③ 시 · 도위원회의 위원은 다음 각 호의 어느 하나에 해당하는 사람 중에서 위원장이 임명 또는 위촉한다.

　㉠ 해당 시 · 도의 3급 이상 공무원

　㉡ 판사 · 검사 또는 변호사

　㉢ 법학이나 지적 또는 측량 분야의 교수로 재직하고 있거나 있었던 사람

　㉣ 그 밖에 지적재조사사업에 관하여 전문성을 갖춘 사람

④ 시 · 도위원회의 위원 중 공무원이 아닌 위원의 임기는 2년으로 한다.

⑤ 시 · 도위원회는 재적위원 과반수의 출석과 출석위원 과반수의 찬성으로 의결한다.

⑥ 그 밖에 시 · 도위원회의 조직 및 운영 등에 관하여 필요한 사항은 해당 시 · 도의 조례로 정한다.

3. 시 · 군 · 구 지적재조사위원회

(1) 설치

시 · 군 · 구의 지적재조사사업에 관한 주요 정책을 심의 · 의결하기 위하여 지적소관청 소속으로 시 · 군 · 구 지적재조사위원회(이하 "시 · 군 · 구위원회"라 한다)를 둘 수 있다.

(2) 심의 · 의결

① 경계복원측량 또는 지적공부 정리의 허용 여부

② 지목의 변경

③ 조정금의 산정

④ 조정금 이의신청에 대한 결정

⑤ 그 밖에 지적재조사사업에 필요하여 시 · 군 · 구위원회의 위원장이 부의하는 사항

(3) 위원회의 구성

① 시 · 군 · 구위원회는 위원장 및 부위원장 각 1명을 포함한 10명 이내의 위원으로 구성한다.

② 시 · 군 · 구위원회의 위원장은 시장 · 군수 또는 구청장이 되며, 부위원장은 위원 중에서 위원장이 지명한다.

③ 시 · 군 · 구위원회의 위원은 다음 각 호의 어느 하나에 해당하는 사람 중에서 위원장이 임명 또는 위촉한다.

㉠ 해당 시 · 군 · 구의 5급 이상 공무원

㉡ 해당 지적재조사지구의 읍 · 면 · 동장

㉢ 판사 · 검사 또는 변호사

㉣ 법학이나 지적 또는 측량 분야의 교수로 재직하고 있거나 있었던 사람

㉤ 그 밖에 지적재조사사업에 관하여 전문성을 갖춘 사람

④ 시 · 군 · 구위원회의 위원 중 공무원이 아닌 위원의 임기는 2년으로 한다.

⑤ 시 · 군 · 구위원회는 재적위원 과반수의 출석과 출석위원 과반수의 찬성으로 의결한다.

⑥ 그 밖에 시 · 군 · 구위원회의 조직 및 운영 등에 관하여 필요한 사항은 해당 시 · 군 · 구의 조례로 정한다.

08 경계결정위원회 및 지적재조사기획단 등

1. 경계결정위원회

(1) 설치

지적소관청 소속으로 경계결정위원회를 둔다.

(2) 심의 · 의결

① 경계설정에 관한 결정

② 경계설정에 따른 이의신청에 관한 결정

(3) 위원회의 구성

① 경계결정위원회는 위원장 및 부위원장 각 1명을 포함한 11명 이내의 위원으로 구성한다.

② 경계결정위원회의 위원장은 위원인 판사가 되며, 부위원장은 위원 중에서 지적소관청이 지정한다.

③ 경계결정위원회의 위원은 다음에서 정하는 사람이 된다. 다만, ⓒ 및 ② 의 위원은 해당 지적재조사지구에 관한 안건인 경우에 위원으로 참석할 수 있다.

　　㉠ 관할 지방법원장이 지명하는 판사

　　㉡ 다음 각 목의 어느 하나에 해당하는 사람으로서 지적소관청이 임명 또는 위촉하는 사람

　　　• 지적소관청 소속 5급 이상 공무원

　　　• 변호사, 법학교수, 그 밖에 법률지식이 풍부한 사람

　　　• 지적측량기술자, 감정평가사, 그 밖에 지적재조사사업에 관한 전문성을 갖춘 사람

　　㉢ 각 지적재조사지구의 토지소유자(토지소유자협의회가 구성된 경우에는 토지소유자협의회가 추천하는 사람을 말한다)

　　㉣ 각 지적재조사지구의 읍 · 면 · 동장

④ 경계결정위원회의 위원에는 ③의 ㉢에 해당하는 위원이 반드시 포함되어야 한다.

⑤ 경계결정위원회의 위원 중 공무원이 아닌 위원의 임기는 2년으로 한다.

⑥ 경계결정위원회는 직권 또는 토지소유자나 이해관계인의 신청에 따라 사실조사를 하거나 신청인 또는 토지소유자나 이해관계인에게 필요한 서류의 제출을 요청할 수 있으며, 지적소관청의 소속공무원으로 하여금 사실조사를 하게 할 수 있다.

⑦ 토지소유자나 이해관계인은 경계결정위원회에 출석하여 의견을 진술하거나 필요한 증빙서류를 제출할 수 있다.

⑧ 경계결정위원회의 결정 또는 의결은 문서로써 재적위원 과반수의 찬성이 있어야 한다.

⑨ 결정서 또는 의결서에는 주문, 결정 또는 의결 이유, 결정 또는 의결 일자 및 결정 또는 의결에 참여한 위원의 성명을 기재하고, 결정 또는 의결에 참여한 위원 전원이 서명날인 하여야 한다. 다만, 서명날인을 거부하거나 서명날인을 할 수 없는 부득이한 사유가 있는 위원의 경우 해당 위원의 서명날인을 생략하고 그 사유만을 기재할 수 있다.

⑩ 경계결정위원회의 조직 및 운영 등에 관하여 필요한 사항은 해당 시 · 군 · 구의 조례로 정한다.

2. 지적재조사 기획단 · 지원단 · 추진단

(1) 지적재조사기획단

기본계획의 입안, 지적재조사사업의 지도 · 감독, 기술 · 인력 및 예산 등의 지원, 중앙위
원회 심의 · 의결 사항에 대한 보좌를 위하여 국토교통부에 지적재조사기획단을 둔다.

① 지적재조사기획단(이하 "기획단"이라 한다)은 단장 1명과 소속직원으로 구성하며, 단장은
국토교통부의 고위공무원단에 속하는 일반직 공무원 중에서 국토교통부장관이 지명하는
자가 겸직한다.

② 국토교통부장관은 기획단의 업무수행을 위하여 필요하다고 인정할 때에는 관계 행정기관
의 공무원 및 관련 기관 · 단체의 임직원의 파견을 요청할 수 있다.

③ 기획단의 조직과 운영에 필요한 사항은 국토교통부장관이 정한다.

(2) 지적재조사지원단

지적재조사사업의 지도 · 감독, 기술 · 인력 및 예산 등의 지원을 위하여 시 · 도에 지적재
조사지원단을 둘 수 있다.

(3) 지적재조사추진단

실시계획의 입안, 지적재조사사업의 시행, 사업대행자에 대한 지도 · 감독 등을 위하여 지
적소관청에 지적재조사추진단을 둘 수 있다.

(4) 기타

지적재조사기획단의 조직과 운영에 관하여 필요한 사항은 대통령령으로, 지적재조사지원
단과 지적재조사추진단의 조직과 운영에 관하여 필요한 사항은 해당 지방자치단체의 조례
로 정한다.

09 공개시스템의 구축 및 운영

1. 공개시스템의 구축 및 운영

① 국토교통부장관은 공개시스템(이하 "공개시스템"이라 한다)을 개발하여 시 · 도지사 및
지적소관청에 보급하여야 한다.

② 국토교통부장관은 ①에 따른 공개시스템을 「전자정부법」 제36조 제1항에 따른 행정정보
의 공동이용과 연계하거나 정보의 공동활용체계를 구축할 수 있다.

③ ①, ②에서 규정한 사항 외에 공개시스템의 구축 및 운영에 필요한 사항은 국토교통부장
관이 정하여 고시한다.

2. 공개시스템의 입력정보

시 · 도지사 및 지적소관청은 법 제38조에 따라 토지소유자 등이 지적재조사사업과 관련한 정보를 인터넷 등을 통하여 실시간 열람할 수 있도록 다음 각 호의 사항을 공개시스템에 입력하여야 한다.

① 실시계획
② 지적재조사지구
③ 책임수행기관 선정공고
④ 토지현황조사
⑤ 지적재조사 측량 및 경계의 확정
⑥ 조정금의 산정, 징수 및 지급
⑦ 새로운 지적공부 및 등기촉탁
⑧ 건축물위치 및 건물표시
⑨ 토지와 건물에 대한 개별공시지가, 개별주택가격, 공동주택가격 및 부동산실거래가격
⑩ 「토지이용규제 기본법」에 따른 토지이용규제
⑪ 그 밖에 국토교통부장관이 필요하다고 인정하는 사항

3. 고유식별정보의 처리

지적소관청은 다음의 사무를 수행하기 위하여 불가피한 경우 「개인정보 보호법 시행령」 제19조에 따른 주민등록번호 또는 외국인등록번호가 포함된 자료를 처리할 수 있다.

① 실시계획 수립에 관한 사무
② 토지소유자의 동의에 관한 사무
③ 토지현황조사서 작성에 관한 사무
④ 지적확정예정조서 작성에 관한 사무
⑤ 조정금 수령통지 또는 납부고지에 관한 사무
⑥ 새로운 지적공부의 작성에 관한 사무
⑦ 등기촉탁에 관한 사무

10 지적재조사행정시스템

1. 목적 및 적용범위 등

(1) 목적

이 규정은 「지적재조사에 관한 특별법」에 따라 구축·운영하는 지적재조사행정시스템의 운용·관리 및 이용 등에 관한 사항을 규정함을 목적으로 한다.

(2) 적용범위

이 규정은 지적재조사행정시스템(이하 "시스템"이라 한다)을 이용하여 업무를 수행하는 모든 과정에 적용하며 사용대상은 다음과 같다.

① 시스템을 운용·관리하는 국토교통부와 사업관련 정보의 필요성이 인정되는 중앙행정기관

② 지적재조사행정시스템 업무를 담당하는 지원단 및 추진단

③ 지적측량대행자로 선정고시된 자

④ 지적재조사지구의 토지소유자 및 이해관계인

(3) 용어의 정의

① **시스템** : 지적재조사사업의 수행에 필요한 각종 속성정보 및 공간정보를 전산화하여 통합적으로 관리하는 시스템을 말한다.

② **지적재조사기획단** : 기본계획의 입안, 지적재조사사업의 지도·감독, 기술·인력 및 예산 등의 지원, 중앙위원회 심의·의결 사항에 대한 보좌를 위하여 국토교통부에 지적재조사기획단을 둔다.

③ **지적재조사지원단** : 지적재조사사업의 지도·감독, 기술·인력 및 예산 등의 지원을 위하여 시·도에 지적재조사지원단을 둘 수 있다.

④ **지적재조사추진단** : 실시계획의 입안, 지적재조사사업의 시행, 사업대행자에 대한 지도·감독 등을 위하여 지적소관청에 지적재조사추진단을 둘 수 있다.

⑤ **대행자** : 지적재조사사업의 측량·조사 등을 대행하는 자를 말한다.

⑥ **권한관리자** : 기획단, 지원단, 추진단별 각 소속기관에서 시스템을 이용하여 사용자권한 업무를 수행하는 자를 말한다.

⑦ **자료** : 시스템에서 전산등록·관리하는 지적재조사사업 전반 업무와 관련한 공간 및 속성 정보를 통칭한다.

2. 역할분담

(1) 기획단장

기획단장은 시스템관리체계의 총괄책임자로서 시스템의 원활한 운영·관리를 위하여 다음의 역할을 수행하여야 한다.

① 법령변경에 따른 시스템과 데이터베이스의 변경사항
② 시스템의 갱신, 유지·보수 및 응용프로그램 관리
③ 시스템 운영·관리에 관한 교육 및 지도·감독
④ 그 밖에 시스템 관리·운영의 개선을 위하여 필요한 사항

(2) 지원단장 및 추진단장

지원단장 및 추진단장은 시스템의 원활한 운영·관리를 위하여 다음의 역할을 수행하여야 한다.
① 시스템자료의 등록·수정·갱신
② 시스템권한 부여 및 전산등록사항관리

3. 자료의 입력 및 관리 등

(1) 자료의 입력 및 관리
① 지원단장 및 추진단장은 국토교통부 「지적재조사업무규정」, 「지적재조사측량규정」, 「지적공부 세계측지계 변환규정」에 명시된 규정에 따라 최신 자료가 유지되도록 조치하여야 한다.
② 지원단장 및 추진단장은 자료의 전산등록과정에서 장애가 발생할 경우 기획단장과 협의하여야 한다.

(2) 전산자료의 구축 및 운영
① 기획단장은 시스템을 적합하게 구축하여야 한다.
② 기획단장은 시스템의 안정적인 운영을 위하여 시스템관리자를 지정하고 유지관리대책을 수립하여야 한다.

(3) 백업 및 복구
① 정부통합전산센터의 장은 프로그램 및 전산자료의 멸실·손괴에 대비하여 정기적으로 관련 자료를 백업하여야 한다. 백업 주기와 방법 및 범위는 행정자치부 정부통합전산센터의 백업지침에 따른다.
② 백업자료는 도난·훼손·멸실되지 않도록 안전한 장소에 보관하여야 한다.

(4) 시스템 장애 및 전산자료 오류수정
① 지원단장 및 추진단장은 지적재조사행정시스템 자료에 오류가 발생한 경우에는 지체 없이 이를 수정하여야 한다.
② 지원단장 및 추진단장은 시스템 장애가 발생하여 처리할 수 없는 경우에는 다음 서식에 따라 이를 기획단장에게 보고하고, 그에 따른 필요한 조치를 요청할 수 있다.
③ 보고받은 기획단장은 시스템장애사항이 정비될 수 있도록 필요한 조치를 하여야 한다.

시스템 장애 발생보고 및 개선요청서

시 · 군 · 구	○○도 ○○시 · 군 · 구	부 서	
요청자		연락처	
직 급		E-Mail	
제 목			
필요성 (현황 및 문제점 또는 장애현황)			
기능개선 요구내용			
비 고			

(5) 개인정보의 안전성 확보조치

① 기획단장은 「개인정보 보호법」 제33조에 따라 시스템의 개인정보영향평가 및 위험도분석을 실시하여 필요시 고유식별정보 등에 대한 암호화기술 적용 또는 이에 상응하는 조치 등의 방안을 마련하여야 한다.

② 시스템을 운영 또는 사용하는 자는 「개인정보 보호법」 제29조, 같은 법 시행령 제30조 및 개인정보의 안전성 확보조치기준에 따라 개인정보의 안전성 확보에 필요한 관리적 · 기술적 조치를 취하여야 한다.

③ 시스템을 운영 또는 사용하는 자는 시스템으로 인하여 국민의 사생활에 대한 권익이 침해받지 않도록 하여야 한다.

(6) 보안관리

① 시스템을 운영 또는 사용하는 자는 보안관련 법령에 따라 관리적 · 기술적 대책을 강구하고 보안관리를 철저히 하여야 한다.

② 기획단장은 시스템의 유지관리를 용역사업으로 추진하는 경우에는 보안관련 규정을 준용하여야 한다.

(7) 사용자교육실시

① 기획단장은 사용자가 시스템을 체계적으로 이용하고 관리할 수 있도록 교육을 실시하여야 한다.

② 지원단장, 추진단장 및 대행자는 사용자가 교육을 받을 수 있도록 지원하여야 한다.

③ 기획단장은 사용자교육을 관련 기관에 위탁하여 실시할 수 있다.

(8) 소유자 및 이해관계인

　　해당 토지의 소유자 및 이해관계인은 다음의 내용을 열람하고 동의 또는 의견제출 등을 할 수 있다.

① 토지소유자사업 동의 및 토지소유자협의회 구성 동의
② 경계 및 지적 확정조서에 관한 사항

4. 업무수행 등

(1) 지원단장의 업무

① 추진단에서 승인요청한 지적재조사지구 승인 및 고시 사항 전산등록
② 지적재조사지구별 지적기준점성과검사
③ 해당 지적재조사지구의 연도별 사업추진현황 등 통계관리
④ 추진단 권한관리자 및 지원단 사용자에 대한 사용자권한 승인 및 관리

(2) 추진단장의 업무

① 지적재조사지구 등 실시계획에 관한 사항 전산등록
② 일필지 사전조사 및 현지조사에 관한 사항 전산등록
③ 주민설명회 · 동의서 징구 등 지적재조사지구 지정신청에 관한 사항 전산등록
④ 추진단 업무담당자 및 해당 지적재조사지구 대행자에 대한 사용자권한 승인 및 관리
⑤ 그 밖에 지적재조사업무 전반에 관한 자료 전산 등록 및 관리

(3) 대행자의 업무

① 해당 지적재조사지구 사용자 전산등록 및 승인요청
② 일필지 측량완료 후 지적확정조서에 관한 사항 전산등록
③ 일필지 현지조사에 관한 사항 전산등록
④ 대국민공개시스템 및 모바일현장지원시스템 활용
⑤ 경계점표지등록부 전산등록
⑥ 그 밖에 지적재조사측량규정에 의한 측량성과 전산등록 등

기출문제　　　　　　　　　　　　　　　　　　　　　　　　　[2014년 기출]

지적재조사행정시스템 운영규정상 지적재조사행정시스템을 이용하는 대행자업무에 해당하지 않는 것은?

① 지적재조사지구 등 실시계획에 관한 사항 전산등록
② 일필지측량 완료 후 지적확정조서에 관한 사항 전산등록
③ 일필지 현지조사에 관한 사항 전산등록
④ 경계점표지등록부 전산등록

답 ①

5. 사용자권한관리

(1) 권한신청

① 시스템의 사용자권한을 새로이 부여받거나 변경하고자 하는 자는 권한관리자에게 신청하여야 한다.

② 권한관리자는 사용자권한을 새로이 부여하거나 변경하고자 할 때에는 사용자권한등록부를 관리할 수 있다.

사용자권한등록부

일련번호	성 명 생년월일	담당업무 및 (구분)	사용자번호	등록일자 해제일자	결 재 담 당	결 재 과 장
				. .		
				. .		
				. .		
				. .		
				. .		
				. .		

① 구분 : 관리자, 사용자로 구분하여 기재한다.
② 사용자번호 : 지원단, 추진단에서 시스템의 사용승인요청하여 부여된 일련번호(시스템 자동 부여)
③ 등록일자(해제일자) : 담당업무에 따라 등록사항을 등록, 해제하여야 하며, 등록일자는 사용자권한을 등록한 일자를, 해제일자는 해당 업무처리의 자격이 상실된 일자를 기록한다(해제일자는 적색펜으로 기재).
④ 결재란 : 등록과 해제 시에는 반드시 지적재조사업무담당과장의 결재를 득하여야 한다.

대행자권한등록(변경)신청서

등록구분		☐ 신규		☐ 변경		☐ 말소
권한부여 대상자	소 속					
	지적재조사지구					
	성 명			생년월일		
	자격증 종목 및 등급			기술자격번호 또는 경력번호		
	전화번호	사무실 :		휴대폰 :		
권한부여 대상업무						
기타사항						

(2) 사용자번호 및 인증서 로그인

① 시스템에 전산등록하는 사용자번호는 고유의 일련번호로 부여하여야 하며, 한번 부여된 사용자번호는 변경할 수 없다.

② 소속이 변경되거나 퇴직 등을 한 경우에는 사용자의 책임을 명확히 할 수 있도록 관리하여야 한다.

③ 사용자의 인증서는 행정자치부에서 부여받은 GPKI로 사용하며, 로그인 후 사용자로그인 접속내용을 인증서에 의하여 관리한다.

④ 대행자는 공공I-PIN 등의 공인된 실명인증방식으로 로그인 후 지적재조사지구별 권한신청 후 승인을 받아야 한다.

⑤ 지적재조사지구 내 토지소유자 및 이해관계인은 공공I-PIN 등의 공인된 실명인증방식으로 로그인 후 소유 및 이해 관계필지에 대하여 관련 자료를 열람할 수 있다.

⑥ 사용자의 인증서는 다른 사람에게 누설하여서는 아니 되며, 사용자는 인증서가 누설되거나 누설될 우려가 있는 때에는 즉시 이를 변경하여야 한다.

(3) 운영관리책임자의 수행업무

시스템을 총괄하는 운영관리책임자는 지적재조사업무를 담당하는 담당과장이 되며, 담당과장은 운영 및 유지관리를 위하여 권한관리자를 지정하여야 한다. 운영관리책임자는 다음의 업무를 수행한다.

① 수시 예방점검 및 장애사항 처리

② 보안관리 및 침해대응

③ 지적재조사지구별 통계자료관리

④ 「개인정보 보호법」에 의한 개인정보침해대응

⑤ 그 밖에 정보자원을 운영·관리함에 있어 필요한 사항

6. 우편물 발송 및 계약체결

(1) 우편물 발송

우편물 발송은 행정정보공동망 「지적재조사행정시스템과 우정사업본부 전자우편(e-그린)」 연계시스템에 의하여 처리할 수 있으며, 이용요금은 우정사업본부 고시금액으로 한다.

① 고지서에 의한 납부방법

② 카드에 의한 납부방법

(2) 계약체결

우편물 발송 시 회송용 봉투를 동봉하고자 하는 경우에는 관할 배송우체국과 별도계약을 체결하여 운영할 수 있다.

(3) 발송정보의 변경

우편물 발송정보변경 시 발송우체국(서울지방우정청 서울중앙우체국)에 5일 이내 통보 후 사용하여야 한다.

11 벌 칙

1. 행정형벌

(1) 2년 이하의 징역 또는 2천만원 이하의 벌금

① 지적재조사사업을 위한 지적측량을 고의로 진실에 반하게 측량을 한 자

② 지적재조사사업 성과를 거짓으로 등록을 한 자

(2) 1년 이하의 징역 또는 1천만원 이하의 벌금

지적재조사사업 중에 알게 된 타인의 비밀을 누설하거나 사용한 자

(3) 양벌규정

법인의 대표자나 법인 또는 개인의 대리인, 사용인, 그 밖의 종업원이 그 법인 또는 개인의 업무에 관하여 제43조의 위반행위를 하면 그 행위자를 벌하는 외에 그 법인 또는 개인에게도 해당 조문의 벌금형을 과(科)한다. 다만, 법인 또는 개인이 그 위반행위를 방지하기 위하여 해당 업무에 관하여 상당한 주의와 감독을 게을리하지 아니한 경우에는 그러하지 아니하다.

2. 행정질서벌(과태료)

(1) 300만원 이하의 과태료

① 임시경계점표지 또는 경계점표지를 이전 또는 파손하거나 그 효용을 해치는 행위를 한 자

② 지적재조사사업을 정당한 이유 없이 방해한 자

(2) 부과권자

과태료는 대통령령으로 정하는 바에 따라 국토교통부장관, 시·도지사 또는 지적소관청이 부과·징수한다.

1. 일반기준

① 위반행위의 횟수에 따른 행정처분의 기준은 최근 3년간 같은 위반행위로 과태료를 부과받은 경우에 적용한다. 이 경우 위반횟수는 같은 위반행위에 대하여 과태료를 부과받은 날과 다시 같은 위반행위로 적발된 날을 기준으로 한다.

② 부과권자는 다음의 어느 하나에 해당하는 경우에는 제2호의 개별기준에 따른 과태료금액의 2분의 1의 범위에서 그 금액을 줄일 수 있다. 다만, 과태료를 체납하고 있는 위반행위자의 경우에는 그러하지 아니하다.

   ㉠ 위반행위자가 「질서위반행위규제법 시행령」 제2조의2 제1항 각 호의 어느 하나에 해당하는 경우

   ㉡ 위반행위가 사소한 부주의나 오류로 인한 것으로 인정되는 경우

   ㉢ 위반행위자가 위반행위를 바로 정정하거나 시정하여 법 위반상태를 해소한 경우

   ㉣ 그 밖에 위반행위의 정도, 위반행위의 동기와 그 결과 등을 고려하여 과태료금액을 줄일 필요가 있다고 인정되는 경우

③ 부과권자는 다음의 어느 하나에 해당하는 경우에는 제2호의 개별기준에 따른 과태료금액의 2분의 1의 범위에서 그 금액을 늘릴 수 있다. 다만, 법 제45조 제1항에 따른 과태료금액의 상한을 넘을 수 없다.

   ㉠ 위반의 내용·정도가 중대하여 이해관계인 등에게 미치는 피해가 크다고 인정되는 경우

   ㉡ 법 위반상태의 기간이 6개월 이상인 경우

   ㉢ 그 밖에 위반행위의 정도, 위반행위의 동기와 그 결과 등을 고려하여 과태료금액을 늘릴 필요가 있다고 인정되는 경우

2. 개별기준

위반행위	과태료금액		
	1차 위반	2차 위반	3차 이상 위반
법 제15조 제4항 또는 제18조 제3항을 위반하여 임시경계점표지를 이전 또는 파손하거나 그 효용을 해치는 행위를 한 경우	100만원	150만원	200만원
법 제15조 제4항 또는 제18조 제3항을 위반하여 경계점표지를 이전 또는 파손하거나 그 효용을 해치는 행위를 한 경우	150만원	200만원	300만원
지적재조사사업을 정당한 이유 없이 방해한 경우	50만원	75만원	100만원

01 지적재조사에 관한 특별법에서 용어의 정의에 대한 설명으로 틀린 것은?

① "지적재조사사업"이란 「공간정보의 구축 및 관리 등에 관한 법률」에 따른 지적공부의 등록 사항을 조사·측량하여 기존의 지적공부를 디지털에 의한 새로운 지적공부로 대체함과 동시에 지적공부의 등록사항이 토지의 실제 현황과 일치하지 아니하는 경우 이를 바로 잡기 위하여 실시하는 지방자치단체의 사업을 말한다.

② "지적재조사지구"란 지적재조사사업을 시행하기 위하여 지정·고시된 지구를 말한다.

③ "토지현황조사"란 지적재조사사업을 시행하기 위하여 필지별로 소유자, 지번, 지목, 면적, 경계 또는 좌표, 지상건축물 및 지하건축물의 위치, 개별공시지가 등을 조사하는 것을 말한다.

④ "지적소관청"이라 함은 지적공부를 관리하는 시장·군수·구청장을 말한다.

해설 지적재조사사업이란 「공간정보의 구축 및 관리 등에 관한 법률」에 따른 지적공부의 등록사항을 조사·측량하여 기존의 지적공부를 디지털에 의한 새로운 지적공부로 대체함과 동시에 지적공부의 등록사항이 토지의 실제 현황과 일치하지 아니하는 경우 이를 바로 잡기 위하여 실시하는 국가사업을 말한다.

02 지적재조사사업을 효율적으로 시행하기 위하여 지적재조사사업에 관한 기본계획을 수립하는 자는?

① 행정안전부장관   ② 국토교통부장관

③ 시·도지사   ④ 지적소관청

해설 지적재조사사업에 관한 기본계획은 국토교통부장관이 수립한다.

03 지적재조사사업에 따른 토지현황조사내용에 해당하지 않는 것은?

① 지하건축물의 위치   ② 개별공시지가

③ 소유자   ④ 지목, 면적, 경계, 축척

해설 토지현황조사

지적재조사사업을 시행하기 위하여 필지별로 소유자, 지번, 지목, 면적, 경계 또는 좌표, 지상건축물 및 지하건축물의 위치, 개별공시지가 등을 조사하는 것을 말한다.

04 다음 중 지적재조사사업의 시행자는?

① 국토교통부장관   ② 시·도지사

③ 지적소관청   ④ 행정안전부장관

해설 지적재조사사업은 지적소관청이 시행한다.

05 국토교통부장관이 수립하는 기본계획에 포함되지 않는 사항은?

① 지적재조사사업의 시행지역
② 지적재조사사업의 시행기간 및 규모
③ 지적재조사사업비의 연도별 집행계획
④ 지적재조사사업에 필요한 인력의 확보에 관한 계획

해설 국토교통부장관은 지적재조사사업을 효율적으로 시행하기 위하여 다음의 사항이 포함된 지적재조사사업에 관한 기본계획을 수립하여야 한다.
1. 지적재조사사업에 관한 기본방향
2. 지적재조사사업의 시행 기간 및 규모
3. 지적재조사사업비의 연도별 집행계획
4. 지적재조사사업비의 특별시 · 광역시 · 도 · 특별자치도 · 특별자치시 및 「지방자치법」에 따른 인구 50만 이상 대도시(이하 "시 · 도"라 한다)별 배분계획
5. 지적재조사사업에 필요한 인력의 확보에 관한 계획
6. 그 밖에 지적재조사사업의 효율적 시행을 위하여 필요한 사항으로서 대통령령으로 정하는 사항
   ① 디지털지적(地籍)의 운영 · 관리에 필요한 표준의 제정 및 그 활용
   ② 지적재조사사업의 효율적 추진을 위하여 필요한 교육 및 연구 · 개발
   ③ 그 밖에 국토교통부장관이 지적재조사사업에 관한 기본계획(이하 "기본계획"이라 한다)의 수립에 필요하다고 인정하는 사항

06 지적재조사사업에 따른 기본계획의 수립에 대한 설명으로 틀린 것은?

① 국토교통부장관은 기본계획을 수립할 때에는 미리 공청회를 개최하여 관계전문가 등의 의견을 들어 기본계획안을 작성하고 특별시장 · 광역시장 · 도지사 · 특별자치도지사 · 특별자치시장 및 「지방자치법」에 따른 인구 50만 이상 대도시의 시장에게 그 안을 송부하여 의견을 들은 후 중앙지적재조사위원회의 심의를 거쳐야 한다.
② 시 · 도지사는 기본계획안을 송부받았을 때에는 이를 지체 없이 지적소관청에 송부하여 그 의견을 들어야 한다.
③ 지적소관청은 기본계획안을 송부받은 날부터 30일 이내에 시 · 도지사에게 의견을 제출하여야 하며, 시 · 도지사는 기본계획안을 송부받은 날부터 20일 이내에 지적소관청의 의견에 자신의 의견을 첨부하여 국토교통부장관에게 제출하여야 한다.
④ 국토교통부장관은 기본계획을 수립하거나 변경하였을 때에는 이를 관보에 고시하고 시 · 도지사에게 통지하여야 하며, 시 · 도지사는 이를 지체 없이 지적소관청에 통지하여야 한다.

해설 지적소관청은 기본계획안을 송부받은 날부터 20일 이내에 시 · 도지사에게 의견을 제출하여야 하며, 시 · 도지사는 기본계획안을 송부받은 날부터 30일 이내에 지적소관청의 의견에 자신의 의견을 첨부하여 국토교통부장관에게 제출하여야 한다.

정답 5. ① 6. ③

07 지적소관청이 수립하는 실시계획사항에 포함되지 않는 것은?

① 지적재조사사업의 시행자   ② 지적재조사지구의 명칭 및 위치

③ 지적재조사사업의 시행 시기 및 기간   ④ 지적재조사사업의 인력배치방안

해설 지적소관청이 수립하는 실시계획사항

1. 지적재조사사업의 시행자
2. 지적재조사지구의 명칭
3. 지적재조사지구의 위치 및 면적
4. 지적재조사사업의 시행 시기 및 기간
5. 지적재조사사업비의 추산액
6. 토지현황조사에 관한 사항
7. 그 밖에 지적재조사사업의 시행을 위하여 필요한 사항으로서 대통령령으로 정하는 사항
    ① 지적재조사지구의 현황
    ② 지적재조사사업의 시행에 관한 세부계획
    ③ 지적재조사측량에 관한 시행계획
    ④ 지적재조사사업의 시행에 따른 홍보
    ⑤ 그 밖에 지적소관청이 지적재조사사업에 관한 실시계획(이하 "실시계획"이라 한다)의 수립에 필요하다고 인정하는 사항

08 다음 보기의 괄호 안에 들어갈 사항으로 옳은 것은?

> (　　　)은 기본계획을 통지받았을 때에는 다음 각 호의 사항이 포함된 지적재조사사업에 관한 실시계획(이하 "실시계획"이라 한다)을 수립하여야 하며, 실시계획의 작성 기준 및 방법은 (　　　)이 정한다.

① 지적소관청, 시 · 도지사   ② 시 · 도지사, 국토교통부장관

③ 지적소관청, 국토교통부장관   ④ 지적소관청, 지적측량수행자

해설 지적소관청은 기본계획을 통지받았을 때에는 다음 각 호의 사항이 포함된 지적재조사사업에 관한 실시계획(이하 "실시계획"이라 한다)을 수립하여야 하며, 실시계획의 작성 기준 및 방법은 국토교통부장관이 정한다.

09 지적재조사사업에 따른 지적재조사지구 지정에 대한 설명이다. 이 중 틀린 것은?

① 지적소관청은 실시계획을 수립하여 시 · 도지사에게 지적재조사지구 지정신청을 하여야 한다.
② 지적소관청이 시 · 도지사에게 지적재조사지구 지정을 신청하고자 할 때에는 지적재조사지구 토지소유자 총수의 3분의 2 이상과 토지면적 3분의 2 이상에 해당하는 토지소유자의 동의를 받아야 한다.
③ 지적재조사지구 지정신청을 받은 시 · 도지사는 15일 이내에 그 신청을 시 · 도 지적재조사위원회에 회부하여야 한다.
④ 지적재조사지구 지정신청을 회부받은 시 · 도위원회는 그 신청을 회부받은 날부터 30일 이내에 지적재조사지구의 지정 여부에 대하여 심의 · 의결하여야 한다. 다만, 사실확인이 필요한 경우 등 불가피한 사유가 있을 때에는 그 심의기간을 해당 시 · 도위원회의 의결을 거쳐 30일의 범위에서 그 기간을 한 차례만 연장할 수 있다.

 지적재조사지구 지정신청을 회부받은 시·도위원회는 그 신청을 회부받은 날부터 30일 이내에 지적재조사지구의 지정 여부에 대하여 심의·의결하여야 한다. 다만, 사실확인이 필요한 경우 등 불가피한 사유가 있을 때에는 그 심의기간을 해당 시·도위원회의 의결을 거쳐 15일의 범위에서 그 기간을 한 차례만 연장할 수 있다.

10 경계점에 대한 지적재조사측량성과와 지적재조사측량성과에 대한 검사의 연결교차의 허용범위는?

① ±0.01m ② ±0.03m

③ ±0.05m ④ ±0.07m

 지적재조사측량의 성과의 인정

1. 지적기준점 : ±0.03m
2. 경계점 : ±0.07m

11 지적재조사지구 지정에 대한 설명이다. 이 중 옳은 것은?

① 지적소관청은 지적재조사지구에 토지소유자협의회가 구성되어 있고 토지소유자 총수의 3분의 2 이상의 동의가 있는 지구에 대하여는 우선하여 지적재조사지구로 지정을 신청할 수 있다.

② 지적소관청은 지적재조사지구 지정을 신청하고자 할 때에는 실시계획수립내용을 주민에게 서면으로 통보한 후 주민설명회를 개최하고 실시계획을 15일 이상 주민에게 공람하여야 한다.

③ 시·도지사는 의결서를 받은 날부터 7일 이내에 지적재조사지구를 지정·고시하거나 지적재조사지구를 지정하지 아니한다는 결정을 하고 그 사실을 지적소관청에 통지하여야 한다.

④ 시·도지사는 지적재조사지구를 지정할 때에는 중앙지적재조사위원회의 심의를 거쳐야 한다.

 ① 지적소관청은 지적재조사지구에 토지소유자협의회가 구성되어 있고 토지소유자 총수의 4분의 3 이상의 동의가 있는 지구에 대하여는 우선하여 지적재조사지구로 지정을 신청할 수 있다.

② 지적소관청은 지적재조사지구 지정을 신청하고자 할 때에는 실시계획수립내용을 주민에게 서면으로 통보한 후 주민설명회를 개최하고 실시계획을 30일 이상 주민에게 공람하여야 한다.

④ 시·도지사는 지적재조사지구를 지정할 때에는 시·도 지적재조사위원회의 심의를 거쳐야 한다.

12 지적재조사측량에 대한 설명이다. 이 중 틀린 것은?

① 지적재조사측량은 지적기준점을 정하기 위한 기초측량과 일필지의 경계와 면적을 정하는 세부측량으로 구분한다.

② 기초측량과 세부측량은 「공간정보의 구축 및 관리 등에 관한 법률 시행령」에 따른 국가기준점 및 지적기준점을 기준으로 측정하여야 한다.

③ 지적재조사측량의 기준, 방법 및 절차 등에 관하여 필요한 사항은 국토교통부장관이 정하여 고시한다.

④ 기초측량은 위성측량, 토털스테이션측량 및 항공사진측량 등의 방법으로 한다.

정답 10. ④ 11. ③ 12. ④

해설 지적재조사측량 시 기초측량은 위성측량, 토털스테이션측량방법으로 실시하며, 세부측량은 위성측량, 토털스테이션측량 및 항공사진측량 등의 방법으로 한다.

13 토지소유협의회의 구성에 대한 설명이다. 이 중 틀린 것은?

① 지적재조사지구의 토지소유자는 토지소유자 총수의 2분의 1 이상과 토지면적 2분의 1 이상에 해당하는 토지소유자의 동의를 받아 토지소유자협의회를 구성할 수 있다.
② 토지소유자협의회는 위원장을 포함한 5명 이상 20명 이하의 위원으로 구성한다.
③ 토지소유자협의회의 위원은 그 지적재조사지구에 있는 토지의 소유자와 지적전문가로 구성하며, 위원장은 위원 중에서 호선한다.
④ 협의회의 회의는 재적위원 과반수의 출석으로 개의하고 출석위원 과반수의 찬성으로 의결한다.

해설 토지소유자협의회는 위원장을 포함한 5명 이상 20명 이하의 위원으로 구성한다. 토지소유자협의회의 위원은 그 지적재조사지구에 있는 토지의 소유자이어야 하며, 위원장은 위원 중에서 호선한다.

14 토지소유자협의회의 기능에 해당하지 않는 것은?

① 지적소관청에 대한 우선지적재조사지구의 신청
② 토지현황조사에 대한 참관
③ 지적공부정리정지기간에 대한 의견제출
④ 지적재조사위원회 위원의 추천

해설 토지소유자협의회의 기능
1. 지적소관청에 대한 우선지적재조사지구의 신청
2. 토지현황조사에 대한 참관
3. 임시경계점표지 및 경계점표지의 설치에 대한 참관
4. 조정금 산정기준에 대한 의견제출
5. 경계결정위원회(이하 "경계결정위원회"라 한다) 위원의 추천

15 지적확정예정조서에 포함할 사항이 아닌 것은?

① 지번 ② 지목
③ 면적 ④ 경계

해설 지적소관청은 지적확정예정조서에 다음의 사항을 포함하여야 한다.
1. 토지의 소재지
2. 종전 토지의 지번, 지목 및 면적
3. 확정된 토지의 지번, 지목 및 면적
4. 토지소유자의 성명 또는 명칭 및 주소
5. 그 밖에 국토교통부장관이 지적확정예정조서의 작성에 필요하다고 인정하여 고시하는 사항

Chapter 07

16 지적재조사사업에 따른 경계결정에 대한 설명으로 틀린 것은?

① 지적재조사에 따른 경계결정은 경계결정위원회의 의결을 거쳐 결정한다.
② 지적소관청은 경계에 관한 결정을 신청하고자 할 때에는 지적확정조서에 토지소유자나 이해관계인의 의견을 첨부하여 경계결정위원회에 제출하여야 한다.
③ 신청을 받은 경계결정위원회는 지적확정조서를 제출받은 날부터 30일 이내에 경계에 관한 결정을 하고 이를 지적소관청에 통지하여야 한다.
④ 지적소관청은 경계결정위원회로부터 경계에 관한 결정을 통지받았을 때에는 이를 7일 이내에 토지소유자나 이해관계인에게 통지하여야 한다.

해설 지적소관청은 경계결정위원회로부터 경계에 관한 결정을 통지받았을 때에는 이를 지체 없이 토지소유자나 이해관계인에게 통지하여야 한다.

17 지상경계점등록부에 등록사항이 아닌 것은?

① 토지의 소재, 지번
② 경계점번호 및 표지종류
③ 개별공시지가, 토지의 등급
④ 확인자의 직급 · 성명

해설 지적소관청이 작성하여 관리하는 지상경계점등록부에는 다음의 사항이 포함되어야 한다.
1. 토지의 소재
2. 지번
3. 지목
4. 작성일
5. 위치도
6. 경계점번호 및 표지종류
7. 경계설정기준 및 경계형태
8. 경계위치
9. 경계점 세부설명 및 관련 자료
10. 작성자의 소속 · 직급(직위) · 성명
11. 확인자의 직급 · 성명

18 지적재조사사업에 따른 경계결정에 따른 이의신청에 대한 설명이다. 이 중 틀린 것은?

① 경계에 관한 결정을 통지받은 토지소유자나 이해관계인이 이에 대하여 불복하는 경우에는 통지를 받은 날부터 90일 이내에 지적소관청에 이의신청을 할 수 있다.
② 토지소유자는 결정서를 송부받은 날부터 60일 이내에 경계결정위원회의 결정에 대하여 행정심판이나 행정소송을 통하여 불복할지 여부를 지적소관청에 알려야 한다.
③ 지적소관청은 이의신청서가 접수된 날부터 14일 이내에 이의신청서에 의견서를 첨부하여 경계결정위원회에 송부하여야 한다.
④ 이의신청서를 송부받은 경계결정위원회는 이의신청서를 송부받은 날부터 30일 이내에 이의신청에 대한 결정을 하여야 한다.

해설 경계에 관한 결정을 통지받은 토지소유자나 이해관계인이 이에 대하여 불복하는 경우에는 통지를 받은 날부터 60일 이내에 지적소관청에 이의신청을 할 수 있다.

   📝 **정답** 16. ④ 17. ③ 18. ①

19 지적재조사사업에 따른 조정금 산정에 대한 설명이다. 이 중 틀린 것은?

① 지적소관청은 경계확정으로 지적공부상의 면적이 증감된 경우에는 필지별 면적증감내역을 기준으로 조정금을 산정하여 징수하거나 지급한다.

② 지적소관청은 조정금을 산정하고자 할 때에는 시·도 지적재조사위원회의 심의를 거쳐야 한다.

③ 지적소관청은 조정금액을 통지한 날부터 10일 이내에 토지소유자에게 조정금의 수령통지 또는 납부고지를 하여야 한다.

④ 지적소관청은 수령통지를 한 날부터 6개월 이내에 조정금을 지급하여야 하며, 납부고지를 받은 자는 그 고지를 받은 날부터 6개월 이내에 조정금을 지적소관청에 납부하여야 한다.

해설 지적소관청은 조정금을 산정하고자 할 때에는 시·군·구 지적재조사위원회의 심의를 거쳐야 한다.

20 지적재조사사업에 따른 조정금 산정에 대한 설명이다. 이 중 틀린 것은?

① 지적소관청은 조정금을 산정하였을 때에는 지체 없이 조정금조서를 작성하고 토지소유자에게 개별적으로 조정금액을 통보하여야 한다.

② 지적소관청은 조정금이 1천만원을 초과하는 경우에는 그 조정금을 6개월 이내의 기간을 정하여 4회 이내에서 나누어 내게 할 수 있다.

③ 지적소관청은 분할납부신청서를 받은 날부터 20일 이내에 신청인에게 분할납부 여부를 서면으로 알려야 한다.

④ 조정금을 받을 권리나 징수할 권리는 5년간 행사하지 아니하면 시효의 완성으로 소멸한다.

해설 지적소관청은 분할납부신청서를 받은 날부터 15일 이내에 신청인에게 분할납부 여부를 서면으로 알려야 한다.

21 중앙지적재조사위원회에 대한 설명으로 틀린 것은?

① 지적재조사사업에 관한 주요 정책을 심의·의결하기 위하여 국토교통부장관 소속으로 중앙지적재조사위원회를 둔다.

② 중앙위원회는 위원장 및 부위원장 각 1명을 포함한 15명 이상 20명 이하의 위원으로 구성한다.

③ 중앙위원회의 위원 중 공무원의 임기는 2년으로 한다.

④ 위원장은 회의개최 5일 전까지 회의 일시·장소 및 심의안건을 각 위원에게 통보하여야 한다.

해설 중앙위원회의 위원 중 공무원이 아닌 위원의 임기는 2년으로 한다.

22 중앙지적재조사위원회의 심의·의결 사항이 아닌 것은?

① 지적재조사지구의 지정 및 변경

② 관계법령의 제정·개정 및 제도의 개선에 관한 사항

③ 기본계획의 수립 및 변경

④ 지적재조사사업에 필요하여 중앙위원회의 위원장이 부의하는 사항

 중앙지적재조사위원회 심의ㆍ의결 사항
1. 기본계획의 수립 및 변경
2. 관계법령의 제정ㆍ개정 및 제도의 개선에 관한 사항
3. 그 밖에 지적재조사사업에 필요하여 중앙위원회의 위원장이 부의하는 사항

23 시ㆍ도 지적재조사위원회에 대한 설명으로 틀린 것은?

① 시ㆍ도의 지적재조사사업에 관한 주요 정책을 심의ㆍ의결하기 위하여 시ㆍ도지사 소속으로 시ㆍ도 지적재조사위원회를 둘 수 있다.
② 시ㆍ도 지적재조사위원회는 시ㆍ도지사가 수립한 실시계획에 대한 심의ㆍ의결을 한다.
③ 시ㆍ도위원회의 위원장은 시ㆍ도지사가 되며, 부위원장은 위원 중에서 위원장이 지명한다.
④ 시ㆍ도위원회는 위원장 및 부위원장 각 1명을 포함한 10명 이내의 위원으로 구성한다.

 시ㆍ도 지적재조사위원회는 지적소관청이 수립한 실시계획에 대한 심의ㆍ의결을 한다.

24 시ㆍ군ㆍ구 지적재조사위원회의 심의ㆍ의결 사항이 아닌 것은?

① 지적공부정리 등의 정지대상   ② 조정금의 산정
③ 지목의 변경   ④ 지적소관청이 수립한 실시계획

 시ㆍ군ㆍ구 지적재조사위원회의 심의ㆍ의결 사항
1. 경계복원측량 또는 지적공부정리의 허용 여부
2. 지목의 변경
3. 조정금의 산정
4. 조정금의 이의신청에 대한 결정
5. 그 밖에 지적재조사사업에 필요하여 시ㆍ군ㆍ구위원회의 위원장이 부의하는 사항

25 경계결정위원회에 대한 설명이다. 이 중 틀린 것은?

① 경계설정에 관한 결정과 경계설정에 따른 이의신청에 관한 결정에 대한 사항을 의결하기 위하여 국토교통부 소속으로 경계결정위원회를 둔다.
② 경계결정위원회는 위원장 및 부위원장 각 1명을 포함한 11명 이내의 위원으로 구성한다.
③ 경계결정위원회의 위원장은 위원인 판사가 되며, 부위원장은 위원 중에서 지적소관청이 지정한다.
④ 경계결정위원회는 직권 또는 토지소유자나 이해관계인의 신청에 따라 사실조사를 하거나 신청인 또는 토지소유자나 이해관계인에게 필요한 서류의 제출을 요청할 수 있다.

 경계설정에 관한 결정과 경계설정에 따른 이의신청에 관한 결정에 대한 사항을 의결하기 위하여 지적소관청 소속으로 경계결정위원회를 둔다.

26 지적재조사사업의 시행, 사업대행자에 대한 지도ㆍ감독 등을 위하여 지적재조사추진단을 둘 수 있는 곳은?

① 국토교통부   ② 시ㆍ도
③ 지적소관청   ④ 행정안전부

     정답   23. ②   24. ④   25. ①   26. ③

해설
1. **지적재조사기획단** : 기본계획의 입안, 지적재조사사업의 지도·감독, 기술·인력 및 예산 등의 지원, 중앙위원회 심의·의결 사항에 대한 보좌를 위하여 국토교통부에 지적재조사기획단을 둔다.
2. **지적재조사지원단** : 지적재조사사업의 지도·감독, 기술·인력 및 예산 등의 지원을 위하여 시·도에 지적재조사지원단을 둘 수 있다.
3. **지적재조사추진단** : 실시계획의 입안, 지적재조사사업의 시행, 사업대행자에 대한 지도·감독 등을 위하여 지적소관청에 지적재조사추진단을 둘 수 있다.

27 지적재조사사업을 위한 지적측량을 고의로 진실에 반하게 측량하거나 지적재조사사업성과를 거짓으로 등록을 한 자에 해당하는 벌칙은?

① 5년 이하의 징역 또는 5천만원 이하의 벌금에 처한다.
② 3년 이하의 징역 또는 3천만원 이하의 벌금에 처한다.
③ 2년 이하의 징역 또는 2천만원 이하의 벌금에 처한다.
④ 1년 이하의 징역 또는 1천만원 이하의 벌금에 처한다.

해설 지적재조사사업을 위한 지적측량을 고의로 진실에 반하게 측량하거나 지적재조사사업성과를 거짓으로 등록을 한 자는 2년 이하의 징역 또는 2천만원 이하의 벌금에 처한다.

28 지적재조사사업 중에 알게 된 타인의 비밀을 누설하거나 사용한 자에 해당하는 벌칙은?

① 5년 이하의 징역 또는 5천만원 이하의 벌금에 처한다.
② 3년 이하의 징역 또는 3천만원 이하의 벌금에 처한다.
③ 2년 이하의 징역 또는 2천만원 이하의 벌금에 처한다.
④ 1년 이하의 징역 또는 1천만원 이하의 벌금에 처한다.

해설 지적재조사사업 중에 알게 된 타인의 비밀을 누설하거나 사용한 자는 1년 이하의 징역 또는 1천만원 이하의 벌금에 처한다.

29 다음 중 과태료 부과대상에 해당하는 경우는?

① 지적재조사사업을 위한 지적측량을 고의로 진실에 반하게 측량을 한 자
② 지적조사사업성과를 거짓으로 등록을 한 자
③ 임시경계점표지 또는 경계점표지를 이전 또는 파손하거나 그 효용을 해치는 행위를 한 자
④ 지적재조사사업 중에 알게 된 타인의 비밀을 누설하거나 사용한 자

해설 ① 2년 이하의 징역 또는 2천만원 이하의 벌금
② 2년 이하의 징역 또는 2천만원 이하의 벌금
③ 300만원 이하의 과태료
④ 1년 이하의 징역 또는 1천만원 이하의 벌금

지적도면전산화

01 개 요

1. 의의

우리나라에서의 지적전산화 기틀은 1975년 지적법 전문개정 당시 시작되어 이후 토지(임야)대장을 전산 입력하는 토지기록전산화사업을 완료하고 도형정보의 전산화를 위한 지적도면전산화사업을 착수하여 완료하였으며, 대장정보와 도형정보를 통합한 필지중심토지정보시스템(PBLIS)과 토지관리정보시스템(LMIS)을 통합한 한국토지정보시스템(KLIS)을 사용하고 있다.

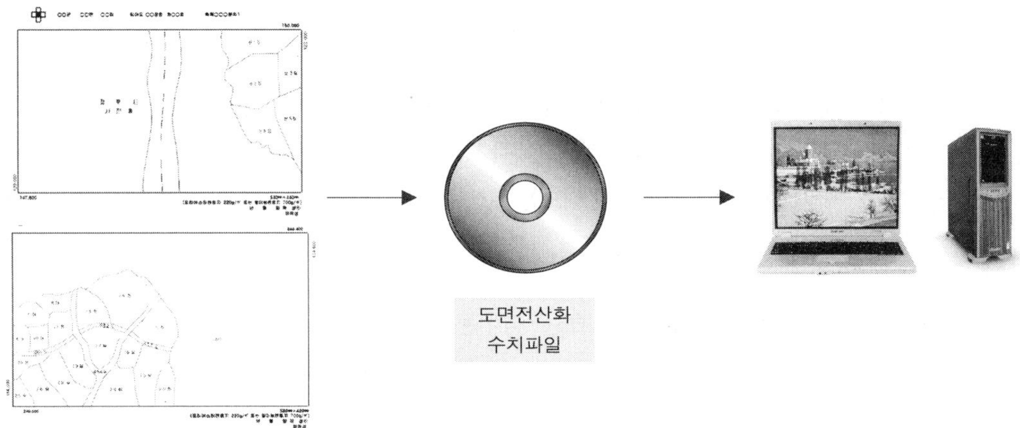

2. 지적도면전산화의 추진배경 및 고려사항

1) 추진배경

① 지적·임야도면의 관리소홀로 인한 훼손 및 오손 심각

② 도면의 신축으로 인한 과대오차 내재

③ 다양한 축척으로 인한 지적·임야도면 상호 간의 차이

2) 사업추진 시 고려사항

① 전산화 이전에 도면의 오류사항 및 토지이동정리 누락분 일제 정비 필요
② 도면 입력의 효율성 제고
③ 전산화 소요시간 및 비용의 절감
④ 합리적인 검사방법 정립으로 신뢰도 향상
⑤ 신뢰할 수 있는 신축보정 및 접합보정 방법 연구
⑥ 작업과정에서 지적도면 훼손 및 멸실 방지대책 수립

3. 지적전산화의 변천

4. 지적도면전산화의 목적

① 국가지리정보에 기본정보로 관련 기관이 공동으로 활용할 수 있는 기반 조성(공공계획 수립의 중요정보 제공)
② 지적도면의 신축으로 인한 원형보관·관리의 어려움 해소
③ 정확한 지적측량자료 활용
④ 토지대장과 지적도면을 통합한 대민서비스 질적 향상
⑤ 토지정보의 수요에 대한 신속한 대처
⑥ 토지정보시스템의 기초 데이터 활용

종이 지적도면을 전산화하여 관리함으로써 얻어지는 장점으로 가장 거리가 먼 것은?

① 도면을 임의로 확대 또는 축소할 수 있다.
② 스캐닝과정을 통해 종이 지적도면의 정확도가 향상된다.
③ 공간정보와의 연계를 통해 다양한 분석작업을 할 수 있다.
④ 도면자료의 저장과 관리가 용이하다.

답 ②

02 지적도면전산화

1. 용어

구 분	내 용
수치파일	도면의 지번·지목 등의 문자와 필지의 경계점 또는 좌표를 도면번호별로 전산정보처리조직에 의하여 작성한 파일(이하 "수치파일"이라 한다)을 말한다.
보정데이터	신축이 있는 도면의 수치파일을 축척별 기준도곽에 일치하도록 보정한 데이터를 말한다.
도면데이터베이스	보정데이터를 데이터베이스로 구축한 것을 말한다.

2. 추진조직

구 분	내 용
행정자치부장관 (당시)	지적도면전산화업무 총괄
시·도 및 지적소관청	1. 사업주관(시·도)과 시행(지적소관청) 2. 연도별 업무량, 도면정비계획, 도면반출에 따른 토지의 이동정리 3. 도면전산화추진계획 수립
한국국토정보공사 및 지사	1. 한국국토정보공사(사업 수행을 총괄) 2. 각 지사(수행)

3. 사업계획의 수립

1) 추진계획

시·도지사는 행정자치부(당시)의 지적(임야)도전산화추진계획에 의하여 연도별 추진계획을 수립하여야 한다.

2) 세부추진계획

지적소관청은 시·도지사의 연도별 추진계획에 의하여 다음의 사항들이 포함된 세부추진계획을 수립하여야 한다.

① 연도별 업무량

② 도면의 정비계획

③ 도면 반출에 따른 토지의 이동정리 및 민원처리 계획

④ 검사반·작업반 편성 및 업무추진전담자 지정

⑤ 기타 필요한 사항

4. 도면의 반출 및 관리

1) 도면의 반출

① 지적소관청이 전산화작업을 위하여 도면을 반출하고자 하는 때에는 「공간정보의 구축 및 관리 등에 관한 법률」이 정하는 규정에 의하여 시·도지사의 승인을 얻어 반출하되, 도면전산화작업 진척사항에 따라 반출량을 조정할 수 있다. 이 경우 도면 또는 경계점좌표등록부의 사본을 비치하여 지적업무 및 민원처리에 지장이 없도록 하여야 한다.

② 도면을 인수하거나 인계를 하는 때에는 도면반출관리대장에 그 내용을 기재하고 담당공무원이 확인하여야 한다.

2) 도면의 관리

지적소관청은 전산화를 위하여 당해 시·군·구의 청사 밖으로 반출한 도면에 대하여는 다음의 규정에 의하여 철저히 관리하여야 한다.

① 전산 입력작업에 사용되는 도면의 안전관리를 위하여 정책임자와 부책임자를 지정하여야 한다.

② 도면은 보호대에 넣어 입력작업과정에서 훼손되지 않도록 하고, 작업 전후에는 지적서고에 보관하는 방법에 준하여 관리하여야 한다.

③ 반출한 도면은 전산화 외에 타 목적으로는 사용할 수 없다.

④ 천재지변 등 재난을 피하기 위한 경우를 제외하고는 지정된 작업장 밖으로 반출하지 못한다.

⑤ 도면의 전산 입력자료는 외부유출 및 훼손이 되지 않도록 철저히 관리하여야 한다.

⑥ 전산화업무종사대상자에 대하여는 도면의 안전관리 등을 위하여 사전에 교육을 실시하여야 한다.

3) 담당공무원의 상주

① 지적소관청은 담당공무원을 지적(임야)도전산화작업이 완료될 때까지 작업장에 상주 근무시켜야 한다.
② 작업장에 상주하는 담당공무원은 다음의 사항을 수행하여야 한다.
    ㉠ 최초 입력된 도면의 검정
    ㉡ 작업과정의 감독
    ㉢ 반출도면의 인계·인수 확인 및 관리
    ㉣ 성과검사

5. 작업장의 환경 및 사용장비

1) 도면전산화작업장의 환경기준

① 온·습도조절장치를 설치하고 연중평균온도는 섭씨 $20\pm5℃$를, 연중평균습도는 $65\pm5\%$를 유지하여야 한다.
② 무정전 전원장치를 설치하여 정전에 대비하여야 한다.
③ 도면의 관리상 위험하다고 인정되는 인화물질 등의 반입을 제한한다.
④ 화재에 대비하여 소화장비와 도면보관용 내화금고를 비치하여야 한다.
⑤ 창문과 출입문은 곤충·쥐 등의 침입을 막도록 철망 등을 설치하여야 한다.
⑥ 작업장에는 도면전산화 관계자 외에는 출입을 금지시켜야 한다.

2) 사용장비

(1) 디지타이저

① 형식 : 수평 평면고정형(정밀도 : 0.1mm 이상)
② 최소독취단위 : 0.01mm 이상
③ 독취유효범위 : 「지적법 시행규칙」(서식목록) 별지 제6호, 별지 제7호 서식규격 이상
④ 도면부착방식 : 컴프레셔를 이용한 흡착 또는 압착방식

(2) 스캐너

① 형식 : 수평 평판형(Flat Bed Type, 정밀도 : 0.1mm 이상)
② 스캔유효범위 : 「지적법 시행규칙」(서식목록) 별지 제6호, 별지 제7호 서식규격 이상
③ 도면부착방식 : 컴프레셔를 이용한 흡착 또는 압착방식

(3) 장비점검

① 작업자는 장비를 매일 1회 이상 정기적으로 점검하고 그 내용을 장비점검일지에 기록·관리하여야 한다.

장비점검일지

점검 일시	결 재		점검구분	기 종	점검결과	고장내용	조치결과	점검자
	담 당	작성자						

② 작업 중에 장비가 정상적으로 작동하지 않을 경우에는 즉시 작업을 중단하고 그 원인을 파악하여 조치하고 정상적으로 작동되는 상태에서 작업을 수행하여야 하며, 고장내용과 조치결과를 장비점검일지에 기록하여야 한다.

③ 입력장비 등을 장시간 사용하여 기계의 조정이 필요한 경우에는 정밀계측기를 이용하여 편차를 확인하고, 편차가 있는 경우에는 조정계수를 적용하여 도면과 입력한 결과가 동일하게 되도록 조치하여야 한다.

03 도면의 정비

1. 도면의 정비

1) 의의

지적소관청은 수치파일을 작성하기 이전에 도면을 정비하고 그 결과를 지적공부오류등록사항관리대장에 기록하여야 한다.

2) 정비자료

① 폐쇄도면(토지조사 당시 세부측량원도 포함)
② 지적공부정리결의서 및 토지이동측량결과도(필요 시 경계복원, 현황측량결과도 참고)
③ 지적기준점대장 등

3) 정비대상 및 정비방법

(1) 도면번호 정비

일람도에 의하여 지적측량에 사용되는 좌표의 원점별, 도면의 축척별, 동·리별로 도면번호를 확인하여 부정확하게 부여된 경우에는 이를 정확하게 정비하여야 한다.

(2) 색인도 정비

① 도면의 제명과 색인도를 확인하여 부정확하게 기재되어 있는 경우에는 이를 정확하게 정비하여야 한다.

② 1장의 지적도에 여러 개의 동·리가 작성된 경우에는 해당 도면의 여백에 동·리별로 색인도를 정비하여야 한다.

(3) 도면의 도곽선 정비

① 도면의 도곽선 정비대상

   ㉠ 신축이 있는 도면을 수작업에 의한 재작성 시 도곽의 크기를 임의로 축척별 기준도곽으로 조정한 도면

   ㉡ 임의의 도곽으로 작성된 도면

   ㉢ 도곽선의 수치가 없어 그 위치를 알 수 없는 섬지역의 도면

② 도곽선의 수치가 누락된 도면은 일람도와 인접도면의 도곽선 수치를 확인하여 도곽선 왼쪽 아랫부분과 오른쪽 윗부분의 종횡선 교차점 바깥쪽에 2밀리미터 크기의 아라비아숫자를 붉은색으로 제도한다.

③ 도곽선의 종횡선 교차점이 훼손되어 구분하기 어려운 경우에는 교차점의 위치를 확인하여 그 점에 붉은색 선 1cm 길이로 종횡선 교차점을 표시한다.

④ 해당 도곽 내에 2점 이상의 지적기준점이 등록되도록 현장에 지적기준점표지 설치 및 측량에 의하여 성과표를 작성한다(도곽선 수치가 없는 도면의 경우).

(4) 행정구역선의 정비

행정구역변경으로 도면상에 행정구역명칭이 다르게 되었거나 누락된 경우에는 종전의 명칭을 말소하고 새로운 명칭 또는 누락된 명칭은 도면 여백의 적정한 위치에 제도하여야 한다.

(5) 경계 등의 정비

① 도면의 마모 등으로 인하여 경계가 불분명한 경우에는 폐쇄도면 또는 토지이동측량결과도 등을 조사하여 정비한다.

② 경계의 굴곡점 판단이 곤란한 경우에는 각 굴곡점마다 6H 이상 연필로 2~3mm 크기의 삐침선을 표시한다.

③ 도면의 제명 마지막에 해당 도곽의 좌표원점명을 다음과 같이 연필로 기재한다.

〈예시〉
[○○군 ○○면 ○○리 지적도 ○○장 중 제○○호 축척 ○○○분의 1 "(중부원점)"]

2. 경계점좌표등록부의 정비

1) 정비방법

경계점좌표등록부에 등록된 사항이 다음의 규정에 적합하지 않게 정리된 경우에는 관련된 서류 등을 확인하여 정비하여야 한다.

① 부호도의 각 필지의 경계점부호는 왼쪽 위에서부터 오른쪽으로 경계를 따라 아라비아숫자로 연속하여 부여한다. 이 경우 토지의 빈번한 이동정리로 부호도가 복잡한 경우에는 아래 여백에 새로이 정리할 수 있다.

② 분할된 경우의 부호도 및 부호에는 새로이 결정된 경계점의 부호를 그 필지의 마지막 부호 다음 번호부터 부여하고, 다른 필지로 된 경계점의 부호도·부호 및 좌표는 말소하여야 하며, 새로이 결정된 경계점의 좌표를 다음 란에 정리한다.

③ 분할 후 필지의 부호도 및 부호의 정리는 ①의 규정을 준용한다.

④ 합병된 경우에는 합병으로 존치되는 필지의 경계점좌표등록부에 합병되는 필지의 좌표를 정리하고 부호도 및 부호를 새로이 정리한다. 이 경우 부호는 마지막 부호 다음 부호부터 부여하고, 합병으로 인하여 필요 없는 경계점(일직선 상에 있는 경계점을 말한다)의 부호도·부호 및 좌표를 말소한다.

⑤ 합병으로 인하여 말소된 필지의 경계점좌표등록부는 부호도·부호 및 좌표를 말소한다. 이 경우 말소된 경계점좌표등록부도 지번 순으로 함께 보관한다.

2) 지목표기

토지대장에 등록된 지목을 경계점좌표등록부의 "비고"란에 지목코드와 지목을 연필로 기재한다.

1. 작업순서 및 입력항목

1) 작업순서

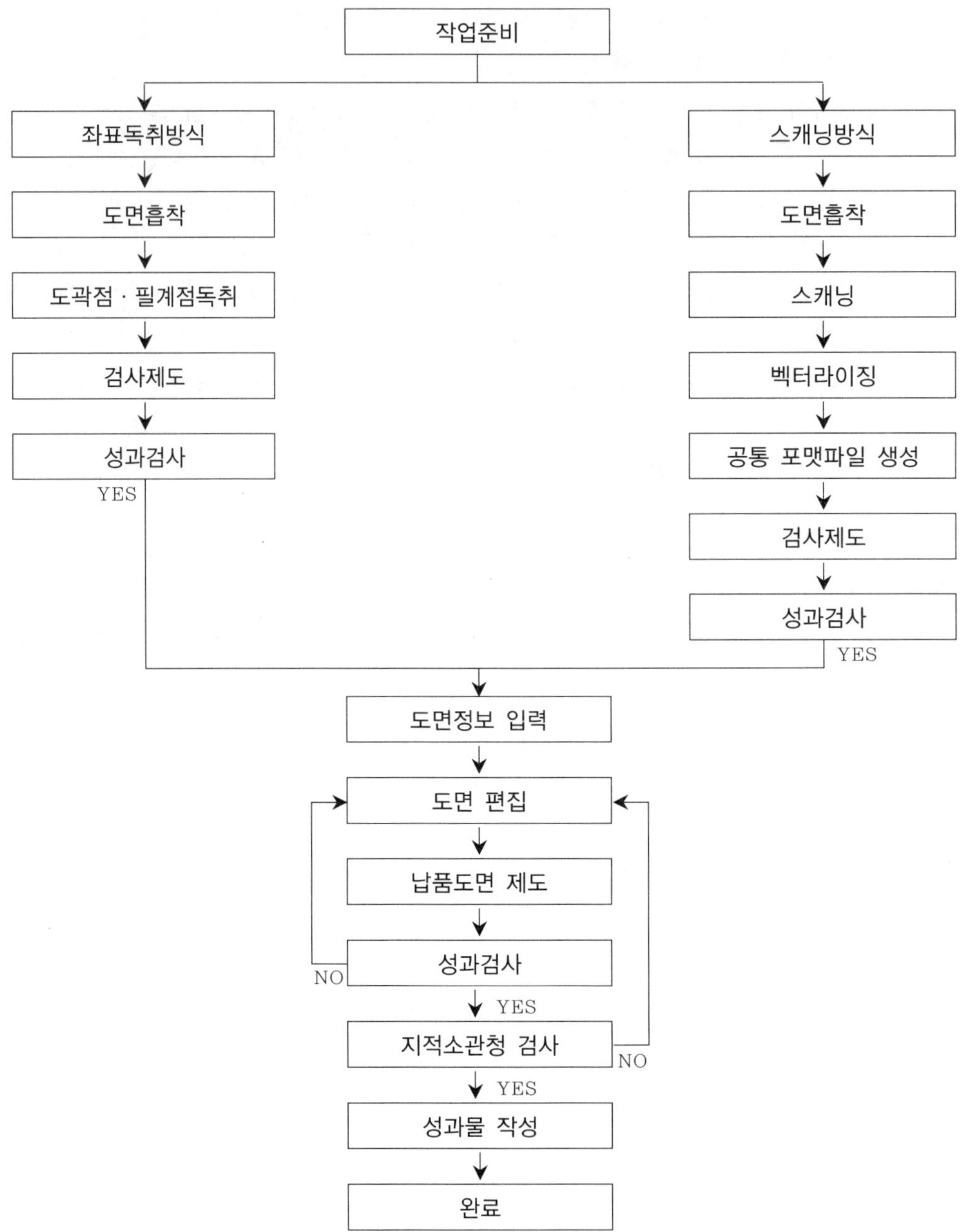

2) 입력항목

① 행정구역명칭　　　　　　　　　② 도면 번호 및 축척
③ 도곽선 및 도곽선 수치　　　　　④ 행정구역선
⑤ 필지경계 및 인접경계 표시선　　⑥ 지번·지목
⑦ 원점명 등 기타 필요한 사항　　　⑧ 작성자

2. 도면형태의 입력

1) 작업방법의 결정

① 스캐닝방법에 의하여 작업할 도면은 보존상태가 양호한 도면을 대상으로 하여야 한다.
② 도면이 훼손·마멸 등으로 스캐닝작업으로 경계의 식별이 곤란할 경우와 도면의 상태가
양호하더라도 도곽 내에 필지수가 적어 스캐닝작업이 비효율적인 도면은 디지타이징방법
으로 작업을 할 수 있다.

[작업방법 결정]

구 분	도면상태	도곽 내 필지수
디지타이저	훼손·마모	적은 경우
스캐너	양호	많은 경우

2) 스캐너

① 스캐닝방법에 의하여 작업할 도면은 보존상태가 양호한 도면을 대상으로 하여야 한다.
② 스캐닝작업을 할 경우에는 스캐너를 충분히 예열하여야 한다.
③ 벡터라이징작업을 할 경우에는 경계점 간 연결되는 선은 굵기가 0.1mm가 되도록 환경을
설정하여야 한다.
④ 벡터라이징은 반드시 수동으로 하여야 하며, 경계점을 명확히 구분할 수 있도록 확대한
후 작업을 실시하여야 한다.

3) 디지타이저

① 도면이 훼손·마멸 등으로 스캐닝작업으로 경계의 식별이 곤란할 경우와 도면의 상태가
양호하더라도 도곽 내에 필지수가 적어 스캐닝작업이 비효율적인 도면은 디지타이징방법
으로 작업을 할 수 있다.
② 디지타이징작업을 할 경우에는 데이터 취득이 완료될 때까지 두면을 움직이거나 제거하
여서는 아니 된다.

3. 검정도면 출력

스캐닝 또는 디지타이징 작업이 완료되면 폴리에스터필름(#150)에 검정도면을 출력하여
입력사항을 육안으로 점검하고 오류사항을 수정하여야 한다.

4. 도면 속성자료의 입력

도면의 속성자료는 1필지 단위로 입력하되, 지번은 아라비아숫자, 지목은 한글로 입력하
고 필지 중앙에 위치하도록 하여야 하며 지번 및 경계 등과 겹치지 않게 입력하여야 한다.

5. 수치파일의 작성

데이터의 입력이 완료되면 도면수치파일을 작성하고 그 내용을 도면전산수치파일작성관리
대장에 등재하고 관리하여야 한다.

1) 수치파일의 형식

파일내용	형 식	비 고
스캐너에 의하여 작성된 이미지파일		
이미지데이터를 이용한 벡터라이징결과파일		
독취기(digitizer)에 의한 독취좌표파일		
경계점좌표등록부 입력파일	DBF, CSV	
최종 결과파일	DXF	VER 12 또는 13

2) 수치파일의 명칭

수치파일의 명칭은 15자리(시 · 도 2, 시 · 군 · 구 3, 읍 · 면 · 동 3, 리 2, 축척 2, 도면번
호 3)로 구성한다.

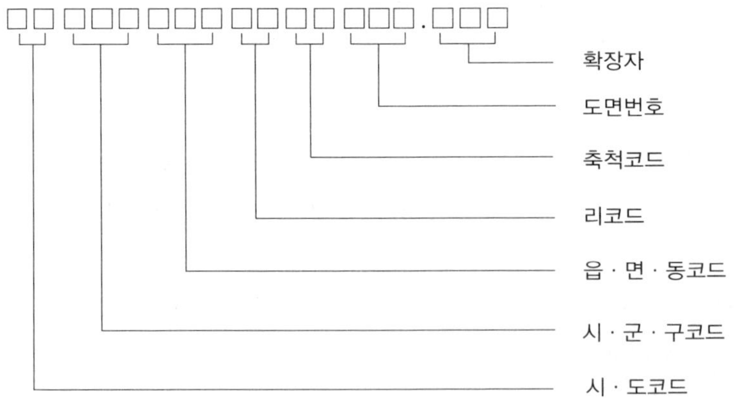

① 파일명은 시·도, 시·군·구, 읍·면·동, 리 코드와, 축척코드, 도면번호를 순차적으로 입력
② 시·도, 시·군·구, 읍·면·동, 리는 지적사무전산처리규정의 행정구역코드 입력
③ 축척은 축척구분코드표 입력

[축척구분코드표]

구 분	축 척	구분코드	대상지역
토지대장등록지 (지적도)	수치	00	구획정리 및 택지개발지역
	1/500	05	시가지지역
	1/600	06	
	1/1000	10	경지정리지역
	1/1200	12	도시 및 농촌 지역
	1/2400	24	토지와 임야가 연접되어 있는 임야성 토지
	1/3000	30	농지의 구획정리시행지역인 경우 시·도지사의 승인을 얻어 1/6,000까지 작성
	1/6000	60	
임야대장등록지 (임야도)	1/3000	30	도시지역의 임야
	1/6000	60	농촌 및 산간지역의 임야

④ 도면번호는 해당 도면의 번호를 입력하되, 제13조 제2항에 의하여 도면번호에 "-1, -2, ……"와 같이 부여한 도면의 번호는 다음과 같이 입력한다.
　•1-1 ⇒ 901, 1-2 ⇒ 801, ……
⑤ 전산화작업을 위한 폴더의 구성 및 명칭 부여방법은 다음과 같다.

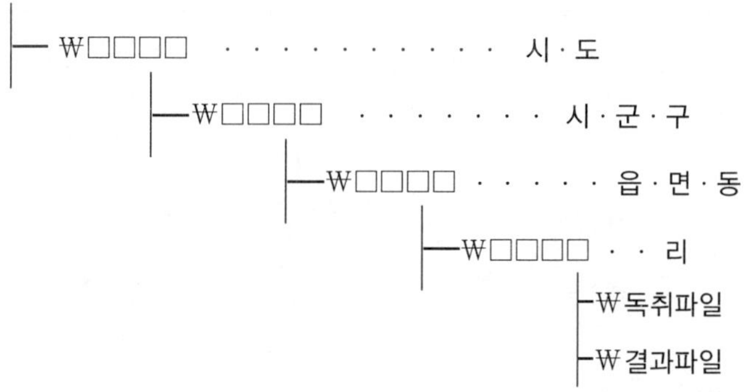

㉠ 시·도, 시·군·구, 읍·면·동·리란은 행정구역명칭을 한글로 기록
㉡ 독취파일폴더에는 "이미지＋벡터, 디지타이징좌표, dbf, csv"파일 보관
㉢ 결과파일폴더에는 dxf파일 보관

3) 레이어의 지정

수치파일을 작성하는 경우에는 데이터 종류에 따라 레이어를 구분하여 지정하여야 한다.

[데이터 종류별 레이어]

레이어번호	데이터명	타 입	비 고
1	필지경계선	LINE	
10	지번	TEXT	Point값으로 필지 내에 위치
11	지목	TEXT	Point값으로 필지 내에 위치
30	문자정보	TEXT	색인도 · 제명 · 행정구역선 · 행정구역명칭 · 작업자표시 · 각종 문자 등
60	도곽선	LINE	

기출문제

[2010년 기출]

지적전산화작업을 통해 수치파일을 작성하는 경우 데이터의 종류에 따른 레이어의 지정형식으로 옳지 않은 것은?

① 필지경계선은 Line으로 지정된다.
② 행정구역명칭은 Text로 지정된다.
③ 지번은 Polygon으로 지정된다.
④ 도곽선은 Line으로 지정된다.

답 ③

기출문제

[2012년 기출]

수치파일을 작성하는 경우 데이터의 종류에 따라 레이어를 구분한다. 레이어번호를 잘못 표기한 것은?

① 필지경계선-1
② 지번-10
③ 지목-11
④ 문자정보-12

답 ④

---

6. 경계선 · 행정구역선의 표시

필지의 경계선과 행정구역선 등의 표시는 규정에 적합하게 출력되도록 작성하여야 한다.

7. 성과물의 작성

1) 성과물 작성

수행기관에서는 도면수치화작업이 완료되면 다음의 성과물을 작성하여 지적소관청에 제출하여야 한다.

① 작업과정에 작성된 파일(이미지데이터를 이용한 벡터라이징 결과, 독취기(digitizer)에 의한 독취좌표, dbf, dxf)을 저장한 CD

② 폴리에스터필름(#300)에 출력한 도면

③ 도면전산수치파일작성관리대장 등 사본

④ 기타 장비점검일지 등 사본

2) 성과관리

CD로 작성된 성과물은 "보조기억매체기록사항"을 표지에 기재하고 "수치파일전산자료관리대장"에 등재 관리하여야 한다.

수치파일전산자료관리대장

작 성 연월일	결 재		토지 소재			축척	도호	파일명	업무별 수행자			
	담 당	작성자	시·군·구	읍·면	동·리				좌표독취		정보 입력	검증
									디지타이징	백터라이징		

8. 성과물의 검사

① 검사자는 최종 성과물과 도면을 육안 대조하여 도곽선 및 필지경계선에 0.1mm 이상의 편차가 있는 경우에는 수행기관에게 재작업토록 하여야 한다.

② 필지가 작아 육안으로 지번 등 확인이 곤란한 경우와 스캐닝방식에 의하여 작성된 도면은 이미지파일과 최종결과물로 작성된 파일과의 부합 여부를 컴퓨터를 이용하여 확대한 상태에서 확인하여야 한다.

1. 작업순서 및 입력항목

1) 작업순서

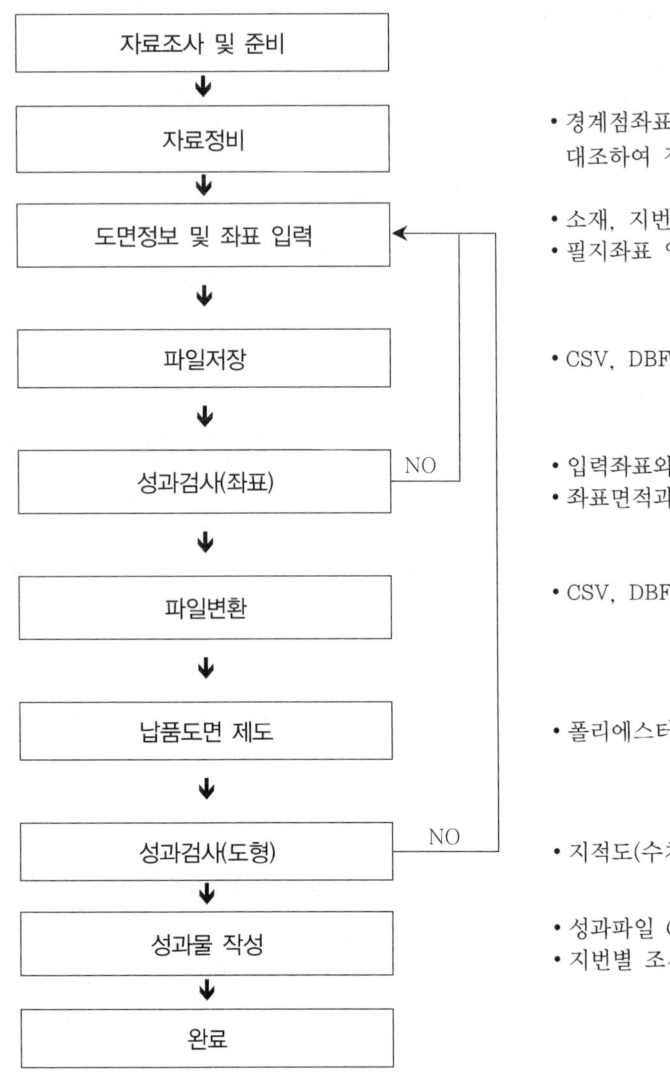

• 경계점좌표등록부 등록사항과 토지대장 등록사항을 대조하여 정비

• 소재, 지번, 지목, 도호
• 필지좌표 입력

• CSV, DBF 파일 작성

• 입력좌표와 경계점좌표등록부 좌표 대비
• 좌표면적과 지적공부면적 대비

• CSV, DBF 파일 → DXF 파일로 변환

• 폴리에스터필름 #300

• 지적도(수치) 사본과 대조

• 성과파일 CD
• 지번별 조서

2) 입력항목

① 행정구역명칭

② 도면번호

③ 지번 및 지목

④ 필지경계점좌표

0	1	2	3	4	5	6	7	8	9	10	▨	1	2	3	4	5	6	7	8	9	10	11	12	13	14	15	16	17	18	19	20	21	22	23	24	25

경계점좌표등록부

고유번호		도면번호		장번호	
토지 소재		지 번		비 고	

부호도	부호	좌표		부호	좌표	
		X	Y		X	Y
		m	m		m	m

부호	좌표		부호	좌표		부호	좌표	
	X	Y		X	Y		X	Y
	m	m		m	m		m	m

0	1	2	3	4	5	6	7	8	9	10	▨	1	2	3	4	5	6	7	8	9	10	11	12	13	14	15	16	17	18	19	20	21	22	23	24	25

2. 파일명 부여 및 데이터 관리

1) 파일명 부여

경계점좌표등록부의 수치파일명은 동·리별로 지구를 달리하는 지역이 있을 경우에는 도면번호항목란에 아라비아숫자로 순차 부여한다.

2) 데이터 관리

경계점좌표등록부의 자료 입력이 완료되면 그 내용을 경계점좌표등록부 전산입력관리대장에 기재하고 관리하여야 한다.

경계점좌표등록부 전산입력관리대장

작성 연월일	결 재		토지 소재			지 번 (~)	지번 수	파일명	작성방법 (사용S/W)	작성자	
	담 당	작성자	시·군 ·구	읍·면	동·리					직 위	성 명

3. 성과 점검 및 수정

① 입력된 데이터에 대한 지번별 조서를 출력하여 경계점좌표등록부와 대조하여야 하며, 오류사항이 있는 때에는 즉시 수정하여야 한다.

② 문자정보인 경계점좌표등록부의 좌표 입력이 완료되면 도형정보형(dxf파일) 형태로 변환하여 지적도면과 도형의 정확성 여부를 입력자료를 검정하여 정비하여야 한다.

4. 성과물 작성

① 작업과정에 작성된 파일(이미지데이터를 이용한 벡터라이징 결과, 독취기(digitizer)에 의한 독취좌표, dbf, dxf)을 저장한 CD

② 폴리에스터필름(#300)에 출력한 도면

③ 도면전산수치파일작성관리대장 등 사본

④ 기타 장비점검일지 등 사본

⑤ 지번별 조서

06 수치파일변동자료의 정리

1. 작업순서

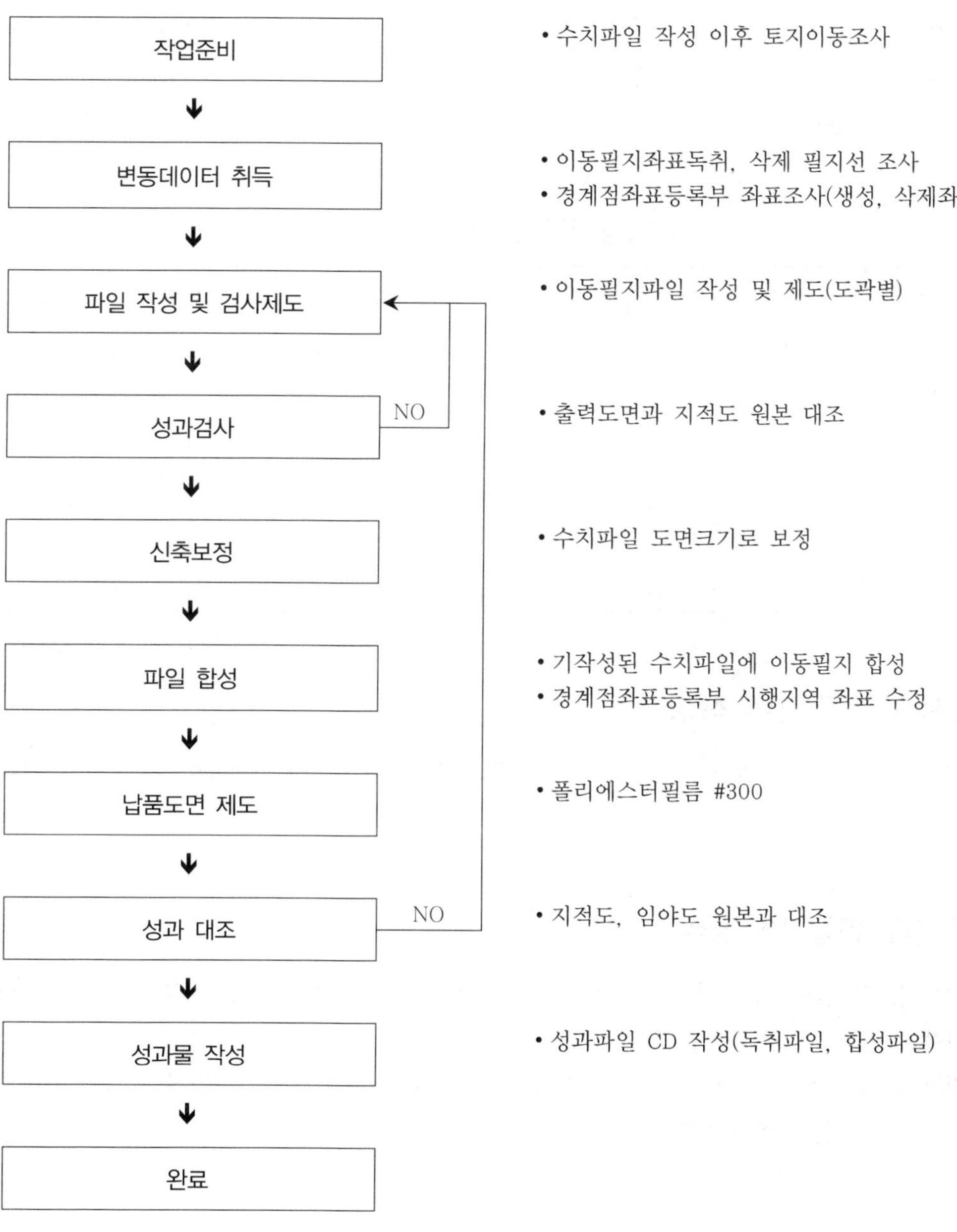

- 수치파일 작성 이후 토지이동조사

- 이동필지좌표독취, 삭제 필지선 조사
- 경계점좌표등록부 좌표조사(생성, 삭제좌표)

- 이동필지파일 작성 및 제도(도곽별)

- 출력도면과 지적도 원본 대조

- 수치파일 도면크기로 보정

- 기작성된 수치파일에 이동필지 합성
- 경계점좌표등록부 시행지역 좌표 수정

- 폴리에스터필름 #300

- 지적도, 임야도 원본과 대조

- 성과파일 CD 작성(독취파일, 합성파일)

2. 변동자료의 정리

① 도면수치파일 작성 및 경계점좌표등록부 전산 입력작업 이후 발생한 변동자료에 대하여
는 도호별로 그 변동내용을 수치파일변동자료관리대장에 기재하고 수치파일을 갱신하여
야 한다.

② 지적소관청은 토지이동으로 발생한 변동사항에 대하여는 성과물로 작성된 폴리에스터필
름(#300)에 지적도면과 같이 정리하여야 한다.

③ 경계점좌표등록부 시행지역의 토지이동사항은 지번별 조서에도 이동 전·후의 사항을 정
리하여야 한다.

수치파일변동자료관리대장

작성 연월일	결 재		토지 소재			축 척	도 호	이동사항			파일명		작성자	
	담 당	작성자	시·군 ·구	읍·면	동·리			지 번	이동종목	정리내용	변경 전	변경 후	직	성 명

3. 변동자료의 데이터 작성

수치파일 작성 이후 토지이동으로 발생한 변동자료는 변동자료전산데이터를 작성하여야
한다.

4. 데이터의 편집 및 정리

① 변동자료전산데이터는 기존의 필지단위의 데이터와 비교하여 신축량 등을 고려해서 정리
하여야 한다.

② 경계점좌표등록부 시행지역의 변동자료는 해당 필지를 삭제하고 이동된 필지의 좌표를
직접 입력하는 방법에 의한다.

5. 파일명 부여

① 변동자료 취득데이터의 파일명은 기존의 파일명 끝에 "m"을 추가하되, 반복 발생하는 경우에는 "m1, m2, ……" 형식으로 순차 부여한다.

② 변동자료데이터를 갱신한 파일명은 기존의 파일명 끝에 "n"을 추가하되, 반복되는 경우 전항의 규정을 준용한다.

6. 성과물 작성

① 작업과정에 작성된 파일(이미지데이터를 이용한 벡터라이징 결과, 독취기(digitizer)에 의한 독취좌표, dbf, dxf)을 저장한 CD

② 폴리에스터필름(#300)에 출력한 도면

③ 도면전산수치파일작성관리대장 등 사본

④ 기타 장비점검일지 등 사본

⑤ 지번별 조서

7. 성과 점검 및 수정

① 신규등록, 분할 등으로 경계의 변동이 수반하는 경우에는 폴리에스터필름에 출력하여 토지이동을 정리한 도면과 대조하고 경계의 이탈·누락 및 허용 오차범위 초과 여부를 점검하여야 한다.

② 속성정보만 변동되는 경우에는 관련 자료를 조회하여 이상 여부를 확인하고 오류사항이 있는 때에는 즉시 수정하여야 한다.

07 보정데이터 작성

1. 작업순서 및 자료조사

1) 작업순서

작업준비

↓

도곽보정

- 신축도면을 정규도곽으로 보정

↓

도면편집

- 인접경계표지선 레이어 변경
- 분할등록필지라인 추가
- 분할등록필지 속성코드 입력
- 필지분리작업
- 필지분리코드 입력

↓

필지 폴리곤작업

↓

점검

- 지번 및 지목의 누락 여부
- 불필요한 폴리곤 존재 여부

↓

도곽별 파일 작성

- 도곽별 DXF파일 저장

↓

파일 통합

↓

성과물 작성

↓

완료

2) 자료조사

보정된 데이터의 점검과 접합관계 확인을 위하여 다음의 자료를 사전에 조사하여야 한다.

① 도면보유현황(별지 제12호)

② 지적소관청과 한국국토정보공사에서 보관하고 있는 측량결과도보유현황(별지 제13호)

도면보유현황

시·도	시·군·구	읍·면·동	리	축척	도호	등록방법	원점명	도곽구획단위	도곽선 결함		재작성안함	지질	신규작성			도면 분리 및 합침			1차 재작성		
									선 없음	수치 없음			일자	사유	지질	일자	사유	지질	일자	작성방법	지질

측량결과도보유현황

시·도	시·군·구	읍·면·동	리	지번	측량종목	측량일자	측량자	비고

3) 도곽선 불일치의 원인

① 다양한 원점

② 지적축척의 다양성

③ 행정구역 간의 차이

④ 지적도면의 관리 부실

⑤ 지적도면 재작성의 부정확

4) 신축보정이론

(1) 등각사상변환(Conformal Coordinate Transformation)

① 모든 방향의 축척이 일정할 때 적용되는 변환으로, 기하적인 각도를 그대로 유지하면서 좌표변환하는 것

② 미지수는 총 4개로, 축척변환(λ) + 회전변환(θ) + 원점의 변위량(x_o, y_o)

③ 등각사상변환 공식

$$\begin{bmatrix} x' \\ y' \end{bmatrix} = \lambda \begin{bmatrix} \cos\theta & -\sin\theta \\ \sin\theta & \cos\theta \end{bmatrix} \begin{bmatrix} x \\ y \end{bmatrix} + \begin{bmatrix} x_o \\ y_o \end{bmatrix}$$

(2) 부등각사상변환(Affine Transformation)

① 도면의 x, y축 방향의 축척이 서로 같지 않을 때 적용하는 변환

② 미지수는 총 6개로, 축척변환(λ_x, λ_y), 회전변환(θ), 전단변형(γ), 원점의 변위량(x_o, y_o)

③ 부등각사상변환 공식

$$\begin{bmatrix} x' \\ y' \end{bmatrix} = \begin{bmatrix} \lambda_x & \lambda_y\gamma \\ 0 & \lambda_y \end{bmatrix} \begin{bmatrix} \cos\theta & -\sin\theta \\ \sin\theta & \cos\theta \end{bmatrix} \begin{bmatrix} x \\ y \end{bmatrix} + \begin{bmatrix} x_o \\ y_o \end{bmatrix}$$

(3) 의사어파인변환(pseudo Affine Transformation)

어파인변환에 2차항을 추가한 것

2. 보정데이터 작성

① 지적도면의 신축량을 고려하지 않고 작성된 수치파일은 데이터베이스 구축을 위하여 축척별 기준도곽에 일치하도록 전자자동제도법에 의하여 신축을 보정하여야 한다.

② 모든 필지는 폐다각형이 되도록 폴리곤을 형성하여야 하며, 두 도곽 이상에 등록되어 있는 필지 중 성필이 되지 않은 필지는 도곽선을 따라 임의의 경계를 추가하여 폴리곤을 형성하고, 폴리곤 내부에 구분코드 "a"를 입력하여야 한다.

③ 필지 내부에 다수의 필지가 연속되어 있는 경우에는 임의로 경계를 분리하여 폴리곤을 형성하고 동일한 지번 및 지목과 구분코드 "b"를 입력한다.

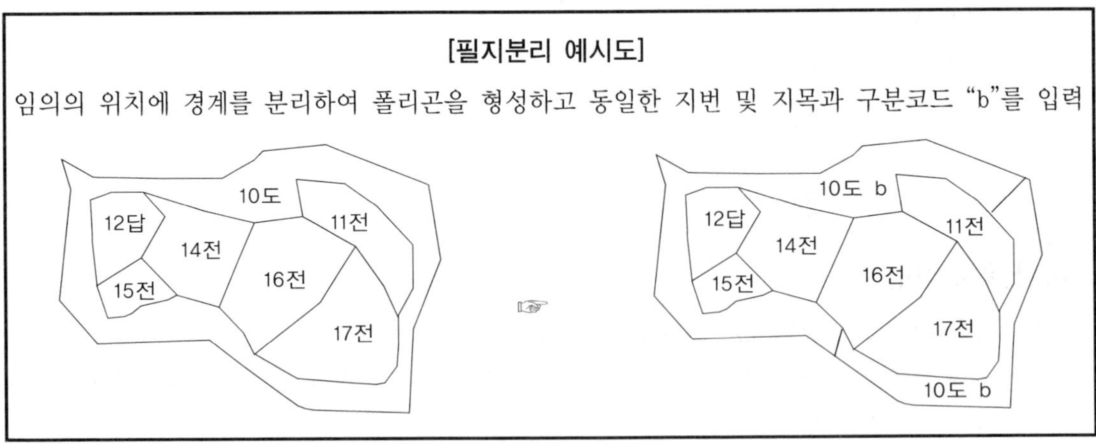

④ 필지 내부에 독립된 폴리곤이 있는 경우에는 내부에 속한 폴리곤에 구분코드 "h"를 입력한다.

⑤ 인접경계표시선은 별도의 레이어로 구분하여야 한다.

⑥ 보정데이터는 원점별·행정구역별·축척별로 하나의 파일로 작성하여야 하며, 이 경우 레이어를 추가로 지정하여야 한다.

[보정데이터 레이어구분]

레이어번호	명 칭	타 입	입력값	비 고
12	분할등록코드	TEXT	a	분할등록된 필지구분코드
13	필지분리구분코드	TEXT	b	하나의 폴리곤 내에 다수의 폴리곤이 존재 시 분리표시코드
14	필지별 도면번호	TEXT	도호	필지의 해당 도면번호
15	인접경계표시선	LINE		인접도곽과의 접합 또는 지적도와 임야도의 접합기준선
16	필지 내 필지	TEXT	h	필지 내부에 속한 단일 필지구분코드

3. 일람도 및 행정구역 데이터 작성

1) 일람도 데이터 작성

일람도 데이터는 보정데이터 파일 내의 도곽레이어만 남기고 모든 레이어를 삭제하고 레이어를 추가하여 도면번호 등 속성을 입력하여야 한다.

[일람도 및 행정구역 레이어구분]

레이어번호	명 칭	타 입	입력값	비 고
61	도호	TEXT	도호	도곽별 필지폴리곤 내에 도면번호 입력
62	동·리명	TEXT	동·리명	도곽별 폴리곤 내에 동·리명 입력

2) 행정구역 데이터 작성

행정구역 데이터는 레이어를 추가하고 축척별로 정리된 파일의 외곽경계선을 따라 행정구역선을 작성하고 그 명칭을 입력하여야 한다.

4. 파일명 부여

1) 보정데이터, 일람도 데이터 파일명

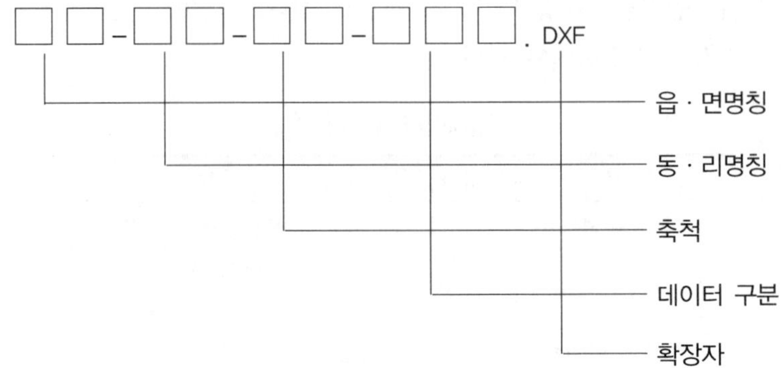

① 읍·면, 동·리 명칭란에는 해당 읍·면, 동·리의 영문 이니셜 2자리 입력

② 축척은 축척구분코드표 입력

③ 데이터의 구분에는 보정데이터는 PNT, 일람도는 INX로 입력

④ 항목 사이에는 " _ "로 구분하고, 확장자는 DXF로 지정

2) 행정구역 파일명(읍·면)

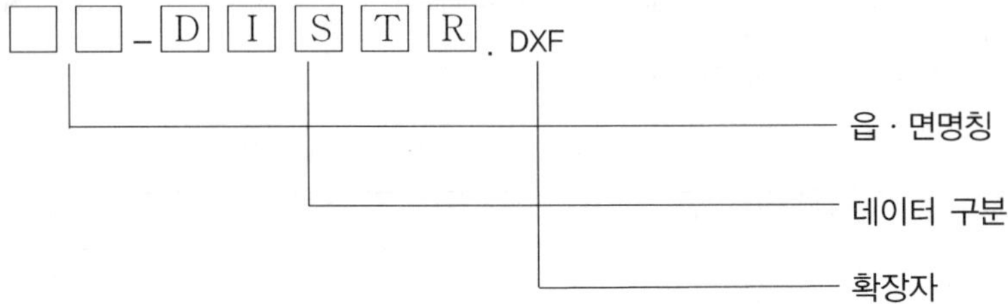

① 읍·면명칭란에는 해당 영문 이니셜 2자리 입력

② 데이터의 구분에는 DISTR로 입력

③ 확장자는 DXF로 지정

3) 행정구역 파일명(동·리)

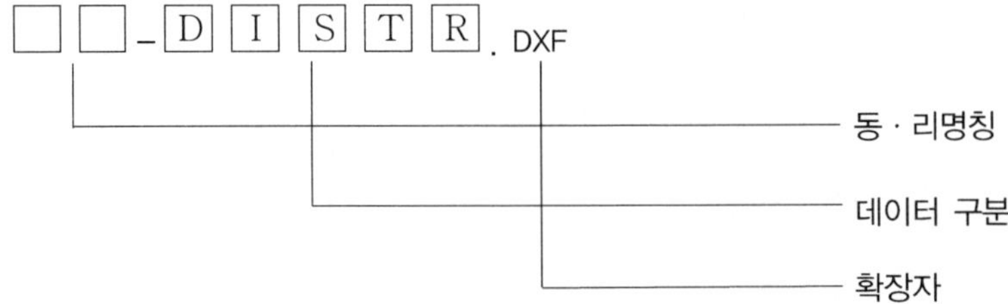

① 동·리명칭란에는 해당 영문 이니셜 2자리 입력

② 데이터의 구분에는 DISTR로 입력

③ 확장자는 DXF로 지정

5. 접합관계 점검

1) 작업순서

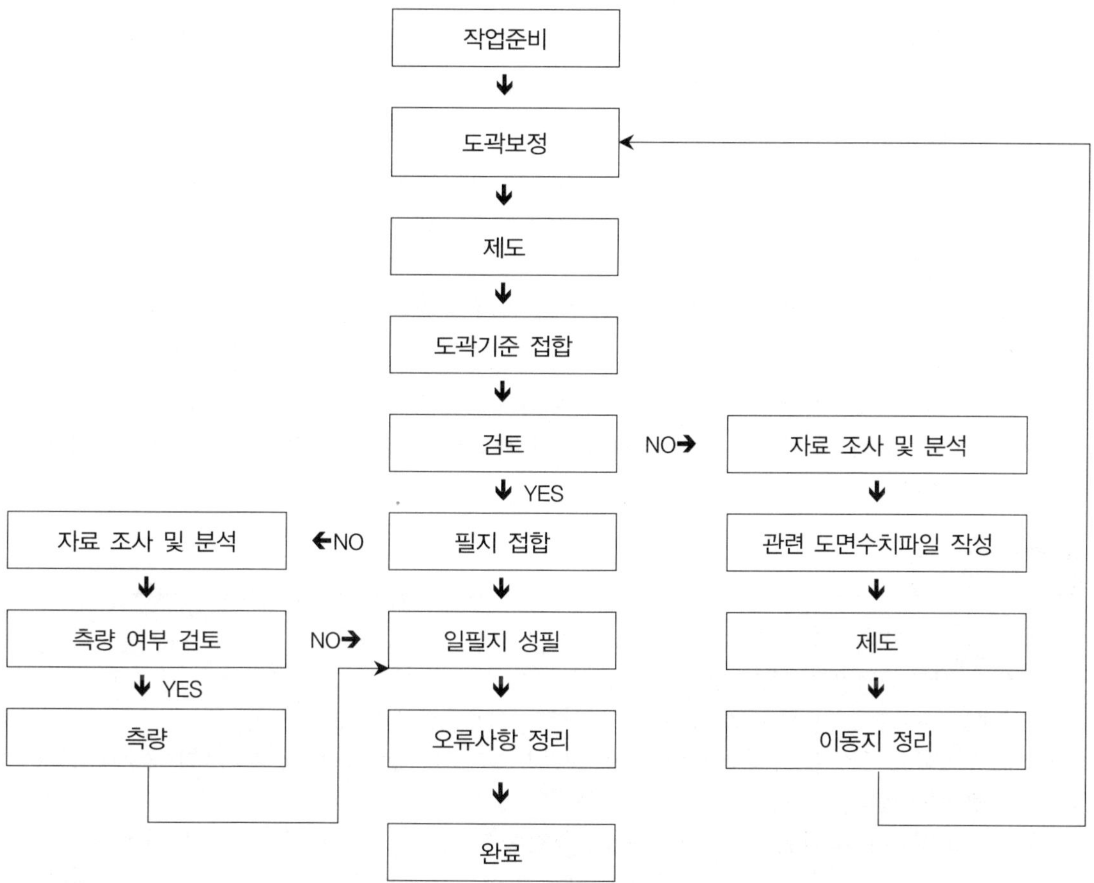

2) 접합관계 점검

① 지적소관청은 보정데이터를 이용하여 반드시 인접도면 간 접합관계를 확인하여야 한다.

② 접합관계는 가로·세로 각 3도곽씩 9도곽을 도곽선에 의하여 접합하고 성과를 확인하여
   야 한다.

③ 필지 간의 경계가 이격 또는 중복될 경우에는 다음에 의하여 오류원인을 규명하여야 한다.

　　㉠ 현재 사용 중인 도면이 재작성 시 도곽을 임의로 보정하였거나 신축량이 서로 다른
　　　도면을 합함에 따라 오류가 발생한 경우에는 폐쇄도 또는 확정측량도면에 의하여 수

치파일화 작업을 새로이 실시한 후 이후 변동사항을 정리하고 해당 도면을 출력하여 현재 사용 중인 도면과 대비하여야 한다.

   ⓛ 도면의 일부분에만 오류가 있을 경우에는 해당 도면의 과거 토지이동사항에 대한 지적도면정리사항을 확인하고 현지 확인 및 측량 등을 통하여 그 경계를 결정한다.

④ 오류원인을 규명한 결과 경계가 변경될 경우 접합필지등록사항변경자료관리대장에 그 사유와 정리근거를 기재하고 기존의 수치파일도 갱신하여야 한다. 다만, 경계 및 면적이 변경될 경우에는 등록사항 정정 이후에 갱신하여야 한다.

⑤ 지적소관청은 보정데이터에 의하여 도면의 재작성이 필요하다고 인정될 경우에는 재고시 등의 절차를 거쳐 지적공부로서의 효력을 부여하고 기존의 도면은 폐쇄하여야 한다.

⑥ 필지 간의 접합결과 오류사항에 대하여는 다음에 의하여 정리하여야 한다.

   ㉠ 해당 도면 내에 작성된 필지의 경계를 위주로 정리한다.

   ⓛ 접합결과 0.3mm 이내의 이격 및 중복이 발생하였을 경우 필지의 모양을 변경시키지 않으면서 오류량의 중수를 취하여 정리할 수 있다. 이 경우 토지ㆍ임야대장상 면적과 비교하여 공차 이내에 있어야 한다.

   ㉢ 정리대상필지가 큰 면적과 작은 면적 필지일 경우에는 작은 면적 필지 위주로 정리한다.

   ㉣ 정리대상필지가 등록시기가 다른 경우에는 먼저 등록된 필지를 우선으로 한다.

   ㉤ 필지경계선이 누락되었을 경우에는 폐쇄도 또는 이동측량결과도 등을 확인하여 정리한다.

기출문제 [2009년 기출]

연속도면 제작에 대한 설명으로 옳은 것은?

① 도곽 신축보정만 하여도 낱도곽을 접합할 때 도곽선에서 모든 경계선이 잘 부합한다.

② Affine변환을 사용하면 도곽의 불규칙한 신축이 정확히 보정된다.

③ 도곽접합을 할 때에는 대축척 지적도상의 경계선이 소축척 지적도상의 경계선보다 신뢰성이 높다.

④ Affine변환은 축척변환, 원점이동량, 회전변환 등 총 3개의 미지변수를 가진다.

답 ③

---

6. 데이터 검사 및 성과 작성

1) 보정데이터의 검사

① 필지가 분리되어 있거나 임의로 분리하여 부여한 구분코드 "a", "b"의 수는 다음의 수식 결과와 동일하여야 한다.

중복지번수＝(a＋b)－(a와 b를 동시에 갖는 수)

단, a : 제51조 제2항에 규정한 구분코드
b : 제51조 제3항에 규정한 구분코드

② 수치파일 내의 폴리곤수와 속성의 통계수가 일치하는지 확인하고 수치파일 내의 전체 속성통계를 검색하고 보정데이터 속성집계표를 작성하여야 한다.

보정데이터 속성집계표

읍·면 동·리	행정 코드번호	영문 명칭	파일명	구분(수량)								기 타
				폴리곤	지번	지목	도호	중복 지번	(a)	(b)	(h)	

2) 데이터의 관리

보정이 완료된 데이터는 별도의 기록매체에 저장하여 별지 제8호 서식에 준하여 기재하고 관리하여야 한다.

7. 성과도면 및 성과물 작성

1) 성과도면 작성

보정데이터는 지적도면과 동일한 축척으로 투명한 폴리에스터필름(#300)용지에 출력하여야 한다.

2) 성과물 작성

① 작업과정에 작성된 파일(이미지데이터를 이용한 벡터라이징 결과, 독취기(digitizer)에 의한 독취좌표, dbf, dxf)을 저장한 CD
② 폴리에스터필름(#300)에 출력한 도면
③ 도면전산수치파일작성관리대장 등 사본
④ 기타 장비점검일지 등 사본
⑤ 지번별 조서

1. 작업순서 및 자료조사

작업순서	자료조사 및 준비
자료 조사 및 준비 ↓ 지적기준점 전산 입력 ↓ 데이터 관리 ↓ 성과 점검 및 수정	1. 지적기준점별 수량조사 2. 지적삼각점성과표 및 도근점표석관리대장 작성 여부 확인 3. 기존에 사용하고 있는 지적측량검사시스템에 입력된 파일의 내용 확인

2. 지적기준점 전산 입력

1) 입력항목

(1) 지적삼각점

지적삼각점성과표

점명 :						(원점)
B	°	′	″ .	X		m .
L		′ .	Y			.
				H		.
$\alpha = \cdots$		°	′	″		
시준점	V			D		
	°	′	″ .			m .
			.			
			.			
소재지						
측량연월일						

입력항목	입력방법	
점명	명칭과 시·도별 일련번호를 입력	
원점	원점명칭 두 자리를 입력	
종선좌표	평면직각종횡선좌표 cm까지 입력	예) "401234.12"
횡선좌표	평면직각종횡선좌표 cm까지 입력	예) "191234.12"
경도	초 아래 3자리까지 입력	예) "127.4545123"
위도	초 아래 3자리까지 입력	예) "37.4545123"
표고	cm까지 입력	예) "123.45"
자오선 수차	초 아래 1자리까지 입력	예) "2.45451"
토지 소재지	지적삼각점 설치위치 입력	예) "서울특별시 종로구 옥인동 산 1-1"
설치일자	년, 월, 일 입력	예) "2001.4.12."
설치구분	설치, 재설치, 복구, 폐기로 구분	
시준점	시준점의 명칭을 한글과 아라비아숫자로 입력	
방위각	초단위까지 입력	예) "45.4545"
거리	cm까지 입력	
조사일	년, 월, 일 입력	예) "1999.4.12."
자격등급	지적기술자격 등급 또는 직명을 입력	
조사자명	조사자 성명 입력	
조사내용	완전, 망실, 훼손으로 구분	

(2) 지적삼각보조점

지적삼각보조(도근)점성과표

지적삼각보조(도근)점 번호	번	도선 등급	등	도선명	도선	표지재질	
토지 소재	시 읍 동 군　　　　번지 구 면 리					지적(임야)도	호

설치 및 재설치 연월일	좌 표		경위도	
	X	Y	B	L
년 월 일	m .	m .	°　′　″ .	°　′　″ .
원 점		표 고	m .	

위치 약도

N / W E / S

※ 주의 : 지적삼각보조(도근)점의 위치는 지상구조물 등에서 3방향 이상 실측거리를 연필로 적습니다.

조사연월일	조사자		조사내용
	직 위	성 명	

입력항목	입력방법
점명	명칭과 일련번호 입력
종선좌표	평면직각종횡선좌표 cm까지 입력　　　　예)"401234.12"
횡선좌표	평면직각종횡선좌표 cm까지 입력　　　　예)"191234.12"
도면번호	도근점이 위치하는 해당 지적도면번호 입력
표지재질	표석, 철제, 플라스틱, 고정물, 기타로 구분
토지 소재지	지적삼각보조점 설치위치 입력　　　　예)"서울특별시 종로구 옥인동 1-1"
설치일자	년, 월, 일, 요일 입력　　　　예)"2001년 4월 12일 목요일"
설치구분	설치, 복구, 폐기로 구분
조사일	년, 월, 일 입력　　　　예)"2001. 4. 12."
자격등급	지적기술자격 등급 또는 직명을 입력
조사자명	조사자 성명 입력
조사내용	완전, 망실, 훼손으로 구분

(3) 도근점

입력항목	입력방법
도근점번호	명칭과 번호
도선등급	도선등급 입력
도선명	도선명 입력
도면번호	도근점이 위치하는 해당 지적도면번호 입력
표지재질	철제, 표석, 플라스틱으로 구분
토지 소재지	지적삼각보조점이 위치한 주소 입력
설치구분	복구, 설치, 폐기로 구분
설치일자	년, 월, 일, 요일 입력　　　　예)"2001년 4월 12일 목요일"
조사일	년, 월, 일 입력　　　　예)"2001. 4. 12."
자격등급	지적기술자격 등급 또는 직명을 입력
조사자명	조사자 성명 입력
조사내용	완전, 망실, 훼손으로 구분

2) 파일명 부여

① 지적삼각점 데이터 파일명 : NDATA_SM.DAT

② 지적삼각보조점 데이터 파일명 : NDATA_BO.DAT

③ 도근점 데이터 파일명 : NDATA_DO.DAT

3. 성과 점검 및 수정

1) 성과 점검 및 수정

전산 입력이 완료되었거나 기존의 데이터를 일괄변환한 성과는 출력 후 원본과 대조하여 오류가 있는 때에는 즉시 수정하여야 한다.

2) 데이터의 관리

지적기준점데이터는 리스트를 출력 후 보관하고 별도의 기록매체에 저장하여 관리하여야 하며, 표지에는 별지 제8호 서식에 준하여 기재하여야 한다.

09 도면데이터베이스 구축

1. 작업순서 및 구축대상

1) 작업순서

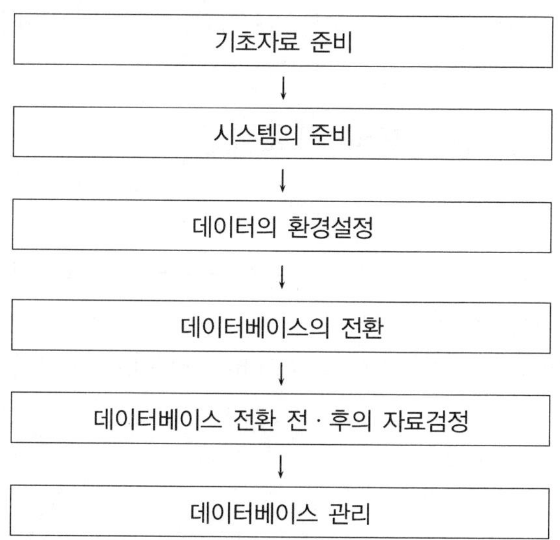

2) 구축대상

① 보정데이터
② 경계점좌표등록부 데이터
③ 일람도 및 행정구역 데이터
④ 지적기준점데이터
⑤ 기타 필요한 데이터

2. 기초자료 준비

① 보정데이터 속성집계표
② 행정구역코드집
③ 행정구역별 영문자명칭을 기록한 조서

3. 데이터의 환경설정

① 데이터의 최소단위는 동·리별, 축척별로 작성하여야 한다.
② 작업영역은 해당 시·군·구의 전체지역을 포함할 수 있는 범위 이상으로 설정하여야
   한다.
③ 좌표계 설정은 「지적법」 규정에 의한다.
④ 기타 원점지역에 대해서는 통일원점좌표계의 위치로 회전 및 이동하여 처리하여야 한다.

4. 데이터베이스의 전환

환경설정이 완료되면 보정데이터, 경계점좌표등록부 데이터, 일람도 및 행정구역 데이터, 지적
기준점데이터, 기타 필요한 데이터의 전산 입력자료는 도형 데이터베이스로 전환하여야 한다.

5. 데이터베이스 전환 전·후의 자료검정

1) 자료검정

도면데이터베이스의 전환이 완료되면 다음의 도형 및 속성정보의 현황을 파악하여야 한다.
① 폴리곤, 지번, 지목, 도면번호의 개수
② 중복지번수를 파악하여 '중복지번수=(a+b)-(a와 b를 동시에 갖는 수)'와 동일한지 여
   부 확인
③ 일람도 및 행정구역 통계
④ 지적기준점 통계

2) 토지대장과 도형정보의 비교

토지대장과 도형정보를 비교하여 다음의 사항을 확인하고 오류리스트를 출력하여야
한다.
① 지번중복검사
② 지목상이검사
③ 누락필지검사

3) 오류 정비

리스트로 출력된 오류사항은 관련 자료를 조사하여 지적공부를 수정하여야 한다.

오류 정비	내 용
누락필지	1. 분할 및 합병정리 누락 여부를 확인하여 토지이동정리 실시 2. 경지 및 구획 정리에 편입되었으나 대장 폐쇄를 누락한 경우는 관련 자료를 첨부하여 '지적공부정리결의서'에 의해 대장 폐쇄
지번중복	1. 분할등록구분코드인 'a'코드 누락 여부 확인 후 정비 2. 토지대장전산화 이전에 이중지번을 부여한 경우 등록사항 정정(지번 정정) 처리
지목상이	1. 자료정비, 지목일괄수정기능을 이용하여 도면DB의 지목을 대장DB의 지목으로 일괄변환 2. 지목 입력 및 수정기능을 이용하여 일필지별 확인 후 오류수정
면적공차 초과	1. 지적경계점의 좌표독취착오 여부 확인 2. 면적측정기로 지적도상 면적을 측정하여 원인분석 후 면적 정정

01 지적도면전산화의 기대효과로 가장 올바르지 않은 것은?

① 지적도면의 효율적 관리
② 토지관련 정보의 인프라 구축
③ 신속하고 효율적인 대민서비스 제공
④ 지적도면정보 유통을 통한 부가가치 창출

해설 지적전산화의 목적
1. 국가지리정보에 기본정보로 관련 기관이 공동으로 활용할 수 있는 기반 조성(공공계획 수립의 중요정보 제공)
2. 지적도면의 신축으로 인한 원형 보관·관리의 어려움 해소
3. 정확한 지적측량자료 활용
4. 토지대장과 지적도면을 통합한 대민서비스 질적 향상
5. 토지정보의 수요에 대한 신속한 대처

02 토지기록전산화의 목적으로 볼 수 없는 것은?

① 지적공부의 전산화 및 전산파일 유지로 지적서고의 폐지
② 체계적이고 과학적인 지적사무와 지적행정의 실현
③ 최신의 자료 확보로 지적통계와 주민정보의 정확성 제고 및 온라인에 의한 신속성 확보
④ 전국적인 등본, 열람이 가능하게 하여 민원인의 편의 증진

해설 토지기록전산화의 목적
1. 변동자료의 온라인 즉시 처리로 기존 일괄처리방식에서 불가피한 업무의 이중성 배제
2. 전국적인 등본열람서비스로 민원인의 편의 증진
3. 체계적이고 과학적인 지적사무행정의 실현
4. 최신의 자료 확보로 지적통계와 정책정보의 정확성 제고 및 온라인에 의한 신속성 확보
5. 보고문서의 전산처리로 업무처리의 능률 및 정확도 향상
6. 지적도면관리전산화의 기초 확립

03 토지기록전산화를 위한 원시자료와 관련이 없는 것은?

① 토지대장
② 임야대장
③ 공유지연명부
④ 집합건물대지권

해설 집합건물의 대지권은 토지기록전산화를 위한 원시자료에 해당하지 않는다.

04 토지기록전산화를 완료하고 전국 온라인민원처리를 실시한 시기는?

① 1975년 12월 31일　　　　　　　② 1979년 11월 9일

③ 1983년 5월 1일　　　　　　　　④ 1992년 2월 1일

해설 1992년 2월 1일 토지기록전산화사업을 완료하고 전국 온라인민원처리를 실시하였다.

05 토지기록전산화사업을 통한 개발업무가 아닌 것은?

① 토지이동관리업무　　　　　　　② 소유권변동관리업무

③ 창구민원업무관리　　　　　　　④ 지적측량관리업무

해설 토지기록전산화사업을 통한 개발업무는 토지이동관리업무, 소유권변동관리업무, 창구민원업무관리, 지적
일반업무관리, 토지관련 정책정보관리업무 등이 있다.

06 지적도면전산화사업 추진배경으로 옳지 않은 것은?

① 지적 · 임야도면의 관리 소홀로 인한 훼손 및 오손 심각

② 지적불부합지 해소

③ 도면의 신축으로 인한 과대오차 내재

④ 다양한 축척으로 인한 지적 · 임야도면 상호 간의 차이

해설 지적도면전산화사업 추진배경

1. 지적도 · 임야도의 관리 소홀로 인한 훼손 및 오손 심각
2. 도면의 신축으로 인한 과대오차 내재
3. 다양한 축척으로 인한 지적도 · 임야도의 상호 간의 차이

07 지적도면전산화사업 추진배경으로 옳지 않은 것은?

① 토지대장전산화 완료

② 국가지리정보체계(NGIS) 구축과 연계한 전산화사업

③ 필지중심토지정보시스템(PBLIS) 개발

④ 한국토지정보시스템(KLIS) 개발

08 지적도면전산화사업을 위한 종합토지정보시스템구축사업을 경상남도 창원시 일부 지역을 실
험사업으로 선정하여 시행하였다. 다음 중 실험사업내용이 아닌 것은?

① 기준점측량

② 지적재조사측량

③ 항공사진측량

④ 지적(임야)도전산화

해설 지적재조사실험사업은 기준점측량, 항공사진측량, 지적재조사측량을 한다.

09 지적도면전산화작업순서로 맞는 것은?

① 도면 정비 → 수치파일 작성 → 보정데이터 작성 → 데이터베이스 구축
② 도면 정비 → 보정데이터 작성 → 수치파일 작성 → 데이터베이스 구축
③ 수치파일 작성 → 보정데이터 작성 → 데이터베이스 구축 → 도면 정비
④ 보정데이터 작성 → 수치파일 작성 → 데이터베이스 구축 → 도면 정비

해설
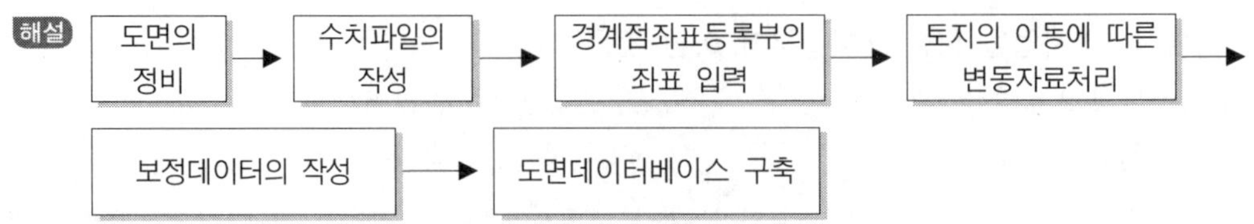

10 다음 중 지적도면의 수치파일화 공정순서로 맞는 것은?

① 폴리곤 형성 – 도면 신축보정 – 지적도면 입력 – 좌표 및 속성 검사
② 폴리곤 형성 – 지적도면 입력 – 도면 신축보정 – 좌표 및 속성 검사
③ 지적도면 입력 – 도면 신축보정 – 폴리곤 형성 – 좌표 및 속성 검사
④ 지적도면 입력 – 좌표 및 속성 검사 – 도면 신축보정 – 폴리곤 형성

해설 지적도면의 수치파일화 공정순서

11 지적도면전산화사업 추진 시 고려사항이 아닌 것은?

① 전산화사업 이전에 도면의 오류 등 일제 정비
② 신뢰할 수 있는 신축보정 및 접합보정 방법 연구
③ 작업과정에서 지적도면 훼손 및 멸실 방지대책 수립
④ 수치지적도 파일저장공간 확보

해설 지적도면전산화사업 추진 시 고려사항
1. 전산화 이전에 도면오류사항 및 토지이동정리 누락분 일제 정비 필요
2. 도면 입력의 효율성 제고
3. 전산화 소요시간 및 비용의 절감
4. 합리적인 검사방법 정립으로 신뢰도 향상
5. 신뢰할 수 있는 신축보정 및 접합보정 방법 연구
6. 작업과정에서 지적도면 훼손 및 멸실 방지대책 수립

  정답 9. ① 10. ④ 11. ④

12 지적도면전산화의 가장 큰 걸림돌은 도면접합의 불일치이다. 다음 중 도면접합의 불일치원인이 아닌 것은?

① 도면축척의 다양성
② 도시의 발전으로 인한 지목변경 증가
③ 원점좌표계의 상이
④ 지적도면 재작성의 부정확

해설 지적도면접합불일치의 원인
1. 도면축척의 다양성
2. 원점좌표계의 상이
3. 지적도면의 변형
4. 지적도면 재작성의 부정확 등

13 지적도면을 전산화할 때 도면접합불일치의 원인으로 볼 수 없는 것은?

① 도면축척의 다양성
② 원점좌표계의 상이
③ 지적도면의 변형
④ 지목의 변경

해설 지적도면접합불일치의 원인
1. 도면축척의 다양성
2. 원점좌표계의 상이
3. 지적도면의 변형
4. 지적도면 재작성의 부정확 등

14 지적도면 수치화를 위해 스캐닝방법을 선택하려 한다. 스캐닝 시에 발생하는 왜곡을 일으키는 기계적인 요인이 아닌 것은?

① 렌즈에 의한 왜곡
② 스캐너의 정렬상태
③ 온도변화에 따른 왜곡
④ CCD와 피사체의 거리 및 자세

해설 스캐닝 시에 왜곡을 일으키는 기계적인 요인 고려
1. 렌즈에 의한 왜곡
2. 스캐너의 정렬상태
3. CCD와 피사체의 거리 및 자세
4. CCD 이동속도의 불균일성 등

15 대장전산화 및 도면전산화사업 추진을 위한 시범지역은?

① 대전시
② 음성군
③ 창원시
④ 대구 남구

해설
1. 지적전산(대장 및 도면) 시범지역 : 대전시
2. 종합토지정보시스템구축사업 시범지역 : 경상남도 창원시
3. 토지기록전산화 시범사업지역 : 충청북도 음성군
4. 토지종합정보망 시범사업지역 : 대구광역시 남구

16 지적도전산화작업 시 세부추진계획을 수립하는 자는?

① 국토교통부장관　　　　　　　　　② 행정안전부장관
③ 시·도지사　　　　　　　　　　　④ 지적소관청

해설 지적소관청은 시·도지사의 연도별 추진계획에 의하여 세부추진계획을 수립하여야 한다.

17 경계점좌표등록부 입력파일형식은?

① DBF, CSV　　　　　　　　　　② DXF
③ DWG　　　　　　　　　　　　④ CAD

해설 수치파일형식

파일내용	형 식	비 고
스캐너에 의하여 작성된 이미지파일		
이미지 데이터를 이용한 벡터라이징 결과파일		
독취기(digitizer)에 의한 독취좌표파일		
경계점좌표등록부 입력파일	DBF, CSV	
최종 결과파일	DXF	VER 12 또는 13

18 수치파일의 명칭은 총 몇 자리로 구성되어 있는가?

① 10자리　　　　　　　　　　　② 15자리
③ 17자리　　　　　　　　　　　④ 19자리

해설 수치파일의 명칭은 15자리(시·도 2, 시·군·구 3, 읍·면·동 3, 리 2, 축척 2, 도면번호 3)로 구성한다.

19 지적도면전산화의 결과물인 전산파일 구축 시 토지대장(지적도)등록지의 축척구분코드가 아닌 것은?

① 05　　　　　　　　　　　　　② 06
③ 10　　　　　　　　　　　　　④ 11

해설 토지대장(지적도)등록지의 축척구분

축 척	구분코드	축 척	구분코드
수치	00	1/1200	12
1/500	05	1/2400	24
1/600	06	1/3000	30
1/1000	10	1/6000	60

20 지적도면전산화의 결과물인 전산파일 구축 시 임야대장(임야도)등록지의 축척구분코드는?

① 00　　　　　　　　　　　　　② 05
③ 10　　　　　　　　　　　　　④ 30

[해설] 토지대장(지적도)등록지의 축척구분

축 척	구분코드	축 척	구분코드
수치	00	1/1200	12
1/500	05	1/2400	24
1/600	06	1/3000	30
1/1000	10	1/6000	60

21 수치파일의 명칭 중 축척과 도면번호는 각각 몇 자리로 구성되어 있는가?

① 2자리, 3자리
② 3자리, 2자리
③ 3자리, 4자리
④ 4자리, 3자리

[해설] 수치파일의 명칭은 15자리(시 · 도 2, 시 · 군 · 구 3, 읍 · 면 · 동 3, 리 2, 축척 2, 도면번호 3)로 구성한다.

• 수치파일의 명칭부여방법

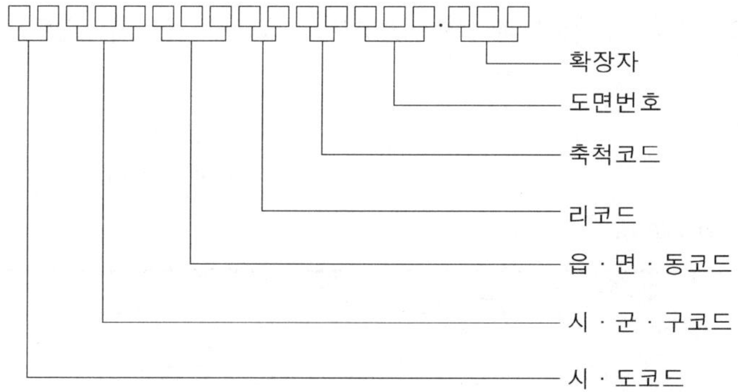

22 수치파일을 작성하는 경우에는 데이터 종류에 따라 레이어를 구분하여 지정하여야 하는데 지목의 레이어번호는?

① 1
② 10
③ 11
④ 30

[해설] 데이터 종류별 레이어

레이어번호	데이터명	타 입	비 고
1	필지경계선	LINE	
10	지번	TEXT	Point값으로 필지 내에 위치
11	지목	TEXT	Point값으로 필지 내에 위치
30	문자정보	TEXT	색인도 · 제명 · 행정구역선 · 행정구역명칭 · 작업자표시 · 각종 문자 등
60	두곽선	LINE	

23 지적전산화작업을 통해 수치파일을 작성하는 경우 데이터의 종류에 따른 레이어의 지정형식
으로 옳지 않은 것은?

① 필지경계선은 Line으로 지정된다.　　② 행정구역명칭은 Text로 지정된다.
③ 지번은 Polygon으로 지정된다.　　④ 도곽선은 Line으로 지정된다.

해설　데이터 종류별 레이어

레이어번호	데이터명	타 입	비 고
1	필지경계선	LINE	
10	지번	TEXT	Point값으로 필지 내에 위치
11	지목	TEXT	Point값으로 필지 내에 위치
30	문자정보	TEXT	색인도 · 제명 · 행정구역선 · 행정구역명칭 · 작업자표시 · 각종 문자 등
60	도곽선	LINE	

24 수치파일을 작성하는 경우 데이터의 종류에 따라 레이어를 구분한다. 레이어번호를 잘못 표기
한 것은?

① 필지경계선-1　　② 지번-10
③ 지목-11　　④ 문자정보-12

해설　데이터 종류별 레이어

레이어번호	데이터명	타 입	비 고
1	필지경계선	LINE	
10	지번	TEXT	Point값으로 필지 내에 위치
11	지목	TEXT	Point값으로 필지 내에 위치
30	문자정보	TEXT	색인도 · 제명 · 행정구역선 · 행정구역명칭 · 작업자표시 · 각종 문자 등
60	도곽선	LINE	

25 지적도면을 수치파일로 작성하는 경우 레이어로 지정할 수 없는 데이터는?

① 필지경계　　② 지번
③ 도곽선　　④ 소유자

해설　데이터 종류별 레이어

레이어번호	데이터명	타 입	비 고
1	필지경계선	LINE	
10	지번	TEXT	Point값으로 필지 내에 위치
11	지목	TEXT	Point값으로 필지 내에 위치
30	문자정보	TEXT	색인도 · 제명 · 행정구역선 · 행정구역명칭 · 작업자표시 · 각종 문자 등
60	도곽선	LINE	

정답　23. ③　24. ④　25. ④

26 수치파일 작성 시 데이터 종류 중 문자정보의 타입은?

① TEXT 　　　　　　　　② LINE
③ POINT 　　　　　　　　④ DATA

해설　데이터 종류별 레이어

레이어번호	데이터명	타 입	비 고
1	필지경계선	LINE	
10	지번	TEXT	Point값으로 필지 내에 위치
11	지목	TEXT	Point값으로 필지 내에 위치
30	문자정보	TEXT	색인도 · 제명 · 행정구역선 · 행정구역명칭 · 작업자표시 · 각종 문자 등
60	도곽선	LINE	

27 도면전산화작업장의 환경기준 중 연평균 온도와 습도는?

① 20±5℃, 65±5% 　　　② 25±5℃, 60±5%
③ 25±5℃, 65±5% 　　　④ 20±5℃, 60±5%

28 지적전산화작업에 쓰이는 디지타이저의 최소독취단위는?

① 0.1mm 이상 　　　　　② 0.01mm 이상
③ 0.5mm 이상 　　　　　④ 0.05mm 이상

해설　장비의 규격
1. 디지타이저
    ① 형식 : 수평 평면고정형(정밀도 : 0.1mm 이상)
    ② 최소독취단위 : 0.01mm 이상
    ③ 독취유효범위 : 「지적법 시행규칙」(서식목록) 별지 제6호, 별지 제7호 서식규격 이상
    ④ 도면부착방식 : 컴프레서를 이용한 흡착 또는 압착 방식
2. 스캐너
    ① 형식 : 수평 평판형(Flat Bed Type, 정밀도 : 0.1mm 이상)
    ② 스캔유효범위 : 「지적법 시행규칙」(서식목록) 별지 제6호, 별지 제7호 서식규격 이상
    ③ 도면부착방식 : 컴프레서를 이용한 흡착 또는 압착 방식

29 다음 중 지적도면을 전산화함에 있어 정비하여야 할 사항과 거리가 먼 것은?

① 도면번호정비 　　　　　② 도곽선정비
③ 소유자정비 　　　　　　④ 경계정비

해설　소유자는 도면의 등록사항이 아니므로 도면전산화작업과정 중 도면의 정비내역에 해당하지 아니한다.

30 도면의 전산화작업 시 도면의 정비자료에 해당하지 않는 것은?

① 폐쇄도면　　　　　　　　　　② 지적공부정리결의서
③ 측량준비도　　　　　　　　　　④ 지적기준점대장

해설 도면정비 시 관계자료

1. 폐쇄도면(토지조사 당시 세부측량원도 포함)
2. 지적공부정리결의서 및 토지이동측량결과도(필요 시 경계복원, 현황측량결과도 참고)
3. 지적기준점대장 등

31 도면의 도곽선 정비 시 도곽선이 누락된 경우 도곽선 제도방법으로 옳은 것은?

① 도곽선 왼쪽 아랫부분과 오른쪽 윗부분의 종횡선 교차점 바깥쪽에 1mm 크기의 아라비아
　숫자를 붉은색으로 제도한다.
② 도곽선 왼쪽 아랫부분과 오른쪽 윗부분의 종횡선 교차점 바깥쪽에 2mm 크기의 아라비아
　숫자를 붉은색으로 제도한다.
③ 도곽선 왼쪽 아랫부분과 오른쪽 윗부분의 종횡선 교차점 바깥쪽에 1mm 크기의 아라비아
　숫자를 검은색으로 제도한다.
④ 도곽선 왼쪽 아랫부분과 오른쪽 윗부분의 종횡선 교차점 바깥쪽에 2mm 크기의 아라비아
　숫자를 검은색으로 제도한다.

해설 도곽선 왼쪽 아랫부분과 오른쪽 윗부분의 종횡선 교차점 바깥쪽에 2밀리미터 크기의 아라비아숫자를 붉은색으로 제도한다.

32 도면수치파일 작성 시 입력항목에 해당하지 않는 것은?

① 행정구역명칭　　　　　　　　② 원점 및 작성자
③ 도곽선 및 도곽선 수치　　　　④ 지번, 지목, 면적

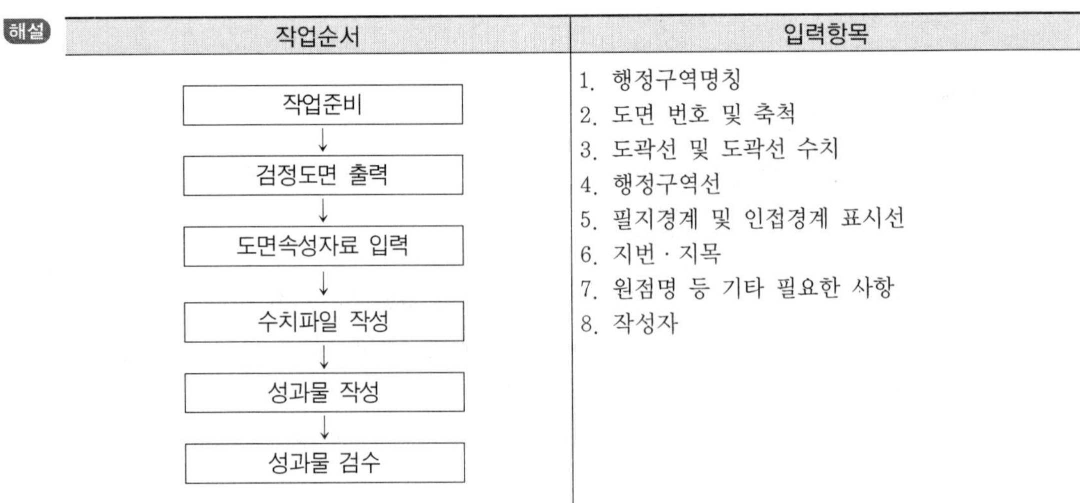

작업순서	입력항목
작업준비 → 검정도면 출력 → 도면속성자료 입력 → 수치파일 작성 → 성과물 작성 → 성과물 검수	1. 행정구역명칭 2. 도면 번호 및 축척 3. 도곽선 및 도곽선 수치 4. 행정구역선 5. 필지경계 및 인접경계 표시선 6. 지번·지목 7. 원점명 등 기타 필요한 사항 8. 작성자

정답 30. ③　31. ②　32. ④

33 지적도면을 수치화한 최종결과파일로서 자료교환에 가장 유리한 형식은?

① dbf   ② dgn

③ dwg   ④ dxf

해설 dxf는 지적도면을 수치화한 최종결과파일이다.

34 도면이 훼손·마멸 등으로 경계의 식별이 곤란할 경우와 도곽 내에 필지수가 적은 경우 도면도형자료 입력방법으로 효과적인 것은?

① 스캐닝   ② 래스터라이징

③ 디지타이징   ④ 벡터라이징

해설 도면이 훼손·마멸 등으로 스캐닝작업으로 경계의 식별이 곤란할 경우와 도면의 상태가 양호하더라도 도곽 내에 필지수가 적어 스캐닝작업이 비효율적인 도면은 디지타이징방법으로 작업할 수 있다.

35 스캐닝 또는 디지타이징 작업완료 시 검정도면의 규격은?

① 폴리에스터필름(#100)   ② 폴리에스터필름(#150)

③ 폴리에스터필름(#200)   ④ 폴리에스터필름(#300)

해설 스캐닝 또는 디지타이징 작업이 완료되면 폴리에스터필름(#150)에 검정도면을 출력하여 입력사항을 육안으로 점검하고 오류사항을 수정하여야 한다.

36 도면수치화작업완료 시 성과물에 해당하지 않는 것은?

① 작업과정에 작성된 파일을 저장한 CD

② 장비점검일지 사본

③ 도면전산수치파일작성관리대장 사본

④ 폴리에스터필름(#150)에 출력한 도면

해설 수행기관에서는 도면수치화작업이 완료되면 다음의 성과물을 작성하여 지적소관청에 제출하여야 한다.

1. 작업과정에 작성된 파일(이미지데이터를 이용한 벡터라이징 결과, 독취기(digitizer)에 의한 독취좌표, dbf, dxf)을 저장한 CD

2. 폴리에스터필름(#300)에 출력한 도면

3. 도면전산수치파일작성관리대장 등 사본

4. 기타 장비점검일지 등 사본

37 경계점좌표등록부 전산 입력 시 입력사항에 해당하지 않는 것은?

① 행정구역명칭   ② 도면번호

③ 부호 및 부호도   ④ 지번 및 지목

작업순서	입력항목
작업준비 ↓ 경계점좌표등록부 전산 입력 ↓ 검정도면 출력 ↓ 성과 점검 및 수정	1. 행정구역명칭 2. 도면번호 3. 지번 및 지목 4. 필지경계점좌표

38 지적삼각점데이터 작성 시 전산 입력항목에 해당하지 않는 것은?

① 종·횡선좌표   ② 자오선 수차 및 거리

③ 시준점 및 방위각   ④ 경거, 위거 및 표고

해설 **1. 지적삼각점성과표**

점명 :										(원점)
B		°	′	″ .		X			m .	
L				.		Y			.	
						H			.	
$\alpha = \cdots$					°	′	″			
시준점			V					D		
		°	′	″ .					m .	
				.						
				.						
				.						
				.						
소재지										
측량연월일										

2. 지적삼각점성과표 등재사항

① 지적삼각점의 명칭과 기준원점명

② 좌표 및 표고

③ 경도 및 위도

④ 자오선 수차

⑤ 시준점의 명칭 및 방위각과 거리

⑥ 소재지, 설치일자 및 설치구분

⑦ 자격등급

⑧ 조사자명 및 조사내용

     정답   38. ④

39 지적기준점데이터 작성 시 입력이 잘못된 것은?

① 표고 : 125.26m
② 종선좌표 : 495825.25
③ 자오선 수차 : 2.15141
④ 경도 : 127.454512

해설

입력항목	입력방법	
종선좌표	평면직각종횡선좌표 cm까지 입력	예) "401234.12"
횡선좌표	평면직각종횡선좌표 cm까지 입력	예) "191234.12"
경도	초 아래 3자리까지 입력	예) "127.4545123"
위도	초 아래 3자리까지 입력	예) "37.4545123"
표고	cm까지 입력	예) "123.45"
자오선 수차	초 아래 1자리까지 입력	예) "2.45451"

40 지적삼각보조점데이터 작성 시 반드시 입력하지 않아도 되는 것은?

① 도면번호
② 종·횡선좌표
③ 표고
④ 표지재질

해설 지적삼각보조점성과표

지적삼각보조(도근)점번호	번	도선등급	등	도선명	도선	표지재질	
토지 소재	시 읍 동 / 군 / 구 면 리		번지		지적(임야)도		호
설치 및 재설치 연월일	좌 표		경위도				
	X	Y	B			L	
년 월 일	m .	m .	° ′ ″ .			° ′ ″	
년 월 일	m .	m .	° ′ ″ .			° ′ ″	
년 월 일	m .	m .	° ′ ″ .			° ′ ″	
원 점			표 고	m .			
위치 약도							

※ 주의 : 지적삼각보조(도근)점의 위치는 지상구조물 등에서 3방향 이상 실측거리를 연필로 적습니다.

조사연월일	조사자		조사내용
	직	성 명	

41 다음 중 지적기준점 파일명이 아닌 것은?

① NDATA_SM.DA   ② NDATA_BO.DAT

③ NDATA_DO.DAT   ④ NDATA_WE.DAT

해설 지적기준점 파일명
1. **지적삼각점 데이터 파일명** : NDATA_SM.DAT
2. **지적삼각보조점 데이터 파일명** : NDATA_BO.DAT
3. **도근점 데이터 파일명** : NDATA_DO.DAT

42 두 도곽 이상에 등록되어 있는 필지 중 성필이 되지 않는 필지는 도곽선을 따라 임의의 경계를 추가하여 폴리곤을 형성하여야 한다. 이 경우 폴리곤 내부에 구분코드의 입력값은?

① "a"   ② "b"

③ "h"   ④ "g"

해설 보정데이터 작성
1. 지적도면의 신축량을 고려하지 않고 작성된 수치파일은 데이터베이스 구축을 위하여 축척별 기준도곽에 일치하도록 전자자동제도법에 의하여 신축을 보정하여야 한다.
2. 모든 필지는 폐다각형이 되도록 폴리곤을 형성하여야 하며, 두 도곽 이상에 등록되어 있는 필지 중 성필이 되지 않은 필지는 도곽선을 따라 임의의 경계를 추가하여 폴리곤을 형성하고, 폴리곤 내부에 구분코드 "a"를 입력하여야 한다.
3. 필지 내부에 다수의 필지가 연속되어 있는 경우에는 임의로 경계를 분리하여 폴리곤을 형성하고 동일한 지번 및 지목과 구분코드 "b"를 입력한다.

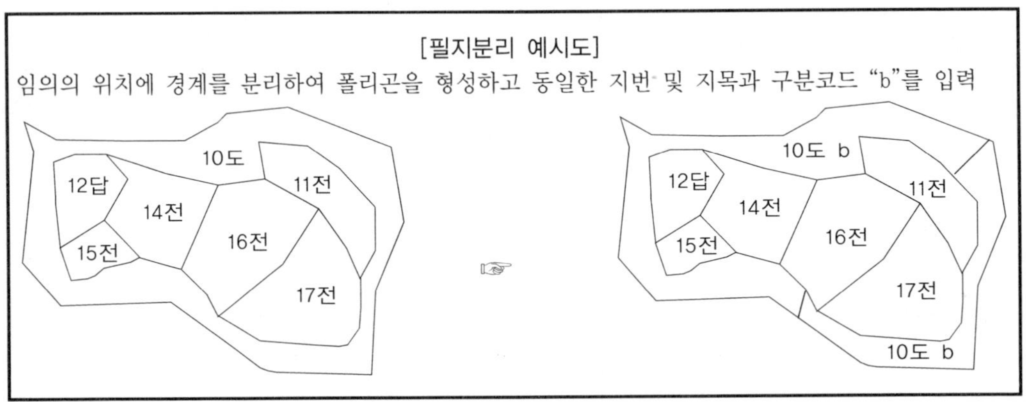

4. 필지 내부에 독립된 폴리곤이 있는 경우에는 내부에 속한 폴리곤에 구분코드 "h"를 입력한다.
5. 인접경계표시선은 별도의 레이어로 구분하여야 한다.
6. 보정데이터는 원점별·행정구역별·축척별로 하나의 파일로 작성하여야 하며, 이 경우 레이어를 추가로 지정하여야 한다.

43 다음 중 국가지리정보체계(NGIS)의 분과위원회 중 지적도전산화를 추진하는 분과위원회는?

① 지리정보분과   ② 토지정보분과

③ 기술개발분과   ④ 지적정보분과

정답   41. ④   42. ①   43. ②

해설 국가지리정보체계(NGIS)의 분과위원회 중 토지정보분과위원회에서 대전시 유성구를 시범사업지역으로 선정하여 1996년도에 지적도면전산화를 추진하였다.

44 지적도면의 신축량을 고려하지 않고 작성된 수치파일은 데이터베이스 구축을 위하여 축척별 기준도곽에 일치하도록 신축을 보정하는 방법은?

① 정밀복사법
② 직접자사법
③ 전자자동제도법
④ 간접자사법

해설 지적도면의 신축량을 고려하지 않고 작성된 수치파일은 데이터베이스 구축을 위하여 축척별 기준도곽에 일치하도록 전자자동제도법에 의하여 신축을 보정하여야 한다.

45 필지 내부에 독립된 폴리곤이 있는 경우에는 내부에 속한 폴리곤에 입력하는 구분코드는?

① "a"
② "b"
③ "h"
④ "g"

해설 필지 내부에 독립된 폴리곤이 있는 경우에는 내부에 속한 폴리곤에 구분코드 "h"를 입력한다.

46 보정데이터 파일명 부여 시 데이터 구분에 입력하는 것으로 맞는 것은?

① PNT
② INX
③ DXF
④ DWG

해설 데이터의 구분에는 보정데이터는 PNT, 일람도는 INX로 입력한다.

47 지적전산화과정에서 연도별 추진계획에 의하여 세부추진계획을 수립하여야 하는 자는?

① 시 · 도지사
② 지적소관청
③ 국토교통부장관
④ 한국국토정보공사

해설 지적소관청은 시 · 도지사의 연도별 추진계획에 의하여 세부추진계획을 수립하여야 한다.

48 경계점좌표등록부 전산 입력작업순서로 올바른 것은?

① 작업준비 → 경계점좌표등록부 전산 입력 → 검정도면 출력 → 성과 점검 및 수정
② 작업준비 → 검정도면 출력 → 경계점좌표등록부 전산 입력 → 성과 점검 및 수정
③ 작업준비 → 검정도면 출력 → 성과 점검 및 수정 → 경계점좌표등록부 전산 입력
④ 검정도면 출력 → 작업준비 → 경계점좌표등록부 전산 입력 → 성과 점검 및 수정

해설 **경계점좌표등록부의 좌표 입력순서**
작업준비 → 경계점좌표등록부 전산 입력 → 검정도면 출력 → 성과 점검 및 수정

49 전산화작업을 위하여 도면을 반출하고자 하는 때에는 누구의 승인을 얻어야 하는가?

① 지적소관청
② 시 · 도지사
③ 국토교통부장관
④ 관계 중앙행정기관의 장

 지적소관청이 전산화작업을 위하여 도면을 반출하고자 하는 때에는 지적법령이 정하는 규정에 의하여 시·도지사의 승인을 얻어 반출할 수 있다.

50 수치파일을 작성하기 전 도면의 정비 시 자료에 해당하지 않는 것은?

① 폐쇄도면
② 지적공부정리결의서
③ 토지이동측량준비도
④ 토지이동측량결과도

 도면의 정비자료

1. 폐쇄도면(토지조사 당시 세부측량원도 포함)
2. 지적공부정리결의서 및 토지이동측량결과도(필요 시 경계복원, 현황측량결과도 참고)
3. 지적기준점대장 등

51 도면정비내용에 해당하지 않는 것은?

① 색인도정비
② 도곽선 및 도곽선 수치의 정비
③ 지번 및 면적의 정비
④ 지목 및 경계의 정비

52 도면정비 시 도면의 마모 등으로 인하여 경계가 불분명한 경우에 정비자료에 해당하는 것은?

① 토지이동측량결과도
② 토지 및 임야 대장
③ 경계점좌표등록부
④ 측량준비도

 경계 등의 정비
도면의 마모 등으로 인하여 경계가 불분명한 경우에는 폐쇄도면 또는 토지이동측량결과도 등을 조사하여 정비한다.

53 도면수치파일 작성 시 입력항목에 해당하지 않는 것은?

① 행정구역명칭 및 행정구역선
② 도곽선 및 수치
③ 지번, 지목, 경계
④ 고유번호, 축척

 작업순서 및 입력항목

작업순서	입력항목
작업준비 → 검정도면 출력 → 도면속성자료 입력 → 수치파일 작성 → 성과물 작성 → 성과물 검수	1. 행정구역명칭 2. 도면 번호 및 축척 3. 도곽선 및 도곽선 수치 4. 행정구역선 5. 필지경계 및 인접경계 표시선 6. 지번·지목 7. 원점명 등 기타 필요한 사항 8. 작성자

정답 50. ③ 51. ③ 52. ① 53. ④

54 경계의 굴곡점 판단이 곤란한 경우에는 각 굴곡점마다 삐침선을 표시하는데, 이 경우 사용되는 연필의 규격과 삐침선의 크기로 올바른 것은?

① 5H, 2~3mm ② 6H, 1~2mm
③ 5H, 1~2mm ④ 6H, 2~3mm

해설 경계의 굴곡점 판단이 곤란한 경우에는 각 굴곡점마다 6H 이상 연필로 2~3mm 크기의 삐침선을 표시한다.

55 경계점좌표등록부 전산 입력항목에 해당하는 것은?

① 행정구역명칭 및 행정구역선 ② 도면번호 및 고유번호
③ 지목 및 경계점좌표 ④ 경계 및 경계점좌표

해설

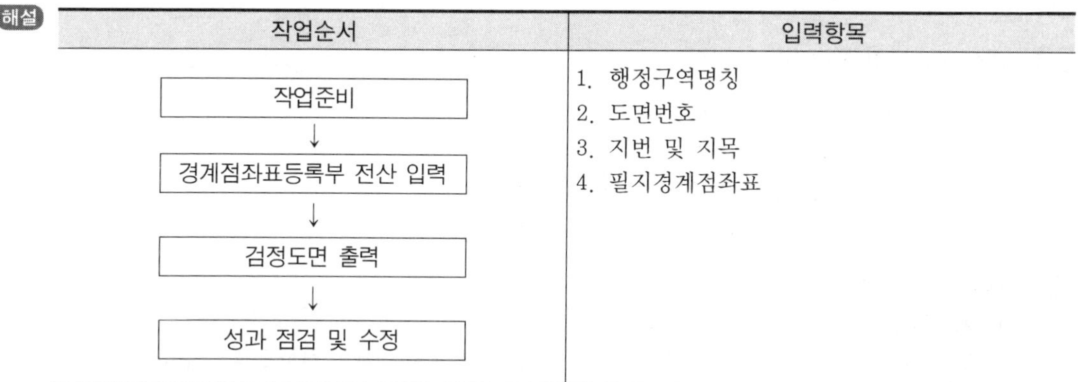

작업순서	입력항목
작업준비 ↓ 경계점좌표등록부 전산 입력 ↓ 검정도면 출력 ↓ 성과 점검 및 수정	1. 행정구역명칭 2. 도면번호 3. 지번 및 지목 4. 필지경계점좌표

56 필지 내부에 다수의 필지가 연속되어 있는 경우에는 임의로 경계를 분리하여 폴리곤을 형성할 경우 지번 및 지목의 구분코드는?

① "a" ② "b"
③ "h" ④ "g"

해설 필지 내부에 다수의 필지가 연속되어 있는 경우에는 임의로 경계를 분리하여 폴리곤을 형성하고 동일한 지번 및 지목과 구분코드 "b"를 입력한다.

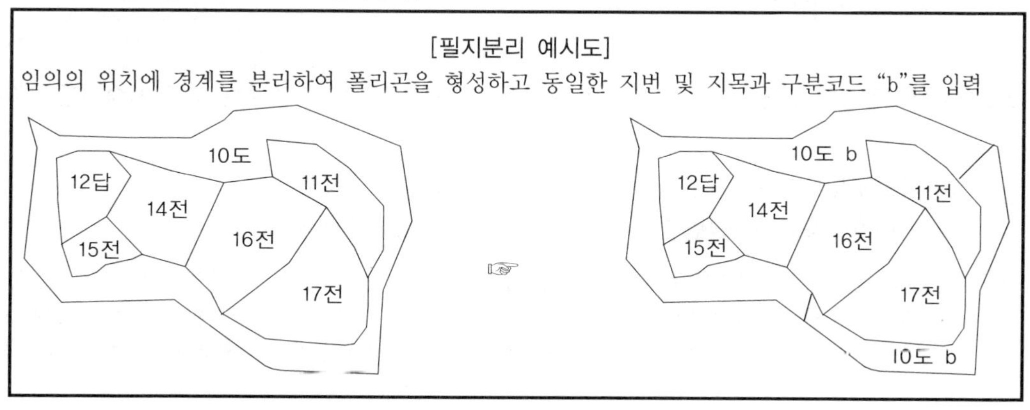

57 벡터라이징작업을 할 경우에는 경계점 간 연결되는 선의 굵기의 환경설정기준은?

① 0.1mm   ② 0.01mm

③ 0.5mm   ④ 0.05mm

해설 스캐너에 의한 지적도면 입력

1. 스캐닝방법에 의하여 작업할 도면은 보존상태가 양호한 도면을 대상으로 하여야 한다.
2. 스캐닝작업을 할 경우에는 스캐너를 충분히 예열하여야 한다.
3. 벡터라이징작업을 할 경우에는 경계점 간 연결되는 선은 굵기가 0.1mm가 되도록 환경을 설정하여야 한다.
4. 벡터라이징은 반드시 수동으로 하여야 하며 경계점을 명확히 구분할 수 있도록 확대한 후 작업을 실시하여야 한다.

58 다음 중 보정데이터의 검사하는 방법 중 중복지번수를 구하는 공식으로 올바른 것은?

① 중복지번수＝(a＋b)－(a와 b를 동시에 갖는 수)
② 중복지번수＝(a＋h)－(a와 h를 동시에 갖는 수)
③ 중복지번수＝(b＋h)－(b와 h를 동시에 갖는 수)
④ 중복지번수＝(a－b)＋(a와 b를 동시에 갖는 수)

해설 데이터베이스 전환 전·후의 자료검정

1. 자료검정

   도면데이터베이스의 전환이 완료되면 다음의 도형 및 속성 정보의 현황을 파악하여야 한다.

   ① 폴리곤, 지번, 지목, 도면번호의 개수
   ② 중복지번수를 파악하여 '중복지번수＝(a＋b)－(a와 b를 동시에 갖는 수)'와 동일한지 여부 확인
   ③ 일람도 및 행정구역 통계
   ④ 지적기준점 통계

2. 토지대장과 도형정보의 비교

   토지대장과 도형정보를 비교하여 다음의 사항을 확인하고 오류리스트를 출력하여야 한다.

   ① 지번중복검사
   ② 지목상이검사
   ③ 누락필지검사

59 지적소관청이 전산화작업을 위하여 도면을 반출하고자 하는 때에는 누구의 승인을 얻어야 하는가?

① 국토교통부장관   ② 시·도지사
③ 지적전산자료관리책임관   ④ 행정안전부장관

해설 지적소관청이 전산화작업을 위하여 도면을 반출하고자 하는 때에는 지적법령이 정하는 규정에 의하여 시·도지사의 승인을 얻어 반출하되, 도면전산화작업진척사항에 따라 반출량을 조정할 수 있다. 이 경우 도면 또는 경계점좌표등록부의 사본을 비치하여 지적업무 및 민원처리에 지장이 없도록 하여야 한다.

✓ 정답   57. ①   58. ①   59. ②

60 지적도면의 관리에 대한 설명이다. 이 중 틀린 것은?

① 지적소관청은 전산화를 위하여 당해 시·도의 청사 밖으로 반출하고자 하는 경우에는 시·도지사의 승인을 얻어야 한다.

② 도면은 보호대에 넣어 입력작업과정에서 훼손되지 않도록 하고, 작업 전후에는 평균온도 20±5℃, 평균습도 65±5%를 유지하는 장소에 보관하여야 한다.

③ 반출한 도면은 전산화 외에 타 목적으로는 사용할 수 없다.

④ 천재지변 등 재난을 피하기 위한 경우를 제외하고는 지정된 작업장 밖으로 반출하지 못한다.

해설 지적소관청이 전산화작업을 위하여 도면을 반출하고자 하는 때에는 지적법령이 정하는 규정에 의하여 시·도지사의 승인을 얻어 반출하여야 한다.

61 지적도전산화작업과정 중 도면의 정비내역에 해당하지 않는 것은?

① 색인도   ② 도면번호

③ 행정구역선 및 경계   ④ 면적 및 지번, 지목

62 도면의 정비 시 도면의 마모 등으로 인하여 경계가 불분명한 경우에는 무엇에 의해 정비하는가?

① 지적공부정리결의서   ② 측량준비도

③ 측량결과도   ④ 복제된 지적공부

해설 도면의 마모 등으로 인하여 경계가 불분명한 경우에는 폐쇄도면 또는 토지이동측량결과도 등을 조사하여 정비한다.

63 도곽선의 수치가 누락된 도면은 일람도와 인접도면의 도곽선수치를 확인하여 도곽선 왼쪽 아랫부분과 오른쪽 윗부분의 종횡선 교차점 바깥쪽에 얼마의 크기로 제도하는가?

① 2mm   ② 3mm

③ 5mm   ④ 10mm

해설 도곽선의 수치가 누락된 도면은 일람도와 인접도면의 도곽선수치를 확인하여 도곽선 왼쪽 아랫부분과 오른쪽 윗부분의 종횡선 교차점 바깥쪽에 2mm 크기의 아라비아숫자를 붉은색으로 제도한다.

64 도면수치파일 작성에 대한 설명이다. 이 중 틀린 것은?

① 도면수치파일 작성하기 이전에 도면을 정비하고, 그 결과를 지적공부오류등록사항관리대장에 기재하여야 한다.

② 도면의 정비는 폐쇄도면, 지적공부정리결의서 등에 의하여 도면을 정비하여야 한다.

③ 도면수치파일 작성 시 입력항목에는 행정구역명칭, 도면 번호 및 축척, 소유자, 지번, 지목, 작성자 등을 입력한다.

④ 벡터라이징은 반드시 수동으로 하여야 하며 경계점을 명확히 구분할 수 있도록 확대한 후 작업을 실시하여야 한다.

Chapter 08

해설	작업순서	입력항목
	작업준비 ↓ 검정도면 출력 ↓ 도면속성자료 입력 ↓ 수치파일 작성 ↓ 성과물 작성 ↓ 성과물 검수	1. 행정구역명칭 2. 도면 번호 및 축척 3. 도곽선 및 도곽선 수치 4. 행정구역선 5. 필지경계 및 인접경계 표시선 6. 지번 · 지목 7. 원점명 등 기타 필요한 사항 8. 작성자

65 경계점좌표등록부 정비 시 경계점좌표등록부의 "비고"란에 기재하는 것으로 올바른 것은?

① 코드번호와 지목을 기재한다.   ② 지목만 기재한다.

③ 지목과 면적을 기재한다.   ④ 지목을 부호로 기재한다.

해설 토지대장에 등록된 지목을 경계점좌표등록부의 "비고"란에 지목코드와 지목을 연필로 기재한다.

66 일람도 데이터의 파일명 부여 시 데이터 구분에 입력하는 것은?

① PNT   ② INX

③ DISTR   ④ DXF

해설 데이터의 구분에는 보정데이터는 PNT, 일람도는 INX로 입력한다.

67 보정데이터 또는 일람도 데이터 파일명 부여방법에 대한 설명이다. 이 중 틀린 것은?

① 읍 · 면, 리 · 동 명칭란에는 해당 읍 · 면, 동 · 리의 영문 이니셜 3자리를 입력한다.

② 축척은 코드일람표 중 축척구분코드표에 코드를 입력한다.

③ 데이터의 구분에는 보정데이터는 PNT, 일람도는 INX로 입력한다.

④ 항목 사이에는 "_"로 구분하고, 확장자는 DXF로 지정한다.

해설 보정데이터 및 일람도 데이터 파일명 부여방법

□□_□□_□□_□□□.DXF

1. 읍 · 면, 리 · 동 명칭란에는 해당 읍 · 면, 동 · 리의 영문 이니셜 2자리 입력

2. 축척은 지적사무전산처리규정 별표 제7호 코드일람표 제3항 축척구분코드표 입력

3. 데이터의 구분에는 보정데이터는 PNT, 일람도는 INX로 입력

4. 항목 사이에는 "_"로 구분하고, 확장자는 DXF로 지정

 정답   65. ①   66. ②   67. ①

68 연속도면 제작에 대한 설명으로 옳은 것은?

① 도곽 신축보정만 하여도 낱도곽을 접합할 때 도곽선에서 모든 경계선이 잘 부합한다.

② Affine변환을 사용하면 도곽의 불규칙한 신축이 정확히 보정된다.

③ 도곽접합을 할 때에는 대축척 지적도상의 경계선이 소축척 지적도상의 경계선보다 신뢰성이 높다.

④ Affine변환은 축척변환, 원점이동량, 회전변환 등 총 3개의 미지변수를 가진다.

해설 ① 도곽 신축보정을 실시하고 도곽접합 및 필지접합을 하여 오류를 수정해야 도곽선에서 모든 경계선이 잘 부합된다.

② Affine변환, 등각사상변환은 도면의 모든 곳에서 동일하게 규칙적으로 신축이 발생하였다고 가정할 때 적용될 수 있는 이론이다.

④ Affine변환은 축척변환(2), 원점이동량(2), 회전변환(1), 전단변형(1) 등 총 6개의 미지변수를 가진다.

69 행정구역데이터의 파일명 부여 시 데이터 구분에 입력하는 것은?

① PNT 　　　　　② INX

③ DISTR 　　　　④ DXF

해설 행정구역 파일명(동 · 리) 부여방법

　□ □ ｜D｜I｜S｜T｜R｜.DXF

1. 동 · 리명칭란에는 해당 영문 이니셜 2자리 입력

2. 데이터의 구분에는 DISTR로 입력

3. 확장자는 DXF로 지정

70 도면데이터베이스 구축 시 토지대장과 도형정보를 비교하여 오류리스트를 출력할 경우 오류사항에 해당하지 않는 것은?

① 지번중복 　　　　② 누락필지

③ 지목상이 　　　　④ 경계중복

해설 리스트로 출력된 오류사항은 관련 자료를 조사하여 지적공부를 수정하여야 한다.

오류 정비	내 용
누락필지	1. 분할 및 합병정리 누락 여부를 확인하여 토지이동정리 실시 2. 경지 및 구획정리에 편입되었으나 대장 폐쇄를 누락한 경우는 관련 자료를 첨부하여 '지적공부정리결의서'에 의해 대장 폐쇄
지번중복	1. 분할등록구분코드인 'a'코드 누락 여부 확인 후 정비 2. 토지대장전산화 이전에 이중지번을 부여한 경우 등록사항 정정(지번정정) 처리
지목상이	1. 자료정비, 지목일괄수정기능을 이용하여 도면DB의 지목을 대장DB의 지목으로 일괄 변환 2. 지목 입력 및 수정 기능을 이용하여 일필지별 확인 후 오류수정
면적공차 초과	1. 지적경계점의 좌표독취착오 여부 확인 2. 면적측정기로 지적도상 면적을 측정하여 원인분석 후 면적 정정

무인비행장치 측량 작업규정

01 총 칙

1. 목적

이 고시는 「공간정보의 구축 및 관리 등에 관한 법률」 제12조, 제17조 및 제22조 제3항, 같은 법 시행규칙 제8조에 따라 무인비행장치 측량에 필요한 사항을 정하는 것을 목적으로 한다.

2. 용어의 정의 및 위치의 기준

1) 용어의 정의

(1) 무인비행장치

「항공안전법 시행규칙」 제5조 제5호에 따른 무인비행장치 중 측량용으로 사용되는 것을 말한다.

> **[항공안전법 시행규칙] 제5조(초경량비행장치의 기준)** 법 제2조 제3호에서 "자체 중량, 좌석수 등 국토교통부령으로 정하는 기준에 해당하는 동력비행장치, 행글라이더, 패러글라이더, 기구류 및 무인비행장치 등"이란 다음 각 호의 기준을 충족하는 동력비행장치, 행글라이더, 패러글라이더, 기구류, 무인비행장치, 회전익비행장치, 동력패러글라이더 및 낙하산류 등을 말한다.
> 5. 무인비행장치 : 사람이 탑승하지 아니하는 것으로서 다음 각 목의 비행장치
>   가. 무인동력비행장치 : 연료의 중량을 제외한 자체 중량이 150kg 이하인 무인비행기, 무인헬리콥터, 무인멀티콥터 또는 무인수직이착륙기
>   나. 무인비행선 : 연료의 중량을 제외한 자체 중량이 180kg 이하이고 길이가 20m 이하인 무인비행선

(2) 무인비행장치 측량

무인비행장치로 촬영된 무인비행장치항공사진 등을 이용하여 정사영상, 수치표면모델 및 수치지형도 등을 제작하는 과정을 말한다.

(3) 무인비행장치항공사진

무인비행장치에 탑재된 디지털카메라로부터 촬영된 항공사진을 말한다.

(4) 무인비행장치항공사진 촬영

무인비행장치에 탑재된 디지털카메라를 이용한 무인비행장치항공사진의 촬영을 말한다.

(5) 지상기준점측량

항공삼각측량 등에 필요한 기준점의 성과를 얻기 위하여 현지에서 실시하는 지상측량을 말한다.

(6) 항공삼각측량

지상기준점 등의 성과를 기준으로 사진좌표를 지상좌표로 전환시키는 작업을 말한다.

(7) 수치도화

수치도화시스템으로 지형지물을 수치형식으로 측정하여 이를 컴퓨터에 수록하는 작업을 말한다.

(8) 벡터화

좌표가 있는 영상 등으로부터 점, 선, 면의 벡터데이터를 추출하는 작업을 말한다.

(9) 수치표면자료(DSD : Digital Surface Data)

기준좌표계에 의한 3차원 좌표성과를 보유한 자료로서 지면 및 비지면 자료가 모두 포함된 점자료를 말한다.

(10) 수치표면모델(DSM : Digital Surface Model)

수치표면자료를 이용하여 격자형태로 제작한 지형모형을 말한다.

(11) 수치지면자료(Digital Terrain Data)

수치표면자료에서 인공지물 및 식생 등과 같이 표면의 높이가 지면의 높이와 다른 지표 피복물에 해당하는 점자료를 제거한 점자료를 말한다.

(12) 수치표고모델(Digital Elevation Model)

수치지면자료(또는 불규칙삼각망자료)를 이용하여 격자형태로 제작한 지표모형를 말한다.

2) 위치의 기준

(1) 측량기준

① 위치는 세계측지계에 따라 측정한 지리학적 경위도와 높이(평균해수면으로부터의 높이를 말한다. 이하 이 항에서 같다)로 표시한다. 다만, 지도 제작 등을 위하여 필요한 경우에는 직각좌표와 높이, 극좌표와 높이, 지구중심 직교좌표 및 그 밖의 다른 좌표로 표시할 수 있다.

② 측량의 원점은 대한민국 경위도원점 및 수준원점으로 한다. 다만, 섬 등 대통령령으로 정하는 지역에 대하여는 국토교통부장관이 따로 정하여 고시하는 원점을 사용할 수 있다.

③ 세계측지계, 측량의 원점값의 결정 및 직각좌표의 기준 등에 필요한 사항은 대통령령으로 정한다.

(2) 세계측지계의 요건

세계측지계는 지구를 편평한 회전타원체로 상정하여 실시하는 위치측정의 기준으로서 다음의 요건을 갖춘 것을 말한다.
① 회전타원체의 긴 반지름 및 편평률은 다음과 같을 것
  ㉠ 긴 반지름 : 6,378,137m
  ㉡ 편평률 : 298.257222101분의 1
② 회전타원체의 중심이 지구의 질량 중심과 일치할 것
③ 회전타원체의 단축이 지구의 자전축과 일치할 것

(3) 경위도원점 및 수준원점

대한민국 경위도원점 및 수준원점의 지점과 그 수치는 다음과 같다.
① 대한민국 경위도원점
  ㉠ 지점 : 경기도 수원시 영통구 월드컵로 92(국토지리정보원에 있는 대한민국 경위도원점 금속표의 십자선 교점)
  ㉡ 수치
   • 경도 : 동경 127도 03분 14.8913초
   • 위도 : 북위 37도 16분 33.3659초
   • 원방위각 : 165도 03분 44.538초(원점으로부터 진북을 기준으로 오른쪽 방향으로 측정한 우주측지관측센터에 있는 위성기준점 안테나 참조점 중앙)
② 대한민국 수준원점
  ㉠ 지점 : 인천광역시 남구 인하로 100(인하공업전문대학에 있는 원점표석 수정판의 영눈금선 중앙점
  ㉡ 수치 : 인천만 평균해수면상의 높이로부터 26.6871m 높이

[대한민국 경위도원점]

[수준원점]

3. 사용장비 및 성능기준

1) 무인비행장치의 성능기준

무인비행장치는 본 지침에 의한 성과품을 안전하게 취득할 수 있도록 다음의 성능을 갖추어야 한다.

① 무인비행장치는 계획한 노선에 따른 안전한 이·착륙과 자동운항 또는 반자동운항이 가능하여야 한다.

② 무인비행장치는 기체의 이상 발생 등 사고의 위험이 있을 때 자동으로 귀환할 수 있어야 한다.

③ 무인비행장치는 운항 중 기체의 상태를 실시간으로 모니터링할 수 있어야 한다.

기출문제

[2019년 기출]

무인비행장치 측량 작업규정상 공공측량에 사용되는 무인비행장치와 이에 탑재되는 디지털카메라의 성능기준으로 옳지 않은 것은?

① 무인비행장치는 기체의 이상 발생 등 사고의 위험이 있을 때 자동으로 귀환할 수 있어야 한다.
② 무인비행장치는 운항 중 기체의 상태를 실시간으로 모니터링할 수 있어야 한다.
③ 카메라의 이미지센서크기와 영상의 픽셀수를 확인할 수 있어야 한다.
④ 카메라의 렌즈는 다초점렌즈의 이용을 원칙으로 한다.

답 ④

---

2) 디지털카메라의 성능기준

무인비행장치에 탑재된 디지털카메라는 최소한 다음의 성능을 갖추어야 한다.

① 노출시간, 조리개 개방시간, ISO감도를 촬영에 적합하도록 설정할 수 있거나 설정되어 있어야 한다.

② 초점거리 및 노출시간 등의 정보를 확인할 수 있어야 한다.

③ 카메라의 이미지센서크기와 영상의 픽셀수를 확인할 수 있어야 한다.

④ 카메라의 렌즈는 단초점렌즈의 이용을 원칙으로 한다.

⑤ 수치지형도 제작을 위한 디지털카메라는 별도의 카메라 왜곡보정(검정)을 수행한 것을 사용하는 것을 원칙으로 한다. 다만, 측량목적 달성에 지장이 없는 경우 측량시행자와 협의하여 자체 검정(Self-Calibration)방법으로 산출된 보정값을 이용할 수 있다.

4. 사업자 및 조종자 준수사항

무인비행장치 측량을 수행하려는 사업자 및 조종자는 「항공안전법」 및 「항공사업법」을 준수하여야 한다.

1. 작업순서

무인비행장치를 이용한 작업절차는 다음과 같으며, 측량시행자가 지시 또는 승인한 경우에는 순서를 변경하거나 일부를 생략할 수 있다.

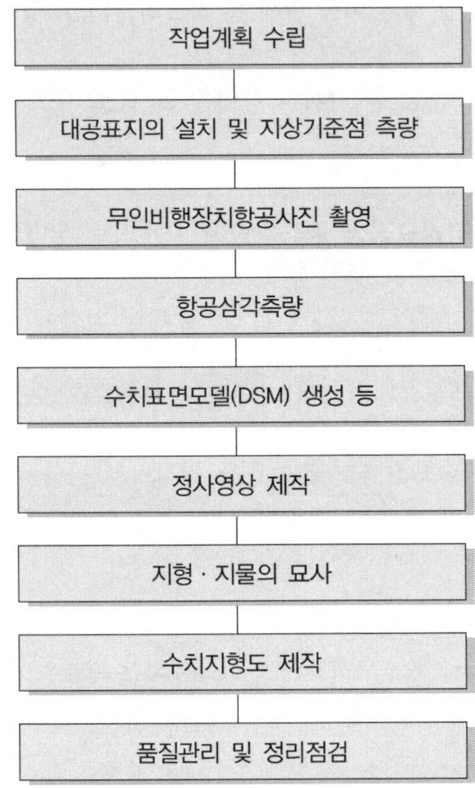

2. 대공표지 설치 및 지상기준점측량

1) 대공표지

대공표지의 설치는 「항공사진측량작업규정」을 따른다. 다만, 측량목적 달성에 지장이 없는 경우 측량시행자와 협의하여 형태 및 설치방법을 다르게 할 수 있다.

① 촬영대상지역에 적절한 지상기준점에 없는 경우 대공표지를 설치하여야 한다.

② 대공표지는 촬영대상지역에 제지상 기준점을 선점할 수 있는 지형지물이 없는 곳에 설치하며, 항공사진 촬영 전에 설치하고 촬영 시까지 파손 또는 망실되지 않도록 관리하여야 한다.

③ 대공표지는 설치목적, 항공사진의 축척, 지형의 배색, 관측장비 등을 고려하여 형상, 크기, 색을 결정하며 표준양식은 대공표지 표준양식과 같다.

④ 대공표지는 미리 토지소유자와 협의하여 설치하는 것을 원칙으로 한다.

⑤ 대공표지 설치를 마치면 지상사진을 촬영하고 지상기준점의 조서를 작성하여야 한다.

대공표지 표준양식

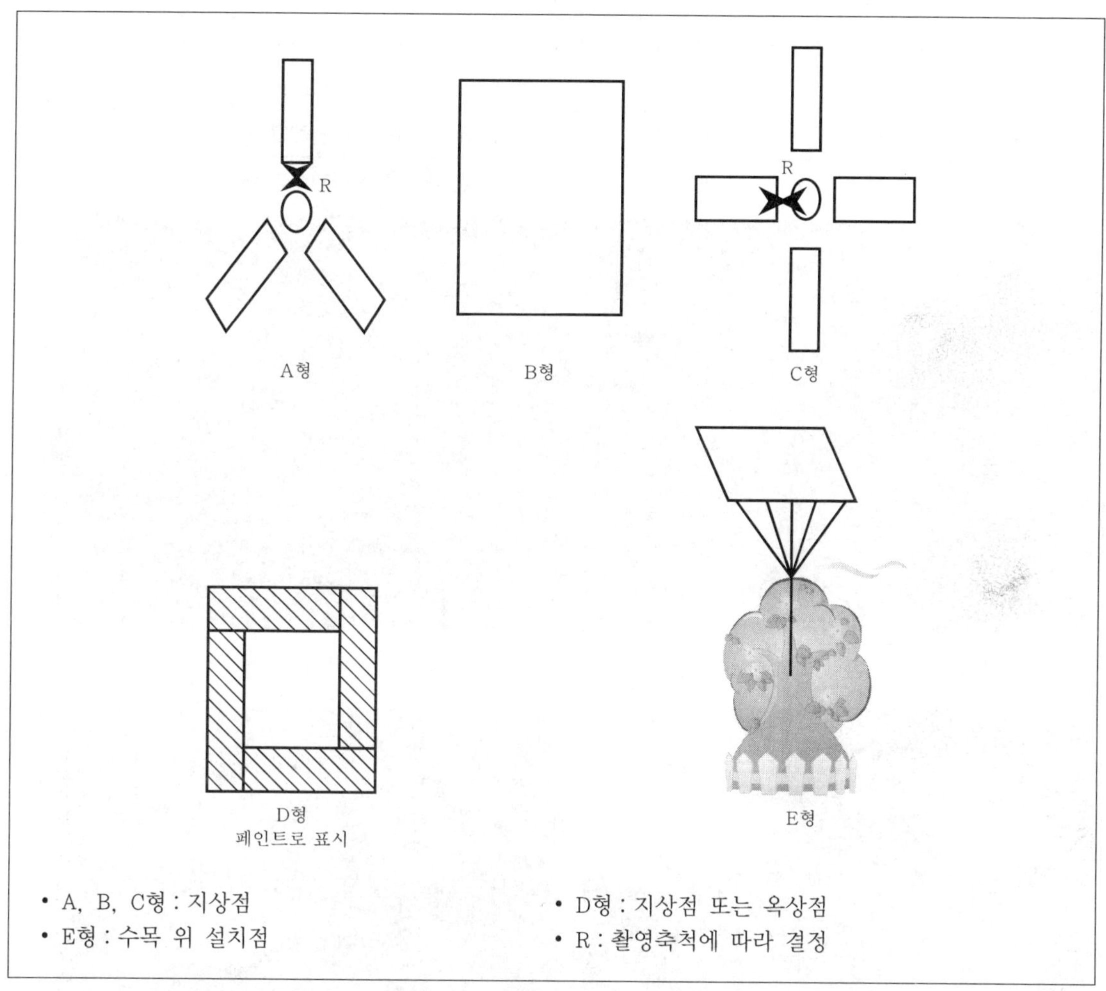

- A, B, C형 : 지상점
- E형 : 수목 위 설치점
- D형 : 지상점 또는 옥상점
- R : 촬영축척에 따라 결정

종 류	평면표고기준점 – VRS			사업명	○○지구(2022)
경 로	수로 다리 모서리			사업자	○○항업

21_37607TL002		지상기준점성과		사진기준점성과	
관측일	2022. 3.	원 점	중부	원 점	중부
도엽명	김포091	X(North)	447,016.771m	X(North)	447,016.771m
도(특시)	인천광역시	Y(East)	157,887.541m	Y(East)	157,887.531m
군(시)	중구	정표고	32.231m	정표고	33.151m
면(동)	운북동	타원체고	52.231m	타원체고	–

〈항공사진 원경〉 ※ 배율100%

〈항공사진 근경〉 ※ 배율 200%

〈지상사진 원경〉 ※ 관측장비 必

〈GCP patch〉

2) 지상기준점측량

(1) 지상기준점의 배치

① 지상기준점은 작업지역의 형태, 코스의 방향, 작업범위 등을 고려하여 외곽 및 작업지역에 가능한 고르게 배치하되, 작업지역의 각 모서리와 중앙 부분에는 지상기준점이 배치되도록 하여야 한다.

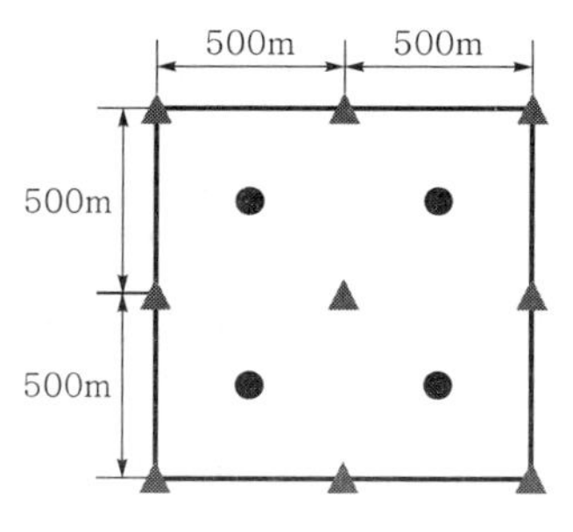
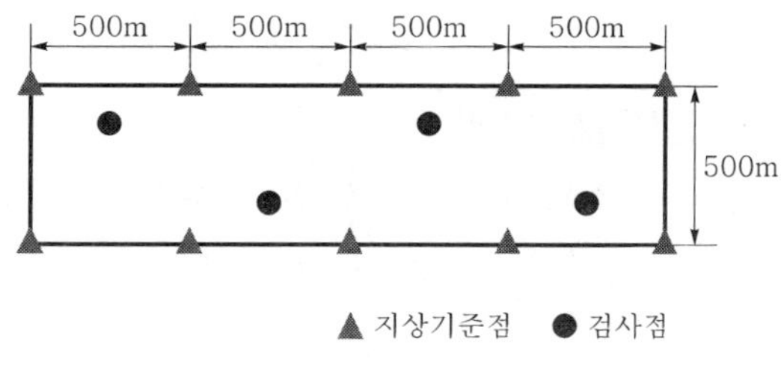

[지상기준점 배치]

② 지상기준점의 선점은 사진과 현장에서 명확히 분별될 수 있는 지점으로 되도록 평탄한 장소를 선정한다.

③ 지상기준점의 수량은 1km^2당 9점 이상을 원칙으로 한다.

④ 측량시행자가 최종 성과품에 대한 충분한 정확도를 확보할 수 있다고 인정한 경우에는 기준점의 배치수량을 변경할 수 있다. 다만, 공공측량 시 기준점의 배치수량을 변경한 경우에는 작업계획서에 반영하여야 한다.

(2) 지상기준점측량방법

① 측량방법

　㉠ 평면기준점측량은 「공공측량작업규정」의 공공삼각점측량이나 네트워크 RTK측량방법 또는 「항공사진측량작업규정」의 지상기준점측량방법을 준용함을 원칙으로 한다.

　㉡ 표고기준점측량은 「공공측량작업규정」의 공공수준점측량방법을 준용함을 원칙으로 한다.

　㉢ 측량시행자가 승인한 경우에는 측량방법을 변경할 수 있다.

② 정확도 : 평면 및 표고기준점 정확도는 「공공측량작업규정」 또는 「항공사진측량작업규정」에서 정한 바에 따른다.

　㉠ 평면기준점 오차의 한계

도화축척	표준편차
1/500~1/600	±0.1m 이내
1/1,000~1/1,200	
1/2,500~1/3,000	±0.2m 이내
1/5,000~1/6,000	
1/10,000 이하	±0.5m 이내

ⓛ 표고기준점 오차의 한계

도화축척	표준편차
1/500~1/600	±0.05m 이내
1/1,000~1/1,200	±0.10m 이내
1/2,500~1/3,000	±0.15m 이내
1/5,000~1/6,000	±0.2m 이내
1/10,000 이하	±0.3m 이내

(3) 검사점측량방법

① 검사점의 수량은 지상기준점수량의 최소 1/3 이상으로 하여야 하며 작업의 난이도에 따라 충분한 수량을 확보하여야 한다. 다만, 검사점의 수량이 3점 이하인 경우에는 3점으로 한다.

② 검사점의 배치는 측량대상지역에 고르게 분포하되 지상기준점 인근에 배치하지 않아야 하며 사진과 현장에서 명확히 분별될 수 있는 지점으로 한다. 정확도가 높은 지점을 선별하여 검사점을 배치해서는 안 된다.

③ 검사점측량은 지상기준점과 동일한 방법으로 측량함을 원칙으로 한다. 다만, 필요한 경우 네트워크 RTK측량방법으로 평면검사점측량을 수행할 수 있다.

④ 검사점은 데이터처리과정에서 점검이나 조정에 사용할 수 없으며 성과물의 정확도 검증을 위한 검사점으로만 사용되어야 한다.

⑤ 검사점측량의 정확도는 「공공측량작업규정」 또는 「항공사진측량작업규정」에서 정한 바에 따른다.

(4) 성과 등

측량결과는 다음과 같이 정리한다.
① 관측기록부
② 계산부(네트워크 RTK측량은 제외)
③ 관측망도(네트워크 RTK측량은 제외)
④ 점의 조서
⑤ 지상기준점 및 검사점 성과표
⑥ 관측데이터
⑦ 기타 필요한 성과

지상기준점 및 검사점 성과표

점번호	X[m]	Y[m]	정표고(m)	구 분

※ 구분에는 기준점 또는 검사점으로 기입한다.

3. 무인비행장치항공사진 촬영

1) 촬영계획

① 촬영계획은 요구 정밀도, 사용장비, 지형형상, 기상여건 등을 고려하여 수립한다.

② 중복도는 촬영진행방향으로 65% 이상, 인접코스 간에는 60% 이상으로 하며, 지형의 기복이 크거나 고층건물이 존재하는 경우에는 촬영진행방향으로 85% 이상, 인접코스 간에는 80% 이상으로 촬영하여야 한다.

구 분	평탄한 저지대지역	매칭점이 부족하거나 높이차가 있는 지역	높이차가 크거나 고층건물이 있는 지역
촬영방향 중복도	65% 이상	75% 이상	85% 이상
인접코스 중복도	60% 이상	70% 이상	80% 이상

③ 무인비행장치항공사진의 지상표본거리는 측량시행자와 협의하여 결정하되「항공사진측량작업규정」의 축척별 지상표본거리 이내이어야 한다.

[도화축척, 항공사진축척, 지상표본거리와의 관계]

도화축척	항공사진축척	지상표본거리
1/500~1/600	1/3,000~1/4,000	8cm 이내
1/1,000~1/1,200	1/5,000~1/8,000	12cm 이내
1/2,500~1/3,000	1/10,000~1/15,000	25cm 이내
1/5,000	1/18,000~1/20,000	42cm 이내
1/10,000	1/25,000~1/30,000	65cm 이내
1/25,000	1/37,500	80cm 이내

④ 촬영대상면적, 촬영고도, 중복도, 비행코스 및 카메라의 기본정보를 무인비행장치 전용 촬영계획프로그램에 입력하여 이론적인 지상표본거리, 촬영 소요시간, 사진매수 등의 정보를 확인한다.

⑤ 최종 성과물이나 작업난이도에 따라 시행기관과 협의하여 중복도를 다르게 할 수 있다.
단, 공공측량 시 중복도를 달리할 경우에는 작업계획서에 반영되어야 한다.

2) 촬영비행 및 촬영

(1) 촬영비행

① 촬영비행은 시계가 양호하고 구름의 그림자가 사진에 나타나지 않는 맑은 날씨에 하는 것을 원칙으로 한다.

② 촬영비행은 계획촬영고도에서 가급적 일정한 높이로 직선이 되도록 한다.

③ 계획촬영코스로부터의 수평 또는 수직이탈이 가능한 최소화되도록 한다.

④ 무인비행장치는 설정된 비행계획에 따라 자동으로 비행함을 원칙으로 한다.

(2) 촬영

① 노출시간은 촬영계절, 촬영시간대, 기상, 비행속도, 카메라의 진동 등을 감안하여 선명도가 유지되도록 설정하여야 한다.

② 카메라는 가능한 연직방향으로 향하여 촬영함을 원칙으로 한다.

③ 매 코스의 시점과 종점에서 사진은 최소한 2매 이상 촬영지역 밖에 있어야 하며 대상지역을 완전히 포함하도록 여유분을 두어 사진을 촬영하여야 한다.

(3) 재촬영

다음에 해당하는 경우에는 재촬영하여야 하며 재촬영 범위 및 방법은 측량시행자와 협의하여 결정한다.

① 촬영대상지역에 제13조(촬영계획)의 중복도로 촬영되지 않은 지역이 존재하여 측량성과의 제작에 지장을 줄 가능성이 있는 경우

② 촬영 시 노출의 과소, 블러링(Blurring) 등으로 무인비행장치항공사진이 선명하지 못하여 후속작업에 지장이 있는 경우

③ 적설 또는 홍수로 인하여 지형을 구별할 수 없어 수치도화 또는 벡터화에 지장이 있는 경우

④ 기타 후속작업 및 정확도에 지장이 있다고 인정되는 경우

(4) 성과 등

무인비행장치항공사진 촬영결과는 다음과 같이 정리한다.

① 무인비행장치항공사진

② 촬영기록부

③ 촬영코스별 검사표

④ 그밖에 성과 확인에 필요한 자료

촬영기록부

<table>
<tr><td>사업명</td><td colspan="11"></td></tr>
<tr><td>촬영지구</td><td colspan="11"></td></tr>
<tr><td>작업지역현황</td><td colspan="2">면적 및 지형</td><td colspan="2">km² / OO지역</td><td>기타 특징</td><td colspan="6"></td></tr>
<tr><td rowspan="2">촬영일자</td><td colspan="2" rowspan="2">20 년 월 일</td><td rowspan="2">조종사</td><td colspan="2">성명
(소속)</td><td colspan="4">( )</td><td>이 륙</td><td>시 분</td></tr>
<tr><td colspan="2">연락처</td><td colspan="4"></td><td rowspan="2">착 륙</td><td rowspan="2">시 분</td></tr>
<tr><td rowspan="2">기 체</td><td colspan="2">형식</td><td rowspan="2">카메라</td><td colspan="2">센서명</td><td>센서
크기</td><td>가로
세로</td><td colspan="2">(mm)
(mm)</td></tr>
<tr><td colspan="2">기체명</td><td colspan="2">초점거리</td><td>mm</td><td>픽셀
수</td><td>가로
세로</td><td colspan="2">(픽셀)
(픽셀)</td></tr>
<tr><td rowspan="2">고 도</td><td colspan="2">ft</td><td rowspan="2">기 상</td><td colspan="2">풍 향</td><td colspan="4"></td><td>비행
시간</td><td>분</td></tr>
<tr><td colspan="2">m</td><td colspan="2">풍 속</td><td colspan="4">m/s</td><td>비행
속도</td><td>m/s</td></tr>
<tr><td colspan="3">개시시간</td><td colspan="3">종료시간</td><td colspan="3">영상매수</td><td colspan="2">비 고</td></tr>
<tr><td colspan="3">:</td><td colspan="3">:</td><td colspan="3">매</td><td colspan="2"></td></tr>
<tr><td colspan="3"></td><td colspan="3"></td><td colspan="3"></td><td colspan="2"></td></tr>
<tr><td colspan="3"></td><td colspan="3"></td><td colspan="3"></td><td colspan="2"></td></tr>
<tr><td>계</td><td colspan="5"></td><td colspan="6"></td></tr>
<tr><td colspan="12" align="center">촬영계획도</td></tr>
<tr><td colspan="12">

</td></tr>
</table>

촬영코스별 검사표

사업명			촬영지구		작성자	
촬영일자	20 년 월 일	촬영코스수	코스	기체명	카메라	
촬영해상도 (GSD)	계 획　cm	비행 고도	계 획　m			
	실 시　cm		실 시　m			
촬영 시간	시 작　시 분	진행방향 중복도 (O.L)	%	촬영선 중복도 (S.L)	%	
	종 료　시 분					

코스 번호	코스별 영상매수	코스별 불량 영상매수	코스별 불량영상				
			불량영상 번호	보안지역 처리	Blurring	판독 불가	기 타

4. 항공삼각측량

1) 작업방법

(1) 작업방법

① 항공삼각측량은 자동매칭에 의한 방법으로 수행하여야 하며 광속조정법(Bundle Adjustment) 및 이에 상당하는 기능을 갖춘 소프트웨어를 사용하여야 한다.

② 지상기준점의 성과는 지상기준점이 표시된 모든 무인비행장치항공사진에 반영되어야 한다.

(2) 사용소프트웨어의 기능

① 결합점의 자동 선정

② 결합점의 3차원 위치계산

③ 영상별 외부 표정요소계산

2) 조정계산 및 오차의 한계

항공삼각측량의 조정계산방법 및 오차의 한계는 다음에 의한다.

① 각 무인비행장치항공사진의 외부 표정요소계산은 광속조정법 등의 조정방법에 의해서 결정한다.

② 조정계산결과의 평면위치와 표고의 정확도는 모두 「항공사진측량작업규정」의 기준 이내 이어야 한다.

③ 결합점이 요구되는 정확도를 만족할 때까지 오류점의 재관측 및 추가관측을 자동 및 수동으로 실시하여 재조정계산을 실시한다.

3) 성과 등

항공삼각측량결과는 다음과 같이 정리한다.

① 항공삼각측량성과파일(외부 표정요소)

② 항공삼각측량 전 과정이 포함된 레포트파일

③ 항공삼각측량프로젝트 백업파일

④ 그밖에 성과 확인에 필요한 자료

5. 수치표면모델의 생성

1) 수치표면자료의 생성

① 무인비행장치항공사진의 외부 표정요소 등을 기반으로 영상매칭방법을 이용하여 고정밀 3차원 좌표를 보유한 점(이하 점자료)으로 구성된 수치표면자료를 생성한다. 다만, 라이다(Lidar)에 의한 경우는「항공레이저측량작업규정」의 작업방법에 따라 수행할 수 있다.

② 수치표면자료의 높이는 정표고성과로 제작하여야 한다.

③ 필요에 따라 보완측량을 실시하여 수치표면자료를 수정할 수 있다.

2) 수치지면자료의 생성

① 수치지면자료를 필요로 하는 경우에는 수치표면자료에서 수목, 건물 등의 지표 피복물에 해당하는 점자료를 제거하여 수치지면자료를 제작할 수 있다. 다만, 측량시행자와 협의하여 작업지역의 범위, 지표 피복물 제거방법 및 제거대상 등을 변경할 수 있다.

② 필요에 따라 보완측량을 실시하여 수치지면자료를 수정할 수 있다.

3) 수치표면모델 또는 수치표고모델의 제작

수치표면모델 또는 수치표고모델의 제작이 필요한 경우에는 다음에 따라 제작할 수 있다.

(1) 수치표면모델

수치표면모델은 수치표면자료를 이용하여 다음과 같이 격자자료로 제작되어야 한다. 다만, 측량시행자가 승인한 경우에는 격자간격 등을 변경할 수 있다.

① 정사영상 제작에 이용하는 수치표면자료의 격자간격은 영상의 2화소 이내 크기에 해당하는 간격이어야 한다.

② 격자자료는 사용목적 및 점밀도를 고려하여 성과물의 정확도를 확보할 수 있는 보간방법으로 제작하여야 한다.

(2) 수치표고모델

수치표고모델의 제작이 필요한 경우에는 수치지면자료를 이용하여 격자자료로 제작할 수 있으며 격자간격 및 보간방법은 제1호에 의한다. 다만, 필요에 따라 도로, 철도, 교통시설

물, 호안, 제방 및 건물 등의 바닥면이 지형과 일치하도록 1 : 1,000 수치지도 또는 정사영
상 등에서 불연속선(breakline)을 추출하여 수정 및 편집을 수행할 수 있다.

4) 정확도 점검

(1) 정확도

수치표면자료 또는 수치지면자료, 수치표면모델 또는 수치표고모델 등의 수직위치 정확
도는 다음과 같다.
① 정사영상 제작을 위한 수직위치 정확도는 「영상지도 제작에 관한 작업규정」을 준용한다.
② 수치표면모델 또는 수치표고모델이 최종 성과물일 경우에는 「항공레이저측량작업규정」
의 수직위치 정확도를 준용한다.

(2) 정확도 점검방법

수치표면자료 또는 수치지면자료, 수치표면모델 또는 수치표고모델 등의 정확도 점검방
법은 「항공레이저측량작업규정」을 따르고, 기준은 제1항을 따른다.

5) 성과 등

① 수치표면모델(DSM) 또는 수치표고모델(DEM)
② 수치표면모델(DSM) 또는 수치표고모델(DEM) 검사표
③ 수치표면모델(DSM) 또는 수치표고모델(DEM) 오류 정정표

6. 정사영상 제작

1) 정사영상 제작방법

① 정사영상의 제작은 수치표면모델(또는 수치표면자료) 또는 수치표고모델(또는 수치지면
자료)과, 무인비행장치항공사진 및 외부 표정요소를 이용하여 소프트웨어에서 자동생성
방식으로 제작하는 것을 원칙으로 한다.
② 정사영상은 모델별 인접정사영상과 밝기값의 차이가 나지 않도록 제작하여야 한다.

2) 영상집성

① 인접정사영상 간의 영상집성을 수행하기 전 과정으로 필요 시 영상 간의 밝기값차이를
제거하기 위한 색상보정을 실시하여야 한다.
② 중심투영에 의한 영향을 최소화할 수 있는 범위 내에서 집성하여야 한다.
③ 영상을 집성하기 위한 접합선은 기복변위나 음영의 대조가 심하지 않은 산능선, 하천, 도
로 등으로 설정하여 집성된 영상에서 접합선이 보이지 않도록 하고 인접영상 간 색상의
연속성을 유지하여야 한다.
④ 영상집성 후 경계 부분에서 음영이나 접합선의 이격 등이 없어야 한다.

3) 보안지역 처리

일반인의 출입이 통제되는 국가보안시설 및 군사시설은 주변지역의 지형 · 지물 등을 고려하여 위장처리를 하여야 한다.

4) 정사영상의 정확도

정사영상의 정확도 및 점검항목은 「영상지도 제작에 관한 작업규정」을 준용한다.

5) 성과 등

① 정사영상파일
② 정사영상검사표

7. 지형 · 지물 묘사

1) 지형 · 지물 묘사방법

무인비행장치항공사진 또는 수치표면모델 및 정사영상 등을 이용하여 수치도화 또는 벡터화 방법 등으로 지형지물을 묘사하며, 묘사대상은 측량시행자와 협의하여 결정한다.

(1) 수치도화방법

무인비행장치항공사진과 항공삼각측량성과를 기반으로 수치도화시스템에서 입체시에 의해 3차원으로 지형 · 지물을 묘사하는 방법이다.
① 수치도화방법에 의한 지형 · 지물의 묘사는 「항공사진측량작업규정」의 방법을 따른다.
② 측량시행자와 협의하여 묘사대상이나 묘사방법, 표준코드 등을 보완하여 사용할 수 있다.

(2) 벡터화방법

연속정사영상과 수치표면모델(또는 수치표고모델) 기반의 벡터화를 통하여 2차원으로 지형 · 지물을 묘사하는 방법이다. 다만, 높이정보가 필요한 경우에는 측량시행자와 협의하여 수치표면모델 또는 수치표고모델로부터 높이정보를 추출하여 이용할 수 있다.
① 벡터화에 의한 지형 · 지물의 묘사는 「수치지형도 작성 작업규정」을 따르는 것을 원칙으로 한다.
② 공간정보의 분류체계는 「수치지도 작성 작업규칙」을 따르며, 세부 지형 · 지물의 표준코드는 「수치지형도 작성 작업규정」을 따르는 것을 원칙으로 한다.
③ 벡터화에 의한 지형 · 지물의 묘사의 허용범위는 「항공사진측량작업규정」의 평면위치에 대한 기준을 준용함을 원칙으로 한다.
④ 필요에 따라 측량시행자와 협의하여 묘사대상이나 묘사방법, 표준코드 등을 변경하여 적용할 수 있다.

(3) 기타 방법

측량시행자가 승인한 경우에는 제2항 및 제3항 이외의 방법으로 지형·지물을 묘사할 수 있다.

2) 성과

묘사성과는 수치도화파일 또는 벡터화파일로 정리하여야 한다.

8. 수치지형도 제작

① 수치지형도의 제작은 「수치지형도 작성 작업규정」을 따른다.
② 측량목적에 따라 측량시행자와 협의하여 제작방법을 다르게 할 수 있다. 다만, 공공측량 시 제작방법을 다르게 할 경우 작업계획서에 반영하여야 한다.

9. 노선측량의 횡단측량 및 토공량계산

1) 노선측량의 횡단측량

① 무인비행장치를 이용한 노선의 횡단측량은 수치지면자료 등을 활용하여 횡단면도를 작성하는 작업을 말한다.
② 횡단측량은 수치지면자료 혹은 수치표고모델을 활용하는 것을 원칙으로 하며, 나대지의 경우 수치표면자료 혹은 수치표면모델을 활용할 수 있다.
③ 횡단면도는 제작대상 횡단면 평면위치에 대한 높이값을 수치지면자료 등을 불규칙삼각망 방식으로 보간하여 작성한다.
④ 횡단면도 제작대상지에 도로, 철도, 교통시설물, 호안, 제방 등 불연속면이 존재하는 경우 불연속선(breakline)을 설정하여 보간한다.
⑤ 수치표면자료 혹은 수치표면모델을 활용하는 경우 식생 등에 의해 지면자료를 취득할 수 없는 지역에 대해서는 「공공측량작업규정」 제74조에 따라 횡단측량을 병행 실시할 수 있다.
⑥ 횡단면도의 축척 및 기타 작성기준은 「공공측량작업규정」 제74조를 준용한다.

2) 토공량계산

① 무인비행장치를 이용한 토공량계산은 수치지면자료 등을 활용하여 토공량을 계산하는 작업을 말한다.
② 토공량계산은 수치지면자료 또는 수치표고모델을 활용하는 것을 원칙으로 하며, 나대지의 경우 수치표면자료 또는 수치표면모델을 활용할 수 있다.

③ 수치지면자료를 활용하는 경우 절·성토가 이루어지기 전·후의 수치지면자료를 불규칙삼각망, 크리깅(kriging)보간 또는 공삼차보간 등의 방법으로 보간하여 모델링하고 모델 간 동일 평면위치상의 높이변동값을 계산하여 결정한다.

④ 수치표고모델을 활용하는 경우 격자 한 변의 길이는 0.5m 이하여야 하며, 절·성토가 이루어지기 전·후의 수치표고모델 간 동일 평면위치상의 높이변동값을 계산하여 결정한다.

10. 품질관리 및 정리점검

1) 품질관리

① 수치표면모델(또는 수치표면자료, 수치지면자료, 수치표고모델), 정사영상이 최종 성과물인 경우 제23조, 제28조에 의한 정확도를 유지하여야 한다.

② 수치지형도에 대한 품질관리는 「수치지도 작성 작업규칙」에 의한다.

2) 정리점검

최종 성과물에 따라 납품하여야 할 성과를 정리하여야 한다.

01 무인비행장치 측량 작업규정상 용어의 정의이다. 이 중 틀린 것은?

① 무인비행장치 측량이란 무인비행장치로 촬영된 무인비행장치항공사진 등을 이용하여 정사영상, 수치표면모델 및 수치지형도 등을 제작하는 과정을 말한다.

② 무인비행장치항공사진이란 무인비행장치에 탑재된 디지털카메라를 이용한 무인비행장치항공사진의 촬영을 말한다.

③ 지상기준점측량이란 항공삼각측량 등에 필요한 기준점의 성과를 얻기 위하여 현지에서 실시하는 지상측량을 말한다.

④ 항공삼각측량이란 지상기준점 등의 성과를 기준으로 사진좌표를 지상좌표로 전환시키는 작업을 말한다.

해설 무인비행장치 측량 작업규정

제2조(용어의 정의) 이 지침에서 사용하는 용어의 정의는 다음 각 호와 같다.

1. "무인비행장치"란 「항공안전법 시행규칙」 제5조 제5호에 따른 무인비행장치 중 측량용으로 사용되는 것을 말한다.
2. "무인비행장치 측량"이란 무인비행장치로 촬영된 무인비행장치항공사진 등을 이용하여 정사영상, 수치표면모델 및 수치지형도 등을 제작하는 과정을 말한다.
3. "무인비행장치항공사진"이란 무인비행장치에 탑재된 디지털카메라로부터 촬영된 항공사진을 말한다.
4. "무인비행장치항공사진 촬영"이란 무인비행장치에 탑재된 디지털카메라를 이용한 무인비행장치항공사진의 촬영을 말한다.
5. "지상기준점측량"이란 항공삼각측량 등에 필요한 기준점의 성과를 얻기 위하여 현지에서 실시하는 지상측량을 말한다.
6. "항공삼각측량"이란 지상기준점 등의 성과를 기준으로 사진좌표를 지상좌표로 전환시키는 작업을 말한다.
7. "수치도화"란 수치도화시스템으로 지형지물을 수치형식으로 측정하여 이를 컴퓨터에 수록하는 작업을 말한다.
8. "벡터화"란 좌표가 있는 영상 등으로부터 점, 선, 면의 벡터데이터를 추출하는 작업을 말한다.
9. "수치표면자료(DSD : Digital Surface Data)"란 기준좌표계에 의한 3차원 좌표성과를 보유한 자료로서 지면 및 비지면 자료가 모두 포함된 점자료를 말한다.
10. "수치표면모델(DSM : Digital Surface Model)"이란 수치표면자료를 이용하여 격자형태로 제작한 지형모형을 말한다.
11. "수치지면자료(Digital Terrain Data)"라 함은 수치표면자료에서 인공지물 및 식생 등과 같이 표면의 높이가 지면의 높이와 다른 지표 피복물에 해당하는 점자료를 제거한 점자료를 말한다.
12. "수치표고모델(Digital Elevation Model)"이라 함은 수치지면자료(또는 불규칙삼각망자료)를 이용하여 격자형태로 제작한 지표모형을 말한다.

정답 1. ②

02 무인비행장치 측량 작업규정상 대공표지 설치기준이다. 이 중 틀린 것은?

① 대공표지는 사전에 토지소유자와 협의하여 설치하는 것을 원칙으로 한다.

② 설치장소는 천정으로부터 30° 이상의 시계를 확보할 수 있어야 하며 식별이 용이한 배경을 선택하여야 한다.

③ 지상에 적당한 장소가 없을 때에는 수목 또는 지붕 위에 설치할 수 있으며 수목에 설치할 때는 직접 페인트로 그릴 수도 있다.

④ 표석이 없는 지점에 설치할 때는 중심말뚝을 설치하여 그 중심을 표시한다.

해설 대공표지 설치방법

1. 대공표지는 사전에 토지소유자와 협의하여 설치하는 것을 원칙으로 한다.
2. 설치장소는 천정으로부터 45° 이상의 시계를 확보할 수 있어야 하며, 식별이 용이한 배경을 선택하여야 한다.
3. 지상에 적당한 장소가 없을 때에는 수목 또는 지붕위에 설치할 수 있으며 수목에 설치할 때는 직접 페인트로 그릴 수도 있다.
4. 표석이 없는 지점에 설치할 때는 중심말뚝을 설치하여 그 중심을 표시한다.
5. 대공표지의 보존을 위해 표지판상 1/3을 이용하여 다음의 사항을 표시한다.
    ① 계획기관명
    ② 작업기관명
    ③ 파손엄금
    ④ 보존기간(연월일)

03 무인비행장치 측량 작업규정상 지상기준점의 배치에 대한 기준으로 틀린 것은?

① 지상기준점은 작업지역의 형태, 코스의 방향, 작업범위 등을 고려하여 외곽 및 작업지역에 가능한 고르게 배치하되, 작업지역의 각 모서리와 중앙 부분에는 지상기준점이 배치되도록 하여야 한다.

② 지상기준점의 선점은 사진과 현장에서 명확히 분별될 수 있는 지점으로 한다.

③ 지상기준점의 수량은 1km^{2}당 6점 이상을 원칙으로 한다.

④ 측량시행자가 최종 성과품에 대한 충분한 정확도를 확보할 수 있다고 인정한 경우에는 기준점의 배치수량을 변경할 수 있다.

해설 무인비행장치 측량 작업규정

제9조(지상기준점의 배치) ① 지상기준점은 작업지역의 형태, 코스의 방향, 작업범위 등을 고려하여 외곽 및 작업지역에 별표 1(지상기준점 배치)과 같이 가능한 고르게 배치하되, 작업지역의 각 모서리와 중앙 부분에는 지상기준점이 배치되도록 하여야 한다.

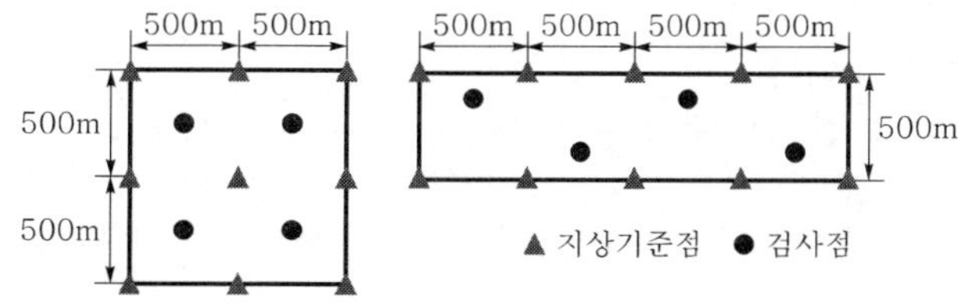

[지상기준점 배치]

② 지상기준점의 선점은 사진과 현장에서 명확히 분별될 수 있는 지점으로 한다.

③ 지상기준점의 수량은 1km^{2}당 9점 이상을 원칙으로 한다.

④ 제3항에도 불구하고 측량시행자가 최종 성과품에 대한 충분한 정확도를 확보할 수 있다고 인정한 경우에는 기준점의 배치수량을 변경할 수 있다. 다만, 공공측량 시 기준점의 배치수량을 변경한 경우에는 작업계획서에 반영하여야 한다.

04 무인비행장치 측량 작업규정상 검사점측량방법에 대한 설명이다. 이 중 틀린 것은?

① 검사점의 수량은 지상기준점수량의 최소 1/3 이상으로 하여야 하며 작업의 난이도에 따라 충분한 수량을 확보하여야 한다.

② 검사점의 배치는 측량대상지역에 고르게 분포하되 지상기준점 인근에 배치하지 않아야 하며 사진상에서 명확히 분별될 수 있는 지점으로 한다

③ 검사점측량은 지상기준점과 동일한 방법으로 측량함을 원칙으로 한다.

④ 검사점은 데이터처리과정에서 점검이나 조정에 사용할 수 있다.

 무인비행장치 측량 작업규정

제11조(검사점측량방법 등) ① 검사점의 수량은 지상기준점수량의 최소 1/3 이상으로 하여야 하며 작업의 난이도에 따라 충분한 수량을 확보하여야 한다. 다만, 검사점의 수량이 3점 이하인 경우에는 3점으로 한다.

② 검사점의 배치는 측량대상지역에 고르게 분포하되 지상기준점 인근에 배치하지 않아야 하며 사진상에서 명확히 분별될 수 있는 지점으로 한다. 정확도가 높은 지점을 선별하여 검사점을 배치해서는 안 된다.

③ 검사점측량은 지상기준점과 동일한 방법으로 측량함을 원칙으로 한다. 다만, 필요한 경우 네트워크 RTK측량방법으로 평면검사점측량을 수행할 수 있다.

④ 검사점은 데이터처리과정에서 점검이나 조정에 사용할 수 없으며 성과물의 정확도 검증을 위한 검사점으로만 사용되어야 한다.

⑤ 검사점측량의 정확도는 「공공측량작업규정」 또는 「항공사진측량작업규정」에서 정한 바에 따른다.

05 무인비행장치 측량 작업규정상 무인비행장치항공사진 촬영 시 촬영계획에 대한 기준이다. 이 중 틀린 것은?

① 중복도는 촬영진행방향으로 65% 이상, 인접코스 간에는 60% 이상으로 한다.

② 지형의 기복이 작거나 고층건물이 존재하는 경우에는 촬영진행방향으로 85% 이상, 인접코스 간에는 80% 이상으로 촬영하여야 한다.

③ 촬영대상면적, 촬영고도, 중복도, 비행코스 및 카메라의 기본정보를 무인비행장치 전용 촬영계획프로그램에 입력하여 이론적인 지상표본거리, 촬영 소요시간, 사진매수 등의 정보를 확인한다.

④ 최종 성과물이나 작업난이도에 따라 시행기관과 협의하여 중복도를 달리할 수 있다.

 무인비행장치 측량 작업규정

제13조(촬영계획) ① 촬영계획은 요구 정밀도, 사용장비, 지형형상, 기상여건 등을 고려하여 수립한다.

② 중복도는 촬영진행방향으로 65% 이상, 인접코스 간에는 60% 이상으로 하며, 지형의 기복이 크거나 고층건물이 존재하는 경우에는 촬영진행방향으로 85% 이상, 인접코스 간에는 80% 이상으로 촬영하여야 한다.

정답 4. ④ 5. ②

구 분	평탄한 저지대지역	매칭점이 부족하거나 높이차가 있는 지역	높이차가 크거나 고층건물이 있는 지역
촬영방향 중복도	65% 이상	75% 이상	85% 이상
인접코스 중북도	60% 이상	70% 이상	80% 이상

③ 무인비행장치항공사진의 지상표본거리는 측량시행자와 협의하여 결정하되, 「항공사진측량작업규정」
의 축척별 지상표본거리 이내이어야 한다.

④ 촬영대상면적, 촬영고도, 중복도, 비행코스 및 카메라의 기본정보를 무인비행장치 전용 촬영계획 프
로그램에 입력하여 이론적인 지상표본거리, 촬영 소요시간, 사진매수 등의 정보를 확인한다.

⑤ 최종 성과물이나 작업난이도에 따라 시행기관과 협의하여 중복도를 다르게 할 수 있다. 다만, 공공
측량 시 중복도를 달리할 경우에는 작업계획서에 반영되어야 한다.

06 무인비행장치 측량 작업규정상 무인비행장치항공사진 촬영 시 인접코스 간의 중복도는 원칙
적으로 몇 % 이상인가?

① 50%
③ 60%
② 55%
④ 65%

해설 무인비행장치 측량 작업규정

제13조(촬영계획) ② 중복도는 촬영진행방향으로 65% 이상, 인접코스 간에는 60% 이상으로 하며, 지형
의 기복이 크거나 고층건물이 존재하는 경우에는 촬영진행방향으로 85% 이상, 인접코스 간에는 80%
이상으로 촬영하여야 한다.

구 분	평탄한 저지대지역	매칭점이 부족하거나 높이차가 있는 지역	높이차가 크거나 고층건물이 있는 지역
촬영방향 중복도	65% 이상	75% 이상	85% 이상
인접코스 중북도	60% 이상	70% 이상	80% 이상

07 무인비행장치 측량 작업규정상 촬영비행 및 촬영에 대한 설명이다. 이 중 틀린 것은?

① 촬영비행은 시계가 양호하고 구름의 그림자가 사진에 나타나지 않는 맑은 날씨에 하는 것
을 원칙으로 한다.

② 노출시간은 촬영계절, 촬영시간대, 기상, 비행속도, 카메라의 진동 등을 감안하여 선명도
가 유지되도록 설정하여야 한다.

③ 매 코스의 시점과 종점에서 사진은 최소한 2매 이상 촬영지역 밖에 있어야 하며 대상지역
을 완전히 포함하도록 여유분을 두어 사진을 촬영하여야 한다.

④ 카메라는 가능한 수평방향으로 향하여 촬영함을 원칙으로 한다.

해설 무인비행장치 측량 작업규정

제14조(촬영비행 및 촬영) ① 촬영비행은 다음 각 호에 의한다.

1. 촬영비행은 시계가 양호하고 구름의 그림자가 사진에 나타나지 않는 맑은 날씨에 하는 것을 원칙으
로 한다.
2. 촬영비행은 계획촬영고도에서 가급적 일정한 높이로 직선이 되도록 한다.
3. 계획촬영코스로부터의 수평 또는 수직이탈이 가능한 최소화되도록 한다.
4. 무인비행장치는 설정된 비행계획에 따라 자동으로 비행함을 원칙으로 한다.

② 촬영은 다음 각 호에 의한다.

1. 노출시간은 촬영계절, 촬영시간대, 기상, 비행속도, 카메라의 진동 등을 감안하여 선명도가 유지되도록 설정하여야 한다.

2. 카메라는 가능한 연직방향으로 향하여 촬영함을 원칙으로 한다.

3. 매 코스의 시점과 종점에서 사진은 최소한 2매 이상 촬영지역 밖에 있어야 하며, 대상지역을 완전히 포함하도록 여유분을 두어 사진을 촬영하여야 한다.

08 무인비행장치 측량 작업규정상 항공삼각측량 시 사용소프트웨어의 기능에 해당하지 않는 것은?

① 결합점의 자동 선정
② 결합점의 3차원 위치계산
③ 영상별 외부 표정요소계산
④ 영상별 내부 표정요소계산

해설 무인비행장치 측량 작업규정

제17조(항공삼각측량 작업방법) ① 항공삼각측량은 자동매칭에 의한 방법으로 수행하여야 하며, 광속조정법(Bundle Adjustment) 및 이에 상당하는 기능을 갖춘 소프트웨어를 사용하여야 한다.

② 사용 소프트웨어는 다음 각 호의 기능을 갖추어야 한다.

1. 결합점의 자동 선정

2. 결합점의 3차원 위치계산

3. 영상별 외부 표정요소 계산

③ 지상기준점의 성과는 지상기준점이 표시된 모든 무인비행장치항공사진에 반영되어야 한다.

정답 8. ④

지적전산 총론

01 개 요

1. 의의

지적은 토지에 관련된 정보를 조사 · 측량하여 지적공부에 등록 · 관리하고 등록된 정보의 제공에 관한 사항을 규정함으로써 효율적인 토지관리와 소유권 보호에 이바지함을 목적으로 한다. 따라서 토지를 효율적으로 관리하고 소유권 보호 등을 위하여 전산화의 필요성이 대두되었으며, 이는 협의의 지적전산과 광의의 지적전산으로 구분된다.

(1) 협의의 지적전산(PBLIS)

토지관련 대장, 문서, 기록과 지적도, 임야도 등 지적공부를 컴퓨터에 입력하여 토지를 관리하는 업무를 말한다. 주로 필지중심토지정보시스템(PBLIS)이 이에 해당한다.

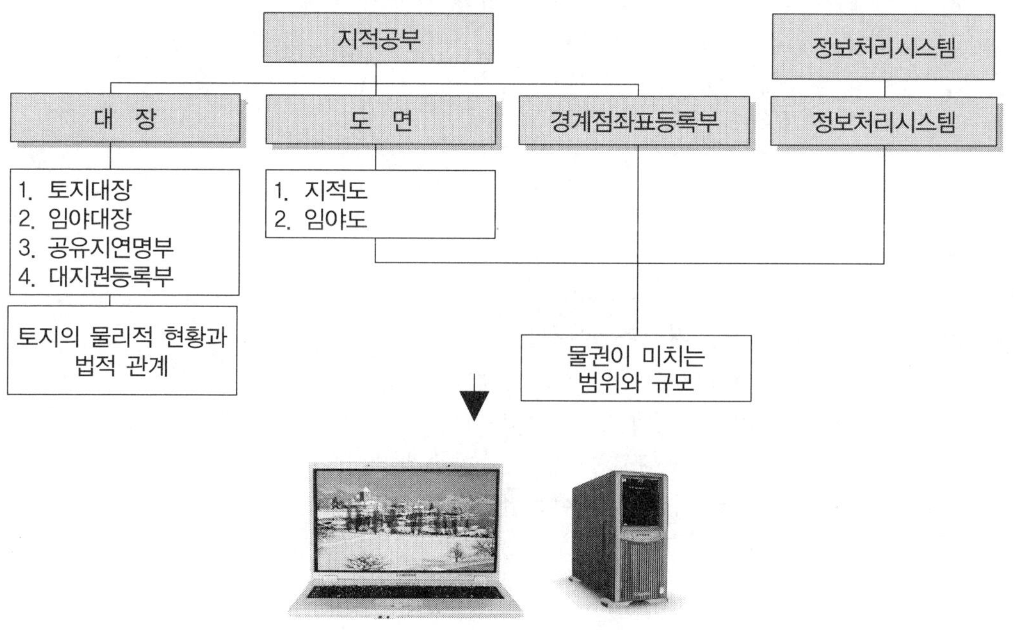

(2) 광의의 지적전산(LIS)

토지에 대한 모든 정보를 효율적으로 관리하기 위해 지적공부의 등록사항뿐만 아니라 토지관련 정보를 전산처리한 것으로 토지정보시스템(LIS)이 이에 해당한다. 지적측량계산프로그램의 활용, 토지정보시스템의 구축 및 활용, 소유권 변동의 정리, 토지이동정리업무 등이 이에 해당한다.

2. 목적

① 토지정보의 수요에 대한 신속한 정보 제공
② 공공계획의 수립에 필요한 정보 제공
③ 토지 투기의 예방
④ 행정자료 구축과 행정업무에 이용
⑤ 다른 정보자료 등과의 연계
⑥ 민원인에 대한 신속한 대처

기출문제 [2018년 기출]

지적전산화의 목적으로 옳지 않은 것은?
① 국가기준점과 수치지형도의 체계적인 관리와 신속한 갱신
② 공공계획의 수립에 필요한 정보제공
③ 토지정보의 수요에 대한 신속한 제공
④ 관련 정보와의 효율적인 연계

답 ①

기출문제 [2021년 기출]

지적전산화의 목적과 가장 거리가 먼 것은?
① 토지정책 수립에 필요한 정보의 신속한 제공
② 지적통계 관리 및 정책정보의 정확성 제고
③ 전국적으로 통일된 시스템 구축을 통한 중앙통제권 강화
④ 민원인의 편의 증대 및 대국민 서비스질 향상

답 ③

3. 지적전산의 구성

1) 자료

지적전산의 구성요소 중 데이터는 매우 중요하면서 핵심적인 요소이다. 지적전산은 많은 자료를 입력하거나 관리하는 것으로 이루어지며 입력된 자료를 활용하여 지적전산의 응용시스템을 구축할 수 있다. 이러한 자료들은 속성정보와 도형정보로 분류된다.

2) 소프트웨어

지적전산의 주요 구성요소 중 소프트웨어는 데이터와 함께 핵심요소로 기능하고 있다. 지적전산의 자료를 입력, 출력, 관리하기 위해 프로그램인 소프트웨어가 반드시 필요하다. 자료입력소프트웨어, 자료출력소프트웨어, 그리고 데이터베이스관리소프트웨어 등이 있으며, 각종 통계, 문서작성기, 그래프작성기 등과 같은 지원프로그램 등도 이에 포함된다.

각종 정보를 저장 · 분석 · 출력할 수 있는 기능을 지원하는 도구로써 정보의 입력 및 중첩기능, 데이터베이스관리기능, 질의분석, 시각화기능 등의 주요 기능을 갖는다.

(1) 운영체제 : MS-DOS, Windows 2000, Windows XP, Windows NT, UNIX 등

[2023년 기출]

컴퓨터 운영체제에 해당하는 것은?

① C++
② Oracle
③ ArcInfo
④ Linux

답 ④

(2) 지적전산소프트웨어

① **지적행정시스템** : 지적행정시스템은 지적정보의 공동활용 확대, 지적전산처리절차의 개선, 관련 기관과의 연계기반 구축을 목표로 하여 개발되었으며, 주요 기능으로는 토지이동관리, 소유권변동관리, 지적업무, 창구민원관리 등 다양한 지적행정업무를 수행한다. 이 시스템은 시 · 도에서 관리하던 토지기록전산온라인시스템을 시 · 군 · 구로 이관하여 관리하게 되며, 토지대장, 임야대장 등의 속성정보만을 관리하는 시스템이다.

[2012년 기출]

지적행정시스템의 도입목표에 해당하지 않는 것은?

① 지적정보의 공동활용 확대
② 지적전산처리절차의 개선
③ 관련 기관과의 연계기반 구축
④ IT산업의 활성화

답 ④

② **필지중심토지정보시스템(PBLIS)** : 적도 · 토지대장의 통합관리시스템 구축으로 지자체의 지적업무 효율화와 토지정책, 도시계획 등의 다양한 정책분야에 기초공간자료 제공을 목적으로 개발되었다. 즉 대장정보와 도형정보를 통합한 일필지정보를 기반으로 토지의 모든 정보를 다루는 시스템이다.

③ **토지관리정보시스템(LMIS)** : 시 · 군 · 구에서 생산 · 관리하는 공간도형자료와 속성자료를 통합 구축 · 관리하기 위한 정보화사업이다.

④ **한국토지정보시스템(KLIS)** : 국가적인 정보화사업을 효율적으로 추진하기 위하여 행정자치부의 필지중심토지정보시스템(PBLIS)과 건설교통부의 토지종합정보망(LMIS)을 하나의 시스템으로 통합하여 전산정보의 공공 활용과 행정의 효율성 제고를 위해 행정자치부와 건설교통부가 공동주관으로 추진하고 있는 정보화사업이다.

⑤ **부동산종합공부시스템** : 토지의 표시와 소유자에 관한 사항, 건축물의 표시와 소유자에 관한 사항, 토지의 이용 및 규제에 관한 사항, 부동산의 가격에 관한 사항 등 부동산에 관한 종합정보를 정보관리체계를 통하여 기록 · 저장한 것을 말한다.

(3) GIS전용 소프트웨어 : Arc/Info, ArcView, ArcGIS

(4) 오픈소스 공간정보소프트웨어 : PostGIS, QGIS, GRASS

기출문제 [2021년 기출]

오픈소스 공간정보소프트웨어가 아닌 것은?

① PostGIS ② QGIS
③ GeoMedia ④ GRASS

답 ③

기출문제 [2018년 기출]

다음 중 지적정보의 구축 및 운영을 위해 개발한 지적업무시스템만을 모두 나열한 것은?

① PBLIS, NGIS, LMIS ② 지적행정시스템, PBLIS, KLIS
③ LMIS, 지적행정시스템, LBS ④ KLIS, LBS, NGIS

답 ②

기출문제 [2019년 기출]

지적 및 부동산 관련 시스템 중에서 가장 최근에 개발되어 활용되고 있는 것은?

① 부동산종합공부시스템 ② 지적행정시스템
③ 한국토지정보시스템 ④ 필지중심토지정보시스템

답 ①

[2022년 기출]

우리나라의 지적 및 토지정보를 효율적으로 관리 · 운영하기 위해 구축한 정보시스템이 아닌 것은?

① KLIS(Korea Land Information System)
② KRAS(Korea Real estate Administration intelligence System)
③ FM(Facility Management)
④ PBLIS(Parcel Based Land Information System)

답 ③

3) 하드웨어

지적전산을 운용하는데 필요한 컴퓨터와 각종 입·출력장치 및 자료관리장치를 말하며, 워크스테이션, 컴퓨터 등과 같은 주작업장치들이 있다. 스캐너, 프린터, 플로터, 디지타이저를 비롯한 각종 주변장치들을 포함하며, 정보의 공유를 위한 네트워크장비들도 포함된다.

(1) 입력장비

[디지타이저와 스캐너]

(2) 저장장치

① **워크스테이션(workstation)** : 공학적 용도(CAD/CAM)나 소프트웨어 개발, 그래픽디자인 등 연산능력과 뛰어난 그래픽능력을 필요로 하는 일에 주로 사용되는 고성능의 컴퓨터로서, 일반 컴퓨터보다 성능이 월등히 높고 처리속도가 빠른 반면에 가격은 비싼 편이다.

② **개인용 컴퓨터** : 개인용 컴퓨터, 퍼스널 컴퓨터, 퍼스컴이라고도 한다. 기본적으로는 사무실용 컴퓨터와 같으나, 일반적으로 소형이고 값도 저렴하다. 소프트웨어로는 운영체계(operating system : OS)를 가지고 있으며, 언어로는 어셈블리어(assembly language)와 고급수준의 언어로 베이직(basic) 등의 언어가 제공되고 있다.

③ **자기디스크** : 대용량 보조기억장치로서 자기테이프장치와는 달리 자료를 직접 또는 임의로 처리할 수 있는 직접접근저장장치(DASD)이다. 주변에서 흔히 볼 수 있는 레코드판과 같은 형태의 알루미늄과 같은 금속성 표면에 자성물질을 입혀서 그 위에 데이터를 기록하고 기록된 데이터를 읽어낸다. 회전축을 중심으로 자료가 저장되는 동심원을 트랙(track)이라고 하며, 하나의 트랙을 여러 개로 구분한 것을 섹터(sector)라고 하고, 동일 위치의 트랙집합을 실린더(cylinder)라고 한다. 안쪽의 트랙과 바깥쪽의 트랙이 길이는 다르지만 정보량은 같게 되어 있다. 실린더, 트랙, 섹터의 번호는 자료를 저장하는 장소, 즉 주소로 이용된다.

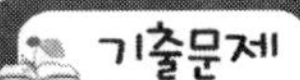
기출문제

지적전산의 구성요소에 대한 설명으로 옳지 않은 것은?

① 자료 : 지적전산의 핵심요소이며 크게 도면과 대장자료로 분류된다.
② 인적자원 : 지적정보시스템의 설계 · 관리와 데이터베이스의 구축 · 활용 인력을 제외한 모든 인력을 말한다.
③ 하드웨어 : 지적정보시스템을 운용하는 데 필요한 작업장치로 입력 · 저장 · 출력에 필요한 장비이다.
④ 소프트웨어 : 정보를 처리하는 지원도구로서 운영프로그램과 지적사무프로그램으로 분류된다.

답 ②

기출문제

지리정보체계(GIS)의 구성요소 중 하드웨어가 아닌 것은?

① 입력장치
② 중앙처리장치
③ 데이터베이스
④ 출력장치

답 ③

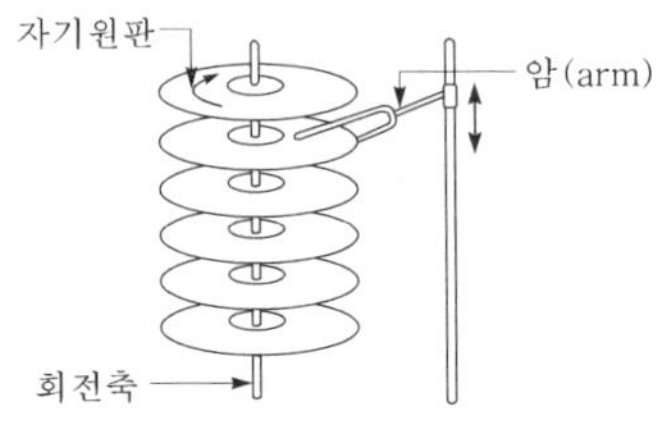

[자기디스크, 개인용 컴퓨터, 워크스테이션]

(3) 출력장비

[플로터, 프린터, 모니터]

기출문제 [2024년 기출]

지리정보시스템(GIS)에서 사용하는 데이터 입력장치가 아닌 것은?

① 키보드 ② 디지타이저
③ 플로터 ④ 마우스

답 ③

4. 지적전산용 네트워크장비

1) 전송장비

두 지점 사이에 정보를 전달하는 일련의 행위를 수행하는 것으로 랜카드가 대표적이다.

2) 교환장비

통신망에서 데이터의 경로를 지정해 주는 장비이다.

(1) 라우터

패킷의 위치를 추출하여 그 위치에 대한 최상의 경로를 지정하며, 이 경로를 따라 데이터 패킷을 다음 장치로 전향시키는 장치이다.

(2) 허브

신호를 여러 개의 다른 선으로 분산시켜 내보낼 수 있는 장치이며, 컴퓨터나 프린터들과 네트워크 연결, 근거리의 다른 네트워크(다른 허브)와 연결, 라우터 등의 네트워크장비와 연결, 네트워크상태 점검, 신호증폭기능 등의 역할을 한다.

3) 단말 · 서버장비

개인용 컴퓨터와 워크스테이션을 말한다.

4) 보안장비

네트워크상에서 해킹과 같이 불법적으로 네트워크나 시스템으로 침입하는 행위에 대비한 보안으로 내부 네트워크와 외부 네트워크 사이에서 보안을 담당하는 방화벽이 대표적이다.

기출문제 [2023년 기출]

하나의 네트워크로부터 정보를 받아 다른 곳에 위치한 네트워크로 정보를 보내주는 역할을 담당하는 장치는?

① 방화벽 ② 라우터
③ 스캐너 ④ 플로터

답 ②

02 지적행정전산화의 변천 및 기반 조성

1. 변천연혁

지적업무전산화 기반 조성 →
- 1975년 지적법령의 전문을 개정하고 지적업무전산화에 대한 기반을 조성

↓

지적정보화계획 수립 및 토지기록전산화 →
- 정부는 1980년 12월에 지적정보화계획 수립에 착수하고, 1982년 토지기록전산화사업 착수

↓

지적전산관리전산망 구축 →
- 1990년 4월부터 대민서비스를 개시
- 1991년 2월부터 전국을 대상으로 온라인서비스 제공

↓

지적도면전산화 →
- 1996년 4월부터 대전광역시 유성구 전체를 대상으로 지적도면전산화 시범사업이 실시

↓

필지중심토지정보시스템 (PBLIS) →
- 개발계획 수립 : 1994년 12월
- 개발계획 착수 : 1996년 8월
- 실험사업대상지구 선정(1996년) : 경남 창원시
- 개발완료 : 2000년 11월
- 시범운영기관 선정(2001년 7월) : 경기도 일산구
- 2002년 5월부터 11월 말까지 전국적 확산

↓

지적행정시스템 →
- 토지에 관련된 정보를 조사·측량하여 작성한 지적공부(토지대장·임야대장·공유지연명부·대지권등록부·경계점좌표등록부)를 전산으로 등록·관리하는 시스템으로 하드웨어와 소프트웨어 및 전산자료로 이루어짐

↓

한국토지정보시스템 (KLIS) →
- 필지중심토지정보시스템(PBLIS)과 건설교통부의 토지관리정보시스템(LMIS)을 보완하여 하나의 시스템으로 통합 구축
- 토지대장의 문자(속성)정보를 연계 활용하는 방안을 강구
- 3계층 클라이언트/서버(3-Tiered client/server) 아키텍처를 기본구조로 개발하기로 합의

↓

부동산종합공부시스템 →
- 토지의 표시와 소유자에 관한 사항, 건축물의 표시와 소유자에 관한 사항, 토지의 이동 및 규제에 관한 사항, 부동산가격에 관한 사항 등 부동산에 관한 종합정보를 정보관리체계를 통하여 기록·저장한 것

2. 지적전산화 기반 조성

1) 대장의 서식을 부책식에서 카드식으로 개정

2) 면적단위를 척관법에 의한 평(坪)과 보(步)에서 미터법에 의한 '평방미터(m²)'로 개정

[척관법에 따른 구 지적법의 면적단위]

사용용도	단 위	비교단위
거리	1치(寸), 촌	3.0303cm
	1척(尺, 자)	약 30.30cm, 10치
	1간(間)	6척=1.818m
	1장(丈)	10척=3.03m
	1정(町)	360척=109m
	1리(里)	1,296척=약 0.4km
토지대장 면적	1재(才)	0.001평
	1작(勺)	0.01평
	1홉(合, 합)	0.1평
	1평(坪)	6척×6척=1간×1간=10홉=3.3058m²
임야대장 면적	1보(步)	1평
	1무(畝)	30평
	1단(段)	300평=10무
	1정(町)	3,000평=100무=10단

3) 소유권 주체의 고유번호화

(1) 목적

　　토지대장과 임야대장에 토지소유자의 주민등록번호와 법인 아닌 사단재단의 등록번호를 부여함으로써 토지소유자의 색출 및 분류 등이 용이하게 되었다.

(2) 부동산등기용 등록번호 부여

① 국가 · 지방자치단체 · 국제기관 및 외국정부의 등록번호는 국토교통부장관이 지정 · 고시한다.

② 주민등록번호가 없는 재외국민의 등록번호는 대법원 소재지 관할 등기소의 등기관이 부여하고, 법인의 등록번호는 주된 사무소(회사의 경우에는 본점, 외국법인의 경우에는 국내에 최초로 설치등기를 한 영업소나 사무소를 말한다) 소재지 관할 등기소의 등기관이 부여한다.

③ 법인 아닌 사단이나 재단 및 국내에 영업소나 사무소의 설치등기를 하지 아니한 외국법인의 등록번호는 시장(「제주특별자치도 설치 및 국제자유도시 조성을 위한 특별법」 제15조 제2항에 따른 행정시의 시장을 포함하며, 「지방자치법」 제3조 제3항에 따라 자치구가 아닌 구를 두는 시의 시장은 제외한다), 군수 또는 구청장(자치구가 아닌 구의 구청장을 포함한다)이 부여한다.

④ 외국인의 등록번호는 체류지(국내에 체류지가 없는 경우에는 대법원 소재지에 체류지가 있는 것으로 본다)를 관할하는 지방출입국 또는 외국인관서의 장이 부여한다.

[부동산등기용 등록번호 부여]

구 분	부여기관
국가, 지자체, 외국정부	국토교통부장관이 지정 · 고시
법인	주된 사무소 소재지 관할 등기소 등기관
법인 아닌 사단, 재단	시장 · 군수 · 구청장
외국인	체류지 관할 지방출입국 또는 외국인관서의 장
재외국민	대법원 소재지 관할 등기소 등기관

4) 지목 · 토지이동연혁 · 소유권변동연혁 등의 코드화 및 업무의 표준화

(1) 코드의 의의

코드(CODE)란 글자 · 단어 따위의 정보를 일정한 규칙에 맞게 기호나 약호로 바꾸어 나타내는 것이다. 지적전산화에서 항목별 코드를 부여함으로써 자료의 모집 및 분류 시 업무의 효율성 증대와 자료의 검색 및 관리를 체계적이고 과학적으로 할 수 있다.

(2) 코드의 기능

기 능		내 용
3대 기능	분류기능	그룹성 관점에서 정리
	배열기능	질서의 관점에서 정리
	식별기능	혼동 또는 착각 방지
기타 기능	표준화기능	정보의 다양성과 위치에 따라 변하지 않도록 통일성 유지
	간소화기능	효율화 관점에서 정보의 간략화
	암호기능	비밀 유지 또는 보안 유지

(3) 코드의 종류

행정구역, 대장구분, 축척구분, 지목구분, 토지이동사유, 등급구분, 등급변동구분, 지적공부구분, 토지이동종목구분 등

① 행정구역

코드체계	* * 시 · 도	* * * 시 · 군 · 구	* * * 읍 · 면 · 동	* * 리		
코 드	내 용			코 드	내 용	
	행정구역코드집 (별책부록 1 참조)					

② 대장구분

코드체계	* 숫자 1자리로 구성		
코 드	내 용	코 드	내 용
1 2 8 9	토지대장 임야대장 토지대장(폐쇄) 임야대장(폐쇄)		

③ 축척구분

코드체계	* * 축척수치의 앞 2자리		
코 드	내 용	코 드	내 용
00 05 06 10 12 24 30 60	좌 표 1 : 500 1 : 600 1 : 1000 1 : 1200 1 : 2400 1 : 3000 1 : 6000	99	1 : 50000(말소)

④ 지목

코드체계	* * 숫자 2자리로 구성		
코 드	내 용	코 드	내 용
01	전	15	철도용지
02	답	16	제방
03	과수원	17	하천
04	목장용지	18	구거
05	임야	19	유지
06	광천지	20	양어장
07	염전	21	수도용지
08	대	22	공원
09	공장용지	23	체육용지
10	학교용지	24	유원지
11	주차장	25	종교용지
12	주유소용지	26	사적지
13	창고용지	27	묘지
14	도로	28	잡종지

⑤ 지구계 구분코드

코드체계	* 숫자 1자리로 구성		
코 드	내 용	코 드	내 용
0	지구 내		
1	지구 외		

5) 수치지적부(현, 경계점좌표등록부)의 도입

① 지적측량을 사진측량과 수치측량방법으로 실시할 수 있도록 제도 신설

② 시·군·구에 토지대장·지적도·임야대장·임야도 및 수치지적부를 비치·관리하도록
하고, 그 등록사항을 규정

③ 수치지적부(1975년) → 경계점좌표등록부(2002년 1월 27일 시행)

3. 토지기록전산화

1) 의의

토지기록전산화의 기반이 되는 토지대장 및 임야대장의 전산화를 신속·정확하게 하고 업무의 능률성을 도모하기 위하여 1982년에 토지기록전산입력자료작성지침을 전국에 시달하고 시·군·구는 전국필지에 대한 원시자료를 작성하고 전산화 입력작업을 시작하였다.

2) 기대효과

관리적 기대효과	정책적 기대효과
1. 토지정보관리의 과학화 • 정확한 토지정보관리 • 토지정보의 신속처리 2. 주민 편익 위주의 민원 쇄신 • 민원의 신속 정확 처리 • 대정부 신뢰성 향상 3. 지방행정전산화의 기반 조성 • 전산요원 양성 및 기술 축적 • 지방행정 정보관리능력 제고	1. 토지정책정보의 공동이용 • 토지정책정보의 공동이용 • 정책정보의 다목적 활용 2. 건전한 토지거래질서 확립 • 토지 투기 방지효과 보완 • 세무행정의 공정성 확보 3. 국토의 효율적 이용관리 • 국토이용현황의 정확 파악 • 국공유재산의 효율적 관리

기출문제
[2014년 기출]

토지기록전산화의 기대효과로 가장 거리가 먼 것은?

① 토지정보관리의 과학화
② 지방행정전산화의 기반 조성
③ 토지정책정보의 공동이용
④ 국토기본도 작성체계의 확립

답 ④

4. 지적도면전산화

1) 추진배경

① 지적·임야도면의 관리소홀로 인한 훼손 및 오손 심각
② 도면의 신축으로 인한 과대오차 내재
③ 다양한 축척으로 인한 지적·임야도면 상호 간의 차이

2) 사업추진 시 고려사항

① 전산화 이전에 도면의 오류사항 및 토지이동정리 누락분 일제 정비 필요
② 도면 입력의 효율성 제고
③ 전산화 소요시간 및 비용의 절감
④ 합리적인 검사방법 정립으로 신뢰도 향상
⑤ 신뢰할 수 있는 신축보정 및 접합보정 방법 연구
⑥ 작업과정에서 지적도면 훼손 및 멸실 방지대책 수립

3) 작업순서

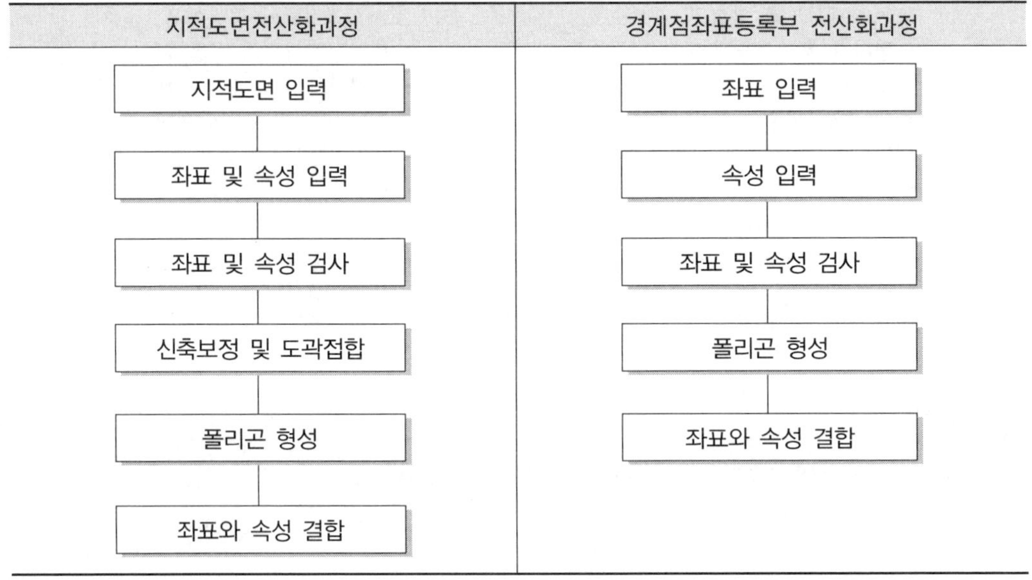

5. 프로토타입의 구축

1) 의의

새로운 컴퓨터시스템이나 소프트웨어의 설계, 성능, 구현가능성을 평가하거나 요구사항을 잘 이해하고 결정하기 위하여 전체적인 기능을 간략한 형태로 구축한 초기 모델이다.

2) 목적

① 사용자 요구사항을 도출
② 예상문제점을 사전에 도출
③ LIS 구축의 타당성을 검토

03 지적제도

1. 지적제도의 분류

1) 발전과정에 따른 분류

(1) 세지적(Fiscal Cadastre)

세지적은 최초의 지적제도로 세금징수를 가장 큰 목적으로 개발된 제도로 과세지적이라고도 한다. 세지적 하에서는 면적의 정확도를 중시하였다.

(2) 법지적(Legal Cadastre)

법지적은 세지적에서 진일보한 제도로서 토지과세 및 토지거래의 안전, 토지소유권 보호 등이 주요 목적인 지적제도로서, 일명 소유지적(경계지적)이라고도 한다. 법지적 하에서는 위치의 정확도를 중시하였다.

(3) 다목적 지적(Multipurpose Cadastre)

① 종합지적(유사지적, 경제지적, 통합지적)이라고도 한다.

② 1필지를 단위로 토지관련 정보를 종합적으로 등록하는 제도로서, 토지에 관한 물리적 현황은 물론 법률적, 재정적, 경제적 정보를 포괄하는 제도이다.

③ 토지에 대한 평가, 과세, 거래, 이용계획, 지하시설물과 공공시설물 및 토지통계 등에 관한 정보를 공동으로 활용하기 위하여 최근에 개발된 지적제도이다.

(4) 다목적 지적의 구성요소

3대 구성요소	측지기준망, 기본도, 중첩도
5대 구성요소	측지기준망, 기본도, 중첩도, 필지식별번호, 토지자료파일

① **측지기준망** : 측지기준망은 지상에 영구적으로 표시되어 도면상에 등록된 경계선을 현지에 복원할 수 있는 정확도를 유지하여야 한다. 측량의 기준이 되는 좌표체계로서 일반적 측량기법뿐만 아니라 인공위성을 이용한 GPS측량을 이용하여 정확성 및 경제성을 도모하여야 한다. 따라서 측지기준망은 지적측량의 기준이 되는 삼각점들을 연결한 삼각망, 수준점들을 연결한 수준망을 의미한다.

② **기본도** : 측지기준망을 기초로 하여 작성된 도면으로서 지도 작성에 필요한 정보를 일정한 축척의 도면 위에 등록한 것이다.

③ **중첩도** : 측지기준망 및 기본도와 연계하여 활용할 수 있고 토지소유권에 대한 경계를 식별할 수 있도록 명확히 구분하여 정한 토지의 등록단위인 필지를 등록한 지적도와 시설물, 투지이용도, 지역지구도 등을 결합한 상태의 도면을 말한다.

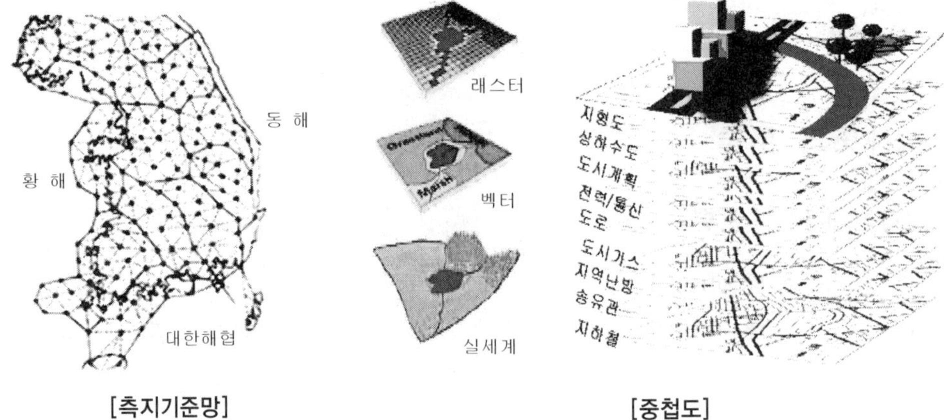

④ **필지식별번호** : 각 필지별 등록사항의 저장과 수정 등을 쉽게 처리할 수 있는 가변성이 없는 고유번호를 말하며, 속성정보와 도형정보의 연결, 토지정보의 위치식별확인, 도형정보의 수집, 검색, 조회 등의 key역할을 한다.

   ㉠ 토지소유자가 기억하기 쉽고 이해하기 쉬워야 한다.

   ㉡ 분할 및 합병 시 수정이 가능하여야 한다.

   ㉢ 토지거래에 있어 변화가 없고 영구적이어야 한다.

   ㉣ 공부상 등록사항과 실제사항이 일치하여야 한다.

   ㉤ 오차의 발생이 최소화되어야 하며 정확하여야 한다.

   ㉥ 모든 토지행정에 사용될 수 있도록 충분히 유동적이어야 한다.

   ㉦ 전산처리가 쉬워야 한다.

> **참고** 공간객체등록번호(Unique Feature IDentifier : UFID)
>
> 공간정보를 효율적으로 관리 및 활용하기 위하여 자연적 또는 인공적 객체에 부여하는 공간정보의 유일한 식별번호를 말한다.

⑤ **토지자료파일** : 토지자료파일은 필지식별번호가 포함된 일련의 공부 또는 토지자료철로, 과세대장, 건축물관리대장, 천연자원기록, 기타 토지이용, 도로, 시설물 등 토지관련 자료를 등록한 대장을 뜻한다. 필지식별번호에 의거하여 상호 정보교환과 자료검색이 가능하다.

기출문제

[2022년 기출]

다목적 지적의 구성요소가 아닌 것은?

① 기본도   ② 토지자료파일

③ 필지식별번호   ④ 도로명주소

답 ④

Chapter
01

[2011년 기출]

필지를 개별화하고 대장과 도면의 등록사항을 연결하는 역할을 하는 것은?

① 필지식별번호　　　　　　　　　　② 토지자료파일
③ 지적중첩도　　　　　　　　　　　④ 측지기준망

답 ①

2) 측량방법(경계표시방법)에 따른 분류

(1) 도해지적(Graphical Cadastre)

도해지적은 토지의 경계를 도면 위에 표시하는 지적제도로서 각 필지의 경계점을 일정한 축척의 도면 위에 기하학적으로 폐합된 다각형의 형태로 표시하여 등록하는 제도이다.

장 점	단 점
1. 측량비용이 저렴하며, 고도의 기술을 요하지 않는다.	1. 축척에 따라 허용오차가 다르다 $\left(\frac{3}{10}M[\text{mm}]\right)$.
2. 시각적으로 양호하여 필지의 형상파악이 쉽다.	2. 도면의 신축 방지와 보관이 어렵다.
3. 현지에서 오류조정이 가능하다.	3. 작업상 인위적·기계적·자연적인 오차를 유발한다.
4. 시가지 외의 지역인 농촌지역 등에 상대적으로 적합하다.	4. 정밀도가 높지 않기 때문에 결과에 대한 신뢰성이 저하된다.

(2) 수치지적(Numberical Cadastre, 좌표지적)

수치지적이란 세지적, 법지적 또는 다목적 지적에 있어서 토지의 경계점을 도해적으로 표시하지 않고 수학적인 좌표로서 표시하는 방법으로, 이는 축척이 1:1이기 때문에 도해지적보다 훨씬 정밀한 결과를 가져온다. 최근 TS(Total Station), 사진측량, GPS, 원격탐측(RS), 관성측량방법 등에 의한 3차원 수치측량기법이 개발되고 있어 이를 활용한 지적측량방법의 폭넓은 응용이 기대되고 있다.

장 점	단 점
1. 정밀한 경계표시가 가능하다.	1. 측량과정이 매우 복잡하고 고도의 기술을 요한다.
2. 지적측량결과를 등록 당시의 정확도로 재현이 가능하다.	2. 측량장비가 고가이며, 측량비용이 높다.
3. 일필지의 면적이 넓고 토지형상이 정사각형에 가까운 굴곡점이 적은 경우에 적합하다.	3. 시각적으로 양호하지 못하므로 형상파악이 힘들어 별도의 지적도를 비치하여야 한다.
4. 도면의 신축에 영향을 받지 않는다.	4. 경지정리가 이루어지지 않은 농촌지역은 불리하다.
5. 지적의 자동화, 정보화가 용이하다.	

10대	$X[\text{m}]$	$Y[\text{m}]$
1	441,590.87	196,012.44
2	441,590.89	196,031.15
3	441,575.21	196,031.41
4	441,575.18	196,031.16

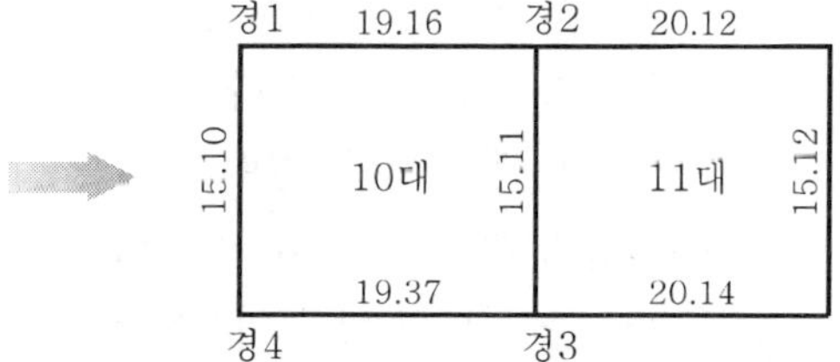

(3) 도해지적과 수치지적의 비교

구 분	도해지적	수치지적(좌표지적)
도면의 신축	도면의 신축의 영향을 받음	도면의 신축의 영향을 받지 않음
측량방법	평판측량	경위의측량
도면이해	시각적 양호	일반인 이해 곤란(별도의 도면 비치)
측량비용	저렴	고가
기술	고도의 측량기술을 요하지 않음	고도의 측량기술을 요함
정확도	낮음	높음
대상지역	농촌 및 구 시가지	도시지역, 도시개발사업시행지역, 경지정리 사업지역

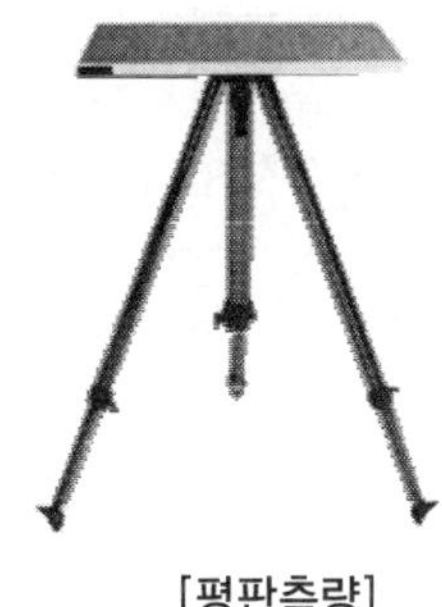

[평판측량]

[경위의측량]

3) 등록방법(등록대상)에 따른 분류

(1) 2차원지적(평면지적)

① 2차원지적은 토지의 고저에 관계없이 수평면상의 투영만을 가상하여 각 필지의 경계를 등록·공시하는 제도로, 일명 평면지적이라고도 한다.

② 2차원지적은 토지의 경계, 지목 등 지표의 물리적 현황만을 등록하는 제도이다. 점과 선을 지적공부인 도면에 기하학적으로 폐쇄된 다각형의 형태로 등록하여 관리하고 있다.

③ 우리나라를 비롯하여 세계 각국에서 일반적으로 가장 많이 채택하고 있는 지적제도이다.

(2) 3차원지적(입체지적)

① 3차원지적은 2차원지적에서 진일보한 지적제도로 우리나라를 비롯한 세계 각국에서 활발하게 연구 중이다.

② 토지의 이용이 다양화됨에 따라 토지의 경계, 지목 등 지표의 물리적 현황은 물론 지상과 지하에 설치된 시설물 등을 수치의 형태로 등록공시 또는 관리를 지원하는 제도로, 일명 입체지적이라고도 한다.

③ 3차원지적은 많은 인력과 시간 및 예산이 소요되는 지적제도이다.

④ 지상의 건축물과 지하의 상수도, 하수도, 전기, 전화선 등 공공시설물을 효율적으로 등록, 관리할 수 있다(시설지적).

⑤ 3차원지적은 지하의 각종 시설물 및 대형화된 구조물의 건설로 토지이용의 입체화가 활발히 진행됨에 따라 지표, 지하, 공중에 형성되는 선과 면, 높이를 나타내는 것이다.

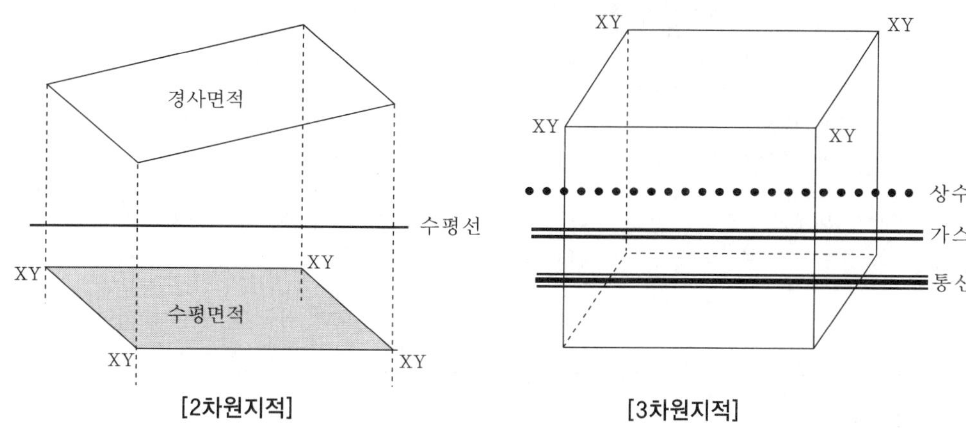

기출문제

지적은 토지의 등록대상에 따라 2차원지적과 3차원지적으로 구분할 수 있다. 이에 대한 설명으로 옳지 않은 것은?

① 2차원지적은 토지의 고저에 관계없이 수평면상의 사영만을 가상하여 그 경계를 등록하는 방법이다.

② 2차원지적은 토지의 경계, 면적, 체적을 지표면상의 값으로 등록하는 것으로 선, 면, 표고로 구성된다.

③ 3차원지적은 지하의 각종 시설물과 대형화된 건축물의 건설로 토지이용의 입체화가 진행됨에 따라 지표, 지하, 지상에 형성되는 특징을 포함한다.

④ 3차원지적은 토지이용이 다양한 사회에 필요한 지적으로 입체지적이라고도 한다.

답 ②

---

2. 지적불부합지

1) 의의

지적불부합지란 지적공부에 등록된 사항과 실제가 부합하지 않는 지역을 말하며, 불부합으로 인하여 분쟁, 토지거래질서의 문란 등 많은 문제점이 발생하고 있는 실정이며, 이에 대한 대책이 요구되고 있다.

2) 원인 및 문제점

(1) 원인

제도상의 원인	유지·관리상의 원인
1. 세부측량 당시의 착오로 인한 오류 2. 측량기준점, 통일원점의 통일성 결여(다양한 원점 사용) 3. 도면 축척의 다양성에 의한 축척 간 접합 시 오류 4. 도해지적의 한계로 인한 오류 5. 지적도와 임야도의 분리등록에 의한 오류	1. 토지의 과다한 이동에 의한 측량 및 정리에 의한 오류 2. 한국전쟁 및 각종 공사 시 기준점 망실 및 복구 시 발생한 오류 3. 도면 재작성 및 복구측량 착오에 의한 오류 4. 도해측량 시 협소지역을 이용한 성과결정에 의한 오류 5. 기초점의 도선편성상 오류 6. 도면 취급 시 훼손에 의한 오류 및 관리의 부실로 인한 오류

(2) 영향

사회적 영향	행정적 영향
1. 빈번한 토지분쟁 2. 토지거래질서의 문란 3. 주민의 권리행사 지장 4. 권리실체 인정의 부실	1. 지적행정의 불신 2. 토지이동정리의 정지 3. 지적공부에 대한 증명발급의 곤란 4. 토지과세의 부정적 5. 부동산등기의 지장초래 6. 공공사업 수행의 지장 7. 소송 수행의 지장

3) 유형

(1) 편위형

① 대단위지역에 대하여 이동측량을 할 경우 평판점의 위치결정의 잘못으로 인하여 발생하는 유형이다.

② 지구단위로 경계위치가 밀리거나 치우쳐 경계선이 집단적으로 밀리는 현상이다.

③ 국지적인 측량에 의하여 성과를 결정할 때 주로 발생하는 유형이다.

④ 지적측량에서 가장 많이 발생하는 유형이며, 측량자가 인지하기 곤란하므로 측량횟수에 비례하여 증가한다.

⑤ 대규모의 편위형이 중복되는 접경지역에서는 중복형 또는 공백형의 불부합지가 형성된다.

⑥ 정정을 위한 행정처리가 복잡하다.

(2) 중복형

① 등록전환측량을 실시할 때 사용한 원점이 서로 다른 경우에 발생하는 유형이다.

② 인접 동·리의 측량 시 경계선 부근에 이미 등록된 다른 토지의 경계선을 대조 또는 확인하지 않아 발생한 측량상의 오류로써 일필지의 경계선이 겹치는 현상으로 나타난다.

③ 쉽게 발견되지 않아 권리행사에 지장을 초래한다.

④ 원점지역의 접촉지역에서 주로 발생한다.

⑤ 기존 등록된 경계선의 충분한 확인 없이 측량했을 때 발생한다.

⑥ 기하학적으로 교집합적인 성격을 띤다.

(3) 공백형

① 지적삼각점 또는 지적삼각보조의 배열과 지적도 근점의 배열이 서로 다른 경우에 등록전환 등 이동측량 시 발생하는 유형이다.

② 국지적인 측량성과 결정으로 인하여 발생하는 오류유형이다.

③ 행정구역(동·리)이 서로 인접하는 부근에서 주로 발생한다.

④ 토지의 경계선이 벌어지는 현상이 대표적이다.

⑤ 기하학적으로 여집합의 성격을 띤다.

(4) 불규칙형

① 일부 기준점의 위치변동에 따른 경계결정 착오로 인하여 일정한 방향으로 밀리거나 중복되지 않고 산발적으로 잘못 등록된 것이다.

② 경계선이 불규칙하게 밀리거나 틀어지는 현상을 말한다.

③ 세부측량 당시부터 잘못 등록되었거나 원인이 불분명하여 규명이 곤란한 오류유형이다.

(5) 위치오류형

① 임야 내 독립적인 전, 답 등 개재지에 대한 측량 착오로 정위치에 등록되지 않는 경우이다.

② 등록된 위치와 현지위치가 서로 다른 유형으로 경계선의 위치가 잘못된 현상이다.

③ 토지의 모양과 면적은 공부와 일치하므로 위치만 수정하여 성과를 결정할 수 있어 비교적 쉽게 불부합해결이 가능하다.

④ 산림 속 경작지에서 주로 발생하는 오류유형이다.

4) 해소방안

① 지적재조사사업의 시행

② 축척변경

③ 등록사항 정정

④ 현 점유상태로 분할 및 합병을 통한 소유권의 재확정

⑤ ADR(Alternative Dispute Resolution)을 이용한 화해, 조정, 중재를 통한 상호 협의 유도

⑥ 지방자치단체별로 불부합지를 위한 임시조치법을 제정하여 부분적 해결 시행

3. 지적재조사사업

1) 개요

지적공부의 등록사항을 조사·측량하여 기존의 지적공부를 디지털에 의한 새로운 지적공부로 대체함과 동시에 지적공부의 등록사항이 토지의 실제 현황과 일치하지 아니하는 경우, 이를 바로잡기 위하여 실시하는 국가사업을 말한다.

2) 필요성 및 기대효과

(1) 필요성

① 지적불부합지의 과다
② 노후화된 지적도면
③ 지적기준점의 정확도 저하
④ 통일원점의 본원적 문제
⑤ 국가좌표체계의 문제

(2) 기대효과

① 지적불부합지의 해소
② 능률적인 지적관리체제 개선
③ 경계복원능력의 향상
④ 지적관리를 현대화하기 위한 수단
⑤ 지적공부의 정확도 및 지적에 포함되는 요소들의 확장

3) 지적재조사사업 시 고려할 사항

① 현재와 미래의 소요 정확도
② 현재와 미래의 재정, 인력, 장비의 확보가능성
③ 전반적 또는 부분적인 업무의 긴급성
④ 지적전산화 등 새로운 기술개발의 가능성
⑤ 지적정리를 위한 인력 및 장비의 확보
⑥ 측량방법의 선택

4) 지적재조사사업 추진체계

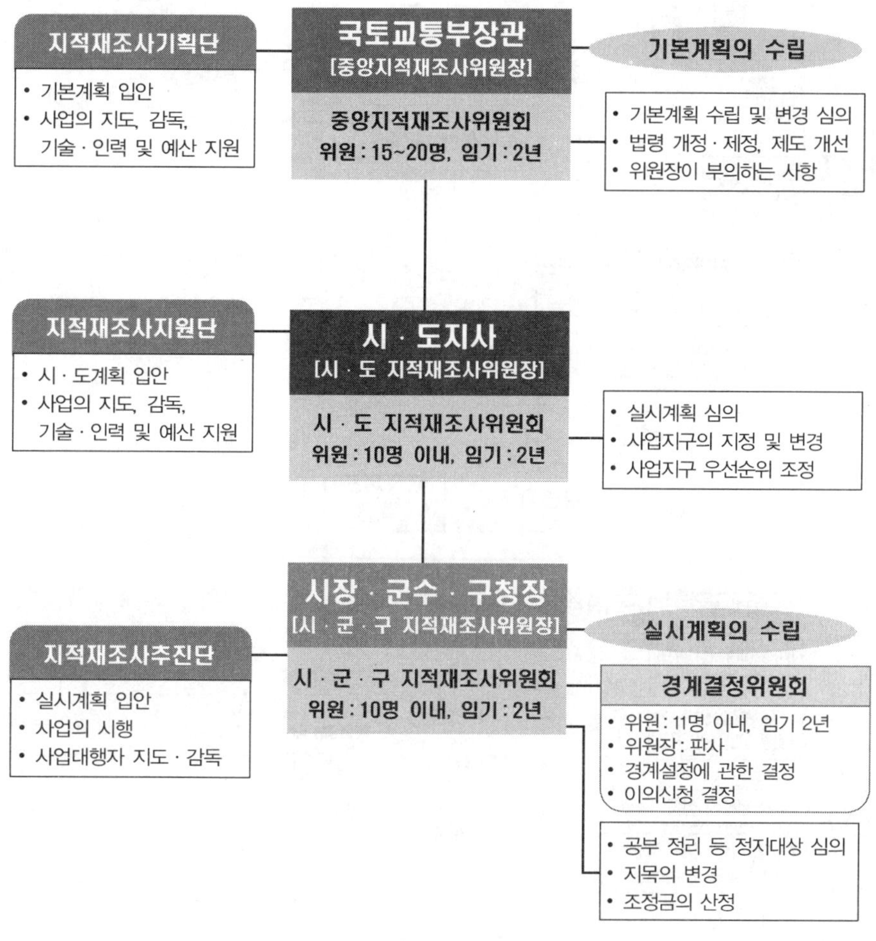

5) 지적재조사사업 추진절차

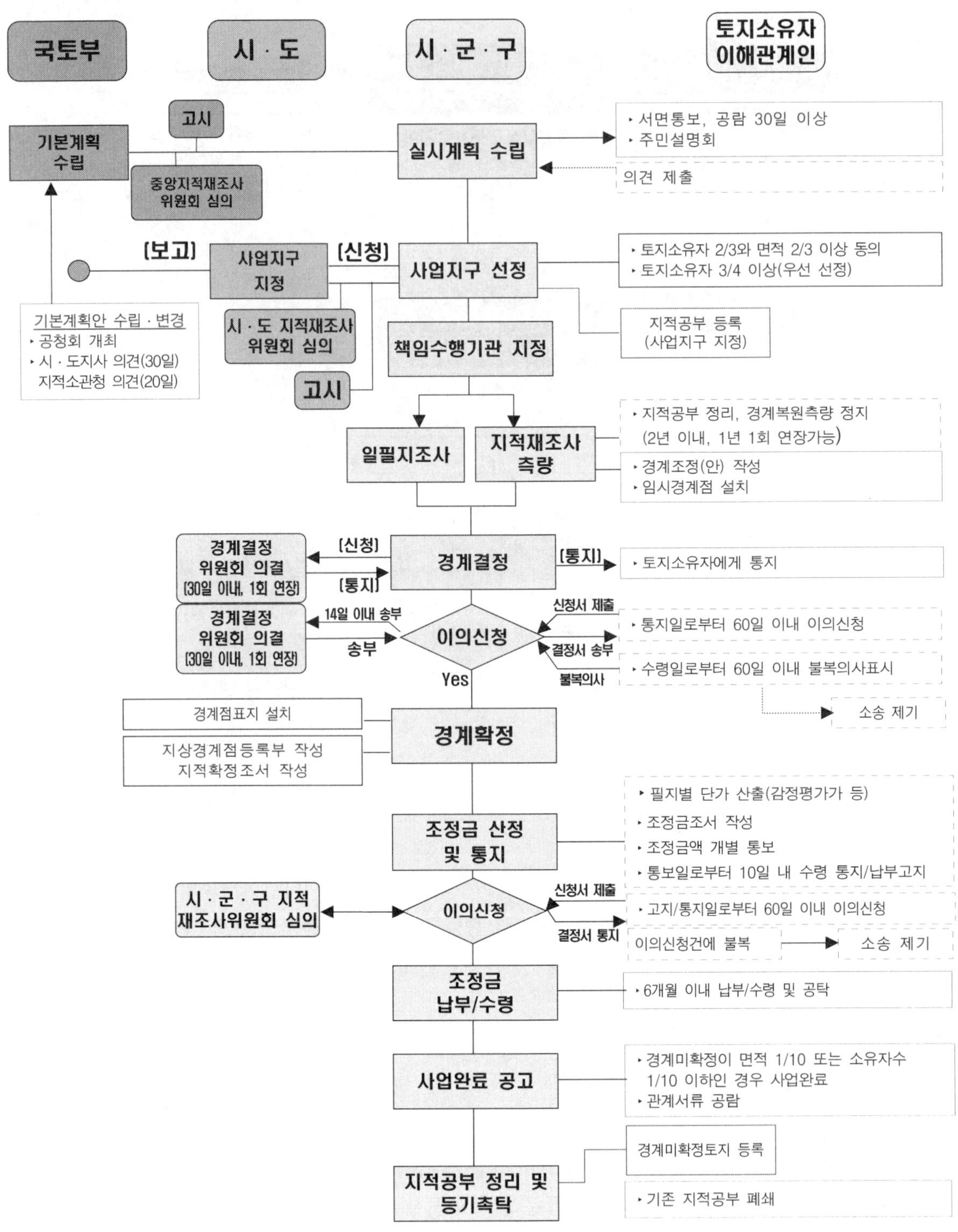

출제 예상문제

01 지적전산의 목적이 아닌 것은?

① 토지정보의 수요에 대한 신속한 대처
② 국가전자산업의 활성화
③ 공공계획 수립의 중요 정보 제공
④ 토지 투기 예방

[해설]

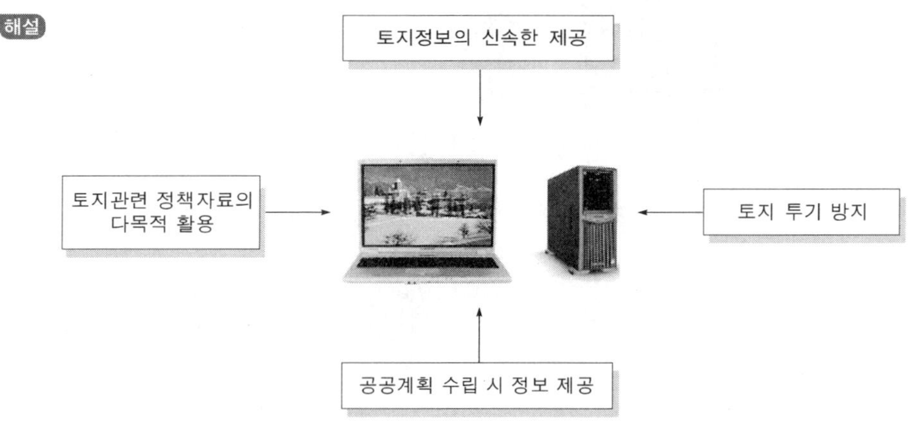

02 다음 중 지적전산업무에 속하지 않는 것은?

① 표준지공시지가 산정
② 지적공부의 데이터베이스화
③ 지적측량성과 작성
④ 필지중심토지정보시스템(PBLIS)의 구축

[해설] 지적전산업무

1. 지적공부의 데이터베이스화
2. 지적측량성과 작성
3. 필지중심토지정보시스템(PBLIS)의 구축

03 지적업무를 전산화하는 데 해당되지 않는 것은?

① 토지관련 정책자료의 다목적 활용
② 국토기본도의 정확한 작성
③ 지적민원의 신속하고 정확한 처리
④ 토지소유자의 현황 파악

해설

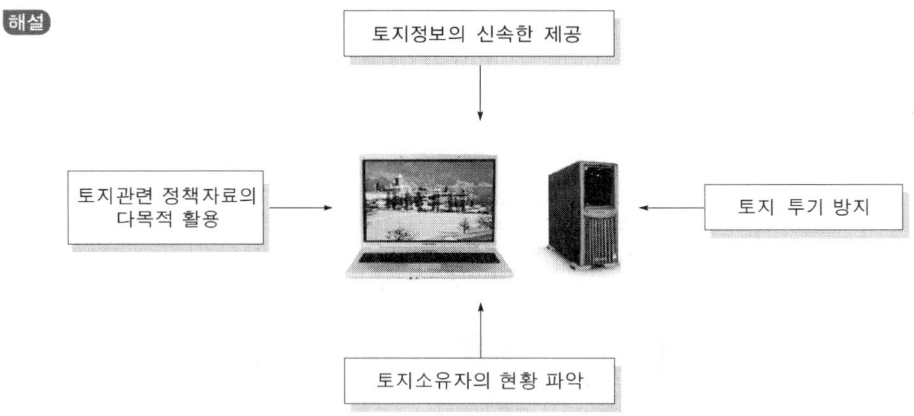

04 지적전산화의 필요성으로 볼 수 없는 것은?

① 지적민원처리의 신속성
② 토지소유자의 현황 파악
③ 전산화를 통한 중앙통제권 강화
④ 토지관련 정책자료의 다목적 활용

해설 지적전산화는 중앙통제보다는 지방행정전산화 촉진에 그 필요성이 크며, 자연인, 법인, 기타 토지소유자 현황 파악이 요구된다.

05 지적행정시스템 개발의 목표가 아닌 것은?

① 지적정보 공동활용 확대
② 지적측량의 수행
③ 유관기관과의 연계기반 구축
④ 지적전산처리절차의 개선

해설 지적행정시스템은 지적정보의 공동활용 확대, 지적전산처리절차의 개선, 관련 기관과의 연계기반 구축을 목표로 하여 개발되었으며, 주요 기능으로는 토지이동관리, 소유권변동관리, 지적업무, 창구민원관리 등 다양한 지적행정업무를 수행한다.

  정답 3. ② 4. ③ 5. ②

06 필지정보를 기초로 한 정보시스템으로, 대축척지적도에 필지경계와 지번 등의 정보를 기초로 하여 도형자료와 속성자료를 연계, 관리하는 시스템은?

① 필지중심토지정보시스템　　　　　　② 지적행정시스템
③ 토지관리정보시스템　　　　　　　　④ 토지정보시스템

해설 필지중심토지정보시스템(Parcel Based Land Information System : PBLIS)은 지적도·토지대장의 통합관리시스템 구축으로 지자체의 지적업무효율화와 토지정책, 도시계획 등의 다양한 정책분야에 기초공간자료의 제공을 목적으로 개발되었다. 즉 대장정보와 도형정보를 통합한 일필지정보를 기반으로 토지의 모든 정보를 다루는 시스템으로써 각종 지적행정업무 수행과 관련 부처 및 타 기관에 제공할 정책정보를 생산하는 시스템을 의미한다. 이러한 필지중심토지정보시스템은 지적공부관리시스템, 지적측량시스템, 지적측량성과작성시스템으로 구성되어 있다.

07 합리적인 토지정책과 효율적인 행정업무 수행을 지원하고 전국 온라인 민원발급 등 민원서비스를 획기적으로 개선하기 위해 시작된 사업은?

① 토지정보시스템　　　　　　　　　　② 필지중심토지정보시스템
③ 토지관리정보시스템　　　　　　　　④ 한국토지정보시스템

해설 지적전산소프트웨어

구 분	의 의
지적행정시스템	지적행정시스템은 지적정보의 공동활용 확대, 지적전산처리절차의 개선, 관련 기관과의 연계기반 구축을 목표로 하여 개발되었으며, 주요 기능으로는 토지이동관리, 소유권변동관리, 지적업무, 창구민원관리 등 다양한 지적행정업무를 수행한다. 이 시스템은 시·도에서 관리하던 토지기록전산온라인시스템을 시·군·구로 이관하여 관리하게 되며, 토지대장, 임야대장 등의 속성정보만을 관리하는 시스템이다.
필지중심토지정보시스템 (PBLIS)	필지중심토지정보시스템(Parcel Based Land Information System : PBLIS)은 지적도·토지대장의 통합관리시스템 구축으로 지자체의 지적업무 효율화와 토지정책, 도시계획 등의 다양한 정책분야에 기초공간자료 제공을 목적으로 개발되었다. 즉 대장정보와 도형정보를 통합한 일필지정보를 기반으로 토지의 모든 정보를 다루는 시스템이다.
토지관리정보시스템 (LMIS)	토지종합정보망구축사업은 토지관리정보시스템(Land Management Information System : LMIS)사업이 모체가 되어 합리적인 토지정책과 효율적인 행정업무 수행을 지원하고 전국 온라인 민원발급 등 민원서비스를 획기적으로 개선하기 위해 시작된 사업이다.
한국토지정보시스템 (KLIS)	한국토지정보시스템(Korea Land Information System : KLIS)은 국가적인 정보화사업을 효율적으로 추진하기 위하여 행정자치부의 필지중심토지정보시스템(PBLIS)과 국토교통부의 토지종합정보망(LMIS)을 하나의 시스템으로 통합하여 전산정보의 공공 활용과 행정의 효율성 제고를 위해 행정자치부와 국토교통부가 공동주관으로 추진하고 있는 정보화사업이다.

08 다음 중 지적전산화의 목적으로 옳지 않은 것은?

① 토지소유자의 현황 파악
② 토지관련 정책자료의 다목적 활용
③ 지적관련 민원의 신속한 처리
④ 전산화를 통한 중앙 통제권 강화

해설 지적전산화의 목적

1. 토지정보의 수요에 대한 신속한 정보 제공
2. 공공계획의 수립에 필요한 정보 제공
3. 토지 투기의 예방
4. 행정자료 구축과 행정업무에 이용
5. 다른 정보자료 등과의 연계
6. 민원인에 대한 신속한 대처

09 지적전산화의 목적으로 틀린 것은?

① 지심좌표계의 채택
② 토지정보의 다목적 활용
③ 토지소유현황의 신속한 파악
④ 지적관련 민원의 신속한 처리

해설 지적전산화의 목적

1. 토지정보의 수요에 대한 신속한 정보 제공
2. 공공계획의 수립에 필요한 정보 제공
3. 행정자료 구축과 행정업무에 이용
4. 다른 정보자료 등과의 연계
5. 민원인에 대한 신속한 대처

10 지적도전산화작업의 목적으로 옳지 않은 것은?

① 지적도의 대량 생산 및 배포
② 대민서비스의 질적 수준 향상
③ 정확한 지적측량자료의 이용
④ 지적도 원형보관관리의 어려움 해소

해설 지적도전산화 목적

1. 국가지리정보에 기본정보로 관련 기관이 공동으로 활용할 수 있는 기반 조성(공공계획 수립의 중요정보 제공)
2. 지적도면의 신축으로 인한 원형보관 · 관리의 어려움 해소
3. 정확한 지적측량자료 활용
4. 토지대장과 지적도면을 통합한 대민서비스 질적 향상
5. 토지정보의 수요에 대한 신속한 대처
6. 토지정보시스템의 기초 데이터 활용

　　　📝 **정답** 8. ④ 9. ① 10. ①

11 다음 중 지적전산용 하드웨어가 아닌 것은?

① 디지타이저
② 워크스테이션
③ 플로터
④ 초고속 정보통신망

해설 하드웨어

GSIS를 운용하는 데 필요한 컴퓨터와 각종 입·출력장치 및 자료관리장치를 말하며, 워크스테이션, 컴퓨터 등과 같은 주작업장치들이 있다. 스캐너, 프린터, 플로터, 디지타이저를 비롯한 각종 주변장치들을 포함하며, 정보의 공유를 위한 네트워크장비들도 포함된다.

12 다음 중 GSIS에서 출력장치에 해당하는 것은?

① 마이크
② 터치스크린
③ 모니터
④ 키보드

해설 출력장치 : 플로터, 프린터, 모니터

13 다음 중 GSIS의 기본적인 구성요소와 거리가 먼 것은?

① 데이터베이스　　　　　　　　② 하드웨어
③ 소프트웨어　　　　　　　　　④ 보안시스템

해설 인간의 생활에 필요한 토지정보를 효율적으로 활용하기 위한 토지정보체계는 주요 5가지 구성요소인 데이터, 소프트웨어, 하드웨어, 인적자원, 방법(애플리케이션)으로 구성되어 있다.

14 토지기록전산화의 기대효과로 가장 거리가 먼 것은?

① 토지정보관리의 과학화
② 지방행정전산화의 기반 조성
③ 토지정책정보의 공동 이용
④ 국토기본도 작성체계의 확립

관리적 기대효과	정책적 기대효과
1. 토지정보관리의 과학화 　• 정확한 토지정보관리 　• 토지정보의 신속 처리 2. 주민 편익 위주의 민원 쇄신 　• 민원의 신속 정확 처리 　• 대정부 신뢰성 향상 3. 지방행정전산화의 기반 조성 　• 전산요원 양성 및 기술 축적 　• 지방행정 정보관리능력 제고	1. 토지정책정보의 공동이용 　• 토지정책정보의 공동이용 　• 정책정보의 다목적 활용 2. 건전한 토지거래질서 확립 　• 토지 투기 방지효과 보완 　• 세무행정의 공정성 확보 3. 국토의 효율적 이용관리 　• 국토이용현황의 정확 파악 　• 국공유재산의 효율적 관리

15 토지기록전산화의 정책적, 관리적 기대효과 중 관리적 기대효과에 해당하지 않는 것은?

① 건전한 토지거래질서 확립
② 토지정보관리의 과학화
③ 주민 편익 위주의 민원 처리
④ 지방행정전산화 기반 조성

해설 토지기록전산화 기대효과

관리적 기대효과	정책적 기대효과
1. 토지정보관리의 과학화 2. 주민 편익 위주의 민원 쇄신 3. 지방행정전산화의 기반 조성	1. 토지정책정보의 공동이용 2. 건전한 토지거래질서 확립 3. 국토의 효율적 이용관리

16 지적업무전산화를 목표로 지적법을 전면개정하여 대장의 속성에서 필지별 고유번호, 지목, 사유, 소유권변동원인 등을 최초로 코드화한 시기로 옳은 것은?

① 1950. 12. 1.　　　　　　② 1975. 12. 31.
③ 1995. 1. 5.　　　　　　④ 2001. 1. 27.

해설 1975년 지적법령의 전문을 개정하고 지적업무전산화에 대한 기반을 조성하였으며, 대장의 속성에서 필지별 고유번호, 지목, 사유, 소유권변동원인 등을 최초로 코드화하였다.

17 토지·임야대장 전산화를 위한 기반 조성내역이 아닌 것은?

① 토지·임야대장의 카드화
② 소유자 주민등록번호의 등재정리
③ 면적단위의 미터법 환산정리
④ 원시자료 취득을 위한 재측량

해설 토지기록전산화의 기반 조성

1. 대장의 서식을 부책식에서 카드식으로 개정
2. 면적단위를 척관법에 의한 평(坪)과 보(步)에서 미터법에 의한 '평방미터(m^2)'로 개정
3. 소유권 주체의 고유번호화
4. 지목·토지이동연혁·소유권변동연혁 등의 코드화 및 업무의 표준화
5. 수치지적부(현, 경계점좌표등록부)의 도입

18 지적업무의 정보화를 목표로 1977년부터 시작된 사전 기반 조성작업이 아닌 것은?

① 토지·임야대장 부책화
② 소유자 주민등록번호 등재정리
③ 지적법령 정비
④ 토지소유자의 유형별 구분 및 고유번호 부여

해설 지적전산화의 기반 조성

1. 대장의 서식을 부책식에서 카드식으로 개정
2. 면적단위를 척관법에 의한 평(坪)과 보(步)에서 미터법에 의한 '평방미터(m^2)'로 개정
3. 소유권 주체의 고유번호화
4. 지목·토지이동연혁·소유권변동연혁 등의 코드화 및 업무의 표준화
5. 수치지적부(현, 경계점좌표등록부)의 도입

19 토지기록전산화의 추진을 위한 준비단계의 내용으로 옳은 것은?

① 지적도·임야도의 카드화
② 토지소유자 주민등록번호 등재정리
③ 면적을 평단위로 환산 등록
④ 조사·위성측량을 통한 새로운 데이터 취득

해설 지적전산화의 기반 조성

1. 대장의 서식을 부책식에서 카드식으로 개정
2. 면적단위를 척관법에 의한 평(坪)과 보(步)에서 미터법에 의한 '평방미터(m^2)'로 개정
3. 소유권 주체의 고유번호화
4. 지목·토지이동연혁·소유권변동연혁 등의 코드화 및 업무의 표준화
5. 수치지적부(현, 경계점좌표등록부)의 도입

20 토지대장전산화를 위하여 실시한 준비사항이 아닌 것은?

① 지적법령의 정비
② 토지·임야대장의 카드화
③ 면적표시의 평단위 통일
④ 소유권 주체의 고유번호 코드화

 지적전산화의 기반 조성

1. 지적법령의 정비
2. 토지·임야대장의 카드화
3. 면적표시를 제곱미터로 변경
4. 소유권 주체의 고유번호 코드화와 표준화
5. 경계점좌표등록부의 도입

21 다음 중에서 가장 늦게 출현한 시스템은?

① 한국토지정보시스템(KLIS)
② 토지종합정보망(LMIS)
③ 필지중심토지정보시스템(PBLIS)
④ 지적행정시스템

 한국토지정보시스템(Korea Land Information System : KLIS)은 2001년 국가적인 정보화사업을 효율적으로 추진하기 위하여 행정자치부의 필지중심토지정보시스템(PBLIS)과 국토교통부의 토지종합정보망(LMIS)을 하나의 시스템으로 통합하여 전산정보의 공공 활용과 행정의 효율성 제고를 위해 행정자치부와 국토교통부가 공동주관으로 추진하고 있는 정보화사업이다.

22 지적정보 중 토지대장과 임야대장의 속성정보를 활용한 최초의 정보화사업은?

① 토지기록전산화
② 토지종합전산망
③ 필지중심토지정보시스템
④ 한국토지정보시스템

 토지기록전산화의 기반이 되는 토지대장 및 임야대장의 전산화를 신속·정확하게 하고 업무의 능률성을 도모하기 위하여 1982년에 토지기록전산입력자료작성지침을 전국에 시달하고 시·군·구는 전국필지에 대한 원시자료를 작성하고 전산화 입력작업을 시작하였다.

23 1970년대에 우리나라 정부가 지정한 지적전산화업무의 최초 시범지역은?

① 대구
② 대전
③ 서울
④ 부산

 1970년대에 우리나라 정부가 지정한 지적전산화업무의 최초 시범지역은 대전이다.

24 우리나라의 주요 토지정보체계구축사업을 착수된 시점이 빠른 순으로 바르게 나열한 것은?

① KLIS → PBLIS → LMIS
② PBLIS → KLIS → LMIS
③ PBLIS → LMIS → KLIS
④ LMIS → KLIS → PBLIS

 토지정보체계구축사업 순서 : PBLIS(1996) → LMIS(1998) → KLIS(2001)

25 지적전산화작업과정에서 데이터 오류가 발생할 수 있는 것으로 옳지 않은 것은?

① 자료수집(Data Collection)
② 자료 입력(Data Input)
③ 자료조작(Data Manipulation)
④ 자료표시(Data Display)

해설 지적전산화작업과정에서 발생하는 데이터 오류
1. 자료수집(Data Collection)
2. 자료 입력(Data Input)
3. 자료조작(Data Manipulation)

26 다목적 지적제도의 5대 구성요소에 해당되지 않는 것은?

① 측지기준망(Geodetic Reference Network)
② 기본도(Base Map)
③ 지적중첩도(Cadastral Overlay Map)
④ 토지정보직무(Land Information Function)

해설 다목적 지적의 5대 구성요소 : 측지기준망, 기본도, 중첩도, 필지식별번호, 토지자료파일

27 다목적 지적제도의 3대 구성요소에 해당하지 않는 것은?

① 측지기준망　　　　　　　② 기본도
③ 중첩도　　　　　　　　　④ 토지소유자

해설 다목적 지적의 구성요소

3대 구성요소	측지기준망, 기본도, 중첩도
5대 구성요소	측지기준망, 기본도, 중첩도, 필지식별번호, 토지자료파일

28 필지를 개별화하고 대장과 도면의 등록사항을 연결하는 역할을 하는 것은?

① 필지식별번호　　　　　　② 토지자료화일
③ 지적중첩도　　　　　　　④ 측지기준망

해설 필지식별자
1. 의의
   각 필지의 등록사항의 저장과 수정 등을 용이하게 처리할 수 있는 가변성 없는 고유번호를 필지식별자라 한다.
2. 역할
   ① 대장의 속성정보와 도면의 도형정보를 연결
   ② 토지정보의 위치식별 역할
   ③ 도형정보이 수집, 검색, 조회 등의 key 역할

29 다목적 지적의 구성요소가 아닌 것은?

① 측지기본망　　　　　　　　　　② 필지식별번호
③ 기본도　　　　　　　　　　　　④ 경계표지

[해설] 다목적 지적의 구성요소 : 측지기본망, 기본도, 중첩도, 필지식별번호, 토지자료파일

30 필지식별자(Parcel Identifier)에 대한 설명 중 틀린 것은?

① 각 필지의 등록사항의 저장, 검색, 수정 등을 처리하는 데 이용한다.
② 필지별 대장의 등록사항과 도면의 등록사항을 연결시킨다.
③ 지적도에 등록된 모든 필지에 부여하여 개별화한다.
④ 경우에 따라서 변경이 가능하다.

[해설] 필지식별번호
각 필지별 등록사항의 저장과 수정 등을 쉽게 처리할 수 있는 가변성이 없는 고유번호를 말한다.

31 필지식별번호에 대한 설명으로 틀린 것은?

① 각 필지별 등록사항의 저장과 수정 등을 용이하게 처리할 수 있는 고유번호이다.
② 필지에 관련된 자료의 공통적인 색인번호 역할을 한다.
③ 각 필지에 부여하며 가변성이 있는 번호이다.
④ 필지별 대장의 등록사항과 도면의 등록사항을 연결하는 기능을 향상시켜 주고 있다.

[해설] 필지식별번호
각 필지별 등록사항의 저장과 수정 등을 쉽게 처리할 수 있는 가변성이 없는 고유번호를 말한다.

32 지적은 토지의 등록대상에 따라 2차원지적과 3차원지적으로 구분할 수 있다. 이에 대한 설명
으로 옳지 않은 것은?

① 2차원지적은 토지의 고저에 관계없이 수평면상의 사영만을 가상하여 그 경계를 등록하는
방법이다.
② 2차원지적은 토지의 경계, 면적, 체적을 지표면상의 값으로 등록하는 것으로 선, 면, 표고
로 구성된다.
③ 3차원지적은 지하의 각종 시설물과 대형화된 건축물의 건설로 토지이용의 입체화가 진행
됨에 따라 지표, 지하, 지상에 형성되는 특징을 포함한다.
④ 3차원지적은 토지이용이 다양한 사회에 필요한 지적으로 입체지적이라고도 한다.

[해설] 2차원지적은 체적과 표고를 표현할 수 없다.

33 지적재조사사업이 필요한 이유로 가장 거리가 먼 것은?

① NGIS 구축　　　　　　　　　　② 지적도면의 노후화
③ 지적불부합지의 과다　　　　　　④ 통일원점의 본원적 문제

　　　📝 **정답**　29. ④　30. ④　31. ③　32. ②　33. ①

[해설] 지적재조사사업의 필요성
1. 지적불부합지의 과다
2. 노후화된 지적도면
3. 지적기준점의 정확도 저하
4. 통일원점의 본원적 문제
5. 국가좌표체계의 문제

34 지적재조사사업의 필요성으로 옳지 않은 것은?

① 지적불부합지의 과다
② 경계복원능력의 향상
③ 노후화된 지적도면
④ 지적관리인력 확장

[해설] 지적재조사사업의 필요성
1. 지적불부합지의 과다
2. 노후화된 지적도면
3. 지적기준점의 정확도 저하
4. 통일원점의 본원적 문제
5. 국가좌표체계의 문제

35 발전단계에 따른 지적제도 중 토지정보체계의 기초가 되는 것은?

① 과세지적
② 법지적
③ 소유지적
④ 다목적 지적

[해설] 다목적 지적(Multipurpose Cadastre)
1필지를 단위로 토지관련 정보를 종합적으로 등록하는 제도로서, 토지에 관한 물리적 현황은 물론 법률적, 재정적, 경제적 정보를 포괄하는 제도이며, 토지정보시스템의 기초가 된다.

36 다목적 지적의 3대 구성요소가 아닌 것은?

① 측지기준망
② 기본도
③ 지하시설물도
④ 중첩지적도

[해설] 다목적 지적의 3대 구성요소 : 측지기준망, 기본도, 중첩도

37 지적재조사의 필요성으로 가장 거리가 먼 것은?

① 능률적인 지적관리체제로의 개선
② 부동산중개업무의 원활
③ 지적불부합지문제 해소
④ 토지의 경계복원능력 향상

정답 34. ④ 35. ④ 36. ③ 37. ②

 지적재조사사업의 기대효과

1. 지적불부합지의 해소
2. 능률적인 지적관리체제 개선
3. 경계복원능력의 향상
4. 지적관리를 현대화하기 위한 수단
5. 지적공부의 정확도 및 지적에 포함되는 요소들의 확장

38 토지정보체계 구축을 위한 장비와 그 용도가 잘못 연결된 것은?

① 디지타이저 : 지적도면 좌표 취득장비
② 스캐너 : 지적도면 입력장비
③ CAD : 지적도면 좌표 취득 및 편집용 소프트웨어
④ 라우터 : 서버S/W장비

 라우터

패킷의 위치를 추출하여 그 위치에 대한 최상의 경로를 지정하며, 이 경로를 따라 데이터 패킷을 다음 장치로 전향시키는 장치이다.

39 운영체제(O/S)의 종류가 아닌 것은?

① Unix
② GEOS
③ Windows 7
④ OGC

 운영체제 : MS-DOS, GEOS, Windows 2000, Windows XP, Windows NT, UNIX 등

40 지리정보시스템(GIS)의 구현을 위한 다양한 소프트웨어가 개발되었다. 지리적 분석이 가능한 GIS전용 소프트웨어로 옳지 않은 것은?

① Arc/Info
② ArcView
③ ArcGIS
④ GPSurvey

 GIS전용 소프트웨어 : Arc/Info, ArcView, ArcGIS

41 지적재조사사업을 실시함으로써 기대되는 효과로 관계가 적은 것은?

① 국토에 관련된 정확한 자료 제공
② 토지관련 자료전산화 기반 조성
③ 토지관련 과세자료 구축
④ 토지관련 자료의 제한적 이용

목 적	효 과
1. 지적불부합지의 해소	1. 국토에 관련된 정확한 자료 제공
2. 능률적인 지적관리체제 개선	2. 토지관련 자료전산화 기반 조성
3. 경계복원능력의 향상	3. 토지관련 과세자료 구축
4. 지적관리를 현대화하기 위한 수단	4. 토지관련 자료의 제공
5. 지적공부의 정확도 및 지적에 포함되는 요소들의 확장	5. 토지소유권의 공시에 대한 국민의 신뢰
	6. 지적전산화작업의 성공적인 기반 조성

  정답 38. ④ 39. ④ 40. ④ 41. ④

42 다음 중 지적재조사의 목적으로서 적당하지 않은 것은?

① 지적불부합지의 해소와 경계복원능력의 향상
② 지적공부의 용도를 개량 · 확장함으로써 질적 향상 도모
③ 지적관리의 합리화와 효율화 증진
④ 지적관리인력의 증가와 기구의 확장

해설 지적재조사의 목적 및 효과

목 적	효 과
1. 지적불부합지의 해소	1. 국토에 관련된 정확한 자료 제공
2. 능률적인 지적관리체제 개선	2. 토지관련 자료전산화 기반 조성
3. 경계복원능력의 향상	3. 토지관련 과세자료 구축
4. 지적관리를 현대화하기 위한 수단	4. 토지관련 자료의 제공
5. 지적공부의 정확도 및 지적에 포함되는 요소	5. 토지소유권의 공시에 대한 국민의 신뢰
들의 확장	6. 지적전산화작업의 성공적인 기반 조성

43 지적법이 제정되기 이전까지 지적법령의 변천연혁을 바르게 나열한 것은?

① 토지조사법 → 토지조사령 → 지세령 → 조선지세령 → 조선임야조사령 → 지적법
② 토지조사법 → 지세령 → 토지조사령 → 조선지세령 → 조선임야조사령 → 지적법
③ 토지조사법 → 토지조사령 → 지세령 → 조선임야조사령 → 조선지세령 → 지적법
④ 토지조사법 → 지세령 → 조선임야조사령 → 토지조사령 → 조선지세령 → 지적법

해설

44 다음 중 법령의 제정순서가 옳은 것은?

① 토지조사령 → 조선임야조사령 → 지세령 → 지적법
② 조선임야조사령 → 토지조사령 → 지세령 → 지적법
③ 토지조사령 → 지세령 → 조선임야조사령 → 지적법
④ 지세령 → 조선임야조사령 → 토지조사령 → 지적법

해설 토지조사령(1912) ▸ 지세령(1914) → 조선임야조사령(1918) → 조선지세령(1943) → 지적법(1950)

45 다음은 지적제도에 대한 설명이다. 이 중 틀린 것은?

① 우리나라는 법지적, 도해지적, 수치지적, 2차원지적, 적극적 지적을 채택하고 있다.
② 우리나라는 지적과 등기에 있어서 선등기 후등록의 원칙을 취하고 있다.
③ 도해지적은 토지의 경계를 도면 위에 표시하는 지적제도로서 각 필지의 경계점을 일정한
축척의 도면 위에 기하학적으로 폐합된 다각형의 형태로 표시하여 등록하는 제도이다.
④ 다목적 지적제도의 5대 구성요소로는 측지기준망, 기본도, 지적중첩도, 필지식별번호, 토
지자료 파일이다.

해설 소유권보존등기를 신청하는 경우 대장등본을 첨부하여야 한다. 따라서 대장을 작성하기 위해서는 토지의
경우 먼저 지적공부에 등록하여야 한다(선등록 후등기의 원칙).

46 다음 중 토지정보체계의 기초가 되는 다목적 지적의 기본요소가 아닌 것은?

① 측지기준망
② 토지정책자료
③ 기본도
④ 지형도

해설 다목적 지적의 구성요소

1. **측지기준망**(goodetic reference network)

   측지기준망은 지상에 영구적으로 표시되어 도면상에 등록된 경계선을 현지에 복원할 수 있는 정확도
   를 유지하여야 한다. 측량의 기준이 되는 좌표체계로서 일반적 측량기법뿐만 아니라 인공위성을 이용
   한 GPS측량을 이용하여 정확성 및 경제성을 도모해야 한다. 따라서 측지기준망이란 지적측량의 기준
   이 되는 삼각점들을 연결한 삼각망, 수준점들을 연결한 수준망을 의미한다.

2. **기본도**(base map)

   측지기준망을 기초로 하여 작성된 도면으로서 지도 작성에 필요한 정보를 일정한 축척의 도면 위에 등
   록한 것이다.

3. **중첩도**(cadastral overlay)

   측지기준망 및 기본도와 연계하여 활용할 수 있고 토지소유권에 대한 경계를 식별할 수 있도록 명확히
   구분하여 정한 토지의 등록단위인 필지를 등록한 지적도와 시설물도, 토지이용도, 지역지구도 등을 결
   합한 상태의 도면을 말한다.

4. **필지식별번호**(unique parcel identification number)

   각 필지별 등록사항의 저장과 수정 등을 쉽게 처리할 수 있는 가변성이 없는 고유번호를 말한다.

5. **토지자료파일**(land data file)

   토지자료파일은 필지식별번호가 포함된 일련의 공부 또는 토지자료철로, 과세대장, 건축물관리대장,
   천연자원기록, 기타 토지이용, 도로, 시설물 등 토지관련 자료를 등록한 대장을 뜻한다. 필지식별번호
   에 의거하여 상호 정보교환과 자료검색이 가능하다.

　　　✎ **정답**　45. ② 46. ④

47 다음 설명 중 틀린 것은?

① 3차원지적은 2차원지적에서 진일보한 지적제도로 우리나라를 비롯한 세계 각국에서 활발하게 연구 중이다.

② 다목적 지적은 법지적에서 진일보한 제도로서 토지과세 및 토지거래의 안전, 토지소유권 보호 등이 주요 목적인 지적제도로서, 일명 소유지적이라고도 한다.

③ 도해지적은 수치지적에 비해 정확도가 떨어지며, 도지의 신축에 영향을 받는 단점이 있으나, 시각적으로 양호한 장점을 가지고 있다.

④ 수치지적이란 토지의 경계점을 도해적으로 표시하지 않고 수학적인 좌표로서 표시하는 방법이다.

해설 다목적 지적은 1필지를 단위로 토지관련 정보를 종합적으로 등록하는 제도로서 토지에 관한 물리적 현황은 물론 법률적, 재정적, 경제적 정보를 포괄하는 제도이며, 종합지적(유사지적, 경제지적, 통합지적)이라고도 한다. 소유지적은 법지적을 의미한다.

48 토지소유권을 보호하는 데 주목적을 두고 토지의 등록사항이 정확하지 못할 경우 발생하는 손해에 대하여 선의의 제3자를 보호하기 위한 지적제도는?

① 다목적 지적
② 토지정보시스템
③ 법지적
④ 세지적

해설 발전과정에 따른 분류

세지적	법지적	다목적 지적
1. 과세지적 2. 국가재정(토지세) 3. 면적 정확도	1. 소유지적, 경계지적 2. 토지과세 3. 토지거래의 안전 4. 토지소유권 보호 5. 위치 정확도	1. 종합지적, 통합지적, 유사지적, 경제지적 2. 1필지의 토지관련 정보를 종합적으로 등록하고 정보 제공 3. 토지에 관한 물리적 현황은 물론, 기술적, 법률적, 재정적, 경제적 정보를 모두 담은 지적

49 지적재조사를 실시할 때 선행되지 않아도 되는 것은?

① 전문인력 확보
② 시범측량 실시
③ 지적재조사의 재원 확보를 위한 세제 개편
④ 대법원에 계류 중인 토지소유권 소송 중지

해설 지적재조사 시 선행사항

1. 전문인력 확보
2. 시범측량 실시
3. 지적재조사의 재원 확보를 위한 세제 개편

정답 47. ② 48. ③ 49. ④

50 다음 지적제도 중에서 토지정보시스템과 밀접한 관계가 있는 것은?

① 세지적   ② 경제지적
③ 법지적   ④ 지적도근점
⑤ 소유지적

> **해설** 토지정보시스템이란 다목적 지적(경제지적)을 통하여 구체적으로 관련되는 토지정보를 수록한 실질적인
> 지적전산화를 뜻하며, 궁극적으로는 한 국가의 모든 토지와 관련된 법률적, 행정적, 경제적 자료의 개발
> 및 계획의 자료, 사회복지를 위한 자료들을 체계적으로 수집, 공급하는 것을 말한다.

51 각종 행정업무의 무인자동화를 위해 가판대와 같이 공공시설, 거리 등에 설치하여 대중들이
쉽게 사용할 수 있도록 설치한 단말기를 무엇이라 하는가?

① 키오스크   ② 인트라넷
③ 인터넷   ④ 웹LIS

> **해설** 키오스크란 각종 행정업무의 무인자동화를 위해 가판대와 같이 공공시설, 거리 등에 설치하여 대중들이
> 쉽게 사용할 수 있도록 터치스크린, 멀티미디어, 네트워크기술과 사용용도에 필요한 주변장치를 탑재한
> 무인자동단말기를 말한다.

52 지적불부합지가 많을 경우의 지적공부에 대한 취약성과 가장 거리가 먼 것은?

① 토지분쟁의 빈발   ② 거래질서의 문란
③ 토지형질변경의 정지   ④ 지적행정의 불신 초래

> **해설** 지적불부합지에 따른 문제점

원 인	문제점
1. 세부측량 당시의 오류 2. 세부원점의 통일성 결여 3. 이동지 정리의 오류 4. 지적복구측량의 착오	1. 토지분쟁과 거래질서의 문란 2. 지적행정의 불신 초래 3. 지적공부에 대한 증명발급의 곤란 4. 부동산등기의 지장 초래 5. 토지과세의 부적정 6. 공공사업 수행의 지장

53 다음 중 지적재조사의 효과로 볼 수 없는 것은?

① 지적과 등기의 책임부서를 명백히 할 수 있음
② 국토개발과 토지이용의 정확한 자료 제공
③ 행정구역의 합리적 조정을 위한 기초자료
④ 토지소유권의 공시에 대한 국민의 신뢰 확보

> **해설** 지적재조사의 효과
> 1. 국토개발과 토지이용의 정확한 자료 제공
> 2. 행정구역의 합리적 조정을 위한 기초자료
> 3. 토지소유권의 공시에 대한 국민의 신뢰 확보
> 4. 과세자료의 획득
> 5. 현실에 부합하는 지목, 경계, 지번제도 확립

정답   50. ②   51. ①   52. ③   53. ①

54 삼각점 또는 도근점 계열과 도선의 배열이 다른 경우에 신규등록, 등록전환과 같은 이동지정
리에 나타나는 지적불부합의 유형은?

① 공백형　　　　　　　　　　　　　　② 편위형
③ 중복형　　　　　　　　　　　　　　④ 불규칙형

[해설] 지적불부합지의 유형

1. **편위형** : 대단위지역에 대하여 이동측량을 할 경우 측판점의 위치결정의 잘못으로 인하여 발생하는 유형
2. **중복형** : 등록전환측량을 실시할 때 사용한 원점이 서로 다른 경우에 발생하는 유형
3. **공백형** : 삼각점 또는 보조삼각점의 배열과 도근점의 배열이 서로 다른 경우에 등록전환 등 이동측량 시 발생하는 유형
4. **불규칙형** : 일부 기준점의 위치변동에 따른 경계결정 착오로 인하여 일정한 방향으로 밀리거나 중복되지 않고 산발적으로 잘못 등록된 것
5. **위치오류형** : 임야 내 독립적인 전, 답 등 개재지에 대한 측량 착오로 정위치에 등록되지 않는 경우

55 지적재조사의 목적으로 보기 어려운 것은?

① 경계복원능력의 향상　　　　　　　② 지적불부합지의 해소
③ 지적공부의 양적 향상 도모　　　　④ 능률적인 지적관리체제로 개선

[해설] 지적재조사의 목적 및 효과

목 적	효 과
1. 지적불부합지의 해소 2. 능률적인 지적관리체제 개선 3. 경계복원능력의 향상 4. 지적관리를 현대화하기 위한 수단 5. 지적공부의 정확도 및 지적에 포함되는 요소들의 확장	1. 국토에 관련된 정확한 자료 제공 2. 토지관련 자료전산화 기반 조성 3. 토지관련 과세자료 구축 4. 토지관련 자료의 제공 5. 토지소유권의 공시에 대한 국민의 신뢰 6. 지적전산화작업의 성공적인 기반 조성

56 지적불부합토지가 우리에게 주는 영향이 아닌 것은?

① 토지에 대한 권리행사에 지장을 초래한다.
② 지적행정의 불신을 초래한다.
③ 정확한 토지이용계획을 수립할 수 있게 한다.
④ 공공사업의 수행에 지장을 초래한다.

[해설] 지적불부합에 따른 문제점

사회적 영향	행정적 영향
1. 빈번한 토지분쟁 2. 토지거래질서의 문란 3. 주민의 권리행사 지장 4. 권리실체 인정의 부실	1. 지적행정의 불신 2. 토지이동정리의 정지 3. 지적공부에 대한 증명발급의 곤란 4. 토지과세의 부정적 5. 부동산등기의 지장초래 6. 공공사업 수행의 지장 7. 소송 수행의 지장

01 개 요

1. 의의

지적정보에 대한 표준적인 정의는 없으나 일반적으로 「공간정보의 구축 및 관리 등에 관한 법률」에 의거 작성하여 지적소관청에서 관리하는 지적공부에 수록된 정보를 의미한다. 따라서 구체적인 지적정보의 개념은 속성정보로 토지대장, 임야대장, 공유지연명부, 대지권등록부 등과 도형정보로 지적도, 임야도, 경계점좌표등록부 등에 수록되어 있는 정보를 의미한다.

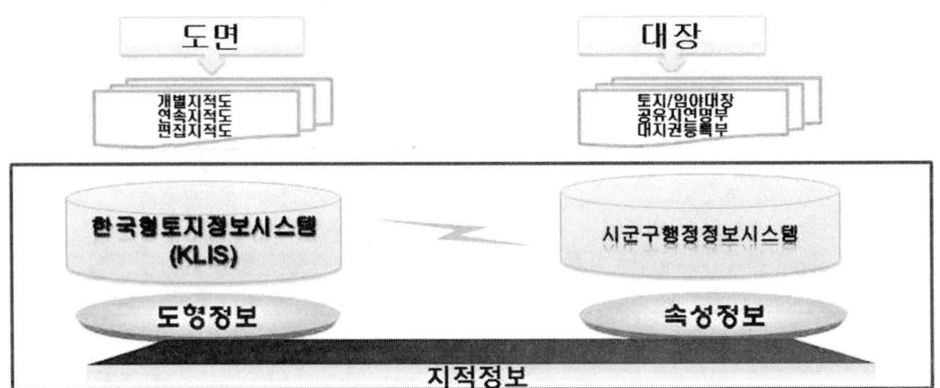

2. 지적정보의 종류

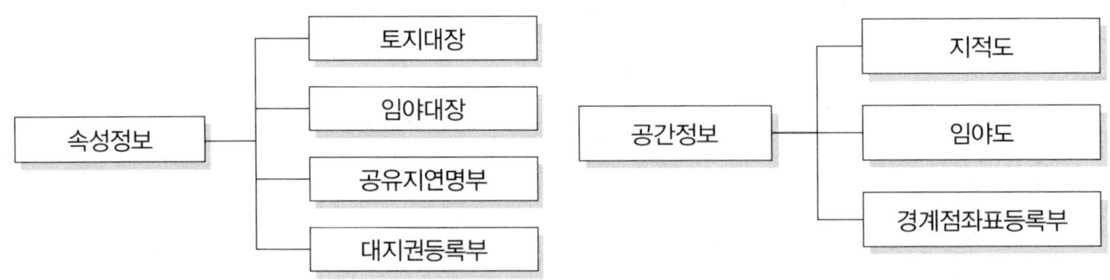

[속성정보와 공간정보]

1) 속성정보(비공간정보)

(1) 특징

① 도형이나 영상 속에 있는 내용 등으로 대상물의 성격이나 그와 관련된 사항들을 기술하는 자료이며, 지형도상의 특성이나 질, 지형, 지물의 관계를 나타낸다.

② 도형요소에 나타내는 성질을 기호, 문자, 숫자로 설명된다.

③ 속성(attribute)자료는 비공간자료로도 불리며, 공간적 위치관계와 무관한 자료를 말한다.

④ 지적공부 중 속성정보로 토지대장, 임야대장, 공유지연명부, 대지권등록부가 이에 해당한다.

(2) 구성

① 숫자형 : 정수, 실수 등의 숫자형태로 표현하며, 기록된 자료는 후에 자료비교, 산술연산 처리가 가능하다.

② 문자형 : 문자형태로 기록되며, 산술연산처리는 불가능하나 오름차순, 내림차순 정렬 등에 처리가 가능하다.

③ 날짜형 : 날짜형 자료는 날짜순으로 오름차순, 내림차순, 특정 기간 내의 자료검색 등에 활용된다.

④ 이진형 : 숫자형, 문자형, 날짜형이 아닌 모든 형태의 파일로서 기록될 수 있으며, 실제 이 데이터를 데이터베이스에 저장하는 경우도 존재하지만 링크만 하고 파일은 특정한 폴더에 체계적으로 모아두는 경우도 있다. 영상자료파일과 문서자료파일 등 다양한 종류의 파일을 링크하여 기록할 수 있다.

[2018년 기출]

다음 중 도형정보만을 모두 나열한 것은?

① 지적도, 임야도, 연속지적도
② 임야도, 토지대장, 연속지적도
③ 임야대장, 지적도, 경계점좌표등록부
④ 대지권등록부, 공유지연명부, 경계점좌표등록부

답 ①

2) 공간정보

(1) 특징

① 공간정보란 점, 선, 면과 같이 위치, 형태, 크기, 방위 등을 가지고 있는 정보를 말한다.

② 객체 간의 공간적 위치관계를 설명할 수 있는 공간관계(spatial relationship)를 갖는다.

③ 대상물들의 거리, 방향, 상대적 위치 등을 파악할 수 있게 한다.

④ 지적공부 중 지적도와 임야도가 이에 해당하며, 경계점좌표등록부에 등록되는 좌표도 공간정보로 취급된다.

(2) 형태

구 분	점	선	면 적
형태	한 쌍의 x, y좌표	시작점과 끝점을 갖는 일련의 좌표	폐합된 선들로 구성된 일련의 좌표군
특징	면적이나 길이가 없음	면적이 없고 길이만 있음	면적과 경계를 가짐
예	유정, 송전철탑, 맨홀	도로, 하천, 통신, 전력선, 관망, 경계	행정구역, 지적, 건물, 지정구역

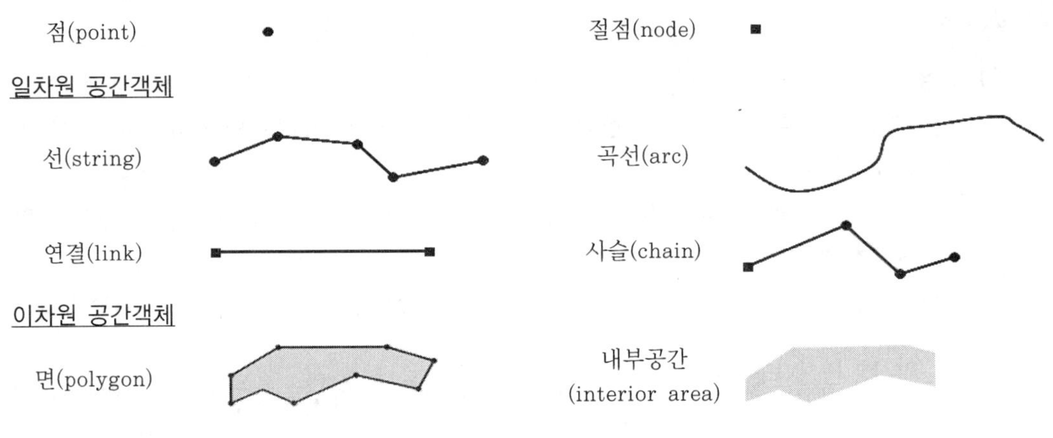

[공간정보의 기본형태]

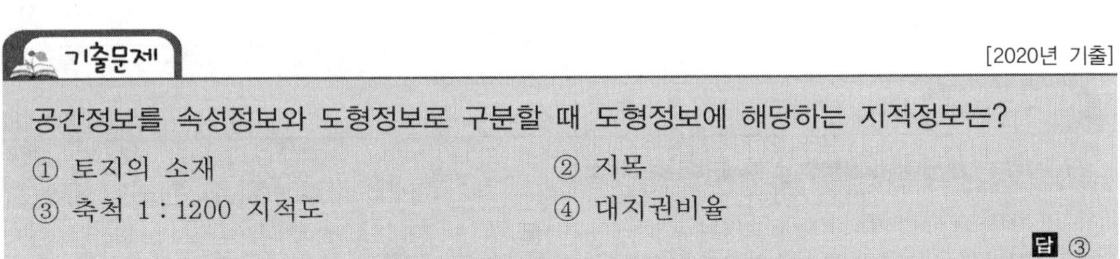

3. 속성정보와 공간정보의 링크

1) 의의

공간데이터와 속성데이터는 다른 자료구조를 가지고 있으며, 관리하는 체계도 다른 경우가 있다. 따라서 이를 통합하여 관리하기 위해서는 공통이 되는 식별자를 사용하여야 한다.

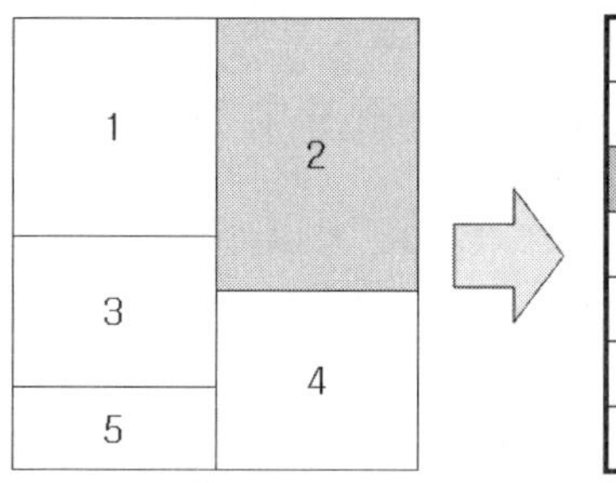

도형자료 　　　　　　데이터베이스 내 테이블형태의 속성자료

2) 공간정보와 속성정보의 관계

① 공간정보와 속성정보가 상호 연계되어 있어 공간정보에 의한 속성정보 검색이 가능하다. 즉 공간정보의 선택을 통한 관련된 속성정보의 검색이 가능하다.

예) 선택한 지역의 속성정보는?

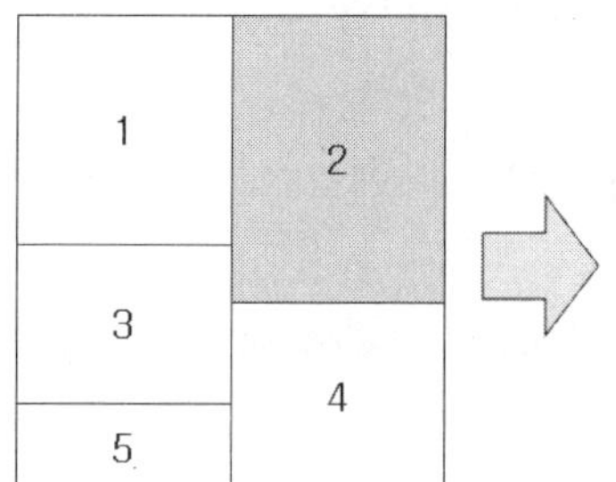

공간정보 　　　　　　데이터베이스 내 테이블형태의 속성정보

[공간정보에 의한 속성정보의 검색]

② 속성정보에 의한 공간정보 검색도 가능한데, 속성정보에 대한 조건을 선정하고 이에 부합되는 공간정보를 검색하는 것을 말한다.

예) 선택한 속성정보에 해당되는 지역은?

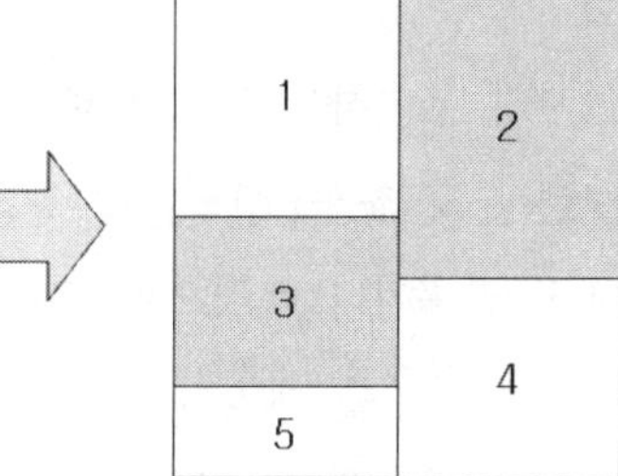

데이터베이스 내 테이블형태의 속성정보 　　　　　　공간정보

[속성정보에 의한 공간정보의 검색]

③ 속성정보와 공간정보는 두 자료를 이용한 상호 동시 검색이 가능하다. 공간정보와 속성
정보를 일정한 논리적 또는 산술적 연산에 의해 동시에 검색할 경우가 이에 해당된다.

예) 선택한 공간, 속성정보에 공통적으로 해당되는 정보는?

지번	면적	소유주	토질	…
1	30,000	홍길동	상	…
2	40,000	김철수	상	…
3	20,000	이영희	하	…
4	25,000	김태희	중	…
5	10,000	이영자	중	…
⋮	⋮	⋮	⋮	⋮

데이터베이스 내 테이블형태의 속성정보   공간정보

[속성정보와 공간정보에 의한 상호 검색]

④ 데이터의 조회가 용이하다 : 컴퓨터상에서 공간데이터를 보다가 관련되는 속성데이터를 즉
시 볼 수 있으며, 동시에 한 화면에 나타낼 수 있다.

⑤ 데이터의 통합적인 검색이 가능하다 : 속성데이터의 레코드값으로 관계되는 공간데이터를
찾아볼 수 있다.

⑥ 공간적 상관관계가 있는 자료를 볼 수 있다 : 어떤 객체에 연결된 자료를 공간적인 현황과
속성테이블 모두를 볼 수 있다.

⑦ 공간자료와 속성자료를 통합한 자료분석, 가공, 자료갱신이 편리하다 : 공간자료와 속성자료가
통합된 형태의 자료분석이 발생하거나 가공 · 갱신을 할 경우 편리하다.

4. 속성자료와 도형자료의 분석

1) 속성자료의 분석

(1) 질의
작업자가 부여하는 조건에 따라 속성데이터베이스에서 정보를 추출하는 것을 말한다.

(2) 세분화(specification) = 분류
정해진 기준이나 특징으로 전체의 데이터 그룹을 나누는 것을 말한다. 즉 대분류, 중분
류, 소분류 등으로 세분화하는 과정이므로, 이를 세분화(specification)라고도 한다.

(3) 일반화(generalization)
① 기본이 되는 패턴을 보다 확실하게 인식하기 위하여 분류계층의 수를 줄이는 기법을 말
한다.

② 지도에서 동일 특성을 갖는 지역의 결합을 의미하는 것으로 일정기준에 의하여 유사한 성질을 갖는 폴리곤끼리 합침으로써 분류의 정도를 낮추는 것을 말한다.

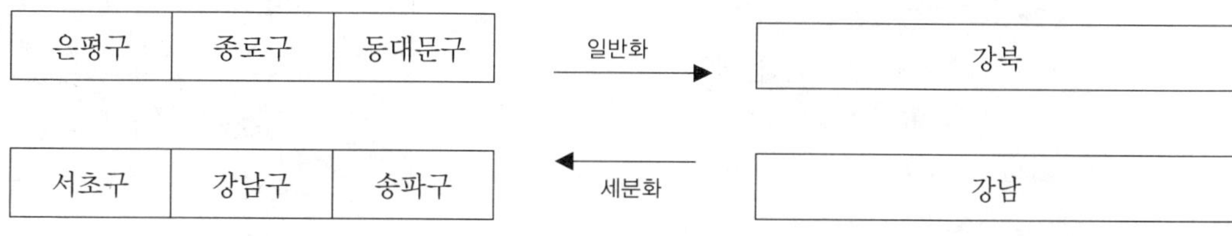

[세분화와 일반화]

2) 도형자료의 분석

(1) 동형화

서로 다른 레이어에 존재하는 동일한 객체의 위치오차를 보정하는 기법, 즉 크기와 형태를 일정하게 고정하여 서로 다른 레이어가 중첩되어 필요한 자료를 추출할 때 오차의 발생을 줄일 수 있다.

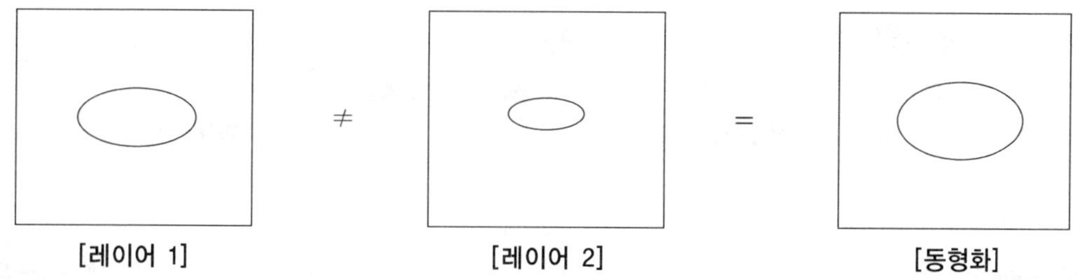

[레이어 1]   [레이어 2]   [동형화]

(2) 경계의 부합(edge matching)

인접한 도면을 접합할 경우 경계가 정확하게 연결되어야 하나 도면의 제작시점의 차이, 종이의 신축, 디지타이징 또는 스캐닝 시의 오차 등으로 경계의 불부합이 발생할 수 있다.

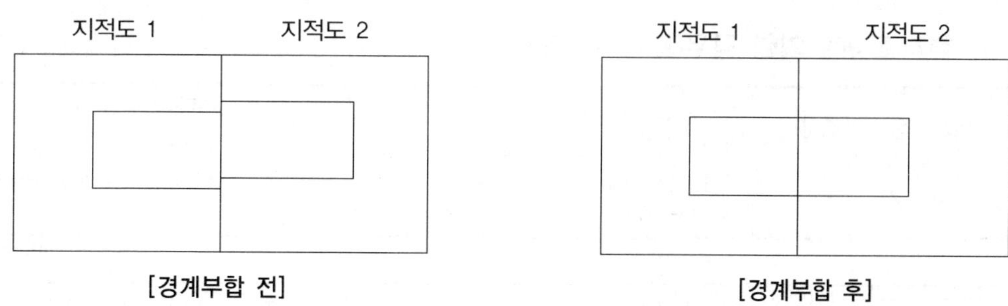

[경계부합 전]   [경계부합 후]

(3) 면적의 분할

전체대상지역을 작은 단위면적으로 분할하는 것으로, 전체대상지역을 작은 단위면적(tile)으로 나누는 작업을 타일링(tiling)이라 한다.

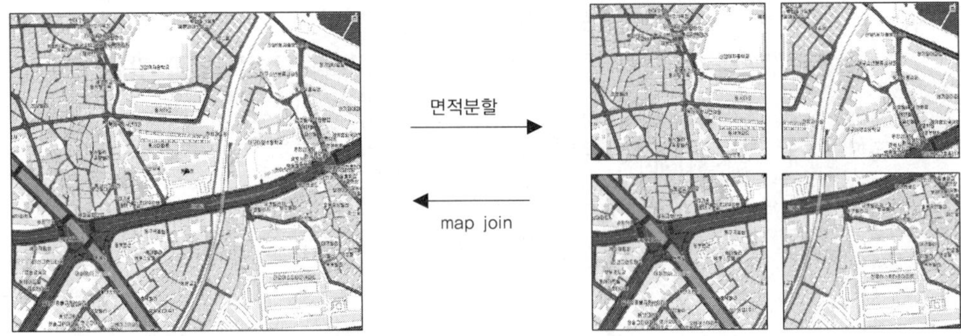

(4) 좌표삭감

임야도를 스캐닝하여 구축한 도형자료는 벡터라이징과정에 의해 필요한 수보다 많은 좌표의 값이 저장된다. 이때 임야도의 필지(폴리곤)형태를 유지하면서 좌표의 수를 줄이는 것을 말한다. 좌표삭감은 공간데이터베이스 내에서 분석될 데이터의 양을 효율적으로 감소시키는 효과를 가져온다.

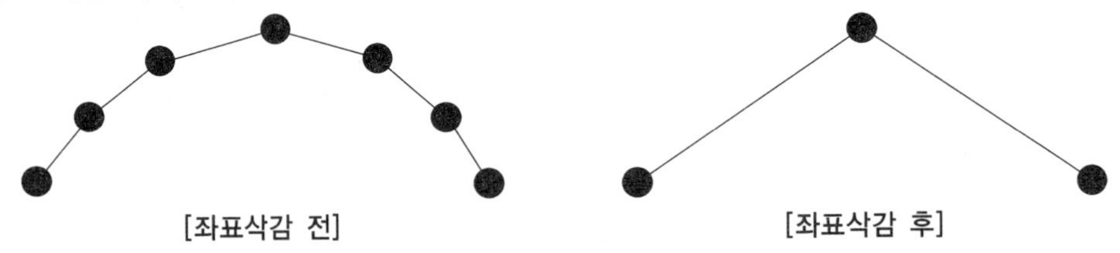

02 지적정보의 취득방법

1. 속성정보의 취득방법

1) 현지조사에 의한 경우(토지이동조사)

토지이동현황조사 계획 수립 (시·군·구별)	지적소관청은 토지의 이동현황을 직권으로 조사·측량하여 토지의 지번·지목·면적·경계 또는 좌표를 결정하려는 때에는 토지이동현황조사계획을 수립하여야 한다. 이 경우 토지이동현황조사계획은 시·군·구별로 수립하되, 부득이한 사유가 있는 때에는 읍·면·동별로 수립할 수 있다.

↓

토지이동조사부 작성	지적소관청은 토지이동현황조사계획에 따라 토지의 이동현황을 조사한 때에는 토지이동조사부에 토지의 이동현황을 적어야 한다.

↓

토지이동정리결의서 작성	지적소관청은 지적공부를 정리하려는 때에는 토지이동조사부를 근거로 토지이동 조서를 작성하여 토지이동정리결의서에 첨부하여야 하며, 토지이동조서의 아랫부 분 여백에 "「공간정보의 구축 및 관리 등에 관한 법률」에 따른 직권정리"라고 적 어야 한다.
지적공부 정리	지적소관청은 토지이동현황조사결과에 따라 토지의 지번·지목·면적·경계 또는 좌표를 결정한 때에는 이에 따라 지적공부를 정리하여야 한다.

2) 민원신청에 의한 경우(토지이동신청)

토지이동은 경우 원칙적으로 토지소유자가 지적소관청에게 신청하여야 한다. 따라서 토지이동신청이 있는 경우 지적소관청은 조사·측량하여 지적공부의 등록사항을 추가·갱신할 수 있다.

3) 관계기관의 통보에 의한 경우(소유권변경사실 통지)

등기관은 다음의 등기를 한 때에는 지체 없이 그 뜻을 토지의 경우에는 지적공부지적소관청에 통지하여야 한다. 통지받은 지적소관청은 지적공부의 등록사항을 변경·정리할 수 있으므로 관계기관의 통지에 의해서 속성정보의 취득이 가능하다.
① 소유권의 보존 또는 이전
② 소유권의 등기명의인 표시의 변경 또는 경정
③ 소유권의 변경 또는 경정
④ 소유권의 말소 또는 말소회복

4) 담당공무원의 직권에 의한 경우(직권등록)

토지이동신청은 원칙적으로 토지소유자의 신청에 의해 이루어진다. 다만, 정해진 기간 내에 신청을 하지 않은 경우에는 지적소관청이 직권으로 조사·측량하여 지적공부에 등록하므로 토지대장, 임야대장, 공유지연명부, 대지권등록부 등으로부터 속성정보를 취득할 수 있다.

2. 도형정보의 취득방법

1) 항공레이저측량(LiDAR)

레이저에 의한 측량은 기상조건에 영향을 받지 아니하고 산림, 수목 및 늪지대의 지형도 제작에 유용하며, 항공사진에 비해 작업속도가 빠르며 경제적이다. 이 방법은 표고자료수집만 가능하므로 필지를 단위로 하는 토지정보시스템(LIS) 구축에는 보조적인 측량방법으로만 사용할 수 있다.

레이저의 특징을 이용하여 지표면을 포함한 대상체의 위치정보를 갖는 점군(point cloud) 데이터를 취득하는 기술은?

① 전자평판 　　　　　　　② GNSS
③ LiDAR 　　　　　　　　④ 드론사진측량

답 ③

2) 항공사진측량

　　사진측량(photogrammetry)은 전자기파를 이용하여 대상물에 대하여 정량적(위치, 형상, 크기 등을 결정) 및 정성적(자원과 환경현상의 특성 조사 및 분석)인 해석을 하는 학문이며 사진측정학이라고도 한다. 항공사진상에서 경계점의 위치식별이 불가능하기 때문에 지적측량에서는 사용하지 아니하며, 주로 지형도 제작에 사용된다.

[사진측량의 장단점]

장 점	단 점
1. 정량적, 정성적 측정이 가능하다.	1. 소규모 지역에서는 비경제적이다.
2. 정확도가 균일하다.	2. 기자재가 고가이다.
3. 대규모 지역에서는 경제적이다.	3. 피사체에 대한 식별이 난해하다.
4. 4차원(XYZT) 측정이 가능하다.	4. 기상조건에 영향을 받는다.
5. 축척변경이 용이하다.	5. 태양고도 등에 영향을 받는다.
6. 분업화로 작업이 능률적이다.	

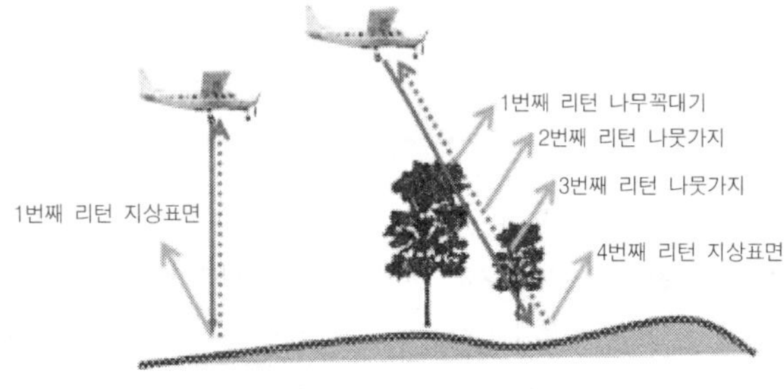

[항공레이저측량(LiDAR)]

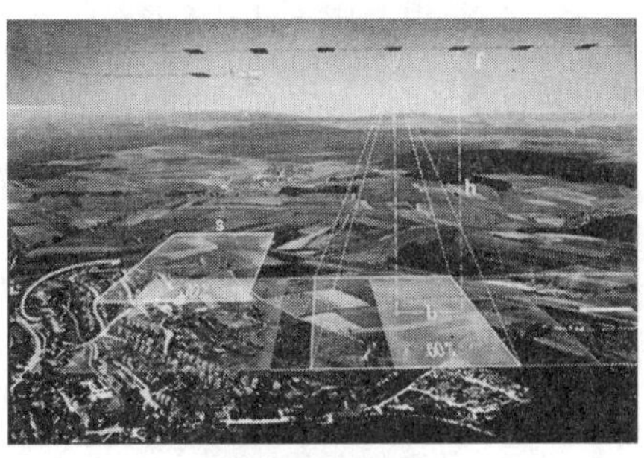

[항공사진측량]

토지정보시스템에 활용이 기대되는 대규모 지역의 정사영상을 제작하기 위한 DEM을 신속하게 취득할 수 있는 방법은?

① 항공LiDAR측량 　　　　② 평판측량
③ 직접수량 　　　　　　　④ 경위의측량

답 ①

참고 도화의 편천

1. 기계식 도화기

기계식 도화기(지도 그리는 기계)는 컴퓨터가 부착되어 있지 않고 항공사진 2장을 얹은 뒤 합성된 사진을 보고 지도를 그리는 기기이다. 결과물이 종이지도이므로 수치지도를 제작하기 위해 별도의 디지타이저나 스캐너를 사용한다.

2. 해석식 도화기

해석식 도화기는 컴퓨터가 부착되어 있고 도화과정에 생성된 자료들이 벡터데이터 형식으로 컴퓨터에 저장된다. 따라서 이 자료를 적절히 변환 또는 편집하여 토지정보체계에서 이용하면 된다.

3. 수치사진측량시스템

CCD카메라로 촬영한 화상파일이나 사진을 스캐너로 입력한 화상파일을 이용하여 도화작업이나 그 밖의 사진측량작업을 하는 장비이다. 이것은 항공사진으로부터 3차원 입체화하는 용도보다는 정사영상 제작용과 위성영상의 수치도화에 이용된다.

[기계식 도화기]

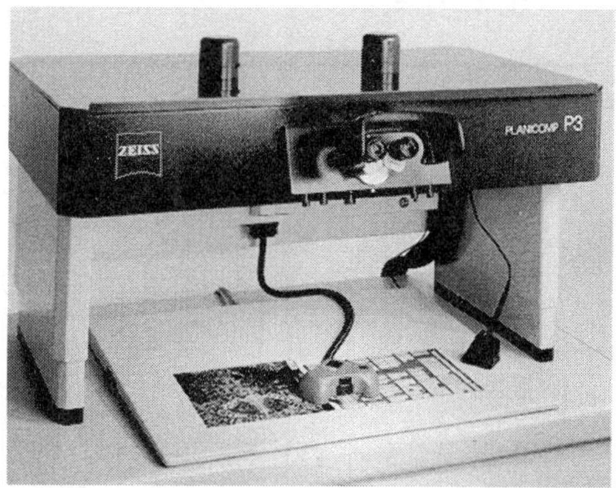

[해석식 도화기]

[수치사진측량시스템]

3) 원격탐측

원격탐측이란 관찰하고자 하는 목적물에 접근하지 않고 대상물의 정보를 추출하는 기법이나 학문을 의미하며, 사진기의 발명을 원격탐측의 시점으로 본다. 원격탐측은 데이터 취득비용이 고가인 단점이 있으나, 대규모 지역의 자료 취득에는 효과적인 측면도 있다. 원격탐측에 의한 방법은 사진이나 원격으로 감지된 영상정보를 계산하고 검사하는 면에 중점을 두고 있다.

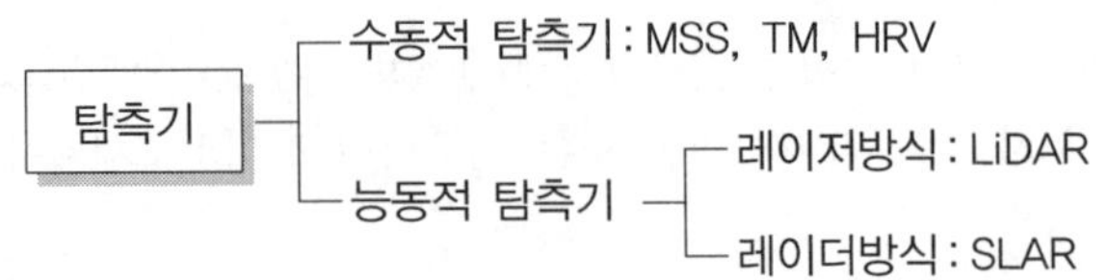

수동적 탐측기	능동적 탐측기
1. 기상조건에 영향을 받는다. 2. 야간에는 관측할 수 없다. 3. 해상력이 좋다.	1. 기상조건에 영향을 받지 않는다. 2. 야간에 관측할 수 있다. 3. 영상이 명확하지 않기 때문에 정성적 분석을 수행하기 어렵다.

(1) LANDSAT

LANDSAT(Land Satellite)은 초기에는 ERTS(Earth Reources Technology Satellite)라 명명했으나 SEASAT과 구별하기 위해서 LANDSAT라 다시 명명했으며, RBV, MSS, TM 등의 탐측기가 탑재되었다.

① RBV(Return Beam Vidicon) : 광전면에 축적된 상을 읽어내는 것으로 읽는 데 사용한 전자빔을 굴절시켜 2차 전자증폭기에서 고감도의 신호를 검출하는 방식으로, 공간해상력이 $40 \times 40m$이다.

② MSS(Multispectral Scnner) : 지표로부터 방사되는 전자기파를 렌즈와 반사경으로 집광하여 필터를 통해 분광한 다음 파장대별로 구분하여 각각의 영상을 테이프에 기록하는 장치를 말하며, 공간해상력은 $80 \times 80m$이다.

③ TM(Thematic Mapper) : 주제도 제작에 주로 쓰이는 센서인 TM은 MSS보다 분광파장대의 수가 많고 영상소의 공간해상력이 $30 \times 30m$이며, 넓은 영역에 대한 영상해석에 활용된다.

(2) SPOT

① SPOT위성은 1077년 프랑스의 주축으로 계획되어 1986년 2월 22일 발사되었으며, HBV(High Reolution Visibie)센서가 탑재되어 있다. 경사관측이 가능하고 입체관측이 가능하여 지형도 제작에 활용할 수 있다.

② HRV센서의 제원

구 분	다중파장대형(XS)	흑백형(P)
파장대	녹색(0.50~0.59μm) 적색(0.61~0.68μm) 근적외선(0.79~0.89μm)	0.51~0.73μm
시야범위	4.13°	4.13°
영상소의 크기	20×20m	10×10m
line당 영상소수	3,000	6,000
관측폭	60km	60km

(3) IKONOS

IKONOS는 고해상도의 민간 상업용 위성으로 영상의 공간해상도가 1m 흑백영상과 4m의 다중분광영상으로 구성되어 있다.

(4) 아리랑 1호(KOMSAT)

① KOMSAT(KOrean Multi-Porpose SATllite)는 한국 최초의 지구관측용 실험위성으로 미국의 위성제작사(TRW)와 공동개발을 통해 발사한 위성으로 영상의 공간해상력은 6.6×6.6m이다. 현재 아리랑 2호가 발사되었으며, 고해상도 카메라가 탑재되어 있어 흑백 1m급, 컬러 4m급의 영상을 촬영하여 지상으로 전송하고 있다.

② 아리랑 1호의 제원

개발기간	1995~1999	크 기	253(H)×134(D)×690(L)
소요전력	636W	임무궤도	685km 태양동기 저궤도
용 도	지구관측	주요 임무	한반도관측, 지도 제작, 국토관리, 해양관측 해양자원, 환경관측, 과학실험
분 류	소형 위성		
고 도	685km		
발사 시 중량	500kg	탑재체	EOC(전자광학사진기) LRC(저해상도 사진기) SPS(과학실험탑재체)
무 게	470kg		

(5) 퀵버드

(6) JERS-1위성

일본 국립우주개발국에서 개발되어 1992년 2월 11일에 발사되었으며, 주로 자원개발을 위해 범지구적 육상지역관측을 목적으로 L-band SAR와 광학센서를 탑재하였다.

(7) NOAA위성

NOAA위성은 미국의 해양대기청에 의해 운용되고 있는 제3세대 기상관측위성이다.

(8) SEASAT

SEASAT(SEA SATellite)는 SMS분광대 중 극초단파에 해당하는 영역을 이용하여 해상을 관측한다.

(9) RADASAT위성

RADASAT위성은 캐나다 우주국의 주도로 개발되어 1995년 11월에 발사된 SAR탑재위성이다.

(10) MOMS-02위성

MOMS-1에 이어 우주로부터 지구표면의 수치지도 제작을 위해 독일에서 개발되었다.

[위성별 탐측기의 해상도]

위 성	탐측기	해상도
LANDSAT	RBV	40×40m
	MSS	80×80m
	TM	30×30m
SPOT	다중파장대형(XS)	20×20m
	흑백형(P)	10×10m
아리랑 1호(KOMSAT-1)		6.6×6.6m
IKONOS	흑백형	1×1m
	컬러형	4×4m
Quick brid		0.6×0.6m

4) 평판측량

평판측량은 평판(도판)을 삼각대 위에 올려놓고 지상의 기준점을 도상에 구심작업으로 도상 기준점을 잡고 표정을 하는 기구인 앨리데이드를 사용하여 방향, 거리, 고저차를 측정함으로써 현장에서 직접 지형도 및 지적도를 작성하는 측량이다. 평판측량으로 얻은 성과는 도면에 도해적으로 나타나므로 컴퓨터에 입력하기 위해서는 디지타이저나 스캐너를 사용하여야 한다.

5) 토털스테이션

Total Station은 관측된 데이터를 직접 저장하고 처리할 수 있으며, 3차원 지형정보획득으로부터 데이터베이스의 구축 및 지적도 제작까지 일괄적으로 처리할 수 있는 최신 측량기계이다. 관측자료는 자동적으로 자료기록장치에 기록되며, 이것을 컴퓨터로 전송할 수 있으며 벡터파일로 저장할 수 있다.

6) GPS측량

GPS측량은 인공위성을 이용하여 정확하게 위치를 알고 있는 위성에서 발사한 전파를 수신하여 관측점까지의 소요시간을 관측함으로써 정확하게 지상의 대상물의 위치를 결정해주는 위치결정시스템으로 정확도가 매우 높아 정밀한 데이터를 취득할 수 있는 반면, 자료취득에 시간과 비용이 많이 드는 단점이 있다.

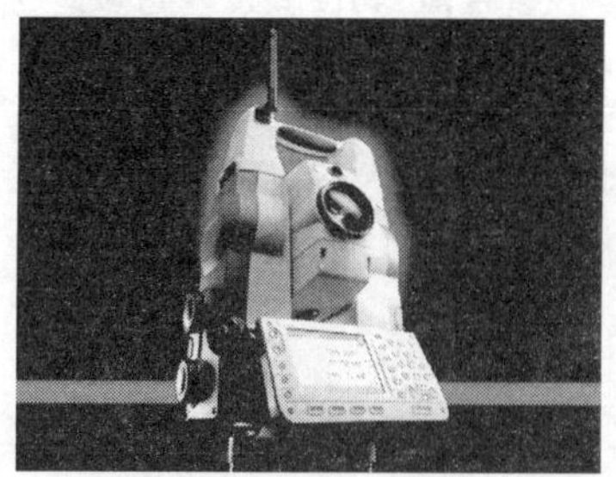

[토털스테이션]

[GPS측량]

7) 전자평판

토털스테이션과 전자평판(컴퓨터 등에 전자평판측량운영프로그램 등이 설치된 시스템을 말한다)을 연결한 후 전자평판에서 측량준비도파일을 이용하여 지적측량업무를 수행하는 측량을 말한다. 관측된 자료가 전산파일로 벡터자료로 저장되므로 별도로 전산화절차를 거치지 아니한다.

8) COGO(Coordinate Geometry)를 이용한 방법

이 방식은 실제 현장에서 측량의 결과로 얻어진 자료를 이용하여 수치지도를 작성하는 방식이다. 실제 현장에서 각 측량지점에서의 측량결과를 컴퓨터에 입력시킨 후 지형분석용 소프트웨어를 이용하여 지표면의 형태를 생성한 후 수치의 형태로 저장시키는 방식이다.

[지적정보 취득방법]

속성정보	도형정보
1. 현지조사에 의한 경우	1. 지상측량에 의한 경우
2. 민원신청에 의한 경우	2. 항공사진측량에 의한 경우
3. 담당공무원의 직권에 의한 경우	3. 원격탐측에 의한 경우
4. 관계기관의 통보에 의한 경우	4. GPS측량에 의한 경우
	5. 기존의 도면을 이용하는 경우

[2020년 기출]

공간정보의 취득방법 중 성격이 다른 하나는?

① COGO
② Remote Sensing
③ LiDAR
④ Aerial Photogrammetry

답 ①

9) 지오코딩(geocoding)

도로명주소정보를 이용하여 해당 지점의 좌표를 취득하는 과정을 말한다.

[2021년 기출]

도로명주소정보를 이용하여 해당하는 지점의 좌표를 취득하는 과정은?

① 지오코딩(Geocoding)
② 리샘플링(Resampling)
③ 클리핑(Clipping)
④ 스캐닝(Scanning)

답 ①

[2024년 기출]

주소정보를 평면직각좌표 또는 경위도좌표로 변환하는 과정은?

① 지오코딩(geocoding)
② 지오태깅(geotagging)
③ 지오펜스(geofence)
④ 지오이드(geoid)

답 ①

03 지적정보의 입력

1. 도형정보의 입력

1) 디지타이저(수동방식)

(1) 의의

디지타이저라는 테이블 위에 컴퓨터와 연결된 마우스를 이용하여 필요한 주제(도로, 하천 등)의 형태를 컴퓨터에 입력시키는 것으로서 지적도면과 같은 자료를 수동으로 입력할 수 있으며, 대상물의 형태를 따라 마우스를 움직이면 X, Y좌표가 자동적으로 기록된다.

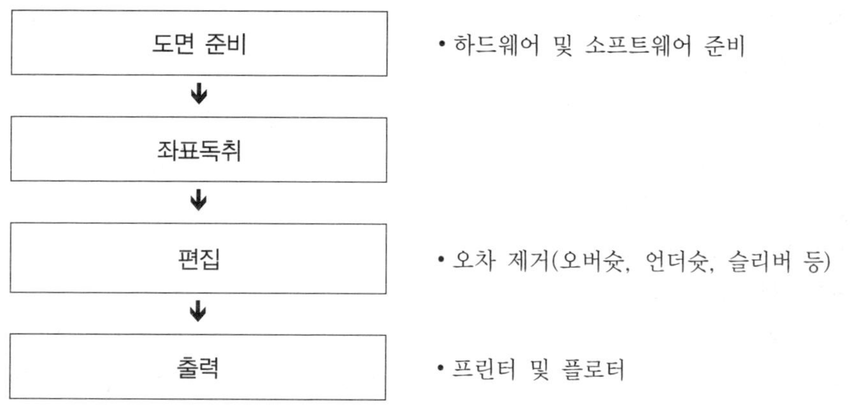

[디지타이저작업과정]

(2) 장단점

장 점	단 점
1. 결과물이 벡터자료여서 GIS에 바로 이용할 수 있다.	1. 많은 시간과 노력이 필요하다.
2. 레이어별로 나누어 입력할 수 있어 효과적이다.	2. 입력 시 누락이 발생할 수 있다.
3. 불필요한 도형이나 주기를 제외시킬 수 있다 (선별적 입력 가능).	3. 경계선이 복잡한 경우 정확히 입력하기 어렵다.
4. 상대적으로 지도의 보관상태에 적은 영향을 받는다.	4. 단순 도형 입력 시에는 비효율적이다.
5. 가격이 저렴하고 작업과정이 비교적 간단하다.	5. 작업자의 숙련을 요한다.

(3) 특징

① 공간데이터를 수작업에 의해 입력하는 장치로 비교적 정확하다.

② 마우스(퍽(puck)이라고도 함)를 이동하면 마우스 내의 센서에 의해 도면의 정보가 기록된다.

③ 마우스의 문자와 숫자를 통해 개별적인 지도요소들을 정확히 따라 입력한다.

④ 디지타이저의 크기와 종류는 다양하며, A0, A1, A2, A3, A4 등이 있으며 크기가 클수록 정확도가 높다.

기출문제

[2012년 기출]

디지타이저와 스캐너에 대한 설명으로 틀린 것은?

① 스캐너는 입력한 자료가 래스터로서 벡터화하기 위해서 별도의 작업이 필요하다.

② 디지타이저는 자동으로 작업할 수 있으므로 작업속도가 빠르다.

③ 디지타이저는 장치운영방법이 복잡하여 전문적인 숙련이 필요하다.

④ 스캐너로 읽은 자료는 디지털카메라로 촬영하여 얻은 자료와 유사하다.

답 ②

(4) 디지타이저의 종류

① 전자식 디지타이저

    ㉠ 전자식 디지타이저는 미세한 코일을 독취판에 넣어 펙이 움직일 때 그 점에서의 디지타이저상의 기계좌표를 컴퓨터로 전송하는 방식으로, 크기는 A0, A1, A2 등이 있다.

    ㉡ 전자식이므로 알루미늄켄트지로 작성된 지적도의 경우 좌표 입력을 할 수 없다.

    ㉢ 폴리에스테르필름에 지적도를 등사하거나 종이로 된 도면은 좌표 입력을 할 수 있다.

② 기어엔코더식 디지타이저

    ㉠ 독취테이블의 도판상에 고정된 도면 등의 X, Y좌표를 확대투영기로 보면서 X, Y좌표값을 측정하고 좌표값을 키보드의 입력명령에 의해 표시데이터 및 보정명령을 개인용 컴퓨터에 전송해서 면적계산 및 토량계산 등을 할 수 있는 장비이다.

    ㉡ 한국국토정보공사에서 도면의 전산화과정에서 사용하였다.

③ 카메라 유도식 디지타이저

    ㉠ 화면상에 지적도를 출력하여 마우스로 독취점을 지정하면 카메라가 자동으로 독취점으로 이동하여 좌표값을 산출해내는 장비이다.

    ㉡ 수동식 좌표독취기 사용의 문제점인 작업자마다 발생할 수 있는 개인적인 오차와 작업능률의 저조 등의 문제점을 해결하고 자동식 좌표독취기의 사용으로 작업능률을 향상시키기 위해 도입된 장비로 독취 시 독취자세가 편리하다.

    ㉢ 기어엔코더방식 디지타이저보다 가격이 저렴하고 독취점의 확대가 80배까지 가능하며, 정밀도를 0.01mm까지 높일 수 있는 장점을 가지고 있다.

④ 캐드게이지

    ㉠ 캐드게이지는 좌표식 면적측정기의 구조를 약간 변형한 소형 디지타이저로써 독취판이 없다.

    ㉡ 캐드게이지는 직접 지적도나 임야도 위에 장비를 정착시켜 도면상에서 좌표를 취득하는 장비로 0.1mm까지 독취가 가능하다.

    ㉢ 가격이 저렴하고 휴대하기 쉬워 필요에 따라 이동을 하면서 독취할 수 있다는 장점을 가지고 있으나, 장비가 휴대가 가능할 정도의 소형이므로 지적도 및 임야도 위에 장비를 정착시킨 후 한 도면의 전제의 좌표를 독취하는 것은 매우 어려운 일이다.

    ㉣ 장비의 위치를 다시 변경하여 독취해야 하는데, 이에 따르는 오차가 자연적으로 발생하고 독취된 좌표의 정확도를 신뢰하기 어려워 지적도 및 임야도를 정밀복사해 캐드게이지로 취득한 좌표와 비교·확인하는 작업이 필요하다.

    ㉤ 캐드게이지로 좌표를 독취하는 경우 작업효율이 매우 낮다.

기출문제

도형정보를 지적정보로 입력하기 위해 디지타이저를 사용하는 경우에 대한 설명으로 옳지 않은 것은?

① 레이어별로 나누어 입력할 수 있어 데이터베이스 구축이 효율적이다.
② 결과물이 래스터데이터로서, GIS에서 사용하기 위해서는 벡터데이터로 변환해야 한다.
③ 경계선이 복잡할 경우 정확히 입력하기가 어려운 단점이 있다.
④ 공간데이터를 수작업으로 입력하는 장치로 단순 도형 입력 시에는 비효율적이다.

답 ②

2) 스캐너(자동방식)

(1) 의의

일정 파장의 레이저광선을 지도에 주사하고, 반사되는 값에 수치를 부여하여 컴퓨터에 저장시킴으로서 기존의 지도를 영상의 형태로 만드는 방식이다.

(2) 장단점

장 점	단 점
1. 수작업이 최소화되고, 지도상의 모든 정보를 신속하게 입력할 수 있다.	1. 가격이 비싸고 다루기가 까다롭다.
2. 컬러필터를 사용하면 컬러영상을 얻을 수 있다.	2. 오염된 도면의 입력이 어렵다.
3. 깨끗하고 단순한 형태의 지도 입력, 다양한 지도 입력에 적합하다.	3. 도형인식의 신뢰성이 떨어진다.
4. 이미지상에서 삭제, 수정 등을 할 수 있어 능률적이다.	4. 격자의 크기가 작아질수록 정밀해지지만 자료의 양이 방대해진다.
	5. 문자나 그래픽 심볼과 같은 부수적 정보를 많이 포함한 도면을 입력하는 데 부적합하다.

[디지타이저와 스캐너의 비교]

구 분	디지타이저	스캐너
입력방식	수동방식	자동방식
결과물	벡터	래스터
비용	저렴	고가
시간	시간이 많이 소요	신속
도면상태	영향을 적게 받음	영향을 받음

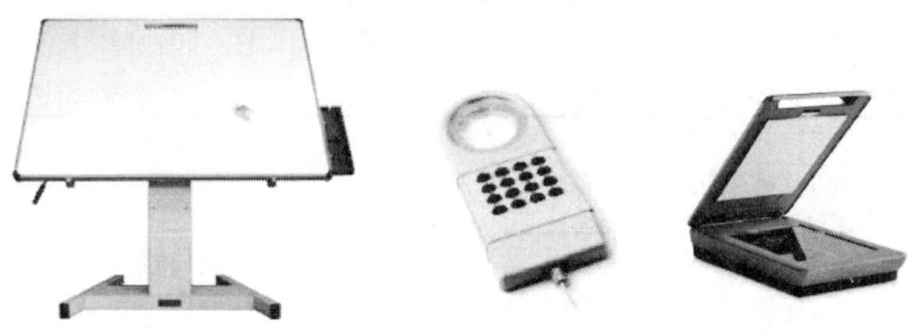

[디지타이저와 스캐너]

스캐닝으로 취득되는 공간데이터의 특성에 대한 설명으로 옳은 것은?
① 데이터 구조는 벡터형식이다.
② 드론영상과 데이터 구조가 같다.
③ 객체 간의 공간관계에 대한 정보를 포함한다.
④ 동일한 크기의 도면을 디지타이징했을 때보다 데이터 용량이 적다.

답 ③

2. 키보드에 의한 입력

속성자료는 토지대장과 임야대장에 등록된 사항으로 이들은 키보드를 사용하여 입력하므로 다른 작업자가 다시 입력하더라도 동일하고 정확한 값을 입력할 수 있다.

3. 자료변환

1) 래스터라이징(벡터자료 → 래스터로 변환)

전체의 벡터구조를 일정크기의 격자로 나눈 다음, 동일 폴리곤에 속하는 모든 격자들은 해당 폴리곤의 속성값을 격자에 저장하는 방식이다.

2) 벡터라이징(래스터 → 벡터자료로 변환)

각각의 격자가 가지는 속성을 확인한 후 동일한 속성을 갖는 격자들로서 폴리곤을 형성한 다음 해당 폴리곤에 속성값을 부여한다. 래스터이미지를 벡터화하는 방법에는 자동벡터라이징기법, Interactive 벡터라이징기법, 스크린 디지타이징기법 등이 있으며, 현행 지적도면수치화 벡터라이징기법은 작업자의 육안에 의한 수동기법(스크린 디지타이징기법)을 사용하고 있다.

(1) 자동 입력방식(일괄처리방식)

자동 입력방식은 스캐너장비로 읽어 들인 래스터파일 전체를 벡터화 및 도형인식 소프트웨어를 이용하여 처리함으로써 점, 문자, 기호, 선 등의 지도데이터를 자동으로 벡터파일로 변환하는 방법이다. 벡터화된 파일은 부분적으로 수정을 거쳐 원도에 일치하도록 편집과정을 거친다.

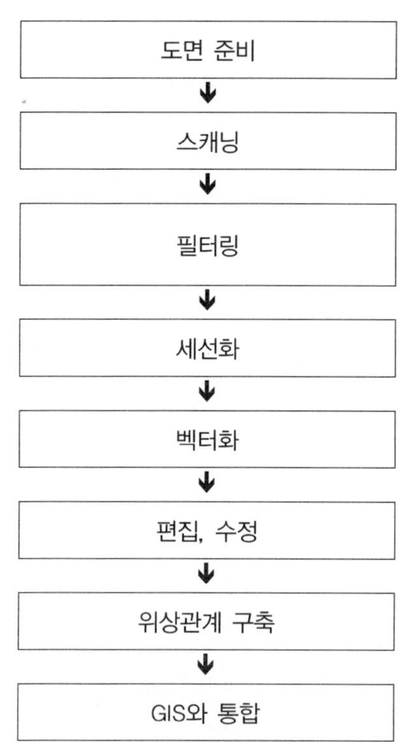

• 잡음이나 불필요한 기호를 제거하거나, 임의로 생긴 선분이나 끊어진 선분을 잇는 잡음 제거처리

• 폭이 큰 셀자료를 단위폭의 셀로 변환

[자동 입력방식 작업과정]

> **참고) 세선화 처리를 위한 요건**
>
> 1. 골격선의 폭은 1이어야 한다.
> 2. 골격선의 위치는 선도형의 중심에 위치하여야 한다.
> 3. 골격선은 원래 도형의 연결성을 유지해야 한다.
> 4. 세선화과정에서 골격선의 길이는 계속해서 줄여서는 아니 된다.
> 5. 패턴윤곽선의 작은 요철로 인하여 잡다한 가지선의 모양이 골격선에 첨가되지 않아야 한다.

기출문제

[2015년 기출]

수치지도 제작을 위해 래스터영상을 벡터파일로 변환하는 과정을 순서대로 바르게 나열한 것은?

① 래스터영상 필터링 → 래스터영상 세선화 → 벡터화 → 버텍스 수정 → 위상 생성
② 래스터영상 세선화 → 래스터영상 필터링 → 벡터화 → 위상 생성 → 버텍스 수정
③ 래스터영상 세선화 → 래스터영상 필터링 → 버텍스 수정 → 벡터화 → 위상 생성
④ 래스터영상 필터링 → 래스터영상 세선화 → 버텍스 수정 → 위상 생성 → 벡터화

답 ①

[2019년 기출]

지적도면데이터베이스 구축을 위해 종이형태의 지적도면을 스캐닝한 후 진행되는 자료 변환과정과 관련이 없는 것은?

① Thinning
② Topology
③ Image matching
④ Filtering

답 ③

[2023년 기출]

다음 (가)와 (나)에 들어갈 말을 바르게 연결한 것은?

래스터데이터를 벡터데이터로 변환하는 것을 벡터화라고 한다. 벡터화과정을 위해서는 먼저 여러 형태의 잡음을 윈도우를 이용하여 제거하는 (가)과정을 거친 후, 대상물의 추출에 영향을 주지 않는 격자를 제거하여 두께가 하나인 격자를 생성하는 (나)과정을 거치게 된다.

	(가)	(나)		(가)	(나)
①	filtering	thinning	②	thinning	filtering
③	filtering	expanding	④	expanding	thinning

답 ①

(2) 반자동 입력방식(대화형 방식)

대화형 방식이라고도 부르며, 자동 입력방식의 문제점인 도형인식을 사람이 수행함으로써 인간의 정확한 도형인식능력과 빠른 벡터화능력을 결합했다는 특징이 있다. 스캐너장비로 읽어 들인 래스터파일을 사람이 도형의 레이어, 속성 등과 함께 벡터화할 도형을 지정하면 컴퓨터가 지시된 도형을 고속으로 벡터화하고, 벡터화된 도형을 컴퓨터에 중첩시킨다. 이렇게 함으로써 벡터화하는 동시에 추출된 지도데이터의 오차 유무를 검사할 수 있다. 즉 간단한 직선이나 확실한 굴곡들은 컴퓨터가 인식하여 자동으로 수행하고 복잡한 부분은 사용자가 직접처리하는 방식이다.

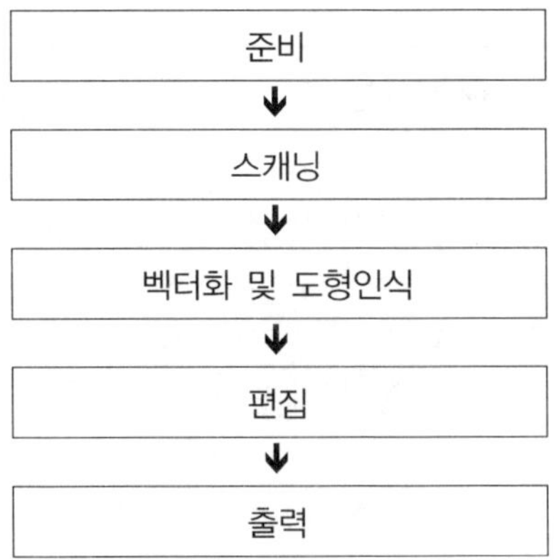

[반자동 입력방식 작업과정]

(3) 스크린 디지타이징방식

스캐너장비로 읽어 들인 래스터파일을 화면상에 배경으로 깔고 입력할 점, 선, 면, 문자, 심벌 등을 기술자가 필요에 따라 도형인식을 선별적으로 디지타이징하여 벡터화하는 방법으로 지적도전산화에서 주로 사용한다.

[벡터라이징의 종류별 특징]

구 분	특 징
자동 입력방식	1. 스캐닝과 자동 벡터라이징(vectorizing)에 의해 이루어짐 2. 도면을 스캐닝하여 컴퓨터에 입력하고 벡터라이징 소프트웨어를 이용해 벡터자료 추출 3. 정확도의 불안함을 고려하여 완전자동보다는 반자동 벡터라이징방식이 많이 사용됨 4. 디지타이징을 통해 작성한 벡터자료는 상당한 오류수정작업을 필요로 하며 자동 디지타이징에 의한 자료는 더욱 세심한 관찰과 수정을 요구
반자동 입력방식	1. 간단한 직선이나 확실한 굴곡 등은 컴퓨터가 인식하여 자동수행 2. 복잡한 부분 및 부정확한 자료는 사용자가 직접처리 3. 속도와 정확도 확보 가능
스크린 디지타이징방식	1. 래스터를 화면에 띄워 놓고 마우스나 전자펜 등으로 벡터의 특이점을 표시하는 방식으로 정확성 확보 2. 많은 시간과 비용 소요 3. 작업에 따라 결과 차이 발생

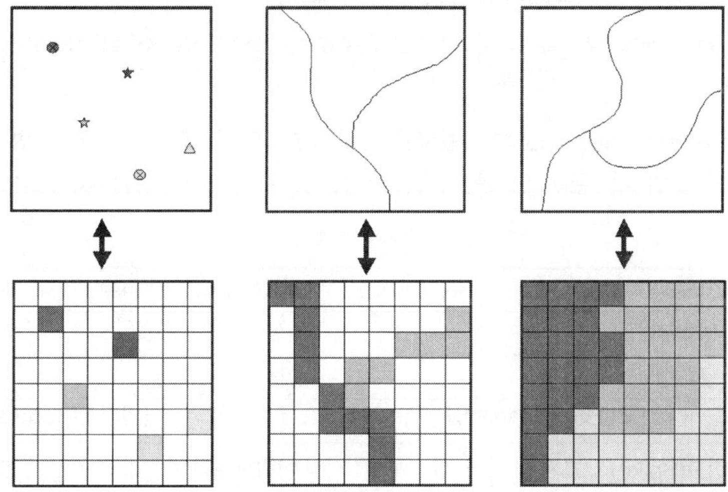

 [2018년 기출]

지적자료의 벡터라이징(Vectorizing)에 대한 설명으로 옳지 않은 것은?

① 래스터로 저장된 필지경계선을 벡터형태로 추출하는 것을 말한다.
② 종이로 된 지적도면을 스캐닝(Scanning)하는 과정을 의미한다.
③ 후처리단계에서 경계선의 중복이나 단절과 같은 오류를 수정해야 한다.
④ 자동방식보다는 반자동방식이 많이 사용된다.

답 ②

입력 시 발생하는 오차

1. 도형정보 입력 시 발생하는 오차

1) 기계적인 오차

디지타이저와 스캐너의 기계 제작 당시부터 가지고 있는 기계의 고유오차를 말한다.

2) 입력도면의 평탄성 오차

지적정보를 입력할 도면이 평탄하지 아니하면 이로 인해 오차가 발생할 수 있으며, 도면을 평탄하게 하기 위한 조치로 판에 미세한 구멍을 뚫고 지도와 판 사이에 공기를 흡입하는 장치를 부착하거나 정전기를 발생시켜 부착하는 방법을 취하고 있다.

3) 도면등록 시 오차

디지타이저를 이용하여 도면을 등록할 때 도면의 신축, 기준점의 좌표의 오류 등으로 인하여 발생하는 오차이다.

4) 디지타이저에 의한 도면독취과정에서의 오차

① 오버슛(Overshoot) : 다른 아크(도곽선)와의 교점을 지나서 디지타이징된 아크의 한 부분을 말한다.

② 언더슛(Undershoot, 기준선 미달오류) : 도곽선상에 인접되어야 할 선형요소가 도곽선에 도달하지 못한 경우를 말한다. 다른 선형요소와 완전히 교차되지 않은 선형을 말한다.

[오버슛(Overshoot)]　　　　[언더슛(Undershoot)]

③ 스파이크(Spike) : 교차점에서 두 개의 선분이 만나는 과정에서 잘못된 좌표가 입력되어 발생하는 오차이다.

④ 슬리버(Sliver) : 하나의 선으로 입력되어야 할 곳에서 두 개의 선으로 약간 어긋나게 입력되어 가늘고 긴 불필요한 폴리곤을 형성한 상태를 말한다.

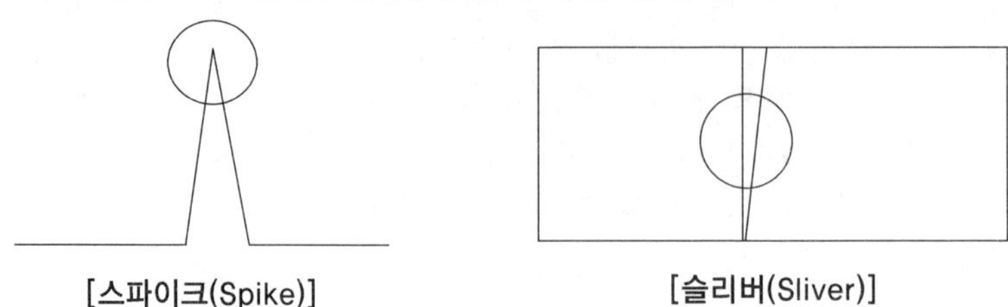

[스파이크(Spike)]　　　　[슬리버(Sliver)]

⑤ 점·선 중복(Overlapping) : 주로 영역의 경계선에서 점·선이 이중으로 입력되어 발생하는 오차로 중복된 점·선을 삭제함으로서 수정이 가능하다.

구 분	내 용	소 거
오버슛 (Overshoot)	다른 아크(도곽선)와의 교점을 지나서 디지타이징된 아크의 한 부분을 말한다.	Trim 명령어를 이용
언더슛 (Undershoot)	언더슛(기준선 미달오류)은 도곽선상에 인접되어야 할 선형요소가 도곽선에 도달하지 못한 경우를 말한다. 다른 선형요소와 완전히 교차되지 않은 선형을 말한다.	Extend 명령어를 이용
스파이크 (Spike)	교차점에서 두 개의 선분이 만나는 과정에서 잘못된 좌표가 입력되어 발생하는 오차이다.	잘못 입력된 좌표 제거
슬리버 (Sliver)	하나의 선으로 입력되어야 할 곳에서 두 개의 선으로 약간 어긋나게 입력되어 가늘고 긴 불필요한 폴리곤을 형성한 상태를 말한다.	불필요한 경계선 제거
점·선 중복 (Overlapping)	주로 영역의 경계선에서 점·선이 이중으로 입력되어 발생하는 오차로 중복된 점·선을 삭제함으로서 수정이 가능하다.	

기출문제

[2010년 기출]

언더슛(Undershoot)이나 오버슛(Overshoot)이 발생하는 작업에 해당하는 것은?

① 벡터데이터 편집
② DEM을 이용한 3차원 모델링
③ 위성영상을 이용한 주제도 작성
④ 래스터데이터 편집

답 ①

기출문제

[2019년 기출]

다음 그림의 칠한 부분은 지적필지에 디지타이징으로 도면을 독취하는 과정에서 발생한 오류이다. 이 오류는?

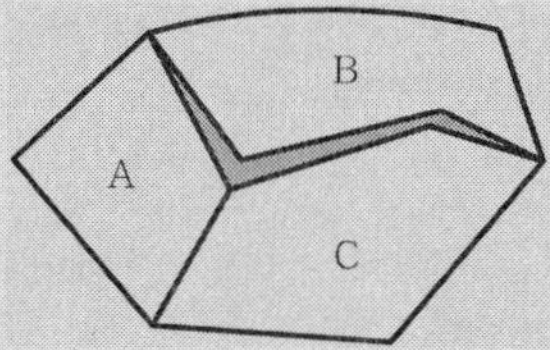

① 스파이크(spike)　　　　② 슬리버(sliver)
③ 언더슛(undershoot)　　　④ 오버슛(overshoot)

답 ②

5) 스캐너로 읽은 래스터자료를 벡터자료로 변환할 때 생기는 오차

① 선의 단절 : 작고 미세한 선의 단절로 인하여 오류가 발생하는 것으로 단절된 선을 연결해서 오류를 없애야 한다.

② 불분명한 경계 : 데이터 처리 시 대상물이 두 개의 유사한 색조나 색깔을 가지고 있는 경우 소프트웨어적으로 구별하기 어려워 발생한다.

③ 방향의 혼돈 : 벡터화하는 과정에서 T자형의 수직선을 만나면 어떤 방향으로 이동하여야 할지 정확하게 판단하지 못해 발생하는 오류로 작업자가 판별해 주어야 한다.

④ 주기와 대상물의 혼돈 : 영문 O는 폴리곤으로 인식할 수도 있고 문자로 인식할 수도 있다. 이러한 오류는 작업자가 판별을 하여 오류를 수정하여야 한다.

2. 속성정보 입력 시 발생하는 오차

속성자료의 입력은 대부분 키보드에 의하여 이루어지므로 입력자의 착오로 인한 오류가 발생할 수 있다. 따라서 입력자의 착오를 방지하기 위하여 입력한 자료를 출력하여 원자료와 비교 검토하는 것이 필요하다.

기출문제 [2018년 기출]

공간정보의 구축과정에서 발생하는 Overshoot/Undershoot, Spike, Sliver의 오류와 관련 있는 작업은?

① 고해상도 인공위성영상의 전처리
② 항공사진영상을 이용한 정사영상 제작
③ 벡터데이터의 입력 및 편집
④ 항공라이다데이터를 이용한 수치표고모델 생성

답 ③

기출문제 [2022년 기출]

다음이 설명하는 디지타이저에 의한 도면독취과정에서의 오차는?

교차점에서 두 개의 선이 만나는 과정에서 잘못된 좌표가 입력되어 발생하는 오차

① 오버슛(overshoot)　　　　② 언더슛(undershoot)
③ 스파이크(spike)　　　　　④ 슬리버(sliver)

답 ③

01 데이터베이스에서 속성자료의 형태에 대한 설명으로 틀린 것은?

① 통계자료, 보고서, 관측자료, 범례 등의 형태로 구성되어 있다.

② 선 또는 다각형과 숫자의 형태로 표현되는 자료이다.

③ 법규집, 일반보고서 등의 자료를 말한다.

④ 글자, 숫자, 기호, 색상 등으로 구성되어 있다.

해설 속성정보(attribute information)

도형이나 영상 속에 있는 내용 등으로 대상물의 성격이나 그와 관련된 사항들을 기술하는 자료이며, 지형 도상의 특성이나 질, 지형, 지물의 관계를 나타내며, 도형요소에 나타내는 성질은 기호, 문자, 숫자로 설명되며, 속성정보는 비도형정보라고도 하고 문자형태로서 격자형으로 처리된다.

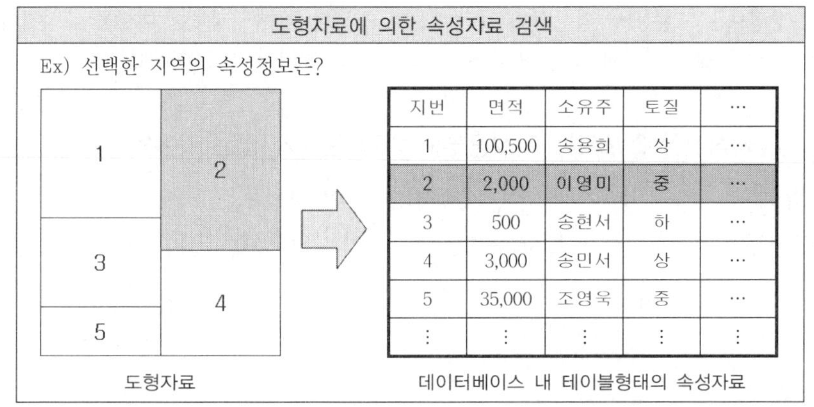

지번	면적	소유주	토질	…
1	100,500	송용희	상	…
2	2,000	이영미	중	…
3	500	송현서	하	…
4	3,000	송민서	상	…
5	35,000	조영욱	중	…
⋮	⋮	⋮	⋮	⋮

02 지적정보의 유형과 거리가 먼 것은?

① 위치정보   ② 지질정보

③ 도형정보   ④ 속성정보

해설

03 경계점좌표등록부의 등록사항을 전산화하는 방법으로 가장 적합한 것은?

① 등사방식
② 스캐닝방식
③ 디지타이징방식
④ 좌표 입력방식

해설 경계점좌표등록부의 등록사항을 전산화하는 방법은 경계점의 좌표(X, Y)에 의한 전산 입력방식을 취한다. 경계점좌표등록부는 동·리별, 지구별로 행정구역명칭, 도면번호, 지번 및 지목, 필지경계점좌표를 입력하여야 한다.

04 토지정보시스템의 속성정보에 관한 사항 중 옳지 않은 것은?

① 대상물의 성격이나 정보를 기술한 사항이다.
② 제공되는 정보는 문자형태로 나타난다.
③ 지적에 있어서 속성정보는 토지 소재, 지번, 지목 등이 있다.
④ 좌표체계를 기준으로 지형지물의 위치와 모양을 나타낸다.

해설 토지정보자료에는 위치정보와 특성정보로 분류되며, 위치정보는 절대위치정보와 상대위치정보로 구분된다. 특성정보는 도형정보, 영상정보, 속성정보로 구분되며, 속성정보는 대상물의 성격이나 정보를 기술한 형태로 문자형태로 나타내며, 토지 소재, 지번, 지목, 면적 등이 이에 해당한다.

05 다음 중 지적전산에 쓰이는 지적공부와 가장 관계가 없는 것은?

① 지적도
② 지형도
③ 토지대장
④ 경계점좌표등록부

해설

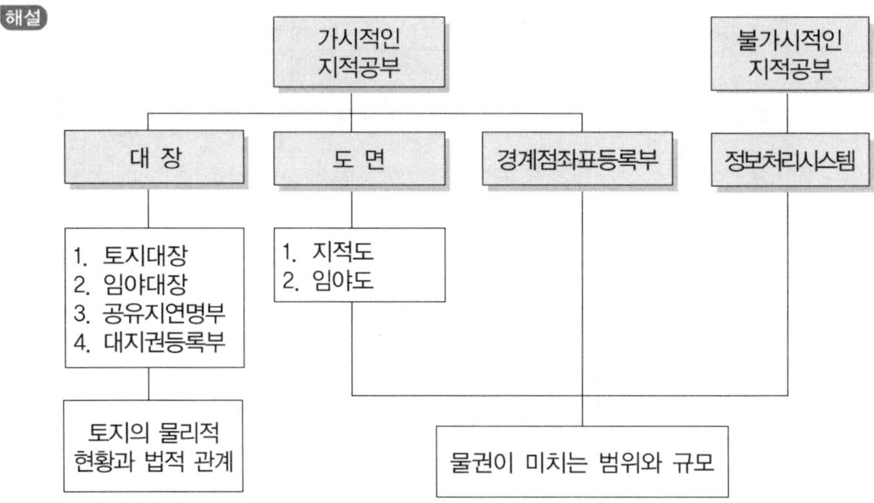

06 지형공간정보체계의 정보 중 특성정보에 해당하지 않는 것은?

① 위치정보
② 도형정보
③ 영상정보
④ 속성정보

정답 3. ④ 4. ④ 5. ② 6. ①

07 다음 중 도형정보가 아닌 것은?

① 지적도
② 지형도
③ 도시계획도
④ 건축물대장

해설 1. 도형정보 : 지적도, 지형도, 도시계획도
2. 속성정보 : 토지·임야대장, 공유지연명부, 대지권등록부, 건축물대장

08 다음 중에서 공간정보(도형정보)를 담고 있지 않는 지적공부는?

① 지적도
② 임야도
③ 토지대장
④ 경계점좌표등록부

해설 속성정보(attribute information)
도형이나 영상 속에 있는 내용 등으로 대상물의 성격이나 그와 관련된 사항들을 기술하는 자료이며, 지형도상의 특성이나 질, 지형, 지물의 관계를 나타낸다. 따라서 도형요소에 나타내는 성질을 기호, 문자, 숫자로 설명되며, 속성정보는 비도형정보라고도 하며 토지대장에 등록사항은 속성정보에 해당한다.

09 토지정보를 공간데이터와 속성데이터로 분류할 때 공간데이터에 해당되는 것만으로 짝지어진 것은?

① 지적도와 임야도
② 지적도와 토지대장
③ 토지대장과 임야대장
④ 토지대장과 공유지연명부

해설 공간데이터(도형정보)는 지적도, 임야도를 의미하며, 대장의 경우에는 속성정보(비공간정보)에 해당한다.

10 지적속성정보의 수집은 주로 신규자료와 변경자료를 대상으로 한다. 이러한 속성정보를 수집하는 방법에 해당되지 않는 것은?

① 토지소유자에 의한 전산 입력
② 담당공무원의 직권
③ 관계기관의 통보
④ 민원신청

정답 7. ④ 8. ③ 9. ① 10. ①

 지적정보 취득방법

속성정보	도형정보
1. 현지조사에 의한 경우	1. 지상측량에 의한 경우
2. 민원신청에 의한 경우	2. 항공사진측량에 의한 경우
3. 담당공무원의 직권에 의한 경우	3. 원격탐측에 의한 경우
4. 관계기관의 통보에 의한 경우	4. GPS측량에 의한 경우
	5. 기존의 도면을 이용하는 경우

11 토지정보시스템에 활용이 기대되는 대규모 지역의 정사영상을 제작하기 위한 DEM을 신속하게 취득할 수 있는 방법은?

① 항공LiDAR측량   ② 평판측량

③ 직접수량   ④ 경위의측량

 항공레이저측량(LiDAR)

레이저에 의한 측량은 기상조건에 영향을 받지 아니하며, 산림, 수목 및 늪지대의 지형도 제작에 유용하다. 항공사진에 비해 작업속도가 빠르며 경제적이다. 이 방법은 표고자료수집만 가능하므로 필지를 단위로 하는 토지정보체계(LIS) 구축에는 보조적인 측량방법으로만 사용할 수 있다.

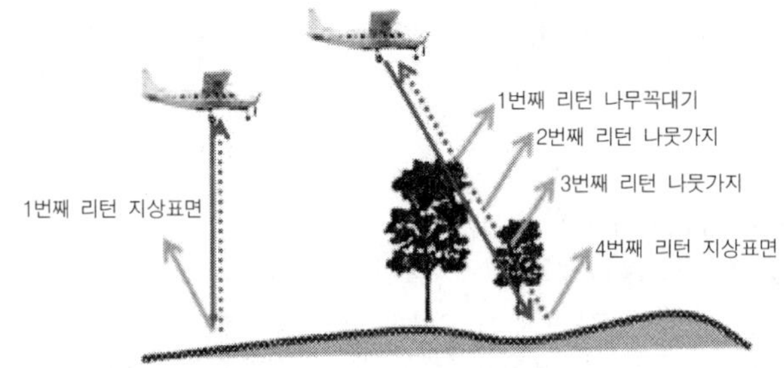

12 다음 중 현지측량 등으로 얻어진 대상물의 좌표를 직접 입력하여 공간정보를 구축하는 방식에 해당하는 것은?

① 디지타이징

② 스캐닝

③ COGO(Coordinate Geometry)

④ 스크린 디지타이징

 COGO(Coordinate Geometry)를 이용한 방법

이 방식은 실제 현장에서 측량의 결과로 얻어진 자료를 이용하여 수치지도를 작성하는 방식이다. 실제 현장에서 각 측량지점에서의 측량결과를 컴퓨터에 입력시킨 후 지형분석용 소프트웨어를 이용하여 지표면의 형태를 생성한 후 수치의 형태로 저장시키는 방식이다.

13 공간자료를 취득하고 입력하기 위한 방법으로 옳지 않은 것은?

① 토털스테이션을 이용한 항공영상자료수집

② GPS를 활용한 위치측정자료수집

③ 원격탐사를 이용한 위성영상자료수집

④ 디지타이징을 통한 도면자료 입력

해설 토털스테이션은 각과 거리를 관측함으로써 미지점에 대한 좌표를 구하는 방법이며, 항공영상자료를 수집할 수 없다.

14 지구관측을 목적으로 운용되고 있는 인공위성 중 수동적 센서(Passive sensor)를 탑재하지 않은 것은?

① Landsat위성   ② SPOT위성

③ IKONOS위성   ④ Radarsat위성

해설 지구환경변화의 감시를 위해 캐나다에서 개발한 관측위성으로 1995년 11월 4일 발사되었다. SAR(Synthetic Aperture Radar, 능동형 탐측기)이라는 센서를 탑재해 날씨나 구름 유무 등에 구애받지 않고 쉽게 원하는 영상을 얻을 수 있으며, 10,100m의 해상도와 35,500km에 이르는 폭에서 원하는 이미지를 다양하게 선택할 수 있다. 주로 육상의 표면, 빙하의 움직임, 기름유출 등 자연현상 및 재해에 대한 관측을 목적으로 한다.

15 객체를 3차원으로 모델링하기 위해 필요한 3차원 좌표를 취득할 수 있는 측량방법으로 옳지 않은 것은?

① Traverse측량

② GPS측량

③ 항공사진측량

④ 항공라이다측량

해설 GPS측량, 항공사진측량, 항공레이더측량을 실시하여 3차원 좌표를 얻을 수 있으나, Traverse측량은 X, Y좌표만을 결정하는 수평위치결정방법에 해당한다.

16 지형데이터 취득방법 중 관측결과물의 자료구조가 다른 것은?

① VRS방식의 GPS에 의한 데이터 취득

② 토털스테이션에 의한 데이터 취득

③ HRV에 의한 데이터 취득

④ 전자평판에 의한 데이터 취득

해설

벡터자료구조	래스터자료구조
1. GPS에 의한 데이터 취득	1. 사진측량에 의한 데이터 취득
2. 토털스테이션에 의한 데이터 취득	2. 위성영상에 의한 데이터 취득
3. 전자평판에 의한 데이터 취득	3. 스캐닝에 의한 데이터 취득

그러므로 HRV는 SPOT위성에 탑재되어 있는 탐측기로 이로 이해 얻어진 결과는 래스터자료이다.

정답   13. ①   14. ④   15. ①   16. ③

17 수치지적데이터 분석에 활용이 가능한 원격탐사위성의 특징에 대한 설명으로 옳지 않은 것은?

① Landsat은 지구관측을 위한 원격탐사위성으로 1972년 미국에서 1호 위성이 발사되었다.
② MSS는 지도 제작을 주목적으로 10m급의 해상도를 지닌 상업용 위성이다.
③ KOMPSAT-2는 2006년 발사된 우리나라 위성으로 1m급의 흑백과 4m급의 컬러영상을 취득한다.
④ Quick Bird는 상업용 고해상도 위성으로 1m 이하의 흑백영상 취득이 가능하다.

해설 MSS는 해상력이 80×80m이다.

18 다음은 공간정보와 관련된 작업들이다. 작업의 목적이 나머지 셋과 다른 것은?

① COGO
② Scanning
③ Overlay
④ Digitizing

해설 COGO, Scanning, Digitizing은 데이터를 입력하는 방법이며, Overlay는 분석기법에 해당한다.

19 위성영상을 이용하여 3차원 좌표를 측정하고 정사영상을 제작하는 데 가장 적합한 장비는?

① 수치사진측량시스템
② 해석식 도화기
③ 기계식 도화기
④ GPS수신기

해설 위성영상을 이용하여 3차원 좌표를 측정하고 정사영상을 제작하는 데 가장 적합한 장비는 수치사진측량시스템이다.

20 토지정보체계를 이루는 지형공간정보는 위치정보와 특성정보로 구분할 수 있다. 특성정보 중 대상물의 자연, 인문, 사회, 행정, 경제, 환경적 특징을 나타내는 정보로서 지형공간적 분석이 가능하도록 하는 도형 및 영상정보와 관련된 정보는?

① 지형정보
② 도형정보
③ 영상정보
④ 속성정보

해설 1. 도형정보

도형정보는 위치정보를 이용하여 대상을 가시화시킨 것으로 지도형상의 수치적 설명으로 특정한 지도 요소를 설명하며, 좌표체계를 기준으로 하여 지형지물의 위치와 모양을 나타내는 정보이다.

2. 영상정보

영상정보는 센서(일반사진기, 지상 및 항공사진기, 비디오사진기, 수치사진기, 스캐너, 레이더, 레이저 등)에 의해 얻은 사진 등으로 인공위성에서 직접 취득하여 수치영상과 항공사진측량에서 획득한 사진을 디지타이징 또는 스캐닝하여 컴퓨터에 적합하도록 변환된 정보를 말한다.

3. 속성정보

대상물의 자연, 인문, 사회, 행정, 경제, 환경적 특징을 나타내는 정보로서 지형공간적 분석이 가능하도록 하는 도형 및 영상 정보와 관련된 정보이다.

21 다음 중 토지정보체계의 자료종류 중 위치자료가 아닌 것은?

① 절대 및 상대 위치자료　　　　　② 도형공간자료
③ 실제 공간자료　　　　　　　　　④ 도형자료

[해설]

위치정보	특성정보
1. 절대위치정보 2. 상대위치정보	1. 도형정보 2. 영상정보 3. 속성정보

22 다음 중 토지정보시스템의 자료를 입력할 때 공간데이터로 취급하는 것은?

① 필지의 소유자　　　　　　　　　② 지번
③ 필지의 소재지　　　　　　　　　④ 경계점의 좌표

[해설] 경계점의 좌표(X, Y, Z)는 3차원 공간데이터이다.

23 도형정보에 관한 설명으로 틀린 것은?

① 지도형상의 수치(좌표)적 설명이다.
② 지도의 특정한 공간적 형상을 설명한다.
③ 공간객체의 형상을 시각적인 판단의 근거로 제공한다.
④ 지도형상의 특성에 대한 설명정보를 부여한다.

[해설] 도형정보는 위치정보를 이용하여 대상을 가시화시킨 것으로, 지도형상의 수치적 설명으로 특정한 지도요소를 설명하는 것으로 좌표체계를 기준으로 하여 지형지물의 위치와 모양을 나타내는 정보이다.

24 토지정보체계의 자료 취득방법과 거리가 먼 것은?

① 일반측량에 의한 방법　　　　　　② 항공사진측량에 의한 방법
③ 원격탐측에 의한 방법　　　　　　④ 투영법에 의한 자료 취득방법

[해설] 토지정보 취득방법

속성정보	도형정보
1. 현지조사에 의한 경우	1. 지상측량에 의한 경우
2. 민원신청에 의한 경우	2. 항공사진측량에 의한 경우
3. 담당공무원의 직권에 의한 경우	3. 원격탐측에 의한 경우
4. 관계기관의 통보에 의한 경우	4. GPS측량에 의한 경우
	5. 기존의 도면을 이용하는 경우

25 지형공간정보체계 특성정보 중 도형정보는 지도형상과 주석을 설명하기 위하여 6가지 도형요소기 사용된다. 관계가 없는 것은?

① 점　　　　　　　　　　　　　　　② 선
③ 곡선　　　　　　　　　　　　　　④ 영상소

구 분	내 용
점	1. 차원이 존재하지 않음 2. 심벌을 이용하여 공간형상을 표현 3. X, Y를 이용하여 공간위치를 나타냄 4. 지적기준점(지적위성기준점, 지적삼각점, 지적삼각보조점, 지적도근점), 건물 등을 나타내는데 효과적
선	1. 가장 간단한 형태로 1차원(길이) 대상물은 두 점을 연결한 직선임 2. 대축척(면사상), 소축척(선사상) 3. 경계선을 나타내는 데 효과적
면	1. 면은 경계선 내의 영역을 정의하며 면적을 가짐 2. 호수, 삼림 3. 대축척(면사상), 소축척(점사상) 4. 필지행정구역이 대표적
격자 셀	연속적인 면의 단위 셀을 나타내는 2차원 표현요소
영상소	영상에서 눈에 보이는 가장 작은 셀
기호	지도 위의 점의 특성을 나타내는 도형요소

26 영상에서 눈에 보이는 가장 작은 셀은?

① 점 ② 선
③ 곡선 ④ 영상소

해설 1. **영상소** : 영상에서 눈에 보이는 가장 작은 셀
2. **격자 셀** : 연속적인 면의 단위 셀을 나타내는 2차원 표현요소

27 도형정보에 연속적인 면의 단위 셀을 나타내는 2차원 표현요소는?

① 격자 셀 ② 선
③ 영양선 ④ 점

해설 1. **영상소** : 영상에서 눈에 보이는 가장 작은 셀
2. **격자 셀** : 연속적인 면의 단위 셀을 나타내는 2차원 표현요소

28 다음 설명 중 옳지 않은 것은?

① 위치정보는 공간적 해석이 가능하도록 대상물에 절대적 또는 상대적 위치를 부여하는 것이다.
② 도형정보는 도면 또는 지도에 의한 정보이다.
③ 영상정보는 일반사진, 항공사진, 인공위성영상, 비디오 및 각종 영상에 의한 정보이다.
④ 속성정보는 대상물의 자연, 인문, 사회, 행정, 경제, 환경적 특성을 나타내는 지도정보로서 지형공간적 분석은 불가능하다.

해설 속성정보는 대상물의 자연, 인문, 사회, 행정, 경제, 환경적 특성을 나타내는 지도정보로서 지형공간적 분석이 가능하다.

  정답 26. ④ 27. ① 28. ④

29 다음 중 공간정보의 편집에서 분리되어 있는 객체를 하나로 합치는 작업은?

① 트림   ② 복제
③ 익스텐드   ④ 병합

해설 공간정보의 편집에서 분리되어 있는 객체를 하나로 합치는 작업을 병합이라 한다.

30 토털스테이션(광파기)으로 얻은 자료를 컴퓨터에 입력하는 방법은?

① 디지타이저에 의한 입력   ② 스캐너에 의한 입력
③ 컴퓨터의 연결에 의한 데이터 수신   ④ 대화형 방식에 의한 입력

해설 토털스테이션은 현장에서 측량결과를 측량장비와 연결된 컴퓨터 메모리에 직접 저장할 수 있다. 따라서 기존에 수작업에 의하여 측량자료를 컴퓨터에 입력시키는 과정에서 발생하는 오차를 제거하였다.

31 지적정보 중 대장면적, 토지등급과 같은 속성정보를 컴퓨터에 입력하는 장비로 가장 적당한 것은?

① 스캐너   ② 키보드
③ 플로터   ④ 디지타이저

해설 지적정보 중 속성정보의 입력은 키보드에 의한다.

32 다음 중 지형공간정보의 위치정보자료 취득수단인 것은?

① GPS   ② TIN
③ OCR   ④ PC

33 지적정보의 유형에 들지 않는 것은?

① 상대적 위치정보   ② 절대적 위치정보
③ 도형정보   ④ 속성정보

해설 상대적 위치정보는 지적정보의 유형에 해당하지 아니한다.

34 속성정보로 보기 어려운 것은?

① 공유지연명부의 등록사항인 토지의 소재
② 임야도의 등록사항인 경계
③ 대지권등록부의 등록사항인 대지권비율
④ 경계점좌표등록부의 등록사항인 지번

해설 속성정보와 도형정보

속성정보	도형정보
1. 토지 · 임야대장 2. 공유지연명부 3. 대지권등록부	1. 지적도 2. 임야도

정답   29. ④   30. ③   31. ②   32. ①   33. ①   34. ②

35 지적속성정보의 수집방법이 아닌 것은?

① 민원인의 직접조사　　　　　　② 현지조사

③ 지적측량　　　　　　　　　　　④ 관계기관의 통보

해설 토지정보 취득방법

속성정보	도형정보
1. 현지조사에 의한 경우 2. 민원신청에 의한 경우 3. 담당공무원의 직권에 의한 경우 4. 관계기관의 통보에 의한 경우	1. 지상측량에 의한 경우 2. 항공사진측량에 의한 경우 3. 원격탐측에 의한 경우 4. GPS측량에 의한 경우 5. 기존의 도면을 이용하는 경우

36 다음 중에서 지적도형정보의 수집방법이 아닌 것은?

① 측지측량　　　　　　　　　　② 경위에 의한 측량

③ GPS측량　　　　　　　　　　④ 도근측량

37 공시지가에 따라 필지의 색상을 등급별로 자동으로 표시하려고 할 때 필요한 작업은?

① 공간자료와 속성자료의 링크

② 공간정보의 구조화편집

③ 공간정보의 정위치편집

④ 토지정보시스템의 통신망연결

해설 공시지가에 따라 필지의 색상을 등급별로 자동으로 표시하려고 할 때 필요한 작업은 공간자료와 속성자료의 링크이다.

38 데이터베이스의 자료에서 도형자료의 형태에 해당되는 것은?

① 선　　　　　　　　　　　　② 보고서

③ 통계자료　　　　　　　　　④ 토지대장

해설 특성정보에는 도형정보, 영상정보, 속성정보로 분류되며, 도형정보는 위치정보를 이용하여 대상을 가시화시킨 것으로 지도형상의 수치적 설명으로 특정한 지도요소를 설명한다. 도형정보는 좌표체계를 기준으로 하여 지형지물의 위치와 모양을 나타내는 정보이며, 지도형상과 주석을 설명하기 위하여 점, 선, 면, 격자셀, 영상소, 기호 등 6가지 도형요소를 사용한다.

39 기존의 지적도 또는 임야도를 수치화하는 방법으로 적합한 것은?

① 등사법　　　　　　　　　　② 정밀복사법

③ 간접측량　　　　　　　　　④ 디지타이징 또는 스캐닝

해설 도면도형자료는 현재 사용 중인 도면을 스캐닝한 이미지파일을 컴퓨터 화면에 출력하여 경계를 벡터라이징하거나 좌표독취기로 직접 입력하는 방법에 의한다.

정답　35. ①　36. ①　37. ①　38. ①　39. ④

40 토지정보체계의 자료 입력과정에서 지적도면과 같은 자료를 수동적으로 입력할 수 있는 장비는 어느 것인가?

① 프린터
② 디지타이저
③ 플로터
④ DLT(Digital Linear Tape)

해설

구 분	내 용
입력장치 (디지타이저)	디지타이저(digitizer)는 입력 원본의 좌표를 판독하여 컴퓨터에 설계도면이나 도형을 입력하는 데 사용되는 장치이다.
저장장치	디지털 선형테이프(Digital Linear Tape : DLT)는 컴퓨터 데이터 저장 및 기록 보존용 자기테이프시스템으로 고속 대용량의 데이터 저장과 검색이 가능하며, 데이터 기록 시에는 아주 많은 라인트랙을 기록한다.
출력장치	프린터, 플로터

41 공간자료의 입력방법인 스캐닝방법에 대한 설명으로 옳지 않은 것은?

① 스캐너를 이용하여 정보를 신속하게 입력시킬 수 있다.
② 스캐너는 광학주사기를 이용하여 레이저광선을 도면에 주사하여 반사되는 값에 수치값을 부여하여 데이터의 영상자료를 만드는 것이다.
③ 스캐너영상자료는 GIS소프트웨어를 이용하여 벡터라이징을 통해 수치지도로 제작된다.
④ 스캐닝은 문자나 그래픽 심벌과 같은 부수적 정보를 많이 포함한 도면을 입력하는 데 적합하다.

해설 스캐너의 장단점

장 점	단 점
1. 수작업이 최소화되고 지도상의 모든 정보를 신속하게 입력할 수 있다.	1. 가격이 비싸고 다루기가 까다롭다.
2. 컬러필터를 사용하면 컬러영상을 얻을 수 있다.	2. 오염된 도면의 입력이 어렵다.
3. 깨끗하고 단순한 형태의 지도 입력, 다양한 지도 입력에 적합하다.	3. 도형인식의 신뢰성이 떨어진다.
	4. 격자의 크기가 작아질수록 정밀해지지만 자료의 양이 방대해진다.
4. 이미지상에서 삭제, 수정 등을 할 수 있어 능률적이다.	5. 문자나 그래픽 심벌과 같은 부수적 정보를 많이 포함한 도면을 입력하는 데 부적합하다.

42 도형정보의 입력방법 중 스캐닝방식의 특징에 해당되지 않는 것은?

① 손상된 도면의 경우 스캐닝에 의한 인식이 원활하지 못하다.
② 복잡한 도면을 입력할 경우에 작업시간이 단축된다.
③ 레이어별로 나누어져 입력되므로 소요비용이 저렴하다.
④ 특정 주제만을 선택하여 입력시킬 수 없다.

 디지타이저의 장단점

장 점	단 점
1. 결과물이 벡터자료이므로 GSIS에 바로 이용할 수 있다.	1. 많은 시간과 노력이 필요하다.
2. 레이어별로 나누어 입력할 수 있어 효과적이다.	2. 입력 시 누락이 발생할 수 있다.
3. 불필요한 도형이나 주기를 제외시킬 수 있다 (선별적 입력 가능).	3. 경계선이 복잡한 경우 정확하게 입력하기 어렵다.
4. 상대적으로 지도의 보관상태에 적은 영향을 받는다.	4. 단순 도형 입력 시에는 비효율적이다.
5. 가격이 저렴하고 작업과정이 비교적 간단하다.	5. 작업자의 숙련을 요한다.

43 디지타이저로 입력한 자료의 형태는?

① 속성정보
② 벡터데이터
③ 래스터데이터
④ 영상데이터

 디지타이저와 스캐너의 비교

구 분	디지타이저	스캐너
입력방식	수동방식	자동방식
결과물	벡터	래스터
비용	저렴	고가
시간	시간이 많이 소요	신속
도면상태	영향을 적게 받음	영향을 받음

44 다음 중 도형자료를 정밀하게 수동으로 입력하는 데 사용되는 장치는?

① 플로터   ② 프린터
③ DLT   ④ 디지타이저

 1. **입력장치**
   ① 디지타이저(수동방식) : 디지타이저라는 테이블 위에 컴퓨터와 연결된 마우스를 이용하여 필요한 주제(도로, 하천 등)의 형태를 컴퓨터에 입력시키는 것으로서 지적도면과 같은 자료를 수동으로 입력할 수 있으며, 대상물의 형태에 따라 마우스를 움직이면 X, Y좌표가 자동적으로 기록된다.
   ② 스캐너(자동방식) : 일정파장의 레이저광선을 지도에 주사하고, 반사되는 값에 수치값을 부여하여 컴퓨터에 저장시킴으로서 기존의 지도를 영상의 형태로 만드는 방식이다.

2. **출력장치** : 프린터, 플로터

3. **저장장치**
   디지털 선형테이프(Digital Linear Tape : DLT)는 컴퓨터 데이터 저장 및 기록 보존용 자기테이프시스템으로 고속 대용량의 데이터 저장과 검색이 가능하며, 데이터 기록 시에는 아주 많은 라인트랙을 기록한다.

45 디지타이징에 의한 필지별 독취에 대한 설명으로 틀린 것은?

① 이중선 발생할 수 있음

② 작업시간 비교적 많이 소요됨

③ 인접경계선 중복독취로 데이터양이 많음

④ 위상구조가 자동으로 생성됨

해설 디지타이징에 의한 자료 입력 시 위상구조는 자동으로 생성되지 아니하며, 별도의 작업을 통해서 위상구조를 생성한다.

46 도형자료의 입력방법에 대한 설명으로 틀린 것은?

① 도형자료 입력은 수치형태의 자료 입력과 도면형태의 자료 입력이 있다.

② 수치형태의 자료 입력방법은 키보드에 의한 방법으로 한다.

③ 도형자료 입력을 디지타이저로 한 경우 결과물은 래스터구조이다.

④ 스캐너에 의한 방법은 별도의 자료변환장치를 필요로 한다.

해설 디지타이저에 의한 도형자료의 입력 시 결과물은 벡터구조이다.

47 도형정보를 스캐닝(scanning)에 의해 입력할 경우의 장점에 대한 설명으로 틀린 것은?

① 도형(지적선)의 인식이 가능하다.

② 이미지상에서 삭제, 수정할 수 있어 능률이 높다.

③ 손상된 정도에 관계없이 도면을 정확하게 입력할 수 있다.

④ 복잡한 도면 입력 시 작업시간이 단축된다.

해설 디지타이저와 스캐너의 비교

구 분	디지타이저	스캐너
입력방식	수동방식	자동방식
결과물	벡터	래스터
비용	저렴	고가
시간	시간이 많이 소요	신속
도면상태	영향을 적게 받음	영향을 받음

따라서 도면이 손상되면 정확한 자료를 취득할 수 없다.

48 디지타이저와 스캐너에 대한 설명으로 틀린 것은?

① 스캐너는 입력한 자료가 래스터로서 벡터화하기 위해서 별도의 작업이 필요하다.

② 디지타이저는 자동으로 작업할 수 있으므로 작업속도가 빠르다.

③ 디지타이저는 장치운영방법이 복잡하여 전문적인 숙련이 필요하다.

④ 스캐너로 읽은 자료는 디지털카메라로 촬영하여 얻은 자료와 유사하다.

해설 디지타이저라는 테이블 위에 컴퓨터와 연결된 마우스를 이용하여 필요한 주제(도로, 하천 등)의 형태를 컴퓨터에 입력시키는 것으로서, 지적도면과 같은 자료를 수동으로 입력할 수 있으며 대상물의 형태를 따라 마우스를 움직이면 X, Y좌표가 자동적으로 기록된다.

정답 45. ④ 46. ③ 47. ③ 48. ②

49 부정확한 디지타이징 때문에 발생되는 위상오차로 한쪽 끝이 다른 연결점이나 절점(node)에 완전히 연결되지 않은 상태의 연결선을 무엇이라 하는가?

① 댕글(dangle)　　　　　　　　　　② DAP
③ PID　　　　　　　　　　　　　　④ 토폴로지

해설 dangle(현수선)은 arc와 접하는 지점에서 끝나지 않고 arc를 벗어나서 걸쳐 있는 선으로서, 위상오류의 일종이다.

50 디지타이저와 스캐너를 비교하여 설명한 것으로 옳은 것은?

① 스캐너로 입력한 자료는 벡터자료로서 벡터화하기 위해서는 별도의 작업이 필요 없다.
② 디지타이저는 자동으로 작업할 수 있으므로 작업속도가 빠르다.
③ 스캐너는 장치운영방법이 복잡하여 전문적인 숙련이 필요하다.
④ 스캐너로 읽은 자료는 디지털카메라로 촬영하여 얻은 자료와 유사하다.

해설 ① 스캐너로 입력한 자료는 래스터자료로서 벡터화하기 위해서는 별도의 작업이 필요하다.
② 디지타이저는 수동으로 작업하기 때문에 작업시간이 많이 소요된다.
③ 스캐너는 장치운영방법이 간단하여 전문적인 숙련이 필요하지 않다.

▶ 디지타이저와 스캐너의 비교

구 분	디지타이저	스캐너
입력방식	수동방식	자동방식
결과물	벡터	래스터
비용	저렴	고가
시간	시간이 많이 소요	신속
도면상태	영향을 적게 받음	영향을 받음

51 다음 중 토지정보시스템의 도형자료 입력에 주로 사용하는 방식이 아닌 것은?

① 레이아웃(layout)방식
② 스캐닝(scanning)방식
③ COGO(Coordinate Geometry)방식
④ 디지타이징(digitizing)방식

해설 토지정보시스템의 도형자료 입력방법은 디지타이징방식, 스캐닝방식, 인공위성영상, 항공사진, COGO(Coordinate Gemetry)방식 등이 있다.

52 지형공간정보체계의 자료 입력과정에서 도면과 같은 자료를 수동적으로 입력할 수 있는 장비는?

① 스캐너　　　　　　　　　　　　② 디지타이저
③ 마우스　　　　　　　　　　　　④ 자판기

해설 디지타이저는 테이블 위에 컴퓨터와 연결된 마우스를 이용하여 필요한 주제(도로, 하천 등)의 형태를 컴퓨터에 입력시키는 것으로서, 지적도면과 같은 자료를 수동으로 입력할 수 있으며 대상물의 형태를 따라 마우스를 움직이면 X, Y좌표가 자동적으로 기록된다.

53 다음 중 자료의 입력과정에서 발생하는 오류와 관계없는 것은?

① 공간정보가 불완전하거나 중복된 경우

② 공간정보가 부정확한 위치에 있는 경우

③ 공간정보가 왜곡된 경우

④ 공간정보가 정확한 축척으로 표현된 경우

해설 **자료의 입력과정에서 발생하는 오차**

1. 공간정보가 불완전하거나 중복된 경우
2. 공간정보가 부정확한 위치에 있는 경우
3. 공간정보가 왜곡된 경우

54 다음 중 자료 입력방법이 아닌 것은?

① 수동방식(디지타이저)에 의한 입력　　② 자동방식(스캐너)에 의한 입력

③ 항공사진에 의한 해석도화 입력　　④ 잉크젯프린터에 의한 도면 제작

해설 **지적정보 입력방법**

1. 디지타이저
2. 스캐너
3. 항공사진에 의한 해석도화

55 토털스테이션(광파기)으로 취득한 위치정보를 입력하는 방법으로 가장 적당한 것은?

① 디지타이저　　　　　　　　② 스캐너

③ 컴퓨터에 연결데이터 수신　　④ 마우스

56 다음 중 일반지도와 비교하여 수치지도(digital map)의 장점이 아닌 것은?

① 축척이나 투영법의 변환이 용이하다.

② 초기 투자비용이 저렴하다.

③ 시스템 구축 후에는 제작기간이 적게 소요된다.

④ 다른 수치지도와의 통합 출력이 용이하다.

해설 **수치지도(digital map)의 장단점**

장 점	단 점
1. 축척이나 투영법의 변환이 용이하다.	1. 초기 투자비용이 많이 든다.
2. 시스템 구축 후에는 제작기간이 적게 소요된다.	
3. 다른 수치지도와의 통합 출력이 용이하다.	

57 수치지도를 생성하고자 할 때 기존의 도면이 존재할 경우에 이를 이용하는 방법으로 가장 적당한 것은?

① 토털스테이션을 이용한 측량　　② 항공사진측량

③ 인공위성영상활용　　　　　　④ 디지타이징

해설 수치지도를 생성하고자 할 때 기존의 도면이 존재할 경우에는 디지타이징 또는 스캐닝에 의해 수치지도를 생성한다.

58 디지타이저를 이용한 수치지도 제작방법의 장점이 아닌 것은 다음 중 어느 것인가?

① 저렴한 경비
② 사용이 쉬움
③ 기존 자료의 수정 및 유지관리가 용이
④ 입력에 시간이 많이 소요

해설 디지타이저와 스캐너의 비교

구 분	디지타이저	스캐너
입력방식	수동방식	자동방식
결과물	벡터	래스터
비용	저렴	고가
시간	시간이 많이 소요	신속
도면상태	영향을 적게 받음	영향을 받음

따라서 도면이 손상되면 정확한 자료를 취득할 수 없다.

59 스캐너를 이용한 수치지도 제작방법의 장점이 아닌 것은 다음 중 어느 것인가?

① 벡터와 래스터형태의 데이터 획득에 유용
② 디지타이징방법보다 정확성이 떨어짐
③ 다량의 지도 입력에 유리
④ 문자가 없이 정확하게 선으로 제작된 도면인 경우 매우 유용

해설 스캐너를 이용하여 기존의 지도를 입력하면 결과물은 래스터형태의 데이터를 얻는다.

60 스캐너의 종류 중 지도를 원통형 드럼에 부착시킨 후 스캐닝헤드는 움직이지 않고 드럼이 회전하면서 Y방향 탐지기가 X방향으로 반사되는 수치값을 기록하는 스캐너는 다음 중 어느 것인가?

① 평판스캐너
② 원통형 스캐너
③ 비디오스캐너
④ 데스크톱스캐너

61 디지타이저와 스캐너에 대한 설명이다. 이 중 틀린 것은?

① 디지타이저는 수동이며 벡터로 저장된다.
② 스캐너의 경우 격자의 크기가 작아질수록 정밀해지지만 자료의 양이 방대해진다.
③ 일반적으로 지적도전산화에는 디지타이저를 사용하나, 도곽 내 필지수가 적은 경우에는 스캐너에 의한다.
④ 스캐너는 도형인식의 신뢰성이 떨어지며, 오염된 도면의 입력이 어렵다.

해설 일반적으로 지적도전산화에는 스캐너를 사용하나, 도곽 내 필지수가 적은 경우와 도면이 마모된 경우에는 디지타이저에 의한다.

    정답   58. ④   59. ①   60. ②   61. ③

62 다음은 디지타이저에 대한 설명이다. 이 중 틀린 것은?

① 수동작업에 의하므로 많은 시간과 노력이 필요하다.
② 입력 시 누락이 발생하며, 입력의 정확도가 떨어진다.
③ 단순 도형 입력 시 효과적이다.
④ 불필요한 도형이나 주기를 제외시킬 수 있다.

해설 디지타이저의 장단점

장 점	단 점
1. 결과물이 벡터자료이므로 GSIS에 바로 이용할 수 있다. 2. 레이어별로 나누어 입력할 수 있어 효과적이다. 3. 불필요한 도형이나 주기를 제외시킬 수 있다 (선별적 입력 가능). 4. 상대적으로 지도의 보관상태에 적은 영향을 받는다. 5. 가격이 저렴하고 작업과정이 비교적 간단하다.	1. 많은 시간과 노력이 필요하다. 2. 입력 시 누락이 발생할 수 있다. 3. 경계선이 복잡한 경우 정확하게 입력하기 어렵다. 4. 단순 도형 입력 시에는 비효율적이다. 5. 작업자의 숙련을 요한다.

63 디지타이저의 장점에 대한 설명이다. 이 중 틀린 것은?

① 결과물이 벡터여서 별도의 벡터화를 필요로 하지 아니한다.
② 레이어별로 나누어 입력할 수 있어 효과적이다.
③ 경계선이 다소 복잡해도 정확하게 입력할 수 있다.
④ 가격이 저렴하고 작업과정이 비교적 간단하다.

해설 디지타이저의 장단점

장 점	단 점
1. 결과물이 벡터자료이므로 GSIS에 바로 이용할 수 있다. 2. 레이어별로 나누어 입력할 수 있어 효과적이다. 3. 불필요한 도형이나 주기를 제외시킬 수 있다 (선별적 입력 가능). 4. 상대적으로 지도의 보관상태에 적은 영향을 받는다. 5. 가격이 저렴하고 작업과정이 비교적 간단하다.	1. 많은 시간과 노력이 필요하다. 2. 입력 시 누락이 발생할 수 있다. 3. 경계선이 복잡한 경우 정확하게 입력하기 어렵다. 4. 단순 도형 입력 시에는 비효율적이다. 5. 작업자의 숙련을 요한다.

64 스캐닝방식에 의한 공간데이터 취득의 장점에 해당하지 않는 것은?

① 손상된 도면을 입력하기에 적합하다.
② 작업자의 숙련 정도에 디지타이징보다 큰 영향을 받지 않는다.
③ 복잡한 도면을 입력할 경우에는 작업시간이 단축된다.
④ 지직도의 경계선 인식이 가능하다.

 스캐너의 장단점

장 점	단 점
1. 수작업이 최소화되고 지도상의 모든 정보를 신속하게 입력할 수 있다. 2. 컬러필터를 사용하면 컬러영상을 얻을 수 있다. 3. 깨끗하고 단순한 형태의 지도 입력, 다양한 지도 입력에 적합하다. 4. 이미지상에서 삭제, 수정 등을 할 수 있어 능률적이다.	1. 가격이 비싸고 다루기가 까다롭다. 2. 오염된 도면의 입력이 어렵다. 3. 도형인식의 신뢰성이 떨어진다. 4. 격자의 크기가 작아질수록 정밀해지지만 자료의 양이 방대해진다. 5. 문자나 그래픽 심벌과 같은 부수적 정보를 많이 포함한 도면을 입력하는 데 부적합하다.

65 GSIS의 디지타이저 입력체계에 관한 장점이 아닌 것은?

① 다소 더러운 도면이라도 입력이 가능하다.
② 값이 상대적으로 저렴하다.
③ 여러 개로 나누어 입력된다.
④ 단순 도형(등고선, 도로 등)의 입력에 능률적이다.

구 분	내 용
디지타이저	디지타이저라는 테이블 위에 컴퓨터와 연결된 마우스를 이용하여 필요한 주제(도로, 하천 등)의 형태를 컴퓨터에 입력시키는 것으로서, 지적도면과 같은 자료를 수동으로 입력할 수 있으며 대상물의 형태를 따라 마우스를 움직이면 X, Y좌표가 자동적으로 기록되며 단순 도형 입력 시 비효율적이다.
스캐너	일정파장의 레이저광선을 지도에 주사하고 반사되는 값에 수치값을 부여하여 컴퓨터에 저장시킴으로써 기존의 지도를 영상의 형태로 만드는 방식이다.

66 디지타이징할 경우 장점에 해당되지 않는 것은?

① 내용이 다소 불분명한 도면이라도 입력이 가능하다.
② 불필요한 도형, 주기는 입력하지 않을 수 있다.
③ 레이어별로 나누어 입력할 수 있다.
④ 작업자의 개인차에 따라 속도와 정확도 등에 영향을 받지 않는다.

 디지타이저의 장단점

장 점	단 점
1. 결과물이 벡터자료이므로 GSIS에 바로 이용할 수 있다. 2. 레이어별로 나누어 입력할 수 있어 효과적이다. 3. 불필요한 도형이나 주기를 제외시킬 수 있다 (선별적 입력 가능). 4. 상대적으로 지도의 보관상태에 적은 영향을 받는다. 5. 가격이 저렴하고 작업과정이 비교적 간단하다.	1. 많은 시간과 노력이 필요하다. 2. 입력 시 누락이 발생할 수 있다. 3. 경계선이 복잡한 경우 정확하게 입력하기 어렵다. 4. 단순 도형 입력 시에는 비효율적이다. 5. 작업자의 숙련을 요한다.

67 지적정보의 입력방법으로 다른 하나는?

① 스캐너
② 키보드
③ 디지타이저
④ 플로터

해설 속성정보의 입력방법으로는 스캐너, 디지타이저, 키보드 등이 있으며, 플로터는 출력장비에 해당한다.

68 비교적 도면의 상태가 양호한 지적도면을 전산화하는 방법으로 가장 적합한 것은?

① 등사방식
② 스캐닝방식
③ 디지타이징방식
④ 좌표 입력방식

해설 비교적 도면의 상태가 양호한 지적도면을 전산화할 경우 스캐닝방식이 적당하다.

69 다음은 자료변환에 대한 설명이다. 이 중 틀린 것은?

① 래스터라이징이란 전체의 벡터구조를 일정 크기의 격자로 나눈 다음 동일 폴리곤에 속하는 모든 격자들은 해당 폴리곤의 속성값을 격자에 저장하는 방식이다.
② 벡터라이징이란 각각의 격자가 가지는 속성을 확인한 후 동일한 속성을 갖는 격자들로서 폴리곤을 형성한 다음 해당 폴리곤에 속성값을 부여한다.
③ 래스터라이징이 벡터라이징보다 기술적인 난이도가 크며 처리시간도 많이 걸린다.
④ 변환과정에서 자료·정보의 손실이 발생한다.

해설 자료변환

1. 래스터라이징(벡터자료→래스터로 변환)
   전체의 벡터구조를 일정 크기의 격자로 나눈 다음, 동일 폴리곤에 속하는 모든 격자들은 해당 폴리곤의 속성값을 격자에 저장하는 방식이다.
2. 벡터라이징(래스터→벡터자료로 변환)
   각각의 격자가 가지는 속성을 확인한 후 동일한 속성을 갖는 격자들로서 폴리곤을 형성한 다음, 해당 폴리곤에 속성값을 부여한다.
3. 특징
   ① 벡터라이징이 래스터라이징보다 기술적인 난이도가 크며 처리시간도 많이 걸린다.
   ② 변환과정에서 자료·정보의 손실이 발생한다.
   ③ 변환결과물은 원시자료보다 정확도가 떨어진다.

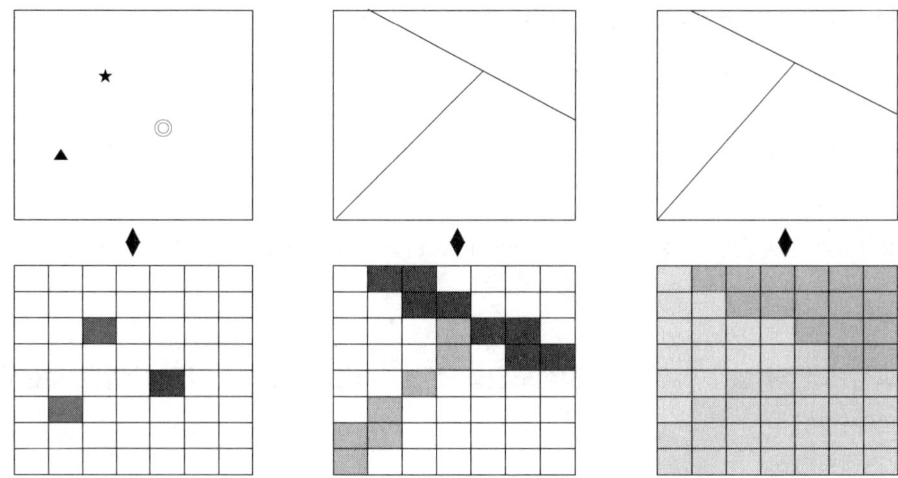

70 벡터화변환과정에서 이루어지는 처리단계에 해당하지 않는 것은?

① vertex나 Spike 등의 제거를 위한 스무딩화

② 격자데이터에 존재하는 노이즈를 제거하는 필터링화

③ 선형의 패턴을 가늘고 긴 선과 같은 형상으로 만들기 위한 세선화

④ 행과 열로 이루어진 격자데이터에서 동일한 속성값을 묶는 압축화

해설 행과 열로 이루어진 격자데이터를 동일한 속성값을 묶는 압축방법은 래스터데이터의 압축방법에 해당하며, 벡터데이터 변환과정에서 이루어지는 처리단계에 해당하지 아니한다.

71 수치도면 제작에서 도형자료와 속성자료를 연계시키기 위한 일련의 작업으로 공간객체를 조합하여 기하모델로 보정하는 것은?

① 현지조사

② 보완측량

③ 정위치편집

④ 구조화편집

해설 구조화편집이란 자료 간의 위치적 상관관계를 파악하기 위하여 정위치편집된 지형, 지물을 기하학적 형태로 구성하는 작업을 말한다.

72 자동벡터화에 대한 설명으로 틀린 것은?

① 래스터자료를 소프트웨어에 의해 벡터화하는 것이다.

② 경우에 따라 수동 디지타이징보다 결과가 나쁠 수 있다.

③ 자동 벡터화한 후에 처리결과를 확인할 필요가 있다.

④ 위상구조화작업도 신속하게 이루어진다.

해설 위상구조화작업은 별도의 작업을 필요로 하기 때문에 신속하게 이루어지지는 않는다.

  정답 70. ④ 71. ④ 72. ④

73 1996년 NGIS 구축 시 지적도면 수치화 벡터라이징기법으로 주로 사용되고 있는 것은?

① 자동 벡터라이징기법
② 인터랙티브 벡터라이징기법
③ 추적 벡터라이징기법
④ 스크린 벡터라이징기법

해설 래스터이미지를 벡터화하는 방법에는 자동 벡터라이징기법, Interactive 벡터라이징기법, 스크린 벡터라이징기법 등이 있으며, 현행 지적도면 수치화 벡터라이징기법은 작업자의 육안에 의한 수동기법(스크린 벡터라이징기법)을 사용하고 있다.

74 벡터자료를 래스터로 변환하는 작업을 무엇이라 하는가?

① 벡터라이징   ② 래스터라이징
③ 디지타이징   ④ 스캐닝

해설 벡터자료를 래스터로 변환하는 작업을 래스터라이징이라 한다.

75 다음은 자동 벡터라이징의 작업순서로 올바른 것은?

① 스캐닝 → 전처리 → 벡터화 → 후처리 → 출력
② 스캐닝 → 벡터화 → 전처리 → 후처리 → 출력
③ 디지타이징 → 전처리 → 후처리 → 벡터화 → 출력
④ 디지타이징 → 전처리 → 벡터화 → 후처리 → 출력

해설 자동 벡터라이징의 작업순서는 스캐닝 → 전처리 → 벡터화 → 후처리 → 출력 순이다.

76 스캐닝에 의해 얻어진 래스터자료를 벡터화하는 과정에서 울퉁불퉁하거나 과도한 vertex 등의 문제점을 제거하고 경계선을 매끄럽게 하기 위한 작업은?

① 벡터화   ② 전처리
③ 후처리   ④ 래스터화

해설 벡터화단계를 통해 얻은 데이터는 모양이 매끄럽지 못하고 울퉁불퉁하거나 과도한 vertex나 spike 등의 문제점이 나타나게 된다. 이러한 문제점을 제거하고 경계선을 매끄럽게 하기 위하여 과도한 vertex나 spike를 제거하여야 하는데, 이러한 작업을 후처리단계라 한다.

77 다음 중 벡터라이징의 작업순서 중 선형의 패턴을 가늘고 긴 선과 같은 형상으로 만들기 위한 작업을 무엇이라 하는가?

① 필터링   ② 세선화
③ 후처리   ④ 벡터화

해설 세선화는 필터링단계에서 만들어진 선형의 패턴을 가늘고 긴 선과 같은 형상으로 만들기 위하여 가늘게 하는 것을 의미한다.

78 현지조사 및 현지보완측량에서 얻어진 성과 및 자료를 이용하여 데이터를 수정·보완하는 작업을 무엇이라 하는가?

① 지리조사 및 현지조사　　　　　　② 정위치편집
③ 구조화편집　　　　　　　　　　　④ 도면 제작편집

해설 현지조사 및 현지보완측량에서 얻어진 성과 및 자료를 이용하여 데이터를 수정·보완하는 작업을 정위치편집이라 한다.

79 벡터라이징에 대한 설명이다. 이 중 틀린 것은?

① 처리시간이 많이 소요된다.
② 벡터화하는 과정에서 정보의 손실이 발생한다.
③ 기술적인 난이도가 래스터화보다 쉽다.
④ 변환결과물에는 반드시 오차가 발생하므로 원시데이터보다는 정확도가 떨어진다.

해설 기술적인 난이도가 래스터화보다 높다.

80 간단한 직선이나 확실한 굴곡들은 컴퓨터가 인식하여 자동으로 수행하고 복잡한 부분은 사용자가 직접처리하는 방식은?

① 수동 벡터라이징　　　　　　　　② 반자동 벡터라이징
③ 자동 벡터라이징　　　　　　　　④ 반자동 디지타이징

81 수치지도 제작을 위해 래스터영상을 벡터파일로 변환하는 과정을 순서대로 바르게 나열한 것은?

① 래스터영상 필터링 → 래스터영상 세선화 → 벡터화 → 버텍스 수정 → 위상 생성
② 래스터영상 세선화 → 래스터영상 필터링 → 벡터화 → 위상 생성 → 버텍스 수정
③ 래스터영상 세선화 → 래스터영상 필터링 → 버텍스 수정 → 벡터화 → 위상 생성
④ 래스터영상 필터링 → 래스터영상 세선화 → 버텍스 수정 → 위상 생성 → 벡터화

해설 벡터화 과정은 래스터영상 필터링 → 래스터영상 세선화 → 벡터화 → 버텍스 수정 → 위상 생성 순이다.

82 기존 도면을 전산으로 입력하는 내용에 관한 설명으로 옳은 것은?

① 래스터데이터를 벡터데이터로 변환할 때는 오차가 발생하지 않는다.
② 자동 벡터라이징방법은 오류가 발생할 수 있다.
③ Overshoot, Undershoot은 주로 스캐너로 도면을 읽어 들일 때 발생한다.
④ 일반적으로 스캐닝은 오염된 도면의 입력에 적합하다.

해설 ① 래스터데이터를 벡터데이터로 변환할 때는 오차가 발생한다.
② Overshoot, Undershoot은 주로 디지타이저로 도면을 읽어 들일 때 발생한다.
③ 일반적으로 스캐닝은 오염된 도면의 입력에 적합하지 않다.

83 다음 중 디지타이저에 의한 자료 입력 시 발생되는 오차로 다른 아크(도곽선)와의 교점을 지나서 디지타이징된 아크의 한 부분을 무엇이라 하는가?

① 오버슛(overshoot)
② 언더슛(undershoot)
③ 현수선(dangle)
④ 스파이크(spike)

해설
1. 오버슛 : 다른 아크(도곽선)와의 교점을 지나서 디지타이징된 아크의 한 부분을 말한다.
2. 언더슛(기준선 미달오류) : 도곽선상에 인접되어야 할 선형요소가 도곽선에 도달하지 못한 경우를 말한다. 다른 선형요소와 완전히 교차되지 않은 선형을 말한다.
3. dangle(현수선) : 부정확한 디지타이징 때문에 발생하는 위상오차로 한쪽 끝이 다른 연결점이나 절점에서 완전히 연결되지 않은 상태의 연결선을 말한다.
4. 스파이크 : 교차점에서 두 개의 선분이 만나는 과정에서 잘못된 좌표가 입력되어 발생하는 오차를 말한다.

84 다음은 도곽선상에 인접하여야 할 선형요소가 도곽선에 도달하지 못한 경우를 나타내는 용어는?

① 오버슛(overshoot)
② 언더슛(undershoot)
③ 현수선(dangle)
④ 스파이크(spike)

해설 언더슛(기준선 미달오류)이란 도곽선상에 인접되어야 할 선형요소가 도곽선에 도달하지 못한 경우를 말한다. 다른 선형요소와 완전히 교차되지 않은 선형을 말한다.

85 다음 중 부정확한 디지타이징 때문에 발생하는 위상오차로 한쪽 끝이 다른 연결점이나 절점에서 완전히 연결되지 않은 상태의 연결선을 무엇이라 하는가?

① 슬리버(sliver)
② 점 · 선 중복(overlapping)
③ 현수선(dangle)
④ 스파이크(spike)

해설 현수선(dangle)이란 부정확한 디지타이징 때문에 발생하는 위상오차로 한쪽 끝이 다른 연결점이나 절점에서 완전히 연결되지 않은 상태의 연결선을 말한다.

86 다음 중 GIS자료 입력에 적용하는 수동 디지타이징방법에 대한 설명이 아닌 것은?

① 격자구조를 벡터구조로 전환하는 소프트웨어가 필요함
② 전반적인 정확도가 스캐닝보다 높음
③ 장비는 디지타이저를 사용함
④ 작업자의 숙련도가 결과물에 영향을 미침

해설 디지타이저와 스캐너의 비교

구 분	디지타이저	스캐너
입력방식	수동방식	자동방식
결과물	벡터	래스터
비용	지렴	고가
시간	시간이 많이 소요	신속
도면상태	영향을 적게 받음	영향을 받음

87 도면의 입력 시 발생하는 오차 중 작업자의 시각차와 손조작오차에서 발생하는 오차는?

① 기계적인 오차

② 입력도면의 평탄성 오차

③ 도면등록 시의 오차

④ 디지타이저에 의한 독취과정의 오차

해설 디지타이징 오차의 종류

구 분	내 용
오버슛 (overshoot)	다른 아크(도곽선)와의 교점을 지나서 디지타이징된 아크의 한 부분을 말한다.
언더슛 (undershoot)	언더슛(기준선 미달오류)은 도곽선상에 인접되어야 할 선형요소가 도곽선에 도달하지 못한 경우를 말한다. 다른 선형요소와 완전히 교차되지 않은 선형을 말한다.
스파이크 (spike)	교차점에서 두 개의 선분이 만나는 과정에서 잘못된 좌표가 입력되어 발생하는 오차를 말한다.
슬리버 (sliver)	하나의 선으로 입력되어야 할 곳에서 두 개의 선으로 약간 어긋나게 입력되어 가늘고 긴 불필요한 폴리곤을 형성한 상태를 말한다.
점·선 중복 (overlapping)	주로 영역의 경계선에서 점·선이 이중으로 입력되어 발생하는 오차로 중복된 점·선을 삭제함으로서 수정이 가능하다.

88 다음 중 스캐닝을 통해 자료를 구축할 때 해상도를 표현하는 단위에 해당하는 것은?

① ppm ② dpi

③ dot ④ kg

해설

구 분	내 용
ppm	백만분율로 백분율과의 관계는 $1ppm = 1/10^6$, 미량분석의 정량범위, 검출한계 등을 수적으로 표현할 때 널리 사용된다.
dpi	프린터에서 출력해야 할 출력물의 해상도를 조절하거나 스캐너로 사진이나 슬라이드필름, 그림 등을 스캔받을 때 입력물의 해상도를 조절할 때 쓰는 단위로, 1인치당 표현되는 점의 개수가 많을수록 더 많은 점의 수로 표현되기 때문에 더욱 해상도가 뛰어나다.
dot	화면이나 인쇄기 등에서 문자나 그림을 구성하는 작은 점, 즉 픽셀을 의미한다.
kg	질량의 표준으로 현재 SI기본단위(국제단위계)의 7개 기본단위 가운데 길이(m), 시간(s), 전류(A), 온도(K), 광도(cd), 물질량(mol) 등의 측정표준은 자연현상의 상수를 기반으로 한다.

89 다음 중 좌표가 입력되어야 할 곳에 못 미치게 입력되어 폴리곤이 폐합되지 않게 만드는 오류에 해당하는 것은?

① 오버슛(overshoot) ② 언더슛(undershoot)

③ 슬리버(sliver) ④ 스파이크(spike)

해설 언더슛(기준선 미달오류)은 도곽선상에 인접되어야 할 선형요소가 도곽선에 도달하지 못한 경우를 말한다. 다른 선형요소와 완전히 교차되지 않은 선형을 말한다.

정답 87. ④ 88. ② 89. ②

90 데이터 입력오차가 발생하는 이유와 가장 거리가 먼 것은?

① 작업자의 실수
② PC에 저장된 파일의 빈번한 복사
③ 스캐닝할 도면의 신축
④ 스캐너의 해상도문제

해설 PC에 저장된 파일의 빈번한 복사는 오차와는 관련이 없으며 자료의 안정성을 위해 필요하다.

91 오버슛, 슬리버 등은 다음 어떤 자료를 편집하는 중에 발생하는 오류인가?

① 항공사진의 영상처리
② 위성영상으로부터 정사영상 제작
③ 벡터데이터 입력 및 편집
④ 래스터데이터의 편집

해설 디지타이징 오차의 종류

구 분	내 용
오버슛 (overshoot)	다른 아크(도곽선)와의 교점을 지나서 디지타이징된 아크의 한 부분을 말한다.
언더슛 (undershoot)	언더슛(기준선 미달오류)은 도곽선상에 인접되어야 할 선형요소가 도곽선에 도달하지 못한 경우를 말한다. 다른 선형요소와 완전히 교차되지 않은 선형을 말한다.
스파이크 (spike)	교차점에서 두 개의 선분이 만나는 과정에서 잘못된 좌표가 입력되어 발생하는 오차를 말한다.
슬리버 (sliver)	하나의 선으로 입력되어야 할 곳에서 두 개의 선으로 약간 어긋나게 입력되어 가늘고 긴 불필요한 폴리곤을 형성한 상태를 말한다.
점·선 중복 (overlapping)	주로 영역의 경계선에서 점·선이 이중으로 입력되어 발생하는 오차로 중복된 점·선을 삭제함으로서 수정이 가능하다.

92 언더슛, 오버슛, 슬리버는 어떤 작업 시 발생하는 오차인가?

① 벡터라이징에 관계되는 오차
② 디지타이징독취 시 발생오차
③ 스캐닝작업 시 발생하는 오차
④ 래스터라이징에 관계되는 오차

93 디지타이징 시 발생하는 오차 중 언더슛의 경우 편집소프트웨어에서 어떤 명령어를 이용하여 수정하는가?

① extend
② trim
③ delete
④ insert

해설 디지타이징 시 발생하는 오차 중 언더슛의 경우 편집소프트웨어에서 extend 명령어를 이용하여 수정한다.

94 디지타이징 시 발생하는 오차 중 주로 영역의 경계선에서 점·선이 이중으로 입력되어 있는 상태를 무엇이라 하는가?

① overlapping
② spike
③ overshoot
④ sliver

 디지타이징 시 발생하는 오차 중 주로 영역의 경계선에서 점·선이 이중으로 입력되어 있는 상태를 overlapping(점·선의 중복)이라 한다.

95 다음 중 도형자료를 컴퓨터에 입력할 때 발생할 수 있는 오차와 가장 관련이 없는 것은?

① 위상구조화에 따른 오차
② 좌표독취과정에서의 오차
③ 벡터자료변환과정에서의 오차
④ 기계적인 오차

 도형자료를 컴퓨터에 입력할 때 발생할 수 있는 오차

1. 기계적인 오차
2. 입력도면의 평탄성 오차
3. 도면등록 시 오차
4. 디지타이저에 의한 도면독취과정에서의 오차
5. 스캐너로 읽은 래스터자료를 벡터자료로 변환할 때 생기는 오차

96 디지타이징에서 발생하는 오류가 아닌 것은?

① 벡터라이징오류 　　　　　② 언더슛(undershoot)
③ 슬리버(sliver) 　　　　　④ 자료중복

 디지타이징에 의한 도면독취과정에서의 오차

구 분	내 용
오버슛 (overshoot)	다른 아크(도곽선)와의 교점을 지나서 디지타이징된 아크의 한 부분을 말한다.
언더슛 (undershoot)	언더슛(기준선 미달오류)은 도곽선상에 인접되어야 할 선형요소가 도곽선에 도달하지 못한 경우를 말한다. 다른 선형요소와 완전히 교차되지 않은 선형을 말한다.
스파이크 (spike)	교차점에서 두 개의 선분이 만나는 과정에서 잘못된 좌표가 입력되어 발생하는 오차를 말한다.
슬리버 (sliver)	하나의 선으로 입력되어야 할 곳에서 두 개의 선으로 약간 어긋나게 입력되어 가늘고 긴 불필요한 폴리곤을 형성한 상태를 말한다.
점·선 중복 (overlapping)	주로 영역의 경계선에서 점·선이 이중으로 입력되어 발생하는 오차로 중복된 점·선을 삭제함으로서 수정이 가능하다.

벡터라이징에 의한 오류는 스캐너로 읽어들인 자료를 벡터화하는 과정에서 발생하는 오류이다.

97 지적도면을 스캐너로 입력한 전산자료에 포함될 수 있는 오차로 가장 거리가 먼 것은?

① 기계적인 오차
② 도면등록 시의 오차
③ 벡터자료의 래스터자료로의 변환과정에서의 오차
④ 입력도면의 평탄성 오차

　　　　　정답　**95.** ①　**96.** ①　**97.** ③

[해설] 도형정보 입력 시 발생하는 오차

1. 기계적인 오차
   디지타이저와 스캐너의 기계 제작 당시부터 가지고 있는 기계의 고유오차를 말한다.
2. 입력도면의 평탄성 오차
   지적정보를 입력할 도면이 평탄하지 아니하면 이로 인해 오차가 발생할 수 있으며, 도면을 평탄하게 하기 위한 조치로 판에 미세한 구멍을 뚫고 지도와 판 사이에 공기를 흡입하는 장치를 부착하거나 정전기를 발생시켜 부착하는 방법을 취하고 있다.
3. 도면등록 시 오차
   디지타이저를 이용하여 도면을 등록할 때 도면의 신축, 기준점의 좌표의 오류 등으로 인하여 발생하는 오차이다.
4. 디지타이저에 의한 도면독취과정에서의 오차
5. 스캐너로 읽은 래스터자료를 벡터자료로 변환할 때 생기는 오차

98 디지타이징 입력에 의한 도면의 오류를 수정하는 방법으로 틀린 것은?

① undershoot and overshoot : 두 선이 목표지점을 벗어나거나 못 미치는 오류를 수정하기 위해서는 선분의 길이를 늘려주거나 줄여야 한다.
② 라벨오류 : 잘못된 라벨을 선택하여 수정하거나 제 위치에 옮겨주면 된다.
③ sliver폴리곤 : 폴리곤이 겹치지 않게 적절하게 위치를 이동시킴으로서 제거될 수 있는 경우도 있고, 폴리곤을 형성하고 있는 부정확하게 입력된 선분을 만든 버텍스들을 제거함으로써 수정될 수도 있다.
④ 선의 중복 : 중복된 두 선을 제거함으로써 쉽게 오류를 수정할 수 있다.

[해설] 선의 중복의 경우 잘못 입력된 선을 제거함으로써 오류를 수정할 수 있다.

99 언더슛(Undershoot)이나 오버슛(Overshoot)이 발생하는 작업에 해당하는 것은?

① 벡터데이터 편집
② DEM을 이용한 3차원 모델링
③ 위성영상을 이용한 주제도 작성
④ 래스터데이터 편집

[해설] 언더슛(Undershoot)이나 오버슛(Overshoot)은 벡터데이터 편집 시 발생하는 오차이다.

100 두 선이 연결될 때 한 점에 엉뚱한 좌표가 입력되어 튀어나온 상태의 디지타이징(또는 벡터편집)오류로 맞는 것은?

① overlapping
② sliverpolygon
③ spike
④ undershoot

[해설] 스파이크(spike)
교차섬에서 두 개의 선분이 만나는 과정에서 잘못된 좌표가 입력되어 발생하는 오차이다.

101 도면디지타이징과정에서 발생할 수 있는 오류에 대한 설명으로 옳은 것은?

① 오버숫(Overshoot)은 어떤 선분까지 그려야 하는데 그 선분까지 미치지 못한 경우이다.

② 언더숫(Undershoot)은 어떤 선분까지 그려야 하는데 그 선분을 지나치는 경우이다.

③ 슬리버폴리곤(Sliver Polygon)은 지적필지를 표현할 때 필지가 아닌데도 조그만 조각이 생겨 필지로 인식하는 경우이다.

④ 스파이크(Spike)는 영역의 경계선에서 점, 선이 이중으로 입력되는 경우이다.

 ① 언더숫(Undershoot)은 어떤 선분까지 그려야 하는데 그 선분까지 미치지 못한 경우이다.

② 오버숫(Overshoot)은 어떤 선분까지 그려야 하는데 그 선분을 지나치는 경우이다.

④ 점ㆍ선의 중복은 영역의 경계선에서 점, 선이 이중으로 입력되는 경우이다.

102 벡터자료편집과정에서 불필요한 다각형의 발생을 표현하는 오차는?

① 슬리버(Sliver) 　　② 언더숫(Undershoot)

③ 스파이크(Spike) 　　④ 오버숫(Overshoot)

 디지타이저에 의한 도면독취과정에서의 오차

구 분	내 용
오버숫 (Overshoot)	다른 아크(도곽선)와의 교점을 지나서 디지타이징된 아크의 한 부분을 말한다.
언더숫 (Undershoot)	언더숫(기준선 미달오류)은 도곽선상에 인접되어야 할 선형요소가 도곽선에 도달하지 못한 경우를 말한다. 다른 선형요소와 완전히 교차되지 않은 선형을 말한다.
스파이크 (Spike)	교차점에서 두 개의 선분이 만나는 과정에서 잘못된 좌표가 입력되어 발생하는 오차이다.
슬리버 (Sliver)	하나의 선으로 입력되어야 할 곳에서 두 개의 선으로 약간 어긋나게 입력되어 가늘고 긴 불필요한 폴리곤을 형성한 상태를 말한다.
점ㆍ선 중복 (Overlapping)	주로 영역의 경계선에서 점ㆍ선이 이중으로 입력되어 발생하는 오차로 중복된 점ㆍ선을 삭제함으로서 수정이 가능하다.

103 격자를 벡터구조로 변환 시 격자영상에 생긴 잡음(noise)을 제거하고 외곽선을 연속적으로 이어주는 영상처리과정은?

① filtering 　　② noising

③ conversion 　　④ thinning

 격자를 벡터구조로 변환 시 격자영상에 생긴 잡음(noise)을 제거하고 외곽선을 연속적으로 이어주는 영상처리과정을 필터링(filtering)이라 한다.

104 벡터화하는 과정에서 발생하는 오차가 아닌 것은?

① 선의 단절 　　② 주기와 대상물의 혼돈

③ 방향의 혼돈 　　④ 점ㆍ선의 중복

해설 벡터화하는 과정에서 발생되는 오차
1. 선의 단절
2. 주기와 대상물의 혼돈
3. 방향의 혼돈
4. 불분명한 경계

105 동일한 경계를 갖는 두 개의 다각형을 경계중첩하였을 때 입력오차 등에 의하여 완전중첩되지 않고, 불필요한 다각형이 발생하는 경우가 있다. 이러한 불필요한 다각형을 무엇이라 하는가?

① margin　　　　　　　　② gap
③ sliver　　　　　　　　④ overshoot

해설 주사기나 격자를 벡터형태로 바꾸는 정보처리기법에서 오류에 의해 발생하는 선 사이의 틈을 말하며, 두 다각형 사이에 작은 공간이 있어서 접촉되지 않은 다각형을 말한다.

106 임야도를 스캐닝한 후 벡터라이징과정의 원인에 의해 많은 좌표의 값이 저장된다. 임야도의 필지(폴리곤)형태를 유지하면서 좌표의 값을 줄이는 것을 무엇이라 하는가?

① 좌표삭감(line coordinate thinning)
② 경계의 부합(edge matching)
③ 지도의 결합(map join)
④ 면적의 분할(tiling)

해설 임야도를 스캐닝한 후 벡터라이징과정의 원인에 의해 많은 좌표의 값이 저장된다. 임야도의 필지(폴리곤) 형태를 유지하면서 좌표의 값을 줄이는 것을 좌표삭감(line coordinate thinning)이라 한다.

107 디지타이저를 이용한 수치지도 제작방법의 특징에 대한 설명 중 바르지 못한 것은 어느 것인가?

① 일반적으로 테이블이 클수록 정확도가 높으며 mm단위 이하까지 위치를 기록한다.
② 마우스를 이동시키면서 클릭하는 곳의 위치값이 저장된다.
③ 작업자의 신중함과 정밀함이 요구된다.
④ 디지타이징의 결과물로 생성되는 결과물은 래스터구조이다.

해설 디지타이저와 스캐너의 비교

구 분	디지타이저	스캐너
입력방식	수동방식	자동방식
결과물	벡터	래스터
비용	저렴	고가
시간	시간이 많이 소요	신속
도면상태	영향을 적게 받음	영향을 받음

자료구조

01 벡터자료구조

1. 의의

벡터(Vector)자료구조는 현실 세계의 객체 및 객체와 관련되는 모든 형상이 점(0차원), 선(1차원), 면(2차원)을 이용하여 표현하는 것으로 벡터자료구조는 객체들의 지리적 위치를 방향성과 크기로 나타낸다.

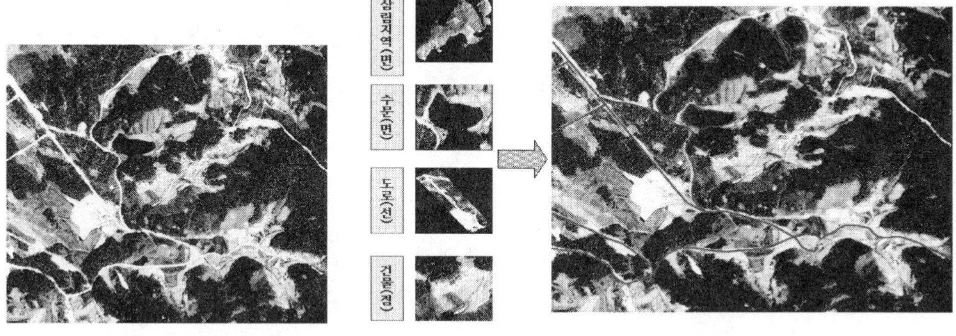

[현실 세계]

[벡터자료로 표현된 공간사상]

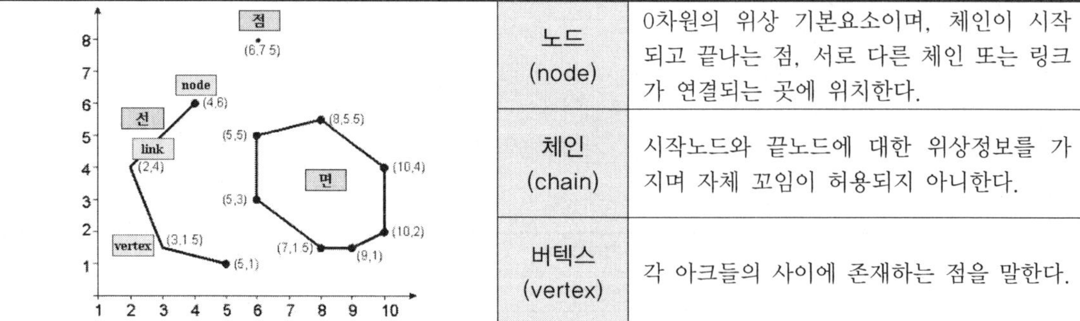

노드 (node)	0차원의 위상 기본요소이며, 체인이 시작되고 끝나는 점, 서로 다른 체인 또는 링크가 연결되는 곳에 위치한다.	
체인 (chain)	시작노드와 끝노드에 대한 위상정보를 가지며 자체 꼬임이 허용되지 아니한다.	
버텍스 (vertex)	각 아크들의 사이에 존재하는 점을 말한다.	

기출문제

[2024년 기출]

벡터데이터의 위상구조에서 선의 시작점이나 끝점을 의미하는 것은?

① 아크(arc)　　　② 체인(chain)　　　③ 노드(node)　　　④ 버텍스(vertex)

답 ③

2. 기본요소

1) 점(point)

① 점은 차원이 존재하지 아니하고 대상물에 지점 및 장소를 나타내며, 심벌(기호)을 이용하여 공간형상을 표현한다.

② 하나의 노드로 구성되어 있고, 노드의 위치값으로 점사상의 위치좌표를 표현한다.

③ 거리와 폭의 개념이 존재하지 아니한다.

④ 축척에 따라 다양한 공간객체가 점사상으로 표현될 수 있다.

⑤ X, Y를 이용하여 공간위치를 나타내며 지적기준점(지적삼각점, 지적삼각보조점, 지적도근점), 건물 등을 나타내는 데 효과적이다.

기출문제

[2018년 기출]

벡터데이터 모델에 대한 설명으로 옳지 않은 것은?

① 점은 1차원이다.
② 점은 하나의 좌표를 가진다.
③ 선은 노드(Node)와 버텍스(Vertex)로 구성된다.
④ 면은 최소 세 개의 선에 의해 폐합된다.

답 ①

2) 선(line)

① 두 개 이상의 점사상으로 구성되어 있는 선형으로 1차원의 객체를 표현, 즉 길이를 갖는 공간객체로 표현된다.

② 두 개의 노드와 수 개의 버텍스(vertex)로 구성되어 있고, 노드 혹은 버텍스는 링크로 구성되어 있다.

③ 지표상의 선형 실체는 축척에 따라 선형 또는 면형 객체로 표현될 수 있다. 예를 들어, 도로의 경우 대축척지도에서는 면사상으로 표현될 수 있고, 소축척지도에서는 선사상으로 표현될 수 있다.

④ 연속적인 복잡한 선을 묘사하는 다수의 X, Y좌표의 집합은 아크(arc), 체인(chain), 스트링(string) 등의 다양한 용어로서 표현된다.

3) 면

① 최소 3개 이상의 선으로 폐합되는 2차원 객체의 표현으로 폭과 길이의 개념이 존재한다.

② 하나의 노드와 수 개의 버텍스로 구성되어 있고, 노드 혹은 버텍스는 링크로 연결한다.

③ 지적도의 필지, 행정구역, 호수, 삼림, 도시 등은 대표적인 면사상이다.

④ 지표상의 면형 실체는 축척에 따라 면 또는 점사상으로 표현 가능하다.

[2018년 기출]

벡터데이터 구조의 일반적 특성에 대한 설명으로 옳지 않은 것은?

① 복잡한 현실 세계의 묘사가 가능하다.
② 좌표를 이용하여 공간객체를 저장한다.
③ 래스터보다 구조가 단순하여 중첩분석이 쉽다.
④ 위상관련 정보가 제공되어 네트워크분석이 가능하다.

답 ③

[2020년 기출]

필지경계를 벡터데이터로 구축하고자 할 때 도형요소가 될 수 없는 것은?

① 선(line)　　　　　　　　② 점(point)
③ 면(polygon)　　　　　　④ 격자(grid)

답 ④

4) 공간데이터 저장

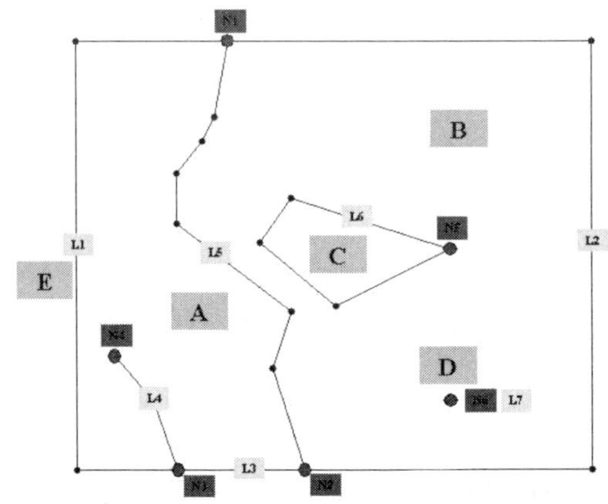

점 객체	
점	선
N1	L1, L2, L5
N2	L2, L3, L5
N3	L1, L3, L4
N4	L4
N5	L6
N6	L7

면 객체	
면	선
A	L1, L3, L5
B	L2, L5
C	L6
D	L7
E	L1, L2, L3

선 객체				
선	시점	종점	좌측면	우측면
L1	N3	N1	E	A
L2	N1	N2	E	B
L3	N2	N3	E	A
L4	N3	N4	A	A
L5	N2	N1	A	B
L6	N5	N5	B	C
L7	N6	N6	B	B

3. 저장방법(자료구조)

1) 스파게티모델

① 공간자료를 점, 선, 면을 단순한 좌표목록으로 저장하며 위상관계를 정의하지 않는다.

② 상호 연결성이 결여된 점과 선의 집합체, 즉 점, 선, 다각형 등의 객체들이 구조화되지 않은 그래픽 형태(점, 선, 면)이다.

③ 수작업으로 디지타이징된 지도자료가 대표적인 스파게티모델의 예이다.

④ 인접하고 있는 다각형을 나타내기 위하여 경계하는 선은 두 번씩 저장된다.

⑤ 모든 면사상이 일련의 독립된 좌표집합으로 저장되므로 자료저장공간을 많이 차지하게 된다.

⑥ 객체들 간의 공간관계가 설정되지 않아 공간분석에 비효율적이다.

[스파게티모델]

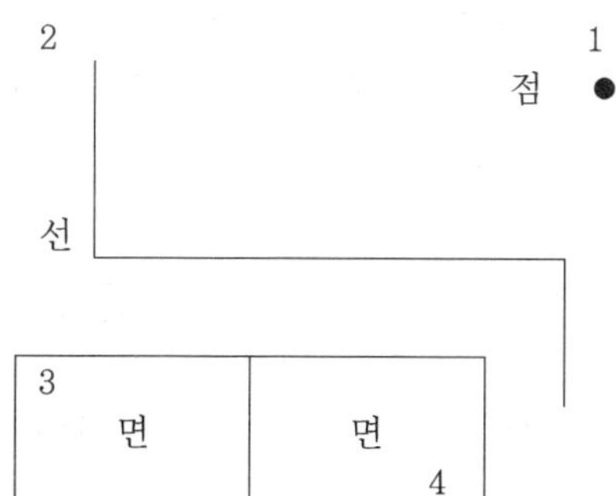

객체유형	객체ID	위치
점	1	x_1y_1
선	2	x_1y_1, x_2y_2, x_3y_3, x_4y_4
면	3	x_1y_1, x_2y_2, x_3y_3, x_4y_4
	4	x_3y_3, x_4y_4, x_5y_5, x_6y_6

기출문제

[2012년 기출]

단순한 좌표목록으로 저장하며 위상관계를 정의하지 않으며, 자료저장공간을 많이 차지하는 구조는?

① 위상구조　　　　　　② 스파게티모델
③ 격자형 자료구조　　　④ DIME구조

답 ②

공간데이터를 저장하는 스파게티(Spaghetti)모형에 대한 설명으로 옳지 않은 것은?

① 인접다각형을 나타내는 경계가 중복하여 저장된다.
② 벡터형태의 데이터 구조이다.
③ 데이터 구조가 매우 간단하고 이해하기 쉽다.
④ 위상관계에 대한 정보가 존재한다.

답 ④

2) 위상구조

(1) 의의

① 위상관계(topology)란 공간상에서 대상물들의 위치나 관계를 나타내는 것을 말하는데, 대상물들의 모양, 이웃하고 있는 대상물들 사이의 위치적인 관계, 대상물들의 포함관계를 정하는 것이라고 할 수 있다.

② 수치지도에서 두 도로가 교차할 때 교차로인지 아니면 고가도로가 다른 도로 위로 지나가는지를 CAD프로그램은 자체적으로 판단할 수 없어서 사람이 확인해야 하지만, GIS에서는 위상관계에 의해서 이를 자동으로 판단할 수 있게 된다.

③ 이러한 위상관계에 의해서 단순하게는 주어진 도로 왼쪽 편에는 어떤 지역이 있고, 또 오른쪽 편에는 어떤 지역이 있는지를 파악할 수 있다.

④ 도로의 시작점과 끝나는 점이 어디이고, 주어진 도로가 끝나는 지점에서는 어떤 도로와 연결되는지에 대한 정보를 추출할 수 있다.

⑤ 복잡하게는 네트워크분석에서 최단경로를 찾거나 효율적인 배송경로를 구축하는 경우 또는 상류에서 하류에 이르는 연결지류를 찾아내는 등의 분석이 가능하다.

⑥ 객체들이 위상관계에 대한 정보를 갖고 있는 경우 비슷한 성격을 갖는 다각형을 결합할 수도 있고 중첩을 비롯한 다양한 공간분석기능을 수행할 수 있다.

(2) 분석

각 공간객체 사이의 관계를 인접성(Adjacency), 연결성(Connectivity), 포함성(Containment) 등의 관점에서 묘사되며, 스파게티모델에 비해 다양한 공간분석이 가능하다.

① **인접성** : 관심대상사상의 좌측과 우측에 어떤 사상이 있는지를 정의한다. 즉 두 개의 객체가 서로 인접하는지를 판단한다.

② **연결성** : 특정 사상이 어떤 사상과 연결되어 있는지를 정의한다. 즉 두 개 이상의 객체가 연결되어 있는지를 판단한다.

③ **포함성** : 특정 사상이 다른 사상의 내부에 포함되느냐 혹은 다른 사상을 포함하느냐를 정의한다.

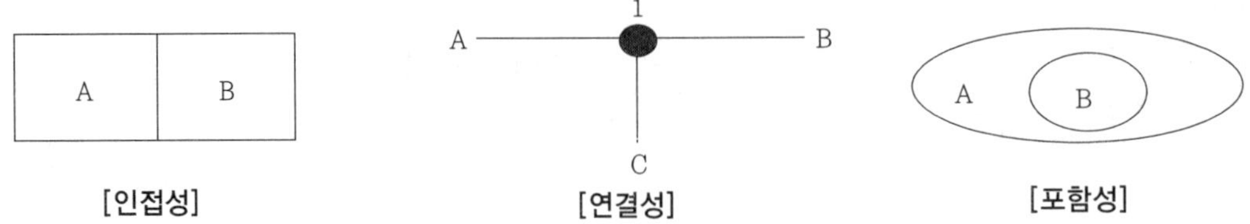

[2011년 기출]

벡터데이터의 위상구조와 관련된 용어가 아닌 것은?

① Adjacency　　② Thinning　　③ Connectivity　　④ Containment

답 ②

[2022년 기출]

위상(topology)구조와 관계가 없는 것은?

① 노드　　② 래스터데이터　　③ 링크　　④ 최단경로분석

답 ②

[2023년 기출]

공간객체 간 지리정보를 표현하기 위해 사용하는 위상관계의 기본요소가 아닌 것은?

① 인접성　　② 포함성　　③ 분할성　　④ 연결성

답 ③

(3) 위상관계

그림에서 진한 색과 흐린 색과의 기본적인 위상관계를 살펴보면 (a) 진한 색과 흐린 색이 떨어져 있다, (b) 진한 색이 흐린 색에 덮였다, (c) 진한 색과 흐린 색이 만났다, (d) 진한 색이 흐린 색에 포함되었다, (e) 진한 색과 흐린 색은 같다, (f) 진한 색이 흐린 색을 덮었다, (g) 진한 색이 흐린 색 내부에 있다, (h) 진한 색과 흐린 색이 겹친다고 말할 수 있다.

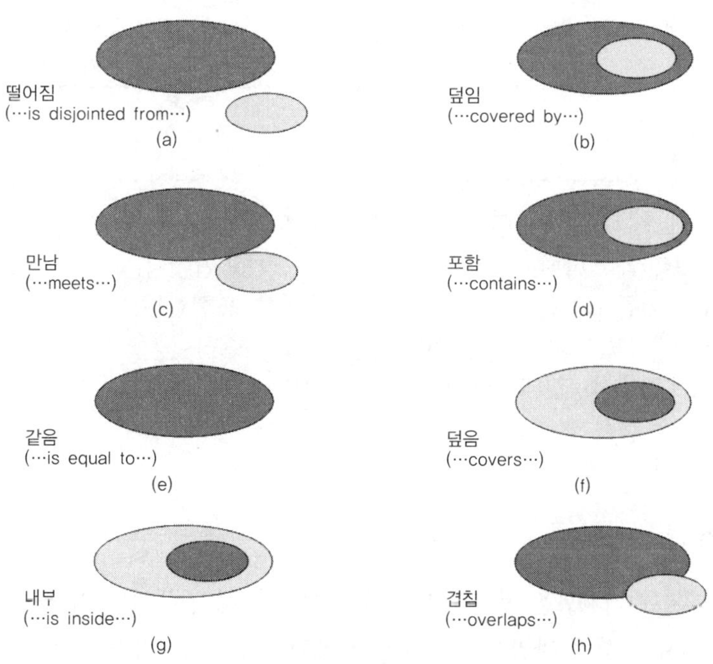

[위상관계의 개념]

위상관계가 없다면 (b)와 (d), (f)와 (g)는 똑같은 그림으로 보이겠지만, GIS에는 위상관계가 있기 때문에 서로를 다른 관계로 알고 공간분석을 수행할 수 있다.

(4) 특징

① 자료구조가 복잡하여 구현하기가 기술적으로 난이도가 있다.

② 모든 노드를 확인하는 데 많은 시간이 소요된다.

③ 장비의 구입비용이 고가이다.

기출문제 [2018년 기출]

위상구조(Topology)를 이용한 공간관계의 분석에 해당하지 않는 것은?

① 인접성(Adjacency)　　② 연결성(Connectivity)

③ 포함성(Containment)　　④ 이방성(Anisotropy)

답 ④

---

4. 장단점

장 점	단 점
1. 복잡한 현실 세계의 묘사가 가능하다.	1. 자료구조가 복잡하다.
2. 압축된 자료구조를 제공하므로 데이터 용량의 축소가 용이하다.	2. 여러 레이어의 중첩이나 분석에 기술적으로 어려움이 수반된다.
3. 위상에 관한 정보가 제공되므로 관망분석과 같은 다양한 공간분석이 가능하다.	3. 각각의 그래픽 구성요소는 각기 다른 위상구조를 가지므로 분석에 어려움이 크다.
4. 그래픽의 정확도가 높고 그래픽과 관련된 속성정보의 추출, 일반화, 갱신 등이 용이하다.	4. 일반적으로 값비싼 하드웨어와 소프트웨어가 요구되므로 초기비용이 많이 든다.

기출문제 [2009년 기출]

벡터데이터에 대한 설명으로 옳지 않은 것은?

① 일반적으로 래스터데이터보다 데이터양이 적은 편이다.

② 실세계 위치를 2차원 또는 3차원 좌표형태로 표현한다.

③ 래스터데이터보다 네트워크 연결과 분석이 곤란하다.

④ 레이어는 점, 선, 면의 데이터 형태로 나타낸다.

답 ③

---

5. 파일형식

수치화된 벡터자료는 자료의 출력과 분석을 위해 컴퓨터에 저장하며 컴퓨터에 저장될 때 각 벡터자료는 특정 파일형식에 의해 저장되는데, 이는 다양한 소프트웨어에 따라 다른 형식으로 나타난다.

1) Shape파일형식

① ESRI사의 ArcView에서 사용되는 자료형식이다.

② Shape파일은 비위상적 위치정보와 속성정보를 포함한다.

③ 위상구조가 아니므로 컴퓨터 화면상에 출력되는 속도와 편집속도가 빠르다.

④ shape파일구성요소의 파일확장명

구 분	내 용
*.shp	피처의 지오메트리(형상)을 저장하는 기본파일
*.shx	피처의 기하학의 색인을 저장하는 인덱스파일
*.dbf	피처의 속성정보를 저장하는 dBASE테이블
*.prj	지리좌표를 알려주는 파일
*.sbn	지리공간인덱스를 저장하는 파일
*.sbx	spatial join의 기능을 수행하거나 shape필드에 대한 인덱스를 생성할 때 필요한 파일

기출문제 [2023년 기출]

공간정보 저장형식인 shapefile에 대한 설명으로 옳지 않은 것은?

① 벡터데이터를 저장하는 형식이다.

② 여러 개의 파일로 구성된 구조를 가진다.

③ 개방형 공간정보 컨소시엄(OGC)에서 개발하였다.

④ 속성정보는 확장자가 dbf인 파일에 저장된다.

답 ③

기출문제 [2024년 기출]

공간정보데이터를 저장하는 shapefile의 포맷을 구성하는 파일이 아닌 것은?

① prj ② shx

③ dbf ④ dxf

답 ④

2) Coverage파일형식

ESRI사의 Arc/Info에서 사용되는 자료형식이다.

3) CAD파일형식

① Autodesk사의 AutoCAD 소프트웨어에서는 DWG와 DXF 등의 파일형식을 사용한다.

② DXF파일형식은 수많은 GIS관련 소프트웨어뿐민 아니라 원격탐사(Remote Sensing) 소프트웨어에서도 사용할 수 있다.

③ DXF파일은 단순한 아스키파일(ASCII File)로서 공간객체의 위상관계를 지원하지 않는다.

4) DLG파일형식

① Digital Line Graph의 약자로 U.S. Geological Survey에서 지도학적 정보를 표현하기 위해 고안한 디지털벡터파일형식이다.

② DLG는 아스키문자형식으로 구성되어 있다.

5) VPF파일형식

① Vector Product Format의 약자로서 미국방성의 NIMA(National Imagery and Mapping Agency)에서 개발한 군사적 목적의 벡터형 파일형식이다.

② 지리관계모델에 기초한 대단위 지리데이터베이스를 위한 표준파일형식이다.

③ VPF의 자료구조는 디렉토리, 표, 색인 등으로 구성되어 있다.

6) TIGER파일형식

Topologically Integrated Geographic Encoding and Referencing System의 약자로서 U.S. Census Bureau에서 인구조사를 위해 개발한 벡터형 파일형식이다.

파일형식	특 징
Shape파일형식	ESRI사의 ArcView에서 사용되는 자료형식
Coverage파일형식	ESRI사의 Arc/Info에서 사용되는 자료형식
CAD파일형식	Autodesk사의 AutoCAD 소프트웨어에서는 DWG와 DXF 등의 파일형식
DLG파일형식	Digital Line Graph의 약자로 U.S. Geological Survey에서 지도학적 정보를 표현하기 위해 고안한 디지털벡터파일형식
VPF파일형식	Vector Product Format의 약자로서 미국방성의 NIMA(National Imagery and Mapping Agency)에서 개발한 군사적 목적의 벡터형 파일형식
TIGER파일형식	Topologically Integrated Geographic Encoding and Referencing System의 약자로서 U.S. Census Bureau에서 인구조사를 위해 개발한 벡터형 파일형식

기출문제

[2012년 기출]

다음 중 벡터파일에 해당하는 것으로 올바르게 묶인 것은?

① Coverage, TIGER, VPF, Shape
② Coverage, JPEG, VPF, TIFF
③ TIFF, TIGER, VPF, BMP
④ BMP, TOGER, VPF, Shape

답 ①

기출문제

[2021년 기출]

벡터데이터의 파일형식으로 옳지 않은 것은?

① Shape
② CAD
③ BSQ
④ DLG

답 ③

[2023년 기출]

벡터데이터의 파일형식에 해당하는 것은?

① GeoTIFF　　② PCX　　③ PNG　　④ DXF

답 ④

02 래스터자료구조

1. 의의

래스터(Raster)자료구조는 실세계를 일정 크기의 최소 지도화단위인 셀로 분할하고 각 셀에 속성값을 입력하고 저장하여 연산하는 자료구조이다. 즉 격자형의 영역에서 X, Y축을 따라 일련의 셀들이 존재하고 각 셀들이 속성값(Value)을 가지므로 이들 값에 따라 셀들을 분류하거나 다양하게 표현할 수 있다. 각 셀들의 크기에 따라 데이터의 해상도와 저장크기가 달라지는데, 셀크기가 작으면 작을수록 보다 정밀한 공간현상을 잘 표현할 수 있다. 대표적인 래스터자료유형으로는 인공위성에 의한 이미지, 항공사진에 의한 이미지 등이 있으며, 또한 스캐닝을 통해 얻어진 이미지데이터를 좌표정보를 가진 이미지로 바꿈으로서 얻어질 수 있다.

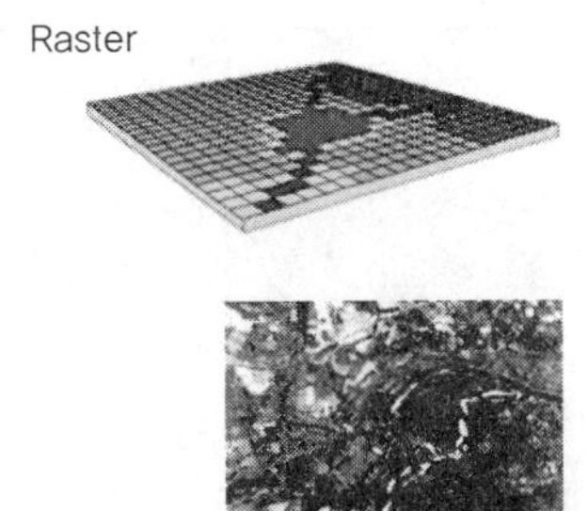

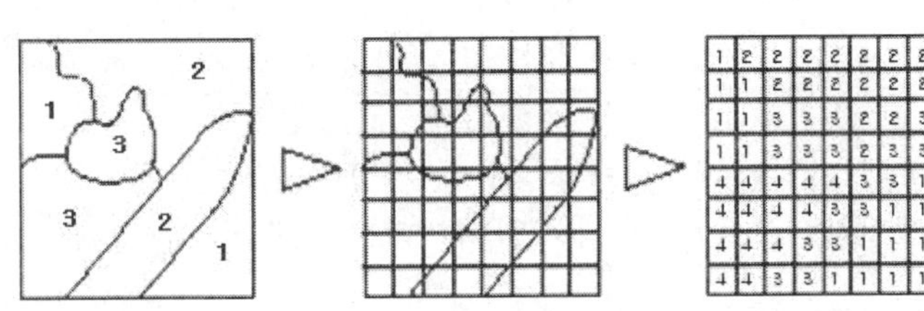

[래스터자료구조]

[2015년 기출]

래스터자료를 수집하는 방법이 아닌 것은?

① 항공사진을 이용한 수치정사사진 제작
② 위성영상을 이용한 기하보정영상 제작
③ 위성영상을 이용한 DEM(Digital Elevation Model) 제작
④ 항공사진의 입체도화를 통한 수치지도 제작

답 ④

 **기출문제**

다음 제시문에서 설명하는 것으로 옳은 것은?

> 공간을 평평한 데카르트평면으로 간주하여 균등하게 분할한 셀(cell), 격자(grid) 또는 화소(pixel)로 구성된 배열이다. 정확한 지형의 모습을 표현하는 것이 어렵고, 원형의 데이터를 유지관리하기 어려운 단점들도 있다.

① 래스터데이터   ② 메타데이터
③ 벡터데이터   ④ 속성데이터

답 ①

기출문제

래스터데이터에 대한 설명으로 옳지 않은 것은?

① TIFF포맷은 래스터데이터의 파일형식이다.
② 셀(cell)의 크기가 커질수록 해상도가 높아진다.
③ 항공사진영상, 위성영상은 래스터데이터이다.
④ 사지수형(quadtree)기법은 래스터데이터의 압축기법이다.

답 ②

기출문제

공간데이터 형태에 대한 설명으로 옳지 않은 것은?

① 벡터데이터를 래스터데이터로 변환할 수 있다.
② 지도를 스캐닝하여 래스터데이터를 구축할 때 격자사이즈가 작을수록 해상도가 높아진다.
③ 래스터데이터는 속성정보를 저장하지 않는다.
④ 원격탐사를 통해 래스터데이터를 취득할 수 있다.

답 ③

기출문제

벡터구조에 해당하는 공간정보데이터는?

① 항공사진
② 디지타이저로 취득한 자료
③ 인공위성영상
④ 스캐너로 취득한 자료

답 ②

2. 장단점

장 점	단 점
1. 자료구조가 단순하다. 2. 원격탐사자료와의 연계처리가 용이하다. 3. 여러 레이어의 중첩이나 분석이 용이하다. 4. 격자의 크기와 형태가 동일하므로 시뮬레이션이 용이하다.	1. 그래픽자료의 양이 방대하다. 2. 격자의 크기를 늘리면 자료의 양은 줄일 수 있으나 상대적으로 정보의 손실을 초래한다. 3. 격자구조인 만큼 시각적인 효과가 떨어진다. 4. 위상정보의 제공이 불가능하므로 관망해석과 같은 분석기능이 이루어질 수 없다.

기출문제　　　　　　　　　　　　　　　　　　　　　　　　　　[2009년 기출]

래스터데이터에 대한 설명으로 옳지 않은 것은?

① 연속된 셀을 이용하여 표현한다.

② 각각의 셀은 다양한 위상구조를 가진다.

③ 지적필지와 같은 정확성을 요하는 데이터 모델에는 적당하지 않다.

④ 동일 면적을 나타낸 도면에서는 많은 수의 셀을 이용하여 표현할수록 해상도가 높다.

답 ②

---

3. 압축방법(저장구조)

1) 행렬기법

각 행과 열의 쌍에 하나의 값을 저장하는 방식이다.

2) Run-length코드기법

① Run이란 하나의 행에서 동일한 속성값을 갖는 셀을 의미한다.

② 같은 셀 값을 가진 셀의 수를 length라 한다.

③ 셀 값을 개별적으로 저장하는 대신 각각의 런에 대하여 속성값, 위치, 길이를 한 번씩만 저장하는 방식이다.

④ 각 행마다 왼쪽에서 오른쪽으로 진행하면서 동일한 수치를 갖는 셀들을 묶어 압축시키는 방법이다.

⑤ 셀의 크기가 지도단위 혹은 사상에 비추어 크고, 하나의 지도단위가 다수의 셀로 구성되어 있는 경우에 유용하다. 즉 방대한 데이터베이스를 구축하는 경우 효과적이다.

⑥ 셀의 값의 변화가 심한 경우 연속적인 변화를 코드화하여야 하므로 자료압축이 용이하지 않아 효과적인 방법이라 볼 수 없다.

⑦ 유일값으로 구성된 자료인 경우에는 비효율적이다.

1	1	1	2	2	(3, 1)(2, 2)
1	2	2	2	2	(1, 1)(4, 2)
1	2	2	3	4	(1, 1)(2, 2)(1, 3)(1, 4)
1	2	4	4	4	(1, 1)(1, 2)(3, 4)
1	2	4	4	4	(1, 1)(1, 2)(3, 4)

[Run-length코드기법]

3) 체인코드기법

① 대상지역에 해당하는 격자들의 연속적인 연결상태를 파악하여 동일한 지역의 정보를 제공하는 방법이다.

② 어떤 개체의 경계선을 그 시작점에서부터 동서남북방향으로 4방 혹은 8방으로 순차진행하는 단위벡터를 사용하여 표현하는 방법이다.

③ 압축에 매우 효과적이며 면적과 둘레의 계산 등을 쉽게 할 수 있다.

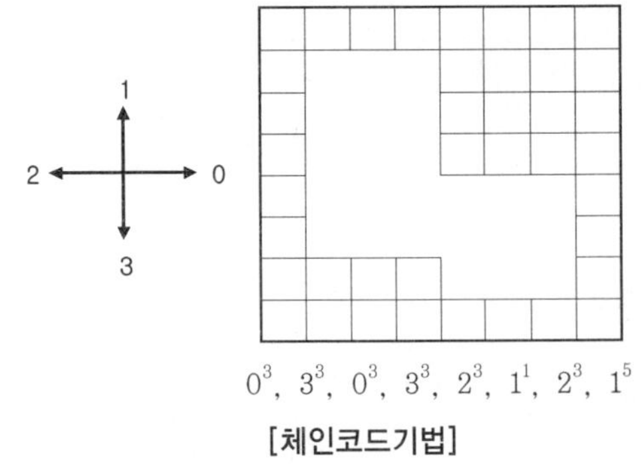

$$0^3,\ 3^3,\ 0^3,\ 3^3,\ 2^3,\ 1^1,\ 2^3,\ 1^5$$

[체인코드기법]

4) 블록코드기법

① 런랭스코드방식에서 지도화하는 영역을 행(row)단위가 아닌 타일(tile)형태의 정사각블록을 사용함으로써 2차원으로 확장한 기법이다.

② 이때의 자료구조는 원점으로부터의 (x, y)좌표 및 정사각형의 한 변의 길이로 구성되는 세 개의 숫자만으로 표시 가능하다.

③ 런랭스코드방식과 마찬가지로 크고 단순한 형태에는 효율적이나, 기본적인 셀보다 약간 큰 지도단위들로 이루어지는 복잡한 지도에서는 비효율이다.

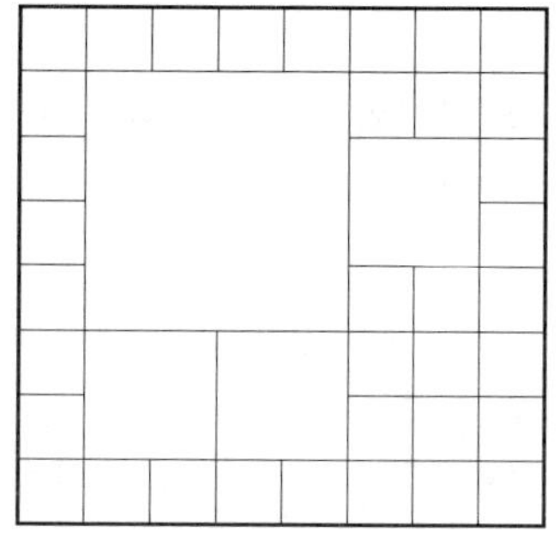

[블록코드기법]

5) 사지수형기법

① 크기가 다른 정사각형을 이용한 run-length code기법보다 자료의 압축이 좋다.

② 사지수형기법은 run-length code기법과 함께 가장 많이 쓰이는 자료압축기법이다.

③ 2n×2n배열로 표현되는 공간을 북서(NW), 북동(NE), 남서(SW), 남동(SE)으로 불리는 사분원(quadrant)으로 분할한다.

④ 이 과정을 각 분원마다 하나의 속성값이 존재할 때까지 반복한다.

⑤ 그 결과 대상공간을 사지수형이라는 불리는 네 개의 가지를 갖는 나무의 형태로 표현가능하다.

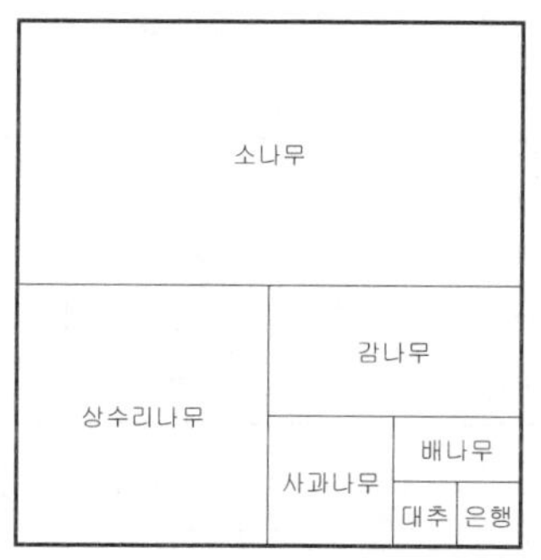
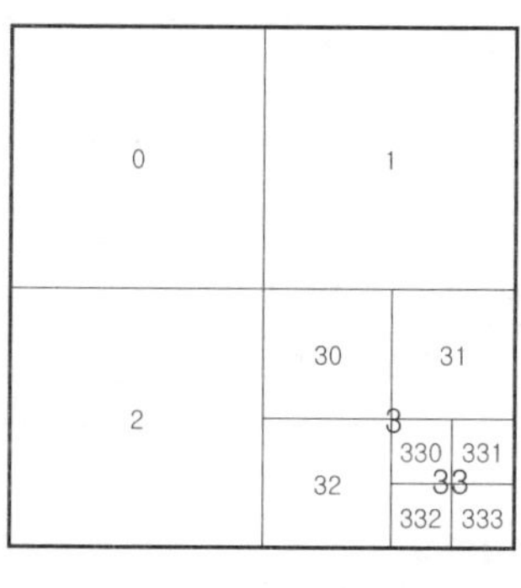
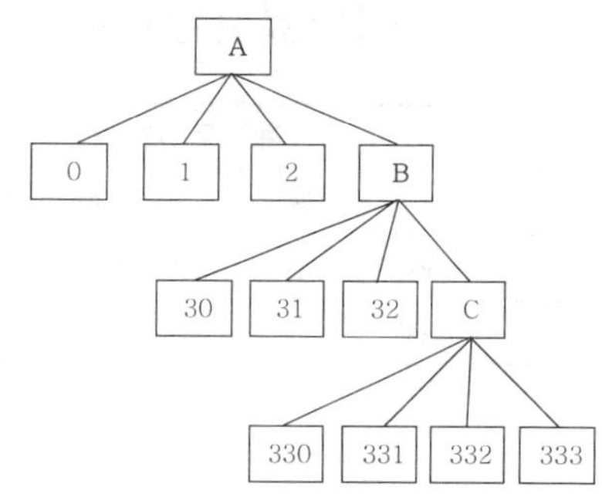

[사지수형기법]

[2019년 기출]

래스터데이터의 압축방법 중 공간을 4개의 정사각형으로 계층적 방법에 의해 분할하여 압축하는 것은?

① Run-length code

② Quadtree

③ Chain code

④ Block code

답 ②

6) R-tree기법

B-트리의 2차원 확장인 R-트리기법은 사각형과 기타 다각형을 인덱싱하는 데 유용하다.

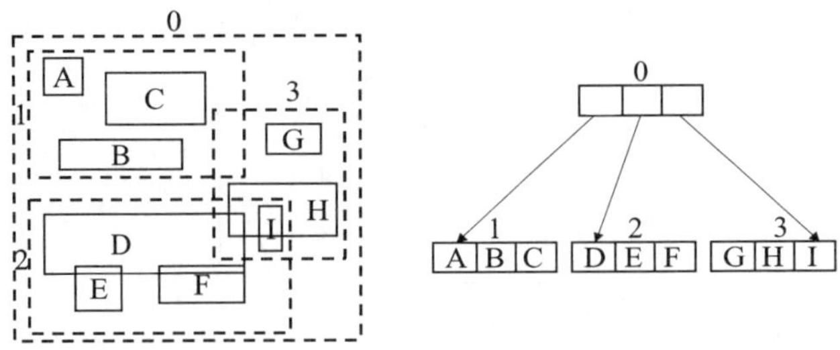

[R-tree기법]

기출문제   [2024년 기출]

래스터데이터의 압축기법이 아닌 것은?

① block code   ② quadtree

③ run-length code   ④ conflation

답 ④

4. 래스터자료포맷방법

자료포맷방법	특 징
BSQ(Band SeQuential)	한 번에 한 밴드의 영상을 저장하는 방식
BIP(Band Inerleaved by Pixel)	각 열(column)에 대한 픽셀자료를 밴드별로 저장
BIL(Band Inerleaved by Line)	각 행(row)에 대한 픽셀자료를 밴드별로 저장

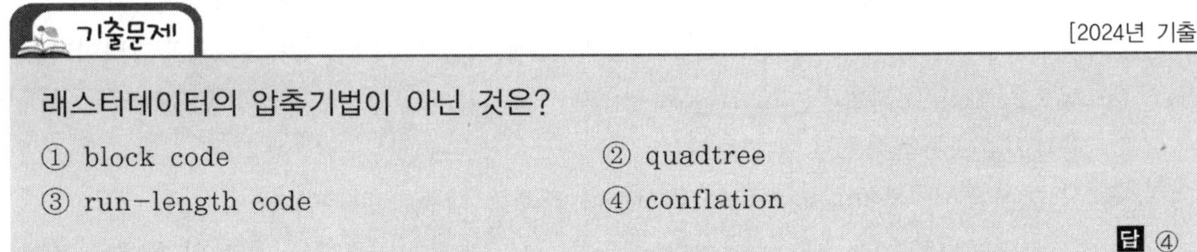

5. 래스터파일형식

1) TIFF(Tagged Interchange File Format)

① 미국의 앨더스사(현재는 Adobe systems사에 흡수 합병)와 마이크로소프트사가 공동 개발한 래스터화상파일형식이다.

② TIFF는 흑백 또는 그레이스케일(gray scale) 정지화상을 주사(scan)하여 저장하거나 교환하는 데 널리 사용되는 표준파일형식이다.

2) BMP

MS사에서 표준으로 채택한 영상포맷으로 윈도우기반 S/W에서 사용된다.

3) GIF(Graphics Interchange Format)

① 미국의 CompuServer사가 1987년에 개발한 화상파일형식이다.

② 인터넷에서 래스터화상(raster image)을 전송하는데 널리 사용되는 파일형식으로 최대 256가지 색이 사용될 수 있는데, 실제로 사용되는 색의 수에 따라 파일의 크기가 결정된다.

4) JPEG(Joint Photographic Expert Group)

① 영상의 압축률이 높아서 표준으로 5분의 1, 최대 30분의 1 정도의 압축이 가능하다.

② 다양한 압축방법을 통해 자료의 양을 줄일 수 있다.

③ PC 통신이나 멀티미디어 작품의 전송·기록에 널리 이용된다.

5) DEM(Digital Elevation Model)

USGS에서 제정한 형식이며, 일반적으로 모든 형태의 수치표고모형을 말하기도 한다.

기출문제 [2018년 기출]

다음 중 래스터데이터를 저장하는 데 사용하는 파일형식만을 모두 나열한 것은?

① DXF, DLG, SHP
② TIFF, DWG, BMP
③ GIF, TIFF, JPEG
④ TIGER, TIFF, JPEG

답 ③

기출문제 [2023년 기출]

래스터자료구조를 갖는 파일형식끼리 묶은 것은?

① TIGER, GIF, BMP
② DLG, GIF, TIFF
③ TIFF, BMP, GIF
④ GIF, DLG, TIGER

답 ③

6. 래스터자료와 벡터자료의 비교

비교항목		래스터자료	벡터자료
특징	데이터 형식	정사각형으로 일정함	임의로 가능
	정밀도	격자간격에 의존	기본도에 의존
	도형표현방법	면으로 표현	점, 선, 면으로 표현
	속성데이터	속성데이터를 면으로 표현	점, 선, 면을 각각 도형정보와 결합
	도형처리기능	면을 이용한 도형처리	점, 선, 면을 이용한 도형처리
데이터	데이터 구조	단순한 데이터 구조	복잡한 자료구조
	데이터양	일반적으로 데이터양이 많다.	데이터양이 적을 수 있다.
지도 표현	지도표현	격자간격에 의존하지만 벡터형 지도와 비교하면 거칠게 표현된다.	기본도 축척에 의존하지만 정확히 표현할 수 있다.
	지도축척	지도를 확대하면 격자가 커지기 때문에 형상구조를 인식할 수 없다.	지도를 확대하여도 형상이 변하지 않는다.
가공 처리	공간해석	도화데이터와 원격탐사데이터의 중첩 및 조합이 쉽다.	고도의 프로그램이 필요하다.
	시뮬레이션	각 단위의 크기가 균일할 때 시뮬레이션이 쉽다.	위상구조를 가진 것은 시뮬레이션이 곤란하다.
	네트워크해석	네트워크결합은 곤란하다.	네트워크연결에 의한 지리적 요소의 연결을 표현할 수 있다.

[2019년 기출]

벡터데이터와 래스터데이터에 대한 설명으로 옳지 않은 것은?

① 벡터데이터는 래스터데이터에 비해 복잡한 현실 세계에 대한 묘사를 더 정확히 할 수 있다.
② 래스터데이터는 벡터데이터에 비해 속성값을 다양하게 부여할 수 있다.
③ 벡터데이터는 래스터데이터에 비해 일반적으로 중첩분석이 어렵다.
④ 래스터데이터는 벡터데이터에 비해 일반적으로 데이터양이 많다.

답 ②

03 공간분석

1. 중첩분석

1) 의의

각각의 자료집단이 주어진 기본도를 기초로 좌표계의 통일이 되면 둘 또는 그 이상의 자료관측에 대하여 분석될 수 있으며, 이 기법을 중첩 또는 합성이라 한다. 주로 적지 선정에 이용된다.

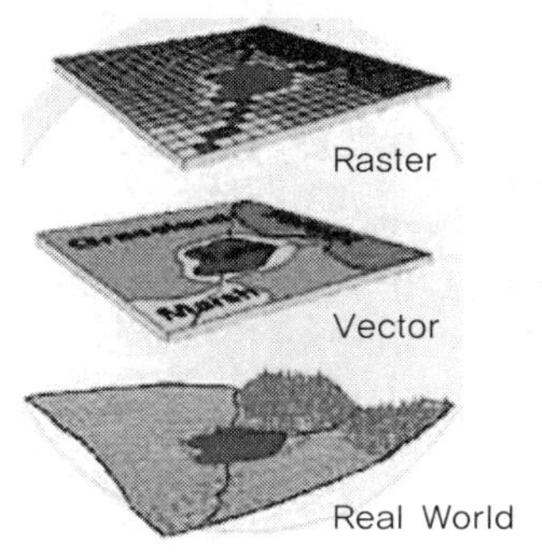

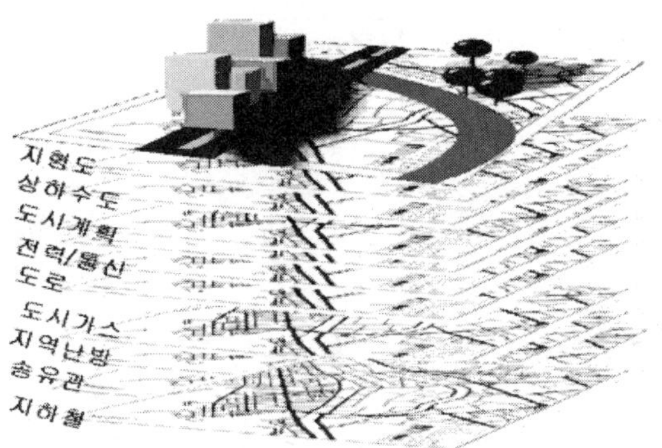

[중첩]

2) 특징

① 각각 서로 다른 자료를 취득하여 중첩하는 것으로 다량의 정보를 얻을 수 있다.

② 레이어별로 자료를 제공할 수 있다.

③ 사용자 입장에서 필요한 자료만을 제공받을 수 있어 편리하다.

④ 각종 주제도를 통합 또는 분산 관리할 수 있다.

기출문제

[2010년 기출]

적지 선정 등에 이용할 수 있는 분석방법으로 서로 다른 두 개의 주제도를 결합하거나 공통의 공간영역을 하나의 결과물로 도출하는 분석방법은?

① Spaghetti분석

② Fillet분석

③ TIN분석

④ Overlay분석

답 ④

---

3) 중첩의 종류

① 점과 폴리곤의 중첩(Point-in-Polygon)

② 선과 폴리곤의 중첩(Line-in-Polygon)

③ 폴리곤과 폴리곤의 중첩(Polygon-in-Polygon)

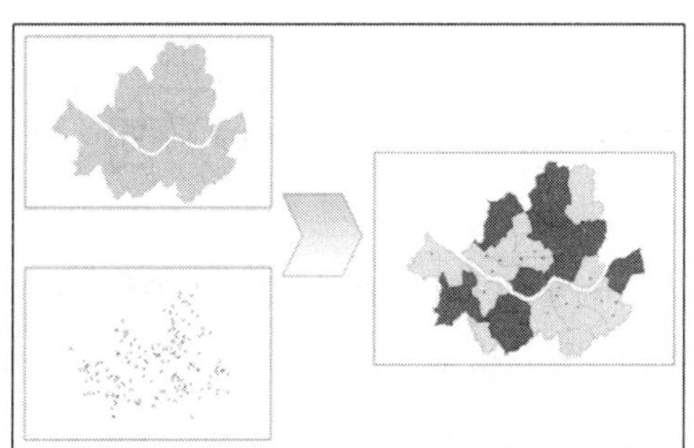

[점과 폴리곤의 중첩]

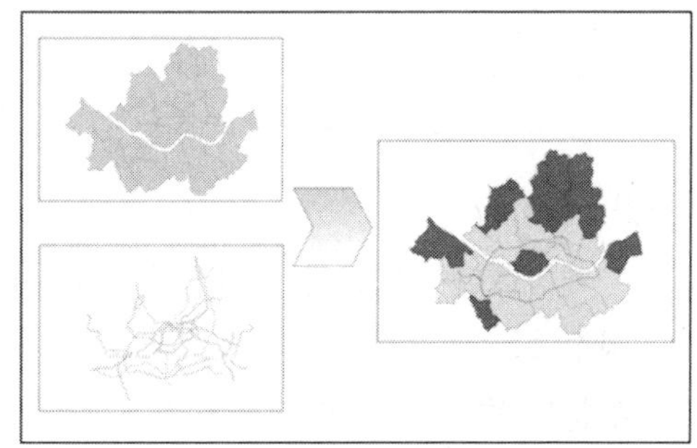

[선과 폴리곤의 중첩]

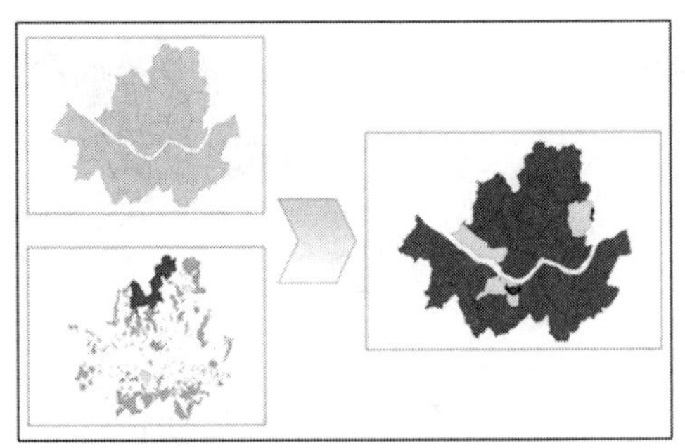

[폴리곤과 폴리곤의 중첩]

4) 중첩의 주요 유형

(1) union(합집합)

여러 개의 레이어에 있는 모든 도형정보를 OR 연산자를 이용하여 모두 통합 추출한다. 겹치는 도형이 있는 경우 겹쳐지는 부분이 분할되며, 분할된 객체는 각 레이어에 있던 모든 속성정보를 지닌 형태로 독립적인 객체가 된다.

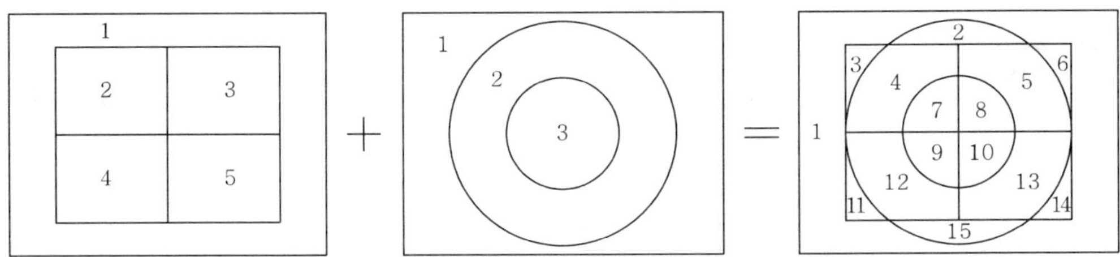

(2) intersect(교집합)

대상레이어에서 적용 레이어를 AND 연산자를 사용하여 중첩시켜 적용 레이어에 각 폴리곤과 중복되는 도형 및 속성 정보만을 추출한다.

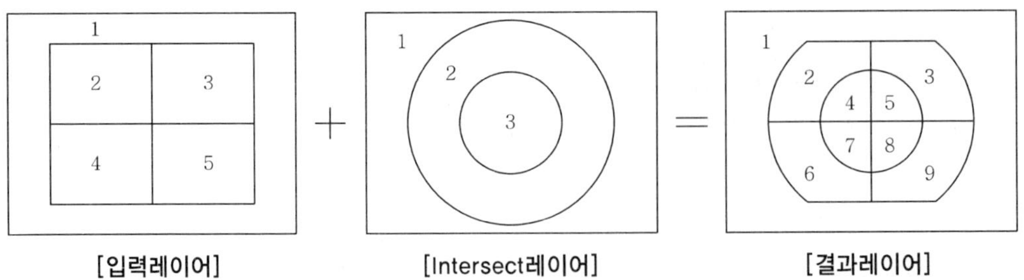

(3) identity

대상레이어의 모든 도형정보가 적용레이어 내의 각 폴리곤에 맞게 분할되어 추출되며, 속성정보는 대상레이어의 정보 외에 적용레이어가 적용된 부분만 속성값이 추가되고, 나머지 부분은 빈 속성값이 생성된다.

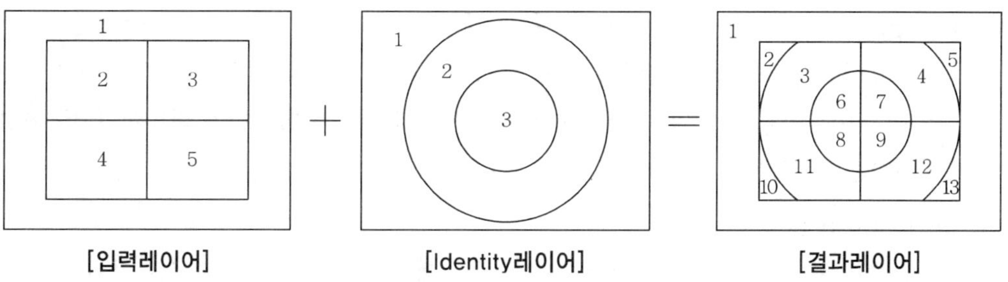

[입력레이어]　　　　　[Identity레이어]　　　　　[결과레이어]

5) 중첩을 이용한 레이어의 편집

(1) clip

정해진 모양으로 자료층상의 특정 영역의 데이터를 잘라내는 기능이다.

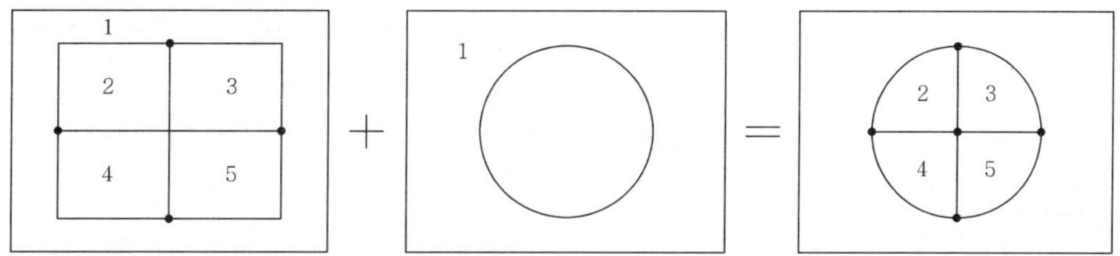

(2) erase

중첩된 부분을 제거하는 기능으로 clip의 반대되는 개념의 기능을 수행한다.

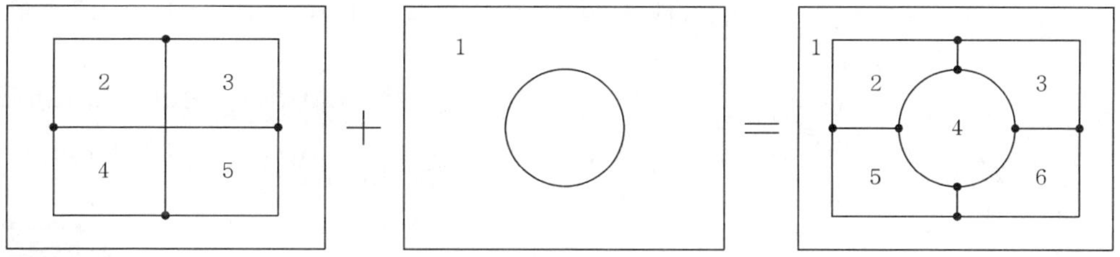

(3) update

추가하고자 하는 데이터를 자료층의 지정된 위치에 추가, 수정하고 새로 만들어내는 기능이며, 지도의 특정 부분에 대해 공간데이터를 새로 또는 수정된 구역으로 바꾸는 것을 의미한다.

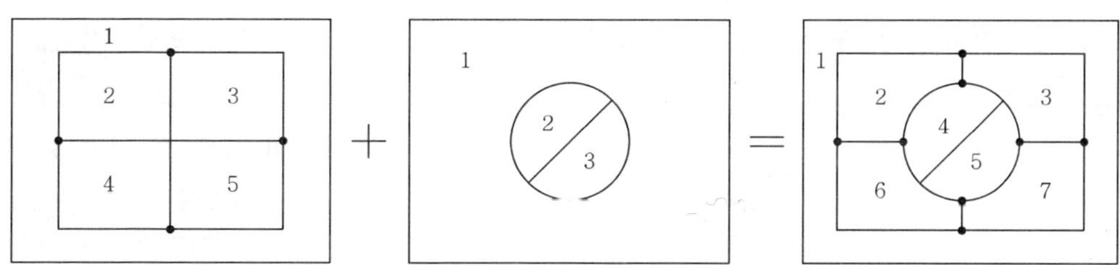

(4) split

스프리트는 하나의 레이어를 여러 개의 레이어로 분할하는 과정이다. 이것은 도형과 속성 정보로 이루어진 하나의 데이터베이스를 기준에 따라 여러 개의 파일이나 데이터베이스로 분리하는 데 사용될 수 있다.

(5) mapjoin and append

스프리트와 반대되는 개념으로 여러 개의 레이어를 하나의 레이어로 합치는 것을 말한다.

(6) dissolve

디졸브는 맵조인이나 제반 레이어를 합치는 과정에서 발생한 불필요한 폴리곤의 경계선을 제거하는 과정이다.

(7) eliminate

여러 개의 레이어를 중첩하거나 맵조인 등에 의하여 서로 다른 레이어가 합쳐지는 경우에 슬리버와 같은 작고 가느다란 형태의 불필요한 폴리곤들이 형성되는 경우가 많다. 불필요한 슬리버를 eliminate를 통하여 제거한다.

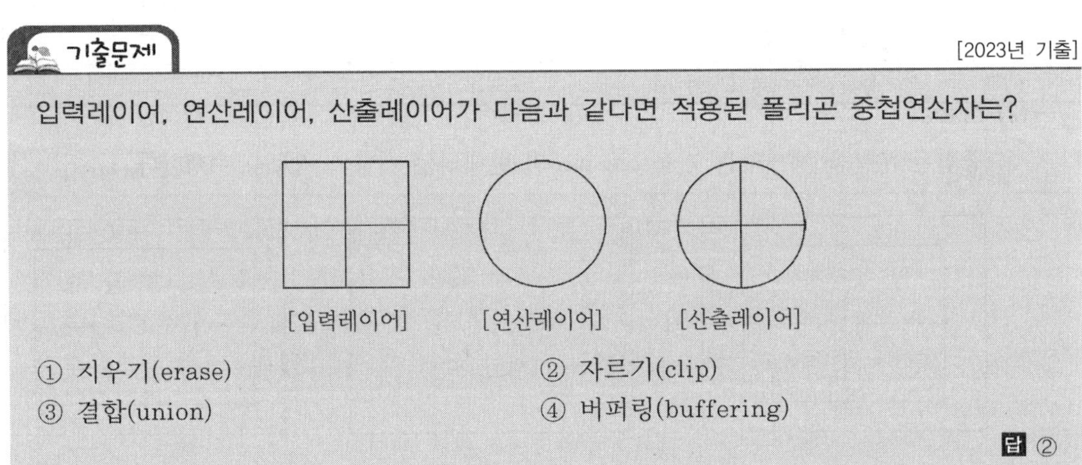

2. Buffer분석

특정 공간데이터를 중심으로 특정 길이만큼의 버퍼영역을 설정하는 것으로 선택한 공간데이터의 둘레, 또는 특정한 거리에 무엇이 있는가를 분석하는 것으로 인접지역분석에 이용된다.

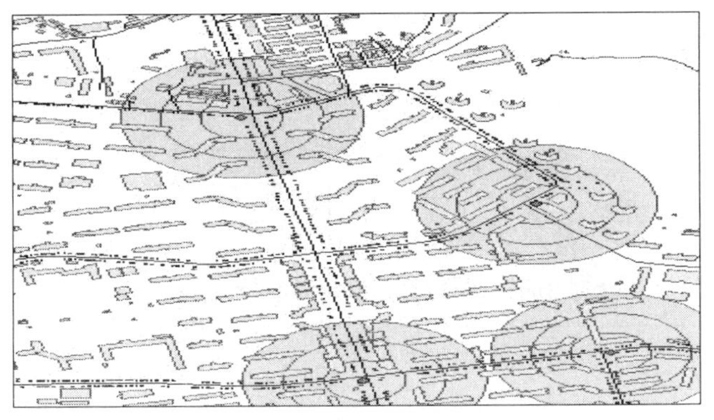

기출문제

[2020년 기출]

도로건설을 위하여 토지를 수용 및 보상하는 과정에서 도로를 기준으로 50m 이내의 필지에 대한 여러 속성데이터를 분석하고자 한다. 이 경우에 활용할 수 있는 GIS공간분석기법으로 옳은 것은?

① 버퍼링－중첩분석
② 공간내삽법－가시권역분석
③ 시계열분석－크리깅
④ 분산분석－네트워크분석

답 ①

기출문제

[2024년 기출]

지적도의 특정 공간사상에서 일정 거리 이내의 영역을 설정하는 GIS기능은?

① 버퍼링(buffering)
② 항공삼각측량(aerial triangulation)
③ 기하보정(geometric correction)
④ 보간(interpolation)

답 ①

3. 네트워크분석

네트워크의 기능은 목적물 간의 교통안내나 최단경로분석, 상하수도관망분석 등 다양한 분석기능을 수행할 수 있다.

① 최단경로나 최소비용경로를 찾는 경로탐색기능
② 시설물을 적정한 위치에 할당하는 배분기능
③ 네트워크상에서 연결성을 추적하는 추적기능
④ 지역 간의 공간적 상호작용기능
⑤ 수요에 맞추어 가장 효율적으로 재화나 서비스시설을 입지시키는 입지·배분기능 등으로 구분해 볼 수 있다.

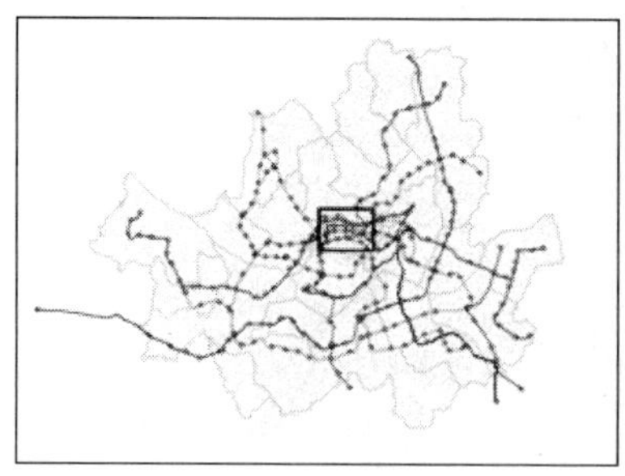 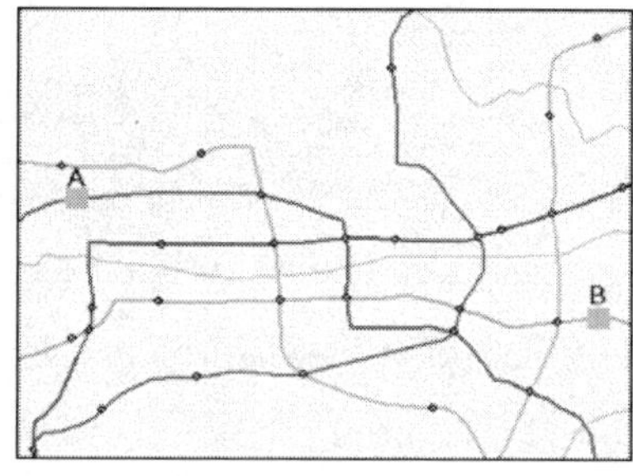

4. 불규칙삼각망(TIN)데이터 분석

① 연속적인 표면을 표현하기 위한 방법의 하나로서 표본추출된 표고점들을 선택적으로 연결하여 형성된, 크기와 모양이 정해지지 않고 서로 겹치지 않는 삼각형으로 이루어진 그물망의 모양으로 표현하는 것을 비정규삼각망이라 한다.

② 지형의 특성을 고려하여 불규칙적으로 표본지점을 추출하기 때문에 경사가 급한 곳은 작은 삼각형이 많이 모여 있는 모양으로 나타난다.

③ 격자형 수치표고모델과는 달리 추출된 표본지점들은 x, y, z값을 가지고 있고, 벡터데이터모델로 위상구조를 가지고 있다.

④ 각 면의 경사도나 경사의 방향이 쉽게 구해지며, 복잡한 지형을 표현하는 데 매우 효과적이다.

⑤ TIN을 활용하여 방향, 경사도분석, 3차원 입체지형생성 등 다양한 분석을 수행할 수 있다.

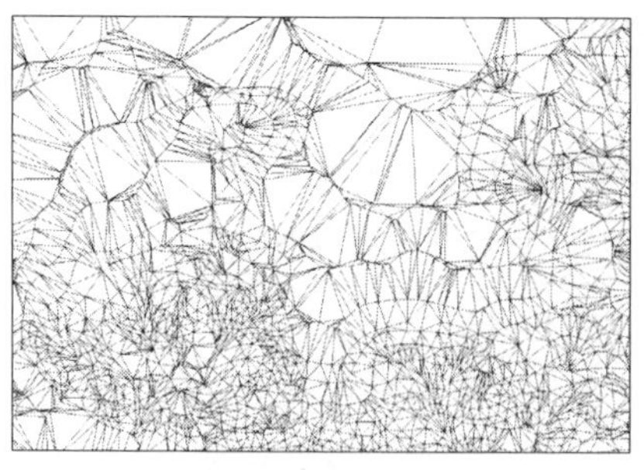

[불규칙삼각망(TIN)]

 [2009년 기출]

격자방식에 비해 비교적 적은 지점의 표고자료를 삼각형 형태로 연결하여 지표면표현과 3차원 모델링에 이용되는 자료는?

① Triangular Irregular Network ② Triangular Information Network
③ Terrain Information Network ④ Terrain Interface Network

답 ①

 [2021년 기출]

공간정보데이터의 구조가 다른 것은?

① 항공사진 ② 수치표고모형
③ 위성영상 ④ 불규칙삼각망

답 ④

 [2022년 기출]

불규칙삼각망(TIN)과 수치표고모델(DEM)에 대한 설명으로 옳지 않은 것은?

① TIN은 래스터데이터 구조를 기반으로 한다.
② 정사영상을 생성할 경우에는 DEM이 효과적이다.
③ TIN을 이용하여 경사의 크기와 방향 등을 계산할 수 있다.
④ 국지적 변이가 심한 복잡한 지형을 표현하는 데에는 TIN이 유리하다.

답 ①

5. 수치표고모델

① 규칙적인 간격으로 표본지점이 추출된 래스터형태의 데이터 모델이 격자형 수치표고모델이다.
② 수치지형데이터 구조가 그리드를 기반으로 하기 때문에 데이터를 처리하고 다양한 분석을 수행하는 데 용이하다.

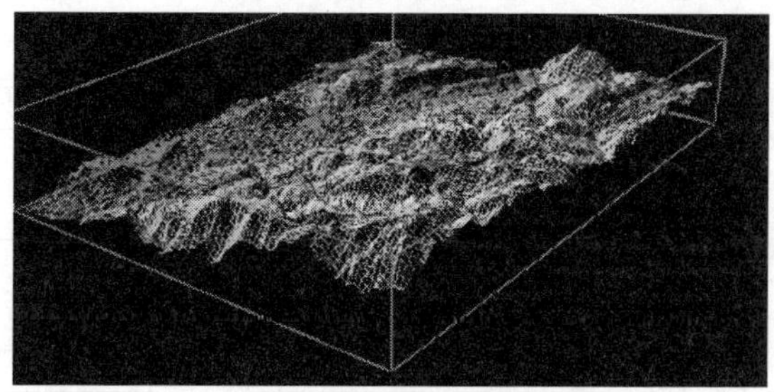

[수치표고모델]

1. 수치지형모델(Digital Terrain Model)

   적당한 밀도로 분포하는 지점들의 위치 및 표고의 수치값을 자기테이프에 기록하고, 그 수치값을 이용하여 지형을 수치적으로 근사하게 표현하는 모형이다.
2. 수치표면모델(Digital Surface Model)

   식생과 같은 자연물이나 건물, 교량과 같은 인공물을 포함하는 최고높이를 표현하는 기법이다.

[2023년 기출]

수치표고모형(DEM : Digital Elevation Model)으로부터 추출 가능한 정보가 아닌 것은?

① 필지경계(parcel boundary) 　② 표고(elevation)
③ 경사도(slope) 　④ 경사방향(aspect)

답 ①

6. 등고선(Contour generation)

(1) 의의

같은 표고를 지닌 점들을 연결하여 지형을 나타내는 기법이다.

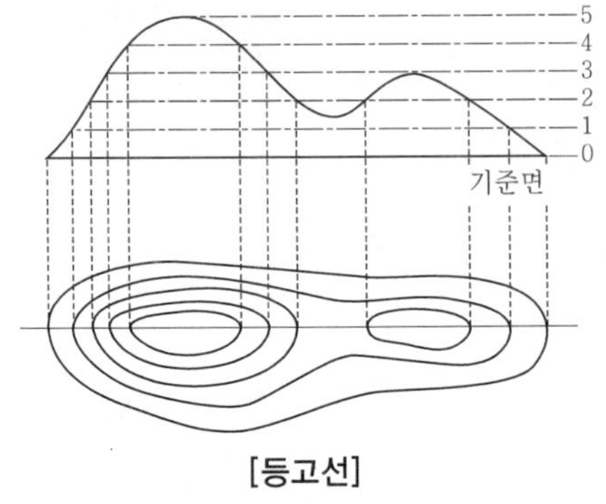

[등고선]

(2) 성질

① 동일 등고선상에 있는 모든 점은 같은 높이이다.

② 등고선은 도면 안이나 밖에서 폐합하는 폐합곡선이다.

③ 도면 내에서 등고선이 폐합하는 경우 폐합된 등고선 내부에는 산꼭대기(산정) 또는 분지가 있다.

④ 2쌍의 등고선 블록부가 마주하고 다른 한 쌍의 등고선이 바깥쪽으로 향할 때, 그곳은 고개(안부)이다.

⑤ 높이가 다른 두 등고선은 동굴이나 절벽의 지형이 아닌 곳에서는 교차하지 않는다. 동굴이나 절벽은 반드시 두 점에서 교차한다.

⑥ 동등한 경사의 지표에서 양 등고선의 수평거리는 같다.

⑦ 최대경사의 방향은 등고선과 직각으로 교차한다.

⑧ 등고선은 경사가 급한 곳에서는 간격이 좁고 완만한 경사에서는 넓다.

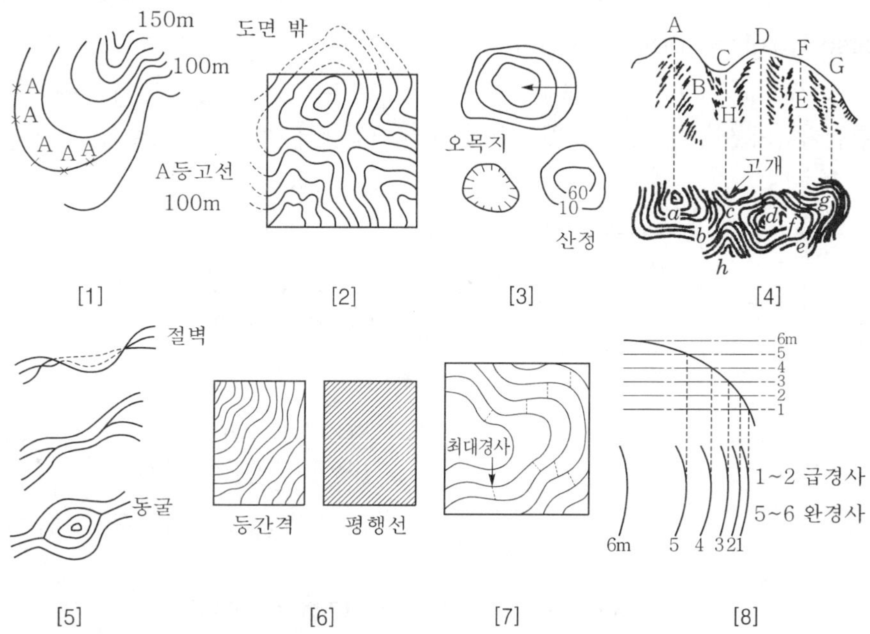

7. 공간보간

지형에 대한 정보를 숫자로 나타내기 위해서는 현실 세계에 대한 연속된 값들이 필요한데, 이런 데이터를 얻는 것이 매우 어렵기 때문에 공간보간법이 이용된다. 공간보간법(spatial interpolation)은 값(높이, 오염 정도 등)을 알고 있는 지점들을 이용하여 그 사이에 있는 모르는 지점의 값을 계산하는 방법이다.

1) Nearest Neighbor보간법

가장 간단한 최단거리보간법으로, 주변에서 가장 가까운 점의 값을 택하는 방식이다.

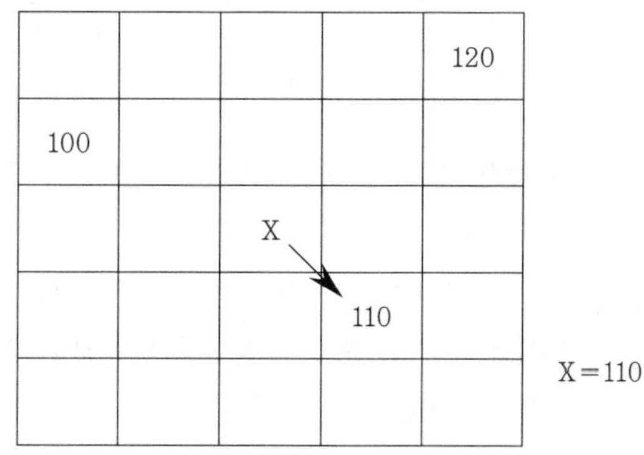

[Nearest Neighbor보간법]

2) IDW(Inverse Distance Weighting)보간법

관측점과 보간대상점과의 거리의 역수를 가중치로 하여 보간하는 방식으로 거리가 가까울수록 가중치의 상대적인 영향은 크며, 거리가 멀어질수록 상대적인 영향은 적어진다.

(1) Inverse Weighted Distance보간법

Inverse Weighted Distance보간법은 미지점으로부터 일정 반경 내에 존재하는 관측점과의 단순거리의 역수에 대한 가중치를 주어 미지점에서 가까운 점일수록 큰 가중치를 부여한다.

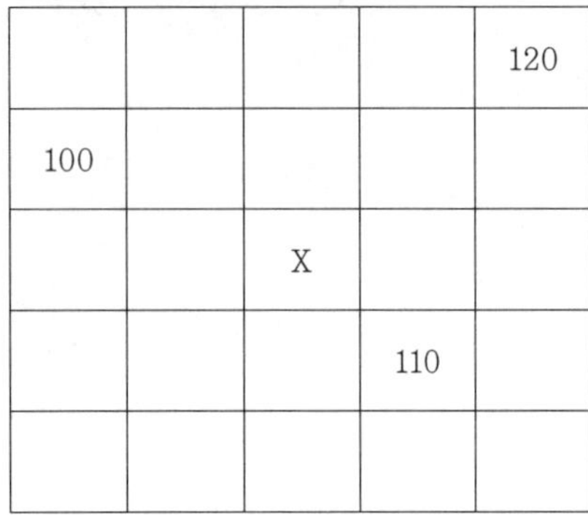

$$X - 100거리 = 10\sqrt{5}$$
$$X - 120거리 = 20\sqrt{2}$$
$$X - 110거리 = 10\sqrt{2}$$

$$X = \frac{\dfrac{112}{10\sqrt{5}} + \dfrac{120}{20\sqrt{2}} + \dfrac{110}{10\sqrt{2}}}{\dfrac{1}{10\sqrt{5}} + \dfrac{1}{20\sqrt{2}} + \dfrac{1}{10\sqrt{2}}} = 112.7$$

[Inverse Weighted Distance보간법(10×10m)]

(2) Inverse Weighted Square Distance보간법

Inverse Weighted Square Distance보간법은 거리의 제곱값의 역수를 가중치로 사용함으로써 거리의 영향을 보다 크게 한 것이다.

$$X - 100거리 = (10\sqrt{5})^2 = 500$$
$$X - 120거리 = (20\sqrt{2})^2 = 800$$
$$X - 110거리 = (10\sqrt{2})^2 = 200$$

$$X = \frac{\dfrac{112}{500} + \dfrac{120}{800} + \dfrac{110}{200}}{\dfrac{1}{500} + \dfrac{1}{800} + \dfrac{1}{200}} = 112$$

[Inverse Weighted Squre Distance보간법(10×10m)]

(3) Bilinear보간법

Bilinear보간법은 점에서 점까지의 거리에 가중치를 주는 것이 아니라 한 점에서 다른 점까지의 거리에 따른 면적에 대한 가중치를 주어서 보간하는 방식으로 영상처리에서 가장 보편적으로 사용되는 보간방식이다.

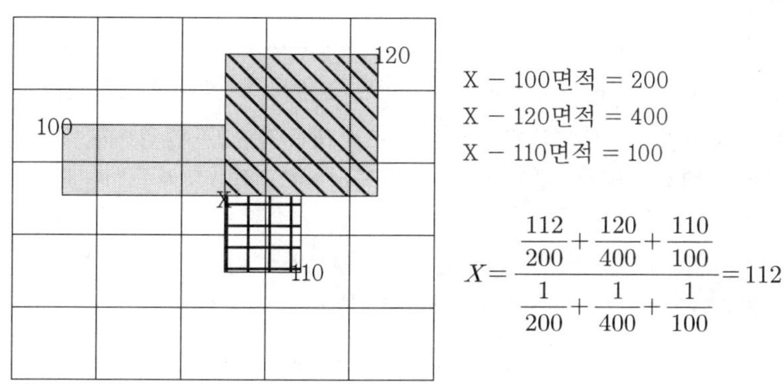

$$X = \frac{\dfrac{112}{200} + \dfrac{120}{400} + \dfrac{110}{100}}{\dfrac{1}{200} + \dfrac{1}{400} + \dfrac{1}{100}} = 112$$

[Bilinear보간법(10×10m)]

(4) Bicubic보간법

Bicubic보간법은 4×4격자의 값들을 윈도우로 이용하여 인접지역의 값을 이용하여 미지점의 표고값을 추정하는 것으로, 타 보간법에 비해 가장 높은 정확도를 나타낼 수는 있으나 계산과정이 복잡하여 시간이 많이 소요되는 단점이 있다.

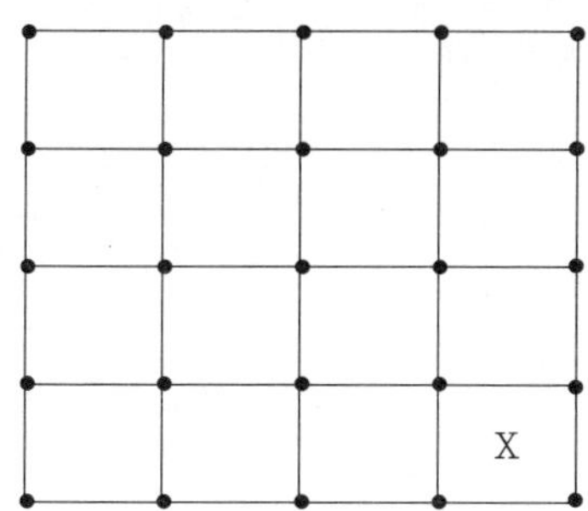

3) 크리깅(Kriging)보간법

크리깅은 관심 있는 지점에서 특성치를 알기 위해 이미 그 값을 알고 있는 주위의 값들의 선형조합으로 그 값을 예측하는 지구통계학적 기법이다. 이 방법은 Danny Krige가 지구통계학적 기법을 금 광산에 적용하여 이미 알려진 광맥의 공간적 정보를 이용하여 새로운 광맥을 찾기 위해 사용하면서 그의 이름을 따서 크리깅이라 불리게 되었다.

4) 스플라인(Spline)보간법

스플라인은 전체 표면굴곡을 최소화하여 결과적으로 부드럽게 만드는 수학공식을 사용한 보간법이다. 개념적으로 스플라인은 일련의 점을 통하여 고무판을 구부리는 것과 같다. 이 것은 각각의 위치에서 값을 결정하는 인근 입력점의 영향을 정하는 수학공식을 사용한다. 표면을 더 소밀하게 나타내기 위해 입력점을 직용시키거나 디 부드럽게 할 경우 이용되는 매개변수와 스플라인의 유형은 다양하다.

[2015년 기출]

공간보간법 중 내삽법(Interpolation)에 대한 설명으로 옳지 않은 것은?

① 내삽법은 임의의 속성값을 추정할 때 추정대상지점 주위의 속성값을 이용한다.
② 내삽법은 선택적이거나 무작위로 표본화된 표고점들로부터 수치표고모델을 생성하기 위해 사용된다.
③ 크리깅은 전역적 내삽방법(Global interpolation)이다.
④ IDW는 거리의 역수를 가중치로 하여 내삽하는 방법이다.

답 ③

[2021년 기출]

공간보간법에 해당하지 않는 것은?

① 스플라인(Spline)
② 크리깅(Kriging)
③ 역거리가중(IDW)
④ 필터링(Filtering)

답 ④

01 종이형태의 지적도면을 수동독취기(digitizer)를 이용하여 입력할 경우 자료형태는 무엇인가?

① 메시(mesh)자료형태　　　　　　　　② 벡터(vector)자료형태
③ 셀(cell)자료형태　　　　　　　　　　④ 래스터(raster)자료형태

해설 디지타이저에 의한 도면 작성에 의한 결과물은 벡터(vector)자료형태로 생성된다.

02 지형공간정보체계에서 위상적 정보를 표현하는 데는 래스터구조와 벡터구조가 있다. 벡터구조가 아닌 것은?

① 스파게티모델　　　　　　　　　　② 위상구조
③ 아크 – 노드구조　　　　　　　　　④ GRID구조

해설 벡터구조에는 스파게티모델, 아크 – 노드구조, 위상구조 등이 있다.

03 다음 설명 중 벡터식 자료구조가 아닌 것은?

① 점사상(point)　　　　　　　　　　② 선사상(line)
③ 면사상(polygon)　　　　　　　　　④ 격자구조(grid)

해설 벡터자료구조

구 분	내 용	
점 (point)	1. 차원이 존재하지 않음 2. 심벌을 이용하여 공간형상을 표현 3. X, Y를 이용하여 공간위치를 나타냄 4. 지적기준점(지적삼각점, 지적삼각보조점, 지적도근점), 건물 등을 나타내는 데 효과적	
선 (line)	1. 가장 간단한 형태로, 1차원(길이) 대상물은 두 점을 연결한 직선임 2. 대축척(면사상), 소축척(선사상) 3. 경계선을 나타내는 데 효과적 4. arc, string, link라는 다양한 용어로도 사용됨	
	arc	곡선을 형상하는 점들의 자취를 의미함
	string	연속적인 line segment를 의미함
	link	두 노드들 간의 방향성을 갖는 연결을 의미함
면 (area)	1. 면은 경계선 내의 영역을 정의하며 면적을 가짐 2. 대축척(면사상), 소축척(점사상) 3. 필지, 행정구역, 호수, 삼림 등이 대표적	

04 다음 벡터식 자료구조 중 선사상이 아닌 것은?

① 점(point) ② 아크(arc)

③ 체인(chain) ④ 스트링(string)

 ② 아크(arc) : X, Y위치의 연결체계, 예를 들어 길, 하천, 시설물경로 등이 있다.

③ 체인(chain) : 시작노드와 끝노드에 대한 위상정보를 가지며 자체 꼬임이 허용되지 않은 위상의 기본요소를 의미한다.

④ 스트링(string) : 두 점을 잇는 서로 교차되지 않는 선을 의미한다.

05 다음은 벡터자료의 기본요소인 점, 선, 면에 대한 설명이다. 이 중 틀린 것은?

① 점은 차원이 존재하지 아니하며 심벌을 이용하여 공간형상을 표현한다.

② 선은 가장 간단한 형태로 1차원 대상물은 두 점을 연결한 것으로 지적기준점, 건물 등을 표현한다.

③ 면은 경계선 내의 영역을 정의하며 필지, 행정구역 등을 표현한다.

④ 벡터자료구조는 점, 선, 면을 이용하여 공간형상을 표현한다.

 공간정보의 종류

구 분	점	선	면 적
형태	한 쌍의 x, y좌표	시작점과 끝점을 갖는 일련의 좌표	폐합된 선들로 구성된 일련의 좌표군
특징	면적이나 길이가 없음	면적이 없고 길이만 있음	면적과 경계를 가짐
예	지적기준점 유정, 송전철탑, 맨홀	도로, 하천, 통신, 전력선, 관망, 경계	행정구역, 지적, 건물, 지정구역

06 체인이 시작되고 끝나는 점을 무엇이라 하는가?

① 노드 ② 체인

③ 버텍스 ④ 스트링

 노드란 체인이 시작되고 끝나는 점이다.

07 시작노드와 끝노드에 대한 위상정보를 가지며 자체 꼬임이 허용되지 아니하는 것을 무엇이라 하는가?

① 노드 ② 체인

③ 버텍스 ④ 스트링

 체인(chain)이란 시작노트와 끝노드에 대한 위상정보를 가지며 자체 꼬임이 허용되지 않는 위상의 기본요소를 의미한다.

    정답 4. ① 5. ② 6. ① 7. ②

08 다음의 설명 중 틀린 것은?

① 노드 : 0차원의 위상 기본요소이며 체인이 시작되고 끝나는 점을 말한다.
② 스트링 : 연속적인 Line Segments를 의미하며 2차원의 요소이다.
③ 체인 : 시작노드와 끝노드에 대한 위상정보를 가지며 자체 꼬임이 허용되지 않은 1차원의
위상 기본요소이다.
④ 아크 : 곡선을 형상하는 점들의 자취를 의미한다.

해설 스트링이란 연속적인 Line Segments를 의미하며 1차원의 요소이다.

09 실세계에서 나타나는 다양한 대상물이나 현상을 X, Y와 같은 실제 좌표에 의한 점, 선, 다각
형을 이용하여 표현하는 자료구조는?

① 래스터(raster)
② 인터폴레이션(interpolation)
③ 픽셀(pixel)
④ 벡터(vector)

해설 1. 벡터자료구조 : 현실 세계의 객체 및 객체와 관련되는 모든 형상이 점, 선, 면을 이용하여 마치 지도상
에 나타나는 것과 같이 표현된다. 각각의 객체는 지도에 표시되는 공간상에 좌표시스템을 이용하여 정
확하게 표시되며, 지도상에 나타난 모든 원소는 위치를 갖는다.
　 2. 인터폴레이션(interpolation) : 보간법 또는 내삽법이라고도 하며, 주변부의 이미 관측되어진 값으로부
터 추출되지 않은 점에 대한 속성값을 예측하는 작업이다.

10 점, 선, 면 등의 객체(object)들 간의 공간관계가 설정되지 못한 채 일련의 좌표에 의한 그래
픽형태로 저장되는 구조로 공간분석에는 비효율적이지만 자료구조가 매우 간단하여 수치지도
를 제작하고 갱신하는 경우에는 효율적인 자료구조는?

① 래스터(raster)구조
② 스파게티(spaghetti)구조
③ 위상(topology)구조
④ 체인코드(chain code)구조

해설 스파게티모델의 특징
1. 공간자료를 점, 선, 면을 단순한 좌표목록으로 저장하며 위상관계를 정의하지 않는다.
2. 상호 연결성이 결여된 점과 선의 집합체, 즉 점, 선, 다각형 등의 객체들이 구조화되지 않은 그래픽형태
(점, 선, 면)이다.
3. 수작업으로 디지타이징된 지도자료가 대표적인 스파게티모델의 예이다.
4. 인접하고 있는 다각형을 나타내기 위하여 경계하는 선은 두 번씩 저장된다.
5. 모든 면사상이 일련의 독립된 좌표집합으로 저장되므로 자료저장공간을 많이 차지하게 된다.
6. 객체들 간의 공간관계가 설정되지 않아 공간분석에 비효율적이다.

11 다음은 스파게티모델에 대한 설명이다. 이 중 틀린 것은?

① 점, 선, 다각형 등의 객체들이 구조화되지 않은 그래픽형태이다.
② 인접하고 있는 다각형을 나타내기 위하여 경계하는 선은 두 번씩 저장된다.
③ 객체들 산의 공산관계가 설정되어 공간분석에 효율적이다.
④ 자료구조가 매우 간단하고 이해하기는 쉬우나 선형분석, 면형분석 등 공간분석에는 비효
율적이다.

해설 스파게티모델의 특징

1. 상호 연결성이 결여된 점과 선의 집합체, 즉 점, 선, 다각형 등의 객체들이 구조화되지 않은 그래픽형 태이다.
2. 수작업으로 디지타이징된 지도자료가 대표적인 스파게티모델의 예이다.
3. 스파게티모델은 그래픽표현에 적합하다.
4. 인접하고 있는 다각형을 나타내기 위하여 경계하는 선은 두 번씩 저장된다.
5. 객체들 간의 공간관계가 설정되지 않아 공간분석에 비효율적이다.
6. 모든 면사상이 일련의 독립된 좌표집합으로 저장되므로 자료저장공간을 많이 차지하게 된다.

12 단순한 좌표목록으로 저장하며 위상관계를 정의하지 않으며 자료저장공간을 많이 차지하는 구조는?

① 위상구조   ② 스파게티모델
③ 격자형 자료구조   ④ DIME구조

해설 스파게티모델의 특징

1. 공간자료를 점, 선, 면의 단순한 좌표목록으로 저장하며 위상관계를 정의하지 않는다.
2. 상호 연결성이 결여된 점과 선의 집합체, 즉 점, 선, 다각형 등의 객체들이 구조화되지 않은 그래픽형 태(점, 선, 면)이다.
3. 수작업으로 디지타이징된 지도자료가 대표적인 스파게티모델의 예이다.
4. 인접하고 있는 다각형을 나타내기 위하여 경계하는 선은 두 번씩 저장된다.
5. 모든 면사상이 일련의 독립된 좌표집합으로 저장되므로 자료저장공간을 많이 차지하게 된다.
6. 객체들 간의 공간관계가 설정되지 않아 공간분석에 비효율적이다.

13 벡터데이터로 공간형상물을 표현하는 방법이 아닌 것은?

① 점(point)   ② 선(line)
③ 셀(cell)   ④ 면(polygon)

해설 1. **벡터자료구조** : 모든 형상이 점, 선, 면을 이용하여 지도상에 표시
2. **래스터자료구조** : 격자(cell)들의 집합으로 정의, 표현

14 점, 선, 면으로 표현된 객체들 간의 공간관계를 설정하여 각 객체들 간의 인접성, 연결성, 포함성 등에 관한 정보를 파악하기 매우 쉬우며, 다양한 공간분석을 효율적으로 수행할 수 있는 자료구조는?

① 스파게티(spaghetti)구조
② 래스터(raster)구조
③ 위상(topology)구조
④ 그리드(grid)구조

해설 위상(topology)구조는 GIS의 실질적인 분석기능이 가능하도록 하는 것으로, 선의 방향, 다각형 간의 상대적인 위치관계, 점과 점, 점과 선의 거리 또는 선의 구성에 따른 각 절점의 연결성 등을 정의하는 것이다.

✏ **정답**   12. ②   13. ③   14. ③

15 벡터식 자료구조 중 선사상에 대한 설명으로 틀린 것은?

① 지도상 표현되는 1차원 요소이다.

② 길이와 방향을 가지고 있다.

③ 일반적으로 두께를 가지고 있다.

④ 노드에서 시작하여 노드에서 끝난다.

해설 선은 가장 간단한 형태로 1차원(길이) 대상물은 두 점을 연결한 직선이며, 경계선을 나타내는 데 효과적이다.

16 스파게티모형에 대한 설명이다. 이 중 틀린 것은?

① 공간자료를 점, 선, 면을 단순한 좌표목록으로 저장하며 위상관계를 정의하지 않는다.

② 자동 입력방식인 스캐닝에 의해 제작된 지도가 대표적인 스파게티모델의 예이다.

③ 모든 면사상이 일련의 독립된 좌표집합으로 저장된다.

④ 객체들 간의 공간관계가 설정되지 않아 공간분석에 비효율적이다.

해설 수동 입력방식인 디지타이징에 의해 제작된 지도가 스파게티모델의 예이다.

17 토지정보체계의 자료구조 중 벡터형 자료구조의 장점이 아닌 것은?

① 복잡한 현실 세계의 묘사가 가능하다.

② 그래픽의 정확도가 높다.

③ 그래픽과 관련된 속성정보의 추출 및 일반화, 갱신 등이 용이하다.

④ 자료구조가 단순하다.

해설

구 분	벡터자료구조	래스터자료구조
장점	1. 사용자 관점에 가까운 자료구조 2. 데이터가 압축되어 간결한 형태 3. 위상에 대한 정보가 제공되어 관망분석과 같은 다양한 공간분석 가능 4. 위치와 속성에 대한 검색, 갱신, 일반화 가능 5. 그래픽 정확도가 높음 6. 지도와 비슷한 도형 제작	1. 데이터 구조가 간단함 2. 여러 레이어의 중첩, 분석이 용이함 3. 원격탐사자료와 연계가 쉬움 4. 격자의 크기와 형태가 동일한 까닭에 시뮬레이션이 용이함 5. 자료의 조작과정을 효과적으로 하고 수치영상의 질을 향상시키는 데 용이함
단점	1. 데이터 구조가 복잡함 2. 중첩의 수행이 어렵고, 공간적 편의를 나타내기에는 비효과적 3. 각각의 그래픽 구성요소는 각기 다른 위상구조를 가지므로 분석이 어려움 4. 도식과 출력에 비싼 장비가 요구됨	1. 그래픽자료의 양이 방대함 2. 격자의 크기를 늘리면 정보손실 초래 3. 시각적인 효과가 떨어짐 4. 관망해석 불가능 5. 좌표변환 시 시간이 많이 소요됨

18 벡터데이터에 대한 설명으로 옳지 않은 것은?

① 일반적으로 래스터데이터보다 데이터양이 적은 편이다.

② 실세계 위치를 2차원 또는 3차원 좌표형태로 표현한다.

③ 래스터데이터보다 네트워크연결과 분석이 곤란하다.

④ 레이어는 점, 선, 면의 데이터 형태로 나타낸다.

 벡터데이터의 장단점

장 점	단 점
1. 복잡한 현실 세계의 묘사가 가능하다.	1. 자료구조가 복잡하다.
2. 압축된 자료구조를 제공하므로 데이터 용량의 축소가 용이하다.	2. 여러 레이어의 중첩이나 분석에 기술적으로 어려움이 수반된다.
3. 위상에 관한 정보가 제공되므로 관망분석과 같은 다양한 공간분석이 가능하다.	3. 각각의 그래픽 구성요소는 각기 다른 위상구조를 가지므로 분석에 어려움이 크다.
4. 그래픽의 정확도가 높고 그래픽과 관련된 속성정보의 추출, 일반화, 갱신 등이 용이하다.	4. 일반적으로 값비싼 하드웨어와 소프트웨어가 요구되므로 초기비용이 많이 든다.

19 지형공간정보체계를 부호화하는 데 있어서 간결한 형태를 가지며 위상관계에 대한 부호 입력이 용이한 경우에 이용되는 자료는?

① 내부데이터
② 외부데이터
③ 벡터데이터
④ 격자형 데이터

 벡터데이터의 장단점

장 점	단 점
1. 사용자 관점에 가까운 자료구조	1. 데이터 구조가 복잡함
2. 데이터가 압축되어 간결한 형태	2. 중첩의 수행이 어려움
3. 위상에 대한 정보가 제공되어 관망분석과 같은 다양한 공간분석 가능	3. 각각의 그래픽 구성요소는 각기 다른 위상구조를 가지므로 분석이 어려움
4. 위치와 속성에 대한 검색, 갱신, 일반화 가능	4. 도식과 출력에 비싼 장비가 요구됨
5. 그래픽 정확도가 높음	
6. 지도와 비슷한 도형 제작	

20 벡터데이터의 특징에 해당되지 않는 것은?

① 여러 레이어의 중첩이나 분석에 기술적으로 어려움이 수반된다.
② 장비의 가격이 고가인 하드웨어와 소프트웨어가 요구되므로 초기비용이 많이 소요된다.
③ 네트워크와 연계구현이 곤란하여 시각적 효과가 낮다.
④ 그래픽 구성요소는 각기 다른 위상구조를 가지므로 분석에 어려움이 크다.

 벡터데이터의 장단점

장 점	단 점
1. 사용자 관점에 가까운 자료구조	1. 데이터 구조가 복잡함
2. 데이터가 압축되어 간결한 형태	2. 중첩의 수행이 어려움
3. 위상에 대한 정보가 제공되어 관망분석과 같은 다양한 공간분석 가능	3. 각각의 그래픽 구성요소는 각기 다른 위상구조를 가지므로 분석이 어려움
4. 위치와 속성에 대한 검색, 갱신, 일반화 가능	4. 도식과 출력에 비싼 장비가 요구됨
5. 그래픽 정확도가 높음	
6. 지도와 비슷한 도형 제작	

21 벡터데이터의 모델에 대한 설명으로 틀린 것은?

① 점은 하나의 좌표로 구성된다.
② 선은 순서가 있는 여러 개의 점으로 구성된다.
③ 면은 선에 의해 포위된다.
④ 점은 1차원이다.

해설 점(point)은 차원이 존재하지 아니하고 대상물에 지점 및 장소를 나타내며, 심벌(기호)을 이용하여 공간형상을 표현한다. 거리와 폭의 개념이 존재하지 아니하고 X, Y를 이용하여 공간위치를 나타내며, 지적기준점(지적위성기준점, 지적삼각점, 지적삼각보조점, 지적도근점), 건물 등을 나타내는 데 효과적이다.

22 벡터식 자료구조에 대한 설명 중 틀린 것은?

① 래스터식 자료구조보다 해상력이 떨어진다.
② 위치, 길이, 차원을 정확하게 표현할 수 있다.
③ 수학적인 좌표에 의하여 위치가 표시된다.
④ 복잡한 자료를 최소한의 공간에 저장시킬 수 있다.

해설 벡터데이터의 장단점

장 점	단 점
1. 사용자 관점에 가까운 자료구조 2. 데이터가 압축되어 간결한 형태 3. 위상에 대한 정보가 제공되어 관망분석과 같은 다양한 공간분석 가능 4. 위치와 속성에 대한 검색, 갱신, 일반화 가능 5. 그래픽 정확도가 높음 6. 지도와 비슷한 도형 제작	1. 데이터 구조가 복잡함 2. 중첩의 수행이 어려움 3. 각각의 그래픽 구성요소는 각기 다른 위상구조를 가지므로 분석이 어려움 4. 도식과 출력에 비싼 장비가 요구됨

23 벡터자료의 특징으로 옳은 것은?

① 정밀도는 격자간격에 의존한다.
② 공간객체의 위치는 행이나 열로서 표시한다.
③ 객체의 위치를 공간상에서 방향성과 크기를 가지고 나타낸다.
④ 격자상의 일정한 수치값으로 지표면으로 특성을 표현한다.

해설 벡터자료구조는 현실 세계의 객체 및 객체와 관련되는 모든 형상이 점(0차원), 선(1차원), 면(2차원)을 이용하여 마치 지도상에 나타나는 것과 같이 표현된다. 각각의 객체는 지도에 표시되는 공간상에 좌표시스템을 이용하여 정확하게 표시되며, 지도상에 나타난 모든 원소는 위치를 갖는다. 즉 가능한 한 정확하게 대상물을 표시하는 데 있으며, 분할된 것이 아니라 정밀하게 표현된 차원, 길이 등으로 모든 위치를 표현할 수 있는 연속적인 자료구조를 말한다.

24 벡터데이터의 특징에 해당되지 않는 것은?

① 지도와 비슷하고 시각적 효과가 높으며 실세계의 묘사가 가능하다.

② 고해상력을 지원하므로 상세하게 표현되며 높은 공간적 정확성을 제공한다.

③ 벡터데이터 모델은 상대적으로 자료구조가 단순하며 체인코드, 블록코드 등의 방법에 의한 자료의 압축효율이 우수하다.

④ 위상에 관한 정보가 제공되므로 관망분석과 같은 다양한 공간분석이 가능하다.

해설 벡터데이터는 자료구조가 복잡하며, 압축되어 간결하다.

[벡터자료구조의 장단점]

장 점	단 점
1. 사용자 관점에 가까운 자료구조	1. 데이터 구조가 복잡함
2. 데이터가 압축되어 간결한 형태	2. 중첩의 수행이 어려움
3. 위상에 대한 정보가 제공되어 관망분석과 같은 다양한 공간분석 가능	3. 각각의 그래픽 구성요소는 각기 다른 위상구조를 가지므로 분석이 어려움
4. 위치와 속성에 대한 검색, 갱신, 일반화 가능	4. 도식과 출력에 비싼 장비가 요구됨
5. 그래픽 정확도가 높음	
6. 지도와 비슷한 도형 제작	

25 다음 중 벡터데이터의 특징이 아닌 것은?

① 래스터데이터보다 자료구조가 복잡하다.

② 중첩기능을 수행하기 어렵다.

③ 격자형태로 표현된다.

④ 위상에 관한 정보가 제공되므로 관망분석과 같은 다양한 공간분석이 가능하다.

해설 벡터자료구조와 래스터자료구조의 비교

구 조	벡터자료구조	래스터자료구조
장점	1. 사용자 관점에 가까운 자료구조 2. 데이터가 압축되어 간결한 형태 3. 위상에 대한 정보가 제공되어 관망분석과 같은 다양한 공간분석 가능 4. 위치와 속성에 대한 검색, 갱신, 일반화 가능 5. 그래픽 정확도가 높음 6. 지도와 비슷한 도형 제작	1. 데이터 구조가 간단함 2. 여러 레이어의 중첩, 분석이 용이함 3. 원격탐사자료와 연계가 쉬움 4. 격자의 크기와 형태가 동일한 까닭에 시뮬레이션이 용이함 5. 자료의 조작과정을 효과적으로 하고 수치영상의 질을 향상시키는 데 용이함
단점	1. 데이터 구조가 복잡함 2. 중첩의 수행이 어렵고, 공간적 편의를 나타내기에는 비효과적 3. 각각의 그래픽 구성요소는 각기 다른 위상구조를 가지므로 분석이 어려움 4. 도식과 출력에 비싼 장비가 요구됨	1. 그래픽자료의 양이 방대함 2. 격자의 크기를 늘리면 정보손실 초래 3. 시각적인 효과가 떨어짐 4. 관망해석 불가능 5. 좌표변환 시 시간이 많이 소요됨

📝 **정답** 24. ③ 25. ③

26 벡터자료구조 중 차원이 존재하지 아니하며 대상물에 지점 및 장소를 나타내며 심벌(기호)을 이용하여 공간형상을 표현하는 것은?

① 점(point)
② 선(line)
③ 면
④ 영상소

해설 점(point)은 차원이 존재하지 아니하며 대상물에 지점 및 장소를 나타내며 심벌(기호)을 이용하여 공간형상을 표현한다.

27 벡터자료구조에 대한 설명이다. 이 중 틀린 것은?

① 위상에 대한 정보가 제공되어 관망분석과 같은 다양한 공간분석이 가능하다.
② 데이터가 압축되어 간결한 형태를 가지고 자료구조가 간단하다.
③ 그래픽의 정확도가 높으며 도식과 출력에 비싼 장비가 요구된다.
④ 위치와 속성에 대한 검색, 갱신, 일반화가 가능하다.

해설 벡터자료구조와 래스터자료구조의 비교

구 분	벡터자료구조	래스터자료구조
장점	1. 사용자 관점에 가까운 자료구조 2. 데이터가 압축되어 간결한 형태 3. 위상에 대한 정보가 제공되어 관망분석과 같은 다양한 공간분석 가능 4. 위치와 속성에 대한 검색, 갱신, 일반화 가능 5. 그래픽 정확도가 높음 6. 지도와 비슷한 도형 제작	1. 데이터 구조가 간단함 2. 여러 레이어의 중첩, 분석이 용이함 3. 원격탐사자료와 연계가 쉬움 4. 격자의 크기와 형태가 동일한 까닭에 시뮬레이션이 용이함 5. 자료의 조작과정을 효과적으로 하고 수치영상의 질을 향상시키는 데 용이함
단점	1. 데이터 구조가 복잡함 2. 중첩의 수행이 어렵고, 공간적 편의를 나타내기에는 비효과적 3. 각각의 그래픽 구성요소는 각기 다른 위상구조를 가지므로 분석이 어려움 4. 도식과 출력에 비싼 장비가 요구됨	1. 그래픽자료의 양이 방대함 2. 격자의 크기를 늘리면 정보손실 초래 3. 시각적인 효과가 떨어짐 4. 관망해석 불가능 5. 좌표변환 시 시간이 많이 소요됨

28 벡터자료구조와 래스터자료구조에 대한 설명이다. 이 중 틀린 것은?

① 벡터자료구조는 지도표현 시 기본도에 의존하지만 정확히 표현할 수 있다.
② 래스터자료구조는 지도를 확대하면 격자가 커지므로 형상을 인식할 수 없다.
③ 백터자료구조는 데이터양이 적고, 래스터자료구조는 데이터양이 많다.
④ 벡터자료구조와 래스터자료구조의 정밀도는 기본도에 의한다.

	비교항목	래스터자료	벡터자료
	데이터 형식	정사각형으로 일정함	임의로 가능
	정밀도	격자간격에 의존	기본도에 의존
특징	도형표현방법	면으로 표현	점, 선, 면으로 표현
	속성데이터	속성데이터를 면으로 표현	점, 선, 면을 각각 도형정보와 결합
	도형처리기능	면을 이용한 도형처리	점, 선, 면을 이용한 도형처리

29 벡터자료구조에 대한 설명이다. 이 중 틀린 것은?

① 정밀도는 기본도에 의하며, 데이터 구조가 복잡하다.

② 지도를 확대하여도 형상이 변하지 않는다.

③ 중첩을 수행하기 위해서는 기술적인 난이도와 시간이 많이 소요된다.

④ 각기 위상구조를 가지므로 망분석 및 시뮬레이션이 가능하다.

	비교항목	래스터자료	벡터자료
	공간해석	도화데이터와 원격탐사데이터의 중첩 및 조합이 쉽다.	고도의 프로그램이 필요하다.
가공 처리	시뮬레이션	각 단위의 크기가 균일할 때 시뮬레이션이 쉽다.	위상구조를 가진 것은 시뮬레이션이 곤란하다.
	네트워크해석	네트워크결합은 곤란하다.	네트워크연결에 의한 지리적 요소의 연결을 표현할 수 있다.

30 다음은 벡터구조에 대한 설명이다. 이 중 틀린 것은?

① 컴퓨터상에서 확대·축소하여도 선이 매끄럽고 정확한 형상묘사가 가능하다.

② 자료가 압축되어 간결하고 불필요한 내용을 기억하지 않는다.

③ 자료구조가 간단하고 중첩을 수행하기가 쉽다.

④ 초기 데이터 입력에 시간과 많은 인력이 소요된다.

 자료구조가 복잡하며 중첩을 수행하기가 어렵다.

31 다음은 지리정보의 특성인 공간적 위상관계에 대해 설명한 것이다. 옳지 않은 것은?

① 인접성은 대상물의 주변에 존재하는 대상물과의 관계를 의미한다.

② 연결성은 실제로 연결된 대상물들 사이의 관계를 의미한다.

③ 근접성은 서로 다른 계층에서 서로 다르게 인식될 수 있는 대상물의 관계를 의미한다.

④ 공간적 위상관계의 특성을 바탕으로 조건에 만족하는 지역이나 조건을 검색 및 분석할 수 있다.

 근접성은 특정 거리나 위치 내에 존재하는 대상물 간의 관계를 의미한다.

32 다음 중 자료의 위상(topology)모형의 폴리곤구조가 갖는 특성과 가장 거리가 먼 것은?

① 다의성   ② 계급성

③ 인접성   ④ 형상

해설 위상구조의 특성

1. **인접성** : 관심대상사상의 좌측과 우측에 어떤 사상이 있는지를 정의된다. 즉 두 개의 객체가 서로 인접하는지를 판단한다.
2. **연결성** : 특정 사상이 어떤 사상과 연결되어 있는지를 정의된다. 즉 두 개 이상의 객체가 연결되어 있는지를 판단한다.
3. **포함성** : 특정 사상이 다른 사상의 내부에 포함되느냐, 혹은 다른 사상을 포함하느냐를 정의한다.

33 벡터데이터의 위상구조와 관련된 용어가 아닌 것은?

① Adjacency   ② Thinning

③ Connectivity   ④ Containment

해설 위상구조

각 공간객체 사이의 관계를 인접성(Adjacency), 연결성(Connectivity), 포함성(Conainment) 등의 관점에서 묘사되며 스파게티모델에 비해 다양한 공간분석이 가능하다.

1. **인접성** : 관심대상사상의 좌측과 우측에 어떤 사상이 있는지를 정의된다. 즉 두 개의 객체가 서로 인접하는지를 판단한다.
2. **연결성** : 특정 사상이 어떤 사상과 연결되어 있는지를 정의된다. 즉 두 개 이상의 객체가 연결되어 있는지를 판단한다.
3. **포함성** : 특정 사상이 다른 사상의 내부에 포함되느냐, 혹은 다른 사상을 포함하느냐를 정의한다.

34 위상구조에 대한 설명으로 옳지 않은 것은?

① 위상구조는 공간분석에 소요되는 연산시간을 감소시켜 준다.
② 최적경로 선정을 위한 관망분석에서는 위상구조의 인접성을 주로 활용한다.
③ 위상구조모델에서는 공간객체들의 관계성을 표현하기 위하여 결절(node)과 링크(link)의 개념을 사용한다.
④ 위상구조는 공간객체 상호 간의 인접성, 연결성, 포함성으로 정의된다.

해설 최적경로 선정을 위한 관망분석에서는 위상구조의 연결성을 주로 활용한다.

35 주어진 영역의 경계를 공유하고 있는 공간객체를 검색하는 위상적 질의(topological query)로 가장 적합한 것은?

① 인접(Adjacency)

② 교차(Intersect)

③ 포함(Containment)

④ 거리(Distance)

 위상구조의 종류

1. **인접성** : 관심대상사상의 좌측과 우측에 어떤 사상이 있는지를 정의된다. 즉 두 개의 객체가 서로 인접하는지를 판단한다.
2. **연결성** : 특정 사상이 어떤 사상과 연결되어 있는지를 정의된다. 즉 두 개 이상의 객체가 연결되어 있는지를 판단한다.
3. **포함성** : 특정 사상이 다른 사상의 내부에 포함되느냐, 혹은 다른 사상을 포함하느냐를 정의한다.

36 벡터파일형식 중 인구조사를 위해 개발한 벡터형 파일형식은?

① shape파일형식　　　　　　　　　　② coverage파일형식
③ CAD파일형식　　　　　　　　　　④ TIGER파일형식

 벡터(vector)파일형식

파일형식	특 징
shape파일형식	ESRI사의 ArcView에서 사용되는 자료형식
coverage파일형식	ESRI사의 Arc/Info에서 사용되는 자료형식
CAD파일형식	Autodesk사의 AutoCAD 소프트웨어에서는 DWG와 DXF 등의 파일형식
DLG파일형식	Digital Line Graph의 약자로 U.S. Geological Survey에서 지도학적 정보를 표현하기 위해 고안한 디지털벡터파일형식
VPF파일형식	Vector Product Format의 약자로서 미국방성의 NIMA(National Imagery and Mapping Agency)에서 개발한 군사적 목적의 벡터형 파일형식
TIGER파일형식	Topologically Integrated Geographic Encoding and Referencing System의 약자로서 U.S. Census Bureau에서 인구조사를 위해 개발한 벡터형 파일형식

37 다음 중 벡터파일에 해당하는 것으로 올바르게 묶인 것은?

① coverage, TIGER, VPF, Shape
② coverage, JPEG, VPF, TIFF
③ TIFF, TIGER, VPF, BMP
④ BMP, TIGER, VPF, Shape

 1. **벡터파일형식** : Shape, Coverage, CAD, DLG, VPF, TIGER
2. **래스터파일형식** : TIFF, GeoTIFF, BMP, JPG, PNG, GIF, DEM

38 벡터자료를 저장하는 파일형식으로만 구성된 것은?

① TIFF, TIGER, BMP　　　　　　② DXF, DLG, TIGER
③ GIF, BMP, TIFF　　　　　　④ JPG, TIFF, VPF

 1. **벡터파일형식** : Shape, Coverage, CAD, DLG, VPF, TIGER
2. **래스터파일형식** : TIFF, GeoTIFF, BMP, JPG, PNG, GIF, DEM

39 일반적으로 지리정보시스템을 구현하기 위한 공간자료는 벡터데이터(vector data model)와 래스터데이터(raster data model)로 구분한다. 다음 공간정보파일포맷 중 vector data model 이라 할 수 없는 것은?

① filename.dwg 　　　　　　　　　② filename.tif

③ filename.shp 　　　　　　　　　④ filename.dxf

해설 1. 벡터파일형식 : HPGL, Postscript, DWG, DXF, DLG, TIGER, Coverage, shape

　　　 2. 래스터파일형식 : TIFF, GIF, JPEG, BMP, PCX, IMG, AEM

40 벡터파일형식 중 미국방성의 NIMA(National Imagery and Mapping Agency)에서 개발한 군사적 목적의 벡터형 파일형식은?

① shape파일형식 　　　　　　　　② coverage파일형식

③ VPF파일형식 　　　　　　　　　④ TIGER파일형식

해설 VPF파일형식은 Vector Product Format의 약자로써, 미국방성의 NIMA(National Imagery and Mapping Agency)에서 개발한 군사적 목적의 벡터형 파일형식이다.

41 공간정보의 위상관계의 특성과 관계가 먼 것은?

① 인접성 　　　　　　　　　　　　② 연결성

③ 단순성 　　　　　　　　　　　　④ 포함성

해설 위상관계의 특성

　　 1. **인접성** : 관심대상사상의 좌측과 우측에 어떤 사상이 있는지를 정의된다. 즉 두 개의 객체가 서로 인접하는지를 판단한다.

　　 2. **연결성** : 특정 사상이 어떤 사상과 연결되어 있는지를 정의된다. 즉 두 개 이상의 객체가 연결되어 있는지를 판단한다.

　　 3. **포함성** : 특정 사상이 다른 사상의 내부에 포함되느냐, 혹은 다른 사상을 포함하느냐를 정의한다.

42 다음 중 취득된 공간자료의 자료구조포맷이 다른 하나는?

① DXF 　　　　　　　　　　　　　② BMP

③ JPEG 　　　　　　　　　　　　　④ TIFF

해설 1. 벡터파일형식 : HPGL, Postscript, DWG, DXF, DLG, TIGER, Coverage, shape

　　　 2. 래스터파일형식 : TIFF, GIF, JPEG, BMP, PCX, IMG, AEM

43 다음 중 대표적인 벡터자료파일형식이 아닌 것은?

① coverage파일포맷 　　　　　　　② CAD파일포맷

③ shape파일포맷 　　　　　　　　④ TIFF파일포맷

해설 TIFF파일포맷은 꼬리표(tag) 붙은 화상파일형식이라는 뜻으로, 미국의 앨더스사(현재는 어도비시스템즈사에 흡수 합병)와 마이크로소프트사가 공동개발한 래스터화상파일형식이다.

44 다음 중 벡터자료에 해당하는 것은?

① BMP   ② JPG
③ DXF   ④ GIF

해설 래스터자료유형은 주로 이미지형태, 즉 인공위성에 의한 이미지, 항공사진에 의한 이미지 등으로 표현된다. 따라서 BMP, JPG, GIF는 이미지를 저장하는 파일명이다.

45 수치지도 제작에 관한 설명 중 잘못된 것은?

① 수치지도의 좌표 취득방법에는 작성된 지형도나 항공사진을 이용한다.
② 입력체계로는 해석도화기, 스캐너, 디지타이저를 이용한다.
③ 편집체계에서 도형의 가공, 편집, 수정을 마치면 수치화된 지도정보를 도화기 등을 통하여 출력한다.
④ 입력 시 부호화에서 사진은 vector방식, 지도는 raster방식으로 처리된다.

해설 입력을 스캐너로 할 경우 raster방식, 디지타이저로 입력할 경우 vector방식이다.

46 래스터자료구조에 대한 설명이다. 이 중 틀린 것은?

① 래스터자료구조의 정밀도는 격자간격에 의존한다.
② 데이터양이 많으며, 자료구조는 간단하다.
③ 도화데이터와 원격탐사데이터의 중첩 및 조합이 어렵다.
④ 지도를 확대하면 격자가 커지므로 형상구조를 인식하기 어렵다.

해설

비교항목		래스터자료	벡터자료
지도 표현	지도표현	격자간격에 의존하지만 벡터형 지도와 비교하면 거칠게 표현된다.	기본도 축척에 의존하지만 정확히 표현할 수 있다.
	지도축척	지도를 확대하면 격자가 커지기 때문에 형상구조를 인식할 수 없다.	지도를 확대하여도 형상이 변하지 않는다.

47 래스터데이터의 특징에 대한 설명으로 틀린 것은?

① 벡터데이터에 비해 상대적으로 데이터 구조가 단순하다.
② 입력되는 자료의 양이 많아 자료의 처리와 분석에 시간이 많이 걸린다.
③ 위상에 관한 정보가 제공되므로 관망분석과 같은 다양한 공간분석이 가능하다.
④ 격자구조에서 각각의 격자는 격자 내에 포함된 주제와 관련된 하나의 수치값만을 저장한다.

해설 래스터자료구조의 장단점

장 점	단 점
1. 데이터 구조가 간단함	1. 그래픽자료의 양이 방대함
2. 여러 레이어의 중첩, 분석이 용이함	2. 격자의 크기를 늘리면 정보손실 초래
3. 원격탐사자료와 연계가 쉬움	3. 시각적인 효과가 떨어짐
4. 격자의 크기와 형태가 동일한 까닭에 시뮬레이션이 용이함	4. 관망해석 불가능
5. 자료의 조작과정을 효과적으로 하고 수치영상의 질을 향상시키는 데 용이함	5. 좌표변환 시 시간이 많이 소요됨

정답   44. ③   45. ④   46. ③   47. ③

48 토지정보체계의 자료구조 중 격자형 자료구조의 설명이 맞는 것은?

① 복잡한 현실 세계의 묘사가 가능하다.
② 그래픽의 정확도가 높다.
③ 그래픽과 관련된 속성정보의 추출 및 일반화, 갱신 등이 용이하다.
④ 자료구조가 단순하다.

해설 래스터자료구조의 장단점

장 점	단 점
1. 데이터 구조가 간단함	1. 그래픽자료의 양이 방대함
2. 여러 레이어의 중첩, 분석이 용이함	2. 격자의 크기를 늘리면 정보손실 초래
3. 원격탐사자료와 연계가 쉬움	3. 시각적인 효과가 떨어짐
4. 격자의 크기와 형태가 동일한 까닭에 시뮬레이션이 용이함	4. 관망해석 불가능
5. 자료의 조작과정을 효과적으로 하고 수치영상의 질을 향상시키는 데 용이함	5. 좌표변환 시 시간이 많이 소요됨

49 다음 중 래스터식 자료구조와 거리가 먼 것은?

① 그리스(grid)
② 폴리곤(polygon)
③ 셀(cell)
④ 픽셀(pixel)

해설 폴리곤(polygon)은 벡터자료구조에 해당한다.

50 다음 중 격자구조에 대한 설명으로 틀린 것은?

① 위성정보 제공이 가능하다.
② 자료구조가 복잡하다.
③ 시각적인 효과가 떨어진다.
④ 좌표변환에 시간이 많이 소요된다.

해설

구 분	벡터자료구조	래스터자료구조
장점	1. 사용자 관점에 가까운 자료구조 2. 데이터가 압축되어 간결한 형태 3. 위상에 대한 정보가 제공되어 관망분석과 같은 다양한 공간분석 가능 4. 위치와 속성에 대한 검색, 갱신, 일반화 가능 5. 그래픽 정확도가 높음 6. 지도와 비슷한 도형 제작	1. 데이터 구조가 간단함 2. 여러 레이어의 중첩, 분석이 용이함 3. 원격탐사자료와 연계가 쉬움 4. 격자의 크기와 형태가 동일한 까닭에 시뮬레이션이 용이함 5. 자료의 조작과정을 효과적으로 하고 수치영상의 질을 향상시키는 데 용이함
단점	1. 데이터 구조가 복잡함 2. 중첩의 수행이 어렵고, 공간적 편의를 나타내기에는 비효과적 3. 각각의 그래픽 구성요소는 각기 다른 위상구소를 가지므로 분석이 어려움 4. 도식과 출력에 비싼 장비가 요구됨	1. 그래픽자료의 양이 방대함 2. 격자의 크기를 늘리면 정보손실 초래 3. 시각적인 효과가 떨어짐 4. 관망해석 불가능 5. 좌표변환 시 시간이 많이 소요됨

51 래스터자료를 수집하는 방법이 아닌 것은?

① 항공사진을 이용한 수치정사사진 제작
② 위성영상을 이용한 기하보정영상 제작
③ 위성영상을 이용한 DEM(Digital Elevation Model) 제작
④ 항공사진의 입체도화를 통한 수치지도 제작

 항공사진의 입체도화를 통한 수치지도 제작은 벡터방식이다.

52 래스터자료의 설명이다. 이 중 틀린 것은?

① 공간분석이 용이하며 자료구조가 복잡하다.
② 격자의 크기가 동일하므로 시뮬레이션이 용이하다.
③ 압축되어 사용하는 경우가 드물고 그래픽의 양이 방대하다.
④ 격자의 크기를 늘리면 자료의 양은 줄일 수 있으나 상대적으로 정보의 손실이 발생한다.

 래스터자료구조는 자료구조가 간단하다.

53 해상도에 대한 설명으로 옳은 것은?

① 일반적으로 해상도가 높을수록 데이터양이 증가한다.
② 보통 해상도가 높을수록 화상이 흐릿하다.
③ 해상도가 높을수록 자료검색속도가 빨라진다.
④ 래스터데이터는 해상도와 무관한 구조이다.

 ② 보통 해상도가 높을수록 화상이 선명하다.
③ 해상도가 높을수록 자료검색속도가 늦어진다.
④ 래스터데이터는 해상도와 밀접한 관련이 있다.

54 다음은 래스터자료에 대한 특징을 설명한 것이다. 틀린 것은?

① 자료구조가 간단하다.
② 다양한 공간분석을 할 수 있다.
③ 원격탐사자료와 연결시키기가 쉽다.
④ 그래픽자료의 양이 적다.

55 토지정보체계 자료구조의 유형은 벡터구조와 격자구조로 나누어진다. 다음 중 격자구조의 장점이 아닌 것은?

① 원격탐사자료와의 연계처리가 용이하다.
② 보다 압축된 자료구조를 제공하며, 따라서 데이터 용량의 축소가 가능하다.
③ 여러 레이어의 중첩이나 분석이 용이하다.
④ 자료구조가 단순하다.

해설 벡터자료구조와 래스터자료구조의 비교

구 분	벡터자료구조	래스터자료구조
장점	1. 사용자 관점에 가까운 자료구조 2. 데이터가 압축되어 간결한 형태 3. 위상에 대한 정보가 제공되어 관망분석과 같은 다양한 공간분석 가능 4. 위치와 속성에 대한 검색, 갱신, 일반화 가능 5. 그래픽 정확도가 높음 6. 지도와 비슷한 도형 제작	1. 데이터 구조가 간단함 2. 여러 레이어의 중첩, 분석이 용이함 3. 원격탐사자료와 연계가 쉬움 4. 격자의 크기와 형태가 동일한 까닭에 시뮬레이션이 용이함 5. 자료의 조작과정을 효과적으로 하고 수치영상의 질을 향상시키는 데 용이함
단점	1. 데이터 구조가 복잡함 2. 중첩의 수행이 어렵고, 공간적 편의를 나타내기에는 비효과적 3. 각각의 그래픽 구성요소는 각기 다른 위상구조를 가지므로 분석이 어려움 4. 도식과 출력에 비싼 장비가 요구됨	1. 그래픽자료의 양이 방대함 2. 격자의 크기를 늘리면 정보손실 초래 3. 시각적인 효과가 떨어짐 4. 관망해석 불가능 5. 좌표변환 시 시간이 많이 소요됨 6. 압축된 자료구조를 제공하지 않음

56 공간정보의 데이터 구조는 벡터구조와 래스터구조가 있다. 이들 데이터 구조의 특성에 대한 설명으로 옳지 않은 것은?

① 벡터데이터는 네트워크연결에 의한 지리적 요소의 연결표현이 가능하나, 래스터데이터는 네트워크결합이 곤란하다.

② 래스터데이터 구조는 위상관계를 정립하기 용이하여 GIS툴을 이용한 공간분석에 효과적이다.

③ 벡터데이터 구조는 래스터데이터 구조에 비하여 데이터 구조가 복잡하다.

④ 래스터데이터는 레이어의 중첩과 조합이 용이하여 공간시뮬레이션에 효과적이다.

해설 래스터데이터 구조는 위상관계를 정립하기가 어렵다.

57 래스터구조의 장점을 바르게 설명한 것은?

① 자료구조가 벡터자료구조에 비해 단순하다.

② 해상도가 증가하여도 자료량이 크게 증가하지 않는다.

③ 위상자료구조의 구축에 유리하다.

④ 좌표변환을 위한 시간이 필요 없다.

해설 래스터자료구조의 장단점

장 점	단 점
1. 데이터 구조가 간단함 2. 여러 레이어의 중첩, 분석이 용이함 3. 원격탐사자료와 연계가 쉬움 4. 격자의 크기와 형태가 동일한 까닭에 시뮬레이션이 용이함 5. 자료의 조작과정을 효과적으로 하고 수치영상의 질을 향상시키는 데 용이함	1. 그래픽자료의 양이 방대함 2. 격자의 크기를 늘리면 정보손실 초래 3. 시각적인 효과가 떨어짐 4. 관망해석 불가능 5. 좌표변환 시 시간이 많이 소요됨

정답 56. ② 57. ①

58 래스터자료의 특징이 아닌 것은?

① 정방형으로 일정함
② 격자간격에 의존
③ 점, 선, 면으로 표현
④ 자료를 쉽게 얻을 수 있다.

해설 점, 선, 면으로 표현되는 것은 벡터자료이다.

59 래스터데이터 형식의 자료로 옳지 않은 것은?

① 그리드 ② 정사영상
③ 격자DEM ④ 폴리곤

해설 벡터자료구조는 현실 세계의 객체 및 객체와 관련되는 모든 형상이 점(0차원), 선(1차원), 면(2차원)을 이용하여 표현하는 것으로, 객체들의 지리적 위치를 방향성과 크기로 나타낸다. 따라서 폴리곤은 벡터자료구조에 해당한다.

60 다음 중 규칙적인 셀(cell)의 격자에 의하여 형상을 묘사하는 자료구조는?

① 속성자료구조
② 벡터자료구조
③ 래스터자료구조
④ 필지자료구조

해설 래스터자료구조는 격자형 구조이다.

61 래스터데이터에 대한 설명으로 옳지 않은 것은?

① 연속된 셀을 이용하여 표현한다.
② 각각의 셀은 다양한 위상구조를 가진다.
③ 지적필지와 같은 정확성을 요하는 데이터 모델에는 적당하지 않다.
④ 동일 면적을 나타낸 도면에서는 많은 수의 셀을 이용하여 표현할수록 해상도가 높다.

해설 위상관계(topology)란 공간상에서 대상물들의 위치나 관계를 나타내는 것을 말하는데, 대상물들의 모양, 이웃하고 있는 대상물들 사이의 위치적인 관계, 대상물들의 포함관계를 정하는 것이라고 할 수 있다. 이러한 위상구조는 벡터데이터 구조에서만 가능하다.

62 다음은 벡터구조와 격자구조를 비교한 것이다. 설명으로 옳지 않은 것은?

① 벡터구조는 격자구조에 비해 자료의 양이 적다.
② 격자구조는 정확도가 높고 위상관계를 가지고 있어 공간분석이 가능하다.
③ 벡터구조는 자료구조가 복잡하다.
④ 격자구조는 중첩분석이나 모델링이 용이하다.

정답 58. ③ 59. ④ 60. ③ 61. ② 62. ②

해설 벡터자료구조와 래스터자료구조의 비교

구 분	벡터자료구조	래스터자료구조
장점	1. 사용자 관점에 가까운 자료구조 2. 데이터가 압축되어 간결한 형태 3. 위상에 대한 정보가 제공되어 관망분석과 같은 다양한 공간분석 가능 4. 위치와 속성에 대한 검색, 갱신, 일반화 가능 5. 그래픽 정확도가 높음 6. 지도와 비슷한 도형 제작	1. 데이터 구조가 간단함 2. 여러 레이어의 중첩, 분석이 용이함 3. 원격탐사자료와 연계가 쉬움 4. 격자의 크기와 형태가 동일한 까닭에 시뮬레이션이 용이함 5. 자료의 조작과정을 효과적으로 하고 수치영상의 질을 향상시키는 데 용이함
단점	1. 데이터 구조가 복잡함 2. 중첩의 수행이 어렵고, 공간적 편의를 나타내기에는 비효과적 3. 각각의 그래픽 구성요소는 각기 다른 위상구조를 가지므로 분석이 어려움 4. 도식과 출력에 비싼 장비가 요구됨	1. 그래픽자료의 양이 방대함 2. 격자의 크기를 늘리면 정보손실 초래 3. 시각적인 효과가 떨어짐 4. 관망해석 불가능 5. 좌표변환 시 시간이 많이 소요됨

63 래스터자료구조의 격자에 대한 설명으로 틀린 것은?

① 주택은 여러 개의 격자로 표시되며, 강은 하나의 격자로써 표시된다.

② 격자의 저장구조는 컴퓨터 하드웨어와 손쉽게 접속이 가능하다.

③ 격자가 나타내는 면적이 작을수록 자료의 양은 늘어난다.

④ 격자의 크기가 작을수록 나타낼 수 있는 객체의 형태가 많아지고 표현되는 자료는 상세하다.

해설 실세계를 일정 크기의 최소지도화단위인 셀로 분할하고 각 셀에 속성값을 입력하고 저장하여 연산하는 자료구조이다. 즉 격자형의 영역에서 X, Y축을 따라 일련의 셀들이 존재하고 각 셀들이 속성값(value)을 가지므로 이들 값에 따라 셀들을 분류하거나 다양하게 표현할 수 있다. 각 셀들의 크기에 따라 데이터의 해상도와 저장크기가 달라지게 되는데, 셀크기가 작으면 작을수록 보다 정밀한 공간현상을 잘 표현할 수 있으며, 강은 여러 개의 격자로서 표현된다.

64 실세계를 일정 크기의 최소지도화단위인 셀로 분할하고 각 셀에 속성값을 입력하고 저장하여 연산하는 자료구조는 무엇인가?

① 래스터(raster) ② 벡터(vector)

③ 커버리지(coverage) ④ 토폴로지(topology)

해설 래스터(raster)자료

실세계 공간현상은 일련의 셀(cell)들의 집합으로 정의·표현된다. 즉 격자형의 영역에서 X, Y축을 따라 일련의 셀들이 존재하고 각 셀들이 속성값(value)을 가지므로 이들 값에 따라 셀들을 분류하거나 다양하게 표현할 수 있다. 각 셀들의 크기에 따라 데이터의 해상도와 저장크기가 달라지게 되는데, 셀크기가 작으면 작을수록 보다 정밀한 공간현상을 잘 표현할 수 있다.

65 다음 지형공간정보체계의 자료변환 중 격자방법에 의한 직접변환방법은?

① 해석적 변환 ② 가우스 이중투영변환

③ 부등각상사변환 ④ 메르카토르 투영변환

 부등각상사변환(affine transformation)
도형, 도상의 평행이동, 회전, 확대, 축소, 사교축변환 등 좌표축의 변형변환으로 영상 입력장치에 의한
입력영상의 단순한 왜곡 등은 컴퓨터에 입력한 후 부등각상사변환을 행함으로써 수정할 수 있다.

66 래스터자료포맷방법 중 각 열(column)에 대한 픽셀자료를 밴드별로 저장하는 방식은?

① BIL(Band Interleaved by Line)　　② BSQ(Band SeQuential)
③ BSI(British Standards Institute)　　④ BIP(Band Interleaved by Pixel)

 1. BSQ(Band SeQuential) : BSQ는 한 번에 한 밴드의 영상을 저장하는 방식
2. BIP(Band Inerleaved by Pixel) : BIP는 각 열(column)에 대한 픽셀자료를 밴드별로 저장
3. BIL(Band Inerleaved by Line) : BIL는 각 행(row)에 대한 픽셀자료를 밴드별로 저장

67 다음 중 영상자료의 저장형식이 아닌 것은?

① BIL(Band Interleaved by Line)　　② BSQ(Band SeQuential)
③ BSI(British Standards Institute)　　④ BIP(Band Interleaved by Pixel)

 1. BSQ(Band SeQuential) : BSQ는 한 번에 한 밴드의 영상을 저장하는 방식
2. BIP(Band Inerleaved by Pixel) : BIP는 각 열(column)에 대한 픽셀자료를 밴드별로 저장
3. BIL(Band Inerleaved by Line) : BIL는 각 행(row)에 대한 픽셀자료를 밴드별로 저장

68 래스터자료포맷방법 중 각 행(row)에 대한 픽셀자료를 밴드별로 저장하는 방식은?

① BIL(Band Interleaved by Line)　　② BSQ(Band SeQuential)
③ BSI(British Standards Institute)　　④ BIP(Band Interleaved by Pixel)

 래스터자료포맷방법

자료포맷방법	특 징
BSQ(Band SeQuential)	한 번에 한 밴드의 영상을 저장하는 방식
BIP(Band Inerleaved by Pixel)	각 열(column)에 대한 픽셀자료를 밴드별로 저장
BIL(Band Inerleaved by Line)	각 행(row)에 대한 픽셀자료를 밴드별로 저장

[BSQ방식]

열 1~n
밴드 1
밴드 2
밴드 3
행 1~n

[BIL방식]

열 1~n 열 1~n 열 1~n

밴드 1	밴드 2	밴드 3
밴드 1	밴드 2	밴드 3
밴드 1	밴드 2	밴드 3

[BIP방식]

픽셀 (1, 1)　픽셀 (1, 2)　　　픽셀 (1, n)

b1	b2	b3	b1	b2	b3		b1	b2	b3
b1	b2	b3	b1	b2	b3		b1	b2	b3

행 1~n

정답　66. ④　67. ③　68. ①

69 어떤 개체의 경계선을 그 시작점에서부터 동서남북방향으로 4방 혹은 8방으로 순차진행하는 단위벡터를 사용하여 표현하는 방법은?

① 사지수형기법
② 블록코드기법
③ 체인코드기법
④ run-length코드기법

해설 압축방법(저장구조)

저장구조(압축방법)	내 용
행렬기법	각 행과 열의 쌍에 하나의 값을 저장하는 방식이다.
run-length 코드기법	런이란 하나의 행에서 동일한 속성값을 갖는 셀을 의미하며, 각 행마다 왼쪽에서 오른쪽으로 진행하면서 동일한 수치를 갖는 셀들을 묶어 압축시키는 방법이다.
체인코드기법	대상지역에 해당하는 격자들의 연속적인 연결상태를 파악하여 동일한 지역의 정보를 제공하는 방법으로, 자료의 시작점에서 동서남북으로 방향을 이동하는 단위거리를 통해서 표현하는 기법이다.
블록코드기법	Run-length코드기법에 기반을 둔 것으로 2차원 정방형 블록으로 분할하여 객체에 대한 데이터를 구축하는 방법이다. 이때의 자료구조는 원점으로부터의 좌표(X, Y) 및 정사각형의 한 변의 길이로 구성되는 세 개의 숫자만으로 표시가 가능하다.
사지수형기법	크기가 다른 정사각형을 이용하는 방법으로, 하나의 속성값이 존재할 때까지 반복하는 방법으로 자료의 압축이 좋다.
R-tree기법	B-트리의 2차원 확장인 R-트리는 사각형과 기타 다각형을 인덱싱하는 데 유용하다.

70 래스터(또는 그리드)저장기법 중 셀 값을 개별적으로 저장하는 대신 각각의 변 진행에 대하여 속성값, 위치, 길이를 한 번씩만 저장하는 방법은?

① 사지수형기법
② 블록코드기법
③ 체인코드기법
④ run-length코드기법

해설 run-length코드기법에서 런(run)이란 하나의 행에서 동일한 속성값을 갖는 셀들을 의미하며, 셀 값을 개별적으로 저장하는 대신 각각의 런(run)에 대하여 속성값, 위치, 길이를 한 번씩만 저장하는 방식이다.

1	1	1	2	2	(3, 1)(2, 2)
1	2	2	2	2	(1, 1)(4, 2)
1	2	2	3	4	(1, 1)(2, 2)(3, 1)(4, 1)
1	2	4	4	4	(1, 1)(2, 1)(4, 3)
1	2	4	4	4	(1, 1)(2, 1)(4, 4)

[run-length코드기법]

71 다음 중 격자형 자료(래스터자료)의 압축방법이 아닌 것은?

① 사슬부호(chain code)
② 연속분할부호(run-length code)
③ 블록부호(block code)
④ 포인트부호(point code)

저장구조(압축방법)	내 용
행렬기법	각 행과 열의 쌍에 하나의 값을 저장하는 방식이다.
run – length 코드기법	런이란 하나의 행에서 동일한 속성값을 갖는 셀을 의미하며, 각 행마다 왼쪽에서 오른쪽으로 진행하면서 동일한 수치를 갖는 셀들을 묶어 압축시키는 방법이다.
체인코드기법	대상지역에 해당하는 격자들의 연속적인 연결상태를 파악하여 동일한 지역의 정보를 제공하는 방법으로, 자료의 시작점에서 동서남북으로 방향을 이동하는 단위거리를 통해서 표현하는 기법이다.
블록코드기법	Run-length코드기법에 기반을 둔 것으로 2차원 정방형 블록으로 분할하여 객체에 대한 데이터를 구축하는 방법이다. 이때의 자료구조는 원점으로부터의 좌표(X, Y) 및 정사각형의 한 변의 길이로 구성되는 세 개의 숫자만으로 표시가 가능하다.
사지수형기법	크기가 다른 정사각형을 이용하는 방법으로, 하나의 속성값이 존재할 때까지 반복하는 방법으로 자료의 압축이 좋다.
R – tree기법	B – 트리의 2차원 확장인 R – 트리는 사각형과 기타 다각형을 인덱싱하는 데 유용하다.

72 다음 중 래스터자료의 압축방법이 아닌 것은?

① 체인코드
② 런랭스코드
③ 블록코드
④ 포인트코드

73 래스터자료의 압축방법 중 크기가 다른 정사각형을 이용하는 방법으로 하나의 속성값이 존재할 때까지 반복하는 방법으로 자료의 압축이 좋은 장점을 가진 압축방법은?

① 사슬부호(chain code)
② 연속분할부호(run-length code)
③ 블록부호(block code)
④ 사지수형기법

 사지수형기법이란 래스터자료의 압축방법 중 크기가 다른 정사각형을 이용하는 방법으로, 하나의 속성값이 존재할 때까지 반복하는 방법으로 자료의 압축이 좋은 장점을 가진 압축방법이다.

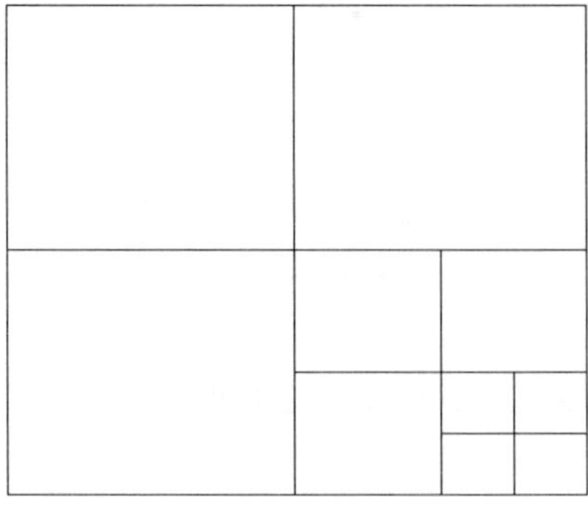

[사지수형기법]

74 대상지역에 해당하는 격자들의 연속적인 연결상태를 파악하여 동일한 지역의 정보를 제공하는 방법으로 자료의 시작점에서 동서남북으로 방향을 이동하는 단위거리를 통해서 표현하는 기법은?

① chain code ② block code
③ structure code ④ run-length code

해설 체인코드기법(0, 3^3, 2^2, 1^1, 2^1, 1^2)

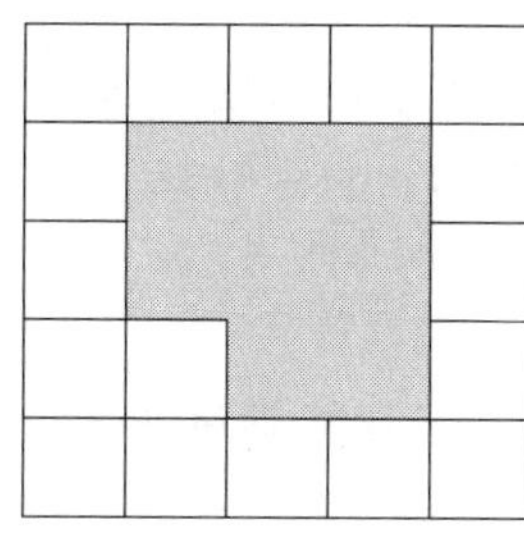 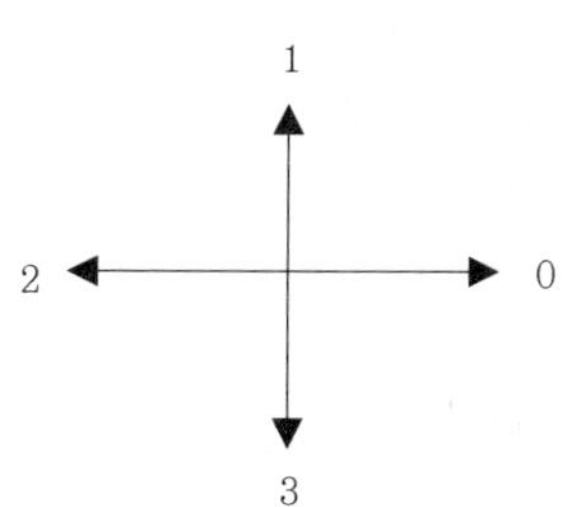

75 GIS데이터의 구조 중에서 벡터파일형식으로 옳지 않은 것은?

① Coverage파일 ② TIGER파일
③ RLE파일 ④ DLG파일

해설 1. 벡터파일형식 : Shape, Coverage, CAD, DLG, VPF, TIGER
2. 래스터파일형식 : TIFF, GeoTIFF, BMP, JPG, PNG, GIF, DEM

76 래스터데이터(raster data)의 파일형식에 해당하지 않는 것은?

① DXF ② TIFF
③ GIF ④ JPEG

해설 벡터파일형식

파일형식	특 징
Shape파일형식	ESRI사의 ArcView에서 사용되는 자료형식
Coverage파일형식	ESRI사의 Arc/Info에서 사용되는 자료형식
CAD파일형식	Autodesk사의 AutoCAD 소프트웨어에서는 DWG와 DXF 등의 파일형식
DLG파일형식	Digital Line Graph의 약자로 U.S. Geological Survey에서 지도학적 정보를 표현하기 위해 고안한 디지털벡터파일형식
VPF파일형식	Vector Product Format의 약자로서 미국방성의 NIMA(National Imagery and Mapping Agency)에서 개발한 군사적 목적의 벡터형 파일형식
TIGER파일형식	Topologically Integrated Geographic Encoding and Referencing System의 약자로서 U.S. Census Bureau에서 인구조사를 위해 개발한 벡터형 파일형식

77 공간분석에 대한 설명으로 옳지 않은 것은?

① 연결성분석 : 위치이동에 따른 거리 및 인접범위를 측정하는 것

② 타일링 : 전체 대상지역을 작은 단위면적으로 분할하는 것

③ 일반화 : 서로 다른 레이어 간에 존재하는 동일한 객체의 크기와 형태가 동일하게 되도록 보정하는 것

④ 내삽 : 이미 속성값을 알고 있는 일정 지역 내에서 특정 지점의 속성값을 알기 위하여 사용되는 것

해설 1. **동형화** : 서로 다른 레이어 간에 존재하는 동일한 객체의 크기와 형태가 동일하게 되도록 보정하는 것

2. **일반화** : 지도에서 동일 특성을 갖는 지역의 결합을 의미하는 것으로서, 일정 기준에 의하여 유사한 분류명을 갖는 폴리곤끼리 합침으로써 분류의 정도를 낮추는 것

78 GIS공간분석에서 서로 다른 레이어에 존재하는 동일한 객체의 위치오차를 보정하는 기법은?

① 경계정합(Edge matching)

② 타일링(Tiling)

③ 동형화(Conflation)

④ 좌표삭감(Coordinate thinning)

해설 동형화는 서로 다른 레이어에 존재하는 동일한 객체의 크기와 형태를 동일하게 하여 위치오차를 보정하는 기법이다.

79 공간분석기법 중 적지 선정에 주로 사용되는 기법은?

① 중첩분석　　　　　　　　　　　② buffer분석
③ 망분석　　　　　　　　　　　　④ 3차원 분석

해설 공간분석기법
1. 중첩분석 → 적지 선정
2. buffer분석 → 인접지역분석
3. 망분석 → 최단경로분석, 상하수도관망분석
4. 3차원 분석 → 방향, 경사도분석, 3차원 입체지형 생성

80 공간분석기법 중 인접지역분석에 사용되는 기법은?

① 중첩분석　　　　　　　　　　　② buffer분석
③ 망분석　　　　　　　　　　　　④ 3차원 분석

해설 공간분석기법
1. 중첩분석 → 적지 선정
2. buffer분석 → 인접지역분석
3. 망분석 → 최단경로분석, 상하수도관망분석
4. 3차원 분석 → 방향, 경사도분석, 3차원 입체지형 생성

81 격자방식에 비해 비교적 적은 지점의 표고자료를 삼각형 형태로 연결하여 지표면표현과 3차원 모델링에 이용되는 자료는?

① Triangular Irregular Network

② Triangular Information Network

③ Terrain Information Network

④ Terrain Interface Network

해설 TIN(Triangular Irregular Network)

1. 연속적인 표면을 표현하기 위한 방법의 하나로서 표본추출된 표고점들을 선택적으로 연결하여 형성된 크기와 모양이 정해지지 않고 서로 겹치지 않는 삼각형으로 이루어진 그물망의 모양으로 표현하는 것을 비정규삼각망이라 한다.

2. 지형의 특성을 고려하여 불규칙적으로 표본지점을 추출하기 때문에 경사가 급한 곳은 작은 삼각형이 많이 모여 있는 모양으로 나타난다.

3. 격자형 수치표고모델과는 달리 추출된 표본지점들은 x, y, z값을 가지고 있고 벡터데이터 모델로 위상구조를 가지고 있다.

4. 각 면의 경사도나 경사의 방향이 쉽게 구해지며 복잡한 지형을 표현하는 데 매우 효과적이다.

5. TIN을 활용하여 방향, 경사도분석, 3차원 입체지형생성 등 다양한 분석을 수행할 수 있다.

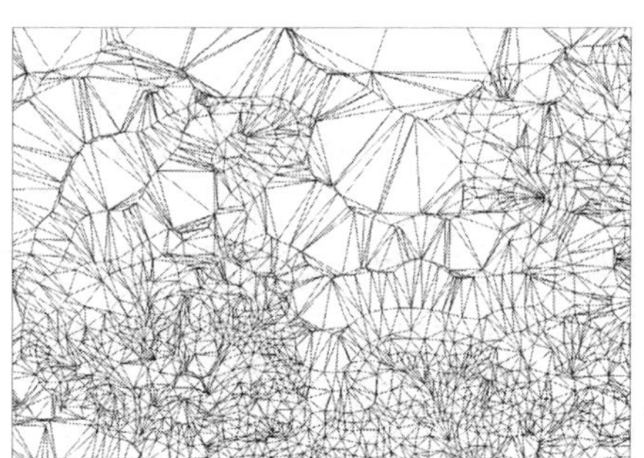

[불규칙삼각망(TIN)]

82 자료의 분석기법에 대한 설명으로 옳은 것은?

① Extrapolation : 인공위성영상자료의 오차를 제거하고 지도좌표계와 일치시키는 기법

② Contour generation : 같은 표고를 지닌 점들을 연결하여 지형을 나타내는 기법

③ Specification : 기본이 되는 패턴을 보다 확실하게 인식하기 위하여 분류계층의 수를 줄이는 기법

④ Edge matching : 표본추출영역에서 주변의 데이터값을 토대로 특정 지점값을 추정하는 기법

해설 ① 기하보정 : 인공위성영상자료의 오차를 제거하고 지도좌표계와 일치시키는 기법

③ 일반화 : 기본이 되는 패턴을 보다 확실하게 인식하기 위하여 분류계층의 수를 줄이는 기법

④ Extrapolation : 표본추출영역에서 주변의 데이터값을 토대로 특정 지점값을 추정하는 기법

83 적지 선정 등에 이용할 수 있는 분석방법으로 서로 다른 두 개의 주제도를 결합하거나 공통의 공간영역을 하나의 결과물로 도출하는 분석방법은?

① spaghetti분석　　　　　　　　② Fillet분석
③ Tin분석　　　　　　　　　　　④ Overlay분석

해설 각각의 자료집단이 주어진 기본도를 기초로 좌표계의 통일이 되면 둘 또는 그 이상의 자료관측에 대하여 분석될 수 있으며, 이 기법을 중첩(overlay)이라 한다. 주로 적지 선정에 이용된다.

84 다음 중 공간분석에 대한 설명으로 틀린 것은?

① 중첩분석은 각각의 자료집단이 주어진 기본도를 기초로 좌표계의 통일이 되면 둘 또는 그 이상의 자료관측에 대하여 분석될 수 있으며, 이 기법은 주로 적지 선정에 이용된다.
② TIN은 방향, 경사도분석, 3차원 입체지형생성 등 다양한 분석을 수행할 수 있다.
③ 보간은 주변부의 이미 관측되어진 값으로부터 추출되지 않은 점에 대한 속성값을 예측하는 작업이다.
④ 네트워크분석은 특정 공간데이터를 중심으로 특정 길이만큼의 영역을 설정하는 것으로, 선택한 공간데이터의 둘레 또는 특정한 거리에 무엇이 있는가를 분석하는 것으로 인접지역분석에 이용된다.

해설 버퍼분석은 특정 공간데이터를 중심으로 특정 길이만큼의 영역을 설정하는 것으로, 선택한 공간데이터의 둘레 또는 특정한 거리에 무엇이 있는가를 분석하는 것으로 인접지역분석에 이용된다.

85 다음 중 지형자료에 대한 공간분석방법의 연결로 옳은 것은?

① 점(點) – 최근린방법, 쿼드런트방법
② 선(線) – 형상관측, 공간적 상호작용
③ 면(面) – 쿼드런트방법, 공간적 자동상관관계
④ 선(線) – 최근린방법, 망분석과 도표이론방법

해설 1. 선 : 망분석, 도표이론방법, 프랙털차원, 형상관측
2. 면 : 공간적 자동상관관계, 공간적 상호작용
3. 점 : 최근린방법, 쿼드런트방법

86 다음 중 점표면양식을 관측하는 방법으로 한 영역 내의 밀도나 면적 내에 존재하는 점의 수를 관측하는 방법은?

① 사각형(quadrat)
② 최근린방법
③ 도표이론방법
④ 형상관측방법

해설 사각형 방법(quadrat method)은 쿼드런트방법, 사분법이라고도 하며, 대상영역의 하부면적에 존재하는 점의 변이를 분석하는 방법이다.

87 다음 중 점형태의 자료에 대한 공간분석에 사용되는 방법은?

① 형상관측　　　　　　　　　　② 프랙털 차원해석
③ 최근린방법　　　　　　　　　④ 공간적 자동상관관계

해설 최근린방법(nearest neighbor method)
점 사이의 물리적 거리를 관측하는 방법으로, DTM자료의 자료기반 구축에서 임의로 분포된 실측자료점을 이용하여 격자형 자료를 생성하거나 인공위성영상의 기준점(GCP)자료를 이용하여 영상소를 재배열할 경우에는 최근린보간법, 중선형보간법, 3차 곡선보간법 등이 널리 이용된다.

88 지적분야에서 활용될 수 있는 지리정보시스템의 벡터데이터 분석기법이 아닌 것은?

① Spectrum분석　　　　　　　② Overlay분석
③ Buffer분석　　　　　　　　　④ Network분석

해설 벡터데이터의 분석기법
1. 중첩(Overlay)분석
   각각의 자료집단이 주어진 기본도를 기초로 좌표계의 통일이 되면 둘 또는 그 이상의 자료관측에 대하여 분석될 수 있으며, 이 기법을 중첩 또는 합성이라 한다. 주로 적지 선정에 이용된다.
2. 버퍼(Buffer)분석
   특정 공간데이터를 중심으로 특정 길이만큼의 버퍼영역을 설정하는 것으로, 선택한 공간데이터의 둘레 또는 특정한 거리에 무엇이 있는가를 분석하는 것으로 인접지역분석에 이용된다.
3. 망(Network)분석
   네트워크의 기능은 목적물 간의 교통안내나 최단경로분석, 상하수도관망분석 등 다양한 분석기능을 수행할 수 있다.

89 3차원 지적분야에서 활용도가 높은 3차원 표면자료가 아닌 것은?

① Digital Terrain Model　　　　② Digital Elevation Model
③ Digital Surface Model　　　　④ Digital Network Model

해설
1. Digital Terrain Model : 적당한 밀도로 분포하는 지점들의 위치 및 표고의 수치값을 자기테이프에 기록하고 그 수치값을 이용하여 지형을 수치적으로 근사하게 표현하는 모형이다.
2. Digital Elevation Model : 지표면의 연속적인 기복변화를 수치화한 것을 말한다.
3. Digital Surface Model : 식생과 같은 자연물이나 건물, 교량과 같은 인공물을 포함하는 최고높이를 표현하는 기법이다.

90 공간분석기법과 적용분야가 바르게 연결되지 않은 것은?

① 중첩분석 – 적지 선정　　　　② 버퍼분석 – 인접지역분석
③ 불규칙삼각망분석 – 상수도관망분석　　④ 네트워크분석 – 최단경로분석

해설 불규칙삼각망(TIN)데이터 분석
1. 연속적인 표면을 표현하기 위한 방법의 하나로서 표본추출된 표고점들을 선택적으로 연결하여 형성된 크기와 모양이 정해지지 않고 서로 겹치지 않는 삼각형으로 이루어진 그물망의 모양으로 표현하는 것을 비정규삼각망이라 한다.

2. 지형의 특성을 고려하여 불규칙적으로 표본지점을 추출하기 때문에 경사가 급한 곳은 작은 삼각형이 많이 모여 있는 모양으로 나타난다.

3. 격자형 수치표고모델과는 달리 추출된 표본지점들은 x, y, z값을 가지고 있고 벡터데이터 모델로 위상구조를 가지고 있다.

4. 각 면의 경사도나 경사의 방향이 쉽게 구해지며 복잡한 지형을 표현하는 데 매우 효과적이다.

5. TIN을 활용하여 방향, 경사도 분석, 3차원 입체지형생성 등 다양한 분석을 수행할 수 있다.

91 공간보간법 중 내삽법(Interpolation)에 대한 설명으로 옳지 않은 것은?

① 내삽법은 임의의 속성값을 추정할 때 추정대상지점 주위의 속성값을 이용한다.

② 내삽법은 선택적이거나 무작위로 표본화된 표고점들로부터 수치표고모델을 생성하기 위해 사용된다.

③ 크리깅은 전역적 내삽방법(Global interpolation)이다.

④ IDW는 거리의 역수를 가중치로 하여 내삽하는 방법이다.

 공간보간법

구하고자 하는 지점의 높이값을 관측을 통해 얻어진 주변지점의 관측값으로부터 보간함수를 적용하여 추정하는 것으로, 쉽게 말하면 실측되지 않은 지점의 값을 합리적으로 어림짐작하는 계산법이라고 할 수 있다.

1. **전역적 보간법**

   모든 기준점을 하나의 연속함수로 표현하는 방법이다.

   ① 경향면분석 : 다항식으로 원래의 데이터의 변수를 이용하여 표면의 경향을 분석

   ② 푸리에급수법 : 표면의 전체적인 특징을 묘사하는 데 사용

2. **국지적 보간법**

   대상지역 전체를 작은 도면이나 한 구획으로 분할하여 각각의 세분화된 구획별로 부합되는 함수를 산출하는 방법이다.

   ① 크리깅(Kriging)보간법 : 크리깅은 관심 있는 지점에서 특성치를 알기 위해 이미 그 값을 알고 있는 주위의 값들의 선형조합으로 그 값을 예측하는 지구통계학적 기법이다. 이 방법은 Danny Krige가 지구통계학적 기법을 금 광산에 적용하여 이미 알려진 광맥의 공간적 정보를 이용하여 새로운 광맥을 찾기 위해 사용하면서 그의 이름을 따서 크리깅이라 불리게 되었다.

   ② 스플라인(Spline)보간법 : 스플라인은 전체 표면굴곡을 최소화하여 결과적으로 부드럽게 만드는 수학공식을 사용한 보간법이다. 개념적으로 스플라인은 일련의 점을 통하여 고무판을 구부리는 것과 같다. 이것은 각각의 위치에서 값을 결정하는 인근 입력점의 영향을 정하는 수학공식을 사용한다. 표면을 더 조밀하게 나타내기 위해 입력점을 적용시키거나 더 부드럽게 할 경우 이용되는 매개변수와 스플라인의 유형은 다양하다.

   ③ 역거리가중치 : 관측점과 보간대상점과의 거리의 역수를 가중치로 하여 보간하는 방식이다. 따라서 거리가 가까울수록 자중치의 상대적인 영향이 크며 거리가 멀어질수록 상대적인 영향은 적어진다.

92 래스터자료의 각 격자별 속성값에 대하여 격자별로 수학적 연산을 수행하는 방법은?

① Map projection ② Map algebra
③ Map join ④ Mosaic

 Map algebra은 래스터자료의 각 격자별 속성값에 대하여 격자별로 수학적 연산을 수행하는 방법이다.

정답 91. ③ 92. ②

데이터베이스

01 용어의 정의

1) 데이터웨어하우스

의사결정지원시스템이 효율적으로 운영되기 위해 다양한 소스의 데이터를 별도로 추출하여 관리하는 것

2) 데이터마이닝

① 대규모로 저장된 데이터 안에서 체계적이고 자동적으로 통계적 규칙이나 패턴을 찾아내는 것
② 연관규칙, 분류, 순차패턴, 신경망모델, 회귀, 특이점분석 등

3) 데이터마트

특정 사용자가 관심을 갖는 데이터들을 담은 비교적 작은 규모의 데이터웨어하우스

4) 데이터베이스

(1) 정의
① 통합된 데이터(integrated data)
② 저장된 데이터(stored data)
③ 운영 데이터(operational data)
④ 공용 데이터(shared data)

(2) 특성
① 실시간 접근성(real time accessibility)
② 내용에 의한 참조(content reference)
③ 동시 공유(concurrent sharing)
④ 계속적 변화(continuous evolution)

(3) 구성요소
① 개체(entity) : 하나 이상의 속성으로 구성
② 속성(attribute) : 가장 작은 논리적 단위
③ 관계(relationship) : 1 : 1, 1 : n, n : 1, m : n

5) DBMS

(1) 정의

데이터베이스관리시스템(DBMS : Database Management System)이란 데이터베이스에서 데이터 조작, 저장, 검색, 보안 및 통합을 제어하는 프로그램

(2) 필수기능

① 정의기능 : 논리적 구조 및 물리적 구조명세
② 조작기능 : 사용자와 DB 사이의 인터페이스
③ 제어기능 : 무결성 유지, 보안, 병행제어, 회복기능 수행

6) ODBC

윈도우즈 응용프로그램에서 다양한 DBMS에 접근하여 사용할 수 있도록 개발한 표준 개방형 응용프로그램 인터페이스규격

7) 무결성(integrity)

(1) 정의

데이터베이스 내에 지정되는 데이터값들이 항상 일관성을 갖고 데이터의 유효성, 정확성, 안정성을 유지할 수 있도록 하는 제약조건을 두는 데이터베이스의 특성

(2) 종류

① 키 무결성(key integrity) : 하나의 릴레이션에는 적어도 하나의 키가 존재
② 널 무결성(null integrity) : 속성이 NULL값을 가질 수 없음
③ 개체무결성(entity integrity) : 한 릴레이션의 기본키를 구성하는 어떠한 속성값도 NULL값이나 중복값을 가질 수 없음
④ 참조무결성(reference integrity) : 참조할 수 없는 외래키값을 가질 수 없음
⑤ 영역무결성(domain integrity) : 속성값들은 정해진 범위 내에 있어야 함(예 성별은 남, 여만 입력 가능)

기출문제

[2023년 기출]

관계형 데이터베이스의 참조무결성 제약조건에 대한 설명으로 옳은 것은?

① 투플(tuple) 내의 속성은 정의된 도메인(domain)의 범위를 벗어나는 값을 가질 수 있다는 조건이다.
② 기본키는 중복된 값을 가질 수 있다는 조건이다.
③ 기본키는 널(null)값을 가질 수 있다는 조건이다.
④ 두 릴레이션 간에 연관된 투플들 사이의 일관성을 유지하기 위해 외래키가 충족해야 하는 조건이다.

답 ④

---

8) 스키마(schema)

(1) 정의
① 데이터베이스의 전체적인 구조와 제약조건에 대한 명세를 기술한 것
② 스키마는 컴파일되어 데이터 사전(data dictionary＝시스템 카탈로그＝메타 데이터)에 저장됨

(2) 스키마의 3계층
① 외부스키마(서브스키마＝사용자 뷰(가상테이블))
② 개념스키마(전체적인 뷰)
③ 내부스키마(물리적 저장장치 관점)

9) 데이터베이스 언어

(1) SQL(Structured Query Language, 질의어)
① DDL : CREATE, ALTER, DROP
② DML : SELECT, UPDATE, INSERT, DELETE
③ DCL : COMMIT(연산작업 실행결과 저장), ROLLBACK(연산작업 실행 이전으로 복구), GRANT(사용자에게 해당 객체에 대한 특정 사용권한을 부여), REVOKE(특정 권한해제)

(2) NoSQL
빅데이터와 실시간 웹 응용에 많이 사용되며 비정형 데이터, 비관계형 데이터 처리에 사용

(3) 내장(embedded)SQL
PASCAL, FORTRAN, C, C＋＋, JAVA와 같은 호스트프로그래밍언어에 삽입시켜 사용할 수도 있는 것

(4) SQL 삽입(SQL injection, SQL 인젝션, SQL 주입)
응용프로그램 보안상의 허점을 의도적으로 이용해 악의적인 SQL문을 실행되게 함으로써 데이터베이스를 비정상적으로 조작하는 코드인젝션공격방법

10) 데이터베이스 사용자
① 일반 사용자 : 질의어
② 응용프로그래머 : DML/응용프로그램
③ DBA : DDL/DCL

11) 데이터베이스 설계순서
① 요구조건분석 : 요구조건명세서
② 개념적 설계 : ER다이어그램
③ 논리적 설계 : 정규화과정, 논리스키마(테이블, 트리, 그래프)

④ 물리적 설계 : 물리스키마(인덱스, 클러스터링)

⑤ 구현 : DB 구현

12) 데이터 모델

(1) 정의

① 현실 세계를 데이터베이스에 표현하는 중간과정, 즉 데이터베이스 설계과정에서 데이터의 구조 표현하기

② 구성요소 : 데이터 구조, 연산, 제약조건

(2) 관계데이터 모델(relational data model)

① 개체집합에 대한 속성관계를 표현하기 위해 개체를 릴레이션, 즉 테이블로 사용하고 개체집합들 사이의 관계를 공통 속성으로 연결하는 독립된 형태의 데이터 모델

② 기본키, 외래키로 표현

③ n : m관계 표현 가능

(3) 계층데이터 모델(hierarchical data model)

① 데이터베이스의 논리적 구조표현을 트리(tree)형태로 표현한 데이터 모델

② n : m관계 표현 불가능

③ 1 : n관계로 표현 가능

(4) 네트워크데이터 모델

① 데이터베이스의 논리적 구조표현을 그래프(graph)형태로 표현한 데이터 모델

② n : m관계 표현 불가능

③ 1 : n관계로 표현 가능

(5) 객체지향 데이터베이스

기존의 관계형 데이터베이스로부터 새로운 요구사항으로 탄생하게 되었으며 사용자정의 데이터, 멀티미디어 데이터 등에 대한 저장관리 필요, 즉 C++, Java와 같은 객체지향기술을 데이터베이스에 접목

(6) 객체관계형 데이터베이스

관계형 모델을 기반으로 객체지향적으로 구현

13) 릴레이션

① 릴레이션 : 테이블의 수학적 용어

② 릴레이션 스키마 : 속성으로 구성(정적)(예 이름, 학번)

③ 릴레이션 인스턴스 : 실질적인 내용(동적)(예 홍길동, 20021010)

④ 튜플 : 테이블의 행(row), 레코드

⑤ 카디널리티 : 튜플의 수

⑥ 속성 : 개체가 가지는 특성이나 상태, 테이블의 열(column)

⑦ 차수 : 속성의 수

⑧ 도메인 : 하나의 속성이 취할 수 있는 같은 타입의 원자값들의 집합

⑨ 정규화 릴레이션 : 모든 속성이 '원자값'으로만 구성된 릴레이션

14) 키

① 기본키(primary key) : 후보키 중에서 대표로 지정된 키, 개체무결성 유지, 중복값 불가, null 불가

② 외래키(foreign key) : 참조하는 릴레이션의 기본키, 참조무결성 유지

15) 이상(anomaly)

데이터의 중복으로 인하여 사용자의 의도와 다르게 데이터가 삽입(삽입이상), 삭제(삭제이상), 갱신(갱신이상)되는 현상

16) 정규화(normalization)

개체들에 존재하는 데이터 속성의 중복을 최소화하여 일치성을 보장하며 데이터 모델을 단순하게 구성하는 과정

17) 뷰(view)

① 데이터베이스 내에 존재하는 하나 이상의 테이블로부터 유도된 가상의 테이블

② 데이터의 논리적 독립성을 제공하고 데이터 접근제어로 보안성을 향상하며 여러 사용자의 요구를 지원함

18) 커서(cursor)

① DECLARE : 커서의 이름을 정의하는 선언을 하는 명령어

② OPEN : 커서가 첫 번째 레코드를 가리키도록 설정하는 명령어

③ FETCH : 다음 레코드로 커서를 이동시키는 명령어

④ CLOSE : 질의실행결과에 대한 처리종료 시 커서를 닫기 위해 사용하는 명령어

19) 트리거(trigger)

특정 테이블에 있는 데이터가 수정될 때 연결된 데이터까지도 자동실행되는 "stored procedure"임

20) 트랜잭션

(1) 정의

여러 개의 연산이 하나의 논리적 기능을 수행하기 위한 작업단위

(2) 트랜잭션의 ACID

① 원자성(Atomicity)

② 일관성(Consistency)

③ 격리성(Isolation)

④ 영속성(Durability)

(3) 트랜잭션의 연산

① Commit(완료)

② Rollback(복귀)

21) 회복

① 로그(log) : 이전값과 이후값을 별도로 기록하는 파일

② 덤프(dump) : 주기적으로 데이터베이스 전체를 저장장치에 복제하는 기법

③ 장애 발생 시 회복기법

　㉠ Redo : 트랜잭션 실행이 성공적으로 완료되었으나 commit연산을 실행하지 않아 디스크에 반영되지 않았을 경우

　㉡ Undo : 트랜잭션 실행이 성공적으로 완료되지 않았을 때 로그를 이용하여 이전값으로 되돌림(모든 변경을 취소시킴)

22) 로킹(locking)

데이터베이스 관리에서 하나의 트랜잭션이나 세션에 사용되는 데이터를 다른 트랜잭션이나 세션은 접근하지 못하게 하는 것

23) 인덱스(index)

검색을 빠르게 하기 위해 만든 보조적인 자료구조

24) OLAP(온라인분석처리)

① 최종 사용자가 다차원 정보에 직접 접근하여 대화식으로 정보를 분석하고 결정을 활용하는 과정으로 대규모의 복잡한 데이터를 동적으로 온라인에서의 분석을 지원하는 도구 또는 작업

② 종류 : ROLAP, MOLAP, HOLAP

25) OLTP(온라인트랜잭션처리)

터미널의 메시지에 따라 호스트가 데이터베이스 검색 등의 처리를 수행하고, 그 결과를 터미널에 되돌려 보내주는 처리형태

26) 빅데이터

(1) 정의

① 기존의 데이터베이스 관리도구의 데이터 수집·저장·분석의 역량을 넘어서는 대량의 정형 또는 비정형 데이터 및 이러한 데이터로부터 가치를 추출하고 결과를 분석하는 기술

② 과거에 비해 데이터양이 폭증했다는 것과 수집할 수 있는 데이터의 종류가 다양해져 사람들의 행동은 물론, 위치정보와 SNS을 통해 생각과 의견까지 분석하고 예측

(2) 빅데이터 3V

① Volume(양, 용량)

② Variety(다양성)

③ Velocity(속도)

[2023년 기출]

빅데이터의 속성인 3V에 해당하지 않는 것은?

① 규모(Volume)　　　　② 다양성(Variety)

③ 속도(Velocity)　　　　④ 타당성(Validity)

답 ④

27) 자료크기

① 비트(bit) : 정보표현의 최소단위, 2진수(0 또는1), binary digit의 약자

② 니블(nibble) : 4개의 비트가 모여 1개의 니블을 구성, 16진수 1자리 표현

③ 바이트(byte) : 문자표현 최소단위, 8개의 bit로 구성

④ 워드(word) : CPU에서 데이터 버스의 폭에 따른 한꺼번에 처리하는 단위(half word : 2바이트, full word : 4바이트, double word : 8바이트)

⑤ 필드(field) : 파일구성의 최소단위, 아이템(item) 또는 항목이라고 함, 데이터베이스에서 열을 나타냄

⑥ 레코드(record) : 프로그램에서 처리하는 자료의 기본단위, 필드의 집합

⑦ 파일(file) : 레코드의 집합

⑧ 데이터베이스(database) : 파일의 집합

28) 스택과 큐

(1) 스택(stack)

① 자료구조의 하나로서 자료의 삽입과 삭제가 한쪽 끝에서만 일어나는 선형목록

② 톱(top) : 자료의 삽입, 삭제가 일어나는 곳

③ 푸시(push) : 자료를 스택에 넣는 것

④ 팝(pop) : 스택에서 자료를 꺼내는 것

⑤ 후입선출(LIFO : Last In First Out) : 스택에서는 나중에 들어간 자료가 먼저 꺼냄

(2) 큐(queue)

① 선입선출(FIFO : First In First Out) : 큐에서는 먼저 들어간 자료가 먼저 꺼냄

② 프로세스처리, CPU관리에서 많이 사용

29) 파일처리시스템의 문제점

① 데이터 종속성(data dependency) : 응용프로그램과 데이터 간의 상호 의존관계, 독립성 결여

② 데이터 중복성(data redundancy) : 한 시스템 내에 같은 데이터가 중복되어 저장관리되는 것

30) 데이터 Type

① 정수 : int

② 불린 : bool(0, 1)

③ 문자 : char(1byte)

④ 실수 : float(4byte), double(8byte)

⑤ 문자열 : string

31) 사이트주소체계

예 www.cwd.go.kr (청와대)
　　　① 　② ③ ④

① 서버의 종류

② 3단계 : 기관의 이름

③ 2단계 : 기관의 성격(go, or, ac, co, re, pe 등)

④ 1단계 : 국가명(kr, jp, cn, us 등)

32) 저장장치

① 레지스터 : 중앙처리장치 내부에 존재하는 기억장치로서 접근시간이 중앙처리장치의 처리 속도와 비슷

② 캐시메모리 : 중앙처리장치가 주기억장치에 접근할 때 속도차이를 줄이기 위해 사용되며 실행 중인 프로그램의 명령어와 데이터를 저장, 기억용량은 작지만 접근시간이 주기억장치보다 5~10배 정도 빠름

③ 주기억장치 : 중앙처리장치가 직접 데이터를 읽고 쓸 수 있는 장치, RAM

④ 보조기억장치 : 주기억장치에 비해 접근시간은 느리지만 기억용량이 크며 접근시간은 주기억장치보다 약 1,000배 정도 느림(하드디스크, 플래시메모리 등)

33) 인트라넷(intranet)

인터넷 프로토콜을 쓰는 폐쇄적 근거리 통신망으로 인터넷을 조직 내 네트워크로 활용하는 것을 말하며 근거리 통신망(LAN)을 기반으로 데이터 저장장치인 서버를 연결하고 PC에 설치된 인터넷검색프로그램을 통해 업무를 처리할 수 있게 하며 방화벽을 설치하여 외부로부터의 접근을 막거나 제한하여 보안 유지

34) 증강현실(AR : Agmented Rality)

가상현실(VR)의 한 분야로 실제 환경에 가상사물이나 정보를 합성하여 원래의 환경에 존재하는 사물처럼 보이도록 하는 컴퓨터그래픽기법

35) 드론

벌이 윙윙거리는 소리를 따 만들어진 드론(drone)은 무인항공기체계(UAV : Unmanned Aerial Vehicle System)라고 불리기도 함

36) 클라우드

① 고유한 기능을 가진 서버의 글로벌네트워크를 설명하는 데 사용되는 용어
② 실제 엔티티(entity)가 아니지만 함께 연결되어 하나의 에코시스템으로 작동하게 되어있는 전 세계에 분산된 원격서버의 광대한 네트워크
③ 언제 어디서나 필요한 정보 사용 가능

37) RAID

① 여러 개의 하드 디스크에 데이터를 분할·저장하여 전송속도의 향상하고 시스템 가동 중 생길 수 있는 하드디스크의 에러를 시스템 정지 없이 교체
② 데이터 자동복구 가능

38) 계층구조

① 2-tier : 클라이언트(프레젠테이션 및 비즈니스로직 처리)와 서버(데이터 저장)로 구성
② 3-tier : 클라이언트(프레젠테이션), 웹서버(비즈니스로직), 데이터베이스 서버(데이터 저장)로 구성

39) 맵리듀스(MapReduce)

여러 대의 서버가 하나의 시스템처럼 작동하는 컴퓨터 클러스터환경에서 대용량 데이터를 병렬처리 지원하는 기술

40) 크롤링(crawling)

개인 혹은 단체에서 필요한 데이터가 있는 웹(web)페이지의 구조를 분석하고 파악하여 긁어오는 것

기출문제

용어에 대한 설명으로 옳은 것은?

① 데이터 마이닝(data mining) : 대용량의 데이터에서 통계적 패턴이나 규칙, 관계를 찾아내 분석함으로써 정보를 추출하여 의사결정에 활용하는 과정
② 크롤링(crawling) : 대용량 데이터를 안전하게 처리하기 위한 하드웨어를 이용한 분산모델
③ 증강현실(augmented reality) : 컴퓨터에서 분산, 저장된 문서를 수집하고 검색하는 기술
④ 맵리듀스(MapReduce) : 실제 환경에 가상사물이나 정보를 합성하여 원래의 환경에 존재하는 사물처럼 보이도록 하는 컴퓨터그래픽기법

답 ①

---

02 개 요

1. 자료와 정보

1) 자료

자료란 있는 그대로의 현상 또는 그것을 숫자나 문자로 표현해 놓은 것으로, 정보를 만들기 위한 재료를 뜻한다. 사람이나 컴퓨터가 개념 또는 명령을 인식하고 처리하기에 편하도록 규정된 대로 표시된 평가되지 않은 단순한 기록을 말한다.

2) 정보

평가되지 않은 단순한 기록인 비구조적 자료를 일정한 처리과정을 거쳐 생성된 구조적인 자료로서, 특정한 상황에 맞게 평가된 의미를 가지는 기록이다.

3) 자료와 정보

자료는 가공되지 않는 모든 자료가 모인 것이고 정보는 자료가 가공되어 원하는 정보를 지식을 원하면 얻을 수 있게 간편히 되어 있는 것을 뜻한다.

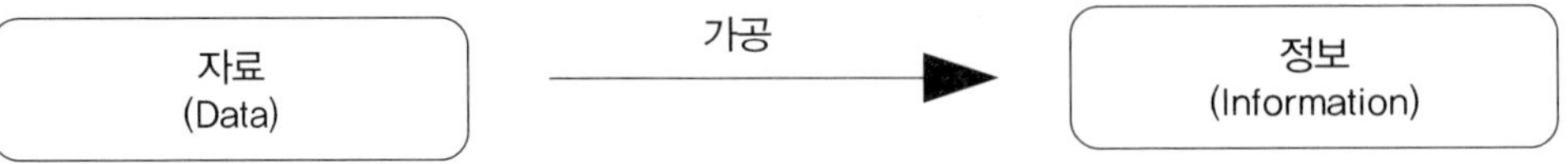

2. 데이터웨어하우스

1) 등장배경

① 현 전산시스템의 공로 : 데이터베이스 구축 및 활용의 보편화, OLTP(On-Line Transaction Processing)업무의 성공적 지원, 각종 레포트정보 제공

② 현 전산시스템의 한계 : OLTP(운영 데이터베이스)업무 중심 개발(일관성 결여) → OLAP(On-Line Analytical Processing)업무를 효율적으로 지원할 수 없고, 대용량 데이터베이스에서 고급정보를 추출하기 어려워 효율적인 의사결정 불가능

③ 의사결정지원시스템(Decision Support System : DSS)과 최고경영자정보시스템(Executive Information System : EIS)의 기대감 증가

④ OLTP(On-Line Transaction Processing) : 단순 레코드를 위주로 한 은행계좌처리, 항공예약처리 등의 단순 트랜잭션처리 응용

⑤ OLAP(On-Line Analytical Processing) : 대규모 레코드를 대상으로 시장분석, 판매동향분석 등을 수행하는 DSS, EIS, Data Warehouse 등의 복잡한 트랜잭션처리 응용

2) 데이터웨어하우스의 정의

① 데이터웨어하우스(Data Warehouse)란 의사결정지원을 위한 주제지향의 통합적이고 영속적이면서 시간에 따라 변하는 데이터의 집합이다.

② 데이터웨어하우스의 기능은 복잡한 분석, 지식발견, 의사결정지원을 위한 데이터의 접근을 제공하는 것이다.

③ 여러 곳에 분산, 운용되는 트랜잭션 위주의 시스템들로부터 필요한 정보를 추출한 후 하나의 중앙 집중화된 저장소에 모아 놓고, 이를 여러 계층의 사용자들이 좀 더 손쉽게 효과적으로 이용하기 위하여 만든 데이터 창고이다.

3) 데이터웨어하우스의 특징

① 주제 중심적(subject-oriented)인 데이터 저장 : 의사결정에 필요한 주제만 저장한다(운용데이터베이스는 의사결정에 필요치 않더라도 업무처리에 필요한 모든 데이터를 대상으로 한다).

② 통합된(integrated) 저장 : 속성이름, 데이터 타입, 도량형 단위 등에 일관성이 있다.

③ 시간에 따라 변화되는(time-variant) 값의 유지 : 운영데이터베이스는 현재를 기준으로 최신의 값을 유지하지만, 데이터웨어하우스는 시간에 따라 모든 순간의 값을 유지한다.

④ 비갱신성(non-volatile) : 데이터웨어하우스에는 레코드의 적재와 읽기만 가능, 수정과 삭제는 발생하지 않아 무결성 유지, 동시성 제어, 회복 등이 매우 간단하다.

3. 데이터마이닝

① 데이터웨어하우스의 규모가 대형화되고 복잡하게 될 때 관련된 정보를 발견하는 과정, 즉 지식발견과정을 의미한다.
② 체계적이고 자동적으로 데이터로부터 통계적 규칙이나 패턴을 찾는다.
③ 데이터마이닝은 디스크에 저장된 대량의 데이터를 대상으로 한다는 점에서 기계학습과는 다르다.

기출문제   [2015년 기출]

데이터베이스 내에서 패턴, 경향, 관계 등을 분석하여 가치 있는 정보를 추출하는 과정은?

① Data automation ② Data dictionary
③ Data warehouse ④ Data mining

답 ④

4. 빅데이터

① 빅데이터란 기존 데이터베이스관리도구로 데이터를 수집, 저장, 관리, 분석할 수 있는 역량을 넘어서는 대량의 정형 또는 비정형 데이터 집합 및 이러한 데이터로부터 가치를 추출하고 결과를 분석하는 기술을 의미한다.
② 다양한 종류의 대규모 데이터에 대한 생성, 수집, 분석, 표현을 그 특징으로 하는 빅데이터기술의 발전은 다변화된 현대사회를 더욱 정확하게 예측하여 효율적으로 작동케 하고 개인화된 현대사회 구성원마다 맞춤형 정보를 제공, 관리, 분석 가능케 하며, 과거에는 불가능했던 기술을 실현시키기도 한다.
③ 빅데이터는 초대용량(volume), 다양한 형태(variety), 빠른 생성속도(velocity)와 무한한 가치(value)의 개념을 의미하는 4V로 정의되며, 최근 위치기반 데이터와 연계되어 신성장 동력산업을 선도할 수 있는 새로운 가치를 창출할 것으로 기대되고 있다.

기출문제   [2014년 기출]

다음 제시문의 ( ) 안에 들어갈 용어는?

( )은(는) 초대용량(volume), 다양한 형태(variety), 빠른 생성속도(velocity)와 무한한 가치(value)의 개념을 의미하는 4V로 정의되며, 최근 위치기반 데이터와 연계되어 신성장 동력산업을 선도할 수 있는 새로운 가치를 창출할 것으로 기대되고 있다.

① 데이터웨어하우스 ② 빅데이터
③ 데이터베이스 ④ 데이터마이닝

답 ②

03　자료의 단위

1. 자료의 단위

1) 비트(bit)

① Binary Digit의 약자로 정보표시의 최소단위이다.
② 1비트는 0 또는 1의 값을 표현한다.
③ n개로 표현할 수 있는 데이터의 종류는 2^n개이다.
④ 비트의 모임을 비트스트링이라고 한다.

2) 니블(nibble)

① 4bit로 구성된 값으로 통신에서는 Quad Bit로 사용되기도 한다.
② 16진수 1자리 크기이다.

3) 바이트(byte)

① 하나의 문자, 숫자, 기호의 단위로 8bit의 모임이다.
② 주소·문자표현의 최소단위이다.
③ 1byte＝8bit, 영문자 1자＝1byte, 한자 1자＝2byte

4) 워드(word)

① CPU 내부에서 명령을 처리하는 기본단위로 연산의 기본단위가 된다.
② 2개 이상의 바이트의 모임이다.
③ Half word＝2byte모임, Full word＝4byte모임, Double word＝8byte모임

5) 필드(field)

① 하나의 수치 또는 일련의 문자열로 구성되는 자료처리의 최소단위이다.

② 여러 개의 필드가 모여 레코드(record)가 된다.

③ 파일을 구성하는 단위 중 최소의 논리적 단위이다.

6) 레코드(record)

① 하나 이상의 필드가 모여 구성되는 프로그램처리의 기본단위이다.

② 서로 관련된 자료항목 또는 필드의 모임이다.

③ 논리레코드는 동일 항목의 집합이다.

④ 물리레코드(Block)는 하나 이상의 논리레코드모임으로 보조기억에서 입출력단위이다.

7) 파일(file)

① 서로 연관된 레코드들의 집합이다.

② 프로그램구성의 기본단위이다.

2. 스택과 큐

1) 스택

① 데이터를 저장할 때 리스트의 최상단에서만 데이터를 추출할 수 있는 구조를 말한다.

② LIFO(후입선출)구조를 가진 기억장소구조이다. 즉 가장 나중에 입력된 데이터를 먼저 추출하는 구조이다.

③ 데이터 저장을 PUSH라 하고, 데이터를 로드하는 것을 POP이라고 한다,

2) 큐

① 데이터 저장은 한쪽에서, 추출은 반대방향에서 이루어지는 구조이다.

② 데이터들이 줄을 서서 대기하며 최초 대기된 데이터부터 차례대로 처리하는 구조이다.

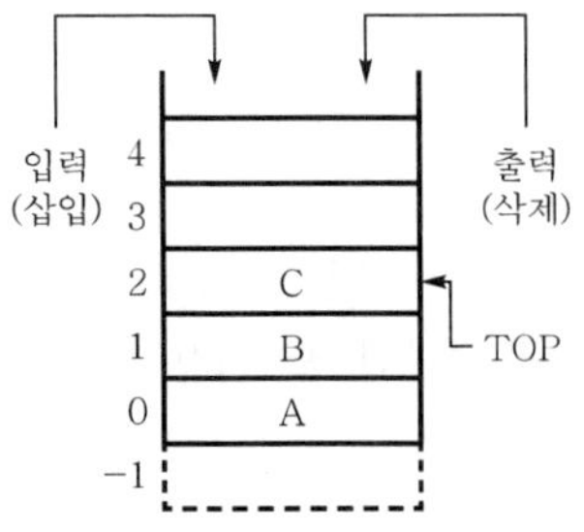

• top위치에서 삽입, 삭제 허용

• 입출력이 top이라 불리는 리스트의 한쪽 끝에서만 이루어지는 제한구조

[스택]

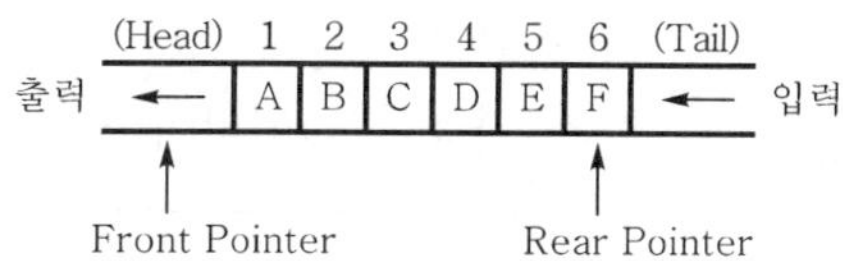

• 매표소에서 표를 사려고 서 있는 줄과 같은 구조로 먼저 입력된 자료가 먼저 출력

[큐]

 기출문제

[2011년 기출]

다음 글이 설명하는 컴퓨터 자료구조는?

원소의 삽입과 삭제가 한쪽 끝인 톱(top)에서만 이루어지도록 제한하는 특별한 형태의 자료구조이다. 이 자료구조는 가장 나중에 삽입한 원소를 가장 먼저 삭제하는 특성 때문에 후입선출리스트라고 한다.

① 큐(Queue) ② 트리(Tree)
③ 스택(Stack) ④ 그래프(Graph)

답 ③

04 데이터베이스

1. 정의

데이터베이스(database)는 어느 한 조직의 여러 응용시스템들이 공용할 수 있도록 통합, 저장된 운영데이터의 집합이라고 정의할 수 있다.

1) 통합된 데이터(integrated data)

① 원칙적으로 데이터베이스에서는 똑같은 데이터가 중복되지 않았음을 의미한다.
② 데이터의 중복은 여러 부작용을 초래할 수 있다. 그러나 실제로 효율성 때문에 일부 데이터의 중복을 허용한다. → 최소의 중복, 통제된 중복

2) 저장된 데이터(stored data)

책상 서랍이나 파일 캐비닛에 들어 있는 데이터가 아니라 컴퓨터가 접근할 수 있는 저장매체(자기테이프, 디스크)에 저장된 데이터 집합이다.

3) 운영데이터(operational data)

어떤 조직도 그 고유의 기능을 수행하기 위해 반느시 유시해야 할 네이터가 있기 마련인데, 이것을 운영데이터라 한다.

4) 공용데이터(shared data)

한 조직에서 여러 응용프로그램이 공동으로 소유·유지 가능한 데이터이다.

통합데이터 (Integrated Data)	데이터의 일관성을 위해 중복을 최소화한 데이터
저장데이터 (Stored Data)	책상 서랍이나 캐비닛과 같은 일반 저장소가 아닌 컴퓨터가 접근할 수 있는 저장매체(자기테이프, 디스크)에 저장된 집합운영데이터
운영데이터 (Operational Data)	불필요한 데이터는 제거하고 조직의 목적을 위해 사용될 반드시 필요한 데이터
공용데이터 (Shared Data)	한 조직에서 여러 응용프로그램들이 공동으로 이용하는 데이터

2. 특징

1) 실시간 접근(real time accessibility)

수시로 비정형적인 질의에 대한 실시간 처리로 응답할 수 있도록 지원한다.

2) 계속적인 변화(continuous evolution)

삽입(insertion), 삭제(deletion), 갱신(update)을 통해서 현재의 정확한 데이터를 동적으로 유지하는 것이 가능하다(동적 특성).

3) 동시 공유(concurrent sharing)

서로 다른 목적을 가진 여러 사용자가 같은 내용의 데이터를 동시에 접근할 수 있다.

4) 내용에 의한 참조(content reference)

데이터 참조는 주소나 위치가 아닌 데이터의 내용, 즉 데이터값에 의한 참조이다.

실시간 접근성	질의에 대한 실시간 응답처리 지원
계속적인 변화	삽입, 삭제, 갱신을 통한 현재 데이터의 정확한 데이터를 동적으로 유지
동시 공유	서로 다른 목적을 가진 여러 사용자가 같은 내용의 데이터를 동시에 접근 가능
내용에 의한 참조	데이터 참조는 주소나 위치가 아닌 데이터의 내용, 즉 데이터값에 의한 참조

3. 구성요소

1) 개체(entity)

① 데이터베이스가 표현하려고 하는 유형, 무형의 정보대상으로 존재하면서 서로 구별될 수 있는 것으로, 현실 세계에 존재하는 객체에 대해 사람이 생각하는 개념이나 정보단위이다.

② 개체(entity)는 컴퓨터가 취급하는 파일구성측면에서는 레코드(record)에 해당하며, 단독으로 존재할 수 있고 정보로서 역할을 할 수 있다.

③ 개체(entity)는 하나 이상의 속성(attribute)으로 구성된다.

2) 속성(attribute)

① 속성은 개체의 특성이나 상태를 기술하는 것으로, 데이터의 가장 작은 논리적 단위가 되지만 단독으로 존재하지 못한다.

② 속성은 파일구조에서는 데이터 항목(item) 또는 필드(field)라고도 한다.

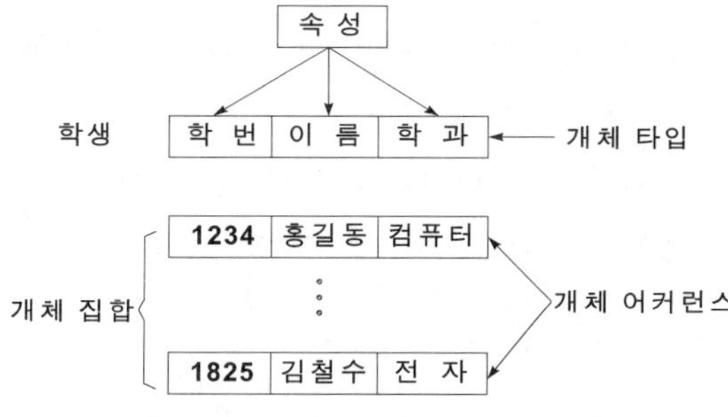

3) 관계

개체집합의 구성요소인 인스턴스 사이의 대응성(correspondence), 즉 사상(mapping)을 의미한다.

① 속성관계(attribute relationship) : 개체 내(intra-entity) 관계, 속성과 속성 사이의 관계

② 개체관계(entity relationship) : 개체 간(inter-entity)의 관계

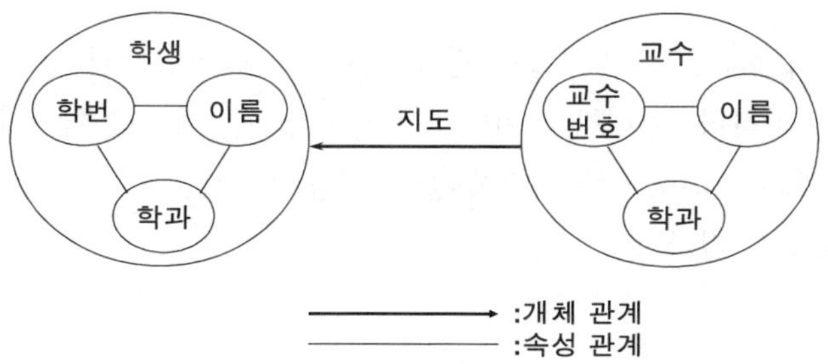

4. 데이터베이스의 구조

저장구조를 사용자의 입장에서 보느냐, 시스템(저장장치)의 입장에서 보느냐에 따라 논리적 구조와 물리석 구조로 구별한다.

1) 논리적 구조(logical organization)

① 사용자가 생각하는 데이터의 논리적 표현이다.

② 데이터를 이용하는 응용프로그래머나 일반 사용자의 입장에 본 구조로서 데이터의 논리적 배치를 말한다.

③ 논리적 구조에서 취급하는 데이터의 레코드들을 논리적 레코드(logical record)라고 한다.

2) 물리적 구조(physical organization)

① 디스크나 테이프와 같은 저장장치 위에 물리적으로 저장되어 있는 데이터의 실제 구조이다.

② 저장장치의 입장에서 본 데이터베이스의 구조로서 저장데이터의 물리적 배치를 표현한 것이다.

③ 물리적 구조에서 취급하는 데이터 레코드들을 저장레코드(stored record)라 한다.

④ 인덱스, 포인터체인, 오버플로구역 등 추가정보를 포함한다.

3) 대응관계

하나의 데이터베이스를 표현하는 논리적 구조와 물리적 구조는 당연히 서로 대응관계를 가짐으로써 동등성을 유지하게 된다.

05 데이터베이스시스템

1. 의의

데이터베이스의 정의는 일반적으로 컴퓨터에서 신속한 탐색과 검색을 위해 특별히 조직된 정보집합체를 말하며, 이러한 데이터베이스는 다양한 데이터 처리작업을 할 때 데이터의 접근 · 조작 · 삭제가 간편하도록 조합해 놓은 것을 말한다. 데이터베이스시스템에는 파일처리시스템과 DBMS가 있다.

2. 파일처리시스템

1) 개요

① 파일처리 중심의 종래의 자료처리시스템에서는, 각각의 응용프로그램은 개별적으로 자기자신의 데이터 파일을 관리 · 유지해야 한다.

② 각각의 응용프로그램은 자기의 데이터 파일을 접근하고 관리하기 위해 검색, 삽입, 삭제 및 갱신을 할 수 있는 루틴을 포함하고 있어야만 한다.

<table>
<tr><td>응용프로그램 1</td><td>응용프로그램 2</td><td>응용프로그램 3</td><td>응용프로그램 4</td></tr>
<tr><td>↓</td><td>↓</td><td>↓</td><td>↓</td></tr>
<tr><td>파일 1</td><td>파일 2</td><td>파일 3</td><td>파일 4</td></tr>
<tr><td>급여</td><td>세금정산</td><td>퇴직금</td><td>인사</td></tr>
</table>

2) 문제점

① 응용프로그램은 논리적 파일구조와 물리적 파일구조가 일대일(1 : 1)로 대응될 것을 요구한다.

② 응용프로그래머는 물리적 데이터 구조를 알고 있어야만 접근방법을 응용프로그램에 구현시킬 수 있다.

③ 각 응용프로그램은 자기 자신만의 파일을 단독으로 사용한다.

④ 대부분의 파일처리시스템에서는 하나의 파일이 개방(open)되어 사용될 때 다른 프로그램이 이 파일에 접근할 수 없다. 즉 데이터의 동시 공유를 지원하지 못한다.

3) 데이터 종속성(data dependency)

① 응용프로그램과 데이터 간의 상호 의존관계이다.

② 파일구조가 바뀌면 응용프로그램도 바꿔야 한다.

③ 데이터의 저장방법이나 접근방법이 변경되면 관련된 응용프로그램도 같이 변경해야 한다.

④ 물리적 데이터 구조에 대해 알아야만 파일접근방법을 응용프로그램에 구현할 수 있다.

4) 데이터 중복성(data redundancy)

(1) 개요

한 시스템 내에 같은 내용의 데이터가 중복되어 저장·관리된다.

(2) 데이터 중복의 문제점

① 일관성(consistency)이 없음 : 여러 자료의 불일치 때문에 생긴다.

② 보안성(security) 결여 : 여러 자료를 모두 똑같은 보안수준으로 유지하기 어렵다.

③ 경제성(economics) 저하 : 여러 곳에 중복저장해 두어 매체의 낭비가 발생하고, 자료수정을 위해 여러 번 갱신하므로 시간과 비용이 많이 든다.

④ 무결성(integrity)의 유지 곤란 : 여러 곳에 흩어져 있는 자료를 제어하기 힘들어 데이터의 정확성이 결여된다.

3. DBMS방식

1) 의의

DBMS(Data Base Management System, 데이터베이스관리시스템)는 파일시스템의 문제점을 해결하기 위해 등장하였으며, 여러 곳에 흩어져 있는 자료를 한 곳에 모아두고 그 데이터들을 응용프로그램이 접근하기 위해 통과해 주도록 해주는 중간 매개체시스템을 말한다. 또한 데이터베이스의 구성, 접근방법, 관리, 유지에 관한 모든 책임을 맡고 있는 시스템 소프트웨어이다.

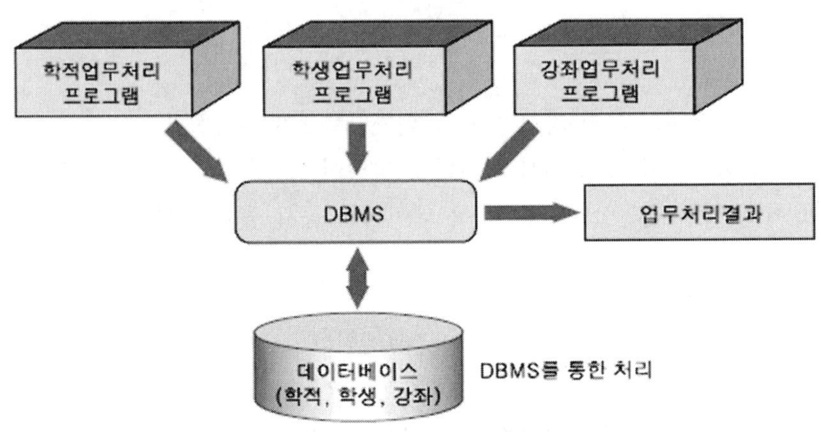

[데이터베이스관리시스템]

2) DBMS의 장단점

(1) DBMS의 장점

① 데이터 중복(redundancy)의 최소화 : 데이터의 중복을 완전히 배제해야 한다는 의미는 아니다. 왜냐하면 통합데이터베이스환경에서도 성능 향상을 위해 중복이 불가피할 때가 있다.

② 데이터 공용(sharing)

③ 데이터의 일관성(consistency) 유지 : 현실 세계의 어느 한 사실을 나타내는 두 개의 데이터가 있을 때 오직 하나의 데이터만이 변경되고 다른 하나는 변경되지 않았다면 데이터 간의 불일치성, 모순성이 존재한다. 데이터의 일관성은 이를 방지하는 것이다.

④ 데이터의 무결성(integrity) 유지 : 데이터베이스에 저장된 데이터값과 그것이 표현하는 현실 세계의 실제 값이 일치하는 정확성(accuracy)이다.

⑤ 데이터 보안(security) 보장 : DBMS는 데이터베이스를 중앙집중식으로 총괄·관장함으로써 데이터베이스의 접근·관리를 효율적으로 통제할 수 있다.

⑥ 표준화(standardization) : DBMS의 필수적인 데이터 제어기능을 통해 데이터의 기술양식, 내용, 처리방식, 문서화양식 등에 관한 표준화를 범기관적으로 쉽게 시행할 수 있다.

⑦ 전체 데이터 요구의 조정 : 데이터베이스는 한 기관의 모든 응용시스템들이 요구하는 데이터들을 전체적으로 통합 분석하게 하여 상충되는 데이터 요구는 조정해서 기관 전체에 가장 유익한 구조로 조직하여 효율적인 정보처리효과를 얻게 할 수 있다.

⑧ 백업과 회복 제공 : DBMS는 하드웨어와 소프트웨어의 고장으로부터 복구할 수 있는 기능을 가져야 한다. DBMS의 백업(backup)과 회복(recovery) 서브시스템은 회복기능을 담당한다.

(2) DBMS의 단점

① 운영비의 증대 : 더 많은 메모리용량과 더 빠른 CPU의 필요로 인해 전산비용이 증가한다.

② 특정 응용프로그램의 복잡화 : 데이터베이스에는 상이한 여러 유형의 데이터가 서로 관련되어 있다. 특정 응용프로그램은 이러한 상황 속에서 여러 가지 제한점을 가지고 작성되고 수행될 수도 있다. 따라서 특수 목적의 응용시스템은 설계기간이 길어지게 되고 보다 전문적, 기술적이 되어야 하기 때문에 그 성능이 저하될 수도 있다.

③ 복잡한 예비(backup)와 회복(recovery) : 데이터베이스의 구조가 복잡하고 여러 사용자가 동시에 공유하기 때문이다.

④ 시스템의 취약성 : 일부의 고장이 전체 시스템을 정지시켜 시스템 신뢰성과 가용성을 저해할 수 있다. 이것은 특히 데이터베이스에 의존도가 높은 환경에서는 아주 치명적인 약점이 아닐 수 없다.

[파일처리와 DBMS처리의 비교]

구 분	파일처리	DBMS처리
S/W조작	응용프로그래머가 파일시스템을 직접 조작	응용프로그래머가 DBMS에 파일시스템 조작 의뢰
자료중복	많다	적다
자료독립	불가	가능
자원수요	소	대
효율	고	저
자료관리기능	저기능	병행제어, 회복, 무결성, 보안
생산성	저	고
인력수요	보통	고급인력 필요

기출문제

[2014년 기출]

데이터베이스관리시스템(DBMS)에 대한 설명으로 옳지 않은 것은?

① 구축비용이 많이 소요되는 하드웨어시스템이다.
② 중앙집약적 구조이므로 데이터 관리의 위험부담이 크다.
③ 데이터의 무결성과 보안성 유지가 용이하다.
④ 데이터에 대한 일관성 유지가 가능하다.

답 ①

데이터베이스관리시스템(DBMS)의 장점으로 옳은 것은?

① 데이터의 독립성을 유지할 수 있다.
② 데이터의 중복성을 쉽게 허용한다.
③ 응용프로그램에 종속적이다.
④ H/W와 S/W의 초기 구축비용이 적게 소요된다.

답 ①

3) DMBS 구성요소

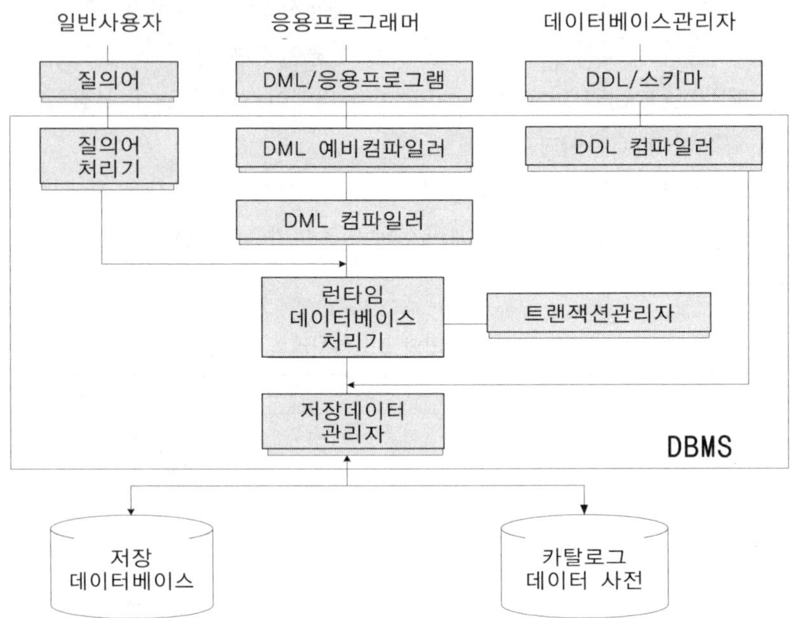

(1) DML 예비컴파일러(precompiler)

DML 선행번역기(precompiler)라고도 하며, 응용프로그래머가 호스트프로그래밍언어로 작성한 응용프로그램 속에 삽입시킨 DML 명령어(DSL)를 추출한다.

(2) DML 컴파일러 또는 DML 처리기

DML 예비컴파일러가 넘겨준 DML 명령어를 파싱하고 컴파일하여 효율적인 목적코드를 생성한다.

(3) 런타임 데이터베이스처리기(run-time database processor)

실행시간에 데이터베이스 접근을 취급한다.

(4) 트랜잭션관리자(transaction manager)

① 데이터베이스를 접근하는 과정에서 무결성 제약조건이 만족하는지, 데이터를 접근할 권한을 사용자가 가지고 있는지를 검사한다.

② 트랜잭션의 병행제어나 장애 발생 시 회복작업을 수행한다.

(5) 저장데이터관리자(stored data manager)

① 데이터베이스에 저장된 레코드의 검색, 변경, 삭제, 삽입과 데이터의 적재, 인덱스관리 등을 수행한다.

② 작업을 수행하는 데 필요한 로킹(locking), 로깅(logging), 데이터 회복 등에 필요한 모듈을 호출한다.

③ 기본 OS모듈을 이용한다(파일관리자, 디스크관리자).

4) DBMS의 필수기능

(1) 정의기능

① 다양한 응용프로그램과 데이터베이스가 서로 인터페이스를 할 수 있는 방법을 제공한다.

② 데이터베이스의 구조정의, 저장, 레코드형태에서 키(key)를 지정한다.

③ 하나의 물리적 구조의 데이터베이스로 여러 사용자의 관점을 만족시키기 위해 데이터베이스구조를 정의할 수 있는 기능이다.

(2) 조작기능

① 사용자 요구는 체계적인 연산(검색, 갱신, 삽입, 삭제 등)을 지원하는 도구(언어)를 통해 구현된다.

② 사용자와 DBMS 사이의 인터페이스를 위한 수단을 제공한다.

(3) 제어기능

① DBMS는 공용 목적으로 관리되는 데이터베이스내용에 대해 항상 정확성과 안전성을 유지할 수 있어야 한다.

② 정확성은 데이터 공용의 기본적인 가정이며 관리의 제약조건이 된다.

필수기능	요 건
정의기능	1. 논리적 구조명세 2. 물리적 구조명세 3. 물리적 · 논리적 사상명세
조작기능	1. 사용의 편의성 및 용이성 2. 연산의 완전한 명세 가능 3. 접근의 효율성
제어기능	1. 공용 목적으로 관리되는 데이터베이스의 내용에 대해 정확성, 안정성 유지 2. 무결성(integrity) 유지 3. 보안(security) 유지, 권한(authority)검사 4. 병행제어(concurrency control)

데이터베이스관리시스템(DBMS)의 필수기능으로 옳지 않은 것은?
① 정의기능　　　　　　　　　　② 분석기능
③ 제어기능　　　　　　　　　　④ 조작기능

답 ②

06 데이터베이스시스템 구성

1. 3단계 스키마와 사상

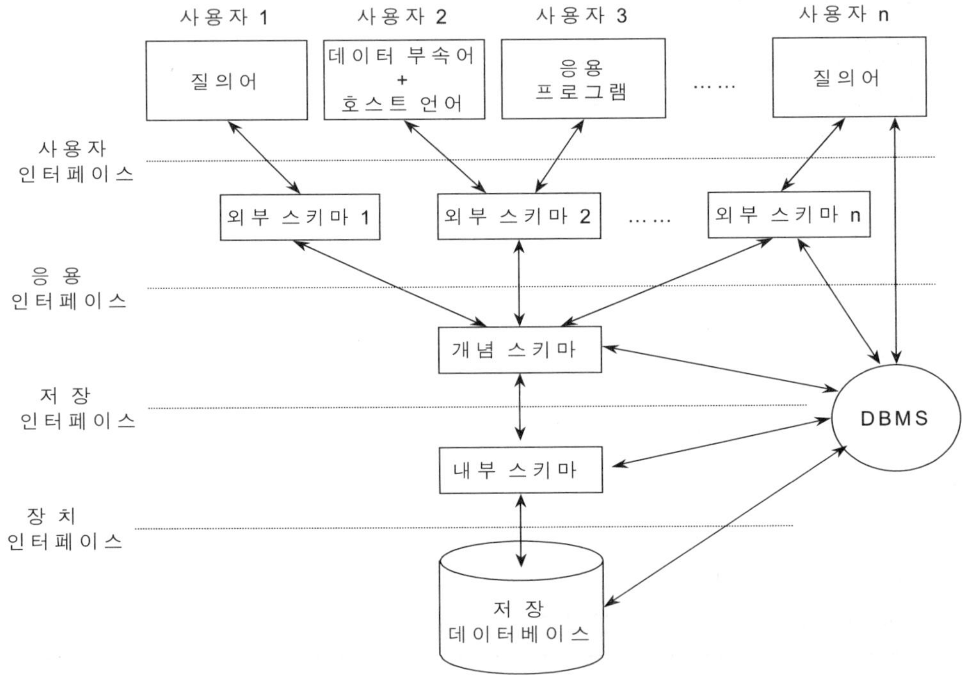

1) 3단계 스키마

　데이터베이스의 논리적 정의, 데이터 구조와 제약조건에 관한 명세(specification)를 기술한 것으로 컴파일되어 데이터 사전에 저장된다. 데이터 구조를 표현하는 데이터 객체(data object), 즉 개체(entity), 개체의 특성을 표현하는 속성(attribute), 관계(relationship)에 대한 정의와 이들이 유지해야 될 제약조건(constraints)을 포함한다.

　어떤 입장에서 데이터베이스를 보느냐에 따라 그 데이터베이스 스키마는 모두 다르게 될 수밖에 없다(각 개인의 견해, 개인의 견해가 종합된 기관 전체의 견해, 저장장치의 견해 → ANSI/SPARC구조는 내부, 개념, 외부의 3단계로 나눈다).

[2012년 기출]

데이터베이스의 논리적 정의, 데이터 구조와 제약조건에 관한 명세(specification)를 기술한 것으로 컴파일되어 데이터 사전에 저장되는 것을 무엇이라 하는가?

① DBMS   ② SDTS
③ TIN   ④ Schema

답 ④

[2023년 기출]

데이터베이스의 데이터 구조와 제약조건에 대한 명세(specification)를 의미하는 것은?

① 스키마(schema)   ② 엔티티(entity)
③ 니블(nibble)   ④ 데이터웨어하우스(data warehouse)

답 ①

(1) 외부스키마(external schema)

① 사용자나 응용프로그래머가 접근할 수 있는 데이터베이스를 정의한 것으로 개인의 견해(view)이다.

② 전체 데이터베이스의 한 논리적인 부분이 되기 때문에 서브스키마(subschema)라 한다(개개의 사용자를 위한 여러 형태의 외부스키마가 존재).

③ 사용자와 가장 가까운 단계이다. 사용자 개개인이 보는 자료에 대한 관점과 관련이 있다(사용자 논리단계(user logical level)로 알려지기도 함).

(2) 개념스키마(conceptual schema)

① 범기관적 입장에서 데이터베이스를 정의한 것으로 기관 전체의 견해이다.

② 데이터베이스 전체를 기술한 것이기 때문에 하나만 존재하고, 사용자나 응용프로그램은 개념스키마의 일부를 사용한다(일반적으로 스키마라 불림).

③ 모든 응용시스템이나 사용자들이 필요로 하는 데이터를 통합한 조직 전체의 데이터베이스를 기술한 것이다.

④ 모든 데이터 개체, 관계, 제약조건, 접근권한, 보안정책, 무결성 규칙 등을 명세한다.

⑤ 외부스키마와 내부스키마 사이에 위치하는 간접(indirection)단계이다.

⑥ 조직논리단계(community logical level)로 알려지기도 한다.

(3) 내부스키마(internal schema)

① 저장장치의 관점에서 전체 데이터베이스가 저장되는 방법을 명세한다(저장장치 견해).

② 개념스키마에 대한 저장구조를 정의한 것이다(하나의 내부스키마 존재).

③ 실제로 저장될 내부레코드형식, 인덱스 유무, 저장데이터 항목의 표현방법, 내부레코드의 물리적 순서를 나타내지만, 블록이나 실린더를 이용한 물리적 저장장치를 기술하는 의미는 아니다.

④ 내부스키마는 아직 물리적 단계보다 한 단계 위에 있다. 그 이유는 내부적 뷰는 물리적 레코드(페이지 또는 블록이라고 함)를 취급하지 않으며 또한 실린더(cylinder), 트랙(track)크기 같은 장치특성에도 관련이 없기 때문이다.

[2010년 기출]

스키마에 대한 설명으로 옳지 않은 것은?
① 외부스키마는 서브스키마라고도 한다.
② 외부스키마는 사용자나 프로그래머가 접근할 수 있는 데이터베이스를 정의한다.
③ 내부스키마는 자료가 실제로 저장되는 물리적인 데이터의 구조를 말한다.
④ 내부스키마는 데이터베이스의 접근권한, 보안정책, 무결성 규칙 등을 포함한다.

답 ④

2) 3단계 간의 사상(mapping)

(1) 외부/개념 사상(응용인터페이스)

① 외부스키마와 개념스키마 간의 대응관계를 정의한다.

② 응용프로그램을 변경시키지 않고도 개념스키마를 변경시킬 수 있으므로 논리적 독립성을 제공해 주는 것이다.

(2) 개념/내부 사상(저장인터페이스)

① 개념스키마와 내부스키마 간의 대응관계를 정의한다.

② 내부스키마를 변경시키더라도 개념스키마에 아무런 영향을 끼치지 않으므로 물리적 독립성을 제공해 주는 것이다.

(3) 내부/장치 사상(장치인터페이스)

내부스키마와 물리적인 장치 간의 인터페이스를 정의한다.

2. 사용자

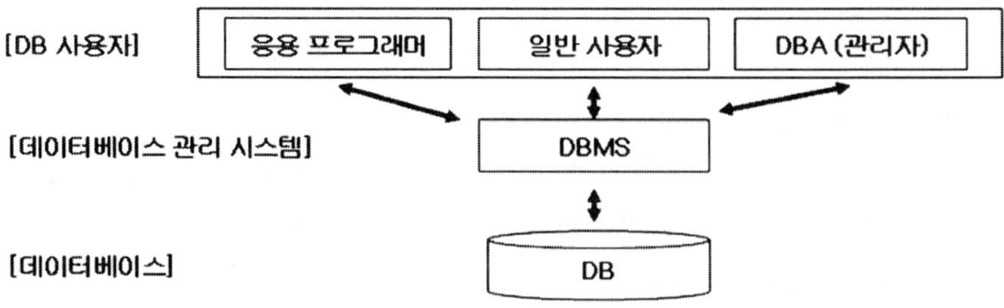

1) 일반 사용자

질의어를 통해 접근하는 사람으로 데이터베이스에 대한 지식이 없어 단순히 접근할 수 있으며, 자료의 삽입 · 삭제 · 갱신 · 검색 등의 목적으로 이용하며 터미널사용자라고도 한다.

2) 응용프로그래머

호스트 프로그래밍언어(COBOL, C 등)에 데이터조작어를 삽입시켜 데이터베이스에 접근하는 사람으로, 언어를 구사할 수 있는 능력과 데이터베이스조작어에 대해 잘 알고 있는 전산전문가로 응용프로그램을 통하여 데이터베이스 접근과 응용프로그램을 개발한다.

3) 관리자(DBA)

데이터정의어(DDL)와 데이터제어어(DCL)를 통해서 데이터베이스를 정의하고 제어할 목적으로 접근하는 사람으로, 정보를 추출할 목적보다는 정확한 서비스를 할 수 있도록 데이터를 관리할 목적으로 접근한다.

(1) 설계와 운영

① 데이터베이스 구성요소를 결정 : 개체, 속성, 개체 간의 관계 설정, 제약조건
② 스키마 정의(설계) : 선정된 DB구성요소로 DB설계, 기술
③ 저장구조와 접근방법 정의 : 스키마에서 정의한 레코드들의 물리적인 표현, 저장레코드들 간의 순서, 인덱스, 포인터 등 접근방법 설정
④ 보안 및 권한 부여정책, 데이터 유효성검사방법을 수립
⑤ 처리작업의 합법성을 검사하는 방법 수립
⑥ 예비(backup)와 회복(recovery) 절차 수립
⑦ 데이터베이스 무결성(integrity) 유지를 위한 대책 수립
⑧ 시스템의 성능 향상과 새로운 요구에 대한 데이터베이스를 재구성
⑨ 덤프(dump, 메모리의 내용을 복사하는 것)와 재적재(reload)정책 정의
⑩ 데이터 사전(data dictionary)이나 카탈로그를 유지 · 관리(정책수립은 DBA, 수행은 DBMS)
⑪ 물리적 저장매체의 선택
⑫ 스케줄링의 결정

(2) 행정 및 불평 해결

① 데이터 표현과 시스템문서화의 표준 마련
② 사용자 요구와 불평 청취 해결

(3) 시스템 감시 및 성능 분석

① 시스템 자원의 이용도, 병목현상(bottleneck), 장비 및 시스템 성능을 감시
② 데이터 접근방법과 저장구조, 재구성의 요인이 되는 사용자 요구변화, 데이터 사용추세, 각종 통계 등을 종합분석

설계 및 운영작업	1. 데이터베이스의 전반적인 구성과 데이터에 대한 관리임무담당 2. 데이터 사전의 작성 및 유지 관리 3. 보안, 권한부여, 예비와 회복 절차 수립 4. 데이터베이스 무결성 제약조건 지정 5. 성능 향상 및 갱신에 대응한 재구성
사용자 요구와 불평, 행정문제 해결	1. 데이터 표현과 시스템문서화의 표준 마련 2. 사용자 요구와 불평 청취 해결
시스템 감시 및 성능 분석	1. 사용자 요구변화와 각종 통계를 종합 분석 2. 시스템 성능과 감시 및 자원이용도 분석

07 SQL 데이터언어

1. SQL의 개요

① 1974년 IBM연구소에서 개발한 SEQUEL(Structured English QUEry Language)에 연유한다.
② SQL이라는 이름은 'Structured Query Language'의 약자이며 "sequel(시퀄)"이라 발음한다.
③ 관계형 데이터베이스에 사용되는 관계대수와 관계해석을 기초로 한 통합데이터언어를 말한다.

2. 특징

① 대화식 언어 : 온라인 터미널을 통하여 대화식으로 사용할 수 있다.
② 집합단위로 연산되는 언어 : SQL은 개개의 레코드단위로 처리하기보다는 레코드집합단위로 처리하는 언어이다.
③ 데이터 정의어, 조작어, 제어어를 모두 지원
④ 비절차적 언어 : 데이터 처리를 위한 접근경로(access path)에 대한 명세가 필요하지 않으므로 비절차적인 언어이다.
⑤ 표현력이 다양하고 구조가 간단

기출문제 [2014년 기출]

SQL에 대한 설명으로 옳은 것은?

① 공간분석을 목적으로 하는 프로그래밍언어이다.
② 객체지향형 데이터베이스시스템의 전용 질의어이다.
③ OGC에서 개발한 것으로 ISO에서 국제표준으로 채택되었다.
④ 관계형 데이터베이스시스템과 대화하기에 적합한 질의어이다.

답 ④

3. SQL에서 사용하는 주요 용어

1) 테이블

관계형 데이터베이스에서 말하는 관계로서 행과 열로 구성된다.

2) 행

관계형 데이터베이스에서 튜플(tuple)이라고 명명하는 것으로, 파일처리방식의 레코드에 해당하며 테이블의 수평부분을 말한다.

3) 열

관계형 데이터베이스에서 속성이라고 명명하는 것으로, 한 가지 자료형식으로 되어 있는 테이블의 수직부분에 해당한다.

4. 데이터언어

1) 데이터정의어(DDL : Data Definition Language)

(1) 특징

① 데이터베이스를 정의하거나 그 정의를 수정할 목적으로 사용하는 언어로 데이터베이스관리자나 DB설계자가 주로 사용한다.

② 스키마에 사용되는 개체의 정의, 속성, 개체 간의 관계, 인스턴스들에 존재하는 제약조건, 사상(mapping)명세를 포함한다(논리적, 물리적 저장구조와 액세스방법 정의).

③ 관계DBMS의 경우 table, view의 생성, 삭제기능을 갖는다.

(2) 명령어

① CREATE TABLE : 새로운 테이블 정의

② DROP TABLE : 기존 테이블 삭제

③ ALTER TABLE : 이미 설정된 테이블의 정의 수정

④ CREATE VIEW : 기존의 테이블로부터 새로운 테이블 정의

⑤ DROP VIEW : 정의된 뷰의 정의 삭제

⑥ CREATE INDEX : 인덱스 생성

⑦ DROP INDEX : 이미 설정된 인덱스 해제

기출문제　　　　　　　　　　　　　　　　　　　　　　　　[2018년 기출]

SQL명령어 중 데이터베이스 사용자가 응용프로그램이나 질의어를 통하여 저장된 데이터를 실질적으로 처리하는 데 사용하는 언어(DML)에 해당하지 않는 것은?

① ALTER　　　　　　　　　　　　　② UPDATE
③ DELETE　　　　　　　　　　　　④ INSERT

답 ①

2) 데이터조작어(DML : Data Manipulation Language)

① 사용자로 하여금 적절한 데이터 모델에 근거하여 데이터를 처리할 수 있게 하는 도구로 서 사용자(응용프로그램)와 DBMS 사이의 인터페이스를 제공한다.
② 데이터 연산은 데이터의 검색, 삽입, 삭제, 변경 등을 의미한다.

3) 데이터제어어(DCL : Data Control Language)

① 여러 사용자가 데이터베이스를 공용하고 정확하게 유지하기 위한 데이터 제어를 정의하 고 기술하는 언어이다.
② 데이터제어어(DCL)는 데이터를 보호하고 데이터를 관리하는 목적으로 사용된다.
③ 데이터 관리목적으로 데이터베이스관리자(DBA)가 사용, 관리하기 위한 도구이다.
   ㉠ 데이터 보안(security) 및 권한
   ㉡ 데이터 무결성(integrity) 유지
   ㉢ 병행수행(concurrency)제어
   ㉣ 데이터 회복(recovery)기법
   ㉤ 질의최적화기법
   ㉥ 교착상태해결기법

[데이터언어]

데이터언어	종 류
정의어(DDL)	생성 : CREATE, 주소변경 : ALTER, 제거 : DROP
조작어(DML)	검색 : SELECT, 삽입 : INSERT, 삭제 : DELETE, 갱신 : UPDATE
제어어(DCL)	권한부여 : GRANT, 권한해제 : REVOKE, 데이터 변경완료 : COMMIT, 데이터 변경취소 : ROLLBACK

기출문제   [2022년 기출]

데이터베이스를 생성하거나 데이터베이스의 구조형태를 수정하기 위해 사용하는 언어는?

① DDL(Data Definition Language)   ② UML(Unified Markup Language)
③ DCL(Data Control Language)   ④ DML(Data Manipulation Language)

답 ①

기출문제   [2011년 기출]

SQL의 데이터정의어(DDL)에서 기존 테이블을 삭제할 때 사용하는 명령어는?

① DROP TABLE   ② DELETE TABLE
③ REMOVE TABLE   ④ ERASE TABLE

답 ①

기출문제

데이터베이스관리시스템에서 자료를 만들고 조회할 수 있는 도구인 SQL(Structured Query Language)에 대한 설명으로 옳지 않은 것은?

① 테이블 삭제명령과 데이터 삭제명령은 같다.
② 비절차적 언어로 데이터 정의어, 조작어, 제어어를 모두 지원한다.
③ 국제적으로 SQL의 사용법은 표준화되어 있다.
④ 집합단위의 연산을 한다.

답 ①

기출문제

데이터 구조를 정의하고 테이블 생성(CREATE), 변경(ALTER), 삭제(DROP) 등을 정의하는 언어는?

① DML(Data Manipulation Language)
② DCL(Data Control Language)
③ DDL(Data Definition Language)
④ DLL(Data Link Language)

답 ③

기출문제

SQL명령어 중 데이터조작어(DML)에 해당하지 않는 것은?

① CREATE
② INSERT
③ SELECT
④ DELETE

답 ①

---

08 DBMS모형

1. 네트워크데이터 모델(Graph)

1) 개요

① 데이터베이스의 논리적 구조를 기술한 자료구조도(data structure diagram)가 네트워크 형태이다.
② 데이터 간의 관계는 오너(owner)-멤버(member)의 관계를 갖는 링크(link)로서 표현된다.

③ 관계형 데이터 모델과의 다른 점은 관계모델이 두 릴레이션 간의 관계를 나타내 주기 위해 직접적인 데이터 속성값을 사용하는 데 비해, 네트워크형 모델에서는 포인터형태로 연결을 해주는 것이다.

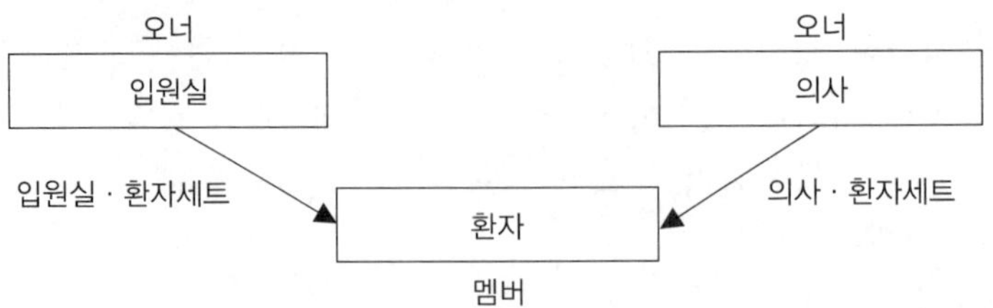

2) 장단점

① 장점 : 데이터 상호 간 유연성이 좋고, 다양한 형태의 구조를 제공한다.
② 단점 : 복잡해서 이해하기 어렵고, 변경이 어려워 확장성이 거의 없다.

2. 계층데이터 모델(Tree)

1) 개요

① 데이터베이스의 논리적 구조를 기술한 자료구조도(data structure diagram)는 노드들의 상대적인 위치정보도 포함된 순서트리형태이다.
② 트리에 있는 모든 노드들은 데이터베이스에서 사용할 수 있는 레코드타입을 나타내고, 두 레코드타입 사이의 링크는 이들 레코드어커런스(record occurrence) 사이의 일대다(1 : n) 관계를 나타낸다. 이렇게 연관된 두 개의 레코드타입들을 parent-child관계라고 한다.
③ 레코드타입과 일대다의 관계를 나타내는 링크로 구성된 트리형태의 자료구조도를 계층정의트리(Hierarchical Definition Tree : HDT)라고 한다.
④ 두 레코드타입 간의 다대다(m : n)관계는 직접 표현할 수 없다.

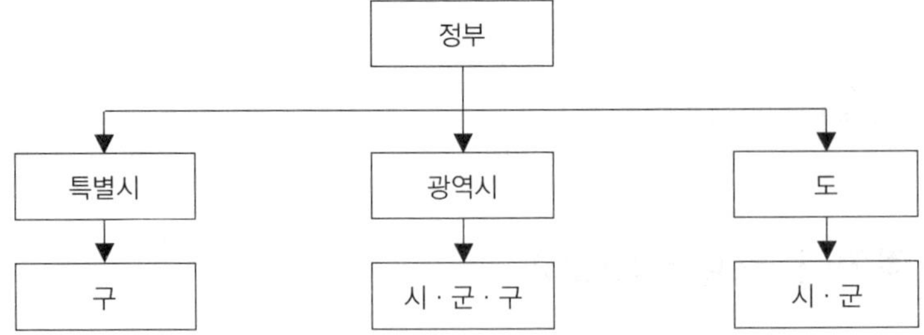

2) 장단점

(1) 장점

① 데이터 간에 관계에 제한을 둠으로써 다른 데이터 모델보다 구현하기 쉽다.

② 구조가 간단하고, 판독이 용이하다.

③ 구현, 검색, 수정이 용이하고, 독립성이 보장된다.

(2) 단점

① 유연성이 부족하다.

② 검색경로가 한정되어 있다.

기출문제 [2018년 기출]

데이터베이스모형에 대한 설명으로 옳지 않은 것은?

① 계층형은 트리(Tree)구조를 가지고 있다.

② 네트워크형은 계층형의 개량형으로 하나의 객체가 여러 개의 부모레코드와 자식레코드를 가질 수 있는 구조이다.

③ 관계형은 객체지향형의 단점을 보완한 것으로 복잡한 객체로 구성된 현실 세계를 재현하는 데 효과적이다.

④ 객체지향형은 객체지향프로그래밍기술을 데이터베이스에 적용시킨 것이다.

답 ③

3. 관계데이터베이스(table)

가장 최신의 데이터베이스형태이며 사용자에게 보다 친숙한 자료접근방법을 제공하기 위해 개발하였다.

기출문제 [2014년 기출]

관계형 데이터베이스모델의 특성에 대한 설명으로 옳은 것은?

① 나무줄기 같은 구조를 가지고 있다.

② 하나의 객체는 여러 개의 부모레코드와 자식레코드를 가질 수 있다.

③ 멀티미디어데이터를 관리하기가 용이하다.

④ 행과 열로 정렬된 논리적인 데이터 구조이다.

답 ④

4. 객체관계데이터베이스

① 관계데이터 모델의 한계, 즉 이미지, 텍스트, 오디오, 비디오, 공간과 지리데이터, 시간시리즈 데이터와 같은 복잡한 데이터 처리의 한계를 가지고 있다.

② 관계데이터베이스시스템의 편리한 사용성에 객체지향개념을 접목한 것으로 관계테이블, 질의어, 객체, 메소드, 클래스, 계승, 캡슐화, 복합객체 등을 지원한다.

③ 객체관계데이터베이스(OR database)는 객체관계모델에 따라 정의된 릴레이션과 객체의 집합을 의미하며, ORDBMS(Object Relational DBMS)는 객체관계데이터베이스를 정의하고 처리하며 이용할 수 있게 하는 데이터베이스시스템이다.

④ 객체관계DBMS를 Universal server 또는 Universal DBMS라고도 하고 있다.

⑤ ORDBMS에는 Informix의 Universal server, Oracle의 Oracle 8, IBM의 DB 2 Universal DB(UDB) 등이 있다.

5. 객체지향데이터베이스

1) 데이터베이스기술의 발달단계

① 파일시스템
② 계층형 또는 네트워크형 데이터베이스시스템
③ 관계데이터베이스시스템
④ 확장된 관계 또는 객체 지향 데이터베이스시스템
⑤ 객체관계데이터베이스시스템

2) 객체지향DB의 장단점

장 점	단 점
1. 강력한 데이터 모델링 가능 2. 데이터와 관련 연산 동시 표현 3. 사용자 데이터 구조 및 연산을 정의할 수 있는 확장성 4. 재사용성	1. 기본 DB기능 제공 2. 수행속도 등 성능 저하 3. 신개념에 대한 경험 및 기술 부족 4. 기존 관계형 데이터베이스와 호환문제

기출문제　　　　　　　　　　　　　　　　　　　　　　　　　[2010년 기출]

공간데이터베이스를 이용하여 현실 세계를 모델링하는 과정은 개념적 설계, 논리적 설계, 물리적 설계로 구분된다. 논리적 설계모델에 해당하지 않는 것은?

① 계층형 모델　　　　　　　　　　② 객체-관계형 모델
③ 네트워크형 모델　　　　　　　　④ 관계형 모델

답 ②

기출문제　　　　　　　　　　　　　　　　　　　　　　　　　[2019년 기출]

객체지향데이터베이스의 설명으로 옳지 않은 것은?

① 객체의 속성과 행위가 함께 정의된다.　② 상속성, 캡슐화, 다형성의 특징이 있다.
③ 확장성과 재사용성이 높다.　　　　　　④ 데이터는 레코드단위로 저장된다.

답 ④

3) 객체지향프로그램언어의 특징

① 캡슐화와 데이터 은닉 : 우리가 캡슐로 된 알약을 먹을 때 그 안에 어떤 약들이 있는지 모르면서 약을 먹듯이, 자바의 객체 내부가 어떤 형태로 구성되어 있는지 모르고 어떤 메소드를 사용하면 어떠한 결과를 얻을 수 있다는 개념으로 프로그래밍한다. 즉 구체적인 내용은 몰라도 원하는 결과를 얻을 수 있기에 코딩하는 데 있어서 보다 수월하다. 또한 객체 외부에서 데이터를 직접 건들면 데이터가 변환될 수 있기 때문에 변환을 막기 위해 데이터 은닉이라는 개념이 존재한다. 캡슐화와 데이터 은닉은 클래스의 접근권한을 결정하는 접근지정자를 사용하여 구현한다.

② 다형성과 메소드의 오버로딩 : 다형성은 이름이 동일한 메소드가 어떠한 자료와 사용되는지에 따라 다르게 동작하는 것을 의미한다. 자바에서는 메소드의 이름으로 전달인자의 자료형이나 개수를 서로 다르게 주어 같은 메소드이름으로 여러 번 정의할 수 있다. 이렇게 동일한 이름의 메소드를 여러 번 정의하는 것을 메소드의 오버로딩이라 한다.

③ 상속성 : 클래스를 설계할 때 공통적으로 필요한 성격들을 기본적인 클래스에 정의해 두면 다른 클래스를 작성할 때 공통적인 내용은 담은 클래스에서 상속받아 사용할 수 있다.

Chapter 04

기출문제　　　　　　　　　　　　　　　　　　　　　　　　　　　　[2022년 기출]

데이터베이스의 종류에 대한 설명으로 옳지 않은 것은?

① 계층형 데이터베이스는 족보와 같은 단순한 트리구조를 가지고 있으며, 데이터 갱신은 용이하나 검색과정이 폐쇄적이다.

② 네트워크형 데이터베이스는 하나의 개체가 여러 부모와 자녀를 가질 수 있으며, 필요한 개체의 검색을 위해서는 상위계층의 검색이 필수적이다.

③ 관계형 데이터베이스는 개체를 2차원 테이블 형태로 표현하고, 데이터 구조가 간단하여 이해하기 쉽다.

④ 객체지향형 데이터베이스는 공간객체의 다양한 내·외부적인 관계를 다룰 수 있으므로 복잡한 객체로 구성된 현실 세계를 재현하는 데 효과적이다.

답 ②

09　불대수

① 불대수는 0과 1로 된 2개의 값으로만 표현하고 연산하는 대수학

② 2진 변수와 논리동작을 취급하는 함수

③ 디지털논리의 수학적 기초가 되어 논리대수라고도 불림

④ 불변수의 기본논리연산은 AND, OR, NOT, NAND, NOR, XOR, XNOR 등이 있음

논리	논리식	회로기호	진리표			설명
NOT	$\overline{A}$	A —▷○— out	**입력**	**출력**		NOT게이트는 1개의 입력과 1개의 출력을 갖는 게이트로 논리부정이다. 입력에 대해 반대로 출력하며, 1이 입력되었을 때 0, 0이 입력되었을 때 1이 출력된다.
			A	NOT A		
			0	1		
			1	0		
OR	$A+B$		**입력**		**출력**	OR게이트는 2개 이상의 입력에 대해 1개의 출력을 얻는 게이트로 논리합이다. 출력은 입력이 하나라도 1이면 1, 모두 0인 경우에만 0이 된다.
			A	B	A OR B	
			0	0	0	
			0	1	1	
			1	0	1	
			1	1	1	
AND	$A \cdot B$		**입력**		**출력**	AND게이트는 2개 이상의 입력에 대해 1개의 출력을 얻는 게이트로 논리곱이다. 출력은 입력이 모두 1인 경우에만 출력이 1, 하나라도 0이라면 0이 된다.
			A	B	A AND B	
			0	0	0	
			0	1	0	
			1	0	0	
			1	1	1	
XOR	$A \oplus B$		**입력**		**출력**	XOR게이트는 배타적 논리합이다. 홀수개의 1이 입력된 경우 출력이 1, 짝수개의 1이 입력된 경우 출력이 0이다.
			A	B	A XOR B	
			0	0	0	
			0	1	1	
			1	0	1	
			1	1	0	
NOR	$\overline{A+B}$		**입력**		**출력**	NOR게이트는 2개 이상의 입력에 대해 1개의 출력을 얻는 게이트로 부정논리합이다. 출력은 입력이 하나라도 1이면 0, 모두 0인 경우에만 1이 된다.
			A	B	A NOR B	
			0	0	1	
			0	1	0	
			1	0	0	
			1	1	0	
NAND	$\overline{A \cdot B}$		**입력**		**출력**	NAND게이트는 2개 이상의 입력에 대해 1개의 출력을 얻는 게이트로 부정논리곱이다. 입력이 모두 1인 경우에만 출력이 0, 하나라도 0이라면 출력은 1이 된다.
			A	B	A NAND B	
			0	0	1	
			0	1	1	
			1	0	1	
			1	1	0	
XNOR	$A \odot B$		**입력**		**출력**	XNOR게이트는 배타적 부정논리합이다. 짝수개의 0이나 1이 입력된 경우 출력이 1, 홀수개의 1이 입력된 경우 출력이 0이다. XOR게이트에 NOT게이트를 연결한 출력과 같다.
			A	B	A XNOR B	
			0	0	1	
			0	1	0	
			1	0	0	
			1	1	1	

두 개의 래스터데이터 입력레이어에서 'B'와 '8'을 찾아 논리적 XOR로 연산하여 중첩 분석한 결과는?

B	B	A
B	B	C
C	C	A

4	8	8
5	8	8
7	7	8

①

1	0	1
1	0	1
0	0	1

②

1	1	1
1	1	1
0	0	1

③

0	1	0
0	1	0
0	0	0

④

1	1	0
1	1	0
0	0	0

답 ①

01 자료(data)와 정보(information)에 대한 설명이 가장 적절한 것은?

① 정보란 자료를 처리해서 얻을 수 있는 결과이다.
② 자료란 적절한 의사결정의 수단으로 사용할 수 있는 시작이다.
③ 정보란 현실 세계에 존재하는 가공하지 않은 그대로의 모습을 의미한다.
④ 자료와 정보는 같은 의미이다.

해설 ② 정보란 적절한 의사결정의 수단으로 사용할 수 있는 시작이다.
③ 자료란 현실 세계에 존재하는 가공하지 않은 그대로의 모습을 의미한다.
④ 자료와 정보는 같은 의미로 사용되지 않는다.

02 데이터베이스의 정의로 보기 어려운 것은?

① 동일한 데이터의 중복을 최소화한다.
② 컴퓨터가 접근할 수 있는 저장매체에 저장된 데이터의 집합이다.
③ 특정 프로그램을 위한 독자적인 데이터이다.
④ 존재 목적이나 유용성 면에서 필수적인 데이터이다.

해설 데이터베이스(DB)란 하나의 조직 안에서 다수의 사용자들이 공동으로 사용할 수 있도록 통합 저장되어 있는 운영자료의 집합을 의미한다.

03 데이터베이스의 정의와 관계없는 것은?

① 데이터베이스는 통합된 데이터이다.
② 데이터베이스는 공용데이터이다.
③ 데이터베이스는 운영데이터이다.
④ 데이터베이스는 실시간 처리데이터이다.

해설 데이터베이스의 정의

통합데이터 (integrated data)	데이터의 일관성을 위해 중복을 최소화한 데이터
저장데이터 (stored data)	책상 서랍이나 캐비닛과 같은 일반 저장소가 아닌 컴퓨터가 접근할 수 있는 저장매체(자기테이프, 디스크)에 저장된 집합운영데이터
운영데이터 (operational data)	불필요한 데이터는 제거하고 조직의 목적을 위해 사용될 반드시 필요한 데이터
공용데이터 (shared data)	한 조직에서 여러 응용프로그램들이 공동으로 이용하는 데이터

정답 1. ① 2. ③ 3. ④

04 데이터베이스의 정의 중 "같은 데이터가 원칙적으로 중복되어 있지 않다."는 의미를 나타내는 것은?

① 통합데이터(integrated data)　　② 저장데이터(stored data)
③ 운영데이터(operational data)　　④ 공용데이터(shared data)

해설 데이터베이스의 정의

통합데이터 (Integrated Data)	데이터의 일관성을 위해 중복을 최소화한 데이터
저장데이터 (Stored Data)	책상 서랍이나 캐비닛과 같은 일반 저장소가 아닌 컴퓨터가 접근할 수 있는 저장매체(자기테이프, 디스크)에 저장된 집합운영데이터
운영데이터 (Operational Data)	불필요한 데이터는 제거하고 조직의 목적을 위해 사용될 반드시 필요한 데이터
공용데이터 (Shared Data)	한 조직에서 여러 응용프로그램들이 공동으로 이용하는 데이터

05 데이터베이스의 특징이 아닌 것은?

① 실시간 접근성(real-time accessibility)　② 내용에 의한 접근(content reference)
③ 동시 공유(concurrent sharing)　　　④ 데이터의 중복(data redundancy)

해설 데이터베이스의 특징

실시간 접근성 (real-time accessibility)	질의에 대한 실시간 응답처리 지원
계속적인 변화 (continuous evolution)	삽입, 삭제, 갱신을 통한 현재 데이터의 정확한 데이터를 동적으로 유지
동시 공유 (concurrent sharing)	서로 다른 목적을 가진 여러 사용자가 같은 내용의 데이터에 동시에 접근 가능
내용에 의한 참조 (content reference)	데이터 참조는 주소나 위치가 아닌 데이터의 내용, 즉 데이터값에 의한 참조

06 데이터베이스 내에서 패턴, 경향, 관계 등을 분석하여 가치 있는 정보를 추출하는 과정은?

① Data automation　　② Data dictionary
③ Data warehouse　　④ Data mining

해설 1. 데이터웨어하우스
　① 데이터웨어하우스(Data Warehouse)란 의사결정지원을 위한 주제지향의 통합적이고 영속적이면서 시간에 따라 변하는 데이터의 집합이다.
　② 데이터웨어하우스의 기능은 복잡한 분석, 지식발견, 의사결정지원을 위한 데이터의 접근을 제공하는 것이다.
　③ 여러 곳에 분산, 운용되는 트랜잭션 위주의 시스템들로부터 필요한 정보를 추출한 후 하나의 중앙 집중화된 저장소에 모아 놓고, 이를 여러 계층의 사용자들이 좀 더 손쉽게 효과적으로 이용하기 위하여 만든 데이터 창고이다.

2. 데이터마이닝
① 데이터웨어하우스의 규모가 대형화되고 복잡하게 될 때 관련된 정보를 발견하는 과정, 즉 지식발견
   과정을 의미한다.
② 체계적이고 자동적으로 데이터로부터 통계적 규칙이나 패턴을 찾는다.
③ 데이터마이닝은 디스크에 저장된 대량의 데이터를 대상으로 한다는 점에서 기계학습과는 다르다.

07 다음 제시문의 ( ) 안에 들어갈 용어는?

> ( )은(는) 초대용량(volume), 다양한 형태(variety), 빠른 생성속도(velocity)와 무한한 가치(value)
> 의 개념을 의미하는 4V로 정의되며, 최근 위치기반 데이터와 연계되어 신성장 동력산업을 선도할 수
> 있는 새로운 가치를 창출할 것으로 기대되고 있다.

① 데이터웨어하우스
② 빅데이터
③ 데이터베이스
④ 데이터마이닝

해설 빅데이터

빅데이터란 기존 데이터베이스관리도구로 데이터를 수집, 저장, 관리, 분석할 수 있는 역량을 넘어서는
대량의 정형 또는 비정형 데이터 집합 및 이러한 데이터로부터 가치를 추출하고 결과를 분석하는 기술을
의미한다.

08 다음 글이 설명하는 컴퓨터 자료구조는?

> 원소의 삽입과 삭제가 한쪽 끝인 톱(top)에서만 이루어지도록 제한하는 특별한 형태의 자료구조이
> 다. 이 자료구조는 가장 나중에 삽입한 원소를 가장 먼저 삭제하는 특성 때문에 후입선출리스트라고
> 한다.

① 큐(Queue)
② 트리(Tree)
③ 스택(Stack)
④ 그래프(Graph)

해설 스택과 큐

1. 스택
① 데이터를 저장할 때 리스트의 최상단에서만 데이터를 추출할 수 있는 구조를 말한다.
② LIFO(후입선출)구조를 가진 기억장소구조이다. 즉 가장 나중에 입력된 데이터를 먼저 추출하는 구
   조이다.
③ 데이터 저장을 PUSH라 하고, 데이터를 로드하는 것을 POP이라고 한다,

2. 큐
① 데이터 저장은 한쪽에서 추출은 반대 방향에서 이루어지는 구조이다.
② 데이터들이 줄을 서서 대기하며 최초 대기된 데이터부터 차례대로 처리하는 구조이다.

　　✏️ 정답　7. ② 8. ③

09 파일처리방식의 특징이 아닌 것은?

① 데이터베이스의 가장 보편화된 방식이다.

② 토지정보체계에서 필요한 자료를 추출하기 위해 각각의 파일에 대하여 자세한 정보를 필요로 한다.

③ 많은 양의 중복작업을 유발한다.

④ 데이터베이스와 응용프로그램 간의 연결에서 자료를 직접 관리하기 때문에 자료의 저장 및 관리가 중복적이며 비효율적이지만 처리속도가 빠르다.

해설 파일처리방식의 특징

1. 데이터베이스의 가장 보편화된 방식

2. 토지정보체계에서 필요한 자료를 추출하기 위해 각각의 파일에 대하여 자세한 정보 필요

3. 많은 양의 중복작업 유발

4. 데이터베이스와 응용프로그램 간의 연결에서 자료를 직접 관리하기 때문에 자료의 저장 및 관리가 중복적이며 비효율적이고 처리속도가 늦음

10 데이터베이스방식은 파일처리방식과 DBMS방식으로 구분이 된다. 파일처리방식의 구성으로 맞지 않는 것은?

① 레코드(record) ② 필드(field)

③ 파일(file) ④ 키(key)

해설 파일처리방식의 구성요소는 레코드(record), 필드(field), 키(key)로 구성된다.

11 파일처리방식의 구성 중 하나의 주제에 관한 자료저장을 무엇이라 하는가?

① 레코드(record) ② 필드(field)

③ 파일(file) ④ 키(key)

해설 파일은 유사한 성질이나 관계를 가진 자료의 집합체로, 데이터의 파일은 레코드(record), 필드(field), 키(key)의 3가지로 구성된다.

1. **레코드**(record) : 하나의 주제에 관한 자료저장

2. **필드**(field) : 레코드를 구성하는 각각의 항목

3. **키**(key) : 파일에서 정보를 추출할 때 쓰이는 필드

12 데이터베이스관리시스템(DBMS)에 대한 설명으로 옳지 않은 것은?

① 구축비용이 많이 소요되는 하드웨어시스템이다.

② 중앙집약적 구조이므로 데이터 관리의 위험부담이 크다.

③ 데이터의 무결성과 보안성 유지가 용이하다.

④ 데이터에 대한 일관성 유지가 가능하다.

해설 DBMS(Datebase Managemont System, 데이터베이스관리시스템)는 파일시스템의 문제점을 해결하기 위해 등장하였으며, 여러 곳에 흩어져 있는 자료를 한 곳에 모아두고 그 데이터들을 응용프로그램이 접근하기 위해 통과해 주도록 해주는 중간 매개체시스템을 말한다.

13 DBMS방식의 자료관리의 장점이 아닌 것은?

① 시스템 구성이 파일방식에 비해 단순하다. ② 중앙제어가 가능하다.
③ 반복성의 제거가 용이하다. ④ 데이터가 독립적으로 운용될 수 있다.

해설 데이터베이스의 장단점

장 점	단 점
1. 중앙제어 가능 2. 효율적인 자료호환(표준화) 3. 데이터의 독립성 4. 새로운 응용프로그램 개발의 용이성 5. 반복성의 제거(중복 제거) 6. 많은 사용자의 자료 공유 7. 데이터의 무결성 유지 8. 데이터의 보안을 보장	1. 초기 구축비용이 고가 2. 초기 구축 시 관련 전문가 필요 3. 시스템의 복잡성(자료구조가 복잡) 4. 자료의 공유로 인해 자료의 분실이나 잘못된 　　자료가 사용될 가능성이 있어 보완조치 마련 5. 통제의 집중화에 따른 위험성 존재

14 데이터베이스의 장점으로 가장 거리가 먼 것은?

① 자료의 효율적인 분리가 가능 ② 자료의 독립성 유지
③ 여러 사용자가 동시 사용 ④ 초기 구축비용이 저렴

해설 데이터베이스관리시스템의 단점

1. 초기 구축비용이 고가
2. 데이터베이스는 그 구조가 복잡하고 여러 사용자가 동시에 공용하기 때문에 장애가 일어났을 때 정확한
   이유나 상태를 파악하기 어려우며, 여기에 대한 예비조치나 사후회복기법을 수립해 놓는 것이 어려움
3. 통제의 집중화에 따른 위험성이 존재
4. 자료의 공유로 인해 자료의 분실이나 잘못된 자료가 사용될 가능성이 있어 보완조치 마련이 필요

15 GIS자료의 저장방식은 크게 파일저장방식과 DBMS(Data-Base Management System)방식
으로 나눌 수 있는데, 파일저장방식에 비해 DBMS방식이 갖는 장점이 아닌 것은?

① 자료의 신뢰도가 일정 수준으로 유지될 수 있다.
② 새로운 응용프로그램을 개발하는 데 용이하다.
③ 시스템이 간단하여 경제적이다.
④ 사용자 요구에 맞는 다양한 양식의 자료를 제공할 수 있다.

해설 데이터베이스의 장단점

장 점	단 점
1. 중앙제어 가능 2. 효율적인 자료호환(표준화) 3. 데이터의 독립성 4. 새로운 응용프로그램 개발의 용이성 5. 반복성의 제거(중복 제거) 6. 많은 사용자의 자료 공유 7. 데이터의 무결성 유지 8. 데이터의 보안을 보장	1. 초기 구축비용이 고가 2. 초기 구축 시 관련 전문가 필요 3. 시스템의 복잡성(자료구조가 복잡) 4. 자료의 공유로 인해 자료의 분실이나 잘못된 　　자료가 사용될 가능성이 있어 보완조치 마련 5. 통제의 집중화에 따른 위험성 존재

정답　13. ①　14. ④　15. ③

16 다음은 무엇에 대한 정의인가?

> 데이터베이스와 프로그래머, 운영체계(OS), 사용자 간의 인터페이스(interface)를 지원하는 프로그램들의 집합으로 이루어진 것이다.

① DBMS   ② Record
③ Field   ④ Key

해설 DBMS(Database Management System)는 데이터베이스와 프로그래머, 운영체계(OS), 사용자 간의 인터페이스(interface)를 지원하는 프로그램들의 집합으로 이루어진 것이며, DBMS를 이용함으로써 프로그래머는 파일의 물리적 성질에 대하여 고심하지 않아도 되며, 오로지 프로그램이 필요로 하는 구체적인 자료에만 관심을 가지면 된다.

17 토지정보체계 자료의 관리를 위하여 데이터베이스를 기반으로 보다 효율적인 자료의 관리와 자료의 중복성 방지를 위하여 도입된 시스템은 무엇인가?

① PBLIS   ② DBMS
③ LMIS   ④ KLIS

해설 데이터베이스(DB)란 하나의 조직 안에서 다수의 사용자들이 공동으로 사용할 수 있도록 통합 저장되어 있는 운영자료의 집합을 의미한다. 토지정보체계 자료관리를 위하여 데이터베이스를 기반으로 보다 효율적인 자료의 관리와 자료의 중복성 방지를 위하여 데이터베이스관리시스템(DBMS : Database Management System)이 도입되었다.

18 DBMS에 관한 설명 중 틀린 것은?

① 데이터의 중복의 최소화   ② 데이터의 공유
③ 데이터의 무결성 유지   ④ 데이터의 종속성 유지

해설 데이터베이스의 장단점

장 점	단 점
1. 중앙제어 가능	1. 초기 구축비용이 고가
2. 효율적인 자료호환(표준화)	2. 초기 구축 시 관련 전문가 필요
3. 데이터의 독립성	3. 시스템의 복잡성(자료구조가 복잡)
4. 새로운 응용프로그램 개발의 용이성	4. 자료의 공유로 인해 자료의 분실이나 잘못된 자료가 사용될 가능성이 있어 보완조치 마련
5. 반복성의 제거(중복 제거)	5. 통제의 집중화에 따른 위험성 존재
6. 많은 사용자의 자료 공유	
7. 데이터의 무결성 유지	
8. 데이터의 보안을 보장	

19 DBMS를 이용함으로써 얻을 수 있는 이점과 거리가 먼 것은?

① 데이터의 중복을 최소화할 수 있다.
② 데이터의 불일치를 피할 수 있다.
③ 응용프로그램과 데이터의 종속성이 유지된다.
④ 데이터의 무결성이 유지된다.

정답   16. ①   17. ②   18. ④   19. ③

 DBMS(Datebase Management System, 데이터베이스관리시스템)는 파일시스템의 문제점(종속성)을 해결하기 위해 등장하였으며, 여러 곳에 흩어져 있는 자료를 한 곳에 모아두고 그 데이터들을 응용프로그램이 접근하기 위해 통과해 주도록 해주는 중간 매개체시스템을 말한다. 또한 데이터베이스의 구성, 접근방법, 관리, 유지에 관한 모든 책임을 맡고 있는 시스템 소프트웨어이다.

20 DBA의 역할이 아닌 것은?

① 자료의 보안성, 무결성 유지　　　　② 스키마의 정의
③ 응용프로그램의 설계 및 개발　　　　④ 데이터 사전의 유지 및 관리

 DBA의 역할

설계 및 운영 작업	1. 데이터베이스의 전반적인 구성과 데이터에 대한 관리업무담당 2. 데이터의 사전 작성 및 유지 관리 3. 보안, 권한부여, 예비와 회복 절차 수립 4. 데이터베이스 무결성 제약조건 지정 5. 성능 향상 및 갱신에 대응한 재구성
사용자 요구와 불평, 행정문제 해결	1. 데이터 표현과 시스템문서화의 표준 마련 2. 사용자 요구와 불평 청취 해결
시스템 감시 및 성능 분석	1. 사용자 요구변화와 각종 통계를 종합분석 2. 시스템 성능과 감시 및 자원이용도 분석

21 데이터베이스관리자(DBA)의 임무로 거리가 먼 것은?

① 개념스키마 및 내부스키마를 정의한다.
② 데이터를 저장하고 저장된 데이터를 사용한다.
③ 장애에 대비한 예비조치와 회복에 대한 전략을 수립한다.
④ 접근권한을 부여한다.

 DBA의 역할

설계 및 운영 작업	1. 데이터베이스의 전반적인 구성과 데이터에 대한 관리업무담당 2. 데이터의 사전 작성 및 유지 관리 3. 보안, 권한부여, 예비와 회복 절차 수립 4. 데이터베이스 무결성 제약조건 지정 5. 성능 향상 및 갱신에 대응한 재구성
사용자 요구와 불평, 행정문제 해결	1. 데이터 표현과 시스템문서화의 표준 마련 2. 사용자 요구와 불평 청취 해결
시스템 감시 및 성능 분석	1. 사용자 요구변화와 각종 통계를 종합분석 2. 시스템 성능과 감시 및 자원이용도 분석

22 다음 중 데이터베이스관리시스템의 필수기능이라 볼 수 없는 것은?

① 정의기능　　　　　　　　　② 생성기능
③ 제어기능　　　　　　　　　④ 조작기능

　　　　✎ 정답　20. ③　21. ②　22. ②

해설 데이터베이스의 필수기능

필수기능	요 건	
정의기능	1. 논리적 구조명세 3. 물리적 · 논리적 사상명세	2. 물리적 구조명세
조작기능	1. 사용의 편의성 및 용이성 3. 접근의 효율성	2. 연산의 완전한 명세 가능
제어기능	1. 데이터의 무결성 유지 3. 데이터의 정확성 유지	2. 보안 유지와 권한검사

23 데이터베이스관리시스템의 필수기능 중 다양한 응용프로그램과 데이터베이스가 서로 인터페이스를 할 수 있는 방법을 제공하는 기능은?

① 정의기능
② 조작기능
③ 제어기능
④ 저장기능

해설 정의기능

데이터의 형태, 구조, 데이터베이스의 저장에 대한 내용을 정의한다. 다양한 응용프로그램과 데이터베이스가 서로 인터페이스할 수 있는 방법을 제공하는 기능으로, 여러 사용자가 다양한 형태의 데이터를 요구해도 이를 지원할 수 있도록 가장 적절한 데이터베이스구조를 정의할 수 있는 기능이다.

24 데이터베이스관리시스템(DBMS)의 주요 필수기능과 거리가 먼 것은?

① 데이터베이스구조를 정의할 수 있는 정의기능
② 데이터 사용자의 통제 및 보안기능
③ 데이터베이스내용의 정확성과 안정성을 유지할 수 있는 제어기능
④ 데이터조작어로 데이터베이스를 조작할 수 있는 조작기능

해설 필수기능으로 정의기능, 조작기능, 제어기능이 있다.

25 데이터베이스관리시스템(DBMS : Database Management System)에 대한 설명으로 틀린 것은?

① DBMS는 물리적인 시스템으로 데이터베이스를 생성 · 관리 · 제공하는 집합이라고 할 수 있다.
② DBMS는 데이터를 저장하고 정보를 추출할 수 있는 효율적이고 편리한 방법을 사용자에게 제공하는 데 목적이 있다.
③ DBMS의 주요 기능은 데이터를 안정적으로 관리하고 효율적인 검색 및 데이터베이스의 질의 언어를 지원하는 것이다.
④ 파일처리방식에 비하여 시스템구성이 단순해져 자료의 손실가능성이 적어졌다.

 데이터베이스의 장단점

장 점	단 점
1. 중앙제어 가능 2. 효율적인 자료호환(표준화) 3. 데이터의 독립성 4. 새로운 응용프로그램 개발의 용이성 5. 반복성의 제거(중복 제거) 6. 많은 사용자의 자료 공유 7. 데이터의 무결성 유지 8. 데이터의 보안을 보장	1. 초기 구축비용이 고가 2. 초기 구축 시 관련 전문가 필요 3. 시스템의 복잡성(자료구조가 복잡) 4. 자료의 공유로 인해 자료의 분실이나 잘못된 자료가 사용될 가능성이 있어 보완조치 마련 5. 통제의 집중화에 따른 위험성 존재

26 데이터베이스관리시스템(DBMS)의 필수기능 중 제어기능에 대한 설명으로 거리가 먼 것은?

① 데이터베이스를 접근하는 갱신, 삽입, 삭제 작업이 정확하게 수행되어 데이터의 무결성이 유지되도록 제어해야 한다.

② 데이터의 논리적 구조와 물리적 구조 사이에 변환이 가능하도록 두 구조 사이의 사상(mapping)을 명세하여야 한다.

③ 정당한 사용자가 허가된 데이터만 접근할 수 있도록 보안(security)을 유지하고 권한(authority)을 검사할 수 있어야 한다.

④ 여러 사용자가 데이터베이스를 동시에 접근하여 데이터를 처리할 때 처리결과가 항상 정확성을 유지하도록 병행제어(concurrency control)를 할 수 있어야 한다.

필수기능	요 건	
정의기능	1. 논리적 구조명세 3. 물리적 · 논리적 사상명세	2. 물리적 구조명세
조작기능	1. 사용의 편의성 및 용이성 3. 접근의 효율성	2. 연산의 완전한 명세 가능
제어기능	1. 데이터의 무결성 유지 2. 보안 유지와 권한검사 3. 데이터의 정확성 유지 4. 여러 사용자가 동시에 접근할 때 병행제어를 할 수 있어야 함	

27 DBMS의 제어기능에 대한 설명으로 잘못된 것은?

① 모든 사용자 누구나가 접근할 수 있도록 데이터를 관리한다.

② 데이터의 무결성이 파괴되지 않도록 제어한다.

③ 데이터의 내용에 대한 정확성과 안전성을 유지할 수 있도록 제어한다.

④ 여러 사용자가 데이터베이스를 동시에 접근하여 데이터를 처리하기 위한 병행제어를 한다.

 제어기능

1. 데이터의 무결성 유지

2. 보안 유지와 권한검사

3. 데이터의 정확성 유지

4. 여러 사용자가 동시에 접근할 때 병행제어

28 사용자로 하여금 데이터를 처리할 수 있게 하는 도구로서 사용자와 DBMS 간의 인터페이스를 제공하는 언어는?

① 데이터정의어(DDL) ② 데이터조작어(DML)
③ 데이터부속어(DSL) ④ 데이터제어어(DCL)

해설 데이터언어

1. 데이터정의어(DDL : Data Definition Language)
   데이터베이스를 정의하거나 그 정의를 수정할 목적으로 사용하는 언어로, 데이터베이스관리자나 설계자가 주로 사용한다.
2. 데이터조작어(DML : Data Manipulation Language)
   사용자로 하여금 적절한 데이터 모델에 근거하여 데이터를 처리할 수 있게 하는 도구로서, 사용자와 DBMS 사이의 인터페이스를 제공한다.
3. 데이터제어어(DCL : Data Control Language)
   데이터베이스관리를 위해 사용하는 언어이며, 관리목적으로 사용되기 때문에 데이터베이스관리자(DBA)가 사용한다.

29 데이터베이스를 정의하거나 그 정의를 수정할 목적으로 사용하는 언어로 데이터베이스관리자나 설계자가 주로 사용하는 언어는?

① 데이터정의어(DDL) ② 데이터조작어(DML)
③ 데이터부속어(DSL) ④ 데이터제어어(DCL)

해설 데이터언어

1. 데이터정의어(DDL : Data Definition Language)
   데이터베이스를 정의하거나 그 정의를 수정할 목적으로 사용하는 언어로, 데이터베이스관리자나 설계자가 주로 사용한다.
2. 데이터조작어(DML : Data Manipulation Language)
   사용자로 하여금 적절한 데이터 모델에 근거하여 데이터를 처리할 수 있게 하는 도구로서, 사용자와 DBMS 사이의 인터페이스를 제공한다.
3. 데이터제어어(DCL : Data Control Language)
   데이터베이스관리를 위해 사용하는 언어이며, 관리목적으로 사용되기 때문에 데이터베이스관리자(DBA)가 사용한다.

30 데이터베이스관리를 위해 사용하는 언어이며, 관리목적으로 사용되기 때문에 데이터베이스관리자(DBA)가 사용하는 것은?

① 데이터정의어(DDL) ② 데이터조작어(DCL)
③ 데이터부속어(DSL) ④ 데이터제어어(DCL)

해설 데이터언어

1. 데이터정의어(DDL : Data Definition Language)
   데이터베이스를 정의하거나 그 정의를 수정할 목적으로 사용하는 언어로, 데이터베이스관리자나 설계자가 주로 사용한다.

정답 28. ② 29. ① 30. ④

2. **데이터조작어**(DML : Data Manipulation Language)
   사용자로 하여금 적절한 데이터 모델에 근거하여 데이터를 처리할 수 있게 하는 도구로서, 사용자와 DBMS 사이의 인터페이스를 제공한다.
3. **데이터제어어**(DCL : Data Control Language)
   데이터베이스관리를 위해 사용하는 언어이며, 관리목적으로 사용되기 때문에 데이터베이스관리자(DBA)가 사용한다.

31 데이터베이스를 정의하는 과정에서 주로 사용되는 데이터언어는?

① DDL 　　　　　　　　　　② DCL
③ DML 　　　　　　　　　　④ DQL

[해설] 데이터언어

데이터언어	종 류
DDL(정의어)	생성 : CREATE, 주소변경 : ALTER, 제거 : DROP
DML(조작어)	검색 : SELECT, 삽입 : INSERT, 삭제 : DELETE, 갱신 : UPDATE
DCL(제어어)	권한부여 : GRANT, 권한해제 : REVOKE, 데이터 변경완료 : COMMIT, 데이터 변경취소 : ROLLBACK

32 데이터제어어(DCL)의 역할이 아닌 것은?

① 불법적인 사용자로부터 데이터를 보호하기 위한 데이터 보안(security)
② 데이터 정확성을 위한 무결성(integrity)
③ 시스템 장애에 대비한 데이터 회복과 병행 수행
④ 데이터의 검색, 삽입, 삭제, 변경

[해설] 데이터언어

데이터언어	종 류
DDL(정의어)	생성 : CREATE, 주소변경 : ALTER, 제거 : DROP
DML(조작어)	검색 : SELECT, 삽입 : INSERT, 삭제 : DELETE, 갱신 : UPDATE
DCL(제어어)	권한부여 : GRANT, 권한해제 : REVOKE, 데이터 변경완료 : COMMIT, 데이터 변경취소 : ROLLBACK

33 데이터베이스관리시스템에서 데이터언어(data language)에 대한 설명으로 옳지 않은 것은?

① 데이터정의어(DDL)는 데이터베이스를 정의하거나 그 정의를 수정할 목적으로 사용하는 언어이다.
② 데이터베이스를 정의하고 접근하기 위해서 시스템과의 통신수단이 데이터언어이다.
③ 데이터조작어(DML)는 사용자와 데이터베이스관리시스템 간의 인터페이스를 제공한다.
④ 데이터제어어(DCL)는 주로 응용프로그래머와 일반 사용자가 사용하는 언어이다.

[해설] 데이터베이스 관리를 위해 사용하는 언어이며, 관리목적으로 사용되기 때문에 데이터베이스관리자(DBA)가 사용한다.

34 데이터베이스의 논리적 정의, 데이터 구조와 제약조건에 관한 명세(specification)를 기술한 것으로 컴파일되어 데이터 사전에 저장되는 것을 무엇이라 하는가?

① DBMS ② SDTS
③ TIN ④ Schema

해설 Schema는 데이터베이스의 논리적 정의, 데이터 구조와 제약조건에 관한 명세(specification)를 기술한 것으로 컴파일되어 데이터 사전에 저장된다.

35 스키마에 대한 설명으로 옳지 않은 것은?

① 외부스키마는 서브스키마라고도 한다.
② 외부스키마는 사용자나 프로그래머가 접근할 수 있는 데이터베이스를 정의한다.
③ 내부스키마는 자료가 실제로 저장되는 물리적인 데이터의 구조를 말한다.
④ 내부스키마는 데이터베이스의 접근권한, 보안정책, 무결성 규칙 등을 포함한다.

해설 개념스키마(conceptual schema)는 데이터베이스접근권한, 보안정책, 무결성 규칙을 명세화한다.

36 저장장치의 관점에서 자료가 실제로 저장되는 방법을 기술한 스키마는?

① 내부스키마 ② 외부스키마
③ 개념스키마 ④ 장치스키마

해설 스키마

데이터베이스의 논리적 정의, 데이터 구조와 제약조건에 관한 명세(specification)를 기술한 것으로 컴파일되어 데이터 사전에 저장되며, 데이터 구조를 표현하는 데이터 객체(data object), 즉 개체(entity), 개체의 특성을 표현하는 속성(attribute), 관계(relationship)에 대한 정의와 이들이 유지해야 될 제약조건(constraints)을 포함한다.

1. 외부스키마(external schema)
   ① 사용자나 응용프로그래머가 접근할 수 있는 데이터베이스를 정의한 것으로 개인의 견해(view)이다.
   ② 전체 데이터베이스의 한 논리적인 부분이 되기 때문에 서브스키마(subschema)라 한다(개개의 사용자를 위한 여러 형태의 외부스키마가 존재).
   ③ 사용자와 가장 가까운 단계이다. 사용자 개개인이 보는 자료에 대한 관점과 관련이 있다(사용자 논리단계(user logical level)로 알려지기도 함).

2. 개념스키마(conceptual schema)
   ① 범기관적 입장에서 데이터베이스를 정의한 것으로 기관 전체의 견해이다.
   ② 데이터베이스 전체를 기술한 것이기 때문에 하나만 존재하고, 사용자나 응용프로그램은 개념스키마의 일부를 사용한다(일반적으로 스키마라 불림).
   ③ 모든 응용시스템이나 사용자들이 필요로 하는 데이터를 통합한 조직 전체의 데이터베이스를 기술한 것이다.
   ④ 모든 데이터 개체, 관계, 제약조건, 집근권한, 보안정책, 무결성 규칙 등을 명세한다.
   ⑤ 외부스키마와 내부스키마 사이에 위치하는 간접(indirection)단계이다.
   ⑥ 조식논리난세(community logical level)로 알려지기도 한다.

3. 내부스키마(internal schema)
   ① 저장장치의 관점에서 전체 데이터베이스가 저장되는 방법을 명세한다(저장장치 견해).

② 개념스키마에 대한 저장구조를 정의한 것이다(하나의 내부스키마 존재).

③ 실제로 저장될 내부레코드형식, 인덱스 유무, 저장데이터 항목의 표현방법, 내부레코드의 물리적 순서를 나타내지만, 블록이나 실린더를 이용한 물리적 저장장치를 기술하는 의미는 아니다.

④ 내부스키마는 아직 물리적 단계보다 한 단계 위에 있다. 그 이유는 내부적 뷰는 물리적 레코드(페이지 또는 블록이라고 함)를 취급하지 않으며, 또한 실린더(cylinder), 트랙(track)크기 같은 장치특성에도 관련이 없기 때문이다.

37 개체 간의 관계와 제약조건을 나타내고 데이터베이스의 접근권한, 보안 및 무결성 규칙명세가 있는 스키마는?

① 내부스키마   ② 외부스키마

③ 개념스키마   ④ 서브스키마

해설 개념스키마(conceptual schema)

1. 범기관적 입장에서 데이터베이스를 정의한 것으로 기관 전체의 견해이다.

2. 데이터베이스 전체를 기술한 것이기 때문에 하나만 존재하고, 사용자나 응용프로그램은 개념스키마의 일부를 사용한다(일반적으로 스키마라 불림).

3. 모든 응용시스템이나 사용자들이 필요로 하는 데이터를 통합한 조직 전체의 데이터베이스를 기술한 것이다.

4. 모든 데이터 개체, 관계, 제약조건, 접근권한, 보안정책, 무결성 규칙 등을 명세한다.

5. 외부스키마와 내부스키마 사이에 위치하는 간접(indirection)단계이다.

6. 조직논리단계(community logical level)로 알려지기도 한다.

38 스키마(schema)에 대한 설명으로 옳지 않은 것은?

① 스키마(schema) – 데이터베이스의 구조와 제약조건에 대한 명세(specification)를 기술한 것이다.

② 외부스키마(external schema) – 전체 데이터베이스의 한 논리적인 부분으로 볼 수 있으므로 서브스키마(subschema)라고도 한다.

③ 내부스키마(internal schema) – 사용자나 응용프로그래머가 접근할 수 있는 정의를 기술한다.

④ 개념스키마(conceptual schema) – 데이터베이스 접근권한, 보안정책, 무결성 규칙을 명세화한다.

39 개념스키마(conceptual schema)에 대한 설명으로 옳지 않은 것은?

① 단순스키마(schema)라고도 한다.

② 범기관적 입장에서 데이터베이스를 정의한 것이다.

③ 모든 응용시스템과 사용자가 필요로 하는 데이터를 통합한 조직 전체의 데이터베이스로 하나만 존재한다.

④ 개개 사용자나 응용프로그래머가 접근하는 데이터베이스를 정의한 것이다.

40 사용자나 응용프로그래머가 각 개인의 입장에서 필요로 하는 데이터베이스의 논리적 구조를 나타내는 것은?

① 외부스키마

② 개념스키마

③ 내부스키마

④ 처리스키마

해설 외부스키마(external schema)

1. 사용자나 응용프로그래머가 접근할 수 있는 데이터베이스를 정의한 것으로 개인의 견해(view)이다.

2. 전체 데이터베이스의 한 논리적인 부분이 되기 때문에 서브스키마(subschema)라 한다(개개의 사용자를 위한 여러 형태의 외부스키마가 존재).

3. 사용자와 가장 가까운 단계이다. 사용자 개개인이 보는 자료에 대한 관점과 관련이 있다(사용자 논리 단계(user logical level)로 알려지기도 함).

41 데이터베이스시스템의 구성요소는?

① 외부스키마, 핵심스키마, 내부스키마

② 외부스키마, 개념스키마, 내부스키마

③ 개념스키마, 핵심스키마, 응용스키마

④ 개념스키마, 내부스키마, 응용스키마

해설 데이터베이스시스템의 구성요소에는 외부스키마, 개념스키마, 내부스키마가 있다.

42 데이터베이스의 구조 중 트리(Tree)형태의 구조로 데이터들이 구성되어 기록추가와 삭제가 용이한 반면, 지시자에 의해 설정된 경로만을 통해야 자료에 접근할 수 있는 단점을 가진 것은?

① 평면구조

② 계층구조

③ 조직망구조

④ 관계구조

해설 계층구조

트리(tree)형태의 구조로 데이터들이 구성되어 기록 추가와 삭제가 용이한 반면, 지시자에 의해 설정된 경로만을 통해야 자료에 접근할 수 있는 단점을 가진다.

43 파일처리방식의 구성 중 파일에서 정보를 추출할 때 쓰이는 필드를 무엇이라 하는가?

① 레코드(record)

② 필드(field)

③ 파일(file)

④ 키(key)

해설
1. **레코드**(record) : 하나의 주제에 관한 자료저장
2. **필드**(field) : 레코드를 구성하는 각각의 항목
3. **키**(key) : 파일에서 정보를 추출할 때 쓰이는 필드

44 객체지향형 데이터베이스관리체계(OODBMS)의 특징에 대한 설명이 옳지 않은 것은?

① 데이터베이스의 관리와 수정이 불편하며 단순한 형태의 데이터만을 저장할 수 있다.

② 관계형 데이터 모델의 단점을 보완할 수 있는 것으로 등장하였다.

③ 객체지향형 데이터 모델은 CAD와 GIS 등의 분야에서 데이터베이스를 구축할 때 사용할 수 있다.

④ 특정 객체 간에는 데이터와 그 조작방법을 공유할 수 있다.

해설 객체지향형 데이터베이스관리체계(OODBMS)는 객체개념을 데이터베이스에 도입한 것으로 복잡한 관계를 가진 데이터들을 효과적으로 표현하는 데 용이하여, 특히 공학분야의 데이터와 멀티미디어데이터를 표현하기에 적합하다.

45 공간데이터베이스를 이용하여 현실 세계를 모델링하는 과정은 개념적 설계, 논리적 설계, 물리적 설계로 구분된다. 논리적 설계모델에 해당하지 않는 것은?

① 계층형 모델 ② 객체-관계형 모델
③ 네트워크형 모델 ④ 관계형 모델

해설 논리적 설계모델에는 계층형 모델, 네트워드형 모델, 관계형 모델이 있다.

46 다음은 DBMS의 구조를 설명한 것이다. 이 중 다른 하나는 무엇인가?

① 가장 최신의 데이터베이스형태이며 사용자에게 보다 친숙한 자료접근방법을 제공하기 위해 개발되었다.
② 사용하기는 쉽지만 데이터베이스구조 중 가장 복잡한 구조이다.
③ 하나의 모(母)요소와 여러 자(子)요소들을 가지고 있다.
④ 열(row)과 행(column)으로 구성된 테이블에 자료요소들을 나타낸다.

해설 망구조(network structure)는 하나의 모(母)요소와 여러 자(子)요소들을 가지고 있다.

47 자료테이블 간의 공통 필드에 의해 논리적인 연계를 구축함으로써 효율적인 자료관리기능을 제공하며 공통 필드가 존재하는 한 정보검색을 위한 질의의 형태에 제한이 없는 장점을 지닌 데이터 모델은?

① 계층형 데이터 모델 ② 관계형 데이터 모델
③ 네트워크형 데이터 모델 ④ 객체지향형 데이터 모델

해설 자료테이블 간의 공통 필드에 의해 논리적인 연계를 구축함으로써 효율적인 자료관리기능을 제공하며 공통 필드가 존재하는 한 정보검색을 위한 질의의 형태에 제한이 없는 장점을 지닌 데이터 모델은 관계형 모델이다.

48 관계형 자료모델(relation data model)의 기본구조요소와 거리가 가장 먼 것은?

① 소트(sort) ② 속성(attribute)
③ 행(record) ④ 테이블(table)

해설 관계형 자료모델(relation data model)의 기본구조요소는 속성(attribute), 행(record), 테이블(table)이다.

49 전문적인 자료관리를 위한 데이터 모델로서 현재 가장 보편적으로 많이 쓰는 것은?

① 파일시스템모델 ② 네트워크형 데이터 모델
③ 계층형 데이터 모델 ④ 관계형 데이터 모델

정답 45. ② 46. ③ 47. ② 48. ① 49. ④

해설 DBMS(Datebase Management System, 데이터베이스관리시스템)의 구조
1. **관계형 구조**(relational structure) : 가장 최신의 데이터베이스형태
2. **망구조**(network structure)
3. **계층구조**(hierarchical structure)

50 데이터베이스의 구조모델이 아닌 것은?

① 평면구조 데이터베이스모델
② 계층구조 데이터베이스모델
③ 조직망구조 데이터베이스모델
④ 관계구조 데이터베이스모델

해설 DBMS의 구조
1. 관계형 구조(relational structure)
2. 망구조(network structure)
3. 계층구조(hierarchical structure)

51 데이터베이스구조 중 계층형 구조에 대한 설명이다. 이 중 틀린 것은?

① 전문적인 자료관리를 위한 데이터 모델로서 현재 가장 보편적으로 많이 쓰는 것이다.
② 하나의 母자료요소가 여러 층에서 여러 개의 子요소들과 연결된 구조이다.
③ 각각의 母요소는 그것과 관계되는 많은 子요소(2차 요소)들을 가지고 있다.
④ 각 子요소는 하나의 母요소만 가진다.

해설 전문적인 자료관리를 위한 데이터 모델로서 현재 가장 보편적으로 많이 쓰는 것은 관계형 데이터베이스 모델이다.

52 다음 중 데이터베이스관리시스템(DBMS) 및 데이터베이스관리용 소프트웨어는?

① ArcView
② Oracle
③ Automap
④ GeoMedia

해설 데이터베이스관리시스템(DBMS) 및 데이터베이스관리용 소프트웨어는 Oracle이다.

53 다음 중 관계형 DBMS의 질의어는?

① SQL
② DLL
③ DLG
④ COGO

해설 SQL
관계형 DBMS에서 자료를 만들고 조회할 수 있는 도구로서 처음에는 IBM연구소에서 개발되었으며, 이후 다른 회사에서도 SQL을 지원할 수 있는 시스템을 개발하였다.

54 관계형 데이터베이스모델의 특성에 대한 설명으로 옳은 것은?

① 나무줄기 같은 구조를 가지고 있다.
② 하나의 객체는 여러 개의 부모레코드와 자식레코드를 가질 수 있다.
③ 멀티미디어데이터를 관리하기가 용이하다.
④ 행과 열로 정렬된 논리적인 데이터 구조이다.

정답 **50.** ① **51.** ① **52.** ② **53.** ① **54.** ④

 관계형 데이터베이스는 가장 최신의 데이터베이스형태이며, 사용자에게 보다 친숙한 자료접근방법을 제공하기 위해 개발되었다. 행과 열로 정렬된 논리적인 데이터 구조이다.

55 DBMS를 제어하고 DBMS와 대화할 수 있는 관계형 데이터베이스의 표준언어는?

① COBOL
② FORTRAN
③ C
④ SQL

 SQL

관계형 DBMS에서 자료를 만들고 조회할 수 있는 도구로서 처음에는 IBM연구소에서 개발되었으며, 이후 다른 회사에서도 SQL을 지원할 수 있는 시스템을 개발하였다.

56 SQL에 대한 설명으로 옳은 것은?

① 공간분석을 목적으로 하는 프로그래밍언어이다.
② 객체지향형 데이터베이스시스템의 전용 질의어이다.
③ OGC에서 개발한 것으로 ISO에서 국제표준으로 채택되었다.
④ 관계형 데이터베이스시스템과 대화하기에 적합한 질의어이다.

 SQL은 관계형 데이터베이스에 사용되는 관계대수와 관계해석을 기초로 한 통합데이터언어를 말한다.

57 SQL명령어 중 데이터정의어(DDL)에 해당하지 않는 것은?

① CREATE
② SELECT
③ ALTER
④ DROP

 데이터언어

데이터언어	종 류
정의어(DDL)	생성 : CREATE, 주소변경 : ALTER, 제거 : DROP
조작어(DML)	검색 : SELECT, 삽입 : INSERT, 삭제 : DELETE, 갱신 : UPDATE
제어어(DCL)	권한부여 : GRANT, 권한해제 : REVOKE, 데이터 변경완료 : COMMIT, 데이터 변경취소 : ROLLBACK

58 SQL의 특징에 대한 설명으로 옳지 않은 것은?

① 접근방식, 경로지정 등의 처리절차를 기술하는 것이 불필요하다.
② 사용자가 데이터베이스에 접근하여 대화식으로 사용할 수 있다.
③ 집합단위의 연산방식이 아닌 레코드단위의 연산방식을 사용한다.
④ 데이터정의어, 데이터조작어, 데이터제어어를 모두 지원한다.

 SQL의 특징

1. **대화식 언어** : 온라인 터미널을 통하여 대화식으로 사용할 수 있다.
2. **집합단위로 연산되는 언어** : SQL은 개개의 레코드단위로 처리하기보다는 레코드집합단위로 처리하는 언어이다.

3. 데이터 정의어, 조작어, 제어어를 모두 지원
4. **비절차적 언어** : 데이터 처리를 위한 접근경로(access path)에 대한 명세가 필요하지 않으므로 비절차적인 언어이다.
5. **표현력이 다양하고 구조가 간단**

59 SQL의 데이터정의어(DDL)에서 기존 테이블을 삭제할 때 사용하는 명령어는?

① DROP TABLE
② DELETE TABLE
③ REMOVE TABLE
④ ERASE TABLE

해설 데이터언어

1. CREATE TABLE : 새로운 테이블의 정의
2. DROP TABLE : 기존 테이블 삭제
3. ALTER TABLE : 이미 설정된 테이블의 정의 수정
4. CREATE VIEW : 기존의 테이블로부터 새로운 테이블 정의
5. DROP VIEW : 정의된 뷰의 정의 삭제
6. CREATE INDEX : 인덱스 생성
7. DROP INDEX : 이미 설정된 인덱스 해제

01 필지중심토지정보시스템(PBLIS)

1. 의의

필지중심토지정보시스템(Parcel Based Land Information System : PBLIS)은 지적도·토지대장의 통합관리시스템 구축으로 지자체의 지적업무효율화와 토지정책, 도시계획 등의 다양한 정책분야에 기초공간자료를 제공을 목적으로 개발되었다. 즉 대장정보와 도형정보를 통합한 일필지정보를 기반으로 토지의 모든 정보를 다루는 시스템으로써 각종 지적행정 업무 수행과 관련 부처 및 타 기관에 제공할 정책정보를 생산하는 시스템을 의미한다. 이러한 필지중심토지정보시스템은 지적공부관리시스템, 지적측량시스템, 지적측량성과작성시스템으로 구성되어 있다.

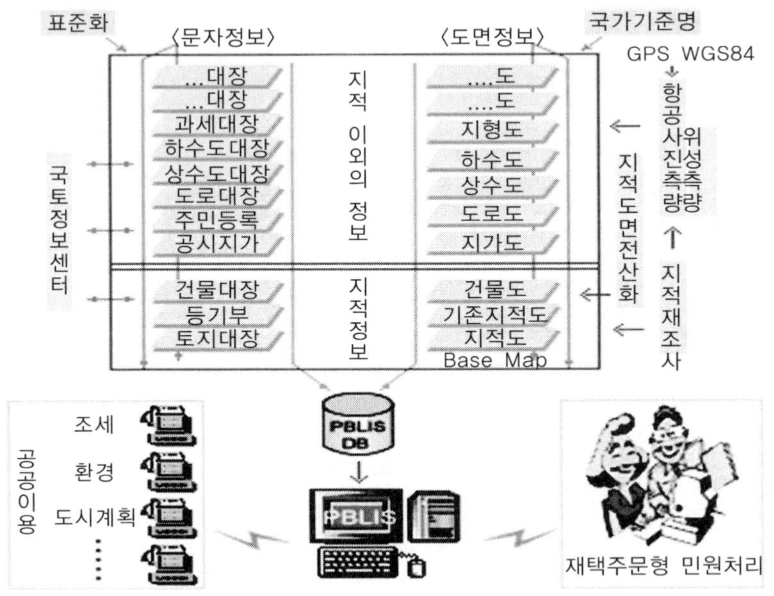

[필지중심토지정보시스템]

2. 개발 배경 및 목적

1) 필지중심토지정보시스템의 개발배경

필지중심토지정보시스템(Parcel Based Land Information System : PBLIS)은 컴퓨터를 활용하여 일필지를 중심으로 건물, 도시계획 등 형상과 관련된 도면정보와 이들과 관련된 속성정보를 효과적으로 저장·관리·처리할 수 있는 향후 시행될 지적재조사사업의 기반을 조성하는 사업이다.

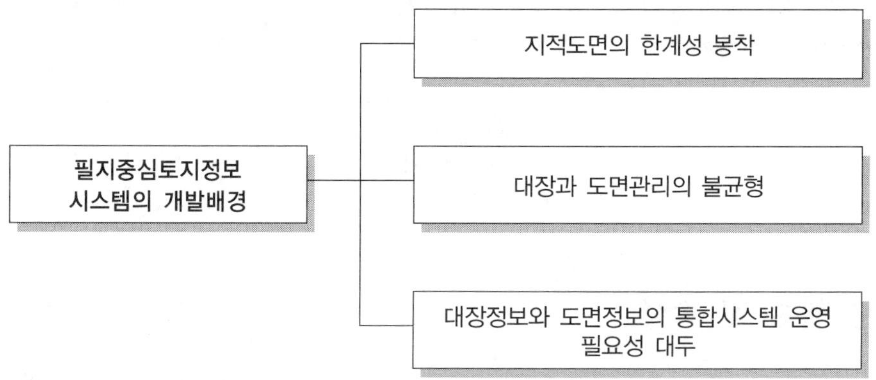

(1) 지적도면의 한계성 봉착
① 종이도면에 따른 온도 및 습도 변화, 노후화 등 도면관리의 문제
② 다양한 축척으로 인한 불일치사항 내재

(2) 대장과 도면관리의 불균형
대장정보는 1990년 전산화가 완료되었으나, 도면정보는 수작업관리로 불균형발전 초래

(3) 대장정보와 도면정보의 통합시스템 운영 필요성 대두
① 대장과 도면을 통합한 지적정보의 실시간 제공
② 다양한 정책정보제공 및 양질의 대국민서비스

2) 필지중심토지정보시스템의 개발목적
① 지적재조사기반 확보 : 도면관리의 문제점 및 다양한 축척의 도면으로 인한 불일치사항 해소
② 소유권보호 및 토지관련 서비스 제공
③ 행정의 능률성 제고(시간절감) 및 비용절감 : 토지이동의 실시간 정리로 신속한 데이터의 제공
④ 정부나 국민에게 정확한 지적정보 제공 : 정확한 데이터를 관리할 수 있어 국가정보로서의 공신력 향상
⑤ 대장 및 도면 등록정보의 다양화로 국민의 정보욕구 충족

⑥ 다양한 부가정보의 조합을 통해 새로운 정보생산의 기반 확충

⑦ 대장과 도면정보의 통합시스템 운영

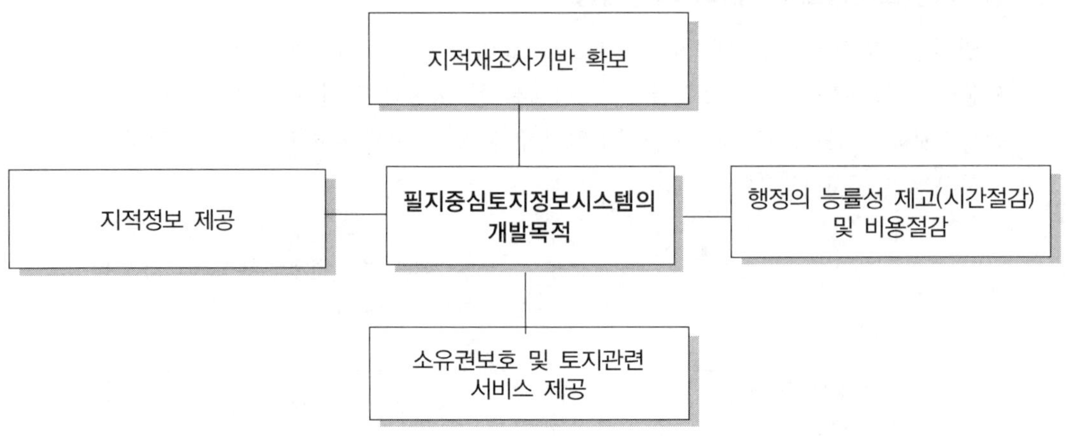

3. 추진 체계 및 과정

1) 필지중심토지정보시스템의 추진체계

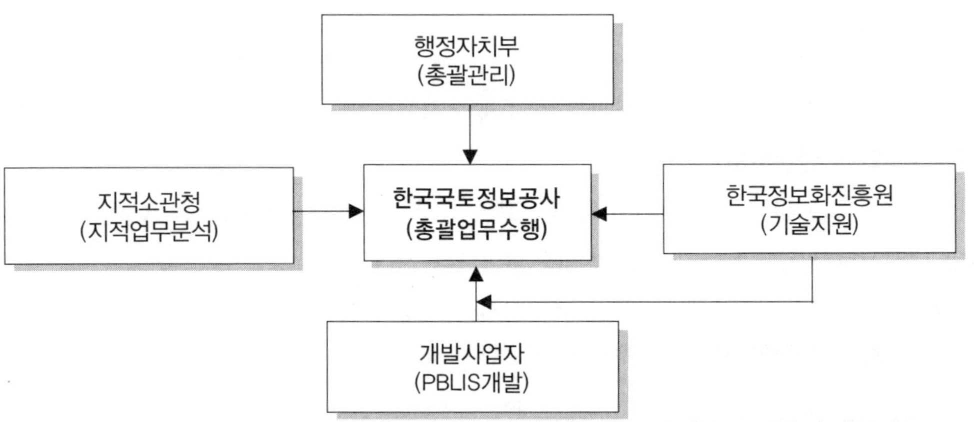

관련 부서	역 할	비 고
행정자치부 (당시)	1. 지적행정업무 지원 및 자문 2. 지적데이터 제공	총괄관리
한국국토정보공사	1. 사용자 요구사항 제시 2. 시스템개발 3. 기술이전	총괄업무수행
지적소관청	사용자 요구사항 제시	지적업무분석
한국정보화진흥원	행정전산망 기술지원 및 기술컨설팅	기술지원
개발사업자	PBLIS 응용프로그램 개발	PBLIS개발

2) 필지중심토지정보시스템의 추진과정

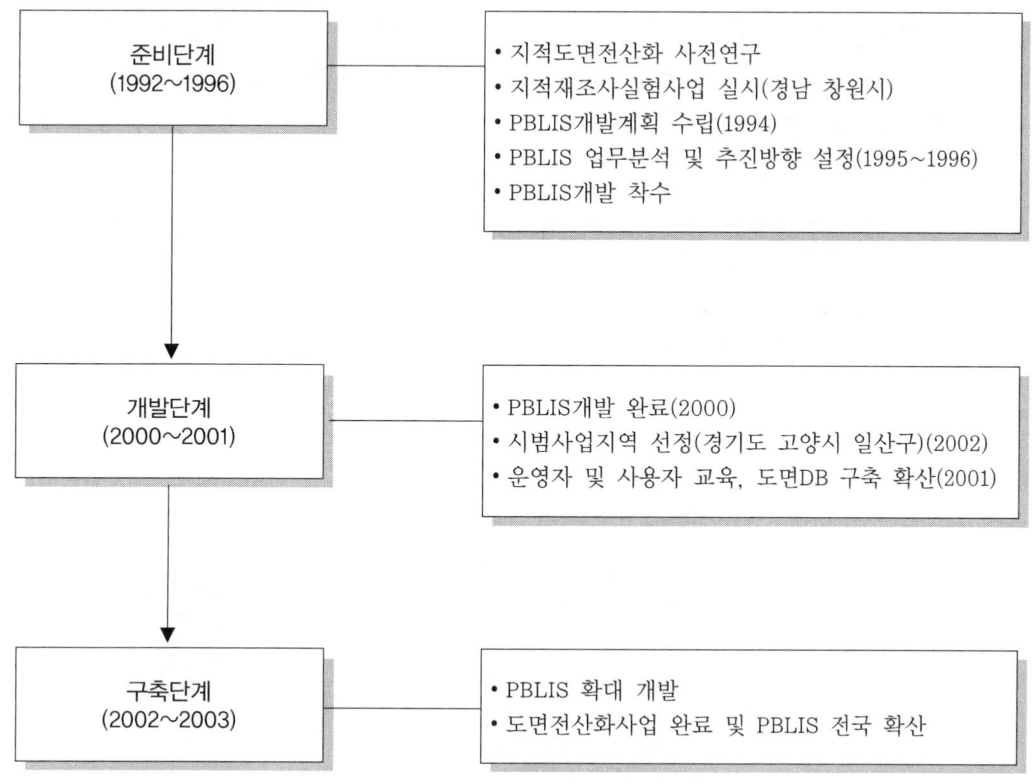

4. PBLIS시스템 및 주요 기능

필지중심토지정보시스템은 지적공부관리시스템, 지적측량시스템, 지적측량성과작성시스템으로 구성되어 있다.

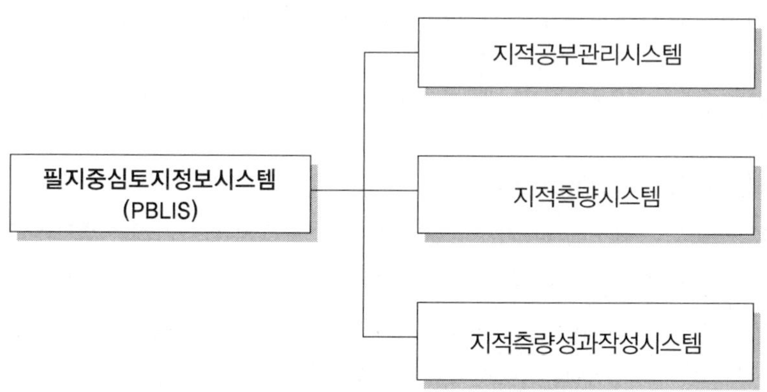

1) 지적공부관리시스템(224본)

지적공부관리시스템은 주로 시·군·구청의 지적담당부서에서 지적행정업무를 처리하는 데 이용되며, 이 시스템은 사용자권한관리, 지적측량검사업무, 토지이동관리, 지적일반업무관리, 창구민원업무, 토지기록자료 조회 및 출력, 지적통계관리, 정책정보관리 등 160여 종의 업무를 제공하고 있다.

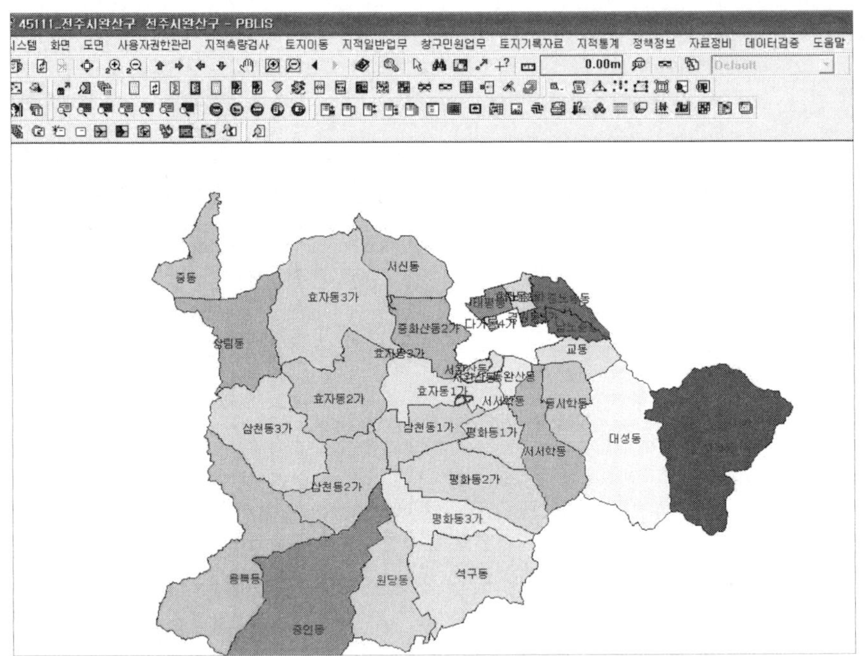

2) 지적측량시스템(175본)

지적측량시스템은 지적측량수행자가 처리하는 지적측량업무를 지원하는 시스템으로서 지적측량업무의 자동화에 일익을 담당하게 되어 측량업무의 생산성과 정확성을 높여주는 시스템이다. 이 시스템은 지적삼각측량, 지적삼각보조측량, 지적도근측량, 세부측량 등 170여 종의 업무를 제공하고 있다.

3) 지적측량성과작성시스템(96본)

지적측량성과작성시스템은 지적측량수행자가 사용하며, 지적측량성과업무에 이용된다. 이 시스템은 지적측량을 위한 준비도 작성과 성과도의 입력 등으로 지적측량업무를 지원하며, 측량성과를 데이터베이스로 저장하여 지적업무에 효율성을 높일 수 있다.

지적측량성과작성시스템은 토지이동지조서 작성, 측량준비도, 측량결과도, 측량성과도 등 90여 종의 업무를 제공한다.

 **기출문제**

[2010년 기출]

필지중심토지정보시스템(PBLIS)의 구성요소인 지적측량성과작성시스템의 주요 기능에 해당되지 않는 것은?

① 지적측량검사파일 작성
② 측량성과파일 작성
③ 구획경지정리산출물 작성
④ 측량준비도 작성

답 ①

[PBLIS의 시스템 구성 및 주요 기능]

PBLIS	주요 기능	DB
지적공부 관리시스템	시스템, 화면, 도면, 사용자권한관리, 지적측량검사. 토지이동, 지적일반업무, 창구민원업무, 토지기록자료, 지적통계, 정책정보, 자료정비, 데이터 검증, 도움말	1. 지적재조사를 통한 신규 제작 개별지적도
지적측량시스템	1. 지적삼각측량 2. 지적삼각보조측량 3. 지적도근측량 4. 세부측량 등	2. 기존 개별지적도 3. 토지대장 4. 등기부 등
지적측량 성과작성시스템	1. 측량준비도 작성 2. 측량성과파일 작성 3. 측량성과도 작성 4. 측량결과도 작성 5. 구획경지정리산출물 작성	

4) PBLIS처리과정

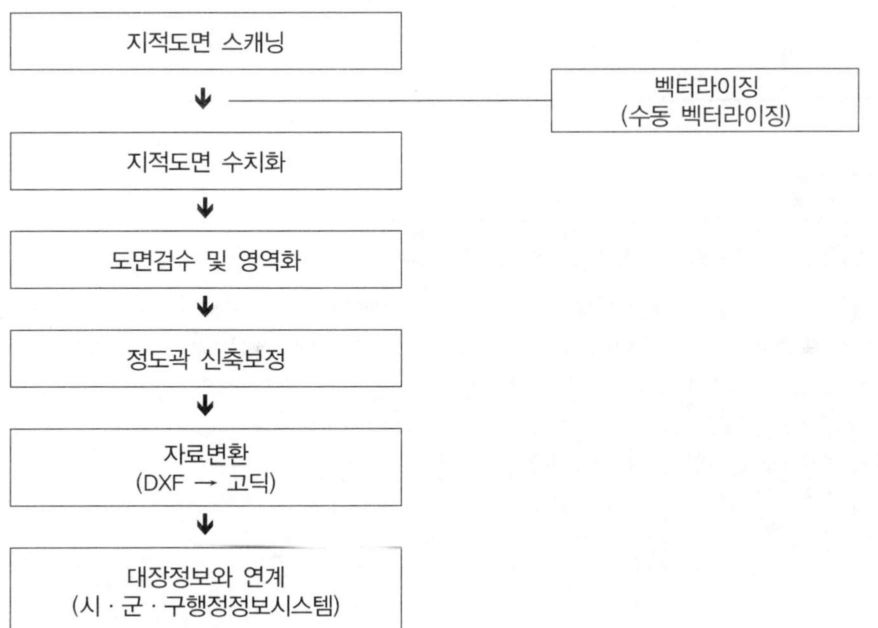

5. 오류 유형 및 정비

1) 필지중심토지정보시스템의 오류유형

고딕 도형DB로 전환되어 데이터 검증에 의해 대장DB와 도형DB를 상호 검색하였을 경우 다음과 같은 4가지 유형의 오류를 발견할 수 있다.

오류유형	내 용
누락필지오류	1. 대장DB에는 지번이 존재하나, 도형DB에는 누락된 필지오류유형 2. 도형DB에는 지번이 존재하나, 대장DB에는 누락된 필지오류유형
지번중복오류	하나의 행정구역 내 동일 지번이 표기된 경우 발생하는 오류유형
지목상이오류	대장DB에 등록되어 있는 지번별 지목과 도형DB에 기록되어 있는 지목이 서로 상이한 오류유형
면적공차 초과오류	대장DB에 등록되어 있는 지번별 면적과 도형DB 내에서 일필지별로 좌표면적계 산법에 의해 산출된 면적이 「지적법 시행규칙」 제56조 규정에 의한 공차를 초 과하는 필지의 오류유형

기출문제

[2012년 기출]

PBLIS의 DB오류자료 정비방안으로 옳지 않은 것은?

① 누락필지오류 정비 : 분할 및 합병 정리누락 여부를 확인하여 토지이동정리 실시
② 지번중복오류 정비 : 분할등록구분코드인 'a'코드누락 여부 확인 후 정비
③ 지목상이오류 정비 : 지목일괄수정기능을 이용하여 대장DB의 지목을 도면DB의 지목을 기준으로 일괄변환
④ 면적공간 초과오류 정비 : 면적측정기로 지적도상 면적을 측정하여 원인분석 후 면적 정정

답 ③

2) 필지중심토지정보시스템의 오류유형 정비

오류 정비	내 용
누락필지	1. 분할 및 합병 정리누락 여부를 확인하여 토지이동정리 실시 2. 경지 및 구획 정리에 편입되었으나 대장 폐쇄를 누락한 경우는 관련 자료를 첨부하여 '지적공부정리결의서'에 의해 대장 폐쇄
지번중복	1. 분할등록구분코드인 'a'코드 누락 여부 확인 후 정비 2. 토지대장전산화 이전에 이중지번을 부여한 경우 등록사항 정정(지번 정정) 처리
지목상이	1. 자료정비/지목일괄수정기능을 이용하여 도면DB의 지목을 대장DB의 지목으로 일괄 변환 2. 지목 입력 및 수정 기능을 이용하여 1필지별 확인 후 오류수정
면적공차 초과	1. 지적경계점의 좌표독취착오 여부 확인 2. 면적측정기로 지적도상 면적을 측정하여 원인분석 후 면적 정정

02 토지관리정보시스템(LMIS)

1. 의의

　토지관리정보시스템(Land Management Information System : LMIS)구축사업은 시·군·구에서 생산·관리하는 공간도형자료와 속성자료를 통합 구축·관리하기 위하여 국토교통부 토지국에서 추진하고 있는 정보화사업으로 토지관리업무와 공간자료관리업무, 토지행정지원업무를 대상으로 추진하고 있다.

2. 목적

① 자료의 일관성과 정확성 확보
② 정보를 공유하여 업무의 효율성 증대
③ 개인소유의 토지에 대한 공적규제사항 제공
④ 토지정책수립 시 다양한 정보 제공

3. 추진과정

구 성	시범사업	제1차 확대 구축	제2차 확대 구축	제3~4차 확대 구축	제5~6차 확대 구축
기간	1998. 2.~1998. 12.	1999. 9.~2000. 4.	2000. 7.~2001.	2001.~2002.	2003.~2004.
대상지역	대구시 남구	강남구, 전주시, 홍천군 등 12개 시·군·구	전국 50여 개 시·군·구	전국 90여 개 시·군·구	전국 40여 개 시·군·구

4. 추진체계

추진체계	주요 내용
건설교통부(당시)	사업계획수립 및 사업수행 총괄관리
지방자치단체	자료 정비 및 제공, 지적도 입력, 데이터베이스 검수 및 시스템운영관리
국토연구원 · 한국토지공사(당시)	제도 정비 및 표준화, 홍보 및 교육 담당
개발사업자	DB 구축, 시스템 개발 및 설치
감리기관	시스템감리 수행

5. LMIS의 구성

구 성	역 할
토지관리업무시스템	1. 토지거래관리　　　　　2. 외국인토지관리 3. 개발부담금관리　　　　4. 공시지가관리 5. 부동산중개업관리　　　6. 용도지역 · 지구관리 등
공간자료관리시스템	토지관련 공간자료와 관련 속성자료를 통합 관리할 수 있도록 구성
토지행정지원시스템	토지거래, 외국인토지, 개발부담금, 공시지가, 부동산중개업, 용도지역 · 지구, 관리시스템 등

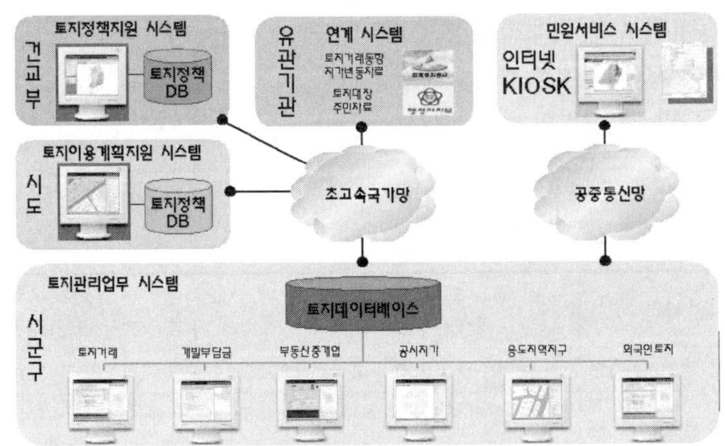

6. 자료

1) 공간도형자료

① 지적도 DB : 개별 · 연속 · 편집 지적도

② 지형도 DB : 도로, 건물, 철도 등의 주요 지형지물

③ 용도 지역 · 지구 DB : 도시계획법 등 81개 법률에서 지정하는 용도 지역 · 지구 자료

2) 속성자료

토지관리업무에서 생산 · 활용 · 관리하는 대장 및 조서 자료와 관련 법률자료 등

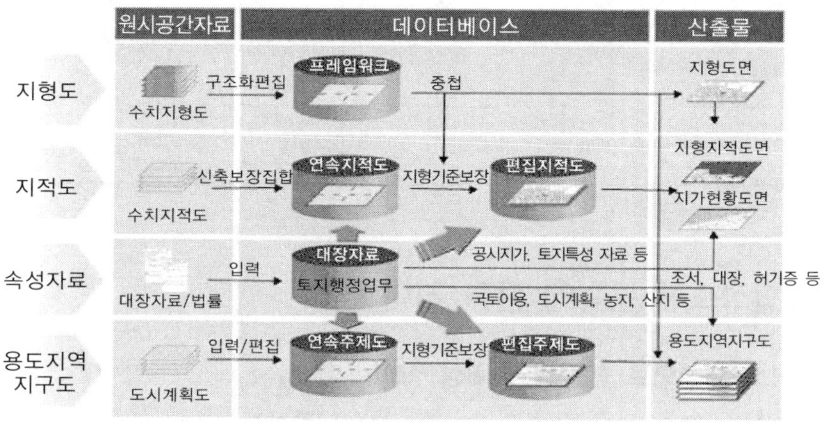

7. PBLIS와 LMIS의 비교

항목 \ 구분	PBLIS	LMIS
사업목적	지적도와 시 · 군 · 구의 대장정보를 기반으로 하는 지적행정시스템과의 연계를 통한 각종 지적업무를 수행	시 · 군 · 구의 토지관련 지형도 및 지적도와 토지대장정보를 기반으로 각종 토지행정업무를 수행
업무	• 토지이동관리(도면) • 지적측량성과관리 • 지적기준점관리 • 창구민원관리 • 지적일반업무 • 지적통계/정책정보관리	• 토지거래허가 • 개발부담금관리 • 부동산중개업관리 • 공시지가관리 • 용도지역/지구관리 • 외국인토지취득관리 • 공간자료관리
주관부서	행정자치부(당시)	건설교통부(당시)
사용부서	지적과	지적과, 도시계획과

구분 항목	PBLIS	LMIS
사용데이터	• 토지 · 임야대장 • 지적도, 지적관련 도면 • 기준점표석대장	• 토지 · 임야대장 • 공시지가자료 • 지적도, 주제도, 지형도
관리데이터	• 지적도 • 지적기준점 • 도곽	• 공시지가자료 • 접합지적도 • 용도 지역 · 지구
속성DB 사용현황	Oracle DBMS 사용 (8.0.6버전을 사용)	Oracle DBMS 사용 (8.0.6버전을 사용)
속성DB 접근방법	ODBC이용 2Tier	ODBC이용 2Tier
GIS엔진 사용현황	Gothic SW 사용	• ArcSDE 8.0 • ZEUS 2000
공간DB 접근방법	Gothic API이용 2Tier	코바(OpenGIS 구현사양 수용) 미들웨어 이용

8. 토지종합정보망 구축에 따른 기대효과

1) 대민서비스 개선으로 행정의 신뢰성 향상

① 토지관련 민원서비스의 획기적 개선 : 토지관련 민원을 언제, 어디서나(토지이용계획확인서, 공시지가확인서 등) 발급

② 민원서류를 발급받기 위해 해당 관청을 방문하는데 소요되는 시간비용 및 교통비용 절감

③ 민원발급시간 단축 : 기존 수작업체계에서는 민원을 발급하는데 약 8분에서 10분이 소요되었으나, 토지종합정보망을 활용 시 3분 이내 발급이 가능

④ 민원의 처리절차가 간소화되고 첨부서류가 대폭 축소 : 정확하고 알기 쉬운 민원정보 제공

2) 예산절감 등 업무처리 효율화

① 지가현황도 자체 작성에 따른 소요예산 절감 및 작업시간 단축으로 예산절감효과 발생

② 각종 도면자료의 외주용역비용을 절감 ⇒ 연간 3,720억 원 절감

③ 기존 수작업 시 관리대장의 축소 및 폐기 ⇒ 연간 46억 원 절감

3) 업무혁신 등 조직혁신

① 업무처리의 자동화로 지방자치단체의 업무생산성 향상

② 민원창구 일원화 : 기존에는 민원발급서류의 종류에 따라 창구가 다양하였으나, 토지관련 민원창구의 일원화가 가능하므로 이에 따른 인건비 등의 행정비용 절감

③ 시·군·구에서 취합된 토지관련 통계들을 종합적으로 관리하여 토지정책에 이용
   ㉠ 토지관련 각종 정보의 실시간 수집·분석으로 행정의 생산성 및 효율성을 제고하고 토지정책수립의 합리화에 기여
   ㉡ 각종 자료수집시간의 단축 : 15일 이상 → 즉시

④ 각 지자체나 업무별로 분리되어 있는 전산화계획을 종합적·유기적으로 추진함으로써 중복투자를 방지하고 조직 및 인력 감축 도모

4) 정보화 파급효과

① 타 정보화업무에 활용하여 정보가치의 상승효과를 제고하고 부가적인 가치창출 및 타 시스템개발에 파급효과를 제공
   ㉠ 활용분야 : 조세체납관리(재산소유파악 및 체납처분)
   ㉡ 파급분야 : 지역경제, 교통·관광, 도시건설 등에 관련 정보를 제공으로 시스템개발을 촉진

② 지적도, 지형도, 주제도 등의 공간자료를 DB화하여 지자체의 정보인프라를 구축함으로써 다른 정보화사업과 쉽게 연계 가능

③ GIS기반의 유관정보화사업에 제공되어 각종 토지이용계획에 활용

01 다음 중 필지중심토지정보시스템을 나타내는 것은?

① CIS
② NGIS
③ PBLIS
④ GSIS

해설 필지중심토지정보시스템(Parcel Based Land Information System : PBLIS)은 지적도 · 토지대장의 통합관리시스템 구축으로 지자체의 지적업무효율화와 토지정책, 도시계획 등의 다양한 정책분야에 기초공간자료의 제공을 목적으로 개발되었다.

02 다음 중 PBLIS의 개발목적으로 타당하지 않은 것은?

① 지적재조사기반 확보
② 토지관련 서비스 제공
③ 행정의 능률성 제고
④ 지적 및 측지 관련 정보의 통합

해설 필지중심토지정보체계의 개발목적

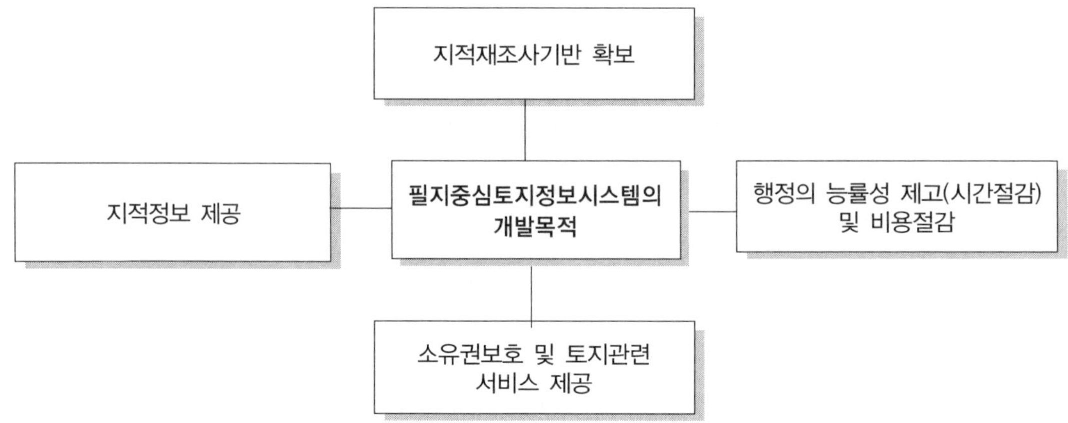

03 PBLIS와 NGIS의 연계로 인한 장점으로 볼 수 없는 것은?

① 유사한 정보시스템의 개발로 인한 중복투자 방지
② 토지의 효율적인 이용 증진과 체계적 국토개발
③ 토지관련 자료의 원활한 교류와 공동활용
④ 지적측량절차의 간소화

정답 1. ③ 2. ④ 3. ④

해설 PBLIS와 NGIS의 연계로 인한 장점
1. 유사한 정보시스템의 개발로 인한 중복투자 방지
2. 토지의 효율적인 이용 증진과 체계적 국토개발
3. 토지관련 자료의 원활한 교류와 공동활용

04 PBLIS의 개발목적에 들지 않는 것은?

① 정부나 국민에게 정확한 지적정보 제공
② 지적재조사사업을 위한 기반 확보
③ 정보통신인프라 구축
④ 행정처리비용과 시간절감

해설 필지중심토지정보체계(PBLIS)의 개발목적
1. **지적재조사기반 확보** : 도면관리의 문제점 및 다양한 축척의 도면으로 인한 불일치사항 해소
2. 소유권보호 및 토지관련 서비스 제공
3. **행정의 능률성 제고(시간절감) 및 비용절감** : 토지이동의 실시간 정리로 신속한 데이터의 제공
4. **정부나 국민에게 정확한 지적정보 제공** : 정확한 데이터를 관리할 수 있어 국가정보로서의 공신력 향상
5. 대장 및 도면 등록정보의 다양화로 국민의 정보욕구 충족
6. 다양한 부가정보의 조합을 통해 새로운 정보생산의 기반 확충
7. 대장과 도면 정보의 통합시스템 운영

05 필지중심토지정보체계(PBLIS)의 기본적인 구성분야에 해당하지 않는 것은?

① 지적측량성과작성시스템
② 지적공부관리시스템
③ 지적측량시스템
④ 외국인토지거래관리시스템

해설 PBLIS의 구성분야

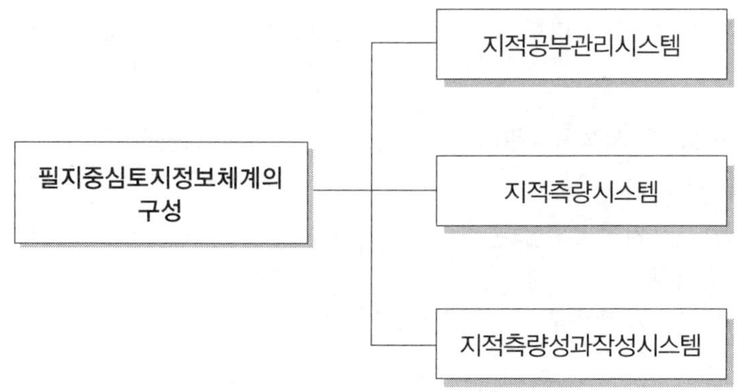

06 필지중심토지정보체계 시범사업 실시지역은?

① 대구시 남구 ② 대전시 유성구
③ 고양시 일산구 ④ 경남 창원시

해설 필지중심토지정보체계의 추진과정

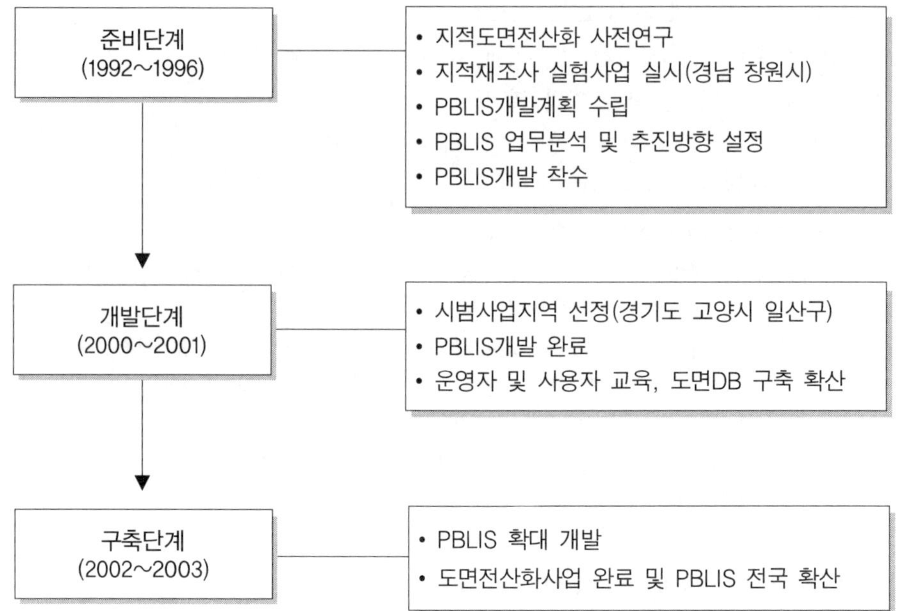

07 필지중심토지정보체계의 개발목적으로 맞지 않는 것은?

① 도면관리의 문제점 및 다양한 축척의 도면으로 인한 불일치사항 해소
② 대장 및 도면 등록정보의 다양화로 국민의 정보욕구 충족
③ 측량기술의 발달로 인한 측량업무의 현대화
④ 정확한 데이터를 관리할 수 있는 국가정보로서의 공신력 향상

08 PBLIS의 구성 중 지적공부관리시스템의 주요 구성에 해당하지 않는 것은?

① 사용자권한관리
② 정책정보 및 지적기준점 관리
③ 지적측량검사
④ 자료정비 및 지적통계

해설 PBLIS의 시스템 구성 및 주요 기능

PBLIS	주요 기능	DB
지적공부 관리시스템	시스템, 화면, 도면, 사용자권한관리, 지적측 량검사, 토지이동, 지적일반업무, 창구민원업 무, 토지기록자료, 지적통계, 정책정보, 자료 정비, 데이터 검증, 도움말	1. 지적재조사를 통한 신규 제작 개별 　지적도 2. 기존 개별지적도 3. 토지대장 4. 등기부 등
지적측량 시스템	1. 지적삼각측량 2. 지적삼각보조측량 3. 지적도근측량 4. 세부측량 등	
지적측량 성과작성 시스템	1. 측량준비도 작성 2. 측량성과파일 작성 3. 측량성과도 작성 4. 측량결과도 작성 5. 구획경지정리산출물 작성	

09 PBLIS의 공간데이터베이스 접근방법은?

① 2계층 구조　　　　　　　　　② 3계층 구조
③ 2계층 또는 3계층 구조　　　　④ 4계층 구조

해설 PBLIS의 공간데이터베이스 접근방법 중 2계층 구조(2-tier architecture)

2계층 구조는 분산처리시스템으로 네트워크환경을 기반으로 원격지에 있는 시스템 간의 협동작업을 통하여 서로의 자원을 공유하거나 필요한 정보를 주고받는 등의 일련의 상호작용을 말한다. 즉 2계층 구조는 클라이언트-서버구조로 네트워크를 기반으로 하여 서비스를 요구하는 클라이언트와, 이를 처리하여 결과를 클라이언트로 돌려보내는 클라이언트와 서버 간의 상호 처리프로세스를 기본으로 하고 있다.

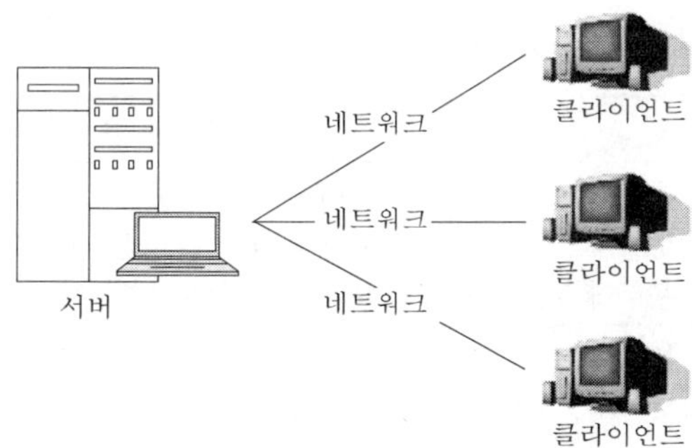

[2계층 구조]

10 필지중심토지정보시스템에서 식별자로서 적합한 것은?

① 필지의 고유번호　　　　　　　② 면적
③ 지목　　　　　　　　　　　　　④ 지가

해설 필지중심토지정보시스템에서 식별자 역할을 하는 것은 필지의 고유번호이다.

11 PBLIS의 구동엔진으로 사용하고 있는 것은?

① 고딕

② ArcSDE

③ ZEUS

④ ArcInfo

12 필지정보를 기초로 한 정보시스템으로, 대축척지적도에 필지경계와 지번 등의 정보를 기초로 하여 도형자료와 속성자료를 연계, 관리하는 시스템은?

① 필지중심토지정보체계

② 지리관리정보체계

③ 도시계획정보체계

④ 시설물관리체계

 필지중심토지정보체계(PBLIS : Parcel Based Land Information System)는 지적도·토지대장의 통합관리시스템 구축으로 지자체의 지적업무효율화와 토지정책, 도시계획 등의 다양한 정책분야에 기초공간자료의 제공을 목적으로 개발되었다. 즉 대장정보와 도형정보를 통합한 일필지정보를 기반으로 토지의 모든 정보를 다루는 시스템으로써 각종 지적행정업무 수행과 관련 부처 및 타 기관에 제공할 정책정보를 생산하는 시스템을 의미한다. 이러한 필지중심토지정보체계는 지적공부관리시스템, 지적측량시스템, 지적측량성과작성시스템으로 구성되어 있다.

13 PBLIS의 DB오류자료 정비방안으로 옳지 않은 것은?

① 누락필지오류 정비 : 분할 및 합병 정리누락 여부를 확인하여 토지이동정리 실시

② 지번중복오류 정비 : 분할등록구분코드인 'a'코드 누락 여부 확인 후 정비

③ 지목상이오류 정비 : 지목일괄수정기능을 이용하여 대장DB의 지목을 도면DB의 지목을 기준으로 일괄 변환

④ 면적공간 초과오류 정비 : 면적측정기로 지적도상 면적을 측정하여 원인분석 후 면적 정정

 필지중심토지정보체계의 오류유형 정비

오류 정비	내 용
누락필지	1. 분할 및 합병 정리누락 여부를 확인하여 토지이동정리 실시 2. 경지 및 구획 정리에 편입되었으나 대장 폐쇄를 누락한 경우는 관련 자료를 첨부하여 '지적공부정리결의서'에 의해 대장 폐쇄
지번중복	1. 분할등록구분코드인 'a'코드 누락 여부 확인 후 정비 2. 토지대장전산화 이전에 이중지번을 부여한 경우 등록사항 정정(지번 정정) 처리
지목상이	1. 자료정비/지목일괄수정기능을 이용하여 도면DB의 지목을 대장DB의 지목으로 일괄 변환 2. 지목 입력 및 수정 기능을 이용하여 1필지별 확인 후 오류수정
면적공차 초과	1. 가장 먼저 지적경계점의 좌표독취착오 여부 확인 2. 면적측정기로 지적도상 면적을 측정하여 원인분석 후 면적 정정

14 다음 중 지적측량성과작성시스템의 목적으로 가장 거리가 먼 것은?

① 지적측량성과의 적부심사기준 설립
② 수작업에 의한 오류 방지
③ 신속하고 정확한 지적측량성과 제공
④ 측량준비도 등의 작성의 자동화

[해설] 지적측량성과작성시스템

내 용	1. 측량준비도 작성 2. 측량결과도 작성 3. 측량성과도 작성 4. 지적약도 작성
목 적	1. 측량준비도, 측량성과도 등의 자동화 2. 수작업에 의한 오류 방지 3. 신속하고 정확한 지적측량성과 제공

15 필지중심토지정보시스템(PBLIS)의 구성요소인 지적측량성과작성시스템의 주요 기능에 해당하지 않는 것은?

① 지적측량검사파일 작성
② 측량성과파일 작성
③ 구획정지정리산출물 작성
④ 측량준비도 작성

[해설] PBLIS의 시스템 구성 및 주요 기능

PBLIS	주요 기능	DB
지적공부 관리시스템	시스템, 화면, 도면, 사용자권한관리, 지적측량검사. 토지이동, 지적일반업무, 창구민원업무, 토지기록자료, 지적통계, 정책정보, 자료정비, 데이터 검증, 도움말	1. 지적재조사를 통한 신규 제작 개별지적도 2. 기존 개별지적도 3. 토지대장 4. 등기부 등
지적측량시스템	1. 지적삼각측량 2. 지적삼각보조측량 3. 지적도근측량 4. 세부측량 등	
지적측량 성과작성시스템	1. 측량준비도 작성 2. 측량성과파일 작성 3. 측량성과도 작성 4. 측량결과도 작성 5. 구획경지정리산출물 작성	

16 지적측량업무를 지원하는 시스템으로서 측량업무의 생산성과 정확성을 높여주는 시스템은?

① 지적공부관리시스템
② 지적측량성과작성시스템
③ 지적측량시스템
④ 지적행정도면작성시스템

[해설] 지적측량시스템은 지적측량수행자가 처리하는 지적측량업무를 지원하는 시스템으로서 지적측량업무의 자동화에 일익을 담당하게 되어 측량업무의 생산성과 정확성을 높여주는 시스템이다. 이 시스템은 지적삼각측량, 지적삼각보조측량, 지적도근측량, 세부측량 등 170여 종의 업무를 제공하고 있다.

17 필지중심토지정보체계의 구성체계가 아닌 것은?

① 지적공부관리시스템
② 지적측량성과작성시스템
③ 지적측량시스템
④ 지적도면작성시스템

해설 PBLIS의 구성체계

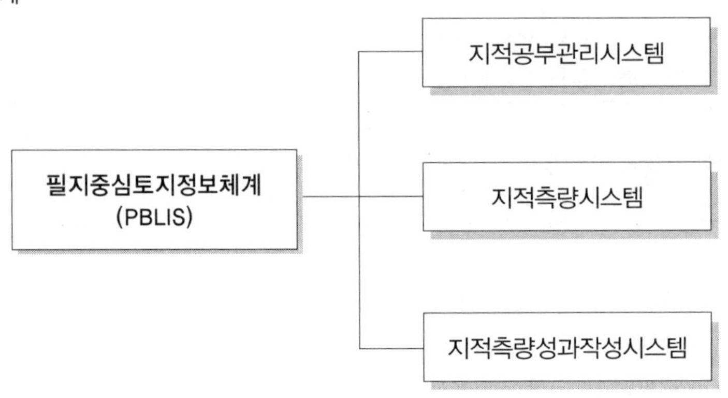

18 필지중심토지정보체계에서 도형 데이터베이스 전환을 위해 자료변환시스템 처리와 관련이 없는 것은?

① 자료변환시스템 구동은 시작/프로그램/PBLIS/자료변환시스템을 실행한다.
② 자료변환시스템을 구동하기 위해서는 고딕 데이터베이스와 연결이 되어 있어야 한다.
③ 시스템을 처음 설치하고 실행할 때에는 계정 "admin", 암호 "system"으로 입력하고 확인 버튼을 클릭한다.
④ 데이터베이스 구축 시 사용자 계정과 암호를 변경하면 시스템 레지스트리에 저장되어 사용자관리가 이루어진다.

해설 자료변환시스템을 처음 설치하고 실행할 때에는 계정 "system", 암호 "manager"로 입력한다.

19 필지중심토지정보체계에서 데이터베이스관리와 관계없는 것은?

① 데이터베이스관리는 시스템을 유지하는 가장 중요한 주체로서 데이터의 중요성과 필요에 따라 관리방법을 달리하고 장애발생 시 신속히 복구 가능하도록 철저한 유지 관리체계가 필요하다.
② 백업의 주기는 일일백업과 주단위 백업으로 구분된다.
③ 일일백업은 매일 데이터베이스를 백업하고, 백업된 파일관리는 충분한 저장공간을 확보한 컴퓨터에 임시저장관리한다.
④ 주단위 백업으로 취득된 백업파일관리는 충분한 저장공간을 확보한 컴퓨터에 저장관리한다.

해설 주단위 백업으로 취득된 백업파일관리는 별도의 미디어 및 백업 테이프에 저장관리한다.

정답 17. ④ 18. ③ 19. ④

20 필지중심토지정보체계의 데이터 백업과 관련이 없는 것은?

① 백업시간은 자동 백업기능에 의한 백업시간을 예약하여 실시할 수 있다.

② 자동 백업을 하는 경우에는 컴퓨터 여유공간을 충분히 확보하여야 한다.

③ 자동 백업 시 여유공간이 없는 경우에는 자동 백업이 되지 않으므로 시스템에는 이상이 없다.

④ 자동 백업이 아닌 수동 백업을 실시할 경우에는 다른 클라이언트가 사용을 중지한 상태에서 실시한다.

해설 컴퓨터에 여유공간이 없는 경우 백업기능이 자동으로 수행되면 시스템이 다운되고 데이터베이스가 치명적인 손상을 받을 우려가 있으므로 철저히 관리하여야 한다.

21 필지중심토지정보체계의 데이터베이스 구축순서가 맞게 연결된 것은?

① 정도곽 신축보정 → 도면DB 탑재 → 자료변환 → 대장정보와 연계 → 데이터 검증 → 자료정비 → 활용

② 정도곽 신축보정 → 자료변환 → 도면DB 탑재 → 대장정보와 연계 → 데이터 검증 → 자료정비 → 활용

③ 정도곽 신축보정 → 대장정보와 연계 → 자료변환 → 도면DB 탑재 → 데이터 검증 → 자료정비 → 활용

④ 정도곽 신축보정 → 자료변환 → 대장정보와 연계 → 도면DB 탑재 → 데이터 검증 → 자료정비 → 활용

22 필지중심토지정보체계에서 고딕 도형DB로 전환하여 데이터 검증에 의해 대장DB와 도면DB를 상호 검색하였을 때 발견되는 오류유형에 해당하지 않는 것은?

① 누락필지오류

② 폴리곤오류

③ 지번중복오류

④ 면적공차 초과오류

해설

오류 정비	내 용
누락필지	1. 분할 및 합병 정리누락 여부를 확인하여 토지이동정리 실시 2. 경지 및 구획 정리에 편입되었으나 대장 폐쇄를 누락한 경우는 관련 자료를 첨부하여 '지적공부정리결의서'에 의해 대장 폐쇄
지번중복	1. 분할등록구분코드인 'a'코드 누락 여부 확인 후 정비 2. 토지대장전산화 이전에 이중지번을 부여한 경우 등록사항 정정(지번 정정) 처리
지목상이	1. 자료정비/지목일괄수정기능을 이용하여 도면DB의 지목을 대장DB의 지목으로 일괄 변환 2. 지목 입력 및 수정 기능을 이용하여 1필지별 확인 후 오류수정
면적공차 초과	1. 가장 먼저 지적경계점의 좌표독취착오 여부 확인 2. 면적측정기로 지적도상 면적을 측정하여 원인분석 후 면적 정정

23 토지관리정보체계사업이 모체가 되어 합리적인 토지정책과 효율적인 행정업무 수행을 지원하고 전국 온라인 민원발급 등 민원서비스를 획기적으로 개선하기 위해 (구)건설교통부에서 시작된 사업은?

① 토지종합정보망사업　　　　　　　　② 필지중심토지정보화사업
③ 지적도면전산화사업　　　　　　　　④ NGIS사업

해설 토지종합정보망구축사업은 토지관리정보체계(Land Management Information System : LMIS)사업이 모체가 되어 합리적인 토지정책과 효율적인 행정업무 수행을 지원하고 전국 온라인 민원발급 등 민원서비스를 획기적으로 개선하기 위해 시작된 사업이다.

24 토지종합정보망사업의 목적을 설명한 것이다. 이 중 다른 하나는?

① 국민을 위한 대민서비스 향상　　　　② 합리적인 토지정책 수립
③ 지적측량업무 생산성 향상　　　　　④ 미래 지향적 정보사회기반 확립

해설 토지종합정보망사업의 목적
1. 대민서비스 향상
2. 토지관리업무 생산성 향상
3. 합리적인 토지정책 수립
4. 미래 지향적 정보사회기반 확립

25 시·군·구에서 생산관리하는 공간도형자료와 속성자료를 통합 구축·관리하기 위하여 (구)건설교통부 토지국에서 추진하고 있는 정보화사업은?

① 필지중심토지정보체계(PBLIS)　　　② 토지관리정보체계(LMIS)
③ 한국토지정보체계(KLIS)　　　　　④ 지리정보체계(GIS)

해설 토지관리정보체계(Land Management Information System : LMIS)구축사업은 시·군·구에서 생산관리하는 공간도형자료와 속성자료를 통합 구축·관리하기 위하여 (구)건설교통부 토지국에서 추진하고 있는 정보화사업으로 토지관리업무와 공간자료관리업무, 토지행정지원업무를 대상으로 추진하고 있다.

26 토지관리정보체계의 주요 구성에 해당하지 아니하는 것은?

① 지적공부관리시스템　　　　　　　　② 토지관리업무시스템
③ 공간자료관리시스템　　　　　　　　④ 토지행정지원시스템

해설 LMIS의 구성

구 성	역 할	
토지관리업무시스템	1. 토지거래관리 3. 개발부담금관리 5. 부동산중개업관리	2. 외국인토지관리 4. 공시지가관리 6. 용도 지역·지구 관리 등
공간자료관리시스템	토지관련 공간자료와 관련 속성자료를 통합관리할 수 있도록 구성	
토지행정지원시스템	토지거래, 외국인토지, 개발부담금, 공시지가, 부동산중개업, 용도 지역·지구, 관리시스템 등	

27 토지관리정보체계의 시범사업대상지역은?

① 대전광역시 유성구
② 경상남도 창원시
③ 대구광역시 남구
④ 경기도 고양시 일산구

해설 추진과정

구 성	시범사업	제1차 확대 구축	제2차 확대 구축	제3~4차 확대 구축	제5~6차 확대 구축
기간	1998. 2.~ 1998. 12.	1999. 9.~2000. 4.	2000. 7.~2001.	2001.~2002.	2003.~2004.
대상 지역	대구시 남구	강남구, 전주시, 홍천군 등 12개 시·군·구	전국 50여 개 시·군·구	전국 90여 개 시·군·구	전국 40여 개 시·군·구

28 토지관리정보체계의 공간도형자료에 해당하지 않는 것은?

① 지적도 DB
② 토지대장DB
③ 지형도 DB
④ 용도지역DB

해설 공간도형자료

1. **지적도 DB** : 개별·연속·편집 지적도
2. **지형도 DB** : 도로, 건물, 철도 등의 주요 지형지물
3. **용도 지역·지구 DB** : 「도시계획법」 등 81개 법률에서 지정하는 용도 지역·지구 자료

29 토지종합정보망사업 시 구축된 데이터베이스에 대한 설명 중 틀린 것은?

① 데이터베이스는 공간자료와 속성자료로 구분된다.
② 공간자료에는 지적도 DB, 지형도 DB, 용도 지역·지구 DB가 있다.
③ 속성자료에는 토지관리업무에서 생산·활용·관리하는 대장 및 조서 자료와 관련 법률자료 등이다.
④ 공간자료에는 새 주소DB도 포함된다.

해설 토지종합정보망사업의 데이터베이스 구축

1. **공간(도면)자료** : 지적도, 지형도, 용도 지역·지구도 등
   ① 지적도 DB : 개별·연속·편집 지적도
   ② 지형도 DB : 도로, 건물, 철도 등의 주요 지형지물
   ③ 용도 지역·지구 DB : 「도시계획법」 등 81개 법률에서 지정하는 용도 지역·지구 자료
2. **속성자료** : 토지관리업무에서 생산·활용·관리하는 대장 및 조서 자료와 관련 법률자료 등

30 토지종합정보망사업에서의 응용시스템 중 토지행정지원시스템의 업무가 아닌 것은?

① 토지거래업무
② 외국인토지업무
③ 공시지가업무
④ 공간자료업무

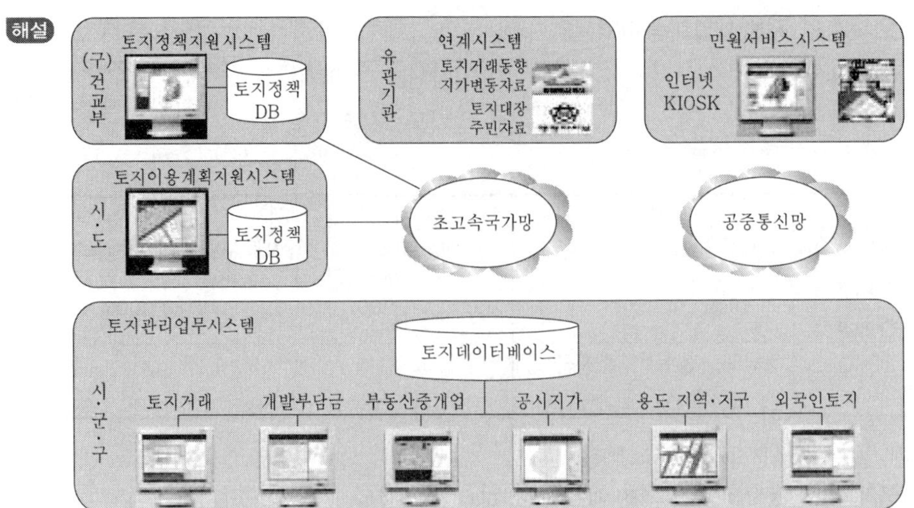

토지행정지원시스템의 업무에는 토지거래, 외국인토지, 개발부담금, 공시지가, 부동산중개업, 용도 지역·지구, 관리시스템 등이 있다.

31 지적도와 시·군·구의 대장정보를 기반으로 하는 지적행정시스템과의 연계를 통한 각종 지적업무 수행을 목적으로 개발된 시스템은?

① 필지중심토지정보체계(PBLIS)
② 토지관리정보체계(LMIS)
③ 한국토지정보체계(KLIS)
④ 지리정보체계(GIS)

해설

구 분	필지중심토지정보체계(PBLIS)	토지관리정보체계(LMIS)
목 적	지적도와 시·군·구의 대장정보를 기반으로 하는 지적행정시스템과의 연계를 통한 각종 지적업무를 수행	시·군·구의 토지관련 지형도 및 지적도와 토지대장정보를 기반으로 각종 토지행정업무를 수행

32 각종 자료의 조회나 표현 기능은 클라이언트에, 데이터 접근기능은 서버에 두고 나머지 기능은 하나 혹은 여러 개의 응용시스템이 공유할 수 있도록 구성하며, 중간 매체소프트웨어인 미들소프트웨어(middle software)가 사용되는 구조는?

① 1계층 구조
② 2계층 구조
③ 3계층 구조
④ 관계형 구조

해설 공간DB접근방법 중 3계층 구조(3-tier architecture)란 각종 자료의 조회나 표현 기능은 클라이언트에, 데이터 접근기능은 서버에 두고 나머지 기능은 하나 혹은 여러 개의 응용시스템이 공유할 수 있도록 구성하며, 중간 매체소프트웨어인 미들소프트웨어(middle software)가 사용되는 구조를 말한다.

33 토지종합정보망에서 공간DB접근방식은?

① 1계층 구조　　　　　　　　　② 2계층 구조
③ 3계층 구조　　　　　　　　　④ 4계층 구조

해설 PBLIS와 LMIS의 비교

항목 \ 구분	필지중심토지정보체계(PBLIS)	토지관리정보체계(LMIS)
사업목적	지적도와 시·군·구의 대장정보를 기반으로 하는 지적행정시스템과의 연계를 통한 각종 지적업무를 수행	시·군·구의 토지관련 지형도 및 지적도와 토지대장정보를 기반으로 각종 토지행정업무를 수행
업무	· 토지이동관리(도면) · 지적측량성과관리 · 지적기준점관리 · 창구민원관리 · 지적일반업무 · 지적통계/정책정보관리	· 토지거래허가 · 개발부담금관리 · 부동산중개업관리 · 공시지가관리 · 용도 지역·지구 관리 · 외국인토지취득관리 · 공간자료관리
주관부서	(구)행정자치부	(구)건설교통부
공간DB 접근방법	Gothic API 이용 2-tier	코바(OpenGIS 구현사양 수용) 미들웨어 이용

Chapter 05

01 개 요

1. 의의

한국토지정보시스템(Korea Land Information System : KLIS)은 국가적인 정보화사업을 효율적으로 추진하기 위하여 (구)행정자치부의 필지중심토지정보시스템(PBLIS)과 (구)건설교통부의 토지종합정보망(LMIS)를 하나의 시스템으로 통합하여 전산정보의 공공활용과 행정의 효율성 제고를 위해 (구)행정자치부와 (구)건설교통부가 공동주관으로 추진하고 있는 정보화사업이다.

기출문제

[2012년 기출]

한국토지정보시스템의 도입목적에 해당하지 않는 것은?

① 사용자 편의성 증대
② 데이터의 일관성 및 중복성 확보
③ 행정의 효율성 제고
④ 데이터의 무결성 확보

답 ②

2. 도입배경

「행정자치부(당시)의 필지중심토지정보시스템(PBLIS)과 건설교통부(당시)의 토지관리정보시스템(LMIS)를 보완하여 하나의 시스템으로 통합 구축하고, 토지대장의 문자(속성)정보를 연계활용하는 방안을 강구」하라는 감사원 감사결과(2000년)에 따라 3계층 클라이언트/서버(3-Tiered client/server) 아키텍처를 기본구조로 개발하기로 합의하였다.

PBLIS
- ✓개발 착수 및 전국 확산
  (1996년 8월 ~ 2002년 12월)
- ✓주요 개발 내역
  - 지적공부관리, 측량성과
  - 지적측량계산, 민원발급

LMIS
- ✓'시범 사업 및 전국 확산
  (1998년 2월 ~ 2005년 12월)
- ✓주요 개발 내역
  - 지적도 관리, 토지 정책 관리
  - 주제도 관리, 토지 행정 관리

KLIS
- ✓**2001. 6월 : KLIS 추진 방향결정**
- ✓**2003. 6월 ~ 2004. 7월 : KLIS 개발 사업 완료**
- ✓**2004. 9월 ~ 2005. 2월 : 시스템 안정화 및 시험운영**
- ✓**2005. 6월 ~ 2006. 4월 : KLIS 전국 확산 및 업무전환**

기출문제

[2017년 기출]

지적전산화사업 및 시스템 구축사업을 시기 순으로 바르게 나열한 것은? (단, 계획 및 시범사업은 제외한다)

① 지적도면전산화사업 → 토지기록전산화사업 → 한국토지정보시스템 구축사업 → 부동산종합공부시스템 구축사업
② 토지기록전산화사업 → 한국토지정보시스템 구축사업 → 지적도면전산화사업 → 부동산종합공부시스템 구축사업
③ 토지기록전산화사업 → 지적도면전산화사업 → 부동산종합공부시스템 구축사업 → 한국토지정보시스템 구축사업
④ 토지기록전산화사업 → 지적도면전산화사업 → 한국토지정보시스템 구축사업 → 부동산종합공부시스템 구축사업

답 ④

3. 필요성

① PBLIS는 지적도, 토지대장 등 지적공부를 관리하는 시스템
② LMIS는 낱장 지적도로부터 연속·편집도를 생성하고 이를 기반으로 토지행정업무를 처리하는 시스템
③ 지적도 및 토지대장 자료를 공유함으로써 중복투자 방지, 자료 일관성 확보, 사용자 편의성 제고를 위하여 양 시스템의 통합 필요

기출문제 [2010년 기출]

한국토지정보시스템(KLIS)의 주요 구성시스템에 대한 설명으로 옳지 않은 것은?
① 시·군·구서버에서는 엔테라미들웨어를 사용한다.
② 3계층 클라이언트/서버 아키텍처를 기본구조로 한다.
③ GIS엔진은 PBLIS나 LMIS에서 사용하던 GOTHIC와 SDF의 활용이 가능하다.
④ 지적측량성과작성시스템에서 경계점 결선, 경계점 등록, 교차점 계산, 분할 후 결선작업에 대한 결과를 저장하는 파일의 확장자는 *.cif이다.

답 ④

---

4. KLIS 개발의 중요원칙

① 지적공부관리시스템 개발원칙으로 '속성도형'의 통합정보를 이용하여 업무를 처리하도록 구현, 업무처리에 있어 도형으로 해당 필지 등을 조회하여 처리하도록 하고 부득이한 경우에만 속성으로 조회, 변동정보의 일괄정리절차 개발, 일필지 또는 지구별 도형연혁을 DB를 이용하여 이력관리, 원시데이터 오류부분에 대한 에러메세지 등을 참조하도록 한다.
② 민원행정시스템에서 업무가 접수되면 지적행정에서는 별도의 접수기능 없이 결의서 작성과 이동정리가 되도록 구현하고 전자결재시스템과 연계가 되도록 구현하고 수치지도, 지형도, 항측도, 위성사진 등을 활용하여 측량성과검사를 할 수 있도록 구현한다.
③ 지적측량업무관리부 정리 후 측량대상지파일을 자동으로 추출하고 측량성과검사 후 자동으로 관련 관리부에 등재처리한다.
④ 민원행정에서 이동신청내용을 확인 후 관련 관리부에 자동 등재하여 지적공부정리결의서, 토지이동신청서, 조사복명서 등 파일을 첨부하여 전자결재 후 지적공부를 정리한다.
⑤ 지적공부정리의 결의결재 후 도형(속성)정리와 동시 관련 관리부 자동정리, 추후 전자인증관계 해결 후 KLIS에서 결재처리한다.
⑥ 관리부 정리 후 등기촉탁서와 토지이동연혁을 추출, 데이터백업은 지적정보센터로 국한하였다.
⑦ 지적측량부분은 수치파일을 이용하는 경우 평판을 이용하는 도해적인 방법과 전자평판을 사용할 수 있도록 구현한다.

⑧ 측량연혁을 DB로 관리하도록 개발하고 지적소관청의 직권업무와 검사업무를 처리하기 위하여 지적소관청에서 지적측량성과작성시스템과 지적측량시스템을 운영할 수 있도록 구현하되 On/Off Line 모두 지원하도록 하였다.

02 시스템 구축

1. KLIS의 구성

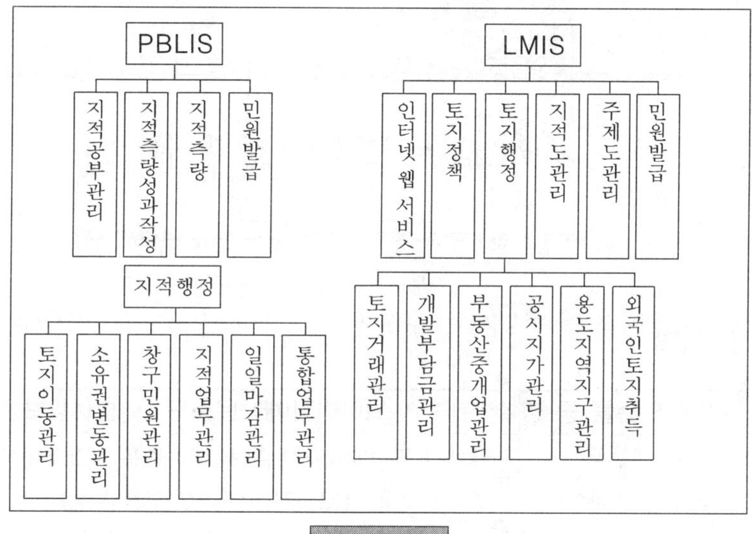

〈KLIS 기능구성〉

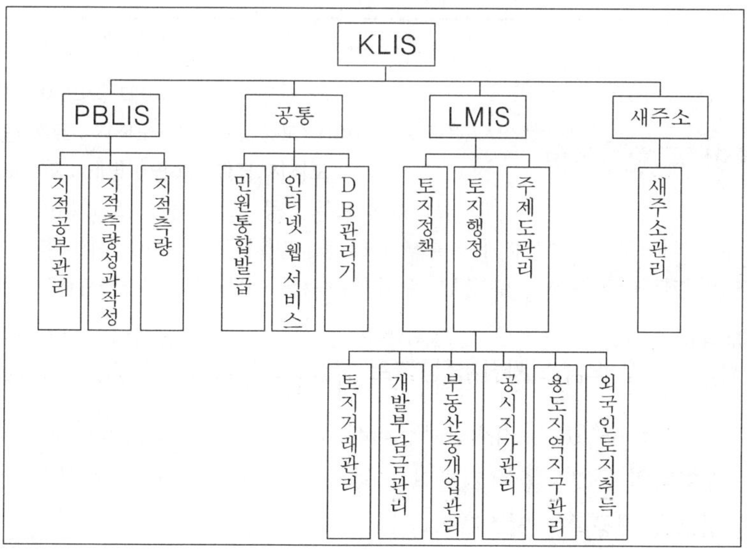

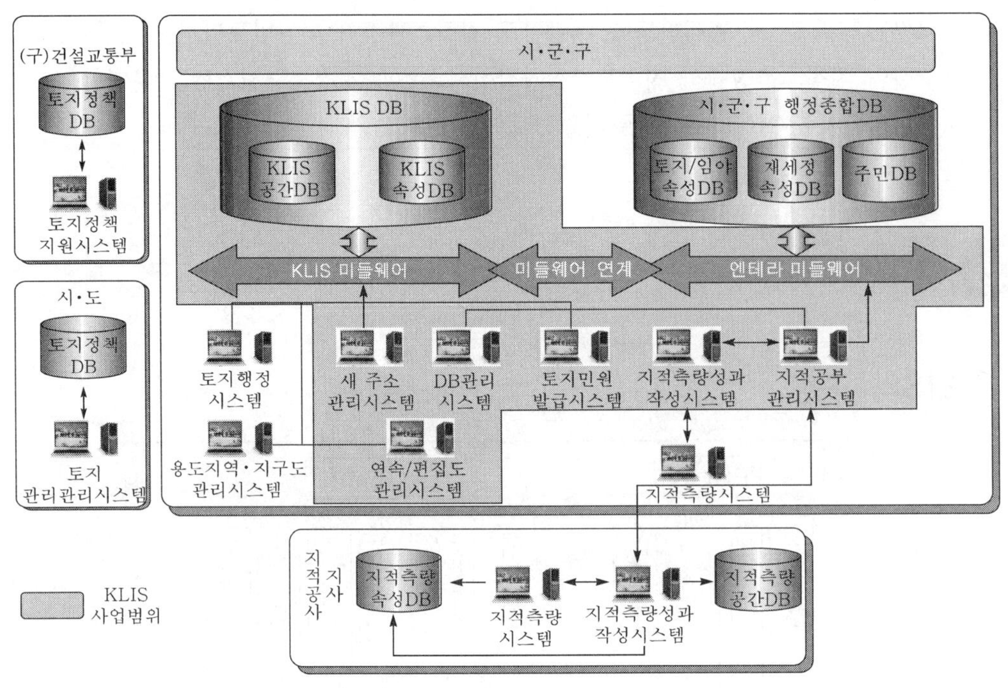

2. 미들웨어 개발

구 분	시스템	정 의	비 고
LMIS	코바 미들웨어	고딕엔진 및 PBLIS기능의 추가에 따른 추가기능	신규개발
PBLIS	고딕용 프로바이더	기존 ArcSDE 및 ZEUS엔진과 상호 자료교환	신규개발
시·군·구	엔테라 미들웨어	시·군·구행정종합정보시스템과 KLIS 간 정보공유를 위한 미들웨어 연계	보완개발

03 KLIS의 주요 구성

1. 지적공부관리시스템

지적공부관리시스템은 토지의 등록사항을 관리하는 시스템이다. 지적공부는 속성정보를 담고 있는 토지·임야대장, 공유지연명부, 대지권등록부와 각 필지의 경계를 표시하는 지적·임야도로 나눌 수 있다. 지적공부관리시스템은 속성정보와 공간정보를 유기적으로 통합하여 두 데이터의 무결성을 유지하며 변동자료를 실시간으로 갱신하여 국민과 관련 기관에 필요한 정보를 제공하는 시스템이다.

[지적공부관리시스템의 중요 메뉴 구성 및 기능]

메 뉴	설 명	출력물
측량업무관리부	측량대행사에 접수된 민원에 대한 측량을 위해 정보이용승인 신청서를 접수받아 측량준비파일을 생성하고, 측량결과에 대한 오류사항을 관리하고 측량결과파일을 저장·다운로드 기능	측량업무관리부, 검사결과서, 측량성과도
지적공부정리 관리부	민원인이 접수한 토지이동민원을 검색·선택하여 대장 및 도면을 정리하고 진행상황을 보여주는 기능	조사복명서, 결의서, 지적공부관리부, 도면처리일일결과
특수업무관리부	대단위업무를 처리하기 위한 임시파일을 생성하고 갱신하는 기능	특수업무관리부
지적기준점관리	지적기준점(위성기준점, 삼각점, 삼각보조점, 도근점)을 등록·수정·삭제·조회하는 기능	위성기준점성과관리, 삼각점성과관리, 삼각보조점성과관리, 도근점성과관리
정책정보 제공	주제별 현황, 도로개설, 세력권분석, 토지매입세액 산출에 따른 정책정보를 제공하는 기능	주제별 현황도, 주제별 통계, 필지목록, 도로개설용지조서, 세력권분석필지조서, 토지매입세액산출조서
기본도면관리	도면을 등록, 수정, 폐쇄, 조회하는 기능	
폐쇄도면관리	폐쇄된 도면을 조회하는 기능	
자료정비	도면의 오류사항에 대해 필지를 생성, 수정, 삭제하는 기능	
데이터 검증	필지중복, 지목상이, 지번중복 등 오류사항을 검증하는 기능	

2. 지적측량성과작성시스템

　　지적측량성과작성시스템은 지적공부관리시스템에서 제공하는 측량업무의 기초자료인 측량준비도를 제공하고, 이를 기반으로 작성된 측량결과도를 지적공부관리시스템에 제공한다. 측량준비도 출력업무는 한국국토정보공사나 민원이 요구한 검사측량을 위하여 측량준비도를 출력하기 위한 기능으로 정보이용승인신청서의 처리방법, 검사할 영역을 설정하고 속성데이터를 입력하고 정의된 준비도를 출력한다. 측량결과도 출력업무는 측량준비도를 가지고 현장에서 현지측량을 완료한 후 측량결과를 도면과 함께 중첩하여 출력한다. 측량성과도 출력업무는 측량한 성과에 대해 측량검사를 완료한 후 민원인에게 측량완료되었음을 보여주기 위하여 성과도를 출력하는 기능이 있으며, 토지이동업무에 필요한 각종 자료를 생성하는 등의 시·군·구의 지적측량업무를 전산화한 시스템이다.

[지적측량성과작성시스템의 중요메뉴 구성 및 기능]

메 뉴	설 명	출력물
측량준비도	지적측량이 접수되면 측량업무에 대한 측량업무의 생성과 지적소관청자료(JDT)파일 입력을 완료함으로써 측량준비도를 작성한다.	측량준비도
좌표면적 및 경계점 간 거리계산부	측량계산을 하여 대장의 원면적과 도형의 산출면적을 출력함으로써 면적의 공차 여부나 기타 지정분할 및 경계복원 등에 참고할 수 있는 자료를 출력한다.	
측량성과 입력	측량결과도와 성과도 및 조서의 출력을 위해서 측량성과를 입력한다.	
측량성과 처리	입력된 측량성과가 기존의 성과와 일치하지 않을 경우 도면상에서 다시 편집할 수 있다.	
측량결과도	측량성과의 입력과 편집이 완료된 후에 측량결과도를 출력한다.	측량결과도
확정측량결과도	확정측량결과도를 출력한다.	확정측량결과도
토지이동지번별 조서	측량결과도조서 중 토지이동지번별 조서를 출력한다.	토지이동지번별 조서
확정종합도	확정종합도의 기재사항을 설정하여 도면을 출력한다.	확정종합도
신구대조도	신구대조도의 기재사항을 설정하여 도면을 출력한다.	신구대조도

[파일확장자 구분]

구 분	내 용
측량준비도 추출파일(*.cif)	도형데이터 추출파일은 지적소관청의 지적공부관리시스템에서 측량하고자 하는 일정 범위를 지정하여 도형과 속성정보를 저장한 파일을 말한다.
일필지 속성정보파일(*.sebu)	일필지속성정보파일은 측량성과작성시스템의 추출버튼을 이용하여 작성하는 파일이다.
측량관측파일 (*.svy)	Total측량에서 현지 지형을 관측한 측량기하적을 좌표로 등록하여 작성된 파일로 현재 도해지역의 측량에 많이 사용하고 있다.
측량계산파일 (*.ksp)	지적측량계산시스템에서 작업한 내용을 관리하는 파일이지만 측량성과작성시스템에서는 주로 경계점결선, 경계점등록, 교차점계산, 분할 후 결선작업에 대한 결과를 저장하는 파일이다.
세부측량계산파일 (*.ser)	세부측량계산파일은 측량계산시스템에서 교차점계산 및 면적지정계산을 하여 등록버튼을 클릭하면 '*.ser'파일을 저장할 수 있도록 파일저장창이 활성화된다. 특히 이 파일은 경계점좌표등록부시행지역 및 제8호 서식의 측량결과도를 출력할 경우에 반드시 필요한 파일이다.
측량성과파일 (*.jsg)	측량계산시스템에서 생성되는 파일로 분할 후 경계점결선작업을 완료하고 토지이동에 대한 모든 속성정보를 포함한 파일로 측량성과입력에서 반드시 필요하다. 이 파일은 측량성과작성시스템에서 측량성과 입력을 통하여 측량결과도 및 측량성과도를 작성하기 위한 파일이다.
토지이동정리파일 (측량결과파일, *.dat)	지적측량검사요청을 할 경우 이동정리필지에 관한 정보를 저장한 파일로, KLIS의 지적공부관리시스템의 성과검사에 활용이 가능하며 지적소관청의 측량검사, 도면검사, 폐쇄도면검사, 속성정보 등을 검사할 수 있도록 작성된 파일이며, 이를 이용하여 지적공부정리시스템에서 토지대장 및 지적도 정리에 이용되는 파일이다.

 **참고**

1. 측량준비도추출파일(*.cif) : cadastral information file의 약자
2. 일필지속성정보파일(*.sebu) : 세부측량을 영어로 표현
3. 측량관측파일(*.svy) : servey의 약자
4. 측량계산파일(*.ksp) : kcsc servey project의 약자
5. 세부측량계산파일(*.ser) : survey Evidence Relation file의 약자
6. 측량성과파일(*.jsg)
7. 측량결과파일(*.dat) : data의 약자
8. 정보이용승인신청서파일(*.iuf) : information use file의 약자

기출문제

[2012년 기출]

한국토지정보시스템(KLIS)의 파일명이 잘못된 것은?

① 일필지속성정보파일 : ser
② 측량계산파일 : ksp
③ 측량성과파일 : jsg
④ 토지이동정리파일 : dat

답 ①

3. 연속 · 편집도 관리시스템

연속 · 편집도 관리시스템은 지적공부관리시스템에서 토지이동업무가 처리되면 연속 · 편집도에 자동 또는 수동으로 반영하고, 이를 기반으로 운영되는 토지행정업무를 처리하기 위하여 개발되었다.

[연속 · 편집도 관리시스템의 중요메뉴 구성 및 기능]

메 뉴	설 명	출력물
도면관리	연속도 및 편집도를 화면에 편집하도록 출력	
연속 · 편집도 관리	작업내역조회, 출력 특정일 시점자료 생성	
편집도면관리	변환점 초기화 및 화면 출력, 고정변환점관리	
편집도구	폴리곤생성, 도형속성값 입력, 중수편집, 정점, 삭제 및 수정, 도형합병, 도형교집합 등	

4. 토지민원발급시스템

토지민원발급시스템은 지적민원 · 토지민원 서류를 발급 · 관리하기 위한 시스템으로 지적(임야)도 등본, 지적공부 등본, 경계점좌표등록부, 지적기준점확인원, 토지이용계획확인서, 개별공시지가확인서의 6종류 문서발급과 토지 · 임야(폐쇄) 등본, 대지권등록부발급시스템의 연계를 통한 발급을 처리한다.

[토지민원발급시스템의 중요메뉴 구성 및 기능]

메 뉴	설 명	출력물
시스템	발급 시 필요한 환경과 발급지역 및 발급지역별 사용자 등록관리	
토지민원발급	지적공부등본발급, 지적기준점확인원, 토지이용계획확인원, 개별 공시지가확인원	각종 민원발급
발급관리	토지민원발급내역과 발급된 이력의 상세내역을 검색하는 기능	
통계	통계, 일계표 등 발급현황을 조회 및 발급 내역 누계 및 집계 정리	

5. 도로명 및 건물번호 부여관리시스템

도로명 및 건물번호를 효율적으로 관리하는 시스템으로서 도로의 신설, 용도폐지 및 건축물의 신축, 멸실 등에 따른 도로명 및 건물번호의 유지 관리가 가능할 뿐만 아니라 새 주소부여를 효율적으로 수행할 수 있도록 업무를 지원하는 시스템이다.

[도로명 및 건물번호 부여관리시스템의 중요메뉴 구성 및 기능]

메 뉴	설 명
도로관리	도로구간 입력, 도로구간 수정, 도로구간 삭제, 기초구간 입력, 기초구간 수정, 기초구간 삭제, 기종점 변경, 실폭도로관리, 단위구간나누기, 기초번호 일괄부여 등 도로를 관리하는 기능
건물관리	건물정보 입력, 건물정보 수정, 건물말소, 건물군정보 입력, 건물군정보 수정, 건물군정보 삭제, 주출입구 입력, 주출입구 수정, 주출입구 삭제, 건물번호 자동갱신 등 건물을 관리하는 기능
명판관리	도로명판 입력, 도로명판 수정, 도로명판 삭제 등 도로의 명판을 관리하는 기능
대장관리	도로구간조서, 도로명부여대장, 도로구간별 기초번호부여조서, 건물번호부여사무처리대장, 건물번호부여대장, 도로명판관리대장, 건물번호판교부대장 등 도로 및 건물에 관련된 대장을 관리하는 기능

6. DB관리시스템

도형DB를 관리하기 위한 단위시스템으로 초기 데이터 구축, DB자료데이터 전환, 공통파일백업, DB일관성검사기능으로 구별된다. 이 시스템은 기존 PBLIS와 LMIS 확산을 통해 이미 생성된 DB를 한국토지정보시스템의 DB로 이행하는 시스템이다.

[DB관리시스템의 중요메뉴 구성 및 기능]

메 뉴	설 명
DXF등록	여러 개의 DXF파일이 존재하는 폴더를 선택하여 KLIS의 DB로 입력하거나 하나의 DXF파일을 선택하여 KLIS의 DB로 입력하는 기능
SHAPE 파일등록	하나의 Shape파일을 선택하여 KLIS의 DB로 입력하거나 여러 개의 Shape파일이 존재하는 폴더를 선택하여 KLIS의 DB로 입력하는 기능
도형DB백업	KLIS DB상의 Layer를 설정된 그룹별로 선택하여 Shape파일형태로 사용자의 PC로 백업받거나 행정구역, 도호, 축척 등으로 구분하여 KLIS DB상의 데이터를 DXF파일형태로 사용자의 PC로 백업받는 기능
일관성검사	KLIS DB로 입력되어진 데이터를 누락지번, 중복지번, 지목상이의 내용으로 검사하는 기능

[2015년 기출]

한국토지정보시스템(KLIS)을 구성하는 시스템이 아닌 것은?

① 지적공부관리시스템   ② DB관리시스템

③ 우편번호관리시스템   ④ 토지민원발급시스템

답 ③

04 기대효과

행정자치부(당시)에서 토지의 분할·합병 등 변동자료에 대한 실시간(Real-Time) 갱신 체계를 마련함으로써 건설교통부(당시)에서는 이를 활용하여 토지와 관련한 각종 정보의 공간분석이 가능해짐에 따라 부동산투기 방지대책 등 합리적인 토지정책을 수립할 수 있고, 토지행정업무의 전산화로 업무처리시간 단축 및 토지행정의 생산성 향상 등에 크게 기여할 것으로 기대된다.

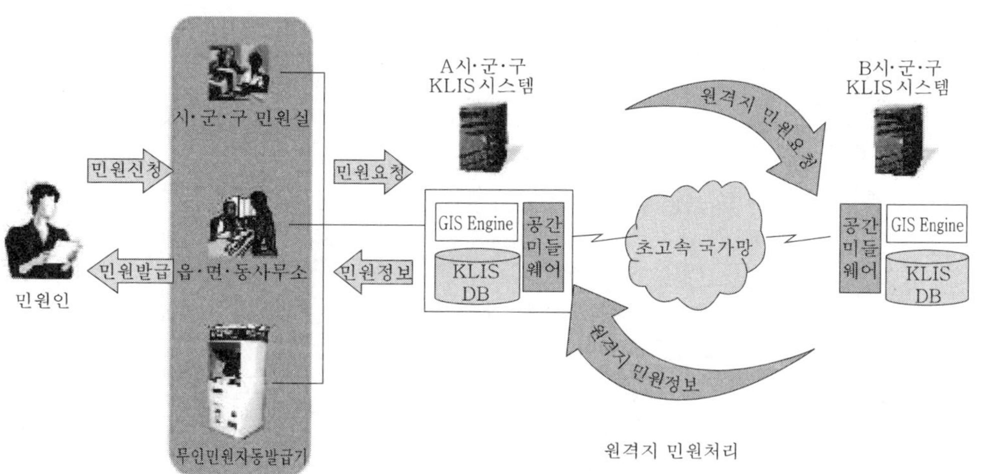

[원격지 민원발급처리 가능]

1. 정량적 기대효과

1) 사용자 업무능률성 향상

① 중복된 업무 탈피

② 능률성 배가 및 편리성 지향

③ 담당자 업무처리시간 단축

2) 3-tier시스템 확장성

① 시스템 확장성 향상
② 분산환경에서 공간정보유통 용이

3) 데이터 무결성 확보

4) 지적도 DB활용 극대화

개별/편집/연속 지적도의 일관성 및 무결성 확보를 위해 하나의 DB로 관리

5) 전산자원 공동활용

6) 전국 온라인 민원발급서비스

2. 정성적 기대효과

① 토지이동담당자 처리시간 단축
② 실시간 처리로 신속한 민원처리

01 한국토지정보시스템(KLIS)의 설명으로 옳은 것은?

① (구)건설교통부의 토지관리정보시스템과 (구)행정자치부의 필지중심토지정보시스템을 통합한 시스템이다.

② (구)건설교통부의 토지관리정보시스템과 (구)행정자치부의 시·군·구 지적행정시스템을 통합한 시스템이다.

③ (구)행정자치부의 시·군·구 지적행정시스템과 필지중심토지정보시스템을 통합한 시스템이다.

④ (구)건설교통부의 토지관리정보시스템과 개별공시지가관리시스템을 통합한 시스템이다.

해설 한국토지정보시스템(Korea Land Information System : KLIS)은 (구)행정자치부의 필지중심토지정보시스템(PBLIS)과 (구)건설교통부의 토지종합정보망(LMIS)을 하나의 시스템으로 통합하여 전산정보의 공공활용과 행정의 효율성 제고를 위해 (구)행정자치부와 (구)건설교통부가 공동주관으로 추진하고 있는 정보화사업이다.

02 한국토지정보시스템의 개발목적에 해당하지 않는 것은?

① 사용자 편의성 증대

② 데이터의 일관성 및 중복성 확보

③ 행정의 효율성 제고

④ 데이터의 무결성 확보

해설 한국토지정보시스템은 국토교통부의 필지중심토지정보체계와 (구)건설교통부의 토지종합정보망을 보완하여 하나의 시스템으로 통합함으로써 시스템 통합을 통한 업무효율성 증대, 업무프로세스 간소화로 사용자 편의성 증대, 지적도 DB의 통합관리로 데이터의 일관성 및 무결성 확보, 전산자원의 공동활용과 행정의 효율성 제고로 토지에 관련된 정보화사업을 효율적으로 추진하고자 개발되었다.

03 다음 중 KLIS는 어떤 정보체계가 통합운영되는 것인가?

① PBLIS + LMIS

② PBLIS + NGIS

③ LIS + GIS

④ LIS + GPS

해설 한국토지정보시스템(Korea Land Information System : KLIS) = PBLIS + LMIS

04 한국토지정보체계 구축에 따른 기대효과로 가장 거리가 먼 것은?

① 다양하고 입체적인 토지정보를 제공

② 민원처리기간의 단축 및 전국 온라인서비스 제공

③ 각 부서 간의 공동활용으로 업무효율을 극대화

④ 건축물의 유지 및 보수 현황관리

정답 1. ① 2. ② 3. ① 4. ④

1. 다양하고 입체적인 토지정보를 제공
2. 민원처리기간의 단축 및 전국 온라인서비스 제공
3. 각 부서 간의 공동활용으로 업무효율을 극대화

05 한국토지정보시스템 구축에 따른 기대효과를 설명한 것 중 다른 하나는?

① 업무능률성 향상
② 데이터 무결성 확보
③ 지적도 DB활용 확보
④ 2계층으로 시스템 확장성

06 국가적인 정보화사업을 효율적으로 추진하기 위하여 국토교통부의 필지중심토지정보체계 (PBLIS)와 (구)건설교통부의 토지종합정보망(LMIS)을 하나의 시스템으로 통합하여 전산정보 의 공공 활용과 행정의 효율성 제고를 위해 공동으로 개발한 정보화사업은 무엇인가?

① 한국토지정보시스템(KLIS)
② 도시정보시스템(UIS)
③ 국토정보시스템(NLIS)
④ 도형 및 영상정보체계(GIS)

07 한국토지정보시스템(Korea Land Information System : KLIS)에 대한 설명으로 틀린 것은?

① PBLIS와 LMIS를 통합한 토지의 정보를 전산화로 등록하여 제공하는 시스템이다.
② 일필지단위의 도형정보와 속성정보를 기반으로 토지의 모든 정보를 전산화로 등록하고 제 공하는 시스템이다.
③ 대축척의 지적도를 기본도로 이용하여 구축한 시스템으로서 정확한 위치개념과 고밀도 데 이터로 구성되어 있다.
④ 기본계획을 수립할 경우에는 국가지리정보체계추진위원회의 심의를 거친 후 이를 확정한다.

해설 「(구)행정자치부의 필지중심토지정보시스템(PBLIS)과 (구)건설교통부의 토지관리정보체계(LMIS)를 보완 하여 하나의 시스템으로 통합 구축하고, 토지대장의 문자(속성)정보를 연계활용하는 방안을 강구」하라는 감사원 감사결과(2000년)에 따라 3계층 클라이언트/서버(3-tiered client/server) 아키텍처를 기본구조 로 개발하기로 합의하였다.

08 한국토지정보시스템(KLIS)의 주요 구성시스템에 대한 설명으로 옳지 않은 것은?

① 시 · 군 · 구 서버에서는 엔테라 미들웨어를 사용한다.
② 3계층 클라이언트/서버 아키텍처를 기본구조로 한다.
③ GIS엔진은 PBLIS나 LMIS에서 사용하던 GOTHIC와 SDE의 활용이 가능하다.
④ 지적측량성과작성시스템에서 경계점결선, 경계점등록, 교차점계산, 분할 후 결선작업에 대한 결과를 저장하는 파일의 확장자는 *.cif이다.

해설 지적측량성과작성시스템에서 경계점결선, 경계점등록, 교차점계산, 분할 후 결선작업에 대한 결과를 저장 하는 파일의 확장자는 *.ksp이다.

09 다음은 필지중심토지정보체계(PBLIS)와 토지종합정보망사업(LMIS)을 비교한 것이다. 비교설명이 잘못된 것은?

① 필지중심토지정보체계(PBLIS)의 속성데이터 접근방법은 ODBC를 이용한 2계층 구조이다.

② 토지종합정보망사업(LMIS)의 공간DB데이터 접근방법은 2계층 구조이다.

③ 필지중심토지정보체계(PBLIS)와 토지종합정보망사업(LMIS)의 속성DB는 Oracle DBMS을 사용한다.

④ 필지중심토지정보체계(PBLIS)와 토지종합정보망사업(LMIS)의 주관부서는 국토교통부와 (구)건설교통부이다.

해설 토지종합정보망사업(LMIS)의 공간DB속성데이터 접근방법은 ODBC를 이용한 3계층 구조로 되어 있고, 필지중심토지정보체계(PBLIS)의 속성데이터 접근방법은 ODBC를 이용한 2계층 구조로 이루어졌다.

10 한국토지정보시스템의 개발을 위한 각 부처의 주요 합의사항을 설명한 것이다. 이 중 다른 하나는?

① H/W 및 네트워크는 시·군·구시스템서버 공동활용

② 소요비용은 (구)행정자치부와 (구)건설교통부가 공동부담(50 : 50)

③ 2계층 클라이언트/서버(2 – tiered client/server)구조로 시스템 재개발

④ GIS엔진은 Gothic, SDE, ZEUS를 모두 활용 가능

해설 한국토지정보시스템의 구조는 3계층 클라이언트/서버(3-tiered client/server)구조로 시스템을 재개발한다.

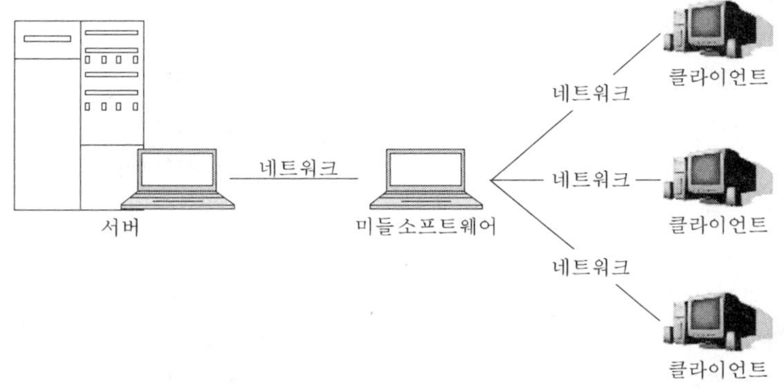

11 한국토지정보시스템 개발방향을 설명한 것이다. 이 중 다른 하나는?

① 지적공부관리시스템 도형은 코바미들웨어, 대장은 엔테라미들웨어를 연결하여 구현

② 2계층 클라이언트/서버(2-tiered client/server)구조로 개발

③ GIS엔진은 PBLIS와 LMIS의 엔진으로 사용하던 GOTHIC, SDE, ZEUS를 모두 활용 가능하게 개발

④ 한 번의 지적정리로 관련 자료(도형＋속성)를 동시에 처리

12 한국토지정보시스템(KLIS)을 구성하는 시스템이 아닌 것은?

① 지적공부관리시스템　　　　　　② DB관리시스템

③ 우편번호관리시스템　　　　　　④ 토지민원발급시스템

해설 한국토지정보시스템(KLIS)을 구성하는 시스템

1. 지적공부관리시스템　　　　　　2. DB관리시스템

3. 지적측량성과작성시스템　　　　4. 토지민원발급시스템

5. 연속 · 편집도 관리시스템　　　　6. 도로명 및 건물번호 부여관리시스템

13 한국토지정보시스템(KLIS)의 구성에 해당되지 않는 것은?

① 지적공부관리시스템

② 지적측량성과작성시스템

③ 부동산등기관리시스템

④ 민원발급관리시스템

해설 한국토지정보시스템(KLIS)의 구성에는 지적공부관리시스템, 지적측량성과작성시스템, 민원발급관리시스템, 연속 · 편집도 관리시스템, 도로명 및 건물번호 부여관리시스템, DB관리시스템이 있다.

14 한국토지정보시스템이 포함하고 있는 단위업무만을 모두 고른 것은? (삭제된 규정)

ㄱ. 지적공부관리	ㄴ. 연속편집도관리
ㄷ. 토지거래허가관리	ㄹ. 지하시설물관리

① ㄱ, ㄴ, ㄷ　　　　　　　　　② ㄱ, ㄴ, ㄹ

③ ㄱ, ㄷ, ㄹ　　　　　　　　　④ ㄴ, ㄷ, ㄹ

해설 한국토지정보시스템은 다음 각 호의 단위업무를 포함한다.

1. 지적공부관리　　　　　　　　2. 지적측량성과관리

3. 연속편집도관리　　　　　　　4. 용도 지역 · 지구 관리

5. 개별공시지가관리　　　　　　6. 개별주택가격관리

7. 토지거래허가관리　　　　　　8. 개발부담금관리

9. 수치지형도관리　　　　　　　10. 모바일현장지원

11. 부동산중개업관리　　　　　　12. 부동산개발업관리

13. 중인중개사관리　　　　　　　14. 통합민원발급관리

15 한국토지정보체계(KLIS)에서 지적공부관리시스템의 기능에 해당되지 않는 것은?

① 지적공부정리파일(*.DAT)의 생성기능

② 개인별 토지소유현황을 조회하는 기능

③ 토지이동에 따른 변동내역을 조회하는 기능

④ 소유권연혁에 대한 오기 정정기능

해설 토지이동정리파일(*.DAT)은 지적측량성과작성시스템에서 생성되는 파일이다.

　　　　정답　12. ③　13. ③　14. ①　15. ①

16 지적측량을 실시하기 위해 지적소관청에서 지적측량수행자에게 제공하는 파일명은?

① JDT파일 ② DAT파일
③ DXF파일 ④ DWG파일

17 지적측량수행자가 지적측량을 완료하고 지적소관청에 지적측량검사 시 제출하는 파일명은?

① JDT파일 ② DAT파일
③ DXF파일 ④ DWG파일

해설 토지이동정리파일(*.dat)

지적측량검사요청을 할 경우 이동정리필지에 관한 정보를 저장한 파일로 KLIS의 지적공부관리시스템의 성과검사에 활용이 가능하며 지적소관청의 측량검사, 도면검사, 폐쇄도면검사, 속성정보 등을 검사할 수 있도록 작성된 파일이며, 이를 이용하여 지적공부정리시스템에서 토지대장 및 지적도 정리에 이용되는 파일이다.

18 측량성과작성시스템에서 측량성과 입력을 통하여 측량결과도 및 측량성과도를 작성하기 위한 파일은?

① ser ② jsg
③ dat ④ svy

해설 파일확장자구분

구 분	내 용
측량준비도 추출파일(*.cif)	도형데이터 추출파일은 지적소관청의 지적공부관리시스템에서 측량하고자 하는 일정 범위를 지정하여 도형과 속성정보를 저장한 파일을 말한다.
일필지속성정보파일 (*.sebu)	일필지속성정보파일은 측량성과작성시스템의 추출버튼을 이용하여 작성하는 파일이다.
측량관측파일 (*.svy)	Total측량에서 현지 지형을 관측한 측량기하적을 좌표로 등록하여 작성된 파일로 현재 도해지역의 측량에 많이 사용하고 있다.
측량계산파일 (*.ksp)	지적측량계산시스템에서 작업한 내용을 관리하는 파일이지만 측량성과작성시스템에서는 주로 경계점결선·경계점등록·교차점계산, 분할 후 결선작업에 대한 결과를 저장하는 파일이다.
세부측량계산파일 (*.ser)	세부측량계산파일은 측량계산시스템에서 교차점계산 및 면적지정계산을 하여 등록버튼을 클릭하면 *.ser파일을 저장할 수 있도록 파일저장창이 활성화된다. 특히 이 파일은 경계점좌표등록부시행지역 및 제8호 서식의 측량결과도를 출력할 경우에 반드시 필요한 파일이다.
측량성과파일 (*.jsg)	측량계산시스템에서 생성되는 파일로 분할 후 경계점결선작업을 완료하고 토지이동에 대한 모든 속성정보를 포함한 파일로 측량성과입력에서 반드시 필요하다. 이 파일은 측량성과작성시스템에서 측량성과입력을 통하여 측량결과도 및 측량성과도를 작성하기 위한 파일이다.
토지이동정리파일 (측량결과파일, *.dat)	지적측량검사요청을 할 경우 이동정리필지에 관한 정보를 저장한 파일로 KLIS의 지적공부관리시스템의 성과검사에 활용이 가능하며 지적소관청의 측량검사, 도면검사, 폐쇄도면검사, 속성정보 등을 검사할 수 있도록 작성된 파일이며, 이를 이용하여 지적공부정리시스템에서 토지대장 및 지적도 정리에 이용되는 파일이다.

정답 16. ① 17. ② 18. ②

19 다음 중 지적측량성과작성시스템에서 생성하는 파일명이 아닌 것은?

① cif ② sebu

③ ser ④ ksp

해설 측량준비도추출파일(*.cif)

도형데이터추출파일은 지적소관청의 지적공부관리시스템에서 측량하고자 하는 일정 범위를 지정하여 도형과 속성정보를 저장한 파일을 말한다.

20 지적측량성과작성시스템에서 경계점결선 · 경계점등록 · 교차점계산, 분할 후 결선작업에 대한 결과를 저장하는 파일은?

① cif ② ksp

③ jsg ④ dat

해설 측량계산파일(*.ksp)

지적측량계산시스템에서 작업한 내용을 관리하는 파일이지만, 측량성과작성시스템에서는 주로 경계점결선 · 경계점등록 · 교차점계산, 분할 후 결선작업에 대한 결과를 저장하는 파일이다.

21 한국토지정보시스템에서 사용할 수 있는 미들웨어가 아닌 것은?

① Gothic ② Sde

③ Zeus ④ Java

22 한국토지정보시스템은 기존의 필지중심토지정보체계와 토지종합망시스템을 통합하여 개발한 시스템이다. 한국토지정보시스템에서 신규개발한 프로그램은 무엇인가?

① 토지민원발급시스템

② 도로명 · 건물번호 관리시스템

③ 지적측량성과작성시스템

④ 지적공부관리시스템

해설 한국토지정보시스템에서 신규개발한 프로그램은 KLIS미들웨어(GOTHIC용), 도로명 · 건물번호 관리시스템이다.

23 한국토지정보시스템에서 재개발한 프로그램이 아닌 것은?

① 연속 · 편집 도면관리시스템

② DB변환관리시스템

③ 도로명 · 건물번호 관리시스템

④ 지적공부관리시스템

해설 한국토지정보시스템에서 재개발한 프로그램은 토지민원발급시스템, 연속 · 편집 도면관리시스템, 지적공부관리시스템, 지적측량성과작성시스템, DB변환관리시스템 등이다.

정답 19. ① 20. ② 21. ④ 22. ② 23. ③

24 한국토지정보시스템(KLIS)에서 사용하는 파일의 내용과 확장자명의 연결로 옳지 않은 것은?

① 세부측량계산파일 : *.ser

② 측량관측파일 : *.svy

③ 측량성과파일 : *.jsg

④ 토지이동정리파일 : *.ksp

해설 KLIS(Korea Land Information System)의 파일확장자

1. 측량준비도추출파일 : *.cif

2. 일필지속성정보파일 : *.sebu

3. 측량관측파일 : *.svy

4. 측량계산파일 : *.ksp

5. 세부측량계산파일 : *.ser

6. 측량성과파일 : *.jsg

7. 측량결과파일 : *.dat

25 한국토지정보시스템에서 사용하는 파일의 설명이 바르지 못한 것은?

① 정보이용승인신청서파일 : *.iuf

② 측량결과파일 : *.dat

③ 측량준비도추출파일 : *.sebu

④ 측량계산파일 : *.ksp

해설 1. **정보이용승인신청서파일(*.iuf)** : 지적측량업무접수 시 지적소관청에 측량을 위한 지적도면자료이용승인을 요청하는 파일

2. **측량검사요청서파일(*.sif)** : 각 지사단위에서 지적측량접수프로그램을 이용하여 작성하며, iuf파일과 동시에 작성되는 파일

3. **측량준비파일(*.cif)** : 정보이용승인신청서(iuf)와 측량검사요청서(sif) 접수 시 지적소관청에서 추출하여 지사로 제공하는 측량준비도파일

4. **측량성과검사결과파일(*.srf)** : 측량결과파일을 측량업무관리부에 등록하고 성과검사정상완료 시 지적소관청에서 측량수행자에게 송부하는 파일

26 KLIS(Korea Land Information System)의 파일확장자 중 *.jsg가 의미하는 것은?

① 측량관측파일

② 측량성과파일

③ 세부측량계산파일

④ 측량계산파일

해설 측량성과파일(*.jsg)이란 측량계산시스템에서 생성되는 파일로 분할 후 경계점결선작업을 완료하고 토지이동에 대한 모든 속성정보를 포함한 파일로, 측량성과 입력에서 반드시 필요하다. 이 파일은 측량성과작싱시스템에서 측량성과 입력을 통하여 측량결과도 및 측량성과도를 작성하기 위한 파일이다.

27 도로명 및 건물번호를 효율적으로 관리하기 위해 개발된 도로명 및 건물번호 부여관리시스템의 기능으로 옳지 않은 것은?

① 도로구간 입력 및 수정 등 도로를 관리하는 기능
② 건물군정보 입력 및 수정 등 건물을 관리하는 기능
③ 건물번호판교부대장 등 도로 및 건물에 관련된 대장을 관리하는 기능
④ 도로개설 시 도로보상에 필요한 도로정보 등 보상대상도로를 등록관리하는 기능

해설 도로명 및 건물번호 부여관리시스템의 중요메뉴 구성 및 기능

메 뉴	설 명
도로관리	도로구간 입력, 도로구간 수정, 도로구간 삭제, 기초구간 입력, 기초구간 수정, 기초구간 삭제, 기종점 변경, 실폭도로관리, 단위구간나누기, 기초번호 일괄부여 등 도로를 관리하는 기능
건물관리	건물정보 입력, 건물정보 수정, 건물말소, 건물군정보 입력, 건물군정보 수정, 건물군정보 삭제, 주출입구 입력, 주출입구 수정, 주출입구 삭제, 건물번호 자동갱신 등 건물을 관리하는 기능
명판관리	도로명판 입력, 도로명판 수정, 도로명판 삭제 등 도로의 명판을 관리하는 기능
대장관리	도로구간조서, 도로명부여대장, 도로구간별 기초번호부여조서, 건물번호부여사무처리대장, 건물번호부여대장, 도로명판관리대장, 건물번호판교부대장 등 도로 및 건물에 관련된 대장을 관리하는 기능

28 도로명 주소체계에 대한 설명으로 옳은 것은?

① 도로명은 도로의 폭과 길이에 따라 대로, 중로, 소로, 길로 구분하여 부여한다.
② 대로는 도로의 폭이 40미터 이상이거나 왕복 8차로 이상인 도로이다.
③ 건물번호는 도로의 기점에서 종점방향으로 왼쪽은 짝수, 오른쪽은 홀수를 부여한다.
④ 2020년까지는 지번주소와 도로명주소를 병행하여 사용한다.

해설 1. 도로명은 주된 명사에 제6조 제1항의 기준에 따라 구분한 "대로", "로", "길" 또는 (구)안전행정부장관이 달리 정한 도로구분을 붙여서 부여·변경한다.

2. **도로별 구분기준**
   ① 대로 : 도로의 폭이 40미터 이상이거나 왕복 8차로 이상인 도로
   ② 로 : 도로의 폭이 12미터 이상 40미터 미만이거나 왕복 2차로 이상 8차로 미만인 도로
   ③ 길 : 대로와 로 외의 도로
   ④ 건물번호는 도로의 기점에서 종점방향으로 왼쪽은 홀수, 오른쪽은 짝수를 부여한다.

정답 **27.** ④ **28.** ②

부동산거래관리시스템

1. 의의

부동산거래관리시스템(RTMS : Real Estate Trade Management System)은 실거래가 확보를 통해 부동산거래의 투명성을 높이고, 부동산거래의 전자화를 통해 국민편의를 제공함과 동시에 정보활용 촉진 및 행정능률을 향상시키는 것을 목적으로 하고 있으며, 부동산거래시스템에는 이중계약서 작성 방지를 위한 거래가격적정성진단시스템, 국민의 편의 및 민원업무효율 향상을 위한 부동산거래신고/검인시스템, 부동산시장을 실시간으로 모니터링하여 적시에 효과적이고 예측 가능한 정책 수립을 지원하는 통계 및 분석시스템의 개발을 그 목표로 하고 있다.

2. 추진배경 및 개발

1) 부동산거래관리시스템의 추진배경

부동산시장의 투명성 확보와 공평과세기반을 구축하기 위하여 「공인중개사의 업무 및 거래신고에 관한 법률」을 개정(2005. 6. 30.)하여 부동산 투기 및 탈세의 원인이 되고 있는 이중계약서 작성을 금지하고, 2006년 1월 1일부터 중개업자 또는 거래당사자에게 실거래가격 신고를 의무화함에 따라 새로 도입되는 제도의 실효성 확보를 위해 2004년 10월부터 부동산거래관리시스템 개발 착수

2) 부동산거래관리시스템의 개발

① 국민편의 및 민원업무의 효율성 제고를 위한 '전자신고시스템'
② 탈세의 원인이 되고 있는 이중계약서 작성을 방지하기 위한 '거래가격적정성진단시스템'
③ 대법원, 국세청, 시·군·구 등의 시스템과 연계하여 취·등록세 납부, 등기, 양도소득세 신고 등 부동산거래관련 행정절차를 One-Stop으로 처리할 수 있는 '유관기관 정보공유시스템'
④ 부동산시장을 실시간으로 모니터링하여 적시에 효과적인 정책 수립을 지원하는 '통계 및 분석 시스템'

3) 시범운영

각종 시스템 개발을 완료하고 수도권 4개(서울시 강남구, 안양시, 수원시, 용인시) 지방자치단체를 대상으로 시범운영

3. 주요 내용

1) 인터넷을 통한 부동산거래신고시스템

① 거래당사자 또는 중개업자가 시·군·구청을 방문하지 않고 인터넷을 통해 부동산거래신고서를 작성·접수

② 담당공무원은 접수된 신고서를 자동으로 건축물대장 등과 확인하여 신고처리하고, 온라인으로 신고필증 발급

③ 민원인이 직접 방문할 경우에는 담당공무원이 신고내용 입력 후 건축물대장 등과 확인하여 신고필증 전산발급

2) 거래가격적정성진단시스템

거래가격적정성진단시스템은 신고처리된 부동산에 대하여 가격의 적정성 여부를 자동으로 판정하는 시스템이다.

① 공신력 있는 기관이 조사한 가격으로 합리적인 기준가격 설정

② 조사·평가 시점부터 신고시점까지의 가격변동률을 반영한 시점보정 실시

③ 기준가격산정방법, 시점보정과정에서 발생하는 오차를 감안하여 인정범위를 설정하고 적정 여부를 평가

3) 유관기관 정보공유시스템

① 거래가격적정성진단결과와 부동산거래신고, 토지거래허가, 주택거래신고, 판결·증여 등 검인자료를 유관기관(대법원, 국세청, 광역자치단체, 시·군·구 지방세과 등)과 공유

② 대법원 등기전산망과 연계하여 거래신고필증을 공유함으로써 등기절차를 단순화

③ 가격적정성진단결과와 거래정보를 국세청 국세전산망에 월단위로 제공

④ 지방세담당자들이 부동산거래관리시스템을 이용하여 실시간 거래정보 및 가격적정성 진단결과를 조회

4) 통계 및 분석 시스템

① 부동산거래신고자료와 토지거래허가, 주택거래신고, 판결·증여 등의 검인자료를 통합하여 토지거래통계, 건축물거래통계 등을 자동으로 작성

② 시·군·구에서 생성된 통계는 광역시·도 및 전국 단위통계로 작성되어 광역시·도 및 중앙 부처의 부동산정책에 활용

4. 기대효과

1) 부동산시장의 투명성 확보

① 중개업소를 통하여 매매계약서를 시·군·구에 전자신고하도록 함으로써 이중계약서 작성을 제도적으로 차단

② 거래정보의 인터넷 공개(개인 사생활정보는 절대보호)

2) 신속한 민원처리

① 부동산관련 서류의 전자처리로 민원간소화

② 취득세, 등록세, 양도소득세 등의 전자신고납부체계로 전환

01 실거래가 확보를 통해 부동산거래의 투명성을 높이고, 부동산거래의 전자화를 통해 정보활용 촉진을 위해 개발된 것은 무엇인가?

① 부동산거래관리시스템 ② 부동산검인시스템
③ 토지종합정보망시스템 ④ 부동산실거래시스템

해설 부동산거래시스템은 부동산시장의 투명성 확보와 공평과세기반을 구축하기 위하여 「공인중개사의 업무 및 거래신고에 관한 법률」을 개정하여 부동산 투기 및 탈세의 원인이 되고 있는 이중계약서 작성을 금지하고, 2006년 1월 1일부터 중개업자 또는 거래당사자에게 실거래신고를 의무화함에 따라 새로 도입되는 시스템이다.

02 부동산거래시스템에 해당되지 않는 것은?

① 토지거래관리시스템
② 거래가격적정성진단시스템
③ 유관기관 정보공유시스템
④ 통계 및 분석 시스템

해설

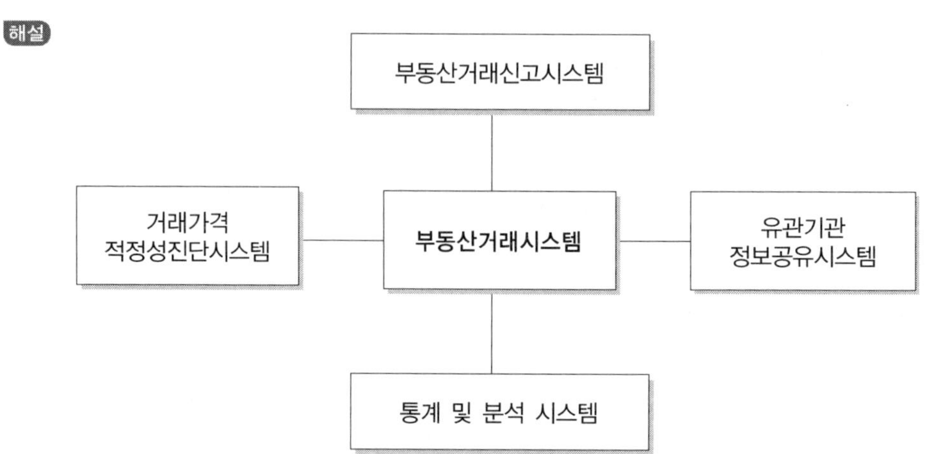

03 부동산거래관리시스템에서 부동산시장을 실시간으로 모니터링하여 적시에 효과적인 정책수립을 지원하는 시스템은?

① 부동산거래신고시스템
② 거래가격적정성진단시스템
③ 유관기관 정보공유시스템
④ 통계 및 분석 시스템

정답 1. ① 2. ① 3. ④

해설 통계 및 분석 시스템은 부동산시장을 실시간으로 모니터링하여 적시에 효과적인 정책수립을 지원하는 시스템이다.

04 탈세의 원인이 되고 있는 이중계약서 작성을 방지하기 위해 도입된 시스템은?

① 거래가격적정성진단시스템

② 유관기관 정보공유시스템

③ 통계 및 분석 시스템

④ 부동산거래신고시스템

해설 거래가격적정성진단시스템은 탈세의 원인이 되고 있는 이중계약서 작성을 방지하기 위해 도입된 시스템이다.

공간정보시스템

01 개 요

1. 의의

GIS(Geospatial Information System 또는 Geographic Information System)란 지구상의 공간정보와 이에 관련된 속성정보를 획득하고 데이터베이스(DB : database)화한 다음, 이를 분석하여 사용자가 원하는 정보를 유용하게 사용할 수 있도록 만들어진 시스템이다.

2. 개념도

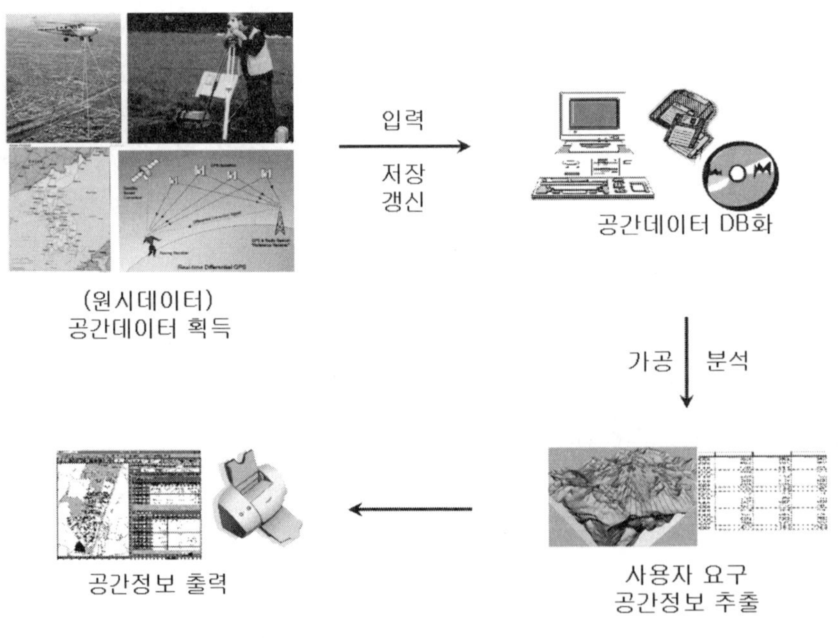

[GIS 개념도]

3. 도입효과

정량적 효과	정성적 효과
1. 효과적인 계획과 설계로 인한 비용 절감 2. 자료 취득시간의 절감 3. 지도의 생산 및 수정 시간 단축 4. 유지·관리 비용 절감 5. 물류비용 절감	1. 의사결정의 정확성 향상 2. 공공분야의 서비스 질 향상 3 정보의 표준화로 인한 정보의 질적 안정 4. 신뢰도 향상

4. 구성요소

GIS는 컴퓨터와 각종 입·출력장치 및 자료관리장치 등의 하드웨어, 각종 정보를 저장·분석·표현할 수 있는 기능을 지원하는 소프트웨어, 지도로부터 추출한 도형정보와 대장이나 통계자료로부터 추출한 속성정보를 전산화한 데이터베이스, 데이터를 구축하고 실제 업무에 활용하는 조직 및 인력으로 구성된다.

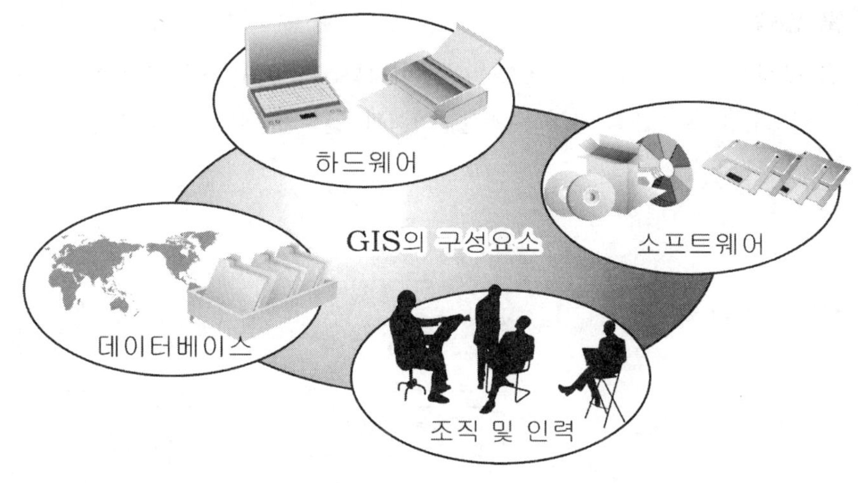

[GIS의 구성요소]

1) 하드웨어(hardware)

GIS를 운용하는 데 필요한 컴퓨터와 각종 입·출력장치, 자료관리장치이다. 입력장비는 종이지도나 도면 또는 문자정보를 컴퓨터에서 이용할 수 있도록 디지털화하는 장비로서 디지타이저, 스캐너, 키보드 등이 있다. 저장장치는 디지털화된 데이터를 저장하기 위한 장비인 자기테이프, 자기디스크 등과 데이터 분석 및 연산장비인 개인용 컴퓨터와 워크스테이션 등이 있다. 출력장비는 분석결과를 출력하기 위한 장비로서 플로터, 프린터, 모니터 등이 있다.

2) 소프트웨어(software)

각종 정보를 저장·분석·표현할 수 있는 기능을 지원하는 도구이다. 정보의 입력 및 중첩 기능, 데이터베이스관리기능, 질의분석시각화기능 등의 주요 기능을 가지고 있다. 운영체제는 GIS를 운영하기 위해 필요한 컴퓨터프로그램으로서 도스(DOS), 윈도우(MS Windows), 유닉스(UNIX) 등이 있다.

GIS용 소프트웨어는 공간분석, 편집, 그래픽처리 등의 기능을 가지고 있는 보조적인 프로그램이며, 데이터베이스관리시스템은 구축된 자료의 검색, 수정, 보완 등을 수행하는 관리프로그램을 말한다.

3) 데이터베이스

지도로부터 만들어 내거나 직접 만들어진 도형정보와 대장이나 자료로부터 추출한 속성정보를 말한다. GIS의 핵심적인 요소이며 구축에 많은 시간과 노력이 필요하다. 최근에는 지도 외에 항공사진이나 인공위성영상으로부터 많은 정보를 획득하고 있다.

4) 조직 및 인력

GIS를 구성하는 가장 중요한 요소로서 데이터를 구축하고 실제 업무에 활용하는 사람을 말한다. 시스템을 설계하고 관리하는 전문인력과 일상업무에 GIS를 활용하는 사용자를 모두 포함한다.

02 자료처리체계

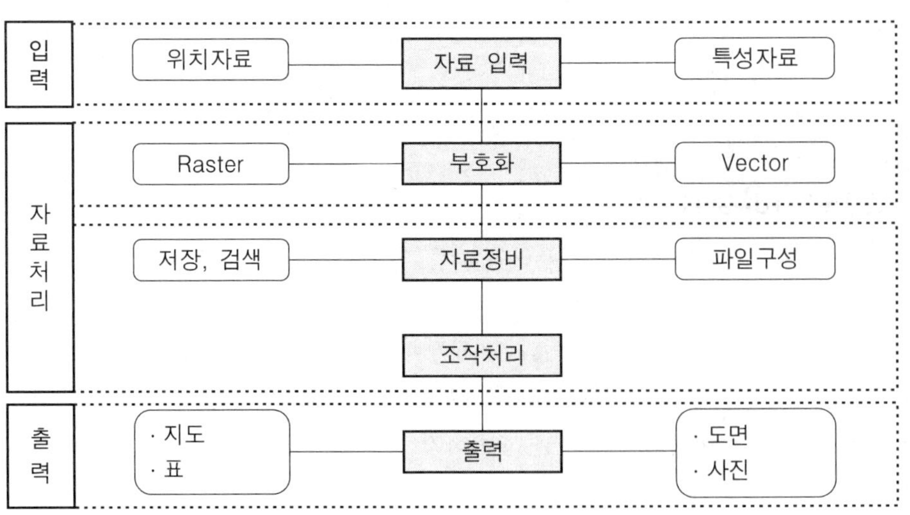

1. 자료 입력(data input)

1) 정보

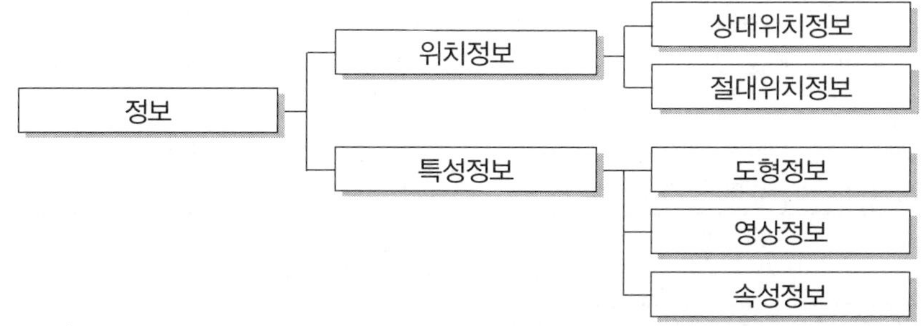

(1) 위치정보

구 분	내 용
절대위치정보	절대위치정보는 절대 변하지 않는 실제 공간에서의 위치정보로 경·위도 및 표고 등을 말하며, 지상, 지하, 해양, 공중 등 지구공간 및 우주공간에서의 위치의 기준이 된다.
상대위치정보	상대위치정보는 가변성을 지니고 있으며 주변 정세에 따라 변할 수 있는 관계적 위치, 즉 모형공간(model space)에서의 위치로 임의의 기준으로부터 결정되는 위치 또는 위상 관계를 부여하는 기준이 된다.

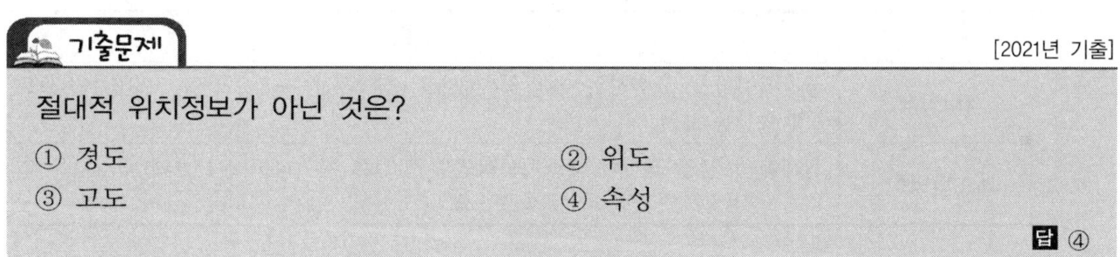

[2021년 기출]

절대적 위치정보가 아닌 것은?

① 경 도　　　　　　② 위 도
③ 고 도　　　　　　④ 속 성

답 ④

(2) 특성정보

구 분	내 용
도형(공간)정보	위치정보를 이용하여 대상을 가시화시킨 것으로 지도형상의 수치적 설명으로 특정한 지도요소를 설명하는 것으로, 좌표체계를 기준으로 하여 지형지물의 위치와 모양을 나타내는 정보이다.
영상정보	센서(일반사진기, 지상 및 항공사진기, 비디오사진기, 수치사진기, 스캐너, Radar, 레이저 등)에 의해 얻은 사진 등으로 인공위성에서 직접 취득한 수치영상과 항공사진측량에서 획득한 사진을 디지타이징 또는 스캐닝하여 컴퓨터에 적합하도록 변환된 정보를 말한다.
속성정보	도형이나 영상 속에 있는 내용 등으로 대상물의 성격이나 그와 관련된 사항들을 기술하는 자료이며, 지형도상의 특성이나 지질, 지형, 지물의 관계를 나타낸다.

2) 입력

구 분	내 용
디지타이저 (수동방식)	디지타이저라는 테이블 위에 컴퓨터와 연결된 마우스를 이용하여 필요한 주제(도로, 하천 등)의 형태를 컴퓨터에 입력시키는 것으로서 지적도면과 같은 자료를 수동으로 입력할 수 있으며, 대상물의 형태를 따라 마우스를 움직이면 X, Y 좌표가 자동적으로 기록된다.
스캐너 (자동방식)	일정 파장의 레이저광선을 지도에 주사하고 반사되는 값에 수치를 부여하여 컴퓨터에 저장시킴으로서 기존의 지도를 영상의 형태로 만드는 방식이다.

[디지타이저와 스캐너의 비교]

구 분	디지타이저	스캐너
입력방식	수동방식	자동방식
결과물	벡터	래스터
비용	저렴	고가
시간	시간이 많이 소요	신속
도면상태	영향을 적게 받음	영향을 받음

2. 부호화(encoding)

구 분	내 용
벡터방식	공간데이터를 표현하는 방법의 하나로 점(0차원), 선(1차원), 면(2차원)으로 공간형상을 표현
래스터방식	실세계를 일정 크기의 최소지도화단위인 셀로 분할하고, 각 셀에 속성값을 입력하고 저장하여 연산하는 자료구조

3. 자료정비(DBMS)

1) 데이터베이스의 의의

하나의 조직 내에서 다수의 이용자가 서로 다수의 목적으로도 공유할 수 있도록 저장해 놓은 Data파일의 집합체이다.

2) 데이터베이스의 장단점

장 점	단 점
1. 중앙제어 가능 2. 효율적인 자료호환 3. 데이터의 독립성 4. 새로운 응용프로그램 개발의 용이성 5. 반복성의 제거 6. 많은 사용자의 자료 공유 7. 다양한 응용프로그램에서 다른 목적으로 편 집 및 저장	1. 초기 구축비용 고가 2. 초기 구축 시 관련 전문가 필요 3. 시스템의 복잡성 4. 자료의 공유로 인해 자료의 분실이나 잘못된 자료가 사용될 가능성이 있어 보완조치 마련 5. 통제의 집중화에 따른 위험성 존재

4. 조작처리(manipulative operation)

구 분	내 용
표면분석 (surface analysis)	하나의 자료층상에 있는 변량들 간의 관계분석에 이용
중첩분석 (overlay analysis)	1. 둘 이상의 자료층에 있는 변량들 간의 관계분석에 적용 2. 변량들의 상대적 중요도에 따라 경중률을 부가하여 정밀중첩분석에 실행

5. 자료 출력(data output)

1) 자료 출력

① 도면, 도표, 지도, 영상 등으로 다양한 방식으로의 결과물을 표현

② 인쇄복사 : 종이, 도화용 물질, film 등에 정보인쇄

③ 영상복사 : 영상모니터에 의한 영상표시 하나의 자료층상에 있는 변량들 간의 관계분석에 이용

2) 출력 설계 시 고려사항

① 자료에 대한 보안성

② 판독의 용이성

③ 원시자료의 완전성

6. 지리정보시스템의 오차

입력자료의 품질에 따른 오차	데이터베이스 구축 시 발생되는 오차
1. 위치 정확도에 따른 오차 2. 속성 정확도에 따른 오차 3. 논리적 일관성에 따른 오차 4. 완결성에 따른 오차 5. 자료변환과정에 따른 오차	1. 절대위치자료 생성 시 기준점의 오차 2. 위치자료 생성 시 발생되는 항공사진 및 위성영상의 정확도에 따른 오차 3. 디지타이징 시 발생되는 오차 4. 좌표변환 시 투영법에 따른 오차 5. 사회자료 부정확성에 따른 오차 6. 자료처리 시 발생되는 오차

03 국가공간정보정책 기본계획

1. 국가공간정보정책 기본계획

1) 제1차(1995~2000)

제1차 국가공간정보정책 기본계획은 21세기의 고도정보화사회에 대비하고, 국가차원에서 GIS 기반을 조성하기 위하여 GIS개발 촉진 및 경쟁력 있는 산업으로 육성하고자 1995~1998년까지 지형도, 1998~2000년까지 주제도, 그리고 1997~2001년까지 지하시설물도를 수치지도화하여 공간정보DB 구축기반 조성을 목표로 8가지 전략과 '지리정보부문', '기술개발부문', '표준화부문', '토양정보부문' 등 4가지 부문별 전략을 제시하였다.

2) 제2차(2001~2005)

제1차 국가GIS사업으로 국토정보화의 기반을 준비하고, 제2차 국가사업을 통해 국가공간정보 기반 마련 및 범국민적 유통·활용을 정착시키고자 '국가공간정보 기반을 확충하여 2005년까지 디지털국토 실현'을 비전으로 삼고 '국가공간정보 기반 확충으로 디지털국토 초석 마련', '지리정보의 전국민 인터넷 유통·활용', '국부 창출의 원천인 핵심기술개발과 산업의 육성', '표준화·인력 양성·지원연구 등 기반환경 지속 개선' 등의 4대 목표와 4대 중점추진전략, 정부 및 민간주도의 단계별 추진전략을 제시하였다.

3) 제3차(2006~2010)

제3차 국가공간정보정책 기본계획은 지금까지 추진한 국가지리정보체계 실적평가 및 문제점 도출, 국가지리정보의 구축 및 활용 촉진을 위한 정책방향 제시, 국가지리정보활용가치를 극대화하는 종합계획을 수립하고자 '유비쿼터스국토 실현을 위한 기반 조성'을 비전으로 삼고, 'GIS기반 전자정부 구현', 'GIS를 통한 삶의 질 향상', 'GIS를 이용한 뉴비즈니스 창출' 등 3대 목표와 4대 추진전략, 5대 추진과제를 수립하였다.

4) 제4차(2010~2015)

제4차 국가공간정보정책 기본계획은 공간을 매개로 하는 유비쿼터스환경으로 패러다임이 급변함에 따라 국가공간정보체계의 효율적 구축, 활용 및 관리를 위한 새로운 정책과 전략이 요구됨에 따라 '녹색성장을 위한 그린(GREEN)공간정보사회 실현'으로 삼고, '녹색성장의 기반이 되는 공간정보', '어디서나 누구라도 활용 가능한 공간정보', '개방·연계·융합활용 공간정보' 등 3대 목표와 5가지 추진전략, 24가지 세부추진과제를 수립하였다

5) 제5차(2013~2017)

제5차 국가공간정보정책 기본계획은 공간정보 융복합산업 활성화 및 정부 3.0을 지원하기 위하여 '공간정보로 실현하는 국민행복과 국가발전'을 비전으로 삼고, '공간정보 융복합을 통한 창조경제 활성화', '공간정보의 공유·개방을 통한 정부 3.0 실현'을 목표로 7가지 추진전략별 27개 세부추진과제를 수립하였다.

6) 제6차(2018~2022)

제6차 국가공간정보정책 기본계획은 제5차 기본계획이 '2017년 만료됨에 따라 이에 대한 추진실적평가를 바탕으로 제4차 산업혁명에 대비하고, 신산업발전을 지원하기 위한 공간정보정책방향을 제시하는 계획으로 '공간정보 융복합 르네상스로 살기 좋고 풍요로운 스마트 코리아 실현'을 비전으로 삼고, 3대 목표 및 4대 추진전략별 12개 중점추진과제, 41개 세부과제를 제시하였다.

7) 제7차(2023~2027)

제7차 국가공간정보정책은 모든 데이터가 연결된 디지털트윈 KOREA 실현을 목표로 기본계획을 수립하였다.

(1) 목표

① 최신성이 확보된 고정밀데이터 생산 및 디지털트윈 고도화

② 위치기반 융복합산업 활성화

③ 공간정보분야 국가경쟁력 Top10 진입

(2) 추진전략

① 국가차원의 디지털트윈 구축 및 활용체계 마련

② 누구나 쉽게 활용할 수 있는 공간정보자원 유통·활용 활성화

③ 공간정보 융복합산업 활성화를 위한 인재양성과 기술개발

④ 국가공간정보 디지털트윈 생태계를 위한 정책기반 조성

(3) 관련 용어

용 어	내 용
증강현실 (AR : Augmented Reality)	• 사용자가 눈으로 보는 현실 세계에 가상의 물체나 속성정보 등을 중첩해 보여주는 기술
가상현실 (VR : Virtual Reality)	• 컴퓨터로 만들어놓은 가상의 세계에서 사람이 실제와 같이 체험을 할 수 있도록 하는 기술
확장현실 (XR : Extended Reality)	• 가상현실(VR), 증강현실(AR), 혼합현실(MR) 등의 기술을 망라하는 초실감형 기술 및 서비스
3차원 공간정보	• 지형을 나타내는 수치표고모형(DEM)과 정사영상(Orthophoto) 및 3D모델로 구성 • 3D모델은 표현의 상세수준(LOD : Level of Detail)에 따라 0단계(2차원)에서 4단계(창문과 실내공간)로 표현
디지털트윈 (DT : Digital Twin)	• 건물, 도로 등 현실 세계의 객체를 3차원으로 표현하고, 온도·대기질·수질 등 물리·생태 상태에 대한 IoT센싱데이터와 이동·생산·소비 등 인문·사회·경제 현황 소셜센싱데이터를 융복합한 가상세계 • 현실 세계를 모니터링하고 문제점 진단 및 정책대안의 파급효과를 시뮬레이션하여 현실 세계를 최적화할 수 있는 디지털실험실
국가공간정보기반 디지털트윈 (NDT : National Spatial Data based Digital Twin)	• 건물, 도로, 산림, 하천, 해양 등의 현실 세계를 3차원 공간정보기반으로 물리·생태 상태데이터와 인문·사회·경제 현황데이터를 융복합한 디지털트윈
건물정보모형 (BIM : Building Information Modeling)	• 3차원, 실시간, 동적모델링을 통해 건물의 생애주기 동안 건물데이터를 생성하고 관리하는 정보모델링프로세스 또는 관련 기술
글로벌이산격자체계 (DGGS : Discrete Global Grid Systems)	• 지구표면을 일정한 크기의 다각형, 즉 격자로 계층적으로 분할하여 위치를 식별할 수 있도록 하는 일련의 표준공간참조체계
Geo-IoT (Geospatial Internet of Things)	• IoT와 공간정보를 융합하여 현실 사물, 공간정보(가상사물), 사람을 인터넷으로 연결하고 위치/공간/센싱 정보를 교환·공유하여 스스로 일을 처리하고 똑똑한 서비스를 제공하는 만물인터넷
무선주파수인식 (RFID : Radio Frequency IDentification)	• 사물 각각에 고유코드가 있는 전자태그를 부착하고, 무선신호를 통해 사물의 정보를 인식 또는 식별하는 기술
도심항공교통 (UAM : Urban Air Mobility)	• 드론, 로봇택시 등 하늘을 이동통로로 활용하는 미래의 도시교통체계
메타버스 (Metaverse)	• 초월(Meta)과 우주(Universe)의 합성어로 현실 세계 너머에 있는 세상, 즉 디지털세상 또는 가상세계를 의미함 • 게임과 같이 세상에 존재하지 않는 가상세계와 현실 세계와 유사한 디지털트윈, 소셜미디어 등 모든 디지털세상을 포함
스마트건설	• BIM, 3D스캐닝, 드론, 로보틱스 등의 기술이 접목된 새로운 건설방식
지오태깅 (Geotagging)	• 메타데이터에 위치정보(좌표)를 자동으로 입력하는 기술로, 스마트폰으로 촬영한 사진에 위치정보가 기록되는 것을 예시로 들 수 있음

[국가공간정보정책 단계별 주요 내용]

구 분	시 기	목 표
제1차	1995~2000	21세기의 고도정보화사회에 대비하고 국가차원에서 GIS기반 조성
제2차	2001~2005	국가공간정보기반을 확충하여 2005년까지 디지털국토 실현
제3차	2006~2010	유비쿼터스국토 실현을 위한 기반 조성
제4차	2010~2015	녹색성장을 위한 그린(GREEN)공간정보사회 실현
제5차	2013~2017	공간정보로 실현하는 국민행복과 국가발전
제6차	2018~2022	공간정보 융복합 르네상스로 살기 좋고 풍요로운 스마트코리아 실현
제7차	2023~2027	모든 데이터가 연결된 디지털트윈 KOREA 실현

2. 수치지도

1) 의의

지표면 · 지하 · 수중 및 공간의 위치와 지형 · 지물 및 지명 등의 각종 지형공간정보를 전산시스템을 이용하여 일정한 축척에 의하여 디지털형태로 나타낸 것을 말한다.

2) 장단점

장 점	단 점
1. 지도 제작비용이 저렴하다. 2. 제작속도가 빠르다. 3. 지도의 축소 · 확대가 용이하다. 4. 다른 수치지도와 중첩을 통한 정보의 재가공이 가능하다.	1. 매핑시스템 구입에 따른 초기비용이 많이 소요된다. 2. 높은 품질의 지도제작을 보장하지는 않는다.

3) 제작순서

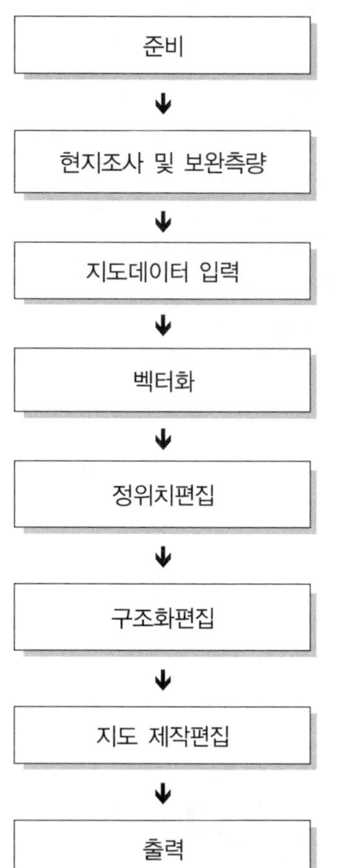

1. 현지조사 : 지도를 제작하기 위해 필요한 각종 지명, 행정경계 등과 도화에서 오기 또는 누락된 지형·지물을 현지에서 조사·확인하고 그 결과를 항공사진 및 참고자료에 기입하여 편집에 필요한 자료를 작성하는 것을 말한다.
2. 보완측량 : 제작하는 지도의 축척 및 대상지역의 중요성을 감안하여 도화가 불가능하거나 곤란한 지역으로서 계획기관이 요구하는 지역에 대해 보완을 목적으로 현지에서 등고선 및 표고점을 측량·묘사하는 작업을 말한다.

• 현지조사측량에서 얻어진 성과 및 자료를 이용하여 수치도화데이터를 수정·보완하여 정위치로 편집하는 것을 말한다.

• 자료 간의 위치적 상관관계를 파악하기 위하여 정위치편집된 지형, 지물을 기하학적 형태로 구성하는 작업을 말한다.

[2021년 기출]

수치도면의 제작을 위한 구조화편집과정에서 수행하는 작업이 아닌 것은?

① 여러 개의 도면을 병합하는 과정에서 인접도면들의 도형구조를 결합하는 일련의 작업
② 데이터 간의 지리적 상관관계를 파악하기 위하여 지형·지물을 기하학적 형태로 구성하는 작업
③ 도면을 구성하는 점·선·면의 기하구조와 위상논리구조를 연결하는 작업
④ 현지보완측량 및 지리조사에서 얻어진 성과 및 자료를 이용하여 도화성과 또는 지도데이터 입력성과를 수정·보완하는 작업

답 ④

[2024년 기출]

기출문제

종이형태의 지적도를 GIS자료로 수치화하는 작업순서로 옳은 것은?

(가) 벡터라이징	(다) 정위치편집
(나) 스캐닝	(라) 구조화편집

① (가) → (나) → (다) → (라)
② (나) → (가) → (다) → (라)
③ (나) → (가) → (라) → (다)
④ (라) → (나) → (가) → (다)

답 ②

4) 표준코드

수치지도의 호환성을 확보하기 위하여 일정한 형식으로 구성된 코드를 말하며, 도엽코드, 레이어코드, 지형코드로 구분된다.

5) 검수항목

① 데이터의 입력과정 및 생성연혁 관리
② 데이터 포맷
③ 위치 정확도, 속성 정확도, 논리적 일관성, 완결성
④ 기하구조 적합성
⑤ 경계정합
⑥ 문자 정확성
⑦ 시간적 정확성

3. 표준화

1) 의의

정보화 사회가 도래하고 국민의 안전 및 시설물의 관리 등에 대한 관심이 증대되면서 각종 정보화추진과제 및 국가 주요 시책에 기본자료로 공동활용될 예정이지만, 이를 위한 정보 공동활용의 기반 환경이 미흡한 실정이다. 국가 또는 지방자치단체에서 막대한 예산을 투입하여 정보화사업을 하여 효율적인 관리 및 활용을 하고 서로 다른 GIS소프트웨어와 시스템 상호 간 호환성을 확보하기 위하여 기초연구의 강화와 함께 운영기반 조성에 필요한 데이터의 표순화 추신이 필요하다.

2) 표준화의 필요성

① 자료를 공유함으로써 연구과정에 드는 비용을 절감할 수 있다.

② 다양한 자료에 대한 접근이 용이하기 때문에 자료를 쉽게 갱신할 수 있다.

③ 사용자가 자신의 용도에 따라 자료를 갱신할 수 있는 자료의 질에 대한 정보가 제공된다.

④ 수치적인 공간자료가 서로 다른 체계 사이에서 원래의 내용이 변함없이 전달된다.

[2016년 기출]

지적정보의 구축에 있어서 표준화의 필요성에 대한 설명으로 옳지 않은 것은?

① 다른 지적정보활용시스템과의 정보교환조건을 정의하여 상호 연동성을 확보할 수 있다.

② 활용성 높은 데이터의 중복 보관 및 관리를 통해서 안전성을 확보할 수 있다.

③ 기 구축된 지적정보의 재사용을 위한 접근용이성을 향상시킬 수 있다.

④ 공통데이터의 공유를 통해 비용을 절감할 수 있다.

답 ②

3) 표준유형의 분류

(1) 기능 측면에 따른 분류

① 데이터 표준

② 기술표준

③ 프로세스표준

④ 조직표준

(2) 데이터 측면에 따른 분류

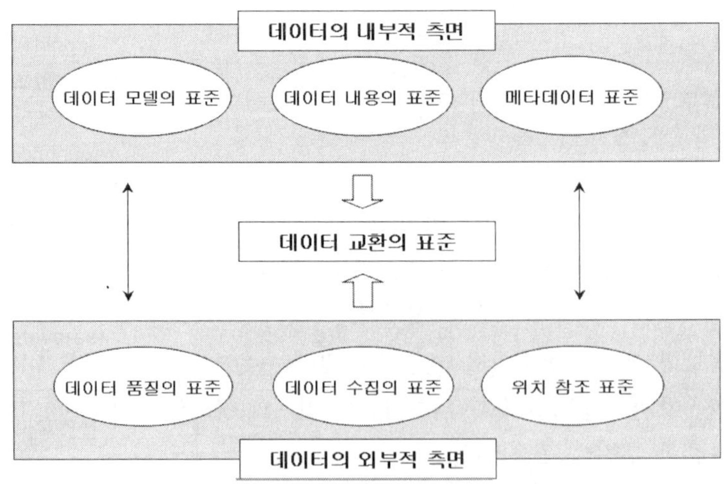

구 분		내 용
내적 요소	데이터 모형표준	공간데이터의 개념적이고 논리적인 틀을 정의한다.
	데이터 내용표준	다양한 공간현상에 대하여 데이터 교환에 의해 필요한 데이터를 얻기 위해 공간형상과 관련 속성자료들이 정의된다.
	메타데이터 표준	사용되는 공간데이터의 의미, 맥락, 내·외부적 관계 등에 대한 정보로 정의된다.
외적 요소	데이터 품질표준	만들어진 공간데이터가 얼마나 유용하고 정확한지, 의미가 있는지에 대한 검증과정을 정의한다.
	데이터 수집표준	디지타이징, 스캐닝 등 공간데이터를 수집하기 위한 방법을 정의한다.
	위치참조표준	공간데이터의 정확성, 의미, 공간적 관계 등을 객관적인 기준(좌표계, 투영법, 기준점)에 의해 정의한다.

기출문제

[2010년 기출]

공간정보의 호환성 및 품질 향상을 위한 데이터 표준의 유형이 아닌 것은?

① 데이터 모형표준　　　　　　　② 데이터 교환표준
③ 데이터 출력표준　　　　　　　④ 데이터 내용표준

답 ③

(3) 표준영역 측면에 따른 분류

① 국지적 표준　　　　　　　　　② 국가범주
③ 국가 간 범주　　　　　　　　　④ 국제범주

4) 메타데이터

(1) 의의

메타데이터란 실제 데이터는 아니지만 데이터베이스, 레이어, 속성, 공간현상 등과 관련된 데이터의 내용, 품질, 조건 및 특징 등을 저장한 데이터로서 데이터에 관한 데이터로 데이터의 이력서라고 말할 수 있다. 따라서 메타데이터는 작성한 실무자가 바뀌더라도 변함없는 데이터의 기본체계를 유지하게 됨으로 시간이 지나도 일관성 있는 데이터를 사용자에게 제공이 가능하다.

(2) 특징

① 데이터의 기본체계를 유지함으로써 시간과 관계없이 일관성 있는 데이터를 제공할 수 있다.
② 데이터를 목록화(indexing)하기 때문에 사용에 편리한 정보를 제공한다.

③ 정보공유의 극대화를 도모하며 데이터의 교환을 원활히 지원하기 위한 틀을 제공한다.

④ DB 구축과정에 대한 정보를 관리하는 내부 메타데이터와 구축DB를 외부에 공개하는 외부 메타데이터로 구분한다.

⑤ 최근에는 데이터에 대한 목록을 체계적이고 표준화된 방식으로 제공함으로써 데이터의 공유화를 촉진시킨다.

⑥ 대용량의 공간데이터를 구축하는 데 비용과 시간을 절감할 수 있다.

⑦ 데이터의 특성과 내용을 설명하는 일종의 데이터로서 데이터의 양이 방대하다.

⑧ 데이터의 직접적인 접근이 용이하지 않을 경우 데이터를 참조하기 위한 보조데이터로서 많이 사용한다.

기출문제　　　　　　　　　　　　　　　　　　　　　　　　[2017년 기출]

메타데이터에 대한 설명으로 옳지 않은 것은?

① 미국연방지리자료위원회(FGDC)는 디지털지리공간 메타데이터 내용표준을 제시하였다.

② 메타데이터에는 자료의 품질, 자료의 구성, 공간참조정보 등의 데이터가 포함된다.

③ 국제표준에서 메타데이터 수집시기와 수집주체에 대한 정보는 데이터품질정보에 포함된다.

④ 정보공유의 극대화를 도모하며 데이터의 교환을 원활히 지원하기 위한 틀을 제공한다.

답 ③

---

(3) 기본요소

① **개요 및 자료 소개** : 수록된 데이터의 제목, 개발자, 데이터의 지리적 영역 및 내용, 다른 이용자의 이용가능성, 가능할 경우 데이터의 획득방법 등을 정한 규칙이 포함

② **데이터 질에 대한 정보** : Data Set의 위치 정확도, 속성 정확도, 완전성, 일관성, 정보출처, 데이터 생성방법이 포함

③ **자료의 구성** : 자료의 코드화에 이용된 데이터 모형(벡터나 래스터 모형 등), 공간위치의 표시방법에 대한 정보가 포함

④ **공간참조를 위한 정보** : 사용된 지도투영법의 명칭, 파라미터, 격자좌표 체계 및 기법에 대한 정보 등이 포함

⑤ **형상·속성정보** : 수록된 공간정보(도로, 가옥, 대기 등) 및 속성정보가 포함

⑥ **정보획득방법** : 정보의 획득장소 및 획득형태, 정보의 가격에 대한 정보가 포함

⑦ **참조정보** : 메타데이터의 작성자 및 일시에 대한 정보가 포함

기출문제 [2018년 기출]

메타데이터에 대한 설명으로 옳지 않은 것은?

① 메타데이터는 데이터에 대한 데이터의 개념이다.
② 메타데이터에는 데이터의 품질, 공간참조체계, 공간데이터의 구성 등이 포함될 수 있다.
③ 메타데이터는 공간정보의 변경에 따라 수정과 갱신이 가능하다.
④ 공간정보사용자는 메타데이터에 접근할 수 없다.

답 ④

기출문제 [2019년 기출]

공간데이터의 메타데이터에 대한 설명으로 옳지 않은 것은?

① 공간데이터에 대한 데이터를 의미한다.
② 공간데이터의 공유를 촉진한다.
③ 공간데이터 데이터베이스의 보안을 유지하는 데 기여한다.
④ 투영법, 좌표계, 작성자 등의 요소가 포함된다.

답 ③

기출문제 [2020년 기출]

데이터의 속성정보 정확도, 논리적 일관성, 완결성, 위치정보 정확도, 계통(lineage)정보 등을 나타내는 메타데이터요소로 옳은 것은?

① 식별정보　　　　　　　　　② 데이터의 구성정보
③ 데이터의 품질정보　　　　　④ 메타데이터 참조정보

답 ③

기출문제 [2022년 기출]

공간데이터 품질요소에 대한 설명으로 옳지 않은 것은?

① 공간데이터가 대상지역을 완전히 포함하는지를 판단하여 공간적 완전성을 측정할 수 있다.
② 일반적으로 소축척 공간데이터가 대축척 공간데이터보다 높은 위치 정확성을 갖는다.
③ 지형지물분류코드가 제대로 입력되었는지를 판단하여 속성 정확성을 측정할 수 있다.
④ 통합대상 공간데이터가 동일한 데이터 포맷사양을 준수하는지를 판단하여 논리적 일관성을 측정할 수 있다.

답 ②

5) 데이터의 교환표준(SDTS)

(1) 의의

SDTS(Spatial Data Transfer Standard)는 모든 종류의 공간데이터(지리 정보, 지도)들을 서로 변환 가능하게 해주는 표준을 말한다. 서로 다른 지리정보시스템들은 서로 간의 데이터를 긴밀하게 공유할 필요가 발생하지만 상이한 하드웨어, 소프트웨어, 운영체제 사이에서 데이터 교환을 가능케 한다.

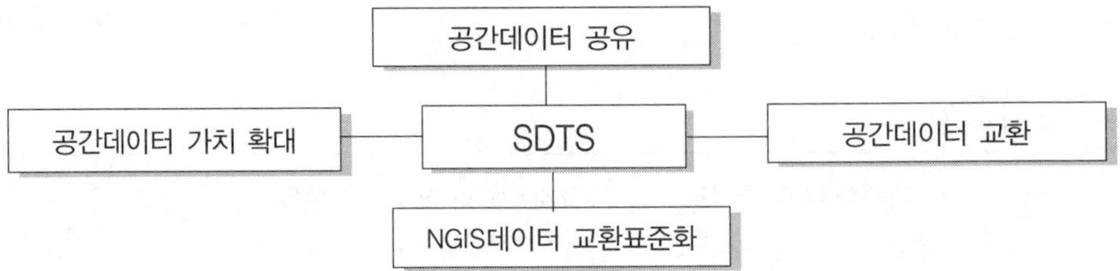

(2) 특징

① 공간데이터에 관한 정보를 서로 전달하는 언어이며, 서로 다른 하드웨어 및 소프트웨어 운영체계의 표준이다.

② 총 34개 모듈로 정의되며 모듈, 레코드, 필드, 하위필드의 위계적인 구조로 이루어져 있다.

③ NGIS의 데이터 교환표준화로 제정되었으며, 공간데이터 전환의 조직과 구조, 공간형상과 공간속성의 정의, 데이터 전환의 코드화에 대한 규정을 상세히 제공하고 있다.

④ 자료모델로 기하학적인 위치정보만을 가지는 공간객체와 위상구조정보를 포함한 공간객체를 구별하여 Geometry와 Topology로 정의하고 있다.

⑤ 일반적인 자료교환표준 ISO/ANSI 8211을 사용하여 논리적인 규약을 물리적 수준으로 전환 가능하도록 규정하고 있다.

⑥ 공간현상들을 수치적으로 표현하는 공간객체를 정의하여 체계적이고 구조적으로 자료 모델을 정의하고 있다.

⑦ 다양한 공간현상들을 효과적이고 수치화된 지도의 형태로 표현가능하며, 개념모델, 논리모델, 물리모델을 통해 일관성을 가진 형태의 자료를 저장, 전환하여 관리할 수 있다.

⑧ SDTS에서는 위상구조정보로서 순서, 연결성, 인접성 정보를 규정하고 있다.

기출문제 [2010년 기출]

서로 다른 유형의 공간데이터를 공유할 목적으로 1992년에 개발되어 미국, 한국 등에서 사용하는 국가지리정보데이터 교환표준은?

① DXF　　　　　　　　　② DIGEST
③ SDTS　　　　　　　　　④ GDF

답 ③

 **기출문제** [2014년 기출]

데이터 교환표준(SDTS)에 대한 설명으로 옳지 않은 것은?
① 우리나라 NGIS데이터 교환의 표준으로 채택되었다.
② 정보교환을 목적으로 캐나다토지자원국에서 개발되었다.
③ 자료모델은 Geometry와 Topology로 구별하여 정의한다.
④ 모든 지리공간자료의 교환이 가능하도록 구성되었다.

답 ②

6) 표준화기구

(1) ISO/TC211

① 국제표준기구(International Organization for Standard)는 1994년에 GIS표준기술위원회(Technical Committee 211)를 구성하여 표준작업을 진행하고 있다.

② 공식명칭은 Geographic Information/Geometics으로써 TC211위원회(이하 ISO/TC211)는 수치화된 지리정보분야의 표준화를 위한 기술위원회이며 지구의 지리적 위치와 직·간접적으로 관계가 있는 객체나 현상에 대한 정보표준규격을 수립함에 그 목적을 두고 있다.

(2) CEN/TC287

① CEN/TC287은 ISO/TC211활동이 시작되기 이전에 유럽의 표준화기구를 중심으로 추진된 유럽의 지리정보표준화기구이다.

② ISO/TC211과 CEN/TC287은 일찍부터 상호 합의문서와 표준 초안 등을 공유하고 있으며, CEN/TC287의 표준화성과는 ISO/TC211에 의하여 많은 부분 참조되었다.

③ CEN/TC287은 기술위원회 명칭을 Geographic Information이라고 하였으며, 그 범위는 실세계에 대한 현상을 정의, 표현, 전송하기 위한 방법을 명시하는 표준들의 체계적 집합 등으로 구성하였다.

(3) OGC(OpenGIS Consortium)

1994년 8월 설립되었으며, GIS관련 기관과 업체를 중심으로 하는 비영리단체이다.

① 상호 운영 가능한 지리정보처리기술규약의 공동개발

② 상호 운영 가능한 제품의 개발보급을 위한 corba, java, OLE/COM, ODBC 분산환경에 대한 구현규약의 정의

③ 개방형 시스템, 분산처리, 컴포넌트 프레임워크에 기초한 정보기술과 지리정보처리기술의 융합과 분산된 지리데이터처리와 관련된 산업계 공동개발을 촉진하기 위한 산업체 포럼을 제공

④ 지리정보의 상호 운영성 제고를 위해 OGC가 개발한 XML기반의 지리정보인코닝언어인 GML을 개발하였다.

[2020년 기출]

공간정보표준화를 위하여 구성된 국제기구/기술위원회와 국제민관조직을 바르게 연결한 것은?

	국제기구/기술위원회	국제민관조직		국제기구/기술위원회	국제민관조직
①	ISO/TC211	FGDC	②	ISO/TC211	OGC
③	ISO/TC21	FGDC	④	ISO/TC21	OGC

답 ②

[2021년 기출]

개방형 공간정보컨소시엄(OGC)에서 지리정보의 상호 운영성 제고를 위해 개발한 기술언어는?

① GML　　　　② HTML　　　　③ Python　　　　④ SVG

답 ①

[2024년 기출]

지리정보에 대한 국제표준을 결정하는 국제표준화기구는?

① IGS　　　　② ISO/TC211　　　　③ NGIS　　　　④ USGS

답 ②

04 토지정보시스템(LIS)

1. 의의

Land Information System 약어로서, 주로 토지와 관련된 위치정보와 속성정보를 수집, 처리, 저장, 관리하기 위한 정보시스템이다.

2. 필요성과 기대효과

필요성	기대효과
1. 토지관련 정책자료의 다목적 활용	1. 체계적이고 과학적인 지적사무와 지적행정의 실현
2. 토지관련 과세자료로 이용	2. 다목적 국토정보시스템 구축
3. 지적민원사항의 신속 정확한 처리	3. 토지기록변동자료의 신속한 온라인 처리로 업무의 이중성 배제
4. 지방행정전산화의 획기적인 계기	
5. 여러 가지 대장 및 도면을 쉽게 관리	4. 최신의 자료 확보로 지적통계와 정책정보의 정확성 제고
6. 수작업으로 인한 오류 방지	5. 수치지형모형을 이용한 지형분석 및 경관정보 추출
7. 자료를 쉽게 공유	6. 토지부동산정보관리체계 및 다목적 지적정보시스템 구축
8. 지적공부의 노후화	
	7. 지적도면관리전산화의 기초 확립

3. 자료

1) 자료 및 구성내용

자 료	구성내용
토지측량자료	• 기하학적 자료 : 현황, 지표형상 • 토지표시자료 : 지번, 지목, 면적
법률자료	소유권 및 소유권 이외의 권리
자연자원자료	지질 및 광업자원, 유량, 입목, 기후
기술적 시설물에 관한 자료	지하시설물 전력 및 산업공장, 주거지, 교통시설
환경보전에 관한 자료	수질, 공해, 소음, 기타 자연훼손자료
경제 및 사회정책적 자료	인구, 고용능력, 교통조건, 문화시설

2) 자료의 특징

(1) 유통성이 있어야 한다.

자료는 가장 최신의 것으로 사용자의 필요성에 맞아야 한다.

(2) 정밀도가 있어야 한다.

자료는 필요로 하는 정밀도에 맞는 정보를 제공하여야 한다.

(3) 정확도가 있어야 한다.

자료로부터 제공된 정보에는 오차가 거의 없어야 하며, 오차가 있을 경우 참값에 가까운
정확도를 보여주는 확률값이 필요하다.

(4) 증명가능성이 있어야 한다.

다른 사용자가 사용해도 동일한 물음에 동일한 답이 나와야 한다.

(5) 명확성이 있어야 한다.

정보는 애매모호해서는 아니 된다.

(6) 정량화가 가능하여야 한다.

필요한 경우 수치적 정보를 얻을 수 있어야 한다.

(7) 접근의 용이성이 있어야 한다.

정보를 빠르고 쉽게 얻을 수 있어야 한다.

(8) 편의 제거가 없어야 한다.

자료를 원하는 사람을 위해 원래의 자료를 수정하거나 변경하는 일은 없어야 한다.

(9) 포괄성이 있어야 한다.

(10) 적합성이 있어야 한다.

자료로부터 형성된 정보는 사용자의 요구에 적합하여야 한다.

4. 토지정보의 기능

토지정보	내 용
토지등기의 기초	소유권보존등기 시 대장을 첨부하여야 한다. 따라서 지적공부에 등록한 후 소유권보존등기를 신청하여야 한다(선등록 후등기의 원칙).
토지평가의 기초	모든 토지는 지적공부에 등록된 필지를 단위로 공시지가를 결정하고 토지등급과 기준수확량등급 등을 설정하여 토지에 대한 평가 등의 기초자료로 활용한다.
토지과세의 기초	모든 토지는 지적공부에 등록된 필지를 단위로 공시지가를 결정하고 토지등급과 기준수확량등급 등을 설정하여 토지에 대한 과세 등의 기초자료로 활용한다.
토지거래의 기준	토지의 거래는 지적공부에 등록된 지번, 지목, 면적, 경계 등을 기준으로 거래가 된다.
도시 및 토지 이용계획의 기초	지적공부에 등록사항은 각종 토지이용계획 및 개발계획 등의 입안, 결정, 집행 등을 위한 지초자료로 활용된다.
주소표기의 기준	주소표기는 지적공부에 등록된 지번에 의하여 설정되므로 주소표기의 기준이 된다고 할 수 있다.

5. 토지정보시스템의 기능

1) 분석적 기능

    ① 공간자료의 유지 및 분석
    ② 속성자료의 유지 및 분석
    ③ 공간·속성자료의 통합분석
    ④ 분석결과의 출력

2) 수직적 기능

    토지정보활용부서의 업무처리 및 토지정책 활동을 지원해 주는 역할을 수행
    ① 전략정보로서의 기능
    ② 관리정보로서의 기능
    ③ 운영정보로서의 기능
    ④ 업무정보로서의 기능

3) 수평적 기능

    하위 토지행정부서의 업무분야에 따라 달리 지원하는 역할을 수행
    ① 토지정책업무의 지원
    ② 토지행정업무의 지원
    ③ 지적민원업무의 지원

4) 통합적 기능

    수직·수평적 기능의 융화

6. 토지정보시스템과 지리정보시스템의 비교

구 분	토지정보시스템(LIS)	지리정보시스템(GIS)
공간정보단위	필지(Parcel)	지역, 구역
축척 및 기본도	대축척(지적도, 임야도)	소축척, 지형도(지형, 지물)
정보갱신주기	즉시	비정규적(2~5년)
자료수집의 목적	정확한 관청의 과업을 수행하기 위한 관공서의 중요한 영구자료	대규모 사업설계도, 도시 및 지역 계획수립 등 의사결정자료 확보
보존연한	영구 보존	사업종료 시(영구 보존 가능)
정보내용	필지 중심 자료 1. 토지 소재, 지번, 지목, 경계, 면적 2. 권리관계(지적/등기) 3. 가치정보(개별공시지가)	지형 중심 자료 1. 지형, 경사, 고도 2. 환경, 토양, 토지 이용 3. 도로, 구조물 등

기출문제

[2015년 기출]

지리정보체계(GIS)와 비교할 때 토지정보체계(LIS)의 특징이라고 볼 수 없는 것은?

① 필지단위의 대축척지도를 사용한다.
② 도형자료의 정확도가 높다.
③ 개별공시지가와 같은 속성정보가 포함된다.
④ 공간기본단위는 지형 중심이다.

답 ④

05 기 타

1. 웹LIS(인터넷LIS)

1) 의의

인터넷 기술의 발전과 웹 이용의 엄청난 증가는 수많은 정보통신분야에 새로운 길을 열어주고 있고 LIS에 있어서도 새로운 방향을 제시하였으며, 인터넷LIS는 인터넷의 WWW(World Wide Web)구현기술을 LIS와 결합하여 인터넷 또는 인트라넷환경에서 토지정보의 입력, 수정, 조작, 분석, 출력 등의 작업을 처리하여 네트워크환경에서 서비스를 제공할 수 있도록 구축된 시스템을 말한다.

2) 도입효과

① 업무처리의 신속화

② 정보의 공유

③ 업무별 분산처리 실현

④ 시간과 거리에 제한을 받지 않음

⑤ 중복된 업무를 처리하지 않을 수 있음

3) 구성

(1) 2계층 구조(2-tier architecture)

2계층 구조는 분산처리시스템으로 네트워크환경을 기반으로 원격지에 있는 시스템 간의 협동작업을 통하여 서로의 자원을 공유하거나 필요한 정보를 주고받는 등의 일련의 상호작용을 말한다. 즉 2계층 구조는 클라이언트-서버구조로 네트워크를 기반으로 하여 서비스를 요구하는 클라이언트와, 이를 처리하여 결과를 클라이언트로 돌려보내는 클라이언트와 서버 간의 상호 처리프로세스를 기본으로 하고 있다.

(2) 3계층 구조(3-tier architecture)

3계층 구조는 각종 자료의 조회나 표현 기능은 클라이언트에, 데이터접근기능은 서버에 두고 나머지 기능은 하나 혹은 여러 개의 응용시스템이 공유할 수 있도록 구성하며, 중간 매체소프트웨어인 미들웨어(middle software)가 사용되는 구조를 말한다.

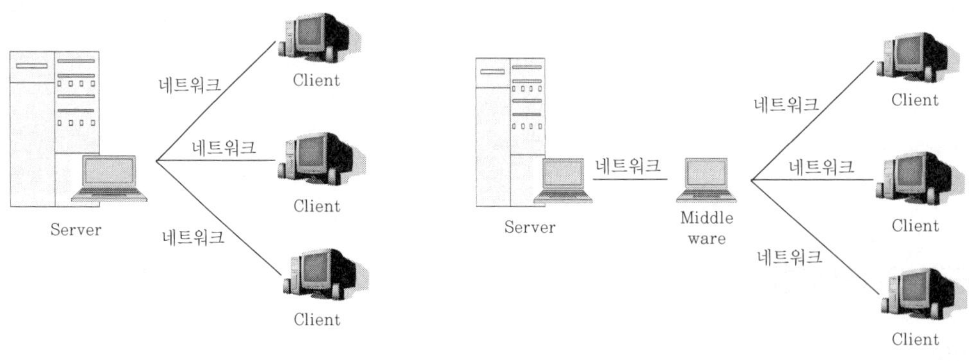

2. 인트라넷

인터넷의 웹(Web)기술을 이용, 기업 및 특정 단체의 내부 정보시스템을 구축하는 것이 인트라넷(Intranet)이다. 정보검색시스템인 WWW(World Wide Web)와 브라우저SW기술로 정보공유시스템을 구축, 기업 및 특정 단체의 내부(Intra)관련자들이 필요한 정보를 공유하게 하는 네트워크시스템을 의미한다.

3. 전자정부

1) 의의

전자정부란 정보통신기술(IT)을 활용하여 정부업무처리방식을 혁신하고, 이를 통해 행정의 효율성과 생산성을 높이면서 국민에게 신속하고 질 높은 행정서비스를 제공하는 정부를 말한다.

2) 전자정부의 구성요소

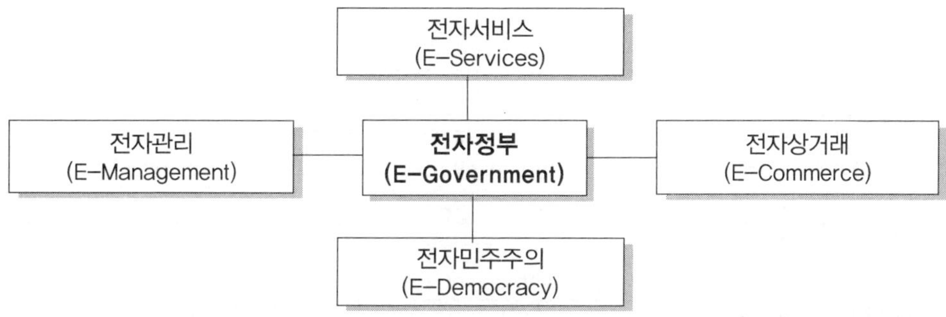

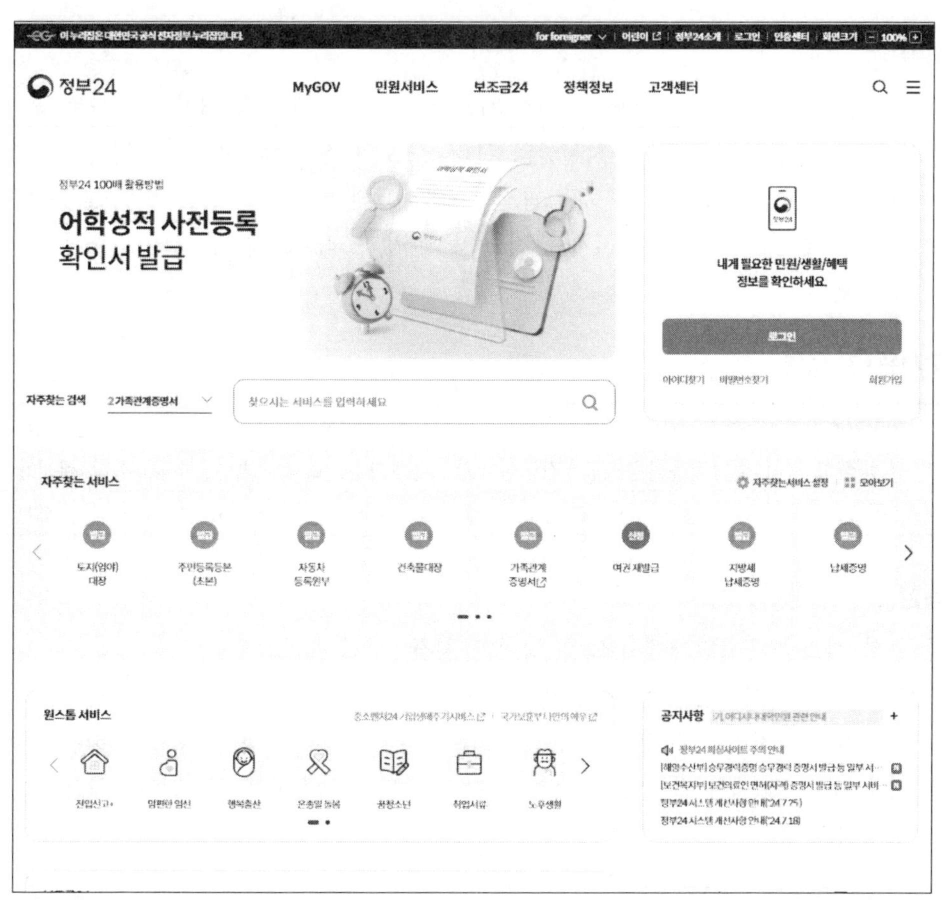

[토지관련 민원사항]

토지대장/지적	손실보상
1. 경계점좌표등록부 열람 및 등본 교부 2. 지적도(임야도) 열람 및 등본 교부 3. 조상땅 찾아주기 4. 토지(임야)대장 열람 및 등본 교부	1. 개별공지지가 이의신청 2. 지적기준점 이전신청 3. 지적측량적부(재)심사 청구 4. 지적(임야)도면 복사신청 5. 토지거래계약허가 이의신청
토지변경/폐지	**토지소유**
1. 등록전환신청 2. 토지(임야)분할신청 3. 토지(임야)지목변경신청 4. 토지(임야)등록사항 정정신청 5. 토지(임야)신규등록 6. 토지(임야)합병신청 7. 해면성 말소(회복등록)신청	1. 소유사실확인신청 2. 손실보상재결신청 3. 외국인토지취득허가 4. 외국인토지취득신고 5. 이의신청 6. 재결확정증명청구 7. 토지거래계약허가 8. 토지에 관한 매수청구

4. 도시정보시스템

1) 의의

도시정보시스템(UIS : Urban Information System)은 도시를 대상으로 하는 공간자료와 속성자료를 통합하여 토지 및 시설물의 관리, 도로의 계획 및 보수, 자원활용 및 환경보존 등 다양한 사용목적에 맞게 구축된 공간정보데이터베이스로서, 컴퓨터기술을 이용하여 자료 입력 및 갱신, 자료의 처리, 자료 검색 및 관리, 조작 및 분석, 그리고 출력하는 시스템을 말한다.

2) 도시관련 정보

구 분	내 용
속성정보	주민등록인구자료, 건축물대장, 과세대장, 토지대장, 인구 및 주택 센서스 등
도형정보	지형, 행정경계, 교통로, 도로, 항공사진 등 지도나 도면에 표시되는 정보

3) 특징

① 초기 시스템 구축단계에서 많은 경비와 시간, 노력이 소요된다.

② 도시계획, 도시행정관리, 도시개발 등의 다양한 도시관련 업무에서 방대한 양의 정보를 효과적으로 처리할 수 있어 많은 비용과 시간, 인력과 노력 등이 절감된다.

③ 각종 도면 및 대장 발급업무와 인·허가업무 등을 신속하게 처리할 수 있으므로 대민행정서비스 향상

5. AM/FM

1) 도면자동화(AM)

(1) 의의

도면자동화(AM : Automated Mapping)는 도형해석을 위한 소프트웨어를 이용하여 지형정보를 생성·수정 및 합성하여 시설물관리를 효과적으로 지원하기 위한 시스템이다. 즉 지도를 그리거나 생산해내는 전산기체계로 효율적인 위치정보의 처리와 출력을 위해 고안되었으며, 지형에 대한 분석능력이 없으며 단지 위치정보에 의한 영상만을 조작할 수 있다.

(2) 특징

① 지도의 유지·보수·관리가 경제적이고 편리하다.
② 중앙집중식 관리가 가능하다.
③ 내용의 추가·변경이 용이하다.

2) 시설물관리(FM)

(1) 의의

시설물관리(FM : Facility Management)는 공공시설물이나 대규모의 공장, 관로망 등에 대한 지도 및 도면 등 제반 정보를 수치 입력하여 시설물에 대해 효율적인 운영관리를 하는 종합체계, FMS라고도 한다. 시설물에 관한 자료목록이 전산화된 형태로 구성되어 사용자가 원하는 대로 정보를 분류, 갱신, 출력할 수 있다.

(2) 특징

① 시설물도면관리를 통한 업무의 효율화 증대
② 복잡한 사무에 관하여 단일계통을 통해 업무처리의 고도화·신속화 도모
③ 시설물정보의 중앙관리로 시설물의 최적화 기대

6. 브이월드

국가가 보유한 3차원 공간정보와 지도서비스, 오픈 API 등 다양한 서비스를 제공하는 공간정보 오픈 플랫폼이다.

기출문제　　　　　　　　　　　　　　　　　　　　[2021년 기출]

국가가 보유한 3차원 공간정보와 지도서비스, 오픈 API 등 다양한 서비스를 제공하는 공간정보 오픈 플랫폼은?

① 토지관리정보시스템　　　　　　　② 부동산종합공부시스템
③ 브이월드　　　　　　　　　　　　④ 한국토지정보시스템

답 ③

01 지형공간정보체계의 필요성과 관계가 없는 것은?

① 통계담당부서와 각 전문부서 간의 업무의 유기적 관계를 갖기 위하여
② 시간적, 공간적 자료의 부족, 개념 및 기준의 불일치로 신뢰도 저하측면
③ 자료 중복조사 및 분산관리를 하기 위한 측면
④ 행정환경변화의 수동적 대응을 하기 위한 측면

해설 GSIS의 필요성

1. 통계담당부서와 각 전문부서 간의 업무의 유기적 관계를 갖기 위하여
2. 시간적, 공간적 자료의 부족, 개념 및 기준의 불일치로 신뢰도 저하측면
3. 자료 중복조사 및 분산관리를 하기 위한 측면
4. 행정환경변화의 능동적 대응을 하기 위한 측면

02 GIS의 특징을 설명한 것 중 틀린 것은?

① 숙련된 기술자가 없는 상황에서도 지도의 제작이 가능하다.
② 특정한 사용자의 요구에 부응하는 특수지도를 쉽게 제작할 수 있다.
③ 자료의 통계적 분석이 원활하며 통계지도의 제작에 유리하다.
④ 자료가 수치적으로 구성되어 축척변경이 어렵다.

해설 GIS는 자료가 수치적으로 구성되어 축척변경이 용이하다.

03 다음 지형공간정보체계의 활용에 대한 설명 중 틀린 것은?

① 토지정보체계는 교통과 관련된 문제를 위한 정보체계이다.
② 환경정보체계는 대기오염정보, 수질오염정보, 폐기물처리정보와 관련된 정보체계이다.
③ 지리정보체계는 공간좌표 또는 지리좌표에 관련된 도형 및 속성 자료를 효율적으로 수집, 저장, 갱신, 분석하기 위한 정보체계이다.
④ 도시정보체계는 도시계획 및 도시화현상에서 발생하는 인구, 자원 및 교통의 관리, 건물면적, 지명, 환경변화 등에 관한 정보를 다루는 체계이다.

해설 토지정보체계(LIS : Land Information System)는 주로 토지와 관련된 위치정보와 속성정보를 수집, 처리, 저장, 관리하기 위한 정보체계로서 지형분석, 토지의 이용, 다목적 지적 등 토지자원관련 문제해결에 이용되며, 지적, 토지의 이용, 자원, 환경정보 등을 포함한 지구표면의 속성 및 이용을 나타낸다. 또한 토지에 대한 물리적, 정량적, 법적인 내용을 말하며, 토지정보체계의 가장 일반적인 형태인 토지소유자, 토지가액, 세액평가, 그리고 토지경계 등의 정보를 관리한다.

정답 1. ④ 2. ④ 3. ①

04 GIS를 구축하였을 때 기대효과로 볼 수 없는 것은?

① 업무의 고도화

② 업무의 신속화 및 정확화

③ 정보의 단일화

④ 합리적인 의사결정지원

해설 GIS 구축효과로는 업무의 고도화, 업무의 신속화·정확화, 정보 취득의 다양화, 합리적인 의사결정지원 등이다.

05 지리정보시스템(GIS)에 관한 설명으로 잘못된 것은?

① 효율적인 수치지도를 제작할 수 있다.

② 실세계의 공간현상에 대한 공간모델링이 가능하다.

③ 입지분석을 위한 공간분석기능을 제공한다.

④ 다양한 자료유형을 통합할 수 있지만, 3차원 표현은 불가능하다.

해설 지리정보시스템(GIS)은 국토계획, 지역계획, 자원개발계획, 공사계획 등 각종 계획의 입안과 추진을 성공적으로 추진하기 위하여 토지, 자원, 환경, 또는 이와 관련된 사회, 경제적 현황에 대한 방대한 양의 정보가 필요하다. 이러한 요구를 충족하기 위하여 이와 관련된 각종 정보 등을 전산기(computer)에 의해 종합적, 연계적으로 처리하는 방식으로 2차원뿐만 아니라 3차원까지도 표현이 가능하다.

06 지형 및 표고라고도 하는 자연조건에 토지의 이용, 소유, 가치까지 포함시켜 토지의 이용, 개발 등을 위한 정보분석체계는?

① 토지정보체계

② 교통정보체계

③ 재해관리체계

④ 시설물관리체계

해설 토지정보체계(LIS : Land Information System)는 주로 토지와 관련된 위치정보와 속성정보를 수집, 처리, 저장, 관리하기 위한 정보체계로서 지형분석, 토지의 이용, 다목적 지적 등 토지자원관련 문제해결에 이용되며, 지적, 토지의 이용, 자원, 환경정보 등을 포함한 지구표면의 속성 및 이용을 나타낸다.

07 다음의 영어표기 중 설명이 틀린 것은?

① NGIS-국가지리정보체계

② GIS-지리정보체계

③ UIS-도시정보체계

④ LIS-지역정보체계

해설 1. NGIS(National Geographic Information System) : 국가지리정보체계

2. GIS(Geographic Information System) : 지리정보체계

3. UIS(Urban Information System) : 도시정보체계

4. LIS(Land Information System) : 토지정보체계

5. RIS(Regional Information System) : 지역정보체계

08 공간좌표 또는 지리좌표와 관련된 도형 및 속성 자료를 효율적으로 수집, 저장, 갱신, 분석하기 위한 정보분석체계는?

① 도시 및 지역 정보체계

② 지리정보체계

③ 지도정보체계

④ 측량정보체계

 지리정보체계(GIS : Geographic Information System)는 복잡한 계획과 관리문제를 해결하기 위해 컴퓨터를 기반으로 공간자료를 입력, 저장, 관리, 분석, 표현하는 체계이다.

09 지형공간정보체계의 적용분야에 따른 명칭 약어의 해설로서 합당하지 않은 것은?

① LIS – 토지 및 지적 관련 정보관리
② UIS – 도시관련 정보관리
③ SIS – 공간관련 정보관리
④ AM/FM – 무선관련 정보관리

 1. **도면자동화(AM : Automated Mapping)**
  지도를 그리거나 생산해내는 전산기체계, 도면자동화는 효율적인 위치정보의 처리와 출력을 위해 고안되었으며, 지형에 대한 분석능력이 없으며 단지 위치정보에 의한 영상만을 조작할 수 있다.
2. **시설물관리(FM : Facility Management)**
  공공시설물이나 대규모의 공장, 관로망 등에 대한 지도 및 도면 등 제반 정보를 수치 입력하여 시설물에 대해 효율적인 운영관리를 하는 종합체계로 FMS라고도 한다. 시설물에 관한 자료목록이 전산화된 형태로 구성되어 사용자가 원하는 대로 정보를 분류, 갱신, 출력할 수 있다.

10 지적관리에 가장 적합한 정보시스템은?

① GIS(지리정보시스템)
② LIS(토지정보시스템)
③ UIS(도시정보시스템)
④ SIS(측량정보시스템)

 토지정보체계(LIS : Land Information System)
1. **의의**
  토지정보체계는 주로 토지와 관련된 위치정보와 속성정보를 수집, 처리, 저장, 관리하기 위한 정보체계이다.
2. **특징**
  ① 지형분석, 토지의 이용, 다목적 지적 등 토지자원관련 문제해결에 이용한다.
  ② 지적, 토지의 이용, 자원, 환경정보 등을 포함한 지구표면의 속성 및 이용을 나타낸다.
  ③ 토지에 대한 물리적, 정량적, 법적인 내용을 말하며, 토지정보체계의 가장 일반적인 형태인 토지소유자, 토지가액, 세액평가, 그리고 토지경계 등의 정보를 관리한다.

11 도시지역의 다양한 위치정보와 속성정보를 데이터베이스화하여 통합적·체계적으로 관리함으로써 효율적인 도시경영 및 도시계획 수립을 지원하는 시스템은?

① LIS   ② UIS
③ AM/FM   ④ BIS

 도시정보체계(UIS)는 도시지역의 다양한 위치정보와 속성정보를 데이터베이스화하여 통합적·체계적으로 관리함으로써 효율적인 도시경영 및 도시계획 수립을 지원하는 시스템이다.

12 도시정보체계에 대한 설명으로 틀린 것은?

① 도시정보체계는 UIS라 하며 Urban Information System의 약어이다.

② 도시정보체계는 토지의 속성과 건물의 속성만을 입력할 수 있는 시스템이다.

③ 도시종합관리의 기반시스템으로 시정업무의 전반에 활용할 수 있다.

④ 도시정보체계는 도시를 중심으로 구축한 GIS라고도 할 수 있다.

해설 도시정보체계(UIS : Urban Information System)

1. 의의

   도시를 대상으로 하는 공간자료와 속성자료를 통합하여 토지 및 시설물의 관리, 도로의 계획 및 보수, 자원활용 및 환경보존 등 다양한 사용목적에 맞게 구축된 공간정보데이터베이스로서, 컴퓨터기술을 이용하여 자료 입력 및 갱신, 자료의 처리, 자료 검색 및 관리, 조작 및 분석, 그리고 출력하는 시스템을 말한다.

2. 도시관련 정보

구 분	내 용
속성정보	주민등록인구자료, 건축물대장, 과세대장, 토지대장, 인구 및 주택 센서스 등
도형정보	지형, 행정경계, 교통로, 도로, 항공사진 등 지도나 도면에 표시되는 정보

3. 특징

   ① 초기 시스템 구축단계에서 많은 경비와 시간, 노력이 소요된다.

   ② 도시계획, 도시행정관리, 도시개발 등의 다양한 도시관련 업무에서 방대한 양의 정보를 효과적으로 처리할 수 있어 많은 비용과 시간, 인력과 노력 등이 절감된다.

   ③ 각종 도면 및 대장 발급업무와 인·허가업무 등을 신속하게 처리할 수 있으므로 대민행정서비스가 향상된다.

13 도로, 상하수도, 전기 등의 자료를 수치지도화하고 시설물의 속성을 입력하여 데이터베이스를 구축함으로써 시설물관리활동을 효율적으로 지원하는 시스템은?

① LIS(Land Information System)

② FM(Facility Management)

③ UIS(Urban Information System)

④ CAD(Comupter-Aided Drafting)

해설 1. LIS(Land Information System) : 지형분석, 토지의 이용, 개발, 행정, 다목적 지적 등 토지자원에 관련된 문제해결을 위한 정보분석체계

2. FM(Facility Management) : 사회기반시설이나 각종 생산시설에 대한 제반 정보를 수치 입력하여 효율적인 운영, 관리를 하는 종합적인 체계

3. UIS(Urban Information System) : 도시계획 및 도시화현상에서 발생하는 인구, 자원 및 교통관리, 건물면적, 지명, 환경변화 등에 관한 자료를 다루는 체계로, 도시현황파악 및 도시계획, 도시정비, 도시기반시설관리를 할 수 있는 정보분석체계

4. CAD(Comupter-Aided Drafting) : 컴퓨터 원용(援用) 설계

14 토지정보체계와 관련된 정보체계의 연결이 잘못된 것은?

① 도시정보체계 – UIS　　　　　　② 시설물관리체계 – FM
③ 환경정보체계 – EIS　　　　　　④ 자원정보체계 – CAD/CAM

해설 자원정보시스템(RIS : Resource Information System)은 농수산자원, 삼림자원, 수자원, 에너지자원을 관리하는 데 활용된다.

15 GSIS의 하드웨어구조는 목적에 따라 분류할 수 있는데, 전산작업의 가장 핵심이 되는 부분은 어느 것인가?

① 자료 입력　　　　　　　　　　② 자료 관리와 분석
③ 자료 출력　　　　　　　　　　④ 자료가공

해설 GSIS의 하드웨어구조는 목적에 따라 자료 입력, 자료 관리와 분석, 자료 출력의 3그룹으로 구분되고 자료를 관리하고 분석하는 전산작업이 핵심이며, 자료를 관리하고 분석하기 위해 개인용 컴퓨터 또는 워크스테이션 등이 이용된다.

16 다음 중 GSIS에 이용되는 GIS소프트웨어의 모듈기능이 아닌 것은?

① 자료의 입력과 확인
② 자료의 저장과 데이터베이스 관리
③ 자료의 출력
④ 자료를 전송하기 위한 전화선으로 구성된 네트워크시스템

해설 GSIS의 주요 구성요소 중 소프트웨어는 데이터와 함께 핵심요소로 기능하고 있다. GSIS의 자료를 입력, 출력, 관리하기 위해 프로그램인 소프트웨어가 반드시 필요하며, 자료입력소프트웨어, 자료출력소프트웨어, 그리고 데이터베이스관리소프트웨어 등이 있으며, 각종 통계, 문서작성기, 그래프작성기 등과 같은 지원프로그램 등도 이에 포함된다(입력 · 저장 · 출력).

17 토지와 관련된 모든 정보인 토지정보에 대한 설명 중 틀린 것은?

① 법률적, 행정적, 경제적, 지리적 측면에 기초하여 수집된 토지에 관한 정보
② 토지정보는 광의의 토지정보와 협의의 토지정보로 분류
③ 기술적 사항으로 토지에 영향을 미치는 수질, 공해, 소음 등에 관한 자료
④ 소유권의 확인, 토지평가의 기초, 토지 과세 및 거래의 기준, 토지이용계획의 기초가 되는 자료 등 공식적인 성격의 정보

해설 토지정보의 기술적 사항은 지형, 지질, 경계 등을 확인하는 측지자료와 지하매설물 및 공공시설 등을 확인하는 각종 시설자료, 환경적 사항으로 토지에 영향을 미치는 수질, 공해, 소음 등에 관한 자료 등이 있다.

18 지리정보체계(GIS)의 구축과정에서 자료가 내포하는 의미를 찾아내는 것은?

① 검색　　　　　　　　　　　　② 편집
③ 분석　　　　　　　　　　　　④ 모델링

해설 지리정보체계(GIS)의 구축과정에서 자료가 내포하는 의미를 찾아내는 것을 분석이라 한다.

19 다음 중 GIS의 구축 및 활용을 위한 과정을 순서대로 바르게 열거한 것은?

> ㉠ 검색 및 변환　　　　　　　　㉡ 자료 수집 및 입력
> ㉢ 결과 출력　　　　　　　　　　㉣ 데이터베이스 구축 및 관리
> ㉤ 분석

① ㉣-㉠-㉢-㉤-㉡
② ㉡-㉣-㉠-㉤-㉢
③ ㉣-㉡-㉤-㉠-㉢
④ ㉡-㉠-㉤-㉣-㉢

해설 GIS의 구축 및 활용을 위한 과정

20 다음 중 지형공간정보체계의 단계를 순서대로 바르게 표시한 것은?

① 자료의 수치화 → 자료의 조작 및 관리 → 응용분석 → 출력
② 자료의 조작 및 관리 → 자료의 수치화 → 응용분석 → 출력
③ 자료의 수치화 → 응용분석 → 자료의 조작 및 관리 → 출력
④ 자료의 조작 및 관리 → 응용분석 → 자료의 수치화 → 출력

해설 GSIS의 자료처리체계

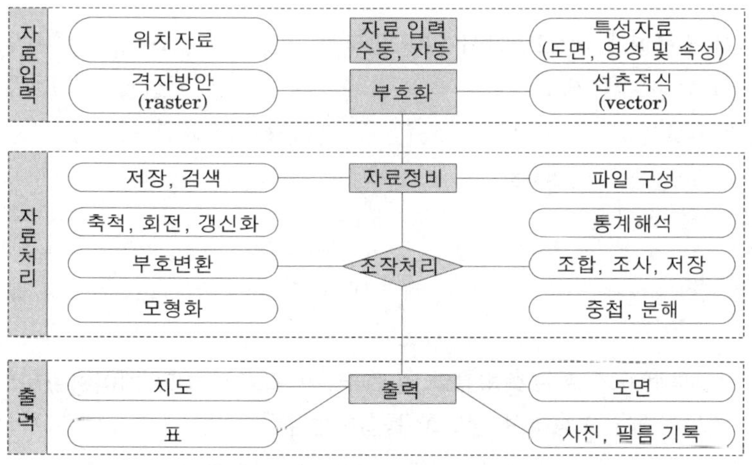

21 수학적인 정확도의 부족이나 공간적인 정확도의 부족으로 인해 발생하는 오차는 지형공간정보체계 내의 다음 중 어느 단계에서 발생하는가?

① 자료수집　　　　　　　　　　　② 자료 입력
③ 자료저장　　　　　　　　　　　④ 자료 출력

해설 지형공간정보체계에서 발생하는 오차는 주로 자료 입력단계에서 발생되는데, 입력자료의 질에 따른 오차는 위치 정확도에 따른 오차, 속성 정확도에 따른 오차, 논리적 일관성에 따른 오차, 완결성에 따른 오차, 자료변천과정에 따른 오차 등이 있다.

22 다음 중 GIS의 핵심기능이 아닌 것은?

① 저장 및 관리 기능　　　　　　　② 자료전송기능
③ 자료 입력기능　　　　　　　　　④ 분석기능

해설 GIS의 자료처리체계

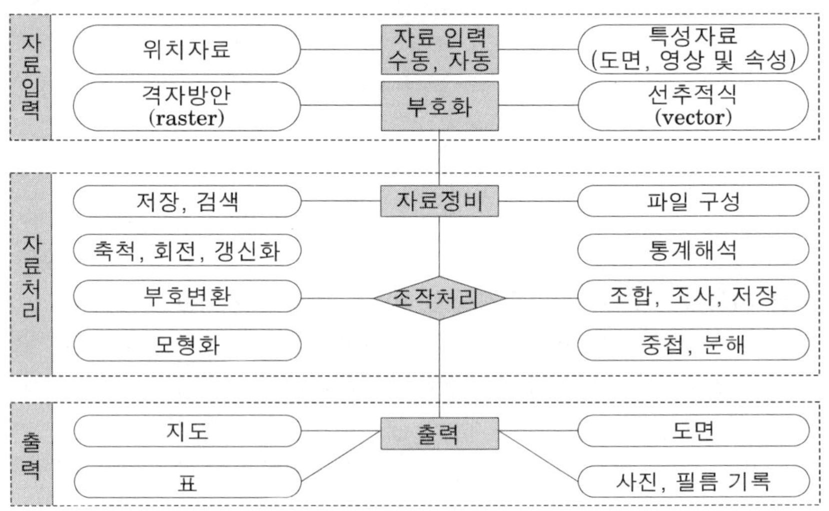

23 GSIS에서 출력설계 시 고려하지 않아도 되는 것은?

① 자료에 대한 보안성　　　　　　② 판독의 용이성
③ DB의 효율성　　　　　　　　　④ 원시자료의 완전성

해설 GSIS에서 출력설계 시 고려사항
1. 자료에 대한 보안성
2. 판독의 용이성
3. 원시자료의 완전성

24 GIS의 자료분석과정 중 도형자료와 속성자료가 각기 구축된 레이어 간의 정보를 합성하거나 수학적 변환기능을 이용하여 정보를 통합하는 분석방법은?

① 중첩분석　　　　　　　　　　　② 표면분석
③ 합성분석　　　　　　　　　　　④ 검색분석

[해설] 각각의 자료집단이 주어진 기본도를 기초로 좌표계의 통일이 되면 둘 또는 그 이상의 자료관측에 대하여 분석될 수 있으며, 이 기법을 중첩이라 한다.

25 GSIS의 자료처리흐름으로 자료처리과정에 포함되지 않는 것은?

① 부호화   ② 모형화

③ 중첩, 분해   ④ 통계해석

[해설] 데이터 입력을 위해 자료를 부호화하여 격자방식이나 선추적방식에 의해 입력한다.

26 2개 이상의 주제도로부터 새로운 자료를 추출하기 위해 사용되는 분석기법은?

① 중첩분석   ② 표면분석

③ 인접성분석   ④ 조직망(network)분석

[해설]

조작처리	내 용
표면분석 (surface analysis)	하나의 자료층상에 있는 변량들 간의 관계분석에 이용
중첩분석 (overlay analysis)	1. 둘 이상의 자료층에 있는 변량들 간의 관계분석에 적용 2. 변량들의 상대적 중요도에 따라 경중률을 부가하여 정밀중첩분석에 실행

27 지형공간정보체계의 조작처리 중 중첩분석에 대한 설명으로 옳은 것은?

① 하나의 자료층상에 있는 변량들 간의 관계분석

② 둘 이상의 자료층에 있는 변량들 간의 관계분석

③ 특정 위치를 에워싸고 있는 주변지역의 특성분석

④ 일정한 패턴(pattern)을 구성하는 선형특징의 상호 연결분석

[해설]

조작처리	내 용
표면분석 (surface analysis)	하나의 자료층상에 있는 변량들 간의 관계분석에 이용
중첩분석 (overlay analysis)	1. 둘 이상의 자료층에 있는 변량들 간의 관계분석에 적용 2. 변량들의 상대적 중요도에 따라 경중률을 부가하여 정밀중첩분석에 실행

28 GSIS의 자료처리흐름순서가 옳게 표현된 것은?

① 입력 → 자료정비 → 부호화 → 조작처리 → 출력

② 입력 → 부호화 → 자료정비 → 조작처리 → 출력

③ 입력 → 조작처리 → 부호화 → 자료정비 → 출력

④ 입력 → 부호화 → 조작처리 → 자료정비 → 출력

[해설] GSIS의 자료처리체계

입력 → 부호화 → 자료정비 → 조작처리 → 출력

29 각각의 자료집단이 주어진 기본도를 기초로 좌표계의 통일이 되면 둘 또는 그 이상의 자료관측에 대하여 분석할 수 있는 기법은?

① 중첩
② 저장
③ 통계해석
④ 조사

해설 중첩(overlay)이란 각각의 자료집단이 주어진 기본도를 기초로 좌표계의 통일이 되면 둘 또는 그 이상의 자료관측에 대하여 분석할 수 있는 기법이다.

30 지형공간정보체계의 조작처리과정 중에서 하나의 자료층상에 있는 변량들 간의 관계분석에 적용되는 분석기법은?

① 중첩분석
② 표면분석
③ 합성분석
④ 검색분석

해설

조작처리	내 용
표면분석 (surface analysis)	하나의 자료층상에 있는 변량들 간의 관계분석에 이용
중첩분석 (overlay analysis)	1. 둘 이상의 자료층에 있는 변량들 간의 관계분석에 적용 2. 변량들의 상대적 중요도에 따라 경중률을 부가하여 정밀중첩분석에 실행

31 효율적으로 공간데이터를 분석, 처리하기 위한 고려사항으로 가장 거리가 먼 것은?

① 공간데이터의 분포 및 군집성
② 하드웨어 설치장소
③ 변화하는 공간데이터의 갱신
④ 효율적인 저장구조

해설 공간데이터를 분석, 처리하기 위한 고려사항
1. 공간데이터의 분포 및 군집성
2. 변화하는 공간데이터의 갱신
3. 효율적인 저장구조

32 지리정보시스템의 구축단계는?

① 수집 → 자료관리 → 변환 → 분석 → 모델링 → 저장 → 출력
② 수집 → 저장 → 자료관리 → 변환 → 분석 → 모델링 → 출력
③ 수집 → 분석 → 모델링 → 저장 → 자료관리 → 변환 → 출력
④ 수집 → 모델링 → 저장 → 자료관리 → 변환 → 분석 → 출력

해설 지리정보시스템의 구축단계 : 수집 → 저장 → 자료관리 → 변환 → 분석 → 모델링 → 출력

33 토지정보시스템의 정보획득과정 중에서 복잡한 현실 세계를 이해할 수 있도록 해 주는 작업으로 기하학적 객체를 생생하게 묘사하는 과정은?

① 자료의 입력
② 자료의 출력
③ 자료의 모델링
④ 자료의 변환

해설 모델링이란 복잡한 현실 세계를 이해할 수 있도록 해 주는 작업으로, 기하학적 객체를 생생하게 묘사하는 과정을 말한다.

정답   29. ①   30. ②   31. ②   32. ②   33. ③

34 다음 중 토지정보의 기능이 아닌 것은?

① 토지등기의 기초　　　　　　　　② 토지평가의 기초
③ 토지거래의 기초　　　　　　　　④ 토지관리의 기초

해설 토지정보의 기능

토지정보	내 용
토지등기의 기초	지적공부에 등록된 사항을 기준으로 토지등기부 창설
토지평가의 기초	지적공부에 등록된 사항을 기준으로 토지에 대한 평가를 함
토지과세의 기초	지적공부에 등록된 사항을 기준으로 토지에 대한 과세를 함
토지거래의 기초	지적공부에 등록된 사항을 기준으로 토지에 대한 거래를 함
도시 및 토지 이용계획의 기초	지적공부에 등록된 사항을 기준으로 각종 토지이용계획을 수립함
주소표기의 기초	지적공부에 등록된 토지 소재지와 지번을 기준으로 주소 설정

35 다음 지역 중 우리나라의 수치지도 평면직교좌표계상 거리와 지구타원체상 거리의 차이가 가장 큰 곳은?

① 경도 $125°\,E$, 위도 $36°\,N$ 지역　　　② 경도 $125°\,E$, 위도 $37°\,N$ 지역
③ 경도 $126°\,E$, 위도 $37°\,N$ 지역　　　④ 경도 $127°\,E$, 위도 $36°\,N$ 지역

해설 원점에서 멀어질수록 평면직교좌표계상 거리와 지구타원체상 거리의 차이가 크게 나타난다.

36 현지조사측량에서 얻어진 성과 및 자료를 이용하여 수치지도화데이터를 수정하는 작업은?

① 영상의 표정　　　　　　　　② 정위치편집
③ 구조화편집　　　　　　　　④ 현지조사 및 보완측량

해설 수치지도 제작순서

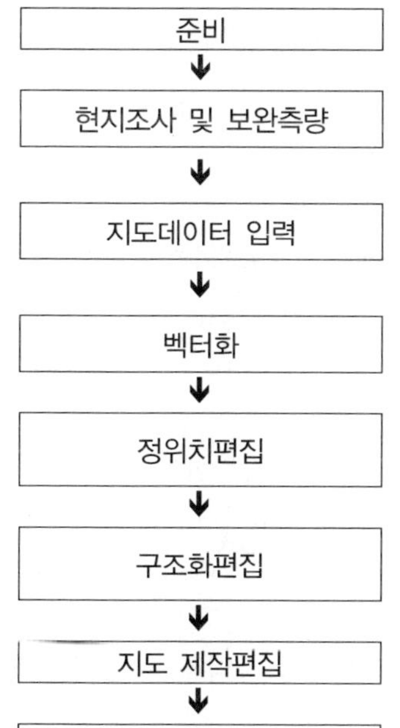

1. 현지조사 : 지도를 제작하기 위해 필요한 각종 지명, 행정경계 등과 도화에서 오기 또는 누락된 지형·지물을 현지에서 조사·확인하고 그 결과를 항공사진 및 참고자료에 기입하여 편집에 필요한 자료를 작성하는 것을 말한다.
2. 보완측량 : 제작하는 지도의 축척 및 대상지역의 중요성을 감안하여 도화가 불가능하거나 곤란한 지역으로서 계획기관이 요구하는 지역에 대해 보완을 목적으로 현지에서 등고선 및 표고점을 측량·묘사하는 작업을 말한다.

• 현지조사측량에서 얻어진 성과 및 자료를 이용하여 수치도화데이터를 수정·보완하여 정위치로 편집하는 것을 말한다.

• 자료 간의 위치적 상관관계를 파악하기 위하여 정위치편집된 지형, 지물을 기하학적 형태로 구성하는 작업을 말한다.

37 공공시설물이나 대규모의 공장, 관로망 등에 대한 지도 및 도면 등 제반 정보를 수치 입력하여 시설물에 대한 효율적인 운영관리를 하는 종합적인 관리체계를 무엇이라 하는가?

① AM(Automatical Mapping) ② FM(Facilities Management)
③ SIS(Surveying Information System) ④ CAD/CAM체계

해설 시설물관리(FM : Facility Management)는 공공시설물이나 대규모의 공장, 관로망 등에 대한 지도 및 도면 등 제반 정보를 수치 입력하여 시설물에 대해 효율적인 운영관리를 하는 종합체계, FMS라고도 한다. 시설물에 관한 자료목록이 전산화된 형태로 구성되어 사용자가 원하는 대로 정보를 분류, 갱신, 출력할 수 있다.

38 토지정보체계에서 자료의 오차발생원인에 대한 설명 중 틀린 것은?

① 원자료의 오차는 자료기반에 포함되지 않는다.
② 지역을 지도화하는 과정에서 선으로 표현할 때 오차가 발생한다.
③ 여러 가지의 자료층을 처리하는 과정에서 오차가 발생한다.
④ 자료 입력을 수동으로 하는 것도 오차유발의 원인이 된다.

해설 각종 정보체계에서 발생하는 오차는 입력자료의 질에 따른 오차와 database 구축 시 발생하는 오차 등이 있다. 따라서 원자료에도 오차가 포함되어 있으므로 오차발생원인에 해당한다.

39 다음 중 그 의미가 다른 것은?

① GIS(Geographic Information System) ② GSIS(Geo-Spatial Information System)
③ GPS(Global Positioning System) ④ 지리정보체계

해설 GPS(Global Positioning System)는 인공위성을 이용하여 정확하게 지상의 사물에 대한 위치를 결정해 주는 체계이다.

40 토지정보의 기능에 해당되지 않는 것은?

① 토지등기의 기초 ② 토지평가의 기초
③ 토지과세의 기초 ④ 지적측량의 기초

해설 토지정보의 기능에는 토지등기의 기초, 토지평가의 기초, 토지과세의 기초, 토지거래의 기준, 도시 및 토지 이용계획의 기초, 주소표기의 기초, 기타 각종 토지정보의 제공이 포함된다.

41 토지정보체계에 대한 설명으로 틀린 것은?

① 토지정보체계는 토지에 관한 정보를 제공함으로써 토지관리를 지원한다.
② 토지정보체계의 유용성은 토지자료의 유연성과 획일성에 중점을 두고 있다.
③ 토지정보체계의 운영은 자료의 취득과 수집을 포함하고, 그들의 처리, 유지, 검색, 분석, 보급 등도 포함한다.
④ 토지정보체계는 정보의 생산자를 위해서라기보다는 사용자의 이익을 위해 설계되었다.

해설 토지정보체계의 유용성은 토지자료의 정확성과 접근성에 중점을 두고 있다.

정답 37. ② 38. ① 39. ③ 40. ④ 41. ②

42 토지정보체계와 지리정보체계의 비교설명이다. 설명이 잘못된 것은?

① 토지정보체계의 공간정보단위는 필지이다.
② 지리정보체계의 공간정보단위는 지역, 구역이다.
③ 토지정보체계의 축척 및 기본도는 대축척, 지적도이다.
④ 지리정보체계의 축척 및 기본도는 소축척, 지적도이다.

해설 토지정보체계와 지리정보체계의 비교

구 분	토지정보체계(LIS)	지리정보체계(GIS)
공간정보단위	필지(parcel)	지역, 구역
축척 및 기본도	대축척, 지적도	소축척, 지형도(지형, 지물)
정보갱신주기	즉시	비정규적(2~5년)
세분 정도	토지이용의 최소단위(필지)	보편적(지역범위)
자료수집의 목적	정확한 관청의 과업을 수행하기 위한 관공서의 중요한 영구자료	대규모 사업설계도, 도시 및 지역 계획 수립 등 의사결정자료 확보
자료의 수명	영구 보존	사업종료 시(필요에 따라 영구 보존 가능)
정보내용	필지 중심 자료 1. 토지 소재, 지번, 지목, 경계, 면적 2. 권리관계(지적/등기) 3. 가치정보(개별공시지가)	지형 중심 자료 1. 지형, 경사, 고도 2. 환경, 토양, 토지 이용 3. 도로, 구조물 등
장점	자료 관리 및 제공(법적, 제도적)	자료분석 용이

43 지리정보체계(GIS)와 비교할 때 토지정보체계(LIS)의 특징이라고 볼 수 없는 것은?

① 필지단위의 대축척지도를 사용한다.
② 도형자료의 정확도가 높다.
③ 개별공시지가와 같은 속성정보가 포함된다.
④ 공간기본단위는 지형 중심이다.

해설 Land Information System 약어로서, 주로 토지와 관련된 위치정보와 속성정보를 수집, 처리, 저장, 관리하기 위한 정보체계로 지적도를 기반으로 공간기본단위는 필지 중심이다.

44 토지정보체계의 필요성으로 가장 적절한 것은?

① 도시의 교통문제 해결
② 인적관리행정의 간편화 및 공개화
③ 체계적인 도면관리로 업무의 효율화와 신속 처리
④ 토지·부동산 정보관리체계 및 다목적 지적정보체계 구축

 토지정보체계의 필요성 및 기대효과

필요성	기대효과
1. 토지관련 정책자료의 다목적 활용 2. 토지관련 과세자료로 이용 3. 지적민원사항의 신속 정확한 처리 4. 지방행정전산화의 획기적인 계기 5. 여러 가지 대장 및 도면을 쉽게 관리 6. 수작업으로 인한 오류 방지 7. 자료를 쉽게 공유 8. 지적공부의 노후화	1. 체계적이고 과학적인 지적사무와 지적행정의 실현 2. 다목적 국토정보체계 구축 3. 토지기록변동자료의 신속한 온라인 처리로 업무의 이중성 배제 4. 최신의 자료확보로 지적통계와 정책정보의 정확성 제고 5. 수치지형모형을 이용한 지형분석 및 경관정보 추출 6. 토지부동산정보관리체계 및 다목적 지적정보체계 구축 7. 지적도면관리전산화의 기초 확립

45 토지정보체계의 관리목적에 대한 설명으로 틀린 것은?

① 토지관련 정보의 수요결정과 정보를 신속하고 정확하게 제공할 수 있다.

② 신뢰할 수 있는 가장 최신의 토지등록데이터를 확보할 수 있도록 하는 것이다.

③ 토지와 관련된 등록부와 도면 등의 도해지적공부의 확보이다.

④ 새로운 시스템의 도입으로 토지정보체계의 DB에 관련된 시스템을 자동화하는 것이다.

 토지와 관련된 등록부와 도면 등의 전산정보처리조직에 의한 지적공부의 확보이다.

46 토지정보시스템(LIS : Land Information System) 운용에서 특히 역점을 두어야 할 측면은?

① 정확성과 신속성

② 자율성과 경제성

③ 사회성과 기술성

④ 민주성과 기술성

 최근의 각종 정보시스템이 지향하는 방향은 정확성과 신속성이다.

47 토지행정에 있어서 토지정보시스템의 기본적인 활용사항과 가장 거리가 먼 것은?

① 토지정책수립의 기초자료로 활용

② 국방정책의 기초자료로 활용

③ 조세효과분석의 자료로 활용

④ 대규모 개발사업의 파급효과분석자료로 활용

 토지정보시스템의 기본방향은 토지정보체계의 표준화, 통합된 토지이용정보체계의 구축, 경제적, 효과적인 정보체계의 구축, 자료수집의 용이성 확보, 자료의 중복저장 방지, 확장성 및 지속적인 갱신체계 구축, 토지이용정보의 공개 및 네트워크화, 개인의 프라이버시 보호 등이다.

48 개방형 지리정보시스템(Open GIS)에 대한 설명으로 틀린 것은?

① 시스템 상호 간의 접속에 대한 용이성과 분산처리기술을 확보하여야 한다.
② 국가공간정보유통기구를 통해 유통할 경우 개방형 GIS 구축이 필수적이다.
③ 서로 다른 GIS데이터의 혼용을 막기 위하여 같은 종류의 데이터만 교환이 가능하도록 해야 한다.
④ 정보의 교환 및 시스템의 통합과 다양한 분야에서 공유할 수 있어야 한다.

해설 개방형 GIS(Open GIS)은 국가GIS사업을 통하여 구축된 지리정보의 유통을 위하여 필요하며 범용 웹 브라우저를 이용한 지리정보의 접근과 검색을 위한 표준과 관련 기술이 등장했으며, 현재 정보의 검색뿐만 아니라 정보의 처리가 제한된 범위까지 사용 가능해졌다.

49 토지정보시스템 구축에 있어 지적도와 지형도를 중첩할 때 비연속도면을 수정하는 데 가장 효율적인 자료는?

① 정사항공영상   ② TIN모형
③ 수치표고모델   ④ 토지이용현황도

해설 토지정보시스템 구축에 있어 지적도와 지형도를 중첩할 때 비연속도면을 수정하는 데 가장 효율적인 자료는 정사항공영상을 이용하는 것이다.

50 토지정보체계의 필요성에 대한 설명이다. 설명이 다른 하나는?

① 토지관련 정책자료의 다목적 활용
② 최신의 자료확보로 지적통계와 정책정보의 정확성 제고
③ 수작업으로 인한 오류 방지
④ 지적공부의 노후화

해설 토지정보체계의 필요성은 토지관련 정책자료의 다목적 활용, 토지관련 과세자료로 이용, 지적민원사항의 신속 정확한 처리, 지방행정전산화의 획기적인 계기, 여러 가지 대장 및 도면을 쉽게 관리, 수작업으로 인한 오류 방지, 자료를 쉽게 공유, 지적공부의 노후화 등으로 인해 토지정보체계의 필요성이 대두되고 있다.

51 토지정보시스템에 대한 설명으로 가장 거리가 먼 것은?

① 법률적, 행정적, 경제적 기초 하에 토지에 관한 자료를 체계적으로 수집한 시스템이다.
② 협의의 개념은 지적을 중심으로 지적공부에 표시된 사항을 근거로 하는 시스템이다.
③ 지상 및 지하의 공급시설에 대한 자료를 효율적으로 관리하는 시스템이다.
④ 토지관련 문제해결과 토지정책의 의사결정을 보조하는 정보시스템이다.

해설 시설물관리(FM)는 공공시설물이나 대규모의 공장, 관로망 등에 대한 지도 및 도면 등 제반 정보를 수치 입력하여 시설물에 대해 효율적인 운영관리를 하는 종합체계, FMS라고도 한다. 시설물에 관한 자료목록이 전산화된 형태로 구성되어 사용자가 원하는 대로 정보를 분류, 갱신, 출력할 수 있다.

52 토지정보시스템 구축의 목적으로 거리가 먼 것은?

① 토지관련 정책자료의 다목적 활용   ② 지적불부합지 해소
③ 지적민원사항의 신속한 처리   ④ 타 시스템과의 데이터 연계

 토지정보시스템 구축의 필요성 및 기대효과

필요성	기대효과
1. 토지관련 정책자료의 다목적 활용 2. 토지관련 과세자료로 이용 3. 지적민원사항의 신속 정확한 처리 4. 지방행정전산화의 획기적인 계기 5. 여러 가지 대장 및 도면을 쉽게 관리 6. 수작업으로 인한 오류 방지 7. 자료를 쉽게 공유 8. 지적공부의 노후화	1. 체계적이고 과학적인 지적사무와 지적행정의 실현 2. 다목적 국토정보체계 구축 3. 토지기록변동자료의 신속한 온라인 처리로 업무의 이중성 배제 4. 최신의 자료확보로 지적통계와 정책정보의 정확성 제고 5. 수치지형모형을 이용한 지형분석 및 경관정보 추출 6. 토지부동산정보관리체계 및 다목적 지적정보체계 구축 7. 지적도면관리전산화의 기초 확립

53 다음 중 토지정보시스템을 구성하는 데 필요한 내용으로 가장 관련이 적은 것은?

① 기하학적 토지측량자료　　　　② 소유권에 관한 법률자료
③ 제품생산에 관한 수요조사자료　④ 주거지에 관한 기술적 시설물자료

해설　토지정보시스템의 구성내용

1. 토지측량자료
2. 법률자료
3. 자연자원에 관한 자료
4. 기술적 시설물에 관한 자료
5. 환경보전에 관한 자료
6. 경제 및 사회 정책적 자료

54 토지정보체계에 있어 기반이 되는 것으로 가장 알맞은 것은?

① 필지　　　　　　　　　　　② 지번
③ 지목　　　　　　　　　　　④ 소유자

해설　토지정보체계와 지리정보체계의 비교

구 분	토지정보체계(LIS)	지리정보체계(GIS)
공간정보단위	필지(parcel)	지역, 구역
축척 및 기본도	대축척(지적도, 임야도)	소축척, 지형도(지형, 지물)
정보갱신주기	즉시	비정규적(2~5년)
자료수집의 목적	정확한 관청의 과업을 수행하기 위한 관공서의 중요한 영구자료	대규모 사업설계도, 도시 및 지역 계획수립 등 의사결정자료 확보
보존연한	영구 보존	사업종료 시(영구 보존 가능)
정보내용	필지 중심 자료 1. 토지 소재, 지번, 지목, 경계, 면적 2. 권리관계(지적/등기) 3. 가치정보(개별공시지가)	지형 중심 자료 1. 지형, 경사, 고도 2. 환경, 토양, 토지 이용 3. 도로, 구조물 등

55 토지정보시스템의 구축효과에 해당하지 않는 것은?

① 고용증대
② 정보의 공유화
③ 업무의 신속화
④ 원활한 의사결정의 지원

해설 토지정보시스템 구축의 필요성 및 기대효과

필요성	기대효과
1. 토지관련 정책자료의 다목적 활용 2. 토지관련 과세자료로 이용 3. 지적민원사항의 신속 정확한 처리 4. 지방행정전산화의 획기적인 계기 5. 여러 가지 대장 및 도면을 쉽게 관리 6. 수작업으로 인한 오류 방지 7. 자료를 쉽게 공유 8. 지적공부의 노후화	1. 체계적이고 과학적인 지적사무와 지적행정의 실현 2. 다목적 국토정보체계 구축 3. 토지기록변동자료의 신속한 온라인 처리로 업무의 이중성 배제 4. 최신의 자료확보로 지적통계와 정책정보의 정확성 제고 5. 수치지형모형을 이용한 지형분석 및 경관정보 추출 6. 토지부동산정보관리체계 및 다목적 지적정보체계 구축 7. 지적도면관리전산화의 기초 확립

56 토지정보체계를 구축해야 되는 필요성에 대한 설명으로 가장 거리가 먼 것은?

① 토지관련 정책자료의 다목적 활용
② 여러 대장과 도면의 효율적 관리
③ 지적민원의 신속, 정확한 처리
④ 토지관련 정보의 보안 강화

해설 토지정보체계의 필요성

1. 토지관련 정책자료의 다목적 활용
2. 토지관련 과세자료로 이용
3. 지적민원사항의 신속 정확한 처리
4. 지방행정전산화의 획기적인 계기
5. 여러 가지 대장 및 도면을 쉽게 관리
6. 수작업으로 인한 오류 방지
7. 자료를 쉽게 공유
8. 지적공부의 노후화

57 토지정보체계의 기능을 충분히 발휘하기 위하여 요구되는 구비조건으로 관계가 없는 것은?

① 하나 또는 그 이상의 자료 입력방식
② 소요공간관계와 관련된 정보의 저장 및 유지 기능
③ 자료 간의 상관성과 적절한 요소들의 원인 : 결과 반응을 고려한 모형화
④ 단일방식에 의한 자료 출력

해설 사용자가 요구하는 다양한 방식에 의한 자료 출력

58 토지정보시스템에서 레이어를 사용하는 이유를 바르게 설명한 것은?

① 작성자의 편리를 위한 것으로 특별한 이유가 없다.
② 토지정보시스템에 사용되는 기호의 사용을 용이하게 하기 위해서이다.
③ 같은 성격의 자료들끼리 묶어서 관리할 수 있도록 하기 위해서이다.
④ 토지정보시스템에서 관리할 자료의 양을 줄이기 위해서이다.

해설 레이어를 사용하는 이유는 같은 성격의 자료들끼리 묶어서 관리할 수 있도록 하기 위해서이다.

정답 55. ① 56. ④ 57. ④ 58. ③

59 다음 중 레이어를 중첩하는 경우의 특징에 대한 설명이 옳지 않은 것은?

① 레이어를 중첩하여 각각의 레이어가 가지고 있는 정보를 합칠 수 있다.
② 각종 주제도를 통합 또는 분산 관리할 수 있다.
③ 각각의 레이어가 서로 다른 좌표계를 사용하는 경우에도 중첩분석이 가능하다.
④ 사용자가 필요한 정보만을 추출할 수 있어 편리하다.

해설 각각의 자료집단이 주어진 기본도를 기초로 좌표계의 통일이 되면 둘 또는 그 이상의 자료관측에 대하여 분석될 수 있으며, 이 기법을 중첩이라 한다.

60 정부는 제1차 NGIS사업으로 주요 6개 주제도를 우선하여 제작하는 사업을 추진하였는 바 이 속에 포함되어 있지 않은 사업은?

① 지형지번도　　　　　　　　　　② 행정구역도
③ 토지이용현황도　　　　　　　　④ 수자원도

해설 주제도에는 지형지번도, 행정구역도, 토지이용현황도, 도로망도, 도시계획도, 국토이용계획도 등이 있다.

61 국가지리정보체계에 대한 약어가 맞게 표기된 것은?

① GIS　　　　　　　　　　　　　② OGIS
③ NGIS　　　　　　　　　　　　④ KLIS

해설 NGIS(National Geographic Information System)란 국가지리정보체계이다.

62 다음 중에서 국가지리정보체계(NGIS)의 6개의 주제도에 해당하지 않는 것은?

① 지형지번도　　　　　　　　　　② 교통망도
③ 토지이용현황도　　　　　　　　④ 국토이용계획도

해설 주제도에는 지형지번도, 행정구역도, 토지이용현황도, 도로망도, 도시계획도, 국토이용계획도 등이 있다.

63 국가지리정보체계의 구축단계 중 제2단계(2001~2005)에 해당하는 것은?

① 기반 조성단계　　　　　　　　② 활용·확산단계
③ 정착단계　　　　　　　　　　　④ 기초단계

해설 NGIS의 **구축목표**

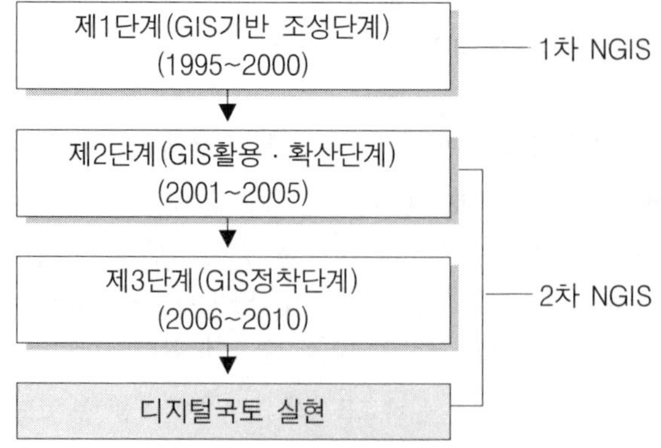

정답　59. ③　60. ④　61. ③　62. ②　63. ②

64 국가지리정보체계의 기본지리정보에 해당하지 않는 것은?

① 항공 ② 지형
③ 지적 ④ 해양 및 수자원

해설 기본지리정보에는 행정구역, 교통, 해양 및 수자원, 지적, 측량기준점, 지형, 시설물, 위성영상 및 항공사진이 있다.

65 국가지리정보체계의 구축 및 활용 등에 관한 법률에 의한 기초적인 주요 지리정보로 볼 수 없는 것은?

① 행정구역 ② 교통
③ 지적 ④ 개별공시지가

해설 기본지리정보에는 행정구역, 교통, 해양 및 수자원, 지적, 측량기준점, 지형, 시설물, 위성영상 및 항공사진이 있다.

66 자료교환을 위한 표준화의 형식 중 잘못된 것은?

① 미국의 공간자료교환명세서(US-SDTS)
② AutoCAD의 제작자에 의해 제안된 자료교환형식 DXF
③ 영국의 국가적인 교환형식 UK-NTF
④ 독일의 수치지형표준자료에 의해서 전국적 지도 제작을 위한 DLG

해설 DXF는 그래픽파일형식이다.

67 토지정보체계의 자료 구축에 있어서 표준화의 필요성과 가장 관련이 적은 것은?

① 자료의 중복 구축 방지로 비용을 절감할 수 있다.
② 자료구조의 단순화를 목적으로 한다.
③ 기존에 구축된 모든 데이터에 쉽게 접근할 수 있다.
④ 시스템 간의 상호 연계성을 강화할 수 있다.

해설 **표준화의 필요성**
1. **비용절감**
   지리정보시스템(GIS)은 그 특성상 대용량의 자료를 사용하며 효율적인 자료교환이 불가능하다면 데이터 공유가 매우 어려울 뿐만 아니라 공통데이터의 중복 보관 및 관리로 인해 막대한 경제적 손실을 가져온다.
2. **접근용이성**
   GIS 구축에 사용되는 총비용 중 수치데이터베이스 구축에만 약 75%의 비용이 사용되는 것을 감안하면 한 번 수집된 정보를 재활용하는 것은 매우 중요하다. 기존 데이터를 다른 목적을 위해 재사용할 수 있게 하기 위해서는 기존에 구축되어 있는 모든 데이터에 쉽게 접근할 수가 있어야 하며, 이를 위해서는 공간정보에 대한 표준화가 반드시 필요하다.
3. **상호 연계성**
   기존의 GIS환경 하에서 시스템 간의 연동조건 및 상호교환을 필요로 하는 표준적인 정보항목 등을 정의하여 다양한 시스템에서 GIS 상호 연동성을 확보할 수 있게 하는 것이 필요하다.

4. **활용의 극대화**

　지리정보는 사회간접(infrastructure)자본의 성격이 강하므로 앞으로 정부, 자치단체뿐만 아니라 일반기업과 개인의 지리정보사용이 기하급수적으로 증가할 것이다. 따라서 장기적으로 보았을 때 지리정보에 대한 표준화가 선행되어야 한다.

68 메타데이터에 대한 설명으로 옳지 않은 것은?

① 데이터 교환을 위한 벡터데이터이다.
② 자료의 특성을 설명하는 데이터의 이력서이다.
③ 수록된 자료의 개요, 품질, 연혁 등에 관한 정보를 제공한다.
④ 좌표계, 지도투영법, 타원체 등에 관한 정보를 수록하고 있다.

해설　메타데이터란 실제 데이터는 아니지만 데이터베이스, 레이어, 속성, 공간현상 등과 관련된 데이터의 내용, 품질, 조건 및 특징 등을 저장한 데이터로서, 데이터에 관한 데이터로 데이터의 이력서라고 말할 수 있다. 따라서 메타데이터는 작성한 실무자가 바뀌더라도 변함없는 데이터의 기본체계를 유지하게 됨으로 시간이 지나도 일관성 있는 데이터를 사용자에게 제공이 가능하다.

69 토지정보시스템의 표준화와 관련하여 메타데이터(metadata)란?

① 데이터의 교환가능성　　　　　　② 데이터 모델
③ 데이터의 이력서　　　　　　　　④ 데이터의 통합

해설　metadata

수록된 자료의 내용, 논리적인 관계와 특징, 기초자료의 정확도, 경계들 등을 포함한 자료의 특성을 설명하는 자료로서 한 마디로 정보의 이력서이다.

1. 일련의 자료들을 기술하거나, 또는 이들 자료를 대표하기 위하여 사용되는 자료, 자료베이스의 스키마 또는 객체지향프로그래밍에서 클래스 등이 메타자료에 해당된다.
2. 메타데이터란 데이터베이스, 레이어, 속성공간현상과 관련된 정보, 즉 자료에 대한 자료를 의미한다. 또한 메타데이터는 포함된 데이터베이스의 종류, 자료의 정확성, 이용방법에 관한 정보를 제공하며 자료에 대한 자료이다(data about data).
3. 공간정보의 수신자가 수신된 공간정보를 일일이 분석하고 출력하여 도면으로 보기 전에 과연 수신된 공간자료가 꼭 필요한 자료인지, 또 필요한 과제를 수행할 만큼 양, 질의 자료인지 미리 알아볼 수 있는 자료이다.
4. 메타데이터는 일반사용자가 GIS자료에 접근하고자 할 때 필요한 자료의 종류, 용도, 포맷, 자료 구축의 지리적 범위, 자료의 판매가능성과 판매가격 등에 대한 정보를 수록하고 있다.
5. 메타데이터는 자료품질정보, 공간자료의 구성정보, 공간참조정보, 객체 및 속성 정보, 배포정보, 메타데이터 참조정보 등을 포함한다.

70 메타데이터(metadata)는 데이터의 내용, 품질, 조건, 기타 다양한 특징을 설명하는 배경정보로 정의할 수 있다. 메타데이터의 역할에 해당하지 않는 것은?

① 사용가능성(Availability)　　　　　② 관리정보(Administration)
③ 최적경로탐색(Optimal path finding)　④ 사용적절성(Fitness for use)

해설　메타데이터의 역할

1. 사용가능성(Availability)
2. 관리정보(Administration)
3. 사용적절성(Fitnss for use)

71 메타데이터에 대한 설명으로 옳지 않은 것은?

① 데이터의 공유, 교환, 유통 등을 용이하게 한다.
② 데이터의 내용, 품질, 특징 등을 저장한 데이터이다.
③ 공간참조를 위한 좌표계, 지도투영법 등을 포함한다.
④ 도형정보와 속성정보로 구성되어 있다.

해설 메타데이터란 실제 데이터는 아니지만 데이터베이스, 레이어, 속성, 공간현상 등과 관련된 데이터의 내용, 품질, 조건 및 특징 등을 저장한 데이터로서 데이터에 관한 데이터로 데이터의 이력서라고 말할 수 있다.

72 다음 중 토지정보체계의 공간데이터 관리에 필요한 메타데이터(metadata)에 관한 설명으로 가장 관련이 적은 것은?

① 데이터의 내용, 품질, 조건 및 특징 등을 저장한 데이터로 데이터의 이력서이다.
② 데이터의 공유를 위해서는 메타데이터의 표준화가 필요하다.
③ 속성정보에 대한 정보를 포함하지 못하여 계속적인 기술개발이 요구된다.
④ 데이터의 활용과 유통을 용이하게 한다.

해설 메타데이터란 실제 데이터는 아니지만 데이터베이스, 레이어, 속성, 공간현상 등과 관련된 데이터의 내용, 품질, 조건 및 특징 등을 저장한 데이터로서 데이터에 관한 데이터로 데이터의 이력서라고 말할 수 있다.

73 메타데이터의 기본요소에 해당되지 않는 것은?

① 자료품질　　　　　　　　　　② 자료의 구성
③ 형상 및 속성 정보　　　　　　④ 자료의 유통

해설 메타데이터의 구성요소

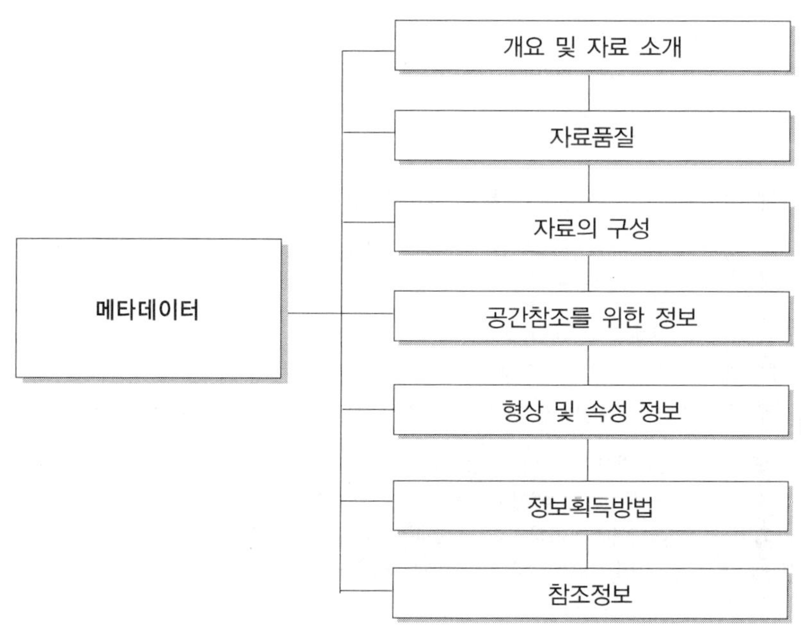

74 다음 중 자료의 표준화에 대한 설명으로 옳지 않은 것은?

① 자료를 공유함으로써 연구과제에 드는 비용을 절감할 수 있다.
② 다양한 자료에 대한 접근이 용이하기 때문에 자료를 쉽게 갱신할 수 있다.
③ 사용자가 자신의 용도에 따라 자료를 평가할 수 있는 자료의 질에 관한 정보가 제공된다.
④ 수치적인 공간자료가 서로 다른 체계 사이에서 원래의 내용이 변형되어 전달된다.

해설 표준화의 특징

1. 자료를 공유함으로써 연구과제에 드는 비용을 절감할 수 있다.
2. 다양한 자료에 대한 접근이 용이하기 때문에 자료를 쉽게 갱신할 수 있다.
3. 사용자가 자신의 용도에 따라 자료를 평가할 수 있는 자료의 질에 관한 정보가 제공된다.
4. 수치적인 공간자료가 서로 다른 체계 사이에서 원래의 내용이 변형 없이 전달된다.

75 정보화 사회가 도래하여 각종 정보화추진사업이 진행되면서 효율적인 관리 및 활용을 위해 서로 다른 GIS소프트웨어와 시스템 상호 간 호환성을 확보하기 위해 필요한 것은 무엇인가?

① 데이터의 표준화   ② 소프트웨어 개발
③ 하드웨어 개발   ④ 데이터베이스 구축

해설

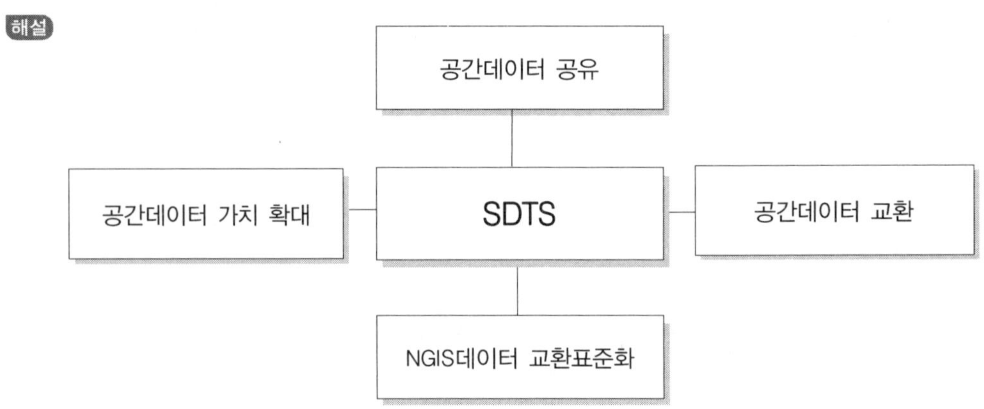

76 우리나라의 메타데이터에 대한 설명으로 틀린 것은?

① 국가 기본도 및 공통데이터 교환포맷표준안을 확정하여 국가표준으로 제정하고 있다.
② NGIS에서 수행하고 있는 표준화내용은 기본모델연구, 정보 구축표준화, 정보유통표준화, 정보활용표준화, 관련 기술표준화이다.
③ 우리나라의 메타데이터는 지적정보체계에서만 사용하고 있다.
④ 1995년 12월 우리나라의 NGIS데이터 교환표준으로 SDTS가 채택되었다.

해설 메타데이터란 실제 데이터는 아니지만 데이터베이스, 레이어, 속성, 공간현상 등과 관련된 데이터의 내용, 품질, 조건 및 특징 등을 저장한 데이터로서 데이터에 관한 데이터로 데이터의 이력서라고 말할 수 있으며, 작성한 실무자가 바뀌더라도 변함없는 데이터의 기본체계를 유지하게 되므로 시간이 지나도 일관성 있는 데이터를 사용자에게 제공이 가능하여 GIS의 여러 분야에서 사용되고 있다.

정답   74. ④   75. ①   76. ③

77 공간정보의 호환성 및 품질 향상을 위한 데이터 표준의 유형이 아닌 것은?

① 데이터 모형표준

② 데이터 교환표준

③ 데이터 출력표준

④ 데이터 내용표준

해설 데이터 표준유형의 분류

기능 측면에 따른 분류	데이터 표준 기술표준 프로세스표준 조직표준	
데이터 측면에 따른 분류	내적 요소	외적 요소
	데이터 모형표준 데이터 내용표준 메타데이터 표준	데이터 품질표준 데이터 수집표준 위치참조표준 데이터 교환표준
표준영역 측면에 따른 분류	국지적 표준 국가범주 국가 간 범주 국제범주	

78 다음의 메타데이터(metadata)에 대한 설명으로 틀린 것은?

① 메타데이터는 정보공유를 극대화하기 위한 데이터 목록화를 제공한다.

② 메타데이터는 CAD자료를 다른 그래픽체계로 변환하기 위한 자료파일이다.

③ 메타데이터는 공간참조정보 등 정보에 대한 소개가 포함된다.

④ 메타데이터는 일관성을 유지하기 위한 데이터 체계를 가지고 있다.

해설 메타데이터(metadata)란 수록된 자료의 내용, 논리적인 관계와 특징, 기초자료의 정확도, 경계 등을 포함한 자료의 특성을 설명하는 자료로서 정보의 이력서이다.

79 다음 중 메타데이터(metadata)의 설명으로 알맞은 것은?

① 데이터의 내용, 논리적 관계, 기초자료의 정확도, 경계 등 자료의 특성을 설명하는 정보의 이력서이다.

② 수학적으로 데이터의 모형을 정의하는 데 필요한 구성요소이다.

③ 여러 개의 변수 사이에 함수관계를 설정하기 위해서 사용되는 매개데이터를 말한다.

④ 토지정보시스템에 사용되는 GPS, 사진측량 등에서 얻어진 위치자료를 DB화한 자료를 말한다.

해설 메타데이터란 실제 데이터는 아니지만 데이터베이스, 레이어, 속성, 공간현상 등과 관련된 데이터의 내용, 품질, 조건 및 특징 등을 지장한 데이터로서 데이터에 관한 데이터로 데이터의 이력서라고 말할 수 있다. 데이터의 구축과 이용 확대에 따른 상호 이해와 호환의 폭을 높이기 위하여 고안되었다. 메타데이터는 작성한 실무자가 바뀌더라도 변함없는 데이터의 기본체계를 유지하게 됨으로 시간이 지나도 일관성 있는 데이터를 사용자에게 제공하는 것이 가능하다.

80 데이터에 대한 정보로서 데이터의 내용, 품질, 조건 및 기타 특성에 대한 정보를 포함하는 정보의 이력서라 할 수 있는 것은?

① 데이터베이스(database) ② 라이브러리(library)
③ 메타데이터(metadata) ④ 인덱스(index)

해설 메타데이터(metadata)란 수록된 자료의 내용, 논리적인 관계와 특징, 기초자료의 정확도, 경계 등을 포함한 자료의 특성을 설명하는 자료로서 정보의 이력서이다.

81 NGIS의 교환포맷으로 알맞은 것은?

① MOSS ② DX-90
③ TIGER ④ SDTS

해설 SDTS의 특징
1. SDTS는 모든 유형의 공간자료를 교환하는 것이 가능하도록 구성
2. 서로 다른 체계들 간의 자료공유를 위함
3. 공간자료의 가치를 무한히 확대시키는 데 중요한 역할
4. SDTS는 NGIS의 데이터 교환표준화로 제정
5. SDTS를 통해 다양한 공간데이터의 교환 및 공유가 가능
6. 공간위치속성값 등의 개념 및 모델을 제공하고 표준화된 용어의 리스트 포괄
7. SDTS는 일반적으로 자료교환표준 ISO/ANSI 8211을 사용하여 논리적인 규약을 물리적 수준으로 전환가능하도록 규정

82 GIS의 표준화 가운데 가장 큰 비중을 차지하고 있는 데이터의 표준화의 유형과 가장 거리가 먼 것은?

① 데이터 모델표준 ② 데이터 내용표준
③ 데이터 수집표준 ④ 데이터 정리표준

해설 데이터 표준유형의 분류

기능 측면에 따른 분류	데이터 표준 기술표준 프로세스표준 조직표준	
데이터 측면에 따른 분류	내적 요소	외적 요소
	데이터 모형표준 데이터 내용표준 메타데이터 표준	데이터 품질표준 데이터 수집표준 위치참조표준 데이터 교환표준(SDTS, DIGST(미), GDF(유럽))
표준영역 측면에 따른 분류	국지적 표준 국가범주 국가 간 범주 국제범주	

정답 80. ③ 81. ④ 82. ④

83 모든 종류의 공간데이터(지리정보, 지도)들을 서로 변환가능하게 해 주는 표준을 무엇이라 하는가?

① DBMS
② SDTS
③ NGIS
④ GSIS

해설 SDTS(Spatial Data Transfer Standard)
서로 다른 지리정보시스템들은 서로 간의 데이터를 긴밀하게 공유할 필요가 발생하게 되어 지리정보시스템 간 위상벡터데이터 형식의 지리정보교환을 위한 공통데이터 교환포맷을 SDTS라 한다.

84 자료를 효율적으로 공유하고 관리하기 위해 자료의 소개, 품질, 구성, 형상 및 속성정보, 공간참조 등과 같은 정보를 제공해 주는 데이터를 무엇이라 하는가?

① 위치데이터
② 표본데이터
③ 관계데이터
④ 메타데이터

해설 메타데이터란 실제 데이터는 아니지만 데이터베이스, 레이어, 속성, 공간현상 등과 관련된 데이터의 내용, 품질, 조건 및 특징 등을 저장한 데이터로서 데이터에 관한 데이터로 데이터의 이력서라고 말할 수 있다.

85 서로 다른 체계들 간의 자료공유를 위한 공간자료교환표준화를 지칭하는 것은?

① DIGEST
② SDTS
③ DX-90
④ Z39.50

해설 SDTS(Spatial Data Transfer Standard)
서로 다른 지리정보시스템들은 서로 간의 데이터를 긴밀하게 공유할 필요가 발생하게 되어 지리정보시스템 간 위상벡터데이터 형식의 지리정보교환을 위한 공통데이터 교환포맷을 SDTS라 한다.

86 미국연방정부표준으로 채택되어 공간자료의 교환표준뿐만 아니라 수치지도의 제작, 관리, 유통 등에 이르는 광범위한 기능과 역할을 담당하며 호주, 뉴질랜드, 한국 등의 국가에서도 채택되고 있는 교환표준은?

① DIGEST(Digital Geographic Exchange Standard)
② MIF(Map-Info Interchange Format)
③ SDTS(Spatial Data Transfer Standard)
④ NTF(Neutral Transfer Format)

해설 SDTS는 모든 종류의 공간데이터(지리정보, 지도)들을 서로 변환가능하게 해 주는 표준을 말한다.

87 다음 중 metadata에 대한 설명으로 옳지 않은 것은?

① 일관성 있는 데이터를 이용자에게 제공할 수 있다.
② 데이터가 색인화되어 있어 사용하기에 편리하다.
③ 정보의 공유를 극대화한다.
④ 대용량의 데이터를 구축하는 것은 불가능하다.

 metadata의 특징

1. 일관성 있는 데이터를 이용자에게 제공할 수 있다.
2. 데이터가 색인화되어 있어 사용하기에 편리하다.
3. 정보의 공유를 극대화한다.
4. 대용량의 데이터를 구축하는 것은 불가능하다.

88 데이터의 이력서라 불리며 수록된 데이터의 내용, 품질, 조건 및 특징을 저장한 데이터를 무엇이라 하는가?

① 그리드데이터　　　　　　　　　　② 벡터데이터
③ 영상데이터　　　　　　　　　　　④ 메타데이터

 메타데이터란 실제 데이터는 아니지만 데이터베이스, 레이어, 속성, 공간현상 등과 관련된 데이터의 내용, 품질, 조건 및 특징 등을 저장한 데이터로서 데이터에 관한 데이터로 데이터의 이력서라고 하며, 작성한 실무자가 바뀌더라도 변함없는 데이터의 기본체계를 유지하게 됨으로 시간이 지나도 일관성 있는 데이터를 사용자에게 제공하는 것이 가능하다.

89 메타데이터에 포함되는 기본요소에 해당하지 않는 것은?

① 데이터의 질
② 메타데이터의 작성자 및 작성일시
③ 메타데이터의 유통과정
④ 공간참조를 위해 사용된 지도투영법의 명칭

 메타데이터의 기본요소

1. **개요 및 자료 소개** : 데이터의 명칭, 개발자, 지리적 영역 및 내용 등
2. **자료품질** : 위치 및 속성의 정확도, 완전성, 논리적 일관성 등
3. **자료의 구성** : 자료의 코드화에 이용된 데이터 모형(벡터나 래스터) 등
4. **공간참조를 위한 정보** : 사용된 지도투영법, 변수, 좌표계(평면 및 수직) 등
5. **형상 및 속성 정보** : 지리정보와 수록방식
6. **정보획득방법** : 관련된 기관, 획득형태, 정보의 가격 등
7. **참조정보** : 작성자, 일시, 버전, 메타데이터 표준이름 등

90 토지정보시스템과 다목적 지적에 관한 설명으로 바르지 못한 것은?

① 다목적 지적은 일필지를 기준으로 다양한 정보를 제공한다.
② 토지정보시스템은 토지와 관련된 모든 정보를 제공한다.
③ 다목적 지적은 토지에 관한 물리적 현황은 물론 법률적, 재정적, 경제적 정보를 포괄하는 제도이다.
④ 토지정보시스템은 다목적 지적과 비교할 때 정보범위가 협소하다.

 토지정보시스템(LIS)은 다목적 지적보다 많은 정보를 포함한다.

부록

과년도 출제문제

지적전산학개론(지방직 공무원) 출제문제

01. 토지대장과 지적도에 공통으로 등록되는 사항으로만 묶인 것은?

① 소재, 지번, 면적
② 소재, 지번, 지목
③ 소재, 지번, 소유자
④ 소재, 지목, 면적

구 분	고유번호	소재	지번	지목	면적	경계	좌표	소유자
토지·임야대장	○	○	○	○	○	×	×	○
지적도·임야도	×	○	○	○	×	○	×	×

따라서 토지대장과 지적도에 공통으로 등록되는 사항은 소재, 지번, 지목이다.

02. 지적정보관리체계의 코드에 대한 설명으로 옳지 않은 것은?

① 고유번호의 구성은 행정구역코드 10자리(시·도 3, 시·군·구 2, 읍·면·동 3, 리 2), 대장구분 1자리, 본번 4자리, 부번 4자리 합계 19자리로 구성한다.
② 행정구역의 명칭이 변경된 때에는 소관청은 행정구역변경일 10일 전까지 행정구역의 코드변경을 요청하여야 한다.
③ 행정구역의 코드변경요청을 받은 국토교통부장관은 지체 없이 행정구역코드를 변경하고, 그 변경내용을 관련 기관에 통지하여야 한다.
④ 행정구역의 명칭이 변경된 경우 소관청은 시·도지사를 경유하여 국토교통부장관에게 행정구역의 코드변경을 요청하여야 한다.

 고유번호의 구성

1	2	3	4	5	6	7	8	9	0	–	1	0	0	0	0	–	0	0	0	0
시·도		시·군·구		읍·면·동			리				대장	지번(본번)					지번(부번)			

03. 필지를 개별화하고 대장과 도면의 등록사항을 연결하는 역할을 하는 것은?

① 필지식별번호
② 토지자료파일
③ 지적중첩도
④ 측지기준망

 필지식별자

1. **의의** : 각 필지의 등록사항의 저장과 수정 등을 용이하게 처리할 수 있는 가변성 없는 고유번호를 필지식별자라 한다.
2. **역할**
   ① 대장의 속성정보와 도면의 도형정보를 연결
   ② 토지정보의 위치식별역할
   ③ 도형정보의 수집, 검색, 조회 등의 key역할

04. 벡터데이터의 위상구조와 관련된 용어가 아닌 것은?

① Adjacency   ② Thinning
③ Connectivity   ④ Containment

 위상구조 : 인접성(Adjacency), 연결성(Connectivity), 포함성(Conainment)

05. 메타데이터에 대한 설명으로 옳지 않은 것은?

① 데이터의 공유, 교환, 유통 등을 용이하게 한다.
② 데이터의 내용, 품질, 특징 등을 저장한 데이터이다.
③ 공간참조를 위한 좌표계, 지도투영법 등을 포함한다.
④ 도형정보와 속성정보로 구성되어 있다.

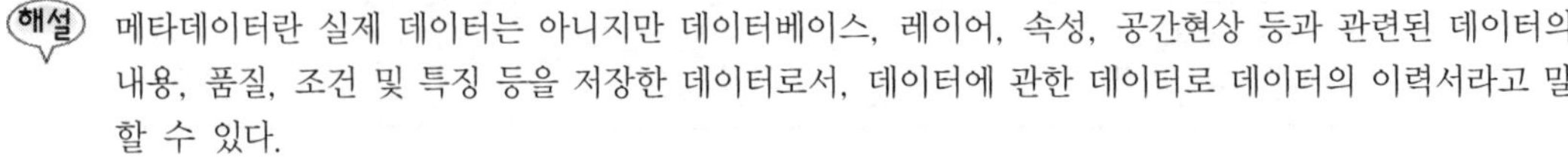 메타데이터란 실제 데이터는 아니지만 데이터베이스, 레이어, 속성, 공간현상 등과 관련된 데이터의 내용, 품질, 조건 및 특징 등을 저장한 데이터로서, 데이터에 관한 데이터로 데이터의 이력서라고 말할 수 있다.

06. 지적전산자료의 관리에 대한 설명으로 옳은 것은? (삭제된 규정)

① 지적전산자료를 일치시키기 위해 시·도지사는 매 분기 말을 기준으로 시·군의 지적전산자료를 시·도의 지적전산정보처리조직에 재구축하여야 한다.
② 지적전산자료의 정비내역은 2년간 보존하여야 한다.
③ 지적공부의 멸실 및 훼손에 대비하여 복구자료로 활용할 수 있도록 2부를 복제하고, 6개월 이상 보관해야 한다.
④ 사용기관의 장은 지적전산자료가 멸실·훼손된 때에는 행정안전부장관에게 지체 없이 보고하여야 한다.

① 지적전산자료를 일치시키기 위해 시·도지사는 매년 말을 기준으로 시·군의 지적전산자료를 시·도의 지적전산정보처리조직에 재구축하여야 한다.
② 지적전산자료의 정비내역은 3년간 보존하여야 한다.
④ 사용기관의 장은 지적전산자료가 멸실·훼손된 때에는 국토교통부장관에게 지체 없이 보고하여야 한다.

07. 지적부서가 아닌 부서에서 지적전산프로그램을 설치하여 활용할 수 있는 업무로 옳지 않은 것은? (삭제된 규정)

① 개인별 토지소유현황 조회   ② 대지권등록부 조회
③ 공유지연명부 조회   ④ 집합건물소유권연혁 조회

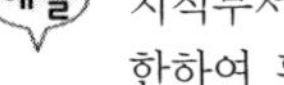 지적부서가 아닌 부서에 지적전산프로그램 설치를 승인하고자 하는 때에는 다음의 해당하는 업무에 한하여 활용할 수 있도록 하되 사용자권한등록 등의 조치를 하여야 한다.
  1. 일필지기본사항 조회
  2. 대지권등록부 조회
  3. 공유지연명부 조회
  4. 토지이동연혁 조회
  5. 소유권변동연혁 조회
  6. 집합건물소유권연혁 조회

정답   4. ②   5. ④   6. ③   7. ①

08. 다음 글이 설명하는 것은?

> • 주제지향적이고, 통합적인 데이터의 집합체이다.
> • 데이터의 시계열적 축적과 통합을 목표로 한다.
> • 조직 내 의사결정지원 인프라이다.

① 데이터웨어하우스(Data Warehouse) ② 데이터마이닝(Data Mining)
③ 데이터스트림(Data Stream) ④ 데이터어드레스(Data Address)

 1. 데이터웨어하우스(Data Warehouse) : 기간시스템의 데이터베이스에 축적된 데이터를 공통의 형식으로 변환하여 일원적으로 관리하는 데이터베이스로. 웨어하우스는 창고라는 의미인데 데이터의 수용이나 분석방법까지 포함하여 조직 내 의사결정을 지원하는 정보관리시스템으로 이용된다.
2. 데이터마이닝(Data Mining) : 많은 데이터 가운데 숨겨져 있는 유용한 상관관계를 발견하여 미래에 실행가능한 정보를 추출해 내고 의사결정에 이용하는 과정을 말한다.
3. 데이터스트림(Data Stream) : 한 번의 읽기 또는 쓰기 연산으로 전송되는 모든 정보이다.

09. 지적소관청이 지적공부의 등록사항을 직권으로 조사·측량하여 정정할 수 있는 경우는?

① 지적도에 등록된 필지의 면적에 증감이 있는 경우
② 등기촉탁의 경우
③ 등기필통지의 경우
④ 지적공부의 등록사항이 토지이동정리결의서의 내용과 다르게 정리된 경우

 직권에 의한 정정사유
1. 토지이동정리결의서의 내용과 다르게 정리된 경우
2. 지적도 및 임야도에 등록된 필지가 면적의 증감 없이 경계의 위치만 잘못된 경우
3. 1필지가 각각 다른 지적도 또는 임야도에 등록되어 있는 경우로서 지적공부에 등록된 면적과 측량한 실제 면적은 일치하지만 지적도 또는 임야도에 등록된 경계가 서로 접합되지 아니하여 지적도 또는 임야도에 등록된 경계를 지상의 경계에 맞추어 정정하여야 하는 토지가 발견된 경우
4. 지적공부의 작성 또는 재작성 당시 잘못 정리된 경우
5. 지적측량성과와 다르게 정리된 경우
6. 지적위원회의 지적측량적부심사의결서에 의하여 지적공부의 등록사항을 정정하여야 하는 경우
7. 지적공부의 등록사항이 잘못 입력된 경우
8. 토지의 합필등기신청의 각하에 의한 통지가 있는 경우
9. 「지적법」 개정에 따른 면적환산이 잘못된 경우

10. SQL의 특징에 대한 설명으로 옳지 않은 것은?

① 접근방식, 경로지정 등의 처리절차를 기술하는 것이 불필요하다.
② 사용자가 데이터베이스에 접근하여 대화식으로 사용할 수 있다.
③ 집합단위의 연산방식이 아닌 레코드단위의 연산방식을 사용한다.
④ 데이터정의어, 데이터조작어, 데이터제어어를 모두 지원한다.

해설 레코드단위의 연산방식이 아닌 집합단위의 연산방식을 사용한다.

11. 도면디지타이징과정에서 발생할 수 있는 오류에 대한 설명으로 옳은 것은?

① 오버슛(Overshoot)은 어떤 선분까지 그려야 하는데 그 선분까지 미치지 못한 경우이다.
② 언더슛(Undershoot)은 어떤 선분까지 그려야 하는데 그 선분을 지나치는 경우이다.
③ 슬리버 폴리곤(Sliver Polygon)은 지적필지를 표현할 때 필지가 아닌데도 조그만 조각이 생겨 필지로 인식하는 경우이다.
④ 스파이크(Spike)는 영역의 경계선에서 점, 선이 이중으로 입력되는 경우이다.

 ① 언더슛(Undershoot)은 어떤 선분까지 그려야 하는데 그 선분까지 미치지 못한 경우이다.
② 오버슛(Overshoot)은 어떤 선분까지 그려야 하는데 그 선분을 지나치는 경우이다.
④ 점·선의 중복은 영역의 경계선에서 점, 선이 이중으로 입력되는 경우이다.

12. 지적분야에서 활용될 수 있는 지리정보시스템의 벡터데이터 분석기법이 아닌 것은?

① Spectrum분석　　　　　　　② Overlay분석
③ Buffer분석　　　　　　　　④ Network분석

 벡터데이터의 분석기법
1. 중첩(Overlay)분석
2. 버퍼(Buffer)분석
3. 망(Network)분석

13. KLIS(Korea Land Information System)의 파일확장자 중 *.jsg가 의미하는 것은?

① 측량관측파일　　　　　　　② 측량성과파일
③ 세부측량계산파일　　　　　④ 측량계산파일

 측량성과파일(*.jsg)은 측량계산시스템에서 생성되는 파일로, 분할 후 경계점결선작업을 완료하고 토지이동에 대한 모든 속성정보를 포함한 파일로 측량성과입력에서 반드시 필요하다. 이 파일은 측량성과작성시스템에서 측량성과 입력을 통하여 측량결과도 및 측량성과도를 작성하기 위한 파일이다.

14. 지적공부와 관련된 전산자료의 활용에 대한 신청권자가 아닌 것은?

① 서울특별시장　　　　　　　② 국토교통부장관
③ 경기도지사　　　　　　　　④ 행정안전부장관

해설 지적전산자료의 이용·활용

이용단위	신청권자
전국단위	국토교통부장관, 시·도지사 또는 지적소관청
시·도단위	시·도지사 또는 지적소관청
시·군·구단위	지적소관청

15. 3차원 지적분야에서 활용도가 높은 3차원 표면자료가 아닌 것은?

① Digital Terrain Model　　　② Digital Elevation Model
③ Digital Surface Model　　　④ Digital Network Model

정답 　11. ③　12. ①　13. ②　14. ④　15. ④

 1. Digital Terrain Model : 적당한 밀도로 분포하는 지점들의 위치 및 표고의 수치값을 자기테이프에 기록하고 그 수치값을 이용하여 지형을 수치적으로 근사하게 표현하는 모형이다.
2. Digital Elevation Model : 지표면의 연속적인 기복변화를 수치화한 것을 말한다.
3. Digital Surface Model : 식생과 같은 자연물이나 건물, 교량과 같은 인공물을 포함하는 최고높이를 표현하는 기법이다.

16. 공유지연명부의 등록사항으로만 묶인 것은?

① 지번, 지목, 고유번호
② 소재, 지번, 좌표
③ 지번, 소유권지분, 소유자의 주소
④ 소재, 소유자의 주민등록번호, 면적

 공유지연명부

토지소유자가 2인 이상인 때에는 공유지연명부에 다음의 사항을 등록한다.

일반적인 기재사항	국토교통부령이 정하는 사항
1. 토지의 소재 2. 지번 3. 소유권지분 4. 소유자의 성명 또는 명칭, 주소 및 주민등록번호	1. 토지의 고유번호 2. 필지별 공유지연명부의 장번호 3. 토지소유자가 변경된 날과 그 원인

17. 다음 중 수치지적데이터 분석에 활용이 가능한 원격탐사위성의 특징에 대한 설명으로 옳지 않은 것은?

① Landsat은 지구관측을 위한 원격탐사위성으로 1972년 미국에서 1호 위성이 발사되었다.
② MSS는 지도 제작을 주목적으로 10m급의 해상도를 지닌 상업용 위성이다.
③ KOMPSAT-2는 2006년 발사된 우리나라 위성으로 1m급의 흑백과 4m급의 컬러영상을 취득한다.
④ QuickBird는 상업용 고해상도 위성으로 1m 이하의 흑백영상 취득이 가능하다.

 MSS는 해상력이 80m×80m이다.

18. 다음 글이 설명하는 컴퓨터 자료구조는?

원소의 삽입과 삭제가 한쪽 끝인 톱(top)에서만 이루어지도록 제한하는 특별한 형태의 자료구조이다. 이 자료구조는 가장 나중에 삽입한 원소를 가장 먼저 삭제하는 특성 때문에 후입선출리스트라고 한다.

① 큐(Queue)
② 트리(Tree)
③ 스택(Stack)
④ 그래프(Graph)

19. 다음 지역 중 우리나라의 수치지도 평면직교좌표계상 거리와 지구타원체상 거리의 차이가 가
장 큰 곳은?

① 경도 125°E, 위도 36°N 지역 　　② 경도 125°E, 위도 37°N 지역
③ 경도 126°E, 위도 37°N 지역 　　④ 경도 127°E, 위도 36°N 지역

 원점에서 멀어질수록 평면직교좌표계상 거리와 지구타원체상 거리의 차이가 크게 나타난다.

20. SQL의 데이터정의어(DDL)에서 기존 테이블을 삭제할 때 사용하는 명령어는?

① DROP TABLE 　　② DELETE TABLE
③ REMOVE TABLE 　　④ ERASE TABLE

 데이터언어

1. CREATE TABLE : 새로운 테이블의 정의
2. DROP TABLE : 기존 테이블 삭제
3. ALTER TABLE : 이미 설정된 테이블의 정의 수정
4. CREATE VIEW : 기존의 테이블로부터 새로운 테이블 정의
5. DROP VIEW : 정의된 뷰의 정의 삭제
6. CREATE INDEX : 인덱스 생성
7. DROP INDEX : 이미 설정된 인덱스 해제

01. 다목적 지적의 구성요소가 아닌 것은?

① 측지기본망 ② 필지식별번호
③ 기본도 ④ 경계표지

 다목적 지적의 구성요소
1. 측지기본망
2. 기본도
3. 중첩도
4. 필지식별번호
5. 토지자료파일

02. 지적공부 중 이중적 성격을 가지고 있는 것은?

① 토지대장 ② 경계점좌표등록부
③ 지적도 ④ 공유지연명부

 경계점좌표등록부의 경우 대장이면서 도면의 성격을 가지고 있다.

03. 수치파일을 작성하는 경우 데이터의 종류에 따라 레이어를 구분한다. 레이어번호를 잘못 표기한 것은?

① 필지경계선 − 1
② 지번 − 10
③ 지목 − 11
④ 문자정보 − 12

 수치파일데이터 종류별 레이어

레이어번호	데이터명	타 입	비 고
1	필지경계선	LINE	
10	지번	TEXT	Point값으로 필지 내에 위치
11	지목	TEXT	Point값으로 필지 내에 위치
30	문자정보	TEXT	색인도 · 제명 · 행정구역선 · 행정구역명칭 · 작업자표시 · 각종 문자 등
60	도곽선	LINE	

04. 벡터라이징과 래스터라이징의 특징을 설명한 것 중 틀린 것은?

① 벡터라이징과 래스터라이징의 결과는 동일한 정확도를 가진다.
② 래스터라이징은 전체의 벡터구조를 일정 크기의 격자로 나눈 다음, 동일 폴리곤에 속하는 모든 격자들은 해당 폴리곤의 속성값을 격자에 저장하는 방식이다.
③ 벡터라이징은 격자가 가지는 속성을 확인한 후 동일한 속성을 갖는 격자들로서 폴리곤을 형성한 다음, 해당 폴리곤에 속성값을 부여한다.
④ 벡터라이징은 자동, 수동, 반자동 방식 등이 있다.

 벡터라이징이 래스터라이징보다 더 정확도가 좋다.

05. 단순한 좌표목록으로 저장하며 위상관계를 정의하지 않으며 자료저장공간을 많이 차지하는 구조는?

① 위상구조
② 스파게티모델
③ 격자형 자료구조
④ DIME구조

해설 스파게티모델의 특징

1. 공간자료의 점, 선, 면을 단순한 좌표목록으로 저장하며 위상관계를 정의하지 않는다.
2. 상호 연결성이 결여된 점과 선의 집합체, 즉 점, 선, 다각형 등의 객체들이 구조화되지 않은 그래픽형태(점, 선, 면)이다.
3. 수작업으로 디지타이징된 지도자료가 대표적인 스파게티모델의 예이다.
4. 인접하고 있는 다각형을 나타내기 위하여 경계하는 선은 두 번씩 저장된다.
5. 모든 면사상이 일련의 독립된 좌표집합으로 저장되므로 자료저장공간을 많이 차지하게 된다.
6. 객체들 간의 공간관계가 설정되지 않아 공간분석에 비효율적이다.

06. PBLIS의 DB오류자료 정비방안으로 옳지 않은 것은?

① 누락필지오류 정비 : 분할 및 합병 정리누락 여부를 확인하여 토지이동정리 실시
② 지번중복오류 정비 : 분할등록구분코드인 'a'코드누락 여부 확인 후 정비
③ 지목상이오류 정비 : 지목일괄수정기능을 이용하여 대장DB의 지목을 도면DB의 지목을 기준으로 일괄변환
④ 면적공간 초과오류 정비 : 면적측정기로 지적도상 면적을 측정하여 원인분석 후 면적 정정

해설 지목상이오류 정비는 지목일괄수정기능을 이용하여 도면DB의 지목을 대장DB의 지목을 기준으로 일괄변환한다.

07. 데이터베이스의 논리적 정의, 데이터 구조와 제약조건에 관한 명세(specification)를 기술한 것으로 컴파일되어 데이터 사전에 저장되는 것을 무엇이라 하는가?

① DBMS
② SDTS
③ TIN
④ Schema

정답 4. ① 5. ② 6. ③ 7. ④

 Schema

데이터베이스의 논리적 정의, 데이터 구조와 제약조건에 관한 명세(specification)를 기술한 것으로 컴파일되어 데이터 사전에 저장된다.

08. 디지타이저와 스캐너에 대한 설명으로 틀린 것은?

① 스캐너는 입력한 자료가 래스터로서 벡터화하기 위해서 별도의 작업이 필요하다.

② 디지타이저는 자동으로 작업할 수 있으므로 작업속도가 빠르다.

③ 디지타이저는 장치운영방법이 복잡하여 전문적인 숙련이 필요하다.

④ 스캐너로 읽은 자료는 디지털카메라로 촬영하여 얻은 자료와 유사하다.

 디지타이저

디지타이저라는 테이블 위에 컴퓨터와 연결된 마우스를 이용하여 필요한 주제(도로, 하천 등)의 형태를 컴퓨터에 입력시키는 것으로서 지적도면과 같은 자료를 수동으로 입력할 수 있으며, 대상물의 형태를 따라 마우스를 움직이면 X, Y좌표가 자동적으로 기록된다.

09. 다음의 설명 중 틀린 것은?

① 노드 : 0차원의 위상기본요소이며 체인이 시작되고 끝나는 점을 말한다.

② 스트링 : 연속적인 Line Segments를 의미하며 2차원의 요소이다.

③ 체인 : 시작노드와 끝노드에 대한 위상정보를 가지며 자체 꼬임이 허용되지 않은 1차원의 위상기본요소이다.

④ 아크 : 곡선을 형상하는 점들의 자취를 의미한다.

 스트링은 연속적인 Line Segments를 의미하며 1차원의 요소이다.

10. 지적도면전산화의 가장 큰 걸림돌은 도면접합의 불일치이다. 다음 중 도면접합의 불일치원인이 아닌 것은?

① 도면축척의 다양성   ② 도시의 발전으로 인한 지목변경 증가

③ 원점좌표계의 상이   ④ 지적도면 재작성의 부정확

도면접합불일치의 원인

1. 도면축척의 다양성
2. 도면의 신축
3. 원점좌표계의 상이
4. 지적도면 재작성의 부정확

11. 지적행정시스템의 도입목표에 해당하지 않는 것은?

① 지적정보의 공동활용 확대

② 지적전산처리절차의 개선

③ 관련 기관과의 연계기반 구축

④ IT산업의 활성화

 지적행정시스템의 도입목표
1. 지적정보의 공동활용 확대
2. 지적전산처리절차의 개선
3. 관련 기관과의 연계기반 구축

12. 지적도면 재작성사유에 해당하지 않는 것은?

① 지번, 지목의 불분명
② 경계의 분명
③ 도곽선의 신축량이 0.5mm 이상인 경우
④ 1장의 도면에 2 이상의 리·동이 있는 경우

 도면의 재작성대상
1. 도곽선의 신축량이 0.5mm 이상인 경우
2. 경계가 불분명한 경우
3. 지번 및 지목이 불분명한 경우
4. 1장의 도면에 2 이상의 리·동이 있는 경우
5. 도면의 일부가 도시개발사업시행지역에 편입된 경우

13. 다음 중 공간분석에 대한 설명으로 틀린 것은?

① 중첩분석은 각각의 자료집단이 주어진 기본도를 기초로 좌표계의 통일이 되면 둘 또는 그 이상의 자료관측에 대하여 분석될 수 있으며, 이 기법은 주로 적지 선정에 이용된다.
② TIN은 방향, 경사도분석, 3차원 입체지형생성 등 다양한 분석을 수행할 수 있다.
③ 보간은 주변부의 이미 관측되어진 값으로부터 추출되지 않은 점에 대한 속성값을 예측하는 작업이다.
④ 네트워크분석은 특정 공간데이터를 중심으로 특정 길이만큼의 영역을 설정하는 것으로, 선택한 공간데이터의 둘레 또는 특정한 거리에 무엇이 있는가를 분석하는 것으로 인접지역분석에 이용된다.

 버퍼분석
특정 공간데이터를 중심으로 특정 길이만큼의 영역을 설정하는 것으로, 선택한 공간데이터의 둘레 또는 특정한 거리에 무엇이 있는가를 분석하는 것으로 인접지역분석에 이용된다.

14. 데이터베이스구조 중 계층형 구조에 대한 설명이다. 이 중 틀린 것은?

① 전문적인 자료관리를 위한 데이터 모델로서 현재 가장 보편적으로 많이 쓰는 것이다.
② 하나의 母자료요소가 여러 층에서 여러 개의 子요소들과 연결된 구조이다.
③ 각각의 모요소는 그것과 관계되는 많은 자요소(2차 요소)들을 가지고 있다.
④ 각 자요소는 하나의 모요소만 가진다.

 전문적인 자료관리를 위한 데이터 모델로서 현재 가장 보편적으로 많이 쓰는 것은 관계형 데이터베이스모델이다.

   정답 12. ② 13. ④ 14. ①

15. 다음 중 벡터파일에 해당하는 것으로 올바르게 묶인 것은?

① Coverage, TIGER, VPF, Shape

② Coverage, JPEG, VPF, TIFF

③ TIFF, TIGER, VPF, BMP

④ BMP, TIGER, VPF, Shape

 1. 벡터파일형식 : Shape, Coverage, CAD, DLG, VPF, TIGER

2. 래스터파일형식 : TIFF, GeoTIFF, BMP, JPG, PNG, GIF, DEM

16. 지적정보 취득방법 중 현장에서 각 측량지점에서의 측량결과를 컴퓨터에 입력시킨 후 지형분석용 소프트웨어를 이용하여 지표면의 형태를 생성한 후 수치의 형태로 저장시키는 방식은?

① 평판측량에 의한 방식 ② 항공사진측량에 의한 방식

③ 원격탐측에 의한 방식 ④ COGO방식

 COGO방식

지적정보 취득방법 중 현장에서 각 측량지점에서의 측량결과를 컴퓨터에 입력시킨 후 지형분석용 소프트웨어를 이용하여 지표면의 형태를 생성한 후 수치의 형태로 저장시키는 방식이다.

17. 한국토지정보시스템(KLIS)의 파일명이 잘못된 것은?

① 일필지속성정보파일 : ser

② 측량계산파일 : ksp

③ 측량성과파일 : jsg

④ 토지이동정리파일 : dat

 KLIS(Korea Land Information System)의 파일확장자

1. 측량준비도추출파일 : *.cif

2. 일필지속성정보파일 : *.sebu

3. 측량관측파일 : *.svy

4. 측량계산파일 : *.ksp

5. 세부측량계산파일 : *.ser

6. 측량성과파일 : *.jsg

7. 측량결과파일 : *.dat

18. 다음 중 공간정보에 해당하지 않는 것은?

① 임야도의 도곽선 및 수치

② 경계점좌표등록부의 좌표

③ 임야대장의 지번

④ 지적도의 경계

공간정보란 점, 선, 면과 같이 위치, 형태, 크기, 방위 등을 가지고 있는 정보를 말한다. 따라서 임야대장의 지번은 공간정보가 아닌 속성정보에 해당한다.

19. 다음은 벡터자료의 기본요소인 점, 선, 면에 대한 설명이다. 이 중 틀린 것은?

① 점은 차원이 존재하지 아니하며 심벌을 이용하여 공간형상을 표현한다.

② 선은 가장 간단한 형태로 1차원 대상물은 두 점을 연결한 것으로 지적기준점, 건물 등을 표현한다.

③ 면은 경계선 내의 영역을 정의하며 필지, 행정구역 등을 표현한다.

④ 벡터자료구조는 점, 선, 면을 이용하여 공간형상을 표현한다.

 공간정보의 종류

구 분	점	선	면 적
형태	한 쌍의 x, y좌표	시작점과 끝점을 갖는 일련의 좌표	폐합된 선들로 구성된 일련의 좌표군
특징	면적이나 길이가 없음	면적이 없고 길이만 있음	면적과 경계를 가짐
예	지적기준점 유정, 송전철탑, 맨홀	도로, 하천, 통신, 전력선, 관망, 경계	행정구역, 지적, 건물, 지정구역

20. 한국토지정보시스템의 도입목적에 해당하지 않는 것은?

① 사용자 편의성 증대

② 데이터의 일관성 및 중복성 확보

③ 행정의 효율성 제고

④ 데이터의 무결성 확보

해설 지적도, 토지대장 자료를 공유함으로써 중복투자 방지, 자료 일관성 확보, 사용자 편의성을 제고하기 위하여 PBLIS와 LMIS를 통합하여 KLIS를 구축하였다.

 정답 19. ② 20. ②

01. 토지기록전산화의 기대효과로 가장 거리가 먼 것은?

① 토지정보관리의 과학화

② 지방행정전산화의 기반 조성

③ 토지정책정보의 공동이용

④ 국토기본도작성체계의 확립

 토지기록전산화의 기대효과

관리적 기대효과	정책적 기대효과
1. 토지정보관리의 과학화 　• 정확한 토지정보관리 　• 토지정보의 신속 처리 2. 주민 편익 위주의 민원 쇄신 　• 민원의 신속 정확 처리 　• 대정부 신뢰성 향상 3. 지방행정전산화의 기반 조성 　• 전산요원 양성 및 기술 축적 　• 지방행정정보관리능력 제고	1. 토지정책정보의 공동이용 　• 토지정책정보의 공동이용 　• 정책정보의 다목적 활용 2. 건전한 토지거래질서 확립 　• 토지 투기 방지효과 보완 　• 세무행정의 공정성 확보 3. 국토의 효율적 이용관리 　• 국토이용현황의 정확 파악 　• 국공유재산의 효율적 관리

02. 우리나라의 주요 토지정보체계구축사업을 착수된 시점이 빠른 순으로 바르게 나열한 것은?

① KLIS → PBLIS → LMIS

② PBLIS → KLIS → LMIS

③ PBLIS → LMIS → KLIS

④ LMIS → KLIS → PBLIS

 토지정보구축사업순서

PBLIS(1996) → LMIS(1998) → KLIS(2001)

03. 래스터데이터(raster data)의 파일형식에 해당하지 않는 것은?

① DXF

② TIFF

③ GIF

④ JPEG

 벡터파일형식

파일형식	특 징
Shape파일형식	ESRI사의 ArcView에서 사용되는 자료형식
Coverage파일형식	ESRI사의 Arc/Info에서 사용되는 자료형식
CAD파일형식	Autodesk사의 AutoCAD소프트웨어에서는 DWG와 DXF 등의 파일형식
DLG파일형식	Digital Line Graph의 약자로, U.S. Geological Survey에서 지도학적 정보를 표현하기 위해 고안한 디지털벡터파일형식
VPF파일형식	Vector Product Format의 약자로서, 미국방성의 NIMA(National Imagery and Mapping Agency)에서 개발한 군사적 목적의 벡터형 파일형식
TIGER 파일형식	Topologically Integrated Geographic Encoding and Referencing System의 약자로서, U.S. Census Bureau에서 인구조사를 위해 개발한 벡터형 파일형식

04. 다음은 공간정보와 관련된 작업들이다. 작업의 목적이 나머지 셋과 다른 것은?

① COGO ② Scanning

③ Overlay ④ Digitizing

 COGO, Scanning, Digitizing은 데이터를 입력하는 방법이며, Overlay는 분석기법에 해당한다.

05. 다음 제시문의 ( ) 안에 들어갈 용어는?

> (   )은(는) 초대용량(volume), 다양한 형태(variety), 빠른 생성속도(velocity)와 무한한 가치 (value)의 개념을 의미하는 4V로 정의되며, 최근 위치기반데이터와 연계되어 신성장 동력산업을 선 도할 수 있는 새로운 가치를 창출할 것으로 기대되고 있다.

① 데이터웨어하우스 ② 빅데이터

③ 데이터베이스 ④ 데이터마이닝

 빅데이터
빅데이터란 기존 데이터베이스관리도구로 데이터를 수집, 저장, 관리, 분석할 수 있는 역량을 넘어 서는 대량의 정형 또는 비정형 데이터 집합 및 이러한 데이터로부터 가치를 추출하고 결과를 분석하 는 기술을 의미한다.

06. 메타데이터에 대한 설명으로 옳지 않은 것은?

① GPS 및 사진측량을 통해 획득한 자료를 데이터베이스화한 것이다.

② 자료의 생성, 유지, 관리에 대한 정보를 포함한다.

③ 공간자료에 대한 참조정보를 포함한다.

④ 메타데이터의 표준화로 정보공유를 극대화할 수 있다.

 메타데이터

실제 데이터는 아니지만 데이터베이스, 레이어, 속성, 공간현상 등과 관련된 데이터의 내용, 품질, 조건 및 특징 등을 저장한 데이터로서, 데이터에 관한 데이터로 데이터의 이력서라고 말할 수 있다.

07. 데이터 교환표준(SDTS)에 대한 설명으로 옳지 않은 것은?

① 우리나라 NGIS데이터 교환의 표준으로 채택되었다.

② 정보교환을 목적으로 캐나다토지자원국에서 개발되었다.

③ 자료모델은 Geometry와 Topology로 구별하여 정의한다.

④ 모든 지리공간자료의 교환이 가능하도록 구성되었다.

 SDTS(Spatial Data Transfer Standard)

모든 종류의 공간데이터(지리정보, 지도)들을 서로 변환가능하게 해주는 표준을 말한다. 서로 다른 지리정보시스템들은 서로 간의 데이터를 긴밀하게 공유할 필요가 발생하지만, 상이한 하드웨어, 소프트웨어, 운영체제 사이에서 데이터 교환을 가능케 하며 미국에서 개발되어 한국, 뉴질랜드, 호주 등의 국가에서 사용되고 있다.

08. 도로명주소체계에 대한 설명으로 옳은 것은?

① 도로명은 도로의 폭과 길이에 따라 대로, 중로, 소로, 길로 구분하여 부여한다.

② 대로는 도로의 폭이 40미터 이상이거나 왕복 8차로 이상인 도로이다.

③ 건물번호는 도로의 기점에서 종점방향으로 왼쪽은 짝수, 오른쪽은 홀수를 부여한다.

④ 2020년까지는 지번주소와 도로명주소를 병행하여 사용한다.

 1. 도로명은 주된 명사에 따라 구분한 "대로", "로", "길" 또는 안전행정부장관이 달리 정한 도로구분을 붙여서 부여·변경한다.

  2. **도로별 구분기준**

    ① 대로 : 도로의 폭이 40미터 이상이거나 왕복 8차로 이상인 도로

    ② 로 : 도로의 폭이 12미터 이상 40미터 미만이거나 왕복 2차로 이상 8차로 미만인 도로

    ③ 길 : 대로와 로 외의 도로

  3. 건물번호는 도로의 기점에서 종점방향으로 왼쪽은 홀수, 오른쪽은 짝수를 부여한다.

09. SQL에 대한 설명으로 옳은 것은?

① 공간분석을 목적으로 하는 프로그래밍언어이다.

② 객체지향형 데이터베이스시스템의 전용 질의어이다.

③ OGC에서 개발한 것으로 ISO에서 국제표준으로 채택되었다.

④ 관계형 데이터베이스시스템과 대화하기에 적합한 질의어이다.

 SQL

관계형 데이터베이스에 사용되는 관계대수와 관계해석을 기초로 한 통합데이터언어이다.

10. 공간정보의 구축 및 관리 등에 관한 법령상 등록된 지적측량업자가 지적전산자료를 활용하여 할 수 있는 업무에 해당하지 않는 것은?

① 토지대장의 전산화업무
② 토지규제의 정보처리시스템을 통한 기록업무
③ 지적도의 정보처리시스템을 통한 기록 및 저장 업무
④ 임야대장의 전산화업무

 지적전산자료를 활용한 정보화사업
1. 지적도·임야도, 연속지적도, 도시개발사업 등의 계획을 위한 지적도 등의 정보처리시스템을 통한 기록·저장 업무
2. 토지대장, 임야대장의 전산화업무

11. 공간정보의 구축 및 관리 등에 관한 법률상 지적공부에 등록하는 토지의 표시가 아닌 것은?

① 경계 　　　　　　　　　② 면적
③ 개별공시지가 　　　　　④ 지번

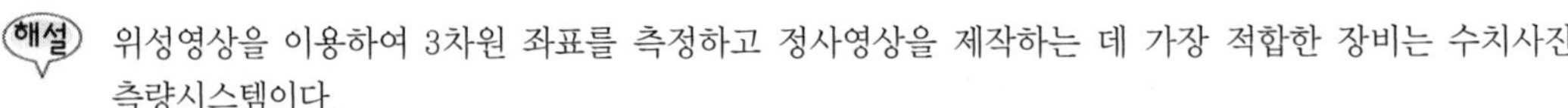 토지의 표시는 소재, 지번, 지목, 면적, 경계, 좌표 등이 사용된다.

12. 위성영상을 이용하여 3차원 좌표를 측정하고 정사영상을 제작하는 데 가장 적합한 장비는?

① 수치사진측량시스템 　　② 해석식 도화기
③ 기계식 도화기 　　　　　④ GPS수신기

 위성영상을 이용하여 3차원 좌표를 측정하고 정사영상을 제작하는 데 가장 적합한 장비는 수치사진측량시스템이다.

13. 수치도면 제작에서 도형자료와 속성자료를 연계시키기 위한 일련의 작업으로 공간객체를 조합하여 기하모델로 보정하는 것은?

① 현지조사 　　　　　　　② 보완측량
③ 정위치편집 　　　　　　④ 구조화편집

해설 구조화편집
자료 간의 위치적 상관관계를 파악하기 위하여 정위치 편집된 지형, 지물을 기하학적 형태로 구성하는 작업을 말한다.

14. 데이터베이스관리시스템(DBMS)에 대한 설명으로 옳지 않은 것은?

① 구축비용이 많이 소요되는 하드웨어시스템이다.
② 중앙집약적 구조이므로 데이터 관리의 위험부담이 크다.
③ 데이터의 무결성과 보안성 유지가 용이하다.
④ 데이터에 대한 일관성 유지가 가능하다.

 　　정답　10. ② 　11. ③ 　12. ① 　13. ④ 　14. ①

 DBMS(Datebase Management System, 데이터베이스관리시스템)
파일시스템의 문제점을 해결하기 위해 등장하였으며, 여러 곳에 흩어져 있는 자료를 한 곳에 모아 두고 그 데이터들을 응용프로그램이 접근하기 위해 통과해 주도록 해주는 중간 매개체시스템을 말한다.

15. 위상구조에 대한 설명으로 옳지 않은 것은?

① 위상구조는 공간분석에 소요되는 연산시간을 감소시켜 준다.
② 최적경로 선정을 위한 관망분석에서는 위상구조의 인접성을 주로 활용한다.
③ 위상구조모델에서는 공간객체들의 관계성을 표현하기 위하여 결절(node)과 링크(link)의 개념을 사용한다.
④ 위상구조는 공간객체 상호 간의 인접성, 연결성, 포함성으로 정의된다.

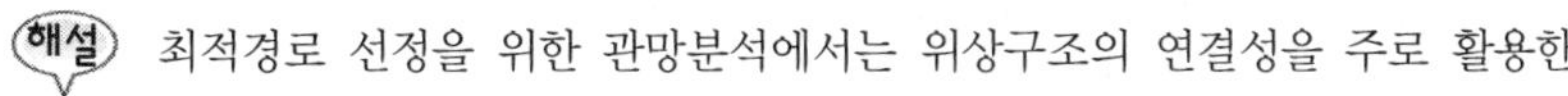 최적경로 선정을 위한 관망분석에서는 위상구조의 연결성을 주로 활용한다.

16. GIS공간분석에서 서로 다른 레이어에 존재하는 동일한 객체의 위치오차를 보정하는 기법은?

① 경계정합(Edge matching)
② 타일링(Tiling)
③ 동형화(Conflation)
④ 좌표삭감(Coordinate thinning)

 동형화
서로 다른 레이어에 존재하는 동일한 객체의 크기와 형태를 동일하게 하여 위치오차를 보정하는 기법이다.

17. 한국토지정보시스템이 포함하고 있는 단위업무만을 모두 고른 것은? (삭제된 규정)

㉮ 지적공부관리	㉯ 연속편집도관리
㉰ 토지거래허가관리	㉱ 지하시설물관리

① ㉮, ㉯, ㉰　　　　② ㉮, ㉯, ㉱
③ ㉮, ㉰, ㉱　　　　④ ㉯, ㉰, ㉱

한국토지정보시스템은 다음 각 호의 단위업무를 포함한다.

1. 지적공부관리	2. 지적측량성과관리
3. 연속편집도관리	4. 용도지역지구관리
5. 개별공시지가관리	6. 개별주택가격관리
7. 토지거래허가관리	8. 개발부담금관리
9. 수치지형도관리	10. 모바일현장지원
11. 부동산중개업관리	12. 부동산개발업관리
13. 공인중개사관리	14. 통합민원발급관리

정답　**15.** ②　**16.** ③　**17.** ①

18. 주어진 영역의 경계를 공유하고 있는 공간객체를 검색하는 위상적 질의(topological query)
로 가장 적합한 것은?

① 인접(Adjacency) ② 교차(Intersect)
③ 포함(Containment) ④ 거리(Distance)

 **위상구조의 종류**

1. **인접성** : 관심대상사상의 좌측과 우측에 어떤 사상이 있는지를 정의한다. 즉 두 개의 객체가 서로
   인접하는지를 판단한다.
2. **연결성** : 특정 사상이 어떤 사상과 연결되어 있는지를 정의한다. 즉 두 개 이상의 객체가 연결되
   어 있는지를 판단한다.
3. **포함성** : 특정 사상이 다른 사상의 내부에 포함되느냐, 혹은 다른 사상을 포함하느냐를 정의한다.

19. 관계형 데이터베이스모델의 특성에 대한 설명으로 옳은 것은?

① 나무줄기 같은 구조를 가지고 있다.
② 하나의 객체는 여러 개의 부모레코드와 자식레코드를 가질 수 있다.
③ 멀티미디어 데이터를 관리하기가 용이하다.
④ 행과 열로 정렬된 논리적인 데이터 구조이다.

 **관계형 데이터베이스**

가장 최신의 데이터베이스 형태이며 사용자에게 보다 친숙한 자료접근방법을 제공하기 위해 개발되
었으며, 행과 열로 정렬된 논리적인 데이터 구조이다.

20. 공간정보의 구축 및 관리 등에 관한 법령상 지적전산자료의 이용 및 활용에 대한 설명으로
옳지 않은 것은?

① 시 · 도단위의 지적전산자료를 이용하거나 활용하려는 자는 시 · 도지사 또는 지적소관청
   에 신청하여야 한다.
② 지적전산자료의 이용 또는 활용에 관하여 신청을 받은 안전행정부장관, 시 · 도지사 또는
   지적소관청은 신청내용의 타당성, 적합성, 공익성 등을 심사하여야 한다.
③ 지적전산자료의 이용 또는 활용을 승인하였을 때에는 지적전산자료 이용 · 활용 승인대장
   에 그 내용을 기록 · 관리하여야 한다.
④ 국가나 지방자치단체가 지적전산자료의 이용 또는 활용에 관한 신청을 받은 경우에는 사
   용료를 면제한다.

해설 지적전산자료의 이용 또는 활용에 관하여 신청을 받은 국토교통부장관, 시 · 도지사 또는 지적소관청
은 신청내용의 타당성, 적합성, 공익성 등을 심사하여야 한다.

정답 18. ① 19. ④ 20. ②

지방직 9급

01. 부동산종합공부시스템의 고유번호 중 행정구역코드 자릿수와 대장구분 자릿수로 옳은 것은?

① 행정구역코드 9자리, 대장구분 1자리

② 행정구역코드 9자리, 대장구분 2자리

③ 행정구역코드 10자리, 대장구분 1자리

④ 행정구역코드 10자리, 대장구분 2자리

 **토지의 고유번호**

각 필지를 구별하기 위해 필지마다 붙이는 고유번호를 말하며, 토지대장·임야대장·공유지연명부·대지권등록부와 경계점좌표등록부에 등록하고 도면에는 등록되지 않는다. 이 고유번호는 행정구역(10자리), 대장(1자리), 지번(8자리)을 나타내며 소유자, 지목 등은 알 수 없다.

1	2	3	4	5	6	7	8	9	0	–	1	0	0	0	0	–	0	0	0	0
시 · 도		시 · 군 · 구		읍 · 면 · 동			리				대장		지번(본번)					지번(부번)		

대장구분 표시	대장의 일체성
1. 토지대장	1. 토지대장＋지적도
2. 임야대장	2. 임야대장＋임야도

02. 벡터자료편집과정에서 불필요한 다각형의 발생을 표현하는 오차는?

① 슬리버(Sliver)　　　　　② 언더슛(Undershoot)

③ 스파이크(Spike)　　　　④ 오버슛(Overshoot)

 **디지타이저에 의한 도면독취과정에서의 오차**

구 분	내 용
오버슛 (Overshoot)	다른 아크(도곽선)와의 교점을 지나서 디지타이징된 아크의 한 부분을 말한다.
언더슛 (Undershoot)	언더슛(기준선 미달오류)은 도곽선 상에 인접되어야 할 선형요소가 도곽선에 도달하지 못한 경우를 말한다. 다른 선형요소와 완전히 교차되지 않은 선형을 말한다.
스파이크 (Spike)	교차점에서 2개의 선분이 만나는 과정에서 잘못된 좌표가 입력되어 발생하는 오차를 말한다.
슬리버 (Sliver)	하나의 선으로 입력되어야 할 곳에서 2개의 선으로 약간 어긋나게 입력되어 가늘고 긴 불필요한 폴리곤을 형성한 상태를 말한다.
점 · 선 중복 (Overlapping)	주로 영역의 경계선에서 점 · 선이 이중으로 입력되어 발생하는 오차로, 중복된 점 · 선을 삭제함으로서 수정이 가능하다.

정답 1. ③ 2. ①

03. 벡터자료를 저장하는 파일형식으로만 구성된 것은?

① TIFF, TIGER, BMP

② DXF, DLG, TIGER

③ GIF, BMP, TIFF

④ JPG, TIFF, VPF

 1. 벡터파일형식 : Shape, Coverage, CAD, DLG, VPF, TIGER

2. 래스터파일형식 : TIFF, GeoTIFF, BMP, JPG, PNG, GIF, DEM

04. 공간분석기법과 적용분야가 바르게 연결되지 않은 것은?

① 중첩분석 – 적지 선정

② 버퍼분석 – 인접지역분석

③ 불규칙삼각망분석 – 상수도관망분석

④ 네트워크분석 – 최단경로분석

 불규칙삼각망(TIN)데이터 분석

1. 연속적인 표면을 표현하기 위한 방법의 하나로서 표본추출된 표고점들을 선택적으로 연결하여 형성된 크기와 모양이 정해지지 않고 서로 겹치지 않는 삼각형으로 이루어진 그물망의 모양으로 표현하는 것을 비정규삼각망이라 한다.

2. 지형의 특성을 고려하여 불규칙적으로 표본지점을 추출하기 때문에 경사가 급한 곳은 작은 삼각형이 많이 모여 있는 모양으로 나타난다.

3. 격자형 수치표고모델과는 달리 추출된 표본지점들은 x, y, z값을 가지고 있고, 벡터데이터 모델로 위상구조를 가지고 있다.

4. 각 면의 경사도나 경사의 방향이 쉽게 구해지며, 복잡한 지형을 표현하는 데 매우 효과적이다.

5. TIN을 활용하여 방향, 경사도분석, 3차원 입체지형 생성 등 다양한 분석을 수행할 수 있다.

05. 공간정보의 구축 및 관리 등에 관한 법령상 경계점좌표등록부의 등록사항이 아닌 것은?

① 토지의 소재, 지번

② 좌표, 필지별 경계점좌표등록부의 장번호

③ 토지의 면적, 지목

④ 부호 및 부호도, 지적도면의 번호

 지적소관청은 도시개발사업 등에 따라 새로이 지적공부에 등록하는 토지에 대하여는 다음의 사항을 등록한 경계점좌표등록부를 작성하고 갖춰두어야 한다.

일반적인 기재사항	국토교통부령이 정하는 사항
1. 토지의 소재	1. 토지의 고유번호
2. 지번	2. 도면번호
3. 좌표	3. 필지별 경계점좌표등록부의 장번호
	4. 부호 및 부호도 : 왼쪽 → 오른쪽으로

정답 3. ② 4. ③ 5. ③

06. 간접측량방법을 적용하여 행정구역경계를 등록하는 경우에 사용하는 참조자료는?

① 항공정사영상 또는 축척 1/1,000 수치지형도
② 항공정사영상 또는 축척 1/5,000 수치지형도
③ 인공위성영상 또는 축척 1/1,000 수치지형도
④ 인공위성영상 또는 축척 1/5,000 수치지형도

 행정구역경계를 등록하여야 하는 경우에는 직접측량방법에 따라 등록하여야 한다. 다만, 하천의 중앙 등 직접측량이 곤란한 경우에는 항공정사영상 또는 1/1,000 수치지형도 등을 이용한 간접측량방법에 따라 등록할 수 있다(「지적업무처리규정」 제56조).

07. 공간보간법 중 내삽법(Interpolation)에 대한 설명으로 옳지 않은 것은?

① 내삽법은 임의의 속성값을 추정할 때 추정대상지점 주위의 속성값을 이용한다.
② 내삽법은 선택적이거나 무작위로 표본화된 표고점들로부터 수치표고모델을 생성하기 위해 사용된다.
③ 크리깅은 전역적 내삽방법(Global interpolation)이다.
④ IDW는 거리의 역수를 가중치로 하여 내삽하는 방법이다.

해설 공간보간법

1. 의의

　구하고자 하는 지점의 높이값을 관측을 통해 얻어진 주변지점의 관측값으로부터 보간함수를 적용하여 추정하는 것으로, 쉽게 말하면 실측되지 않은 지점의 값을 합리적으로 어림짐작하는 계산법이라고 할 수 있다.

2. **구분**

　(1) 전역적 보간법

　　모든 기준점을 하나의 연속함수로 표현하는 방법

　　① 경향면분석 : 다항식으로 원래의 데이터의 변수를 이용하여 표면의 경향을 분석

　　② 푸리에급수법 : 표면의 전체적인 특징을 묘사하는 데 사용

　(2) 국지적 보간법

　　대상지역 전체를 작은 도면이나 한 구획으로 분할하여 각각의 세분화된 구획별로 부합되는 함수를 산출하는 방법

　　① 크리깅(Kriging)보간기법 : 크리깅은 관심 있는 지점에서 특성치를 알기 위해 이미 그 값을 알고 있는 주위의 값들의 선형조합으로 그 값을 예측하는 지구통계학적 기법이다. 이 방법은 Danny Krige가 지구통계학적 기법을 금광산에 적용하여 이미 알려진 광맥의 공간적 정보를 이용하여 새로운 광맥을 찾기 위해 사용하면서 그의 이름을 따서 크리깅이라 불리게 되었다.

　　② 스플라인(Spline)보간기법 : 스플라인은 전체 표면굴곡을 최소화하여 결과적으로 부드럽게 만드는 수학공식을 사용한 보간법이다. 개념적으로 스플라인은 일련의 점을 통하여 고무판을 구부리는 것과 같다. 이것은 각각의 위치에서 값을 결정하는 인근입력점의 영향을 정하는 수학공식을 사용한다. 표면을 더 조밀하게 나타내기 위해 입력점을 적용시키거나 더 부드럽게 할 경우 이용되는 매개변수와 스플라인의 유형은 다양하다.

　　③ 역거리가중치 : 관측점과 보간대상점과의 거리의 역수를 가중치로 하여 보간하는 방식이다. 따라서 거리가 가까울수록 자중치의 상대적인 영향이 크며, 거리가 멀어질수록 상대적인 영향은 적어진다.

08. 토지정보데이터 관리에서 메타데이터의 기본요소로 볼 수 없는 것은?

① 위치 및 속성 정보의 정확도에 대한 정보
② 데이터 모형에 대한 정보
③ 지도투영법과 좌표계에 대한 정보
④ 데이터의 사용자에 대한 정보

 메타데이터의 기본요소

1. **개요 및 자료 소개** : 수록된 데이터의 제목, 개발자, 데이터의 지리적 영역 및 내용, 다른 이용자의 이용가능성, 가능할 경우 데이터의 획득방법 등을 정한 규칙이 포함
2. **데이터 질에 대한 정보** : Data Set의 위치 정확도, 속성 정확도, 완전성, 일관성, 정보출처, 데이터 생성방법이 포함
3. **자료의 구성** : 자료의 코드화에 이용된 데이터 모형(벡터나 래스터 모형 등), 공간위치의 표시방법에 대한 정보가 포함
4. **공간참조를 위한 정보** : 사용된 지도투영법의 명칭, 파라미터, 격자좌표 체계 및 기법에 대한 정보 등이 포함
5. **형상 · 속성 정보** : 수록된 공간정보(도로, 가옥, 대기 등) 및 속성정보가 포함
6. **정보획득방법** : 정보의 획득장소 및 획득형태, 정보의 가격에 대한 정보가 포함
7. **참조정보** : 메타데이터의 작성자 및 일시에 대한 정보가 포함

09. SQL명령어 중 데이터정의어(DDL)에 해당하지 않는 것은?

① CREATE
② SELECT
③ ALTER
④ DROP

데이터언어

데이터언어	종 류
정의어(DDL)	생성 : CREATE, 주소변경 : ALTER, 제거 : DROP
조작어(DML)	검색 : SELECT, 삽입 : INSERT, 삭제 : DELETE, 갱신 : UPDATE
제어어(DCL)	권한부여 : GRANT, 권한해제 : REVOKE, 데이터 변경완료 : COMMIT, 데이터 변경취소 : ROLLBACK

10. 지리정보체계(GIS)와 비교할 때 토지정보체계(LIS)의 특징이라고 볼 수 없는 것은?

① 필지단위의 대축척지도를 사용한다.
② 도형자료의 정확도가 높다.
③ 개별공시지가와 같은 속성정보가 포함된다.
④ 공간기본단위는 지형 중심이다.

Land Information System 약어로서, 주로 토지와 관련된 위치정보와 속성정보를 수집, 처리, 저장, 관리하기 위한 정보체계로 지적도를 기반으로 공간기본단위는 필지 중심이다.

 정답   8. ④   9. ②   10. ④

11. 지적업무처리규정상 부동산종합공부시스템에서 지적측량업무를 수행하기 위해 도면 및 대장 속성정보를 추출한 파일은?

① 측량준비파일 　　　　　　　　② 측량현형파일
③ 측량기초파일 　　　　　　　　④ 측량성과파일

구 분	내 용
측량준비파일	부동산종합공부시스템에서 지적측량업무를 수행하기 위하여 도면 및 대장속성정보를 추출한 파일을 말한다.
측량현형파일	전자평판측량방법, 위성측량방법 및 드론측량방법으로 관측한 지적측량에 필요한 현형(現形)정보가 들어있는 파일을 말한다.
측량성과파일	전자평판측량 및 위성측량방법으로 관측 후 지적측량정보를 처리할 수 있는 시스템에 따라 작성된 측량결과도파일과 토지이동정리를 위한 지번, 지목 및 경계점의 좌표가 포함된 파일을 말한다.

12. 한국토지정보시스템(KLIS)을 구성하는 시스템이 아닌 것은?

① 지적공부관리시스템
② DB관리시스템
③ 우편번호관리시스템
④ 토지민원발급시스템

한국토지정보시스템(KLIS)을 구성하는 시스템
1. 지적공부관리시스템
2. DB관리시스템
3. 지적측량성과작성시스템
4. 토지민원발급시스템
5. 연속 · 편집도 관리시스템
6. 도로명 및 건물번호 부여관리시스템

13. 지적도와 임야도에 공통으로 사용하는 축척으로 옳은 것은?

① 1/2400, 1/3000 　　　　　　② 1/2400, 1/5000
③ 1/3000, 1/6000 　　　　　　④ 1/3000, 1/5000

1. **지적도 축척** : 1/500, 1/600, 1/1000, 1/1200, 1/2400, 1/3000, 1/6000
2. **임야도 축척** : 1/3000, 1/6000

14. 현지조사측량에서 얻어진 성과 및 자료를 이용하여 수치도화데이터를 수정하는 작업은?

① 영상의 표정
② 정위치편집
③ 구조화편집
④ 현지조사 및 보완측량

수치지도 제작순서

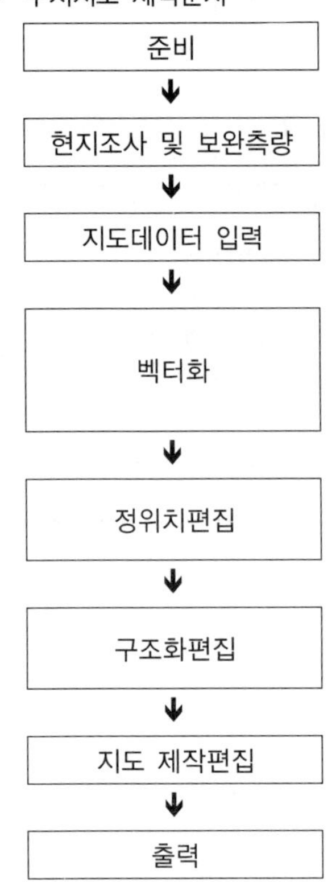

1. 현지조사 : 지도를 제작하기 위해 필요한 각종 지명, 행정 경계 등과 도화에서 오기 또는 누락된 지형·지물을 현지에서 조사·확인하고 그 결과를 항공사진 및 참고자료에 기입하여 편집에 필요한 자료를 작성하는 것을 말한다.
2. 보완측량 : 제작하는 지도의 축척 및 대상지역의 중요성을 감안하여 도화가 불가능하거나 곤란한 지역으로서 계획기관이 요구하는 지역에 대해 보완을 목적으로 현지에서 등고선 및 표고점을 측량·묘사하는 작업을 말한다.

• 현지조사측량에서 얻어진 성과 및 자료를 이용하여 수치도화 데이터를 수정·보완하여 정위치로 편집하는 것을 말한다.

• 자료 간의 위치적 상관관계를 파악하기 위하여 정위치편집된 지형, 지물을 기하학적 형태로 구성하는 작업을 말한다.

---

15. 저장장치의 관점에서 자료가 실제로 저장되는 방법을 기술한 스키마는?

① 내부스키마   ② 외부스키마

③ 개념스키마   ④ 장치스키마

 스키마란 데이터베이스의 논리적 정의, 데이터 구조와 제약조건에 관한 명세(specification)를 기술한 것으로 컴파일되어 데이터 사전에 저장되며 데이터 구조를 표현하는 데이터 객체(data object), 즉 개체(entity), 개체의 특성을 표현하는 속성(attribute), 관계(relationship)에 대한 정의와 이들이 유지해야 될 제약조건(constraints)을 포함한다.

1. 외부스키마(external schema)
   ① 사용자나 응용프로그래머가 접근할 수 있는 데이터베이스를 정의한 것으로 개인의 견해(view)이다.
   ② 전체 데이터베이스의 한 논리적인 부분이 되기 때문에 서브스키마(subschema)라 한다(개개의 사용자를 위한 여러 형태의 외부스키마가 존재).
   ③ 사용자와 가장 가까운 단계이다. 사용자 개개인이 보는 자료에 대한 관점과 관련이 있다(사용자논리단계(user logical level)로 알려지기도 함).
2. 개념스키마(conceptual schema)
   ① 범기관적 입장에서 데이터베이스를 정의한 것으로 기관 전체의 견해이다.
   ② 데이터베이스 전체를 기술한 것이기 때문에 하나만 존재하고, 사용자나 응용프로그램은 개념스키마의 일부를 사용한다(일반적으로 스키마라 불림).

      정답   15. ①

③ 모든 응용시스템이나 사용자들이 필요로 하는 데이터를 통합한 조직 전체의 데이터베이스를 기술한 것이다.

④ 모든 데이터 개체, 관계, 제약조건, 접근권한, 보안정책, 무결성 규칙 등을 명세한다.

⑤ 외부스키마와 내부스키마 사이에 위치하는 간접(indirection)단계이다.

⑥ 조직논리단계(community logical level)로 알려지기도 한다.

3. 내부스키마(internal schema)

① 저장장치의 관점에서 전체 데이터베이스가 저장되는 방법을 명세한다(저장장치 견해).

② 개념스키마에 대한 저장구조를 정의한 것이다(하나의 내부스키마 존재).

③ 실제로 저장될 내부레코드형식, 인덱스 유무, 저장데이터 항목의 표현방법, 내부레코드의 물리적 순서를 나타내지만, 블록이나 실린더를 이용한 물리적 저장장치를 기술하는 의미는 아니다.

④ 내부스키마는 아직 물리적 단계보다 한 단계 위에 있다. 그 이유는 내부적 뷰는 물리적 레코드(페이지 또는 블록이라고 함)를 취급하지 않으며, 또한 실린더(cylinder), 트랙(track)크기 같은 장치특성에도 관련이 없기 때문이다.

16. 부동산종합공부시스템 운영 및 관리규정상 용어의 정의로 옳지 않은 것은?

① 정보관리체계 : 지적공부 및 부동산종합공부의 관리업무를 전자적으로 처리할 수 있도록 설치된 정보시스템

② 부동산종합공부시스템 : 지방자치단체가 지적공부 및 부동산종합공부정보를 전자적으로 관리·운영하는 시스템

③ 운영기관 : 부동산종합공부시스템이 설치되어 이를 운영하고 유지관리의 책임을 지는 지방자치단체

④ 국토정보시스템 : 국토교통부장관이 지적공부 및 부동산종합공부정보를 소관청단위로 분할하여 관리·운영하는 시스템

(해설) 국토정보시스템이란 국토교통부장관이 지적공부 및 부동산종합공부정보를 전국단위로 분할하여 관리·운영하는 시스템이다.

17. 수치지도 제작을 위해 래스터영상을 벡터파일로 변환하는 과정을 순서대로 바르게 나열한 것은?

① 래스터영상 필터링 → 래스터영상 세선화 → 벡터화 → 버텍스 수정 → 위상 생성

② 래스터영상 세선화 → 래스터영상 필터링 → 벡터화 → 위상 생성 → 버텍스 수정

③ 래스터영상 세선화 → 래스터영상 필터링 → 버텍스 수정 → 벡터화 → 위상 생성

④ 래스터영상 필터링 → 래스터영상 세선화 → 버텍스 수정 → 위상 생성 → 벡터화

(해설) 벡터화과정은 래스터영상 필터링 → 래스터영상 세선화 → 벡터화 → 버텍스 수정 → 위상 생성 순이다.

18. 래스터자료를 수집하는 방법이 아닌 것은?

① 항공사진을 이용한 수치정사사진 제작

② 위성영상을 이용한 기하보정영상 제작

③ 위성영상을 이용한 DEM(Digital Elevation Model) 제작

④ 항공사진의 입체도화를 통한 수치지도 제작

정답 **16.** ④ **17.** ① **18.** ④

 항공사진의 입체도화를 통한 수치지도 제작은 벡터방식이다.

19. 데이터베이스 내에서 패턴, 경향, 관계 등을 분석하여 가치 있는 정보를 추출하는 과정은?

① Data automation   ② Data dictionary

③ Data warehouse   ④ Data mining

 1. 데이터웨어하우스

  ① 데이터웨어하우스(Data Warehouse)란 의사결정지원을 위한 주제지향의 통합적이고 영속적이면서 시간에 따라 변하는 데이터의 집합이다.

  ② 데이터웨어하우스의 기능은 복잡한 분석, 지식발견, 의사결정지원을 위한 데이터의 접근을 제공하는 것이다.

  ③ 여러 곳에 분산, 운용되는 트랜잭션 위주의 시스템들로부터 필요한 정보를 추출한 후 하나의 중앙집중화된 저장소에 모아 놓고, 이를 여러 계층의 사용자들이 좀 더 손쉽게 효과적으로 이용하기 위하여 만든 데이터 창고이다.

  2. 데이터마이닝

  ① 데이터웨어하우스의 규모가 대형화되고 복잡하게 될 때 관련된 정보를 발견하는 과정, 즉 지식발견과정을 의미한다.

  ② 체계적이고 자동적으로 데이터로부터 통계적 규칙이나 패턴을 찾는다.

  ③ 데이터마이닝은 디스크에 저장된 대량의 데이터를 대상으로 한다는 점에서 기계학습과는 다르다.

20. 래스터자료의 각 격자별 속성값에 대하여 격자별로 수학적 연산을 수행하는 방법은?

① Map projection   ② Map algebra

③ Map join   ④ Mosaic

해설 Map algebra는 래스터자료의 각 격자별 속성값에 대하여 격자별로 수학적 연산을 수행하는 방법이다.

01. 데이터에 대한 정보로서 데이터의 내용, 품질, 조건 및 기타 특성 등을 저장한 것은?

① 속성데이터 ② 위상데이터
③ 메타데이터 ④ 관계데이터

 메타데이터란 실제 데이터는 아니지만 데이터베이스, 레이어, 속성, 공간현상 등과 관련된 데이터의 내용, 품질, 조건 및 특징 등을 저장한 데이터로서, 데이터에 관한 데이터로 데이터의 이력서라고 말할 수 있다. 따라서 메타데이터는 작성한 실무자가 바뀌더라도 변함없는 데이터의 기본체계를 유지하게 됨으로 시간이 지나도 일관성 있는 데이터를 사용자에게 제공이 가능하다.

02. 벡터자료와 래스터자료에 대한 설명으로 옳지 않은 것은?

① 벡터자료는 면형태의 도형정보를 처리하는 토지정보체계 구축에 적합하다.
② 래스터자료의 취득에는 디지타이저를 주로 사용한다.
③ 벡터자료는 래스터자료에 비해 상대적으로 복잡한 자료구조를 가지고 있다.
④ 래스터자료구조는 일정 간격의 격자로 데이터의 위치와 그 값을 표현한다.

해설 래스터자료는 현실 세계를 일정 크기의 최소지도화단위인 셀로 분할하고, 각 셀에 속성값을 입력하고 저장하여 연산하는 자료구조이다. 즉 격자형의 영역에서 X, Y축을 따라 일련의 셀들이 존재하고 각 셀들이 속성값(Value)을 가지므로, 이들 값에 따라 셀들을 분류하거나 다양하게 표현할 수 있다. 각 셀들의 크기에 따라 데이터의 해상도와 저장크기가 달라지는데, 셀크기가 작으면 작을수록 보다 정밀한 공간현상을 잘 표현할 수 있다. 대표적인 래스터자료유형으로는 인공위성에 의한 이미지, 항공사진에 의한 이미지 등이 있으며, 또한 스캐닝을 통해 얻어진 이미지데이터를 좌표정보를 가진 이미지로 바꿈으로서 얻어질 수 있다. 디지타이저를 통해 얻어진 결과는 벡터자료이다.

03. 관계데이터베이스 설계에서 중복정보를 최소화하기 위한 기법을 적용하는 것은?

① 정규화(Normalization) ② 역정규화(Denormalization)
③ 변경이상(Update Anomaly) ④ 카디널리티(Cardinality)

해설 관계데이터베이스 설계에서 중복정보를 최소화하기 위한 기법을 정규화(Normalization)라 한다.

04. 부동산종합공부시스템 운영 및 관리규정상 1 : 600 축척구분코드는?

① 00 ② 06
③ 12 ④ 60

 축척구분코드표

구 분	축 척	구분코드	대상지역
토지대장등록지 (지적도)	수치	00	구획정리 및 택지개발 지역
	1/500	05	시가지지역
	1/600	06	
	1/1000	10	경지정리지역
	1/1200	12	도시 및 농촌 지역
	1/2400	24	토지와 임야가 인접되어 있는 임야성 토지
	1/3000	30	농지의 구획정리시행지역인 경우 시 · 도지사의 승인을 얻어 1/6000까지 작성
	1/6000	60	
임야대장등록지 (임야도)	1/3000	30	도시지역의 임야
	1/6000	60	농촌 및 산간 지역의 임야

05. 벡터데이터를 저장하는 자료구조 중의 하나인 스파게티모델의 특징에 대한 설명으로 옳지 않은 것은?

① 점, 선, 면을 좌표목록으로 저장한다.
② 객체들 간의 위상관계가 설정되어 공간분석에 효율적이다.
③ 다각형의 공유되는 경계선이 중복저장된다.
④ 수작업으로 디지타이징된 지도자료가 대표적인 예이다.

 스파게티모델의 특징

1. 공간자료를 점, 선, 면을 단순한 좌표목록으로 저장하며 위상관계를 정의하지 않는다.
2. 상호 연결성이 결여된 점과 선의 집합체, 즉 점, 선, 다각형 등의 객체들이 구조화되지 않은 그래픽형태(점, 선, 면)이다.
3. 수작업으로 디지타이징된 지도자료가 대표적인 스파게티모델의 예이다.
4. 인접하고 있는 다각형을 나타내기 위하여 경계하는 선은 두 번씩 저장된다.
5. 모든 면사상이 일련의 독립된 좌표집합으로 저장되므로 자료저장공간을 많이 차지하게 된다.
6. 객체들 간의 공간관계가 설정되지 않아 공간분석에 비효율적이다.

06. 객체지향프로그래밍언어의 특징으로 적절하지 않은 것은?

① 상속성　　　　　　　　② 캡슐화
③ 인접성　　　　　　　　④ 다형성

 객체지향프로그래밍언어의 특징

1. **캡슐화와 데이터 은닉**

   우리가 캡슐로 된 알약을 먹을 때 그 안에 어떤 약들이 있는지 모르면서 약을 먹듯이, 자바의 객체 내부가 어떤 형태로 구성되어 있는지 모르고 어떤 메소드를 사용하면 어떠한 결과를 얻을 수 있다는 개념으로 프로그래밍한다. 즉 구체적인 내용은 몰라도 원하는 결과를 얻을 수 있기에 코딩하는 데 있어서 보다 수월하다.

　　 정답　5. ②　6. ③

또한 객체 외부에서 데이터를 직접 건들면 데이터가 변환될 수 있기 때문에 변환을 막기 위해 데이터 은닉이라는 개념이 존재한다. 캡슐화와 데이터 은닉은 클래스의 접근권한을 결정하는 접근지정자를 사용하여 구현한다.

2. 다형성과 메소드의 오버로딩

다형성은 이름이 동일한 메소드가 어떠한 자료와 사용되는지에 따라 다르게 동작하는 것을 의미한다. 자바에서는 메소드의 이름으로 전달인자의 자료형이나 개수를 서로 다르게 주어 같은 메소드이름으로 여러 번 정의할 수 있다. 이렇게 동일한 이름의 메소드를 여러 번 정의하는 것을 메소드의 오버로딩이라 한다.

3. 상속성

클래스를 설계할 때 공통적으로 필요한 성격들을 기본적인 클래스에 정의해 두면 다른 클래스를 작성할 때 공통적인 내용은 담은 클래스에서 상속받아 사용할 수 있다.

07. 회전타원체인 지구상의 곡면을 2차원 평면에 나타내는 등각투영법의 일종으로 국가나 대륙의 형태를 표현할 때 가장 적당한 도법은?

① 시누소이달(Sinusoidal)도법
② 호몰로사인(Homolosine)도법
③ 본느(Bonne)도법
④ 메르카토르(Mercator)도법

(해설) 메르카토르(Mercator)도법은 회전타원체인 지구상의 곡면을 2차원 평면에 나타내는 등각투영법의 일종으로, 국가나 대륙의 형태를 표현할 때 가장 적당한 도법이다.

08. 지적원도 데이터베이스 구축 작업기준에서 지적원도의 좌표독취에 대한 설명으로 옳지 않은 것은?

① 좌표독취기에 의해 입력되는 좌표는 해당 도면 좌하단점의 도곽선수치를 기준으로 가산한다.
② 좌표독취는 수동방식 또는 반자동방식으로 수행한다.
③ 좌표독취는 밀리미터(mm)단위로 소수점 이하 2자리 이상 취득한다.
④ 좌표독취 후 좌표결정은 미터(m)단위로 소수점 이하 3자리까지 결정한다.

(해설) 지적원도전산화 시 좌표독취는 수동방식으로 수행한다.

09. 래스터자료의 특성을 설명한 것으로 옳지 않은 것은?

① 현실 세계를 일정한 크기의 격자로 표현한다.
② 스캐닝자료, 항공 및 위성 영상은 래스터자료에 해당한다.
③ 설정된 격자의 크기보다 작은 현실 세계의 객체는 표현이 어렵다.
④ 격자의 크기를 작게 할수록 데이터 용량을 감소시킬 수 있어 자료관리에 용이하다.

(해설) 각 셀들의 크기에 따라 데이터의 해상도와 저장크기가 달라지는데, 셀크기가 작으면 작을수록 보다 정밀한 공간현상을 잘 표현할 수 있으나 데이터의 용량이 증가하는 단점이 있다.

10. 버퍼분석에 대한 설명으로 옳지 않은 것은?

① 면사상 주변에 버퍼존(Buffer Zone)을 형성하는 경우 면사상의 중심으로부터 동일한 거리에 있는 지역을 설정한다.

② 선사상을 입력하더라도 버퍼분석의 결과는 면사상으로 표현된다.

③ 버퍼거리(Buffer Distance)는 직선거리인 유클리드거리(Euclidian Distance)를 주로 이용한다.

④ 면사상에 대한 버퍼존은 면의 내부에도 생성할 수 있다.

 면사상 주변에 버퍼존(Buffer Zone)을 형성하는 경우 면사상의 변 주변으로부터 일정한 거리에 있는 지역을 설정한다.

11. 관계형 DBMS에서 사용하는 표준데이터조작언어는?

① UML　　　　　　　　　　　② COGO
③ SQL　　　　　　　　　　　④ COBOL

해설 SQL의 개요

1. 1974년 IBM연구소에서 개발한 SEQUEL(Structured English QUEry Language)에 연유한다.
2. SQL이라는 이름은 'Structured Query Language'의 약자이며, "sequel(시퀄)"이라 발음한다.
3. 관계형 데이터베이스에 사용되는 관계대수와 관계해석을 기초로 한 통합데이터언어를 말한다.

12. 지적도면 입력 시의 오류에 대한 설명으로 옳지 않은 것은?

① 오버레이(Overlay)는 주로 경계선에서 점, 선이 이중으로 입력되어 발생하는 오류이다.

② 슬리버(Sliver)는 인접된 폴리곤이 하나의 선으로 정확히 인접되지 않을 때 불필요한 폴리곤이 생기는 오류이다.

③ 오버슛(Overshoot)은 다른 선과의 교점을 지나서 디지타이징된 선의 오류이다.

④ 스파이크(Spike)는 작업자나 기계의 오류로 인하여 불규칙하게 튀는 잘못된 좌표가 입력되는 오류이다.

해설 오버래핑(Overlapping)은 주로 경계선에서 점, 선이 이중으로 입력되어 발생하는 오류이다.

13. 중첩분석을 수행할 때 하나의 주제를 포함하고 있는 공간자료를 의미하는 것은?

① 래스터(Raster)　　　　　　② 벡터(Vector)
③ 레이어(Layer)　　　　　　④ 영상소(Pixel)

해설 레이어(Layer)는 하나의 주제를 포함하고 있는 공간자료이다.

14. 벡터자료를 작성할 때 점, 선, 다각형의 요소들의 기하학적인 관계를 표현하는 것은?

① 토폴로지(Topology)　　　　② 클러스터(Cluster)
③ 자기상관성(Autocorrelation)　　④ 패턴(Pattern)

정답　10. ①　11. ③　12. ①　13. ③　14. ①

 토폴로지(Topology)는 벡터자료를 작성할 때 점, 선, 다각형의 요소들의 기하학적인 관계를 표현하는 것이다.

15. 부동산종합공부시스템 운영 및 관리규정에 대한 설명으로 옳은 것은?

① 행정구역명칭변경 시 지적소관청은 시·도지사를 경유하여 국토교통부장관에게 변경일 10일 전까지 코드변경을 요청하여야 한다.

② 토지 및 임야 대장에 등록하는 각 필지를 식별하는 토지의 고유번호는 총 18자리로 이루어져 있으며, 이 중 행정구역코드는 10자리이다.

③ 지적소관청에서는 지적통계의 시간 및 비용을 절감하기 위해 일일마감을 생략하고 월마감과 연마감을 실시한다.

④ 지적소관청에서는 익년도 1월 31일까지 당해연도 업무처리를 마감하여야 한다.

 ② 토지 및 임야 대장에 등록하는 각 필지를 식별하는 토지의 고유번호는 총 19자리로 이루어져 있으며, 이 중 행정구역코드는 10자리이다.

③ 지적소관청에서는 지적통계를 작성하기 위한 일일마감, 월마감, 연마감을 하여야 한다.

④ 지적소관청에서는 매년 말 최종일일마감이 끝남과 동시에 모든 업무처리를 마감하고, 다음연도 업무가 개시되는데 지장이 없도록 하여야 한다.

16. 공간자료를 이용한 공간분석방법 중 중첩기능에 대한 설명으로 적절하지 않은 것은?

① 사용자가 필요로 하는 정보를 추출하기 위해 논리연산을 사용할 수 있다.

② 격자구조에서는 단위구조인 각각의 격자를 대상으로, 벡터구조에서는 기본구조인 점, 선, 면을 대상으로 한다.

③ 버퍼링 등에 의해 둘러 싸인 지역 내의 주민수를 집계하거나 평균연령 등을 구하는 각종 집계계산이 가능하다.

④ 관망을 통해 이동하는 최단경로를 표현하고 분석할 수 있다.

 관망을 통한 최단경로분석은 네트워크분석으로 중첩기능을 통해 분석할 수 없다.

17. 도형자료의 취득방법 중 직접 취득방법으로 옳지 않은 것은?

① 디지타이저를 이용한 방법　　② 드론촬영을 이용한 방법

③ 토털스테이션을 이용한 방법　　④ 레이더측량을 이용한 방법

디지타이저를 이용한 방법은 기존의 지도를 이용하여 자료를 취득하는 것이므로 직접 취득방법이 아닌 2차적인 취득방법이다.

18. 토지정보체계(LIS)의 필지 중심 자료와 지리정보체계(GIS)의 지형 중심 자료를 비교할 때 필지 중심 자료에 해당하지 않는 것은?

① 토지지목　　②토지경계

③ 토지경사　　④ 토지면적

19. 부동산종합공부시스템 운영 및 관리규정에서 사용자의 권한에 대한 부여대상이 나머지 셋과 다른 것은?

① 지적전산코드의 입력
② 지적전산코드의 조회
③ 지적전산자료의 추출
④ 지적통계의 관리

해설 사용자권한부여기준

순 번	권한구분	권한부여대상	세부업무내용
4	지적전산코드의 입력·수정 및 삭제	국토교통부 지적업무담당자	각종 코드의 신규입력, 변경, 삭제
5	지적전산코드의 조회	시·도, 시·군·구 지적업무담당자	각종 코드의 자료조회
6	지적전산자료의 조회·추출	시·도, 시·군·구 지적업무담당자	지적공부 등 각종 자료 조회·추출
8	지적통계의 관리	시·도, 시·군·구 지적업무담당자	지적공부등록현황 등 각종 지적통계의 처리

지적전산코드의 입력·수정 및 삭제는 국토교통부 지적업무담당자에게 권한을 부여하며, 나머지의 경우 시·도, 시·군·구 지적업무담당자에게 권한을 부여한다.

20. 지적정보의 구축에 있어서 표준화의 필요성에 대한 설명으로 옳지 않은 것은?

① 다른 지적정보활용시스템과의 정보교환조건을 정의하여 상호 연동성을 확보할 수 있다.
② 활용성 높은 데이터의 중복 보관 및 관리를 통해서 안전성을 확보할 수 있다.
③ 기 구축된 지적정보의 재사용을 위한 접근용이성을 향상시킬 수 있다.
④ 공통데이터의 공유를 통해 비용을 절감할 수 있다.

해설 표준화의 필요성
1. 자료를 공유함으로써 연구과정에 드는 비용을 절감할 수 있다.
2. 다양한 자료에 대한 접근이 용이하기 때문에 자료를 쉽게 갱신할 수 있다.
3. 사용자가 자신의 용도에 따라 자료를 갱신할 수 있는 자료의 질에 대한 정보가 제공된다.
4. 수치적인 공간자료가 서로 다른 체계 사이에서 원래의 내용이 변함없이 전달된다.

01. 공간정보에 대한 설명으로 옳지 않은 것은?

① 공간정보는 위치를 나타내는 도형자료와 이와 관련된 속성자료로 구분된다.
② 지적정보의 경우 필지의 소유주나 지목은 속성자료이다.
③ 속성자료의 공간적 위치관계를 위상(Topology)관계라고 한다.
④ 도형자료와 속성자료를 상호 연계하여 도형자료에서 속성자료에 대한 검색이 가능하다.

(해설) 도형자료의 공간적 위치관계를 위상(Topology)관계라고 한다.

02. 래스터데이터에 대한 설명으로 옳지 않은 것은?

① 래스터데이터의 대표적인 취득원은 인공위성영상 또는 항공사진이다.
② 해상도가 높아질수록 데이터의 양이 감소하여 처리속도가 빨라진다.
③ 지리사상의 위치는 그 사상이 존재하는 격자의 행렬로 정의된다.
④ 전체 면을 일정 크기를 가진 격자의 집합으로 구성한다.

(해설) 래스터데이터는 해상도의 제곱에 비례하여 데이터양이 많아지며, 데이터용량이 많아지면 처리속도가 감소된다.

03. 지적전산정보 중 속성정보에 해당하지 않는 것은?

① 임야대장　　　　　　　② 공유지연명부
③ 대지권등록부　　　　　④ 임야도

 지적정보의 종류

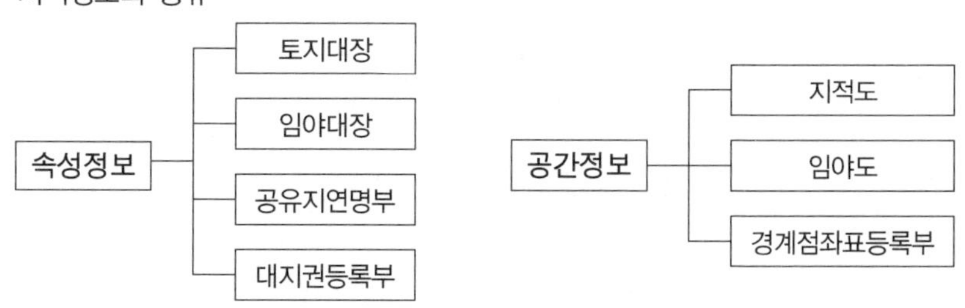

04. 공간정보의 구축 및 관리 등에 관한 법률상 지적공부에 해당하지 않는 것은?

① 공유지연명부　　　　　② 대지권등록부
③ 기준점성과표　　　　　④ 경계점좌표등록부

 지적공부란 토지대장, 임야대장, 공유지연명부, 대지권등록부, 지적도, 임야도 및 경계점좌표등록부 등 지적측량 등을 통하여 조사된 토지의 표시와 해당 토지의 소유자 등을 기록한 대장 및 도면(정보처리시스템을 통하여 기록·저장된 것을 포함한다)을 말한다.

05. 메타데이터에 대한 설명으로 옳지 않은 것은?

① 미국연방지리자료위원회(FGDC)는 디지털지리공간 메타데이터 내용표준을 제시하였다.

② 메타데이터에는 자료의 품질, 자료의 구성, 공간참조정보 등의 데이터가 포함된다.

③ 국제표준에서 메타데이터 수집시기와 수집주체에 대한 정보는 데이터품질정보에 포함된다.

④ 정보공유의 극대화를 도모하며 데이터의 교환을 원활히 지원하기 위한 틀을 제공한다.

 국제표준에서 메타데이터 수집시기와 수집주체에 대한 정보는 개요 및 자료소개에 포함된다.

06. 지리정보시스템의 개발에 활용할 수 있는 오픈소스 소프트웨어가 아닌 것은?

① GRASS
② ArcGIS
③ QuantumGIS
④ PostGIS

 오픈소스는 무료로 제공되는 소프트웨어이며, ArcGIS는 ESRI사의 유료프로그램이다.

07. 지적원도 데이터베이스 구축 작업기준상 연속지적원도의 제작순서대로 바르게 나열한 것은? (단, 답항에 제시된 작업을 기준으로 한다.)

① 도면오류 정비 → 접합준비도 제작 → 도면접합 → 성과검사 → 일람도 제작

② 도면오류 정비 → 접합준비도 제작 → 일람도 제작 → 도면접합 → 성과검사

③ 접합준비도 제작 → 도면오류 정비 → 도면접합 → 성과검사 → 일람도 제작

④ 일람도 제작 → 접합준비도 제작 → 도면오류 정비 → 도면접합 → 성과검사

 연속지적원도의 제작순서

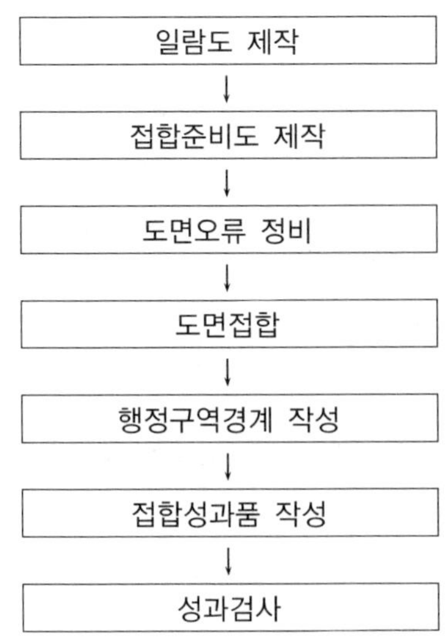

정답 5. ③ 6. ② 7. ④

08. 공간데이터베이스 품질관리 중 폴리곤의 경우 폐합이 되어 있는지, 라인의 경우 교차지점에서 교차 여부에 문제가 없는지를 검수하는 것은?

① 논리적 일관성　　　　　　　② 속성의 정확도
③ 데이터 포맷의 적합성　　　　④ 기하구조의 정확성

 기하구조의 정확성

폴리곤의 경우 폐합이 되어 있는지, 라인의 경우 교차지점에서 교차 여부에 문제가 없는지를 검수하는 것을 말한다.

09. 건물, 수목, 인공구조물 등의 높이까지 반영하여 연속적인 변화를 표현하는 3차원 지형모형은?

① DEM(Digital Elevation Model)　　② TIN(Triangulated Irregular Network)
③ DSM(Digital Surface Model)　　　④ DLG(Digital Line Graph)

 DSM(Digital Surface Model)

건물, 수목, 인공구조물 등의 높이까지 반영하여 연속적인 변화를 표현하는 3차원 지형모형이다.

10. 지적원도 데이터베이스 구축 작업기준상 지적원도 데이터베이스 구축작업에 대한 설명으로 옳지 않은 것은?

① 모든 필지는 폐합다각형이 되도록 폴리곤을 형성하여야 한다.
② 신축보정은 지적원도의 도곽을 기준으로 실시한다.
③ 필지 내부에 존재하는 독립된 폴리곤은 삭제하여야 한다.
④ 좌표독취 시 경계점 간 연결되는 선의 굵기가 0.1mm 이하가 되도록 하여야 한다.

해설 구조화편집

1. 모든 필지는 폐합다각형이 되도록 폴리곤을 형성하여야 하며, 두 도곽 이상에 등록되어 있는 필지 중 폐합이 되지 않은 필지는 도곽선을 따라 임의의 경계를 추가하여 폴리곤을 형성하고 무결성을 확보하여야 한다.
2. 필지 내부에 다수의 필지가 연속되어 있는 경우에는 임의로 경계를 분리하여 폴리곤을 형성하고 지번·지목과 구분코드를 입력한다.
3. 필지 내부에 독립된 폴리곤이 있는 경우에는 내부에 속한 폴리곤에 구분코드를 입력한다.
4. 인접경계표시선은 별도의 레이어로 구분하여야 한다.
5. 구조화편집데이터는 원점별·행정구역별·축척별로 하나의 파일로 제작하여야 한다.

11. 관계데이터베이스에서 하나의 속성이 취할 수 있는 같은 타입의 원자(Atomic)값집합을 의미하는 것은?

① 도메인(Domain)　　　　　　② 스키마(Schema)
③ 개체(Entity)　　　　　　　　④ 필드(Field)

해설 관계데이터베이스에서 하나의 속성이 취할 수 있는 같은 타입의 원사(Atomic)값집합을 의미하는 것을 도메인(Domain)이라 한다.

12. 지적전산시스템의 데이터 입력에 대한 설명으로 옳지 않은 것은?

① 스캐닝을 통해 입력된 데이터는 격자의 크기가 작아질수록 정밀해지지만 데이터양은 증가한다.

② 벡터라이징 시 임의로 생긴 선분을 제거하거나 끊어진 선분을 잇는 처리를 세선화라고 한다.

③ 디지타이징을 통해서 얻은 데이터는 벡터데이터이다.

④ 스캐닝을 통해서 얻은 데이터는 래스터데이터이다.

해설 필터링은 잡음이나 불필요한 기호를 제거하거나 임의로 생긴 선분이나 끊어진 선분을 잇는 잡음을 제거·처리하는 단계이다.

13. 도면의 축척에 대한 설명으로 옳은 것은?

① 동일 지역을 대상으로 도면을 제작할 때 소축척도면은 대축척도면보다 상세한 정보를 제공한다.

② 동일 지역을 대상으로 도면을 제작할 때 소축척도면은 대축척도면보다 거리의 오차가 작다.

③ 동일 면적에 대한 도면을 제작할 때 소축척도면은 대축척도면보다 도엽수가 늘어난다.

④ 두 도면의 축척을 상대적으로 비교할 때 축척분모의 숫자가 클수록 소축척도면이고, 작을수록 대축척도면이다.

해설 ① 동일 지역을 대상으로 도면을 제작할 때 대축척도면은 소축척도면보다 상세한 정보를 제공한다.
② 동일 지역을 대상으로 도면을 제작할 때 소축척도면은 대축척도면보다 거리의 오차가 크다.
③ 동일 면적에 대한 도면을 제작할 때 대축척도면은 소축척도면보다 도엽수가 늘어난다.

14. 부동산종합공부시스템 운영 및 관리규정상 부동산종합공부시스템의 원활한 운영·관리를 위하여 운영기관의 장이 수행하여야 할 역할이 아닌 것은?

① 부동산종합공부시스템의 응용프로그램 관리
② 부동산종합공부시스템 전산장비의 증설·교체
③ 부동산종합공부시스템의 지속적인 유지·보수
④ 부동산종합공부시스템의 장애사항에 대한 조치 및 보고

해설 역할분담

1. 국토교통부장관은 정보관리체계의 총괄책임자로서 부동산종합공부시스템의 원활한 운영·관리를 위하여 다음 각 호의 역할을 수행하여야 한다.
   ① 부동산종합공부시스템의 응용프로그램 관리
   ② 부동산종합공부시스템의 운영·관리에 관한 교육 및 지도·감독
   ③ 그 밖에 정보관리체계 운영·관리의 개선을 위하여 필요한 조치
2. 운영기관의 장은 부동산종합공부시스템의 원활한 운영·관리를 위하여 다음 각 호의 역할을 수행하여야 한다.
   ① 부동산종합공부시스템 전산자료의 입력·수정·갱신 및 백업
   ② 부동산종합공부시스템 전산장비의 증설·교체
   ③ 부동산종합공부시스템의 지속적인 유지·보수
   ④ 부동산종합공부시스템의 장애사항에 대한 조치 및 보고

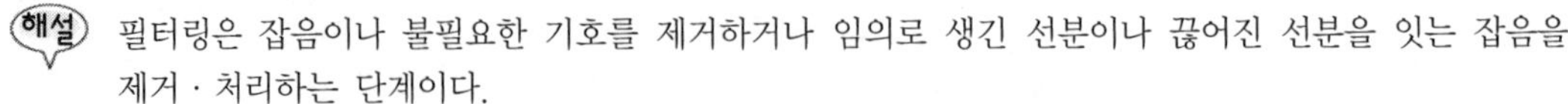 정답 **12.** ②   **13.** ④   **14.** ①

15. 공간분석방법 중 중첩(Overlay)분석에 대한 설명으로 옳지 않은 것은?

① 정확한 결과를 얻기 위해서는 중첩레이어의 좌표체계가 동일해야 한다.
② 중첩레이어에 있는 정보를 합집합의 개념으로 분석하는 것을 유니언(Union)이라고 한다.
③ 중첩분석은 벡터데이터뿐 아니라 래스터데이터도 이용할 수 있다.
④ 중첩레이어를 교집합의 개념으로 분석하는 것을 버퍼링(Buffering)이라고 한다.

> **해설** intersect(교집합)는 대상레이어에서 적용레이어를 AND연산자를 사용하여 중첩시켜 적용레이어에 각 폴리곤과 중복되는 도형 및 속성 정보만을 추출한다.

16. 도로명주소를 이용하여 경·위도 또는 X, Y 등과 같은 지리적인 좌표를 기록하는 것은?

① 지리적 시각화(Geovisualization) ② 지오코딩(Geocoding)
③ 피처디졸브(Feature Dissolve) ④ 데이터 정규화(Data Normalization)

> **해설** 도로명주소를 이용하여 경·위도 또는 X, Y 등과 같은 지리적인 좌표를 기록하는 것을 지오코딩(Geocoding)이라 한다.

17. 지적재조사행정시스템 운영규정상 지적재조사행정시스템을 이용하는 대행자업무에 해당하지 않는 것은?

① 지적재조사사업지구 등 실시계획에 관한 사항 전산등록
② 일필지측량 완료 후 지적확정조서에 관한 사항 전산등록
③ 일필지 현지조사에 관한 사항 전산등록
④ 경계점표지등록부 전산등록

> **해설** 대행자업무
> 1. 해당 사업지구 사용자 전산등록 및 승인요청
> 2. 일필지측량 완료 후 지적확정조서에 관한 사항 전산등록
> 3. 일필지 현지조사에 관한 사항 전산등록
> 4. 대국민공개시스템 및 모바일현장지원시스템 활용
> 5. 경계점표지등록부 전산등록
> 6. 그 밖에 지적재조사측량규정에 의한 측량성과 전산등록 등

18. 지적원도 데이터베이스 구축 작업기준상 연속지적원도 제작에 대한 설명으로 옳은 것은?

① 일람도를 해당 축척의 10분의 1로 제작하는 것이 곤란한 경우에는 발주기관의 승인을 얻어 임의의 축척으로 제작할 수 있다.
② 도면접합 시 대면적 필지경계를 우선하여 접합한다.
③ 준비된 작업영역 전체의 접합준비도를 이용하여 원시접합도를 작성한다.
④ 도면접합 시 도곽선 주위의 폐합되지 않은 필지경계를 우선하여 접합처리한다.

> **해설** ② 도면접합 시 소면적 필지경계를 우선하여 접합한다.
> ③ 준비된 작업영역 전체의 지적원도를 이용하여 원시접합도를 작성하고, 작성된 원시접합도를 정비하여 접합준비도를 제작한다.
> ④ 도면접합 시 도곽선 주위의 폐합된 필지경계를 우선하여 접합처리한다.

19. 지적전산화사업 및 시스템 구축사업을 시기 순으로 바르게 나열한 것은? (단, 계획 및 시범사업은 제외한다.)

① 지적도면전산화사업 → 토지기록전산화사업 → 한국토지정보시스템 구축사업 → 부동산종합공부시스템 구축사업

② 토지기록전산화사업 → 한국토지정보시스템 구축사업 → 지적도면전산화사업 → 부동산종합공부시스템 구축사업

③ 토지기록전산화사업 → 지적도면전산화사업 → 부동산종합공부시스템 구축사업 → 한국토지정보시스템 구축사업

④ 토지기록전산화사업 → 지적도면전산화사업 → 한국토지정보시스템 구축사업 → 부동산종합공부시스템 구축사업

해설 지적전산화사업 및 시스템 구축사업 시기순서

토지기록전산화사업 → 지적도면전산화사업 → 한국토지정보시스템 구축사업 → 부동산종합공부시스템 구축사업

20. 지적원도 데이터베이스 구축 작업기준상 지적원도데이터베이스 구축 시 전산파일의 저장형식으로 옳은 것만을 모두 고른 것은?

> ㄱ. 지적원도 이미지파일 : DWG, DXF, SHP
> ㄴ. 지적원도 수치파일 : DWG, DXF, SHP
> ㄷ. 연속지적원도 전산파일 : DWG, DXF, SHP
> ㄹ. 행정경계 전산파일 : DWG, DXF, SHP
> ㅁ. 지적기준점 전산파일 : DWG, DXF, SHP

① ㄱ, ㄴ, ㄷ   ② ㄱ, ㄹ, ㅁ
③ ㄴ, ㄷ, ㅁ   ④ ㄷ, ㄹ, ㅁ

해설 지적원도 전산파일은 각 공정별로 파일명칭을 부여하여 저장하여야 하며, 저장형식은 다음의 기준에 따른다.

1. **지적원도 이미지파일** : TIFF 또는 JPG
2. **지적원도 수치파일** : DWG, DXF
3. **지적원도 보정파일** : DWG, DXF
4. **연속지적원도 전산파일** : DWG, DXF, SHP
5. **일람도 전산파일** : DWG, DXF, SHP
6. **행정경계 전산파일** : DWG, DXF, SHP
7. **지적기준점 전산파일** : DWG, DXF, SHP

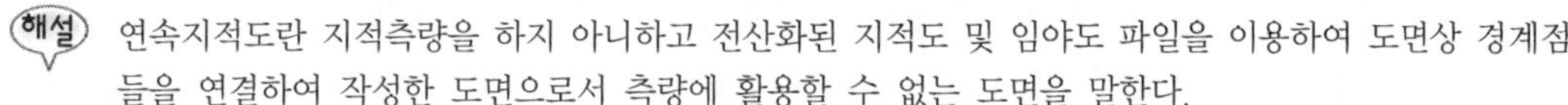

01. 위상구조를 활용할 수 있는 예에 해당하지 않는 것은?

① 도로에 인접한 필지들을 파악한다.
② 최적경로 선정을 위한 관망을 분석한다.
③ 중요시설물의 최적입지를 선정한다.
④ 항공사진으로 정사영상을 생성한다.

(해설) 항공사진을 이용하여 정사영상을 생성하고자 하는 경우 별도의 작업공정이 필요하다.

02. 공간정보의 구축 및 관리 등에 관한 법률상 지적측량을 하지 않고 전산화된 지적도 및 임야도 파일을 이용하여 도면상의 경계점들을 연결하여 작성한 도면으로 측량에 활용할 수 없는 것은?

① 수치지적도 　　　　　　　② 지적편집도
③ 연속지적도 　　　　　　　④ 디지털지적도

(해설) 연속지적도란 지적측량을 하지 아니하고 전산화된 지적도 및 임야도 파일을 이용하여 도면상 경계점 들을 연결하여 작성한 도면으로서 측량에 활용할 수 없는 도면을 말한다.

03. 토지정보시스템의 직접적인 구성요소가 아닌 것은?

① 하드웨어 　　　　　　　　② 소프트웨어
③ 데이터베이스 　　　　　　④ 행정지원

(해설) 토지정보시스템의 구성요소 : 하드웨어, 소프트웨어, 데이터베이스, 조직 및 인적자원

04. 범지구위성항법시스템(GNSS : Global Navigation Satellite System)의 종류에 해당하지 않 는 것은?

① COMPASS 　　　　　　　② GLONASS
③ GALILEO 　　　　　　　　④ GOES

(해설) GNSS(Global Navigation Satellite System)

소유국	시스템명	목적	운용연도	운영궤도	위성수
미국	GPS	전 지구 위성시스템	1995	중궤도	31
러시아	GLONASS	전 지구 위성시스템	2011	중궤도	24
EU	Galileo	전 지구 위성시스템	2012	중궤도	30
중국	COMPASS	전 지구 위성시스템	2011	중궤도	30

GOES는 적도 상공에 정지하여 기상자료를 수집하는 위성이다.

정답 1. ④ 　2. ③ 　3. ④ 　4. ④

05. 국가공간정보 기본법 시행령상 기본공간정보가 아닌 것은?

① 기준점 　　　　　　　　　　② 정사영상
③ 수치표면모형 　　　　　　　④ 실내공간정보

 **기본공간정보**
1. 지형 · 해안선 · 행정경계 · 도로 또는 철도의 경계 · 하천경계 · 지적, 건물 등 인공구조물의 공간정보
2. 기준점(「공간정보의 구축 및 관리 등에 관한 법률」 제8조 제1항에 따른 측량기준점표지를 말한다)
3. 지명
4. 정사영상(항공사진 또는 인공위성의 영상을 지도와 같은 정사투영법(正射投影法)으로 제작한 영상을 말한다)
5. 수치표고모형(지표면의 표고(標高)를 일정 간격격자마다 수치로 기록한 표고모형을 말한다)
6. 공간정보입체모형(지상에 존재하는 인공적인 객체의 외형에 관한 위치정보를 현실과 유사하게 입체적으로 표현한 정보를 말한다)
7. 실내공간정보(지상 또는 지하에 존재하는 건물 등 인공구조물의 내부에 관한 공간정보를 말한다)

06. 국가공간정보 기본법상 공간정보데이터베이스에 대한 내용으로 옳지 않은 것은?

① 새로운 공간정보를 구축할 때에는 기존에 구축된 공간정보체계와 중복투자함으로써 그 정확도를 높여야 한다.
② 다른 기관의 공간정보와 호환이 가능하도록 관련 표준에 따라야 한다.
③ 멸실 또는 훼손에 대비하여 별도로 복제하여 관리하여야 한다.
④ 법령에 의하여 금지된 정보를 제외한 전부 또는 일부 공간정보데이터베이스는 복제하여 판매, 배포할 수 있다.

해설 관리기관의 장은 새로운 공간정보데이터베이스를 구축하고자 하는 경우 기존에 구축된 공간정보체계와 중복투자가 되지 아니하도록 사전에 다음의 사항을 검토하여야 한다. 국토교통부장관은 관리기관의 장이 검토를 위하여 필요한 자료를 요청하는 경우에는 특별한 사유가 없는 한 이를 제공하여야 한다.
1. 구축하고자 하는 공간정보데이터베이스가 해당 기관 또는 다른 관리기관에 이미 구축되었는지 여부
2. 해당 기관 또는 다른 관리기관에 이미 구축된 공간정보데이터베이스의 활용 가능 여부

07. 부동산종합공부시스템 운영 및 관리규정상 코드체계에 대한 설명으로 옳지 않은 것은?

① 행정구역은 숫자 19자리이다.
② 대장구분은 숫자 1자리이다.
③ 지목구분은 숫자 2자리이다.
④ 축척구분은 축척수치의 앞 2자리이다.

해설 고유번호의 구성은 행정구역코드 10자리(시 · 도 3, 시 · 군 · 구 2, 읍 · 면 · 동 3, 리 2), 대장구분 1자리, 본번 4자리, 부번 4자리 합계 19자리로 구성한다.

　　　 정답　5. ③　6. ①　7. ①

08. 항공LiDAR(Light Detection and Ranging)측량에 대한 설명으로 옳지 않은 것은?

① 구름이나 안개가 낀 날에는 자료 취득이 불가능하다.

② 직접 3차원 위치결정이 가능하다.

③ 지형의 경사가 심한 지역에서는 정확도가 낮아지기도 한다.

④ 수목으로 덮인 지형에서도 어느 정도의 DEM획득이 가능하다.

해설 항공레이저측량(LiDAR)

레이저에 의한 측량은 기상조건에 영향을 받지 아니하고 산림, 수목 및 늪지대의 지형도 제작에 유용하며, 항공사진에 비해 작업속도가 빠르며 경제적이다. 이 방법은 표고자료수집만 가능하므로 필지를 단위로 하는 토지정보시스템(LIS) 구축에는 보조적인 측량방법으로만 사용할 수 있다.

09. 서로 일부분이 중첩되는 A와 B면형 자료의 공간분석에서 A XOR B와 같은 결과를 얻는 논리연산은?

① (A OR B) NOT (A AND B)

② (A AND B) NOT (A OR B)

③ (A NOT B) AND (B NOT A)

④ (A AND B) OR (A NOT B)

해설 A XOR B와 같은 결과를 얻는 논리연산은 (A OR B) NOT (A AND B)이다.

10. 벡터데이터와 비교한 래스터데이터에 대한 설명으로 옳은 것은?

① 디지타이저로 입력한 자료이다.

② 각 격자의 값은 정수 혹은 문자코드값이 될 수 있다.

③ 저장용량이 작으며 지적의 대부분 응용업무에 기본데이터로 활용된다.

④ 위상관계를 입력하기 용이하므로 위상관계정보를 요구하는 분석에 효과적이다.

해설 벡터데이터

1. 디지타이저로 입력한 자료이다.
2. 저장용량이 작으며 지적의 대부분 응용업무에 기본데이터로 활용된다.
3. 위상관계를 입력하기 용이하므로 위상관계정보를 요구하는 분석에 효과적이다.

11. 공간객체의 모양을 표현하기 위해 점, 선, 면 등 벡터데이터의 도형정보를 저장하는 파일의 확장자는?

① shp   ② shx

③ dbf   ④ prj

해설 Shape파일형식

1. ESRI사의 ArcView에서 사용되는 자료형식이다.
2. Shape파일은 비위상적 위치정보와 속성정보를 포함한다.
3. 위상구조가 아니므로 컴퓨터 화면상에 출력되는 속도와 편집속도가 빠르다.

12. Naver나 Daum과 같은 포털사이트의 인터넷지도서비스에서 경로탐색을 가능하게 하는 주된 이유는?

① 도로정보를 입력할 때 위상구조화작업을 하였기 때문이다.
② 도로명정보가 입력되었기 때문이다.
③ 위성영상이 입력되었기 때문이다.
④ 필지정보가 입력되었기 때문이다.

 위상관계(topology)란 공간상에서 대상물들의 위치나 관계를 나타내는 것을 말하는데 대상물들의 모양, 이웃하고 있는 대상물들 사이의 위치적인 관계, 대상물들의 포함관계를 정하는 것이라고 할 수 있다. Naver나 Daum과 같은 포털사이트의 인터넷지도서비스에서 경로탐색을 가능한 이유는 위상구조화작업이 되어 있기 때문이다.

13. 공간정보분야와 관련한 용어 중에서 "I"의 의미가 다른 것은?

① GIS   ② KLIS
③ ITS   ④ LMIS

① GIS : Geographic Information System
② KLIS : Korea Land Information System
③ ITS : Intelligent Transportation System
④ LMIS : Land Management Information System

14. 지적재조사사업에 대한 설명으로 옳지 않은 것은?

① 토지의 실제 현황과 일치하지 아니하는 지적공부의 등록사항을 바로 잡는다.
② 도로와 건물 등에 도로명 및 건물번호를 부여한다.
③ 종이에 구현된 지적을 디지털지적으로 전환한다.
④ 국토를 효율적으로 관리함과 아울러 국민의 재산권 보호에 기여함을 목적으로 한다.

지적재조사사업은 토지의 실제 현황과 일치하지 아니하는 지적공부의 등록사항을 바로 잡고 종이에 구현된 지적을 디지털지적으로 전환함으로써 국토를 효율적으로 관리함과 아울러 국민의 재산권 보호에 기여함을 목적으로 한다.

15. 부동산종합공부시스템 운영 및 관리규정상 전산처리결과를 부동산종합공부시스템을 통하여 전산자료관리책임관에게 확인을 받아야 할 사항이 아닌 것은?

① 개인정보조회현황
② 대지권등록부의 지분비율정리결과
③ 오기정정처리결과
④ 개별공시지가 정정현황

사용자는 전산처리결과의 확인과 수작업처리현황의 전산입력이 완료된 때에는 지적업무정리상황자료를 처리하고 다음 각 호의 전산처리결과를 부동산종합정보시스템을 통하여 전산자료관리책임관에게 확인을 받아야 한다.

정답   12. ①   13. ③   14. ②   15. ④

일일마감 확인	내 용
토지이동정리	1. 토지이동 일일처리현황(미정리내역 포함) 2. 토지이동 일일정리결과
소유자정리	1. 소유권변동 일일처리현황 2. 토지·임야대장의 소유권변동정리결과 3. 공유지연명부의 소유권변동정리결과 4. 대지권등록부의 소유권변동정리결과
기타	1. 대지권등록부의 지분비율정리결과 2. 오기정정처리결과 3. 도면처리 일일처리내역 4. 개인정보조회현황 5. 창구민원처리현황 6. 지적민원 수수료 수입현황 7. 등본교부발급현황 8. 정보이용승인요청서 처리현황 9. 측량성과검사현황

16. 공간정보의 구축 및 관리 등에 관한 법률상 용어에 대한 설명으로 옳지 않은 것은?

① 지적공부는 정보처리시스템을 통하여 기록·저장된 도면을 포함한다.

② 지도에는 수치지형도는 포함되나 수치주제도는 포함되지 않는다.

③ 축척변경이란 작은 축척을 큰 축척으로 변경하여 등록하는 것을 말한다.

④ 필지란 대통령령으로 정하는 바에 따라 구획되는 토지의 등록단위이다.

 지도란 측량결과에 따라 공간상의 위치와 지형 및 지명 등 여러 공간정보를 일정한 축척에 따라 기호나 문자 등으로 표시한 것을 말하며, 정보처리시스템을 이용하여 분석, 편집 및 입력·출력할 수 있도록 제작된 수치지형도(항공기나 인공위성 등을 통하여 얻은 영상정보를 이용하여 제작하는 정사영상지도(正射映像地圖)를 포함한다)와 이를 이용하여 특정한 주제에 관하여 제작된 지하시설물도·토지이용현황도 등 대통령령으로 정하는 수치주제도(數値主題圖)를 포함한다.

17. 공간정보의 구축 및 관리 등에 관한 법률 시행령상 지적전산자료를 활용한 정보화사업에 포함되지 않는 것은?

① 토지대장, 임야대장의 전산화업무

② 지적도·임야도의 계획을 위한 기록·저장 업무

③ 지형·지물 변동사항 등록을 위한 정보처리시스템 구축업무

④ 연속지적도, 도시개발사업의 계획을 위한 기록·저장 업무

해설 지적전산자료를 활용한 정보화사업

1. 지적도·임야, 연속지적도, 도시개발사업 등의 계획을 위한 지적도 등의 정보처리시스템을 통한 기록·저장 업무

2. 토지대장, 임야대장의 전산화업무

18. GIS에서 이루어지는 자료분석 중에서 주로 속성자료를 대상으로 하는 것은?

① 경계정합(edge matching) 　② 세선화(thinning)

③ 질의(query)　　　　　　 ④ 면적분할(tiling)

 1. **속성자료분석** : 질의, 분류, 일반화

2. **도형자료분석** : 경계정합, 면적분할, 좌표삭감, 동형화

19. 부동산종합공부시스템 운영 및 관리규정상 부동산종합정보시스템에서 제공할 수 있는 공간 및 속성 자료의 종류에 해당하지 않는 것은?

① 용도 지역·지구도　　　　② 건물통합정보 연속지적도

③ 개별주택가격　　　　　　④ 개발이익추정금

 부동산종합정보시스템에서 제공할 수 있는 자료의 종류

1. 지적전산자료

2. 용도 지역·지구도, 건물통합정보, 연속지적도 등의 공간자료

3. 개별공시지가, 개별주택가격 등의 속성자료

20. 지적원도 데이터베이스 구축 작업기준상 도면데이터베이스의 전환이 완료되면 도면 및 속성 정보의 현황을 파악하여야 한다. 이 경우 현황파악대상이 아닌 것은?

① 중복지번수, 무지번수 현황　　② 토지소유자의 소유현황통계

③ 좌표계산에 의한 면적통계　　 ④ 지적기준점통계

 도면데이터베이스의 전환이 완료되면 다음 각 호의 도면 및 속성 정보의 현황을 파악하여야 한다.

1. 폴리곤, 지번, 지목, 도면번호의 개수

2. 중복지번수, 무지번수 현황

3. 좌표계산에 의한 면적통계

4. 일람도 및 행정구역 통계

5. 지적기준점통계

정답　18. ③　19. ④　20. ②

01. 지적전산화의 목적으로 옳지 않은 것은?

① 국가기준점과 수치지형도의 체계적인 관리와 신속한 갱신
② 공공계획의 수립에 필요한 정보제공
③ 토지정보의 수요에 대한 신속한 제공
④ 관련 정보와의 효율적인 연계

> **해설** 지적전산화의 목적
> 1. 토지정보의 수요에 대한 신속한 정보제공
> 2. 공공계획의 수립에 필요한 정보제공
> 3. 행정자료구축과 행정업무에 이용
> 4. 다른 정보자료 등과의 연계
> 5. 민원인에 대한 신속한 대처

02. 지적전산의 구성요소에 대한 설명으로 옳지 않은 것은?

① 자료 : 지적전산의 핵심요소이며 크게 도면과 대장자료로 분류된다.
② 인적자원 : 지적정보시스템의 설계 · 관리와 데이터베이스의 구축 · 활용 인력을 제외한 모든 인력을 말한다.
③ 하드웨어 : 지적정보시스템을 운용하는 데 필요한 작업장치로 입력 · 저장 · 출력에 필요한 장비이다.
④ 소프트웨어 : 정보를 처리하는 지원도구로서 운영프로그램과 지적사무프로그램으로 분류된다.

> **해설** 인적자원은 지적정보시스템를 구성하는 가장 중요한 요소로서 데이터를 구축하고 실제 업무에 활용하는 사람을 말한다. 시스템을 설계하고 관리하는 전문인력과 일상업무에 GIS를 활용하는 사용자를 모두 포함한다.

03. 다음 중 도형정보만을 모두 나열한 것은?

① 지적도, 임야도, 연속지적도
② 임야도, 토지대장, 연속지적도
③ 임야대장, 지적도, 경계점좌표등록부
④ 대지권등록부, 공유지연명부, 경계점좌표등록부

 도형정보(공간정보)

1. 공간정보란 점, 선, 면과 같이 위치, 형태, 크기, 방위 등을 가지고 있는 정보를 말한다.
2. 객체 간의 공간적 위치관계를 설명할 수 있는 공간관계(spatial relationship)를 갖는다.
3. 대상물들의 거리, 방향, 상대적 위치 등을 파악할 수 있게 한다.
4. 지적공부 중 지적도와 임야도, 연속지적도가 이에 해당하며, 경계점좌표등록부에 등록되는 좌표도 공간정보로 취급된다.

04. 다음 중 지적정보의 구축 및 운영을 위해 개발한 지적업무시스템만을 모두 나열한 것은?

① PBLIS, NGIS, LMIS
② 지적행정시스템, PBLIS, KLIS
③ LMIS, 지적행정시스템, LBS
④ KLIS, LBS, NGIS

 지적전산소프트웨어 : 지적행정시스템, 필지중심토지정보시스템(PBLIS), 한국토지정보시스템(KLIS), 부동산종합공부시스템

05. 지적원도 데이터베이스 구축 작업기준상 지적원도이미지파일 제작에 사용되는 자동독취기(스캐너)의 정밀도와 광학해상도의 규격은?

	정밀도	광학해상도		정밀도	광학해상도
①	0.3mm 이상,	2,000DPI 이상	②	0.1mm 이상,	2,000DPI 이상
③	0.3mm 이상,	1,000DPI 이상	④	0.1mm 이상,	1,000DPI 이상

 지적원도이미지파일 제작에 사용되는 자동독취기(스캐너)의 규격은 다음의 기준에 따른다.

1. **형식** : 평판밀착스캔방식
2. **정밀도** : 0.1mm 이상
3. **광학해상도** : 2,000DPI 이상
4. **스캔유효범위** : 지적원도규격 이상

06. 공간정보의 구축 및 관리 등에 관한 법률상 토지의 표시와 소유자에 관한 사항, 건축물의 표시와 소유자에 관한 사항, 토지의 이용 및 규제에 관한 사항, 부동산의 가격에 관한 사항 등 부동산에 관한 종합정보를 정보관리체계를 통하여 기록·저장한 것은?

① 지적종합공부
② 부동산종합정보관리체계
③ 부동산종합공부
④ 부동산종합전산자료

 부동산종합공부란 토지의 표시와 소유자에 관한 사항, 건축물의 표시와 소유자에 관한 사항, 토지의 이용 및 규제에 관한 사항, 부동산의 가격에 관한 사항 등 부동산에 관한 종합정보를 정보관리체계를 통하여 기록·저장한 것을 말한다.

07. 위상구조(Topology)를 이용한 공간관계의 분석에 해당하지 않는 것은?

① 인접성(Adjacency)
② 연결성(Connectivity)
③ 포함성(Containment)
④ 이방성(Anisotropy)

 위상구조는 각 공간객체 사이의 관계를 인접성, 연결성, 포함성 등의 관점에서 묘사된다.

08. 데이터베이스관리시스템(DBMS)의 장점에 대한 설명으로 옳지 않은 것은?

① 데이터에 대한 접근성 및 신뢰도가 파일처리방식에 비해 향상되었다.
② 데이터 중복의 최소화가 가능하다.
③ 데이터를 응용시스템으로부터 독립시켜 운영할 수 있다.
④ 데이터가 분산되어 저장되기 때문에 손실가능성이 없다.

 DBMS(Date Base Management System : 데이터베이스관리시스템)는 파일시스템의 문제점을 해결하기 위해 등장하였으며, 여러 곳에 흩어져 있는 자료를 한 곳에 모아두고 그 데이터들을 응용프로그램이 접근하기 위해 통과해 주도록 해주는 중간 매개체시스템을 말한다.

09. 기존 데이터베이스관리도구로 데이터를 수집, 저장, 관리, 분석할 수 있는 역량을 넘어서는 대량의 정형 또는 비정형 데이터집합과 이러한 데이터로부터 가치를 추출하고 결과를 분석하는 기술은?

① 데이터전송(Data transfer)　　　　② 빅데이터(Big data)
③ 데이터웨어하우징(Data warehousing)　　④ 데이터마트(Data mart)

 빅데이터란 기존 데이터베이스관리도구로 데이터를 수집, 저장, 관리, 분석할 수 있는 역량을 넘어서는 대량의 정형 또는 비정형 데이터집합 및 이러한 데이터로부터 가치를 추출하고 결과를 분석하는 기술을 의미한다.

10. 지적원도 데이터베이스 구축 작업기준상 연속지적원도 제작을 위한 도면접합은 지적원도의 전체 현황을 파악하여 일반원칙에 따라 작업하여야 한다. 다음 중 일반원칙으로 옳지 않은 것은?

① 도면접합은 도곽을 기준으로 접합하는 것을 원칙으로 하며, 접합대상필지는 형태와 면적의 변화를 최소화한다.
② 서로 다른 축척 간의 접합 시 소축척의 필지경계선을 기준으로 접합처리한다.
③ 소면적 필지경계를 우선하여 접합한다.
④ 지번과 필지의 중복 및 누락이 발생한 경우에는 자료조사를 실시한 후 발주기관과 협의하여 처리하고 연속지적원도처리방안기록부에 기록한다.

 도면접합은 지적원도의 전체 현황을 파악하여 다음과 같은 일반원칙에 따라 작업하여야 한다.
1. 도면접합은 도곽을 기준으로 접합하는 것을 원칙으로 하며, 접합대상필지는 형태와 면적의 변화를 최소화한다.
2. 서로 다른 축척 간의 접합 시 대축척의 필지경계선을 기준으로 접합처리한다.
3. 소면적 필지경계를 우선하여 접합한다.
4. 도곽선 주위의 폐합된 필지경계를 우선하여 접합처리한다.
5. 지번과 필지의 중복 및 누락이 발생한 경우에는 자료조사를 실시한 후 발주기관과 협의하여 처리하고 연속지적원도처리방안기록부에 기록한다.

11. 벡터데이터 구조의 일반적 특성에 대한 설명으로 옳지 않은 것은?

① 복잡한 현실 세계의 묘사가 가능하다.

② 좌표를 이용하여 공간객체를 저장한다.

③ 래스터보다 구조가 단순하여 중첩분석이 쉽다.

④ 위상관련 정보가 제공되어 네트워크분석이 가능하다.

 벡터자료의 장단점

장 점	단 점
1. 복잡한 현실 세계의 묘사가 가능하다.	1. 자료구조가 복잡하다.
2. 압축된 자료구조를 제공하므로 데이터 용량의 축소가 용이하다.	2. 여러 레이어의 중첩이나 분석에 기술적으로 어려움이 수반된다.
3. 위상에 관한 정보가 제공되므로 관망분석과 같은 다양한 공간분석이 가능하다.	3. 각각의 그래픽 구성요소는 각기 다른 위상구조를 가지므로 분석에 어려움이 크다.
4. 그래픽의 정확도가 높고 그래픽과 관련된 속성정보의 추출, 일반화, 갱신 등이 용이하다.	4. 일반적으로 값비싼 하드웨어와 소프트웨어가 요구되므로 초기비용이 많이 든다.

12. 다음 중 래스터데이터를 저장하는 데 사용하는 파일형식만을 모두 나열한 것은?

① DXF, DLG, SHP

② TIFF, DWG, BMP

③ GIF, TIFF, JPEG

④ TIGER, TIFF, JPEG

 1. 벡터파일형식 : Shape, Coverage, CAD, DLG, VPF, TIGER

2. 래스터파일형식 : TIFF, GeoTIFF, BMP, JPG, PNG, GIF, DEM

13. 메타데이터에 대한 설명으로 옳지 않은 것은?

① 메타데이터는 데이터에 대한 데이터의 개념이다.

② 메타데이터에는 데이터의 품질, 공간참조체계, 공간데이터의 구성 등이 포함될 수 있다.

③ 메타데이터는 공간정보의 변경에 따라 수정과 갱신이 가능하다.

④ 공간정보사용자는 메타데이터에 접근할 수 없다.

메타데이터의 특징

1. 데이터의 기본체계를 유지함으로써 시간과 관계없이 일관성 있는 데이터를 제공할 수 있다.

2. 데이터를 목록화(Indexing)하기 때문에 사용에 편리한 정보를 제공한다.

3. 정보공유의 극대화를 도모하며 데이터의 교환을 원활히 지원하기 위한 틀을 제공한다.

4. DB구축과정에 대한 정보를 관리하는 내부 메타데이터와 구축DB를 외부에 공개하는 외부 메타데이터로 구분한다.

5. 최근에는 데이터에 대한 목록을 체계적이고 표준화된 방식으로 제공함으로써 데이터의 공유화를 촉진시킨다.

6. 대용량의 공간데이터를 구축하는 데 비용과 시간을 절감할 수 있다.

7. 데이터의 특성과 내용을 설명하는 일종의 데이터로서 데이터의 양이 방대하다.

정답   11. ③   12. ③   13. ④

14. 공간정보의 구축과정에서 발생하는 Overshoot/Undershoot, Spike, Sliver의 오류와 관련 있는 작업은?

① 고해상도 인공위성영상의 전처리
② 항공사진영상을 이용한 정사영상 제작
③ 벡터데이터의 입력 및 편집
④ 항공라이다데이터를 이용한 수치표고모델 생성

 벡터데이터의 입력 및 편집 시 발생하는 오류

구 분	내 용
오버숏 (Overshoot)	다른 아크(도곽선)와의 교점을 지나서 디지타이징된 아크의 한 부분을 말한다.
언더숏 (Undershoot)	언더숏(기준선 미달오류)은 도곽선상에 인접되어야 할 선형요소가 도곽선에 도달하지 못한 경우를 말한다. 다른 선형요소와 완전히 교차되지 않은 선형을 말한다.
스파이크 (Spike)	교차점에서 두 개의 선분이 만나는 과정에서 잘못된 좌표가 입력되어 발생하는 오차이다.
슬리버 (Sliver)	하나의 선으로 입력되어야 할 곳에서 두 개의 선으로 약간 어긋나게 입력되어 가늘고 긴 불필요한 폴리곤을 형성한 상태를 말한다.
점·선 중복 (Overlapping)	주로 영역의 경계선에서 점·선이 이중으로 입력되어 발생하는 오차로 중복된 점·선을 삭제함으로서 수정이 가능하다.

15. 래스터데이터의 압축기법 중 영역의 경계를 그 시작점과 방향에 대한 단위벡터로 표시하며 압축효율이 높으나 객체 간의 경계 부분이 이중으로 입력되는 방식은?

① Run-length Code ② Quadtree
③ Block Code ④ Chain Code

체인코드기법

1. 대상지역에 해당하는 격자들의 연속적인 연결상태를 파악하여 동일한 지역의 정보를 제공하는 방법이다.
2. 어떤 개체의 경계선을 그 시작점에서부터 동서남북방향으로 4방 혹은 8방으로 순차진행하는 단위벡터를 사용하여 표현하는 방법이다.
3. 압축에 매우 효과적이며 면적과 둘레의 계산 등을 쉽게 할 수 있다.

16. 지적자료의 벡터라이징(Vectorizing)에 대한 설명으로 옳지 않은 것은?

① 래스터로 저장된 필지경계선을 벡터형태로 추출하는 것을 말한다.
② 종이로 된 지적도면을 스캐닝(Scanning)하는 과정을 의미한다.
③ 후처리단계에서 경계선의 중복이나 단절과 같은 오류를 수정해야 한다.
④ 자동방식보다는 반자동방식이 많이 사용된다.

벡터라이징은 스캐닝한 이미지를 벡터방식으로 변환하는 과정을 말한다.

17. 부동산종합공부시스템 운영 및 관리규정상 정보관리체계의 구성으로 옳은 것은?

① 국토정보시스템과 부동산종합공부시스템
② 토지정보시스템과 부동산종합공부시스템
③ 국토정보시스템과 부동산공부관리시스템
④ 국토행정시스템과 부동산거래관리시스템

해설 부동산종합공부시스템 운영 및 관리규정상 정보관리체계의 구성
1. **국토정보체계** : 국토교통부장관이 지적공부 및 부동산종합공부 정보를 전국단위로 통합하여 관리 · 운영하는 시스템을 말한다.
2. **부동산종합공부시스템** : 지방자치단체가 지적공부 및 부동산종합공부 정보를 전자적으로 관리 · 운영하는 시스템을 말한다.

18. 벡터데이터 모델에 대한 설명으로 옳지 않은 것은?

① 점은 1차원이다.
② 점은 하나의 좌표를 가진다.
③ 선은 노드(Node)와 버텍스(Vertex)로 구성된다.
④ 면은 최소 세 개의 선에 의해 폐합된다.

해설 점(point)
1. 점은 차원이 존재하지 아니하며 대상물에 지점 및 장소를 나타내며, 심벌(기호)을 이용하여 공간형상을 표현한다.
2. 하나의 노드로 구성되어 있고, 노드의 위치값으로 점사상의 위치좌표를 표현한다.
3. 거리와 폭의 개념이 존재하지 아니한다.
4. 축척에 따라 다양한 공간객체가 점사상으로 표현될 수 있다.
5. X, Y를 이용하여 공간위치를 나타내며 지적기준점(지적삼각점, 지적삼각보조점, 지적도근점), 건물 등을 나타내는데 효과적이다.

19. 데이터베이스모형에 대한 설명으로 옳지 않은 것은?

① 계층형은 트리(Tree)구조를 가지고 있다.
② 네트워크형은 계층형의 개량형으로 하나의 객체가 여러 개의 부모레코드와 자식레코드를 가질 수 있는 구조이다.
③ 관계형은 객체지향형의 단점을 보완한 것으로 복잡한 객체로 구성된 현실 세계를 재현하는 데 효과적이다.
④ 객체지향형은 객체지향프로그래밍기술을 데이터베이스에 적용시킨 것이다.

해설 객체지향형 데이터베이스관리체계(OODBMS)는 관계형 데이터베이스모형의 단점을 보완하기 위해 객체개념을 데이터베이스에 도입한 것으로 복잡한 관계를 가진 데이터들을 효과적으로 표현하는데 용이하여, 특히 공학분야의 데이터와 멀티미디어데이터를 표현하기에 적합하다.

  📝 **정답** 17. ① 18. ① 19. ③

20. SQL명령어 중 데이터베이스 사용자가 응용프로그램이나 질의어를 통하여 저장된 데이터를 실질적으로 처리하는 데 사용하는 언어(DML)에 해당하지 않는 것은?

① ALTER ② UPDATE

③ DELETE ④ INSERT

 데이터언어

데이터언어	종 류
정의어(DDL)	생성 : CREATE, 주소변경 : ALTER, 제거 : DROP
조작어(DML)	검색 : SELECT, 삽입 : INSERT, 삭제 : DELETE, 갱신 : UPDATE
제어어(DCL)	권한부여 : GRANT, 권한해제 : REVOKE, 데이터 변경완료 : COMMIT, 데이터 변경취소 : ROLLBACK

01. 주소 기반의 지오코딩을 위해 주소매칭용 참조자료로 활용할 수 있는 자료가 아닌 것은?

① 연속지적도   ② 행정구역도

③ 수치표고모형자료   ④ 도로명주소자료

지오코딩은 주소를 지리적 좌표(경도, 위도, xy)로 변환하는 프로세스로, 이 지리적 좌표를 사용하여 위치아이콘을 표시하거나 지도를 배치할 수 있다. 주소 기반의 지오코딩을 위해 주소매칭용 참조자료로 활용할 수 있는 자료로는 연속지적도, 행정구역도, 도로명주소자료 등이 있으며, 수치표고모형자료는 표고값을 담고 있기 때문에 활용할 수 없다.

02. 공간데이터의 메타데이터에 대한 설명으로 옳지 않은 것은?

① 공간데이터에 대한 데이터를 의미한다.

② 공간데이터의 공유를 촉진한다.

③ 공간데이터 데이터베이스의 보안을 유지하는 데 기여한다.

④ 투영법, 좌표계, 작성자 등의 요소가 포함된다.

메타데이터(metadata)

1. 데이터의 기본체계를 유지함으로써 시간과 관계없이 일관성 있는 데이터를 제공할 수 있다.
2. 데이터를 목록화(indexing)하기 때문에 사용에 편리한 정보를 제공한다.
3. 정보공유의 극대화를 도모하며 데이터의 교환을 원활히 지원하기 위한 틀을 제공한다.
4. DB 구축과정에 대한 정보를 관리하는 내부 메타데이터와 구축DB를 외부에 공개하는 외부 메타데이터로 구분한다.
5. 최근에는 데이터에 대한 목록을 체계적이고 표준화된 방식으로 제공함으로써 데이터의 공유화를 촉진시킨다.
6. 대용량의 공간데이터를 구축하는 데 비용과 시간을 절감할 수 있다.
7. 데이터의 특성과 내용을 설명하는 일종의 데이터로서 데이터의 양이 방대하다.
8. 데이터의 직접적인 접근이 용이하지 않을 경우 데이터를 참조하기 위한 보조데이터로서 많이 사용한다.

03. 전 지구적 위성항법체계(GNSS)와 그 운영주체의 연결이 옳지 않은 것은?

① NAVSTAR GPS – 미국   ② COMPASS – 유럽연합

③ GLONASS – 러시아   ④ BEIDOU – 중국

GNSS(Global Navigation Satellite System)

소유국	시스템명	목 적	운용연도	운영궤도	위성수
미국	GPS	전 지구 위성시스템	1995	중궤도	31
러시아	GLONASS	전 지구 위성시스템	2011	중궤도	24
EU	Galileo	전 지구 위성시스템	2012	중궤도	30
중국	COMPASS	전 지구 위성시스템	2011	중궤도	30

정답   1. ③   2. ③   3. ②

04. 벡터데이터와 래스터데이터에 대한 설명으로 옳지 않은 것은?

① 벡터데이터는 래스터데이터에 비해 복잡한 현실 세계에 대한 묘사를 더 정확히 할 수 있다.
② 래스터데이터는 벡터데이터에 비해 속성값을 다양하게 부여할 수 있다.
③ 벡터데이터는 래스터데이터에 비해 일반적으로 중첩분석이 어렵다.
④ 래스터데이터는 벡터데이터에 비해 일반적으로 데이터양이 많다.

 벡터데이터와 래스터데이터의 비교

비교항목		래스터자료	벡터자료
특징	데이터 형식	정사각형으로 일정함	임의로 가능
	정밀도	격자간격에 의존	기본도에 의존
	도형표현방법	면으로 표현	점, 선, 면으로 표현
	속성데이터	속성데이터를 면으로 표현	점, 선, 면을 각각 도형정보와 결합
	도형처리기능	면을 이용한 도형처리	점, 선, 면을 이용한 도형처리
데이터	데이터 구조	단순한 데이터 구조	복잡한 자료구조
	데이터양	일반적으로 데이터양이 많다.	데이터의 양이 적을 수 있다.
지도 표현	지도표현	격자간격에 의존하지만 벡터형 지도와 비교하면 거칠게 표현된다.	기본도 축척에 의존하지만 정확히 표현할 수 있다.
	지도축척	지도를 확대하면 격자가 커지기 때문에 형상구조를 인식할 수 없음	지도를 확대하여도 형상이 변하지 않는다.
가공 처리	공간해석	도화데이터와 원격탐사데이터의 중첩 및 조합이 쉽다.	고도의 프로그램이 필요하다.
	시뮬레이션	각 단위의 크기가 균일할 때 시뮬레이션이 쉽다.	위상구조를 가진 것은 시뮬레이션이 곤란하다.
	네트워크해석	네트워크결합은 곤란하다.	네트워크연결에 의한 지리적 요소의 연결을 표현할 수 있다.

05. 지적공부 세계측지계 변환규정상 공통점을 이용한 2차원 헬머트(Helmert) 변환모델이 변환구역에 적합하지 않아 별도의 사업지구단위로 변환할 경우 사용하는 방법으로 옳지 않은 것은?

① 7매개변수변환방법
② 현형변환방법
③ 평균편차조정방법
④ 좌표재계산방법

 지적공부 세계측지계 변환규정

제13조(변환방법) ① 제10조에 의해 결정된 공통점을 이용하여 2차원 헬머트(Helmert) 변환모델의 변환계수를 산출하고 제12조에 의하여 결정된 변환구역을 대상으로 변환한다.

② 제1항의 공통점을 이용한 변환방법이 변환구역변환에 적합하지 않는 경우에는 평균편차조정방법, 현형변환방법 및 좌표재계산방법으로 변환할 수 있다.

06. GNSS에 의한 지적측량규정상 기선해석성과를 기준으로 관측점의 세계좌표를 조정계산에 의
해 결정할 때 사용하는 고정점으로 옳지 않은 것은?

① 정확한 세계좌표를 알고 있는 지적측량기준점
② 수준점
③ 위성기준점
④ 통합기준점

 GNSS에 의한 지적측량규정

제13조(세계좌표의 계산) 관측점의 세계좌표는 제10조의 규정에 의한 기선해석성과를 기준으로 조
정계산에 의해 결정하되, 조정계산은 다음 각 호의 기준에 의한다.
1. 고정점은 위성기준점, 통합기준점 또는 정확한 세계좌표를 알고 있는 지적측량기준점으로 할 것
2. 계산방법은 기선해석에 사용하는 소프트웨어에서 정한 방법에 의할 것

07. 지적 및 부동산 관련 정보체계에 대한 설명으로 옳지 않은 것은?

① 필지중심토지정보시스템은 일필지를 중심으로 건물, 도시계획 등 형상과 관련된 도면정보
와 이들과 연결된 각종 속성정보를 효과적으로 저장, 관리, 처리할 수 있는 시스템이다.
② 부동산종합공부시스템이란 국토교통부장관이 지적공부 및 부동산종합공부 정보를 전자적
으로 관리 · 운영하는 시스템이다.
③ 토지관리정보시스템은 지형도, 지적도, 용도지역지구도면 등을 공간데이터베이스로 구축
하여 각종 토지행정업무를 수행하는 것이 목적이다.
④ 한국토지정보시스템의 구현방향은 3계층 클라이언트/서버구조이다.

부동산종합공부스시템 운영 및 관리규정

제2조(정의) 이 규정에서 사용하는 용어의 정의는 다음과 같다.
1. "정보관리체계"란 지적공부 및 부동산종합공부의 관리업무를 전자적으로 처리할 수 있도록 설
치된 정보시스템으로서, 국토교통부가 운영하는 "국토정보시스템"과 지방자치단체가 운영하는
"부동산종합공부시스템"으로 구성된다.
2. "국토정보시스템"이란 국토교통부장관이 지적공부 및 부동산종합공부 정보를 전국단위로 통합
하여 관리 · 운영하는 시스템을 말한다.
3. "부동산종합공부시스템"이란 지방자치단체가 지적공부 및 부동산종합공부 정보를 전자적으로
관리 · 운영하는 시스템을 말한다.
4. "운영기관"이란 부동산종합공부시스템이 설치되어 이를 운영하고 유지관리의 책임을 지는 지
방자치단체를 말하며, 영문표기는 "Korea Real estate Administration intelligence
System"으로 "KRAS"로 약칭한다.
5. "사용자"란 부동산종합공부시스템을 이용하여 업무를 처리하는 업무담당자로서 부동산종합공
부시스템에 사용자로 등록된 자를 말한다.
6. "운영지침서"란 국토교통부장관이 부동산종합공부시스템을 통한 업무처리의 절차 및 방법에
대하여 체계적으로 정한 지침으로서 '운영자 전산처리지침서'와 '사용자 업무처리지침서'를 말
한다.

정답 6. ② 7. ②

08. 지적원도 데이터베이스 구축 작업기준상 지적원도 데이터베이스에는 여러 종류의 전산파일이 저장된다. 모든 전산파일의 명칭에 포함되는 것은?

① 약어 ② 파일번호
③ 축척 ④ 행정코드

 작업파일명 부여기준

파일구분	이름(약어)	파일명
지적원도_이미지	img(없음)	행정코드(10)+축척(2)+파일번호(3)
지적원도_수치파일	ont(O)	약어+행정코드(10)+축척(2)+파일번호(3)
지적원도_보정파일	pnt(P)	약어+행정코드(10)+축척(2)+파일번호(3)
연속지적_접합준비도	pyt(J)	약어+행정코드
연속지적_접합성과도	pyt(T)	약어+행정코드
연속지적	cbnd(C)	약어+행정코드
일람도	inx(I)	약어+행정코드(10)+축척(2)
행정경계_동 · 리 · 정	ri(H)	약어+행정코드(10)
행정경계_읍 · 면	emd(H)	약어+행정코드(8)
행정경계_부 · 군	sgg(H)	약어+행정코드(5)
행정경계_도	sd(H)	약어+행정코드(2)
지적측량기준점	cp	cp+행정코드

※ 행정코드의 경우 모든 전산파일의 파일명에 포함된다.

09. 일반적인 지도와는 달리 공간적 형태를 특정 목적으로 나타내기 위해 왜곡하여 표현하는 도면은?

① 단계구분도(choropleth map)
② 히스토그램(histogram)
③ 카토그램(cartogram)
④ 베리오그램(variogram)

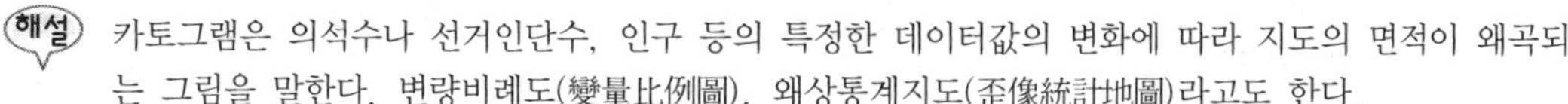 카토그램은 의석수나 선거인단수, 인구 등의 특정한 데이터값의 변화에 따라 지도의 면적이 왜곡되는 그림을 말한다. 변량비례도(變量比例圖), 왜상통계지도(歪像統計地圖)라고도 한다.

10. 지적원도 데이터베이스 구축 작업기준상 지적원도 데이터베이스 구축 시 이미지파일 제작에 사용되는 자동독취기의 규격에 대한 설명으로 옳지 않은 것은?

① 정밀도는 0.1mm 이상이다.
② 광학해상도는 2,000DPI 이상이다.
③ Line 정확도는 ±0.2% 이상이다.
④ 독취형식은 평판밀차스캔방식이다.

 지적원도 데이터베이스 구축 작업기준

제4조(사용장비) ① 지적원도 이미지파일 제작에 사용되는 자동독취기(스캐너)의 규격은 다음 각 호의 기준에 따른다.

1. 형식 : 평판밀착스캔방식

2. 정밀도 : 0.1mm 이상

3. 광학해상도 : 2,000DPI 이상

4. 스캔유효범위 : 지적원도 규격 이상

② 수치파일 검수도면 출력에 사용하는 출력장치의 정밀도, 성능 및 기능은 다음 각 호의 기준에 따른다.

1. 출력유효범위 : 600×900mm(A1) 이상

2. 최소선굵기 : 0.04mm 이상

3. Line 정확도 : ±0.1%

4. 인쇄해상도 : 2,400×1,200DPI 이상

5. 용지공급 : 롤, 낱장공급, 자동절단 등

6. 용지의 종류 : 백상지, 트레싱지, 필름지

11. 다음 그림의 칠한 부분은 지적필지에 디지타이징으로 도면을 독취하는 과정에서 발생한 오류이다. 이 오류는?

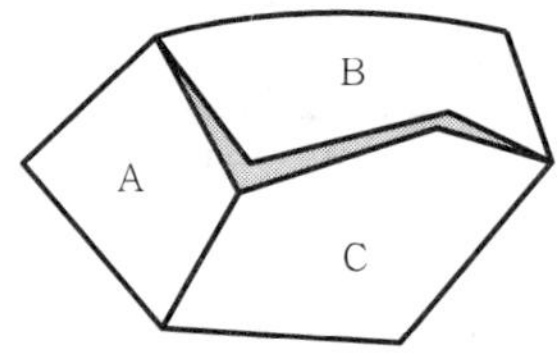

① 스파이크(spike) ② 슬리버(sliver)

③ 언더슛(undershoot) ④ 오버슛(overshoot)

 디지타이징에 의한 도면독취과정에서의 오차

구 분	내 용
오버슛 (overshoot)	다른 아크(도곽선)와의 교점을 지나서 디지타이징된 아크의 한 부분을 말한다.
언더슛 (undershoot)	언더슛(기준선 미달오류)은 도곽선상에 인접되어야 할 선형요소가 도곽선에 도달하지 못한 경우를 말한다. 다른 선형요소와 완전히 교차되지 않은 선형을 말한다.
스파이크 (spike)	교차점에서 두 개의 선분이 만나는 과정에서 잘못된 좌표가 입력되어 발생하는 오차를 말한다.
슬리버 (sliver)	하나의 선으로 입력되어야 할 곳에서 두 개의 선으로 약간 어긋나게 입력되어 가늘고 긴 불필요한 폴리곤을 형성한 상태를 말한다.
점·선 중복 (overlapping)	주로 영역의 경계선에서 점·선이 이중으로 입력되어 발생하는 오차로 중복된 점·선을 삭제함으로서 수정이 가능하다.

12. 도형정보를 지적정보로 입력하기 위해 디지타이저를 사용하는 경우에 대한 설명으로 옳지 않은 것은?

① 레이어별로 나누어 입력할 수 있어 데이터베이스 구축이 효율적이다.
② 결과물이 래스터데이터로서, GIS에서 사용하기 위해서는 벡터데이터로 변환해야 한다.
③ 경계선이 복잡할 경우 정확히 입력하기가 어려운 단점이 있다.
④ 공간데이터를 수작업으로 입력하는 장치로 단순 도형 입력 시에는 비효율적이다.

1. 디지타이저와 스캐너의 비교

구 분	스캐너	디지타이저
입력방식	자동방식	수동방식
결과물	래스터	벡터
비용	고가	저렴
시간	신속	시간이 많이 소요
도면상태	영향을 받음	영향을 적게 받음

2. 디지타이저 : 테이블 위에 컴퓨터와 연결된 마우스를 이용하여 필요한 주제(도로, 하천 등)의 형태를 컴퓨터에 입력시키는 것으로서 지적도면과 같은 자료를 수동으로 입력할 수 있으며, 대상물의 형태를 따라 마우스를 움직이면 XY좌표가 자동적으로 기록된다. 결과물은 벡터이다.

13. 지적 및 부동산 관련 시스템 중에서 가장 최근에 개발되어 활용되고 있는 것은?

① 부동산종합공부시스템   ② 지적행정시스템
③ 한국토지정보시스템   ④ 필지중심토지정보시스템

지적전산의 변천

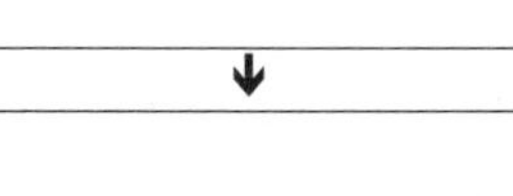

필지중심토지정보시스템 (PBLIS) →
- 개발계획 수립 : 1994년 12월
- 개발계획 착수 : 1996년 8월
- 실험사업대상지구 선정(1996년) : 경남 창원시
- 개발완료 : 2000년 11월
- 시범운영기관 선정(2001년 7월) : 경기도 일산구
- 2002년 5월부터 11월 말까지 전국적 확산

지적행정시스템 →
- 토지에 관련된 정보를 조사·측량하여 작성한 지적공부(토지대장·임야대장·공유지연명부·대지권등록부·경계점좌표등록부)를 전산으로 등록·관리하는 시스템으로 하드웨어와 소프트웨어 및 전산자료로 이루어진다.

한국토지정보시스템 (KLIS) →
- 필지중심토지정보시스템(PBLIS)과 건설교통부의 토지관리정보시스템(LMIS)을 보완하여 하나의 시스템으로 통합 구축
- 토지대장의 문자(속성)정보를 연계 활용하는 방안을 강구
- 3계층 클라이언트/서버(3-Tiered client/server) 아키텍처를 기본구조로 개발하기로 합의

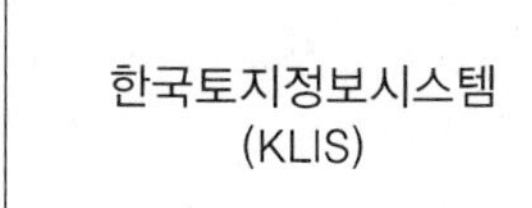

부동산종합공부시스템 (2014년 도입) →
- 토지의 표시와 소유자에 관한 사항, 건축물의 표시와 소유자에 관한 사항, 토지의 이용 및 규제에 관한 사항, 부동산의 가격에 관한 사항 등 부동산에 관한 종합정보를 정보관리체계를 통하여 기록·저장한 것

정답 12. ②   13. ①

14. 객체지향데이터베이스의 설명으로 옳지 않은 것은?

① 객체의 속성과 행위가 함께 정의된다.
② 상속성, 캡슐화, 다형성의 특징이 있다.
③ 확장성과 재사용성이 높다.
④ 데이터는 레코드단위로 저장된다.

 객체지향데이터베이스는 레코드단위가 아닌 객체단위로 저장된다.

15. 부동산종합공부시스템 운영 및 관리규정상 부동산종합공부시스템의 단위업무에 속하는 것으로만 묶은 것은?

가. 개별공시지가관리	나. GIS도로통합정보관리
다. 일사편리포털관리	라. 개별주택가격관리
마. 섬관리	

① 가, 나, 다, 라   ② 가, 나, 다, 마
③ 가, 나, 라, 마   ④ 가, 다, 라, 마

 부동산종합공부시스템 관리 및 운영규정
부동산종합공부시스템은 다음 각 호의 단위업무를 포함한다.

1. 지적공부관리   2. 지적측량성과관리
3. 연속지적도관리   4. 용도지역지구관리
5. 개별공시지가관리   6. 개별주택가격관리
7. 통합민원발급관리   8. GIS건물통합정보관리
9. 섬관리   10. 통합정보열람관리
11. 시·도 통합정보열람관리   12. 일사편리포털관리

16. 지적도면데이터베이스 구축을 위해 종이형태의 지적도면을 스캐닝한 후 진행되는 자료변환과정과 관련이 없는 것은?

① Thinning   ② Topology
③ Image matching   ④ Filtering

① Thinning : 이 큰 셀자료를 단위폭의 셀로 변환, 즉 선형의 패턴을 가늘고 긴 선과 같은 형상으로 만들기 위한 작업이다.
② Topology : 공간상에서 대상물들의 위치나 관계를 나타내는 것을 말하는데 대상물들의 모양, 이웃하고 있는 대상물들 사이의 위치적인 관계, 대상물들의 포함관계를 정하는 것이라고 할 수 있다.
③ 영상정합(Image matching) : 영상 중 한 영상의 한 위치에 해당하는 실제의 객체가 다른 영상의 어느 위치에 형성되었는가를 발견하는 작업으로 종이형태의 지적도면을 스캐닝한 후 진행되는 자료변환과정과는 관련이 없다.
④ Filtering : 잡음이나 불필요한 기호를 제거하거나 임의로 생긴 선분이나 끊어진 선분을 잇는 잡음 제거처리작업이다.

      정답   14. ④   15. ④   16. ③

17. 무인비행장치 측량 작업규정상 공공측량에 사용되는 무인비행장치와 이에 탑재되는 디지털 카메라의 성능기준으로 옳지 않은 것은?

① 무인비행장치는 기체의 이상 발생 등 사고의 위험이 있을 때 자동으로 귀환할 수 있어야 한다.

② 무인비행장치는 운항 중 기체의 상태를 실시간으로 모니터링할 수 있어야 한다.

③ 카메라의 이미지센서크기와 영상의 픽셀수를 확인할 수 있어야 한다.

④ 카메라의 렌즈는 다초점렌즈의 이용을 원칙으로 한다.

해설 무인비행장치 측량 작업규정

제6조(사용장비 및 성능기준) ① 무인비행장치는 본 고시에 의한 성과품을 안전하게 취득할 수 있도록 다음의 성능을 갖추어야 한다.

1. 무인비행장치는 계획한 노선에 따른 안전한 이·착륙과 자동운항 또는 반자동운항이 가능하여야 한다.

2. 무인비행장치는 기체의 이상 발생 등 사고의 위험이 있을 때 자동으로 귀환할 수 있어야 한다.

3. 무인비행장치는 운항 중 기체의 상태를 실시간으로 모니터링할 수 있어야 한다.

② 무인비행장치에 탑재된 디지털카메라는 최소한 다음의 성능을 갖추어야 한다.

1. 노출시간, 조리개 개방시간, ISO감도를 촬영에 적합하도록 설정할 수 있거나 설정되어 있어야 한다.

2. 초점거리 및 노출시간 등의 정보를 확인할 수 있어야 한다.

3. 카메라의 이미지센서크기와 영상의 픽셀수를 확인할 수 있어야 한다.

4. 카메라의 렌즈는 단초점렌즈의 이용을 원칙으로 한다.

③ 수치지형도 제작을 위한 디지털카메라는 별도의 카메라 왜곡보정(검정)을 수행한 것을 사용하는 것을 원칙으로 한다. 다만, 측량목적 달성에 지장이 없는 경우 측량시행자와 협의하여 자체검정(Self-Calibration)방법으로 산출된 보정값을 이용할 수 있다.

18. 데이터베이스관리시스템에서 자료를 만들고 조회할 수 있는 도구인 SQL(Structured Query Language)에 대한 설명으로 옳지 않은 것은?

① 테이블 삭제명령과 데이터 삭제명령은 같다.

② 비절차적 언어로 데이터 정의어, 조작어, 제어어를 모두 지원한다.

③ 국제적으로 SQL의 사용법은 표준화되어 있다.

④ 집합단위의 연산을 한다.

해설 SQL에서 테이블 삭제명령은 drop이며, 데이터 삭제명령은 delete이다.

19. 래스터데이터의 압축방법 중 공간을 4개의 정사각형으로 계층적 방법에 의해 분할하여 압축하는 것은?

① Run-length code

② Quadtree

③ Chain code

④ Block code

 래스터데이터 압축기법

저장구조(압축방법)	내 용
행렬기법	각 행과 열의 쌍에 하나의 값을 저장하는 방식이다.
run-length코드기법	런이란 하나의 행에서 동일한 속성값을 갖는 셀을 의미하며, 각 행마다 왼쪽에서 오른쪽으로 진행하면서 동일한 수치를 갖는 셀들을 묶어 압축시키는 방법이다.
체인코드기법	대상지역에 해당하는 격자들의 연속적인 연결상태를 파악하여 동일한 지역의 정보를 제공하는 방법으로 자료의 시작점에서 동서남북으로 방향을 이동하는 단위거리를 통해서 표현하는 기법이다.
블록코드기법	Run-length코드기법에 기반을 둔 것으로 2차원 정방형 블록으로 분할하여 객체에 대한 데이터를 구축하는 방법이다. 이때의 자료구조는 원점으로부터의 좌표(X, Y) 및 정사각형의 한 변의 길이로 구성되는 세 개의 숫자만으로 표시가 가능하다.
사지수형(Quadtree)기법	크기가 다른 정사각형을 이용하는 방법으로 하나의 속성값이 존재할 때까지 반복하는 방법으로 자료의 압축이 좋다.
R-tree기법	B-트리의 2차원 확장인 R-트리는 사각형과 기타 다각형을 인덱싱하는 데 유용하다.

20. 공간정보의 취득방법 중 성격이 다른 하나는?

① COGO
② Remote Sensing
③ LiDAR
④ Aerial Photogrammetry

 ① COGO : 벡터
② Remote Sensing : 래스터
③ LiDAR : 래스터
④ Aerial Photogrammetry : 래스터

  정답 **20.** ①

01. 공간정보를 속성정보와 도형정보로 구분할 때 도형정보에 해당하는 지적정보는?

① 토지의 소재 ② 지목
③ 축척 1 : 1200 지적도 ④ 대지권비율

 지적정보의 종류
  1. 속성정보 : 토지대장, 임야대장, 공유지연명부, 대지권등록부
  2. 공간정보 : 지적도, 임야도, 경계점좌표등록부

02. 부동산종합공부시스템 운영 및 관리규정상 토지대장에 기록하는 필지별 고유번호에서 지번코드의 구성으로 옳은 것은?

① 본번 4자리, 부번 4자리
② 본번 2자리, 부번 4자리
③ 본번 4자리, 부번 2자리
④ 본번 3자리, 부번 3자리

해설 고유번호의 구성은 행정구역코드 10자리(시 · 도 2, 시 · 군 · 구 3, 읍 · 면 · 동 3, 리 2), 대장구분 1자리, 본번 4자리, 부번 4자리 합계 19자리로 구성한다.

1	2	3	4	5	6	7	8	9	0	–	1	0	0	0	0	–	0	0	0	0
시 · 도		시 · 군 · 구			읍 · 면 · 동			리			대장		지번(본번)					지번(부번)		

대장구분 표시	대장의 일체성
1. 토지대장 2. 임야대장	1. 토지대장＋지적도 2. 임야대장＋임야도

03. 공간정보의 구축 및 관리 등에 관한 법률상 필지의 지번과 면적을 모두 등록하는 지적공부를 바르게 연결한 것은?

① 토지대장 – 지적도
② 지적도 – 임야도
③ 토지대장 – 임야대장
④ 임야대장 – 임야도

해설 토지대장과 임야대장
  1. 토지대장은 1912년의 토지조사령에 따른 토지조사결과를 바탕으로 작성된 지적공부를 말하며, 임야대장은 1918년 임야조사령에 따른 임야조사결과로 토지대장에 등록한 토지 이외의 토지에 관한 내용을 등록하는 지적공부를 말한다.

2. 등록사항

일반적인 기재사항	국토교통부령이 정하는 사항
• 토지의 소재 : 리 · 동단위까지 법정행정구역의 명칭을 기재 • 지번 : 임야대장에는 숫자 앞에 '산'을 붙임 • 지목 : 정식명칭을 기재 • 면적 : m^2로 표시 • 소유자의 성명 또는 명칭, 주소 및 주민등록번호(국가, 지방자치단체, 법인, 법인 아닌 사단이나 재단 및 외국인의 경우에는 부동산등기법 제41조의2에 따라 부여된 등록번호를 말한다)	• 토지의 고유번호(각 필지를 서로 구별하기 위하여 필지마다 붙이는 고유한 번호를 말한다) • 지적도 또는 임야도의 번호와 필지별 토지대장 또는 임야대장의 장번호 및 축척 • 토지의 이동사유 • 토지소유자가 변경된 날과 그 원인 • 토지등급 또는 기준수확량등급과 그 설정 · 수정 연월일 • 개별공시지가와 그 기준일

04. 부동산종합공부시스템 운영 및 관리규정상 국토교통부장관이 지적공부 및 부동산종합공부 정보를 전국단위로 통합하여 관리 · 운영하는 시스템은?

① 공간정보오픈플랫폼
② 국토정보시스템
③ 부동산종합공부시스템
④ 국가공간정보유통시스템

1. **정보관리체계** : 지적공부 및 부동산종합공부의 관리업무를 전자적으로 처리할 수 있도록 설치된 정보시스템으로서, 국토교통부가 운영하는 "국토정보시스템"과 지방자치단체가 운영하는 "부동산종합공부시스템"으로 구성된다.
2. **국토정보시스템** : 국토교통부장관이 지적공부 및 부동산종합공부 정보를 전국단위로 통합하여 관리 · 운영하는 시스템을 말한다.
3. **부동산종합공부시스템** : 지방자치단체가 지적공부 및 부동산종합공부 정보를 전자적으로 관리 · 운영하는 시스템을 말한다.

05. 공간정보표준화를 위하여 구성된 국제기구/기술위원회와 국제민관조직을 바르게 연결한 것은?

	국제기구/기술위원회	국제민관조직
①	ISO/TC211	FGDC
②	ISO/TC211	OGC
③	ISO/TC21	FGDC
④	ISO/TC21	OGC

표준화기구

1. ISO/TC211

   ① 국제표준기구(International Organization for Standard)는 1994년에 GIS표준기술위원회(Technical Committee 211)를 구성하여 표준작업을 진행하고 있다.

   ② 공식명칭은 Geographic Information/Geometics으로써 TC211위원회(이하 ISO/TC211)는 수치화된 지리정보분야의 표준화를 위한 기술위원회이며 지구의 지리적 위치와 직 · 간접적으로 관계가 있는 객체나 현상에 대한 정보표준규격을 수립함에 그 목적을 두고 있다.

 📝 **정답** 4. ② 5. ②

  2. CEN/TC287

    ① CEN/TC287은 ISO/TC211활동이 시작되기 이전에 유럽의 표준화기구를 중심으로 추진된 유럽의 지리정보표준화기구이다.

    ② ISO/TC211과 CEN/TC287은 일찍부터 상호 합의문서와 표준 초안 등을 공유하고 있으며, CEN/TC287의 표준화성과는 ISO/TC211에 의하여 많은 부분 참조되었다.

    ③ CEN/TC287은 기술위원회 명칭을 Geographic Information이라고 하였으며, 그 범위는 실세계에 대한 현상을 정의, 표현, 전송하기 위한 방법을 명시하는 표준들의 체계적 집합 등으로 구성하였다.

  3. OGC(OpenGIS Consortium)

    1994년 8월 설립되었으며, GIS관련 기관과 업체를 중심으로 하는 비영리단체이다.

    ① 상호 운영 가능한 지리정보처리기술규약의 공동개발

    ② 상호 운영 가능한 제품의 개발보급을 위한 corba, java, OLE/COM, ODBC 분산환경에 대한 구현규약의 정의

    ③ 개방형 시스템, 분산처리, 컴포넌트 프레임워크에 기초한 정보기술과 지리정보처리기술의 융합과 분산된 지리데이터처리와 관련된 산업계 공동개발을 촉진하기 위한 산업체 포럼을 제공

06. 데이터의 속성정보 정확도, 논리적 일관성, 완결성, 위치정보 정확도, 계통(lineage)정보 등을 나타내는 메타데이터요소로 옳은 것은?

① 식별정보

② 데이터의 구성정보

③ 데이터의 품질정보

④ 메타데이터 참조정보

해설 메타데이터의 기본요소

  1. **개요 및 자료 소개** : 수록된 데이터의 제목, 개발자, 데이터의 지리적 영역 및 내용, 다른 이용자의 이용 가능성, 가능할 경우 데이터의 획득방법 등을 정한 규칙이 포함

  2. **데이터 질에 대한 정보** : Data Set의 위치 정확도, 속성 정확도, 완전성, 일관성, 정보출처, 데이터 생성방법이 포함

  3. **자료의 구성** : 자료의 코드화에 이용된 데이터 모형(벡터나 래스터 모형 등), 공간위치의 표시방법에 대한 정보가 포함

  4. **공간참조를 위한 정보** : 사용된 지도투영법의 명칭, 파라미터, 격자좌표 체계 및 기법에 대한 정보 등이 포함

  5. **형상 · 속성 정보** : 수록된 공간정보(도로, 가옥, 대기 등) 및 속성정보가 포함

  6. **정보획득방법** : 정보의 획득장소 및 획득형태, 정보의 가격에 대한 정보가 포함

  7. **참조정보** : 메타데이터의 작성자 및 일시에 대한 정보가 포함

07. 공간데이터를 저장하는 스파게티(Spaghetti)모형에 대한 설명으로 옳지 않은 것은?

① 인접다각형을 나타내는 경계가 중복하여 저장된다.

② 벡터형태의 데이터 구조이다.

③ 데이터 구조가 매우 간단하고 이해하기 쉽다.

④ 위상관계에 대한 정보가 존재한다.

 스파게티모델의 특징
1. 공간자료를 점, 선, 면을 단순한 좌표목록으로 저장하며 위상관계를 정의하지 않는다.
2. 상호 연결성이 결여된 점과 선의 집합체, 즉 점, 선, 다각형 등의 객체들이 구조화되지 않은 그래픽 형태(점, 선, 면)이다.
3. 수작업으로 디지타이징된 지도자료가 대표적인 스파게티모델의 예이다.
4. 인접하고 있는 다각형을 나타내기 위하여 경계하는 선은 두 번씩 저장된다.
5. 모든 면사상이 일련의 독립된 좌표집합으로 저장되므로 자료저장공간을 많이 차지하게 된다.
6. 객체들 간의 공간관계가 설정되지 않아 공간분석에 비효율적이다.

08. 데이터베이스관리시스템(DBMS)의 필수기능으로 옳지 않은 것은?

① 정의기능   ② 분석기능
③ 제어기능   ④ 조작기능

 DBMS의 필수기능
1. **정의기능**
   ① 다양한 응용프로그램과 데이터베이스가 서로 인터페이스를 할 수 있는 방법을 제공한다.
   ② 데이터베이스의 구조정의, 저장, 레코드형태에서 키(key)를 지정한다.
   ③ 하나의 물리적 구조의 데이터베이스로 여러 사용자의 관점을 만족시키기 위해 데이터베이스 구조를 정의할 수 있는 기능이다.
2. **조작기능**
   ① 사용자 요구는 체계적인 연산(검색, 갱신, 삽입, 삭제 등)을 지원하는 도구(언어)를 통해 구현된다.
   ② 사용자와 DBMS 사이의 인터페이스를 위한 수단을 제공한다.
3. **제어기능**
   ① DBMS는 공용 목적으로 관리되는 데이터베이스내용에 대해 항상 정확성과 안전성을 유지할 수 있어야 한다.
   ② 정확성은 데이터 공용의 기본적인 가정이며 관리의 제약조건이 된다.

09. 도로건설을 위하여 토지를 수용 및 보상하는 과정에서 도로를 기준으로 50m 이내의 필지에 대한 여러 속성데이터를 분석하고자 한다. 이 경우에 활용할 수 있는 GIS공간분석기법으로 옳은 것은?

① 버퍼링 – 중첩분석
② 공간내삽법 – 가시권역분석
③ 시계열분석 – 크리깅
④ 분산분석 – 네트워크분석

 1. **Buffer분석** : 특정 공간데이터를 중심으로 특정 길이만큼의 버퍼영역을 설정하는 것으로 선택한 공간데이터의 둘레 또는 특정한 거리에 무엇이 있는가를 분석하는 것으로 인접지역분석에 이용된다.
2. **중첩분석** : 각각의 자료집단이 주어진 기본도를 기초로 좌표계의 통일이 되면 둘 또는 그 이상의 자료관측에 대하여 분석될 수 있으며, 이 기법을 중첩 또는 합성이라 한다. 주로 적지 선정에 이용된다.

10. 지적원도 데이터베이스 구축 작업기준상 지적원도 전산파일의 저장을 SHP형식으로 할 수 없는 것은?

  ① 연속지적원도 전산파일

  ② 지적측량기준점 전산파일

  ③ 행정경계 전산파일

  ④ 지적원도 수치파일

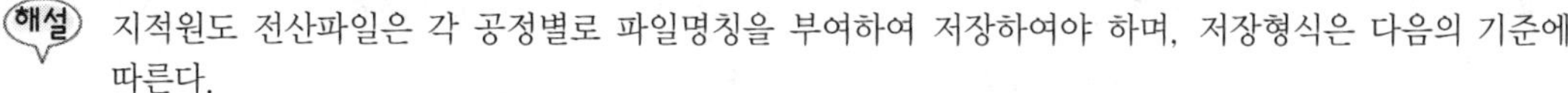 지적원도 전산파일은 각 공정별로 파일명칭을 부여하여 저장하여야 하며, 저장형식은 다음의 기준에 따른다.

  1. 지적원도 이미지파일 : TIFF 또는 JPG

  2. 지적원도 수치파일 : DWG, DXF

  3. 지적원도 보정파일 : DWG, DXF

  4. 연속지적원도 전산파일 : DWG, DXF, SHP

  5. 일람도 전산파일 : DWG, DXF, SHP

  6. 행정경계 전산파일 : DWG, DXF, SHP

  7. 지적측량기준점 전산파일 : DWG, DXF, SHP

11. 공간정보의 구축 및 관리 등에 관한 법률 시행규칙상 지적전산도면(지적도 및 임야도)에 표기하는 지목부호가 옳은 것만을 모두 고르면?

㉠ 주차장-주	㉡ 도로-도
㉢ 유원지-유	㉣ 하천-천
㉤ 학교용지-학	㉥ 공장용지-공

  ① ㉠, ㉡, ㉤   ② ㉠, ㉢, ㉥

  ③ ㉡, ㉣, ㉤   ④ ㉢, ㉣, ㉥

 지목의 등록 및 표기

  1. **토지대장 및 임야대장** : 토지 · 임야대장에 등록하는 때에는 코드번호와 정식명칭으로 표기하여야 한다.

  2. **지적도 및 임야도**

    ① 지적도 및 임야도에 등록하는 때에는 부호로 표기하여야 한다.

    ② 하천, 유원지, 공장용지, 주차장은 차문자(천, 원, 장, 차)로 표기한다.

12. 스캐닝으로 취득되는 공간데이터의 특성에 대한 설명으로 옳은 것은?

  ① 데이터 구조는 벡터형식이다.

  ② 드론영상과 데이터 구조가 같다.

  ③ 객체 간의 공간관계에 대한 정보를 포함한다.

  ④ 동일한 크기의 도면을 디지타이징했을 때보다 데이터 용량이 적다.

① 데이터 구조는 래스터형식이다.

  ③ 객체 간의 공간관계에 대한 정보를 포함하지 않는다.

  ④ 동일한 크기의 도면을 디지타이징했을 때보다 데이터 용량이 많다.

13. 필지경계를 벡터데이터로 구축하고자 할 때 도형요소가 될 수 없는 것은?

① 선(line) ② 점(point)
③ 면(polygon) ④ 격자(grid)

(해설) 벡터자료구조는 현실 세계의 객체 및 객체와 관련되는 모든 형상이 점(0차원), 선(1차원), 면(2차원)을 이용하여 표현하는 것으로 객체들의 지리적 위치를 방향성과 크기로 나타낸다.

14. 제6차 국가공간정보정책 기본계획의 시간적 범위와 주요 내용은?

  시간적 범위   주요 내용
① 2016~2020년   지형도 수치화
② 2017~2021년   디지털 공통 주제도 제작
③ 2018~2022년   스마트코리아 실현
④ 2019~2023년   국가공간계획지원체계(KOPSS) 개발

(해설) 제6차 국가공간정보정책 기본계획
  1. 시간적 범위 : 2018~2022(5개년)
  2. 공간정보생산기관인 각 중앙부처 및 지방자치단체 등
  3. 비전 : 공간정보 융·복합 르네상스로 살기 좋고 풍요로운 스마트코리아 실현
  4. 공간정보정책 4대 추진전략 생산
    ① 기반전략 : 가치를 창출하는 공간정보생산
    ② 융합전략 : 혁신을 공유하는 공간정보플랫폼 활성화
    ③ 성장전략 : 일자리 중심 공간정보산업 육성
    ④ 협력전략 : 참여하여 생성하는 정책환경 조성

15. 지적원도 데이터베이스 구축 작업기준상 좌표독취방법으로 옳지 않은 것은?

① 좌표독취는 자동방식으로 취득해야 한다.
② 경계점 간 연결되는 선은 굵기가 0.1mm 이하가 되도록 해야 한다.
③ 저장된 이미지파일을 대상으로 좌표독취기 또는 좌표독취응용프로그램을 활용하여 도곽선, 필지경계선 등의 사항을 레이어별로 입력해야 한다.
④ 도곽선은 4개의 도곽점을 연결한 선형으로 입력해야 한다.

(해설) 지적원도 데이터베이스 구축 작업기준상 좌표독취는 반드시 수동방식의 취득방법으로 하여야 하며 경계점을 명확히 구분할 수 있도록 확대한 후 작업을 실시하여야 한다.

16. 부동산종합공부시스템 운영 및 관리규정상 부동산종합공부시스템에서 제공할 수 있는 자료가 아닌 것은?

① 개별공시지가자료 ② 지적전산자료
③ 용도지역 · 지구도 ④ 토지거래자료

(해설) 부동산종합정보시스템에서 제공할 수 있는 자료의 종류
  1. 지적전산자료
  2. 용도지역 · 지구도, 건물통합정보, 연속지적도 등의 공간자료
  3. 개별공시지가, 개별주택가격 등의 속성자료

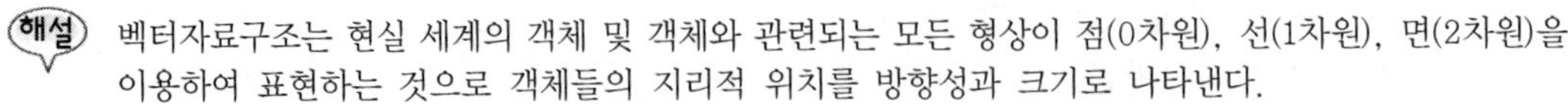

17. 우리나라에서 토지정보를 효율적으로 활용하기 위해 구축한 정보시스템의 구축순서를 바르게 나열한 것은?

① KLIS → PBLIS → LMIS → KRAS
② PBLIS → LMIS → KLIS → KRAS
③ KRAS → PBLIS → LMIS → KLIS
④ PBLIS → LMIS → KRAS → KLIS

 토지정보시스템의 구축순서 : PBLIS(1994) → LMIS(1998) → KLIS((2001) → KRAS(2017)

18. 데이터 구조를 정의하고 테이블 생성(CREATE), 변경(ALTER), 삭제(DROP) 등을 정의하는 언어는?

① DML(Data Manipulation Language)
② DCL(Data Control Language)
③ DDL(Data Definition Language)
④ DLL(Data Link Language)

데이터언어

데이터언어	종 류
정의어(DDL)	생성 : CREATE, 주소변경 : ALTER, 제거 : DROP
조작어(DML)	검색 : SELECT, 삽입 : INSERT, 삭제 : DELETE, 갱신 : UPDATE
제어어(DCL)	권한부여 : GRANT, 권한해제 : REVOKE, 데이터 변경완료 : COMMIT, 데이터 변경취소 : ROLLBACK

19. 지적원도 데이터베이스 구축 작업기준상 지적원도의 도면접합과정을 순서대로 바르게 나열한 것은?

> ㄱ. 동일 행정구역 내 축척 간 접합
> ㄴ. 동일 행정구역 내 축척별 도곽 간 접합
> ㄷ. 동일 행정구역 내 원점 간 접합
> ㄹ. 행정구역 간 접합

① ㄴ → ㄱ → ㄷ → ㄹ
② ㄴ → ㄷ → ㄹ → ㄱ
③ ㄹ → ㄱ → ㄴ → ㄷ
④ ㄹ → ㄴ → ㄷ → ㄱ

도면접합과정 : 동일 행정구역 내 축척별 도곽 간 접합→동일 행정구역 내 축척 간 접합→동일 행정구역 내 원점 간 접합→행정구역 간 접합

20. 관계형 데이터베이스모델의 구조에서 더 이상 분해할 수 없는 고유값(원자값)으로 채워진 2차원의 테이블을 나타내는 용어는?

① 스키마(schema)
② 클래스(class)
③ 릴레이션(relation)
④ 도메인(domain)

릴레이션(relation) : 관계형 데이터베이스모델의 구조에서 더 이상 분해할 수 없는 고유값(원자값)으로 채워진 2차원의 테이블

지방직 9급

01. 부동산종합공부시스템 운영 및 관리규정상 프로그램 및 전산자료의 복구와 관련하여 ㉮, ㉯에 들어갈 말을 바르게 연결한 것은?

> (㉮)은 프로그램 및 전산자료가 멸실·훼손된 경우에는 (㉯)에게 그 사유를 통보한 후 지체 없이 복구하여야 한다.

	㉮	㉯		㉮	㉯
①	운영기관의 장	국토교통부장관	②	국토교통부장관	운영기관의 장
③	지적소관청	운영기관의 장	④	운영기관의 장	지적소관청

 **부동산종합공부시스템 운영 및 관리규정**

제8조(전산자료 장애·오류의 정비) ① 운영기관의 장은 전산자료의 구축이나 관리과정에서 장애 또는 오류가 발생한 때에는 지체 없이 이를 정비하여야 한다.

② 운영기관의 장은 제1항에 따른 장애 또는 오류가 발생한 경우에는 이를 국토교통부장관에게 보고하고, 그에 따른 필요한 조치를 요청할 수 있다.

③ 제2항에 따라 보고를 받은 국토교통부장관은 장애 또는 오류가 정비될 수 있도록 필요한 조치를 하여야 한다.

④ 운영기관의 장은 제1항에 따라 전산자료를 정비한 때에는 그 정비내역을 3년간 보존하여야 한다.

02. 지적전산화의 목적과 가장 거리가 먼 것은?

① 토지정책 수립에 필요한 정보의 신속한 제공
② 지적통계 관리 및 정책정보의 정확성 제고
③ 전국적으로 통일된 시스템 구축을 통한 중앙통제권 강화
④ 민원인의 편의 증대 및 대국민 서비스질 향상

해설 지적전산화의 목적

1. 토지정보의 수요에 대한 신속한 정보제공
2. 공공계획의 수립에 필요한 정보제공
3. 행정자료구축과 행정업무에 이용
4. 다른 정보자료 등과의 연계
5. 민원인에 대한 신속한 대처

03. 지리정보체계(GIS)의 구성요소 중 하드웨어가 아닌 것은?

① 입력장치
② 중앙처리장치
③ 데이터베이스
④ 출력장치

정답 1. ① 2. ③ 3. ③

 하드웨어

GSIS를 운용하는 데 필요한 컴퓨터와 각종 입출력장치 및 자료관리장치를 말하며 워크스테이션, 컴퓨터 등과 같은 주작업장치들이 있다. 스캐너, 프린터, 플로터, 디지타이저를 비롯한 각종 주변 장치들을 포함하며 정보의 공유를 위한 네트워크장비들도 포함된다.

04. 다음 제시문에서 설명하는 것으로 옳은 것은?

> 공간을 평평한 데카르트평면으로 간주하여 균등하게 분할한 셀(cell), 격자(grid) 또는 화소(pixel)로 구성된 배열이다. 정확한 지형의 모습을 표현하는 것이 어렵고, 원형의 데이터를 유지관리하기 어려운 단점들도 있다.

① 래스터데이터   ② 메타데이터
③ 벡터데이터   ④ 속성데이터

 래스터데이터

실세계를 일정 크기의 최소지도화단위인 셀로 분할하고 각 셀에 속성값을 입력하고 저장하여 연산하는 자료구조이다. 즉 격자형의 영역에서 X, Y축을 따라 일련의 셀들이 존재하고 각 셀들이 속성값(value)을 가지므로 이들 값에 따라 셀들을 분류하거나 다양하게 표현할 수 있다. 각 셀들의 크기에 따라 데이터의 해상도와 저장크기가 달라지는데, 셀크기가 작으면 작을수록 보다 정밀한 공간현상을 잘 표현할 수 있다.

05. 오픈소스 공간정보소프트웨어가 아닌 것은?

① PostGIS   ② QGIS
③ GeoMedia   ④ GRASS

 오픈소스 공간정보소프트웨어 : PostGIS, QGIS, GRASS

06. 벡터데이터의 파일형식으로 옳지 않은 것은?

① Shape   ② CAD
③ BSQ   ④ DLG

 벡터파일형식

파일형식	특 징
Shape파일형식	ESRI사의 ArcView에서 사용되는 자료형식
Coverage파일형식	ESRI사의 Arc/Info에서 사용되는 자료형식
CAD파일형식	Autodesk사의 AutoCAD소프트웨어에서는 DWG와 DXF 등의 파일형식
DLG파일형식	Digital Line Graph의 약자로, U.S. Geological Survey에서 지도학적 정보를 표현하기 위해 고안한 디지털벡터파일형식
VPF파일형식	Vector Product Format의 약자로서, 미국방성의 NIMA(National Imagery and Mapping Agency)에서 개발한 군사적 목적의 벡터형 파일형식
TIGER파일형식	Topologically Integrated Geographic Encoding and Referencing System의 약자로서, U.S. Census Bureau에서 인구조사를 위해 개발한 벡터형 파일형식

정답   4. ①   5. ③   6. ③

07. 공간정보의 구축 및 관리 등에 관한 법률상 토지소유자가 둘 이상일 때에 공유지연명부에 등록해야 할 사항이 아닌 것은?

① 토지의 소재　　　　　　　　　② 지번
③ 소유권지분　　　　　　　　　④ 개별공시지가

 토지소유자가 2인 이상인 때에는 공유지연명부에 다음의 사항을 등록한다.

일반적인 기재사항	국토교통부령이 정하는 사항
1. 토지의 소재 2. 지번 3. 소유권지분 4. 소유자의 성명 또는 명칭, 주소 및 주민등록번호	1. 토지의 고유번호 2. 필지별 공유지연명부의 장번호 3. 토지소유자가 변경된 날과 그 원인

08. 종이 지적도면을 전산화하여 관리함으로써 얻어지는 장점으로 가장 거리가 먼 것은?

① 도면을 임의로 확대 또는 축소할 수 있다.
② 스캐닝과정을 통해 종이 지적도면의 정확도가 향상된다.
③ 공간정보와의 연계를 통해 다양한 분석작업을 할 수 있다.
④ 도면자료의 저장과 관리가 용이하다.

해설 기존의 지적도면을 스캐닝에 의해 전산화하는 경우 전산화과정에서 오차가 발생하며, 이로 인해 결과물은 원시지적도보다는 정확도가 떨어진다.

09. 지적원도 데이터베이스 구축 작업기준상 도면접합에 대한 설명으로 옳지 않은 것은?

① 서로 다른 축척 간의 접합 시 대축척의 필지경계선을 기준으로 접합처리한다.
② 면적이 넓은 필지의 경계를 우선하여 접합한다.
③ 동일 행정구역 내 축척별 도곽 간, 축척 간, 원점 간 접합의 순서로 우선 수행한 후 행정구역 간 접합을 수행한다.
④ 도곽선 주위의 폐합된 필지경계를 우선하여 접합처리한다.

해설 지적원도 데이터베이스 구축 작업기준

제28조(일반원칙) 도면접합은 지적원도의 전체 현황을 파악하여 다음 각 호와 같은 일반원칙에 따라 작업하여야 한다.
1. 도면접합은 도곽을 기준으로 접합하는 것을 원칙으로 하며, 접합대상필지는 형태와 면적의 변화를 최소화한다.
2. 서로 다른 축척 간의 접합 시 대축척의 필지경계선을 기준으로 접합처리한다.
3. 소면적 필지경계를 우선하여 접합한다.
4. 도곽선 주위의 폐합된 필지경계를 우선하여 접합처리한다.
5. 지번과 필지의 중복 및 누락이 발생한 경우에는 자료조사를 실시한 후 발주기관과 협의하여 처리하고, 연속지적원도처리방안기록부에 기록한다.

정답　7. ④　8. ②　9. ②

10. 3차원 국토공간정보 구축 작업규정상 3차원 국토공간정보 표준데이터셋이 아닌 것은?

① 3차원 교통데이터

② 3차원 건물데이터

③ 3차원 수자원데이터

④ 3차원 지하시설물데이터

해설 3차원 국토공간정보 구축 작업규정

제2조(용어의 정의) 본 규정에서 사용하는 용어의 정의는 다음 각 호와 같다.

1. "3차원 국토공간정보"라 함은 지형지물의 위치 · 기하정보를 3차원 좌표로 나타내고, 속성정보, 가시화정보 및 각종 부가정보 등을 추가한 디지털형태의 정보를 말한다.
2. "위치 · 기하정보"라 함은 제4조(위치기준)에 따라 지형지물의 형태를 세밀도에 따라 구축되는 정보를 말한다.
3. "속성정보"라 함은 3차원 국토공간정보에 표현되는 각종 지형지물의 특성을 말한다.
4. "가시화정보"라 함은 3차원 국토공간정보의 현실감을 표현하기 위하여 세밀도에 따라 구축되는 텍스처를 말한다.
5. "세밀도(LOD : Level of Detail)"라 함은 3차원 국토공간정보의 위치 · 기하정보와 텍스처에 대한 표현한계를 말한다.
6. "기초자료"라 함은 3차원 국토공간정보를 구축하기 위하여 취득된 2 · 3차원 위치 · 기하정보, 속성정보 및 가시화정보를 말한다.
7. "3차원 국토공간정보 표준데이터셋"이라 함은 3차원 교통데이터, 3차원 건물데이터, 3차원 수자원데이터 및 3차원 지형데이터를 말한다.
8. "3차원 교통데이터"라 함은 도로, 철도, 교량, 터널 및 도로교통시설물을 3차원으로 표현한 데이터를 말한다.
9. "3차원 건물데이터"라 함은 주거 및 비주거용 건물을 3차원으로 표현한 데이터를 말한다.
10. "3차원 수자원데이터"라 함은 댐, 보, 호안, 제방 및 하천면을 3차원으로 표현한 데이터를 말한다.
11. "3차원 지형데이터"라 함은 인공구조물 및 자연지물이 제외된 3차원 지표면데이터를 말한다.
12. "3차원 심볼"이라 함은 3차원 국토공간정보로 구축되는 지물을 세밀도에 따라 일반화된 형태로 제작한 데이터를 말한다.
13. "3차원 실사모델"이라 함은 3차원 국토공간정보로 구축되는 지형지물을 세밀도에 따라 실사형태로 제작한 데이터를 말한다.
14. "품질관리"라 함은 성과물이 3차원 국토공간정보 구축기준에 적합하게 제작될 수 있도록 작업기관이 공종별로 관리 · 통제하고 품질을 검사하는 것을 말한다.

11. 공간정보데이터의 구조가 다른 것은?

① 항공사진

② 수치표고모형

③ 위성영상

④ 불규칙삼각망

해설 항공사진, 수치표고모형, 위성영상의 경우 래스터데이터에 해당하며, 불규칙삼각망은 벡터데이터에 해당한다.

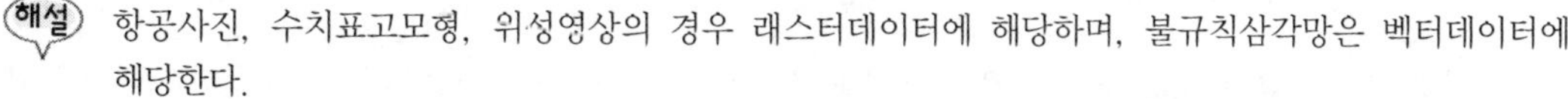

정답 **10.** ④ **11.** ④

12. 절대적 위치정보가 아닌 것은?

① 경도   ② 위도

③ 고도   ④ 속성

해설 위치정보

위치정보	내 용
절대위치정보	절대 변하지 않는 실제 공간에서의 위치정보로 경·위도 및 표고 등을 말하며, 지상, 지하, 해양, 공중 등 지구공간 및 우주공간에서의 위치의 기준이 된다.
상대위치정보	가변성을 지니고 있으며 주변 정세에 따라 변할 수 있는 관계적 위치, 즉 모형 공간(model space)에서의 위치로 임의의 기준으로부터 결정되는 위치 또는 위상관계를 부여하는 기준이 된다.

13. SQL명령어 중 데이터조작어(DML)에 해당하지 않는 것은?

① CREATE   ② INSERT

③ SELECT   ④ DELETE

해설 데이터 언어

데이터 언어	종 류
정의어(DDL)	생성 : CREATE, 주소변경 : ALTER, 제거 : DROP
조작어(DML)	검색 : SELECT, 삽입 : INSERT, 삭제 : DELETE, 갱신 : UPDATE
제어어(DCL)	권한부여 : GRANT, 권한해제 : REVOKE, 데이터 변경완료 : COMMIT, 데이터 변경취소 : ROLLBACK

14. 개방형 공간정보컨소시엄(OGC)에서 지리정보의 상호 운영성 제고를 위해 개발한 기술언어는?

① GML   ② HTML

③ Python   ④ SVG

해설 GML은 지리정보의 상호 운용성 제고를 위해 OGC(Open GIS Consortium)가 개발한 XML기반의 지리정보인코딩언어이다. OGC는 세계 수많은 회사, 정부기관, 대학 등 지리정보산업체들이 주축이 된 민간GIS표준기관으로 1988년부터 GML을 개발하기 시작했다.

15. 도로명주소정보를 이용하여 해당하는 지점의 좌표를 취득하는 과정은?

① 지오코딩(Geocoding)

② 리샘플링(Resampling)

③ 클리핑(Clipping)

④ 스캐닝(Scanning)

해설 지오코딩(Geocoding)은 도로명주소정보를 이용하여 해당하는 지점의 좌표를 취득하는 과정을 말한다.

정답 12. ④   13. ①   14. ①   15. ①

16. A와 B의 래스터데이터에서 음영으로 표현된 셀은 참(true), 흰색으로 표현된 셀은 거짓 (false)일 때 A XOR B 논리연산의 결과에서 참인 셀의 수는?

① 4
② 6
③ 10
④ 12

 A XOR B의 결과에서 서로 같지 않은 것만 참이 된다. 따라서 참인 셀의 수는 6개이다.

A				XOR	B				결과			
1	1	0	0		0	0	0	0		1	1	0	0
1	1	1	0		0	1	1	1		1	0	0	1
0	1	1	0		0	1	1	1		0	0	0	1
0	0	0	1		0	0	0	0		0	0	0	1

17. 지적업무처리규정상 전자평판측량 및 위성측량방법으로 관측한 데이터 및 지적측량에 필요한 각종 정보가 들어있는 파일을 뜻하는 용어는?

① 측량결과도파일
② 측량현형파일
③ 측량준비파일
④ 측량성과파일

지적업무처리규정

제3조(정의) 이 규정에서 사용하는 용어의 뜻은 다음 각 호와 같다.

1. "기지점(旣知點)"이란 기초측량에서는 국가기준점 또는 지적기준점을 말하고, 세부측량에서는 지적기준점 또는 지적도면상 필지를 구획하는 선의 경계점과 상호 부합되는 지상의 경계점을 말한다.
2. "기지경계선(旣知境界線)"이란 세부측량성과를 결정하는 기준이 되는 기지점을 필지별로 직선으로 연결한 선을 말한다.
3. "전자평판측량"이란 토털스테이션과 지적측량운영프로그램 등이 설치된 컴퓨터를 연결하여 세부측량을 수행하는 측량을 말한다.
4. "토털스테이션"이란 경위의측량방법에 따른 기초측량 및 세부측량에 사용되는 장비를 말한다.
5. "지적측량파일"이란 측량준비파일, 측량현형파일 및 측량성과파일을 말한다.
6. "측량준비파일"이란 부동산종합공부시스템에서 지적측량업무를 수행하기 위하여 도면 및 대장 속성정보를 추출한 파일을 말한다.
7. "측량현형파일"이란 전자평판측량, 위성측량방법 및 드론측량방법으로 관측한 데이터 및 지적측량에 필요한 현형(現形)정보가 들어있는 파일을 말한다.
8. "측량성과파일"이란 전자평판측량 및 위성측량방법으로 관측 후 지적측량정보를 처리할 수 있는 시스템에 따라 작성된 측량결과도파일과 토지이동정리를 위한 지번, 지목 및 경계점의 좌표가 포함된 파일을 말한다.
9. "측량부"란 기초측량 또는 세부측량성과를 결정하기 위하여 사용한 관측부·계산부 등 이에 수반되는 기록을 말한다.

18. 국가가 보유한 3차원 공간정보와 지도서비스, 오픈API 등 다양한 서비스를 제공하는 공간정
보오픈플랫폼은?

　　① 토지관리정보시스템　　　　　　② 부동산종합공부시스템
　　③ 브이월드　　　　　　　　　　　④ 한국토지정보시스템

 브이월드 : 국가가 보유한 3차원 공간정보와 지도서비스, 오픈API 등 다양한 서비스를 제공하는 공
간정보오픈플랫폼

19. 공간보간법에 해당하지 않는 것은?

　　① 스플라인(Spline)　　　　　　　② 크리깅(Kriging)
　　③ 역거리가중(IDW)　　　　　　　④ 필터링(Filtering)

 공간보간

지형에 대한 정보를 숫자로 나타내기 위해서는 현실 세계에 대한 연속된 값들이 필요한데, 이런 데
이터를 얻는 것이 매우 어렵기 때문에 공간보간법이 이용된다. 공간보간법(spatial interpolation)
은 값(높이, 오염 정도 등)을 알고 있는 지점들을 이용하여 그 사이에 있는 모르는 지점의 값을 계산
하는 방법이다.

1. Nearest Neighbor보간법

가장 간단한 최단거리보간법으로 주변에서 가장 가까운 점의 값을 택하는 방식이다.

2. IDW(Inverse Distance Weighting)보간법

관측점과 보간대상점과의 거리의 역수를 가중치로 하여 보간하는 방식으로 거리가 가까울수록 가
중치의 상대적인 영향은 크며, 거리가 멀어질수록 상대적인 영향은 적어진다.

① Inverse Weighted Distance보간법 : 미지점으로부터 일정 반경 내에 존재하는 관측점과의
단순 거리의 역수에 대한 가중치를 주어 미지점에서 가까운 점일수록 큰 가중치를 부여한다.

② Inverse Weighted Square Distance보간법 : 거리의 제곱값의 역수를 가중치로 사용함으로
써 거리의 영향을 보다 크게 한 것이다.

③ Bilinear보간법 : 점에서 점까지의 거리에 가중치를 주는 것이 아니라 한 점에서 다른 점까지
의 거리에 따른 면적에 대한 가중치를 주어서 보간하는 방식으로 영상처리에서 가장 보편적으
로 사용되는 보간방식이다.

④ Bicubic보간법 : 4×4격자의 값들을 윈도로 이용하여 인접지역의 값을 이용하여 미지점의 표
고값을 추정하는 것으로 타 보간법에 비해 가장 높은 정확도를 나타낼 수는 있으나 계산과정
이 복잡하여 시간이 많이 소요되는 단점이 있다.

3. 크리깅(Kriging)보간법

크리깅은 관심 있는 지점에서 특성치를 알기 위해 이미 그 값을 알고 있는 주위의 값들의 선형조
합으로 그 값을 예측하는 지구통계학적 기법이다. 이 방법은 Danny Krige가 지구통계학적 기법
을 금 광산에 적용하여 이미 알려진 광맥의 공간적 정보를 이용하여 새로운 광맥을 찾기 위해 사
용하면서 그의 이름을 따서 크리깅이라 불리게 되었다.

4. 스플라인(Spline)보간법

스플라인은 전체 표면굴곡을 최소화하여 결과적으로 부드럽게 만드는 수학공식을 사용한 보간법
이다. 개념적으로 스플라인은 일련의 점을 통하여 고무판을 구부리는 것과 같다. 이것은 각각의
위치에서 값을 결정하는 인근 입력점의 영향을 정하는 수학공식을 사용한다. 표면을 더 조밀하게
나타내기 위해 입력점을 적용시키거나 더 부드럽게 할 경우 이용되는 매개변수와 스플라인의 유
형은 다양하다.

20. 수치도면의 제작을 위한 구조화편집과정에서 수행하는 작업이 아닌 것은?

① 여러 개의 도면을 병합하는 과정에서 인접도면들의 도형구조를 결합하는 일련의 작업

② 데이터 간의 지리적 상관관계를 파악하기 위하여 지형·지물을 기하학적 형태로 구성하는 작업

③ 도면을 구성하는 점·선·면의 기하구조와 위상논리구조를 연결하는 작업

④ 현지보완측량 및 지리조사에서 얻어진 성과 및 자료를 이용하여 도화성과 또는 지도데이터 입력성과를 수정·보완하는 작업

해설 정위치편집 : 현지보완측량 및 지리조사에서 얻어진 성과 및 자료를 이용하여 도화성과 또는 지도데이터 입력성과를 수정·보완하는 작업

지방직 9급

01. 다목적 지적의 구성요소가 아닌 것은?

① 기본도 ② 토지자료파일

③ 필지식별번호 ④ 도로명주소

 다목적 지적의 구성요소

1. 3대 구성요소 : 측지기준망, 기본도, 중첩도
2. 5대 구성요소 : 측지기준망, 기본도, 중첩도, 필지식별번호, 토지자료파일

02. 부동산종합공부시스템 운영 및 관리규정상 토지의 고유번호에서 앞 10자리가 의미하는 것은?

① 행정구역 ② 면적

③ 지번 ④ 소유자 정보

 부동산종합공부시스템 운영 및 관리규정

제19조(코드의 구성) ① 규칙 제68조 제5항에 따른 고유번호는 행정구역코드 10자리(시 · 도 2, 시 · 군 · 구 3, 읍 · 면 · 동 3, 리 2), 대장구분 1자리, 본번 4자리, 부번 4자리를 합한 19자리로 구성한다.

03. 우리나라의 지적 및 토지정보를 효율적으로 관리 · 운영하기 위해 구축한 정보시스템이 아닌 것은?

① KLIS(Korea Land Information System)

② KRAS(Korea Real estate Administration intelligence System)

③ FM(Facility Management)

④ PBLIS(Parcel Based Land Information System)

해설 지적업무시스템

1. **지적행정시스템** : 지적정보의 공동활용 확대, 지적전산처리절차의 개선, 관련 기관과의 연계기반 구축을 목표로 하여 개발되었으며 토지대장, 임야대장 등의 속성정보만을 관리하는 시스템이다.
2. **필지중심토지정보시스템(PBLIS)** : 지적도 · 토지대장의 통합관리시스템 구축으로 지자체의 지적업무 효율화와 토지정책, 도시계획 등의 다양한 정책분야에 기초공간자료 제공을 목적으로 개발되었다. 즉 대장정보와 도형정보를 통합한 일필지정보를 기반으로 토지의 모든 정보를 다루는 시스템이다.
3. **한국토지정보시스템(KLIS)** : 국가적인 정보화사업을 효율적으로 추진하기 위하여 행정자치부의 필지중심토지정보시스템(PBLIS)과 건설교통부의 토지종합정보망(LMIS)을 하나의 시스템으로 통합하여 전산정보의 공공 활용과 행정의 효율성 제고를 위해 행정자치부와 건설교통부가 공동 주관으로 추진하고 있는 정보화사업이다.
4. **부동산종합공부시스템(KRAS)** : 토지의 표시와 소유자에 관한 사항, 건축물의 표시와 소유자에 관한 사항, 토지의 이용 및 규제에 관한 사항, 부동산의 가격에 관한 사항 등 부동산에 관한 종합정보를 정보관리체계를 통하여 기록 · 저장한 것을 말한다.

정답 1. ④ 2. ① 3. ③

04. 위상(topology)구조와 관계가 없는 것은?

① 노드

② 래스터데이터

③ 링크

④ 최단경로분석

 위상구조는 벡터데이터에만 적용이 가능하며, 래스터데이터에는 적용할 수 없다.

05. 기존의 데이터베이스관리도구로 데이터를 수집, 저장, 관리, 분석할 수 있는 역량을 넘어서는 대량의 정형 또는 비정형데이터집합 및 이러한 데이터로부터 가치를 추출하고 결과를 분석하는 기술은?

① 데이터웨어하우스(Data Warehouse)

② 사물인터넷(Internet of Things)

③ 개방형 GIS(Open GIS)

④ 빅데이터(Big Data)

 빅데이터(Big data)

1. 빅데이터란 기존 데이터베이스관리도구로 데이터를 수집, 저장, 관리, 분석할 수 있는 역량을 넘어서는 대량의 정형 또는 비정형데이터집합 및 이러한 데이터로부터 가치를 추출하고 결과를 분석하는 기술을 의미한다.

2. 다양한 종류의 대규모 데이터에 대한 생성, 수집, 분석, 표현을 그 특징으로 하는 빅데이터기술의 발전은 다변화된 현대사회를 더욱 정확하게 예측하여 효율적으로 작동케 하고 개인화된 현대사회 구성원마다 맞춤형 정보를 제공, 관리, 분석 가능케 하며, 과거에는 불가능했던 기술을 실현시키기도 한다.

3. 빅데이터는 초대용량(volume), 다양한 형태(variety), 빠른 생성속도(velocity)와 무한한 가치(value)의 개념을 의미하는 4V로 정의된다.

06. 지적원도 데이터베이스 구축 작업기준상 지적원도 전산파일의 저장형식으로 옳지 않은 것은?

① 지적원도 이미지파일 : DWG, DXF

② 연속지적원도 전산파일 : DWG, DXF, SHP

③ 일람도 전산파일 : DWG, DXF, SHP

④ 지적측량기준점 전산파일 : DWG, DXF, SHP

지적업무처리규정

제5조(전산파일의 형식) ① 지적원도 전산파일은 각 공정별로 파일명칭을 부여하여 저장하여야 하며, 저장형식은 다음 각 호의 기준에 따른다.

1. 지적원도 이미지파일 : TIFF 또는 JPG

2. 지적원도 수치파일 : DWG, DXF

3. 지적원도 보정파일 : DWG, DXF

4. 연속지적원도 전산파일 : DWG, DXF, SHP

5. 일람도 전산파일 : DWG, DXF, SHP

6. 행정경계 전산파일 : DWG, DXF, SHP

7. 지적측량기준점 전산파일 : DWG, DXF, SHP

07. 래스터데이터에 대한 설명으로 옳지 않은 것은?

① TIFF포맷은 래스터데이터의 파일형식이다.
② 셀(cell)의 크기가 커질수록 해상도가 높아진다.
③ 항공사진영상, 위성영상은 래스터데이터이다.
④ 사지수형(quadtree)기법은 래스터데이터의 압축기법이다.

해설 래스터자료구조

실세계를 일정 크기의 최소지도화단위인 셀로 분할하고 각 셀에 속성값을 입력하고 저장하여 연산하는 자료구조이다. 즉 격자형의 영역에서 X, Y축을 따라 일련의 셀들이 존재하고 각 셀들이 속성값(value)을 가지므로 이들 값에 따라 셀들을 분류하거나 다양하게 표현할 수 있다. 각 셀들의 크기에 따라 데이터의 해상도와 저장크기가 달라지는데, 셀크기가 작으면 작을수록 보다 정밀한 공간현상을 잘 표현할 수 있다.

08. 지적원도 데이터베이스 구축 작업기준상 관련 용어의 정의로 옳지 않은 것은?

① "지적원도"란 토지·임야조사사업 당시 지적·임야도를 제작하기 위해 세부측량을 완료한 결과도면으로서 현재 국가기록원 등에 보관 중인 세부측량원도를 말한다.
② "좌표독취"란 좌표독취기 또는 좌표독취 응용프로그램을 이용하여 지적원도 이미지파일의 필지경계 굴곡점을 수치형식으로 순차 기록하는 작업을 말한다.
③ "수치파일"이란 지적원도의 필지경계점을 좌표독취하고 지번, 지목 등의 속성정보를 기록한 행정구역 단위의 전산파일을 말한다.
④ "보정파일"이란 신축이 있는 지적원도 수치파일을 축척별 기준도곽에 일치하도록 신축량을 보정한 수치파일을 말한다.

해설 지적원도 데이터베이스 구축 작업기준

제2조(용어의 정의) 이 기준에서 사용하는 용어의 정의는 다음과 같다.

1. "지적원도"란 토지·임야조사사업 당시 지적·임야도를 제작하기 위해 세부측량을 완료한 결과도면으로서 현재 국가기록원 등에 보관 중인 세부측량원도를 말한다.
2. "이미지파일"이란 도면스캐너에 의하여 제작된 낱장형식의 이미지화된 지적원도 전산파일을 말한다.
3. "좌표독취"란 좌표독취기 또는 좌표독취 응용프로그램을 이용하여 지적원도 이미지파일의 필지경계 굴곡점을 수치형식으로 순차 기록하는 작업을 말한다.
4. "수치파일"이란 지적원도의 필지경계점을 좌표독취하고 지번, 지목 등의 속성정보를 전산정보처리장치에 의하여 기록한 도곽단위의 전산파일을 말한다.
5. "보정파일"이란 신축이 있는 지적원도 수치파일을 축척별 기준도곽에 일치하도록 신축량을 보정한 수치파일을 말한다.
6. "통일원점좌표변환"이란 구소삼각원점, 특별소삼각원점, 기타 원점 등으로 제작된 지적원도를 지역측지계기준의 동부원점, 중부원점, 서부원점, 동해원점의 통일원점계열로 변환하는 것을 말한다.
7. "도면접합"이란 지적원도 보정파일과 연접한 다른 지적원도 보정파일을 서로 접합하여 도곽선상에서 단절된 필지경계선을 연속된 도면형태로 접합처리하는 작업을 말한다.
8. "연속지적원도"란 도면접합이 완료되어 하나의 행정구역 단위로 제작된 지적원도 전산파일을 말한다.
9. "도면데이터베이스"란 보정파일 내의 필지경계를 폐합(廢合)이 되도록 폴리곤(polygon)을 형성하고, 구조화편집 등의 과정을 거쳐 각종 공간정보시스템에서 활용할 수 있도록 작업과정을 거친 최종 전산파일을 말한다.

     정답 7. ② 8. ③

09. 공간정보의 구축 및 관리 등에 관한 법률 및 부동산종합공부시스템 운영 및 관리규정상 연속
지적도에 대한 설명으로 옳지 않은 것은?

① 지적측량을 하지 아니하고 전산화된 지적도 및 임야도 파일을 이용하여 도면상 경계점들
을 연결하여 작성한 도면으로서 측량에 활용할 수 없는 도면을 말한다.

② 지적도면의 변동사항을 정리하는 부서장이 구축 · 관리한다.

③ 지적공부에 관한 전산자료에 포함되지 않는다.

④ 부동산종합공부시스템에서 제공할 수 있다.

해설 공간정보의 구축 및 관리 등에 관한 법률

제76조(지적전산자료의 이용 등) ① 지적공부에 관한 전산자료(연속지적도를 포함하며, 이하 "지적
전산자료"라 한다)를 이용하거나 활용하려는 자는 다음 각 호의 구분에 따라 국토교통부장관,
시 · 도지사 또는 지적소관청에 지적전산자료를 신청하여야 한다.

1. 전국단위의 지적전산자료 : 국토교통부장관, 시 · 도지사 또는 지적소관청
2. 시 · 도단위의 지적전산자료 : 시 · 도지사 또는 지적소관청
3. 시 · 군 · 구(자치구가 아닌 구를 포함한다)단위의 지적전산자료 : 지적소관청

10. 공간데이터 품질요소에 대한 설명으로 옳지 않은 것은?

① 공간데이터가 대상지역을 완전히 포함하는지를 판단하여 공간적 완전성을 측정할 수 있다.

② 일반적으로 소축척 공간데이터가 대축척 공간데이터보다 높은 위치 정확성을 갖는다.

③ 지형지물분류코드가 제대로 입력되었는지를 판단하여 속성 정확성을 측정할 수 있다.

④ 통합대상 공간데이터가 동일한 데이터 포맷사양을 준수하는지를 판단하여 논리적 일관성을
측정할 수 있다.

해설 일반적으로 소축척 공간데이터가 대축척 공간데이터보다 낮은 위치 정확성을 갖는다.

11. 불규칙삼각망(TIN)과 수치표고모델(DEM)에 대한 설명으로 옳지 않은 것은?

① TIN은 래스터데이터 구조를 기반으로 한다.

② 정사영상을 생성할 경우에는 DEM이 효과적이다.

③ TIN을 이용하여 경사의 크기와 방향 등을 계산할 수 있다.

④ 국지적 변이가 심한 복잡한 지형을 표현하는 데에는 TIN이 유리하다.

해설 불규칙삼각망(TIN : Triangular Irregular Network)데이터 분석

1. 연속적인 표면을 표현하기 위한 방법의 하나로서 표본추출된 표고점들을 선택적으로 연결하여 형
성된 크기와 모양이 정해지지 않고 서로 겹치지 않는 삼각형으로 이루어진 그물망의 모양으로 표
현하는 것을 비정규삼각망이라 한다.

2. 지형의 특성을 고려하여 불규칙적으로 표본지점을 추출하기 때문에 경사가 급한 곳은 작은 삼각
형이 많이 모여 있는 모양으로 나타난다.

3. 격자형 수치표고모델과는 달리 추출된 표본지점들은 x, y, z값을 가지고 있고, 벡터데이터 모델
로 위상구조를 가지고 있다.

4. 각 면의 경사도나 경사의 방향이 쉽게 구해지며, 복잡한 지형을 표현하는 데 매우 효과적이다.

5. TIN을 활용하여 방향, 경사도분석, 3차원 입체지형 생성 등 다양한 분석을 수행할 수 있다.

12. 데이터베이스관리시스템(DBMS)의 장점으로 옳은 것은?

① 데이터의 독립성을 유지할 수 있다.

② 데이터의 중복성을 쉽게 허용한다.

③ 응용프로그램에 종속적이다.

④ H/W와 S/W의 초기 구축비용이 적게 소요된다.

해설 데이터베이스의 장단점

장 점	단 점
1. 중앙제어 가능	1. 초기 구축비용이 고가
2. 효율적인 자료호환(표준화)	2. 초기 구축 시 관련 전문가 필요
3. 데이터의 독립성	3. 시스템의 복잡성(자료구조가 복잡)
4. 새로운 응용프로그램 개발의 용이성	4. 자료의 공유로 인해 자료의 분실이나 잘못
5. 반복성의 제거(중복 제거)	된 자료가 사용될 가능성이 있어 보완조치
6. 많은 사용자의 자료공유	마련
7. 데이터의 무결성 유지	5. 통제의 집중화에 따른 위험성 존재
8. 데이터의 보안 보장	

13. 데이터베이스의 종류에 대한 설명으로 옳지 않은 것은?

① 계층형 데이터베이스는 족보와 같은 단순한 트리구조를 가지고 있으며, 데이터 갱신은 용이하나 검색과정이 폐쇄적이다.

② 네트워크형 데이터베이스는 하나의 개체가 여러 부모와 자녀를 가질 수 있으며, 필요한 개체의 검색을 위해서는 상위계층의 검색이 필수적이다.

③ 관계형 데이터베이스는 개체를 2차원 테이블 형태로 표현하고, 데이터 구조가 간단하여 이해하기 쉽다.

④ 객체지향형 데이터베이스는 공간객체의 다양한 내·외부적인 관계를 다룰 수 있으므로 복잡한 객체로 구성된 현실 세계를 재현하는 데 효과적이다.

해설 계층형 데이터베이스는 개체의 검색을 위해서는 상위계층의 검색이 필수적이다.

14. 지적원도 데이터베이스 구축 작업기준상 연속지적원도 제작순서로 옳은 것은?

가. 일람도 제작	나. 도면오류 정비
다. 접합준비도 제작	라. 행정구역경계 작성
마. 도면접합	바. 성과검사
사. 접합성과품 작성	

① 가 → 다 → 나 → 마 → 라 → 사 → 바

② 가 → 나 → 다 → 라 → 마 → 바 → 사

③ 나 → 다 → 가 → 라 → 마 → 사 → 바

④ 나 → 다 → 가 → 마 → 라 → 바 → 사

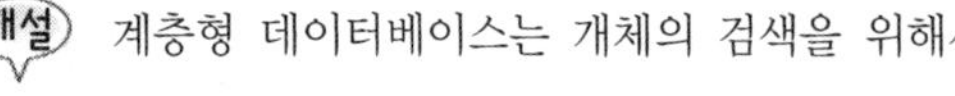

 지적원도 데이터베이스 구축 작업기준

제22조(작업순서) 연속지적원도 제작은 다음 각 호의 순서에 따른다.

1. 일람도 제작
2. 접합준비도 제작
3. 도면오류 정비
4. 도면접합
5. 행정구역경계 작성
6. 접합성과품 작성
7. 성과검사

15. 공간정보의 구축 및 관리 등에 관한 법률상 지적전산자료의 이용 등에 대한 설명으로 옳지 않은 것은?

① 전국단위의 지적전산자료는 국토교통부장관, 시·도지사 또는 지적소관청에 신청하여야 한다.
② 시·도단위의 지적전산자료는 시·도지사 또는 지적소관청에 신청하여야 한다.
③ 시·군·구(자치구가 아닌 구 포함)단위의 지적전산자료는 지적소관청에 신청하여야 한다.
④ 토지소유자가 자기 토지에 대한 지적전산자료를 신청하는 경우에는 관계 중앙행정기관의 심사를 받아야 한다.

 공간정보의 구축 및 관리 등에 관한 법률

제76조(지적전산자료의 이용 등) ③ 제2항에도 불구하고 다음 각 호의 어느 하나에 해당하는 경우에는 관계 중앙행정기관의 심사를 받지 아니할 수 있다.

1. 토지소유자가 자기 토지에 대한 지적전산자료를 신청하는 경우
2. 토지소유자가 사망하여 그 상속인이 피상속인의 토지에 대한 지적전산자료를 신청하는 경우
3. 개인정보 보호법 제2조 제1호에 따른 개인정보를 제외한 지적전산자료를 신청하는 경우

16. 공간정보의 구축 및 관리 등에 관한 법령상 토지의 고유번호를 등록사항으로 규정하고 있지 않은 지적공부는?

① 토지대장 및 임야대장
② 공유지연명부
③ 경계점좌표등록부
④ 지적도 및 임야도

 공간정보의 구축 및 관리 등에 관한 법률

제72조(지적도 등의 등록사항) 고유번호는 행정구역코드 10자리(시·도 2, 시·군·구 3, 읍·면·동 3, 리 2), 대장구분 1자리, 본번 4자리, 부번 4자리를 합한 19자리로 구성하며, 지적도 및 임야도에는 등록되지 않는다.

17. 다음이 설명하는 디지타이저에 의한 도면독취과정에서의 오차는?

> 교차점에서 두 개의 선이 만나는 과정에서 잘못된 좌표가 입력되어 발생하는 오차

① 오버슛(overshoot) ② 언더슛(undershoot)
③ 스파이크(spike) ④ 슬리버(sliver)

 디지타이저에 의한 도면독취과정에서의 오차

구 분	내 용
오버슛	다른 아크(도곽선)와의 교점을 지나서 디지타이징된 아크의 한 부분을 말한다.
언더슛	언더슛(기준선 미달오류)은 도곽선상에 인접되어야 할 선형요소가 도곽선에 도달하지 못한 경우를 말한다. 다른 선형요소와 완전히 교차되지 않은 선형을 말한다.
스파이크	교차점에서 두 개의 선분이 만나는 과정에서 잘못된 좌표가 입력되어 발생하는 오차이다.
슬리버	하나의 선으로 입력되어야 할 곳에서 두 개의 선으로 약간 어긋나게 입력되어 가늘고 긴 불필요한 폴리곤을 형성한 상태를 말한다.
점·선 중복	주로 영역의 경계선에서 점·선이 이중으로 입력되어 발생하는 오차로 중복된 점·선을 삭제함으로서 수정이 가능하다.

18. 레이저의 특징을 이용하여 지표면을 포함한 대상체의 위치정보를 갖는 점군(point cloud)데이터를 취득하는 기술은?

① 전자평판 ② GNSS
③ LiDAR ④ 드론사진측량

 항공레이저측량(LiDAR)

레이저에 의한 측량은 레이저의 특징을 이용하여 지표면을 포함한 대상체의 위치정보를 갖는 점군(point cloud)데이터를 취득하며, 기상조건에 영향을 받지 아니하고 산림, 수목 및 늪지대의 지형도 제작에 유용하며, 항공사진에 비해 작업속도가 빠르며 경제적이다. 이 방법은 표고자료수집만 가능하므로 필지를 단위로 하는 토지정보시스템(LIS) 구축에는 보조적인 측량방법으로만 사용할 수 있다.

19. 데이터베이스를 생성하거나 데이터베이스의 구조형태를 수정하기 위해 사용하는 언어는?

① DDL(Data Definition Language) ② UML(Unified Markup Language)
③ DCL(Data Control Language) ④ DML(Data Manipulation Language)

 데이터 정의어(DDL : Data Definition Language)

1. 데이터베이스를 정의하거나 그 정의를 수정할 목적으로 사용하는 언어로 데이터베이스관리자나 DB설계자가 주로 사용한다.
2. 스키마에 사용되는 개체의 정의, 속성, 개체 간의 관계, 인스턴스들에 존재하는 제약조건, 사상(mapping)명세를 포함한다(논리적, 물리적 저장구조와 액세스방법 정의).
3. 관계DBMS의 경우 table, view의 생성, 삭제기능을 갖는다.

  정답 17. ③ 18. ③ 19. ①

20. 부동산종합공부시스템 운영 및 관리규정상 부동산종합공부시스템의 단위업무로 옳지 않은 것은?

① 지적측량성과관리　　　　　　　② 용도지역지구관리
③ 섬관리　　　　　　　　　　　　④ 연속지형도관리

 부동산종합공부시스템 운영 및 관리규정

제13조의2(단위업무)　부동산종합공부시스템은 다음 각 호의 단위업무를 포함한다.

1. 지적공부관리
2. 지적측량성과관리
3. 연속지적도관리
4. 용도지역지구관리
5. 개별공시지가관리
6. 개별주택가격관리
7. 통합민원발급관리
8. GIS건물통합정보관리
9. 섬관리
10. 통합정보열람관리
11. 시·도 통합정보열람관리
12. 일사편리포털관리

지방직 9급

01. 공간객체 간 지리정보를 표현하기 위해 사용하는 위상관계의 기본요소가 아닌 것은?

① 인접성　　　　　　　　　　② 포함성
③ 분할성　　　　　　　　　　④ 연결성

 위상관계(topology)란 공간상에서 대상물들의 위치나 관계를 나타내는 것을 말하는데, 대상물들의 모양, 이웃하고 있는 대상물들 사이의 위치적인 관계, 대상물들의 포함관계를 정하는 것이라고 할 수 있다.
　1. **인접성** : 관심대상사상의 좌측과 우측에 어떤 사상이 있는지를 정의한다. 즉 두 개의 객체가 서로 인접하는지를 판단한다.
　2. **연결성** : 특정 사상이 어떤 사상과 연결되어 있는지를 정의한다. 즉 두 개 이상의 객체가 연결되어 있는지를 판단한다.
　3. **포함성** : 특정 사상이 다른 사상의 내부에 포함되느냐 혹은 다른 사상을 포함하느냐를 정의한다.

02. 벡터데이터의 파일형식에 해당하는 것은?

① GeoTIFF　　　　　　　　② PCX
③ PNG　　　　　　　　　　④ DXF

 1. **벡터파일형식** : Shape, Coverage, DLG, VPF, TIGER, DXF, DWG
　2. **래스터파일형식** : TIFF, GeoTIFF, BMP, JPG, PNG, GIF, DEM

03. 데이터베이스의 데이터 구조와 제약조건에 대한 명세(specification)를 의미하는 것은?

① 스키마(schema)
② 엔티티(entity)
③ 니블(nibble)
④ 데이터웨어하우스(data warehouse)

 스키마(schema)
데이터베이스의 논리적 정의, 데이터 구조와 제약조건에 관한 명세(specification)를 기술한 것으로 컴파일되어 데이터 사전에 저장된다.

04. 컴퓨터 운영체제에 해당하는 것은?

① C++　　　　　　　　　　② Oracle
③ ArcInfo　　　　　　　　④ Linux

리눅스(Linux)는 1991년 9월 17일 리누스 토르발스가 처음 출시한 운영체제 커널인 리눅스 커널에 기반을 둔 오픈 소스 유닉스계열 운영체제이다

정답　1. ③　2. ④　3. ①　4. ④

05. 부동산종합공부시스템 운영 및 관리규정상 전산자료의 제공에 대한 설명으로 옳지 않은 것은?

① 개별공시지가, 개별주택가격 등의 속성자료를 부동산종합정보시스템에서 제공할 수 있다.

② 전산자료를 제공받는 자는 보안각서 및 전산자료수령증을 작성하여 운영기관의 장에게 제출하여야 한다.

③ 2개 이상의 시·도에 걸친 범위에 속하는 자료를 제공받고자 할 경우에는 해당 범위에 속하는 시·도 중 하나의 운영기관의 장에게 제공요청서를 작성하여 제출하여야 한다.

④ 전산자료를 제공받은 자는 제공된 자료의 불법 복제 및 유출 방지를 위하여 관련 보안관리규정에 따라 보안대책을 수립·시행하여야 한다.

해설 부공산종함공부시스템 운영 및 관리규정

제10조(전산자료의 제공) ① 부동산종합공부 전산자료를 제공받으려는 자는 별지 제2호 서식의 제공요청서를 작성하여 다음 각호에 따라 해당하는 운영기관의 장에게 제출하여야 한다.

1. 기초자치단체(시·군·구)의 범위에 속하는 자료 : 시·군·구(자치구가 아닌 구를 포함)의 장

2. 시·도단위의 자료 또는 2개 이상의 기초자치단체에 걸친 범위에 속하는 자료 : 시·도지사

3. 전국단위의 자료 또는 2개 이상의 시·도에 걸친 범위에 속하는 자료 : 국토교통부장관

② 제1항에 따른 요청을 받은 운영기관의 장은 요청내역, 요청목적, 근거법령 등을 검토하여 전산자료의 제공이 가능한 때에는 별지 제3호 서식의 전산자료제공대장을 작성하여야 한다.

06. 용어에 대한 설명으로 옳은 것은?

① 데이터 마이닝(data mining) : 대용량의 데이터에서 통계적 패턴이나 규칙, 관계를 찾아내 분석함으로써 정보를 추출하여 의사결정에 활용하는 과정

② 크롤링(crawling) : 대용량 데이터를 안전하게 처리하기 위한 하드웨어를 이용한 분산모델

③ 증강현실(augmented reality) : 컴퓨터에서 분산, 저장된 문서를 수집하고 검색하는 기술

④ 맵리듀스(MapReduce) : 실제 환경에 가상사물이나 정보를 합성하여 원래의 환경에 존재하는 사물처럼 보이도록 하는 컴퓨터그래픽기법

해설 ② 크롤링 : 개인 혹은 단체에서 필요한 데이터가 있는 웹(web)페이지의 구조를 분석하고 파악하여 긁어오는 것

③ 증강현실 : 실제 환경에 가상사물이나 정보를 합성하여 원래의 환경에 존재하는 사물처럼 보이도록 하는 컴퓨터그래픽기법

④ 맵리듀스 : 여러 대의 서버가 하나의 시스템처럼 작동하는 컴퓨터 클러스터환경에서 대용량 데이터를 병렬처리 지원하는 기술

07. 다음 (가)와 (나)에 들어갈 말을 바르게 연결한 것은?

> 래스터데이터를 벡터데이터로 변환하는 것을 벡터화라고 한다. 벡터화과정을 위해서는 먼저 여러 형태의 잡음을 윈도우를 이용하여 제거하는 (가)과정을 거친 후, 대상물의 추출에 영향을 주지 않는 격자를 제거하여 두께가 하나인 격자를 생성하는 (나)과정을 거치게 된다.

	(가)	(나)		(가)	(나)
①	filtering	thinning	②	thinning	filtering
③	filtering	expanding	④	expanding	thinning

래스터데이터를 벡터데이터로 변환하는 것을 벡터화라고 한다. 벡터화과정을 위해서는 먼저 여러 형태의 잡음을 윈도우를 이용하여 제거하는 filtering과정을 거친 후, 대상물의 추출에 영향을 주지 않는 격자를 제거하여 두께가 하나인 격자를 생성하는 thinning과정을 거치게 된다.

08. 센서가 얼마나 좁은 파장대역의 전자파에너지를 관측할 수 있는지를 나타내는 해상도로서 밴드의 수로 표현하는 것은?

① 공간해상도　　　　　　　　　　　　② 주기해상도
③ 분광해상도　　　　　　　　　　　　④ 방사해상도

　1. 공간해상도
　　① 영역 내의 개개의 픽셀이 표현 가능한 지상의 면적
　　② 보통 1m급, 5m급, 30m급 등으로 표현
　　③ 숫자가 작아질수록 보다 작은 지상물체의 판독 가능
　2. 분광해상도
　　① 센서가 얼마나 다양한 분광파장영역을 수집할 수 있는가를 표현
　　② 분광해상도가 좋을수록 영상의 분석적 이용 가능성이 상승
　　③ 밴드수가 많을수록 분광해상도가 높음
　3. 방사해상도
　　① 센서가 수집한 영상이 얼마나 다양한 값을 표현하는가를 표시
　　② 방사해상도가 높은 영상은 분석정밀도가 높다는 의미를 내포함
　　③ 6비트=64단계, 8비트=256단계, 11비트=2,048단계
　4. 시간해상도
　　① 지구상의 특정 지역을 얼마만큼 자주 촬영 가능한지를 표현
　　② 주기가 짧을수록 지형 변이 양상을 주기적이고도 빠르게 파악

09. 래스터자료구조를 갖는 파일형식끼리 묶은 것은?

① TIGER, GIF, BMP　　　　　　　　② DLG, GIF, TIFF
③ TIFF, BMP, GIF　　　　　　　　　④ GIF, DLG, TIGER

　1. 벡터파일형식 : Shape, Coverage, DLG, VPF, TIGER, DXF, DWG
　2. 래스터파일형식 : TIFF, GeoTIFF, BMP, JPG, PNG, GIF, DEM

10. 지적원도 데이터베이스 구축 작업기준상 지적원도 이미지파일을 이용한 좌표독취에 대한 설명으로 옳지 않은 것은?

① 좌표독취는 반드시 수동방식의 취득방법으로 하여야 하며, 경계점을 명확히 구분할 수 있도록 확대한 후 작업을 실시하여야 한다.
② 좌표독취는 밀리미터(mm)단위로 하되, 소수점 이하 2자리 이상 취득하여 미터(m)단위로 소수점 이하 2자리까지 결정하여야 한다.
③ 행정구역선은 지적원도에 표시된 유형별 선형(도계, 부·군계 등)으로 입력하며, 지적원도에 행정구역선이 없는 경우 위성영상 등을 활용하여 입력하여야 한다.
④ 필지경계선 편집 시 연속되는 모든 선형데이터는 연결되어야 한다.

정답　8. ③　9. ③　10. ②

 지적원도 데이터베이스 구축 작업기준

제11조(좌표독취) ① 지적원도의 좌표독취는 제10조 제6항에 따라 저장된 이미지파일을 대상으로 좌표독취기 또는 좌표독취 응용프로그램을 활용하여 다음 각호의 사항을 레이어별로 입력하여야 한다.

1. 도곽선
2. 필지경계선
3. 행정구역선
4. 지적측량기준점
5. 기타 선형 등

② 제1항에 따라 입력되는 좌표는 해당 도면 좌하단점의 도곽선수치를 기준으로 가산한다.

③ 경계점 간 연결되는 선은 굵기가 0.1mm 이하가 되도록 하여야 한다.

④ 좌표독취는 반드시 수동방식의 취득방법으로 하여야 하며, 경계점을 명확히 구분할 수 있도록 확대한 후 작업을 실시하여야 한다.

⑤ 좌표독취는 밀리미터(mm)단위로 하되, 소수점 이하 2자리 이상 취득하여 미터(m)단위로 소수점 이하 3자리까지 결정하여야 한다.

⑥ 필지의 경계는 중복되지 않아야 하며 경계가 만나는 지점의 좌표는 동일하여야 하고, 경계에 이어지는 다른 필지의 경계는 그 경계를 벗어나서는 아니 된다.

⑦ 도곽선은 좌하단, 좌상단, 우상단, 우하단방향으로 4점의 도곽점을 연결한 선형으로 입력하여야 한다.

⑧ 행정구역선은 지적원도에 표시된 유형별 선형(도계, 부·군계 등)으로 입력하며, 지적원도에 행정구역선이 없는 경우 위성영상 등을 활용하여 입력하여야 한다.

⑨ 지적원도에 표시된 지형·지물은 기타로 입력하거나 레이어를 추가하여 입력하여야 한다

11. 수치표고모형(DEM : Digital Elevation Model)으로부터 추출 가능한 정보가 아닌 것은?

① 필지경계(parcel boundary)
② 표고(elevation)
③ 경사도(slope)
④ 경사방향(aspect)

 수치표고모형(DEM : Digital Elevation Model)으로부터 표고(elevation), 경사도(slope), 경사방향(aspect)은 추출할 수 있으나, 필지경계는 지적도면에서 추출할 수 있는 것으로 수치표고모형(DEM)으로는 추출할 수 없다.

12. 관계형 데이터베이스의 참조무결성 제약조건에 대한 설명으로 옳은 것은?

① 투플(tuple) 내의 속성은 정의된 도메인(domain)의 범위를 벗어나는 값을 가질 수 있다는 조건이다.
② 기본키는 중복된 값을 가질 수 있다는 조건이다.
③ 기본키는 널(null)값을 가질 수 있다는 조건이다.
④ 두 릴레이션 간에 연관된 투플들 사이의 일관성을 유지하기 위해 외래키가 충족해야 하는 조건이다.

① 투플(tuple) 내의 속성은 정의된 도메인(domain)의 범위를 벗어나는 값을 가질 수 없다는 조건이다(도메인무결성).

② 기본키는 중복된 값을 가질 수 없다는 조건이다(개체무결성).

③ 기본키는 널(null)값을 가질 수 없다는 조건이다(개체무결성).

13. 공간데이터 형태에 대한 설명으로 옳지 않은 것은?

① 벡터데이터를 래스터데이터로 변환할 수 있다.

② 지도를 스캐닝하여 래스터데이터를 구축할 때 격자사이즈가 작을수록 해상도가 높아진다.

③ 래스터데이터는 속성정보를 저장하지 않는다.

④ 원격탐사를 통해 래스터데이터를 취득할 수 있다.

래스터데이터는 실세계를 일정 크기의 최소지도화단위인 셀로 분할하고, 각 셀에 속성값을 입력하고 저장하여 연산하는 자료구조이다. 즉 격자형의 영역에서 X, Y축을 따라 일련의 셀들이 존재하고 각 셀들이 속성값(value)을 가지므로 이들 값에 따라 셀들을 분류하거나 다양하게 표현할 수 있다.

14. 공간정보의 구축 및 관리 등에 관한 법률상 경계점좌표등록부의 등록사항이 아닌 것은?

① 토지의 소재　　　　　　　　② 지번

③ 좌표　　　　　　　　　　　　④ 대지권비율

 경계점좌표등록부 등록사항

일반적인 기재사항	국토교통부령이 정하는 사항
• 토지의 소재 • 지번 • 좌표	• 토지의 고유번호 • 도면번호 • 필지별 경계점좌표등록부의 장번호 • 부호 및 부호도 : 왼쪽 → 오른쪽으로

15. 입력레이어, 연산레이어, 산출레이어가 다음과 같다면 적용된 폴리곤 중첩연산자는?

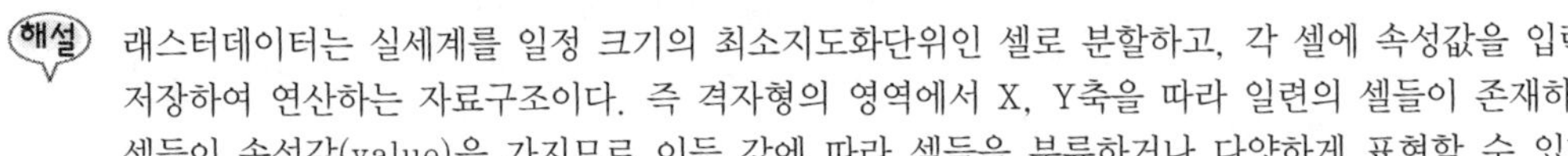

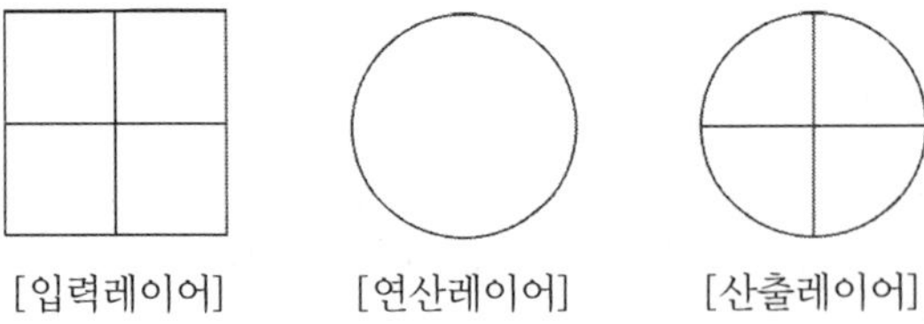

① 지우기(erase)　　　　　　　② 자르기(clip)

③ 결합(union)　　　　　　　　④ 버퍼링(buffering)

 중첩을 이용한 레이어의 편집

1. clip : 정해진 모양으로 자료층상의 특정 영역의 데이터를 잘라내는 기능이다.

2. erase : 중첩된 부분을 제거하는 기능으로 clip의 반대되는 개념의 기능을 수행한다.

3. update : 추가하고자 하는 데이터를 자료층의 지정된 위치에 추가하고 수정하고 새로 만들어내는 기능이며 지도의 특정 부분에 대해 공간데이터를 새로는 또는 수정된 구역으로 바꾸는 것을 의미한다.

4. split : 하나의 레이어를 여러 개의 레이어로 분할하는 과정이다. 이것은 도형과 속성정보로 이루어진 하나의 데이터베이스를 기준에 따라 여러 개의 파일이나 데이터베이스로 분리하는데 사용될 수 있다.

5. mapjoin and append : split와 반대되는 개념으로 여러 개의 레이어를 하나의 레이어로 합치는 것을 말한다.

6. dissolve : mapjoin이나 제반 레이어를 합치는 과정에서 발생한 불필요한 폴리곤의 경계선을 제거하는 과정이다.

7. eliminate : 여러 개의 레이어를 중첩하거나 mapjoin 등에 의하여 서로 다른 레이어가 합쳐지는 경우에 슬리버와 같은 작고 가느다란 형태의 불필요한 폴리곤들이 형성되는 경우가 많다. 불필요한 슬리버를 eliminate를 통하여 제거한다.

16. 하나의 네트워크로부터 정보를 받아 다른 곳에 위치한 네트워크로 정보를 보내주는 역할을 담당하는 장치는?

① 방화벽   ② 라우터

③ 스캐너   ④ 플로터

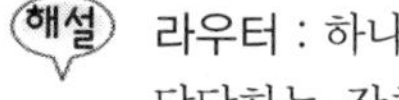 라우터 : 하나의 네트워크로부터 정보를 받아 다른 곳에 위치한 네트워크로 정보를 보내주는 역할을 담당하는 장치

17. 지적원도 데이터베이스 구축 작업기준상 지적원도 이미지파일 제작에 사용되는 자동독취기(스캐너)의 규격기준으로 옳은 것은?

① 최소선굵기 : 0.4mm 이상   ② 형식 : 3D스캔방식

③ 광학해상도 : 2,000DPI 이상   ④ 인쇄해상도 : 1,200DPI 이상

 **지적원도 데이터베이스 구축 작업기준**

제4조(사용장비) ① 지적원도 이미지파일 제작에 사용되는 자동독취기(스캐너)의 규격은 다음 각호의 기준에 따른다.

1. 형식 : 평판밀착스캔방식
2. 정밀도 : 0.1mm 이상
3. 광학해상도 : 2,000DPI 이상
4. 스캔유효범위 : 지적원도규격 이상

② 수치파일 검수도면 출력에 사용하는 출력장치의 정밀도, 성능 및 기능은 다음 각호의 기준에 따른다.

1. 출력유효범위 : 600×900mm(A1) 이상
2. 최소선굵기 : 0.04mm 이상
3. Line 정확도 : ±0.1%
4. 인쇄해상도 : 2,400×1,200DPI 이상
5. 용지공급 : 롤, 낱장공급, 자동절단 등
6. 용지의 종류 : 백상지, 트레싱지, 필름지

18. 공간정보 저장형식인 Shapefile에 대한 설명으로 옳지 않은 것은?

① 벡터데이터를 저장하는 형식이다.

② 여러 개의 파일로 구성된 구조를 가진다.

③ 개방형 공간정보 컨소시엄(OGC)에서 개발하였다.

④ 속성정보는 확장자가 dbf인 파일에 저장된다.

 Shapefile

1. 벡터데이터를 저장하는 형식이다.
2. 여러 개의 파일로 구성된 구조를 가진다.
3. 속성정보는 확장자가 dbf인 파일에 저장된다.
4. 비위상적 위치정보와 속성정보를 포함한다.
5. 위상구조가 아니므로 컴퓨터 화면상에 출력되는 속도와 편집속도가 빠르다.

19. 빅데이터의 속성인 3V에 해당하지 않는 것은?

① 규모(Volume)   ② 다양성(Variety)
③ 속도(Velocity)   ④ 타당성(Validity)

 빅데이터

1. 빅데이터란 기존 데이터베이스 관리도구로 데이터를 수집, 저장, 관리, 분석할 수 있는 역량을 넘어서는 대량의 정형 또는 비정형데이터 집합 및 이러한 데이터로부터 가치를 추출하고 결과를 분석하는 기술을 의미한다.
2. 다양한 종류의 대규모 데이터에 대한 생성, 수집, 분석, 표현을 그 특징으로 하는 빅데이터기술의 발전은 다변화된 현대 사회를 더욱 정확하게 예측하여 효율적으로 작동케 하고 개인화된 현대 사회 구성원마다 맞춤형 정보를 제공, 관리, 분석 가능케 하며, 과거에는 불가능했던 기술을 실현시키기도 한다.
3. 빅데이터는 초대용량(volume), 다양한 형태(variety), 빠른 생성속도(velocity)의 개념을 의미하는 3V로 정의되며, 최근 위치기반 데이터와 연계되어 신성장 동력산업을 선도할 수 있는 새로운 가치를 창출할 것으로 기대되고 있다.

20. 부동산종합공부시스템 운영 및 관리규정상 부동산종합공부시스템의 사용자권한 중 시·군·구 업무담당자의 권한이 아닌 것은?

① 연속지적도관리
② 지적공부의 열람 및 등본발급의 관리
③ GIS 건물통합정보관리
④ 지적전산코드의 입력·수정 및 삭제

 지적전산코드의 입력·수정 및 삭제는 국토교통부 지적업무담당자에 권한을 부여한다.

지방직 9급

01. 주소정보를 평면직각좌표 또는 경위도좌표로 변환하는 과정은?

① 지오코딩(geocoding)
② 지오태깅(geotagging)
③ 지오펜스(geofence)
④ 지오이드(geoid)

 1. **지오코딩(geocoding)** : 주소정보를 지리적인 좌표로 변환하는 프로세스
2. **지오태깅(geotagging)** : 사진촬영 시 내장된 GPS수신기를 통해 사진에 촬영한 위치를 자동적으로 표시해주는 기능

02. 공간정보의 구축 및 관리 등에 관한 법률상 (가), (나)의 설명에 해당하는 것을 바르게 연결한 것은?

> (가) 모든 측량의 기초가 되는 공간정보를 제공하기 위하여 국토교통부장관이 실시하는 측량
> (나) 토지대장, 임야대장, 공유지연명부, 대지권등록부, 지적도, 임야도 및 경계점좌표등록부 등 지적측량 등을 통하여 조사된 토지의 표시와 해당 토지의 소유자 등을 기록한 대장 및 도면

	(가)	(나)
①	공공측량	부동산종합공부
②	공공측량	지적공부
③	기본측량	부동산종합공부
④	기본측량	지적공부

 1. **기본측량** : 모든 측량의 기초가 되는 공간정보를 제공하기 위하여 국토교통부장관이 실시하는 측량
2. **지적공부** : 토지대장, 임야대장, 공유지연명부, 대지권등록부, 지적도, 임야도 및 경계점좌표등록부 등 지적측량 등을 통하여 조사된 토지의 표시와 해당 토지의 소유자 등을 기록한 대장 및 도면(정보처리시스템을 통하여 기록·저장된 것을 포함한다)

03. 지리정보시스템(GIS)에서 사용하는 데이터 입력장치가 아닌 것은?

① 키보드
② 디지타이저
③ 플로터
④ 마우스

 1. **입력장치** : 스캐너, 디지타이저, 키보드
2. **저장장치** : 워크스테이션(workstation), 개인용 컴퓨터, 자기디스크 등
3. **출력장치** : 프린터, 플로터, 모니터 등

04. 지적원도 데이터베이스 구축 작업기준상 좌표독취 및 속성정보 입력에 대한 설명으로 옳지 않은 것은?

① 필지경계선 중 직선경계는 각 굴곡점에 하나씩의 점데이터만 있어야 한다.

② 연속되는 모든 선형데이터는 연결되어야 한다.

③ 속성정보는 필지 하단 부분에 일렬로 입력한다.

④ 지적원도에 소유자가 기록되어 있는 경우 지번·지목 아래에 한글로 소유자를 입력한다.

 **지적원도 데이터베이스 구축 작업기준**

제12조(속성정보 입력) ① 지적원도의 속성정보는 일필지단위로 입력하되, 지번은 아라비아숫자로 행정구역·지목·소유자 등은 한글로 하여 가로쓰기 입력한다.

② 제1항에 따른 속성정보는 필지 중앙에 위치하도록 하며, 지번 및 경계 등과 겹치지 않게 레이어기준을 준용하여 입력하여야 한다.

③ 지적원도에 소유자가 기록되어 있는 경우 지번·지목 아래에 한글로 소유자를 입력한다.

④ 지적원도에 기록된 모든 문자들은 빠짐없이 입력하여야 하며, 그 내용이 특이하거나 일관성이 없는 경우에는 별지 제3호 서식의 예외사항처리대장을 작성하여 발주기관에 보고하고 입력 여부에 대한 지시를 받아 작업을 진행한다.

05. 범지구위성항법시스템(GNSS)이 아닌 것은?

① GPS

② GMS

③ GLONASS

④ GALILEO

 GNSS(Global Navigation Satellite System)와 RNSS(Reginal Navigation Satellite System)

소유국	시스템명	목 적	운용연도	운영궤도	위성수
미국	GPS	전 지구 위성시스템	1995	중궤도	31
러시아	GLONASS	전 지구 위성시스템	2011	중궤도	24
EU	Galileo	전 지구 위성시스템	2012	중궤도	30
중국	COMPASS	전 지구 위성시스템	2011	중궤도	30
일본	QZSS	지역 위성시스템	2010	고타원궤도	3
인도	IRNSS	지역 위성시스템	2010	고타원궤도	4

06. 부동산종합공부시스템 운영 및 관리규정상 토지 고유번호를 구성하는 코드 각각의 자릿수로 옳지 않은 것은?

① 행정구역 : 10

② 대장구분 : 2

③ 본번 : 4

④ 부번 : 4

부동산종합공부시스템 운영 및 관리규정

제19조(코드의 구성) ① 규칙 제68조 제5항에 따른 고유번호는 행정구역코드 10자리(시·도 2, 시·군·구 3, 읍·면·동 3, 리 2), 대장구분 1자리, 본번 4자리, 부번 4자리를 합한 19자리로 구성한다.

정답 4. ③ 5. ② 6. ②

07. 벡터데이터의 위상구조에서 선의 시작점이나 끝점을 의미하는 것은?

① 아크(arc) ② 체인(chain)

③ 노드(node) ④ 버텍스(vertex)

1. 노드(node) : 0차원의 위상기본요소이며, 체인이 시작되고 끝나는 점, 서로 다른 체인 또는 링크가 연결되는 곳에 위치한다.
2. 체인(chain) : 시작노드와 끝노드에 대한 위상정보를 가지며 자체 꼬임이 허용되지 아니한다.
3. 버텍스(vertex) : 각 아크들의 사이에 존재하는 점을 말한다.
4. 아크(arc) : 곡선을 형상하는 점들의 자취를 의미한다.

08. 부동산종합공부시스템 운영 및 관리규정상 용어에 대한 정의로 옳지 않은 것은?

① 운영지침서란 국토교통부장관이 부동산종합공부시스템을 통한 업무처리의 절차 및 방법에 대하여 체계적으로 정한 지침으로서 '운영자 전산처리지침서'와 '사용자 업무처리지침서'를 말한다.

② 정보관리체계란 국토교통부장관이 지적공부 및 부동산종합공부 정보를 지방자치단체 단위로 별도 관리·운영하는 체계를 말한다.

③ 부동산종합공부시스템이란 지방자치단체가 지적공부 및 부동산종합공부 정보를 전자적으로 관리·운영하는 시스템을 말한다.

④ 사용자란 부동산종합공부시스템을 이용하여 업무를 처리하는 업무담당자로서 부동산종합공부시스템에 사용자로 등록된 자를 말한다.

부동산종합공부시스템 운영 및 관리규정

제2조(정의) 이 규정에서 사용하는 용어의 정의는 다음과 같다.

1. "정보관리체계"란 지적공부 및 부동산종합공부의 관리업무를 전자적으로 처리할 수 있도록 설치된 정보시스템으로서, 국토교통부가 운영하는 "국토정보시스템"과 지방자치단체가 운영하는 "부동산종합공부시스템"으로 구성된다.
2. "국토정보시스템"이란 국토교통부장관이 지적공부 및 부동산종합공부 정보를 전국단위로 통합하여 관리·운영하는 시스템을 말한다.
3. "부동산종합공부시스템"이란 지방자치단체가 지적공부 및 부동산종합공부 정보를 전자적으로 관리·운영하는 시스템을 말한다.
4. "운영기관"이란 부동산종합공부시스템이 설치되어 이를 운영하고 유지관리의 책임을 지는 지방자치단체를 말하며, 영문표기는 "Korea Real estate Administration intelligence System"으로 "KRAS"로 약칭한다.
5. "사용자"란 부동산종합공부시스템을 이용하여 업무를 처리하는 업무담당자로서 부동산종합공부시스템에 사용자로 등록된 자를 말한다.
6. "운영지침서"란 국토교통부장관이 부동산종합공부시스템을 통한 업무처리의 절차 및 방법에 대하여 체계적으로 정한 지침으로서 '운영자 전산처리지침서'와 '사용자 업무처리지침서'를 말한다.

09. 지리정보에 대한 국제표준을 결정하는 국제표준화기구는?

① IGS ② ISO/TC211

③ NGIS ④ USGS

 표준화기구

1. ISO/TC211 : 공식명칭은 Geographic Information/Geometics으로써 TC211위원회(이하 ISO/TC211)는 수치화된 지리정보분야의 표준화를 위한 기술위원회이며 지구의 지리적 위치와 직·간접적으로 관계가 있는 객체나 현상에 대한 정보표준규격을 수립함에 그 목적을 두고 있다.
2. OGC(OpenGIS Consortium) : 1994년 8월 설립되었으며, GIS관련 기관과 업체를 중심으로 하는 비영리단체이다.
3. CEN/TC287 : ISO/TC211활동이 시작되기 이전에 유럽의 표준화기구를 중심으로 추진된 유럽의 지리정보표준화기구이다.

10. 지적원도 데이터베이스 구축 작업기준상 도면데이터베이스 전환이 완료되면 파악하여야 하는 도면 및 속성정보의 현황이 아닌 것은?

① 지적측량기준점통계
② 폴리곤, 지번, 지목, 도면번호의 개수
③ 중복지번수, 무지번수의 현황
④ 좌표계산에 의한 체적통계

 지적원도 데이터베이스 구축 작업기준

제42조(데이터베이스 전환 전·후의 자료검정) 도면데이터베이스의 전환이 완료되면 다음 각 호의 도면 및 속성정보의 현황을 파악하여야 한다.
1. 폴리곤, 지번, 지목, 도면번호의 개수
2. 중복지번수, 무지번수 현황
3. 좌표계산에 의한 면적통계
4. 일람도 및 행정구역 통계
5. 지적측량기준점통계

11. 지적도의 특정 공간사상에서 일정 거리 이내의 영역을 설정하는 GIS기능은?

① 버퍼링(buffering)
② 항공삼각측량(aerial triangulation)
③ 기하보정(geometric correction)
④ 보간(interpolation)

 버퍼링(buffering)

특정 공간사상에서 일정 거리 이내의 영역을 설정하는 GIS기능의 둘레, 또는 특정한 거리에 무엇이 있는가를 분석하는 것으로 인접지역분석에 이용된다.

12. 벡터구조에 해당하는 공간정보데이터는?

① 항공사진
② 디지타이저로 취득한 자료
③ 인공위성영상
④ 스캐너로 취득한 자료

     정답 10. ④ 11. ① 12. ②

 1. 디지타이저로 취득한 자료는 벡터구조에 해당한다.
2. 래스터데이터
① 실세계를 일정 크기의 최소지도화단위인 셀로 분할하고 각 셀에 속성값을 입력하고 저장하여 연산하는 자료구조이다.
② 대표적인 래스터자료유형으로는 인공위성에 의한 이미지, 항공사진에 의한 이미지 등이 있으며, 또한 스캐닝을 통해 얻어진 이미지데이터를 좌표정보를 가진 이미지로 바꿈으로서 얻어질 수 있다.

13. 래스터데이터의 압축기법이 아닌 것은?

① block code ② quadtree
③ run-length code ④ conflation

 래스터데이터의 압축기법
1. Run-length코드기법 : 셀값을 개별적으로 저장하는 대신 각각의 런에 대하여 속성값, 위치, 길이를 한 번씩만 저장하는 방식으로 각 행마다 왼쪽에서 오른쪽으로 진행하면서 동일한 수치를 갖는 셀들을 묶어 압축시키는 방법
2. 체인코드기법 : 대상지역에 해당하는 격자들의 연속적인 연결상태를 파악하여 동일한 지역의 정보를 제공하는 방법
3. 블록코드기법 : 런랭스코드방식에서 지도화하는 영역을 행(row)단위가 아닌 타일(tile)형태의 정사각블록을 사용함으로써 2차원으로 확장한 기법
4. 사지수형기법 : 실세계의 지리공간을 보다 정확하게 표현하기 위해 정보의 조밀 여부에 따라 공간을 4개의 정사각형으로 계층적으로 세분하여 분할해 나가는 방식

14. 종이형태의 지적도를 GIS자료로 수치화하는 작업순서로 옳은 것은?

(가) 벡터라이징	(다) 정위치편집
(나) 스캐닝	(라) 구조화편집

① (가) → (나) → (다) → (라)
② (나) → (가) → (다) → (라)
③ (나) → (가) → (라) → (다)
④ (라) → (나) → (가) → (다)

 종이형태의 지적도를 GIS자료로 수치화하는 작업순서 : 스캐닝 → 벡터화 → 정위치편집 → 구조화편집

15. 지적원도 데이터베이스 구축 작업기준상 구조화편집에 대한 설명으로 옳지 않은 것은?

① 필지 내부에 다수의 필지가 연속되어 있는 경우에는 임의로 경계를 분리하여 폴리곤을 형성하고 지번 · 지목과 구분코드를 입력한다.
② 필지 내부에 독립된 폴리곤이 있는 경우에는 내부에 속한 폴리곤에 구분코드를 입력한다.
③ 인접경계표시선은 별도의 레이어로 구분하지 않는다.
④ 구조화편집데이터는 원점별 · 행정구역별 · 축척별로 하나의 파일로 제삭하여야 한다.

제34조(구조화편집) ① 모든 필지는 폐합다각형이 되도록 폴리곤을 형성하여야 하며, 두 도곽 이상에 등록되어 있는 필지 중 폐합이 되지 않은 필지는 도곽선을 따라 임의의 경계를 추가하여 폴리곤을 형성하고 무결성을 확보하여야 한다.

② 필지 내부에 다수의 필지가 연속되어 있는 경우에는 임의로 경계를 분리하여 폴리곤을 형성하고 지번 · 지목과 구분코드를 입력한다.

③ 필지 내부에 독립된 폴리곤이 있는 경우에는 내부에 속한 폴리곤에 구분코드를 입력한다.

④ 인접경계표시선은 별도의 레이어로 구분하여야 한다.

⑤ 구조화편집데이터는 원점별 · 행정구역별 · 축척별로 하나의 파일로 제작하여야 한다.

16. 공간정보의 구축 및 관리 등에 관한 법률상 부동산종합공부의 관리, 운영 및 열람에 대한 설명으로 옳지 않은 것은?

① 지적소관청은 부동산종합공부를 관리 · 운영하며, 이를 영구히 보존하여야 한다.

② 부동산종합공부 등록사항을 관리하는 기관의 장은 지적소관청에 상시적으로 관련 정보를 제공하여야 한다.

③ 부동산종합공부는 유일성을 확보하기 위하여 별도로 복제하여 관리하면 안 된다.

④ 부동산종합공부를 열람하려는 자는 지적소관청이나 읍 · 면 · 동의 장에게 신청할 수 있다.

제76조의2(부동산종합공부의 관리 및 운영) ① 지적소관청은 부동산의 효율적 이용과 부동산과 관련된 정보의 종합적 관리 · 운영을 위하여 부동산종합공부를 관리 · 운영한다.

② 지적소관청은 부동산종합공부를 영구히 보존하여야 하며, 부동산종합공부의 멸실 또는 훼손에 대비하여 이를 별도로 복제하여 관리하는 정보관리체계를 구축하여야 한다.

③ 제76조의3 각 호의 등록사항을 관리하는 기관의 장은 지적소관청에 상시적으로 관련 정보를 제공하여야 한다.

④ 지적소관청은 부동산종합공부의 정확한 등록 및 관리를 위하여 필요한 경우에는 제76조의3 각 호의 등록사항을 관리하는 기관의 장에게 관련 자료의 제출을 요구할 수 있다. 이 경우 자료의 제출을 요구받은 기관의 장은 특별한 사유가 없으면 자료를 제공하여야 한다.

17. 다음 (가), (나)에 들어갈 내용을 바르게 연결한 것은?

> 지적공부 세계측지계 변환규정상 변환성과의 위치검증 시 허용오차범위는 경계점좌표등록부 시행지역에서 5cm, 그 밖의 지역에서 (가)cm 이내로 하며, 변환성과의 면적검증 시 허용면적공차는 변환 전 산출면적×(나)m² 이내로 한다.

	(가)	(나)
①	10	1/10,000
②	10	1/20,000
③	15	1/10,000
④	15	1/20,000

 지적공부 세계측지계 변환규정

제17조(변환성과검증)　① 변환성과검증은 위치검증과 면적검증으로 구분하여 실시한다.

② 검증필지는 변환구역 내 모든 필지를 대상으로 하며, 부득이한 경우 지적소관청이 정하는 기준으로 할 수 있다.

③ 위치검증성과는 필지별 2개 이상의 경계점을 대상으로 공통점의 지역측지계 성과에서 변환 전 필지의 도상좌표까지 각과 거리를 계산하고, 이 값을 사용하여 공통점의 세계측지계 성과를 기준으로 좌표를 산출한다.

④ 변환성과의 위치검증은 제3항에 따라 산출한 성과와 비교하여 검증하며, 위치검증결과 차이가 다음 각 호의 범위 이내인 경우에는 변환성과를 최종성과로 결정한다.

  1. 경계점좌표등록부 시행지역 : 5cm

  2. 그 밖의 지역 : 10cm

⑤ 변환성과의 면적검증은 다음 각 호에 의하여 검증한다.

  1. 필지의 산출면적은 좌표면적계산법에 의하며, 1천분의 1제곱미터까지 계산하여 정한다.

  2. 면적의 비교는 필지의 변환 전과 후의 산출면적을 비교하여 검증한다.

  3. 제2호에 따른 허용면적공차는 변환 전 산출면적 × $\dfrac{1}{10,000}$ 이내로 한다.

18. 두 개의 래스터데이터 입력레이어에서 'B'와 '8'을 찾아 논리적 XOR로 연산하여 중첩분석한 결과는?

B	B	A
B	B	C
C	C	A

4	8	8
5	8	8
7	7	8

①

1	0	1
1	0	1
0	0	1

②

1	1	1
1	1	1
0	0	1

③

0	1	0
0	1	0
0	0	0

④

1	1	0
1	1	0
0	0	0

 A XOR B 논리연산의 결과에서 서로 같지 않은 것만 참이 된다.

A		XOR		B			결과	

B	B	A	4	8	8	1	0	1
B	B	C	5	8	8	1	0	1
C	C	A	7	7	8	0	0	1

19. 기본공간정보 구축규정상 기본공간정보 구축에 사용하는 단일평면직각좌표계 원점의 경위도는?

	경도(동경)	위도(북위)		경도(동경)	위도(북위)
①	127도 00분	37도 00분	②	127도 30분	38도 00분
③	129도 00분	37도 00분	④	129도 30분	38도 00분

 **기본공간정보 구축규정**

제8조(직각좌표의 기준 등) ① 기본공간정보 구축에 사용하는 단일평면직각좌표계의 원점은 동경 127도 30분, 북위 38도로 하고, 이를 UTM-K라 한다.

② 투영방법은 T.M(횡단머케이도)로 하고, 축척계수는 0.9996으로 하여 한반도 전역을 포괄한다.

③ 기존 평면직각좌표와의 혼란을 방지하고 차별화하기 위하여 투영원점의 수치는 X(N)를 2,000,000m, Y(E)를 1,000,000m로 한다.

20. 공간정보데이터를 저장하는 shapefile의 포맷을 구성하는 파일이 아닌 것은?

① prj ② shx

③ dbf ④ dxf

해설 **shape파일구성요소의 파일확장명**

1. *.shp : 피처의 지오메트리(형상)를 저장하는 기본파일
2. *.shx : 피처의 기하학의 색인을 저장하는 인덱스파일
3. *.dbf : 피처의 속성정보를 저장하는 dBASE테이블
4. *.prj : 지리좌표를 알려주는 파일
5. *.sbn : 지리공간인덱스를 저장하는 파일
6. *.sbx : spatial join의 기능을 수행하거나 shape필드에 대한 인덱스를 생성할 때 필요한 파일

     📝 **정답** 19. ② 20. ④

서울시 7급

01. 지오코딩(Geocoding)을 수행하여 얻을 수 있는 정보로 가장 옳은 것은?

① 경·위도좌표   ② 시·군·구코드

③ 지번   ④ 건물명

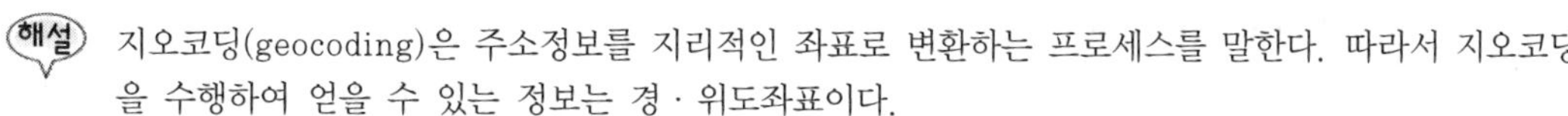 지오코딩(geocoding)은 주소정보를 지리적인 좌표로 변환하는 프로세스를 말한다. 따라서 지오코딩을 수행하여 얻을 수 있는 정보는 경·위도좌표이다.

02. 부동산종합공부시스템 운영 및 관리규정상 부동산종합공부시스템에서 제공할 수 있는 자료의 종류를 〈보기〉에서 모두 고른 것은?

ㄱ. 지적전산자료	ㄴ. 개별공시지가
ㄷ. 용도지역·지구도	ㄹ. 개별주택가격

① ㄱ, ㄷ   ② ㄴ, ㄹ

③ ㄱ, ㄴ, ㄷ   ④ ㄱ, ㄴ, ㄷ, ㄹ

 부동산종합공부시스템 운영 및 관리규정

제10조(전산자료의 제공) ④ 제2항에 따라 부동산종합정보시스템에서 제공할 수 있는 자료의 종류는 다음 각 호와 같다.

1. 지적전산자료
2. 용도지역·지구도, 건물통합정보 연속지적도 등의 공간자료
3. 개별공시지가, 개별주택가격 등의 속성자료

03. 부동산종합공부시스템 운영 및 관리규정상 전산자료 장애·오류의 정비에 대한 설명으로 가장 옳지 않은 것은?

① 장애 또는 오류 발생에 관한 보고를 받은 국토교통부장관은 장애 또는 오류가 정비될 수 있도록 필요한 조치를 하여야 한다.

② 운영기관의 장은 전산자료의 장애 또는 오류가 발생한 경우에는 이를 국토교통부장관에게 보고하고, 그에 따른 필요한 조치를 요청할 수 있다.

③ 운영기관의 장은 전산자료의 구축이나 관리과정에서 장애 또는 오류가 발생한 때에는 지체 없이 이를 정비하여야 한다.

④ 운영기관의 장은 전산자료를 정비한 때에는 그 정비내역을 5년간 보존하여야 한다.

 부동산종합공부시스템 운영 및 관리규정

제8조(전산자료 장애 · 오류의 정비) ① 운영기관의 장은 전산자료의 구축이나 관리과정에서 장애 또는 오류가 발생한 때에는 지체 없이 이를 정비하여야 한다.

② 운영기관의 장은 제1항에 따른 장애 또는 오류가 발생한 경우에는 이를 국토교통부장관에게 보고하고, 그에 따른 필요한 조치를 요청할 수 있다.

③ 제2항에 따라 보고를 받은 국토교통부장관은 장애 또는 오류가 정비될 수 있도록 필요한 조치를 하여야 한다.

④ 운영기관의 장은 제1항에 따라 전산자료를 정비한 때에는 그 정비내역을 3년간 보존하여야 한다.

04. 부동산종합공부시스템 운영 및 관리규정상 부동산종합공부시스템에서 출력할 수 있는 통계의 종류에 해당하지 않는 것은?

① 지적공부등록지 현황
② 토지대장등록지 총괄(수치시행지역 포함)
③ 행정구역별 토지소유자 현황 총괄
④ 토지대장등록지 총괄(수치시행지역 제외)

 부동산종합공부시스템 운영 및 관리규정

[별표 2] 통계의 종류

지적공부등록현황	
1	지적공부등록지 현황
2	토지대장등록지 총괄(수치시행지역 포함)
3	토지대장등록지 총괄(수치시행지역 제외)
4	토지대장등록지(국유지, 수치시행지역 포함)
5	토지대장등록지(국유지, 수치시행지역 제외)
6	토지대장등록지(민유지, 수치시행지역 포함)
7	토지대장등록지(민유지, 수치시행지역 제외)
8	행정구역별 지목별 총괄
9	지목별 현황
10	임야대장등록지 총괄
11	임야대장등록지(국유지)
12	임야대장등록지(민유지)
13	경계점좌표등록부 시행지 총괄
14	경계점좌표등록부 시행지(국유지)
15	경계점좌표등록부 시행지(민유지)
16	지적공부 미복구지 현황
17	등록지 미복구지 총괄
18	지적공부등록 축척별 현황
19	지적공부등록 소유구분별 총괄
20	토지대장등록지 소유구분별 총괄
21	토지대장등록지 소유구분별(수치시행지역 포함)
22	토지대장등록지 소유구분별(수치시행지역 제외)
23	임야대장등록지 소유구분별 총괄
24	지적공부관리 현황(대장)
25	지적공부관리 현황(도면)

   정답 4. ③

05. 부동산종합공부시스템 운영 및 관리규정상 부동산공시가격관리, 전산자료의 유지·관리에 대한 설명으로 가장 옳지 않은 것은?

① 운영기관의 장의 당해 연도 "개발공시지가 조사·산정지침"에 따라 조사·산정·검증· 결정 및 공시가 이루어질 수 있도록 필요한 조치를 하여야 한다.

② 운영기관의 장은 당해 연도 "개별주택가격 조사·산정지침"에 따라 조사·산정·검증· 결정 및 공시가 이루어질 수 있도록 필요한 조치를 하여야 한다.

③ 운영기관의 장은 전산자료의 유지·관리업무를 원활히 수행하기 위하여 지적업무담당부 서 업무담당자를 전산자료담당관으로 지정한다.

④ 운영기관의 장은 전산자료가 멸실 또는 훼손되지 않도록 관계법령의 규정에 따라 전산자 료를 유지·관리하여야 한다.

 부동산종합공부시스템 운영 및 관리규정

제7조(전산자료의 유지·관리) ① 운영기관의 장은 전산자료가 멸실 또는 훼손되지 않도록 관계법 령의 규정에 따라 전산자료를 유지·관리하여야 한다.

② 운영기관의 장은 제1항에 따른 전산자료의 유지·관리업무를 원활히 수행하기 위하여 지적업무 담당부서의 장을 전산자료관리 책임관으로 지정한다.

06. 국가공간정보 기본법령상 기본공간정보에 해당하지 않는 것은?

① 측량기준점표지   ② 중심투영영상
③ 지명   ④ 실내공간정보

국가공간정보기본법 시행령

제15조(기본공간정보의 취득 및 관리) ① 법 제19조제1항에서 "대통령령으로 정하는 주요 공간정 보"란 다음 각 호의 공간정보를 말한다.

1. 기준점(공간정보의 구축 및 관리 등에 관한 법률 제8조 제1항에 따른 측량기준점표지 및 해양 조사와 해양정보 활용에 관한 법률 제9조 제2항에 따른 국가해양기준점표지를 말한다)
2. 지명
3. 정사영상(항공사진 또는 인공위성의 영상을 지도와 같은 정사투영법으로 제작한 영상을 말한다)
4. 수치표고모형(지표면의 표고를 일정 간격 격자마다 수치로 기록한 표고모형을 말한다)
5. 공간정보입체모형(지상에 존재하는 인공적인 객체의 외형에 관한 위치정보를 현실과 유사하게 입체적으로 표현한 정보를 말한다)
6. 실내공간정보(지상 또는 지하에 존재하는 건물 등 인공구조물의 내부에 관한 공간정보를 말한다)
7. 그 밖에 위원회의 심의를 거쳐 국토교통부장관이 정하는 공간정보

07. 벡터자료의 편집과정에서 발생하는 오류유형에 대한 설명으로 가장 옳은 것은?

① 스파이크(Spike)는 주로 영역의 경계선에서 점, 선이 이중으로 입력된 상태로 중복된 점, 선을 제거함으로써 수정할 수 있다.

② 슬리버 폴리곤(Sliver polygon)은 두 선이 만나거나 연결될 때 한 점에 엉뚱한 좌표가 입 력되어 튀어나온 상태를 나타낸다.

③ 라벨(Label)오류는 폴리곤의 라벨이 없거나 이중으로 입력되어 있는 상태를 나타낸다.

④ 언더슛(Undershoot)은 어떤 선이 다른 선과의 교차점까지 연결되어야 하는데, 그것을 지 나서 선이 끝나는 상태를 나타낸다.

08. 지적원도 데이터베이스 구축 작업기준상 지적원도 속성데이터의 성과검사항목이 아닌 것은?

① 레이어검사

② 행정구역별 지번 중복필지검사

③ 지번, 지목, 필지순번, 소유자 등의 누락 및 필지 내 중복 여부 검사

④ 필지경계선의 미달 및 초과 입력 여부 검사

09. 자료저장방식 중 하나인 스파게티모형에 대한 설명으로 가장 옳지 않은 것은?

① 관계형 데이터베이스를 이용하여 다량의 속성자료를 공간객체와 연결할 수 있으며, 자료검색이 편리하다.

② 객체가 좌표에 의한 점, 선, 면으로 저장되며, 위상관계는 정의되지 않는다.

③ 상호 연관성에 대한 정보가 없으므로 인접 객체들의 특징과 관련성, 연결성, 계급성 등을 파악하기 힘들다.

④ 자료구조가 단순하다.

10. 다음 〈보기〉의 벡터데이터를 이용한 중첩분석의 수행결과로 가장 옳지 않은 것은? (단, A는 17개 행정구역도, B는 A에서 추출한 서울특별시 행정구역도이다.)

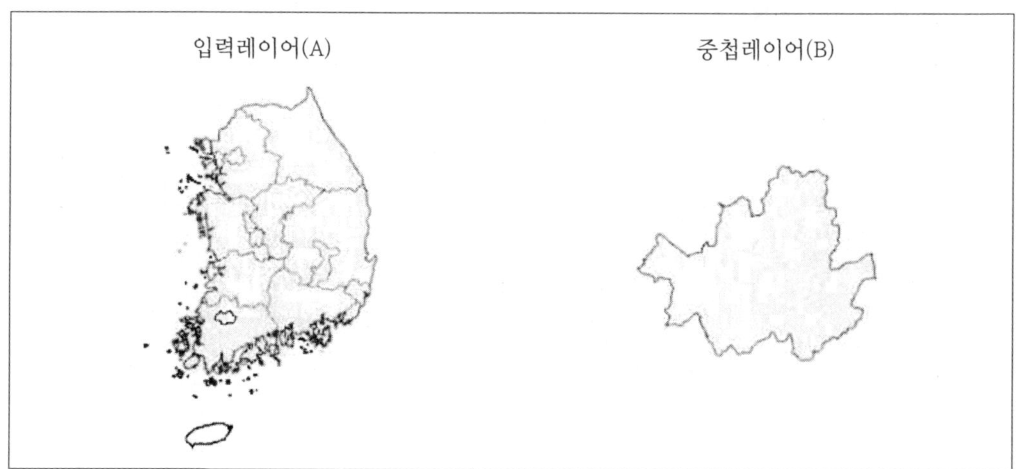

① 빼기(Difference) : 서울특별시를 제외한 16개 속성자료를 갖는다.

② 자르기(Clip) : 서울특별시 한 개의 속성자료를 갖는다.

③ 교차(Intersection) : 서울특별시 한 개의 속성자료를 갖는다.

④ 대칭빼기(Symmetrical Difference) : 서울특별시 한 개의 속성자료를 갖는다.

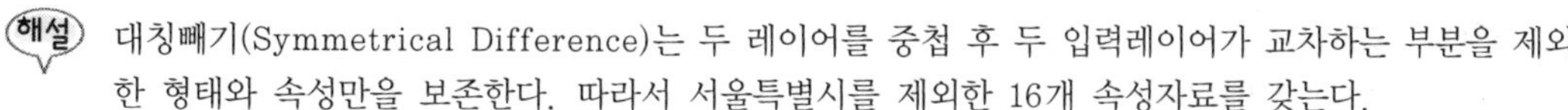 대칭빼기(Symmetrical Difference)는 두 레이어를 중첩 후 두 입력레이어가 교차하는 부분을 제외한 형태와 속성만을 보존한다. 따라서 서울특별시를 제외한 16개 속성자료를 갖는다.

11. 래스터데이터의 압축형식 중 쿼드트리(Quadtree)코드방법에 대한 설명으로 가장 옳지 않은 것은?

① 공간을 4개의 정사각형 모양으로 계층적으로 세분하여 사분면이 유일한 값을 가질 때까지 분할하는 방법이다.

② 대상체를 정보의 조밀 여부에 따라 세분해 나가는 방법이다.

③ 각 행마다 왼쪽에서 오른쪽으로 진행하여 동일한 수치값을 갖는 셀들을 묶어 압축한다.

④ 런랭스(Run Length)코드방법과 비교하면 크기가 다른 정사각형을 이용하기 때문에 더 많은 자료의 압축이 가능하다.

해설 Run-length코드기법

1. Run이란 하나의 행에서 동일한 속성값을 갖는 셀을 의미한다.

2. 같은 셀값을 가진 셀의 수를 length라 한다.

3. 셀 값을 개별적으로 저장하는 대신 각각의 런에 대하여 속성값, 위치, 길이를 한 번씩만 저장하는 방식이다.

4. 각 행마다 왼쪽에서 오른쪽으로 진행하면서 동일한 수치를 갖는 셀들을 묶어 압축시키는 방법이다.

12. 〈보기 1〉에서 래스터데이터 A와 B의 음영으로 표현된 셀은 참(true), 흰색으로 표현된 셀은 거짓 (false)이다. 〈보기 2〉의 논리연산(불연산)의 결과로서 참인 셀의 수가 많은 순서대로 바르게 나열한 것은?

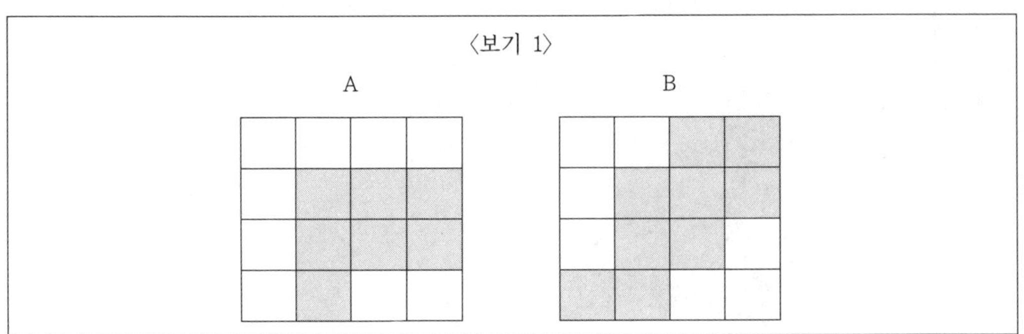

〈보기 2〉

ㄱ. A AND B   ㄴ. A OR B
ㄷ. A NOT B   ㄹ. A XOR B

① ㄱ-ㄴ-ㄷ-ㄹ   ② ㄱ-ㄹ-ㄷ-ㄴ
③ ㄴ-ㄱ-ㄹ-ㄷ   ④ ㄴ-ㄹ-ㄱ-ㄷ

 불연산

ㄱ. A AND B(6개)   ㄴ. A OR B(10개)

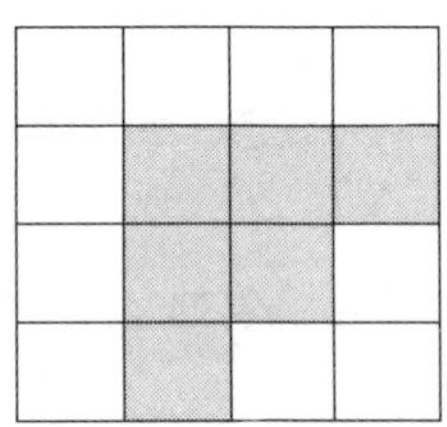   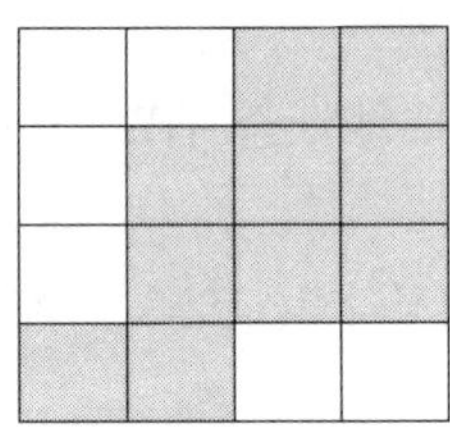

ㄷ. A NOT B(1개)   ㄹ. A XOR B(4개)

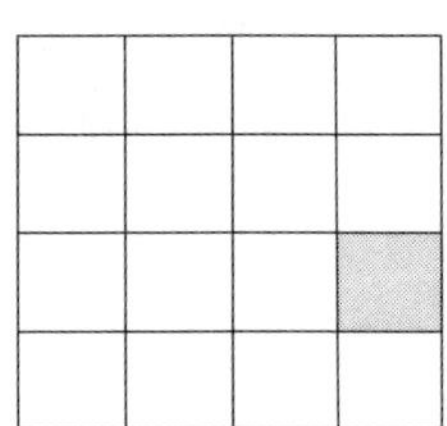   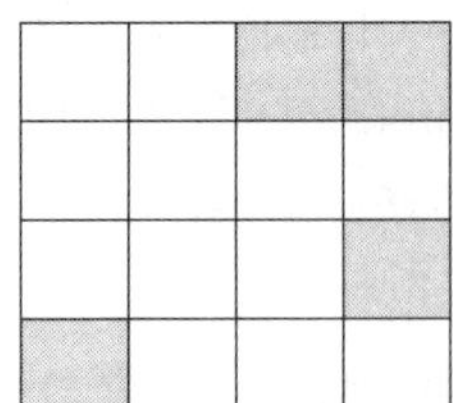

1. A AND B : 2개 입력, A, B 모두 참(1)인 경우에만 참

2. A OR B : 2개 입력, A, B 중 하나만 참(1)이어도 참

3. A NOT B : A와 B 중 A만 참(1)인 경우에만 참

4. A XOR B : A와 B 중 하나만 참(1)인 경우에만 참(1)이고, 둘 다 참(1)이거나 둘 다 거짓(0)인 경우는 거짓

     정답 12. ③

13. 지적원도 데이터베이스 구축 작업기준상 지적원도의 좌표독취에 대한 설명으로 가장 옳은 것은?

① 지적원도의 좌표독취 시 행정구역선은 레이어별로 입력하지 않는다.

② 경계점 간 연결되는 선은 굵기가 0.2mm 이하가 되도록 하여야 한다.

③ 도곽선은 좌하단, 좌상단, 우상단, 우하단 방향으로 4점의 도곽점을 연결한 선형으로 입력하여야 한다.

④ 필지단위의 필지경계선은 반드시 폐합되어야 하며, 필지경계선 중 직선경계는 각 굴곡점에 하나 이상의 점(Vertex)데이터가 있어야 한다.

해설 지적원도 데이터베이스 구축 작업기준

제11조(좌표독취) ③ 경계점 간 연결되는 선은 굵기가 0.1mm 이하가 되도록 하여야 한다.

⑦ 도곽선은 좌하단, 좌상단, 우상단, 우하단 방향으로 4점의 도곽점을 연결한 선형으로 입력하여야 한다.

⑧ 행정구역선은 지적원도에 표시된 유형별 선형(도계, 부·군계 등)으로 입력하며, 지적원도에 행정구역선이 없는 경우 위성영상 등을 활용하여 입력하여야 한다.

⑩ 각 필지경계선의 편집은 다음 각 호의 기준에 따라 작업하여야 한다.

2. 필지경계선 중 직선경계는 각 굴곡점에 하나씩의 점(Vertex)데이터만 있어야 한다.

14. 지적원도 데이터베이스 구축 작업기준상 지적원도 전산파일의 저장형식으로 가장 옳지 않은 것은?

① 지적원도 이미지파일 : TIFF 또는 JPG

② 지적원도 수치파일 : DWG, DXF

③ 연속지적원도 전산파일 : DWG, DXF, SHP

④ 지적측량기준점 전산파일 : GML, XML

해설 지적원도 데이터베이스 구축 작업기준

제5조(전산파일의 형식) ① 지적원도 전산파일은 각 공정별로 파일명칭을 부여하여 저장하여야 하며, 저장형식은 다음 각 호의 기준에 따른다.

1. 지적원도 이미지파일 : TIFF 또는 JPG

2. 지적원도 수치파일 : DWG, DXF

3. 지적원도 보정파일 : DWG, DXF

4. 연속지적원도 전산파일 : DWG, DXF, SHP

5. 일람도 전산파일 : DWG, DXF, SHP

6. 행정경계 전산파일 : DWG, DXF, SHP

7. 지적측량기준점 전산파일 : DWG, DXF, SHP

15. 지적원도 데이터베이스 구축 작업기준상 데이터베이스에 대한 메타데이터의 요소 중 필수 항목을 〈보기〉에서 모두 고른 것은?

> ㄱ. 데이터셋 제목
> ㄴ. 데이터셋 참조일자
> ㄷ. 데이터셋 지리위치(4개의 좌표 또는 지리식별자)
> ㄹ. 데이터셋 언어
> ㅁ. 배포포맷

① ㄱ, ㄴ
② ㄱ, ㄴ, ㄹ
③ ㄱ, ㄷ, ㅁ
④ ㄴ, ㄷ, ㄹ

 지적원도 데이터베이스 구축 작업기준

[별표 8] 메타데이터항목(KS X ISO 19115 지리정보-메타데이터)

순 번	개 체	필수/선택/조건
1	데이터셋 제목	필수(M)
2	데이터셋 참조일자	필수(M)
3	데이터셋 책임담당자	선택(O)
4	데이터셋 지리위치(4개의 좌표 또는 지리식별자)	조건(C)
5	데이터셋 언어	필수(M)
6	데이터셋 문자셋	조건(C)
7	데이터셋 주제분류	필수(M)
8	데이터셋 공간해상도	선택(O)
9	데이터셋 요약설명	필수(M)
10	배포포맷	선택(O)
11	데이터셋의 부가적인 범위정보(시간 및 수직)	선택(O)
12	공간표현유형	선택(O)
13	참조체계	선택(O)
14	연혁	선택(O)
15	온라인자원	선택(O)
16	메타데이터 파일식별자	선택(O)
17	메타데이터 표준명	선택(O)
18	메타데이터 표준버전명	선택(O)
19	메타데이터 언어	선택(O)
20	메타데이터 문자셋	선택(O)
21	메타데이터 연락정보	필수(M)
22	메타데이터 생성일자	필수(M)

 정답 15. ②

16. 〈보기〉의 지적원도 데이터베이스 구축 작업기준상 작업공정을 순서대로 바르게 나열한 것은? (단, 발주기관이 작업순서의 변경을 지시 또는 승인한 경우가 없다고 가정한다.)

ㄱ. 작업계획 수립	ㄴ. 좌표독취(벡터라이징)
ㄷ. 세계측지계 좌표변환	ㄹ. 연속지적원도 제작
ㅁ. 구조화편집	ㅂ. 데이터베이스 구축

① ㄱ－ㄴ－ㄷ－ㄹ－ㅁ－ㅂ ② ㄱ－ㄴ－ㄹ－ㄷ－ㅁ－ㅂ
③ ㄱ－ㄴ－ㅁ－ㄷ－ㄹ－ㅂ ④ ㄱ－ㄹ－ㄴ－ㄷ－ㅁ－ㅂ

 **지적원도 데이터베이스 구축 작업기준**

제3조(작업공정) 지적원도 데이터베이스 구축 작업공정은 다음 각 호의 순서에 따른다. 다만, 발주기관이 지시 또는 승인한 경우는 작업순서의 일부를 변경 또는 생략할 수 있다.

1. 작업계획 수립
2. 작업준비
3. 지적원도 이미지파일 제작
4. 좌표독취(벡터라이징)
5. 속성정보 입력
6. 지적원도 수치파일 제작
7. 검수도면 출력
8. 지적원도 수치파일 검수
9. 지적원도 신축보정
10. 지적원도 보정파일 제작
11. 통일원점 좌표변환
12. 도면접합
13. 연속지적원도 제작
14. 세계측지계 좌표변환
15. 구조화편집
16. 데이터베이스 구축
17. 최종 성과 검수
18. 지적원도 데이터베이스시스템 탑재 및 검증

17. 래스터데이터의 특징으로 가장 옳지 않은 것은?

① 선택, 이동 등 객체단위의 편집이 쉽고, 위상정보가 제공되어서 공간적 관계분석이 가능하다.
② 데이터 전체 면을 일정한 크기의 셀모양으로 분할하고, 분할된 공간에 속성값을 입력하는 방식이다.
③ 간단한 자료구조를 가지고 있으며, 지도의 중첩 등에 대한 조작이 용이하다.
④ 데이터의 공간분할방법으로 사각형, 삼각형, 육각형 모양 등을 사용한다.

래스터데이터는 위상정보의 제공이 불가능하므로 관망해석과 같은 분석기능이 이루어질 수 없다.

18. 데이터베이스의 선형구조 중 한쪽 끝에서는 삽입만, 반대쪽에서는 삭제만 일어나며 먼저 들어온 항목이 먼저 제거되는 FIFO(First In First Out)의 구조를 가지는 것으로 가장 옳은 것은?

① 큐(Queue) 　　　　　　　② 스택(Stack)

③ 데크(Deque) 　　　　　　④ 배열(Array)

 1. 스택(Stack)

　　① 데이터를 저장할 때 리스트의 최상단에서만 데이터를 추출할 수 있는 구조를 말한다.

　　② LIFO(후입선출)구조를 가진 기억장소구조이다. 즉 가장 나중에 입력된 데이터를 먼저 추출하는 구조이다.

　　③ 데이터 저장을 PUSH라 하고, 데이터를 로드하는 것을 POP이라고 한다.

　2. 큐(Queue)

　　① 데이터 저장은 한쪽에서, 추출은 반대방향에서 이루어지는 구조이다.

　　② 데이터들이 줄을 서서 대기하며 최초 대기된 데이터부터 차례대로 처리하는 구조이다.

19. SQL언어에 대한 설명으로 가장 옳지 않은 것은?

① 데이터 정의언어(DDL)는 CREATE, DROP, ALTER 등이 있으며, 데이터베이스를 정의하거나 수정할 목적으로 사용한다.

② 데이터 조작언어(DML)는 사용자가 데이터베이스에 접근하여 데이터를 처리할 수 있는 데이터 언어이다.

③ 데이터 제어언어(DCL)는 SELECT, INSERT, DELETE 등을 체계적으로 처리하기 위해 데이터 접근수단 등을 정하는 기능을 한다.

④ SQL 기본구문은 복잡한 탐색조건을 구성하기 위하여 단순 탐색조건들을 AND, OR, NOT으로 결합할 수 있다.

 데이터 언어

데이터 언어	종 류
정의어(DDL)	생성 : CREATE, 주소변경 : ALTER, 제거 : DROP
조작어(DML)	검색 : SELECT, 삽입 : INSERT, 삭제 : DELETE, 갱신 : UPDATE
제어어(DCL)	권한부여 : GRANT, 권한해제 : REVOKE, 데이터 변경완료 : COMMIT, 데이터 변경취소 : ROLLBACK

20. 무인비행장치 측량 작업규정상 무인비행장치 항공사진 촬영 시 촬영계획에 대한 설명으로 가장 옳지 않은 것은?

① 촬영계획은 요구 정밀도, 사용장비, 지형 형상, 기상여건 등을 고려하여 수립한다.

② 무인비행장치 항공사진의 지상표본거리는 측량시행자와 협의하여 결정하되, 항공사진측량 작업규정의 축척별 지상표본거리 이상이어야 한다.

③ 중복도는 촬영 진행방향으로 65% 이상, 인접코스 간에는 60% 이상으로 하며, 지형의 기복이 크거나 고층 건물이 존재하는 경우에는 촬영 진행방향으로 85% 이상, 인접코스 간에는 80% 이상으로 촬영하여야 한다.

④ 최종 성과물이나 작업난이도에 따라 측량시행자와 협의하여 중복도를 다르게 할 수 있다.

정답　**18.** ①　**19.** ③　**20.** ②

 무인비행장치 측량 작업규정

제13조(촬영계획) ① 촬영계획은 요구 정밀도, 사용장비, 지형형상, 기상여건 등을 고려하여 수립한다.

② 중복도는 촬영진행방향으로 65% 이상, 인접코스 간에는 60% 이상으로 하며, 지형의 기복이 크거나 고층건물이 존재하는 경우에는 촬영진행방향으로 85% 이상, 인접코스 간에는 80% 이상으로 촬영하여야 한다.

구분	평탄한 저지대 지역	매칭점이 부족하거나 높이차가 있는 지역	높이가 크거나 고층 건물이 있는 지역
촬영방향 중복도	65% 이상	75% 이상	85% 이상
인접코스 중복도	60% 이상	70% 이상	80% 이상

③ 무인비행장치항공사진의 지상표본거리는 공공측량시행자와 협의하여 결정하되, 항공사진측량 작업규정의 축척별 지상표본거리 이내이어야 한다.

지방직 9급

01. 다음 (가)에 들어갈 용어는?

> • (가)은/는 컴퓨터 속에 현실 세계와 동일한 디지털세계를 만들고, 현실에서 발생 가능한 상황을 시뮬레이션하여 결과를 예측하는 기술이다.
> • 7차 국가공간정보정책 기본계획(2023~2027)에서는 공간정보를 기반으로 한 융복합산업을 활성화하고 디지털플랫폼정부의 실현을 위해 국가 차원의 (가)체계 구축을 지원할 계획이다.

① 디지털맵   ② 증강현실
③ 디지털트윈   ④ 스마트시티

 디지털트윈

1. 2002년에 미국 마이클 그리브스 박사가 제품생애주기관리(PLM)의 이상적 모델로 설명하면서 등장하였다.
2. 컴퓨터에 현실 속 사물의 쌍둥이를 만들고, 현실에서 발생할 수 있는 상황을 컴퓨터로 시뮬레이션함으로써 결과를 미리 예측하는 기술이다.

02. SQL데이터 언어와 이에 대한 연결로 옳은 것은?

① DCL(데이터 제어어) – GRANT – 권한을 해제한다.
② DDL(데이터 정의어) – CREATE – 새로운 테이블을 생성한다.
③ DML(데이터 조작어) – DROP – 테이블의 이름을 변경한다.
④ DCL(데이터 제어어) – INSERT – 새로운 데이터를 삽입한다.

데이터 언어

데이터 언어	종 류
정의어(DDL)	생성 : CREATE, 주소변경 : ALTER, 제거 : DROP
조작어(DML)	검색 : SELECT, 삽입 : INSERT, 삭제 : DELETE, 갱신 : UPDATE
제어어(DCL)	권한부여 : GRANT, 권한해제 : REVOKE, 데이터 변경완료 : COMMIT, 데이터 변경취소 : ROLLBACK

03. 공간정보 메타데이터에 대한 설명으로 옳지 않은 것은?

① 공간정보의 전반에 대한 목록과 색인을 제공한다.
② 공간정보의 중복성을 배제하고 효율성을 높일 수 있다.
③ 공간정보 메타데이터 표준은 국제측량사연맹(FIG)의 기준을 따른다.
④ 공간정보 메타데이터에 포함되는 요소에는 데이터의 생성시간 및 수집방법, 투영법, 좌표계 등이 있다.

정답   1. ③   2. ②   3. ③

1. 공간정보 메타데이터 표준은 공간정보자원에 대한 상세정보를 담고 있는 규격이다.
2. 공간정보의 내용, 품질, 제공방식 등을 체계적으로 기술하여 정보의 검색, 활용, 교환을 용이하게 한다.
3. 우리나라에서는 ISO 19115 표준을 기반으로 한 국가표준(KS X ISO 19115)이 주로 활용된다.

04. 지적원도 데이터베이스 구축 작업기준상 연속지적원도의 제작순서로 옳은 것은?

가. 도면오류 정비	나. 접합준비도 제작
다. 도면접합	라. 일람도 제작
마. 접합성과품 작성	바. 행정구역경계 작성
사. 성과검사	

① 라→나→가→다→바→마→사 ② 라→나→다→가→마→바→사
③ 나→다→라→가→바→마→사 ④ 나→다→가→라→마→바→사

 지적원도 데이터베이스 구축 작업기준

제22조(작업순서) 연속지적원도 제작은 다음 각 호의 순서에 따른다.
1. 일람도 제작
2. 접합준비도 제작
3. 도면오류 정비
4. 도면접합
5. 행정구역경계 작성
6. 접합성과품 작성
7. 성과검사

05. 지적원도 데이터베이스 구축 작업기준상 지적원도 이미지파일을 대상으로 좌표를 독취할 때 입력되는 좌표에 가산하는 도곽선수치의 기준이 되는 점의 위치는?

① 해당 도면의 우상단점 ② 해당 도면의 우하단점
③ 해당 도면의 좌상단점 ④ 해당 도면의 좌하단점

 지적원도 데이터베이스 구축 작업기준

제11조(좌표독취) ① 지적원도의 좌표독취는 제10조 제6항에 따라 저장된 이미지파일을 대상으로 좌표독취기 또는 좌표독취 응용프로그램을 활용하여 다음 각 호의 사항을 레이어별로 입력하여야 한다.
1. 도곽선
2. 필지경계선
3. 행정구역선
4. 지적측량기준점
5. 기타 선형 등
② 제1항에 따라 입력되는 좌표는 해당 도면 좌하단점의 도곽선수치를 기준으로 가산한다.
③ 경계점 간 연결되는 선은 굵기가 0.1mm 이하가 되도록 하여야 한다.
④ 좌표독취는 반드시 수동방식의 취득방법으로 하여야 하며, 경계점을 명확히 구분할 수 있도록 확대한 후 작업을 실시하여야 한다.

⑤ 좌표독취는 밀리미터(mm)단위로 하되, 소수점 이하 2자리 이상 취득하여 미터(m)단위로 소수점 이하 3자리까지 결정하여야 한다.

⑥ 필지의 경계는 중복되지 않아야 하며 경계가 만나는 지점의 좌표는 동일하여야 하고, 경계에 이어지는 다른 필지의 경계는 그 경계를 벗어나서는 아니 된다.

⑦ 도곽선은 좌하단, 좌상단, 우상단, 우하단 방향으로 4점의 도곽점을 연결한 선형으로 입력하여야 한다.

⑧ 행정구역선은 지적원도에 표시된 유형별 선형(도계, 부·군계 등)으로 입력하며, 지적원도에 행정구역선이 없는 경우 위성영상 등을 활용하여 입력하여야 한다.

⑨ 지적원도에 표시된 지형·지물은 기타로 입력하거나 레이어를 추가하여 입력하여야 한다.

06. GIS데이터의 표준화를 위해 활동하는 기구와 관계가 없는 것은?

① ISO/TC211(International Organization for Standard/Technical Committee 211)

② OGC(Open Geospatial Consortium)

③ CEN/TC287(Comit Europ n de Normalisation/Technical Committee 287)

④ CNES(Centre National d'Etudes Spatiales)

 표준화기구

1. ISO/TC211(International Organization for Standard/Technical Committee 211)

2. OGC(Open Geospatial Consortium)

3. CEN/TC287(Comiteé Européen de Normalisation/Technical Committee 287)

07. 리눅스 기반으로 SHP파일을 지원하는 오픈소스 GIS 소프트웨어는?

① QGIS   ② ArcGIS(PRO)

③ GeoMedia   ④ AutoCAD

 1. QGIS는 리눅스 기반으로 SHP파일을 지원하는 오픈소스 GIS 소프트웨어이다.

2. GIS 소프트웨어

구 분	소프트웨어
오픈소스	Post GIS, QGIS, GRASS
유료	ArcGIS Desktop, AutoCAD Map 3D, GeoMedia

08. 정보통신기술 기반으로 모든 사물을 연결하여 사람과 사물, 사물과 사물 간의 정보를 교류하고 상호 소통하는 지능형 인프라 및 서비스기술은?

① AI   ② IoT

③ Bigdata   ④ Metaverse

사물인터넷(IoT-Internet of Things)은 주변 사물들이 유무선네트워크로 연결되어 유기적으로 정보를 수집 및 공유하면서 상호 작용하는 지능형 네트워킹기술 및 환경을 말한다.

정답   6. ④   7. ①   8. ②

09. 부동산종합공부시스템 운영 및 관리규정상 부동산종합공부시스템의 단위업무에 해당하지 않는 것은?

① 연속지적도관리 ② 용도지역지구관리
③ 지적측량성과관리 ④ GIS도로통합정보관리

 **부동산종합공부시스템 관리 및 운영규정**
제13조의2(단위업무) 부동산종합공부시스템은 다음 각 호의 단위업무를 포함한다.
　1. 지적공부관리
　2. 지적측량성과관리
　3. 연속지적도관리
　4. 용도지역지구관리
　5. 개별공시지가관리
　6. 개별주택가격관리
　7. 통합민원발급관리
　8. GIS건물통합정보관리
　9. 섬관리
　10. 통합정보열람관리
　11. 시·도통합정보열람관리
　12. 일사편리포털관리

10. 지적원도 데이터베이스 구축 작업기준상 지적원도 수치파일의 성과검사계획에 포함하는 품질요소가 아닌 것은?

① 완전성 ② 위치 정확성
③ 주제 다양성 ④ 논리적 일관성

 **지적원도 데이터베이스 구축 작업기준**
제14조(성과검사계획 수립) ① 작업관리자는 지적원도 수치파일 제작품질 향상을 위하여 자체 성과검사계획을 수립하여야 한다.
② 성과검사계획 수립을 위하여 KS X ISO 19113 지리정보–품질원칙을 준용하여 지적원도 수치파일의 완전성, 논리적 일관성, 위치 정확성, 주제 정확성을 포함하여(별표 7) 성과검사계획을 수립하여야 한다.
[별표 7] 성과계획수립 참고(KS X ISO 19113 지리정보–품질원칙)
　1. 완전성(Completeness) : 지형지물, 지형지물속성과 지형지물관계의 유무를 설명하여야 한다.
　2. 논리적 일관성(Logical consistency) : 데이터 구조, 속성 및 관계의 논리적 원칙의 준수 정도를 설명하여야 한다.
　3. 위치 정확성(Positional accuracy) : 지형지물의 위치 정확성을 설명하여야 한다.
　4. 주제 정확성(Thematic accuracy) : 정량적, 비정량적 속성의 정확성과 지형지물과 지형지물관계의 분류 정확성을 설명하여야 한다.

11. 무인비행장치 측량 작업규정상 용어의 정의로 옳지 않은 것은?

① 수치표면자료(Digital Surface Data)란 기준좌표계에 의한 3차원 좌표성과를 보유한 자료로서 지면 및 비지면자료가 모두 포함된 점자료를 말한다.

② 수치표면모델(Digital Surface Model)이란 수치표면자료를 이용하여 격자형태로 제작한 지형모형을 말한다.

③ 수치지면자료(Digital Terrain Data)라 함은 수치표면자료에서 인공지물 및 식생 등과 같이 표면의 높이가 지면의 높이와 다른 지표 피복물에 해당하는 점자료를 제거한 점자료를 말한다.

④ 수치표고모델(Digital Elevation Model)이라 함은 수치표면자료(또는 불규칙 삼각망자료)를 이용하여 격자형태로 제작한 지표모형을 말한다.

 수치표고모델(Digital Elevation Model)이라 함은 수치지면자료(또는 불규칙 삼각망자료)를 이용하여 격자형태로 제작한 지표모형를 말한다.

12. 아리랑 5호 위성과 탐측기(sensor)의 특성이 같은 것은?

① IKONOS위성
② LANDSAT위성
③ RADARSAT위성
④ 아리랑 3호 위성

 1. 아리랑 5호 또는 다목적 실용위성 5호(KOMPSAT-5)

한국 한국항공우주연구원에서 2013년 8월 22일 발사한 관측위성으로, 운용궤도 550km의 저궤도 위성에 해당한다. 아리랑 1호와 2호와는 달리 합성개구레이다(SAR)가 부착되어 있어 날씨에 상관없이 전천후로 지구 관측이 가능하여 해양 유류사고, 화산 폭발 같은 재난 감시와 지리정보시스템(GIS) 구축 등에 활용할 수 있다.

2. RADARSAT위성

RADARSAT위성은 캐나다의 CSA(Canadian Space Agency)에 의해 개발된 원격탐사위성으로서 1995년 11월에 발사되었다. RADARSAT은 레이더센서인 SAR(Synthetic Aperture Radar)가 탑재되어 있으며, 탑재된 SAR센서를 통해 다양한 관측모드를 제공한다.

13. 데이터베이스의 무결성을 유지하기 위해 테이블에 INSERT, UPDATE 또는 DELETE 작업이 발생하면 실행되는 사용자 정의문은?

① 스키마(Schema)
② 크롤링(Crawling)
③ 트리거(Trigger)
④ 엔티티(Entity)

트리거(Trigger)

특정 테이블에 있는 데이터가 수정될 때 연결된 데이터까지도 자동실행되는 stored procedure이다.

14. 위상구조에 대한 설명으로 옳지 않은 것은

① 객체 간에 공간관계가 설정되지 않아 공간분석에 비효율적이다.

② 위상구조 중 네트워크 분석기능을 이용하여 최단경로를 설정할 수 있다.

③ 공간적인 관계를 구현하는 데 필요한 처리시간을 줄일 수 있다.

④ 위치, 위상관계의 연결성, 대상물의 특성에 대한 자료를 포함해야 하므로 자료구조가 복잡하다.

정답　11. ④　12. ③　13. ③　14. ①

 위상구조(Topology)

1. 점, 선, 면으로 나타난 객체들 간의 공간관계를 파악할 수 있다.

2. 다양한 공간현상들 간의 공간관계정보를 크게 인접성(Adjacency), 연결성(Connectivity), 포함성(Containment)으로 구성한다.

3. 위상구조가 구축되면 데이터가 갱신될 때마다 새로운 위상구조가 구축되어 속성테이블과 새로운 노드가 추가되거나 변경된다.

15. 다음 (가)에 들어갈 용어는?

> • (가)은/는 플랫폼기능 또는 콘텐츠를 외부에서 웹 프로토콜(HTTP)로 호출하여 사용할 수 있게 개방한 애플리케이션 프로그래밍 인터페이스를 의미한다.
>
> • 브이월드(Vworld)에서는 속성정보와 공간정보를 담은 데이터를 외부에서 활용할 수 있도록 KML 또는 GEOJSON형태로 제공하는 (가) 서비스를 운영하고 있다.

① OpenGL   ② OpenGIS

③ OpenAPI   ④ OpenFlow

 Open API(Open Application Programming Interface)

누구나 사용할 수 있도록 공개된 응용프로그램 개발환경으로 임의의 응용프로그램을 쉽게 만들 수 있도록 준비된 프로토콜, 도구 같은 집합으로 소프트웨어나 프로그램의 기능을 다른 프로그램에서도 활용할 수 있도록 표준화된 인터페이스를 공개하는 것을 말한다.

16. 래스터데이터 A와 B를 중첩분석한 결과를 바르게 연결한 것은? (단, 1은 참(True), 0은 거짓(False)이다)

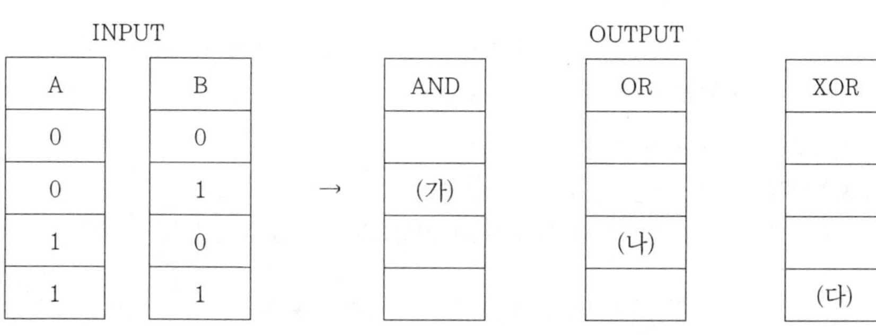

	INPUT			OUTPUT	
	A	B	AND	OR	XOR
	0	0			
	0	1	(가)		
	1	0		(나)	
	1	1			(다)

    (가) (나) (다)   (가) (나) (다)

①   1   0   0   ②   0   1   0

③   0   0   1   ④   0   1   1

 불연산

1. 논리곱(AND) : A와 B 모두 참이어야 참

2. 논리합(OR) : A와 B 중 어느 것 하나라도 참이면 참

3. 배타적 논리합(XOR) : A와 B의 값이 달라야 참(예 : A가 참, B가 거짓일 경우 참, A가 거짓, B가 참일 경우 참)

INPUT			OUTPUT		
A	B		AND	OR	XOR
0	0	→	0	0	0
0	1		0	0	1
1	0		0	1	1
1	1		1	1	0

17. 지적측량을 하지 아니하고 전산화된 지적도 및 임야도 파일을 이용하여 도면상의 경계점들을 연결하여 작성한 도면을 수치지형도의 도로경계, 하천경계 및 행정경계 등에 맞추어 변환한 도면은?

① 연속지적도   ② 입체지적도
③ 편집지적도   ④ 다목적지적도

 편집지적도

지적측량을 하지 아니하고 전산화된 지적도 및 임야도 파일을 이용하여 도면상의 경계점들을 연결하여 작성한 도면을 수치지형도의 도로경계, 하천경계 및 행정경계 등에 맞추어 변환한 도면을 말한다.

18. 지적공부 세계측지계 변환규정상 용어의 정의로 옳지 않은 것은?

① 변환계수란 3차원 헬머트(Helmert) 변환모델에 적용하기 위하여 산출한 계수를 말한다.
② 변환구역이란 세계측지계 변환을 위하여 동일한 변환계수 및 이동량을 사용하는 구역을 말한다.
③ 세계측지계 변환이란 지역측지계 기준으로 등록된 지적공부를 세계측지계 기준으로 변환하는 것을 말한다.
④ 공통점이란 지역측지계와 세계측지계 성과를 모두 가지고 있는 지적기준점 중 세계측지계 변환에 이용되는 지적기준점을 말한다.

 지적공부 세계측지계 변환규정

제2조(정의) 이 규정에서 사용하는 용어의 정의는 다음과 같다.

1. "세계측지계 변환"이란 지역측지계 기준으로 등록된 지적공부를 세계측지계 기준으로 변환하는 것을 말한다.
2. "사업지구"란 세계측지계 기준으로 지적공부에 등록된 지역을 제외한 모든 지역을 말한다.
3. "변환구역"이란 세계측지계 변환을 위하여 동일한 변환계수 및 이동량을 사용하는 구역을 말한다.
4. "공통점"이란 지역측지계와 세계측지계 성과를 모두 가지고 있는 지적기준점 중 세계측지계 변환에 이용되는 지적기준점을 말한다.
5. "변환계수"란 2차원 헬머트(Helmert) 변환모델에 적용하기 위하여 산출한 계수를 말한다.
6. "공통점 변환"이란 세계측지계 변환을 위해 공통점을 이용하여 변환하는 방법을 말한다.
7. "2차원 헬머트(Helmert) 변환"이란 2차원 평면상에서 이동·축척·회전을 이용하여 도형의 좌표를 변환하는 모델을 말한다.
8. "편차량"이란 변환계수를 이용하여 세계측지계로 변환한 성과와 세계측지계 기준의 계산성과 또는 실측성과와의 차이를 말한다.

정답   17. ③   18. ①

19. 이미지를 GIS데이터로 활용하기 위해 실세계의 좌표를 부여하는 과정으로 표준 좌표계의 등록을 의미하는 것은?

① 지오코딩(Geocoding)

② 지오메트리(Geometry)

③ 지오타기팅(Geotargeting)

④ 지오레퍼런싱(Georeferencing)

 지오레퍼런싱(Georeferencing)이란 래스터 데이터의 각 화소에 실세계 좌표를 할당하는 과정이다.

20. 지적원도 데이터베이스 구축 작업기준상 지적원도 이미지파일, 지적원도 수치파일, 연속지적파일, 지적측량기준점파일의 파일명에 공통으로 포함되어야 하는 것은?

① 축척

② 행정코드

③ 기준점코드

④ 레이어코드

작업파일명 부여기준

파일구분	이름(약어)	파일명
지적원도_이미지	img(없음)	행정코드(10)+축척(2)+파일번호(3)
지적원도_수치파일	ont(O)	약어+행정코드(10)+축척(2)+파일번호(3)
지적원도_보정파일	pnt(P)	약어+행정코드(10)+축척(2)+파일번호(3)
연속지적_접합준비도	pyt(J)	약어+행정코드
연속지적_접합성과도	pyt(T)	약어+행정코드
연속지적	cbnd(C)	약어+행정코드
일람도	inx(I)	약어+행정코드(10)+축척(2)
행정경계_동·리·정	ri(H)	약어+행정코드(10)
행정경계_읍·면	emd(H)	약어+행정코드(8)
행정경계_부·군	sgg(H)	약어+행정코드(5)
행정경계_도	sd(H)	약어+행정코드(2)
지적측량기준점	cp	cp+행정코드

※ 행정코드의 경우 모든 전산파일의 파일명에 포함된다.

대표저자 송용희

· 측량 및 지형공간정보 기술사
  현) 지적에듀 대표
  전) 한국기술고시학원 지적직 공무원 강사
     대구한국공무원학원 지적직 공무원 강사

· 주요 저서 《토목 핵심시리즈 2. 측량학》(성안당)
          《7개년 과년도 토목기사》(성안당)
          《지적기사 · 산업기사》(성안당)
          《지적법 기본서》(도서출판 지적에듀)
          《지적측량학》(한국고시회)
          《측량 및 지형공간정보기사 실기》(예문사)
          《부동산공시법》(EBS 06, 07, 08, 고시동네 09, 에듀모어 10, 11, 12)

지적전산학개론

2007. 8. 24. 초 판 1쇄 발행
2025. 9. 3. 개정증보 15판 1쇄 발행

지은이 | 송용희, 조정관
펴낸이 | 이종춘
펴낸곳 | **BM** (주)도서출판 **성안당**
주소 | 04032 서울시 마포구 양화로 127 첨단빌딩 3층(출판기획 R&D 센터)
     | 10881 경기도 파주시 문발로 112 파주 출판 문화도시(제작 및 물류)
전화 | 02) 3142-0036
     | 031) 950-6300
팩스 | 031) 955-0510
등록 | 1973. 2. 1. 제406-2005-000046호
출판사 홈페이지 | www.cyber.co.kr
ISBN | 978-89-315-1204-5 (13530)
정가 | 40,000원

이 책을 만든 사람들
기획 | 최옥현
진행 | 이희영
교정 · 교열 | 문 황
전산편집 | 이지연
표지 디자인 | 박원석
홍보 | 김계향, 임진성, 김주승, 최정민, 이해솜
국제부 | 이선민, 조혜란
마케팅 | 구본철, 차정욱, 오영일, 나진호, 강호묵
마케팅 지원 | 장상범
제작 | 김유석